石油化工职业技能培训教材

仪表维修工

中国石油化工集团公司人事部
中国石油天然气集团公司人事服务中心 编

中国石化出版社

内 容 提 要

《仪表维修工》为《石油化工职业技能培训教材》系列之一，涵盖石油化工生产人员《国家职业标准》中，对该工种初级工、中级工、高级工、技师、高级技师五个级别的专业理论知识和操作技能的要求。主要内容包括石化企业常用的各类自动化仪表及控制系统的基本原理、操作方法、日常维护、事故判断与处理等。

本书是仪表维修岗位操作人员进行职业技能培训的必备教材，也是专业技术人员必备的参考书。

图书在版编目（CIP）数据

仪表维修工/中国石油化工集团公司人事部，中国石油天然气集团公司人事服务中心编.—北京：中国石化出版社，2009（2023.6重印）
石油化工职业技能培训教材
ISBN 978-7-5114-0050-5

Ⅰ.仪… Ⅱ.①中…②中… Ⅲ.石油化工-化工仪表-维修-技术培训-教材 Ⅳ.TE967.07

中国版本图书馆CIP数据核字（2009）第145797号

中国石化出版社出版发行
地址：北京市东城区安定门外大街58号
邮编：100011 电话：(010)57512500
发行部电话：(010)57512575
http://www.sinopec-press.com
E-mail:press@sinopec.com.cn
北京艾普海德印刷有限公司印刷
全国各地新华书店经销

*

787×1092毫米 16开本 33.5印张 795千字
2010年9月第1版 2023年6月第7次印刷
定价：70.00元

《石油化工职业技能培训教材》

前　言

为了进一步加强石油化工行业技能人才队伍建设，满足职业技能培训和鉴定的需要，中国石油化工集团公司人事部、中国石油天然气集团公司人事服务中心联合组织编写了《石油化工职业技能培训教材》。本套教材的编写依照劳动和社会保障部制定的石油化工生产人员《国家职业标准》及中国石油化工集团公司人事部编制的《石油化工职业技能培训考核大纲》，坚持以职业活动为导向，以职业技能为核心，以“实用、管用、够用”为编写原则，结合石油化工行业生产实际，以适应技术进步、技术创新、新工艺、新设备、新材料、新方法等要求，突出实用性、先进性、通用性，力求为石油化工行业生产人员职业技能培训提供一套高质量的教材。

根据国家职业分类和石油化工行业各工种的特点，本套教材采用共性知识集中编写，各工种特有知识单独分册编写的模式。全套教材共分为三个层次，涵盖石油化工生产人员《国家职业标准》各职业(工种)对初级、中级、高级、技师和高级技师各级别的要求。

第一层次《石油化工通用知识》为石油化工行业通用基础知识，涵盖石油化工生产人员《国家职业标准》对各职业(工种)共性知识的要求。主要内容包括：职业道德，相关法律法规知识，安全生产与环境保护，生产管理，质量管理，生产记录、公文和技术文件，制图与识图，计算机基础，职业培训与职业技能鉴定等方面的基本知识。

第二层次为专业基础知识，分为《炼油基础知识》和《化工化纤基础知识》两册。其中《炼油基础知识》涵盖燃料油生产工、润滑油(脂)生产工等职业(工种)的专业基础及相关知识；《化工化纤基础知识》涵盖脂肪烃生产工、烃类衍生物生产工等职业(工种)的专业基础及相关知识。

第三层次为各工种专业理论知识和操作技能，涵盖石油化工生产人员《国家职业标准》对各工种操作技能和相关知识的要求，包括工艺原理、工艺操作、设备使用与维护、事故判断与处理等内容。

《仪表维修工》为第三层次教材。内容包括石油化工自动化基本知识、测量基础知识；过程检测仪表和控制阀的构成、工作原理、选型；自动控制系统的构成、控制规律、参数整定方法，以及工程施工管理等知识。另外，本教材以石油化工企业常用的过程控制系统为例，介绍了PLC、DCS、SIS等控制系统的构成、维护、编程与组态。该教材内容丰富，通俗易懂，涵盖中国石油化工行业仪表维修岗位初级工、中级工、高级工、技师、高级技师等五个级别的基础知识和操作技能训练项目。适用于本职业本工种各个等级的培训考核，对实际工作和日常操作亦有指导作用。

《仪表维修工》教材由燕山石化负责组织编写，天津石化参与编写。主编杨永红(燕山石化)，参加编写的人员有天津石化的李世溥、李全祥，燕山石化的王立奉、黄伟波、牛立树、白秀琪、田际刚、马珺、章鹤年、王存申、郑灿亭、张东华。本教材已经中国石油化工集团公司人事部、中国石油天然气集团公司人事服务中心组织的职业技能培训教材审定委员会审定通过。主审黄步余，参加审定的人员有黄耀明、张拯平、武锦荣、张金柱。审定工作得到了天津石化、扬子石化的大力支持；中国石化出版社对教材的编写和出版工作给予了通力协作和配合，在此一并表示感谢。

由于石油化工职业技能培训教材涵盖的职业(工种)较多，同工种不同企业的生产装置之间也存在着差别，编写难度较大，加之编写时间紧迫，不足之处在所难免，敬请各使用单位及个人对教材提出宝贵意见和建议，以便教材修订时补充更正。

目　　录

初级、中级篇

高 级 篇

技师、高级技师篇

初级、中级篇

第1章　石油化工自动化概述

自动化技术的进步推动了石油化工生产的飞速发展。特别是在石油、石油化工等流程工业中，由于采用了自动化仪表和自动控制装置，使产品的产率和质量得到提高与改善。

石油化工自动化是石油、石油化工等生产过程自动化的简称。在石油、石油化工生产装置上，配备必要的自动化仪表及自控装置，代替操作人员的部分直接劳动，使生产在不同程度上自动地进行，这种用自动化装置来操作、管理、控制石油化工生产过程的方法，称为石油化工自动化。为实现石油化工自动化而采用的技术，称为石油化工自动化技术。

1.1　石油化工自动化技术的意义

石油化工生产过程自动化的意义在于：

(1) 提高产品产量和质量，降低生命周期成本。在人工操作的生产过程中，由于人的五官、手、脚对外界直接的观察与控制的精确度和速度是有一定限度的，而且由于体力关系，人直接操纵设备的功率也是有限的。如果用自动化装置代替人的操纵，则以上情况可以得到有效避免和改善，并且通过自动控制系统，使生产过程在规定条件下进行，从而可以提高产品产量和质量，降低能耗，实现优质高产。

(2) 减轻劳动强度，改善劳动条件。多数石油化工生产过程是在高温、高压或低温、低压下进行，加工的原料和生产的产品很多是易燃、易爆或有毒、有腐蚀性、有刺激性气味。实现了生产自动化，装置操作人员通过自动化装置来监控生产过程，从而减少了直接从事危险操作的工作量。

(3) 保证生产安全，防止或减少事故发生或扩大，延长设备使用寿命，提高设备利用效能。例如，离心式压缩机，往往由于操作不当引起喘振而损坏机体；聚合反应釜，往往因反应过程中温度过高而影响生产。对这些设备进行必要的自动控制，就可以防止或减少事故的发生。

(4) 生产过程自动化的实现，能根本改变劳动方式，提高操作人员技术水平。

1.2　石油化工自动化技术的发展

在石油化工生产过程中，自动化仪表经历了气动仪表、电动仪表以及数字式仪表等发展阶段。控制系统的结构则经历了模拟电、气动组合仪表控制、直接数字控制(Direct Digital Control，简称DDC)、数字调节器控制、分散型控制系统(Distributed Control System，简称DCS)，至控制功能更加分散的全数字化的现场总线控制系统(Fieldbus Control System，简称FCS)。控制系统的操作形式由最初的基地式现场操作到中央控制室的仪表盘操作，进而发展到图形化集中式操作。

20 世纪 70 年代中期，大规模集成电路生产技术取得突破性的发展，带动了计算机、网络通信、控制与显示技术的发展，1975 年美国霍尼韦尔(Honeywell)公司推出了第一套 DCS。DCS 的出现解决了石油化工生产过程对控制系统的要求。

20 世纪 90 年代，由于计算机网络技术的发展，现场总线技术在制造工业和流程工业自动化领域开始应用。现场总线技术解决了生产现场设备之间的数字通信问题，为实现石油化工生产过程的自动化、智能化提供了保障，并将生产过程的信息纵向集成到企业管理层，为实现石油化工企业信息化和管控一体化创造了必要条件。

随着以太网(Ethernet)在办公自动化的普及应用，在工业环境中使用以太网技术也越来越受重视。实时以太网就是一种以标准以太网为基础的适用于工业环境的工业以太网技术。它很好地解决了适用于工业环境的不同安全等级的网络通信的实时性、网络安全以及工厂执行系统(Manufacturing Execution System，简称 MES)和企业资源管理系统(Enterprise Resources Planning，简称 ERP)无缝集成等问题。

1.3 自动化仪表的分类

自动化仪表功能、品种繁多，其分类方法也很多，根据不同原则可以进行不同的分类。例如按仪表所使用的能源分类，可以分为气动仪表、液动仪表(很少用)和电动仪表；按仪表组合形式，可以分为基地式仪表、单元组合仪表和综合控制装置；按仪表安装形式，可以分为现场仪表、盘装仪表和架装仪表。随着微处理机的发展，根据仪表有否引入微处理机又可分为智能仪表与非智能仪表；根据仪表信号的形式可分为模拟仪表和数字仪表。

1.3.1 按照仪表使用功能分类

根据石油化工自动化仪表在信息传递过程中的作用不同，可以分为五大类：

(1) 检测仪表　检测仪表的主要作用是获取现场信息，并进行适当的转换。在生产过程中，检测仪表是测量某一些工艺参数，如温度、压力、流量、物位以及物料的成分、物性等，并将其转换成电信号(电压、电流、频率等)。

(2) 显示仪表　显示仪表的作用是将由检测仪表获得的信息显示出来，包括各种模拟量、数字量的电动、气动指示仪、记录仪和积算器，以及工业电视、图像显示器等。

(3) 集中控制装置　包括各种巡回检测仪、巡回控制仪、数据处理机、电子计算机以及仪表控制盘和操作台等。

(4) 控制仪表　控制仪表可以根据需要对输入的信号进行各种运算，例如比例、积分、微分等。控制仪表包括各种电动、气动的控制器以及数字控制仪表。

(5)执行器　执行器可以接受控制仪表的输出信号或直接指令，对生产过程进行操作或控制。执行器包括各种气动、电动、液动执行机构或控制阀。

1.3.2 按照仪表工作能源分类

按使用的能源，石油化工自动化仪表可以分为气动仪表、电动仪表和液动仪表。目前，常用的是前面两种，催化等装置中使用的液动滑阀就属于液动仪表。

(1) 气动仪表　这种类型的仪表以空气作为能源，结构简单、直观，工作比较可靠，对于温度、湿度、电磁场、放射性等环境的抗干扰能力较强，能防火、防爆。

(2) 电动仪表　此种仪表以电作为能源，信号之间联系比较方便，适于远距离传输和控制，便于与计算机联用。电动仪表在防火、防爆方面取得了较大进展，更有利于电动仪表的安全使用。

1.3.3 按照仪表结构形式分类

按照仪表的结构形式可以分为以下两类：

（1）基地式仪表　此类仪表的特点是将测量、控制和显示各部分集中在一个表内，形成一个整体。这种仪表适于现场就地检测与控制，但是不能实现多参数的集中显示与控制。

（2）单元组合仪表　将参数的测量、显示、控制等各部分功能进行分解，能分别独立工作的单元仪表。这些单元之间以统一的标准信号互相联系，可以根据不同需要，方便地将各单元任意组合成各种控制系统，适应性和灵活性都较好。

1.3.4 按照使用场合分类

按照仪表的使用场合，大致可分为室内仪表和室外仪表。在使用的过程中，根据石油化工生产的特点，一般情况下会涉及仪表的防护、防火、防爆、防雷和防腐等问题。比如防爆的问题，就是要选择正确的防爆措施，即采用本质安全型(Intrinsic Safety，简称本安)还是隔爆型等。

显示仪表可分为记录仪表和指示仪表、模拟仪表和数显仪表，其中记录仪表又可分为单点记录和多点记录(指示亦可以有单点和多点)。

调节仪表可以分为基地式调节仪表和单元组合式调节仪表。由于微处理机引入，又有可编程调节器与固定程序调节器之分。

执行器由执行机构和调节阀两部分组成。执行机构按能源划分有气动执行器、电动执行器和液动执行器，按结构形式可以分为薄膜式、活塞式(气缸式)和长行程执行机构。调节阀根据其结构特点和流量特性不同进行分类，按结构特点分通常有直通单座、直通双座、三通、角形、隔膜、蝶形、球阀、偏心旋转、套筒(笼式)、阀体分离等类型，按流量特性分为直线、对数(等百分比)、抛物线、快开等类型。

1.4 控制系统分类

为了实现石油化工生产过程自动化，一般将控制系统划分成自动检测、自动保护、自动操纵和自动控制等方面的内容。

（1）自动检测系统　系统利用各种检测仪表对生产过程主要工艺参数进行测量、指示或记录。它可以代替操作人员对工艺参数的不断观察与记录，其作用相当于人的眼睛。

（2）信号报警与联锁系统　它是生产过程中的一种信号报警及安全装置，在生产过程某工艺参数越限导致生产出现不正常情况，甚至引发事故时，对操作人员及装置起保护作用。当某些工艺参数超过了允许范围时，信号报警系统将首先发出声光信号，提醒操作人员采取必要的调整措施。如果情况进一步恶化即将发生事故时，信号联锁系统执行联锁动作，防止或减少事故的发生和扩大。

（3）自动操作及自动开停车系统　自动操作系统可以根据预先规定的步骤自动地对生产设备进行某种周期性操作。自动操作系统可以代替人工按照一定的时间顺序自动完成相关操作，减轻操作人员的重复性体力劳动。自动操作系统在间歇式生产过程中运用较多。

自动开停车系统按照预先规定好的步骤，自动完成装置开车或停车过程。

（4）自动控制系统　生产过程中各种工艺条件随时都在变化。石油化工生产大多数是连续性生产，设备间相互关联，一个设备的工艺条件发生变化可能引起其他设备某些参数的波动，导致偏离正常的工艺条件。自动控制系统对生产中的关键参数进行自动控制，使这些参数在受到外界干扰(扰动)的影响而偏离正常状态时，自动回到规定的数值范围内。

可见，在各类控制系统中，自动检测系统只能完成“了解”生产过程进行情况的任务；信号报警与联锁系统只能在工艺条件超越某种极限状态时，采取安全措施，以避免生产事故的发生；自动操作系统只能按照预先规定好的步骤进行某种周期性操纵；只有自动控制系统才能自动地排除各种干扰因素对工艺参数的影响，使它们始终保持在预先规定的数值上，保证生产维持在正常或最佳的工艺操作状态。因此，自动控制系统是自动化生产中的重要部分。

第2章　测量基础知识

在工程技术或科学研究中，人们总是需要利用工具对某个参数进行测量，并随时都面临这样的问题：测量结果是否就是被测参数的真实值？它的可信赖程度究竟如何？采用什么样的测量方法和测量工具才能使测量结果最接近被测参数的真实值？本章重点介绍测量误差和常用测量仪器。

2.1　测　量　误　差

2.1.1　测量过程与测量误差

测量过程是被测参数与相应的测量单位进行比较的过程，测量仪表就是实现这种比较的工具。

测量误差是指测量结果与被测量真值之差，即

测量误差=测量结果-真值

测量结果　指由测量所得到的被测量值或由测量所得到的赋予被测量的值即为测量结果，包括示值、未修正的和已修正的测量结果。

真值　与给定的特定量的定义一致的值即为真值，真值也可以解释为“在一定的时间、空间和环境状态下，某量的客观实际值”。

2.1.2　测量误差产生的原因

测量人员在一定环境中按一定方法，用测量设备测量被测参数值，其测量误差按产生的原因可分为装置误差、环境误差、人员误差和方法误差。

1. 装置误差

计量装置是指为确定被测量值所必须的计量器具和辅助设备的总称。由于计量装置本身所引起的计量误差称为装置误差。其来源有：

（1）标准器误差。标准器是提供标准量值的器具，它们的量值(标称值)与其自身体现出来的客观量值之间有差异，从而使标准器自身带有误差。

（2）仪器、仪表误差。仪器、仪表是指将被测的量转换成可直接观测的指示值或等效信息的计量器具，它们受到设计原理、制造与安装、调整与使用等多方面问题的影响而带有误差。

（3）附件误差。为测量创造一些必要条件，或使测量方便地进行的各种辅助器具，均属测量附件，它们均会引起误差。

2. 环境误差

由于各种环境因素与测量所要求的标准状态不一致而造成的误差，如温度恒温不良、电磁屏蔽不良、振动等都会引起这种误差。

3. 人员误差

测量人员由于受分辨能力、反应速度、固有习惯和操作熟练程度的限制，以及生理、心理上的原因所造成的误差，称为人员误差，如视差、观察误差、估读误差等。

4. 方法误差

采用近似的或不合理的测量方法和计算方法而引起的误差叫做方法误差。

值得注意的是，以上各种误差来源有时是联合起作用的。在误差分析中，几个误差联合起作用时，可作为一个独立误差因素考虑，从而使误差合成得到简化。

2.1.3 测量误差的分类方法

按照误差产生的原因和规律，误差可分为系统误差、随机误差和粗大误差三类，分类情况如下：

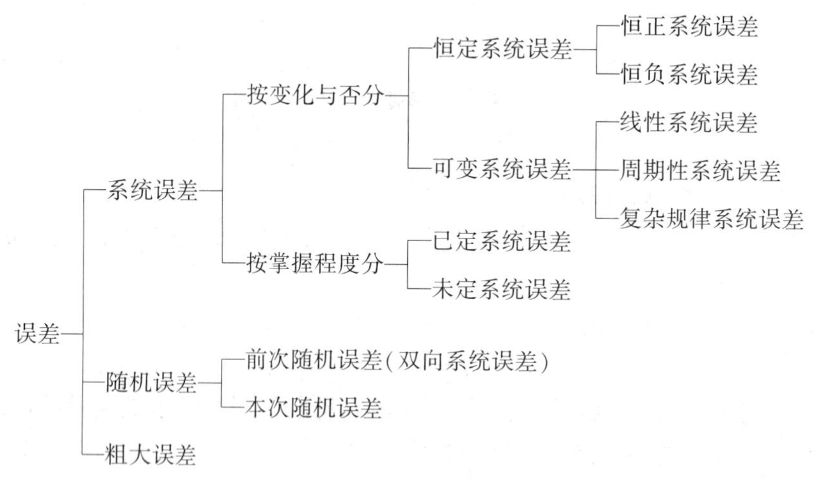

1. 系统误差

对同一被测参数进行多次重复测量时所出现的数值大小或符号(指正或负的误差)都相同的误差，或者虽不相同，但却是按一定规律变化的误差，即为系统误差。例如由于仪器仪表刻度的不准确、标准量值的不准确而引起的误差。

按对系统误差掌握的程度可将系统误差分为：

(1) 已定系统误差，指符号和绝对值已经确定的系统误差；

(2) 未定系统误差，指符号和绝对值未经确定的系统误差。

发现系统误差有如下方法：

(1) 实验对比法，就是改变产生系统误差的条件，进行不同条件的测量，以发现已定系统误差。

(2) 残差校核法，即若测量列中前半组的残差和减去后半组的残差和显著不为零，则有理由认为存在系统误差。

(3) 残差观察法，是根据测量列的各个残差大小和符号的变化规律，直接由误差数据或误差曲线图形来判断有无系统误差，这种方法适用于发现有规律变化的系统误差。

系统误差无法通过单纯增加测量次数来减少对测量结果的影响，但在找出产生误差的原因之后，可引入适当的修正值而加以消除。消除或减小系统误差的方法有：

(1) 从产生原因上消除。对测量装置要定期检定和维修，并在使用前调整到工作状态。要防止测量过程中仪器零位的变动，测量开始和结束都要检查零位。同时，必须在规定的条件下测量，否则条件改变，应停止测量。

(2) 用修正值方法消除。修正值是指为消除系统误差用代数法加到测量结果上的值。此法是将测量器具的绝对误差检定出来，取与误差值大小相同、符号相反的值做为修正值。

2. 随机误差(偶然误差)

测量结果与在重复性条件下对同一被测变量进行无限多次测量所得结果的平均值之差，即为随机误差。随机误差也称偶然误差，它是指在实际测量条件下，多次测量同一量值时，误差的绝对值时大时小，符号以不可预定方式变化着的误差。

随机误差是由许多微小的、难以控制的或尚未掌握规律的变化因素所造成的。就单次测量而言，其误差值的出现纯属偶然，不具有任何确定的规律。但若反复测量的次数足够多，则可发现随机误差具有统计的规律性。随机误差的这种统计规律常称为误差分布律。在测量误差理论中，最重要的一种分布是正态分布律，在有些情况下，随机误差还有均匀分布、三角形分布、偏心分布和反正弦分布等规律。

通过对测量数据的大量观察，人们总结出了大多数的随机误差所具有的三个特征，它常被称作随机误差公理，即

(1) 在一定测量条件下(指一定的计量器具、环境、被测对象和人员等)，随机误差的绝对值不会超过一定的界限；

(2) 小误差出现的机会比大误差出现的机会要多；

(3) 测量次数足够多时，绝对值相等、符号相反的随机误差出现的机会相等，或者说它们出现的概率相等。

由(3)可知，在实际测量条件下对同一变量进行测量，当测量次数无限增加时，相应的随机误差的算术平均值将趋于零。

随机误差的上述三个特征，说明其分布实际上是有界限的和单一的峰值，且当测量次数无穷增加时，这类误差还具有对称性(即相消性)。这种误差的分布规律称为正态分布。

3. 粗大误差(疏忽误差)

粗大误差是指明显超出规定条件下预期的误差，粗大误差又称过失误差或疏忽误差。这种误差主要是人为造成的，如测量者的粗心或疲劳，在测量时对错了标记而测错，将3读成4而读错，将6记成5而记错；使用有缺陷的计量器具；计量器具使用不正确等。此外，在测量过程中受环境条件的变化影响，或在实验中实验状况未达到预想的指标，以及使用有严重缺陷的仪器等，都有可能造成这种误差。

含有粗大误差的测得值会歪曲客观现象，严重影响测量结果的准确性。这类含有粗大误差的测得值也称为坏值或异常值，这些值必须设法从测量列中找出来并加以剔除，以保证测量结果的正确性。

2.2 仪表的质量指标与性能指标

2.2.1 误差

1. 绝对误差

绝对误差是指测量结果与被测量真值之差，即

$$\text{绝对误差}=\text{测量结果}-\text{被测量真值}$$

实际应用中，由于真值是无法得到的理论值，通常用精度较高的标准表的测量值代替被测量真值。绝对误差有正负、有单位。注意不要与误差绝对值相混，后者只能表示偏离真值的大小，不能表示偏离方向(正、负)。

2. 相对误差

相对误差是指绝对误差与被测量真值的百分比，即

相对误差=绝对误差/被测量真值×100%

相对误差有正负、无单位，用百分数表示。

计算相对误差是为了对测量结果的准确程度进行比较和评价。

3. 引用误差

引用误差是一种简化的和实用方便的相对误差，常常应用于多挡和连续分度的仪器仪表，这类仪表可测量的范围不是一个点而是一个量程(范围)，即引用误差为测量仪表的误差除以仪表的特定值，即

引用误差=测量仪表的绝对误差/特定值×100%

特定值一般称为引用值，可以是测量仪表的量程或其他值。量程指仪表刻度范围两极限之差的值。仪表的准确度等级就是按引用误差值确定的。

4. 基本误差

仪表在限定的量程范围内，在规定的工作条件下确定的误差为基本误差。基本误差的表示方式有两种：

(1) 用仪表的绝对误差值和测量值(刻度值)的百分比表示，称示值误差。

(2) 用仪表的绝对误差值和满量程值(测量上限或测量上、下极限之差)的百分比表示，称满量程误差或引用误差。

5. 附加误差

附加误差是指测量仪表在非标准条件下工作所增加的误差。它是由于影响测量结果的因素存在和变化而引起的，如温度附加误差、压力附加误差等。

6. 算术平均误差

算术平均误差指被测量的多次测量误差的代数和(绝对值之和)除以测量次数而得的商。

设δ_1，δ_2……δ_n代表各次测量误差的绝对值，n为测量次数，则算术平均误差为

$$\bar{\delta}=\frac{\delta_1+\delta_2+\cdots+\delta_n}{n}=\frac{\Sigma\delta_i}{n}$$

7. 标准偏差(也称均方根误差)

对同一被测量值的一组测量结果中，单次测量的标准偏差(均方根误差)σ是表示该次测量结果的分布特性的参数，其计算式为

$$\sigma=\sqrt{\frac{\Delta x_1^2+\Delta x_2^2+\cdots+\Delta x_n^2}{n}}=\sqrt{\frac{\Sigma\Delta x_i^2}{n}}$$

其中，$\Delta x=x-L$。x为被测参数的测量值；L为被测量的真实值；n为测量次数。

在实际测量中，一般用一组测量数据的算术平均值去代替被测量的真实值，因此有限次重复测量的标准偏差(均方根误差)应按下式计算为

$$\sigma=\sqrt{\frac{\Sigma(x_i-\bar{x})^2}{n}}$$

式中 $\bar{x}$——该组测量数据的算术平均值，$\bar{x}=\Sigma x_i/n$；

x_i——某次测量值；

n——测量次数，一般取20以上。

当对某一参数进行多次重复测量时，就会发现，与真实值相差越小的测量值出现的次数

越多，反之亦然。将测量误差的大小和出现的次数绘成图形，其结果为一条对称曲线，该曲线被称为误差的正态分布曲线（图 1-2-1）。图中 σ 表示标准偏差。

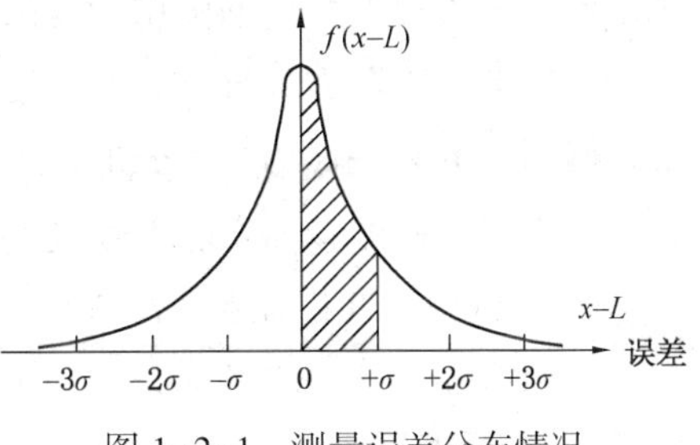

图 1-2-1　测量误差分布情况

假设正态分布曲线下的总面积为 100%，图中带阴影部分的面积就代表误差落在$0\sim+\sigma$之间的几率。

从公式可以算出，误差在$-\sigma\sim+\sigma$ 之间时，曲线所包围的面积为 68.3%。这表明，当对某一参数进行 n 次测量以后，误差在$-\sigma\sim+\sigma$ 范围的测量值有 68.3%；误差在$-2\sigma\sim+2\sigma$之间时，曲线所包的面积为 95.4%；误差在$-3\sigma\sim+3\sigma$之间时，曲线所包的面积为 99.7%。因此，可近似地认为，对某一参数进行测量时，所可能产生的最大误差值等于 3σ。

在石油化工生产条件下，由于被测参数往往处于经常不停的波动之中，仅能实现一次测量，这时只能认为一次测量的最大可能误差就是多次重复测量的最大误差，即认为最大可能误差在 3σ 范围内。

因此，可以得出结论：最大测量误差可以被用来确定被测值接近真实值的准确程度。如果求得了多次重复测量结果的标准偏差（均方根误差）σ，就不难估计出测量值的最大可能误差 3σ。在实际应用中，通常认为在正常情况下，一次测量的最大可能误差不会超过测量仪表规定的允许误差。

2.2.2　仪表变差

仪表变差亦称回差，指的是在规定条件下，用同一仪表对同一被测量在仪表的测量范围内进行正、反行程（即被测参数由小到大和由大到小）测量时，两条测量值曲线间的最大差值，如图 1-2-2 所示。变差以最大差值对仪表满量程值的百分比的绝对值表示。

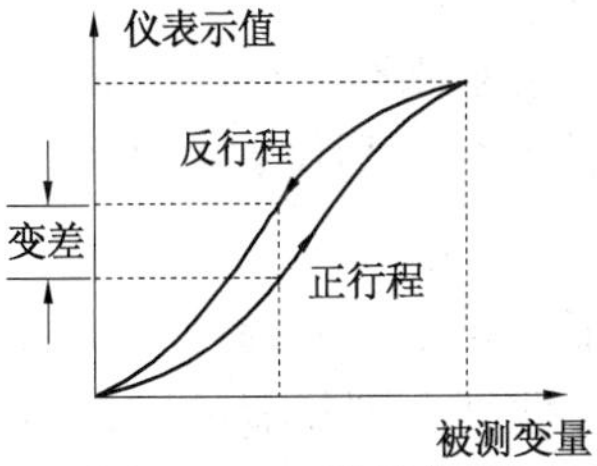

仪表示值
反行程
变差
正行程
被测变量

图 1-2-2　测量仪表的变差

2.2.3　仪表准确度

实际工作中，测量仪表在其刻度范围内各点读数的绝对误差，用测量仪表和标准仪表（准确度较高）同时对同一个参数进行测量时所得到的两个读数之差表示，而引用误差为绝对误差采用折合成测量仪表刻度范围的百分数，即

$$\delta = \frac{x - x_0}{\text{刻度范围上限值} - \text{刻度范围下限值}} \times 100\%$$

式中　　δ——引用误差；

x——测量仪表测得的被测参数的读数值；

x_0——标准仪表测得的被测参数的读数值；

$x-x_0=\Delta x$——绝对误差。

例如，某测温仪表的刻度范围为 0～500℃，在已知情况下，其绝对误差最大值 $\Delta T_{max}=$ 6℃，则其引用误差为

$$\delta_{max} = \frac{6}{500-0} \times 100\% = 1.2\%$$

仪表的准确度等级是按国家统一规定的允许误差大小划分的等级。仪表的允许误差是指

在规定的使用条件下允许的引用误差的最大值。例如，某仪表的允许误差值为±1.5%，则该仪表的准确度等级为1.5级；若允许误差为±1%，则其准确度等级为1级。仪表的准确度等级常以圆圈内的数字标明在仪表的面板上，例如 ⓵ 表示准确度等级为1级，该仪表称为1级表。仪表的准确度越高意味着仪表的系统误差和随机误差越小。

上述例子中，如果测温仪表的准确度为1.5级，则由于上面所求得的$\delta_{max}=1.2\%$，小于其允许误差值±1.5%，故该仪表达到1.5级标准。

2.2.4 灵敏度

仪表灵敏度表示被测量的单位变化量引起的测量值的变化量。仪表灵敏度S可用仪表测量值变化量Δ_Z与被测量的变化量Δ_X之商来表示，即

$$S=\Delta_Z/\Delta_X$$

2.2.5 其他指标

除上述各个指标外，仪表还有以下常用指标：

① 分辨力　仪表能有效分辨的最小的示值。对于数字式仪表，分辨力是指数字显示器末位数字间隔所代表的被测参数变化量。

② 分辨率　指示仪表的分辨率，是指示仪表可有意义地区分所指示的两紧邻量值的能力。一般认为模拟式指示装置的分辨率为最小刻度间隔的一半；数字式指示装置的分辨率为最后一位的一个字。

③ 复现性(重复性)　测量的复现性是在不同测量条件下(如不同的方法、不同的计量器具、不同的观测者)，在不同的测量环境对同一被测量进行测量时，其测量结果的一致程度。复现性常用不确定度来估计。不确定度是由于测量误差的存在而对测量结果不能肯定的程度。不确定度可采用方差或标准差(取方差的正平方根)表示。

④ 稳定性　在规定的工作环境下，测量仪表的某些特性随时间保持不变的能力称为稳定性。常用仪表的零点漂移来衡量仪表的稳定性。如果仪表稳定性不好，则仪表的维护量会增大。

⑤ 可靠性　在规定的条件下和规定的时间内，仪表完成(保持)规定功能的能力称为仪表的可靠性。可靠性常用平均无故障时间(MTBF)表示。仪表可靠性高，则仪表的维护量就小；可靠性低，则仪表的维护量就大。

⑥ 线性度　线性度又称非线性误差，指线性刻度仪表的实际校准曲线与理论直线之间的最大偏差与仪表量程的百分比。通常希望仪表的校准曲线为直线(即线性度为0)。

⑦ 响应时间　被测量发生突变后，仪表指示值达到并保持其最终稳定值所需的时间为仪表的响应时间，也叫反应时间。响应时间反映了仪表动态特性的好坏。

2.3 常用仪器

检测和校验仪器是对现场检测仪表进行维修、校准时所使用的器具。性能优良的仪器是搞好仪表维修工作的基础，正确地使用和保养仪器是搞好仪表检维修工作的前提。

随着电子技术、计算机技术的不断发展，越来越多的数字式仪器取代了传统的指针式仪器。数字式仪器具有测量速度快、准确度高、耐冲击、耐震动、测量结果可以远传等优点，已被广泛运用到仪表的日常检维修工作中。

2.3.1 万用表

万用表是一种最基本的电量检测仪器，可用于测量交直流电压、直流电流、电阻等，每种测量功能有 3～5 挡量程。较复杂的万用表还可以测量交流电流、电容、电感、三极管 hFE 等。常用的万用表有指针式万用表和数字式万用表两种。

指针式万用表主要由三个部分组成：

① 指示表　是一块高灵敏的磁电式电流表，它是万用表进行各种电量测量的指示部分。

② 测量电路　由各种电量和不同量程的电路组成，把被测量变换成磁电式表头所能接受的直流电流。

③ 转换开关　用于切换测量电路，以便与指示表相配合进行各种测量而设置的多层多刀多掷开关。

数字式万用表主要由测量电路、转换开关、模数转换电路和液晶显示器四部分组成。

与指针式万用表相比，数字式万用表具有很多优点，如：增加了测量功能；由于测量结果直接由数字显示，减少了读数误差，提高了测量准确度；具有自动极性显示(直流量程测量)、溢出显示(最高位显示“1”)、自动调零等功能。

万用表可以测量多种电量，在测量前必须根据被测电量用转换开关进行选择，并将测量表笔插入相应的插孔内，尤其测量电流时，表笔的“+”端必须插入电流测量插孔内。测量电压、电流时，应预先估计最大值，并将转换开关切换到相应的量程档。如不能估计合理的量程，则应置于最大量程档，然后根据测量情况准确地选择量程档。为防止万用表的损坏，在测量过程中，不允许拨动量程开关。

2.3.2 标准电流表

标准电流表用于测量仪表回路中的直流电流。

仪表检维修工作中常用的标准电流表是磁电式电流表，准确度等级为 0.2 和 0.5。它由永久磁钢、圆柱形铁芯、线圈、转动轴、游丝或吊丝、指针等组成。它是利用可绕轴转动的载流线圈，在永久磁钢和圆柱形铁芯所形成的圆环形均匀磁场中所产生的力矩驱动指针偏转，从而测量通过线圈的电流强度。

磁电式电流表灵敏度较高，消耗功率极小，指针的刻度是线性的。其缺点是指针式指示易产生较大的读数误差，而且不能直接测量交流电流。

在使用标准电流表测量电流时，应当预先估计被测电流数值，选择量程合适的标准电流表，并将标准电流表串接在被测回路中，同时应当注意极性。

标准电流表属于精密仪器，其游丝等部件都非常灵敏，极易损坏。因此，在搬运时要轻拿轻放，使用时应避免超量程电流输入，不用时应将标准电流表的正负输入端子短接起来。

标准电流表作为标准计量仪器，必须定期进行标定。

2.3.3 标准电压表

仪表维修工作中，标准电压表用于测量仪表回路中的直流电压，现在广泛使用的是数字式电压表。

数字式电压表是将被测电压值经过模数转换电路，转换为标准的脉冲信号，然后用十进制计数字器显示被测电压值。

常用的模数转换电路有电压-时间变换型和电压-频率变换型等。

电压-时间变换型(简称为 V-T 型)，主要是将被测电压的大小，转换为时间间隔 ΔT，电压越高，ΔT 越大，计数器记录的脉冲数越多，显示的数值也就越大。

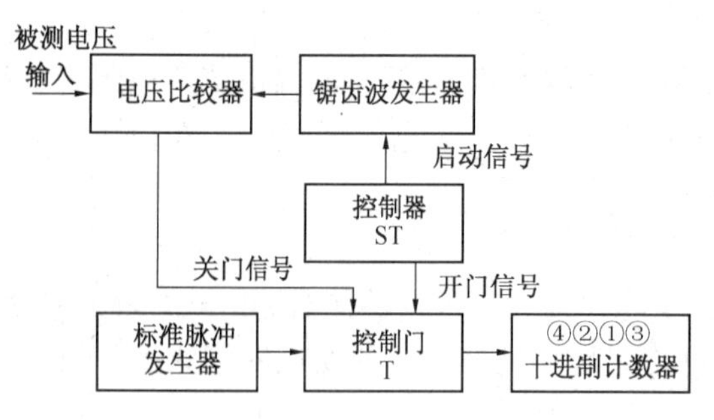

图 1-2-3　V-T 型数字电压表原理方框图

这种数字式电压表的原理如图 1-2-3 所示。被测电压从输入端输入，图中 ST 是自动测量控制器，每隔一定时间就发出一个测试启动脉冲信号。启动脉冲一方面打开控制门 T，让标准脉冲发生器所发出的脉冲能够通过 T 门进入十进制计数器，并由计数器以数码形式把通过 T 门的脉冲数显示出来；另一方面，启动脉冲还能启动锯齿波发生器，使它开始扫描，产生一个直线上升的锯齿波电压，锯齿波电压和被测电压在电压比较器上进行比较。当锯齿波电压的电压值上升到等于被测电压值时，比较器就发出一个关门信号，关闭 T 门电路，计数器停止计数。计数器保留的数字就是在 T 门开启的时间内，通过 T 门的标准脉冲数。因此，被测电压越大，锯齿波电压从零上升到被测电压的时间就越长，T 门开启的时间也越长，计数器记录的脉冲数就越多，显示的被测电压值就越高。

V-T 型数字式电压表的准确度取决于表内标准脉冲发生器的频率稳定度和锯齿波发生器的线性度。由于这两方面的准确度都能得到保障，因此数字式电压表的准确度比较高。

电压-频率变换型(简称为 V-F 型)，主要是将被测电压值转换为频率值，然后用频率显示测量结果。被测电压越高，转换后的频率也越高，显示的数值就越大。V-F 型数字式电压表的结构有很多类型，例如单积分、双积分等。

由于 V-F 型数字式电压表是将被测电压数值直接转换成频率信号，再与固定频率振荡器的输出频率进行混频后进行测量，因此这类数字式电压表的抗干扰能力强，分辨率高。

标准电压表作为标准计量器具，必须定期进行标定。

2.3.4　压力校验仪

压力校验仪是压力测量仪表的校验工具。压力校验仪有活塞式压力计和数字压力校验仪两种。

活塞式压力计其实只是一个压力信号发生器，需要根据被校验压力仪表的量程和准确度等级，选择不同的标准压力表或标准砝码才能进行校验。由于体积笨重、丝杠处易漏油等原因，主要用于维修间内的压力表校验。

数字压力校验仪集信号发生与数字压力显示于一体，轻便、耐用、准确度高，符合防爆要求，适用于在现场的压力表校验。数字压力校验仪由信号发生、压力检测和数字显示三部分组成，其工作原理如图 1-2-4 所示。

压力信号发生：利用手动的方法用小型气泵加压，产生校验被测压力仪表需要的压力值。

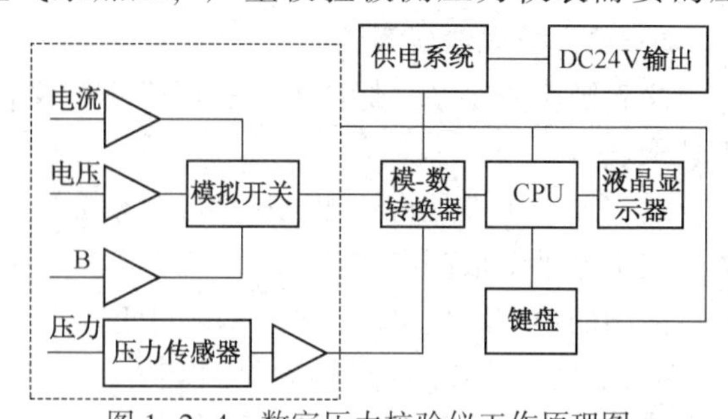

图 1-2-4　数字压力校验仪工作原理图

压力检测：采用高准确度等级压力传感器、放大模块，将气泵所产生的压力信号进行精确测量并转换成标准的电气信号。

数字显示：将压力、电流、电压等被测参数的电气信号用模-数转换器转换成数码信号，用液晶显示器显示。

数字压力校验仪采用微处理器，可使用

仪表数据处理软件，具有数据收集、非线性修正、电路失调校正、自动零点校正、数字滤波、多种单位换算等功能。

数字压力校验仪采用交直流两种供电方式，在校验压力变送器时，可由校验仪向压力变送器供电。双排液晶显示器的第一行显示压力的测量值和单位，第二行显示电压、压力变送器的输出电流等电量，方便安装现场的压力变送器校验。

为确保数字压力校验仪能够进行高精度测量，应定期利用其自校准功能进行校准。数字压力校验仪属于标准计量仪器，必须定期进行检定。

2.3.5 数字频率仪

数字频率仪是数字仪表的一种，它是计算出被测电压在标准单位时间内变化次数的一种计数器。

数字频率仪一般由整形放大、秒信号发生器、控制门、计数器四部分组成，如图1-2-5所示。

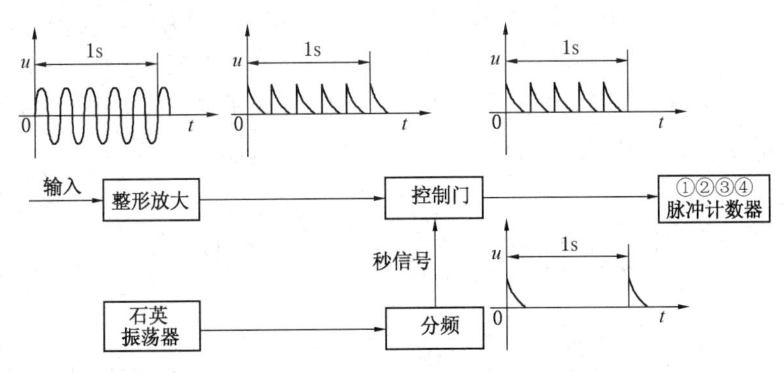

图 1-2-5 数字频率仪方框图

整形放大电路是将不同波形的被测电压转换为前沿陡削的脉冲。整形后脉冲个数等于被测电压的变化次数。转换的方法是利用单稳触发电路，以被测电压作为触发信号源，经过RC 微分电路，形成前沿陡峭的尖脉冲。

秒信号发生器是一个标准的时间信号发生器，由一个石英振荡器和一组分频电路组成。分频电路将石英振荡器产生的稳定的频率信号转换为 1Hz 的秒信号。

频率仪的控制门有两个输入端，其中秒信号输入端控制另一个输入端信号是否从门电路输出。第一个秒信号到来时，允许被测信号脉冲通过；第二个秒信号到来时，将门关闭，不允许被测信号脉冲通过。两个秒信号间隔时间为 1s，通过的脉冲数就等于频率值。

计数器由累加器、译码和数码显示器三部分组成。计数器对控制门送来的脉冲进行累加计数，通过译码电路控制数码显示器，将累加的数值用数字形式显示出来。

各种数字频率仪只能工作在规定的被测电压范围内。被测电压太小，整形电路不工作，就不能测出频率数；被测电压太大，容易损坏频率仪或造成误动作。

数字频率仪的测量误差主要由石英振荡器的频率不稳定和控制门的开启不能与输入脉冲吻合造成。数字频率仪作为仪表检维修人员常用的检测工具，应定期进行标定，以保持其测量的准确度。

2.3.6 手持通讯器（手持终端）

随着智能现场仪表被日益广泛地使用，手持通讯器成为仪表维修人员必要的维修仪器。使用手持通讯器，可以方便地在仪表安装现场对智能仪表进行各项调整和设定。

使用手持通讯器，可以对智能变送器的工位号、量程、零点等进行设定；能对变送器的线性特性进行调整；能选择变送器发生故障时将输出锁定在20mA以上、4mA以下或故障发生前的值上，以便仪表维修人员及时发现故障，尽快维修；可以使变送器输出一个固定的标准信号和与它连接的计录仪、DCS等进行联校；可以在线检查智能变送器的运行情况。

手持通讯器可连接到变送器的接线端子或其他连接处(包括负载电阻的两端)。负载电阻和回路电阻之和应在250~600Ω之间，太小了不能通讯，太大了变送器无法工作。

手持通讯器连到变送器回路时，变送器电源可以不关闭，但手持通讯器的电源要关掉。如果将电源开着的手持通讯器连到变送器回路，会打乱变送器的程序。

手持通讯器和智能仪表之间的通讯信号是数字信号，两根通讯线没有极性。

2.3.7 回路校验仪

多功能回路信号校验仪是一种以微处理器为基础的多用途、便携式、交直流两用、数字显示的信号校验仪，适合在仪表安装现场进行仪表校验。它能作为信号发生器输出连续或阶梯mA、V及mV、Ω等直流标准信号给被校验仪表，还可以作为标准仪器准确地测量被校仪表输出的mV、V、mA值。通过LCD数字表头显示，使用操作方便。多功能回路信号校验仪由恒流源、恒压源、电阻源和测量电路、放大器、A/D变换器和LCD显示器及供电系统组成，如图1-2-6。一般还配备必要的软件。

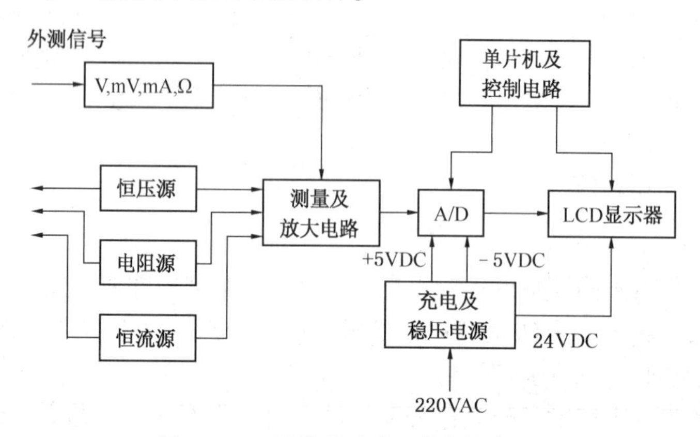

图1-2-6 回路校验仪工作原理框图

2.4 仪表防护知识

2.4.1 防爆的基本知识

物质发生一种急剧的物理或化学变化，瞬间放出大量能量，同时产生巨大声响的现象为爆炸。爆炸的实质是压力的急剧上升，产生爆炸声和冲击波，结果使建筑物或设备遭到破坏。

根据引起爆炸的原因，爆炸可分为物理性爆炸和化学性爆炸两种：

物理性爆炸　是由物理变化引起的，物质因状态或压力发生突然变化而产生的爆炸现象称为物理爆炸，如容器内液体过热汽化引发的爆炸现象。

化学性爆炸　是由于物质发生剧烈的化学反应，产生高温、高压而引起的爆炸。化学性爆炸前后，物质的性质和成分均发生了根本的变化。化学性爆炸按爆炸时所发生的化学变化可分为：简单分解爆炸、复杂分解爆炸和爆炸性混合物爆炸三类。引起简单分解爆炸的物质在爆炸时并不一定发生燃烧反应，爆炸所需热量是由物质本身分解时产生的，这类物质非常危险，受到轻微振动就会引起爆炸，如叠氮铅、乙炔银、乙炔酮、碘化氮、氯化氮等；复杂分解爆炸伴有燃烧现象，燃烧所需的氧由爆炸物质分解产生，所有的炸药都属于这类物质；爆炸性混合物爆炸指可燃气体、蒸气及粉尘与空气混合遇明火发生的爆炸，爆炸混合物的爆炸需要一定的条件，如可燃物质的含量、氧气含量及明火源等，危险性较前两类低，危害性较大。

爆炸对生产具有很大的破坏力，其破坏的形式主要包括震荡、冲击波、碎片冲击、造成火灾等几种。

1. 爆炸极限

可燃性气体或蒸气与空气组成的混合物会发生爆炸的浓度极限值，称为爆炸极限。可燃性气体或蒸气与空气形成的混合物，遇明火能发生爆炸的最低浓度称为该气体或蒸气的爆炸下限；可燃气体或蒸气与空气形成的混合物遇明火能发生爆炸的最高浓度称为爆炸上限。混合物中可燃物浓度低于下限时因含有过量空气，空气的冷却作用会阻止火焰的蔓延；混合物中可燃物浓度高于上限时由于空气量不足，火焰也不能蔓延。所以，浓度低于下限或高于上限都不会发生爆炸。

气体混合物的爆炸极限一般用可燃气体或蒸气在混合物中的体积百分比来表示。部分气体和液体的爆炸极限见表 1-2-1。

表 1-2-1　部分气体和液体的爆炸极限

物质名称	爆炸极限/%		物质名称	爆炸极限/%		物质名称	爆炸极限/%	
	下限	上限		下限	上限		下限	上限
氢	4.0	75.6	邻二甲苯	1.0	7.6	丁烷	1.5	8.5
氨	15.0	28.0	氯苯	1.3	11.0	甲醛	7.0	73.0
一氧化碳	12.5	74.0	甲醇	5.5	36.0	乙醚	1.7	48.0
二硫化碳	1.0	60.0	乙醇	3.5	19.0	丙酮	2.5	13.0
乙炔	1.5	82.0	丙醇	1.7	48.0	汽油	1.4	7.6
氰化氢	5.6	41.0	丁醇	1.4	10.0	煤油	0.7	5.0
乙烯	2.7	34.0	甲烷	5.0	15.0	乙酸	4.0	17.0
苯	1.2	8.0	乙烷	3.0	15.5	乙酸乙酯	2.1	11.5
甲苯	1.2	7.0	丙烷	2.1	9.5	硫化氢	4.3	45.0

爆炸极限不是固定的，影响爆炸极限的因素主要有以下几点：

① 原始温度　爆炸性混合物的原始温度越高，爆炸极限的范围越大。

② 原始压力　一般情况下，压力越高，爆炸极限范围越大；压力降低，爆炸极限范围缩小。减压操作有利于减小爆炸的危险性。

③ 惰性介质及杂质　混合物中惰性介质的加入，可以缩小爆炸极限的范围，惰性介质的浓度高到一定数值可使混合物不发生爆炸。某些气体参加的反应中，杂质的存在会促使过程发生爆炸，如少量硫化氢的存在会降低水煤气和空气混合物的燃点，并因此促进其爆炸。

④ 容器　充装可燃物容器的材质、尺寸对物质爆炸极限均有影响。容器或管道直径越小爆炸极限的范围越小。

⑤ 点火源　点火源的能量、热表面的面积、与混合物的接触时间等，对爆炸极限均有影响。

⑥ 其他因素　光对爆炸也有影响。如氯与氢在黑暗中反应十分缓慢，在强光照射下就会发生爆炸。

2. 粉尘爆炸

粉尘在空气中达到一定浓度，遇明火会发生爆炸。粉尘爆炸的过程是粉尘的表面受辐射，温度逐渐升高，使粉尘粒子的表面分子受热分解或干馏，在粒子周围产生气体，这些气体与空气混合形成爆炸性混合物，同时发生燃烧，燃烧产生的热量又进一步促使粉尘粒子分解，不断放出可燃气体和空气混合而使火焰蔓延。粉尘爆炸实质是气体爆炸，其能量来自于热辐射而非热传导。

影响粉尘爆炸的因素有以下几点：

① 物化性质　燃烧热越大、氧化速度越快、挥发性越大、越易带电，越易引起爆炸。

② 颗粒大小　粉尘越细、燃点越低，爆炸下限越小。粉尘粒子越干燥，其燃点越低。

③ 粉尘的浮游性　粉尘在空气中停留的时间越长，危险越大。

④ 粉尘与空气混合的浓度　粉尘与空气的混合和可燃气体、蒸气与空气的混合一样，也有上下限。粉尘混合物达到爆炸上限的情况通常只存在于设备内部或扬尘点附近，故一般粉尘混合物的爆炸极限以下限表示。需要注意的是，并不一定在场所的整个空间都形成有爆炸危险的浓度才会造成粉尘爆炸，一般只要粉尘在空间中成层地附着于墙壁、设备上就可能引起爆炸。

表 1-2-2 列出了部分粉尘的爆炸下限。

表 1-2-2　部分粉尘的爆炸下限

粉尘名称	雾状粉尘	粉尘云	粉尘名称	雾状粉尘	粉尘云
	爆炸下限/(g/m^3)	爆炸下限/(g/m^3)		爆炸下限/(g/m^3)	爆炸下限/(g/m^3)
铝	35~40	37~50	硫磺	35	
镁	20	44~59	红磷		48~64
锌	35	212~284	萘	2.5	28~38
铁	120	153~204	松香	12.6	
聚乙烯	20	26~35	脲醛树脂	70	
聚苯乙烯	15	27~37	醋酸纤维素	25	
聚氯乙烯		63~86	硬沥青	20	
聚丙烯	20	25~35	煤粉	35~45	
有机玻璃	20		煤焦炭粉		37~50
酚醛树脂	25	36~49	炭黑		36~45

2.4.2 防火的基本知识

1. 物质火灾危险性的评定

爆炸极限和自燃点是评定气体火灾爆炸危险的主要指标。气体的爆炸极限范围越大，爆炸下限越低，其火灾爆炸危险性越大；气体的自燃点越高，其火灾爆炸危险性越小。另外，气体化学活泼性越强，火灾爆炸的危险性越大；气体在空气中的扩散速度越快，火灾蔓延扩展的危险性越大；相对密度大的气体易聚集不散，遇明火容易造成火灾爆炸事故；易压缩液化的气体遇热后体积膨胀，压力增大，容易发生火灾爆炸事故。

评定液体火灾爆炸危险的主要指标是闪点和爆炸温度极限。闪点越低，越易起火燃烧；爆炸极限范围越大，危险性越大；爆炸温度极限越低，危险性越大。另外，液体的饱和蒸气压越大，越易挥发，闪点也就越低，火灾爆炸的危险性越大；液体受热膨胀系数越大，危险性越大；液体流动扩散快，会加快其蒸发速度，易于起火蔓延；液体相对密度越小，蒸发速度越快，发生火灾的危险性越大；液体沸点越低，火灾爆炸危险性越大；同一类有机化合物，相对分子质量越小，火灾危险性越大。但相对分子质量大的液体，自燃点低，易自燃。液体化学结构不同，危险性也不同，如烃的含氧衍生物中，醚、醛、酮、酯、醇、酸的危险性依次降低；不饱和化合物比饱和化合物危险性大；异构体比正构体危险性大等。

固体物质的火灾危险性主要取决于熔点、燃点、自燃点、比表面积及热分解性等。固体的燃点、自燃点、熔点越低，危险性越大；同样的固体物质，比表面积越大，危险性大；固体物质受热分解温度越低，危险性越大。

2. 石油化工生产中的火灾爆炸危险

石油化工生产中的火灾爆炸危险主要从物质的火灾爆炸危险性和工艺过程的火灾爆炸危险性两个方面分析。工艺过程的火灾爆炸危险性与装置规模、工艺流程和工艺条件有很大关系。一般来说，对同一个生产过程，生产装置的规模越大，火灾爆炸的危险性越大；工艺条件越苛刻，火灾爆炸的危险性越大，如高温高压条件。物质的火灾爆炸危险性如前所述。

为了更好地进行安全管理，对生产中的火灾爆炸危险性进行分类，以便采取有效的防火防爆措施。目前，石油化工生产中的火灾危险性分为五类。分类原则见表 1-2-3。对爆炸及火灾危险场所分为三类八级，见表 1-2-4。对爆炸性混合物分为 3 级 6 组，见表1-2-5、表 1-2-6。

表 1-2-3　火灾爆炸危险性分类原则

类　别	特　　征
甲	① 闪点<28℃的易燃液体 ② 爆炸下限<10%的可燃气体 ③ 常温下能自行分解或在空气中氧化即能导致迅速自燃或爆炸的物质 ④ 常温下受到水或空气中水蒸气的作用，能产生可燃气体并能引起燃烧或爆炸的物质 ⑤ 遇酸、受热、撞击、摩擦、催化以及遇有机物或硫磺等易燃无机物，极易引起燃烧或爆炸的强氧化剂 ⑥ 受撞击摩擦或与氧化剂、有机物接触时能引起燃烧或爆炸的物质 ⑦ 在压力容器内物质本身温度超过自燃点的生产
乙	① 28℃≤闪点<60℃的易燃、可燃液体 ② 爆炸下限≥10%的可燃气体 ③ 助燃气体和不属于甲类的氧化剂 ④ 不属于甲类的化学易燃危险固体 ⑤ 排出浮游状态的可燃纤维或粉尘，并能与空气形成爆炸性混合物
丙	① 闪点≥60℃的可燃液体 ② 可燃固体
丁	① 对非燃烧物质进行加工，并在高热或熔化状态下经常产生辐射热、火花、火焰的生产 ② 利用气体、液体、固体作为燃料或将气体、液体进行燃烧作其他用途的各种生产 ③ 常温下使用或加工难燃烧物质的生产
戊	常温下使用或加工非燃烧物质的生产

表 1-2-4　爆炸及火灾危险场所分类(参照 GB 3836. 14—2000)

类　别	特　　征	分　级	特　　　征
1	爆炸性气体、易燃或可燃液体的蒸汽与空气混合形成爆炸性气体混合物的场所	0 级	在正常情况下，爆炸性气体混合物连续地、短时间频繁地出现或长时间存在的场所
		1 级	在正常情况下，爆炸性气体混合物有可能出现的场所
		2 级	在正常情况下，爆炸性气体混合物不能出现，仅在不正常情况下偶尔短时间出现的场所
2	爆炸性粉尘和可燃纤维与空气混合形成爆炸性混合物的场所	10 级	在正常情况下，爆炸性粉尘或可燃纤维与空气的混合物可能连续地、短时间频繁地出现或长时间存在的场所
		11 级	在正常情况下，爆炸性粉尘或可燃纤维与空气的混合物不能出现，仅在不正常情况下偶尔短时间出现的场所
3	有火灾危险性的场所	21 级	具有闪点高于环境温度的可燃液体，在数量和配置上能引起火灾危险的场所
		22 级	具有悬浮状、堆积状的可燃粉尘或可燃纤维，虽不可能形成爆炸混合物，但在数量和配置上能引起火灾危险的场所
		23 级	具有固体状可燃物质，在数量和配置上能引起火灾危险的场所

注：最大实验安全间隙——空气中混合物在任何浓度下不使爆炸传至周围介质的外壳法兰之间的最大间隙。把可燃性混合气体常用 25. 4mm(1″)的狭窄间隙分隔成两个部分。由于通过这个间隙，火焰面变为舌状，火焰的热损增加，且由于通过间隙后产生涡流运动，在达到着火温度之前，混合物中的热量被吸收，火焰的传播被阻止。

表 1-2-5　爆炸性混合物分级

级　别	最大实验安全间隙($MESG$)/mm
ⅡA	$MESG \geq 0.9$
ⅡB	$0.5 \leq MESG \leq 0.9$
ⅡC	$MESG \leq 0.5$

表 1-2-6　爆炸性混合物分组

组别	引燃温度 t/℃	组别	引燃温度 t/℃
T1	$450 < t$	T4	$135 < t \leq 200$
T2	$300 < t \leq 450$	T5	$100 < t \leq 135$
T3	$200 < t \leq 300$	T6	$85 < t \leq 100$

2. 4. 3　防雷的基本知识

1. 雷电的概念及分类

雷电是自然界中的一种静电放电现象。当带正负电荷的云不断形成和积聚以后，若某处空间的电场强度达到足以击穿空气的程度，就能发生云间放电或对地放电。放电时发出闪光，且在放电通道中产生高温而使空气突然膨胀，发出霹雳雷声。

按照雷电的危害方式，雷电主要有直击雷、感应雷、球雷等。其中，直击雷危害性最大。当雷电击中树木和没有防雷装置的构筑物时，雷电流的数值约在数百安至 200kA 范围，能使受击物体产生强烈的机械振动和热效应，进而使受击物内部水分蒸发或者分解出氢气和氧气而引起爆炸。各种雷击除能引起直接损害外，还能引起易燃、易爆物品发生着火、爆炸，损坏设备、设施，造成事故停车等。

易受雷击的物体有：

① 旷野孤立的或较高的物体；

② 金属屋面、砖木结构的建筑物；

③ 河边、湖畔、土山顶部的物体；

④ 地下水露头处、特别潮湿处、地下有导电矿藏处以及土壤电阻率较小处的物体；

⑤ 山谷风口处的物体；

⑥ 建筑物群中25m以上、高于其他建筑物的物体。

2. 防雷装置

防雷装置包括接闪器或避雷器、引下线和接地装置、消雷装置。

避雷针、避雷线、避雷网、避雷带等均可作为接闪器。避雷针的作用是接受雷云中的放电电流并导之入地，主要用于保护露天变配电设备、建筑物。避雷针要采取必要的防腐蚀措施或者使用能耐腐蚀的镀锌圆钢制成。避雷线主要用于保护电力线路，避雷网和避雷带主要用于保护建筑物，避雷器主要用于保护电力设备。

引下线是雷电电流进入大地前的通道，通常采用圆钢、扁钢或钢绞线。引下线应沿建筑物的外墙敷设，其路径应尽可能短而直。引下线应避开建筑物的出入口和行人容易接触到的地点以防止电击事故。

防雷接地装置的作用是流散雷电电流。《石油化工仪表接地设计规范(SH 3081—2002)》规定，仪表及控制系统防雷接地应与电气专业防雷接地系统共用，但不得与独立避雷装置共用接地装置。

消雷装置由顶部的电离装置、地下的地电荷收集装置以及两者之间的连接线组成。消雷装置是利用积云的感应作用，在其顶部的电离装置附近产生强电场，通过尖端放电使空气电离，产生向积云流动的电子流，使积云受到屏蔽和得到中和，以保持空气不被击穿，从而消除落雷条件，抑制雷击的发生。

3. 防雷措施

建筑物的防雷措施如下所述：

① 利用建筑物钢筋混凝土构件中的钢筋作为接地装置是比较适宜的，最理想的是利用钢筋使建筑物成为一个防护笼，这样可以降低接地电阻和使各个局部位置上的电位均匀。

② 金属屋面及屋顶上部的金属天沟、旗杆、栏杆和室外疏散用安全梯等应可靠接地。

③ 在高山地区的建筑物，可能从横向对建筑物发生雷电放电，应采用避雷网等以防侧击。

2.4.4 防腐的基本知识

1. 腐蚀与安全

腐蚀是指材料在周围介质的作用下所受到的破坏。引起破坏的原因可能是物理的、机械的、化学的、生物的因素等。

在石油化工生产中，所用原材料及中间产品、产品有些具有腐蚀性，这些腐蚀性物料对建筑物、机械设备、配管、阀门、仪表等，均会造成腐蚀性破坏，影响生产安全，危害人身安全，必须重视腐蚀与防护问题。

腐蚀机理分为化学腐蚀和电化学腐蚀。

(1)化学腐蚀　指金属与周围介质发生化学反应而引起的破坏。常见的化学腐蚀如下：

金属氧化　指金属在干燥或高温气体中与氧反应所产生的腐蚀。

高温硫化　指金属在高温下与含硫(硫蒸气、二氧化硫、硫化氢等)介质反应形成硫化物的腐蚀过程。

渗碳　指某些碳化物(如一氧化碳、烃类等)与钢接触在高温下分解生成游离碳，渗入钢内部形成碳化物的腐蚀过程。

脱碳　指在高温下钢中渗碳体与气体介质(如水蒸气、氢、氧等)发生化学反应，引起渗碳体脱碳的过程。

氢腐蚀　指在高温高压下，氢引起钢组织化学变化，使其力学性能劣化的腐蚀过程。

(2) 电化学腐蚀　指金属与电解质溶液接触时，由于金属材料的不同组织及组成之间形成原电池，其阴、阳极之间所产生的氧化还原反应使金属材料的某一组织或组分发生溶解，最终导致材料失效的过程。

2. 腐蚀类型

(1) 全面腐蚀与局部腐蚀　在金属设备整个表面或大面积发生程度相同或相近的腐蚀，称为全面腐蚀。局限于金属结构某些特定区域或部位上的腐蚀称为局部腐蚀。

腐蚀的速度以设备单位面积上在单位时间内损失的质量表示，也可用每年金属被腐蚀的深度，即构件变薄的程度表示。根据金属的腐蚀速度，可以将金属材料的耐腐蚀性分为四级，见表1-2-7。

表1-2-7　金属材料耐腐蚀等级

等　级	腐蚀速度/(mm/a)	耐 腐 蚀 性	等　级	腐蚀速度/(mm/a)	耐 腐 蚀 性
1	<0.05	优良	3	0.5~1.5	可用，但腐蚀较严重
2	0.05~0.5	良好	4	>1.5	不适用，腐蚀严重

(2) 点腐蚀　又称孔蚀，指集中于金属表面个别小点上深度较大的腐蚀现象。金属表面由于露头、错位、介质不均匀等缺陷，使其表面膜的完整性遭到破坏，成为点蚀源。点蚀源的金属迅速被溶解形成孔洞，孔洞不断加深，直至穿透. 造成不良后果。

防止点腐蚀的措施有：

① 减少介质溶液中氯离子浓度，或加入有抑制点腐蚀作用的阴离子，如对不锈钢可加入 OH^-，对铝合金可加入 NO_3^-；

② 减少介质溶液中氧化性离子，如 Fe^{3+}、Cu^{2+}、Hg^{2+}等；

③ 降低介质溶液温度，加大溶液流速；

④ 采用阴极保护；

⑤ 采用耐点腐蚀合金。

(3) 缝隙腐蚀　指在电解液中，金属与金属、金属与非金属之间的窄缝内发生的腐蚀。在石油化工生产中，管道连接处、衬板及垫片处、设备污泥沉积处、腐蚀物附着处等，均易发生缝隙腐蚀。当金属保护层破损时，金属与保护层之间的破损缝隙也会发生腐蚀。

缝隙腐蚀是由于缝隙内积液流动不畅，时间长了会使缝内外由于电解质浓度不同构成浓差原电池，发生氧化还原反应。

防止缝隙腐蚀的措施有：采用抗缝隙腐蚀的金属或合金材料；采用合理的设计方案，避免连接处出现缝隙、死角等，降低缝隙腐蚀的程度；采用电化学保护；采用缓蚀剂保护。

(4) 晶间腐蚀　指沿着金属材料晶粒间发生的腐蚀。这种腐蚀可以在材料外观无变化的情况下，使其完全丧失强度。

防止晶间腐蚀的措施主要是采用低碳不锈钢或采用合金材料。

(5) 应力腐蚀　是指金属及合金在拉应力和特定介质环境的共同作用下，发生的腐蚀破坏。应力腐蚀外观一般没有任何变化，裂纹发展迅速且预测困难，极具危险性。发生应力腐蚀的金属材料主要是合金，纯金属较少。

防止应力腐蚀的措施有：合理设计结构，消除应力；合理选用材料；避免高温操作以及采用缓蚀剂保护。

(6) 氢损伤　指由氢作用引起材料性能下降的一种现象，包括氢腐蚀与氢脆。氢腐蚀的原因是：在高温高压下，氢原子经化学吸附进入金属内部，破坏晶间结合力，在高应力作用下，导致微裂纹生成。氢脆是指氢溶于金属后残留于位错等处，当氢达到饱和后，对错位起钉扎作用，使金属晶粒滑移难以进行，造成金属出现脆性。

防止氢损伤的措施有：采用合金材料，使金属表面合金的防护膜阻止氢向金属内部扩散；避免高温高压同时操作；在气态氢环境中，加入适量氧气抑制氢脆发生。

(7) 腐蚀疲劳　指材料在腐蚀环境中，受交变应力作用产生的破坏。

防止腐蚀疲劳的措施有：尽量避免低交变速率应力作用；尽量降低循环应力值及幅度；避免强腐蚀环境操作。

3. 腐蚀防护

(1) 正确选材　在选择材料时，除考虑一般技术经济指标外，还应考虑工艺条件及其在生产过程中的变化。要根据介质的性质、浓度、杂质、腐蚀产物、化学反应、温度、压力、流速等工艺条件，以及材料的耐腐蚀性能等，综合选择材料。

(2) 合理设计　在结构设计、连接形式上，应注意避免出现缝隙，还应尽量减少设备死角，消除积液对设备的腐蚀。

(3) 电化学保护

① 阳极保护　在化学介质中，将被腐蚀的金属通以阳极电流，在其表面形成耐腐蚀性很强的钝化膜，保护金属不被腐蚀。

② 阴极保护　有外加电流和牺牲阳极两种方法。外加电流是将被保护金属与直流电源负极连接，正极与外加辅助电极连接，通入电流，使腐蚀过程受到抑制。牺牲阳极又称护屏保护，是将更活跃的金属同被保护金属连接构成原电池，使该活跃金属成为阳极，反应过程中，阳极流出的电流可以抑制对被保护金属的腐蚀，而阳极则受到腐蚀，成为牺牲品。

(4) 缓蚀剂　加入腐蚀介质中，能够阻止金属腐蚀或降低金属腐蚀速度的物质，称为缓蚀剂。缓蚀剂可在金属表面形成一层连续的保护性吸附膜，或在金属表面生成一层难溶化合物金属膜，阻滞了腐蚀反应过程，降低了腐蚀速度，达到了缓蚀的目的，保护了金属材料。

常见的缓蚀剂见表1-2-8。

表1-2-8　常见的缓蚀剂

缓蚀剂名称	缓蚀材料	腐蚀介质
乌洛托品	钢铁	盐酸、硫酸
粗吡啶	钢铁	盐酸与氢氟酸混酸
负氨	钢铁	盐酸与氢氟酸混酸
负氮+KI	钢铁	高温盐酸
粗喹啉	钢铁	硫酸
甲醛与苯胺缩台物	钢铁	盐酸
亚硝酸钠	钢铁	淡水、盐水、海水
铬酸盐	钢铁、铝镁铜及合金	微碱性水
重铬酸盐	钢铁、铝镁铜及台金	高碱性水
低模硅酸钠	钢、铜、铅、铝	低含盐量水
高模硅酸钠	黄铜、镀锌	热水

（5）金属保护层　金属保护层指用耐腐蚀性较强的金属或合金，覆盖于耐腐蚀性较差的金属表面产生保护作用的金属。常用的金属保护层有金属衬、喷镀、热浸镀、表面合金化、电镀、化学镀以及离子镀等。

（6）非金属保护层　指采用非金属材料覆盖于金属或非金属设备或设施表面，防止腐蚀的保护层。分衬里和涂层两类。非金属衬里在石油化工设备中应用广泛。

（7）非金属设备　由于某些非金属材料具有优良的耐腐蚀性及相当好的物理机械性能，因此可以代替金属材料，加工制成各种防腐蚀设备。常用的有聚氯乙烯、聚丙烯、不透性石墨、陶瓷、玻璃以及玻璃钢、天然岩石、铸石等，可以制造设备、管道、管件、机器及部件、基本设施等。

第3章　过程检测仪表

为保证石油化工生产安全、稳定、连续、高效地进行，必须准确且及时地检测出生产过程中的各种过程参数，这些参数包括温度、压力、流量、物位、化学成分及物性等参数，完成这些检测任务的工具称为过程检测仪表。将过程参数转换为便于传送的信号的仪表叫传感器，输出为标准化信号的传感器称为变送器。本章主要介绍温度、压力、流量、物位、轴系检测仪表以及压力变送器。

3.1　温度检测及仪表

3.1.1　温度的表示方法

1. 温度

温度是表征物体冷热程度的物理量。物体的许多物理现象和化学性质都与温度有关。石油化工生产过程伴随着大量物质的物理和化学性质的改变，随时都有能量的变换和转化。温度的测量是确保产品质量和安全生产的关键环节。

温度不能直接测量，只能借助于冷热不同的物体之间的热交换以及物体的某些物理性质随冷热程度不同而变化的特征进行间接测量。根据热平衡原理，任意两个冷热程度不同的物体相接触，必然要发生热交换现象，当两者达到热平衡状态时，两个物体温度相等。通过对其中一个物体某一物理量(如液体的体积、导体的电量等)的测量，就可以定量地得出另一物体的温度数值，这就是接触测温法。还可利用热辐射原理和光学原理等进行非接触测温。

2. 温标

温标是用来衡量温度的标准尺度，用于统一温度的量值。温标规定了读数的起点(零点)和测量温度的基本单位。各种温度计的刻度数值均由温标确定。目前国际上采用较多的温标是摄氏温标和国际温标，我国法定温度测量单位也采用这两种温标。

(1) 摄氏温标　是将标准大气压下水的冰点定为零度，水的沸点定为100度。在0~100间分成100等份，每一等份为1摄氏度，单位为℃。

(2) 华氏温标　规定在标准大气压下，纯水的冰点为32度，沸点为212度，中间划分180等份，每一等份为1华氏度，单位为℉。

(3) 热力学温标　又称开氏温标，是一种纯理论性温标。它规定分子运动停止时的温度为绝对零度，它是以热力学第二定律为基础，与测温物体的任何物理性质无关的一种温标，单位为K。

(4) 国际温标　是一种能够用计算公式表示的既紧密接近热力学温标，使用又简便的温标，它是一个国际协议性温标。

根据国际温标规定，热力学温度是基本温度，它规定水的三相点热力学温度(固态、液态、气态三相共存时的平衡温度)为273.16K。将比水的三相点温度低0.01K的温度值定为0℃。

3.1.2　温度的检测方法

1. 应用热膨胀原理测温

利用液体或固体受热时产生热膨胀的原理，可以制成膨胀式温度计。玻璃温度计属于液体膨胀式温度计；双金属温度计属于固体膨胀式温度计。

双金属温度计中的感温元件采用两片线膨胀系数不同的金属片叠焊在一起并将一端固定而制成的。当双金属片受热后，由于两金属片的膨胀长度不同而产生弯曲，如图 1-3-1 所示。温度越高，产生的线膨胀长度差越大，引起弯曲的角度就越大。利用弯曲变形的大小不同，表示出温度的高低不同。

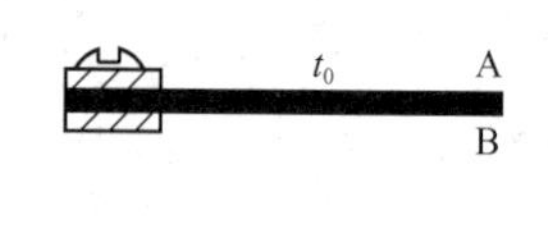

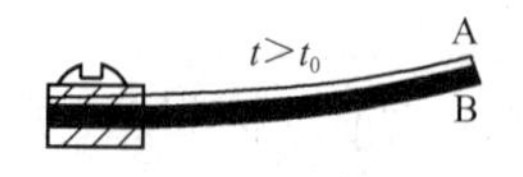

图 1-3-1 双金属温度计原理图

2. 应用压力随温度变化的原理测温

利用封闭的气体、液体或某种液体的饱和蒸汽受热时，其压力(或体积)会随着温度变化而变化的性质，可以制成压力计式温度计。

一般称充以气体、液体或饱和蒸汽的固定体积的容器为温包，这种温度计又称温包式温度计。

压力式温度计的测温系统是一个由温包、连接毛细管和弹簧管组成的、内部充有感温介质的封闭系统。温包受热后，所增加的压力(或体积)沿着毛细管传导到弹簧管，弹簧管的弹性变形经过传动机构使指针发生偏转，从而显示温度。

3. 应用热阻效应测温

利用导体或半导体的电阻值随温度变化的性质，可以制成电阻式温度计。

4. 应用热电效应测温

利用金属的热电性质，可以制成热电偶温度计。

5. 应用热辐射原理测温

利用物体的辐射强度能随温度而变化的性质，可以制成辐射高温计。它是非接触测温仪表之一，由辐射感温器和其他配套的显示仪表组成。

3.1.3 测温仪表的分类

温度测量范围很广，测温元件种类很多。按工作原理分，有膨胀式、热电阻式、热电偶式和辐射式等。按测量方式分，有接触式和非接触式两类。

接触式测温可以直接测被测物体的温度，简单、可靠、测量准确度高。测温元件与被测介质需要进行充分的热交换，会产生测温的滞后现象。受耐高温材料的限制，不能用于很高的温度测量。

非接触式测温只能测得被测物体的表观温度(光亮温度、辐射温度、比色温度等)，一般情况下，通过对被测物体表面发射率修正后才能得到真实温度。从原理上讲非接触法测温不受温度上限的限制，测温范围很广，反应速度一般也比较快。受到被测物体与仪表之间的距离及辐射通道上的烟雾、水气、尘埃等其他介质的影响，测量准确度较低。

各种测温仪表的测温原理和基本特性见表 1-3-1。

3.1.4 热电偶温度计

热电偶温度计是以热电效应为基础，将温度变化转换为热电势变化进行温度测量的仪表。它测量准确度高，灵敏度高，稳定性和复现性较好，响应时间短，结构简单，使用方便，测温范围大，适用范围广，热电偶温度计可用于-200~1600℃范围内的温度测量，是目前使用最广泛的温度传感器。

热电偶种类繁多，可分为标准化热电偶和非标准化热电偶二大类。标准化热电偶是国际电工委员会推荐的 8 种标准化热电偶，非标准化热电偶则是在超高温、超低温等特殊测温条件下应用的热电偶。

表 1-3-1 常用测温仪表的分类及性能

测量方式	仪表名称	测温原理	准确度等级范围	特点	测量范围/℃
接触式	双金属温度计	金属热膨胀变形量随温度变化	1~2.5	结构简单，读数方便，准确度较低，不能远传	-100~600 一般-80~600
	压力式温度计	气(汽)体、液体在定容条件下，压力随温度变化	1~2.5	结构简单可靠，可较远距离传送(<50m)，准确度较低，受环境温度影响大	0~600 一般 0~300
	玻璃管液体温度计	液体热膨胀体积量随温度变化	0.1~2.5	结构简单，准确度高，读数不便，不能远传	-200~600 一般-100~600
	热电阻	金属或半导体电阻随温度变化	0.5~3.0	准确度高，便于远传	-258~1200 一般-200~650
	热电偶	热电效应	0.5~1.0	测温范围大，准确度高，便于远传，低温准确度差	-269~2800 一般-200~1800
非接触式	光学高温计	物体单色辐射强度及亮度随温度变化	1.0~1.5	结构简单，携带方便，不破坏对象温度场；易产生目测误差，外界反射、辐射会引起测量误差	200~3200 一般 600~2400
	辐射高温计	物体辐射随温度变化	1.5	结构简单，稳定性好，光路上环境介质吸收辐射，易产生测量误差	100~3200 一般 700~2000

1. 热电偶的结构

热电偶是测温元件，它由两种不同材料的导体焊接而成。焊接的一端插入被测介质中感受被测温度，称为热电偶的工作端(热端)，另一端与导线相连，称为自由端(冷端)。

为适用各种测温需要，各种热电偶有各种不同的外型。基本结构由热电极、绝缘子、保护套管和接线盒组成：

(1) 热电极　组成热电偶的两根热电偶丝(导体)称热电极。热电极的直径由材料的价格、机械强度、电导率、热电偶的使用条件和测量范围等决定。贵金属热电极丝的直径一般为0.3~0.65mm，普通金属热电极一般为 0.5~3.2mm。长度由安装条件及插入深度而定，一般为 50~500mm，特殊情况下更长。

(2) 绝缘子　用于保证热电偶两极之间及热电极与保护套管之间的电气绝缘。

(3) 保护套管　作用是保护热电极不受化学腐蚀和机械损伤。

(4) 接线盒　热电偶接线盒的主要作用是将热电偶的参考端引出，供热电偶和导线连接。

热电偶结构类型较多，主要有普通型热电偶和铠装热电偶。铠装热电偶与普通热电偶不同的是热电极与金属保护管之间被氧化镁材料填实，三者成为一体，经整体复合拉伸工艺加工而成的。热电偶具有一定的挠性，动态特性好，体积小。

2. 热电现象及测温原理

将两种不同的金属或半导体连接成图 1-3-2 所示的闭合电路，如果两个接点的温度不

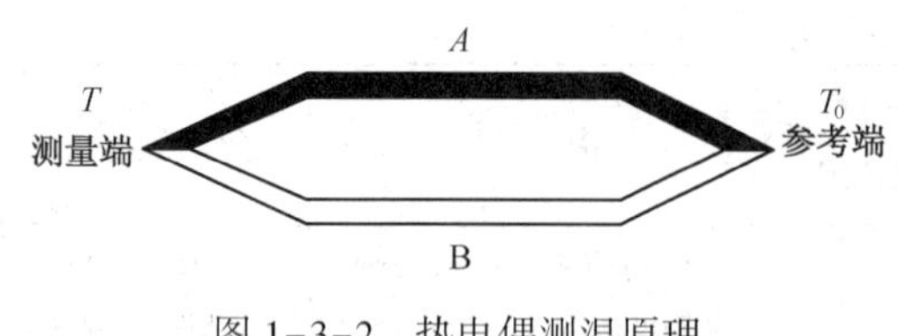

图 1-3-2　热电偶测温原理

同($T>T_0$)，则在回路内会产生电动势，这种现象称为热电现象，这个电动势称为热电势，它由接触电势和温差电势两部分组成。

二种不同的金属，它们的自由电子密度也不同。当两种不同的金属导体 A 和 B 接触时，在它们的交界处会形成电动势，这就是接触电势。接触电势的大小与温度高低及导体中的电子密度有关。温度越高，接触电势越大，两种导体电子密度的比值越大，接触电势也越大。

对于同一导体由于两端的温度不同，自由电子的密度也不同，就会在导体的两端形成电动势，这就是温差电势。温差电势的大小与导体两端的温度差及导体材料的性质有关。温差越大，温差电势就越大。

对于 A、B 两种导体构成的热电偶回路中，总热电势包括两个接触电势和两个温差电势，即

$$E_{AB}(T,\ T_0)=E_{AB}(T)-E_{AB}(T_0)+E_B(T,\ T_0)+E_A(T,\ T_0)$$

式中　$E_{AB}(T,\ T_0)$，$E_{AB}(T)$，$E_{AB}(T_0)$——温度分别为 T，T_0 时，AB 导体的接触电势；

$E_A(T,\ T_0)$——A 导线二端温度分别为 T，T_0 时的温差电势；

$E_B(T,\ T_0)$——B 导线二端温度分别为 T，T_0 时的温差电势。

由于温差电势远小于接触电势，因此常常把它忽略不计，这样闭合回路中的总的热电势 $E_{AB}(T,\ T_0)$ 为

$$E_{AB}(T,\ T_0)=E_{AB}(T)-E_{AB}(T_0)$$

由此说明热电势 $E_{AB}(T,\ T_0)$ 等于热电偶两接点热电势的代数和。当 A、B 导体材料确定后，热电势是接点温度 T，T_0 的函数差。如果一端温度 T_0 保持不变，即 $E_{AB}(T_0)$ 为常数，则热电势 $E_{AB}(T,\ T_0)$ 就成为另一端温度 T 的单值函数了，而和热电偶的结构无关。这样，如果 T 是被测温度，那么只要测出热电势的大小，就能判断测温点的温度，这就是利用热电现象测量温度的原理。

从以上的分析可以看出：相同材料组成的热电偶回路，无论两端温度如何，回路的总热电势为零；热电偶两端温度相等，尽管两导体材料不同，热电偶回路内的总热电势也为零。

热电偶一般都是在自由端温度为 0℃ 时进行分度的。因此，当自由端温度不为 0℃ 而为 T_0 时，则热电势与温度之间的关系为

$$E_{AB}(T,\ T_0)=E_{AB}(T,\ 0)-E_{AB}(T_0,\ 0)$$

式中，$E_{AB}(T,\ 0)$ 和 $E_{AB}(T_0,\ 0)$ 相当于热电偶的工作端分别为 T 和 T_0，而自由端为 0℃ 时产生的热电势。

3. 中间导体定律

利用热电偶测量温度时，必须要用某些仪表来测量热电势的数值，而检测仪表往往会远离测温点，这时就需要将热电偶的两极延长到检测仪表或者将热电偶回路的自由端 T_0 断开，接入连接导线 C，如图 1-3-3 所示，将热电势引到检测仪表处。

热电极本身不便于敷设，贵金属热电偶也很不经济，往往采用引入第三导线 C 的方法，第三种导体的接入又构成了新的接点，如图 1-3-3 所示。

根据能量守恒原理可知：多种金属组成的闭合电路中，尽管它们的材料不同，但只要各

接点温度相等，则闭合回路中的总热电势等于零。在保证引入导体的两端温度相同的前提下，同样可得

$$E_{AB}(T, T_0) = E_{AB}(T) - E_{AB}(T_0)$$

可见，在热电偶回路中接入第三种导体，只要保证引入导体的两端温度相同，则对原热电偶所产生的热电势数值无影响，这就是中间导体定律。

根据中间导体定律，用廉价的导体将热电偶的自由端引到检测仪表，以保证温度测量的准确性。

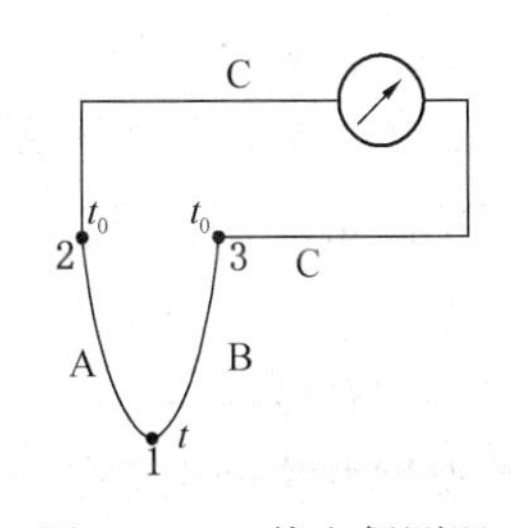

图 1-3-3　热电偶测温系统连接图

4. 补偿导线与冷端温度补偿

由热电偶测温原理可知，只有当热电偶的冷端温度保持不变时，热电势才是被测温度的单值函数。在实际使用过程中，如果不做特别处理，冷端温度难以保持恒定。为了准确地测量温度，就应当把热电偶的冷端延伸到温度比较稳定的地方。由热电特性与所配用的热电偶非常接近的、为延伸测温热电偶热电极的导体，称作补偿导线。

不同热电偶所配用的补偿导线不同，补偿导线有正、负极之分。常见的热电偶补偿导线见表 1-3-2。

表 1-3-2　常用的热电偶补偿导线

型　号	热电偶分度号	线芯材料		绝缘层颜色	
		正　极	负　极	正　极	负　极
SC	S(铂铑$_{10}$-铂)	SPC(铜)	SNC(铜镍)	红	绿
KC	K(镍铬-镍硅)	KPC(铜)	KNC(康铜)	红	蓝
KX	K(镍铬-镍硅)	KPX(镍铬)	KNX(镍硅)	红	黑
EX	F(镍铬-康铜)	EPX(镍铬)	ENX(铜镍)	红	棕
JX	J(铁-康铜)	JPX(铁)	JNX(铜镍)	红	紫
TX	T(铜-康铜)	TPX(铜)	TNX(铜镍)	红	白

各种热电偶的分度表都是在冷端温度 $T_0=0$℃的条件下得到的热电势与温度之间的关系。但实际应用中冷端温度一般不是 0℃，会使测量结果产生较大的误差，必须对冷端温度的影响进行补偿。一般冷端温度补偿可以采用以下几种方法：

(1) 冰点法　把热电偶的冷端置于能保持温度为(0±0.02)℃，冰水两相共存的冰点槽内。冰点槽的设置条件十分苛刻，冰点法一般在实验室或热电偶标定时作精密测量时使用。

(2) 计算修正法　在实际使用中，冷端温度不是 0℃而是 T_0时，测得热电偶回路中的热电势为 $E(T, T_0)$，可采用下式进行修正，即

$$E(T, 0) = E(T, T_0) + E(T_0, 0)$$

式中　$E(T, 0)$——冷端为 0℃，测量端为 T 时的热电势；

$E(T, T_0)$——冷端为 T_0，测量端为 T 时的热电势；

$E(T_0, 0)$——冷端为 0℃，测量端为 T_0 时的热电势，即冷端温度不为 0℃时热电势校正值。

用计算补偿法来补偿冷端温度变化的影响，适用于实验室或临时测温，对于工业生产的连续测量是不实用的。

（3）仪表零点校正法　当热电偶冷端温度比较恒定，配用的显示仪表零点调整又较方便时，就可以采用调整显示仪表机械零点的方法来实现冷端温度补偿。此方法简单实用，工业生产中经常应用，不过这种方法有一定的误差，特别是当热电偶的热电势与温度关系的非线性程度严重，或者室温经常变化时，误差更大。

（4）补偿电桥法　补偿电桥法是采用不平衡电桥产生的直流毫伏信号，来补偿热电偶因冷端温度变化而引起的热电势变化，又称为冷端补偿器，这种方法补偿精度较高。

温度变送器、温度数显仪等温度仪表，其线路本身具有自动补偿功能，不需要外加冷端温度补偿器。

5. 热电偶常见故障的分析

热电偶温度计种类多，使用范围广，结构简单，常见故障主要为温度信号发生“漂移”以及温度示值偏低。

热电偶或补偿导线发生断路时，热电偶热端的热电势就不能传送到显示仪表，使显示仪表的示值会产生“漂移”。

热端温度产生的热电势减少或冷端温度产生的热电势增加，会使显示仪表的示值较实际温度值偏低。

热电偶发生轻度或中度损坏时（见表1-3-3），在相同温度下，产生的热电势往往偏小。

表1-3-3　补偿导线损坏情况一览

损坏程度	从颜色观察电极		损坏程度	从颜色观察电极	
	铂铑-铂	镍铬-镍铝/镍铬-考铜		铂铑-铂	镍铬-镍铝/镍铬-考铜
轻　度	呈灰白色，有少量光泽	有白色泡沫	较严重	呈黄色，硬化	有绿色泡沫
中　度	呈乳白色，没有光泽	有黄色泡沫	严　重	呈黄色，脆，有麻面	碳化，成糟渣

热电偶的插入深度不够时，热电偶的热端所感受到的温度，就不是被测点温度，仪表的示值往往会偏低。

热电偶套管在介质的冲刷下，发生磨损，出现裂缝产生渗漏时，介质与热电偶直接接触，加快热电偶的腐蚀、变质与损坏。有的介质会在热电偶的热端产生结垢，使得仪表示值偏低或滞后。

若导电介质渗入保护套管，使热电偶发生短路，其稳定性变差，因此仪表示值就呈现出不稳定状态。

补偿导线若发生短路，也即产生了一个新的热端，显示仪表只能显示此热端的温度，这个热端不在被测设备或管道内，所测得的温度远远小于实际温度。

冷端温度发生变化，补偿过度或补偿不力时，会产生测量误差。

当补偿导线与热电偶的正负端接反时，在接触处就会产生新的接触电势，接触电势会随着环境温度等因素变化，它会抵消热端的接触电势，使指示偏低。

当热电偶与补偿导线在接线盒内接触不良，如接线松动，接触面产生氧化层等，也就相当于在热电偶的冷端产生了一个随环境温度等因素变化的新的不稳定的接触电势，这个接触电势的存在使显示仪表的示值不稳定。

3.1.5　热电阻温度计

在中低温区，一般使用热电阻温度计来测量温度。

1. 热电阻测温原理

热电阻温度计是基于金属导体或半导体电阻值与温度成一定函数关系的原理实现温度测量的。其关系式为

$$R_T = R_0[1 + \alpha(T - T_0)]$$

式中 R_T——温度为 T 时的电阻值；

R_0——温度为 T_0(通常为0℃)时的电阻值；

α——电阻温度系数。

可见，温度的变化，导致了导体电阻的变化，测出电阻值就测出了相应的温度。

2. 热电阻的种类及结构

各种金属导体都可以作为热电阻材料用于温度测量，但在实际中应用最广的是铂、铜两种金属材料。用这两种金属制作的热电阻分别叫铂电阻和铜电阻。

铂电阻由纯铂丝绕制而成，其使用温度范围为-200~500℃。铂电阻的特点是准确度高、性能可靠、抗氧化性能好，物理化学性能稳定。最常用的铂电阻为Pt100，它的 R_0 为100Ω。

铜电阻一般用于-50~150℃范围的温度测量。它的特点是电阻温度系数大，电阻值与温度之间基本为线性关系，其缺点是体积较大，电阻率低，易氧化，常用的铜电阻有Cu50和Cu100两种，其 R_0 分别为50Ω和100Ω。

热电阻按结构可以分成普通热电阻和铠装热电阻两大类。

普通热电阻是由电阻体、保护套管、引线和接线盒组成。电阻体就是将电阻丝双线无感缠制在绝缘骨架上，绝缘密封；引线就是将感温元件引到接线盒；保护管的作用与热电偶保护管相同。

铠装热电阻由电阻体、引线、绝缘粉末及保护套管整体拉制而成。其特点是：外型尺寸小，响应速度快，抗振，可挠，使用方便。

3. 热电阻常见故障的分析

热电阻体温度计的故障为断路和短路两类问题。

电阻体的电阻丝断路时，整个测量回路开路，显示仪表将指示最大值。

热电阻的保护套管损坏，介质进入保护套管，热电阻发生局部短路时，将引起电阻值减少，仪表示值偏低，甚至指示零下。

热电阻的引线与连接电缆接触不良时，测量回路的电阻值不稳定，导致仪表示值不稳定。

热电阻通过连接电缆采用三线制或四线制与显示仪表相连，连接电缆的故障也会使显示仪表工作不正常。

3.1.6 温度变送器

热电偶、热电阻是温度检测的一次元件，它将温度信号转换成热电势及电阻值信号。温度变送器是将热电势及电阻值信号转换为4~20mA或其他标准信号的装置。

根据安装位置的不同，温度变送器可分为盘装式温度变送器、一体化温度变送器和分体式温度变送器。根据信号处理手段的不同，可分成模拟温度变送器和智能温度变送器。

1. 一体化温度变送器

一体化温度发送器是一种安装在现场的温度变送器，它可以省去补偿导线和线路电阻的

匹配，大大提高测量回路的抗干扰能力，减少了信号传递失真。一体化温度变送器的组件模块化，限压限流，温度转换模块体积小，可以安装在热电偶或热电阻的接线盒内，维护工作量很小。

一体化温度发送器有整体式温度变送器和分体式温度变送器两种。整体式温度变送器将热电偶或热电阻等测温元件和温度转换模块制成一体，直接输出4~20mA或其他标准信号。有的一体化温度变送器还包括显示表头，实现了温度传感、变送和显示一体化。分体式温度变送器可以根据需要将温度变送器和测温元件分开安装。

一体化温度变送器由测量电路、电压放大器、稳压电路、电压电流转换、非线性校正环节和反极性保护等组成。图1-3-4为一体化模拟温度变送器的原理框图。被测热电阻R或热电偶TC的电势经测量电路转换为相应的电压信号，此电压信号经过电压放大器的放大，最后经过电压电流转换，输出4~20mA直流电流信号。

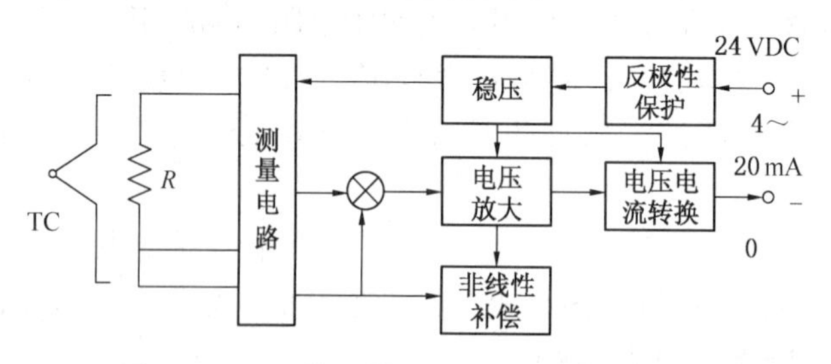

图1-3-4　一体化模拟温度变送器原理框图

被测温度与热电偶的热电势呈非线性关系，需要进行非线性补偿。补偿环节串接在电压放大器的反馈回路中，可以改变电压放大器的放大倍数。

稳压电路保证供给测量电路、放大器和转换器的电压稳定；反极性保护是一个二极管，防止电源接反后会损坏仪表。

2. 分体式温度变送器

分体式温度变送器可以和常用的各种热电偶、热电阻配合使用，将热电势或热电阻值转换成4~20mA、1~5VDC或其他标准信号输出，在石油化工生产过程中应用广泛。

分体式温度变送器的结构大体上可分为输入电路、放大电路和反馈电路，其原理如图1-3-5所示。

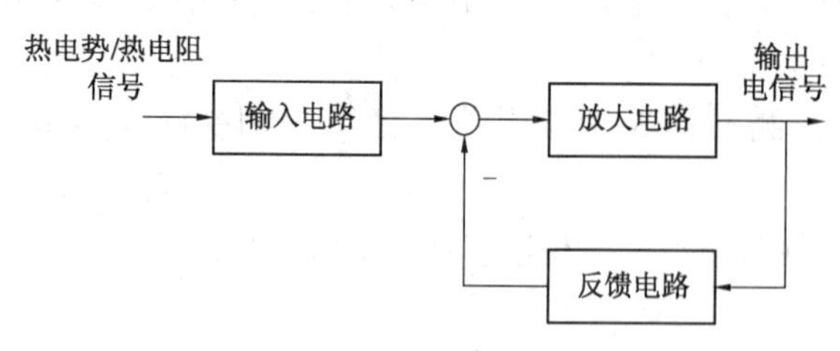

图1-3-5　分体式温度变送器原理框图

输入电路的功能主要是将温度检测元件的电势或电阻值转换成毫伏信号。热电偶温度变送器的输入电路主要是一个冷端温度补偿电桥，它的作用是实现热电偶冷端温度补偿和零点调整。热电阻温度变送器的输入电路包含线性化功能，用以补偿热电阻阻值变化与被测温度之间的非线性关系。

放大电路的功能是将由输入电路来的毫伏信号进行多级放大，将放大后的输出电压信号转换成具有一定负载能力的4~20mA或其他标准信号输出。

反馈电路的作用是使变送器的输出信号与被测温度有一一对应关系。放大路与反馈电路组成的负反馈电路，起着电压-电流转换器作用。

3. 智能温度变送器

智能温度变送器采用微处理技术，功能更强，准确度更高，重量更轻，安装维护更方便。

智能温度变送器主要由硬件和软件两部分组成，其硬件部分由输入板、主电路板和液晶显示器构成，如图 1-3-6 所示。

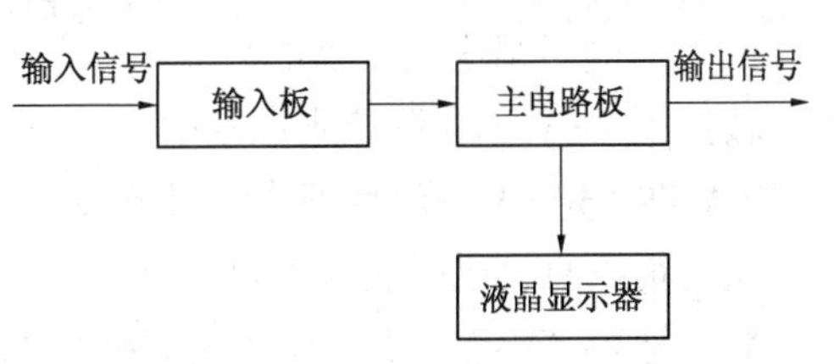

图 1-3-6　智能温度变送器基本构成框图

输入板由多路转换器、信号调理电路、A/D转换器和信号隔离部分组成，其作用是将由温度传感器来的输入信号转换成二进制的数字信号，传送到主电路板的 CPU 进行计算。

主电路板包括微处理器系统、通讯控制器、信号整形电路、本机调整部分和电源部分。

液晶显示器用于显示主电路板 CPU 中的相关数据。

软件部分由系统程序和功能模块两部分构成，系统程序使变送器的各硬件电路能够正常工作并实现所规定的功能，同时完成各组件之间的管理。功能模块给用户提供了各种功能，可以根据需要进行选择。

智能温度变送器的应用越来越广。智能温度变送器有采用 HART 协议的，也有采用 FF 等其他协议的。

4. 温度变送器的校验

温度变送器的种类很多，校验的方法大同小异。下面为模拟温度变送器的检验方法：

(1) 热电偶温度变送器的检验

按照图 1-3-7 进行接线。其中：

E_b　标准毫伏信号发生器，准确度等级 0.2 级；

V　直流数字电压表，准确度等级 0.01 级；

mA　0～30mA 直流毫安表，准确度等级 0.1 级；

R　电阻 250Ω。

然后，按以下步骤调校：

① 检查确认接线无误，通电预热半小时，即可开始校验。

② 根据温度变送器的量程范围查出对应的毫伏值。

③ 用标准毫伏信号发生器，给出输入信号的下限毫伏值，调整零点电位器使温度变送器的输出为 1V 或 4mA。

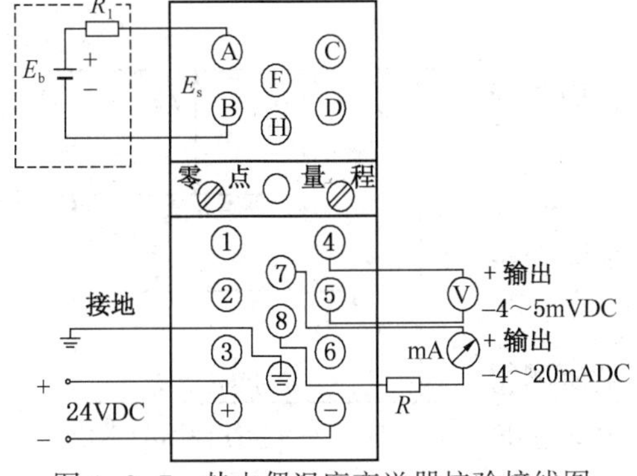

图 1-3-7　热电偶温度变送器校验接线图

④ 用标准毫伏信号发生器给出输入信号的上限毫伏值。调整量程电位器，使温度变送器的输出为 5V 或 20mA。

⑤ 反复检查零点和量程，直到零点与量程时的输出都在允许误差(0.5%)范围内。

⑥ 将毫伏值或输入温度分为五等份，即 0%、25%、50%、75%和 100%，找出相应的毫伏值，由标准毫伏信号发生器发生相应的毫伏信号，检查温度变送器的输出应为 1V、2V、3V、4V、5V 或 4mA、8mA、12mA、16mA、20mA。

⑦ 将毫伏值由小至大(即上行程)和由大到小(即下行程)变化，记录各点的输出，并计算出在各校验点的误差和变差。

⑧ 全部校验完成后，按规定填写校验记录，并断电，拆除标准仪器等。

(2) 热电阻温度变送器的校验

按照图 1-3-8 进行接线。其中：

mA　0～30mA 直流毫安表，准确度等级 0.1 级；

R_t　精密直流电阻箱，准确度等级 0.01 级；

V　直流数字电压表，准确度等级 0.01 级；

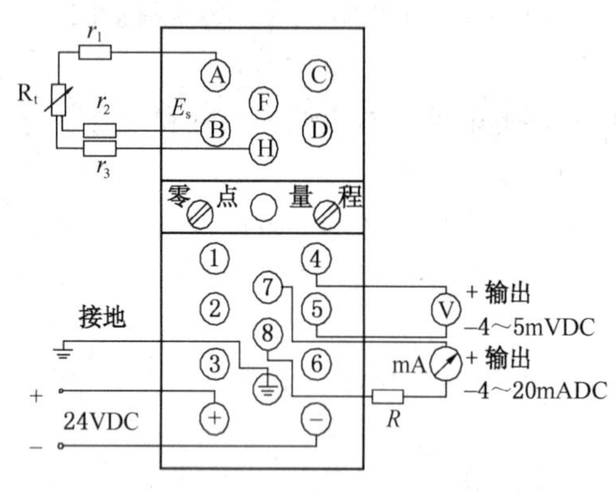

图 1-3-8　热电阻温度变送器校验接线图

R　电阻 250Ω；

r_1、r_2、r_3　线路电阻 1Ω。

热电阻温度变送器的校验步骤与直流毫伏变送器和热电偶温度变送器的检验基本相同，不同的是，热电阻温度变送器校验中，用电阻箱设定输入信号的上、下限电阻值，并据此调整变送器的零点和量程。

一体化温度变送器的校验比较简单，在现场进行校验时可以利用原信号电缆，从控制室供给 24V 直流电源，在变送器的信号端接入信号发生器，在输出端串接标准电流表。然后，根据温度变送器的测量范围输入相应的测量信号，读取其输出电流。如偏差较大，可以反复调整温度变送器的零点和量程电位器，直至符合温度变送器的准确度要求。

3.2　压力检测及仪表

3.2.1　压力概念及其单位

垂直而均匀地作用在物体单位面积上的力称为压力，即

$$p = \frac{F}{S}$$

式中　p——压力，Pa；

F——垂直作用力，N；

S——受力作用的面积，m^2。

从上式可知，压力与所承受力的面积成反比，而与所受的作用力成正比。

3.2.2　压力的表示方法

在工程技术中，对压力的测量，常有表压、绝压、差压、负压或真空度之分，其关系如图 1-3-9 所示：

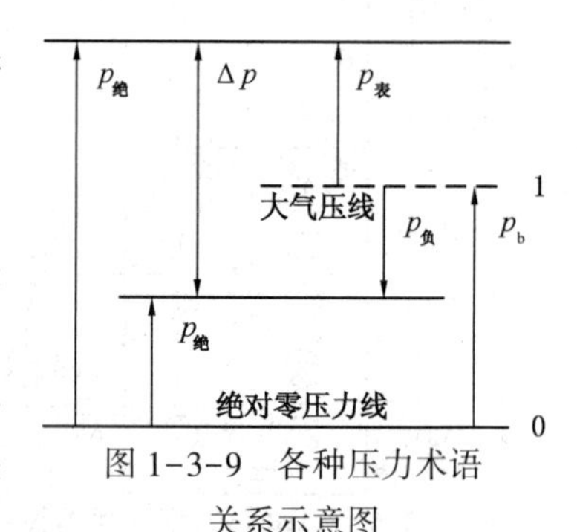

图 1-3-9　各种压力术语关系示意图

(1) 绝压　即绝对压力 $p_{绝}$，是相对于绝对真空所测得的压力，即从完全真空的零压力开始所测得的压力。它是液体、气体或蒸汽所处空间的全部压力。

（2）大气压力　就是地球表面上的空气重量所产生的压力，即围绕地球的大气层的重力对地球表面单位面积上所产生的压力。它随某一地点离海平面的高度、所处纬度和气象情况而变化。用符号 p_b 表示。

（3）标准大气压 $p_{标}(p_N)$　在纬度45°海平面，当温度为0℃；重力加速度为9.80665m/s^2；水银密度为13595.11kg/m^3 时，760mm 水银柱所产生的压力为101.325kPa，此压力称为标准大气压。

（4）表压 $p_{表}$　表压是高于大气压力的绝对压力与大气压力之差，或者相对于大气压力的压力。一般压力仪表，若无特殊装置，其零点压力就是大气压力。所以

$$p_{绝} = p_{表} + p_b$$

工程上所用的压力指示值，大多为表压(绝对压力计的指示值除外)，即

$$p_{表} = p_{绝} - p_b$$

（5）负压(真空表压力)$p_{负}$　也叫真空度。当绝对压力小于大气压力时，大气压力与绝对压力之差(即比大气压力低的表压)称为负压，即

$$p_{负} = p_b - p_{绝}$$

（6）差压 Δp　两个压力之间的差值称为差压。

（7）静压　不随时间变化的压力叫静压。把每秒钟变化量小于压力计分度值1%以下或每分钟变化量小于压力计分度值5%以下的压力认为是静压。

（8）动压　压力随时间的变化超过静压所规定的限度的变化叫动压。

工程上经常用表压来表示压力的大小，除特别说明外，均指表压。

3.2.3　弹性元件

弹性元件是一种测压敏感元件，常用作仪表的基本组成元件。当测压范围不同时，所用的弹性元件也不一样，常用的弹性元件的结构如图1-3-10所示。

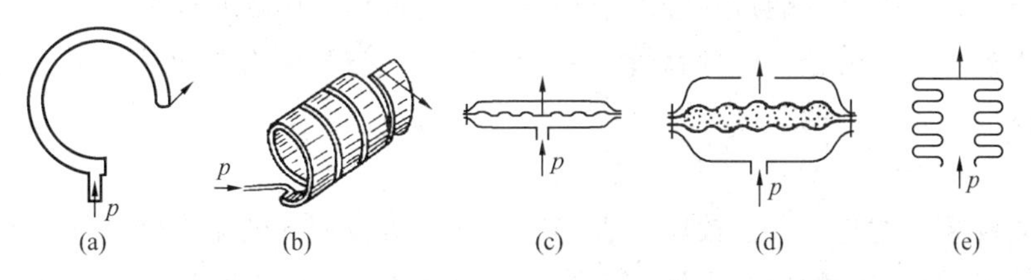

图1-3-10　弹性元件示意图

（1）弹簧管式弹性元件　其测压范围较宽，可测量高达1000MPa 的压力。单圈弹簧管是弯成圆弧形的金属管子，它的截面做成扁圆形或椭圆形，如图1-3-10(a)所示。当通入压力后，它的自由端就会产生位移。这种单圈弹簧管自由端位移较小，因此能测量较高的压力。为了增加自由端的位移，可以制成多圈弹簧管，如图1-3-10(b)所示。

（2）薄膜式弹性元件　根据其结构不同还可以分为膜片与膜盒等。它的测压范围较弹簧管式的为低。图1-3-10(c)为膜片式弹性元件，它是由金属或非金属材料做成的具有弹性的一张膜片(有平膜片与波纹膜片两种形式)，在压力作用下能产生变形。有时也将两张金属膜片做成一膜盒，内充液体(例如硅油)，如图1-3-10(d)所示。

（3）波纹管式弹性元件　是一个周围为波纹状的薄壁金属筒体，如图1-3-10(e)所示。这种弹性元件易于变形，而且位移很大，常用于微压与低压的测量(一般不超过1MPa)。

3.2.4 弹簧管压力表

弹簧管压力表的测量范围广，品种规格多。根据仪表的测压元件，可分为单圈弹簧管压力表与多圈弹簧管压力表。除普通弹簧管压力表外，还有氨用压力表、氧气压力表等。它们的外形与结构基本上是相同的，只是所用的材料有所不同。

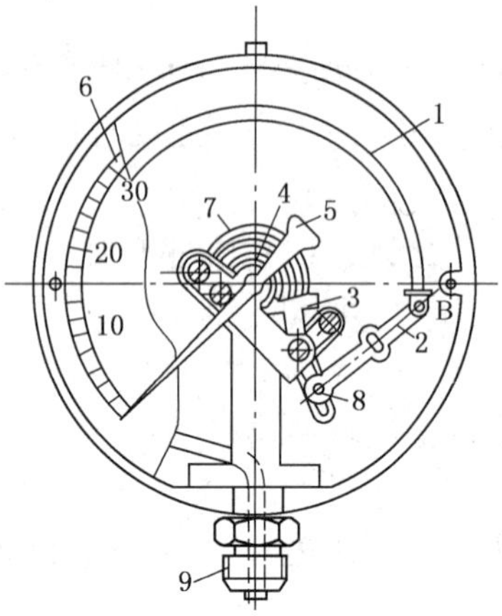

图 1-3-11　弹簧管压力表结构图

1—弹簧管；2—拉杆；3—扇形齿轮；4—中心齿轮；5—指针；6—面板；7—游丝；8—调整螺钉；9—接头

1. 测压原理

如图 1-3-11 所示，弹簧管 1 是压力表的测量元件。图中所示为单圈弹簧管，它是一根弯成 270°圆弧的椭圆截面的空心金属管子。管子的自由端 B 封闭，管子的另一端固定在接头 9 上。当通入被测压力后，椭圆形截面在压力的作用下，将趋于圆形，而弯成圆弧形的弹簧管也随之产生向外挺直的扩张变形。由于变形，使弹簧管的自由端 B 产生位移。输入压力越大，产生的变形也越大。输入压力与弹簧管自由端 B 的位移成正比，只要测得 B 点的位移量，就能反映压力的大小，这就是弹簧管压力表的基本测量原理。

游丝 7 用来克服因扇形齿轮和中心齿轮间的传动间隙而产生的仪表变差。改变调整螺钉 8 的位置(即改变机械传动的放大系数)，可以调整压力表量程。

2. 传动放大机构

如图 1-3-11 所示，弹簧管自由端 B 的位移量一般很小，直接显示有困难，必须通过放大机构才能指示出来。具体的放大过程如下：弹簧管自由端 B 的位移通过拉杆 2 使扇形齿轮 3 作逆时针偏转，指针 5 通过同轴的中心齿轮 4 的带动而作顺时针偏转，在面板 6 的刻度标尺上显示出被测压力的数值。弹簧管自由端的位移与被测压力之间具有正比关系，弹簧管压力表的刻度标尺是线性的。

3. 压力表的校验

压力表的校验，就是比较被校压力表和标准压力表在相同的压力作用下的指示值。所选择的标准表的绝对误差一般应小于被校表绝对误差的 1/3，它的误差可以忽略，认为标准表的读数就是真实压力的数值。被校表对于标准表的读数误差，不大于被校表的规定误差，则认为被校表合格。

常用的校验仪器是活塞式压力计，其结构原理如图 1-3-12 所示。通过手轮 7 旋转丝杠 8，推动螺旋压力发生器 4 中的工作活塞 9 挤压工作液 5，经工作液传压给测量活塞 1。工作液一般采用洁净的变压器油等。

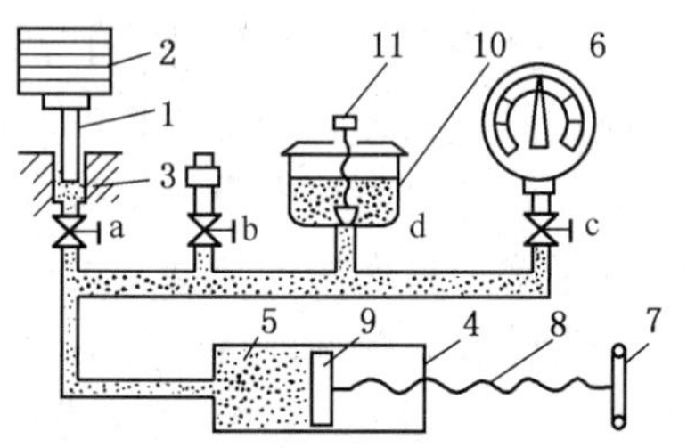

图 1-3-12　活塞式压力计

1—测量活塞；2—砝码；3—活塞柱；4—螺旋压力发生器；5—工作液；6—压力表；7—手轮；8—丝杠；9—工作活塞；10—油杯；11—进油阀

a、b、c—切断阀；d—进油阀

测量活塞 1 上端的托盘上放有砝码 2，活塞 1 插入在活塞柱 3 内，下端承受螺旋压力发生器通过工作液传递的压力 p。当活塞 1 下端所受压力 p 与活塞 1 本身和托盘以及砖码 2 的重力相等时，活塞 1 将稳定在活

塞柱 3 内的某一平衡位置上。这时的力平衡关系为

$$pA = W + W_1$$

$$p = \frac{1}{A}(W + W_1)$$

式中 A——测量活塞 1 的截面积；

W，W_1——砝码和测量活塞(包括托盘)的质量；

p——被测压力。

一般活塞截面积是知道的($A = 1\text{cm}^2$ 或 0.1cm^2)，可以计算出被测压力 p 的数值。如果把被校压力表 6 上的指示值与这一准确的标准压力值 p 相比较，便可知道被校压力表的误差大小。也可以在 b 阀上接上标准压力表(其准确度等级为 0.35 级或更高)，由压力发生器改变工作液压力，比较被校表和标准表上的指示值，完成校验。

4. 电接点压力表

在石油化工生产过程中，常常需要把压力控制在某一范围内，当压力低于或高于给定范围时，就会超越正常工艺条件，甚至可能发生危险。采用带有报警或控制触点的电接点信号压力表，能在压力偏离给定范围时，及时发出信号，以提醒操作人员注意或通过中间继电器实现压力的自动控制。

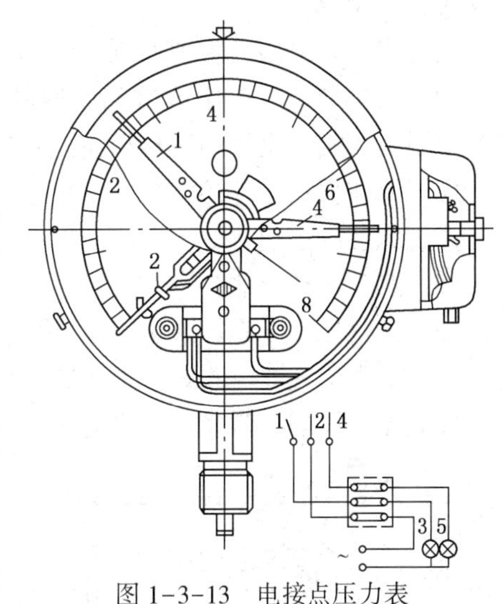

图 1-3-13　电接点压力表

1、4—静触点；2—动触点；3—绿灯；5—红灯

图 1-3-13 是电接点信号压力表的结构和工作原理示意图。压力表指针上有动触点 2，表盘上另有两根可调节的指针，上面分别有静触点 1 和 4。当压力超过上限给定数值(由静触点 4 的指针位置确定)时，动触点 2 和静触点 4 接触，红色信号灯 5 的电路被接通，使红灯发亮。若压力低到下限给定数值(由静触点 1 的指针位置确定)时，动触点 2 与静触点 1 接触，接通了绿色信号灯 3 的电路。静触点 1、4 的位置可根据需要灵活调节。

3.3　流量检测及仪表

3.3.1　流量及流量的表示方法

单位时间内通过管道横截面的流体体积或质量称为流量，也叫瞬时流量。其表达式为

$$q_v = \frac{\mathrm{d}V}{\mathrm{d}t} = vA \text{ 或 } q_m = \frac{\mathrm{d}m}{\mathrm{d}t} = \rho vA$$

式中 q_v——体积流量，m^3/s；

q_m——质量流量，kg/s；

V——流体体积，m^3；

m——流体质量，kg；

t——时间，s；

ρ——流体密度，kg/m^3；

v——管道内平均流速，m/s；

A——管道横截面面积，m^2。

在一段时间内流过管道的流体的总和称为总量，也称累计流量。累计流量在数值上等于瞬时流量对时间的积分，其表达式为

$$Q_V = \int q_v \mathrm{d}t \text{ 或 } Q_m = \int q_m \mathrm{d}t$$

式中 Q_v——累计体积流量，m^3；

Q_m——累计质量流量，kg。

流量测量的方法很多，分别用于不同的场合和不同的测量目的。这些测量方法基于多种不同的测量原理，利用各种不同的输出信号变化来反映流体流量的变化。专门测量流体流量的仪表叫流量计。

根据流量计采用的物理原理，常用的流量测量仪表可分为以下几类：

(1) 力学原理　应用伯努利定律的差压式、浮子式；应用动量定理的可动管式、冲量式；应用牛顿第二定律的直接质量式；应用流体阻力原理的靶式；应用动量守恒原理的叶轮式；应用流体振动原理的涡街式、旋进式；应用动压原理的皮托管式、均速管式；应用分割流体体积原理的容积式等。

(2) 热学原理　热分布式、热散效应式和冷却效应式等。

(3) 声学原理　超声式、声学式(冲击波式)等。

(4) 电学原理　电磁式、电容式、电感式和电阻式等。

(5) 光学原理　激光式和光电式等。

(6) 原子物理原理　核磁共振式和核辐射式等。

(7) 其他　标记法等。

3.3.2 差压式流量计

差压式流量计利用节流装置测量流体的流量。这种测量方法是石油化工应用最广泛的流量测量方法，是仪表运行、维护人员必须掌握的测量方法。

1. 测量原理

如图 1-3-14 所示，当充满管道的流体流经管道内的节流件时，流束将在节流件处形成局部收缩，因而流速增加，静压力降低。这种在节流件前后管壁处流体的静压力产生差异的现象称为节流现象。节流件前后产生压差，管道中流体流量越大，产生的压差越大。

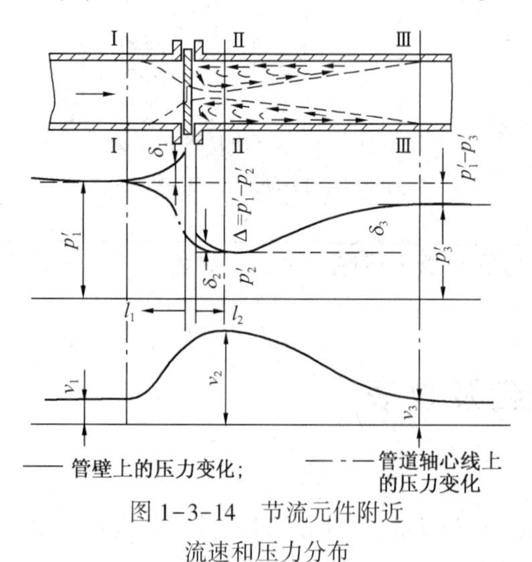

图 1-3-14　节流元件附近流速和压力分布

根据流体力学中的伯努利方程和流体连续性方程式可推导得出流量与压差之间的定量关系式，被称为流量基本方程式。即

$$q_v = C \cdot \varepsilon \cdot F\sqrt{\frac{2}{\rho}\Delta p} \text{ 或 } q_m = C \cdot \varepsilon \cdot F\sqrt{2 \cdot \rho \cdot \Delta p}$$

式中 q_v——体积流量，m^3/s；

q_m——质量流量，kg/s；

C——流量系数；

ε——膨胀系数，对不可压缩的液体来说，常取 $\varepsilon=1$；

F——节流装置的开孔截面积，m^2；

Δp——节流装置前后的压差，Pa；

ρ——节流装置前的流体密度，kg/m^3。

在流量基本方程式中，C 是一个受许多因素(如节流装置形式或管道内流体的物理性质等)影响的综合性参数，其值可通过查阅有关设计手册或由实验方法确定。在进行节流装置的设计计算时，针对特定条件，选择一个 C 值来计算的，计算结果只能应用在一定条件下，一旦条件改变，就必须另行计算。例如，按小负荷情况计算的孔板，用来测量大负荷时的流体流量，就会引起较大的误差，必须加以修正。

由流量基本方程式还可以看出，流量与压差 Δp 的平方根成正比，用这种流量计测量流量时，如果不作开方处理，流量标尺刻度是不均匀的。为使标尺刻度均匀，便于读数，一般要做开方计算。

常用的节流件有孔板、喷嘴、文丘里管以及楔形节流件、V 形锥节流件等，因孔板、喷嘴、文丘里管等节流装置应用广泛，其结构、尺寸、加工要求、取压方法、使用条件等已经标准化，标准化的节流装置称为“标准节流装置”。

2. 节流装置的取压方式

由基本流量方程式可知，节流件前后的差压 p_1-p_2是计算流量的关键数据，取压方法相当重要。就孔板而言，主要有三种取压方式，分别是角接取压、法兰取压、径距取压。其中，法兰取压方式应用较多，如图 1-3-15 所示。

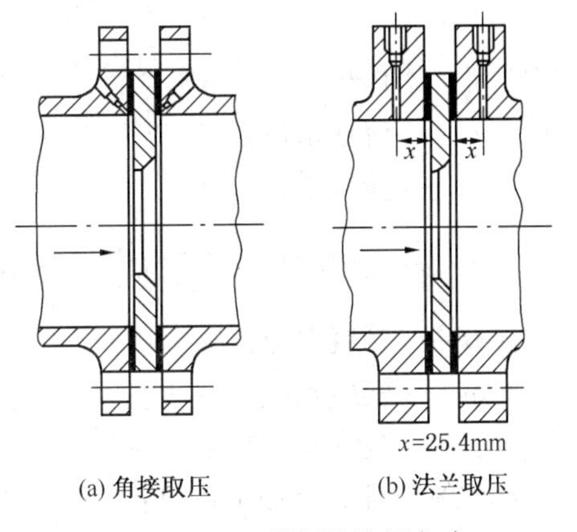

图 1-3-15 常用的取压方式

角接取压法就是在节流件前后两端面与管壁的夹角处取压。角接取压方法包括环室取压和单独钻孔取压。

环室取压法能得到较好的测量准确度，但是加工制造和安装要求严格，如果由于加工和现场安装条件的限制，达不到预定的要求时，其测量准确度仍难保证。所以，在实际应用时，为了加工和安装方便，常使用单独钻孔取压，特别是对大口径管道。

法兰取压法就是在夹紧节流件的两片法兰上开孔取压。

3. 标准孔板的结构及使用

标准孔板又称同心直角锐边孔板，其轴向截面如图 1-3-16 所示。孔板是一块加工成圆形同心孔的具有锐利直角边沿的薄板，开孔的上游侧边沿是锐利的直角。标准孔板对尺寸和公差、光洁度等都有详细规定，其中孔径与管道直径之比 d/D 在 0. 2~0. 8 之间，d 不小于 12. 5mm，节流孔厚度 $h=(0.005\sim0.02)D$，孔板厚度 $H<0.05D$，锥面的斜角 $\alpha=30°\sim45°$。具体数值可参阅设计手册。

标准孔板结构简单、安装方便。孔板的缺点是流体经过孔板后压力损失大，当工艺管道上不允许有较大的压力损失时，便不宜采用。标准喷嘴和标准文丘里管的压力损失较孔板为小，但结构比较复杂，不易加工。实际应用中仍多采用孔板。

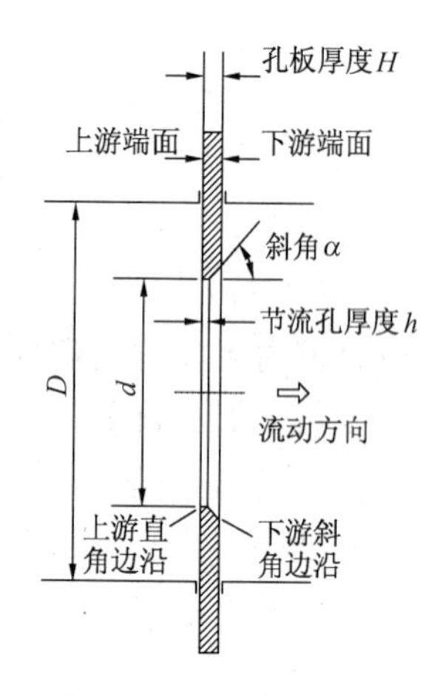

图 1-3-16　标准孔板断面示意图

标准节流装置仅适用于测量管道直径大于 50mm，雷诺数在 $10^4 \sim 10^5$ 以上的流体，流体应当清洁，充满全部管道，不发生相变。为保证流体在节流装置前后为稳定的流动状态，在节流装置的上、下游必须配置一定长度的直管段。

节流装置将管道中流体流量的大小转换为相应的差压大小，这个差压由导压管引出，传递到相应的差压变送器，实现差压信号的远传，以便于集中显示和控制。

4. 楔形节流装置的结构及测量原理

采用楔形节流装置的流量计称为楔型流量计。楔形节流件是悬挂(镶嵌)在管道中的一块“楔”形金属块，使管道形成半“月”形流通截面。楔形节流件也叫楔形流量检测元件，一般是由两块平板按一定夹角要求焊制而成，差压引出管在楔形检测元件两侧按某一固定距离要求的地方引出，如图 1-3-17所示。

楔型流量计的流量公式为

$$q_{\mathrm{v}} = \frac{C\varepsilon}{\sqrt{1 - m^2}} m \frac{\pi D}{4} \sqrt{\frac{2\Delta p}{\rho}}$$

式中　q_{v}——体积流量，$\mathrm{m^3/s}$；

C——流量系数；

ε——膨胀系数；

m——流通面积与管道截面积之比，即 $m = A/\left(\frac{\pi D^2}{4}\right)$，其中 A 为流通面积；

D——管道内径，m；

Δp——楔形元件前后的差压，Pa；

ρ——被测流体密度，$\mathrm{kg/m^3}$。

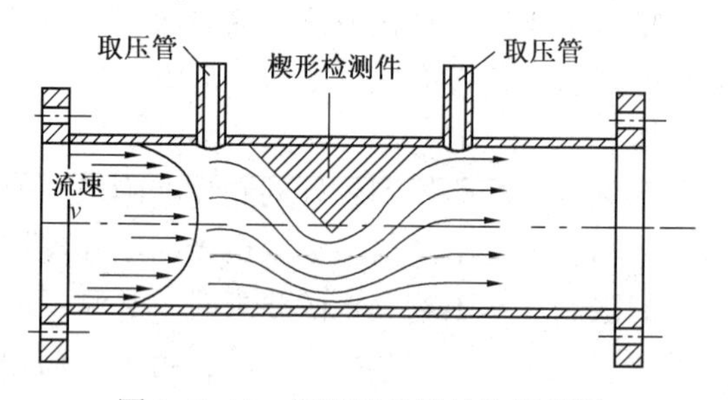

图 1-3-17　楔型流量计结构原理图

楔型流量计具有如下特点：

(1) 与孔板相比，楔型流量计的压损较小。

(2) 楔型流量计的检测元件与孔板相比，入口边缘不锐利，使其具有良好的耐磨性，传感器使用寿命较长。

(3) 楔型流量计的检测元件上游侧为倾斜的，具有导流作用，当流体中含有杂质或固体物质时，不会沉积在检测元件周围，具有自清洗作用。

(4) 适用于低雷诺数流量测量，量程比较宽。雷诺数在 400～10000 之间的测量误差小于 3%。

(5) 安装使用方便，运行成本较低。

(6) 适用范围较广，可用于各种液体、气体和蒸汽的流量测量，特别适合于高黏度流体、含有悬浮颗粒的流体和污水的流量测量。

5. V 锥节流装置的结构与工作原理

采用 V 锥节流装置的流量计称为 V 锥流量计，如图 1-3-18 所示。V 锥节流件是一个悬挂在管道中央的具有一定锥角的尖圆锥体。流体从锥体顶部方向流入，从底部方向流出，在锥体安装处产生节流，通过锥体前后的差压来测量流量。在锥体上游流体尚未收缩处取正压 p_1，在锥体底部取负压 p_2。

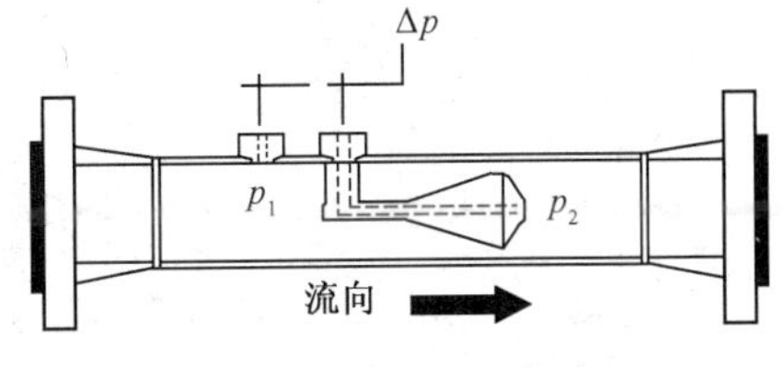

图 1-3-18　V 锥流量计结构及原理简图

V 型锥流量计的流量公式为

$$q_v = \frac{C\varepsilon}{\sqrt{1-\beta^4}}\frac{\pi}{4}d^2\sqrt{\frac{2\Delta p}{\rho}}$$

式中　q_v——体积流量，m^3/s；

ε——膨胀系数；

C——流量系数；

Δp——差压，$\Delta p = p_1 - p_2$，Pa；

ρ——被测介质密度，kg/m^3；

D——管道内径，m；

d——节流件的等效开孔直径，m；

β——直径比，V 锥流量计的等效 $\beta = \sqrt{\frac{(D^2-d_V^2)}{D^2}} = \frac{\sqrt{(D^2-d_V^2)}}{D}$，式中 d_V 表示内锥的最大外径，m。

V 锥流量计具有如下特点：

（1）悬挂在管道中心的锥体可以使管道中心处的流速减慢，使管壁附近的流速加快，从而改善上游速度分布，起到了自整流作用，达到流速“均匀化”的效果，即使在低流速时仍能产生足够的差压，同时缩短了直管段的长度，如图 1-3-19 所示。

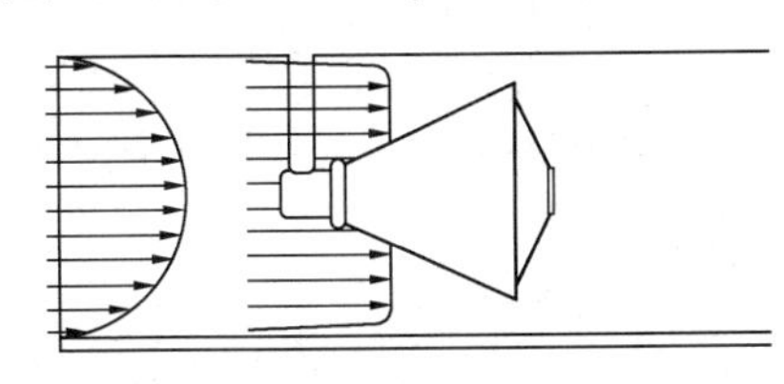

图 1-3-19　V 锥对流速自整流作用图

（2）流体逐渐接近 V 型锥时，管道中央流速越来越慢，管壁附近逐渐加快，没有积垢死角，易黏结的杂质不会黏在 V 型锥上，具有自清洁功能。

（3）流体通过流量计时在锥面产生边界层效应，使流体不能直接冲击其下游边缘，自动保护了锥体的外形尺寸，无需重复标定，具有长期的稳定性。

（4）具有降噪功能，量程得以向低限扩展。

（5）与孔板相比，压力损失小，能耗小。

（6）适用范围广，适用于贸易计量，尤其适用于各种洁净/脏污流体、低静压/低流速流体、高温高压流体和腐蚀性流体等的测量。

（7）V 锥流量计的缺点是尚未标准化，产品需要逐台做性能测试或检定。

6. *差压式流量计的连接*

采用节流元件的差压式流量计，为了准确地测量差压，除了正确安装节流件和取压装置外，还要正确安装导压管。如果导压管安装不正确，即使选用了高准确度的差压变送器，也测不到准确的差压值，影响节流装置的运行。敷设导压管的总原则是：应使所传送的差压信号不因管路而发生额外误差，能保证节流装置的安全运行。差压变送器与节流元件的连接如图 1-3-20 所示。

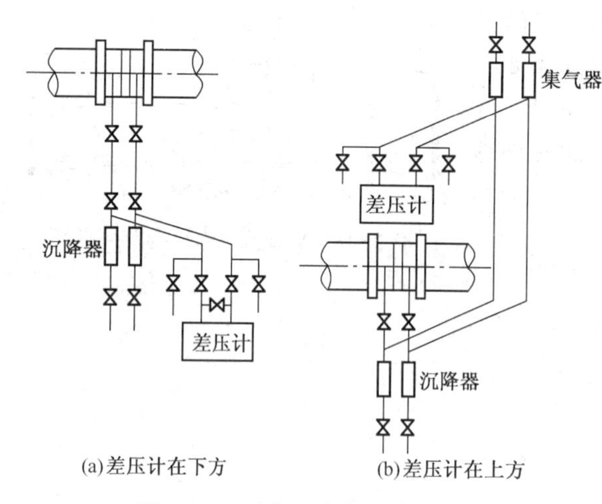

图 1-3-20　差压式流量计与节流元件连接示意图

敷设导压管时，应注意：

(1) 导压管应按最短距离敷设。导压管越长，其内径应越大。对于清洁的气体、水蒸气和水，内径可小一些，而对于黏性流体，尤其是脏污介质时，导压管内径应大一些。

(2) 导压管应垂直或倾斜安装，以便能及时排出气体(测量液体介质时)或凝结水(测量气体介质时)。当传送距离较大时，导压管应分段倾斜，并在各最高点和最低点分别装设集气器(或排气阀)和沉降器(或排污阀)。

(3) 导压管应带有阀门等必要的附件，以便能在主设备运行的条件下冲洗导压管、现场调试差压计以及在导压管发生故障时与主设备隔离。

(4) 应能防止有害物质(如高温介质、腐蚀性介质等)进入差压计。在测量高温蒸气时使用冷凝器，在测量腐蚀性介质时使用隔离容器。如果导压管中介质有凝固和冻结的可能，应沿导压管设置保温或加热装置，并注意防止导压管加热不均或局部汽化造成的误差。

(5) 被测介质为液体时，应防止气体进入导压管；被测介质为气体时，应防止水或脏污物进入导压管。

将差压计的引压管线上的阀及正负压室间的平衡阀制造成专门的阀门组件，这就是实际应用中的三阀组或五阀组，如图 1-3-20(a)。

7. 差压式流量计的投运

差压式流量计的投运主要是三阀组或五阀组的操作，以三阀组为例，一般情况下的操作顺序如下：

(1) 打开平衡阀；

(2) 打开一次阀(如孔板根部阀)；

(3) 缓慢打开正压阀，同时关闭平衡阀；

(4) 打开负压阀。差压式流量计投运操作完成。

如果需要停运，其仪表三阀组操作的顺序与上述相反。

差压式流量计投运时应注意不能让导压管和冷凝罐内的冷凝液或隔离液流失；不可使测量元件(膜盒或波纹管)受热或单向受压。

3.3.3　转子流量计

转子流量计的工作原理如图 1-3-21 所示。它是由一段向上扩大的圆锥形管子 1 和重度大于被测流体重度能随被测介质流量大小而作上下浮动的转子(又称浮子)2 组成。流体由锥管下方进入，穿过转子与锥管壁之间的圆环形空隙，从上方流出。转子就是一个节流元件，环形空隙就相当于节流流通面积。由节流原理可知：流体流经环形空隙时，因为流通面积突然变小，流体受到了节流作用，

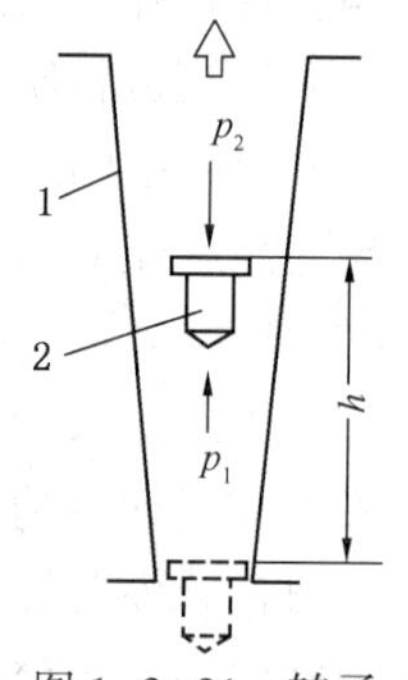

图 1-3-21　转子流量计原理

1—锥管；2—转子

转子前后的流体静压力就产生了 $\Delta p=p_1-p_2$ 的压力差，在 Δp 的作用下，转子受到一个向上的推力作用，使之上浮；同时，转子还受到一个向下的力(自身重力与介质浮力之差)的作用，使之下沉。当二者达到平衡时，转子就稳定在某一高度(位置)上。转子在锥管中高度和通过的流量有对应关系。

体积流量 q_v 的基本方程式为

$$q_v = C\varepsilon F\sqrt{\frac{2gV_f(\rho_f-\rho)}{\rho A_f}}$$

式中 q_v——体积流量，m^3/s；

C——仪表的流量系数，因转子形状而异；

ε——气体膨胀系数，对不可压缩的液体来说，常取 $\varepsilon=1$；

F——节流装置的开孔截面积，m^2；

g——当地重力加速度，m/s^2；

V_f——转子体积，如有延伸体亦应包括，m^3；

ρ_f——转子材料密度，kg/m^3；

ρ——被测流体密度，如为气体是在转子上游横截面上的密度，kg/m^3；

A_f——转子工作直径(最大直径)处的横截面积，m^2。

转子流量计的结构如图 1-3-22 所示，除转子与锥管外，还装有支柱或护板等保护性零、部件。为使转子不致卡死在锥管内，常在下部设有转子座，上部设有限制器。为使转子能在锥管中心自由、灵活地上下浮动，不致粘附在管壁上影响测量准确度，一般采取两个办法：一是在转子圆盘边缘上开有一条条斜的流道，流体自下而上流过转子时，使转子不断旋转，就可保持转子处于锥管中心位置；二是在锥管中心装上一根导向杆，使它穿过转子中心，转子就只能沿导向杆在锥管中心上下浮动。

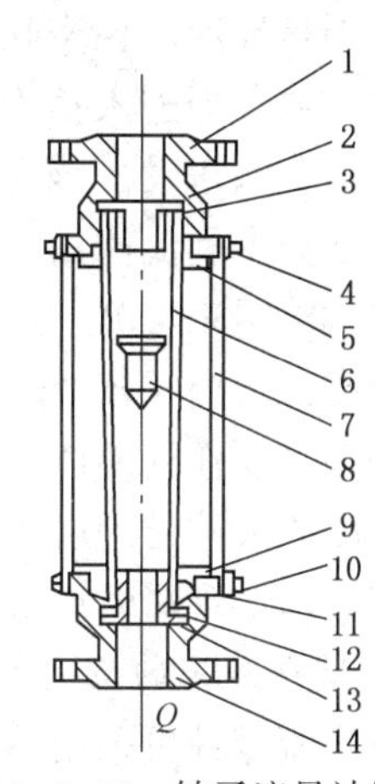

图 1-3-22 转子流量计结构

1—上基座；2—上止挡；3，12—O形垫圈；4—环形垫圈；5—上压紧密封盖；6—锥管；7—支板；8—转子；9—下压紧密封盖；10—支板螺栓；11—球形垫圈；13—下止挡；14—下基座

3.3.4 漩涡流量计

漩涡流量计是一种速度式流量计。在特定的流动条件下，一部分流体动能转化为流体振动，其振动频率与流速(流量)有确定的比例关系，依据这种原理工作的流量计称为流体振动流量汁。目前应用较多的流体振动流量计有二类：涡街流量计和旋进漩涡流量计。

旋进漩涡流量计与涡街流量计相比，压力损失大得多，约为涡街流量计的 4~5 倍。另外，它抗来流干扰能力强，即所需直管段长度要比涡街流量计短得多，一般上游侧取 $5D$(D 为管道内径)，下游侧取 $1D$ 即可。

1. *涡街流量计测量原理*

涡街流量计是利用流体力学中卡门涡街的原理制成的。在流动的流体中插入一个非流线型柱状物(如圆柱体、三角柱体、矩形柱体、六面柱体等，以下简称漩涡发生体)，则在漩涡发生体下游会产生两列不对称且又有规律的漩涡，如图 1-3-23 所示。该漩涡在柱体的侧

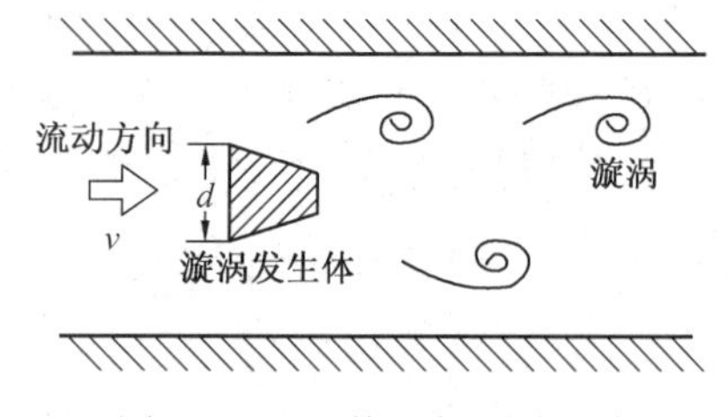

图 1-3-23 漩涡发生原理图

后方产生、分开，形成漩涡列，通常称之为卡门涡街或卡门涡列。

由于漩涡之间相互影响，漩涡列一般是不稳定的，但卡门从理论上证明了当两漩涡列之间的距离和同列的两个漩涡之间的距离之比为 0.281 时，非对称的漩涡列就能保持稳定。此时，有下述关系

$$f = Stv/d$$

式中 f——漩涡发生频率；

St——斯特劳哈尔数；

v——流体的流速；

d——漩涡发生体迎流面宽度。

上式表明，在漩涡发生体宽度 d 和斯特劳哈尔数 St 为定值时，漩涡产生的频率 f 与流体的平均流速 v 成正比，而与流体的温度、压力、密度、成分、黏度等参量无关。

2. 旋进漩涡流量计测量原理

图 1-3-24 为旋进漩涡流量计的测量原理图。流经旋进漩涡流量计的流体，流过一组螺旋叶片后被强制旋转，形成漩涡。漩涡的中心速度很高，称为涡核，它的外围是环流。在文丘里收缩段，涡核与流量计的轴线相一致。当进入扩大段后，涡核就围绕着流量计的轴作螺旋状进动。该进动是贴近扩大段的壁面进行的，进动频率和流体的体积流量成比例。涡核的频率通过热敏电阻来检测。热敏电阻由检测放大器供给电流加热，使热敏电阻的温度始终高于流体的温度，每当涡核经过热敏电阻一次，热敏电阻就被冷却一次。热敏电阻的温度随着涡核的进动频率而作周期性的变化，该变化又促使热敏电阻的阻值也作周期性变化。这一阻值变化经检测放大器处理后转换成电压信号，即可获得与体积流量成比例的电脉冲信号传送到显示仪表，以实现瞬时流量的指示和总量的积算。

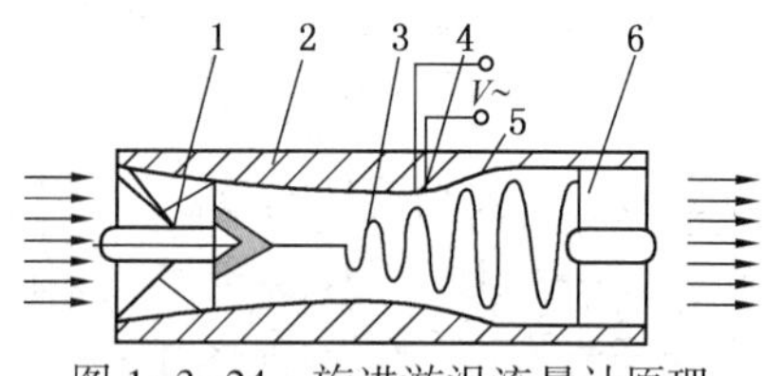

图 1-3-24 旋进漩涡流量计原理

1—螺旋叶片；2—文丘里收缩段；3—漩涡；4—热敏电阻；5—扩大段；6—导直叶片

3. 漩涡频率的检测方法

漩涡流量计可采用不同的检测方式及检测元件，如表 1-3-4 所示。

表 1-3-4 漩涡检测频率的检测方法

检测对象	检测方式	检测元件
流速变化	发热元件受漩涡作用而引起的温度变化	热线或热敏电阻
	音速变化	超声波
压力变化	压差产生力的变化	膜片+压电元件
		膜片+电容
	位移	膜片+电感
		球+电感
	漩涡发生体产生变形	应变测量
	漩涡发生体产生应力	压电元件

热敏电阻和热线是漩涡流量计出现以来最早使用的检测元件。这种检测元件的缺点是当检测元件被流体玷污后，检测灵敏度会降低，甚至无信号输出；热线机械强度很低；热敏电阻存在热滞后。另外，该检测元件的频率响应范围小，使流量计的测量范围较窄。虽然信号处理电路简单，但由于存在上述缺点，目前很少使用。

利用超声波作为检测元件的漩涡流量计，是将超声波发射源和超声波接收器按一定位置安装在壳体或管道上，当漩涡通过超声波射线束时，接收器接收到的超声波线束速度发生变

化，检出速度变化的频率作为漩涡的频率信号，通过电子线路处理输出能够远传的信号。由于结构复杂，没有被广泛应用。

膜片+电容、膜片+压电元件作为检测元件的漩涡流量计，通过漩涡产生交变压力差作用于膜片上，使其电容量发生变化或压电元件的诱导电荷量发生变化，其变化的频率取决于漩涡的频率，通过电子线路处理后输出。利用这种检测元件的漩涡发生体工艺结构比较复杂，放置检测元件的部位机械强度差，在使用过程中容易损坏。

膜片+电感、球+电感作为检测元件的漩涡流量计，通过导压孔将漩涡产生的压力变化传递到膜片或球的上下方，漩涡的交替产生使膜片或球沿上下方向移动，通过电感元件产生交变的感应电动势，其交变频率即为漩涡的频率，通过电子线路放大后输出电脉冲信号。

漩涡流量计的缺点是：当安装流量计的管道振动时，膜片或球均产生位移，将使流量计输出噪声信号，膜片在测量气体、液体时不能通用，且膜片或球的寿命极短，通常使用几个月就要调换膜片或球。

压电元件作为检测元件应用到漩涡流量计上已越来越广泛，尤其是应用应力检测方式。其特点是结构简单，如能把检测元件密封安装在漩涡发生体内部，则检测元件不接触被测流体，目前采用压电元件作为检测元件的漩涡流量计，其封装方式和结构各有不同。

3.3.5 椭圆齿轮流量计

椭圆齿轮式流量计的工作原理如图 1-3-25 所示。两个椭圆齿轮具有相互滚动进行接触旋转的特殊形状。p_1 和 p_2 分别表示入口压力和出口压力，由于 $p_1>p_2$，下方齿轮在两侧压力差的作用下，产生逆时针方向旋转，为主动轮；上方齿轮因两侧压力相等，不产生旋转力矩，是从动轮，由下方齿轮带动，顺时针方向旋转，如上图(a)。在上图(b)位置时，两个齿轮均在差压作用下产生旋转力矩，继续旋转。旋转到上图(c)位置时，上方齿轮变为主动轮，下方齿轮则成为从动轮。继续旋转，直到与上图(a)相同位置，完成一个循环。一次循环动作排出四个由齿轮与壳壁间围成的新月形空腔的流体体积，该体积称作流量计的“循环体积”。

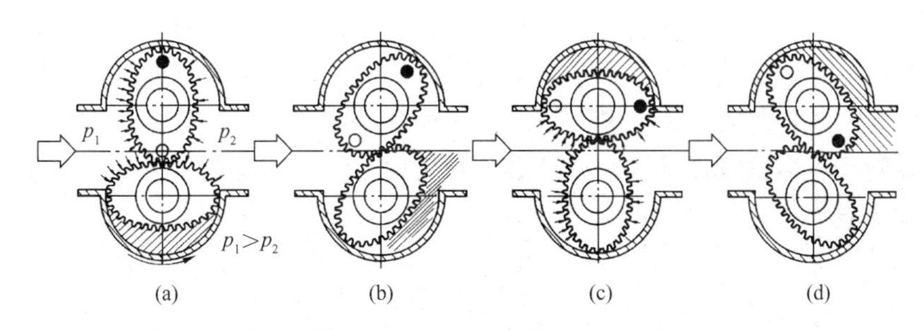

图 1-3-25　椭圆齿轮流量计工作原理

若流量计的“循环体积”为 V，一定时间内齿轮转动次数为 n，则在该时间内流过流量计的流体体积为 q_v，则 $q_v=nV$。

椭圆齿轮流量计的结构分为计量、密封连接和表头三个部分。

(1) 计量部分　一般由计量室(常设计在壳体上)、椭圆齿轮和计量室盖组成。这三者之间构成的几何空间就决定了该椭圆齿轮流量计的基本排量。因此，计量部分的设计、加工和装配，都要求较高。

(2) 密封连接部分　其作用是既要将椭圆齿轮的转动传给表头，又要防止流体进入表头。常用的密封连接机构有两种：一种是出轴密封机构；另一种是磁钢联接机构。前者转动阻力矩较大，只适合于大口径流量计用。后者转动阻力矩较小，适合于中、小口径流量计用。

(3) 表头　采用机械式或电子式的计算机构，计算流经仪表的流体总量及瞬时流量，并通过信号转换器实现流量信号的远距传输，供显示仪表或计算机系统使用。

对于口径小于10mm的微小流量椭圆齿轮流量计，常采用将磁钢埋在齿轮内与装在盖板上的“干策管”或“霍尔开关”等磁感应装置，直接组成一个信号发讯器，将代表单位体积流量的脉冲信号传输给显示仪表进行流量积算。

3.3.6　超声波流量计

1. 超声流量计测量原理

超声流量计按测量原理分类，有时差法、多普勒效应法、波束偏移法、相关法和噪声法。目前用得最多的是前两种，故对时差法和多普勒效应法的流量检测原理说明如下：

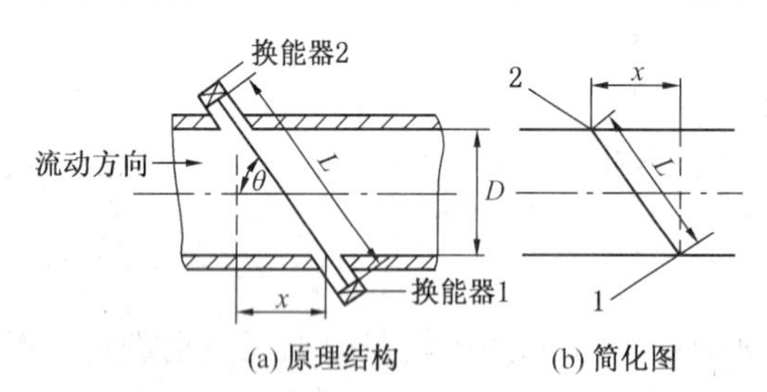

图 1-3-26　时差法超声流量计原理

(1) 时差法　声波在流体中传播，顺流方向声波传播速度会增大，逆流方向则减小，同一传播距离就有不同的传播时间。利用传播速度之差与被测流体流速之关系求取流速，称为时差法。

如图 1-3-26 所示，超声波逆流从换能器 1 送到换能器 2 的传播速度被流体流速 v_m 所减慢，反之，超声波顺流从换能器 2 传送到换能器 1 的传播速度则被流体流速加快，据此可推导出

$$v_m = L^2/2X(1/t_{12} - 1/t_{21})$$

式中　v_m——流体通过换能器 1、2 之间声道上线平均流速，m/s；

L——超声在换能器之间传播路径的长度，m；

X——传播路径的轴向分量，m；

t_{12}、t_{21}——从换能器 1 到换能器 2 和从换能器 2 到换能器 1 的传播时间，s。

时差法所测量和计算的流速是声道上的线平均流速，而计算流量所需是流通横截面的面平均流速，二者的数值是不同的，其差异取决于流速分布状况，必须用一定的方法对流速分布进行补偿。对于夹装式换能器仪表，还必须对折射角受温度变化进行补偿，才能精确地测得流量。体积流量

$$q_v = \frac{v_m}{K}\frac{\pi D^2}{4}$$

式中　K——流速分布修正系数，即声道上线平均流速 v_m 和面平均流速 v 之比，$K=v_m/v$；

D——管道内径，m。

K 是单声道通过管道中心(即管轴对称流场的最大流速处)的流速(分布)修正系数。它随管道雷诺数的变化而变化，所以要精确测量时，必须对 K 值进行动态自行补偿。

(2) 多普勒(效应)法　多普勒(效应)法超声波流量计利用移动源所发射声波产生多普勒频移现象来测量流量。

如图 1-3-27 所示，超声换能器 A 向流体发出频率为 f_A 的连续超声波，经照射域内液体中散射体悬浮颗粒或气泡散射，散射的超声波产生多普勒频移 f_d，接收换能器 B 收到频率

为 f_B 的超声波。可推导得出

$$q_v=\frac{v_m\cdot\pi\cdot D^2}{8K\cdot\cos\theta}\cdot\frac{f_d}{f_A}$$

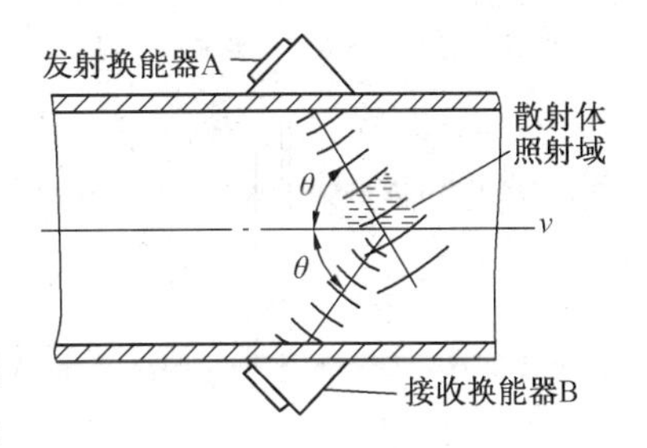

图 1-3-27 多普勒法超声流量计原理

2. 超声波流量计的特点

超声波流量计有以下优点：

(1) 超声波流量计可作非接触测量。夹装式换能器超声流量计可无需停流截管安装，只要能在管道外部安装换能器即可，这是超声流量计在工业用流量仪表中的独特优点，可作移动性(即非定点固定安装)测量，适用于管网流动状况评估测定。

(2) 该流量计为无流动阻挠测量，无压力损失。

(3) 流量计的仪表系数是可从实际测量管道及声道等几何尺寸计算求得的，一般不需作实流校验。

(4) 适用于大型圆形管道和矩形管道，且原理上不受管径限制，其造价基本上与管径无关。

(5) 多普勒超声流量计可测量固相含量较多或含有气泡的液体。

(6) 可测量非导电性液体，在无阻挠流量测量方面是对电磁流量计的一种补充。易于实行与测试方法(如流速计的速度-面积法、示踪法等)相结合，可解决一些特殊测量问题，如速度分布严重畸变测量、非圆截面管道测量等。

(7) 某些时差法超声流量计附有测量声波传播时间的功能，即可测量液体声速以判断所测液体类别。例如，油船泵送油品上岸，可核查所测量的是油品还是仓底水。

超声波流量计有以下缺点：

(1) 时差法超声流量计只能用于清洁液体和气体，不能测量悬浮颗粒和气泡超过某一范围的液体；多普勒法超声流量计只能用于测量含有一定异相的液体。

(2) 外夹装换能器的超声流量计，不能用于衬里或结垢太厚的管道，不能用于衬里(或锈层)与内管壁剥离(若夹层夹有气体会严重衰减超声信号)或锈蚀严重(改变超声传播路径)的管道。

(3) 多普勒法超声流量计测量准确度不高。

(4) 国内生产的现有品种不能用于管径小于 DN25mm 的管道。

3. 超声流量计结构

超声流量计按换能器(超声波探头)安装方式分：可移动安装(如便携式)和固定安装两种方式，分别如图 1-3-28、图 1-3-29 所示。

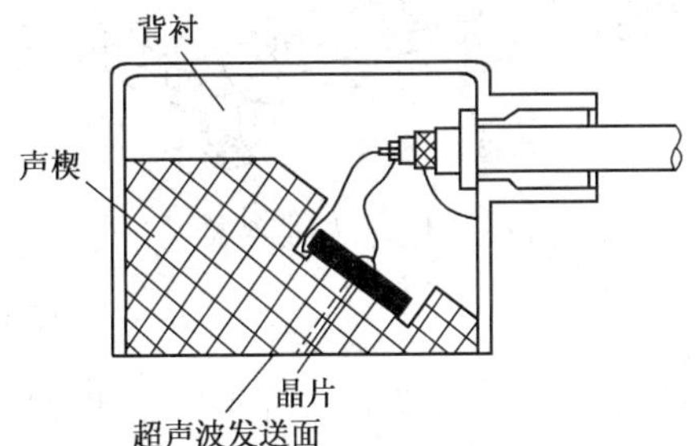

图 1-3-28 夹装式安装声楔和晶片一体换能器

3.3.7 电磁流量计

1. 电磁流量计的基本原理和结构

电磁流量计是测量导电液体流量的仪表，其基本原理是法拉第电磁感应定律，即导体在磁场中做切割磁力线运动时，在导体两端将产生感应电动势。如图 1-3-30 所示，导电液体在垂直于磁场的非磁性测量管内流动，在与流动方向垂直的方向上，产生与流量成比例的感应电动势，电动势的方向遵循“右

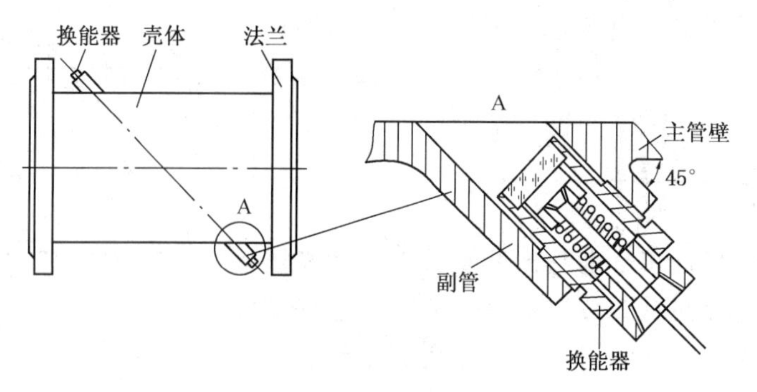

图 1-3-29　带管段式插入管壁换能器的超声流量传感器

手定则”，其值为

$$E = kBDv$$

式中　E——感应电动势，即流量信号，V；

k——系数；

B——磁感应强度，T；

D——测量管内径，m；

v——平均流速，m/s。

若液体的体积流量为 q_v（m^3/s），且 $q_v = \pi/4D^2v$，则

$$E = (4kB/\pi D)q_v = Kq_v$$

其中，K 为仪表常数，$K = 4kB/\pi D$。

电磁流量计一般由流量传感器和转换器两部分组成，传感器典型结构如图 1-3-31 所示。测量管上下有励磁线圈，通励磁电流后产生磁场穿过测量管，在装在测量管内壁、并与液体接触的电极上，产生感应电动势，转换器对感应电动势进行转换以便远传。转换器还提供励磁电流。

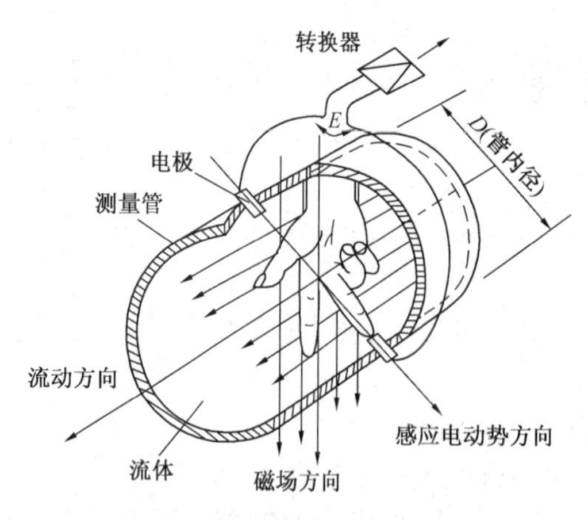

图 1-3-30　电磁流量计测量原理

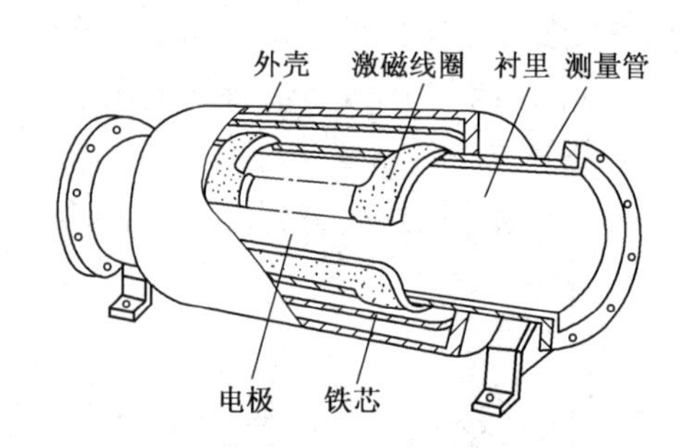

图 1-3-31　传感器结构

2. 抗干扰

电磁流量计的干扰主要有 90°干扰和同相干扰两类。90°干扰也称正交干扰，是指相位上与流量信号相差 90°的信号，干扰信号一是由“变压器效应”引起，二是由工作环境中的交变磁场产生涡流电流引起。同相干扰也称共模干扰或共变干扰，是指在某一瞬间同时出现在

两个电极上，并且幅值和相位都一致的干扰信号。同相干扰信号的来源很复杂，主要有静电感应和绝缘电阻、管道上的杂散电流，以及液体中混有金属块等。

抑制和消除 90°干扰的方法有二种：一是传感器调零法，用来消除“变压器效应”引起的 90°干扰，即人为地造成一个与 90°干扰幅值相同、相位相反的信号去抵消干扰信号，或是让引出线组成的闭合回路与磁场交链的磁通所形成的电流之代数和为零；二是转换器 90°干扰抑制法，就是把转换器主放大器输出端的 90°干扰信号分离出来，反馈到输入端，以抵消输入的 90°干扰信号。

抑制和减少同相干扰通常采用以下几种方法：

(1) 将电极和励磁线圈在几何形状、尺寸以及性能参数上做得均衡对称，并分别进行严格屏蔽，以减少电极与励磁线圈之间分布电容的影响，同时均衡地提高两电极的绝缘电阻。

(2) 安装良好的、单独的接地线，不能连接在动力设备等公用接地线或上下水管道上。另外，要保证传感器与转换器间的地线连接良好。

(3) 有金属物块附在电极上或电极附近的管壁上时，及时清洗可减少同相干扰。

(4) 降低传感器的励磁电压，也能减少同相干扰。

此外，在转换器的前置放大级设置差动放大电路或在转换器前置差动放大级中增加恒流源，可以有效地消除或抑制同相干扰信号。

3.3.8 质量流量计

在石油化工生产中，有时需要测量流体的质量流量。质量流量是指在单位时间内，流经封闭管道截面处流体的质量。用来测量质量流量的仪表统称为质量流量计。

质量流量计的示值不需要理论的或人工经验的修正，其输出信号只与流体的质量流量成比例，而与流体的物性(如温度、压力、黏度、密度，雷诺数等)及环境条件(如温度、湿度、大气压等)无关。

质量流量计一般可分为直接式(内补偿式)与推导式(外补偿式)两类。直接式质量流量计又可分为科氏力式、热力式、动量式和差压式等几种；推导式质量流量计又被分为温度压力补偿式和密度补偿式两种。在此，只对科氏力式、热力式质量流量计的工作原理和结构进行介绍。

1. 科氏力质量流量计

(1) 科氏力质量流量计的工作原理

科里奥利质量流量计(简称科氏力质量流量计)是利用流体在直线运动的同时处于一旋转系中，产生与质量流量成正比的科里奥利力原理制成的一种直接式质量流量计。

如图 1-3-32 所示，当质量为 m 的质点以速度 v 在对 P 轴作角速度 ω 旋转的管道内移动时，质点受两个分量的加速度及其力：法向加速度即向心力加速度 α_r，其量值等于 $\omega^2 r$，方向朝向 P 轴；切向加速度 α_c 即科里奥利加速度，其量值等于 $2\omega v$，方向与 α_r 垂直。由于复合运动，在质点的 α_c 方向上作用着科里奥利力 $F_c = 2\omega v m$。

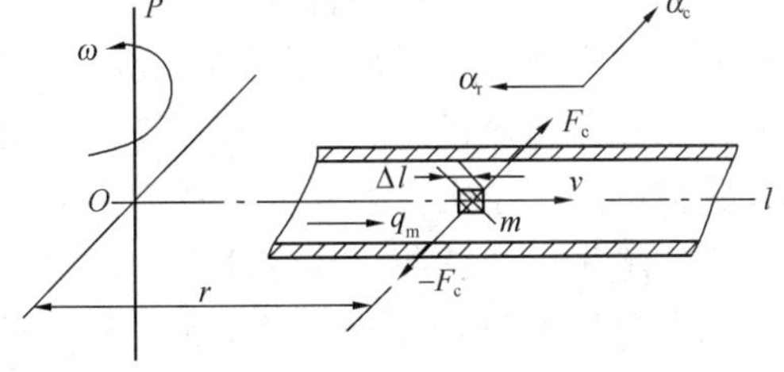

图 1-3-32 科里奥利力分析图

当密度为 ρ 的流体在旋转管道中以恒定速度 v 流动时，任何一段长度 Δl 的管道都将受到一个 ΔF_C 的切向科里奥利力，可以据此测得质量流量为

$$q_m = \frac{\Delta F_C}{2\omega \Delta l}$$

式中 q_m——质量流量；

Δl——管道长度；

ΔF_C——管道所受的切向科里奥利力；

ω——流体在管道中的旋转角速度。

通过旋转运动产生科氏力是困难的，一般以管道振动产生科氏力，即由两端固定的薄壁测量管，在其中点处施加谐振或接近谐振的频率(或其高次谐波频率)激励，管内流动的流体产生科氏力，使测量管中点前后两半段产生方向相反的挠曲，用光学或电磁学方法检测挠曲程度，以求得质量流量。

另外，因流体密度会影响测量管的振动频率，而密度与频率有固定的关系，因此科氏力质量流量计也可测量流体密度。

(2) 科氏力质量流量计的结构

科氏力式质量流量传感器的测量管有各种不同的结构形式(约有30余种)。按照测量管的形状可分为直管型和弯管型两种结构。

直管型质量流量计的测量管是直管，其特点是整个传感器结构紧凑，体积小，重量轻，便于安装，气体易于排出测量管，也便于较黏液体的排空。但由于其振动系统刚度大，谐振频率高，信号处理比较困难。为了不使谐振频率过高，管壁必须较薄，以致其耐磨及抗腐蚀性变差，如图1-3-33所示为双直管型质量流量传感器的一种典型结构的示意图。

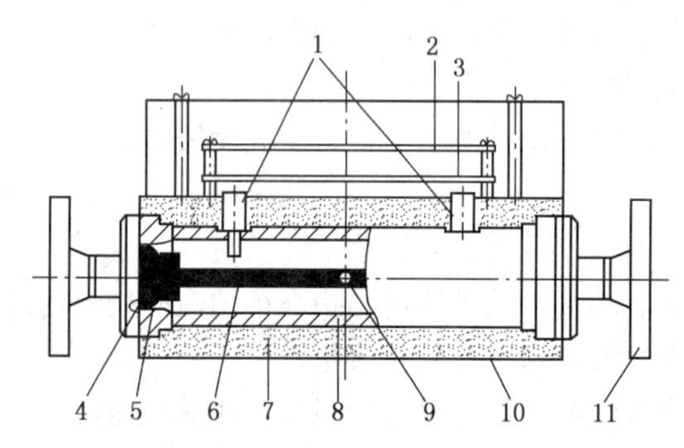

图1-3-33 双直管型质量流量传感器结构示意图

1—信号检测器；2—电源板；3—放大器板；4—垫圈；5—联管器；6—测量管；7—发泡材料；8—支承管；9—电磁驱动器；10—壳体；11—法兰

U形(弯管)科氏力质量流量计的机械结构如图1-3-34所示，两根几何形状和尺寸完全相同的U形测量管2平行地固定在支承管1上，两测量管在电磁激励器4的激励下，以其固有的频率振动，两测量管的振动相位相反。由于测量管的振动效应，U形管的进、出侧所受的科氏力方向相反，U形管发生扭转，其扭转程度与U形管框架的扭转刚性成反比，而与管内瞬时质量流量成正比。位于检测管的进流侧和出流侧的两个电磁检测器，在每个振动周期检测两次输出一个脉冲，其脉冲宽度与测量管的微位移(即瞬时质量流量)成正比。累计测得的脉冲数量，即可获得一定时限内质量流量的总量。

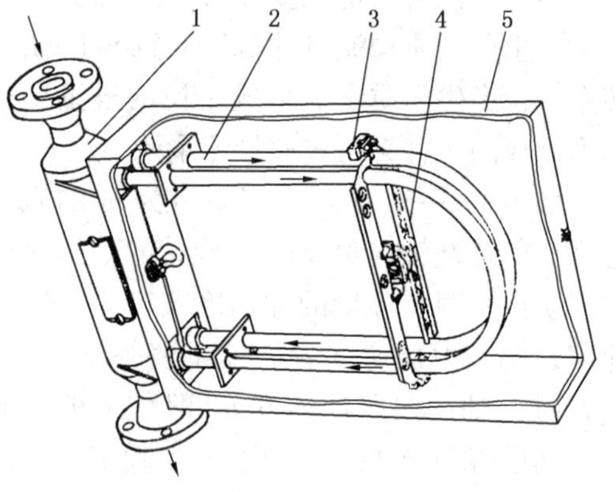

图1-3-34 U形科氏力质量流量计

1—支承管；2—测量管；3—电磁检测器；4—电磁激励器；5—壳体

(3) 科氏力质量流量计的特点

科氏力质量流量计的优点如下：

① 科氏力质量流量计，直接测量质量流

量，有很高的测量准确度。

② 可测量流体范围广泛，包括各种高黏度液体、含有固形物的浆液、含有微量气体的液体、有足够密度的中高压气体。

③ 测量管的振动幅度小，可视作非活动件，测量管路内无阻碍件和活动件。

④ 对迎流流速分布不敏感，无上下游直管段要求。

⑤ 对流体黏度不敏感，流体密度变化对测量值的影响微小。

⑥ 可作多参数测量，如同期测量密度，并由此派生出测量溶液中溶质所含的浓度等。

科氏力质量流量计的缺点如下：

① 科氏力流量计的零点不稳定，易形成零点漂移，影响其准确度。

② 不能用于测量低密度介质如低压气体；液体中含气量超过某一限值(按型号而异)会显著影响测量值。

③ 对外界振动干扰较为敏感，为防止管道振动影响，大部分型号的流量传感器安装固定要求较高。

④ 不能用于较大管径，目前限于200mm以下。

⑤ 测量管内壁磨损腐蚀或沉积结垢会影响测量准确度，尤其对薄壁测量管更为显著。

⑥ 压力损失较大。

⑦ 大部分科氏力质量流量计重量和体积较大。

⑧ 价格贵。

2. 热力式质量流量计

热力式质量流量计是利用传热原理检测流量的仪表，即利用流动中的流体与外加热源之间的热量交换关系来测量流量的仪表。热力式质量流量计主要用于测量气体的质量流量。

(1)热力式质量流量计的原理和结构

热力式质量流量计有两类，即利用流动流体传递热量改变测量管壁温度分布的热传导式流量计和热消散(冷却)式流量计。

图1-3-35所示为热传导式质量流量计，它通过测量管道中上下游温度差，然后计算出流量值。加热电源给位于薄壁测量管道中间点的加热器提供持续稳定的电流。加热器上下游的测量管外壁各有一组兼作加热器和检测元件的绕组，它们组成惠斯登电桥，由恒流电源供给恒定热量，并将热量传导给管内流体。气体不流动时，上下游的温度相等。当有气体通过测量管道时，管道上游温度下降，下游气体吸收了热量温度上升，故 $T_2>T_1$。T_1 与 T_2 间的温差与气体质量流量的关系为

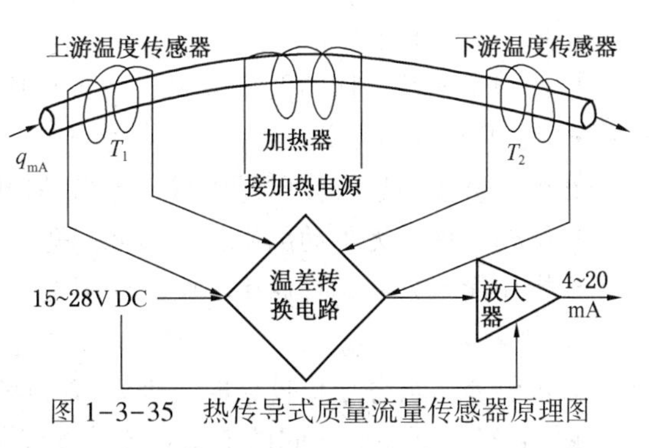

图1-3-35 热传导式质量流量传感器原理图

$$q_m = K \cdot \frac{A}{c_p} \cdot \Delta T$$

式中 q_m——质量流量，kg/s；

ΔT——上下游温差，$\Delta T = T_2 - T_1$，K；

c_p——被测气体的比热容，kJ/(kg·K)；

A——测量管绕组(即加热系统)热传导系数;

K——仪表常数。

图 1-3-36 为热消散(冷却)式质量流量计的一种，它利用热扩散原理实现流体质量流量测量。

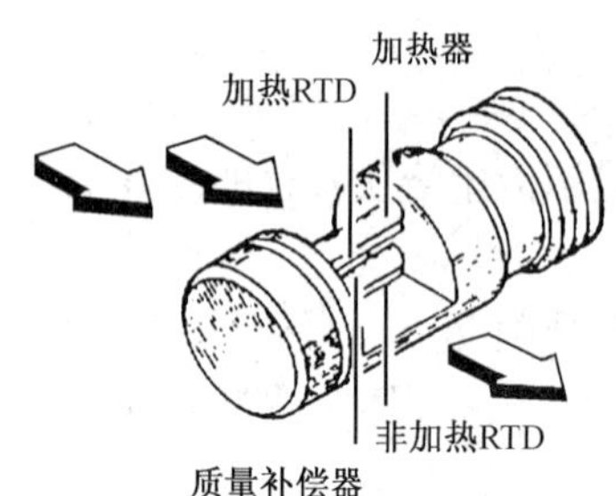

图 1-3-36　热消散式质量流量计工作原理

热消散式质量流量计的测量传感器由两个温度检测元件铂热电阻(RTD)组成：一个是未被加热的 RTD，它连续不断的测量气体介质的温度 T_1，作为惠斯登电桥的参比臂；另一个是带有低功率加热源的加热 RTD，它被加热到高于介质温度的 T_2，作为惠斯登电桥的测量臂。两个 RTD 的温差为 $\Delta T = T_2 - T_1$。当气体流量为零时，ΔT 最大。有气体流过时，由于气体带走部分热量，测量臂传感器被冷却，使 T_2 温度下降。若要保持 ΔT 不变，就要提高测量臂 RTD 的供电电流。气体流动越快，带走热量越多，即气体流速(流量)与增加的热量存在固定的函数关系，这就是恒温差原理。气体质量流量与温差之间的关系为

$$q_m = A \cdot \rho \cdot K \cdot \left(\frac{q_v}{\Delta T}\right)^{1.87}$$

式中　q_m——质量流量，kg/s;

ρ——气体密度，kg/m^3;

ΔT——温差，K;

q_v——体积流量，m^3/h;

A——管道流通面积，m^2;

K——仪表常数。

(2) 热质量流量计的特点

热质量流量计有以下特点:

① 适用于多种气体的低流量测量，量程比宽。热导式可测量低流速微小流量，热消散式适于中、高流速测量。

② 可以直接测量气体质量流量，无需其他附加设备，如压力、温度补偿。

③ 结构简单，无可动部件，无阻塞问题。压力损失小。

④ 操作简单方便，且通用性强，传感器可以互换。

⑤ 响应较慢。

⑥ 被测介质组分变化较大时，因 c_P 值和热导率变化，测量值会有较大影响。

在大管径、低流速、间歇流量、流量变化范围大的情况下，可以通过一个分流阀，让一小部分气体流入测量管道，通过测量管中微小流量测量计算出总管道中的流量。

3.4　物位检测及仪表

在容器或设备中液体介质的高度叫液位；固体粉末或颗粒状物质的堆积高度叫料位；液体-液体或液体-固体的分界面叫界面。液位、料位和界面的测量统称为物位测量。液位、料位和界面的测量仪表分别称为液位计、料位计和界面计，统称为物位计。

3.4.1 物位检测仪表的分类

物位测量的目的在于准确地知道容器或设备中所储藏物质的容量或质量。为了满足生产过程中各种条件和要求，测量物位的仪表种类很多。按工作原理的不同，物位仪表可以分为以下几种类型：

直读式物位仪表　利用连通管原理制成。这类仪表中主要有玻璃管液位计、磁翻板液位计等。

浮力式物位仪表　应用浮力原理制成。如浮筒式液位计、磁翻板式液位计等。

差压式物位仪表　它是利用物位的变化引起某定点的压力变化的原理进行物位测量。

电气式物位仪表　将物位的变化转换成电量的变化，通过测量该电量来测知物位。

核辐射式物位仪表　核辐射线透过物料时，其强度会随着介质层厚度而变化，利用这一特性实现物位的测量。

声波式物位仪表　物位的变化会引起声阻抗的变化，因此声波的遮断和声波反射距离也会不同，测出这些变化就可以测知物位。

光学式物位仪表　利用物位对光波的遮断和反射原理工作的物位仪表。

3.4.2 浮力式液位计

浮力式液位计是利用浮力原理测量液位的，测量漂浮在液体上的浮子高度的液位计称为恒浮力式液位计，测量浸没在液体中的浮子所受浮力的液位计称为变浮力式液位计。

1. 恒浮力式液位计

恒浮力式液位计是利用被测介质对浮子的浮力不随液位的变化而变化的原理工作的。根据生产的不同需要，恒浮力式液位计有浮球液位计、磁浮子液位计及浮子钢带液位计等。

浮球液位计有内浮式和外浮式之分。内浮式是将浮球直接安装于容器内部，而外浮式是在容器外安装一个与容器连通的浮球室进行测量，见图 1-3-37。

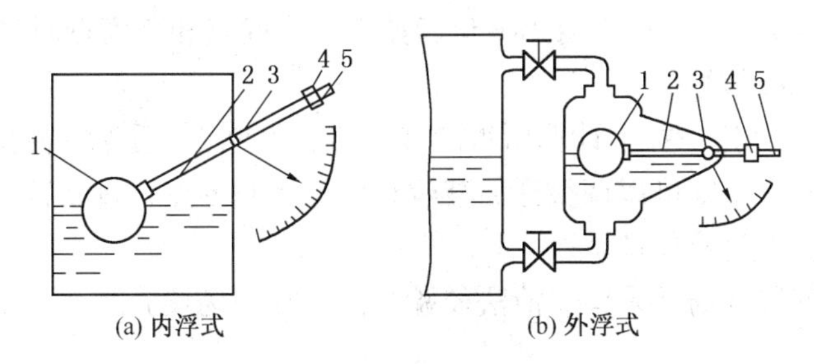

图 1-3-37　浮球式液位计

1—浮球；2—连杆；3—转动轴；4—平衡重物；5—杠杆

浮球是一个空心球，测量时浮球的一半浸没在被测液体中，系统满足力矩平衡。当液位升高时，浮球被浸没的体积增加，所受的浮力增加，破坏了原有的力矩平衡状态，杠杆 5 作顺时针方向转动，使浮球位置抬高，直到浮球一半浸没在液体中，实现了新的力矩平衡。在转动轴的外侧安装一个指针，便可以从输出的角位移知道液位的高低，也可利用其他方法将此位移转换为标准信号或接点信号输出，从而构成浮球液位计或浮球液位开关。

浮球液位计结构简单，测量范围较窄。

2. 浮筒式液位计

浮筒式液位计是一种应用变浮力原理测量液位的典型仪表。它的测量部件是浮筒，浮筒的直径完全取决于仪表的介质的浮力。常用结构又分为位移平衡式和力平衡式两种，这里只介绍位移平衡式浮筒液位计。

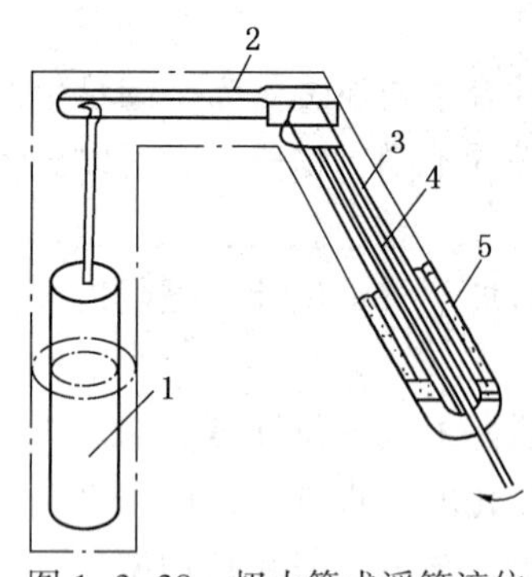

图 1-3-38　扭力管式浮筒液位计测量部分示意图

1—浮筒；2—杠杆；3—扭力管；4—芯轴；5—外壳

位移平衡式浮筒液位计的测量部分如图 1-3-38 所示，当液位处于浮筒下端时，浮筒的全部重量作用在杠杆上，经杠杆作用使扭力管上的扭力矩最大，扭力管产生最大的扭角（约为 7°）。

当液体浸没整个浮筒时，液体对浮筒产生的浮力最大，作用在杠杆上的力最小，经杠杆作用使扭力管上的扭力矩最小，扭力管产生的扭角最小(约为 2°)。

测量扭力管扭角的变化，就能测量液位的变化。

3. 浮筒式液位计的校验

浮筒式液位计的校验常采用挂重法或灌液法。

（1）挂重法校验浮筒液位计

在检修期间或在维修室常可采用挂重法。挂重法就是用挂在杠杆处的砝码变化表示在测量过程中浮筒由于液位升降而产生的浮力变化。

挂重法校验的步骤如下：

① 取下浮筒，称其重量 W_1。

② 决定液位的起始点、中间点和满度点，即液位的高度 H。

③ 计算液位起始点、中间点和满度点的浮力

$$F=\frac{\pi D^2}{4}H\rho$$

式中　D——浮筒的平均直径；

ρ——被测介质的密度。

④ 通过计算 $W=W_1-F$ 就可以得出液位起始点、中间点和满度点时杠杆的挂重 W，及对应的电动或气动的标准信号。

⑤ 在杠杆的挂钩处逐一挂上计算所得的 W_0、W_{50}和 W_{100}，看浮筒液位计的输出是否符合准确度要求。如误差大，则可以调整浮筒液位计的量程和零点，直到符合准确度要求。

（2）灌液法校验浮筒液位计

浮筒液位计在安装现场常采用灌液法校验。由于在现场校验时常用水代替介质，因此必须作修正。

灌液法校验浮筒液位计的步骤如下：

① 关闭液位计的引压阀，打开放空和排污阀，卸去浮筒室内的压力和介质。

② 从液位计底部连接一透明塑料管，并与浮筒液位计并排放置。

③ 浮筒液位计的零位确认。缓慢地从塑料管中注入水，注意观察仪表的输出，当仪表的输出有一微小增加时，此时塑料管内液柱的高度即为实际零位。反复数次，以确认其真实性。

④ 根据介质和水的密度，计算出 50%、100%时灌水的高度。

⑤ 在塑料管上做好 0%、50%、100%的标志。

⑥ 从塑料管上部缓慢灌入水，到达 0%、50%、100%的标志点，看浮筒液位计的输出是否符合准确度要求。如误差大，则可以反复调整浮筒液位计的量程和零点。直至达到仪表的准确度要求。

例：某浮筒液位计测量范围为0~1600mm，被测介质密度$\rho_{介}=800\text{kg/m}^3$，当用水进行灌液法校验时，应灌水的液面高度是多少？

解：由于水的密度$\rho_{水}=1000\text{kg/m}^3$，因此在100%液位时灌水高度应为

$$h_{100}=\frac{\rho_{介}}{\rho_{水}}\times H\times 100\%=\frac{800}{1000}\times 1600\times 100\%=1280\text{mm}$$

依此可逐一计算出其他校验点应灌水的高度。

灌水法校验方法简便，较适用于安装现场不拆卸浮筒液位变送器时的调校。但是该方法校验准确度较低，尤其是当零位确认不准或浮筒粘有污物时，更加难以保证校验的准确度。

3.4.3 差压式液位计

1. 工作原理

容器内的液位高度改变时，液柱对某定点产生的静压也发生相应变化，这就是差压式液位计的工作原理。差压一般用差压变送器测量。

差压变送器原理如图1-3-39所示，根据流体静力学原理可知

$$\Delta p=p_{\text{A}}-p_{\text{B}}=H\rho g$$

式中 Δp——差压变送器两端的压差；

p_{A}，p_{B}——A处和B处的压力；

H——液位高度；

ρ——液体介质密度；

g——重力加速度。

通常，被测介质的密度是已知的，差压变送器两端的压差与液体的高度成正比。测量压差就可以得知容器内液位的高度。

对于受压密封容器，用差压变送器测量液位，可平衡气相压力的静压作用，差压变送器负压端接容器的气相；测量敞口容器液位时，差压变送器的负压端直接接大气，这时也可直接用压力变送器。

2. 零点迁移

用差压变送器测量容器内的液位时，由于安装位置不同，常常会存在零点迁移问题。

如图1-3-40(a)所示，当变送器的安装高度与容器下部的取压位置在同一高度，而且被测介质的气相部分不会冷凝时，差压变送器两端的压差$\Delta p=H\rho g$，此时无迁移。

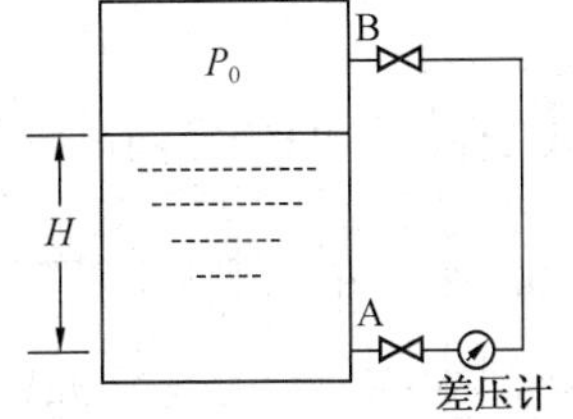

图1-3-39 差压式液位计原理图

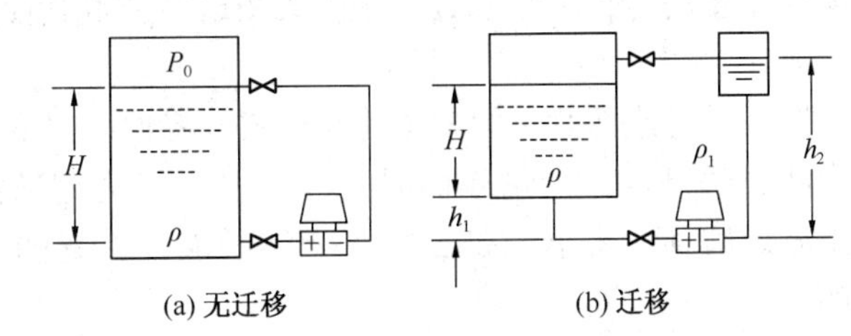

图1-3-40 差压变送器测量液位时的安装情况

当差压变送器测量液位如图1-3-40(b)所示，为防止被测介质遇冷在负导压管产生凝液，或被测介质的液体或气体进入负导压管会产生堵塞或腐蚀，常常在负导压管的顶部安装有隔离罐，并使隔离罐和负导压管内充满某种与被测介质不混合的液体(称为隔离液)，这样就可以保证在变送器的负压室液柱高度的恒定。

若差压变送器安装在容器的下部，正导压管内会有被测介质形成一个固定的液柱，此时

正、负压室间的压差为

$$\Delta p = p_{+} - p_{-} = H\rho g + h_1\rho g - h_2\rho_1 g$$

式中 Δp——变送器正、负压室的压差；

H——被测液位的高度；

ρ，ρ_1——液体介质和隔离液的密度；

h_1——变送器正压室到容器底的高度；

h_2——负压室隔离液面到变送器的高度。

作用在负压室的由隔离液所引起的使仪表零点向负方向移动的固定压力，称作负迁移；作用在正压室的，由于变送器低于容器底部，而由被测介质液柱产生的使仪表零点向正方向移动的附加压力，称作正迁移。在正常测量中，正、负迁移都应当是常量，这样正负压室两端的压差就只与液位高度 H 成正比。

当 $H=0$ 时，正、负压室两端有压差 $h_1\rho g-h_2\rho_1 g$。在差压变送器上加一弹簧装置，以抵消该固定差压，这种方法称为“迁移”，用来进行迁移的弹簧称为迁移弹簧。迁移弹簧的作用，其实质是改变变送器的零点，只不过零点调整量通常较小，而零点迁移量则比较大。

迁移不仅改变了零点位置同时也改变了测量范围的上下限，相当于测量范围的平移，但是它不改变量程大小。例如，某差压变送器测量液位时，测量范围为 0~5000Pa，对应的变送器输出为 4~20mA，这是无迁移的情况，如图 1-3-41 中曲线 a 所示。若该变送器安装时存在负迁移 2000Pa，$H=0$ 时，变送器两端的固定差压为 $\Delta p=-2000$Pa，调整迁移弹簧使输出为4mA；当液面最高时，变送器两端压差 $\Delta p=(5000-2000)$Pa = 3000Pa，也就是说 Δp 从 -2000Pa 变化到 3000Pa 变送器输出从 4mA 变化到 20mA，维持了原来的量程，只是向负方向迁移了一个固定的压差，如图 1-3-32 曲线 b 所示。正迁移的情况与负迁移的情况一样，只是在变送器的两端产生了一个固定的正压差，如 2000Pa，使变送器的量程维持不变，只是向正方向迁移了一个固定的压差，如图 1-3-32 的曲线 c 所示，其固定的差压为 2000Pa。

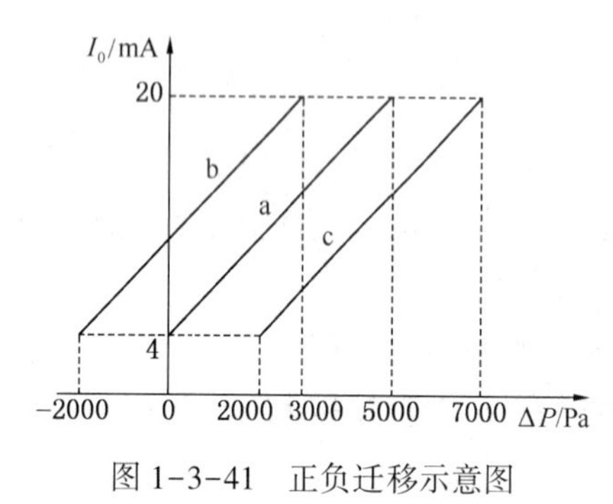

图 1-3-41 正负迁移示意图

需要注意的是，不是所有的差压式变送器都带有迁移弹簧。

3. 界面测量

界面测量是液面测量的一个特殊形式。界面测量的对象是二种液体的分界面高度，不是某一种液位的高度。测量界面时，容器内可能会充满液体，也可能未充满液体。容器内是二种不相溶的液体，它的密度不是单一的。

例如，用双法兰差压液位计测量某容器的界面，如图 1-3-42所示。已知容器压力为 p，$h_1=200$cm，轻组分液体密度 $\rho_1=0.8\text{g/cm}^3$，重组分液体密度 $\rho_2=1.1\text{g/cm}^3$。法兰液位计毛细管内硅油密度 $\rho_0=0.95\text{g/cm}^3$，可用以下方法求仪表的量程和迁移量：

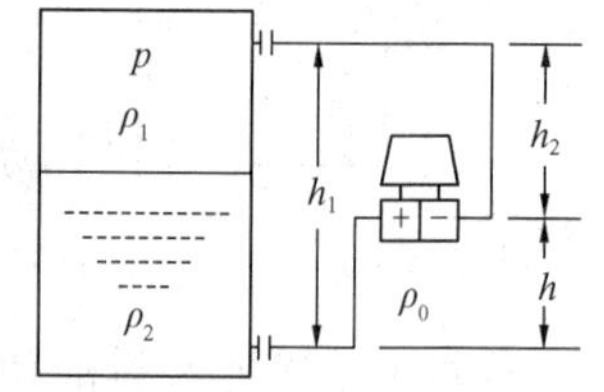

图 1-3-42 界面测量

（1）量程计算

界面为最低时，即轻组分液体充满容器时

$$p_1 = h_1\rho_1 g = 200 \times 0.8 \times 980.7 \times \frac{100}{1000} = 15691.2(\text{Pa})$$

界面为最高时，重组分液体充满容器时

$$p_2 = h_1\rho_2 g = 200 \times 1.1 \times 980.7 \times \frac{100}{1000} = 21575.4(\text{Pa})$$

此时，仪表量程为

$$\Delta p = p_2 - p_1 = 21575.4 - 15691.2 = 5884.2(\text{Pa})$$

故仪表的量程范围为 15691.2~21575.4Pa

(2) 仪表迁移量的计算

界面为 0 时仪表正、负压室的压力为

$$p_+ = p + h_1\rho_1 g - h\rho_0 g = p + 15691.2 - h \times 0.95 \times 980.7 \times \frac{100}{1000}$$

$$= p + 15691.2 - 93.17h$$

$$p_- = p + (h_1 - h)\rho_0 g = p + 200 \times 93.17 - 93.17h$$

$$= p + 18633.3 - 93.17h$$

可以得出仪表的迁移量为 $p=p_+-p_-=-2942.1(\text{Pa})$

由于 $p_+<p_-$，因此是负迁移。

由以上的计算可知仪表带迁移量的量程范围为 12749.1~18633.3Pa。

4. 法兰式差压变送器

在测量具有腐蚀性介质、含有结晶颗粒或者黏度大、易凝聚等液体的液位时，常使用法兰式差压变送器。法兰式差压变送器按其结构形式分为单法兰和双法兰两种，法兰的构造又有平法兰和插入式法兰两种。

法兰式差压变送器的测量膜盒采用法兰与容器上的法兰连接，并直接与被测液体接触。当被测液位变化时，膜盒的敏感膜片上所受的压力也发生了变化，通过毛细管内的硅油将这个压力变化传递到变送器的变送部分，输出相应的信号。

3.4.4 雷达式物位计

雷达式物位计是采用微波技术的物位检测仪表，它作为一种非接触式的物位仪表，目前已广泛应用于石油化工行业，尤其是大型储罐的物位测量。

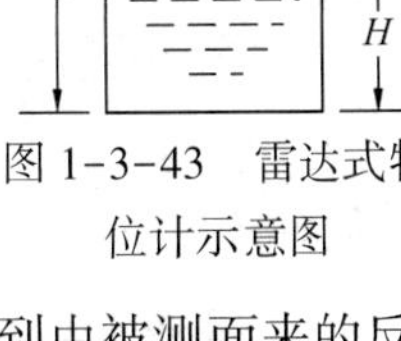

图 1-3-43　雷达式物位计示意图

雷达式物位计的基本原理如图 1-3-43 所示。雷达式物位计采用高频振荡器作为微波发生器，发生器产生的微波用波导管将它引到辐射天线，并向下射出。当微波遇到障碍物，例如液体的液面时，部分被吸收，部分被反射回来，被同一天线接收。雷达波由天线发出到接收到由被测面来的反射波的时间 Δt 与物位的关系为

$$H = H_0 - \frac{c}{2}\Delta t$$

式中　Δt——雷达波由发射到接收的时间间隔；

H——物位高度；

H_0——天线距罐底高度；

c——电磁波传播速度，300000km/s；

可见，只要测得时间间隔 Δt，就可以计算出物位的高度 H。

电磁波的传播速度很快，要精确地测量雷达波的往返时间是比较困难的。目前雷达探测器对时间的测量有微波脉冲法(PTFO)和连续波调频法(FMCW)两种。

雷达式物位计的测量原理和微波的传播特性有关，介质的相对介电常数、液体的湍动和气泡等被测物体的特性都会对微波信号造成衰减，严重时甚至不能工作。每种雷达式物位计都有一个最小的相对介电常数，在选用雷达式物位计时，先要考虑物料的相对介电常数，以使雷达式物位计能正常工作。不同的雷达式物位计对最小相对介电常数的要求是不同的，一般在1.5~2左右。

当被测介质的相对介电常数低于产品所要求的最小值时，应该使用导波管，用来提高反射回波的能量，以确保测量的准确度。导波管还可以消除由于容器的形状而导致多重回波所产生的干扰影响。在测量浮顶罐和球罐的液位时，一般使用导波管。

雷达式物位计的微波具有良好的定向辐射性，在传输过程中受火焰、灰尘、烟雾及强光的影响极小，可以用来连续测量腐蚀性液体、高黏度液体和有毒液体的液位。它没有可动部件、不接触介质、没有测量盲区，而且测量准确度几乎不受被测介质的温度、压力、相对介电常数的影响，在易燃、易爆等恶劣工况下仍能应用。

3.4.5 放射性物位计

当放射线通过一定厚度的介质时，部分粒子因克服阻力与碰撞动能消耗被吸收，另一部分粒子则透过介质。射线的透射强度随着通过介质层厚度的增加而减弱。入射强度为 I_0 的放射源，随介质厚度而呈指数规律衰减，即

$$I = I_0 e^{-\mu H}$$

式中 μ——介质对放射线的吸收系数；

H——介质层的厚度；

I——穿过介质后的射线强度。

不同介质吸收射线的能力不一样，一般说来固体吸收能力最强，液体次之，气体则最弱。当放射源已经选定，被测的介质不变时，则 I_0 与 μ 都是常数，只要测定通过介质后的射线强度 I，就可知道介质的厚度 H。介质层的厚度，在这里指的是液位和料位的高度，这就是放射线检测物位法。

目前大多数放射性物位计采用产生 γ 射线的铯(Cs137)和钴(Co60)作放射源。

图1-3-44是核辐射物位计的原理示意图。放射源射出强度为 I_0 的射线，接受器用来检测透过介质后的射线强度 I，再配以显示仪表就可以指示物位的高低了。

由此可知，仪表的辐射源能否发射稳定的射线 I_0，接收器能否接收到 I，是保证仪表测量准确的关键。

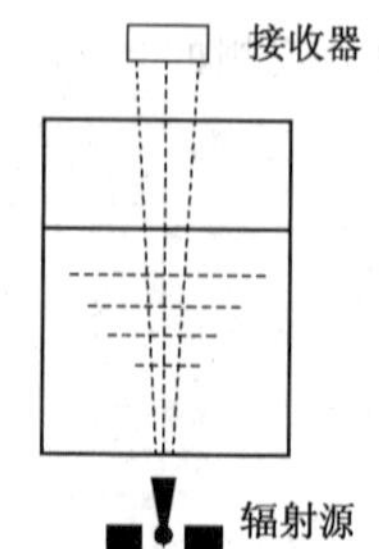

图1-3-44 核辐射物位计原理示意图

工业核辐射仪表常用的射线接收器有闪烁接收器、电离室接收器、盖革计数管等。闪烁接收器的接收效率高，可以减低仪表射源的强度，其工作寿命也较长；缺点是成本高，稳定性稍差，抗震性差。电离室接收器结构比较牢固，性能稳定，工作寿命长；缺点是接收效率低，仪表射源强度较高。计数管接收器成本低，结构简单，便于维修；缺点是接收效率低，工作寿命短。

放射源的强度是不断衰减的，例如，Cs137每年衰减2.3%，Co60每月衰减1%。因此，当放射源的强度减弱到不能保证仪表正常工作时需要更换。

γ 射线物位计根据物位测量的不同需要，共有 3 种基本类型：固定安装连续指示型、物位跟踪连续指示型和物位报警开关型。其中，固定安装连续指示型根据射源的分布和安装形式又可分为单点源式、多点源式和线状源式；内装源式、外装源式。一般物位测量可选用固定安装连续指示型。物位量程较小时选单点源式；设备直径大，应选内装源式；2m 以上的较大量程应选用多点源式(测量准确度低)或线状源式(精度高)。

这种物位测量仪表由于核辐射线的突出特点，即能够透过如钢板等各种固体物质，能够完全不接触被测物质，适用于高温、低温、高压容器、强腐蚀、剧毒、有爆炸性、黏滞性、易结晶或沸腾状态的介质的物位测量，还可以测量高温融熔金属的液位。核辐射线特性不受温度、湿度、压力、电磁场等影响，可在高温、烟雾、尘埃、强光及强电磁场等环境下工作。它可以测量液位，也可以测量料位，还可以测量液体的界面和液体与固体的分界面。

放射线对人体有害，在使用工业核仪表时应当注意以下事项：

① 安装地点除应满足工艺和仪表的要求外，应当尽量置于人员很少接近的地方，并设置显著标志。

② 安装时，应先安装机械设备和接收器并初步调试正常，然后再安装射源；安装射源时应将射源容器关闭，使用时再打开。

③ 接受器一般不能在高于 50℃ 的环境下正常工作，当放射线料位计需要使用在高温环境时，必须进行冷却处理。

④ 检修时应关闭射源容器。需要带源检修时，应制定操作步骤，动作正确迅速，尽量缩短时间，防止不必要的照射。

⑤ 必须加强射源的管理。更换射源应由专业人员进行；废旧射源应交专门的放射性废物存放处理单位处理。

3.4.6 超声波物位计

超声波物位计也是非接触测量仪表。只要分界面的声阻不同，超声波物位计液位、料位均可测量。在腐蚀性介质、黏稠介质等环境的物位测量使用较多。

1. 测量原理

声波可以在气体、液体、固体中传播，并具有一定的传播速度。声波在穿过介质时会被吸收而衰减，气体吸收最强衰减最大，液体次之，固体吸收最少衰减最小。声波在穿过不同介质的分界面时会产生反射，反射波的强弱决定于分界面两边介质的声阻抗，两介质的声阻差别越大，反射波越强。根据超声波从发射至接收到反射回波的时间间隔与物位高度之间的关系，就可以进行物位测量。

如图 1-3-45 所示，超声波物位测量有如下关系：

$$H = \frac{1}{2}v\Delta t$$

式中 H——超声波发射器到物料界面的距离；

v——超声波的传播速度；

Δt——超声波从发射至接收到反射回波的时间间隔。

对于一定介质，v 是已知的，只要测得时间 Δt 即可确定距离 H，即得知被测物位的高度。

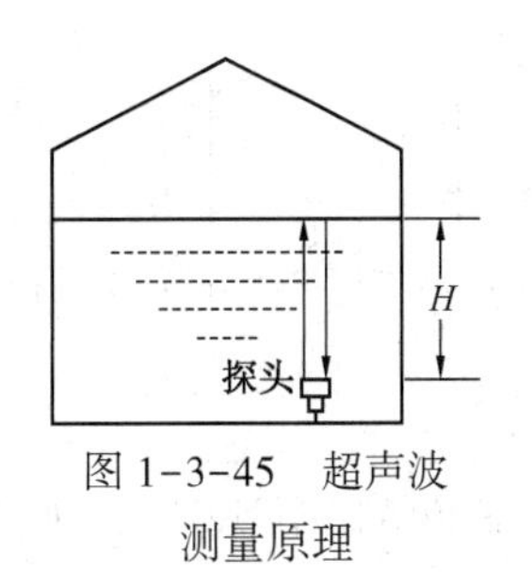

图 1-3-45 超声波测量原理

2. 测量方法

应用超声波进行物位测量，通常都用超声波换能器来实现发射和接收超声波，通过转换，实现物位测量。实际应用中可以采用多种方法：根据传声介质的不同，有气介式、液介式和固介式；根据探头的工作方式，有自发自收的单探头方式和收、发分开的双探头方式。它们相互组合就可得到不同的测量方法。

图 1-3-46 是超声波测量液位的几种基本方法，其中：(a)是单探头液介式测量方法；(b)是单探头气介式测量方法；(c)是单探头固介式测量方法；(d)是双探头液介式方法。

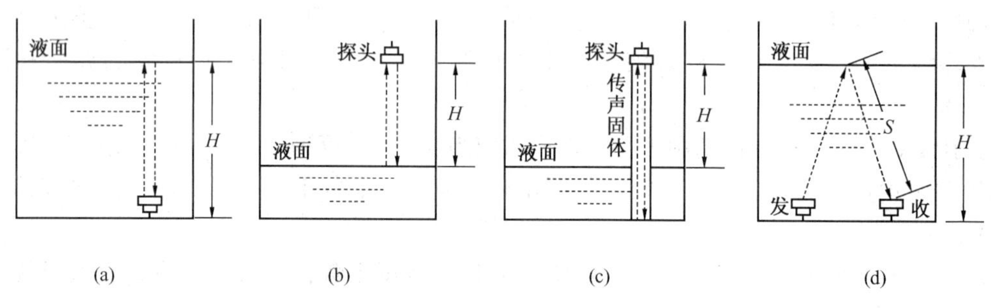

图 1-3-46　脉冲回波式超声波液位计的基本方案

3. 应用注意事项

超声波物位计在使用中应当注意以下事项：

① 超声波是利用声速特性，采用回声测距的方法进行物位测量。由于声波的传播速度与介质的密度、温度有关，在应用前必须进行校正，以保证测量的准确度，或者选择带温度补偿的超声波物位测量系统。

② 不同的传输介质对超声波的吸收率不同，若传输介质对超声波的吸收率太高，可选用量程大一级的换能器，以保证全量程测量。

③ 超声波换能器的发射面采用有机塑料(如 Teflon)或金属(如铝)封装，选型时一定要清楚传输介质对换能器的腐蚀程度。

④ 安装换能器一定要垂直对准液面，安装位置应避开加料口，离罐壁一定距离，以防波束打到液面以外的其他目标上，造成超声干扰太大或检测出虚假液位。

⑤ 超声波换能器在发射波时，其波束都是圆锥状的，角度一般为 6°~15°。使用中要注意避免保护套(或安装套)产生干扰。

⑥ 换能器到控制显示单元之间用同轴电缆连接，且不应超过厂家的规定长度。

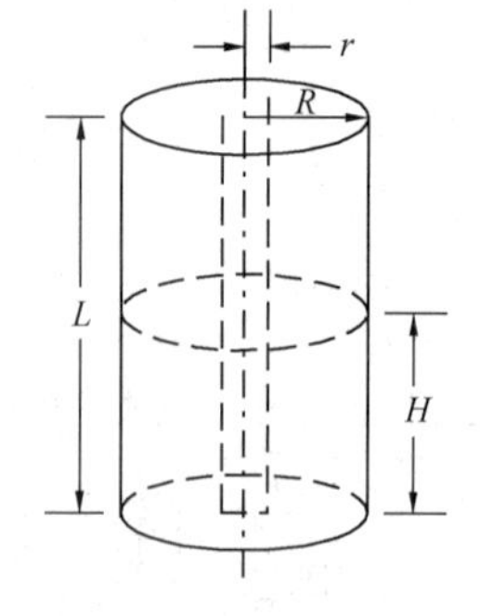

图 1-3-47　电容式物位传感器测量原理

3.4.7　电容式物位计

电容式物位计由电容物位传感器和检测电容的电路组成，它适用于各种导电、非导电液体的液位或粉末状料位的测量，传感器部分结构简单，使用方便，应用范围较广。

1. 测量原理

电容式物位传感器是根据圆筒形电容器原理进行工作的，结构如图 1-3-47。由两个长度为 L，半径分别为 R 和 r 的同轴圆柱极板组成的电容器，物料填充在两圆筒极板之间，其介电常数为 ε，物料高度 H 的变化会引起电容量 C 的变化，且成正比，即

$$C=\frac{2\pi\varepsilon H}{\ln\frac{R}{r}}$$

式中 C——电容器的电容量；

H——物位的高度；

ε——物料的介电常数；

R，r——圆柱极板的半径。

2. 液位的测量

对非导电介质液位测量的电容式液位计的传感器如图 1-3-48 所示，它用一个充电极 1 作为内电极，用与内电极绝缘的同轴金属圆筒 2 作为外电极，外电极上开有孔和槽，以便被测液体的自由流动，内外电极间用绝缘材料进行绝缘固定。

液位变化会引起电容的变化，即

$$C=\frac{2\pi(\varepsilon-\varepsilon_0)}{\ln\frac{R}{r}}H=SH$$

式中 ε_0——空气介电系数；

S——仪表的灵敏度。$(\varepsilon-\varepsilon_0)$越大，灵敏度越高。在制作电容传感器时使 R 接近于 r，也可提高仪表的灵敏度。

3. 料位的测量

对于非导电固体物料的料位测量，采用电极棒和容器壁组成电容器的两极，如图 1-3-49。还可以用电容物位计测量导电和非导电液体及两种介电常数不同的非导电液体之间的界面。

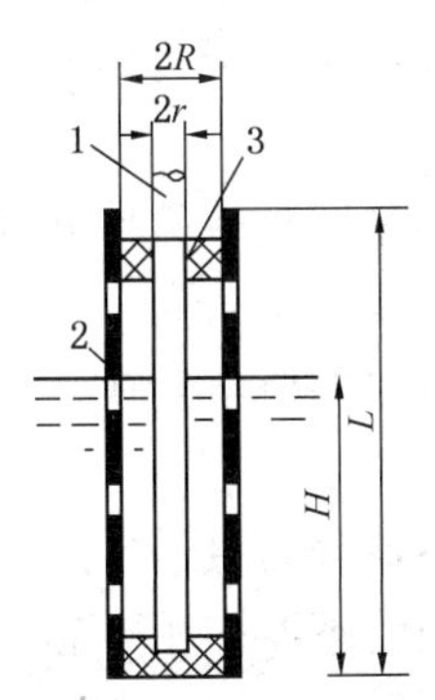

图 1-3-48 非导电液位测量

1—内电极；2—外电极；3—绝缘材料

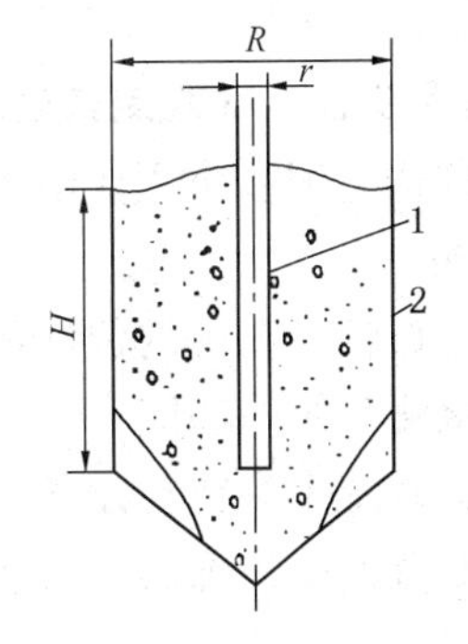

图 1-3-49 非导电料位测量

1—金属内电极；2—容器壁

电容物位计结构简单，电容量变化较小，需要较复杂的电子线路来实现准确测量。要及时修正介质浓度、湿度对介电系数的影响，以保证测量的准确性。

3.4.8 音叉物位开关

音叉物位开关结构简单，稳定可靠；抗干扰能力强；灵敏度很高，广泛用于对液位、固体粉尘和小颗粒物料的料位进行测量、控制和报警联锁。

音叉物位开关由音叉和电子电路两部分组成。在音叉底部有两组压电晶体陶瓷片，其中一组为驱动片，一组为检测片。驱动片利用逆压电效应将交变电压变换成交变力，驱动振动膜和音叉产生振动；检测片利用压电晶体的压电效应，将音叉和振动膜的振动变换成电压信号。

当音叉没有触及物位时，音叉受激振动，电子线路输出为无物位信号；当物位升高触及音叉，则振动停止，电子线路输出有物位信号。音叉物位开关的输出信号是干接点的开关量信号。

校验音叉物位开关时要将叉股向上放置。通电观察音叉端部振动，用手轻触音叉端部时应有颤抖感。当按压音叉端部强迫它停止振动后，输出接点的通断应发生改变。振、停反复多次，音叉物位开关的输出接点都有相应的变化，则表明该音叉物位开关工作正常，校验合格。

音叉物位开关在使用中要注意的是：不要让音叉的端部沾上物料，影响音叉的振动，产生误动作。在安装、拆卸和搬运时不能敲击、碰撞音叉，也不允许手提音叉提表。

3.5 轴系检测仪表

石油化工生产中有大量的转动设备，如透平、压缩机、鼓风机等。这些大型机械设备的运行状况直接关系到生产装置的安全。为了确保大型旋转设备的安全运行，减少非正常停车，节约维修费用，必须对大型转动设备的运行状态进行监测。通过连续监测和显示重要的设备参数，当设备状态超出用户设定的界限时，发出报警信号，甚至执行自动停机。通过对大型转动设备运行状态的监控，为转动设备的早期故障制定检修计划提供关键信息，从而保证设备的安全、稳定、长周期运转，减少或避免事故的发生。

大型转动设备的状态监测系统主要监测转子的径向振动、轴向位移、转速和轴温等。目前使用较多的是美国本特利内华达公司(Bently Nenada，简称本特利)的7200、3300和3500等系列。

本特利的轴系仪表采用负电压形式进行信号传送，以电源正极为信号的基准。

3.5.1 轴振动及轴位移监测系统的构成与作用

轴振动及轴位移监测系统主要由传感器系统、监测器系统和故障诊断系统组成。

1. 传感器系统

传感器系统是将转动设备的位移量、振动量转换为电量的机电转换装置。传感器的性能将直接影响整个检测系统的功能。

转动设备保护系统中对转动设备状态监测采用的传感器分为接触传感器和非接触传感器两种。接触传感器有速度传感器、加速度传感器等，这类传感器多用于非固定安装，只测取缸体机壳振动的地方，其特点是传感器直接和被测物体接触。

非接触传感器不直接和被测物体接触，可以固定安装，直接监测转动部件的运行状态。非接触传感器种类很多，最常用的是永磁式趋近传感器和电涡流式趋近传感器(也称射频式趋近传感器)。电涡流式趋近传感器测量范围宽，动态响应好，长线传输抗干扰能力强，不受介质影响，结构简单，应用广泛。

下面介绍电涡流传感器系统的组成、特征和参数测量方法：

(1) 电涡流传感器的组成

典型的电涡流传感器系统主要包括传感器(又称探头)、延伸电缆和前置放大器三部分

(如图 1-3-50 所示)。配置一套测量系统时,可选探头的型号较多。而延伸电缆和前置放大器是根据探头来配套的,型号变化较少。

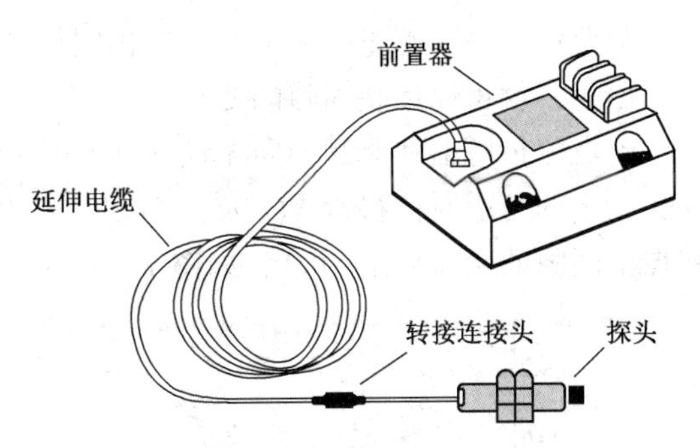

图 1-3-50 电涡流传感器系统的组成

探头通常由线圈、头部、壳体、高频电缆、高频接头组成,如图 1-3-51 所示。其中线圈是探头的核心,它是整个传感器系统的敏感元件,线圈的物理尺寸和电气参数决定传感器系统的线性量程以及探头的电气参数稳定性。

延伸电缆是用于连接探头和前置放大器的,其长度需要根据传感器的总长度配置,以保证系统总的长度为 5m 或 9m。延伸电缆的长度应根据前置器与安装在设备上的探头间的距离来选定。

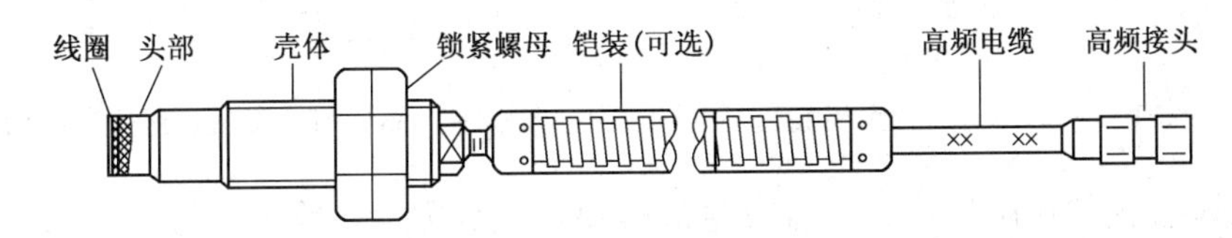

图 1-3-51 探头的结构

前置放大器简称前置器,它实际上是一个电子信号处理器:一方面前置器为探头线圈提供高频电源以产生磁场;另一方面,前置器感受探头与被测金属导体间的间隙,产生随该间隙线性变化的输出电压或电流信号。前置器常有两种输出方式:一种是未经进一步处理的,在直流电压上叠加交流信号的"原始信号",这是进行状态监测与故障诊断所需要的信号;另一种是经过进一步处理得到的 4~20mA 或 1~5V 的标准信号。

(2) 电涡流传感器的工作原理

根据麦克斯韦尔电磁场理论,传感器线圈中通入由前置器提供的 1~2MHz 的高频电流之后,线圈周围会产生高频磁场,该磁场穿过靠近它的转轴金属表面时,会在其中感应产生一个电涡流。根据楞次定律,这个变化的电涡流又会在它周围产生一个电涡流磁场,其方向和原线圈磁场的方向刚好相反,这两个磁场相叠加,将改变原线圈的阻抗。

在磁导率、激励电流强度、频率等参数不变的情况下,线圈阻抗与探头顶部到被测金属表面间隙之间呈比例关系。

本特利公司的探头有几种规格,其中 ϕ5mm 及 ϕ8mm 探头是测量轴位移、轴振动的常用探头,其线性范围为 2mm(0.5~2.5mm),转换系数为 7.87V/mm,其特性曲线如图 1-3-52所示。其输出与输入的关系为

$$U = K(X - X_0) + U_0$$

式中 U——前置放大器的输出电压,V;

U_0——测量范围下限 X_0 对应的电压值,V;

X——探头和观测面的间隙,mm;

X_0——测量范围下限,mm;

K——转换系数(ϕ5mm 探头为-7.87V/mm)。

只要设置一个测量变换电路，测出阻抗的变化，并转换成电压或电流输出，再用二次表显示出来，就可以反映间隙的变化。

电涡流传感器在监测径向振动的同时又能监测轴向位移，其监测原理基于电涡流传感器探头测出的与瞬时位移量 $X(t)$ 成正比的输出信号，包含有反映初始间隙的直流分量 X 和反映振动间隙的交流分量 $S(t)$，如图 1-3-53 所示。

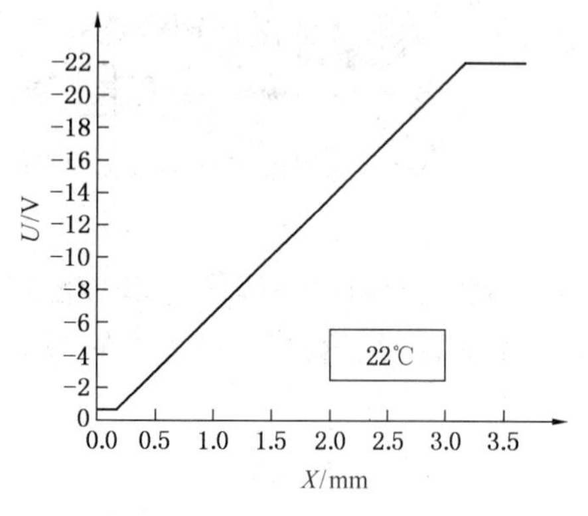

图 1-3-52 典型传感器特性

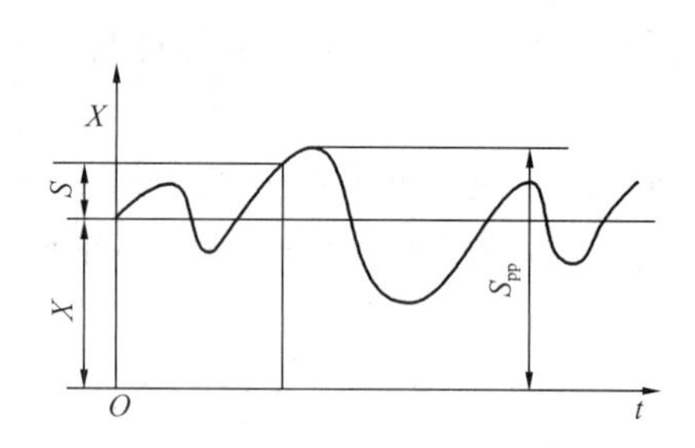

图 1-3-53 与位移呈正比的输出信号

径向振动监测的作用是将其交流分量的峰值进行放大，并输出信号以反映出径向振动状况。

轴向位移监测的作用主要是将其直流分量进行放大，输出信号反映出转动设备轴向位置状况。

（3）电涡流传感器的特征

电涡流传感器系统的输出电压信号正比于探头端部与被测导体表面之间的距离，它既能进行静态（位移）测量，又能进行动态（振动）测量。间隙和输出电压之间呈正比关系，由于边缘效应等原因，间隙和输出电压之间的实际关系曲线如图 1-3-54所示，在其低端（低于 A 点）和高端（高于 B 点）呈非线性关系。

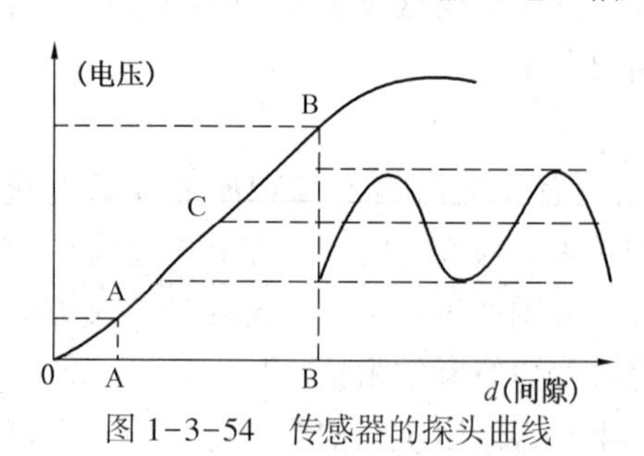

图 1-3-54 传感器的探头曲线

要准确检测轴的振动位移变化量，必须让探头工作在线性段，轴位移探头的零位间隙点和径向振动探头的静态电压（直流偏置电压）设置在线性段的中点（图 1-3-54 中 C 点），以确保监控仪在整个监测范围内的准确性。另外，必须对新探头作特性曲线，对旧探头也应进行适当的抽查。

（4）传感器监测的基本参数

① 振动参数

振动参数主要包括振幅、频率、相角等。振幅是振动强度的标志，通过对振幅大小的分析判断设备是否运行正常。振动的频率表示为设备转速的倍数，通过对机壳振动频率的分析，帮助判定故障发生的类型。

在测量轴振动时，要把探头安装、固定在轴承壳上，使探头与轴承成为一体，所测得结果实际是轴相对于机壳的振动。

轴在垂直方向与水平方向的振动并没有必然的联系，应在垂直和水平方向各装一个探头，用以分别测量垂直和水平方向的振动，其安装如图 1-3-55 所示。

② 位移参数

位移参数有轴的径向位移(偏心度)、轴向位移(位移量)、胀差、机壳膨胀等。径向位移是指转子在轴承中的径向平均位移(偏心位置)，偏心位移是随机械负荷的变化，轴线对中心线的偏移。径向位移的变化反映轴承磨损、负荷变化的状态，轴向位移反映止推轴承的相对位移。

轴在运行中，各种因素都会使轴在轴向有所移动，如果位移量过大，轴与轴承发生摩擦，后果将不堪设想。位移参数测量探头的安装如图 1-3-56 所示。

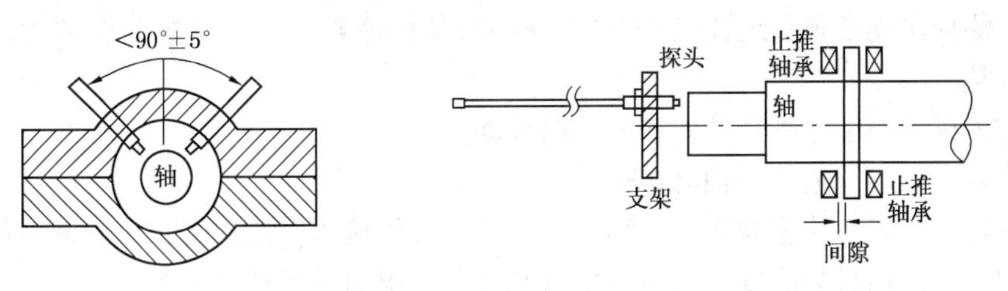

图 1-3-55　轴径向振动测量　　图 1-3-56　轴向位移测量

③ 轴转速参数

转速是描述设备运行状态的重要参数之一，转速的变化与设备运行状态有着密切的关系，它不仅表明了设备的负荷，而且当设备发生故障时，转速也会发生变化。通过分析振动与转速的关系，预先计算出设备的临界转速，并避免设备在临界转速范围内运行。根据设备运行的状态，进行超速联动保护，防止发生超速飞车。

在轴上开一个键槽或装一个键，当探头探测到一个键槽或一个键时，前置放大器输出一个负脉冲或正脉冲，这样两个脉冲为一转，根据频率的变化就可以测得转速的变化。转速测量探头的安装如图 1-3-57 所示。

④ 其他测量参数

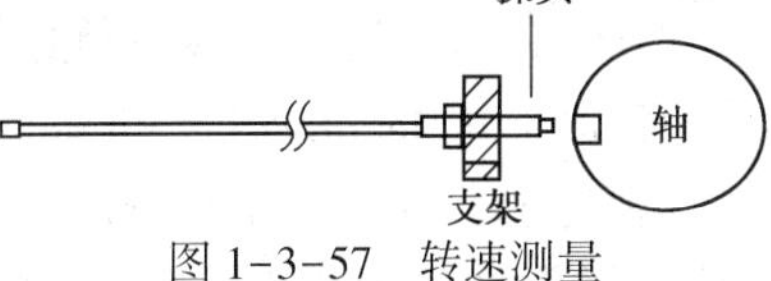

图 1-3-57　转速测量

大型转动设备除了以上检测项目外，还有以下检测项目：

胀差　指轴和机壳体之间的热膨胀差。胀差过大，转动设备的动、静件之间可能发生摩擦，容易造成事故。在运行过程中，尤其是在设备启动、停机过程中，应对胀差进行监测。胀差测量一般用在高转速的汽轮机上。

键相位　其测量方法及其测量探头的安装方法和转速测量相似。通过对振动信号和键相位器检测的频率进行分析，可得出轴不平衡质量点位置。引起相位角变化的原因一般有叶片丢失或积垢、轴变形、轴裂纹等。

轴心轨迹　是轴心上一点相对于轴承座的运动轨迹。通过对轴心轨迹的分析，可判断出轴变形的性质、轴不平衡质量点位置、轴承油膜的不稳定等故障。

轴温　与轴承润滑油温度一致。轴温的高低关系到轴承油膜的稳定性，要对轴温进行检测，将其控制在适当的范围内。

2. 监测器系统

监测器系统对传感器采集的信号进行运算处理，通过显示系统直观地反映设备的运行状况，便于做出早期分析，对运行机械进行快速保护。

监测器系统主要由机架、电源部分、系统监测模块、振动监测模块、位置监测模块、转速监测模块等组成，如有特殊需要，还可配置其他监测模块。

下面以本特利公司的监测器系统为例进行介绍。

机架用于安装监测系统的各个功能模块，每个机架必须安装电源及系统监测模块，监测模块的类型和数量根据具体需要而定。机架背面有与各监测模块相对应的信号输入输出端子以及通信接口等。若监测器系统规模较大，可以扩展安装监测模块的槽位。

电源部分为监测器系统提供-24V 或-18V 直流工作电压。

系统监测模块主要是对整个系统的运行状态进行监测，它连续监测框架中所有电源和其他模块是否正常。

振动监测模块连续独立地监测振动信号峰-峰值的振幅，并可对报警点和危险报警点进行设置和调整。

位置监测模块用于监测转动设备的轴向移动。

转速监测模块连续地测量轴的转速。

本特利轴系仪表的传感器无论是轴振动、轴位移的检测，还是键相位、速度的检测，均采用相同的传感器探头与前置放大器，仅从监测器系统加以区别。

3. 故障诊断系统

故障诊断系统主要有监视仪、便携式监测仪、计算机在线监测诊断管理系统等。通过对设备的长期连续在线监测及对参数的离线分析，可判断设备运行是否正常。若设备运行异常，系统将发出相应报警，指示故障现象，分析可能原因，预测设备的运行趋势并提出处理方案，及时解决设备运行中存在的隐患问题，为大型设备长周期运行提供保障。

当监测信号达到或超过预先设定的报警设定点后，系统发出报警；当监测信号达到或超过危险报警点时，系统可输出所需要的联锁保护接点，执行对设备的联锁保护。

故障诊断可采用固定式监测仪、便携式仪器。

DM2000 是本特利公司的数据管理系统。DM2000 在设备保护系统硬件的基础上，增加了管理软件，可以连续在线进行数据采集、归档和显示等管理。该软件被称为机械状态管理系统 MCM2000(Machime Condition Manager 2000)，它是一种工程化的解决方案，使用其知识库和规则处理器自动对 DM2000 数据库中的数据及图形进行分析，在短时间(几秒或几分钟)内为操作人员、管理人员及维护人员提供相应建议。

3.5.2 检测系统的校验

1. 传感器的校验

(1) 传感器探头的样块选择

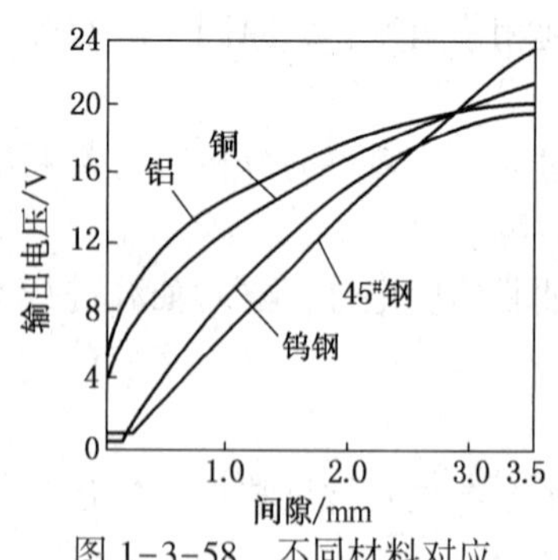

图 1-3-58　不同材料对应的响应曲线

被测金属导体的磁导率、电导率、尺寸因子对测量结果有影响，除了探头、延伸电缆、前置器决定传感器系统的性能外，被测体的性能参数也会影响整个系统的性能。

影响系统性能的被测体性能参数包括被测物体表面尺寸、厚度、表面加工状况、材料等。探头对 $45^{\#}$ 钢、铝、铜、钨钢的响应曲线见图 1-3-58 所示。在校验探头及前置器时，所采用的样块材质必须与机轴的材质一致或相近，才能准确地得到探头的特征曲线，以便确定探头精确的(理想的)零点间隙值，作为电气调整的依据。

延伸电缆和前置器与探头是配套的，应一起校验，它们的单独更换都会引起测量误差，测量不同的材质或更换探头、延伸电缆或前置器时，都应对系统进行重新校验，以保证测量准确度。

(2) 传感器的校验

校验传感器时要使用专用校验仪器 TK-3。探头的校验分静态校验和动态校验。

① 探头的静态校验

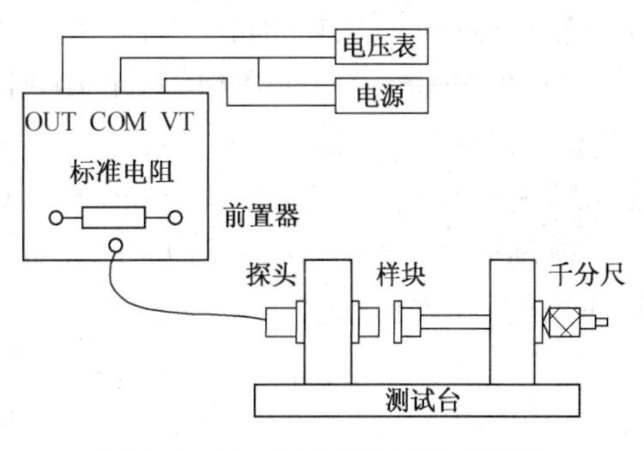

图 1-3-59 探头静态校验连接图

按图 1-3-59 所示连接好测试设备。在测试台上调整主轴千分尺，使样块与探头的间隙为 0.5mm。将探头插入测试台探头架上，调整探头，直至输出电压为(-3.0±0.2)V 时为止。调千分尺至间隙为 0.2mm，然后再往回调至 0.25mm，以消除千分尺的回差，记下此时的输出电压值。然后，调整千分尺，使间隙每次增加 0.25mm，直至 2.25mm，记下各点的输出电压值。把间隙为 2.25mm 时对应的电压值减去间隙为 0.25mm 时对应的电压值，并将此电压变化的绝对值除以 2mm，其商如等于系统平均刻度系数(ASF)(-7.78±0.21V/mm)，则表示传感器静态校验合格，校验结束。

ASF 的典型值为(-7.78±0.21)V/mm，最坏值为(-7.78±0.39)V/mm，若 ASF 超差，则需要更换前置放大器的标准电阻，操作步骤如下：用电阻箱代替前置器上的标准电阻，增加间隙至 2.25mm，记下前置器输出电压值。调整电阻箱电阻，以便获得 0.25mm 和 2.25mm 之间差值的电压读数(-16.0±0.16)V，这将产生(-7.78±0.21)V/mm 的 ASF。用一等于电阻箱电阻值的精密电阻装到校验端子间，按校验步骤重新进行校验。

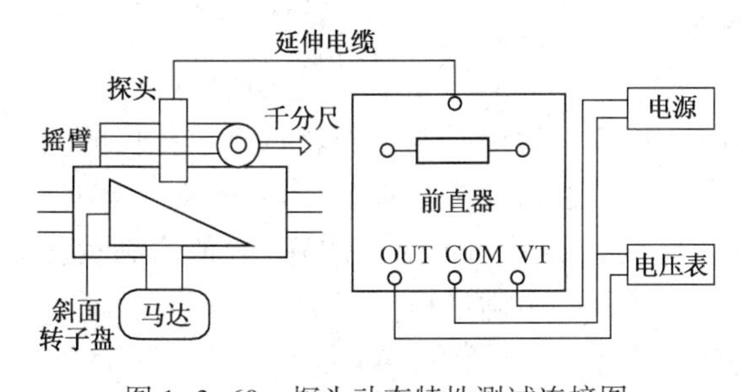

图 1-3-60 探头动态特性测试连接图

② 探头的动态校验

如图 1-3-60 连接好测试设备，把具有刻度盘的千分尺安装在摇臂架上，转动一定位置，测量其与转子斜面盘(模拟振动)的间隙大小。把探头安装在摇臂架上固定好，调整振幅范围(50~250μm)。用数字万用表测量其电压输出值或用示波器观察输出波形，所测结果与标准值相比，求出其误差。

(3) 零点间隙的选择

轴位移、轴振动等参数的测量是非接触性测量，轴与传感器探头之间总会保持一个静态的间隙，这个间隙被称作零点间隙，此时的输出电压为零点间隙值。从特性曲线上看，只要在特性曲线的线性范围内选取任何一个值都可以作为零点间隙。在实际使用过程中，一般选取特性曲线线性范围的中间作为零点间隙。当轴上下或左右摆动时，测量范围从零点间隙向正、负方向可以移动的范围较大，且保持线性，同时也便于监控仪的校验，一般都选定 -10V输出点为零点间隙值。

2. 监控仪的校验

零点间隙值选定后，根据监控仪测量范围进行监控仪的调校。

监控仪可与探头和前置放大器一起校验，也可以用其他信号源在监控仪输入端外加信号进行校验。用前一种校验方法，可使实际测量系统得到更精确的测量结果。下面简单介绍这两种校验方法：

（1）用 TK-3 校验仪对探头、前置器和监控仪一起进行校验

将探头、前置器和监控仪按接线图接好。

① 位移监控仪的校验可参考前述探头的校验方法。即将探头插入 TK-3 的摇臂，调整千分尺与探头的间隙，使前置器的输出为(-10.000±0.020)VDC。此点为探头线性范围的中间值，调整监控仪的零点，使它指示为零，即指示中间刻度。用零点信号所对应的千分尺刻度加(或减)满量程位移量(正/反)，调千分尺至计算值，调监控仪的“量程调整”为满刻度。

② 轴振动监控仪用 TK-3 的振动盘(转子盘)进行校验。校验前要先用测微器对 TK-3 振动盘的振幅进行标度。

将探头插入摇臂，同时仔细观察前置器的输出电压。探头插入时，输出电压为某一值(如-10.0VDC)。改变摇臂位置，使探头位于振动盘中心，调整监控仪零点。然后打开 TK-3电源使振动盘转动，转速可为 50%左右。移动摇臂，使探头远离振动盘中心至振幅满量程点，调监控仪的量程调节使指示满刻度。

在上述校验过程中，探头、前置放大器和监控仪，应为实际测量时所用的成套仪表，以保证整个测量系统精度。

（2）用信号发生器只对监控仪进行校验

① 位移监控仪的校验

将电压信号发生器接至位移监控仪的输入端，使信号发生器输出电压为(10.000±0.020)VDC 时，调整监控仪的零点使指示为零(刻度中点)。用-10.000VDC 加(或减)满量程所对应的电压值(-7.87V/mm×位移量程刻度值)，使信号发生器输出电压等于计算值，调监控仪量程，使其指示满刻度。

② 轴振动监控仪的校验

用函数发生器(0.1~3MHz，偏置电压为±10VDC)作为信号源接至轴振动监控仪的输入端，当输入为直流时，即输入-10.0VDC，调轴振动监控仪的零点使其指示为零。给轴振动监控仪加一频率为 100Hz，偏置为-10VDC 的正弦波，然后调正弦波的峰-峰值为满量程振幅所对应的峰-峰电压值，调轴振动监控仪的量程使其指示满量程。

监控仪除了要进行量程范围校验外，还要对报警值进行校验、确认。

3.5.3 测量探头的安装

轴振动位移监控系统的安装正确与否，将直接影响整个系统的测量准确度。探头的正确定位是监控系统进行精确测量的关键。

（1）探头的安装

为了保证探头安装合适，提高探头的测量准确度，在调整探头间隙值时被测件的表面应保持静止不动。探头间隙可以机械调整，也可以电气调整。轴振动的安装间隙只需电气调整，而轴位移的安装间隙，最好先用机械调整，再用电气调整，这样会更有利于安装，如图 1-3-61 所示。

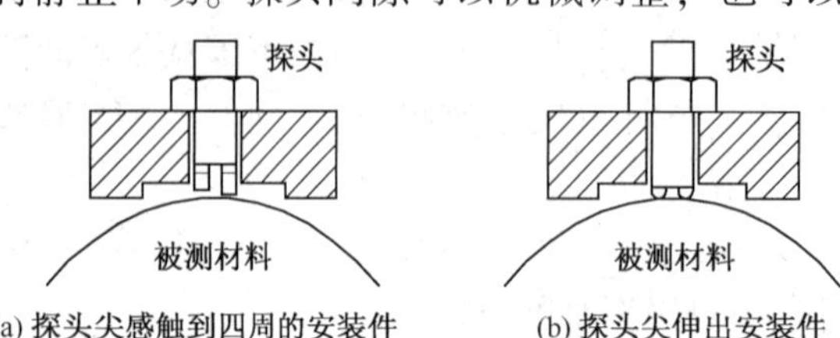

(a) 探头尖感触到四周的安装件　(b) 探头尖伸出安装件

图 1-3-61　探头的静态间隙调整示意图

① 探头装入安装孔之前先把锥孔清理干净，以防导电碎物干扰电磁场而产生假信号。

② 将探头缓慢拧入安装孔，利用非金属塞尺对探头间隙进行机械调整。机轴应处在中心位置(即最大静态串动量的1/2)，其静态零点间隙值则根据响应曲线确定。

③ 在探头引线与延伸电缆、前置器连接后，探头间隙还可以进行电气调整。在前置器的输出端，接一块数字电压表，再接通电源，把探头慢慢拧入安装孔并观察前置器的输出电压。当拧入探头时，随着探头与被测面间隙减小，输出电压也随之减小。按前面介绍的校验方法，便能调好探头的静态间隙。

④ 当探头间隙调整合适后，用锁紧螺母固定好。

(2) 轴振动和轴位移探头的间隙

由于探头顶端是由铂金丝绕制的扁平状线圈，当两探头尖端靠得太近时，流过线圈的电流所产生的高频磁场就会相互干扰，轴振动探头和轴位移探头的间距应大于38mm，以防止顶端线圈所产生的磁场相互干扰，如图1-3-62所示。

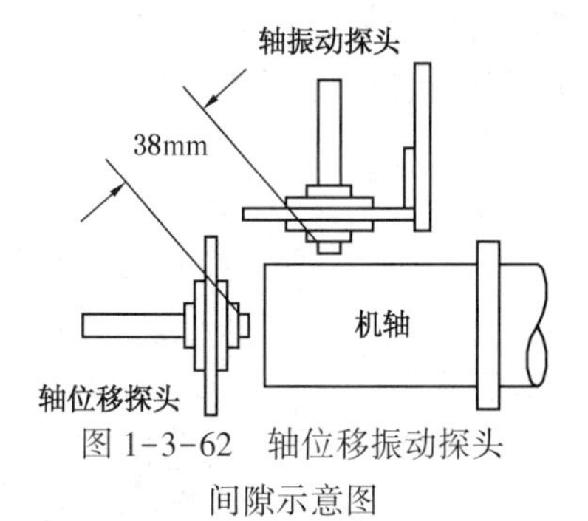

图1-3-62 轴位移振动探头间隙示意图

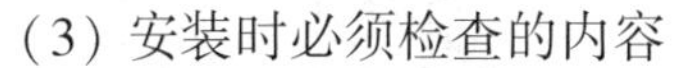
(3) 安装时必须检查的内容

轴振动、位移监控系统的探头安装完后，必须对整个系统进行检查，一般应当检查以下内容：

① 探头和前置放大器的特性曲线图；

② 探头安装后的理想零点间隙电压值；

③ 相邻两探头尖端的距离；

④ 探头与前置放大器的相互配对；

⑤ 测量联锁系统的联校；

⑥ 联锁系统的模拟试验。

3.6 压力差压变送器

石油化工企业大量使用压力差压变送器，压力差压变送器在液位和流量两个参数测量中占据重要的地位。

变送器是直接与被测介质接触的现场仪表，在高温、高压、腐蚀、振动、冲击等恶劣环境中工作。普通型压力差压变送器采用力平衡原理，结构复杂，体积较大。智能变送器以微处理器为核心，以数字技术为基础，具有准确度高、可靠性高、稳定性好、量程比宽、能进行远程通讯、能够进行现场组态、能与DCS进行数字通信、具有自诊断功能以及良好的性能价格比等特点。最常见的智能变送器有3051系列智能变送器、ST3000系列智能变送器以及EJA系列智能变送器等。

3.6.1 电容式压力差压变送器

1. 电容式压力差压变送器的工作原理

电容式差压变送器的结构如图1-3-63所示。变送器采用完全密封的“δ”室结构作为传感元件，无机械运动部件，可靠性高。它的结构可以有效地保护测量膜片，当差压过大并超过允许测量范围时，测量膜片将平滑地贴靠在玻璃(绝缘体)凹球面上，不易损坏，过载后的恢复特性很好，提高了过载承受能力。与力矩平衡式相比，它没有杠杆传动机构等，尺寸紧凑，密封性与抗振性好，测量准确度高。

电容式压差变送器的工作原理如图 1-3-64 所示，“δ”室结构主要是由测量室(隔离膜片)、测量(传感)膜片和固定电容极板组成。测量膜片把测量室分隔成左右两个，即“+”、“-”压室。两室间空腔中充满填充液(一般是硅油)。被测介质的高低压力经过导压管分别引至“δ”室的“+”、“-”压室，作用于隔离膜片上，填充液把两隔离膜片的压力信号送到中心测量膜上。中心测量膜片是一个张紧的弹性元件，作用在其上的两侧压力差使中心膜片产生相应地变形，其变形位移与所测压力差成正比，这个位移使电容极板产生电容变化，电子线路检测到这一电容变化并放大转换成对应的电信号(如 4~20mA 电流信号、HART 协议信号、现场总线信号)，供其他仪表使用。

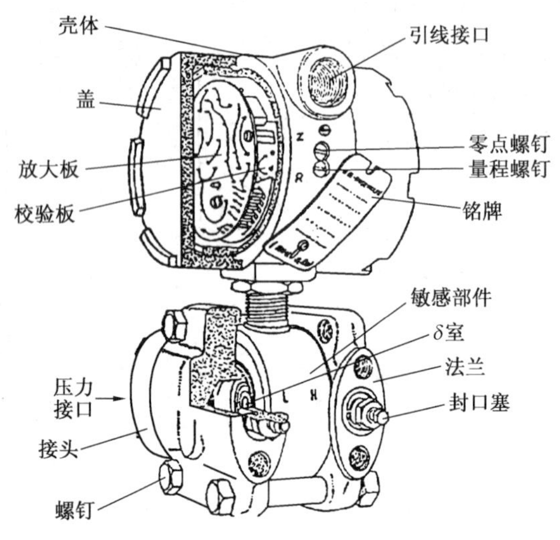

图 1-3-63 电容式差压变送器结构示意图

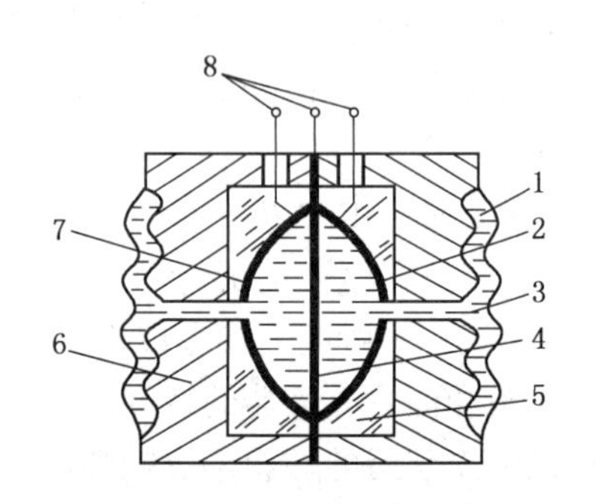

图 1-3-64 电容式差压变送器原理图

1—测量室；2，7—固定电极；3—填充液；4—测量膜片基座；5—玻璃绝缘

电容式压力变送器的工作原理与差压变送器基本相同，不同的是压力变送器的负压室始终为常压。3051 变送器是应用较广的电容式压力差压变送器。

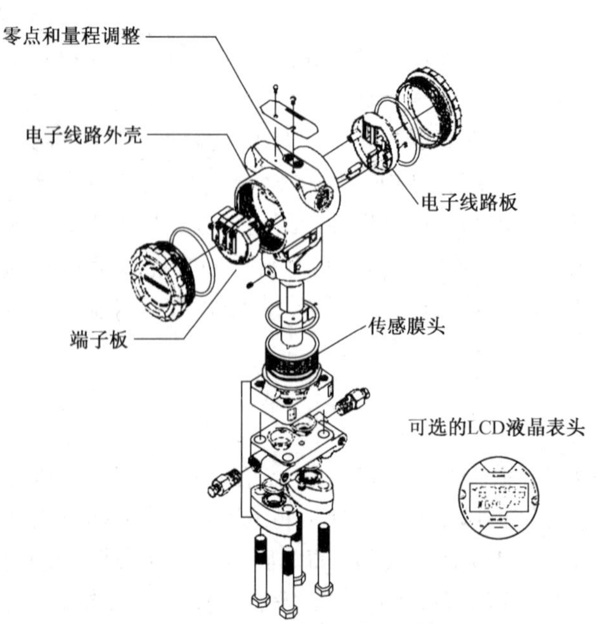

图 1-3-65 3051 差压变送器结构图

2. 3051 智能型差压变送器的结构与校验

3051 智能型差压变送器的结构如图 1-3-65 所示，其校验分为以下三步进行：

第一步，重设量程。在所需压力下设定变送器的零点和量程；

第二步，传感器微调。调整工厂特性化曲线，补偿安装产生的影响，使变送器在特定压力范围内具有最佳性能；

第三步，模拟输出微调。调整模拟输出，使之与工厂标准或者控制回路相匹配。

实际工作中的校验分离线校验和在线校验两种情形。离线校验的主要任务是设定量程点、工程单位、输出形式及阻尼值等输出参数，进行传感器微调和模拟输出微调；在线校验的任务是对变送器的参数进行在线修改。

需要注意的是，智能变送器一般提供线性和平方根两种输出方式，平方根输出用于流量测量，可使变送器输出信号与流量成正比。在平方根输出方式下，必须进行小信号切除处理，以免因输入值接近零值而产生极高的放大倍数。3051 变送器的小信号切除点一般选压力输入满刻度的 0.8%或流量输出满刻度的 9%处。

3. 现场通讯器

375 现场通讯器是专用于智能仪表的典型的组态和校验设备，它提供离线功能(Offline)和在线功能(Online)，支持 HART 协议和 FF 协议，采用红外技术实现与 PC 的通信。图 1-3-66所示为 375 与 HART 协议 3051 的接线方式(HART 接线对极性不敏感)。

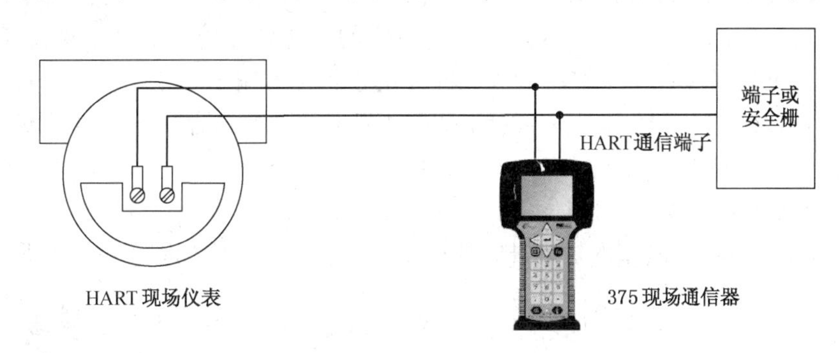

图 1-3-66　用 375 在线校验 HART 仪表

375 的离线功能之一是对设备进行组态。离线方式下创建新的 HART 组态的过程如下：

① 按下开关按钮打开 375，显示 375 主菜单。

② 在主菜单双击 HART Application(HART 应用)，再双击 Offline。

③ 从 HART 应用主菜单中，双击 New Configuration(新组态)，列出已安装设备的生产商名称。

④ 依次选择设备生产商名称、设备型号、设备版本，显示设备参数列表及默认参数值。

⑤ 双击 Edit individually(编辑单个参数)以逐一设置可组态参数。

⑥ 滚动参数列表，按 EDIT(编辑)修改选择参数的值，按 MARK(标记)为待发送参数做标记“+”号。编辑参数后需按 ENTER 确认。编辑后的参数被标记为“ * ”号。

⑦ 按以下步骤保存组态结果：

- 双击 SAVE(保存)(对新组态将自动切换为 Save as…)；
- 双击 Location(位置)，选择保存组态的位置(系统卡、Flash 卡、RAM 或扩展模块)，按 ENTER；
- 要指定组态名称，输入名称按 ENTER。
- 按 SAVE 完成保存。

⑧ 如果出现警告，仔细阅读警告信息，按 CONT. 接受该警告并继续，或按 EXIT 结束创建过程。

375 在在线情况下可以把已保存的组态结果发送到与该组态兼容的设备中，也可查看和设置设备的全部可组态参数，可以对设备或回路进行测试及校验。查看设备参数的步骤为：

① 打开 375 现场通讯器，显示 375 主菜单。

② 在主菜单上双击 HART Application（HART 应用），再双击 Online（在线）。

③ 如果 375 与在线的 HART 设备连接正常，Online 菜单将实时显示该设备的过程变量（PV）值、模拟输出（AO）值、PV 下限值（LRV）和 PV 上限值（URV）等关键信息。

④ 双击 Device setup（设备设置），可查看过程变量、诊断和服务、基本设备和详细设置等信息。

3.6.2 扩散硅式差压变送器

1. 扩散硅式差压变送器的结构与原理

扩散硅式差压变送器传感器结构如图 1-3-67 所示。工艺介质经 HP 和 LP 输入口分别进入变送器的正压室和负压室，加至挠性的金属隔离膜片上，介质的压力通过隔离膜片和不可压缩的填充液传递到扩散硅传感器的正、反两面，引起扩散硅晶片形变，晶片的电阻值亦相应地变化，电阻值的变化与压差成正比。电阻值的变化由传感器芯片上的惠斯登电桥检出，经电子线路处理转换成一个对应的 4～20mA 的模拟信号输出。

由于半导体传感器（扩散硅晶片）的输入输出范围宽，变送器的量程比可做得比较大，并且准确度高，重复性好。

2. ST3000 差压变送器的结构与校验

ST3000 差压变送器是典型的扩散硅式差压变送器，分解结构如图 1-3-68 所示。

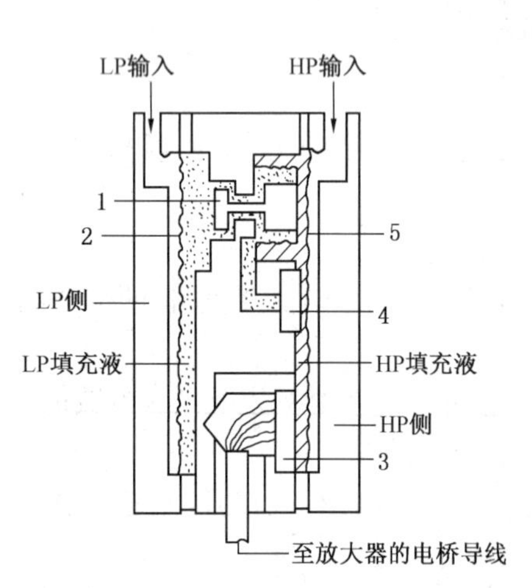

图 1-3-67　扩散硅式传感器结构图

1—超载保护装置；2—扩散硅传感器；3—玻璃；4—膜片

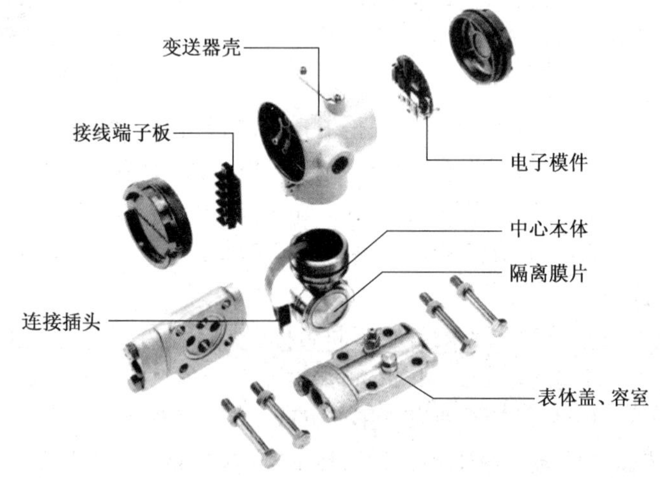

图 1-3-68　ST3000 差压变送器分解结构图

当变送器安装完毕后，在投运之前应在过程测量实际状态下对变送器进行校验。对于 ST3000 系列智能变送器，校验中要用到的仪器包括输入信号源、电压表（包括精密电阻器）、毫安表以及 SFC（智能现场通信器）。

校验步骤如下：

（1）按图 1-3-69 所示接线完毕后，需进行通信试验，确认通信器组态正确；

（2）调整输出信号的 0%点和 100%点；

（3）量程范围的设定：对于量程的上限值（URV）和下限值（LRV）的设定有键设定和输入压力设定两种。键设定指直接在通信器上键入上、下限值，输入压力设定是根据输入压力设定上、下限值。

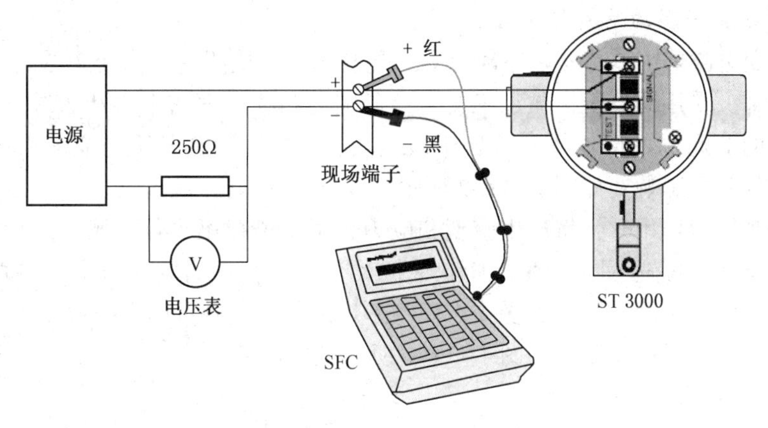

图 1-3-69　ST3000 智能变送器校验连接图

需要注意的是，当改变 LRV 时，量程范围不变，URV 随之改变。所以，同时改变 LRV 和 URV 应从 LRV 开始。

3.6.3　振弦式差压变送器

1. 振弦式差压变送器的结构与原理

振弦式差压变送器的基本结构如图 1-3-70 所示。振弦密封于保护管中，一端固定，另一端与膜片相连，低压作用在膜片 1 上，高压作用在膜片 8 上，两个膜片与基座之间充有硅油，并且经导管 7 相通，借助硅油传递压力并提供适当的阻尼，以防止出现振荡。硅油仅存在于膜片与基座之间，保护管 6 内并无硅油，对振弦的振动没有妨碍。

振弦传感器的工作原理如图 1-3-71 所示。振动元件是一根张紧的金属丝，称为振弦。它放置在磁场中，一端固定在支承上，另一端与测量膜片相连，并且被拉紧，具有一定的张紧力，张紧力的大小由被测参数所决定。在差压的作用下，振弦的张力会改变，差压增大，振弦的张力增大，进而会引起振弦的振动频率变化。测得振动频率的大小，则可知被测压差的大小。

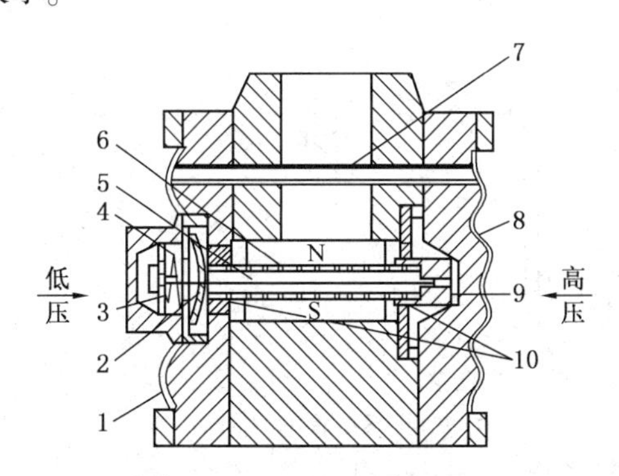

图 1-3-70　振弦式差压变送器结构

1，8—膜片；2—弹簧片；3—垫圈；4—过载保护弹簧；5—振弦；6—保护管；7—导管；9—固定件；10—绝缘衬垫

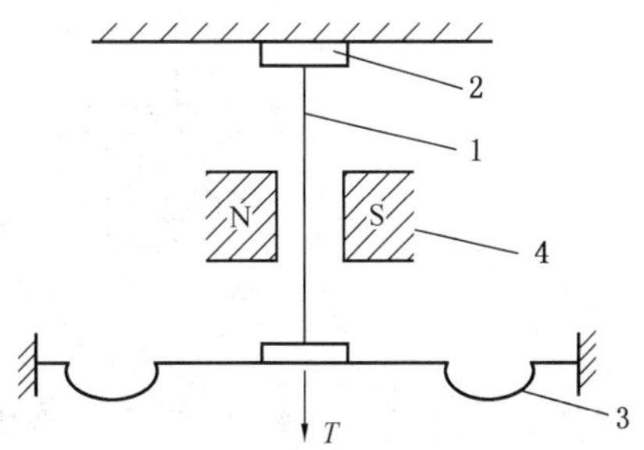

图 1-3-71　振弦传感器工作原理图

1—振弦；2—支承；3—测量膜片；4—永久磁铁

由于振弦置于磁场中，在振动时会感应出电势，感应电势的频率就是振弦的振动频率，测量感应电势的频率即可得振弦的振动频率，从而可知张力的大小。振弦式差压变送器通过振动频率反应压差值大小。

2. EJA 差压变送器的结构与校验

EJA 差压变送器采用单晶硅谐振传感器，是利用振动检测差压的变送器。其核心部分为在一单晶硅芯片上采用微电子机械加工技术，分别在芯片表面的中心和边缘作成两个形状、大小完全一致的 H 形状的谐振梁，且处于微型真空腔中，使其既不与充灌液接触，又确保振动时不受空气阻尼影响。如图 1-3-72 所示。

当硅片受到压力作用时，将产生应变和应力，两个谐振梁也伴随膜片产生相应的应力。由于在膜片上所处的位置不同，两个 H 状谐振梁分别感受不同应变作用，中心谐振梁因受压缩力而频率喊少，边侧谐振梁因受张力而频率增加。利用测量两个谐振梁的频率之差，即可得到被测介质的压力或差压，如图 1-3-73 所示。

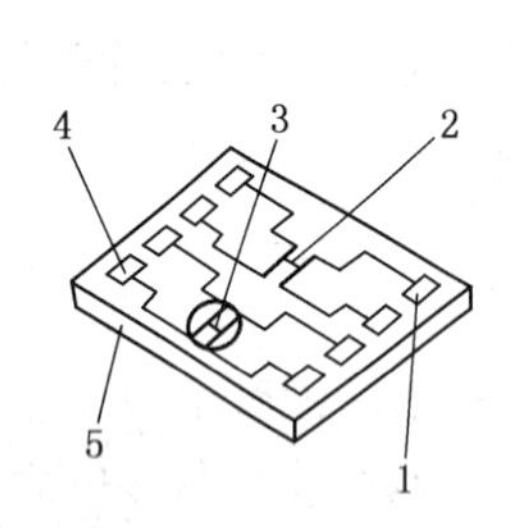

图 1-3-72 谐振梁结构

1—检测电极；2—中心谐振梁；3—边缘谐振梁；4—激励电极；5—硅片

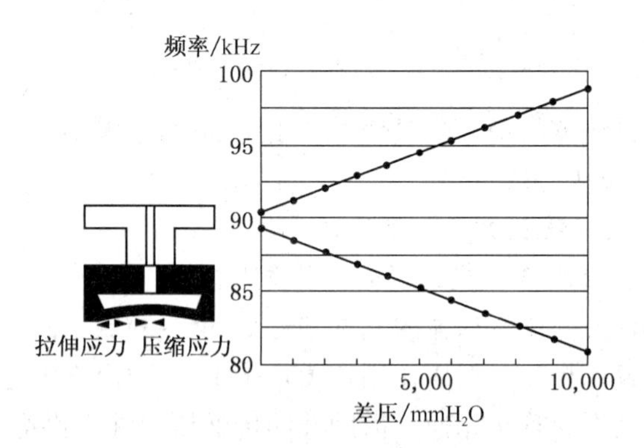

图 1-3-73 由差压形成的谐振的频率变化

如图 1-3-74 为谐振梁振动原理图。硅谐振梁处于由永久磁铁提供的磁场中，通过激振线圈 A 的交变电流 i 激发 H 型硅梁振动，并由拾振线圈 B 感应后送入自动增益放大器。放大器一方面输出频率，另一方面将交流电流信号反馈给激振线圈，形成一个正反馈闭环自激系统，从而维持硅梁连续等幅振动。

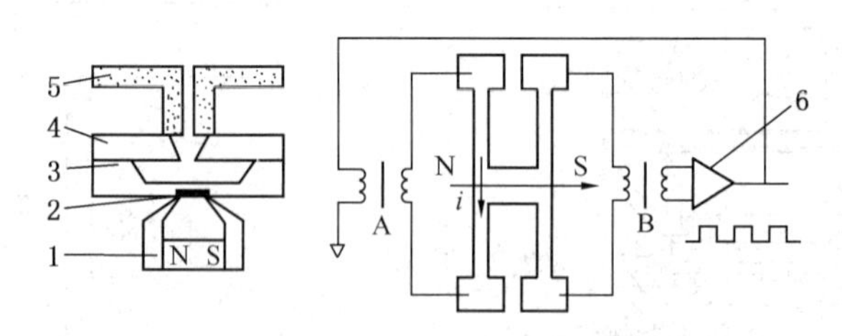

图 1-3-74 硅谐振器的自激振荡

1—永久磁铁；2—谐振子；3—硅膜片；4—硅基底；5—通压力部分；6—放大器；A—激振线圈；B—拾振线圈

EJA 差压变送器的校验，短期维修或排除故障后，按下列步骤检查仪表运行状况及准确度。

（1）按图 1-3-75 连接好各仪表。值得注意的是，测量范围的 0% 点是 0kPa 或正迁移时（正迁移后零点），参考气压应加在高压侧，如图所示（低压侧通大气）。测量范围的 0% 点为负迁移时（负迁移后零点），参考气压加在低压侧。

（2）向变送器提供测量范围的 0%、50%、100% 参考气压，校正误差（数字电压表读数与参考气压间误差)。将压力(差压值)由0%增至100%，再由100%减至0%，检查误差是否符合准确度要求。

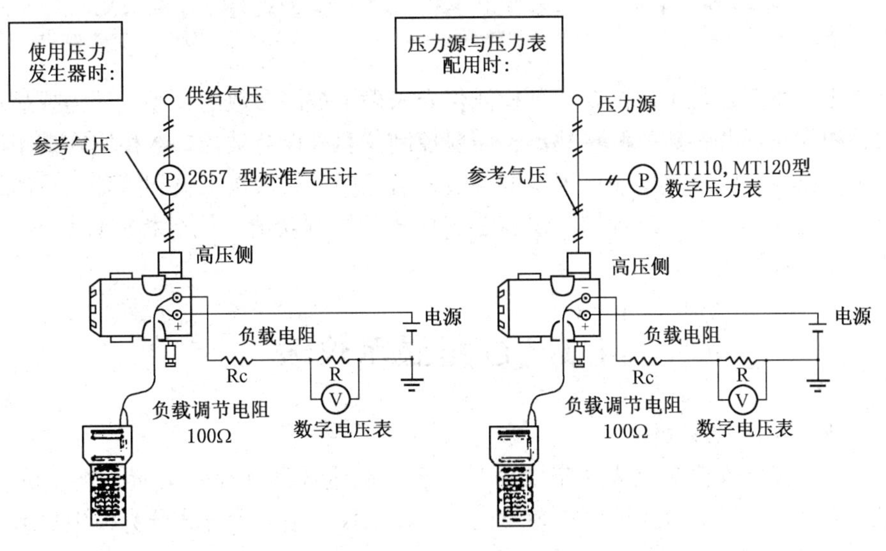

图 1-3-75 EJA 变送器校验连接图

第4章　过程显示与控制仪表

在石油化工生产过程中，需要各种检测仪表来确定被测参数的大小，还需要显示、记录仪表来指示和记录这些参数的测量数据，需要控制仪表来保持被控参数稳定在期望值附近。

过程显示仪表是将过程检测仪表获取的过程信息展示给操作人员和管理人员的仪表，主要完成指示和记录等功能。过程控制仪表是实现各种控制功能，执行相应计算任务的仪表，包括调节器和运算器等。

4.1　过程显示仪表

4.1.1　显示仪表的分类

显示仪表直接接收检测仪表送来的信号，经过测量线路和显示装置，把被测参数用文字、数字、符号、图像等形式予以指示或记录。显示仪表按显示方式分为模拟显示、数字显示和图像显示三大类。

模拟式显示仪表是以标尺、指针、曲线等方式，显示被测参数连续变化的仪表。模拟显示仪表分为动圈式和自动平衡式两种类型。动圈式显示仪表是应用较早的仪表，它与热电偶、热电阻、霍尔变送器等配合，用来指示温度、压力等工艺参数；自动平衡式显示仪表包括自动平衡电子电位差计和自动平衡电桥两种，它们能自动测量、显示、记录各种电信号，若与热电偶、热电阻或其他能转换直流电压、电流的传感器、变送器配合使用，就可以连续指示、记录生产过程中的温度、流量、压力、物位、成分等各种参数。模拟式显示仪表因其结构简单、价格低廉、使用维护方便等特点，得到了较普遍的应用。模拟式仪表读数不够直观，易造成读数误差。

数字式显示仪表是以数字形式显示被测参数值的仪表，它测量速度快，抗干扰性能好，准确度高，读数直观，工作可靠，且有自动报警、自动打印和自动检测等功能，更适用于计算机集中监视和控制。

图像显示器是直接把工艺参数用文字、数字、符号、图像等形式在屏幕上显示的仪器，它是随着计算机发展起来的显示设备，主要有 CRT 显示器和 LCD 显示器两种。图像显示器常和计算机一起使用，具有大容量存储记忆能力与快速更新、查询、打印、转存、通信等功能，是计算机综合集中控制必不可少的显示装置。

4.1.2　数字式显示仪表

数字显示仪表按输入信号的不同，可分为电压型和频率型两大类。电压型输入信号是连续的电压或电流信号；频率型仪表的输入信号是连续可变的频率或脉冲信号。

1. 数字式显示仪表的构成

一般数字式显示仪表的构成如图 1-4-1 所示。它是由前置放大器、模拟/数字信号转换器(即 A/D 转换器)、非线性补偿、标度变换以及显示装置等部分组成。由变送器送来的电信号通常需进行前置放大，进行 A/D 转换，把连续输入的电信号转换成数字信号。由于变送器送来的电信号与被测变量之间有时为非线性函数关系，而在数字式显示仪表中所观察到的是被测变量的绝对数字值，必须对 A/D 输出的数字信号进行数字化的非线性补偿，并进行标度变换，送计数器计数显示。数字式显示仪表的给出信号还可送往记录打印机构保存记录、打印输出，送往报警系统进行报警处理，也可把记录数据转存到磁盘、U 盘等存储介质上，供其他计算装置使用。数字式显示仪表可与单回路/多回路数字调节器配套使用。

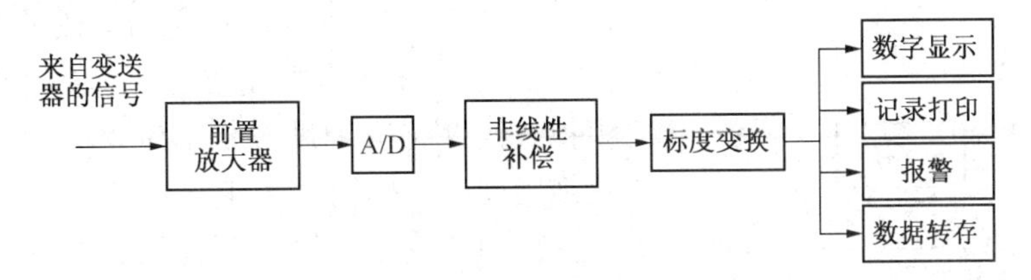

图 1-4-1　数字式显示仪表组成框图

有的数字式显示仪表中不包含标度变换，这就需要在信号传输过程中，或进入数字式显示仪表前完成标度变换。

2. A/D 转换器

数字式显示仪表的核心环节是 A/D 转换器。A/D 转换器将连续变化的模拟量变换成数字量。A/D 转换器按其工作原理及性能，主要有间接法和直接法两种。这里只介绍直接比较型 A/D 转换。

直接法是把模拟量与一套基准电压进行直接比较而得到数字量，有并联比较法和反馈比较法两种。

直接比较型 A/D 转换的原理是基于电位差计的电压比较原理，即用一个作为标准的可调参考电压 U_R 与被测电压 U_X 进行比较，当两者达到平衡时，参考电压的大小就等于被测电压。通过比较、鉴别，逐次逼近，并在比较鉴别的同时就将参考电压转换为数字输出，实现 A/D 转换，其原理如图 1-4-2 所示。

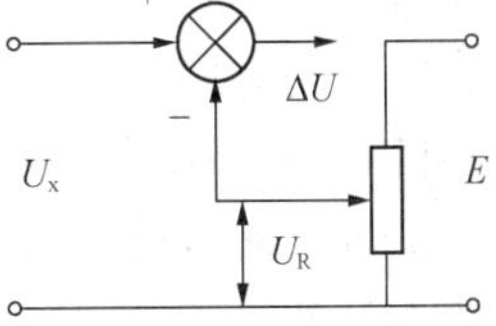

要实现上述转换，必须具备以下条件：

（1）一套具有以 2 为倍数的级数关系的参考电压，产生这套电压的网络称为解码网络。

（2）一个比较器，通过它将输入电压和参考电压进行比较，并鉴别出大小，以决定是“弃”还是“留”。

（3）一个数码寄存器来保存每次的比较结果是“1”还是“0”。

（4）一套控制电路完成以下两个任务：由高位到低位逐位比较；根据每次的比较结果，使相应位数码寄存器记“1”或记“0”，并决定是否保留这个来自“解码网络”的电压。

图 1-4-2　直接比较原理示意图

由数码寄存器的状态决定“解码网络”的输出电压，该输出电压反过来与待转换的输入电压进行比较，根据比较结果决定数码寄存器的状态，这个过程称作电压反馈。这个转换过程是由高位到低位，一位一位地逐次进行比较的，称这种转换器为逐次比较型或反馈比较型 A/D 转换器(另外，因整个过程就是对输入电压进行编码的过程)，也称为逐次逼近反馈比较型 A/D 转换器。图 1-4-3 是这种转换器的原理框图。该转换器转换速度快、准确度高；但抗干扰能力较差，只能做到五位读数，结构复杂。

3. 非线性补偿

变送器的输出信号与被测变量之间是非线性关系时，为消除或减少非线性误差，必须进行非线性补偿。

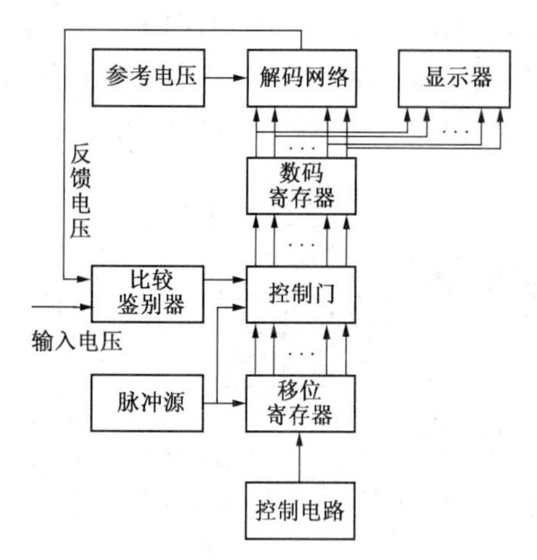

图 1-4-3　反馈比较型 A/D 转换原理框图

非线性补偿的方法很多，可以用硬件的方式实现，也可以用软件方式实现。

硬件非线性补偿在 A/D 转换之前完成的称为模拟式线性化，在 A/D 转换之后完成的称为数字式线性化，在 A/D 转换中完成的称为非线性 A/D 转换。模拟式线性化准确度较低，调整方便；数字式线性化准确度高；非线性 A/D 转换则介于两者之间。

使用非线性补偿，关键是获取变送器的输出信号与被测变量之间的非线性关系曲线，采用解析法或图解法求取线性化硬件的静特性，用折线逼近法实现。

4. 信号的标准化和标度变换

由于需要测量和显示的过程参数多种多样，数字显示仪表的输入信号只是电压或电流信号，为观察方便，要求数字显示仪表的输出以被测变量的形式显示，通常称之为“标度变换”。

图 1-4-4 为一般数字仪表组成的示意图，其刻度方程可以表示为

$$y = S_1 S_2 S_3 x = Sx$$

式中　　S——数字显示表的总灵敏度或标度变换系数；

S_1、S_2、S_3——模拟部分、A/D 转换部分、数字部分的灵敏度或标度变换系数。

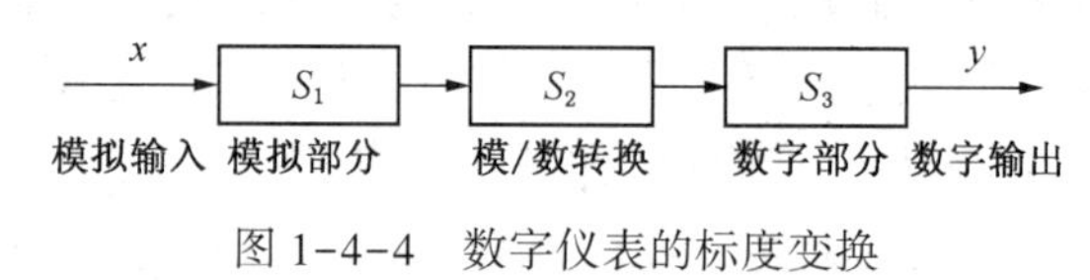

图 1-4-4　数字仪表的标度变换

标度变换可以通过改变 S 来实现，且使显示的数字值的单位和被测变量的单位相一致。通常当 A/D 转换器确定后，A/D 转换系数 S_2 也就确定了，要改变标度变换系数 S，可以改变模拟部分的转换系数 S_1，例如传感器的转换系数以及前置放大器的放大系数等。也可以通过改变数字部分的转换系数 S_3 来实现。前者称为模拟量的标度变换，后者称为数字量的标度变换。标度变换可以在模拟部分进行，也可在数字部分进行。下面举例说明：

(1) 为了将热电阻的电阻变化转变为电压信号输出，要采用不平衡电桥实现电阻-电压转换；

(2) 当数字显示仪表以热电偶的热电势作为输入信号时，若热电势在数字仪表规定的输入范围内，则可将信号直接送入仪表，通过选取前置放大器的放大倍数来实现标度变换；

(3) 数字显示仪表与具有标准输出的变送器配套使用时可用简单的电阻网络实现标度变换；

(4) 数字显示仪表的输入为频率信号时，可以采用频率-电压转换器，实现将频率转换为电压；也可以用计数器累积的办法来实现标度变换。

在数字显示仪表中，测量的结果都是用数字形式直接显示的，随着集成电路(特别是大规模集成电路)的发展，显示器更呈现了微型化、低电压、低功耗，诸如液晶显示器，发光二极管显示器等。

4.1.3　数字显示记录仪

图像显示是随着超大规模集成电路技术、计算机技术、通信技术和图像技术的发展而迅

速发展起来的一种显示方式，它将过程变量信息按数值、曲线、图形和符号等方式显示出来。数字显示记录仪就是一种以微处理器为核心，集信号的检测、处理、显示、记录、储存、通讯、控制等功能于一体的显示记录仪。无纸记录仪是一种数字显示记录仪，它以多微处理器组成处理器网络，功能强，实时性好，数据存储量大，显示画面清晰醒目，显示方式丰富多样，设置简便灵活，能和控制管理系统实现无缝信息集成。

随着计算机硬件、软件技术的发展，通讯协议标准的制定及通讯总线的应用，使系统架构更加多样化，出现了通讯总线形式的数字式无纸记录仪。

1. 无纸记录仪的原理及基本构成

无纸记录仪是以中央处理器(CPU)为核心，加上存储器和输入输出设备组成的仪表，如图 1-4-5 所示。模拟信号转换电路采集各路模拟输入信号经放大、A/D 转换、数字滤波后存入数据存储区；数字信号转换电路采集各路数字输入信号，经滤波后存入数据存储区。输入转换电路的 CPU 与主板的 CPU 进行通讯，把测量数据传送给主控板，主控板对数据进行必要的处理，并将其转换成工程值或曲线，在不同的画面上显示。CPU 还将测量值存储在 RAM 中，进行上下限报警处理，并根据报警输出的设置将报警状态以继电器干接点的方式输出。

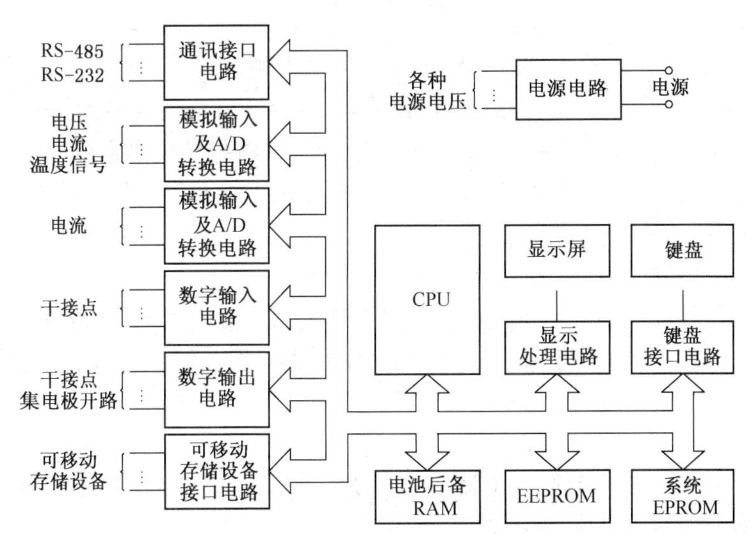

图 1-4-5　无纸记录仪的原理及基本构成

无纸计录仪主要部件的功能如下：

(1) 中央处理器(CPU)

CPU 是整台仪表的控制中心，它控制着硬件及软件的运行。CPU 由运算器、控制器和寄存器构成。运算器完成算术逻辑运算，它通过内部数据总线与内部寄存器和外部数据总线交换信息；控制器将用户程序中的指令一条条译出来，并以一定的时序发出相应的控制信号；寄存器用于寄存参与运算的数据、程序计数器 PC 和堆栈指针 SP 等。

(2) 存储器(EPROM、RAM 和 EEPROM)

EPROM 主要用于存放支持仪表工作的系统程序和基本运算处理程序。具有掉电保护功能的 RAM 用于存储过程变量的数值，主要是过程变量的历史数据。RAM 可保存 3~170 天的数据，以及 CPU 使用的指针和数据、工作参数和配置数据。一些重要的配置参数和数据存储在 EEPROM 中，一旦掉电后还可以恢复。

（3）显示处理电路、显示屏

无纸记录仪采用TFT液晶显示屏。显示处理电路用于处理CPU送来的显示数据，并为LCD显示屏提供驱动。

（4）键盘接口电路

键盘及键盘接口电路是一个串行接口电路，主要功能是扫描键盘，将用户所按按键的扫描码存入接口芯片的暂存器，并以中断的方式与CPU进行通讯。操作键盘用于操作，工程师键盘用于改变设置的参数。

（5）输入电路

无纸记录仪可以根据要求接受4路、8路、12路甚至40路的模拟输入信号。无纸记录仪的输入信号是标准电流/电压信号或各种热电偶、热电阻信号等，记录仪通过表后的接线、拨码开关的设定以及在系统菜单内的设置三方面相结合，可实现不同类型信号的输入。

① 模拟输入及A/D转换电路　该部分电路完成对模拟信号(电流、电压和温度等信号)的预处理、隔离采样及A/D转换处理。模拟输入电路可适应多种模拟信号输入。

② 数字输入电路　各种数字信号，如设备的运行、状态的报警等，都可以在记录仪上进行记录。数字输入电路还可将外部控制信号接入，决定是否记录某个输入信号。

（6）输出电路

① 模拟输出及D/A转换电路　无纸记录仪可以将测量信号或经过运算的模拟信号以电压(如0~10V，1~5V等)或电流(如0~20mA，4~20mA等)形式输出到其他仪表。

② 数字输出电路　用于扩展无纸记录仪的功能，如将报警信号送到专门的闪光报警器，或用数字输出信号直接控制设备的开停等。数字输出的形式有继电器干接点输出和晶体管集电极开路输出两种。

（7）通讯接口电路

该电路处理与外部设备的通讯数据。通过网络通讯功能，无纸记录仪可以接入网络，成为网络上的一个终端。数据通讯接口还有RS-485，RS-232等，有的记录仪还设有打印机接口，可以打印实时及历史数据。

（8）电源电路

无纸记录仪的电源多采用开关电源。开关电源的电压适应范围宽、电源适应频率也较广，使整机的电源适应性很好。

此外，有的无纸记录仪还可以通过组态具有PID调节功能和累积补偿功能，如饱和蒸汽补偿、天然气线性补偿等。

无纸记录仪通常采用WIN CE操作系统，安装嵌入式组态软件包。用户通过组态，实现个性化的应用功能。系统可带电插拔，无硬盘，抗震动。

2. 无纸记录仪的显示功能

无纸记录仪的操作画面可以充分发挥图像显示的优势，实现多种信息的综合显示，无纸记录仪的显示内容如下：

① 实现过程变量和运行数据的数字形式显示，数值的更新时间一般为1s。

② 显示过程变量的实时趋势和历史趋势。通过选择时间，可查看变量在一定时间间隔内的变化状况。

③ 以横向或纵向棒图形式显示过程变量的当前值及报警值。

④ 对各通道变量的报警情况进行显示。

下面对某型号无纸记录仪的显示功能做简单介绍。

无纸记录仪有单通道显示画面和多通道显示画面。

(1) 单通道实时数据显示画面

单通道显示是在一个画面上只显示一个工程参数的相关信息，如工程单位、棒图、趋势图等，这是无纸记录仪最常使用的画面，如图 1-4-6 所示。

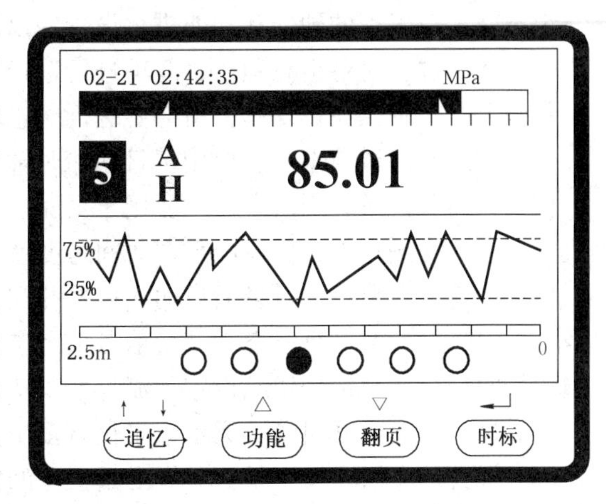

图 1-4-6 实时单通道显示画面

画面中，顶行左上角显示日期、时间，右上角显示该通道变量的工程单位。下面为通道变量的棒图显示，同时显示出报警上下限的设定位置。里框内的“5”表示当前显示的通道号，右侧“A”表示目前处于自动翻页状态；“H”表示通道报警状态(H、L 分别表示上限和下限越限报警)。中间显示的数值为通道变量当前时刻的工程单位数值。中下部的曲线为通道变量的实时趋势曲线，左侧显示出当前曲线的百分标尺(25%、75%)。下部为时间轴，显示出时间范围(2.5min)，右侧“0”为当前时刻。下面的指示灯表示各通道的报警状态，点亮表示该通道出现报警，熄灭表示该通道处于非报警状态。

屏幕面板上有 5 个按键(其中“追忆”为左右键)，每个键有两项功能，“←追忆→”、“功能”、“翻页”和“时标”用于数据显示，“↑”、“↓”、“△”、“▽”和“(”用于仪表组态，它们的主要作用如下：

“追忆”用于查询历史数据。“追忆”两边的箭头各表示一个键，按“←”键表示查询距当前时间更远的数据，按“→”键表示查询距当前时间更近的数据。

“功能”键用于显示不同的画面类型，如棒图画面、趋势画面等。

“翻页”键用于选择不同数据通道的显示。使用手动翻页时，画面中“A”显示为“M”，按动“翻页”键，可以切至不同的数据通道。自动翻页时，每 4 秒钟自动切换到下一个通道的实时显示，适用于操作人员远距离观察、记录画面。

“时标”指时间轴的标尺。按一次“时标”键，趋势曲线的时间标尺就变换一次，反复按“时标”键，可设定所需要的时间标尺。实时趋势曲线采用全动态显示，根据变量在时间标尺范围内变化的幅度，仪表将自动调整纵坐标百分标尺(保证最大的显示准确度)。

“↑”和“↓”用于移动光标；“△”和“▽”用于增减数值，或进行功能选择；“(”用于对组态操作的确认。

数据显示和仪表组态的切换通过对硬件的操作实现。

(2) 多通道的数据显示

多通道显示方式可以同时在一个画面中以数字形式和棒图形式显示出多个通道变量的当前值，包括通道号和工程单位。

(3) 其他的显示画面

除了上述两种常用显示画面外，无纸记录仪还可显示以下画面：

① 单通道趋势显示画面　无纸记录仪和模拟走纸记录仪一样，整个画面仅显示一个通

道的趋势曲线。

② 双通道趋势对比画面　该画面可将两个通道的趋势曲线放在一个画面进行对比显示。

③ 双通道报警追忆画面　该画面与双通道追忆显示画面基本相同，屏幕右端显示发生报警的时间。此画面用于快速查询历史趋势中的报警信息。

3. 无纸记录仪的组态

组态就是对仪表的硬件和功能进行设置，以满足应用的需要。无纸记录仪的组态需使用随机的组态软件，对各组态项目，逐项进行选择和参数填写，完成显示画面的设定和修改。

每台无纸记录仪在投入运行前都要进行组态。组态大致包括以下内容：

(1) 时间及通道组态　主要用于日期、时钟、记录点数及采样周期的组态。

(2) 页面及记录间隔组态　主要用于页面、记录间隔的设置。数据的保存时间由记录间隔决定。记录间隔越大，保留的数据时间跨度就越大。

(3) 通道信息组态　对各通道输入信号的类型、量程、上下限、报警限、滤波时间常数以及流量信号等参数进行组态。流量信号组态包括温压补偿系数的确定、温度和压力信号所在通道号的选择、小信号切除设定、流量累积功能设定、累积量工程单位设定等。,

(4) 显示画面选择组态　无纸记录仪有多个显示画面，可以根据需要选择显示画面。

(5) 报警信息组态　记录仪具有变量报警的输出功能。报警信息组态中确定报警触点输出的通道号、报警类型等。

(6) 通信信息组态　通信信息组态包括设定本机通信地址号码及通信方式。通信方式包括 RS-232C、RS-485 以及以太网等。

4.2　数字式调节器

数字式调节器是在模拟调节器的基础上发展起来的，以微处理器为核心，采用数字技术的调节器。模拟式调节器的功能完全由硬件决定，电路复杂，功能较单一，实现复杂的控制功能比较困难。数字调节器采用模拟、数字和微处理器相结合的技术，与现场联系采用模拟信号，内部采用数字运算，保留模拟仪表的操作方式。调节器功能模块化，通过软件编程的方法实现各种控制功能，线路简单，功能丰富。

数字调节器通过编程实现各种功能，故也称为可编程调节器。数字调节器一般有多个模拟量和数字量输入通道，能控制执行器的输出通道有一个或多个，只能控制一个执行器的叫单回路调节器，能够同时控制多个执行器的叫多回路调节器。

数字式调节器有以下特点：

(1) 功能丰富。数字式调节器的功能主要由软件来完成，依靠微处理器运算速度快的特点，具有较强的运算和控制功能，这些功能大多以程序的形式被固化在存储器中，形成各种运算模块和控制模块。用户可根据需要选用部分模块进行组态，实现各种运算处理和复杂控制。调节器有多个输入、输出通道，可处理模拟、数字、状态等多种信号。

(2) 通讯方便。调节器具有标准通信接口，可以挂在数据通道上与过程操作站连接，实现小规模系统的集中监视和操作，还可以通过数据总线与上位机连接，形成中、大规模的多级分散型综合控制系统。

(3) 可靠性高。调节器的内部组件集成度高、元件少、功耗低、可靠性高，一台数字式调节器可以替代几台模拟调节器，减少了硬件连接；调节器具有自诊断功能、联锁保护功能等，调节器一旦出现故障，立即采取保护措施并输出故障状态报警。

4.2.1　数字式调节器的基本构成

数字式调节器由硬件电路和软件两大部分组成。

1. 数字调节器的硬件电路

数字调节器的硬件电路由过程 I/O 通道、主控制电路、人机接口部件及通讯接口电路等组成，其总体结构如图 1-4-7 所示。可以看出，它实质上是一台微型的工业控制计算机。其主要构成部件如下：

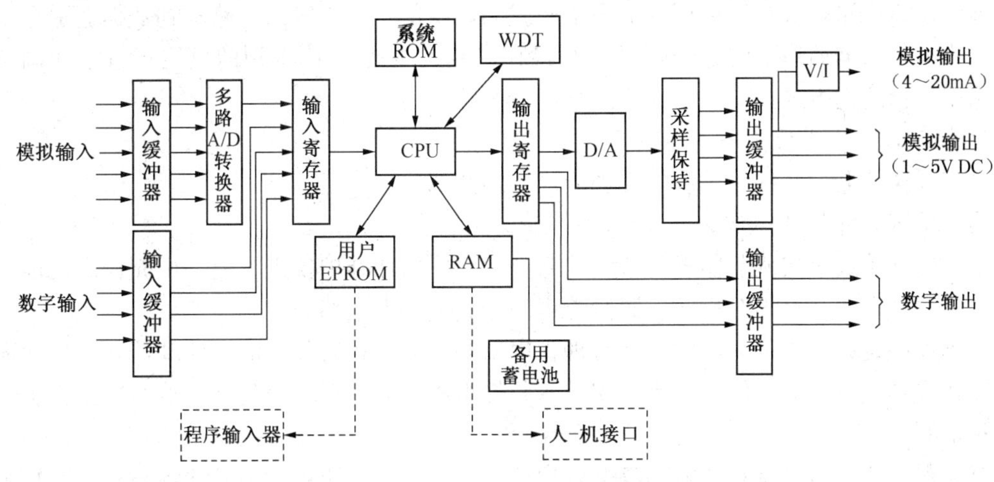

图 1-4-7　可编程调节器方框图

（1）主控制电路　由微处理器、只读存储器(ROM、EPROM)、随机存储器(RAM)、监视定时器(WDT)及 I/O 接口等组成。其中：

微处理器(CPU)　它是数字式调节器的核心部件，用于仪表数据的运算处理及各组成部分间的管理。

只读存储器(系统 ROM)　调节器功能模块的基本程序被固化在系统 ROM 中，它主要包括输入、输出处理程序、自诊断程序、运算程序(PID 和其他控制算法)等。

用户 EPROM　存放用户自己编制的过程控制程序。清除 EPROM 中原有的数据时，要使用紫外线擦除器。

随机存储器 RAM　可以随机存放通讯数据、显示数据、运算处理的中间数据和修改的可变参数(如 PID 参数)等。

监视定时器 WDT　用来执行自诊断功能，它随时监视 CPU 的工作状况，当出现异常时会立即发出信号并做出相应的处理，如点亮报警灯、保存当前值、切入手动等。

（2）过程 I/O 通道

过程 I/O 通道包括模拟量 I/O 通道和数字量 I/O 通道。通常数字调节器可以接受几个模拟量输入信号和几个数字量输入信号。

模拟量输入通道　将多个模拟量输入信号分别转换成 CPU 所能接受的数字量，它包括输入缓冲器(多路模拟开关、采样/保持器)和 A/D 转换器。

数字量输入通道　将多个数字输入信号转换成能被 CPU 识别的数字信号。数字量输入通道常采用光电耦合方法对输入电路进行隔离。

模拟量输出通道　将多个经运算处理的数字信号进行数/模(D/A)转换，并经多路模拟开关送入保持电路暂存，以便通过 V/I 转换器分别输出模拟电压或电流。

数字量输出通道　通过锁存器输出数字量(包括脉冲量)信号。数字量输出通道也常采用光电耦合方法进行输出隔离传输。

(3) 人机接口部件

数字调节器的人机联系通过正面板和侧面板实现。正面板的布置类似模拟调节器，侧面板有设置和指示各种参数的键盘、显示器。

(4) 通信接口电路

通信接口电路将数据转换成标准通信格式的数字信号，经发送电路送到数据通道上。同时，接收来自数据通道上的数字信号，并将其转换成能被 CPU 识别的数据。数字式调节器大多采用串行传送方式。

2. 数字式调节器的软件

数字式调节器的软件有系统软件和应用软件两部分。

(1) 系统软件

系统软件是数字式调节器软件的主体部分，为使用和维护仪表方便、扩充仪表功能和提高使用效率而设置，是固有程序，而监控程序是其重要组成部分。

监控程序是数字式调节器的过程管理程序。它使数字式调节器的微处理器和 I/O 通道分时操作和重叠运行，提高使用效率，完成各硬件组成间的管理，使各硬件电路能正常工作并实现规定的功能。

监控程序还包括自诊断功能和停电处理功能。自诊断功能对各种异常状态进行监视并能自动输出报警信息。

(2) 应用软件

应用软件采用功能模块的方法，将各种控制规律和运算功能标准化，用程序来实现。一般每个模块只完成单一功能，并在程序上相对独立。数字式调节器提供了各种功能块，如运算功能模块、控制功能模块、I/O 功能模块等。

4.2.2　数字式调节器的操作方式

数字式调节器通过面板进行操作，其正面板与模拟式调节器基本相同或相似。图1-4-8为 YS-80 系列单回路调节器的正面板图。

数字式调节器共有五种工作状态(手动状态、自动状态、跟踪状态和联锁手动状态、后备手动状态)和一种自诊断功能。

数字式调节器的正常运行方式和模拟式调节器一样，有手动(MAN)方式、自动(AUTO)方式和串级(CAS)方式。串级调节时，两个测量信号都输入到一个数字式调节器，通过内部功能模块的组态连接实现串级控制。调节器的手动、自动、串级等方式的切换是无扰动的。

在跟踪(FOLLOW)方式下，调节器本身的 PID 运算及手动操作均无效，其输出由外部的跟踪信号决定。

数字式调节器在故障时的运行状态为非正常运行方式，包括联锁手动状态(IM)和后备手动状态(S)。调节器正常运行时，如果自诊断出内部轻微故障(如模拟量输入超限、运算溢出、调节器过载等)或从外部输入联锁状态，则调节器自动切换到联锁手动方式(IM)；如果自诊断出故障(如调节器硬件或软件异常)，不论此时调节器处于何种运行方式，均会切换到后备方式，可用后备手动单元进行手动操作。

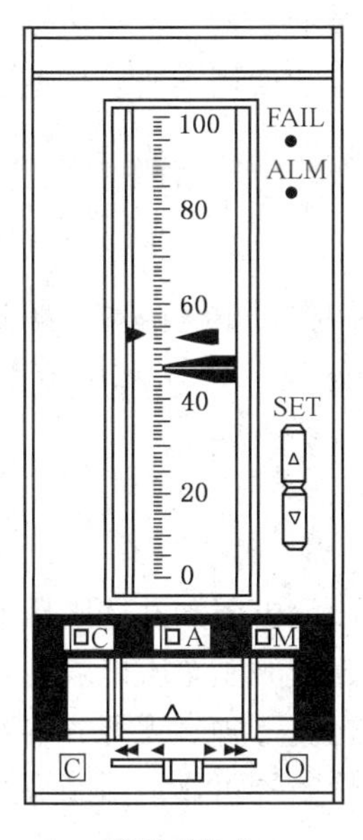

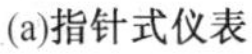

(a)指针式仪表

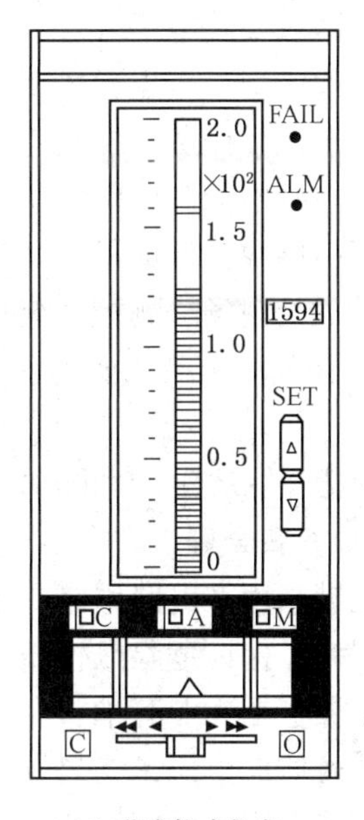

(b)荧光柱式仪表

图 1-4-8　YS-80 单回路调节器正面板

4.2.3　数字式调节器的组态

数字式调节器的组态包括数据设定和编程。

数据设定步骤如下：

(1) 根据工艺过程控制方案，绘制控制和运算流程图。

(2) 根据控制流程图，选定功能模块。

(3) 根据各功能模块端子的意义，从各寄存器中找出相应的信号，并将这些信号用加载指令送至运算寄存器，即进行模块的软连接。

(4) 用保存指令将运算寄存器的运算结果输出或保存，以便向外部输出或进行下一步计算。

(5) 检查各模块连接是否正确(主要是各端子的接序)，每条语句是否合乎语法。

编程的主要步骤如下：

(1) 正确连接调节器和编程器，设置相应开关，确认无误后接通其电源。

(2) 输入程序及相关参数。

(3) 调试并修改程序。

(4) 程序无误后，将程序写入到调节器的 EPROM 中。

(5) 打印或转存程序，以便保存；

(6) 关闭电源，完成编程工作。

控制功能选择一般在调节器侧面板上进行，编程则通常需要专门的编程器。

4.3　安　全　栅

石油化工生产因其原料和产品的易燃、易爆、强腐蚀等特点及生产过程中的高温、高压等操作条件都给安全生产带来威胁。

在爆炸危险区域安装电子式仪表及装置必须采用防爆型结构，常见防爆型结构如本质安全型、隔爆型、增安型、正压通风型等。石油化工装置广泛使用本质安全型仪表。

安全栅是介于现场设备与控制室设备之间的限制能量的模块，用来把控制室供给现场仪表的电能量限制在既不能产生引爆危险气体的火花，又不能产生引爆危险气体的仪表表面温度，从而消除了引爆源，保证了安全生产。

安全栅为在危险现场、测控系统和供电电源三者之间提供电气隔离，还要为测量仪表提供安全接口，在任何情况下(如短路、开路)，现场变送器的电压和电流都不应超过 30V 和 35mA。

常用的安全栅分为齐纳式和隔离式两大类。

4.3.1 齐纳式安全栅

齐纳式安全栅采用在电路回路中串联快速熔断丝、限流电阻和并联限压齐纳二极管的方法实现能量的限制，保证危险区仪表和安全区仪表信号连接时安全限能。

齐纳式安全栅包括无源齐纳安全栅与增强型齐纳安全栅二种。无源齐纳安全栅采用齐纳二极管来限制危险侧的电压，如果发生事故，可以通过熔断器可靠地限制短路电流。增强型齐纳安全栅除了能在安全区域对变送器电流进行放大并输出外，与无源齐纳安全栅相似，适宜向危险区域的负载提供电源。

齐纳式安全栅以其体积小、结构简单、可靠性高而被石油化工生产企业广泛应用。

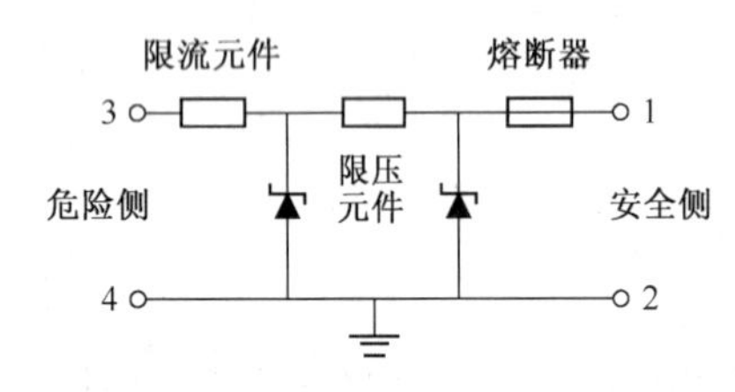

图 1-4-9　齐纳安全栅原理图

1. 齐纳式安全栅的结构与工作原理

齐纳安全栅是由限流元件(限流电阻)、限压元件(齐纳稳压管)和熔断器组成，如图1-4-9所示。为了保证安全栅的高可靠性，限流元件要有足够的功率，限压元件要双重化，熔断器采用快速熔断丝。

当回路电压低于齐纳式安全栅的安全限压值时，齐纳稳压管截止，漏电流为零；当回路电压等于安全限压值时，齐纳稳压管突然导通，漏电流跳升至足够大，使回路电压不超过安全限压值；当超过限压值的电压加在回路上时，虽然齐纳稳压管会导通，但如果没有熔断器，通过齐纳稳压管的电流会无限上升，使回路限压失败。一旦回路电压超过限压值时，熔断丝先于齐纳稳压管快速熔断。电阻用于限制电流，当电压被限制以后，适当选择电阻值，即可将回路电流限制在安全限流值以下。

2. 使用齐纳式安全栅的注意事项

齐纳式安全栅结构简单，应用广泛。正确使用齐纳式安全栅要注意以下几点：

(1) 接地问题　安全栅的功能与接地系统关系密切，接地系统能够将来自非危险区域仪表的危险能量进行释放。接地电缆至少要 2.5mm^2，接地的电阻值不大于 1Ω。接地极应独立接地，或由接地总网上辐射接地，以免其他设备的干扰反窜到安全栅里。

(2) 电源问题　齐纳式安全栅对电源影响较大，易因电源的波动而造成安全栅的损坏。必须考虑电源的稳定度、负载的稳定度和电源的电冲击。安全栅一经电冲击，快速熔断器马上就动作，熔断器是不可修复的。

(3) 齐纳安全栅的限流元件会降低供给现场仪表的电压，甚至可能导致变送器或转换器不能正常工作，在选用安全栅时，应选用与 DCS 匹配的安全栅。

4.3.2 隔离式安全栅

隔离式安全栅由限能电路、隔离单元和信号处理单元组成，有源隔离安全栅还包括电源。其隔离方式大致分为磁隔离和电隔离两种。

隔离式安全栅包括回路供电式隔离栅和有源隔离安全栅二种。其中，回路供电式安全栅工作所需的能源来自表示信号的4~20mA电流，有变送器隔离栅、电气转换器隔离栅和电动阀驱动器隔离栅等类型；有源隔离安全栅需要单独提供24VDC电源。

隔离式安全栅能在符合本安型能量限制要求的同时，将现场仪表、控制系统和供电电源三方实行电气隔离。

1. 隔离式安全栅的特点

隔离式安全栅的主要特点有：

(1) 由于采用了三方隔离方式，无需设置专用系统接地线路，给设计及现场施工带来方便。

(2) 由于信号线路无需共地，使得检测和控制回路信号的稳定性和抗干扰能力增强，提高了整个系统的可靠性，允许现场仪表带电检修。

(3) 隔离式安全栅具备更强的输入信号处理能力，能够接受并处理热电偶、热电阻、频率等信号。

(4) 隔离式安全栅可输出两路相互隔离的信号，以提供给使用同一信号源的两台设备使用，并保证两设备信号不互相干扰，同时提高所连接设备相互之间的电气安全绝缘性能。

考虑到设计、施工安装、调试及维护等因素，石油化工企业普遍采用隔离式安全栅。

2. 隔离式安全栅的基本结构和工作原理

隔离式安全栅将信号通过隔离耦合器不失真地在危险侧和安全侧之间传送，并在本质安全侧进行能量限制(限压、限流)，以消除引爆源，防止易爆环境的工业现场爆炸事故的发生，其基本构成如图1-4-10所示。

(1) 限能电路

限能(限流、限压)电路与齐纳安全栅的电路一样，通过采用串联具有高分断能力的快速熔断器和功率电阻限流，并联冗余齐纳二极管限压，使安全栅在本质安全侧能限制电能量、符合国家Ex(ia)ⅡC标准。

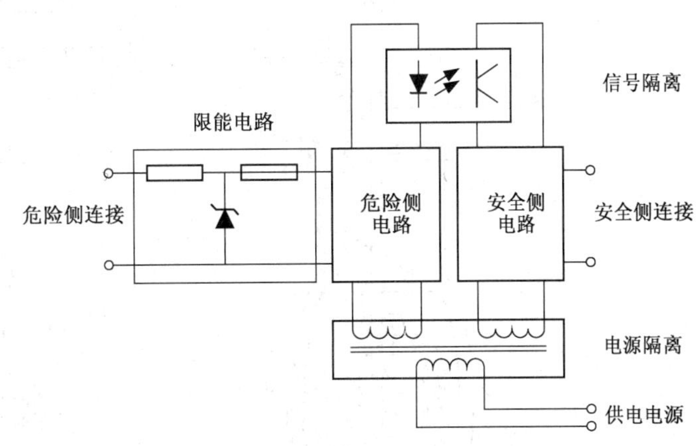

图1-4-10 隔离式安全栅的基本构成

(2) 隔离单元

隔离单元分信号隔离和电源隔离两部分，信号隔离一般采用光电耦合和电磁耦合，电源隔离则采用电磁耦合隔离。电磁耦合隔离由电源变压器实现。电源变压器负责将直流电源经过调制解调后为本安侧和非本安侧供电，同时采用两组绕制在电源变压器同一铁芯上的完全相同(匝数、电感系数、绕线方式、漏感和分布电容等)的线圈，得到幅值、相位相同的调制和解调信号，提供给危险侧和安全侧作为调制解调信号。信号变压器将4~20mA模拟信号进行隔离传送。

第5章　调节阀

调节阀也称执行器，是自动控制系统中的三个环节(检测器、控制器、执行器)之一。

调节阀由执行机构和调节机构二部分组成。执行机构是调节阀的驱动装置，它根据输入的控制信号的大小，产生相应的输出力或角位移，推动调节机构动作。调节机构是调节阀的调节部分，在驱动装置的作用下，调节机构的阀芯产生位移，去改变阀芯和阀座之间的流通面积，即阀门的开度发生变化，从而直接调节被调介质的流量，达到控制被调参数的目的。

5.1　调节阀的结构

调节阀分为气动调节阀、电动调节阀和液动调节阀三类。不同类型的调节阀使用不同类型的执行机构，不同的调节机构可与不同的执行机构相配合，以满足不同的需要。石油化工装置中多使用气动调节阀和电动调节阀。

5.1.1　调节阀的执行机构

1. 气动调节阀的执行机构

以压缩空气为动力源的调节阀称为气动调节阀。气动调节阀因执行机构简单、动作可靠、维修方便、防火防爆而被广泛应用。气动执行机构有薄膜式与活塞式两种形式。

(1) 气动薄膜执行机构

气动薄膜机构如图1-5-1所示。气动薄膜执行机构的气源压力范围在400~600kPa之间，经过滤器减压阀减压后供给阀门定位器作为工作气源。信号压力一般是20~100kPa。

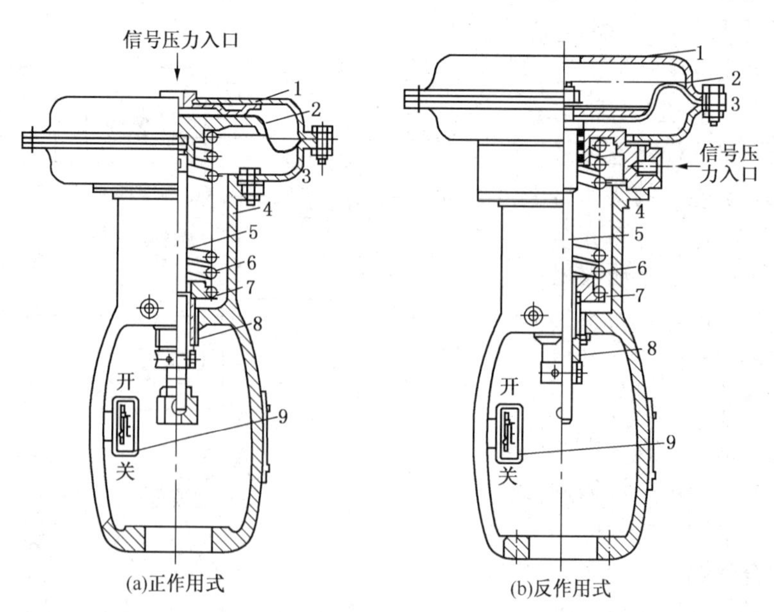

图1-5-1　气动薄膜执行机构

1—上膜盖；2—波纹薄膜；3—下膜盖；4—支架；5—推杆；6—压缩弹簧；7—弹簧座；8—调节件；9—行程标尺

气动薄膜执行机构有正作用和反作用两种形式之分。信号压力增加时推杆向下动作的叫正作用执行机构，信号压力增加时推杆向上动作的叫反作用执行机构。正、反作用执行机构均由上、下膜盖、波纹薄膜、推杆、支架、压缩弹簧、弹簧座、调节件、标尺等组成。执行机构上还可以带手轮机构，以便需要时进行就地手动操作。通过改变信号压力的引入方向，可以转换气动执行机构的正、反作用。

对于气动执行机构驱动的调节阀，如果信号压力越大阀门开度也越大，则称该调节阀为气开式。反之，称调节阀为气关式。

气动执行机构的输出特性是比例式的，即输出的位移量与输入的气压信号成正比。当信号压力通入薄膜气室时，在薄膜上产生一个推力，使推杆移动并压缩弹簧。当弹簧的反作用力与信号压力在薄膜上产生的推力相平衡时，推杆稳定在一个新的位置。信号压力越大，在薄膜上产生的推力就越大，则与它平衡的弹簧反力也越大，即推杆的位移量也越大。推杆的位移就是执行机构的直线输出位移，称为行程。在实际工作中，通过适当改变弹簧的预紧力以及信号的零点或量程范围，就可调整气动执行机构的行程或阀泄漏量。

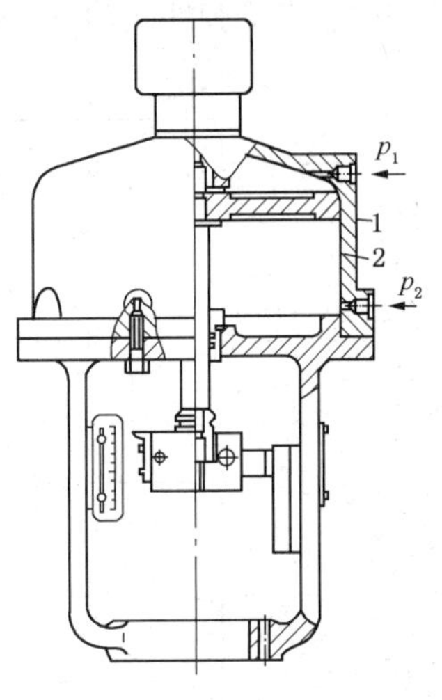

图 1-5-2　气动活塞式执行机构
1—活塞；2—气缸

（2）气动活塞式执行机构

气动活塞式执行机构又称为气缸式执行机构，如图1-5-2所示。它的活塞随气缸两侧的压差而移动。允许操作压力可达700kPa，输出推力大，适合于高静压、高压差、要求快速动作等场合。

气动活塞式执行机构分有弹簧式和无弹簧式两种。有弹簧式又称为单气缸执行机构，在气缸一侧输入可变信号，推动推杆做活塞运动。在气缸的另一侧装有一个弹簧，活塞运动使弹簧压缩产生相反力，当信号压力与弹簧力平衡时，推杆停止运动，此时阀门处于一个相对的开度。无弹簧式称为双气缸执行机构，它的活塞随气缸两侧的压差而移动，行程一般为25~100mm。气缸两侧可输入一个固定信号、一个变动信号，或者各输入一个变动信号。

它的输出特性有比例式和两位式两种。所谓比例式是指输入信号压力(或差压)与推杆的行程成比例关系，这时它必须带有阀门定位器。两位式是根据输入活塞的一侧或两侧操作压力的大小，活塞从高压侧被推向低压侧，从而使推杆由一个极端位置移到另一个极端位置，两位式执行机构控制阀门的开关动作。

2. 电动调节阀的执行机构

电动调节阀(图 1-5-3)采用电动执行机构。电动调节阀具有动作较快、适于远距离的信号传送等优点，特别是智能式电动执行机构的面世，使得电动调节阀在石油化工生产中得到越来越广泛的应用。

图 1-5-3　电动调节器

电动调节阀的执行机构以电为动力，其电动执行机构接受4~20mA 的输入信号，并将其转换成相应的输出力(直线位移)或输出力矩(角位移)，以推动调节机构动作。

电动执行机构由伺服放大器、伺服电机、位置发送器和减速器等组成。电动执行机构有直行程、角行程和多转式三种不同类型，下面分别说明这三种不同类型的电动执行机构的工作原理。

（1）直行程电动执行机构

该类执行机构的输出轴输出大小不同的直线位移，通常用来推动单座、双座、三通、套筒等各种调节阀。图 1-5-4 所示为由丝杆和直齿轮构成的直行程执行机构的结构原理。当伺服电动机通电旋转时，经齿轮、螺母、丝杆的转动，变为丝杆上下的直线运动，输出杆得到直线位移输出。图中的限位柱在限位槽中上下运动，起到限位作用。在主轴带动轮系旋转的同时，带动弹性联轴节，弹性联轴节中的钢球带动多圈电位器，并发出相应的阀位信号。

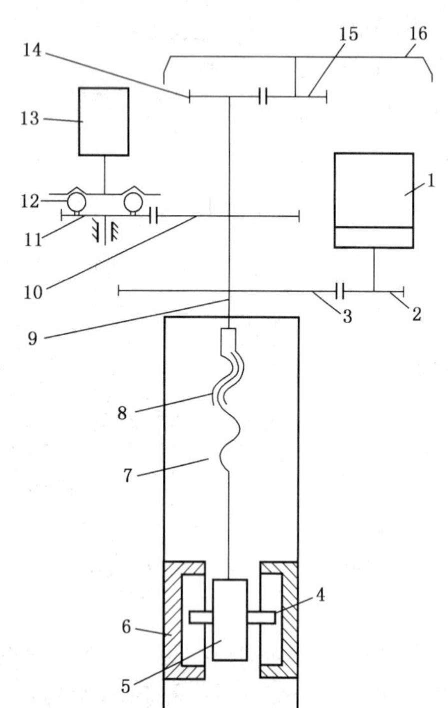

图 1-5-4　直行程执行机构结构示意图

1—伺服电动机；2，3，10，11，14，15—直齿轮；4—限位柱；5—输出杆；6—限位槽；7—丝杆；8—螺母；9—主轴；12—钢球；13—多圈电位器；16—手轮

（2）角行程电动执行机构

这种执行机构的输出轴输出 360°以内的角位移，通常用来推动蝶阀、球阀、偏心旋转阀等转角式的调节机构。用于蝶阀和球阀等时，角位移为 90°。图 1-5-5 所表示的是一种少齿差行星轮减速的电动执行机构，它由伺服电动机、行星轮减速器、位置发信器等部分组成。当伺服电动机通电旋转时，带动行星轮减速器减速。在减速系统中，齿轮 2 和齿轮 3 是一对普通齿轮传动，经过一级变速之后，使偏心轴 6 旋转，从而带动摆轮 5(一个既有公转又有自传的摆轮)在内齿轮 4 中边啮合边滚动，摆轮的自转运动由销轴 9 和联轴节 8 引至输出轴 7 输出，达到减速的目的。

差动变压器中，由于凸轮 11 控制铁芯的位移变化，能产生与输出轴位置相对应的位置信号，作为阀位指示和位置反馈信号。

（3）多转式电动执行机构

该类执行机构的输出轴输出大小不等的有效转数，主要用来开关闸阀、截止阀等多转式调节机构。图 1-5-6 所示是一种可人工切换手动/自动多转式执行构，它由三相电动机、减速器、位置发信器和行程控制器等部分组成。当电信号送到电动机 1，电机旋转，通过斜齿轮 2、3 和蜗杆 4、蜗轮 5，使输出轴 6 转动；运动又从齿轮 11、12 和螺杆 14、螺母 15 带动差动变压器铁芯 18 移动，发出相应的阀位信号。当阀门到达极限位置的时候，通过行程开关 19 或 20 把电机电源切断，电机停止转动。这种执行机构只能控制行程，由于没有力矩控制装置，所以只适用于负载力矩不变或变化不大的场合。

电动执行机构可以自动操作，也可以手动操作。在信号中断时，自动操作机构脱开，利用手轮的动作转动手轮轴上的齿轮，通过减速器带动输出轴达到手动操作的目的。

3. *液动调节阀的执行机构*

从原理上讲，只要把气动执行机构的动力源改为液压动力就可以变成液压执行机构。液压执行机构在调节阀中的应用不如气动、电动执行机构广泛。

液压执行机构实际上是一种液压缸，用在液动执行机构的液压缸主要有单活塞杆液压缸和摆动式液压缸。

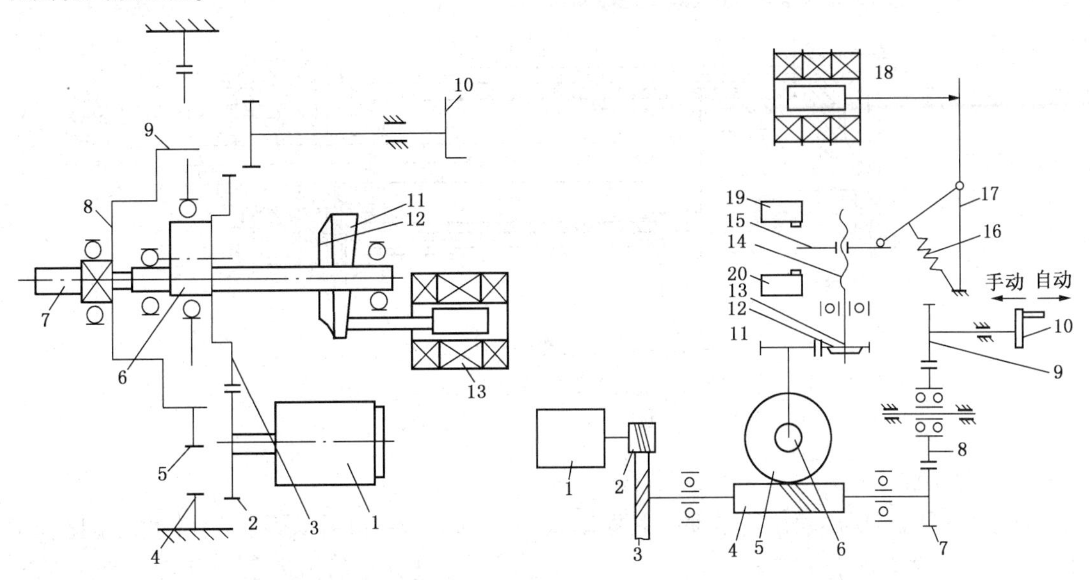

图 1-5-5　角行程执行机构结构示意图

1—伺服电动机；2，3—直齿轮；4—内齿轮；5—摆轮；6—偏心轴；7—输出轴；8—联轴节；9—销轴；10—手轮；11—凸轮；12—弹簧片；13—差动变压器

图 1-5-6　可人工切换手动/自动多转式执行机构结构示意图

1—电动机；2，3—斜齿轮；4—蜗杆；5—涡轮；6—输出轴；7，8，9，11，12—齿轮；10—手轮；13—盘形弹簧；14—螺杆；15—螺母；16—弹簧；17—杠杆；18—差动变压器；19，20—行程开关

(1) 单活塞杆液压缸

图 1-5-7 所示为单活塞杆液压缸简图及油路的连接方式。单活塞杆液压缸有杆腔和无杆腔的有效工作面积不等。因此，当压力油以相同的压力和流量分别进入缸的有杆腔和无杆腔时，活塞在两个方向的速度和推力不相等。

(a)无杆腔进油　(b)有杆腔进油　(c)液压缸差动连接

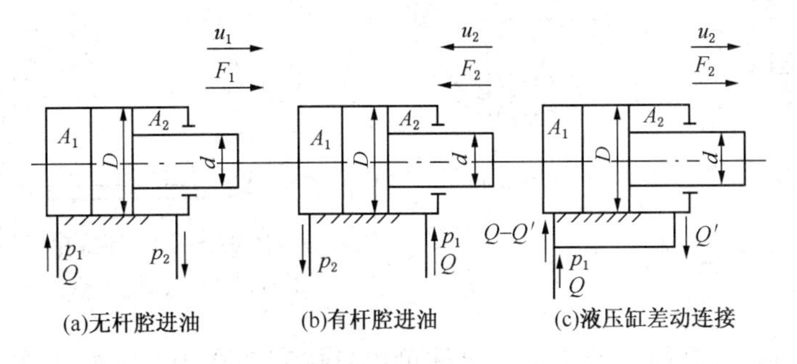

图 1-5-7　单活塞杆液压缸简图

差动连接方式中，当单活塞杆液压缸两腔同时通压力油时，由于两腔有效面积不相等，使活塞向右运动，有杆腔排出的液体也进入无杆腔，活塞快速运动。差动连接输出的力比压力油进入无杆腔时的输出力要小。

图 1-5-8 为单活塞杆液压缸的结构图，它主要由缸筒 5、活塞 3、活塞杆 4、前后端盖 1

和 8 组成，通过四根长拉杆 6 串接在一起，并用螺母紧固，为了保证液压缸有可靠的密封性，在相应部位都装有密封件 2、7、9 等，为了防止活塞端面对端盖的撞击，在前后盖中都设置了由单向阀 11 和节流阀 10 组成的缓冲装置。

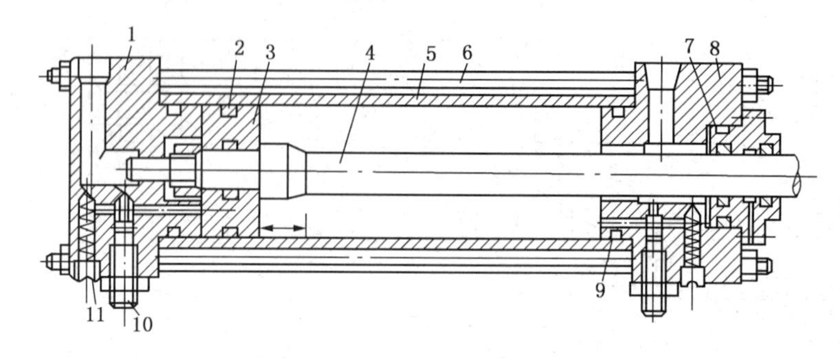

图 1-5-8　单活塞杆液压缸结构图

1，8—前后端盖；2，7，9—密封件；3—活塞；

4—活塞杆；5—缸筒；6—拉杆；10—节流阀；11—单向阀

（2）摆动缸

摆动缸可以实现摆动往复运动，其摆动角小于 360°。单叶片式及齿轮齿条式是比较常用的摆动缸。齿轮齿条式摆动缸是在两个活塞之间的活塞杆上做出齿条，齿条与齿轮啮合，将活塞杆的往复运动变为输出轴的旋转运动，如图 1-5-9(a)所示。叶板式摆动缸是靠流体在缸体内推动叶板实现摆动的，如图 1-5-9(b)所示。

在液压式执行机构中，用于蝶阀或球阀等调节阀时，要求的角行程只需 90°。因此，摆动缸的外形结构不必做成一个完整的圆筒，而可以做成图 1-5-10 所示的形状。

为了消除不平衡力对叶板的作用，也可以采用双叶板结构。在相同结构尺寸下，双叶板比单叶板输出转矩大一倍。

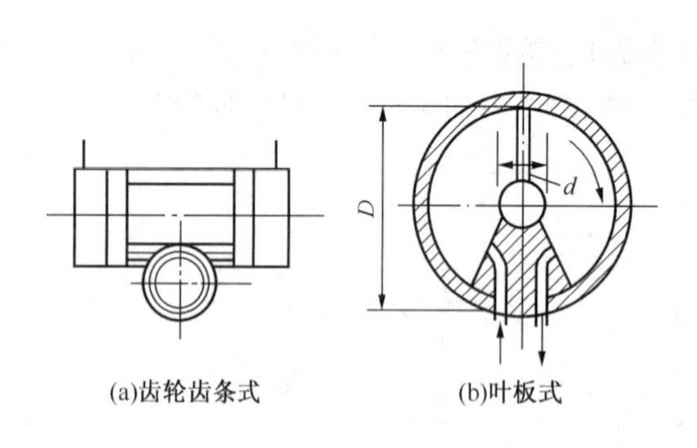

图 1-5-9　摆动缸结构图

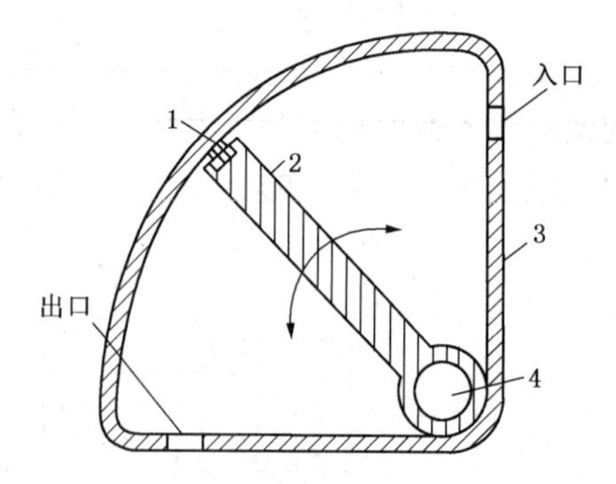

图 1-5-10　转式单叶板执行机构

1—叶板密封；2—叶板；3—壳体；4—阀轴

总之，对于直行程阀门，液压执行机构可以直接安装在阀门上阀盖的上方，与阀杆连接。而对角行程调节阀，直线移动要变为角位移，需要采用曲柄连杆、齿轮齿条、拨叉等机构，实现位移转换。

5.1.2　调节阀的调节机构

调节机构又称控制阀，它是一个可以改变局部阻力的节流元件。控制阀的阻力改变是由执行机构的推杆推动阀芯运动实现的。根据阀芯的运动形式，调节机构可分为直行程式和角行程式两大类。直行程式的调节机构有直通单座调节阀、直通双座调节阀、高压调节阀、角形阀、套筒阀、隔膜阀、三通阀等；角行程式调节机构有蝶阀、凸轮挠曲阀、偏心旋转阀和球阀等。

1. 直通阀的结构和应用

直通阀分为直通单座阀和直通双座阀两种类型。

图 1-5-11(a)表示常用的直通单座阀，它由上阀盖、下阀盖、阀体、阀座、阀杆、填料和压板等零部件组成。阀芯和阀杆连在一起，上、下阀盖都装有衬套，为阀芯移动起导向作用，所以称为双导向。有的小口径单座阀则没有下面的导向机构，阀体内只有一个阀芯和阀座。图 1-5-11(b)表示直通双座阀，其阀体内有两个阀芯和阀座，流体从左侧进入，通过阀座和阀芯后，由右侧流出。

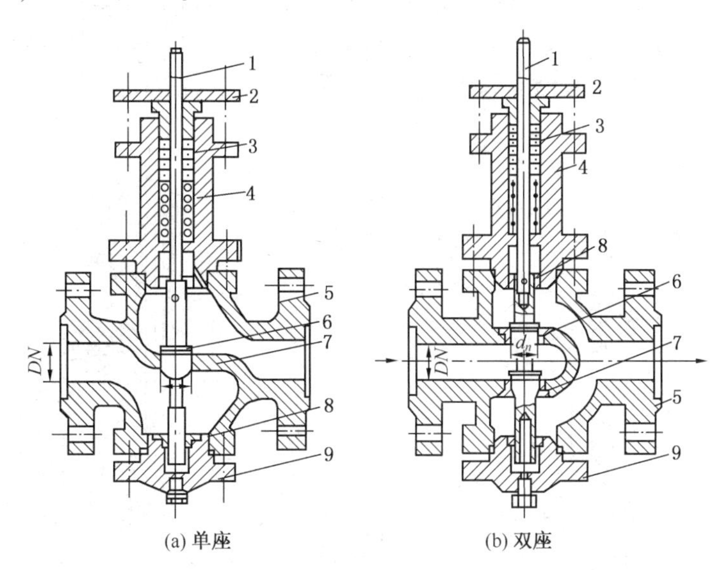

图 1-5-11　直通调节阀

1—阀杆；2—压板；3—填料；4—上阀盖；5—阀体；
6—阀芯；7—阀座；8—衬套；9—下阀盖

直通单座阀的特点是泄漏量小，甚至完全没有泄漏，结构上有调节型和切断型二种。调节型的阀芯为柱塞型，切断型的阀芯为平板型。另一个特点是介质对阀芯推力大，特别是在高差压、大口径时更为严重，所以适用于低差压场合。

双座阀比同口径的单座阀流通能力大 20%~25%。由于流体作用在上、下阀芯上的推力可以相互抵消，所以允许较大差压。因为制造上的原因，上、下阀芯与阀座的相对尺寸难以保证，使得上、下阀门不容易同时关闭，泄漏量较大。另外，阀体的流路较复杂，在高差压流体中使用时，对阀体的冲刷及气蚀较严重，不适用于高黏度介质和含纤维介质的调节。

阀有正装和反装两种类型，当阀芯向下移动时，阀芯与阀座之间流通面积减小，称为正装；反之称为反装。图 1-5-11(a)所示为双导向正装调节阀，若将阀杆与阀芯的下端连接，则变为反装。对于阀的公称直径 $DN<25$mm 的单导向阀芯通常采用正装方式，若要装配为气开式调节阀，则采用反作用执行机构。双座阀变正装为反装是很方便的，只要把阀芯倒装，阀杆与阀芯的下端连接，上、下阀座互换位置并反装之后就可以改变作用方式。

2. 角形阀的结构和应用

如图 1-5-12 所示，角形阀的阀体为直角形结构，阀芯为单导向结构。它流路简单，阻力小，适用于高压差、高黏度、含有悬浮物和颗粒状物质流体的调节，可以避免结焦、堵塞，也便于自净和清洗。角形阀一般采用底进侧出，这可使调节阀有较好的稳定性。在高压差场合下，采用侧进底出。侧进底出在开度小时易产生振荡。

在高静压和高差压场合，不平衡力大，应配用阀门定位器。

3. 套筒阀的结构和应用

套筒阀的阀体与直通单座阀相似，但阀内有一个圆柱形套筒，利用套筒导向，阀芯在套筒中上下移动，如图 1-5-13 所示。套筒壁上开有一定形状的窗口(节流孔)，阀芯移动时，就改变了节流孔的面积，从而实现流量控制。根据流通能力大小的要求，套筒的窗口可分为四个、两个或一个。套筒阀分为单密封和双密封两种结构，前者类似于直通单座阀，适用于单座阀的场合；后者类似于直通双阀座，适用于双阀座的场合。

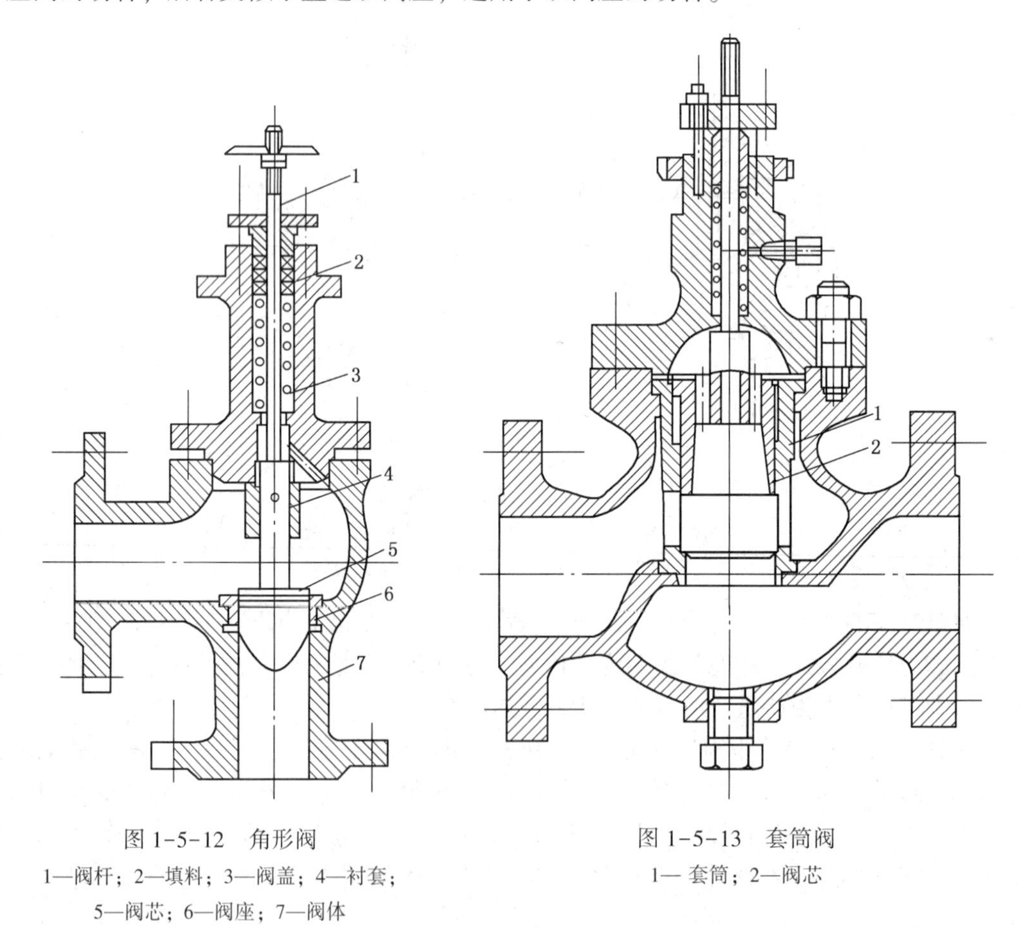

图 1-5-12　角形阀

1—阀杆；2—填料；3—阀盖；4—衬套；5—阀芯；6—阀座；7—阀体

图 1-5-13　套筒阀

1— 套筒；2—阀芯

套筒阀采用平衡型的阀芯结构，阀芯和套筒侧面导向，不平衡力小，稳定性好，不易振荡，从而改善原有阀芯容易损坏的情况。由于其阀座不用螺纹连接，维修方便，加工容易，通用性强。阀的允许压差大，能降低噪声。

需要注意的是，套筒阀阀体内的零部件在组装时，必须将上阀盖-上阀盖密封垫片-套筒-阀座-阀体内阀座密封垫片依次压紧，否则会造成阀体外漏或内漏，也会在阀体内产生剧烈震荡而使调节阀无法正常工作。

4. 隔膜阀的结构和应用

隔膜阀用耐腐蚀衬里的阀体和耐腐蚀隔膜代替阀芯阀座组件，利用隔膜的移动起调节作用，如图 1-5-14 所示。

隔膜阀的阀体采用铸钢或不锈钢并衬耐腐蚀或耐磨材料，隔膜材料为橡胶和聚四氟乙烯。隔膜阀耐腐蚀性能强，适用于强酸、强碱等强腐蚀性介质的调节。它结构简单，流路阻力小，流通能力较同口径的其他阀大。隔膜把流体与外界隔离，没有填料函流体也不会外漏。由于隔膜和衬里的限制，它的耐压性、耐温性较差，一般只适用于压力 1MPa 以下、温度 150℃以下的条件。它的流量特性接近快开特性，在 60%行程前近似为线性，60%后的流量变化不大。

5. 蝶形阀的结构和应用

蝶形阀由阀体、阀板、阀板轴和密封等部件组成，如图 1-5-15 所示。蝶形阀压力损失小，结构简单紧凑，寿命长，适用于低压差、大口径、大流量气体和带有悬浮物流体的场合，一般泄漏量较大。在泄漏量要求较小的场合，可采用三偏心蝶形阀。它的流量特性在转角 60°前与等百分比特性相似，60°以后转矩增大，工作不稳定，特性变差。所以，蝶形阀常在 0~60°转角范围之内使用。

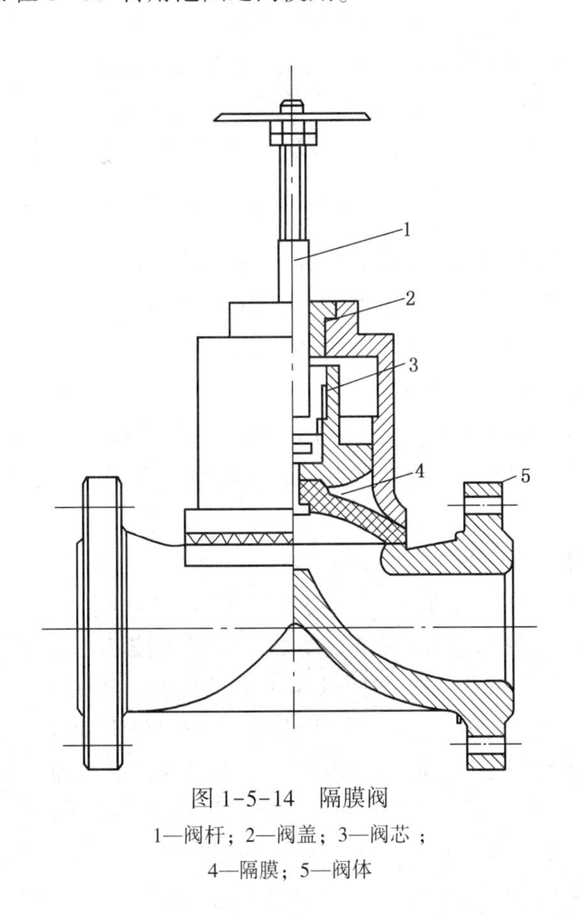

图 1-5-14 隔膜阀

1—阀杆；2—阀盖；3—阀芯；4—隔膜；5—阀体

图 1-5-15 蝶阀

6. 三通阀的结构和应用

三通阀的阀体有三个接管口，如图 1-5-16 所示。三通阀大多用于热交换器的温度控制、配比控制和旁路控制。在使用中应注意流体温差不宜过大，通常小于150℃，否则会使三通阀产生较大应力而引起变形，造成连接处泄漏或损坏。三通阀有三通合流阀和三通分流阀两种类型。三通合流阀为流体由两个入口流进，合流后由一个出口流出；三通分流阀为流体由一个入口流进，分为两个出口流出。

7. 球阀的结构和应用

球阀的阀芯为球形，有O型和V型两种结构。O型球阀的阀芯上有一个直径和管道直径相等的通孔，阀杆可带动阀芯在密封座中旋转，从全开位置到全关位置的转角为90°，其结构如图1-5-17所示。O型球阀的流量特性为快开，一般作两位调节用，密封座采用软材料，密封可靠；流体通过阀门没有方向性。

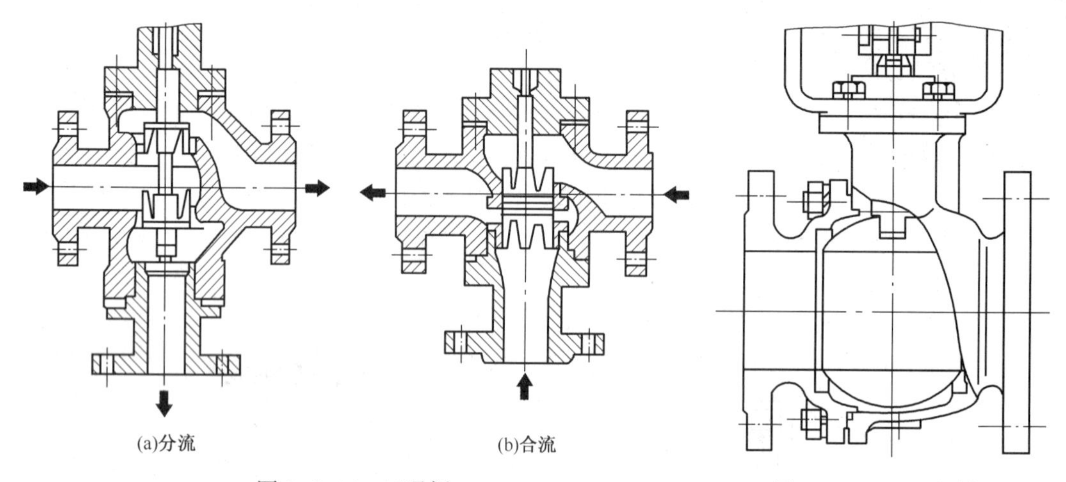

图1-5-16　三通阀

图1-5-17　O型球阀

V型球阀的球体上有一个V型开口，随着球体的旋转，开口面积不断发生变化，但开口面的形状始终保持为V形。V型球形阀芯在阀体内作90°旋转，当V型球的球面旋转到与阀座的密封圈全部紧密接触时，阀门处于全关位置，其结构如图1-5-18所示。这种阀的V型口与阀座之间有剪切作用，可以剪断纤维状的流体，如纸浆、纤维、含颗粒的介质，关闭性能好；流量特性近似等百分比特性，可调比大。

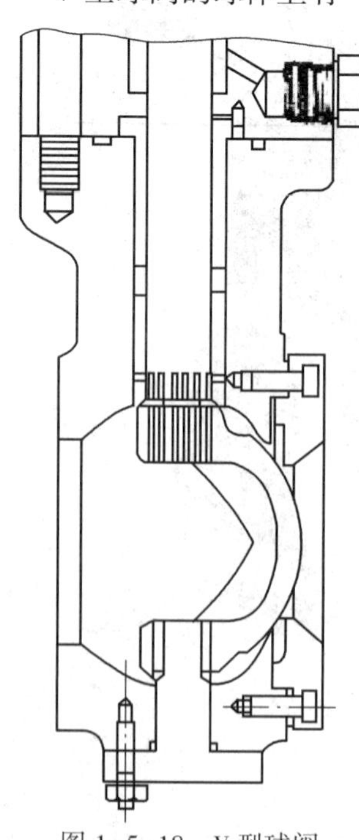

图1-5-18　V型球阀

球阀结构简单，维修方便。

8. 滑阀的结构和应用

滑阀是催化裂化装置的关键设备之一。滑阀按其用途可分为单动滑阀和双动滑阀。按阀体壁温可分为热壁式和冷壁式。在阀体的外部敷设隔热层，操作时阀体温度与内部零件的温度差不多，这种结构叫做热壁阀。隔热衬里敷设在阀体内部，阀壁温度约为350℃，这种结构叫做冷壁阀。

冷壁式单动滑阀主要由筒体、节流锥、阀座圈、导轨、阀板、阀盖和阀杆以及衬里等组成，如图1-5-19所示。阀体内壁采用耐磨隔热双层衬里。节流锥为悬挂式，大端焊在阀体上，节流锥下部通过螺栓固定有阀座圈和导轨。阀板与导轨相对滑动。节流锥和阀座圈等可随阀体内温度变化而自由膨胀和收缩。

在阀杆的填料部位上，采取了“双填料”结构，也叫串级密封，滑阀可以在操作状态下更换外层填料，而不必停工，进一步提高了滑阀的可靠性。在阀杆的制造工艺上，采用了硬质合金喷焊技术，具有良好的抗磨和抗氧化性能，提高了阀杆的使用寿命。

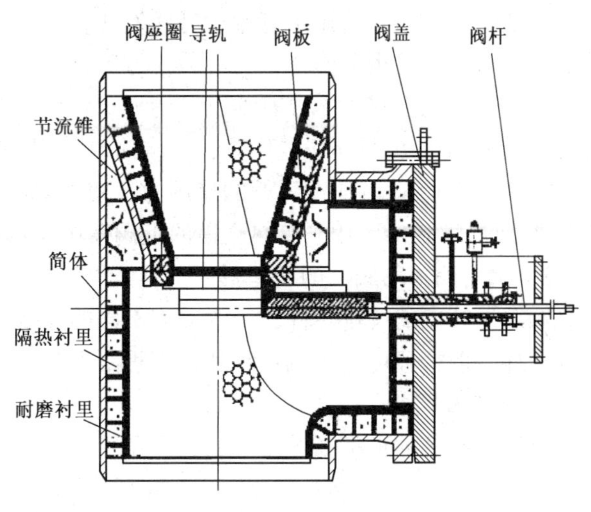

图 1-5-19　冷壁式阀体

无论是单动滑阀还是双动滑阀，在操作时都要受到高温催化剂的严重冲刷。为了减少这种磨损和冲刷，在阀板和导轨的滑动部分分别堆焊了硬质合金。同时，在催化剂冲刷严重的阀板前和座圈阀口处全部衬有 20mm 厚的新型耐磨衬里，设有增强隔板来固定衬里，这种衬里比堆焊的硬质合金效果更好，因为堆焊的硬质合金在高温操作下，其硬度将随之降低，而耐磨衬里的性能却不会降低。

5.1.3　调节阀上阀盖的结构形式

上阀盖是指装在调节阀的执行机构与调节机构之间的部件，其中装有填料函，能适应不同的工作温度和密封要求。

常见的上阀盖有四种结构形式，见图 1-5-20。

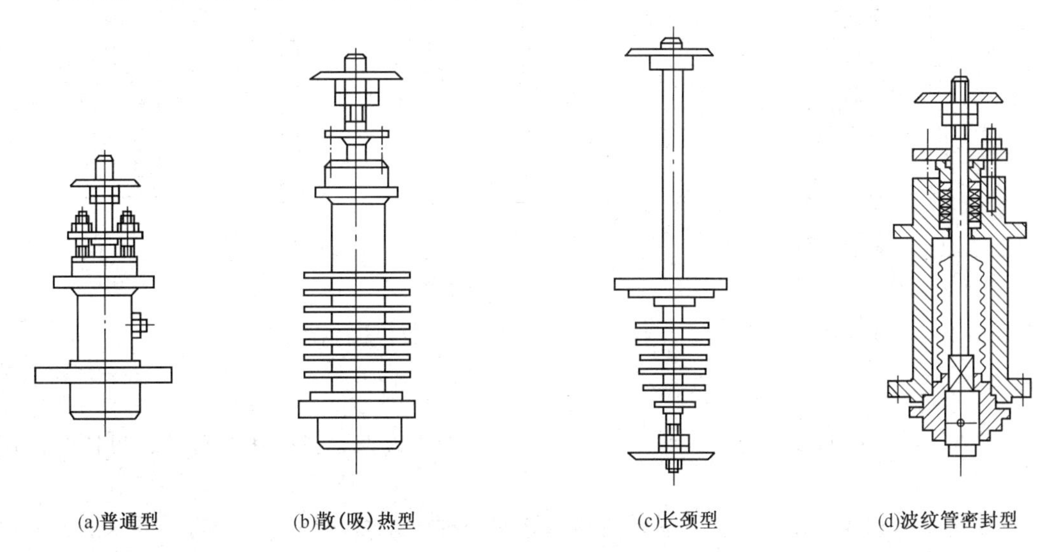

图 1-5-20　上阀盖外形图

普通型　适用于常温场合，工作温度一般为 0~200℃。

散热型　适用于高温场合，工作温度一般高于 200℃。

长颈型　适用于低温场合，工作温度为一般低于 0℃。它的上阀盖增加了一段有足够长度的直颈，以保护填料在允许的低温范围不致冻结。颈的长短取决于温度的高低和调节机构口径的大小。

波纹管密封型　适用于有毒、易挥发或贵重的流体，可以避免介质的外漏，防止有毒、易爆介质外漏而发生危险。

上阀盖中的密封件主要有如下结构形式：

① 普通型　填料靠压盖压紧，结构简单实用，磨损之后还可以再调整并压紧。

② 带弹簧型　有压缩弹簧的作用力，使密封圈的密封性能更好。

③ 双层填料函　用于有热交换的上阀盖中，以保证密封的可靠(见图1-5-21)。

5.1.4　调节阀阀芯的结构形式

阀芯是阀内的关键零件，为了适应不同的需要，得到不同的阀门特性，阀芯的结构形状多种多样，但一般可分为直行程和角行程两大类。

1. 直行程阀芯

直行程阀芯的种类如图 1-5-22 所示。

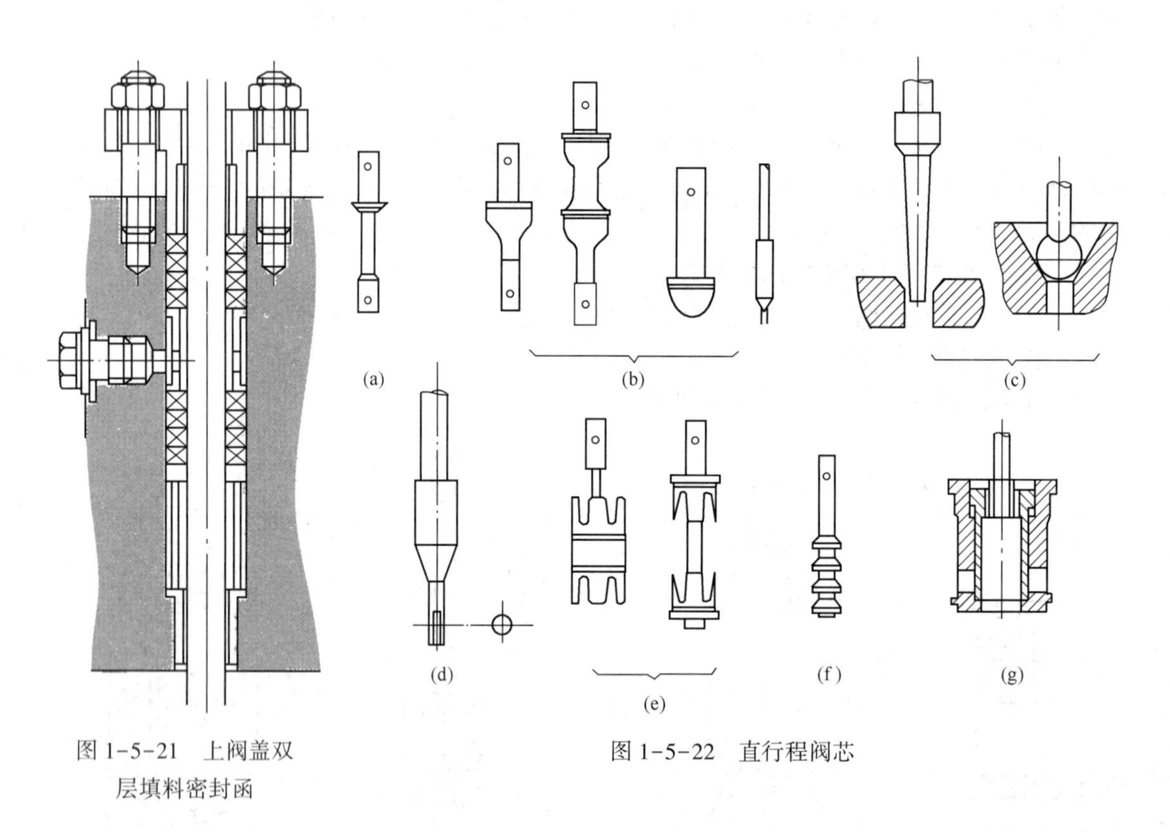

图 1-5-21　上阀盖双层填料密封函

图 1-5-22　直行程阀芯

平板型阀芯(a)的底面为平板形，其结构简单，加工方便，具有快开特性，可作两位调节用。

柱塞型阀芯(b)可分为上、下双导向和上导向两种，左面两种为双导向，可以上、下倒装，以改变调节机构的正、反作用。右面两种阀芯为上导向，它用于角形阀和高压阀。对于小流量阀，可采用球形、针形阀芯(c)，也可以在圆柱体上铣出小槽(d)。

窗口型阀芯(e)用于三通阀，左边为合流型，右边为分流型，由于窗口形状不同，阀门特性有直线、等百分比和抛物线三种。

多级阀芯(f)把几个阀芯串接在一起，起到逐级降压的作用，用于高压差阀，可降低噪声。

套筒型阀芯(g)用于套筒阀，改变套筒窗口形状可改变阀的特性。

2. 角行程阀芯

这种阀芯通过旋转运动来改变它与阀座间的流通面积，如图1-5-23所示。图(a)偏心旋转阀芯，用于偏心旋转阀；图(b)蝶形阀板，用于蝶阀，有标准扁平阀板、翘曲阀板和带尾部的阀板三种；图(c)球形阀芯，O形阀芯上钻有一个通孔，用于O形球阀；V形阀芯的扇形球芯上有V形口或抛物线口，两边支承在短轴上，用于V形球阀。

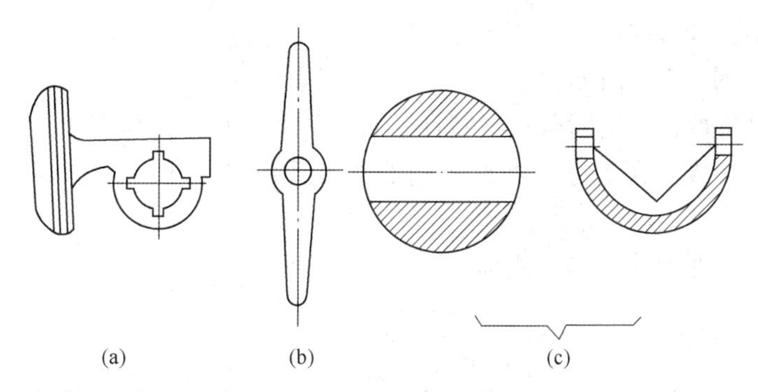

图1-5-23　角行程阀芯

5.2　调节阀的流量特性

调节阀的流量特性是指流体流过阀门的相对流量与相对位移(阀门的相对开度)间的关系，其数学表达式为

$$\frac{q}{q_{max}}=f\left(\frac{l}{L}\right)$$

式中　q/q_{max}——相对流量，调节阀在某一开度时的流量 q 与全开流量 q_{max} 之比；

l/L——相对位移，调节阀在某一开度时的阀芯位移 l 与全开位移 L 之比。

一般来说，改变调节阀的阀芯与阀座之间的流通面积，便可以控制流量。实际上，由于多种因素的影响，如在流通面积变化的同时，还发生阀前、阀后压差的变化，而压差的变化又将引起流量的变化。为了便于分析，先假定阀前、阀后的压差不变，然后再引伸到真实情况进行研究。前者称为理想流量特性，后者称为工作流量特性。

流量特性不同于阀的结构特性。阀的结构特性是指阀芯位移与流体通过的截面积之间的关系，不考虑压差的影响，纯粹由阀芯大小和几何形状所决定。

5.2.1　调节阀的理想流量特性

理想流量特性又称为固有流量特性，有直线、等百分比(对数)、抛物线及快开等四种。

1. 直线流量特性

直线流量特性是指调节阀的相对流量与相对位移呈直线关系，由如下数学表达式表示为

$$\frac{q}{q_{max}}=\frac{1}{R}\left[1+(R-1)\frac{l}{L}\right]=\frac{1}{R}+\left(1-\frac{1}{R}\right)\frac{l}{L}$$

式中　$R=\frac{q_{max}}{q_{min}}$——阀门的可调比，当阀门结构一定时，$R$ 为常数；

q_{min}——阀门全关时的流量。

以不同的 l/L 代入上式，求出 q/q_{max} 的对应值，在直角坐标上得到一条直线，见图1-5-24中的曲线2。直线特性调节阀的曲线斜率是常数，表示阀的放大系数。要注意的是，当可调比 R 不同时，特性曲线在纵坐标上的起点是不同的。为了便于分析和计算，假设 $R=\infty$，即可调比无穷大，则特性曲线以坐标原点为起点，这时位移变化10%所引起的流量变化总是10%，相对流量的变化则是不同的。

在小开度时，流量相对变化值大，灵敏度高，不易控制，甚至发生震荡；在大开度时，流量相对变化值小，调节缓慢。

2. 等百分比（对数）流量特性

等百分比流量特性也称为对数流量特性。它是指单位相对位移变化所引起的相对流量变化与此点的相对流量成正比关系，即调节阀的放大系数是变化的，它随相对流量的增大而增大。

等百分比流量特性的数学表达式为

$$\frac{q}{q_{max}}=R^{\left(\frac{l}{L}-1\right)}$$

可见，相对位移与相对流量成正比对数关系，所以也称为对数流量特性，在半对数坐标上可以得到一条直线，而在直线坐标上则得到一条对数曲线，如图1-5-24的曲线4所示。

在小开度时，调节阀放大系数小，调节平稳缓和；在大开度时，放大系数大，调节灵敏。从图1-5-25还可以看出，等百分比特性在直线特性下方，在同一位移时，直线流量特性阀比等百分比流量特性的调节阀通过的流量大。

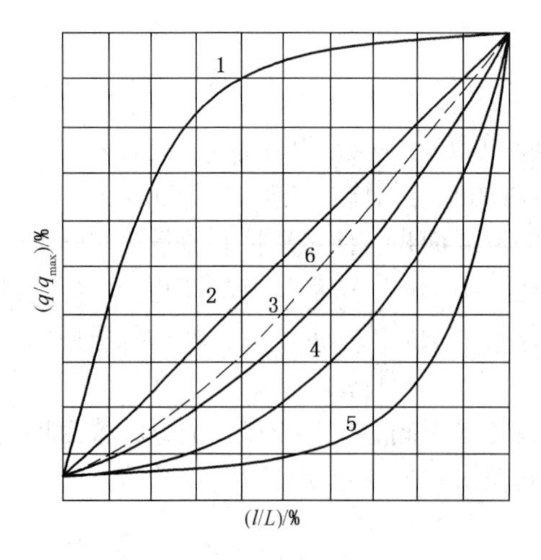

图1-5-24　理想流量特性

1—快开；2—直线；3—抛物线；4—等百分比；

5—双曲线；6—修正抛物线

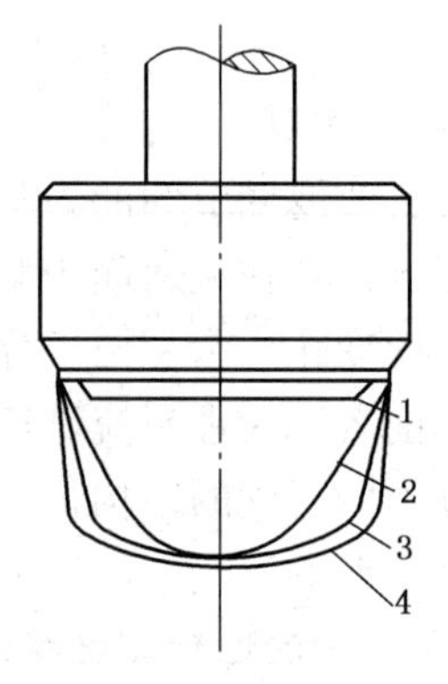

图1-5-25　不同流量特性的阀芯形状

1—快开；2—直线；

3—抛物线；4—等百分比

3. 抛物线流量特性

抛物线流量特性是指单位相对位移的变化所引起的相对流量变化与此点的相对流量值的平方根成正比关系，即

$$\frac{q}{q_{max}}=\frac{1}{R}\left[1+\left(\sqrt{R}-1\right)\frac{l}{L}\right]^{2}$$

抛物线流量特性介于直线及对数曲线之间，如图 1-5-25 的曲线 3 所示。

为了弥补直线流量特性在小开度时调节性能差的缺点，在抛物线基础上派生出一种修正抛物线特性，如图 1-5-24 的曲线 6。它在相对位移 30%及相对流量 20%区间内为抛物线关系，在此以上的范围是线性关系。

4. 快开流量特性

快开流量特性在开度较小时就有较大的流量，随开度的增长，流量很快就达到最大，此后再增加开度，流量变化很小，故称快开特性，其特性曲线如图 1-5-24 的曲线 1 所示。快开特性的数学表达式为

$$\frac{q}{q_{\max}}=\frac{1}{R}\left[1+(R^2-1)\ \frac{l}{L}\right]^{\frac{1}{2}}$$

快开特性的阀芯形式是平板形的，它的有效位移一般为阀座直径的 1/4，当位移再增大时，阀的流通面积就不再增大，失去调节作用。快开特性调节阀适用于快速启闭的切断阀或双位调节系统。

除上述流量特性外，还有一种较为少用的双曲线流量特性，如图 1-5-24 的曲线 5 所示。

各种阀门都有自己特定的流量特性，如图 1-5-26所示隔膜阀的流量特性接近于快开特性，蝶阀的流量特性接近于等百分比特性。选择阀门时应该注意各种阀门的流量特性。

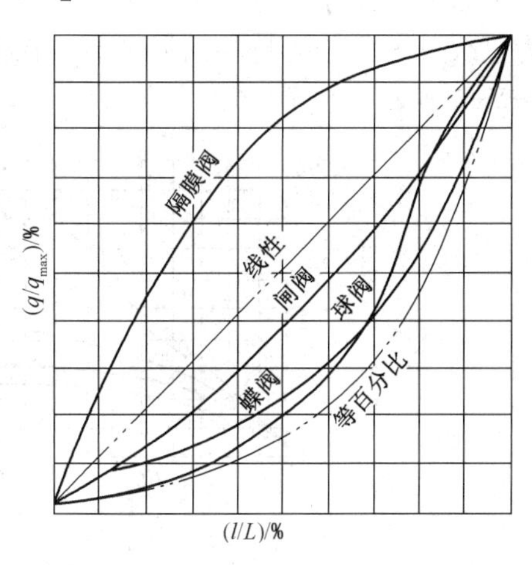

图 1-5-26　各种阀门的流量特性

对隔膜阀和蝶阀，由于它的结构特点，不可能用改变阀芯的曲面形状来改变其特性。因此，要改善其流量特性，只能通过改变阀门定位器反馈凸轮的外形来实现。

5.2.2　调节阀的工作流量特性

在实际工作中，调节阀和工艺设备、管道等串联或并联使用，流量随压力损失的变化而变化，理想流量特性因阀门前后压差的变化而变成工作流量特性。

1. 串联管道的工作流量特性

在图 1-5-27 所示的串联系统中，调节阀的工作流量特性为

$$\frac{q}{q_{\max}}=f\left(\frac{l}{L}\right)\sqrt{\frac{\Delta p_v}{\Delta p_s}}$$

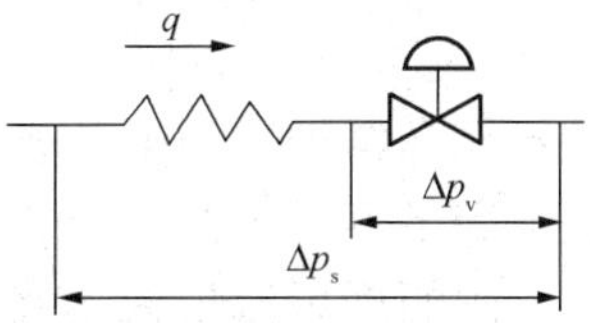

式中　q——流过调节阀的流量；

$q_{\max}$——流过调节阀的最大流量；

f——调节阀的理想流量特性；

l/L——阀芯相对位移；

Δp_s——系统的总压差；

Δp_v——调节阀的压差。

图 1-5-27　串联管道

若 $q_{\max}$表示管道阻力等于零时调节阀全开流量，q_{100}表示存在管道阻力时调节阀的全开流量，则可得到

$$\frac{q}{q_{max}}=f\left(\frac{l}{L}\right)\sqrt{\frac{1}{\left(\frac{1}{s}-1\right)f^2\left(\frac{l}{L}\right)+1}}$$

$$\frac{q}{q_{100}}=f\left(\frac{l}{L}\right)\sqrt{\frac{s}{(1-s)f^2\left(\frac{l}{L}\right)+s}}$$

式中　q ——流过调节阀的流量；

q_{max}——流过调节阀的最大流量；

s——调节阀的阀阻比。

以上二式分别为串联管道以 q_{max} 及 q_{100} 作为参比值的工作流量特性。对于理想流量特性为直线及等百分比特性的调节阀，在不同的 s 值时，工作特性畸变情况如图 1-5-28 和图 1-5-29所示。

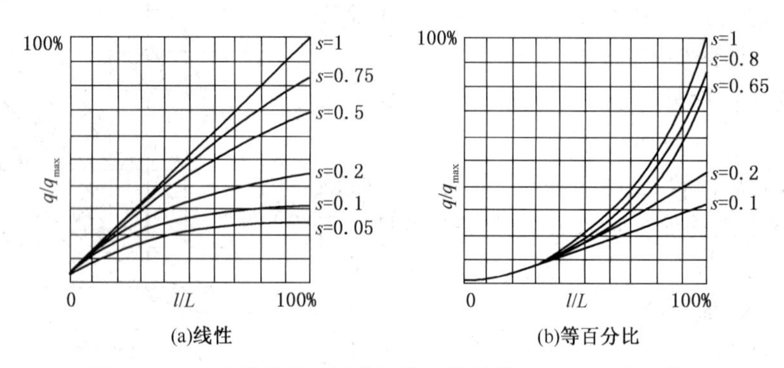

图 1-5-28　串联管道时调节阀的工作特性(以 q_{max} 为参比值)

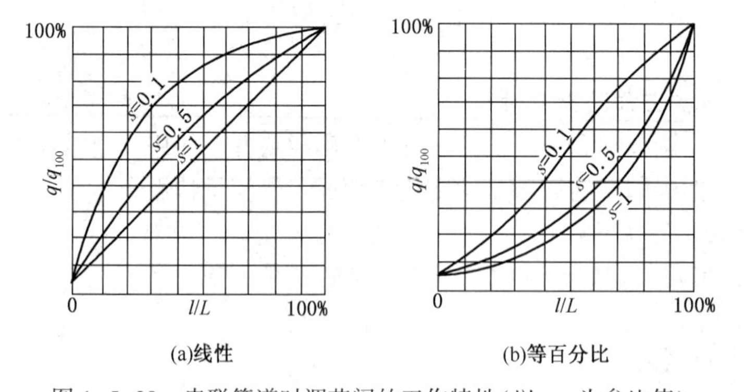

图 1-5-29　串联管道时调节阀的工作特性(以 q_{100} 为参比值)

2. 并联管道的工作流量特性

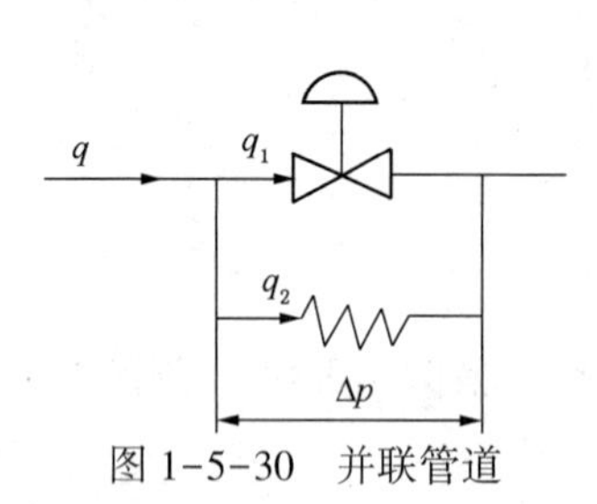

图 1-5-30　并联管道

有的调节阀装有旁路，便于手动操作和维护。当生产能力提高或其他原因引起调节阀的最大流量满足不了工艺生产的要求时，可以把旁路打开一些，这时调节阀的理想流量特性就成为工作流量特性。

在图 1-5-30 所示的并联管路中，有

$$\frac{q}{q_{max}}=Xf\left(\frac{l}{L}\right)+(1-X)$$

式中　q——并联管路的总流量，即：$q=q_1+q_2$；

q_{max}——管路总流量的最大值；

f——调节阀的理想流量特性；

l/L——阀芯相对位移；

X——调节阀全开时最大流量和总管最大流量之比，即

$$X=\frac{q_{1max}}{q_{max}}。$$

上式表示并联管道的工作流量特性。理想流量特性为直线及等百分比的调节阀，在不同的 X 值时，工作流量特性如图 1-5-31 所示。

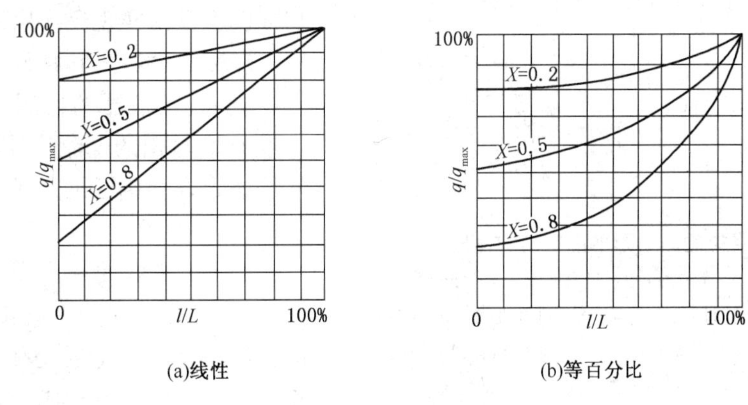

图 1-5-31　并联管道时调节阀的工作特性

由图 1-5-31 可以看出，并联管道中，阀本身的流量特性变化不大，但可调比降低了。实际应用中，为使调节阀有足够的调节能力，旁路流量不能超过总流量的 20%，即 X 值不能低于 0.8。

综合上述情况，可得到以下结论：

（1）串、并联管道使理想流量特性发生畸变，串联管道的影响尤为严重；

（2）串、并联管道使调节阀可调比降低，并联管道更为严重；

（3）串联管道使系统总流量减少，并联管道使系统总流量增加；

（4）串联管道调节阀开度小时放大系数增加，开度大时则减少，并联管道调节阀的放大系数在任何开度下总比原来的减少。

5.3　调节阀附件

5.3.1　气动阀门定位器

气动阀门定位器接受气动调节器(或电气转换器)的气压输出信号，然后产生与该输出信号成比例的气压信号，用以控制气动调节阀。气动阀门定位器按其工作原理可分成位移平衡式和力(力矩)平衡式两大类。下面介绍力(力矩)平衡式气动阀门定位器。

力(力矩)平衡式气动阀门定位器按力矩平衡原理工作，如图 1-5-32 所示。当通入波纹管 1 的信号压力增加时，使主杠杆 2 绕支点 15 转动，挡板 13 靠近喷嘴 14，喷嘴背压经放大器 16 放大后，送入到执行机构 8 的薄膜室，并使阀杆向下移动，带动反馈杆 9 绕支点 4 转动，反馈凸轮 5 也跟着作逆时针转动，通过滚轮 10 使副杠杆 6 绕支点 7 顺时针转动，并将

反馈弹簧11拉伸，弹簧11对主杠杆2的拉力与信号压力作用在波纹管1上的力达到力矩平衡时仪表达到平衡状态。此时，一定的信号压力就对应一定的阀门位置。弹簧12是调零弹簧，调其预紧力可使挡板初始位置变化。弹簧3是迁移弹簧，在分程控制中用来改变波纹管对主杠杆作用力的初始值，以使定位器在接受不同输入信号范围(20~60kPa或60~100kPa)时，仍能产生相同的输出信号。

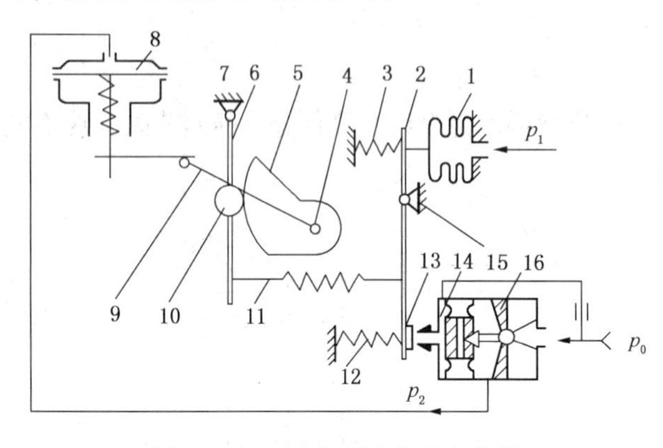

图1-5-32 力矩平衡阀门定位器

1—波纹管；2—主杠杆；3—迁移弹簧；4—凸轮支点；5—凸轮；6—副杠杆；7—支点；8—执行机构；9—反馈杆；10—滚轮；11—反馈弹簧；12—调零弹簧；13—挡板；14—喷嘴；15—主杠杆支点；16—放大器

改变定位器反馈杆的长度可实现行程调整。将正作用定位器中的波纹管从主杠杆的右侧换到左侧，调节调零弹簧，使定位器的起始输出压力为100kPa，就能实现反作用调节。

5.3.2 电-气转换器

电-气转换器的作用是把电动调节器或DCS输出的电流信号转换成气压信号，送到气动执行机构或其他气动仪表上去。

图1-5-33是一种常见的电-气转换器的结构原理图。它由三大部分组成：电路部分，主要是测量线圈4；磁路部分，由磁钢5构成，它产生永久磁场；气动力平衡部分，由喷嘴、挡板、功率放大器及正、负反馈波纹管和调零弹簧组成。

电-气转换器的动作原理是力矩平衡原理。当4~20mA的直流信号通入测量线圈之后，载流线圈在磁场中产生电磁力，该电磁力与正、负反馈力矩使平衡杠杆平衡，于是输出信号就与输入电流成为一一对应的关系，从而把电流信号变成对应的20~100kPa的气压信号。

5.3.3 电-气阀门定位器

电-气阀门定位器输入信号为调节器来的4~20mA的直流电信号，输出为驱动气动调节阀的气压信号，如图1-5-34所示。它能够同时起到电-气转换器和气动阀门定位器的作用。

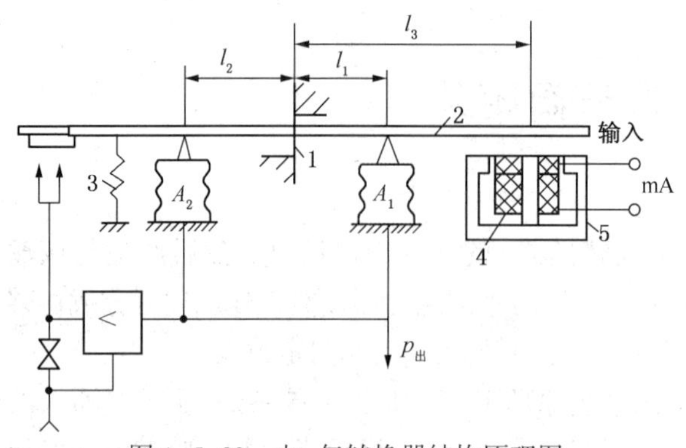

图1-5-33 电-气转换器结构原理图

1—十字簧片；2—平衡杠杆；3—调零弹簧；4—测量线圈；5—磁钢

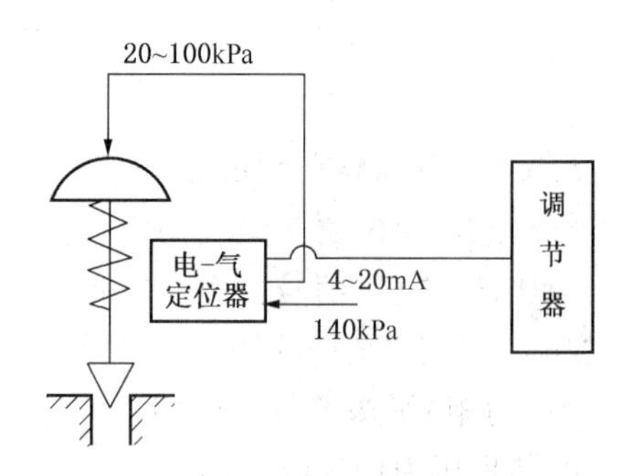

图1-5-34 电-气阀门定位器作用示意图

图 1-5-35 表示一种双向电-气阀门定位器的工作原理。它是按力矩平衡原理工作的，它与气动阀门定位器有两个明显的区别，一个是把波纹管组件换成力矩马达，一个是把单向放大器改为双向放大器。当信号电流通入到力矩马达 1 的线圈两端时，它与永久磁钢作用后，对主杠杆产生一个力矩，于是挡板靠近喷嘴，经放大器放大后的输出压力送入到活塞式执行机构 2 的气缸，通过反馈凸轮拉伸反馈弹簧，弹簧对主杠杆的反馈力矩与输入电流作用在主杠杆上的力矩相平衡时，仪表达到平衡状态，此时，一定的输入电流就对应一定的阀门位置。

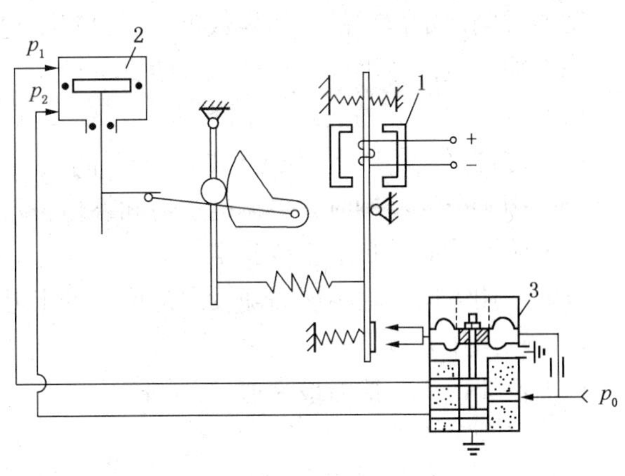

图 1-5-35 电-气阀门定位器

1—力矩马达；2—活塞式执行机构；3—双向放大器

5.3.4 智能式阀门定位器

如图 1-5-36 所示。从图中可以看出，它与常规电气阀门定位器的不同之处在于，执行机构的位置给定值与实际值的比较是在微处理器中进行的。微处理器将检测到的控制偏差，利用一个五通路插件传递给压电阀，使一定量的压缩空气经过压电阀进入气动执行机构的气室。如果控制偏差较大，则压电阀输出连续信号；如果偏差很小，则没有定位脉冲输出；如果偏差大小适中，则输出定位脉冲序列。

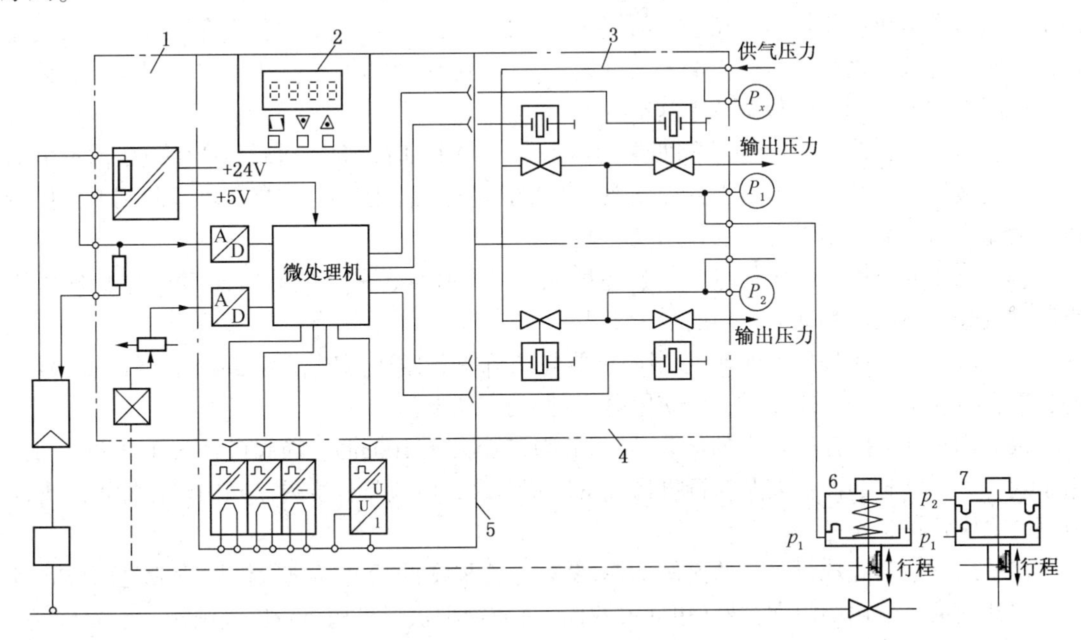

图 1-5-36 智能式阀门定位器结构示意图

1—输入信号接线；2—控制面板；3—第一压电式阀组件(单作用)；4—第二压电式阀组件(双作用)；5—功能模块；6—单作用执行机构(弹簧返回)；7—双作用执行机构

在使用二线制电路时，智能定位器的工作电源全部取自4~20mA的电流信号。

智能式阀门定位器的工作参数可组态设置，包括：

(1) 输入电流范围(0~20mA或4~20mA)；

(2) 位置给定值的上升或下降特性；

(3) 定位速度的限定(设定值的上升时间)；

(4) 用于分程控制时，可调的初值和终值；

(5) 阶跃响应、自适应或整定；

(6) 作用方向，输出压力随设定值增大的上升、下降特性；

(7) 输出压力范围；

(8) 位置的最小值与最大值(报警值)；

(9) 自动关闭功能；

(10) 选择阀特性，包括直线、等百分比及其他特性。

5.3.5 阀门定位器的应用场合

阀门定位器是调节阀的主要附件，它和调节阀组成一个闭环回路，能够增大调节阀的输出功率，减少调节信号的传递滞后，加快阀杆的移动速度，能够提高阀门的线性度，克服阀杆的摩擦力并消除不平衡力的影响，从而保证调节阀的正确定位。其主要作用如下：

(1) 用于气动、电动仪表的复合调节系统 在调节系统中，检测和调节仪表经常采用电动仪表，而执行机构又要求采用气动仪表。可采用电-气阀门定位器，也可使用一台电-气转换器和一台气动阀门定位器。

(2) 用于摩擦力大的场合 当调节阀用于高压介质时，为了防止流体从阀杆填料处泄漏，经常把填料压盖压得比较紧，在阀杆与填料之间会产生很大的摩擦力；当介质温度过高或过低时，阀杆与填料之间的摩擦力增大，过大的摩擦力会使阀杆行程产生误差。定位器能够克服这些摩擦力的作用，改善调节阀基本特性。

(3) 用于高压差场合 当调节阀两端的压差大于1MPa时，介质对阀芯产生较大的不平衡力，从而破坏原来的工作位置，使控制系统产生扰动作用。使用定位器，可以起到增大执行机构的输出力，克服不平衡力的作用。

(4) 用于介质中含有固体悬浮物、黏性流体、含纤维、易结焦的场合 使用定位器可以克服这些介质对阀杆移动所产生的较大阻力。

(5) 增加执行机构的动作速度 当调节器与调节阀相距较远时，为尽量缩短气动信号管的长度，克服信号的传递滞后，应使用电-气阀门定位器。

(6) 用于调节阀口径较大的场合 当调节阀口径大于100mm、蝶阀口径大于250mm时，由于阀芯重，阀芯截面积大及执行机构气室容积增大，响应特性变差。阀门定位器可改善调节阀的响应特性。

(7) 用于活塞式执行机构的比例动作 没有弹簧平衡的活塞式执行机构一般是两位式动作，非开则关。配用阀门定位器(单向或双向)可使这种执行机构执行比例动作。

(8) 方便实现调节阀反向动作 如果需要改变调节阀的气开/气关模式，就必须把阀芯反装，或改装另一种作用方式(正/反)的执行机构，这种改装限制较多，困难较大。如果利用阀门定位器，这种改变就容易多了。

(9) 改善调节阀的流量特性 由于定位器反馈凸轮的几何形状决定调节阀对定位器的反馈量，从而改变调节器的输出信号与调节阀开度之间的关系，即修正了流量特性，所以调节阀的流量特性可以通过改变反馈凸轮的几何形状来改变。

(10) 操作非标准信号的执行机构 当阀门定位器的输出以标准信号(20~100kPa)去操作非标准信号(如40~200kPa)的气动薄膜执行机构时，可以有两种方法：一种是在定位器与执行机构之间配用一个1∶2的气动继动器，把信号压力放大一倍；另一种方法是通过将阀门定位器的气源压力提高，这时阀门定位器的输出也相应提高，就可以操作非标准信号的执行机构。

(11) 用于分程控制 分程控制如图1-5-37所示，两台定位器由一台调节器来操纵。通过调整，使一台定位器的输入在20~60kPa范围内变化时，另一台在60~100kPa范围内变化时，输出均为20~100kPa，从而实现分程控制。

5.3.6 电磁阀

电磁阀由两个基本功能单元组成，即电磁线圈(电磁铁)和磁芯以及包含一个或几个孔的阀体。当电磁线圈通电或断电时，磁芯的运动将导致流体通过阀体或被切断。电磁线圈被直接装在阀体上，阀芯被封闭在密封管中，构成一个简洁、紧凑的组合。

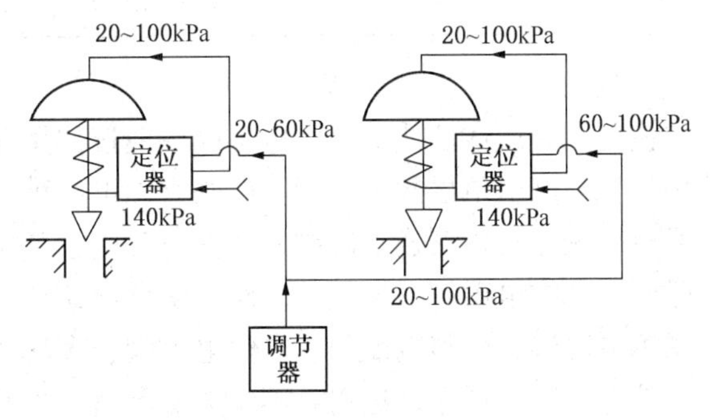

图1-5-37 分程控制原理

1. 电磁阀的技术指标

电磁阀的常用技术指标有以下几个：

(1) C_v值(流量系数) 电磁阀的C_v值与调节阀的C_v值一样，表示介质通过电磁阀的流通能力，它取决于以下三个因素：介质的最大和最小流量；介质通过阀门的最大和最小压差；介质的相对密度、温度和黏度。

(2) 电磁线圈外壳的密封等级 一般有传统的金属密封和整体模压的环氧树脂结构，在选用时要根据现场的实际使用条件即防水、防腐、防爆及环境温度来选取相应的适用等级。

(3) 最大操作压力差 最大操作压力差是指确保电磁线圈安全操作阀门时可承受的阀门入口与出口间的最大压力差。若阀门出口压力是未知的，可把供给压力当作最大差压。需要注意，同口径的电磁阀使用交流电驱动与使用直流电驱动其最大操作压力差是不同的。

(4) 最小操作压力差 最小操作压力差是指开启阀门或保持阀门开启所需的最小压差。对于二通浮动活塞或浮动膜片阀来说，实际压差低于最小操作压力差时，阀门将开始关闭。

(5) 安全操作压力 安全操作压力是指阀门可以承受的无损害的管路或系统压力。试验压力是安全工作压力的5倍。

(6) 流体最高温度 阀门所允许使用的被控介质的最高工作温度。

(7) 阀体材质 应确保不与介质起化学反应(腐蚀)。如果大气环境中含有腐蚀性气体，也须慎重选择阀体材质。

(8) 动作时间 阀门从全闭到全开或反之的时间称为动作时间。它取决于阀门尺寸和操作形式、电力供给、流体黏度、入口压力和温度等。

2. 电磁阀的选择

电磁阀应用广泛，合理选用是正确使用的关键。电磁阀应用场合参见表1-5-1。

表 1-5-1　电磁阀结构与使用

序　号	阀 的 结 构	电磁阀的特点与使用场合
1	直接动作式电磁阀	适用于小口径与低压差场合
2	导阀动作直接连接方式的电磁阀	在工作压差很小或无压差的情况下也能可靠地开闭
3	导阀动作管道连接方式的电磁阀	工作行程短，消耗功率少，尺寸小，结构简单，是最常用的结构形式，适用于有一定工作压差的场合
4	自保持式电磁阀	瞬时通电，线圈温升低，消耗功耗小，体积小，断电后阀门位置保持原位

可从以下三个方面选择电磁阀：

按使用介质或功能选用　电磁阀一般按使用介质及用途而标注名称，如可在蒸汽介质中使用的标为蒸汽电磁阀。常用电磁阀有如下品种：二位二通电磁阀、二位三通电磁阀、二位四通电磁阀、二位五通电磁阀、蒸汽电磁阀、微压电磁阀、制冷电磁阀、渣油电磁阀、高温电磁阀、真空电磁阀、煤气电磁阀、防爆电磁阀、船用电磁阀、防水电磁阀、脉冲电磁阀、不锈钢电磁阀、塑料电磁阀、自锁电磁阀、多功能电磁阀和组合电磁阀等。

按电磁阀工作原理选用　不同电磁阀适用于不同压力(压差)场合。

按电磁阀口径选用　一般电磁阀通径与工艺管道通径相同。在石油化工装置的联锁控制系统中，电磁阀一般用于操作仪表风去控制调节阀的动作。此时，电磁阀的通径也应与仪表风管的管径相同。若电磁阀上压降较大，在大口径时从节约与可靠性考虑，可选择比工艺管道通径小一档的电磁阀。

除一般应考虑工作介质的温度、黏度、悬浮物、腐蚀性、压力、压差等因素外，选用电磁阀还必须考虑下列问题：

① 为防止线圈烧坏，应限制电磁阀每分钟通断的工作次数。

② 介质进入导阀前，一般应先经过过滤器防止杂质堵塞阀门。

③ 介质压力低于电磁阀的最小工作压力时，介质不能通过阀门，只有当介质压力大于时最小工作压力才能通过阀门。

④ 电磁阀有电开型(通电打开)和电闭型(通电闭合)两种，未特别说明的，则一般为电开型。

⑤ 通常电磁阀是水平安装。若垂直安装，电磁阀将不能正常工作。

3. 电磁阀的动作原理

(1) 常闭式二通电磁阀的动作原理

二通阀有一个入口和一个出口与管线连接，它可以使流体流过阀门或切断流体通道。它有两种结构：浮动膜片或活塞式，阀门需要一个最小压降，保持阀门开启；悬挂膜片或活塞式，靠电磁线圈磁芯机械地保持开启，阀门压差即使是零，阀门也能开启或保持开启。

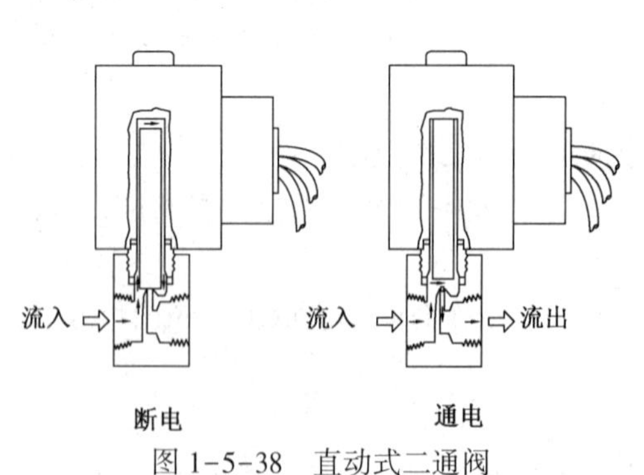

图 1-5-38　直动式二通阀

图 1-5-38 所示为直动式二通阀。在直动阀中，电磁线圈通电时，磁芯直接开启常闭阀

的孔，阀门将在其最大的压力范围内操作。开启阀门需要的力与孔尺寸及流体压力成正比。孔尺寸增大，所需要的力也增大。因此，要开启大孔，又要保持电磁线圈尺寸小，应选用先导式电磁阀。

图 1-5-39 所示的二通阀为先导式二通阀，这类阀门能借用管线压力来操作一个先导孔和一个旁通孔。电磁线圈断电时，先导孔关闭，管线的压力通过旁通孔施压于活塞或膜片的顶部，提供一个阀座力，严密关闭阀门。电磁线圈通电时，磁芯开启先导孔，通过阀的出口消除活塞或膜片的顶部压力，管线压力本身将膜片或活塞推离主孔，开启阀门。

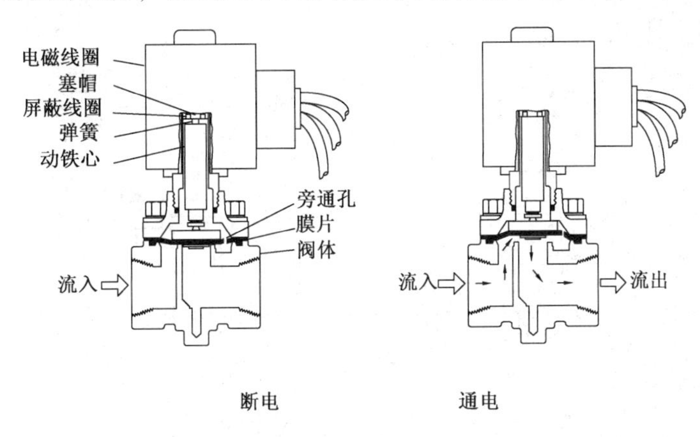

图 1-5-39　先导式二通阀

（2）常闭式三通电磁阀的动作原理

三通电磁阀有三个孔与管线连接，其中两个孔为输出孔(一个开启另一个关闭)。它们一般用于交替地向一个膜片阀或单动气缸施压或排压，见图 1-5-40。

三通电磁阀有三种操作方式：

① 常闭　阀断电时，压力口关闭，而排气口连到气缸口；阀通电时，压力口连到气缸口，而排气口关闭。

② 常开　阀断电时，压力口连到气缸口，而排气口关闭，阀通电时，压力口关闭，而气缸口连到排气口；

③ 通用结构　允许阀连结成常闭或常开位置其中之一，或选择两种流体之一，或由一个口转换流动到另一个口。

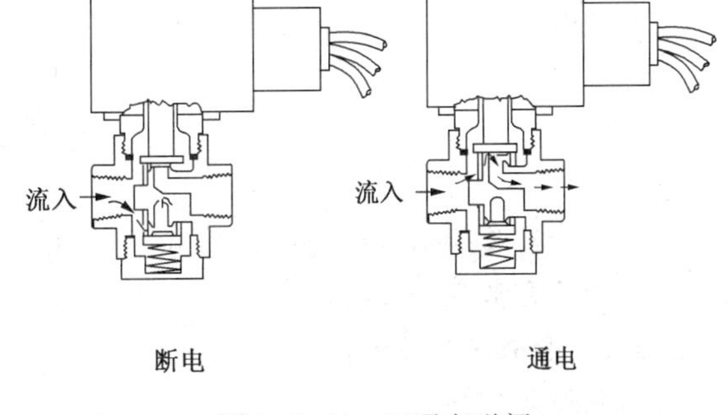

图 1-5-40　三通电磁阀

（3）常闭式四通电磁阀的动作原理

四通电磁阀一般用于操作双动气缸。它们有四个或五个管线连接口，其中有一个压力口，两个气缸口和一个或两个排气口，见图 1-5-41。在断电位置，压力连接到一个气缸口，另一个气缸口连到排气口。在通电位置，压力口和排气口被反向连到气缸口。

4. 电磁阀的应用举例

（1）直接用于控制

在一些要求不高的双位控制中常用电磁阀作执行装置，如卫生间的自动供水。但由于控制准确度以及安全的因素，作为直接控制用的电磁阀多用在不便操作处的排污或放空。

(2) 用于联锁系统

电磁阀与气动调节阀可组装在一起在联锁系统中使用。图1-5-42所示为两位三通电磁阀在联锁系统中的应用。控制系统中控制对象的被控参数在正常范围内波动时，电磁阀带电，控制器的输出信号经过电气阀门定位器，再经过电磁阀进入气动薄膜调节阀的膜头，正常工作。当联锁系统检测出事故信号并要采取紧急措施时，联锁信号使电磁阀失电，这时控制器出来的信号经过电气阀门定位器，到电磁阀处被切断，没有信号到气动执行机构，再根据所选用的调节阀的作用方式以及其他条件(比如有否保位阀等)，从而使调节阀停留在使生产装置处于安全的状态。

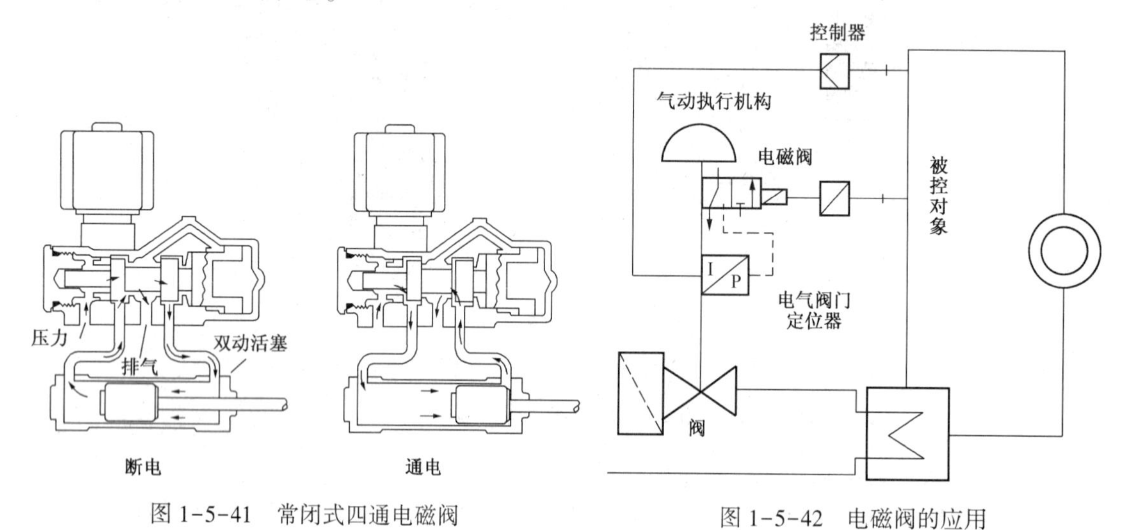

图1-5-41　常闭式四通电磁阀

图1-5-42　电磁阀的应用

在联锁系统中，电磁阀一般在通电情况下工作，即正常情况下电磁阀带电。这是为了避免电磁阀长期不动作，可能生锈而失灵，导致联锁要求动作时不能动作，从而造成事故。电磁阀长期通电可以防止卡住，同时，也比较容易判断出电磁阀是否故障，便于维修。

5.4　调节阀的校验

调节阀的校验就是对其各项指标进行测试与调整，本节以气动薄膜调节阀为例介绍调节阀的性能指标和常规校验方法。

5.4.1　调节阀的技术指标

气动薄膜调节阀的技术指标主要包括各项静特性(基本误差、回差、始终点偏差、额定行程偏差、死区等)，以及气密性、密封性、泄漏量、耐压强度和外观等项。所谓静态特性是指阀门行程和输入信号之间的静态关系。

气动薄膜调节阀的行程校验实际上就是调节阀静态特性的测试与调整。下面是各种静特性指标的基本含义：

(1) 基本误差 在规定的参比条件下，实际行程的特性曲线与规定行程的特性曲线之间的最大差值，见图1-5-43。

(2) 回差　同一输入信号上升和下降的两个相应行程值间的最大差值，见图1-5-43。

(3) 始、终点偏差　始点偏差也称为零点误差，终点偏差也称为终点误差。仪表在规定的使用条件下工作时，当输入是信号范围的上、下限值时，调节阀的相应行程值的误差称为始、终点偏差。始、终点偏差用调节阀额定行程的百分数表示，见图 1-5-43。

(4) 额定行程偏差　仪表在规定的使用条件下工作时，输入超过信号范围上限值的规定值时的偏差，称为额定行程偏差，见图 1-5-43。

(5) 死区　输入信号沿正反方向变化而不致引起行程有任何可觉察变化的区间，见图1-5-44。

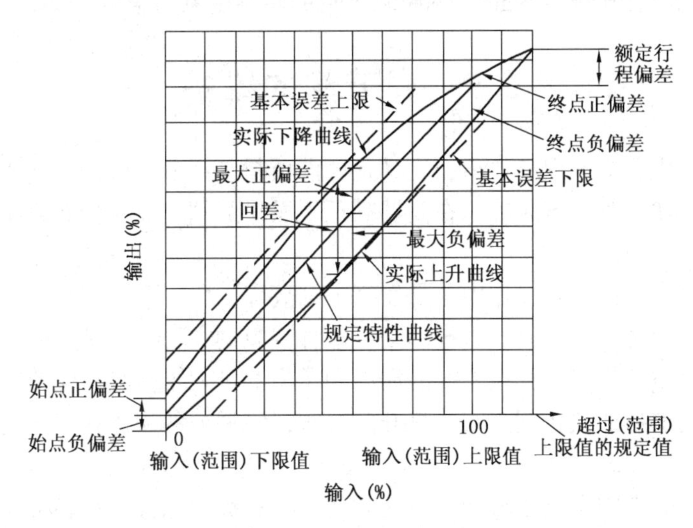

图 1-5-43　静特性偏差

5.4.2　调节阀的现场校验与调试

在生产现场，调节阀的校验项目主要包括基本误差、回差、始终点偏差、额定行程偏差和泄漏量等。

调节阀基本误差、回差、始终点偏差的校验方法是：将输入信号平稳地按正反两个方向输入执行机构，测量各检测点的行程值，按规定的次数测试之后，计算相关偏差值。一般检测点至少要包括信号范围的 0%、25%、50%、75%、100%这 5 个点，也可根据需要增加检测点。校验过程中，输入信号只能单向增大或减小，不允许输入信号超过设定点后又返回设定点。

调节阀额定行程偏差的校验方法是：将全开信号(100%)输入执行机构，待调节阀阀杆停止移动后，输入信号范围 120%的信号，测量阀杆再移动的行程。阀杆再移动的行程与额定行程之比即为额定行程偏差。

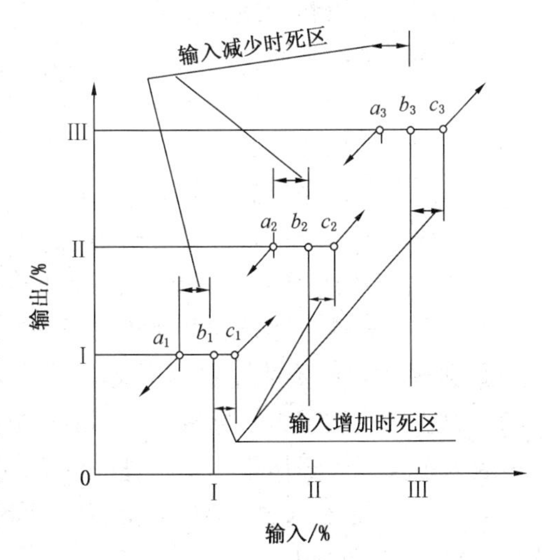

图 1-5-44　死区表示图

泄漏量的校验方法是：调节薄膜气室压力，使调节阀全关；将温度为室温、压力相对恒定的水接入调节阀入口，调节阀出口端放空；用量杯测量出口端 1min 的漏水量，该水量即为调节阀的泄漏量。

调节阀在安装前，还要进行带压实验，以测试其密封性和耐压性。

密封性测试时，将1.1倍公称压力的室温水接入出口端封闭的调节阀，然后阀杆往复运动1~3次，并对填料函及上下阀盖与阀体的连接处连续观察至少5min，无渗漏现象为合格。

耐压性测试时，将1.5倍公称压力的室温水接入阀杆处于全开位置、出口端封闭的调节阀，使所有阀腔同时受压至少5min，无肉眼可见的渗漏现象为合格。

5.5 调节阀的维护

调节阀在运行中，应该保持清洁，尤其是阀的填料函部分和阀杆，并要注意填料函螺母的螺旋线不被污物堵塞和不被腐蚀。在高温高压下操作的阀，要用带有封闭阀的压油器，对于其余的阀，则不带封闭阀。

在气动薄膜调节阀的实际操作中，易发生下列故障：

（1）当空气压力传至薄膜时，阀杆不动。这种现象的主要原因是承受了太高的压力导致薄膜破裂，或是由空气带来或其他来源的润滑油、汽油进入了薄膜，使薄膜受到了腐蚀。修理时，应将调节阀前后的截止阀关闭，打开副线阀，使调节的流体在副线通过，然后更换破裂的薄膜。

（2）当传至薄膜上的空气压力均匀改变时，阀杆和阀芯急骤移动。可能由于缺乏润滑脂或填料压盖过于压紧，填料函中的阀杆被卡住。为了解决这个问题，应该通过压油器往填料函中加润滑脂。如果这样不能得到所希望的效果，必须谨慎地将填料函的螺母稍稍扭松，注意勿使调节介质渗透到填料函的外面。

（3）调节介质通过填料函渗漏。为防止渗漏，应向填料函内加润滑脂。如这样不能消除渗漏，则应利用填料函螺母将填料压盖压紧。

如果经过加润滑脂及压紧填料压盖后，仍不能消除渗漏，则应利用副线使调节阀离线，更换填料函内的填料。如果阀杆被腐蚀，则应更换阀杆。在更换填料或阀杆前，必须通过排放阀释放阀体内的压力。

（4）从调节器送至调节阀的空气压力自最低值改变至最高值时，阀杆及阀芯不能从一个极限位置移至另一个极限位置。妨碍阀芯全程移动的原因有下列几种：

① 执行机构内弹簧被压得太紧，为克服弹簧的张力需要较高的空气压力。在此种情况下，可利用调整螺母逐渐放松弹簧直至阀芯能全程移动为止。

② 弹簧太松，不能克服调节阀运动系统的摩擦力、重量及阀体内由被调介质作用于阀芯的压力所产生的阻力，导致阀芯不能充分举起。在此情况下，须逐渐压紧弹簧至阀芯能充分举起为止。但弹簧压紧不要超过许可范围。

③ 阀芯下部落入固体物。应将调节阀断开，取下阀体的下盖，除去阻碍阀芯移动的固体物，检查阀座及阀芯。

（5）调节阀内摩擦力过大可能引起滞后现象，影响调节性能。摩擦力加大的原因如下：

① 使用了不适当的润滑脂；

② 用压油器送入填料函内的润滑脂太多；

③ 填料压得太紧，致使填料函内压力太高；

④ 由于介质的压力作用于阀芯，使阀芯所受的压力太大；

⑤ 被调介质的黏度高或介质中存在着固体粒子，造成阀座与阀芯间的附加摩擦力。

另外，调节阀的摩擦力与阀是否适合于其实际操作温度有密切的关系。如果阀在过高的温度下操作，由于阀体受热，使填料函内的填料被干燥，阀杆与填料间的摩擦力会加大。

上述原因，都会造成调节不良。这时，调整调节阀的弹簧松紧度，不能保证阀芯成比例地移动，不能实现正确的调节。采用定位器可在一定程度上克服阀内的摩擦力。安装在调节阀上的定位器，在操作时必须保持清洁，连接部分应定期润滑。

冬季应注意检查仪表风的露点，防止调节阀停止工作。

第6章 自动控制系统基础知识

自动控制系统是克服各种干扰，保持被控对象稳定，或者使被控对象按照人们的意愿运动的装置，是各类检测仪表、指示仪表、控制仪表和执行器的综合运用。

6.1 自动控制系统概述

6.1.1 自动控制系统的组成

由自动化装置实现自动控制与人工操作的过程是相同的。操作人员在进行操作之前，首先需要用眼睛(或其他感官)去了解或感知操作对象的现状，然后对观察到的结果进行分析、判断，再根据判断结果指挥手去进行具体的操作。也就是说，人工操作共经历了感官的感知、大脑的思考和肢体的执行三个过程。自动化装置一般也包含了相应的三个部分，分别用来模拟人的操作。如图1-6-1所示，自动化装置的三个组成部分分别是：

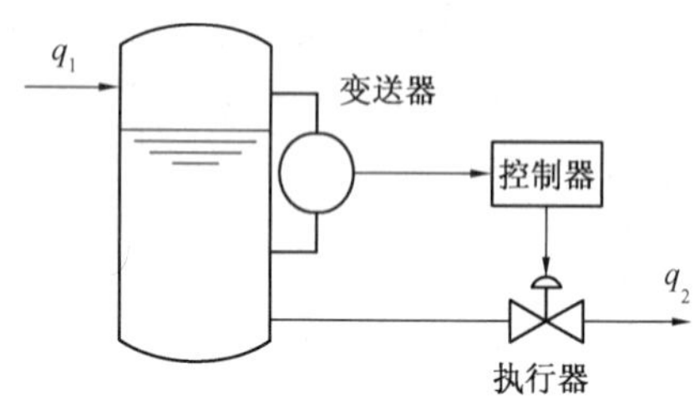

图1-6-1 液位自动控制

(1) 测量元件与变送器 它的功能是测量液位并将液位的高低转化为一种特定的、统一的输出信号(如气压信号或电压、电流信号等)；

(2) 自动控制器 它接受变送器送来的信号，与给定的液位高度相比较得出偏差，并按某种运算规律算出结果，然后将此结果用特定信号(气压或电流)发送出去；

(3) 执行器 通常是各种调节阀，它能自动地根据控制器输出的信号改变阀门的开度。

上述自动化装置与该装置控制的生产设备构成自动控制系统。在自动控制系统中，将需要控制其工艺参数的生产设备叫做被控对象，简称对象。图1-6-1所示的液体贮槽就是这个液位控制系统的被控对象。石油化工生产中，常见的被控对象包括各种塔器、反应器、换热器、泵和压缩机，以及各种容器、贮槽。精馏塔、加热炉等复杂设备都有多个工艺参数，需要多个控制系统。这时，仅将与控制有关的部分作为一个控制系统的被控对象。例如，精馏塔进料流量控制系统中，被控对象指的仅是进料管道及阀门等，而不是整个精馏塔本身。

6.1.2 自动控制系统的分类

自动控制系统有多种分类方法，可以按被控变量来分类，如温度、压力、流量、液位等控制系统，也可以按控制器具有的控制规律来分类，如比例、比例积分、比例微分、比例积分微分等控制系统。在分析自动控制系统特性时，最经常遇到的是将控制系统按照工艺过程需要控制的被控变量的给定值变化来分类，这样可将自动控制系统分为三类，即定值控制系统、随动控制系统和程序控制系统。

(1) 定值控制系统 所谓“定值”就是固定给定值的简称。工艺生产中，如果要求控制系统的作用是使被控制的工艺参数保持在一个生产指标上不变，或者说要求被控变量的给定值不变，那么就需要采用定值控制系统。图1-6-2中所示系统就是定值控制系统的例子，控制的目的是使为了使流量维持不变。石油化工生产中使用的大都是定值控制系统。

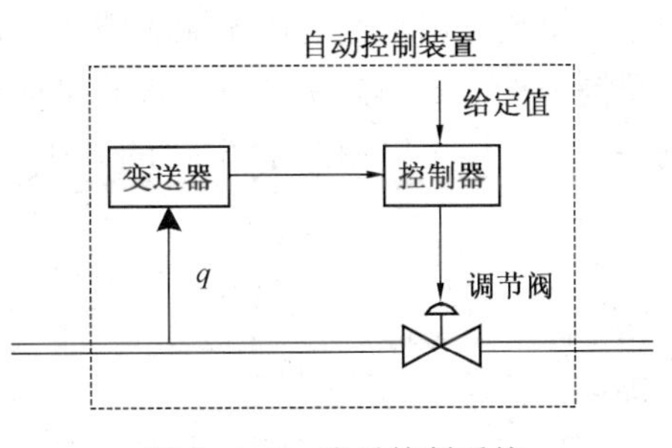

图 1-6-2 流量控制系统

(2) 随动控制系统 随动控制系统也叫自动跟踪系统。这类系统的特点是给定值在不断地变化，而且这种变化不是预先规定好了的。随动系统的目的就是使所控制的工艺参数准确而快速地跟随给定值的变化而变化。串级控制系统中的副回路就是一个随动控制系统。

(3) 程序控制系统 程序控制系统也叫顺序控制系统。这类控制系统的给定值也是变化的，但它的变化是由预先设定的程序决定的。在过程控制领域程序控制系统得到了越来越多的应用。

6.1.3 自动控制系统的方块图

在研究自动控制系统时，为了能更清楚地表示出一个自动控制系统中各个组成环节之间的相互影响和信号联系，一般用方块图来表示控制系统的组成。图 1-6-1 所示的液位自动控制系统可以用图 1-6-3 的方块图来表示。图中每个方块表示系统的一个组成部分，称为“环节”。两个方块之间用一条带有箭头的线条表示信号及其传输方向，箭头指向方块表示环节的输入信号，箭头离开方块表示环节的输出信号，线条旁的字母表示信号的名称或代码。

图中的“被控对象”方块表示图 1-6-1 的贮槽，对象的输出信号液位就是生产中要保持恒定的变量，该变量被称为被控变量，用 y 来表示。影响被控变量 y 的因素来自进料流量的改变，这种引起被控变量波动的外来因素，称为干扰作用(扰动作用)，用 f 表示。干扰作用是作用于对象的输入信号。影响液位变化的另一个因素是贮槽的出料流量，而出料流量的改变是调节阀的开度变化引起的。如果用一方块表示调节阀，那么，调节阀开度即为“调节阀”方块的输出信号。调节阀开度信号 q 在方块图中把调节阀和对象连接在一起。

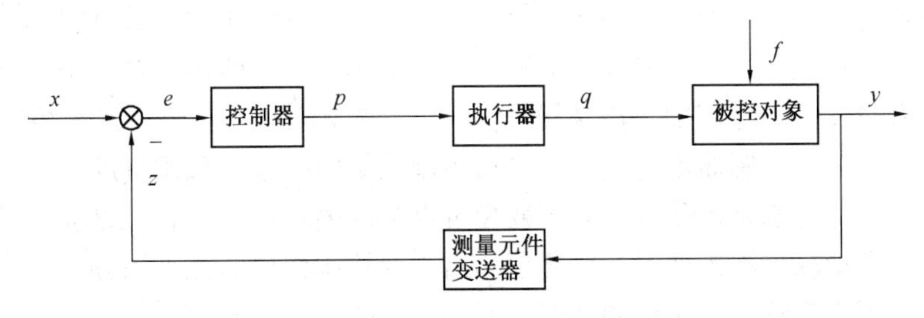

图 1-6-3 自动控制系统方块图

贮槽液位信号是测量元件及变送器的输入信号，而变送器的输出信号是测量值 z。测量值 z 进入比较机构(以⊗表示)，与工艺上希望保持的被控变量数值，即给定值 x 进行比较，得出偏差信号 $e(e=x-z)$，并送往控制器。控制器根据偏差信号的大小，按一定的规律运算后，发出信号 p 送至调节阀，使调节阀的开度 q 发生变化，从而改变出料流量以克服干扰对被控变量(液位)的影响。调节阀的开度变化起着控制作用。具体实现控制作用的变量叫做操纵变量，图 1-6-2 中流过调节阀的出料流量就是操纵变量。用来实现控制作用的物料一般称为操纵介质，如流过调节阀的流体就是操纵介质。

需要说明的是，比较机构实际上只是控制器的一个组成部分，而不是独立的仪表，在图中把它单独画出来，为的是能更清楚地说明其比较作用。

同一种形式的方块图可以代表不同的控制系统。如图 1-6-4 所示的蒸汽加热器温度控制系统，同样可以用图 1-6-3 的方块图来表示。这时被控对象是加热器，被控变量是出口物料的温度。干扰作用可能是进料流量、进料温度的变化、加热蒸汽压力的变化、蒸汽加热器内部传热系数或环境温度的变化等。操纵变量是加热蒸汽量的变化，加热蒸汽是操纵介质。

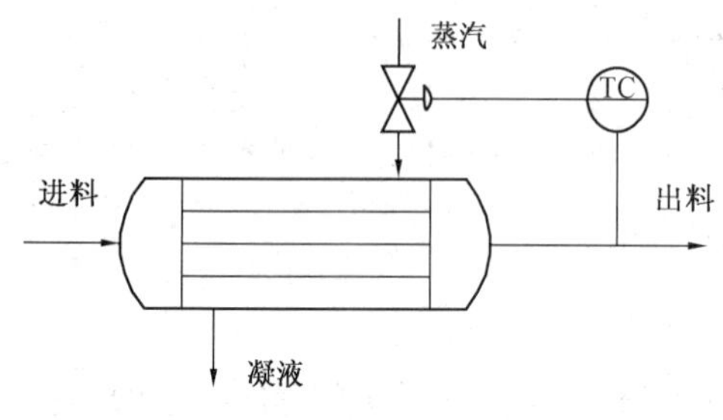

图 1-6-4　蒸汽加热器出口温度控制系统

必须指出，方块图中的每一个方块都代表一个具体的装置。方块与方块之间的连接线，只是代表方块之间的信号联系，并不代表方块之间的物料联系。方块之间连接线的箭头也只是代表信号作用的方向，与工艺流程图上的物料线是不同的。工艺流程图上的物料线是代表物料从一个设备进入另一个设备，方块图上的线条及箭头方向有时并不与流体流向一致。例如对于调节阀来说，它控制着操纵变量，从而把控制作用施加于被控对象去克服干扰的影响，以维持被控变量在给定值上，所以调节阀的输出信号在任何情况下都是指向被控对象的。然而，调节阀所控制的操纵介质却可以是流入对象的（例图 1-6-4 中的加热蒸汽），也可以是由对象流出的（例图 1-6-1 中的出口流量）。这说明方块图上调节阀的引出线只是代表施加到对象的控制作用，并不是具体流入或流出对象的流体。如果这个物料确实是流入对象的，那么信号与流体的方向才是一致的。

对于简单的自动控制系统，其中任何一个信号，只要沿着箭头方向前进，通过若干个环节后，最终又会回到原来的起点，构成闭环系统。

自动控制系统的输出变量是被控变量，它经过测量元件和变送器后，又返回到系统的输入端，与给定值进行比较。这种把系统（或环节）的输出信号直接或经过一些环节重新返回到输入端的做法叫做反馈。

反馈有正负之分。负反馈是指输入信号与反馈信号相减，产生偏差信号 $e=x-z$ 作为控制器的输入信号。负反馈能够使控制器的输入信号变小，最终使控制器处于稳定状态。正反馈是指输入信号与反馈信号相加，控制器的输入信号为 $e=x+z$。正反馈将使控制器的输入信号越来越大，最终导致控制器不稳定。在自动控制系统中一般常采用负反馈。

综上所述，自动控制系统是具有被控变量负反馈的闭环系统，它可以随时了解被控对象的情况，有针对性地根据被控变量的变化情况而改变控制作用的大小和方向，从而使系统的工作状态始终等于或接近于所希望的状态。

6.2　自动控制系统的过渡过程

当一个控制系统的输入信号恒定不变时，整个系统处于一种相对平衡的状态，系统的被控变量也保持不变，这种被控变量不随时间变化的平衡状态称为系统的静态，也称为稳态。如果系统的被控变量在输入变量的作用下随时间而变化，则系统处于一种不平衡状态，这种状态称为系统的动态。

一个系统在静态受干扰的影响，平衡被破坏，被控变量就会偏离原先保持的恒定值，致使系统各环节改变原来平衡时所处的状态，以产生一定的控制作用来克服相应的影响，并力图使系统达到新的平衡。系统由一个平衡状态过渡到另一个平衡状态的过程，称为系统的过渡过程。在过渡过程中，整个系统的各个环节和信号都处于变动状态之中。

稳态是暂时的、相对的和有条件的，而动态是普遍的、绝对的和无条件的。由于干扰是客观存在的，是不可避免的，干扰作用随时都会发生，控制系统要不断地克服干扰的影响，控制系统一直处于运动过程中。所以，研究自动控制系统的重点是要研究系统的动态。

6.2.1 过渡过程的基本形式

控制系统受干扰的作用而发生动态变化，其变化规律与干扰的形式至关重要。在研究控制系统时，其中最常用的干扰形式是阶跃干扰，如图 1-6-5 所示。

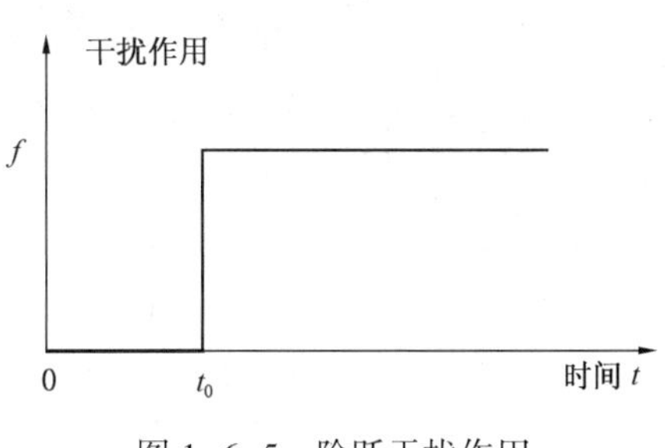

图 1-6-5 阶跃干扰作用

所谓阶跃干扰，就是干扰在某一瞬间 t_0，突然阶跃式地达到其最大值 f，并持续保持在 f 值。采取阶跃干扰的形式来研究自动控制系统是因为考虑到这种形式的干扰比较突然，比较危险，它对被控变量的影响也较大，并且这种干扰的形式简单，易于实现，便于分析、实验和计算。

控制系统在阶跃干扰的作用下，其过渡过程的曲线叫做阶跃响应曲线。不同的控制系统有不同的阶跃响应曲线，其基本形式如图 1-6-6 所示。

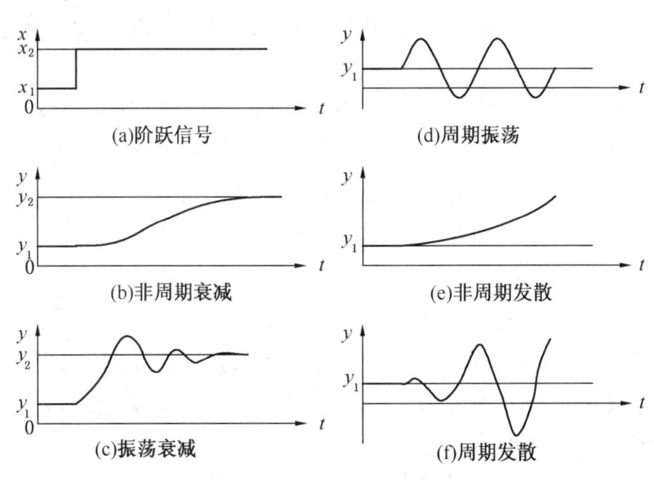

图 1-6-6 阶跃响应的几种基本形式

图中，(b)和(c)的阶跃响应曲线是衰减的，系统在经过过渡过程后进入了新的稳态，这样的系统是稳定的。(e)和(f)的曲线是发散的，系统不能稳定在某个值上，这样的系统是不稳定的。(d)的阶跃响应曲线不衰减，最后处于等幅振荡状态，系统是振荡的，介于稳定与不稳定之间。

发散的系统没有平衡状态，它最终将导致被控变量超越工艺允许范围，严重时会引起事故，这是生产上所不允许的。

振荡的系统一般也认为是不稳定的，但在某些控制质量要求不高的场合，如果允许被控变量在工艺许可的范围内振荡，那么这种系统也是可以接受的。

6.2.2 自动控制系统的品质指标

控制系统的过渡过程是衡量控制系统品质的依据。图 1-6-7 为控制系统被控变量的阶跃响应曲线。图上横坐标 t 为时间，纵坐标 y 为被控变量。假定在时间 $t=0$ 之前，系统稳定，且被控变量等于给定值，即 $y=x_0$；在 $t=0$ 瞬间，施加阶跃干扰，系统进入过渡过程，y 逐渐稳定在最终稳定值 $y(\infty)$。

用阶跃响应曲线来衡量控制系统的品质时，常用到以下几个指标：

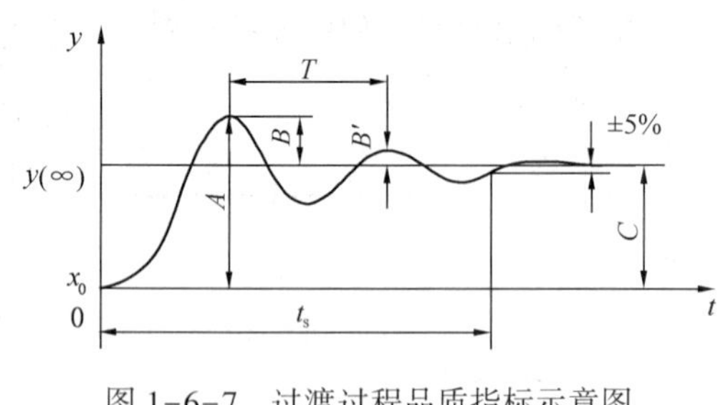

图 1-6-7　过渡过程品质指标示意图

（1）最大偏差或超调量　最大偏差是指在过渡过程中，被控变量 y 偏离给定值 x_0 的最大幅度，在图 1-6-7 中以 A 表示。最大偏差越大，偏离的时间越长，表明系统离开规定的工艺参数指标就越远。最大偏差不能超过工艺对被控变量的规定，否则就可能影响产品质量或引发事故。

超调量是被控变量超出最终稳定值的最大幅度，在图 1-6-7 中用 B 表示。

（2）衰减比　衰减比是前后两个相邻峰值的比，一般用 n 表示。在图 1-6-7 中衰减比为 $n=B:B'$。衰减比反映了系统过渡过程的振荡和衰减程度，体现了控制系统的稳定性。

衰减比等于 1，表示过渡过程为等幅振荡过程；衰减比小于 1，表示过渡过程为发散振荡过程；只有衰减比大于 1，过渡过程才是衰减过程。但如果衰减比很大，则接近于非振荡过程，过渡过程过于缓慢。一般来说，衰减比在4：1到10：1之间时，系统既有较快的响应速度，也有较高的稳定性。

（3）余差　余差是指过渡过程结束后，被控变量的最终稳态值 $y(\infty)$ 与给定值之间的偏差，在图 1-6-7 中以 C 表示。余差的值可正可负。余差的绝对值越小，说明被控变量越接近给定值，控制准确度越高。在实际生产中，余差不能超过工艺允许的范围。

（4）过渡时间　从阶跃干扰发生作用的时刻起，直到控制系统重新建立新的平衡时止，过渡过程所经历的时间叫过渡时间，用 t_s 表示。当被控变量进入稳态值附近的一个很小的允许范围并不再越出时，就认为被控变量已经达到新的稳态值，或者说控制系统建立了新的平衡，过渡过程结束。这个允许范围一般定为稳态值的±5%（也有的规定为±2%）。过渡时间短，表示系统响应快，能有效地克服干扰造成的影响，系统控制质量就高；反之，过渡时间长，则控制系统响应慢，就可能使系统满足不了生产的要求。

（5）振荡周期或频率　通常把过渡过程的第一个波峰至第二个波峰之间的时间间隔叫做振荡周期，用 T 表示，其倒数称则为振荡频率。在衰减比相同的情况下，一般希望振荡周期短一些为好。

6.3 控　制　规　律

控制系统受干扰的影响，其被控变量将偏离原来的给定值，产生偏差。控制器接受偏差信号输入后，其输出的控制信号随偏差的变化规律，就是控制器的控制规律。

控制器的基本控制规律有位式控制、比例控制（P）、积分控制（I）、微分控制（D）等多种形式，不同的控制规律有不同的适应范围，应根据生产要求来选用适当的控制规律。要选用合适的控制器，应先了解基本控制规律的特点与适用条件。

6.3.1 位式控制规律

位式控制以双位控制较为常用。双位控制的动作规律是当测量值大于给定值时，控制器的输出为最大(或最小)，当测量值小于给定值时，则输出为最小(或最大)，即控制器只有两个输出值，相应的控制机构只有开和关两个位置，又称开关控制。

理想的双位控制器其输出 p 与输入偏差 e 之间的关系为

$$p=\begin{cases}p_{\max} & e>0(\text{或}\,e<0)\\ p_{\min} & e<0(\text{或}\,e>0)\end{cases}$$

理想的双位控制特性如图 1-6-8 所示。

图 1-6-9 是一个采用双位控制的液位控制系统，它用一根电极作为测量液位的装置，电极的一端与继电器 J 的线圈相接，另一端调整在液位给定值的位置。被测介质为导电的流体，由装有电磁阀 V 的管线进入贮槽，经下部出料管流出。贮槽外壳接地。当液位低于给定值 H_0 时，流体未接触电极，继电器断路，电磁阀 V 全开，流体流入贮槽使液位上升。当液位升至大于 H_0 时，则切断流体进入，液位下降。当液位降至小于 H_0 时，流体与电极脱离，电磁阀 V 又开启。如此反复，可使液位维持在给定值附近。

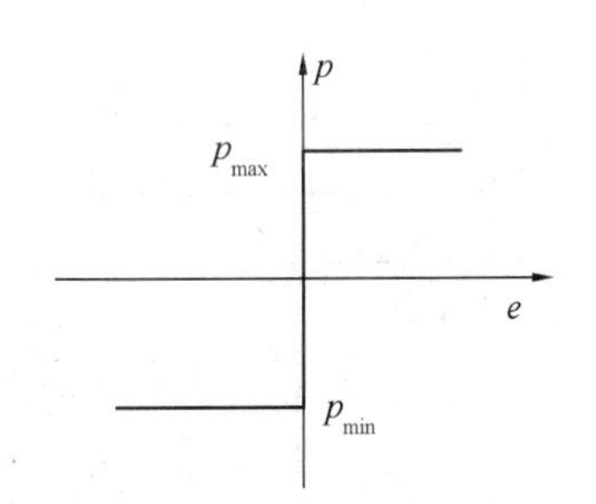

图 1-6-8　理想双位控制特

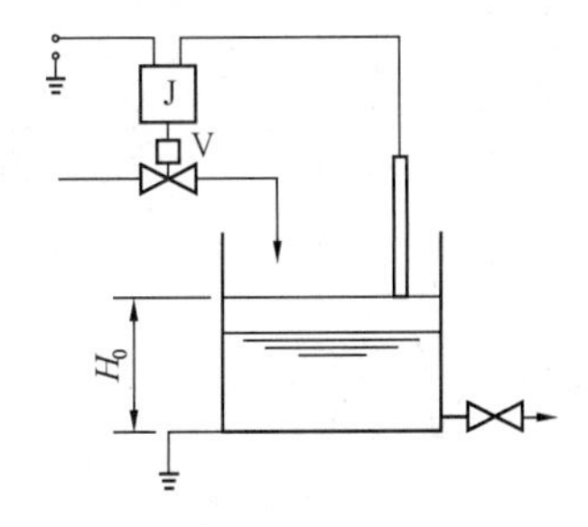

图 1-6-9　双位控制示例

可见，双位控制系统的控制机构动作非常频繁，其中的运动部件(例如继电器、电磁阀等)容易损坏，难以保证系统安全可靠地运行。另外，实际生产中也不要求被控变量一定要维持在给定值，而允许被控变量在一定范围波动。所以，实际应用的双位控制器都有一个中间区。

具有中间区的双位控制，就是当被控变量的测量值上升到高于给定值某一数值(即偏差大于某一数值)后，控制器的输出变为最大；当被控变量的测量值下降到低于给定值某一数值(即偏差小于某一数值)后，控制器的输出变为最小；被控变量的测量值位于两者之间时，控制器的输出不变，其控制规律如图 1-6-10 所示。

将图 1-6-9 中的测量装置及继电器线路稍加改变，就可成为一个具有中间区的双位控制器，其控制过程是一个等幅振荡的过程，如图 1-6-11 所示。

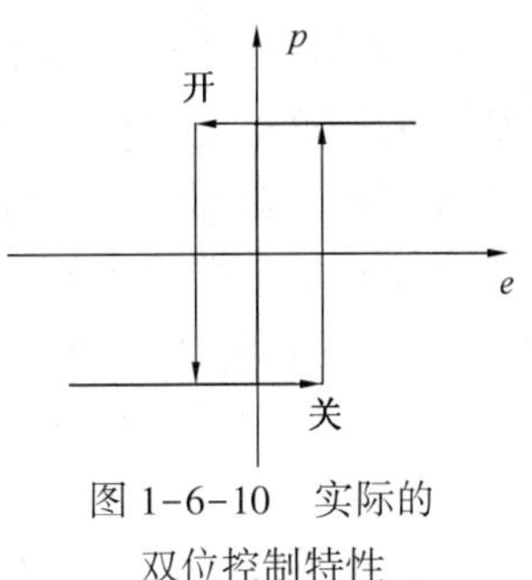

图 1-6-10　实际的双位控制特性

由于设置了中间区，当偏差在中间区内变化时，执行机构不会动作，执行机构动作的频度大为降低，延长了控制器中运动部件的使用寿命。

双位控制过程一般采用振幅与周期作为品质指标，图

1-6-11中振幅为 y_H-y_L，周期为 T。

如果工艺生产允许被控变量在一个较宽的范围内波动，控制器的中间区就可以宽一些，这样振荡周期较长，可使可动部件动作的次数减少，于是减少了磨损，也就减少了维修工作量，只要被控变量波动的上、下限在允许范围内，周期长更为有利。

双位控制器结构简单、易于实现，应用较普遍，例如仪表用压缩空气贮罐的压力控制，恒温炉、管式炉的温度控制等。

6.3.2 比例控制规律

在双位控制系统中，双位控制器只有两个特定的输出值，被控变量不可避免地会产生持续的等幅振荡过程。为了避免这种情况，应该使调节阀的开度(即控制器的输出值)与被控变量的偏差成比例，根据偏差的大小，调节阀可以处于不同的位置，这样就有可能获得与对象负荷相适应的操纵变量，从而使被控变量趋于稳定，达到平衡状态。如图 1-6-12 所示的液位控制系统，调节阀的开度跟液位与给定值的偏差成比例，构成比例控制系统，简称 P。它相当于把位式控制的位数增加到无穷多位，于是变成了连续控制系统。图中浮球是测量元件，杠杆就是一个最简单的控制器。

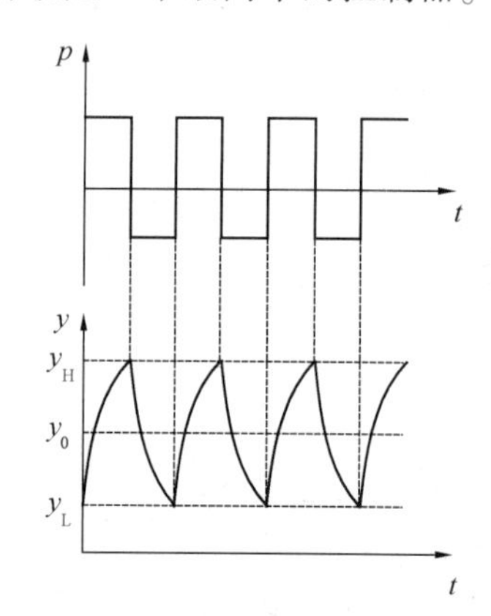

图 1-6-11　具有中间区的双位控制过程

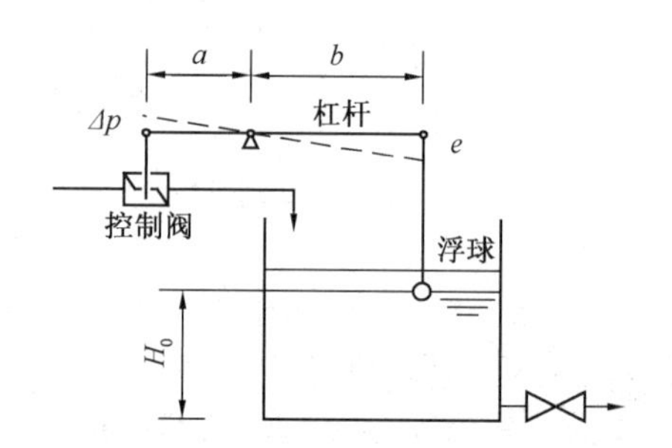

图 1-6-12　简单的比例控制系统示意图

图中，杠杆在液位改变前的位置用实线表示，改变后的位置用虚线表示；e 为杠杆右端的位移，也是被控变量与给定值间的偏差；Δp 是杠杆左端的位移，也表示调节阀的开度，可以得出

$$\Delta p = \frac{a}{b}e = K_P e$$

式中，$K_P=\frac{a}{b}$，为比例控制器的放大倍数，其大小可以通过改变杠杆支点的位置来调整。K_P 越大，比例控制作用越强。在该控制系统中，阀门开度的改变量与被控变量的偏差值成比例，这就是比例控制规律。

在比例控制器的实际应用中，习惯上使用比例度 δ 来表示比例控制作用的强弱。所谓比例度就是指控制器输入的相对变化量与相应的输出相对变化量之比的百分数。比例度 δ 与放大倍数 K_P 之间的关系为

$$\delta=\frac{e}{\Delta p}\times 100\% = \frac{1}{K_P}\times 100\%$$

比例度 δ 越小，则放大倍数 K_P 越大，控制作用越强。反之亦然。不同比例度下，偏差

与控制器输出间的关系如图 1-6-13 所示。

比例控制的优点是反应快，控制及时。控制输出与偏差输入成比例变化，偏差越大，输出的控制作用越强。比例控制的缺点是不能消除余差。

比例度对控制过程的影响如图 1-6-14 所示。曲线(a)比例度大(放大倍数 K_p 小)，干扰产生后，控制器的输出变化较小，调节阀开度改变较小，被控变量的变化就很缓慢。当比例度减小(K_p 增大)时，在同样的偏差作用下，控制器输出较大，调节阀开度改变较大，被控变量变化也比较灵敏，开始有些振荡，余差不大，如曲线(b)和(c)。比例度再减小，调节阀开度改变更大，导致被控变量出现激烈的振荡，如曲线(d)。当比例度继续减小到某一数值时系统出现等幅振荡，这时的比例度称为临界比例度 δ_K，如曲线(e)。当比例度小于 δ_K 时，系统将出现发散振荡，如曲线(f)，这是危险的。工艺生产通常要求比较平稳而余差又不太大的控制过程，例如曲线(c)。可见，比例度 δ 越大(即 K_p 越小)，过渡过程曲线越平稳，但余差也越大。比例度越小，则过渡过程曲线越振荡。比例度过小时就可能出现发散振荡。

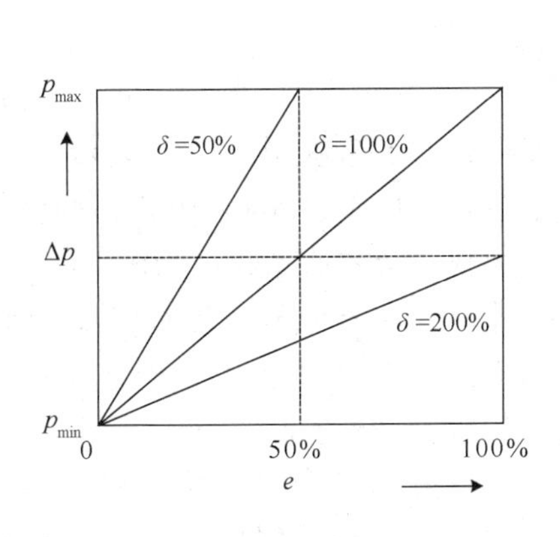

图 1-6-13　比例度示意图

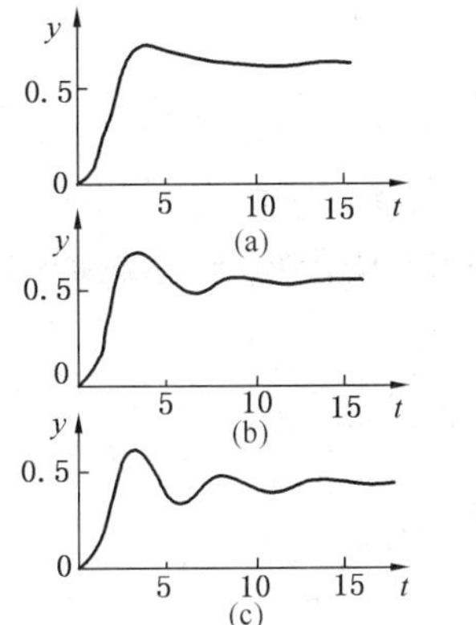

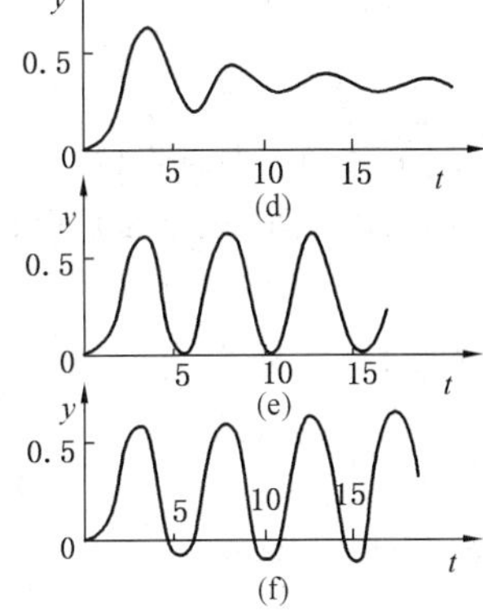

图 1-6-14　比例度对过渡过程的影响

一般地说，若对象的滞后较小、时间常数较大以及放大倍数较小时，控制器的比例度可以选得小些，以提高系统的灵敏度，使控制作用加快，过渡过程曲线的形状较好。反之，比例度就要选大些以保证稳定。

6.3.3　积分控制规律

比例控制不能完全消除余差，控制准确度不高。当工艺对控制要求较高时，就要在比例控制的基础上，增加能消除余差的积分控制作用，积分控制简称 I。

积分控制作用的输出变化量 Δp 与输入偏差 e 的积分成正比，即

$$\Delta p = K_i \int e \mathrm{d}t = \frac{1}{T_i} \int e \mathrm{d}t$$

或

$$\frac{\mathrm{d}(\Delta p)}{\mathrm{d}t} = K_i e = \frac{1}{T_i} e$$

式中，K_i 代表积分速度，T_i 表示积分时间。习惯上，常用积分时间来表示偏差累积的快慢。T_i 大表示偏差累积慢，积分作用弱；T_i 小表示偏差累积快，积分作用强。

从式中可以看出，只要偏差存在，控制器就一直有控制输出。如果偏差为阶跃，控制输出将按固定速度增长。偏差为零时，控制输出停止某一值上不再增加，见图 1-6-15。

积分控制输出信号的变化速度与偏差 e 及 K_i 成正比，而其控制作用是随着时间积累才逐渐增强的，所以控制动作缓慢，有时会控制不及时。当对象惯性较大时，被控变量将出现大的超调量，过渡时间也将延长，因此常常把比例与积分组合起来，这样控制既及时又能消除余差。比例积分控制特性如图 1-6-16 所示，其控制规律可用下式表示为

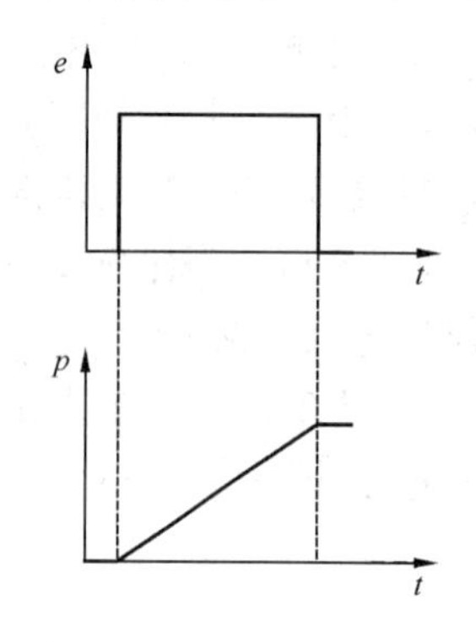

图 1-6-15　积分控制特性

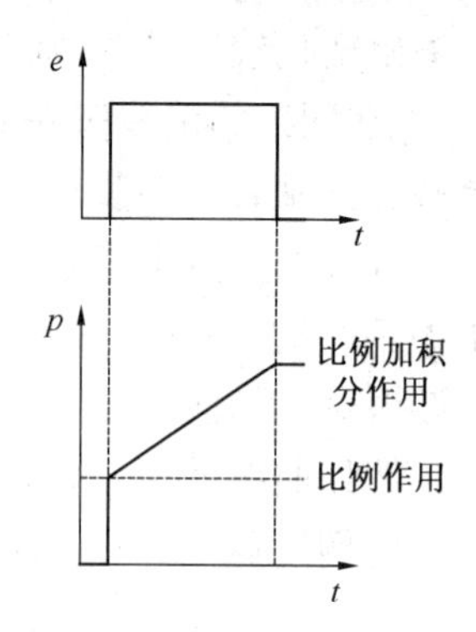

图 1-6-16　比例积分控制特性

$$\Delta p = K_p e + K_i \int e\mathrm{d}t$$

图 1-6-17 表示在同一放大倍数下积分时间 T_i 对过渡过程的影响。图中(a)表示 T_i 过小，积分作用很强，余差消除能力很强，但过程振荡剧烈，稳定性差；(b)表示 T_i 适当，过程结束快，余差消除好；(c)表示 T_i 过大，积分作用不明显，余差消除很慢；(d)表示 T_i 趋于无穷大，积分作用消失，控制器只剩下比例控制。

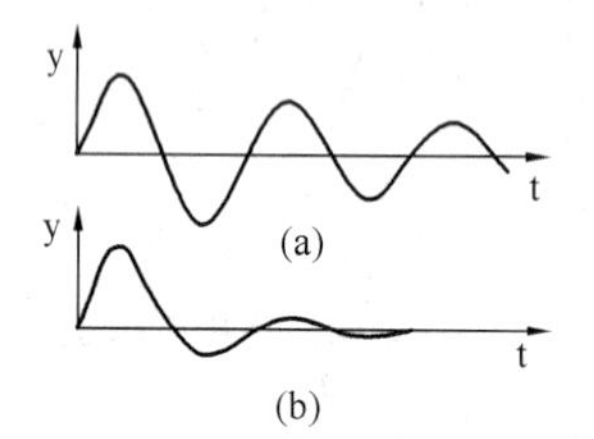

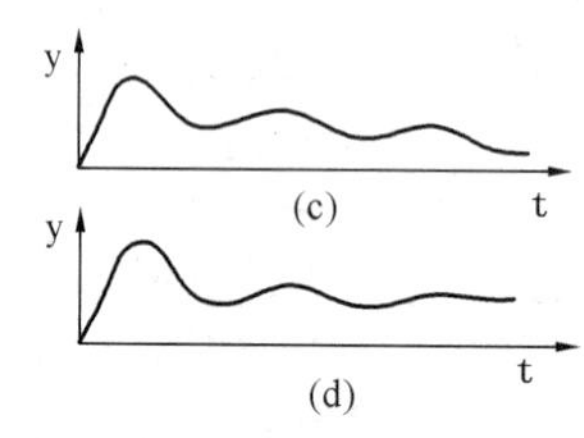

图 1-6-17　积分时间对过渡过程的影响

多数控制场合采用比例积分控制器，比例度和积分时间两个参数均可调整。当对象滞后很大时，如温度信号，T_i 可选得大一些；对于流量、压力等变化较快的对象，T_i 则应选得小些。

6.3.4　微分控制规律

对于惯性较大的对象，需要控制器根据被控变量的变化趋势进行超前控制，以克服被控变量的滞后。微分控制规律控制器的输出信号与偏差信号的变化速度成正比，即

$$\Delta p = T_d \frac{\mathrm{d}e}{\mathrm{d}t}$$

式中 T_d 为微分时间，$\mathrm{d}e/\mathrm{d}t$ 为偏差信号变化速度。微分控制规律简称 D。

此式为理想微分控制规律。理想微分控制器在阶跃输入下的特性如图 1-6-18 所示。在输入阶跃信号的瞬间，控制输出为无穷大，然后由于输入不再变化，输出立刻降为零。理想微分控制作用既难于实现，也不实用，所以不能单独使用这种控制器。

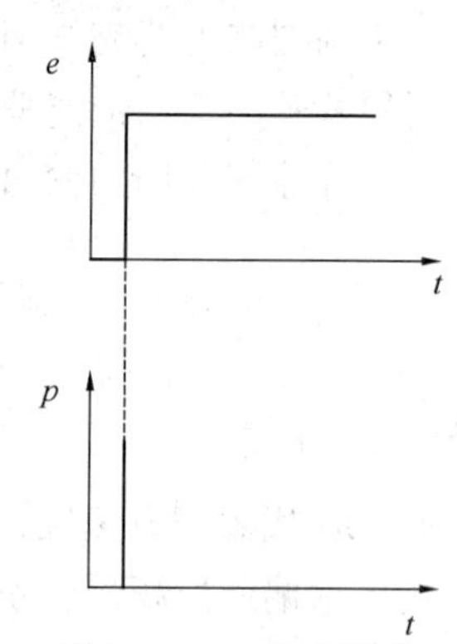

图 1-6-18　理想微分控制器特性

微分作用按偏差的变化速度进行控制，力图阻止被控变量的变化，有抑制振荡的效果，但如果加得过大，由于控制作用过强，反而会引起被控变量大幅度的振荡。微分作用的强弱用微分时间 T_d

来衡量。微分时间对过渡过程的影响见图 1-6-19。

由于积分控制比比例控制快，所以对惯性大的对象可用比例微分控制规律来改善控制品质，减小最大偏差，节省控制时间。比例微分控制规律为

$$\Delta p = K_{\mathrm{P}}\left(e + T_{\mathrm{d}}\frac{\mathrm{d}e}{\mathrm{d}t}\right)$$

6.3.5 比例积分微分控制规律

比例积分微分控制(PID)规律为

$$\Delta p = K_p(e + \frac{1}{T_i}\int e\mathrm{d}t + T_{\mathrm{d}}\frac{\mathrm{d}e}{\mathrm{d}t})$$

当有阶跃信号输入时，输出为比例、积分和微分三部分输出之和，如图 1-6-20 所示。这种控制器既能快速进行控制，又能消除余差，具有较好的控制性能。

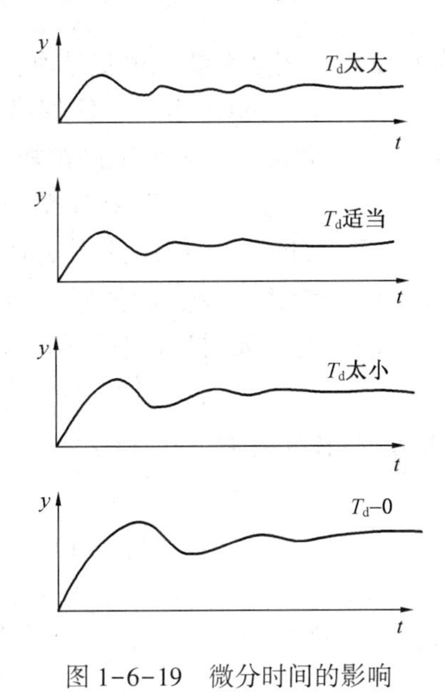

图 1-6-19　微分时间的影响

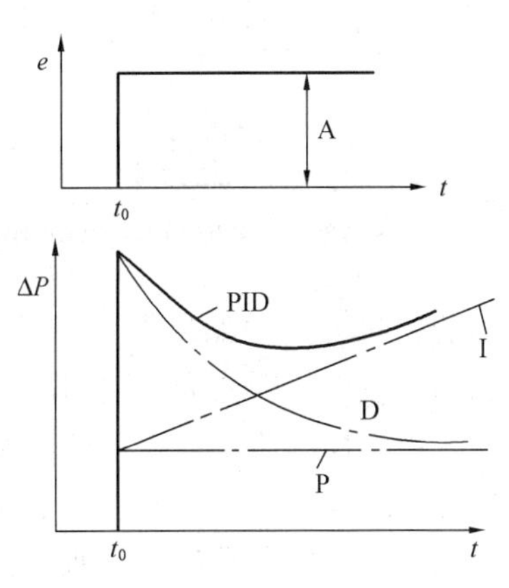

图 1-6-20　PID 控制器特性

6.4　简单控制系统

根据自动控制系统的机构和实现的控制功能，控制系统可分为简单控制系统和复杂控制系统。

所谓简单控制系统，通常是指由一个测量元件及变送器、一个控制器、一个调节阀和一个对象所构成的闭环控制系统，也称为单回路控制系统。图 1-6-21 中的液位控制系统和温度控制系统都是简单控制系统的例子。

在液位控制系统中，被控对象是贮槽，被控变量是液位，变送器 LT 将反映液位高低的信号送往液位控制器 LC，控制器的输出信号送往执行器，改变调节阀开度使贮槽输出流量发生变化以维持液位稳定。温度控制系统的情况与之相似。

简单控制系统的典型方块图见图 1-6-22。由图可知，简单控制系统由四个基本环节组成，即被控对象、测量元件与变送器、控制器和执行器。对于不同对象的简单控制系统，尽管其具体装置与变量不同，但都可以用相同的方块图来表示，以便于研究其共性。

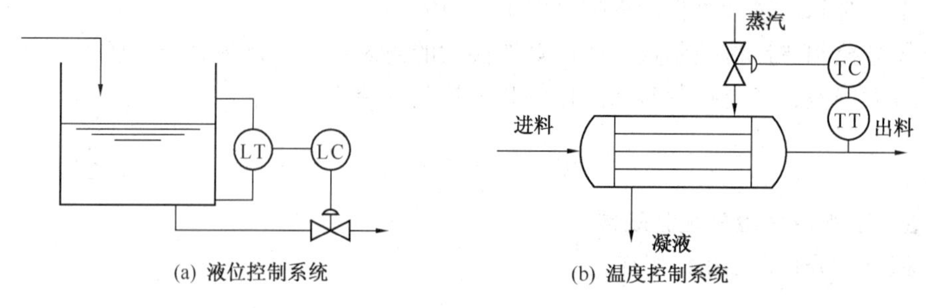

图 1-6-21　简单控制系统

简单控制系统的结构比较简单，所需的自动化装置数量少，投资低，操作维护也比较方便，在一般情况下都能满足控制质量的要求。因此，在工业生产过程中应用广泛。

6.4.1　简单控制系统各环节的作用方向

前面已经讲过，自动控制系统是具有被控变量负反馈的闭环系统。也就是说，经过闭环的控制作用后，使偏高的被控变量降低，使偏低的被控变量升高。只有在控制作用对被控变量的影响与干扰作用的影响相反时，才能使被控变量值回到给定值，因此需要讨论控制作用的方向问题。

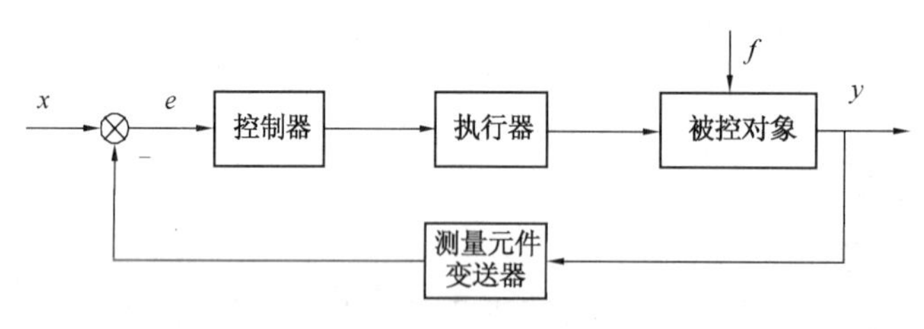

图 1-6-22　简单控制系统的方块图

所谓作用方向，指的是输入变化后，输出的变化方向。如果某个环节的输入增加输出也增加，则称为“正作用”方向；如果输入增加输出减少，则称为“反作用”方向。

在控制系统中，控制器、被控对象、变送器和执行器各环节都有各自的作用方向。如果各环节的作用方向组合不当，可能使总的作用方向构成正反馈。那么，控制系统不但不能起控制作用，反而破坏了原来的稳定。所以，在系统投运前必须注意检查各环节的作用方向，以保证整个控制系统总的作用方向构成负反馈。

测量元件及变送器的作用方向一般都是“正”的，所以在考虑整个控制系统的作用方向时，可不考虑测量元件及变送器的作用方向，只需要考虑控制器、执行器和被控对象三个环节的作用方向，使它们组合后能起到负反馈的作用。

对于控制器，如果被控变量的值增加(或给定值减小)，控制器的输出也增加，称为“正作用”；如果测量值增加(或给定值减小)，控制器的输出减小，称为“反作用”。

对于执行器，它的作用方向取决于调节阀是气开阀还是气关阀。当控制器的输出信号(即执行器的输入信号)增加时，气开阀的开度增加，因而流过阀的流体流量也增加，故气开阀是“正”方向。同理，气关阀是“反”方向。执行器的气开或气关形式主要根据工艺安全确定。

对于被控对象的作用方向，则随具体对象的不同而各不相同。当操纵变量增加时，被控变量也增加的对象属于“正作用”。反之，则属于“反作用”。

在一个控制系统中，对象的作用方向由工艺机理决定，执行器的作用方向根据工艺安全条件选定，而控制器的作用方向要根据对象及执行器的作用方向来确定，以使整个控制系统构成负反馈的闭环系统。下面以液位控制的不同实现方法为例加以说明：

图 1-6-23 是简单的液位控制系统的两种实现方法：(a)的操作变量为贮槽的流出流量；(b)的操作变量为贮槽的流入流量。对于(a)，执行器采用气开阀，一旦停止供气，阀门自动关闭，以免物料全部流走，故执行器是“正”方向。当调节阀开度增加时，液位是下降的，所以对象的作用方向是“反”。这时控制器的作用方向必须为“正”，才能使液位升高时 LC 输出增加，从而打开出口阀，使液位降下来。控制器作用方向验证如下：

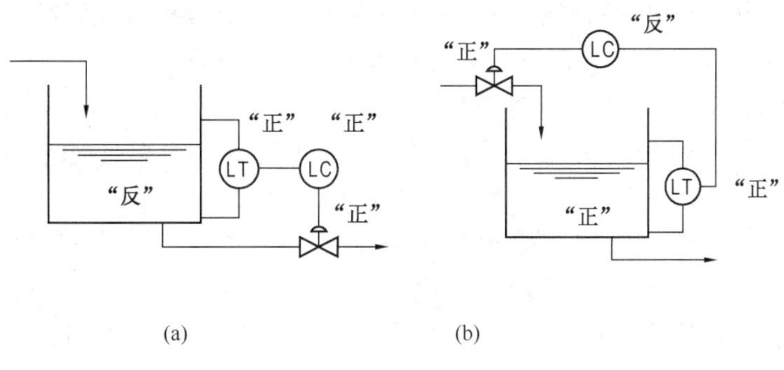

图 1-6-23　液位控制

液位↑ → 偏差↑ → 控制器输出↑ → 调节阀开度↑ → 流出流量↑ → 液位↓

对于(b)，执行器采用气开阀，执行器为“正”方向。调节阀开度增加时，液位上升，所以对象的作用方向是“正”。这时控制器的作用方向必须为“反”，才能使当液位升高时 LC 输出减小，关闭进口阀，使液位降下来。控制器作用方向验证如下：

液位↑ → 偏差↑ → 控制器输出↓ → 调节阀开度↓ → 流入流量↓ → 液位↓

控制器的正、反作用可以通过改变控制器上的作用方向开关进行选择。在计算机控制系统中，还可以在操作画面上选择测量信号、控制器、输出信号的方向。

6.4.2　简单控制系统的投运

控制系统投运一般按先启动测量仪表，再投运测量变送器和调节阀，最后从手动控制切换到自动控制的步骤进行。

(1) 变送器的投运　最常见的变送器有差压变送器、压力变送器、温度变送器。注意：差压变送器在开启或关闭时不能单向受压；压力变送器开启时，要缓慢进行，使压力引入变送器时缓慢变化到实际值；温度变送器打开开关，送上电源即可。

(2) 调节阀的投运　开车时，调节阀的投运有两种操作步骤：一种是先不用调节阀，而用人工操作旁路阀，然后过渡到调节阀手动遥控；另一种是一开始就用手动遥控调节阀。前一方法操作稍显复杂，其操作步骤如下：

① 将控制器置于手动方式，手动调整控制器输出信号，使调节阀开度等于某中间值或已有的经验数值。

② 如图 1-6-24 所示，进行现场就地操作。先开上游阀 1，再逐渐开下游阀 2，同时逐步关闭旁路阀 3，直到阀 2 全开为止。

③ 观察被控变量值，手动改变控制器输出，使被控变量值等于设定值。

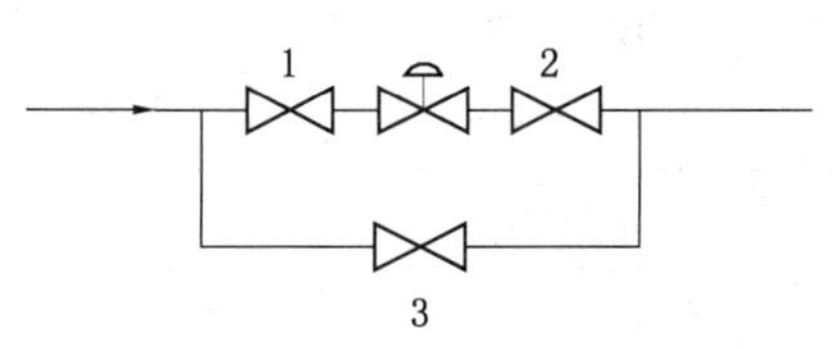

图 1-6-24　调节阀及旁路阀的联接

一般说来，当控制达到稳定，测量值等于设定值时，阀位开度应当在 10%~80%范围内。

(3) 控制器的“手动”和“自动”的切换　在控制器

自动调节功能投入运行前，一般要先在“手动”方式下改变控制器的输出，待系统基本稳定后再切换到自动方式。切换操作要确保不使被控变量产生大的波动。一般控制器及计算机控制系统都有自动输出信号跟踪手动输出信号(或在手动方式下，设定值自动跟踪测量值)的功能(即无扰动切换功能)，只要测量值基本稳定，可以直接从手动方式切换到自动方式。如果控制器没有自动跟踪功能，在测量值基本稳定后，须手动将自动输出值调整到手动输出值(或使设定值与测量值相同)，然后才能进行从手动方式到自动方式的切换操作。

目前，常用的调节仪表和控制系统都具有无扰动切换的功能。

6.4.3 简单控制系统的控制器参数整定

一个自动控制系统的控制质量，与被控对象、干扰、控制方案及控制器参数有密切的关系。控制系统组成之后，控制质量主要取决于控制器参数的整定。

所谓控制器参数的整定，就是按照已定的控制方案，求取使控制质量最好的控制器参数值。具体来说，就是确定最合适的控制器比例度 δ、积分时间 T_i 和微分时间 T_d。事实上，所谓“最合适”的控制器参数值不是唯一的，所有能使被控变量的过渡过程成 4 ∶ 1(或 10 ∶ 1)的衰减振荡过程的参数，都是“最合适”的控制器参数。

控制器参数整定的方法很多，主要有两大类：一类是理论计算的方法；另一类是工程整定法。理论计算的方法是根据已知的对象特性及控制质量的要求，通过理论计算得出控制器的最佳参数。工程整定法是在已经投运的实际控制系统中，通过试验或探索，来确定控制器的最佳参数。

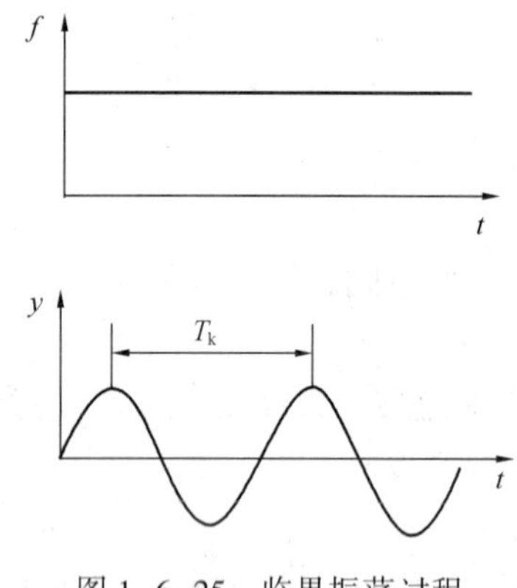

图 1-6-25 临界振荡过程

工程整定法具有较高的实用价值，在实际生产过程中被广泛应用。常用的工程整定法有临界比例度法、衰减曲线法和经验试凑法。

1. 临界比例度法

这是目前使用较多的一种方法。它是先通过试验得到临界比例度 δ_K 和临界周期 T_K，然后根据经验总结出来的关系求出控制器各参数值，具体作法如下。

在闭环的控制系统中，先将控制器变为纯比例作用，即将 T_i 设为最大，将 T_d 设为 0。然后在阶跃干扰作用下，从大到小地逐渐改变控制器的比例度，直至系统产生等幅振荡(即临界振荡)，如图 1-6-25 所示，这时的比例度叫临界比例度 δ_K，振荡周期为临界振荡周期 T_K。之后，按表 1-6-1 中的经验公式计算出控制器的各参数整定数值。

表 1-6-1 临界比例度法参数计算公式表

控 制 作 用	比例度 δ/%	积分时间 T_i/min	微分时间 T_d/min
比 例	$2\delta_K$		
比例+积分	$2.2\delta_K$	$0.85T_K$	
比例+微分	$1.8\delta_K$		$0.1T_K$
比例+积分+微分	$1.7\delta_K$	$0.5T_K$	$0.125T_K$

临界比例度法比较简单方便，容易掌握和判断，适用于一般的控制系统。但是对于临界

比例度很小的系统不适用。

临界比例度法是要使系统达到等幅振荡后，才能找出 δ_K 与 T_K，因此不适用于工艺上不允许产生等幅振荡的系统。

2. 衰减曲线法

衰减曲线法是通过使系统产生衰减振荡来整定控制器参数值的方法，具体作法如下：

在闭环的控制系统中，先将控制器变为纯比例作用，并将比例度预置在较大的数值上。系统稳定后，用改变给定值的办法加入幅度适当的阶跃干扰，然后从大到小改变比例度，观察被控变量记录曲线的衰减比，直至出现4：1衰减比为止。见图 1-6-26(a)，记下此时的比例度 δ_s（称为 4：1 衰减比例度），从曲线上得到衰减周期 T_s。然后，根据表1-6-2 中的经验公式，求出控制器的参数值。

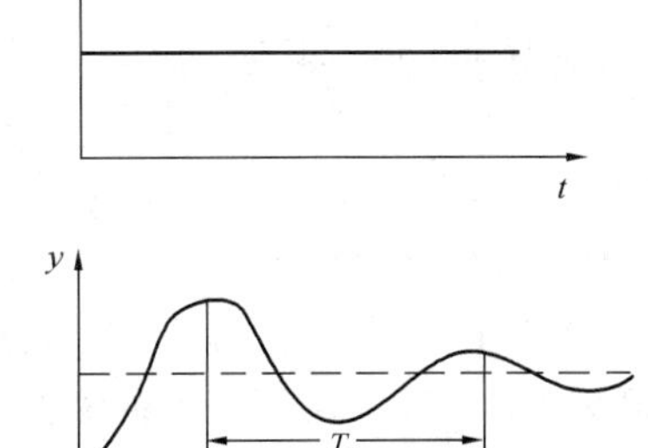

(a)

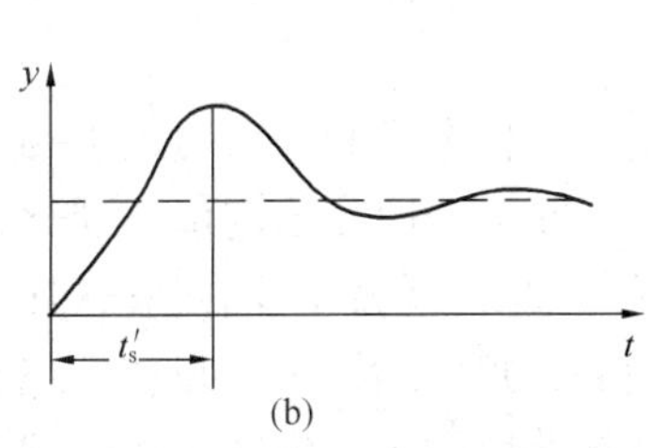

(b)

图 1-6-26　4：1 和 10：1 衰减振荡过程

实际工作中，不同的被控变量往往要求不同的控制质量指标，有时仍嫌 4：1 衰减振荡过强，此时可采用 10：1 衰减曲线法，10：1 衰减曲线见图 1-6-26(b)。由于 10：1衰减较快，振荡周期难以测量，因此使用上升时间 t'_s。记下此时的比例度 δ'_s和 t'_s，根据表1-6-3中的经验公式，可求出控制器参数值。

表 1-6-2　4：1 衰减曲线法控制器参数计算表

控　制　作　用	比例度 δ/%	积分时间 T_i/min	微分时间 T_d/min
比　　例	δ_s		
比例+积分	$1.2\delta_s$	$0.5T_s$	
比例+积分+微分	$0.8\delta_s$	$0.3T_s$	$0.1T_s$

表 1-6-3　10：1 衰减曲线法控制器参数计算表

控　制　作　用	比例度 δ/%	积分时间 T_i/min	微分时间 T_d/min
比　　例	δ'_s		
比例十积分	$1.2\delta'_s$	$2t'_s$	
比例+积分+微分	$0.8\delta'_s$	$1.2t'_s$	$0.47t'_s$

采用衰减曲线法必须注意以下几点：

① 施加的干扰幅值不能太大，要根据生产操作要求来定，一般为额定值的 5%左右。

② 必须在工艺参数稳定时才能施加干扰，否则得不到正确的 δ_s、T_s 或 δ'_s和 t'_s值。

③ 对于反应快的系统，如流量、管道压力和小容量的液位等，要在记录曲线上得到严格的 4：1 衰减曲线比较困难。一般以被控变量来回波动两次达到稳定，就可以近似地认为达到了 4：1 衰减过程。

衰减曲线法对多种控制系统适用。但对于干扰频繁，记录曲线不规则等情况，由于不易得到准确的衰减比例度 δ_s 和衰减周期 T_s，使得这种方法难以应用。

3. 经验试凑法

经验凑试法是在长期的生产实践中总结出来的一种整定方法。它是根据经验先将控制器参数置于常见范围内(见表1-6-4)，然后在闭环的控制系统中，改变给定值施加干扰，通过观察过渡过程曲线，对比例度 δ、积分时间 T_i 和微分时间 T_d 逐个凑试，以获得满意的过渡过程。

表1-6-4中给出的是一个大致范围，有时变动较大。如，流量控制系统的 δ 值有时在200%以上，有的温度控制系统，由于滞后较大，T_i 可长达15min以上。

经验凑试法整定参数有以下两种方法。

第一种方法是先凑试比例度，再加入积分作用消除余差，最后加入微分作用以提高控制质量。

首先根据经验并参考表1-6-4，选定 δ 的起始值，并把 T_i 设为最大，T_d 设为0，将系统投入自动。改变给定值，观察被控变量过渡过程曲线。若曲线振荡频繁，说明比例作用过强，应加大 δ 值；若曲线衰减比大于4：1，则应适当减小 δ 值；若余差较大，且长时间不能消除，则应缩短 T_i，增强积分作用；若曲线衰减缓慢，则应加长 T_i，减弱积分作用；若曲线振荡得厉害，应减小 T_d，或者取消微分作用；若曲线最大偏差大且衰减缓慢时，应增加 T_d。

第二种凑试法是，先按表1-6-4中给出的范围取 T_i 的初始值，如需要微分作用，可取 $T_d=(1/3\sim1/4)T_i$，然后对 δ 进行凑试，凑试步骤与第一种方法相同。

表1-6-4　控制器参数的经验数据表

控　制　对　象	比例度 δ/%	积分时间 T_i/min	微分时间 T_d/min
流量	40~100	0.3~1	
温度	20~60	3~10	0.5~3
压力	30~70	0.4~3	
液位	20~80		

经验凑试法方法简单，适用于各种控制系统，因此应用广泛。但是此法主要是靠经验，在缺乏实际经验或过渡过程本身较慢时，往往较为费时。为了缩短整定时间，可以运用优选法，使每次参数改变的大小和方向都有一定的目的性。

在生产过程中，由于工艺操作条件或负荷都会有较大的变化，被控对象的特性也会因此而改变，所以，控制器参数需要经常整定，仪表人员必须掌握。

6.5　自动信号报警联锁系统

在石油化工生产过程中，为了确保生产的正常进行，防止事故的发生和扩大，促进生产过程的自动化，广泛地采用自动信号报警与联锁保护系统。

自动信号报警与联锁保护是对生产过程进行自动监督并实现自动操纵的一种重要措施。当某些工艺变量(如压力、温度、流量、液位等)越限或运行状态发生异常情况时，以灯光和声响引起操作人员的注意，或自动停车或自动操纵事故阀门，使生产过程自动处于安全状态，这是确保产品质量及设备和人身安全所必需的。

从结构上看，信号报警联锁保护系统通常由输入部分、逻辑部分和输出部分组成。

输入部分是由现场信号(包括工艺参数越限状态的检测信号和部分工艺参数测量信号)、控制盘开关、按钮、选择开关等组成。

逻辑部分由继电器触点电路、晶体管逻辑插卡或可编程逻辑控制器(PLC)等逻辑运算电路或设备组成，其作用是建立输入部分和输出部分的联系，是信号报警联锁保护系统的核心部分。

输出部分包括各类驱动装置、电磁阀、电动机启动器，以及声光报警器等。

从功能上看，信号报警联锁保护系统又可分为信号报警装置与联锁保护装置。

信号报警装置自动监测被监控对象的重要信号，并据此判断对象的工作状态。当对象的工作状态偏离规定的范围时，向操作人员发出声、光报警信息，并可接受操作人员的消音、确认、复位等操作。

联锁保护装置实质上是一种自动操纵保护系统。当某工艺变量发生越限(处于事故状态)或设备出现异常等极端情况时，联锁保护装置将受联锁信号的触发而引起联锁动作。联锁的结果通常是生产装置全流程或局部流程或单台设备停车。

信号报警联锁保护系统的构成元件有触点式和无触点式两类。触点式是由机械或电气型继电器构成，无触点式可用晶体管或磁逻辑元件构成。另外，随着计算机技术的推广应用，以微机为核心进行程序处理的PLC也被用于信号报警联锁保护系统。

组成信号报警联锁保护系统的基本环节大致有信号接收环节、光显示环节、音响环节、灯铃检查环节、消除音响及停止闪光环节、记忆环节、切换环节、互锁环节和执行环节等。在联锁保护系统中，执行环节的作用是按照系统发出的指令完成自动保护任务。常用的执行环节为电动阀、气动阀、液压阀、电磁阀、电磁启动器等。

触点式报警联锁系统采用继电器的常开/常闭接点、延时断开/延时闭合接点等可动接点和普通继电器、时间继电器、接触器等装置完成所需的逻辑功能，是最早的信号报警联锁保护系统，至今仍在使用。本节以触点式报警联锁系统为主介绍报警联锁系统。

信号报警联锁系统常用相应的电路图表示，系统中常用元件的符号如表1-6-5所示。

读懂信号报警联锁保护电路图应按如下步骤进行：

(1) 首先必须熟悉与信号报警联锁保护系统有关的工艺流程。

(2) 继电线路展开后，一般是自上而下，自左向右看清每个单独电路的起始和结尾。

(3) 当工艺变量正常时，要看清哪个继电器带电，哪个继电器不带电，并要同时看清每个继电器的所有触点哪个是打开的哪个是闭合的。

(4) 当工艺变量越限时，要分清哪个继电器带电、哪个继电器不带电，并弄清各继电器触点位置的变化改变了哪个单独电路的通断状态，以及电路的通断状态的改变产生了什么作用(如引起灯亮、蜂鸣器响等)。

(5) 故障排除后，即工艺变量恢复正常时，还要看清每个继电器及其触点又是怎样恢复到原来的状态。

6.5.1 信号报警系统

常见的触点式信号报警系统可分为以下三种：一般信号报警系统、能区别瞬时原因的报警系统和能区别第一原因的报警系统。

1. 一般信号报警系统

当被监测的变量越限时，信号报警装置立即发出声光报警，一旦变量恢复正常，声光报警信号马上消失，这被称为一般信号报警系统。下面分别介绍不闪光和闪光的一般信号报警系统。

表 1-6-5 报警联锁电路中常用元件符号表(参照 IEC 标准)

名　称		文字符号	图形符号
继电器		R	(继电器线圈)
延时继电器		DR	
中间继电器		ZJ	
触点	常开	ZJ-n(n 为触点编码)	
	常闭		
	切换		
延时闭合触点	常开		
	常闭		
延时断开触点	常开		
	常闭		
非电量继电器触点	常开	X	
	常闭		

名　称		文字符号	图形符号
手动操作开关(常开)		PB	
自动复位手动按钮开关(常开)			
信号灯	红色	RD	
	绿色	GN	
	黄色	YE	
	白色	WH	
	蓝色	BU	
报警器		AL	
蜂鸣器		BZ	
熔断器		RD	
变压器		B	

(1) 不闪光信号报警电路

工艺要求某贮槽液位保持在 80%以下，一旦液位高于 80%，报警系统立即发出声光报警信号。

如图 1-6-29 所示，X1 为液位常开接点。液位正常时，X1 处于断开位置，继电器 AJ 无电，AJ-1 接上接点，继电器 BJ 带电，BJ-1 和 BJ-2 闭合，BJ 实现自锁；因 AJ-1 接上接点，蜂鸣器 BZ 无电，蜂鸣器不响；AJ-2 断开，红色报警灯 RL 无电，不亮。

当液位达到 80%时，X1 闭合，AJ 带电，AJ-1 接下接点，BZ 导通，蜂鸣器响(因 BJ-2 是闭合的)。同时，AJ-2 闭合，RL 电路接通，灯亮。

当操作人员听到报警声后，按信号按钮 1XA，使 BJ 及 BZ 失电，报警声停止。同时，BJ-1 和 BJ-2 断开。所以，1XA 为消声按钮。

液位一旦恢复正常，X1 断开，所有元件均恢复原始状态。

2XA 的作用是检查报警灯，在正常的情况下，揿下 2XA，报警灯应亮。

(2) 闪光信号报警电路

将图 1-6-29 略做改动，增加一个闪光继电器 SJ，即可变为带闪光的报警电路，如图 1-6-30所示。

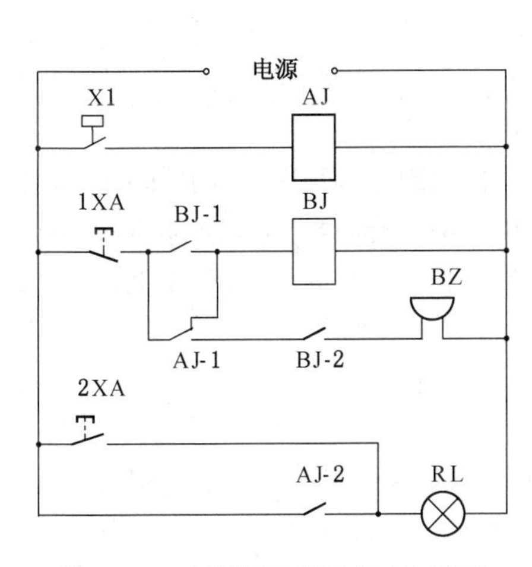

图 1-6-29　不闪光信号报警电路图

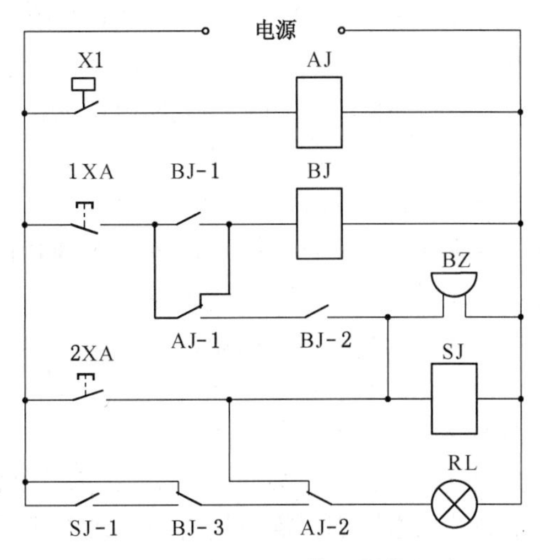

图 1-6-30　带闪光的信号报警电路图

液位正常时，X1 处于断开位置，继电器 AJ 无电，AJ-1 和 AJ-2 接上接点，继电器 BJ 带电，BJ-1 和 BJ-2 闭合，BJ-3 接下接点；蜂鸣器 BZ 和闪光继电器 SJ 无电，蜂鸣器不响，SJ-1 断开。此时，RL 无电，不亮。

当液位达到 80%时，X1 闭合，AJ 带电，AJ-1 和 AJ-2 接下接点，蜂鸣器 BZ 和闪光继电器 SJ 经 1XA、AJ-1 和 BJ-2 带电，蜂鸣器响，SJ-1 闭合。RL 经 SJ-1、BJ-3 和AJ-2接通电路，闪光继电器控制 RL 电路，灯闪亮。

按报警确认按钮 1XA，使 BJ、BZ 及 SJ 失电，报警声停止。同时，BJ-1、BJ-2 和SJ-1 断开，BJ-3 接上接点，RL 电路不受闪光继电器控制，灯平光亮。

报警被确认后，一旦液位恢复正常，X1 断开，所有元件均恢复原始状态。

2XA 是报警灯和蜂鸣器的测试按钮。

2. 区别瞬间原因的信号报警电路

有的工艺过程需测知由于工艺变量瞬间突发性的超限。为了了解这一瞬时超限原因，排除可能潜伏的故障，以免隐患扩大而造成更大的事故，信号报警系统可设计自保持环节，使系统能分辨瞬间原因造成的瞬间故障。

闪光报警系统用报警灯的闪光状态来区分瞬时事故。当事故发生后，报警灯闪光。确认后，如果报警灯熄灭，则是瞬时原因事故；如果灯从闪光变成平光，则说明是持续事故。

不闪光报警系统通过一个自保持环节区别瞬时原因。当多个故障出现则相应的多个灯亮。确认后，如果灯熄灭，则是瞬时事故；如果灯仍亮，则表明是持续事故。

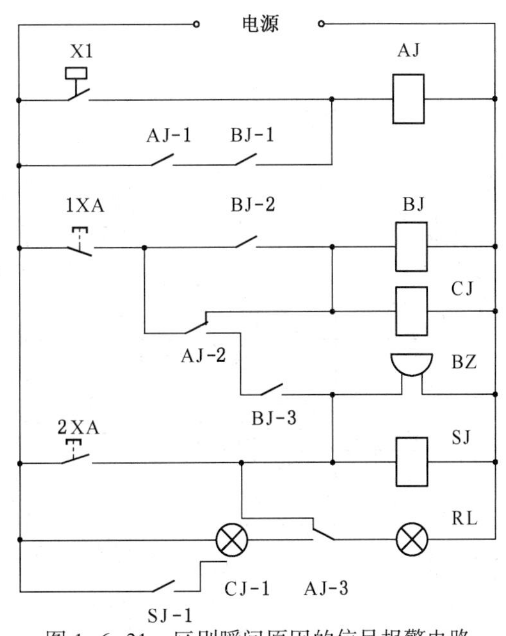

图 1-6-31　区别瞬间原因的信号报警电路

图 1-6-31 为能区别瞬间原因的闪光报警电路。正常时，BJ、CJ 带电，BJ-1、BJ-2 和

BJ-3 闭合，BJ 通过 BJ-2 形成自锁，CJ-1 接下接点；AJ-2 和 AJ-3 接上接点；SJ-1断开。当事故发生时，X1 闭合，AJ 励磁，AJ-1 闭合，AJ 通过 AJ-1 和 BJ-1 形成自锁；AJ-2 和 AJ-3 接下接点，蜂鸣器 BZ 和闪光继电器 SJ 通过 1XA、AJ-2 和 BJ-3 带电，蜂鸣器 BZ 响，同时 SJ 励磁，使 SJ-1 闭合；报警灯 RL 经 SJ-1、CJ-1 和 AJ-3 带电，RL 闪光。如果事故在按确认按钮 1XA 之前恢复正常，由于 AJ、CJ 和 SJ 仍带电，所以 RL 仍然闪光，保留了瞬时事故。按确认按钮 1XA 后，BJ、CJ、SJ 同时失电，BZ 也消声。如果此时事故仍然存在，AJ 保持励磁状态，由于 CJ-1 接上接点，RL 经 AJ-3 和 CJ-1 带电，RL 平光。若 RL 在按 1XA 之后熄灭，则事故为瞬时事故。

2XA 为声光试验、检查按钮。

3. 区别第一原因的信号报警电路

在生产过程中，往往会遇到几个工艺变量几乎同时越限而引起报警的情况。为了便于寻找产生报警的根本原因，需要把首先出现的报警信号(称为第一原因)与后来相继出现的报警信号(称为第二原因)区别开来。这种情况下可以选用能区别第一原因的报警系统。

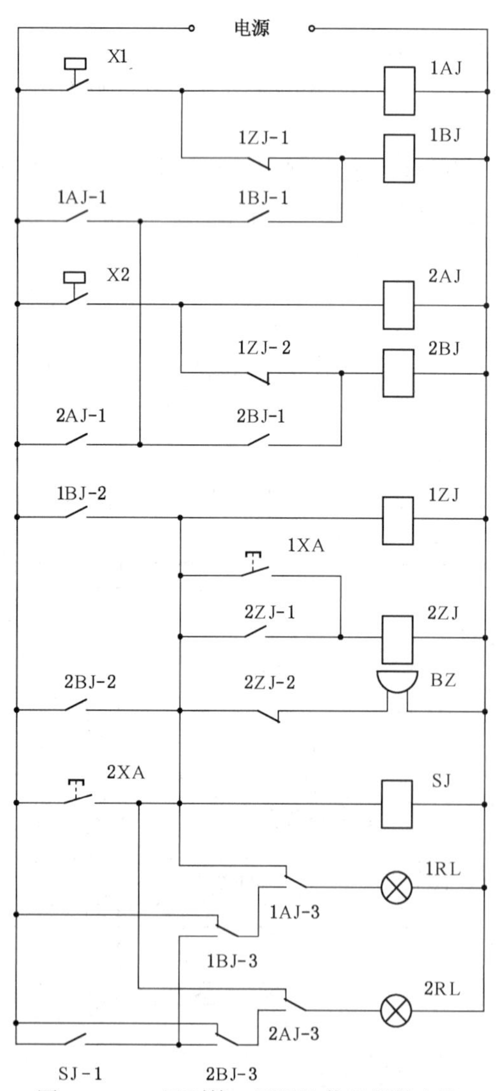

图 1-6-32　区别第一原因的信号报警电路

在有闪光的能区别第一原因的信号报警系统中，可用报警灯的状态来区分。闪光指示的是第一原因，平光指示的则是第二原因，按“确认”后声响消除，但仍有闪光和平光之分。

不闪光信号报警系统可用红色与黄色一组灯来区分第一原因。当数个事故几乎同时发生时，有多个灯亮起，但是只有红灯与黄灯一齐亮的才表示第一原因。只有黄灯亮表示其为第二原因。按“确认”后仍有红灯-黄灯和只有黄灯的区分。这样用红-黄双灯可以明确地区分第一原因事故。

图 1-6-32 为能区别第一原因的闪光报警电路。图中，X1 和 X2 分别为两个事故信号。正常时，X1、X2 断开，AJ、BJ、ZJ 和 SJ 都不带电，常闭接点 1ZJ-1、1ZJ-2 和2ZJ-2闭合，1AJ-3、2AJ-3、1BJ-3 和 2BJ-3 接上接点，其余接点均断开。当事故 X1 发生后，1AJ 和 1BJ 励磁，1AJ-1、1BJ-1 和1BJ-2闭合，BZ 响，1AJ-3 和 1BJ-3 接下接点；同时 1ZJ 和 SJ 励磁，1ZJ-1 和 1ZJ-2 断开，SJ-1 闭合，报警灯 1RL 经 1AJ-3、1BJ-3和 SJ-1 接通并闪亮。如果事故 X2 紧接着发生，则 2AJ 励磁，2BJ 被 1ZJ-2 断开不励磁，2AJ-3接下接点，2BJ-3 仍接上接点，报警灯 2RL 接通，但只亮不闪。此时，1RL 闪亮，2RL 只亮不闪，由此可见，X1 为第一报警原因。按 1XA 确认后，报警声

消除，但报警灯状态不变。

2XA 为声光试验、检查按钮。

6.5.2 信号联锁系统

一旦生产出现异常，发生信号报警，并需要自动采取处理措施时，信号报警装置就向联锁保护装置发出联锁信号，由联锁保护装置执行联锁动作，达到保护目的。

联锁保护装置必须具备以下功能：

（1）正常运转、事故联锁　联锁保护装置必须保证装置或设备的正常开、停、运转、在工艺过程发生异常情况时，能按规定的程序实现紧急操作，自动投入备用系统或安全停车。

（2）联锁报警　联锁保护装置动作时，同时发出声光报警，引起操作人员注意。联锁保护装置用的声光报警可以单独设置，也可以与其他工艺变量共用信号报警系统。

（3）联锁动作　联锁动作时，应按工艺要求使相应的执行机构动作，或自动投入备用系统或实现安全停车。重要的执行机构应有安全措施，一旦能源中断，执行机构的最终位置可以保证使工艺过程和设备处于安全状态。

（4）运行状态显示　联锁保护装置应有运行状态显示，以表示投运的步骤。联锁保护装置一般都设有“投入-摘除”开关，并用明显的灯光标志其运行状态。

除了联锁保护装置的基本功能外，根据工艺操作的要求，以及联锁保护装置的重要程度和联锁动作后的影响范围，联锁保护装置还需完成一些附加的功能，如联锁复位功能、联锁预报警功能、联锁延时、联锁的投运和切除等。以下以精馏塔为例对联锁保护系统加以说明。

精馏塔是石油化工生产中广泛采用的重要设备，为了安全生产，需要在一些重要部位设置联锁保护回路。图 1-6-33(a)为精馏塔的带控制点流程图。根据工艺要求，塔的中段进料，塔底用蒸汽加热，使轻组分物质汽化上升至塔顶采出，而重组分物质则由于沸点高不易汽化从塔底排出。

为了使精馏塔正常工作，要求塔压以及塔温维持一定数值。否则，当塔压越限时，将引起液泛事故。为此，采用如图 1-6-33(b)所示的塔压联锁保护电路，其中工艺触点 X 是带电接点压力表的常闭接点，YFJ 是延时继电器。正常情况下，YFJ 带电，其触点 YFJ-1 闭

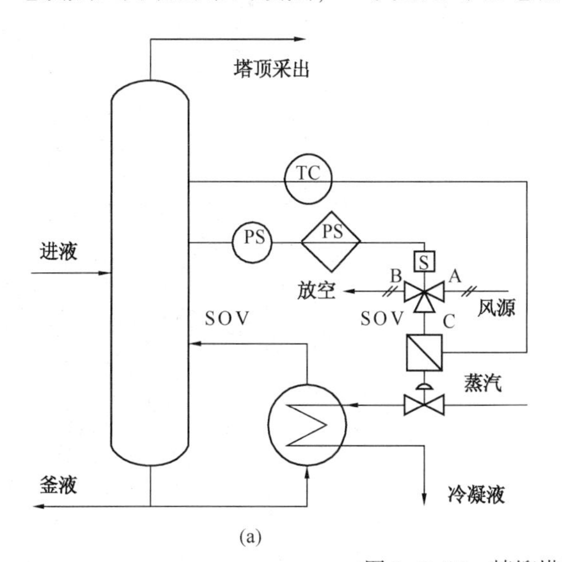

(a)

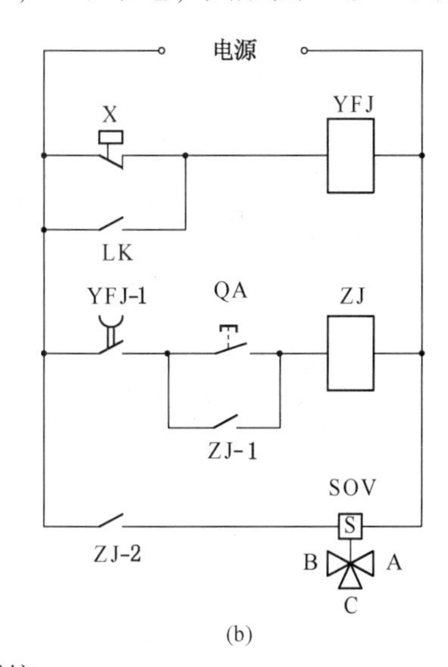

(b)

图 1-6-33　精馏塔塔压联锁保护系统

合，电路处于准备工作状态。当按下启动按钮 QA 后，则使继电器 ZJ 带电，其触点 ZJ-1 自锁，而触点 ZJ-2 就接通了电磁三通阀 SOV(此时 A-C 通，B 断)，精馏塔即在温度自动控制下正常运行。

当塔压越限时(PS 动作)，工艺触点 X 断开，因而 YFJ 失电，YFJ-1 断开使 ZJ 失电，ZJ-2断开使电磁三通阀失电(此时 B-C 通，A 断)，气动薄膜调节阀膜头上气压经 B 迅速放空，调节阀(气开式)立即关闭，蒸汽停止加热。

这里采用延时继电器 YFJ 是为了防止由于偶然因素引起瞬时越限产生的误动作，而联锁开关 LK 则是为了摘挂联锁之用。

第7章　计算机控制系统基本知识

随着现代工业的飞速发展，生产规模不断扩大，工艺过程愈趋复杂，工艺流程前后工序相互关联与制约更加紧密，热量平衡和物料平衡相互依赖，以利能源充分利用。为连续、安全、稳定生产，提高经济效益，石油化工生产对过程信息与控制管理提出了更高的要求。

数字计算机技术的发展，促进了数字计算机在过程控制领域的应用，并诞生了计算机控制系统。目前，被广泛采用的计算机控制系统有可编程序逻辑控制器、集散控制系统、现场总线控制系统、安全仪表系统、数据采集与监控系统等。

本章主要介绍可编程序逻辑控制器和集散控制系统的基本概念。

7.1　可编程序控制器基本知识

可编程序逻辑控制器(Programmable Logic Controller)，简称PLC，它是以微处理器为基础的、高度集成化的新型工业控制装置，是计算机技术与工业控制技术相结合的产品。

7.1.1　可编程序控制器概述

国际电工委员会(IEC)曾于1987年2月颁发PLC标准草案第三稿。该草案中对PLC的定义是：可编程序控制器是一种进行数字运算的电子系统，是专为在工业环境下的应用而设计的工业控制器，它采用了可编程序的存储器，用来在其内部存储执行逻辑运算、顺序控制、计时、计数和算术运算等操作的指令，并通过数字式或模拟式的输入和输出，控制各种类型机械的生产过程。PLC及其外围设备，都按易于与工业控制系统集成、易于扩展的原则设计。

定义强调指出了PLC是进行数字运算的电子系统，能直接应用于工业环境下的计算机；是以微处理器为基础，结合计算机技术、自动控制技术和通信技术，用面向控制过程、面向用户的"自然语言"编程；是一种简单易懂、操作方便、可靠性高的新一代通用工业控制装置。

PLC是微机技术和继电器常规控制概念相结合的产物，是一种以微处理器为核心的用作控制的特殊计算机，因此它的组成部分与一般的微机装置类似。它主要由中央处理单元(CPU)、输入接口、输出接口、通信接口等部分组成，其中CPU是PLC的核心，I/O部件是连接现场设备与CPU之间的接口电路，通信接口用于与编程器和上位机连接。

按照结构形式，PLC可分为整体式和模块式。对于整体式PLC(或紧凑型)，所有部件都装在同一机壳内(如图1-7-1)；对于模块式PLC，各功能部件独立封装，称为模块或模板，各模块通过总线连接，安装在机架或导轨上(如图1-7-2)。

下面简要介绍各功能部件：

(1) 中央处理单元(CPU)

同一般的微处理机一样，CPU是PLC的主要部分，是整个系统的核心。它将各输入端的状态信息读入，并按照用户程序去处理，最后根据处理结果通过输出装置去控制外设。

一般的中型PLC都是双处理器系统，也就是在CPU中包括一个位处理器和一个字处理器。字处理器是主处理器，由它处理字节操作指令，控制系统总线，监视内部定时器、扫描

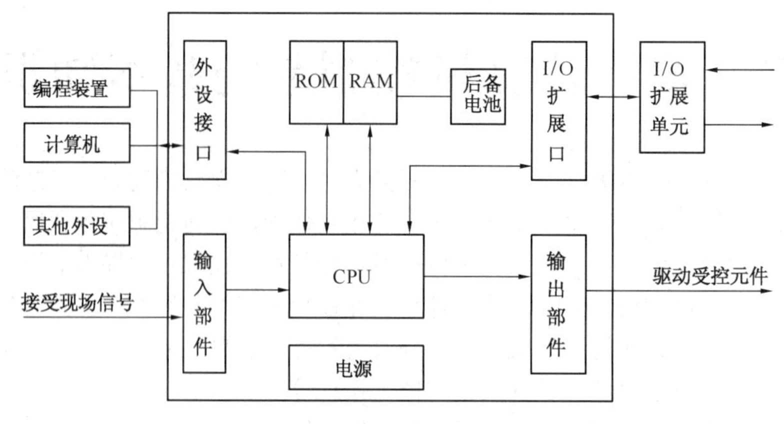

图 1-7-1　整体式 PLC 逻辑框图

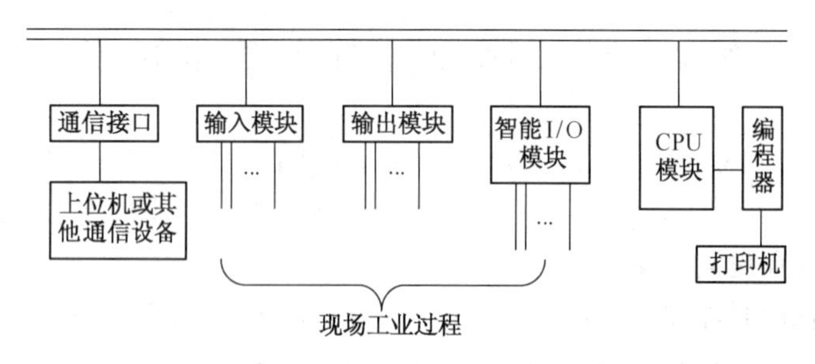

图 1-7-2　模块式 PLC 逻辑框图

时间，执行所有的编程器接口功能；位处理器也称从处理器，它的主要作用是负责快速处理位操作指令和在机器操作系统的管理下实现 PLC 编程语言向机器语言的转换。位处理器的采用，加快了 PLC 的扫描速度，使 PLC 能较好地满足实时控制的要求。

（2）存储器

在 PLC 系统中，存储器主要存放系统程序、用户程序及工作数据。

系统程序是由 PLC 的制造厂家在研制系统时确认的，与机器的硬件组成有关，完成系统诊断、命令解释、功能子程序调用管理、逻辑运算、通信和各种参数设定等功能。

用户程序是随 PLC 的应用对象而定的，它是用户根据使用环境和生产工艺的控制要求来编写的。

工作数据是 PLC 在应用过程中经常变化、经常存取的一些数据。这部分数据存储在 RAM 中，以适应随机存取的要求。在 PLC 系统的工作数据存储区，开辟有输入输出数据映像区、计数器、定时器、辅助继电器等逻辑部件，这些部件的设定值和当前值是根据用户程序的初始设置和运行状况而确定的。根据需要，部分数据在停电时用后备电池维持现行状态。在掉电时可以保持数据的存储器区域称保持数据区。

（3）输入/输出部件

输入/输出部件通常亦称为 I/O 单元或 I/O 模块，PLC 通过 I/O 单元与工业生产过程现场相联系。通过 I/O 接口可以检测被控对象或被控生产过程的各种参数，以这些现场数据作为 PLC 对被控对象进行控制的信息依据。同时，PLC 又通过 I/O 接口将处理结果送给被控设备或工业生产过程，以实现控制。

PLC 提供了多种操作电平和驱动能力的 I/O 单元，有各种各样功能的 I/O 单元供用户选用。外部设备传感器和执行机构所需的信号电平是多种多样的，而 PLC 中 CPU 处理的信息只能是标准电平，所以 I/O 单元需实现这种转换。I/O 单元主要类型有数字量输入(DI)、数字量输出(DO)、模拟量输入(AI)、模拟量输出(AO)等。

通常 I/O 单元上具有状态显示和 I/O 接线端子排，运行状况直观，安装和维护很方便。

(4) 通信接口

为了实现“人-机-过程”或“机-机”之间的对话，PLC 配有各种通讯接口。PLC 的通信接口大多带微处理器，可以与监视器、打印机、其他 PLC 和计算机相连。

(5)智能接口模块

为了满足复杂控制功能的需要，PLC 配有许多智能接口模块。因为智能接口模块是可编程序控制器系统的一个模块，所以它和控制器的 CPU 模块通过系统总线相连接，进行数据交换，并在 CPU 模块的协调管理下独立地进行工作。这里所说的独立是指智能模块的工作不参加巡回扫描过程，而是按照它自己的规律参与系统工作，即多数情况下的运算功能都是由它本身的 CPU 完成的。

(6) 扩展接口

当用一个中心单元不能满足所要求的控制任务时，就要对系统进行扩展。扩展接口就是用于连接中心单元与扩展单元、扩展单元与扩展单元的模板。使用扩展接口模板还可对系统中的 I/O 模板地址进行设定，从而根据需要方便地修改硬件地址。

(7) 编程装置和编程软件

PLC 是以顺序执行存储器中的程序来完成其控制功能的。根据生产工艺要求编制出的控制程序，通过一定方式输入到 PLC，并经过编译调试修改后成为可执行的控制程序。编程装置的主要任务就是编辑程序、调试程序和监控程序的执行，还可以在线测试 PLC 的内部状态和参数，与 PLC 进行人机对话。

(8) 电源部件

PLC 配有开关式稳压电源，供内部电路使用。与普通电源相比，PLC 电源稳定性好、抗干扰能力强。有些机型还向外提供 24V DC 的稳压电源，用于对外部传感器供电，这就避免了由于电源污染或不合格电源产品而引起的故障。例如 S7-300 PLC 配有专用电源。

(9) 外部设备

PLC 的外部设备有人-机接口装置、外存储器和 EPROM 写入器三种类型，分别用于实现操作人员与 PLC 控制系统之间的对话，长期保存各种信息，以及把用户程序写入到 EPROM 中去。

7.1.2 S7-300

SIMATIC S7-300 是一种通用型 PLC，能适合自动化工程中的各种应用场合。

S7-300 具有如下显著特点：循环周期短、处理速度高；指令集功能强大、可用于复杂功能；产品设计紧凑、可用于空间有限的场合；模块化结构、适合密集安装；有不同档次的 CPU、各种功能模块和 I/O 模块可供选择；无需电池备份，免维护；具有可在恶劣气候条件下露天使用的模块类型(SIPLUS)；可以扩展到 32 个模板；集成在模板内背板总线；利用 MPI、Profibus、工业以太网、AS-Interface、EIB 和点对点的连接进行组网；没有插槽限制；使用 SETP 7 组态工具可以对硬件进行组态和设置。

S7-300 由多种模块部件组成，各种模块能以不同方式组合在一起，从而可使控制系统设计更加灵活，满足不同的应用需求。各模块安装在 DIN 标准导轨上，并用螺钉固定。这种结构形式既可靠，又能满足电磁兼容要求。背板总线集成在各模块上，通过将总线连接器插在模块的背后，使背板总线连成一体。在一个机架上最多可并排安装 8 个模块(不包括 CPU 模块和电源模块)。

S7-300 有多种不同性能档次的 CPU 模块可供使用。标准 CPU 提供基本功能，如指令执行、I/O 读写、通过 MPI 和 CP 模块的通讯，紧凑型 CPU 本机集成 I/O，并带有高速计数、频率测量、定位和 PID 调节等技术功能。部分 CPU 还集成了点对点或 Profibus 通讯接口。

S7-300 的指令集包含 350 多条指令，包括了位指令、比较指令、定时指令、计数指令、整数和浮点数运算指令等。CPU 的集成系统功能提供了诸如中断处理和诊断信息等这样一类系统功能，由于它们是集成在 CPU 的操作系统中，因此也省了很多 RAM 空间。

1. 系统组成

S7-300 具有模块化结构，其系统构成如图 1-7-3 所示。它的主要组成部分有导轨(RACK)、电源模块(PS)、CPU 模块、接口模块(IM)、信号模块(SM)、功能模块(FM)等。通过 MPI 网的接口可与编程器 PG、操作员面板 OP 和 S7 系列其他 PLC 相连。

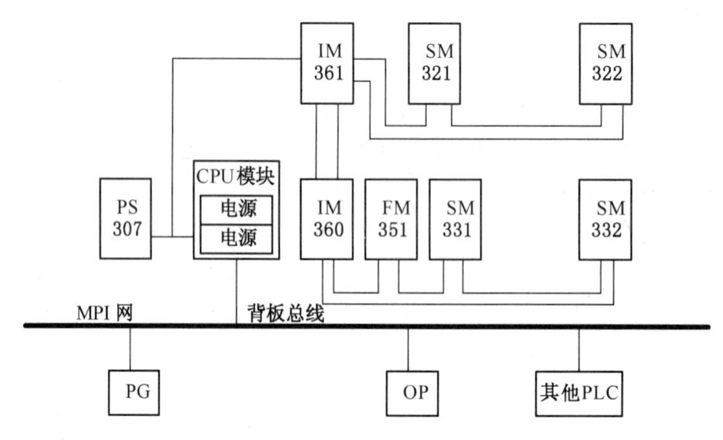

图 1-7-3　S7-300 系统构成框图

S7-300 有大量可选模块，表 1-7-1 列出了主要模块及其功能。

S7-300 的各类模块采用导轨安装。电源模块、CPU 及其他信号模块都可方便地安装在导轨上。

S7-300 采用背板总线的方式将各模块从物理上和电气上连接起来。

表 1-7-1　S7-300 主要模块及其功能

组　　件	功　　　　能
导　　轨	S7-300 的模块机架(起物理支撑作用，无背板总线)
电源(PS)	可以将市电电压(交流 120/230 V)转换为 24 V 直流工作电压，为 CPU 和 24 V 直流负载电路(信号模块、传感器、执行器等)提供电源
CPU 附件：前连接器 (用于带有集成 I/O 的 CPU)	执行用户程序 为 S7-300 背板总线提供 5V 电源 在 MPI 网络中，通过 MPI 与其他 MPI 网络节点进行通讯
信号模块(SM) (DI、DO、AI、AO) 附件：前连接器	使不同级的过程信号电平和 S7-300 的内部信号电平相匹配

续表

组　　件	功　　　　能
功能模块(FM) 附件：前连接器	用于时间要求苛刻、存储器容量要求较大的过程信号处理任务，例如定位或闭环控制功能
通讯处理器(CP) 附件：连接电缆	扩展中央处理单元的通讯任务，例 CP342-5DP 与 Profibus-DP 的连接
接口模块(IM) 附件：连接电缆	连接 S7-300 的各个机架
编程器电缆	连接 CPU 和编程器(PG/PC)
带 STEP 7 软件包的编程器(PG)或个人计算机(PC)	用于 S7-300 组态、编程和测试

除 CPU 模块外，每个信号模块都带有总线连接器，安装时先将总线连接器装在 CPU 模块并固定在导轨上，然后依次将各模块装入。

电源模块 PS 307 输出 24V DC，它与 CPU 模块和其他信号模块之间通过电缆连接，而不是通过背板总线连接。

CPU 模块有多种型号，如 CPU 312 IFM，CPU 313，CPU 314，CPU 315，CPU315-2 DP 等。CPU 模块除完成执行用户程序的主要任务外，还为 S7-300 背板总线提供 5VDC 电源，并通过 MPI 多点接口与其他 CPU 或编程装置通信。

S7-300 的编程装置可以是西门子专用的编程器，如 PG705，PG720，PG740，PG760 等，也可以用通用微机，配以 STEP 7 软件包，并加 MPI 卡或 MPI 编程电缆构成。

信号模块 SM 使不同的过程信号电平和 S7-300 的内部信号电平相匹配，主要有 DI 模块 SM321、DO 模块 SM322、AI 模块 SM331、AO 模块 SM332。每个信号模块都配有自编码的螺紧型前连接器，用于连接外部过程信号。值得注意的是，AI 模块可以接入热电偶、热电阻、4~20mA 电流、0~10V 电压等 18 种不同的信号，输入量程范围很宽。

接口模块 IM 用于机架的扩展。S7-300 是模块化的组合结构，根据应用对象的不同，可选用不同型号和不同数量的模块，并可以将这些模块安装在同一个机架(导轨)或多个机架上。

功能模块 FM 主要用于实时性强、存储计数量较大的过程信号处理任务。例如快给进和慢给进驱动定位模块 FM351、电子凸轮控制模块 FM352、步进电机定位模块 FM353、伺服电机位控模块 FM354、智能位控制模块 SINUMERIK FM-NC 等。

通信处理器是一种智能模块，它用于 PLC 间或 PLC 与其他装置间连网，实现数据共享。例如，具有 RS-232C 接口的 CP340，与现场总线连网的 CP342-5 DP 等。

2. CPU 模块

S7-300 有多种 CPU 单元可供选择。CPU312 IFM 模块上集成有 10 个 DI 点和 6 个 DO 点。CPU313，CPU314，CPU315 模块上不带集成的 I/O 端口，其存储器容量、指令执行速度、可扩展的 I/O 点数、计数器/定时器数量等随序号的递增而增加。CPU315-2DP 除具有现场总线扩展功能外，其他特性与 CPU315 相同。表 1-7-2 列出了各中央处理单元 CPU 的主要特性。

表 1-7-2　中央处理单元 CPU 的主要特性

特　　性	CPU312 IFM	CPU313	CPU314	CPU315/CPU315-2DP
装载存储器	内置 20KB RAM 内置 20KB EEPROM	内置 20KB RAM 最大可扩展 256KB FLASH-EPROM 存储器卡	内置 40KB RAM 最大可扩展 512KB FLASH-EPROM 存储器卡	内置 80KB RAM 最大可扩展 512KB FLASH-EPROM 存储器卡
随机存储器	6KB	12KB	24KB	48KB
执行时间/μs 位操作 字操作 定点加 浮点加	 0.6 2 3 60	 0.6 2 3 60	 0.3 2 3 50	 0.3 2 3 50
最大 DI/DO 点数	144 *	128	512	1024
最大 AI/AO 点数	32	32	64	128
最大配置	一个机架，8 个模块	一个机架，8 个模块	4 个机架，32 个模块	4 个机架，32 个模块
时钟	软件时钟	软件时钟	硬件时钟	软件时钟
定时器	64	128	128	128
计数器	32	64	64	64
位存储器	1024	2048	2048	2048
可调用块 组织块 OB 功能块 FB 功能调用 FC 数据块 DB 系统数据块 SDB 系统功能块 SFB 系统功能块 SFC	 3 32 32 63 6 25 2	 13 128 128 127 6 34 —	 13 128 128 127 9 34 —	 13 128 128 127 9 37/34 —

* 包括集成在 CPU 上的 10 个输入点和 6 个输出点

可使用模式选择开关设置当前的 CPU 运行模式。开关有三个位置，其含义如表1-7-3。

CPU 安装有状态和故障的 LED 显示灯，具体意义见表 1-7-4。

CPU 使用 SIMATIC 微型存储卡(MMC)作为存储器。MMC 可用作装载存储器或便携式存储媒介。如果 CPU 没有集成的装载存储器，在使用 CPU 前必须插入 MMC，否则系统无法工作。

表 1-7-3　模式选择开关位置含义

位　　置	含　　义	说　　明
RUN(运行)	运行	CPU 执行用户程序
STOP(停止)	停止	CPU 不执行用户程序
MRES	存储器复位	对存储器清零。存储器复位需要一定的操作顺序

表 1-7-4　中央处理单元 CPU 的状态和故障显示

LED 灯	颜色	指示 CPU 状态
SF	红	硬件或软件错误
BF(仅 CPU315-2DP)	红	总线出错(DP 接口 X2)
BF1(仅 CPU317-2DP)	红	总线出错(X1 接口)
BF2(仅 CPU317-2DP)	红	总线出错(X2 接口)
DC5V	绿	CPU 和 S7-300 总线的 5V 电源正常
FRCE	黄	强制作业有效
RUN	绿	CPU 处于“RUN”状态
STOP	黄	CPU 处于“STOP”

3. 存储区域

CPU 存储器(也可以称之为内存区，以下同)可以分为三个区域，如图 1-7-4 所示。

装载存储器位于 MMC 中。装载存储器的容量与 MMC 的容量一致，用于保存程序指令块和数据块以及系统数据(组态、连接和模块参数等)，也可以将项目的整个组态数据保存在其中。

工作存储器(RAM)集成在 CPU 中，不能被扩展。它用于运行程序指令，并处理用户程序数据。程序只能在 RAM 和系统存储器中运行。CPU 的 RAM 具有保持功能。

系统存储区集成在 CPU 中，不能被扩展。它包括标志位、定时器和计数器的地址区、I/O 的过程映像、局域数据。

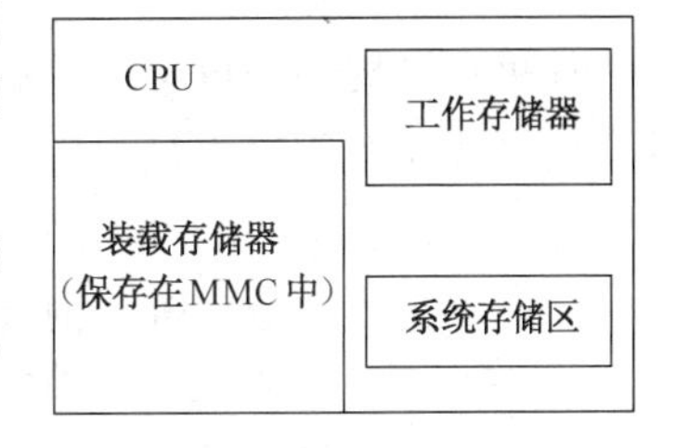

图 1-7-4　CPU 的存储区

4. 的扩展功能

在 S7-300 系统中，除了电源模块、CPU 模块和接口模块外，一个机架上最多可以安装八个 I/O 模块或功能模块。当系统规模较大时，可以通过接口模块对安装机架进行扩展(与 CPU 312 IFM 和 CPU313 配套的模块只能装在一个机架上)。

CPU314/315/315-2 DP 最多可扩展为四个机架，IM360/IM361 接口模块将 S7-300 背板总线从一个机架连接到下一个机架，如图 1-7-5 所示。

中央处理单元总是在 0 号机架的 2 号槽位上，1 号槽安装电源模块，3 号槽总是安装接口模块。槽号 4 至 11，可自由分配给 I/O 模块、功能模块和通信模块。需要注意的是，槽位号是相对的，每一机架的导轨上并不存在物理的槽位。

用于发送的接口模块 IM360 装在机架 0 的插槽 3。通过专用电缆，将数据从 IM360 发送到机架 1 插槽 3 上的 IM361。IM360 和 IM361 的最大距离为 10m。IM360 和 IM361 上有指示系统状态的发光二极管。同时具有接收和发送功能的接口模块 IM361，用于 S7-300 的机架 1 到机架 3 的扩展，通过连接电缆把数据从 IM360 接收到 IM361 或者从一个 IM361 传到另一个 IM361。IM361 和 IM361 之间的最大距离为 10m。

IM361 不仅提供数据传输功能，还将 24VDC 电压转换为 5VDC 电压，给所在机架的背板总线供电，供电电流输出不超过 0.8A。机架 0 上的 5VDC 电源由 CPU 模块产生，CPU313/314/315 供电电流不超过 1.2A，CPU312 IFM 不超过 0.8A。每个机架上各模块所需电流之和应小于该机架最大的供电电流。

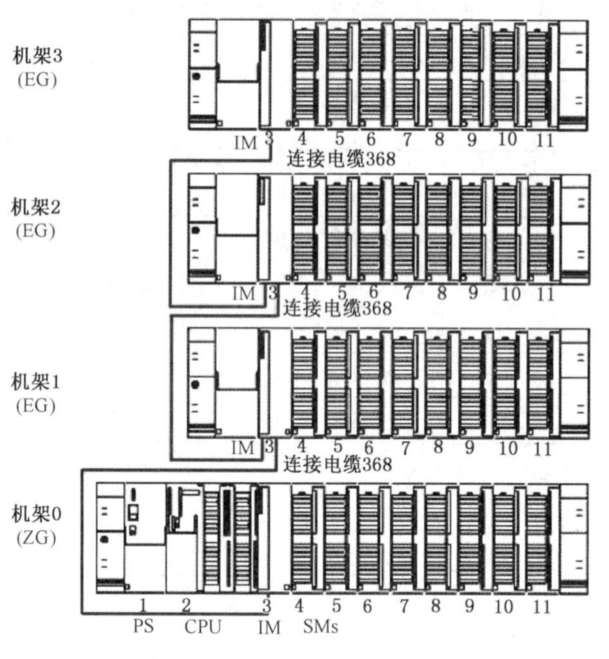

图 1-7-5 S7-300 机架和槽位图

如果只扩展两个机架，可选用比较经济的 IM365 接口模块对，这一对接口模块由 1m 长的连接电缆相互固定连接。IM365 不提供 5VDC 电源，此时在两个机架上 5VDC 的总电流耗量限在 1.2A 之内。由于 IM365 不能给机架 1 提供通信总线，所以在机架 1 上只能安装信号模块，而不能安装通信等其他智能模块。

5. 数字量 I/O 模块的 LED 指示灯

数字量 I/O 模块的每一个输入和输出点都配有一个 LED 用来指示该点的状态。这些 LED 显示的是 PLC 内部程序运行的输出结果或外部输入信号在光耦之前的状态。根据 LED 状态，维护人员可以判断出信号是否从传感器进入 PLC 中或信号是否正常向现场设备输出。当出现故障时，利用指示灯可以很容易地确定错误来自现场设备还是 PLC。

7.1.3 STEP7

STEP 7 是专门用于 SIMATIC PLC 组态和编程的软件包，主要有用于 SIMATIC S7-200 以及用于 SIMATIC S7-300/S7-400、SIMATIC M7-300/M7-400 和 SIMATIC C7 的两种版本。

图 1-7-6 STEP 7 软件包应用程序

当用 STEP 7 创建一个项目时，需要完成一系列的基本任务，并把这些任务分配到基本程序中。图 1-7-6 所示为大多数项目需要执行的任务。

STEP 7 中集成的 SIMATIC 编程语言和语言表达方式，符合 EN 61131 - 3 或 IEC 61131-3标准。

软件支持任务创建过程的各个阶段，如：建立和管理项目；对硬件和通讯作组态和参数赋值；管理符号；创建程序。例如为 S7-300 PLC 创建程序，下载程序到 PLC，测试自动化系统以及诊断设备故障。

7.2　集散控制系统基本知识

7.2.1　集散控制系统概述

世界上第一套集散控制系统诞生于1975年，到目前，集散控制系统已在世界范围内的过程控制领域得到了广泛的应用。集散控制系统是过程自动控制技术发展史上出现的划时代进步，标志着生产过程控制的一个新的发展阶段。

集散控制系统的英语名称为Distributed Control System(简称DCS)，其含义是，利用微处理机技术对生产过程进行集中管理和集散控制的系统。

1995年国际标准化组织(ISO)为DCS系统作了如下定义：DCS系统是一类满足大型工业生产和日益复杂的过程控制要求，从综合自动化角度出发，按功能分散、管理集中的原则构思，具有高可靠性指标，将微处理机技术、数字通讯技术、人机接口技术、I/O接口技术相结合，用于数据采集、过程控制和生产管理的综合控制系统。

从上述定义可以看出，DCS的技术基础是微型计算机，应用对象是生产过程，技术特点是集中操作、管理和集散控制。

DCS按控制功能或区域将微处理器进行分散配置，每个带微处理器的控制站控制装置的一部分，使控制功能得以分散，从而实现了危险分散，较好地解决了直接数字控制(DDC)危险性集中的问题。同时，DCS还极大地改进了操作界面，实现多种控制功能，将操作、管理与生产过程密切地结合了起来。

1. DCS的发展

从1975年以来，DCS的硬件和软件功能不断完善和强化，其发展过程大体可分四个阶段。

第一阶段(1975~1980年)为DCS的初创期。第一代DCS产品中比较著名的有霍尼韦尔(Honeywell)的TDCS2000系统、福克斯波罗(Foxboro)的Spectrum、贝利(Bailey)的Network 90、横河(Yokogawa)的CENTUM系统、西门子(Siemens)的Teleperm M等。

这一时期DCS的基本结构由5个部分组成：过程控制单元(Process Control Unit，简称PCU)、数据采集装置(Data Acquisition Unit，简称DAU)、CRT操作站、监控计算机(Supervisor Computer)和高速数据通道(Data Hiway)，见图1-7-7。第一阶段DCS以实现集散控制为主。

第二阶段(1980~1985年)为DCS的成熟期。20世纪80年代随着超大规模集成电路的出现，产生了第二代DCS。这一时期的典型产品有霍尼韦尔的TDC3000(Basic)、横河的CENTUM-A/B/C，泰勒(Tailor)公司的MOD-300、西屋(Westinghouse)公司的WDPE、罗斯蒙特(Rosemount)公司的SYSTEM 3、费希尔(Fisher)公司的Provox 6400/6500系列等。

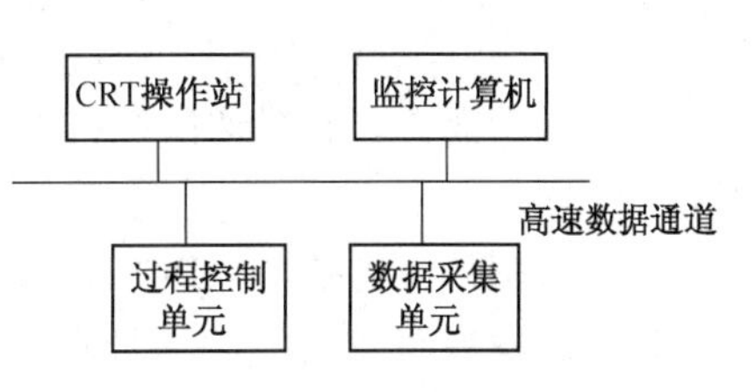

图1-7-7　初创期DCS构成

这一时期的DCS一般由6个部分组成：局域网(Local Area Network)、多功能PCU、主计算机、增强型操作站(Enhanced Operation Station)、网间连接器(Gateway)和系统管理站，见图1-7-8。第二阶段DCS以实现全系统信息的管理为主。

第三阶段(80年代后期)为DCS的扩展期。这个时期的DCS在功能上实现了进一步扩展，由于网络通信技术的迅速发展，建立标准化的通信协议，将生产的管理功能纳入到系统中，形成了直接控制、监督控制和协调优化、上层管理三层功能结构，这就是现代 DCS 的标准体系结构。其代表性产品有霍尼韦尔的 TDC3000、横河的 CENTUM - XL、福克斯波罗的 I/A Series、贝利的 INFI-90、西屋的 WDPE Ⅱ等，如图 1-7-9 所示。这一时期的 DCS 以实现开放为主要特点。

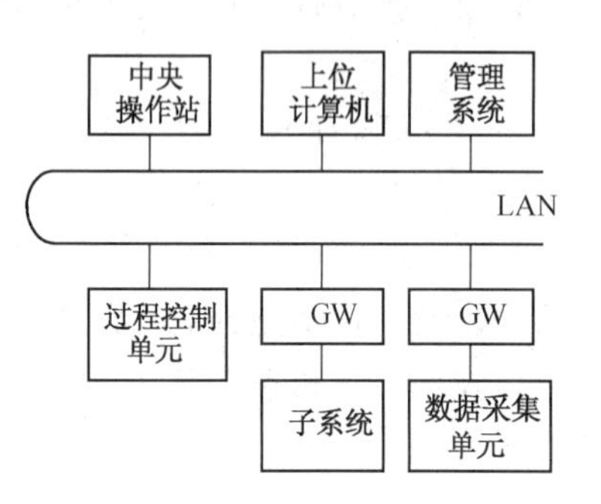

图 1-7-8　成熟期 DCS 构成

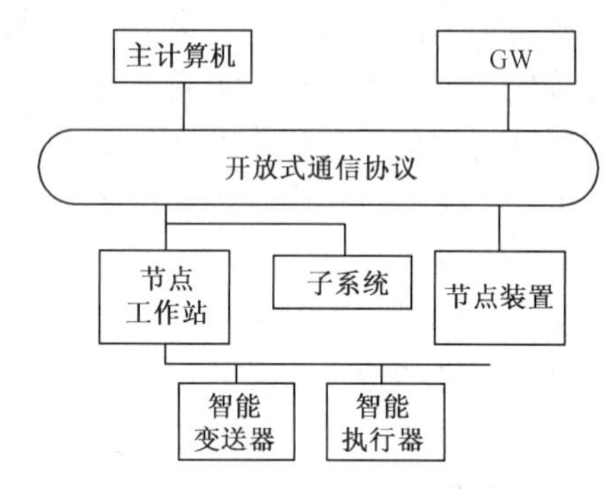

图 1-7-9　扩展期 DCS 构成

第四阶段，20 世纪 90 年代是各 DCS 厂家积极发展的阶段，计算机技术、微电子技术及管理信息技术等高速发展为第四代 DCS 形成提供了技术条件。通信技术的高速发展使整个工厂的信息实时准确地交换变成现实；各种管理信息系统的发展为 DCS 实现管理功能提供了技术基础；现场总线技术与产品的成熟促进了 DCS 系统的集成化；处理器技术与现代电路安装工艺的发展促进了 DCS 控制单元的小型化；HMI(人机界面)软件的商品化促进了 DCS 软件的趋同；PLC 技术的发展与功能丰富激励了 DCS 的功能拓展。第四代 DCS 的最主要标志是：信息化和集成化，代表性的产品有霍尼韦尔的 EPKS、横河的 CENTUM CS、艾默生过程管理(Emerson Process Management)的 Delta V 等。

2. DCS 的特点

DCS 自 20 世纪 70 年代中期推出以来之所以经久不衰，是因为它始终紧跟时代的发展而不断丰富和完善，与常规仪表相比，具有以下独特而鲜明的技术特点：

(1) 相同或类似的构成　DCS 虽然品种繁多，但都是由操作站，控制站和数据通信总线等构成的。用户可依据自己被控系统的大小和需要，选用或配置不同类型，不同功能，不同规模的 DCS，配置灵活方便，易于扩展。

(2) 采用分级递阶结构　DCS 采用分级递阶结构，控制和故障相对分散，提高了系统长期连续运行的能力。分级递阶结构通常分为四级，分别为过程控制、优化控制、自适应控制和工厂管理。

(3) 采用计算机技术　DCS 以微处理器为其技术基础，凝聚了计算机的先进技术，随计算机技术的发展而发展，成为计算机应用完善、丰富的领域。DCS 中的现场控制单元、过程输入输出接口、带 CRT 操作站以及数据通信接口等均采用 16 位或 32 位微处理器，有记忆、数据运算、逻辑判断功能，可以实现自适应、自诊断、自检测等“智能”。

(4) 丰富的功能软件包　DCS 具有丰富的功能软件包，它能提供控制运算模块、控制程序软件包、过程监视软件包、显示程序包、信息检索和报表打印程序包等。

(5) 采用局部网络通信技术　通过高速数据通信总线，把检测，操作、监视、管理等部份，有机地连接成一个整体。可以进行集中显示和操作，从而使系统组态和操作更为方便，且大大提高了排除系统故障及调整操作的速度。DCS 系统的数据通信网络是典型的局部网络。目前的 DCS 系统都采用了工业局部网络技术进行通信，传输实时控制信息，进行全系统信息综合管理，对分散的过程控制单元、人机接口单元进行控制、操作管理。网络传输速率一般可达 5~10Mbps 甚至更高，响应时间仅为数百微秒，通信的可靠性和安全性得到保障。通信协议日益标准化，目前 DCS 中采用较多的网络标准有美国电子和电气工程师协会的 IEEE 802.4，802.5 等。

(6) 强有力的操作界面　操作站为 DCS 的主要操作界面，一般配备 20″以上的彩色显示器、专用集成键盘和触摸屏、滚动球或鼠标等定位设备。有多种类型的过程操作画面，包括总貌、报警、控制组、点细目、趋势组、操作指导信息及用户流程图等画面；有丰富的打印输出功能，如标准报表打印、报警打印，班报、日报、月报等自由报表打印；有声光报警功能、语音输出功能、系统维护功能等。

(7) 采用高可靠性的技术　集散系统的处理器、内部总线、电源等均采用冗余配置，重要的 I/O 卡件也可配置为冗余方式。对某些重要的控制回路还采用了手动作为自动备用，因而提高了系统的可靠性。系统内部还有很强的自诊断功能，一般卡件都支持热插拔，从而提高了系统故障的诊断时间，缩短了故障修复时间。

总之，控制分散、危险分散，而操作和管理集中是 DCS 的基本设计思想。分级递阶的分布式结构，灵活、易变更、易扩展是 DCS 的特点。

3. DCS 的组成

各个仪表厂家的 DCS 组成不完全相同，名称也不一致。一个最基本的 DCS 应包括三个大的组成部分：现场控制站、人机接口(工程师站、操作站)和通信系统。

(1) 现场控制站　这是整个 DCS 系统的核心，系统主要的控制功能由它来完成。系统的性能、可靠性等重要指标也都要依靠现场控制站保证，因此对它的设计、生产及安装都有很高的要求。现场控制站的硬件一般都采用专门的工业级计算机系统，其中除了计算机系统所必需的运算器(即主 CPU)、存储器外，还包括了现场测量单元、执行单元的输入输出设备。在现场控制站内部，主 CPU 和内存等用于数据的处理、计算和存储的部分被称为逻辑部分，而现场 I/O 则被称为现场部分，这两个部分是需要严格隔离的，以防止现场的各种信号，包括干扰信号对计算机的处理产生不利的影响。

(2) 人机接口　包括具有彩色图形显示器的操作员接口和工程师接口两部分。有的 DCS 称其为基本操作站、通用操作站和可编程序操作键盘等。人机接口主要是实现对整个工艺过程、整个工厂的系统组态、运行状态的监视及操作等人机交互功能。

(3) 通讯网络　对于不同 DCS 产品，通讯网络部分差别较大，这正反映出各个 DCS 发展阶段的特征。对于 TDC3000/TPS，用 LCN 和 UCN 实现系统内的基本通信；对于 CENTUM 系统，用 V-net 将各操作站和控制站连接。

7.2.2　TPS 系统

1. 系统结构

TPS(Total Plant Solution，全厂一体化解决方案)系统是基于 TDC3000 系统发展起来的、适用于大中型石油化工过程控制的系统，TPS 系统网络结构，如图 1-7-10 所示。

从图中可以看到，TPS 系统主要由三个网络组成：

(1) 工厂管理网(Plant Control Network，PCN)，又称工厂信息网(Plant Information Network，PIN)。为用户访问过程数据提供开放平台，可以运行普通应用软件及离线组态软件，

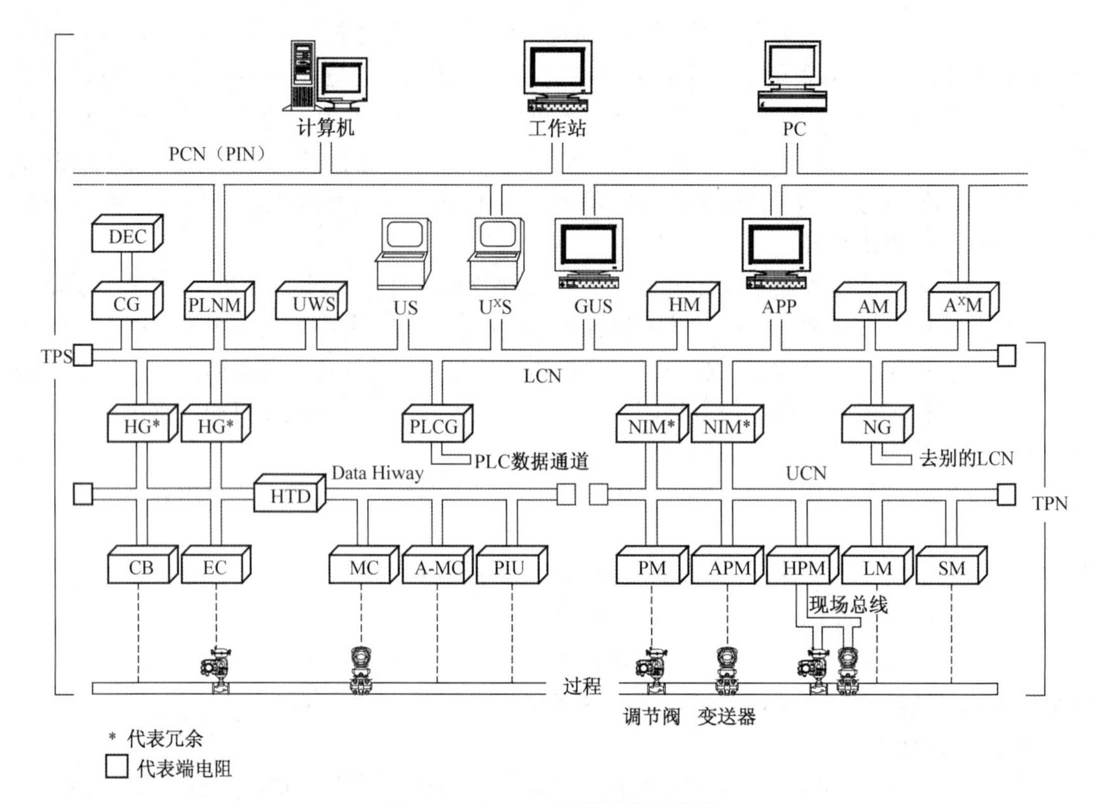

图 1-7-10 TPS 系统网络结构图

如 TPS Builder，Display Builder 等。

（2）TPS 网络(TPS Network，TPN)，是控制系统的核心，包括局部控制网络(Local Control Network，LCN)和至少一条过程网络。

（3）过程网络(Process Network)，包括通用控制网络(Universal Control Network，UCN)、高速数据通道(Data Hiway)和可编程控制器数据通道(Programmable Logic Controller Data Hiway)等三种类型。其中，局部控制网络 LCN 与挂接在其上的过程控制网络 UCN 或 Data Hiway 称为 TPS 网络，Data Hiway 为早期产品，此处不做介绍。

2. *局部控制网络及设备*

（1）局部控制网络(LCN)

LCN 用以支持 LCN 网络上设备或模件(Module)之间的通信，遵循 IEEE 802.4 通信标准，采用总线型通信网络，网络传输介质的访问控制方式采用令牌传送方式。LCN 网络的功能有：

①在网络上各设备之间传送所有信息；

②按有效规约和高速通信，保证实时信息交换；

③通过冗余的传输媒介及信息完整性检查，提供可靠的通信。

LCN 一般以两条冗余的同轴电缆作为主要传输介质，每条电缆的两端各需要一个 75Ω 的端电阻。电缆通过“T”型连接器与 LCN 模件中的 LCN 接口板相连，网络上的模件顺序连接，构成 LCN 网，如图 1-7-11 所示。

LCN 网络上可接 64 个模件，借助 LCN 扩展器，可以对 LCN 进行扩展。LCN 网络传输速率为 5Mbit/s，LCN 网络采用同轴电缆时，每段电缆长度不超过 300m，使用光缆时，每段光缆长度不超过2000m，LCN最大覆盖范围可达4.9km。

LCN及其所连接的模件不能与现场过程直接连接，只能与过程网络连接，通过过程网实现与现场的间接连接。

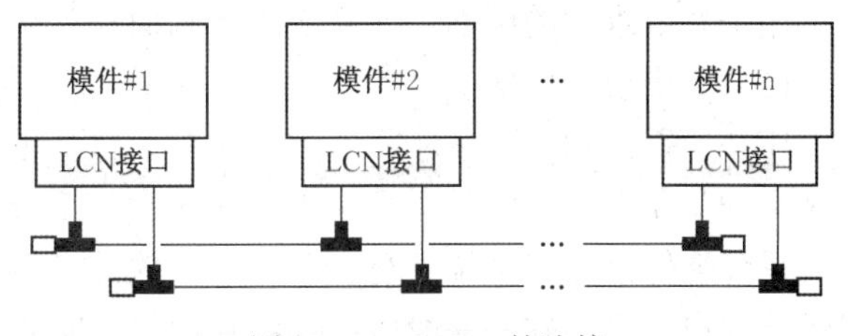

图1-7-11　LCN的连接

LCN常见设备包括通用操作站（US/U^{X}S/GUS）、历史模件（History Module，HM）、网络接口模件（Network Interface Module，NIM）、应用模件（Application Module，AM/A^{X}M）、高速数据通道接口（Hiway Gateway，HG）、计算机接口（Computer Gateway，CG）、可编程逻辑控制器接口（Programmable Logic Controller Gateway，PLCG）等。

一条LCN网络上最多可挂接64个节点，其中至少要配置一个操作站、一个NIM和一个HM，最多可安装20个HM、10个CG和20个NIM（HG、PLCG）。LCN对US、AM的数量没有上限，最多可配置到64个。除操作站外，其他节点均可采用冗余配置。冗余设备的主设备节点地址为奇数，副设备节点地址为偶数。

（2）US操作站

操作站是系统中的主要人机接口，是LCN网络上的节点之一，能满足操作人员、管理人员、系统工程师及维护人员的各种操作需要，工艺操作员通过操作站对装置上的各种工艺参数进行监控，工程师通过操作站对系统进行维护和组态。

LCN上可以使用的操作站有三种类型：通用操作站（Universal Station，US）、带Unix的通用操作站（Universal Station ^{X}，U^{X}S）和全方位用户站（Global User Station，GUS）。US和U^{X}S是单窗口操作站，GUS是基于MS Windows NT操作系统的多窗口操作站。

根据操作站的外形，可以分为传统台式操作站（如图1-7-12）、Z形台式操作站（如图1-7-13）和桌面式操作站。

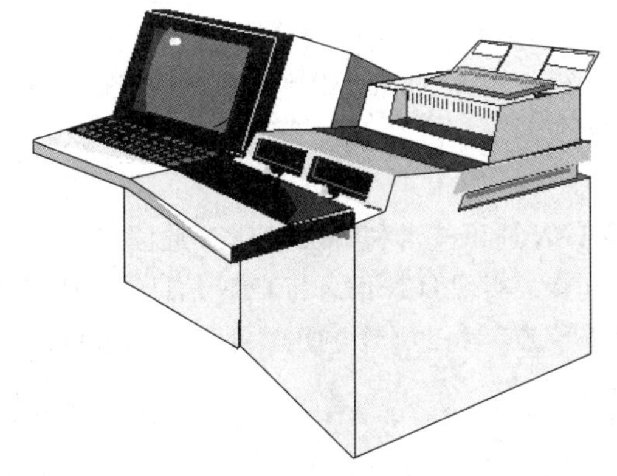

图1-7-12　传统台式操作站

图1-7-13　Z形台式操作站

操作站具备画面管理功能，其画面可分为标准画面和用户自定义画面两大类。标准画面是厂家在系统中设定的画面功能，通常有细目画面、报警画面、控制组画面、趋势画面等。用户自定义显示功能是面向用户系统而设计的，如流程图画面、复杂回路画面等。

用于过程操作的典型画面有流程图画面、控制组画面、点细目画面、单元趋势画面、区域趋势画面、单元报警画面、区域报警画面和总貌画面等。

用于系统维护的画面，在系统菜单画面和系统状态画面中通过选项调用。

(3) 历史模件(HM)

HM 是系统中的唯一的永久性存储单元，是 LCN 上唯一具有自启动能力的节点，也是 LCN 上的必备节点。它的主要功能是用来存储系统软件、用户软件和过程历史数据。

系统软件是支持系统进行正常工作的软件，由霍尼韦尔公司以软盘或卡盘或光盘的形式提供给用户。系统软件一般应在系统初次启动时安装到 HM 中。

应用软件是指用户的组态结果，包括了用户编制的应用数据库、控制语言和用户操作画面等，为方便操作和维护，这些应用软件一般应存放于 HM 的用户卷中或用户目录中。

(4) 网络接口模件(NIM)

NIM 是 TPS 系统连接 LCN 与 UCN 的节点，它既是 LCN 上的节点，同时又是 UCN 上的节点，具有双重身份。鉴于 NIM 处于 LCN 与 UCN 之间，发挥着承上启下的作用。因此，一般都为冗余配置。

(5) 应用模件(AM)

AM 通过 UCN 上的设备实现复杂控制。除一组标准的算法外，允许用户使用 CL 程序开发用户的算法和控制策略。

(6) 网关

网关(Network Gateway，NG)提供多条 LCN 之间的文件和点的访问。

3. 通用控制网络及设备

(1) 通用控制网络(UCN)

UCN 是 TDC3000/TPS 系统中直接面向过程设备的网络，是过程网络之一。

UCN 网络采用 IEEE 802.4 标准通信协议，通过点对点(PEER-TO-PEER)通信方式使网络上的所有设备共享数据。

UCN 网络采用双电缆冗余通讯方式，通信速度是 5 兆位/秒，载波、令牌总线网络通信，UCN 网络通常距离为 300 米。

UCN 可接 64 个单个设备或 32 对冗余设备，其节点均可采用冗余配置。UCN 设备包括：网络接口模件(NIM)、过程管理器(Process Manager，PM/APM/HPM)、逻辑管理器(Logic Manager，LM)和安全管理器(Safety Manager，SM)。

(2) 网络接口模件(NIM)

NIM 提供了 LCN 和 UCN 间的通讯，它实现由 LCN 通讯技术和协议与 UCN 通信技术和协议间的转换，实现 LCN 网络时钟与 UCN 网络时钟的同步，实现 LCN 信息与 UCN 信息的沟通。

一条 UCN 网络至多可挂接 3 对冗余的 NIM 节点，每组(个)NIM 可以组态 8000 个数据点。

(3) 过程管理器(PM/APM/HPM)

过程管理器前后有三个产品，即过程管理器(PM)、先进过程管理器(APM)和高性能过程管理器(HPM)，这里把它们笼统地称作过程管理器，并以 HPM 为例介绍它们共同的特性。

过程管理器是 UCN 网络系统的核心设备，可使用多种 I/O 接口板，有丰富的控制算法，有面向过程工程师的高级控制语言(Control Language，CL)，能满足流程工业各种过程信号的检测和控制需要。

过程管理器能提供控制组件和 I/O 子系统的 1∶1 冗余，为生产提供可靠的安全保障。

(4) 逻辑管理器(LM)

LM是专门用于逻辑控制的现场控制设备。一方面，LM具有PLC的特点，擅长于逻辑运算和顺序控制；另一方面，LM作为UCN设备，可以方便地与系统中各设备进行通信，使DCS与PLC有机地结合并能使其数据集中显示、操作和管理。

(5) 安全管理器(SM)

SM是霍尼韦尔故障安全控制器(Failure Safety Controller，FSC)在UCN中的名称。SM提供快速的数据采集和逻辑运算功能，它是生产装置安全运行的最后一道自动化安全防线。

4. 过程操作

操作站是工艺操作员对装置上的各种工艺参数进行监控、组态和维护人员对系统进行维护和组态的界面。操作人员通过浏览操作站上显示的画面，查阅各种参数，了解过程信息及报警信息。

(1) 常用操作画面

点细目画面(DETAIL)　如图1-7-14(a)所示，点的细目画面是一个既可以进行监视或操作，又反映了该点全貌的多页画面。通过细目画面可以了解一个数据点的大多数组态参数和运行参数，能够进行数据点维护和过程操作。

组画面(GROUP)　如图1-7-14(b)所示，在一幅组画面上，可以显示最多8个彼此相关的点，也可以修改这些点的主要操作参数，达到控制的目的。组画面上还可以显示这些点的历史趋势或实时趋势，如图1-7-14(c)。

流程图画面(SCHEM)　如图1-7-14(d)所示，流程图画面为用户画面，可在工艺流程示意图上动态显示各种操作信息，使操作员能直观地了解工艺的动态过程，方便操作，有利于控制生产过程。

报警汇总画面(ALARM SUMMARY)　如图1-7-14(e)所示，分区域报警汇总画面和单元报警汇总画面。每种报警汇总画面最多可显示100个最近发生的报警信息。

趋势画面(TREND)　如图1-7-14(f)所示，分区域趋势画面和单元趋势画面，每种趋势画面最多可在12个趋势图坐标系里显示24个实数参数(PV，SP或OP)的趋势记录曲线。

(2) 过程报警信息

过程报警信息主要显示在报警汇总画面中，如图1-7-14(e)。画面中的一行代表一条报警信息，每条报警信息形式如下：

*07：54：20H FIC101 PVLO　17.50 TOTAL INLET FLOWAA17.13 M3/H

其中依次包含以下信息：报警标志、报警时间、报警级别、报警点名称、报警类型、报警限、报警点描述、报警点所在单元、报警点当前值以及报警点的工程单位。

“*”为报警标志，闪烁表示该报警未经确认，亮表示报警信息已经过确认，但报警仍存在。报警标志显示的颜色代表报警级别。

显示的报警级别为紧急(E)、高级(H)和低级(L)。

报警类型有很多种，常见的有PV值超高限(PVHI)、PV值低于低限(PVLO)等。

(3) 主要操作参数

系统中的主要操作参数有：

PV(Process Variable)，过程变量，一般来自变送器，也可来自其他数据点；

SP(Set Point)，给定值，控制回路投自动后，由操作员设置；

OP(Output)，输出值，控制点或输出点的输出参数；

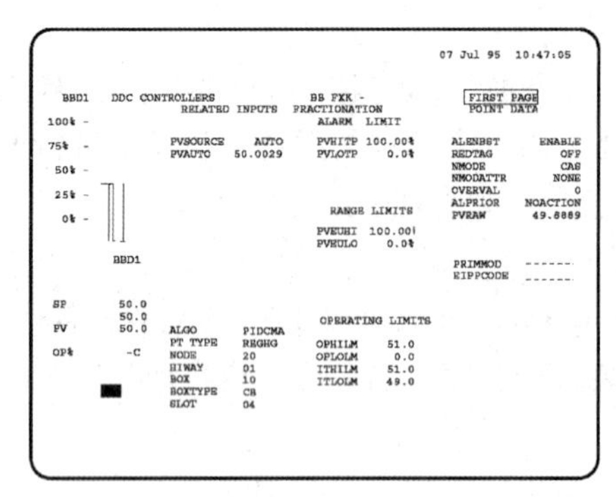

(a)点细目画面

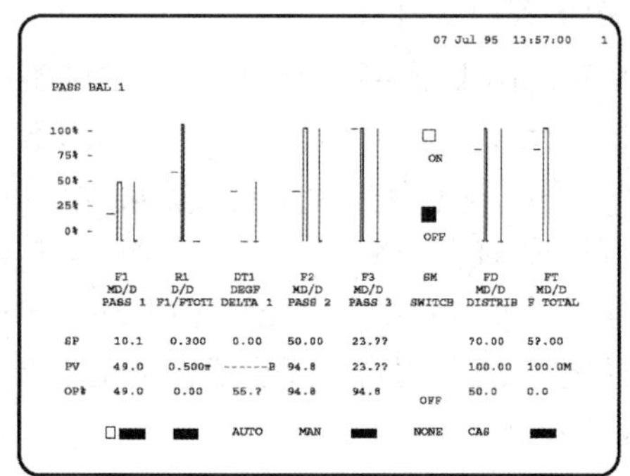

(b)操作组画面

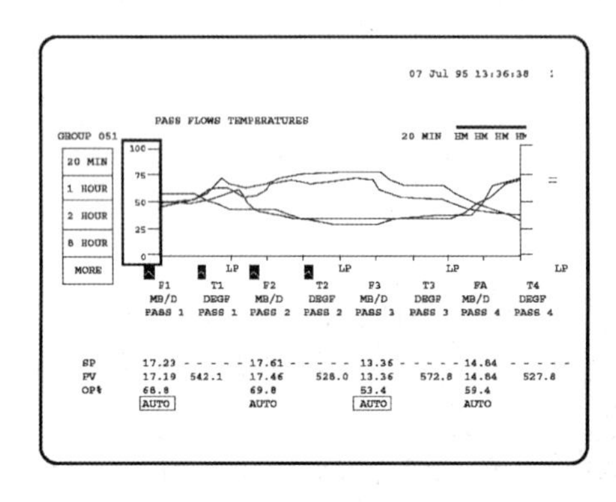

(c)组趋势画面

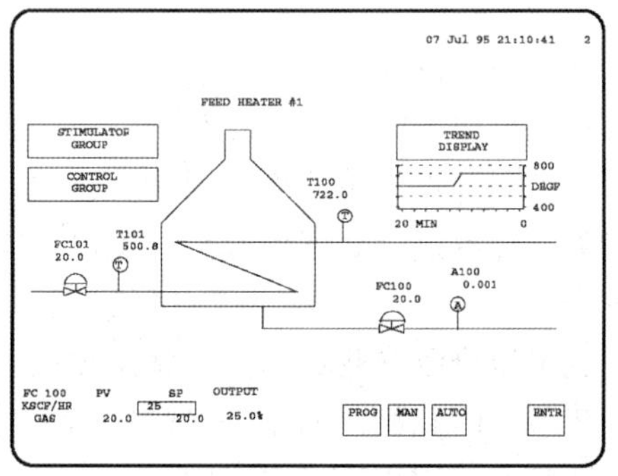

(d)流程图画面

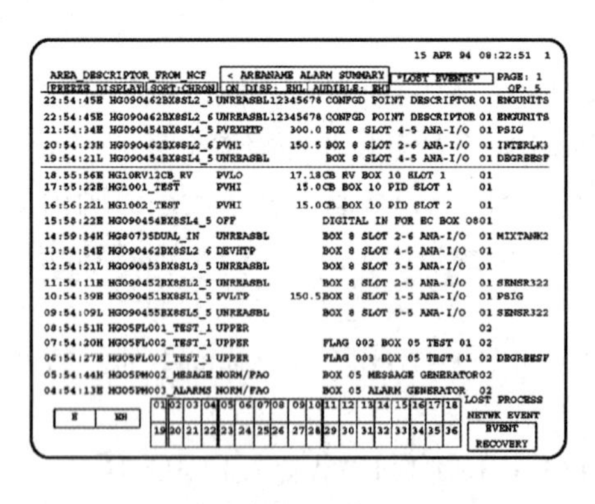

(e)报警汇总画面

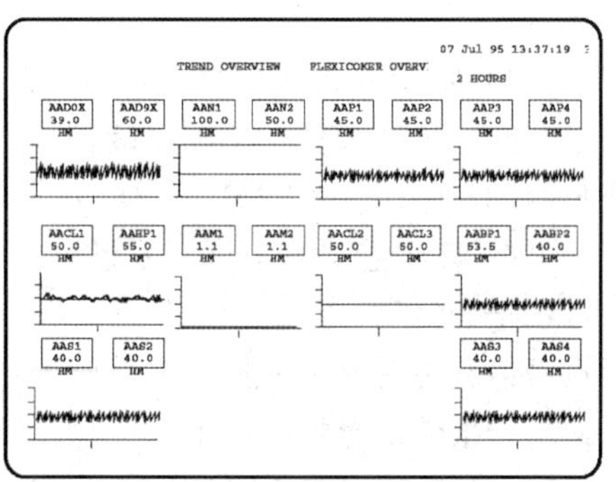

(f)区域趋势画面

图 1-7-14　TPS 常用操作画面

MODE，操作方式，控制点的操作方式有手动(MAN)方式、自动(AUTO)方式、串级(CAS)方式以及后备串级(BCAS)方式；

K，PID 算法的增益，即放大倍数。

T1，PID 算法的积分时间常数，单位为 min；

T2，PID 算法的微分时间常数，单位为 min；

PVHHTP、PVLLTP、PVHITP、PVLOTP，分别为 PV 值高高限、低低限、高限及低限报警设定值。

7.2.3 CENTUM CS 3000 系统

CENTUM CS 3000(简称为 CS 3000)是适用于大、中型石油化工过程控制的 DCS 产品。

1. 系统结构

系统主要由以太网、V 网以及网络上的人机界面站(HIS)、控制站(FCS)等设备构成,其网络结构如图 1-7-15 所示。

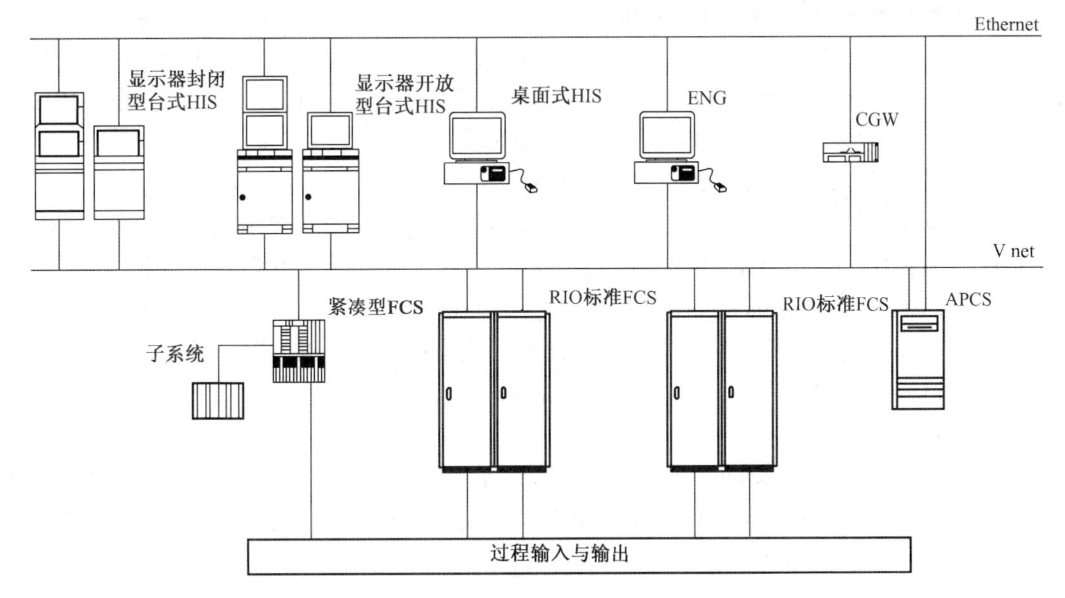

图 1-7-15 CENTUM CS 3000 系统网络结构图

CS 3000 系统的通信总线包括以太网和 V 网两层。

V 网是用于连接 FCS,HIS 等站点的实时控制总线,它的主要特点是:

① 传输介质 10base2,10Ω 同轴电缆;

② 连接器 BNC 转换器;

③ 连接 总线型,多点连接;

④ 冗余 双重化冗余;

⑤ 传输距离 细缆 185m,粗缆 500m,光纤 20km;

⑥ 传输速率 10Mbps。

以太网用于连接 HIS 和上位机,可以实现信息和趋势数据共享,减轻 V 网负担。若系统中只有一个具有工程师功能的 HIS,则可以不要以太网。

2. 系统主要设备

系统的主要设备包括人机接口站(HIS)、现场控制站(FCS)、总线转换器(BCV)和通信网关(CGW)等。

(1) 人机接口站(Human Interface Station,简称 HIS)

HIS 是 CS 3000 系统的操作站,使用 Windows NT/2000/XP/Vista 操作系统,用于完成系统的实时监视和过程操作。HIS 功能主要有以下几个方面:

窗口操作功能 该功能以生产过程的监视和操作为主,通过各种操作监视窗口,完成对生产过程的监视、操作、报表管理、安全权限管理等任务。

数据处理功能 采集和保存各种过程数据和历史记录,并可以以趋势图或报表方式通过打印机或文件输出。另外，上位机可以通过 DDE 或 OPC 接口与 HIS 进行通信，以获取系统的实时过程数据。

系统维护功能　系统维护功能用来诊断系统和运行维护，通过各种维护窗口显示系统的软硬件的工作状态，监视操作状态。此外，带工程师功能的 HIS(通常称为工程师站，ENG)还具有系统组态、调试和项目下装、自动生成存档文件等功能。

（2）现场控制站(Field Control Station，简称 FCS)

FCS 为 CS 3000 提供过程控制功能，如常规控制、顺序控制、批量控制和复杂运算等。FCS 接收现场信号并进行信号类型转换，同时根据工程设定条件和 HIS 发出的指令完成过程控制功能，并将输出信号转换成现场信号送给现场设备。

（3）总线转换器(Bus Converter，简称 BCV)

总线转换器主要用于系统扩展，通过总线转换器连接不同版本的 CENTUM 系统的控制总线，如 CS 3000、CS 1000、CENTUM CS 或 XL，使之集成为一个系统进行集中监视和操作。

（4）通信网关(Communication Gateway，简称 CGW)

通信网关用于实现控制总线和其他总线之间的通信连接，如以太网。通过网关，上位机可以无需经过操作站 HIS 直接访问现场控制站 FCS。

3. HIS 的窗口类型

HIS 的监视和操作功能通过各种窗口来完成。窗口主要有两类：系统定义窗口和用户定义窗口。系统定义窗口在启动 HIS 时由系统自动生成，无需组态；用户定义窗口则需要根据工艺要求由用户进行组态。

（1）系统定义窗口

系统定义窗口主要有系统信息窗口、仪表面板和调整窗口、导航器窗口、报警信息窗口、过程报告窗口、历史报告窗口等。

①系统信息窗口(System Message Window)

系统信息窗口通常位于监视器屏幕的上端，总在最前面不会被其他窗口遮挡。系统信息窗口中提供了多种功能按钮，用以完成各种窗口的调用，同时在这个窗口中可以显示最新的过程报警信息。如图 1-7-16 所示。

② 仪表面板(Faceplate)

仪表面板是系统为功能块提供的特定的操作窗口，在仪表面板窗口中可以显示仪表回路的主要参数，并且可以通过仪表面板对参数进行修改。如图 1-7-17 所示。

图 1-7-16　系统信息窗口

1—过程报警窗口；2—系统报警窗口；3—操作指导信息窗口；4—操作和监视信息窗口；5—用户切换窗口；6—菜单；7—辅助菜单；8—预置菜单；9—工具框；10—导航器窗口；11—名称输入对话框；12—窗口循环显示；13—清屏；14—报警消音；15—最新报警显示区；16—屏幕拷贝

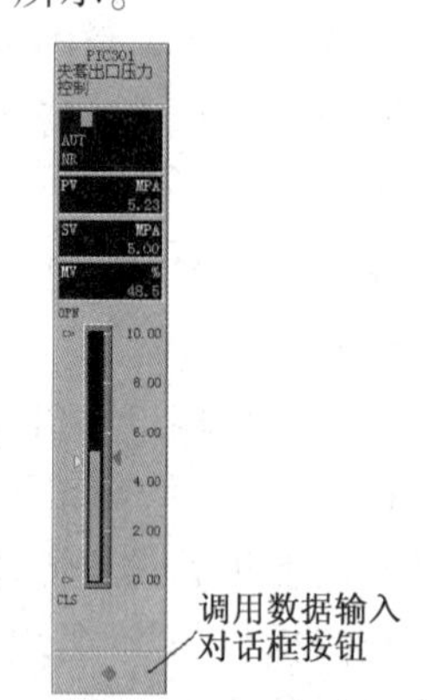

图 1-7-17　仪表面板举例

在仪表面板上可以显示回路的工位号、工位注释、回路运行方式、报警状态、测量值 PV、给定值 SV、输出值 MV，以及显示量程的上、下限、阀门的输出方向等。

另外，还可以在仪表面板上直接修改回路的运行方式、给定值和输出值。

③ 调整窗口(Tuning)

调整窗口由工具栏、功能块参数显示区、趋势显示区和仪表面板组成。每一个仪表面板都有一个对应的调整窗口。如图 1-7-18 为 PID 功能块的调整窗口。

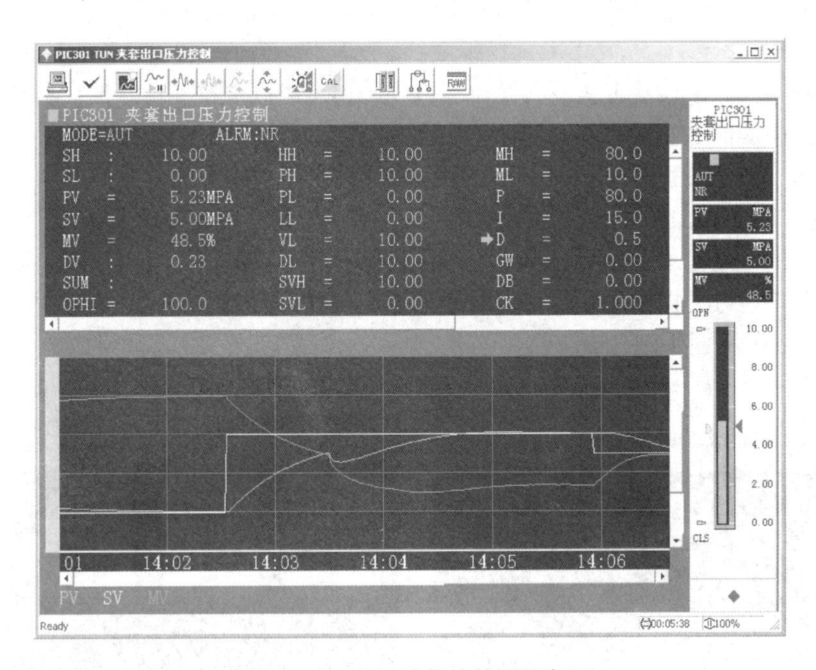

图 1-7-18 PID 功能块的调整窗口

调整窗口主要有以下几个功能：

- 监视和操作回路的过程参数；
- 显示回路的测量值 PV、给定值 SV、输出值 MV 的实时趋势；
- 确认回路报警；
- 报警禁止、校验状态、操作挂牌设置；
- 调用控制策略图。

参数显示区显示功能块所有过程参数的当前值。这些参数根据功能块类型的不同而不同。PID 功能块的调整窗口中参数含义如下：

SH、SL——测量值的上限、下限；

DV——偏差(PV-SV)；

OPHI、OPLO——输出高报、低报设定值指针；

MSH、MSL——输出值的上限、下限；

HH、PH、PL、LL——测量值的高高报、高报、低报、低低报设定值；

VL——变化率报警设定值；

DL——偏差报警设定值；

SVH、SVL——设定值上限、下限；

MH、ML——输出高报、低报设定值；

P、I、D——比例度、积分时间、微分时间；

GW——非线性间隙宽度；

DB——死区；

CK——补偿增益；

CB——补偿偏置；

PMV——预置输出值。

④ 导航器窗口(Navigator)

在导航器窗口中可以看到所有用户定义和部分系统定义的监视和操作窗口，这些窗口文件以树型方式显示，可以使用鼠标直接调用。

(2) 用户定义窗口

用户定义的窗口主要有流程图窗口、总貌窗口、控制组窗口、趋势窗口等。

① 流程图窗口(Graphic)

流程图用于显示带监控点的生产过程，文件名通常以 GR 开头，如 GR0001。见图1-7-19。

在流程图中，除了显示工艺设备及流程以外，还可以以字符、柱状图、指针等方式显示各种工艺参数的实时数据，并可以通过触标、按钮、软键等功能调用相关窗口，如仪表面板、整定画面、其他流程图等。

② 总貌窗口(Overview)

总貌窗口的作用是集中显示与整个生产过程相关的各类窗口，并可以通过窗口中的总貌块调用这些窗口，方便操作员了解生产流程，方便操作。总貌窗口的文件名通常以字母 OV 开头，如 OV0001。见图 1-7-20。

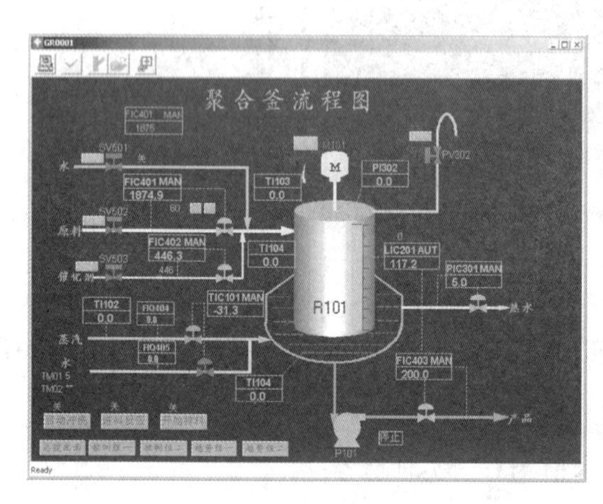

图 1-7-19　流程图窗口

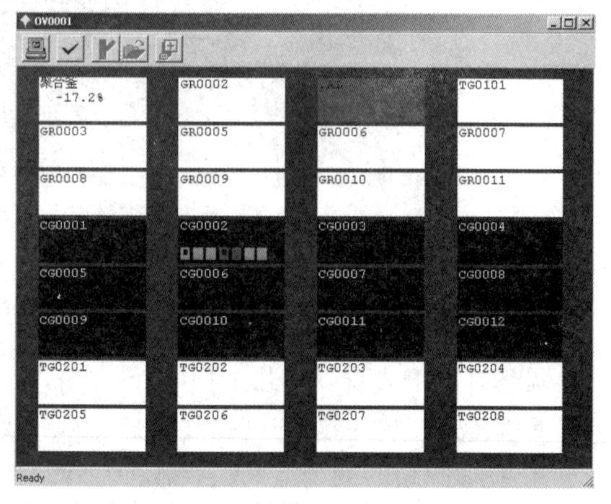

图 1-7-20　总貌窗口

在总貌窗口中，每个总貌块除了具有窗口调用功能以外，还具有显示功能，可以显示窗口注释、报警状态、过程值等。

③ 控制组窗口(Control Group)

控制组窗口是仪表面板集中显示窗口，可以将多个回路的仪表面板显示在一个窗口中。每个窗口中可以显示 8 个或 16 个仪表面板，通常使用 8 回路控制组窗口。这类窗口的文件名通常以 CG 开头，如 CG0001，见图 1-7-21。

④趋势窗口(Trend)

趋势窗口是获取各种类型过程参数，并以不同颜色的曲线来显示实时数据和历史数据的窗口。每个趋势窗口最多可以显示 8 个趋势点，每条趋势线的颜色与趋势点序号的颜色一一对应。趋势点的格式是：工位号，参数项，如 LIC1001. PV。文件名通常以 TG 开头，如 TG0101，见图 1-7-22。

在趋势窗口还可以实现报警确认、修改趋势显示比例、显示长趋势数据等功能。

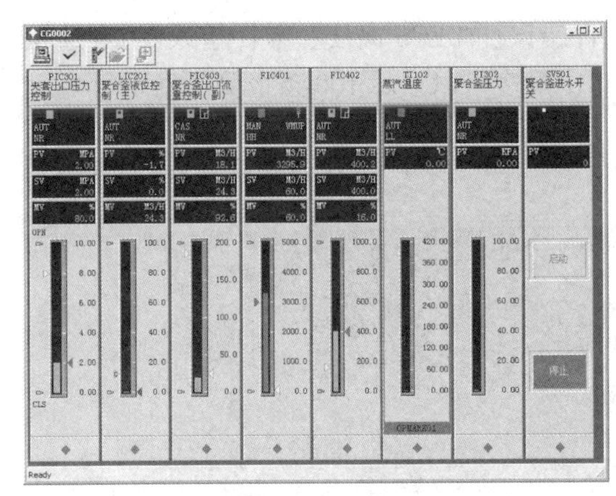

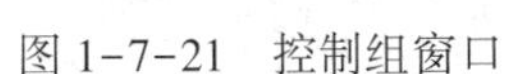

图 1-7-21　控制组窗口

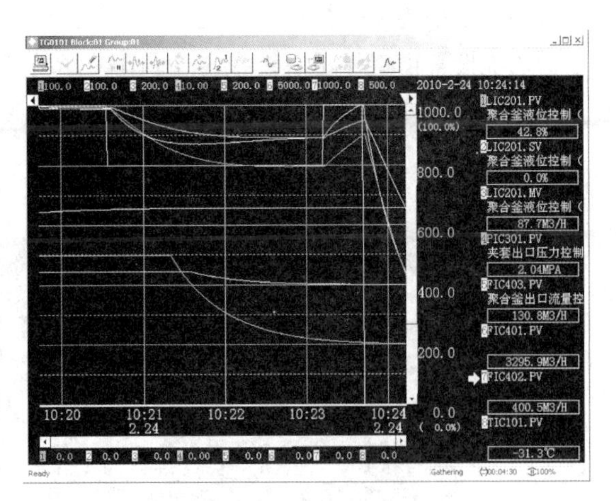

图 1-7-22　趋势窗口

4. 报警信息

在 CS 3000 系统中，报警分为过程报警、系统报警和操作指导信息三类。每种报警都有单独的显示窗口。

(1) 过程报警窗口

过程报警窗口用于显示过程报警信息，如图 1-7-23 所示。

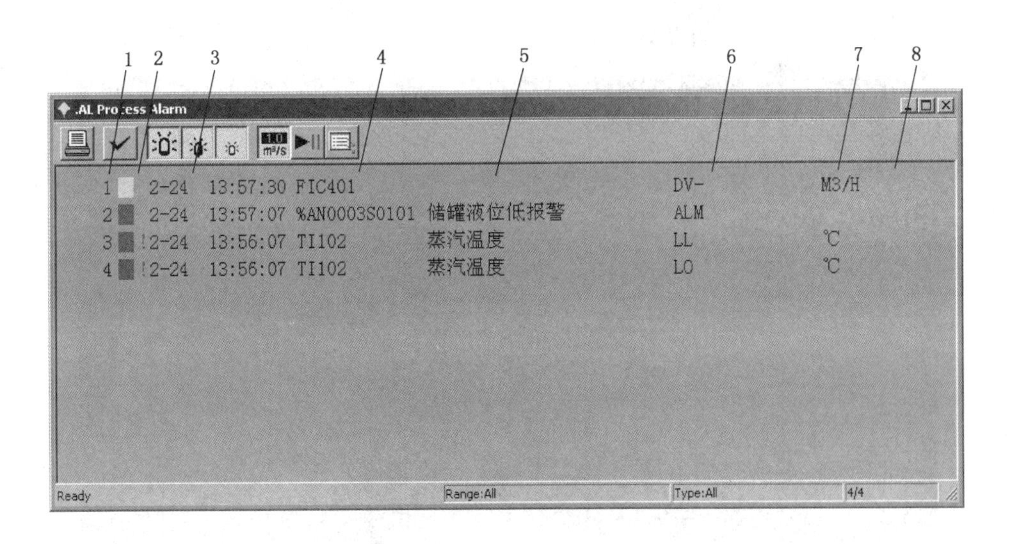

图 1-7-23　过程报警窗口

1—报警信息序号；2—报警级别；3—报警日期和时间；4—报警工位；

5—工位注释；6—报警类型；7—当前测量值；8—当前报警状态

在过程报警窗口中，最多可以显示 200 条报警信息。每条报警信息包含报警时间、报警工位、报警类型等内容。

在过程报警窗口中对报警信息进行确认有组确认和单独确认两种方式。组确认方式下可以对报警信息进行整屏确认，而单独确认方式下是对报警信息进行逐条确认。两种报警确认方式在 HIS setup 窗口中进行切换。

(2) 系统报警窗口

系统报警窗口显示系统报警窗口显示系统硬件错误(如 FCS 离线、卡件错误等)和通信错误等信息，如图 1-7-24 所示。在系统报警窗口中最多可以显示 100 条报警信息。

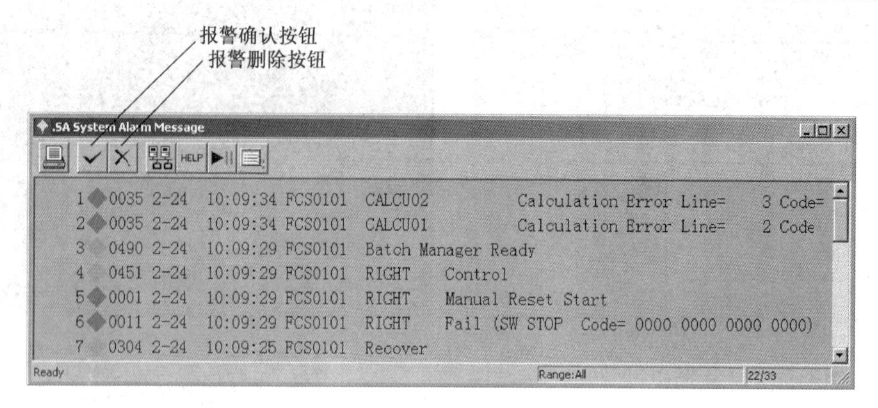

图 1-7-24　系统报警窗口

通过系统报警窗口工具栏中的确认键和删除键可以对系统报警信息进行确认和删除。

(3) 操作指导信息窗口

操作指导信息窗口按信息产生时间的顺序显示操作员指导信息，提示操作员注意生产过程状况，如图 1-7-25 所示。操作指导信息产生后可以对信息进行确认和删除。

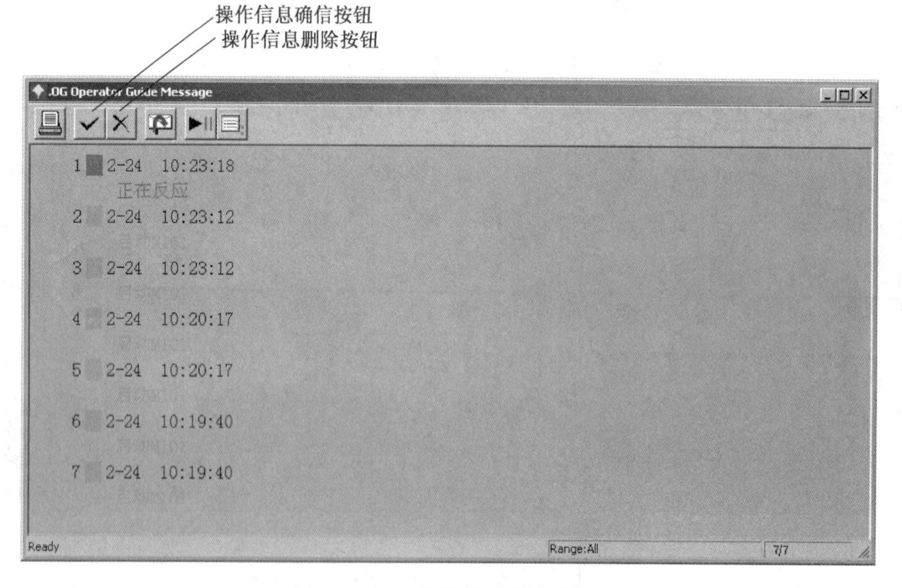

图 1-7-25　操作指导信息窗口

第8章　自动化仪表的安装

石油化工生产过程的复杂性，对自动化仪表及控制装置的应用提出了更高的要求。这主要体现在每一种仪表都是针对具体应用而设计制造的，只有当安装环境与使用条件与设计规定吻合时，仪表才能发挥其正常的作用。因此，仪表的安装施工不能随意进行，必须遵循相关规程、符合相应标准。本章主要介绍仪表安装施工的主要内容、施工图的识读以及过程检测仪表和调节阀的安装要求和注意事项。

8.1　自动化仪表安装施工基本知识

8.1.1　安装施工的主要工作内容

石油化工自动化仪表及控制装置(简称自动化仪表、自控仪表或仪表系统)的安装与调试是生产装置安装不可缺少的组成部分。

从对石油化工过程参数进行测量与调节的原理及过程来看，自控仪表的安装就是按顺序实施自控仪表组成回路的过程。自控仪表安装内容非常广泛，包括仪表设备、管、线、缆、盘、柜、桥架、支架及附件等安装。

自控仪表用于石油化工生产过程中，需要评定仪表品质和质量指标及仪表组成回路系统的误差精度，这个过程就是自控仪表的“调试”。自控仪表调试就是为了排除仪表和仪表安装组合后的回路系统存在的所有故障，核对、检查仪表性能指标和回路的各项指标是否符合规定或规范要求，以便使回路能顺利投入运行。

广义地说自动化仪表工程的安装包含安装与调试两项工作。

8.1.2　仪表安装工作特点

自动化仪表及装置要完成检测或控制任务，其各个部件必须组成一个回路或组成一个系统。仪表安装就是把各个独立的部件即仪表、管线、电缆、附属设备等按设计要求组成回路或系统，完成检测或控制任务。仪表安装有其特殊性，如工种多，技术要求严，与工艺联系密切，施工期短，安全技术突出等，正是这些特点构成了讨论仪表安装工作的基础。

(1) 工种多　安装仪表设备，除需要有焊工、钳工、管工、电工和仪表工等主要工种外，还有土木、油漆等辅助工种。由于这个特点，要求仪表安装队需按一定的比例配备这几方面的人员。

(2) 安装技术要求严　主要是由于仪表品种繁多，形式多样，以及安装对检测的准确性及系统运行质量有可能引起重大影响。例如，一次元件安装不符合技术要求时，有可能造成很大的检测误差。又如在高压设备上的施工，任何马虎或不按规程办事，所引起的生产事故损失可能更是无法估量。从控制系统本身而言，许多工厂由于仪表安装得不合理，从而不能达到设计的预期目的。由于仪表型号众多，要求仪表安装人员必须具有仪表工作原理、使用方法、注意事项等基本知识，同时还要求他们对工艺也应有所了解，这对深刻领会仪表安装中的各项技术要求、设计意图会有很大帮助。

(3) 与工艺联系密切　仪表是为工艺生产服务的，仪表的安装工作也只是整个安装工作的一个组成部分。在施工中工艺是主体，仪表安装要从属于工艺。每当它们之间发生矛盾时，往往仪表就得让路。例如仪表管线与工艺管线相碰时就得改道。当然，在一些有关检测质量的重大原则上，例如孔板安装的直管段问题，仪表安装仍应坚持有关安装规范，要求工艺作出一定的让步，以满足仪表的技术要求。安装中若出现此类情况时，仪表安装人员应主动与工艺安装人员取得密切联系，使他们能考虑到仪表的特殊要求，事先予以配合。

(4) 施工期短　由于仪表安装在整个安装工程中处于从属地位，因此它在现场的施工期是不允许延长的。通常在主体安装完成70%之前，仪表施工往往还无法进入现场。但当仪表施工刚刚展开，工艺主体设备安装就已进入尾声。为了不影响工艺设备、管道的试压和试运转，必须催迫仪表安装工作加紧进行。如此看来，仪表安装的组织工作是极其重要的，特别是充分做好施工前的物资准备，制订合理的施工计划，有效调度施工期间技术力量，对保证安装质量，加速安装进度有很大的意义。

(5) 安全技术突出　因为高空作业、露天作业、交叉作业多及其他原因，使得安全技术要求突出。

另外，除与工艺专业外，仪表安装还与其他专业有着密切的联系。例如土建专业，仪表管线的穿孔及支承都要求土建时给以准备，才不致造成返工或影响施工进度。因此，安装工作必须有统一的领导和各方面彼此的协作。

由于仪表安装工作有以上特点，要求仪表安装人员必须具有较广泛的知识，熟练而全面的技能。

8.1.3　仪表安装术语

(1) 一次点(又称检测点)　指检测系统或控制系统中，直接与工艺介质接触的点。如压力检测系统中的取压点，温度检测系统中的热电偶、热电阻安装点等。一次点可以在工艺管道上，也可以在工艺设备上。

(2) 取源部件　通常指安装在一次点的仪表加工件。如压力检测系统中的取压短管，测温系统中的温度计管咀。

(3) 一次阀门　又称取压阀。指直接安装在取源部件上的阀门。如与取压短节相连的压力检测系统的阀门，与孔板正、负压室引出管相连的阀门等。

(4) 一次仪表　现场仪表的一种。是指安装在现场且直接与工艺介质相接触的仪表。如弹簧管压力表、双金属温度计、差压变送器等。

(5) 一次调校　通称单体调校。指仪表安装前的校验。按《工业自动化仪表工程施工及验收规范》的要求，原则上每台仪表都要经过一次调校。只有一次调校符合设计或产品说明书要求的仪表，才能安装，以保证二次调校的质量。

(6) 二次仪表　是指仪表示值信号不直接来自工艺介质的各类仪表的总称。二次仪表的输入信号通常为变送器变换的标准信号。二次仪表接受的标准信号一般有两种，即：气动信号(0.02~0.10MPa)和电动信号(4~20mADC)。

(7) 现场仪表　是安装在现场仪表的总称，它包括所有一次仪表，也包括安装在现场的二次仪表。

(8) 二次调校　又称联校、系统调校。指仪表现场安装结束后，控制室配管配线完成而且校验通过后，对整个检测回路或自动控制系统的检验。也是仪表交付正式使用前的一次全面校验。其校验方法通常是在检测环节上加一信号，然后仔细观察组成系统的每台仪表是否工作在误差允许范围内。如果超出允许范围，又找不出准确的原因，要对组成系统的全部仪表重新调试。二次调校通常是一个回路一个回路地进行，包括对信号报警系统和联锁系统的试验。

(9) 仪表加工件　它是全部用于仪表安装的金属、塑料机械加工件的总称，它在仪表安装中占有特殊地位。

(10) 带控制点流程图　用过程检测和控制系统设计符号来描述生产过程自动化内容的图纸。它详细地标出仪表的安装位置，是确定一次点的重要图纸，是自控方案和自动化水平的全面体现，也是自控设计的依据，并供施工安装和生产操作时参考。

8.1.4　仪表安装常用图形符号及文字代号

(1) 仪表安装常用图形符号见表1-8-1。

(2) DCS系统、逻辑控制器、计算机系统图形符号见表1-8-2。

(3) 仪表连接线的图形符号见表1-8-3。

表1-8-1　仪表安装常用图形符号

名　称	图　形　符　号	名　称	图　形　符　号
嵌在管道中的检测仪表(圈内应标注仪表位号)	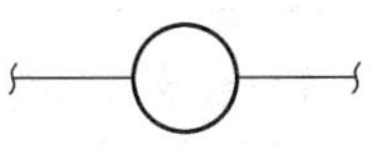	带弹簧的气动薄膜执行机构	
就地安装仪表		无弹簧的气动薄膜执行机构	
集中仪表盘面安装仪表	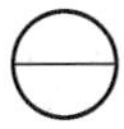	电动执行机构	 M
就地仪表盘面安装仪表	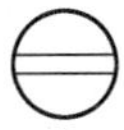	活塞执行机构	
集中仪表盘后安装仪表	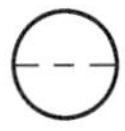	带能源转换的阀门定位器的气动薄膜执行机构	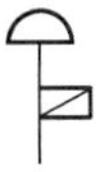
就地仪表盘后安装仪表	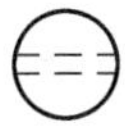	带人工复位装置的执行机构	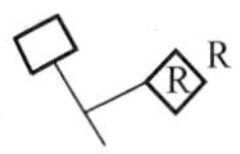 R R
通用执行机构		带远程复位装置的执行机构	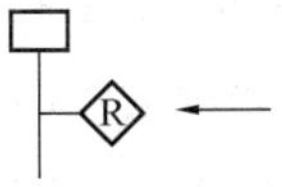 R
文丘里管及喷嘴		能源中断时控制阀保持原位置，允许向开启方向漂移	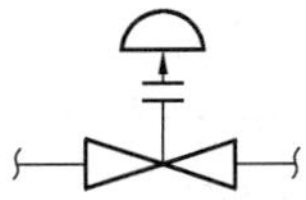
无孔板取压接头	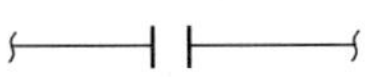	导压毛细管	
转子流量计		液压信号线	

续表

名称	图形符号	名称	图形符号
孔板		能源中断时调节阀开启	
带气动阀门定位器的气动薄膜执行机构		能源中断时控制阀关闭	
电磁执行机构	S	能源中断时控制阀保持原位置	
执行机构与手轮组合		能源中断时控制阀保持原位移，允许向关闭方向漂移	

表 1-8-2　DCS 系统、PLC、计算机系统图形符号

系统名称	图形符号	说明
分散控制系统共享显示或共享控制仪表，操作者通常是可存取的		在监视室内，进行图形显示，包括记录仪、报警点、指示器，具有： a. 共享显示； b. 共享显示和共享控制； c. 对通讯线路的存取受限制； d. 在通讯线路上的操作员接口，操作员可以存取数据
		操作者辅助接口装置： a. 不装在主操作控制台上，采用安装盘或模拟荧光面板； b. 可以是一个备用控制器或手操台； c. 对通讯线路的存取受限制； d. 操作员接口通过通讯线路

表 1-8-3　仪表连接线的图形符号

类别	图形符号	备注
仪表与工艺设备、管道上测量点的连接线或机械连动线	(细实线,下同)	
通用的仪表信号线		
连接线交叉		
连接线相接		
表示信号的方向		
当有必要区分信号线的类别时		
气压信号线		短划线与细实线成45°角，下同

续表

类　　别	图　形　符　号	备　　注
电信号线	或	
导压毛细管		
液压信号线		
电磁、辐射、热、光、声波等信号线(有导向)		
电磁、辐射、热、光、声波等信号线(无导向)		
内部系统链(软件或数据链)		
机械链		
二进制电信号	或	
二进制气信号		

(4) 字母代号。在控制流程图中，用来表示仪表的小圆圈的上半圆内，一般写有两位(或两位以上)字母，第一位字母表示被测变量，后继字母表示仪表的功能，常用被测变量和仪表功能的字母代号见表1-8-4。

表1-8-4　被测变量和仪表功能的字母代号

字母	首　位　字　母		后　继　字　母		
	被测变量	修　饰　词	读　出　功　能	输　出　功　能	修饰词
A	分析		报警		
C	电导率			控制	
D	密度	差			
E	电压(电动势)		检测元件		
F	流量	比率(比值)			
H	手动				高
I	电流		指示		
L	物位		灯		低
M	水份或湿度	瞬动			中，中间
P	压力，真空		连接或测试点		
Q	数量	积分，累积			
R	放射性		记录		
S	速度，频率	安全	开关，联锁		
T	温度		传送(变送)		
V	振动，机械监视			阀、挡板、百叶窗	
W	重量，力		套管		
X		X轴			
Y	事件，状态	Y轴		继动器，计算器，转换器	
Z	位置	Z轴	驱动器，执行器		

注：使用时字母含意需在具体工程的设计图例中作出规定，第一位字母是一种含意，而作为后继字母，则为另一种含意。

8.1.5 仪表施工图的识读方法

1. 仪表施工图

自动化仪表工程设计人员，按照国家、地区规定的工程建设方针政策、设计规程、规范标准，结合工程建设地点的有关资料，如地质、地貌、水文、气象、交通、能源、资源等条件及建设项目、业主提出的具体要求和建议，在批准的初步设计或扩大初步设计的基础上，运用制图学原理，采用国家或行业统一规定图例、符号、字母、代号、线型、数字、文字，绘制出一系列图纸来表示拟建项目中仪表设备安装位置、仪表管道、仪表线路、敷设方式和走向，以及与其他专业(如电气、工艺设备、管道等专业)之间互相关系及其实际形状、尺寸、规格、型号、材质的图样，并进行安装施工和核算造价的整套图纸和必要的文字说明文件等，称为自动化仪表工程施工图(简称仪表施工图)。

仪表施工图是仪表安装中，用来表达和交流技术思想的重要工具。设计人员用它来体现设计构思，施工人员用它来进行安装施工，使用单位人员依据它来指导使用、维修和管理等。工程预算人员用它来核算工程造价，所以人们通常把仪表施工图称为仪表工程的通用“语言”。每一项工程仪表安装施工图，不仅给上述人员使用，而且还要供给工程建设各有关部门(如业主的上级单位，工程所在地的规划部门，档案文献管理部门等)使用。

施工图必须准确、工整、简洁、清晰、整齐，各有关部分必须前后统一，所有图例、符号、代号，应符合国家有关规定和要求。

仪表施工图数量的多少，与工程的规模大小有直接的关系。大、中型工程的施工图，仪表设备多，检测、控制系统多，图纸数量就较多，一般多达上千张，而小工程的图纸一般只有几十张。仪表施工图按用途功能来划分，基本由五大部分组成，见图 1-8-1。

仪表施工图包含以下内容：

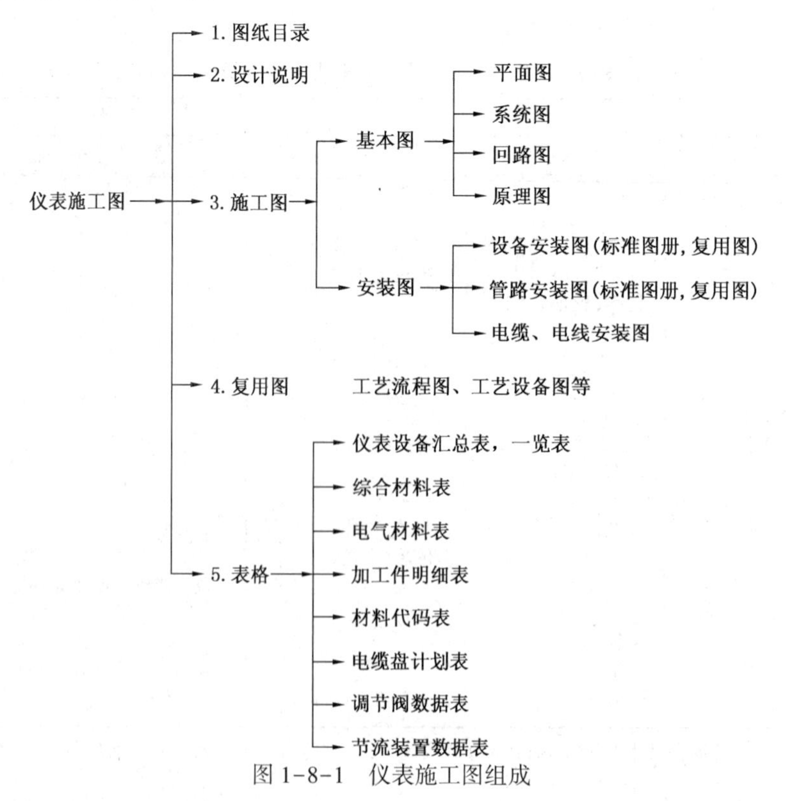

图 1-8-1 仪表施工图组成

（1）图纸目录

标明本套图纸组成情况的首页，称作“图纸目录”或简称“目录”。图纸目录主要标明本项工程由哪些图纸组成，以及各部分图纸的序号、名称、图号或编号、张次、张数、图幅、备注等栏目。

图纸目录的作用主要是便于查找图纸。图纸目录从工程项目大小和繁简程度，可以分为总目录和分目录。

为了与国际接轨，现施工图的文字一般用中英两种文字同时标出。

（2）设计说明(又称施工说明)

设计说明处于整套图纸的中心位置。凡在图纸上无法表示出来，而又必须使施工者了解的一切技术、质量、安全方面的问题，需要交代的所有事项，一般都需用文字加以说明，而设计说明也是设计人员充分表达其设计构思、设计原理的集中体现。

仪表专业施工图说明，没有统一的标准格式，因各工程项目具体情况不尽相同，有时差异较大，所以在设计说明交代的事项多寡不一，但一般情况下设计说明包括下列内容：

① 设计依据，设计文件的组成，批准机关，设计依据的有关工程合同，上级批准的文件等；

② 设计范围，本项工程的设计范围、合同、内容、供货范围等，尤其在中外合资或引进项目设计时，更要明确设计划分原则，中、外各方的设计范围等；

③ 明确执行规范标准的名称；

④ 明确工程性质：新建工程，扩建工程，或改建工程；

⑤ 施工要求，本工程的特点，施工中技术要求等；

⑥ 施工中安全、质量方面的要求，注意事项等；

⑦ 专业分工，专业施工配合问题；

⑧ 需要交代的其他问题。

（3）平面图

平面布置图习惯上简称平面图，是仪表施工图最全面、最具体反映出全局性安装内容的图纸。有仪表设备平面布置图、仪表电缆槽平面布置图、仪表管道平面布置图、仪表线路平面布置图等。总之确定安装位置、走向、敷设高度等都需用平面图来表示。

平面图中三要素是平面尺寸、图纸比例和标高。

① 平面尺寸　是以建(构)筑物的定位轴线为基准而标注的尺寸。

② 图纸比例　平面图中的尺寸，常进行放大或缩小，图上所画的尺寸与实物尺寸之比，叫做图纸的比例。图纸上所标注的比例，第一个数字表示图形尺寸，第二个数字表示实物对图形的倍数。例如 1∶50，其含义就是说实物是图纸尺寸的 50 倍。

③ 标高　分为绝对标高和相对标高。绝对标高，亦称海拔高度；相对标高是假定以某处的高度作为标准高度，而计算出的高度。一般读作正负零点零零，写作±0.00，通常是把厂房或建(构)筑物底层地面作为标高的零点。

标高符号的尖端指在被表示高度的部位，横线上面注明标高。高于正负零的标高为正，但一般不注正号“+”如 3.550；低于正负零的为负，但必须在数字前加负号“-”，如-0.250，表示比底层室内地面低 0.25m。

标高符号尖端下面的引出线是表示物体高度的分界线。标高尺寸单位为 m，一般注写到小数点后第三位。在总平面图中，可注写到小数点后第二位。总平面图室外地面标高符号，应用涂黑的三角形表示。

另外，平面图上还画有指北针符号、剖视图及剖切位置图。

(4) 回路图

仪表回路图，是反映仪表回路组成的图，按仪表位号系列，反映检测和控制回路中由哪些仪表设备组成，及它们之间构成回路的连接关系。通过回路图很方便地了解整个回路情况。

(5) 系统图

仪表系统图是按仪表系统划分，表示仪表系统整个情况的图纸，一般有仪表系统图、气源供气系统图、仪表伴热系统图、接地系统图等，反映组成仪表系统的仪表设备、仪表材料等构造系统的情况。

(6) 原理图

要了解组成仪表检测、控制、联锁报警系统的控制原理，了解其内在的组成系统的基本原理，即它们按照哪些控制原理工作，输入、输出之间的关系，有什么控制规律等，均需通过原理图来掌握。

(7) 安装图

仪表安装图反映设备的安装形式、连接方式，仪表管路、仪表线路的安装方式及所需材料的明细等。有些采用标准安装图册的标准、复用出图纸，或标注出标准图号，以便查阅。

所谓标准安装图册是由国家有关部门统一组织，制定颁发的在全国或某行业内执行的标准图册。它有一定的通用性。设计、施工中经常选用其中的一些图，我们称为通用图或设计上采用复用形式选定。

(8) 设备一览表

是描述仪表设备本身技术条件和使用条件详细的数据表。设备一览表中以仪表位号和检测参数按序排列，反映技术参数的有规格、型号、量程范围、数量、使用时的技术条件，如使用时的压力、温度、操作要求及联锁报警值数据等。

(9) 综合材料表

汇总了该工程仪表施工中所有的钢材、管材、非金属材料等主要施工材料和电缆槽、电缆、电线、补偿导线、防爆箱盒、按钮，接线端子等材料汇总表。按材料的名称规格、型号、材质、数量、内容，详细列出的材料，是仪表材料的主要图纸，是工程材料计划的主要依据。

(10) 加工件明细表

仪表施工中最繁杂的材料就是各种加工件，包括法兰、各种接头、管件、大小头等，按照种类、材质、工作标准等列出有几十种之多。所以，设计图中仪表加工件都是按不同材质、种类、工作标准和仪表位号详细列出，以便在统计和使用中能确保准确无误。

(11) 材料代码清单

在最近设计中，为方便材料统计和汇总，采用代码清单来汇总材料，为计算机在工程中的应用创造条件。

(12) 调节阀数据表

调节阀是仪表控制系统中的执行单元的设备，有很重要的地位，不论何种先进软件和系统，最终都要通过执行单元——调节阀来执行控制作用。为此，正确选用和使用是很重要的。调节阀数据表详细列出调节的各种数据，因此要认真核对数据表中的各种技术指标，以满足工程的需要。

(13) 节流装置安装数据表

仪表工程中大量选用各种节流装置，根据节流装置的具体数据，就能确定施工要求。认真核对节流装置的各种技术数据，是很重要的。

2. 施工图的识读方法

(1) 识图应具备的素质

审阅施工图是施工企业每个施工人员头等重要的工作，全面理解施工图内容，并能指导施工，是每个施工人员基本功之一。怎样看图，没有一个固定模式，一般需从工程角度出发，结合图纸与现场实际反复看图几次，由粗看了解概况，到详看掌握细节，方能加深理解消化。

这要求看图者必须要具备一定的素质，掌握仪表专业的施工程序，有一定的现场施工经验，尤其要掌握有关仪表图形、符号内容，这是看图的基础。相关专业如电气、工艺管道专业的内容也要掌握。看图时必须要做记录，把重点和疑点记录下来，以备图纸会审时提出。总之看图、审图有个过程，经过几个反复和工程实际相结合，熟能生巧，逐步掌握施工图识图方法与技巧。

(2) 识图步骤

对于仪表施工图的识图可按下述程序审视图纸：

阅视图纸目录→清点图纸张数→阅视设计说明→按图纸目录顺序看全部施工图→阅视复用图(带控制点流程图)→阅视相关标准安装图→阅视各种表格(设备一览表、材料一览表、加工件明细表等)。

(3) 不同的施工人员，看图的侧重不同

仪表工程施工人员因所负责的职责不同，看图审图时侧重点有所区别。

① 施工负责人　掌握施工的全局工作，要全面了解施工图的所有内容，重点解决施工进度、材料设备的情况，协调与其他专业配合，工序交接、施工技术、质量的要求、工程特点等。

② 施工技术人员　应了解主要的工程特点，施工技术质量方面详细标准要求，施工图中全面的施工程序，提出技术方案，解决施工技术问题。

③ 工程预算人员　侧重设备、材料的统计核对，为编制预算作准备。

④ 施工质量检查员(QC 工程师)　侧重工程特点，各行业施工标准要求，施工验收规范，进行质量控制。

⑤ 施工作业人员　是直接的施工者，应针对每项施工具体内容，详细按施工图或安装图施工，具体的有安装、配管、接线等图纸。

(4) 识图方法

下面是常用的有共性的审阅施工图的方法：

首先，根据图纸目录，清点图纸数量，相关的复用图是否齐备，采用标准图是否给标准图号，以便查找，还是以复用图形式给出，所有的施工图是否一次性到齐。

其次，看图标。图标也可称图题，标明了该套图纸建设项目的名称、是什么图、什么设计阶段、图的比例、工程编号、设计单位名称、设计人、核对人等许多内容(见图纸目录一节介绍内容)。

第三，详细阅读设计说明。设计说明很重要，是整套图纸的核心，是设计人员全面反映设计思想、设计原则、设计要求最全面的文字介绍。看图时要有联想，与工程的属性、特点、施工程序联系起来，在头脑中有相应的工程概况，当然这是有一定施工经验者才能具有的素质。

在设计说明中一般能了解到如下内容：

① 工程名称、项目名称、工程属性　如石油、化工、冶金、轻工、发电等行业，不同的行业施工要求有区别；如为引进项目，设计上分工不同，应注意，国外标准与国内标准及设计中的衔接问题。

② 工程性质　新建、扩建、改建、检修，施工程序有区别。

③ 技术要求　特殊的检测、控制系统，采用新型仪表等情况，要考虑到施工人员的学习、培训问题。

④ 执行施工规范　标准的名称，准备相应的技术资料、表格、形式等。

⑤ 质量、安全的要求　特殊行业，如石油、化工需采取防火、防爆等安全措施。

⑥ 控制系统类型　是常规仪表，还是 DCS。

⑦ 与其他专业配合问题　如与电气、土建、工艺管道等协调施工中预留、预埋件、交叉作业等问题的配合。

⑧ 其他有关事宜的介绍　如材料、设备供货问题，施工进度安排等。

3. 带控制点的工艺流程图

带控制点工艺流程图以下简称流程图，是反映工艺生产全部过程的图纸。仪表专业是为工艺生产服务的，因此所有的检测和控制系统都以工艺生产为对象。流程图是工艺生产操作的主要图纸，同时也是仪表专业的重要图纸，离开了工艺生产，仪表专业就失去了存在的意义，因此工艺生产与仪表是密不可分的。所有的仪表设备都是安装在工艺设备或管道上的，仪表专业人员必须了解生产操作流程，熟悉工艺流程图的内容，才能满足施工的要求。

(1) 工艺流程图内容

流程图是以示意性的图形表明工艺生产过程的全部设备及其名称和编号。

流程图中以粗实线和相应图例表明了全部工艺管线及所有阀门和管件，并将管道的起点与去向分别用黑色箭头标注出来。在每条管上还标明了介质代号，管段编号，管路材料、规格和管道等级。

在带有控制点的流程图上按统一规定的符号和图例，将全部仪表检测点、控制点、调节系统、联锁系统都绘制出来，因此是仪表专业确定一次点及仪表安装位置的关键图纸。

此外，有些流程图上还以表格形式详细地列出了每一种设备的编号、名称、规格、数量等，以便识图时能够图、表对照，一目了然。这种图样虽然内容详尽，但仍属于示意性展开图。

(2) 工艺流程图的识图

看流程图了解和掌握物料的工艺、流程，设备的数量、名称和编号、代号及所有工艺管线的编号、材质、规格、管件、阀门等。通过识图，确定仪表专业的检测点的安装位置，如在什么设备上、在哪个位置有仪表一次点；确定在设备的出、入口管线上压力等级是否相同；确认安装方向；确定仪表一次表，如节流装置、调节阀的安装方向与工艺管道介质的流向是否一致；了解仪表设备在工艺设备上安装配合问题，上下方有无障碍影响安装及应采取的措施等。

工艺设备上预留法兰、接口等预留件与仪表设备的配合、符合情况，及垫片的正确选用等都是核对的内容。

要按仪表位号检测和控制系统的内容逐个进行查对，以保证准确地选定仪表一次点。

看流程图应根据图面的管线的起讫点的布置情况确定。一般来讲，每条管线的起点布置在图面的左方，终点在图面的右方或右下方等，因此看图时应从图纸的左上方开始，从左至右，从上至下，按顺时针转动方向，一条一条管线，一个一个设备地看，在相应的管线和设备上的仪表检测点，按位号和系统逐一阅视。

(3) 按图纸的目录顺序，阅视所有的图纸这个阶段属于泛读或通读，以便对整套施工图有的粗线条的大概了解。

下一步是详读。可从以下几个主线进行：

① 以流程图为主线，进行细致的阅视。流程图中所有的检测、控制系统的组成→仪表回路图→设备明细表→设备安装位置(仪表平面布置图)→仪表连接方式(仪表安装图，加工件明细表)。

② 平面图与其他图相结合的阅视。电缆槽平面布置图→相关工艺管架、管道图(确定位置)→电缆槽在整个厂房、装置中的空视图，从而确定走向。这是仪表安装中比较重要的平面安装任务，占仪表施工中重要位置，是整个施工安装任务的核心，一旦确定，仪表的整个大的施工框架基本形成。

仪表施工以电缆槽的就位为主线，即主电缆槽→分支电缆槽→仪表安装位置确定→保护管、导压管、气源管、伴热管都能确定→电缆敷设→仪表安装大部分完成。

(4) 注意事项

① 仪表施工图审视时，必须反复多次地阅视，尤其是大型工程，工程量大，图纸数量也很大，要按总目录和分册目录校对阅读。

② 要带着问题看，要有记录，及时把发现的问题记录下来，要列出详细内容。

③ 要熟悉掌握图形、符号方面的内容。

④ 详细阅读设计说明书，全面理解设计构思、设计意图。

⑤ 要由粗到细，由浅入深，由简单到复杂，反复多次地看图→理解→消化→掌握，全部掌握施工内容，这是一项较艰苦、细致的工作。

⑥ 注意图中说明，所有的图都要看，不能有遗漏。

⑦ 注意互相对照，综合看图，尤其与其他专业衔接时更要仔细，注意专业配合、工种配合、工序配合问题。

⑧ 要掌握重要及特殊的技术质量方面的要求。

⑨ 针对不同的重点工程特点，按工程的特点进行阅视。如石油化工重点是易燃易爆、高温高压、防腐问题等；电子工程主要是洁净度的特殊要求等。

⑩ 阅图时要把图纸串起来看，结合起来看，通过初审，首先在头脑中有较清晰的轮廓。要通过粗看建立起总的框架，然后分门别类，按系统进行阅图。细分可按下面详细了解工程情况：

了解总的设计原则、设计思想、设计要求；

了解工程仪表设备选型、仪表系统构成、仪表安装方面具体要求；

了解材料选用原则，有无特殊安装方面要求，如焊接，连接方面等；

了解工程进度安排，注意专业、工种交叉施工作业、配合问题等。

⑪ 以系统图和回路图为主线来阅图，以系统图与其他图相结合的形式来看图，即
系统回路图与平面图相结合阅视；
系统图与安装图相结合阅视；
系统图与各种、各类表格图对照来看；
系统图与工艺流程图相结合，同时配合平面图来阅视。

8.2 过程检测仪表的安装

8.2.1 压力表的安装

1. 取压位置的选择

取压位置要具有代表性，应该能真实地反映被测压力的变化。因为测到的是静压信号，取压位置应按下述原则选择：

① 要选在被测介质直线流动的管段部分，不要选在管路拐弯、分叉、死角或其他易形成漩涡的地方。

② 取压位置的上游侧不应有突出管路或设备的阻力件(如温度计套管、阀门、挡板等)，否则应保证一定的直管段要求。

③ 测量液体压力时，取压点应在管道横截面下侧，使导压管内不积存气体，但也不宜取在最低部，以免沉淀物堵塞取压口；测量气体压力时，取压点应在管道横截面的上侧，使导压管内不积存液体。

2. 导压管的安装

导压管的安装要注意以下方面：

① 导压管口最好应与设备连接处的内壁保持平齐，若一定要插入对象内部时，管口平面应严格与流体流动方向平行。此外导压管口端部要光滑，不应有凸出物或毛刺。

② 导压管内径一般为6~10mm，长度≤50m，对于水平安装的导压管应保证有1∶10~1∶20的倾斜度，以防导压管中积液(测气体时)或积气(测液体时)。

③ 取压点与压力表之间在靠近取压口处应安装切断阀，以备检修压力仪表时使用。导压管中介质为气体时，在导压管最低处要装排水阀；为液体时，在导压管最高处要装排气阀。

④ 如果被测介质易冷凝或冻结，必须增加保温伴热措施。

3. 压力仪表的安装

压力仪表的安装要注意以下方面：

① 压力仪表应安装在易观察和易维修处，力求避免振动和高温影响。

② 测量蒸汽压力或压差时，应装冷凝管或冷凝器，如图1-8-2(a)所示，以防止高温蒸汽直接与测压元件接触；对有腐蚀介质的测量，应加装充有中性介质的隔离罐，如图1-8-2(b)所示。另外，针对具体情况(高温、低温、结晶、沉淀、黏稠介质等)采取相应的防护措施。

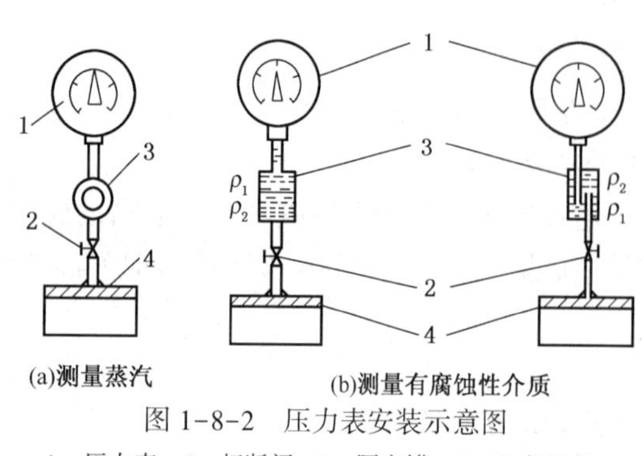

图1-8-2 压力表安装示意图

1—压力表；2—切断阀；3—隔离罐；4—生产设备；ρ_1、ρ_2—隔离液和被隔离介质的密度

③ 压力仪表的连接处根据压力高低和介质性质，必须加装密封垫片，以防泄漏。另外，要考虑介质性质的影响，如测量氧气时，不能使用浸油或有机化合物垫片；测量乙炔、氨介质时，不能使用铜垫片。

8.2.2　测温仪表的安装

测温仪表应按以下工序安装：

① 对工艺设备管道上的温度取源部件进行定位、开孔及取源部件的焊接；

② 保护套管及感温元件的安装及接线；

③ 有些温度取源部件需要安装在砌体或浇注体内，必须在施工过程中与有关专业密切配合。在砌筑或浇注时，及时将温度取源部件或温度计埋入；

④ 仪表安装(压力式温度计的安装还包括测温包安装，毛细管敷设等项)。

1. 测温元件的安装

接触式温度计测得的温度都是由测温元件决定的。在正确选择了测温元件和显示仪表之后，若不注意测温元件的正确安装，测量准确度将得不到保证。一般按下列要求进行安装：

(1) 正确选择测温点

由于接触式温度计的感温元件是与被测介质进行热交换而测量温度的，因此必须使感温元件与被测介质能进行充分的热交换，感温元件放置的方式与位置应有利于热交换的进行，不应把感温元件插至被测介质的死角区域。

(2) 测温元件应与被测介质充分接触

应保证足够的插入深度，尽可能使受热部分增加。对于管路测温，双金属温度计的插入长度必须大于敏感元件的长度；温包式温度计的温包中心应与管中心线重合；热电偶温度计保护管的末端应超过管中心线 5～10mm；热电阻温度计的插入深度在减去感温元件的长度后，应为金属保护管直径的15～20倍，非金属保护管直径的 10～15 倍。为增加插入深度，可采用斜插安装，当管径较细时，应插在弯头处或加装扩大管，如图1-8-3(a)和(b)所示。根据生产实践经验，无论多粗的管道，温度计的插入深度为 300mm 已足够，但一般不应小于温度计全长的 2/3。

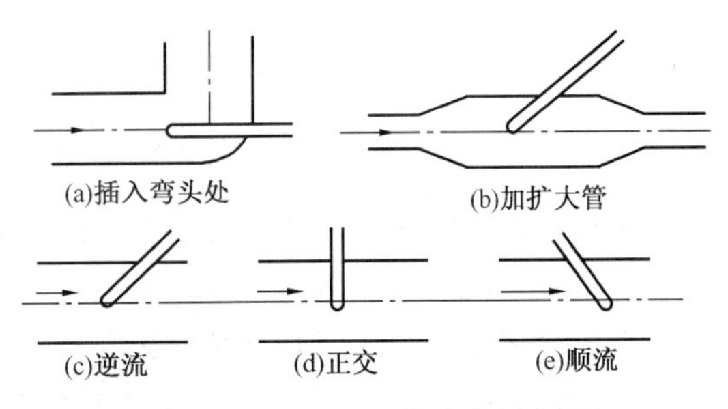

图 1-8-3　测温元件安装示意图

测温元件应迎着被测介质流向插入，至少要与被测介质流向成正交(成 90°)安装，切勿与被测介质形成顺流，如图 1-8-3(c)，(d)，(e)所示。

(3) 避免热辐射，减少热损失

在温度较高的场合，应尽量减小被测介质与设备(或管壁)表面之间的温差。必要时可在测温元件安装点加装防辐射罩，以消除测温元件与器壁之间的直接辐射作用，避免热辐射所产生的测温误差。

如果器壁暴露于环境中，应在其表面加一层绝缘层，以减少热损失。为减少感温元件外露部分的热损失，必要时也应对测温元件外露部分加装保温层进行适当保温。

(4) 安装应确保正确、安全可靠

在高温下工作的热电偶，其安装位置应尽可能保持垂直，以防止保护管在高温下产生变

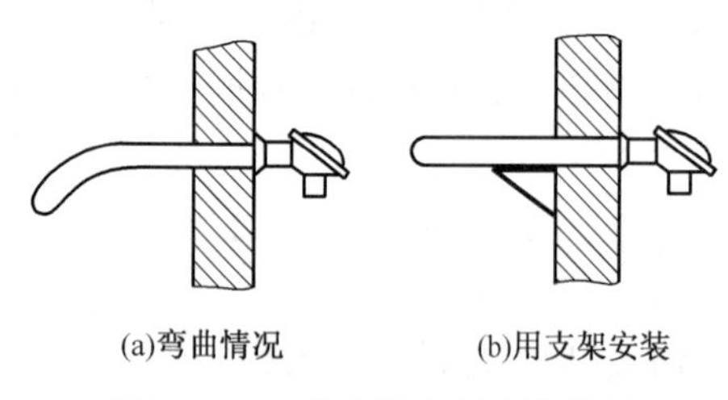

图 1-8-4　热电偶水平安装情况

形，若必须水平安装时，则插入深度不宜过长，且应装有用耐火黏土或耐热合金制成的支架，如图 1-8-4所示。

在介质具有较大流速的管道中，安装测温元件时必须倾斜安装，以免受到过大的冲蚀，若被测介质中有尘粒、粉物，为保护测温元件不受磨损，应加装保护屏。

凡在有压设备上安装测温元件，均必须保证其密封性，可采用螺纹连接或法兰连接。在选择测温元件插入深度 l 时，还应考虑连接头的长度 L，如图 1-8-5 所示，当介质工作压力超过 10MPa 时，还必须另外加装保护外套。薄壁管道上安装测温元件时，需在连接头处加装加强板。

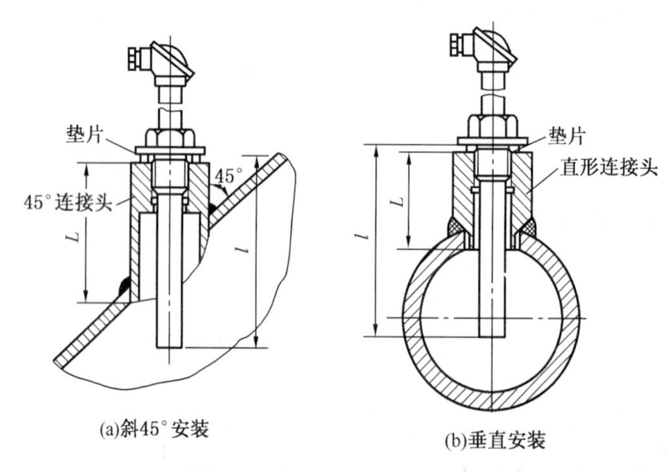

图 1-8-5　测温元件的插入深度

热电偶、热电阻接线盒面盖应向上密封，以免雨水或其他液体、脏物进入接线盒中而影响测量。接线盒的温度宜保持在 50℃以下，以免补偿导线超过规定温度范围。

在有色金属设备上安装时，凡与设备接触(电焊)以及与被测介质直接接触的部分，其有关部件(如连接头、保护外套等)均需与工艺设备同材质，以符合生产要求。

2. 压力温度计安装要求

对于充液体的压力式温度计，应使测温包与表计尽量处于一个水平面上，以减小由于静压引起的误差；毛细管安装应引直，每相隔 300mm 用扎头固定，毛细管最小弯曲半径不小于 50mm；温包应完全插入被测介质中，以减少因导热引起的误差。

8.2.3　流量仪表的安装

1. 差压式流量计的安装

(1) 节流装置的安装

节流装置应该安装在两段有恒定截面积的圆形直管段之间。应该在紧邻节流装置上游，管道内流体流动状态接近典型的充分发展的紊流流动状态(对低雷诺数节流装置例外)，并且无漩涡的位置上安装节流装置。节流装置上、下游都应有直管段，其长度因节流装置的形式不同，要求不同，要根据国家标准确定。

环室取压的节流装置如图 1-8-6 所示；法兰取压的节流装置如图 1-8-7 所示。

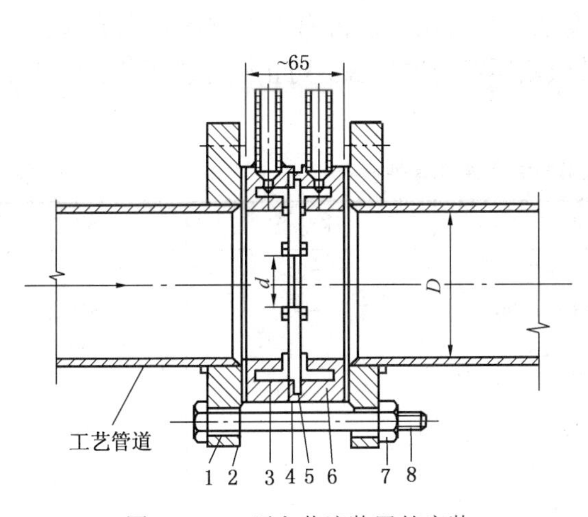

图 1-8-6　环室节流装置的安装

1—法兰；2—垫片；3—正环室；4—垫片；5—环室节流装置；6—负环室；7—螺母；8—螺栓

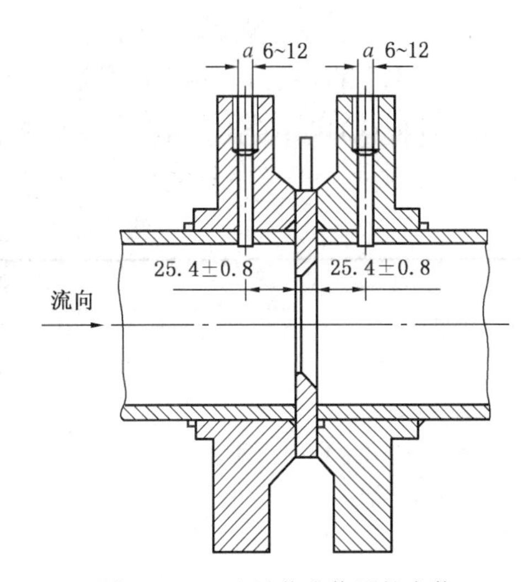

图 1-8-7　法兰节流装置的安装

孔板安装时，应注意节流孔锐边迎着流体方向。

(2) 差压信号管路的安装

被测流体的流量经节流装置转换差压信号，送到差压仪表，然后转换成电信号远传。

① 引压管　引压管应按被测流体的性质和参数选用耐用、耐腐蚀的材料制造。

引压管应垂直或倾斜敷设，其倾斜度不得小于 1∶10，对于黏度较高的流体，倾斜度还要大。引压管的最高点或最低点可分别安装集气器和排污阀。

为避免差压信号传送失真，正负压导管应尽量靠近敷设。需要伴热保温时，应与工艺管道采取相同措施。引压管要尽可能短。

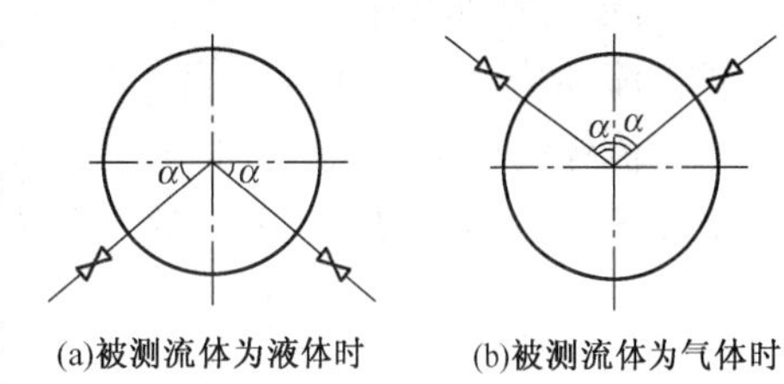

图 1-8-8　取压口位置示意图

② 取压口　当节流装置安装在水平管道时，取压口的位置选择如图 1-8-8 所示。主要考虑：当被测流体为液体时，防止有气体进入导压管；当被测流体为气体时，防止有液体进入导压管，并防止有固体颗粒堵塞导压口，α 角一般取 45°。

当安装节流装置的管道处于垂直状态时，取压口的位置在取压装置的平面上任意选择。

③ 冷凝器　冷凝器的作用是使导管中的被测蒸汽冷凝，并使正负压导管中的冷凝液面有相等的高度且保持恒定。测量蒸汽流量用的差压信号管道一般装冷凝器，冷凝器结构如图 1-8-9 所示。

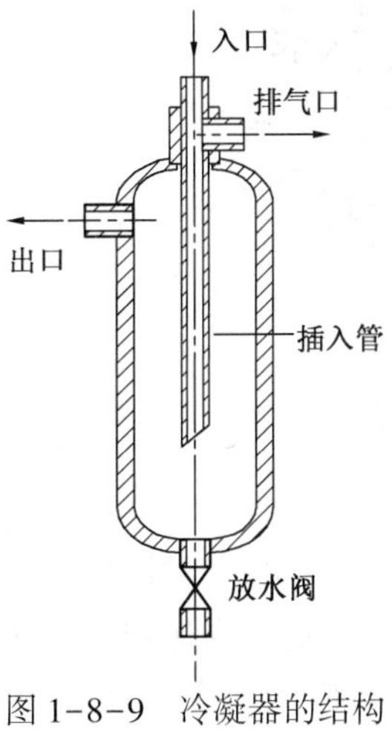

图 1-8-9　冷凝器的结构

在靠近节流件的信号管路上安装截断阀。信号管路上装有冷凝器时，应在靠近冷凝器的位置上装设截断阀。截断阀的流通面积不应小于导压管的流通面积，截断阀的结构应能防止在管路中聚集气体或液体，避免影响差压信号的传送。建议采用直孔截断阀。

④ 隔离罐和隔离液　对于高黏度、有腐蚀、易凝结、易析出固体物的被测流体，应采用隔离罐和隔离液，使被测流体不与差压计或差压变送器接触，防止破坏差压仪表的正常工作性能。常用的隔离液及其性质见表 1-8-5。

表 1-8-5　常用的隔离液及其性质

隔离液种类	20℃的密度 ρ/(kg/m^3)	冰点/℃	沸点/℃
甲基硅油	0.93～0.94①	-65	≥200
	0.95～0.96②	-60	>200
甘油酒石酸酯	1262	-17	290
甘油酒石酸酯和水混合物(体积 1∶1)	1130	-22.5	106
邻苯二甲酸二酯	1074	-35	340
乙醇	789	-112	78
乙二醇	1113	-12	197
乙二醇和水混合物(体积 1∶1)	1070	36	110

注：①②均为 25℃/25℃的密度值

隔离器中隔离液的体积变化应大于差压仪表的全量程范围内的最大体积变化。正、负压的隔离器应安装在垂直安装的管道上，尽可能靠近取压口，并有相同的高度，具有同一液位。隔离器中的隔离液的最高液面和最低液面的位置应该是确定的。隔离器的尺寸大致是：直径为 100mm；长度为 250～300mm。

⑤ 信号管路安装举例

被测流体为清洁液体时，信号管路安装方式如图 1-8-10 所示；

被测流体为清洁干气时，信号管路安装方式如图 1-8-11 所示；

被测流体为蒸汽时，信号管路安装方式如图 1-8-12 所示。

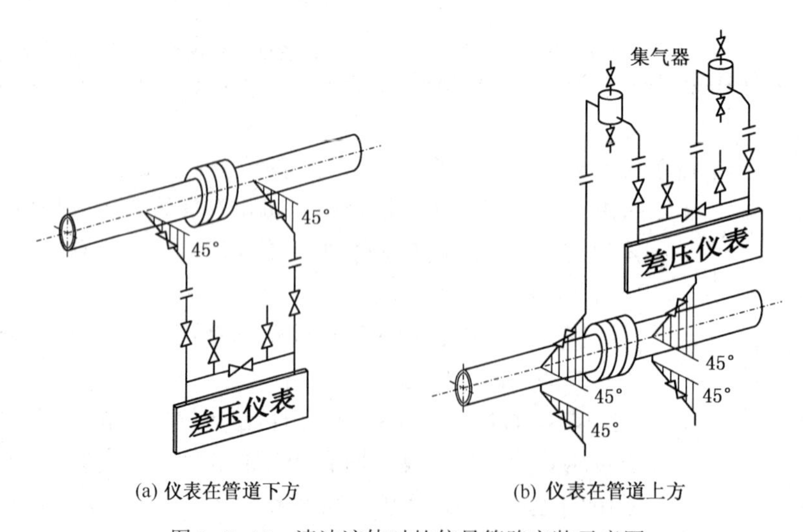

(a) 仪表在管道下方　　(b) 仪表在管道上方

图 1-8-10　清洁液体时的信号管路安装示意图

(3) 差压计的安装　首先应考虑安装地点周围条件(例如温度、湿度、腐蚀性、震动等)，以及操作和维护是否方便。如果现场安装的周围条件与差压计(或差压变送器)使用时的条件有明显差别时，或者不利于操作和维护时，应采取相应的预防措施或者改换安装地

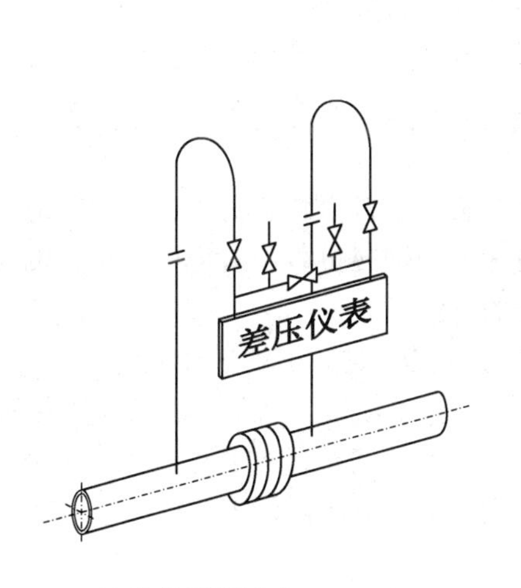

(a) 仪表在管道上方

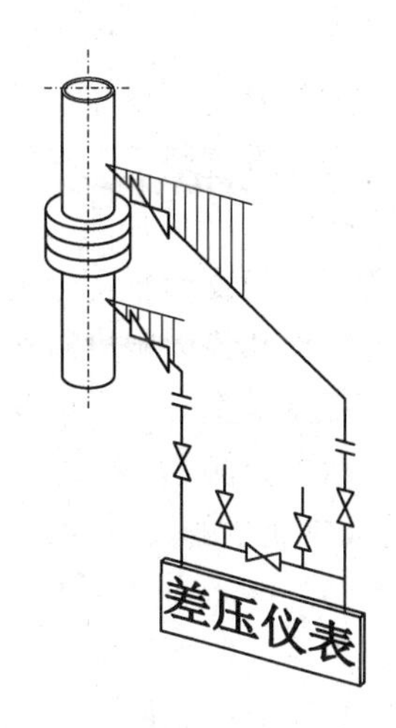

(b) 垂直管道，仪表在取压口下方

图 1-8-11　清洁干气时的信号管路安装示意图

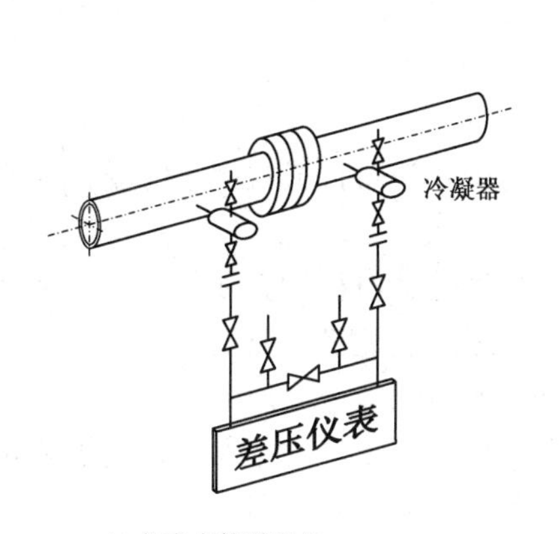

(a) 仪表在管道下方

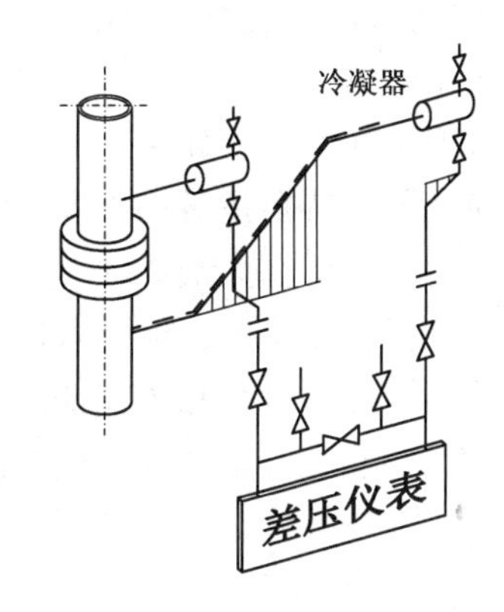

(b) 垂直管道，仪表在取压口下方

图 1-8-12　测量蒸汽时的信号管路安装示意图

点。其次，当测量液体流量时或引压导管中为液体介质时，应使两根导压管路的液体温度相同，以免由于两根导压管中密度差别而引起附加的测量误差。

2. 转子流量计的安装

转子流量计从结构特点上看，要求安装在垂直管道上，垂直度要求较严，否则势必影响测量准确度。第二个要求是流体必须从下向上流动。若流体从上向下流动，转子流量计便会失去功能。

转子流量计分为直标式、气动与电动三种形式。对于流量计本身，只要掌握上述两个要点，就会较准确地测定流量。

转子流量计是可变面积流量计，因为其流量的大小与转子的几何形状、转子的大小、重量、材质、锥管的锥度、被测流体的雷诺数等有关。虽然在锥管上有刻度，但还附有修正曲线，每一台转子流量计有其固有的特性，不能互换，特别是气、电远传转子流量计。如果转子流量计损坏，但其传动部分完好，也不能拿来就用，还需经过标定。

安装注意事项如下：

（1）实际的系统工作压力不得超过流量计的工作压力；

（2）应保证测量部分的材料、内部材料和浮子材质与测量介质相容；

（3）环境温度和过程温度不得超过流量计规定的最大使用温度；

（4）转子流量计必须垂直地安装在管道上，并且介质流向必须由下向上；

（5）流量计法兰的额定尺寸必须与管道法兰相同；

（6）为避免管道引起的变形，配合的法兰必须在自由状态对中，以消除应力；

（7）为避免管道振动和最大限度减小流量计的轴向负载，管道应有牢固的支架支撑；

（8）截流阀和控制流量都必须在流量计的下游；

（9）直管道要求在上游侧 5*DN*，下游侧 3*DN*(*DN* 是管道的通径)；

（10）用于测量气体流量的流量计，应在规定的压力下校准。如果气体在流量计的下游释放到大气中，转子的气体压力就会下降，引起测量误差。当工作压力与流量计规定的校准压力不一致时，可在流量计的下游安装一个阀门来调节所需的工作压力。

对危险地点的安装还应注意以下问题：

① 电源必须取自有可靠保证的安全电路的供电单元，或电源隔离变换器；

② 电源安装在危险场合外面或安装在一个适合的防爆罩子内；

③ 要检查转子流量计是否有防爆等级证明，不符合条件的流量计不能在危险场合安装。

3. 电磁流量计安装

电磁流量计安装注意事项如下：

（1）电磁流量计，特别是对小于 *DN*100(4″)的小流量计，在搬运时受力部位切不可在信号变送器的任何地方，应在流量计的本体。

（2）按要求选择安装位置，但不管位置如何变化，电极轴必须保持基本水平。

（3）电磁流量计的测量管必须在任何时候都是完全注满介质的。

（4）安装时，要注意流量计的正负方向或箭头方向应与介质流向一致。

（5）安装时要保证螺栓、螺母与管道法兰之间留有足够的空间，以便于装卸。

（6）对于严重污染的流体的测量，电磁流量计应安装在旁路上。

（7）*DN*>200(8″)的大型电磁流量计要使用转接管，以保证对接法兰的轴向偏移，方便安装。

（8）最小直管段的要求为上游侧 5*DN*，下游侧 2*DN*。

（9）要避免安装在强电磁场的场所。

（10）受内衬材料和绝缘材料的温度限制，电磁流量计不能用于较高温度和低温介质测量。

水平管道安装电磁流量计时，应安装在有一些上升的管道部分，如图 1-8-13(a)。如果不可能，应保证足够的流速，防止空气、气体或蒸汽集积在流动管道的上部。

在敞开进料或出料时，流量计安装在低的一段管道上，如图 1-8-13(b)所示。

为避免因夹附空气和真空度降低损坏橡胶衬垫引起测量误差，可参照建议位置安装，见图 1-8-13(c)。

当管道向下且超过 5m 时，要在下游安装一个控制阀(真空)，见图 1-8-13(d)。

在长管道中，控制阀和截流阀始终安装在流量计的下游，见图 1-8-13(e)。

流量计绝不可安装在吸入口一端，见图 1-8-13(f)。

4. 容积式流量计的安装

容积式流量计只能测量单相洁净的流体，被测介质为液体时，则不应含有气泡或固体颗粒，否则会使测量不准或使运动部件磨损、卡死甚至被损坏。为此必须在流量计上游设置合适的过滤器(图 1-8-14)及消气装置(图 1-8-15)，一般小型流量计过滤器的金属网为

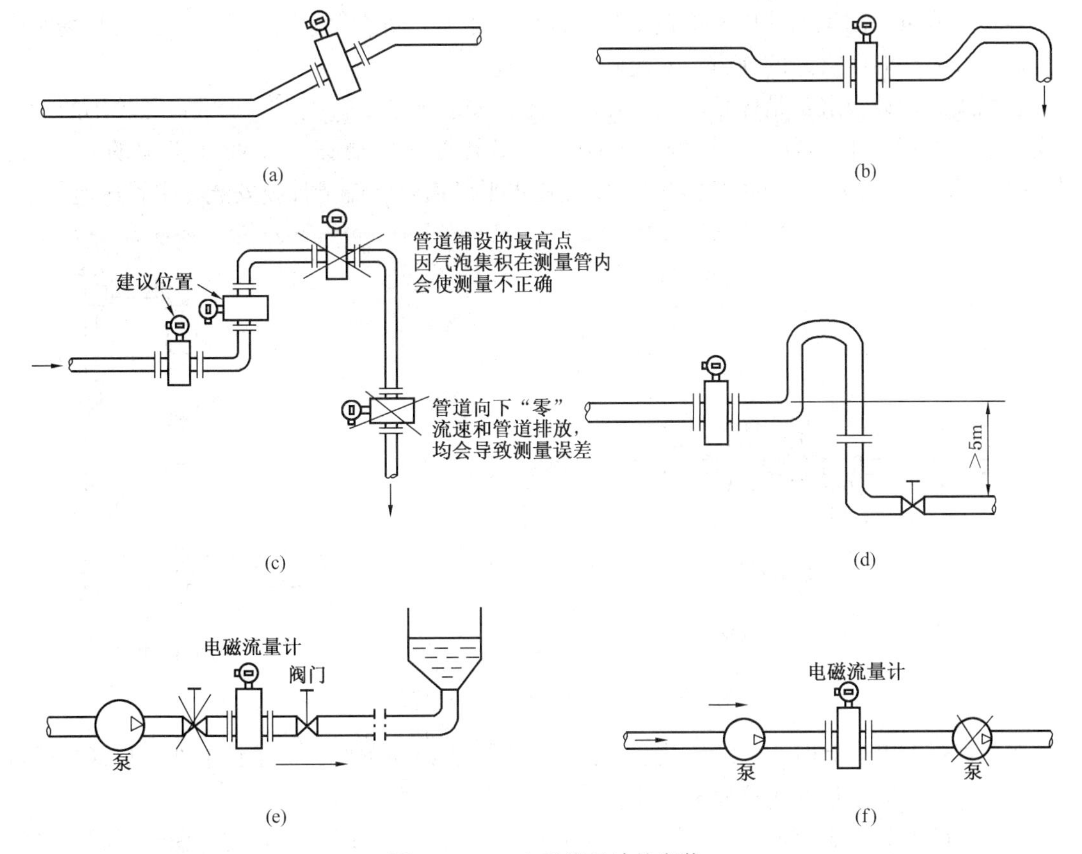

图 1-8-13　电磁流量计的安装

200~50目，大型的为 50~20 目，有效过滤面积应为连接管线截面积的 10~20 倍。消气器中的斜板用来使流体分散，便于液气分离，浮球阀的作用是控制气体排出保持一定的液位。

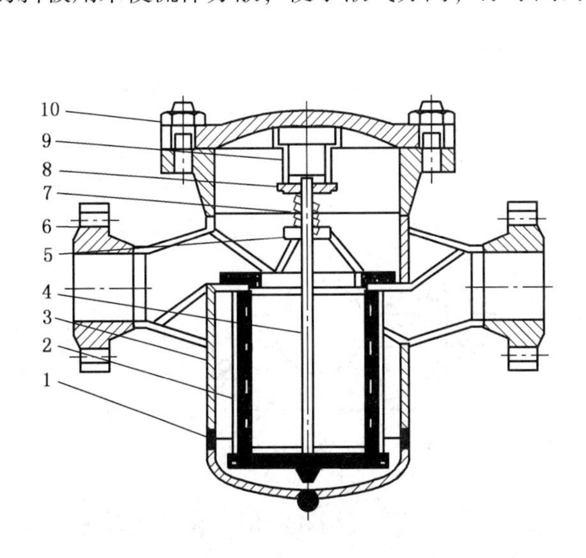

图 1-8-14　过滤器

1—螺帽；2—滤网；3—壳体；4—连杆；5—下弹簧座；6—法兰；7—弹簧；10—头盖8—上弹簧座；9—支管；

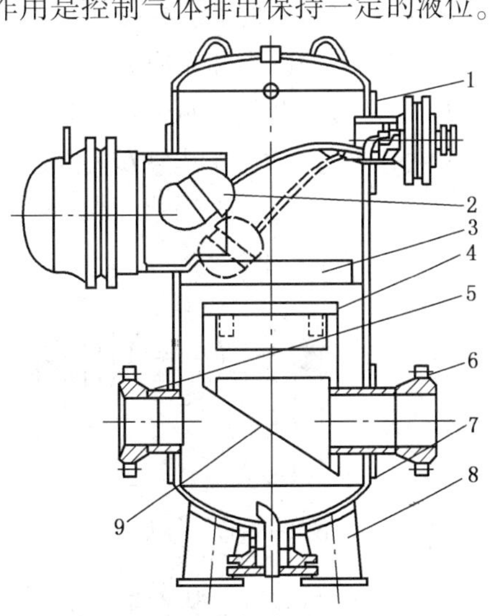

图 1-8-15　立式消气器

1—壳体；2—浮球阀；3—挡板；4—中间筒；5—凹面对焊法兰；6—凸面对焊法兰；7—排污管；8—支座；9—斜板

容积式流量计的运动部件和测量室是经过精细加工、间隙很小的精密配合，安装场所应该是振动很小，温度合适的地方，避免强磁场干扰。

容积式流量计一般都是体积较大，比较笨重，安装在水平管线上，少数口径较小的也允许安装在垂直管线上。为便于检修和维护，在安装管路上要设有副线和必须的阀门等。图 1-8-16是容积式流量计的配管方式，安装在水平管道时，流量计要安装在主管道上。

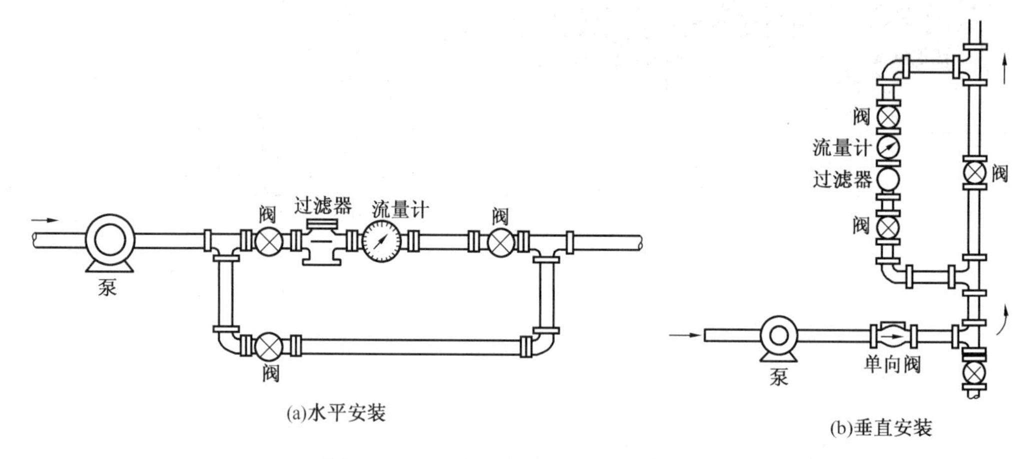

图 1-8-16　容积式流量计的配管方式

在垂直管道上安装时，一般安装在旁路上，为减少杂质沉淀，流量计上部的竖管要尽量短。根据容积式流量计的测量原理，流量计前后没有直管段要求。

流量计的安装一定要考虑到日常的维护和检修、校验的方便，并且要考虑到周围环境的情况。

5. 质量流量计的安装

科氏质量流量计的安装要点如下：

(1) 传感器的刚性和无应力支撑，如图 1-8-17。

(2) 通常传感器是用两个金属紧固夹进行安装的，紧固夹固定到一个安装板或支柱上，如图 1-8-18 所示。L_1 可以与 L_2 相等，也可以不等。

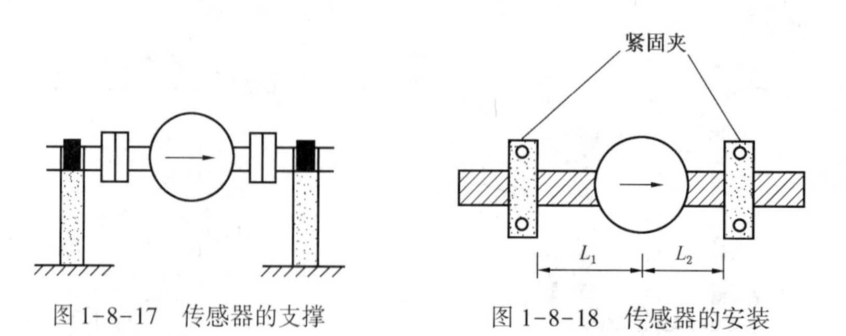

图 1-8-17　传感器的支撑　　　图 1-8-18　传感器的安装

(3) 避免把传感器安装在管道的最高位置，因为气泡会集结和滞留，在测试系统中引起测量误差。

(4) 如果不能避免过长的下游管道(一般不大于 3m)，应多装一个通流阀。

(5) 与输送泵的距离至少要大于传感器本身长度的 4 倍(两法兰之间距离)，如果泵引起多余的振动，必须用挠性管或连接管进行隔离，如图 1-8-19。

(6) 控制阀、检查观察窗等附加装置都应安装在离传感器至少 1L 远处。

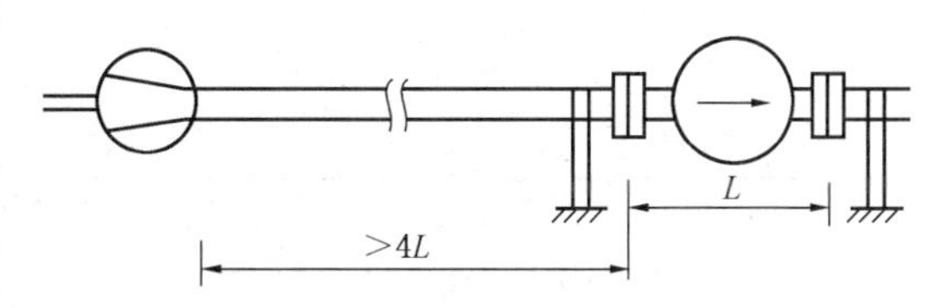

图 1-8-19 传感器与输送泵的距离

(7) 垂直铺设管道，管道的刚度要足够支撑传感器。有时可以不在靠近传感器的地方安装支架，但必须使管道支撑得非常牢固。必要时，也要加支架，支架的距离为(1~2)L。

(8) 支架不能安装在法兰或外壳上，一般离法兰的距离为 20~200mm。

(9) 一般不使用挠性软管，只有当振动大的场合才使用。使用软管时，在隔一段(1~2)L 的刚性管后连接。

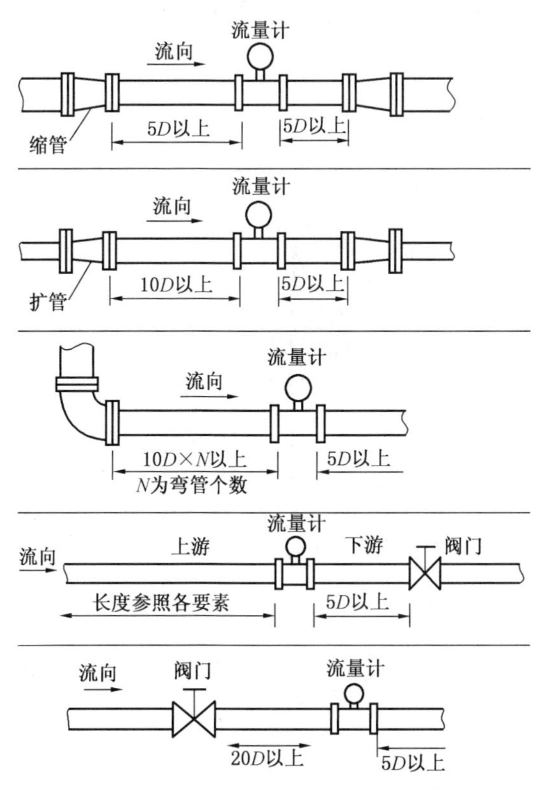

图 1-8-20 涡街流量计上、下游侧直管段长度示意图

(10) 质量流量计可以垂直安装，也可水平安装。

6. 涡街流量计的安装

涡街流量计安装要求如下：

(1) 传感器安装应选择在直管段较长、振动较小的地方，当管道振动较大时，应对管道加设固定支撑；

(2) 如果管道上安装有手操阀、控制阀等，传感器安装位置应选择在阀门上游侧 5D 以上的直管段上；

(3) 传感器的下游直管段长度通常在 5D 以上；

(4) 传感器上游直管段长度依据上游管道配管条件决定，如图 1-8-20 所示。当上游管道上有调节(控制)阀门时，其上游直管段长度应在 20D 以上；

(5) 当上游管道上有扩径管(或一个弯头)时，上游直管段长度应大于 10D；

(6) 当上游管道上有缩径管时，上游直管段长度应不小于 5D。

对于蒸汽、气体流量的测量，由于涡街流量计是测速式流量计，测量的示值是体积流量，如果生产过程中温度、压力变化不大，可在流量计中设定温度、压力和密度，使流量计显示值为质量流量或标准体积流量。如果过程温度、压力波动较大，则显示值与实际值之间将会有较大误差，这时需进行温度、压力补偿。其温度、压力取源部件安装位置与涡街流量计之间的间距，如图 1-8-21 所示。

有关直管段的规定尚无统一标准，因产品的旋涡发生体外形及传感元件检测方式的差异，如果有产品使用说明书可参照说明书执行，或按施工图设计规定实施。

涡街流量计与工艺管道之间的连接，无论是分体型还是一体型，一般连接方式有插入式连接、法兰式连接和夹持式连接三种方式。

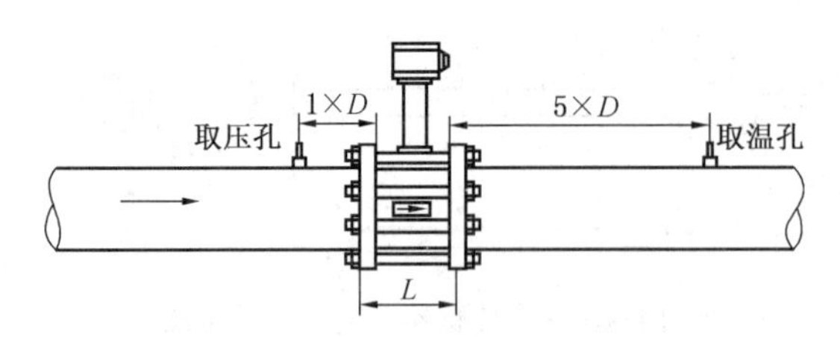

图 1-8-21　涡街流量计压力、温度补偿取源部件安装间距图

插入式连接方式多用于较大口径管道，插入式连接件有固定法兰式和法兰卡套组合式两种形式。法兰卡套组合式对旋涡发生体插入深度和方向调整比较方便，如图 1-8-22所示。

插入式安装方式应预制法兰连接短管，法兰规格、型式应与传感器部件法兰相符。法兰短管应垂直焊接于工艺管道的正上方，如图 1-8-23 所示。如果传感元件的插入深度结构为不可调节式结构，则法兰短管高度 H 应根据旋涡发生体中心定位于管道的轴心线位置来确定。法兰短管焊接时，法兰螺栓孔的方位必须满足发生体前端面迎着流体的流向，法兰短管的轴线与管道轴线垂直相交。

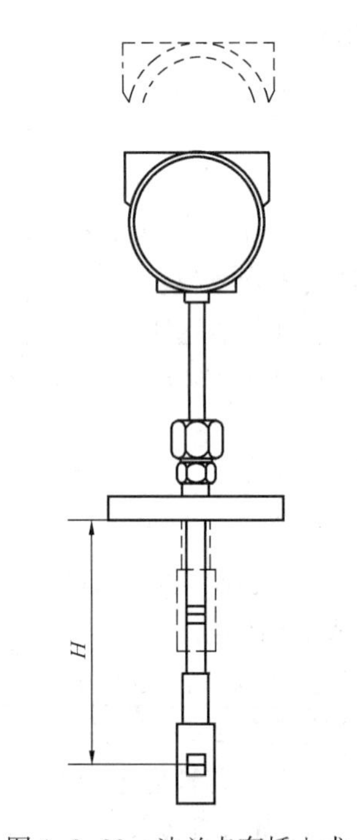

图 1-8-22　法兰卡套插入式

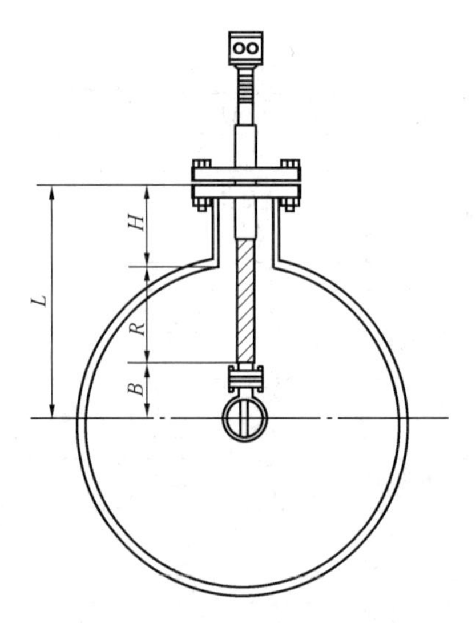

图 1-8-23　法兰插入式安装图

夹持式安装方式，安装传感器应注意安装方向，其传感器箭头标志方向应与流体流向一致，另外，传感器通道轴线应与管道轴线重合，并垂直于水平管道安装，如图 1-8-24 所示。

法兰式安装方式，工艺管道法兰螺栓孔方位应符合传感器在水平管道上垂直安装的方位，传感器外壳上的箭头标志方向应与流体流向一致，如图 1-8-25 所示。

法兰式、夹持式安装，密封垫片的内径不可小于管道内径，更不可垫偏。

涡街流量计初装后与工艺管道一起试压。但是，在管道吹扫之前应将传感器从管道上卸下来，采用临时管件取代之，如法兰盖、法兰短接等。在管道吹扫合格后方可把传感器正式装上。

转换器是涡街流量计的重要组成部分，安装形式比较简单，只需一根 2″钢管支撑，钢管垂直或水平焊接于金属板上，用 2″U 形螺栓把转换器卡设固定在支架上，如图 1-8-26 所

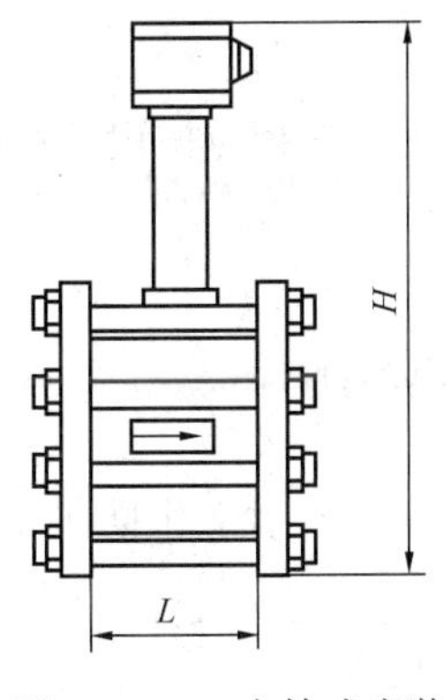

图 1-8-24　夹持式安装

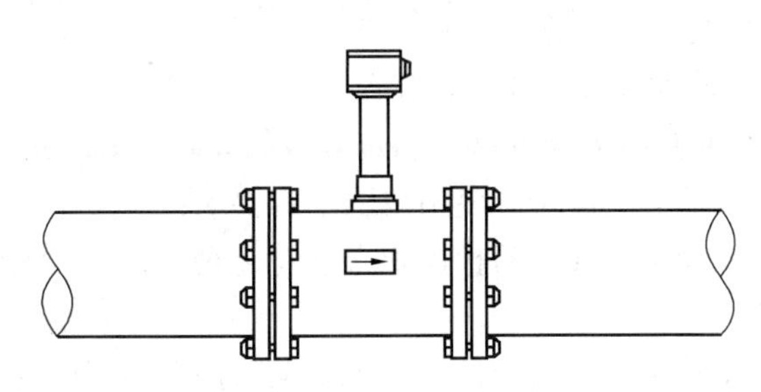

图 1-8-25　法兰式安装

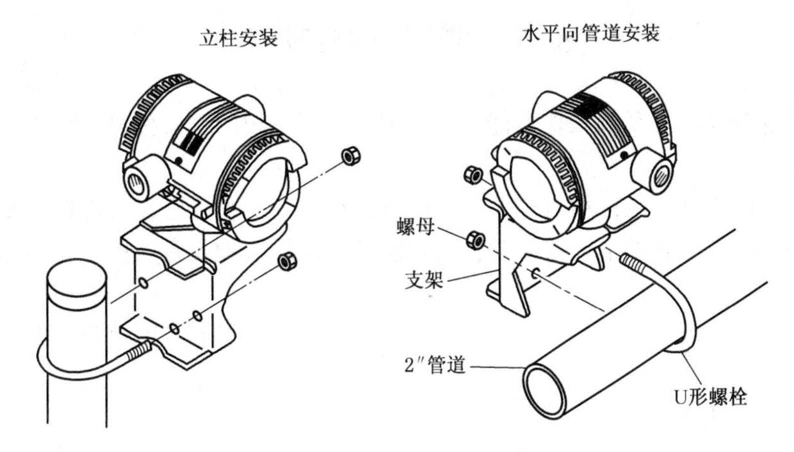

图 1-8-26　转换器安装图

示，为减小外部干扰，转换器安装的位置应尽可能靠近传感器，并便于维护的地方，传感器与转换器之间用设备自带专用屏蔽电缆连接起来，同时应将转换器外壳接地与传感器接地同点接地，接地点宜在传感器侧。

8.2.4　物位仪表的安装

物位测量技术发展很快，测量仪表品种繁多，其安装方法各异。对物位测量仪表的安装，应根据测量对象的特点及仪表类型及技术特性、使用条件有针对性地确定各自的安装方法。

物位计取源部件安装位置应选在物位变化灵敏、检测元件不受物料直接冲击的地方。

（1）浮筒液位计安装要求

浮筒液面计的安装高度应使正常液位或分界液位处于浮筒中心，并便于操作和维修。浮筒应垂直安装，其垂直度允许偏差为 2/1000。

（2）差压液位计安装要求

采用压力、差压式液位测量用的单室、双室及补偿式平衡容器均应垂直安装。

差压液面变送器安装高度应不高于液面下部取压口，但用法兰式差压变送器、吹气法及利用低沸点液体汽化传递压力的方法测量液位时可不受此限。

双法兰式差压变送器毛细管敷设时应加保护措施，弯曲半径应大于 50mm，安装地点的环境温度变化不得过大。否则，应采取隔热措施。

(3) 雷达式液位计安装要求

雷达液面计安装时，其法兰面应平行于被测液面，探测器及保护管应按设计和制造厂要求进行安装，一般插入罐体3~5cm。

(4) 放射性液位计安装要求

射线物位计安装前必须制定具体的安装方案，并应符合下列要求：

① 安装方案应符合使用说明书的要求；

② 安装中的安全防护措施必须符合现行的国家标准GB 4792《放射卫生防护基本标准》的规定；

③ 安装工作应由经过放射源安全防护知识培训的人员专职负责；

④ 安装地点应设置管理区，应用明显的警戒标志。

8.3 调节阀的安装

调节阀的安装状况关系到操作性能和安全程度。调节阀应严格按照工程要求和控制系统要求进行安装。

在安装调节阀之前，应该检查调节阀的质量，从外观检查开始，再检查运输过程中零件和附件有无丢失，有无合格证。必要时，进行静态特性的检查或专项检查。在运输过程中被损坏的调节阀严禁安装使用。

调节阀的品种、类型越来越多，工艺配管越来越复杂，安装难度越来越大。在安装时应注意如下准则：

(1) 确保安全性

① 防止泄漏。安装过程不允许阀门产生泄漏。调节阀在使用过程中，如果在填料函、法兰垫片等部位形成缝隙或小孔就可能产生泄漏。如果流体介质的操作条件非常苛刻，例如高温、高压、流体有腐蚀性，那么损坏将越来越严重，泄漏越来越厉害。

在安装过程中，填料的选择、密封方法的选择、压力的降低、用密封性好的阀门，都是安装人员必须考虑的因素。

② 安装放空阀或排放阀

任何一个管路设计和安装，在切断时都会不可避免地积留高压流体。如果积聚流体的潜在能量有很大危险性，应在调节阀的每一侧安装放空阀和(或)排放阀。

对于积聚有高压物料的阀门，要安装两个放空阀或排放阀。在两个阀门之间只积聚少量物料，同时能逐步释放系统的压力，在这个过程中调节阀必须打开。

在切断阀之间积留的大量高压流体可能会积聚相当大的力量，如果在泄放调节阀压力的操作中粗心大意，可能发生人身伤害事故。在系统切断之后，阀门中的系统压力还可以再保持一段时间，如果此时要维修这个阀门并把它打开或取走，则必须有降低压力的安全措施和排出积聚的有害流体的措施。

要选择一个能够限制流量的放空阀，以保护操作人员。如果流体含有悬浮颗粒，容易堵塞放空阀，为了安全放空，安装在管道顶部放空处的阀门要用大尺寸的排放阀。

③ 安全的管线

管线中的砂粒、水垢、金属屑及其他杂质会损坏调节阀的表面，使其关闭不严，在安装调节阀之前，全部安装管线和管件应吹扫并净化。

如果被排放的流体是危险气体，放空管线要连接到安全地点。即使是不可燃气体，仍然要用放空管导出，避免吹出的气体夹带铁锈或其他杂物而伤害操作人员。如果排放的流体是危险性液体，应将排放管接到安全的容器中。操作期间，阀门温度可能很高或很低，必须有预防措施，防止烫伤或冻伤操作人员。

在安装螺纹连接的管件时，要避免密封剂掉到安装管道中。尽量少用密封剂，头两扣螺纹不要涂密封剂。可采用聚四氟乙烯密封条代替密封剂进行密封。

（2）确保使用性能

安装调节阀时，要尽量使其性能不受动态影响。阀门在管道中的最好安装方法如下。

① 阀门的入口为直管段，流体进入阀门的压力稳定，阀门在每一开度都能保证有稳定不变的流量。图 1-8-27 表示的装置有良好的流动方式；而图 1-8-28 的配管方法不好，调节阀中的流体流动不稳定。

② 在图 1-8-27 的阀前、阀后安装有压力表，压力表显示的压力是稳定、真实的。从检查流动状态及系统故障的角度看，压力的精确测量很重要，有利于判断阀门的运转特性及故障状况。

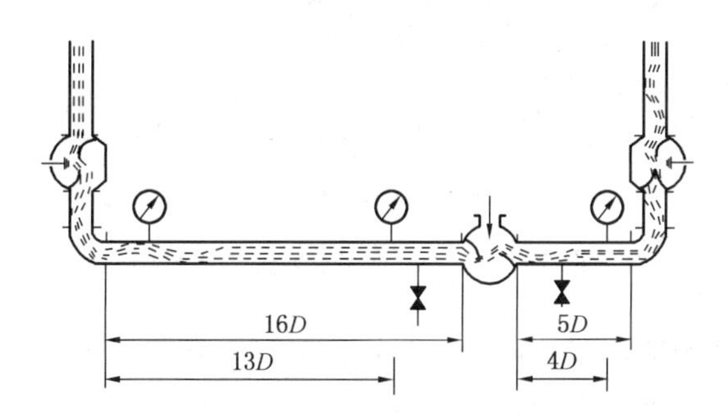

图 1-8-27　典型的上游和下游良好的配管

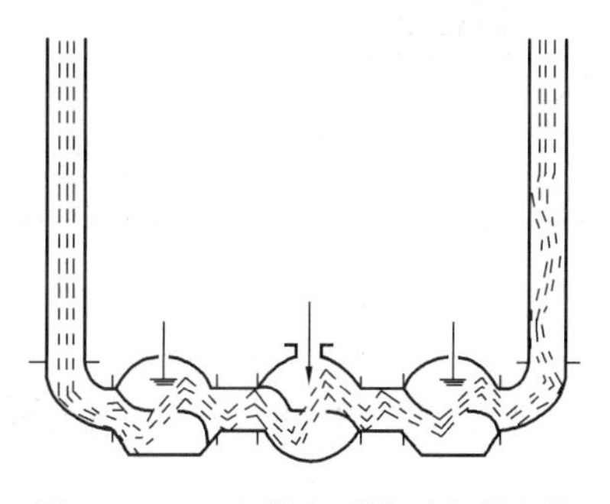
图 1-8-28　上游和下游不良的配管

③ 阀门入口的直管段越长，性能越好。直管段的经验长度一般是管道直径的 10~20 倍。

④ 阀门出口配管的直管段也要足够长，一般为管道直径的 3~5 倍。

（3）安装位置易于接近

调节阀安装时，必须考虑到调节阀在现场维修或拆卸，尤其是一些高位置的阀门，更需要留有维护调节阀所需的空间、间隙和方便性。安装位置应从以下角度考虑：

如果需要拆卸带有阀杆和阀芯的顶部组件，阀门的上方应留有足够的空间；如果需要拆卸底部法兰和阀杆、阀芯部件，阀门的底部应留空间。

如果需要拆卸阀门附件，如手轮、阀门定位器、保位阀等，阀门的侧面应留空间。

如果拆卸阀体法兰上的螺栓，应留有足够的空间。在设计用大小头连接调节阀入口和出口配管时必须考虑这个空间尺寸。如果是大口径阀，或者是高空管道上的阀，若不考虑这个问题，维修时装卸阀门将非常困难。

如图 1-8-29 所示，H_1 和 H_2 就是提供拆卸用的空间。一般 H_1 的最小值为 250mm，H_2 的最小值为 200mm。

大尺寸调节阀，例如一台有弹簧的气缸式执行机构大球阀，所占的空间很大，一方面要保证操作性能，一方面要安装美观，如果这种阀门装在某些容器的附近，维修空间就更显重要。

球形阀和所有的直行程类阀门尽可能垂直安装，即执行机构应该装在阀的上方，这样的位置上阀盖连接件的弯曲位移和受到的应力最小，导向件的变形量最小。尽可能避免水平安装，如果不可避免，就一定要考虑到执行机构的重量、工作振动和作用力等因素的影响。

调节阀安装位置比较如图 1-8-30 所示，①是最佳安装位置，即垂直安装；⑤是最差位置，要尽量避免。

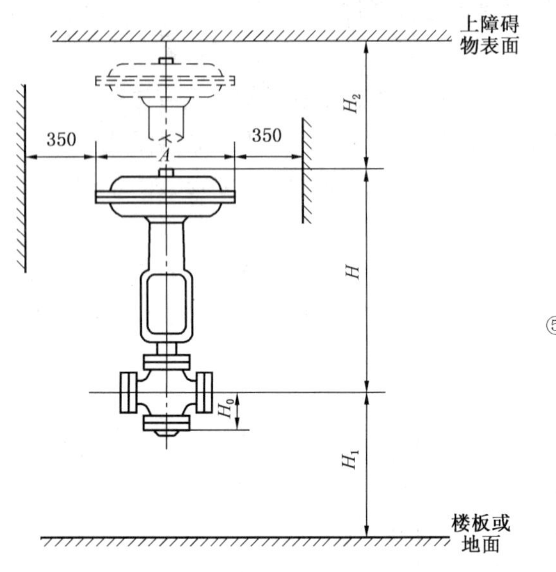

图 1-8-29 调节阀维修空间

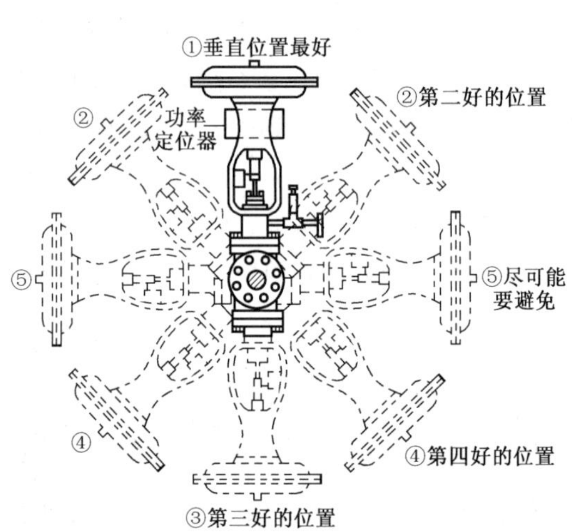

图 1-8-30 调节阀安装位置比较图

安装旋转式阀门时，阀杆水平安装是理想的位置，以防止管道低处的沉积物进入轴承。由于阀门关闭时流体中的固体颗粒沉积下来，因此球阀和蝶阀的打开方向要有利于排开这些固体，蝶阀的阀板和球芯转动时应该从底部向上转动(如图 1-8-31)。旋转式阀门同样要装在有维修空间和维修方便的位置。

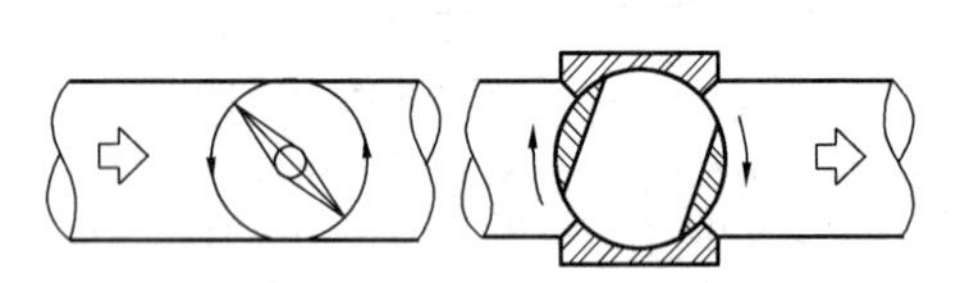

图 1-8-31 在水平管道中蝶阀和球阀的理想方向

(4) 手动操作方便

① 阀门的安装位置要考虑操作方便。操作人员要能看到指示器的显示数据；能看到储罐的玻璃液位计，并能手动调节液位；能看到管道的压力表或阀杆位移刻度；能利用某些参数指示器来预估参数变化，例如利用蒸汽压力表的变化数据调节锅炉的给水量。

② 调节阀可有手轮机构，也可没有手轮机构，要根据实际情况选择旁路阀。旁路阀组合形式较多，现对图 1-8-32 所示的六种方案进行比较：

方案 A 比较好，布置紧凑，占地面积小，维修容易接近，系统易放空；

方案 B 推荐使用，调节阀容易接近，调节阀也可装于高位；

方案 C 经常用于角形阀，调节阀可自动排放；

方案 D 比较好，便于拆卸，能自动排放，但占地面积较大(相对方案 B 而言)；

方案 E 排列紧凑，但调节阀安装位置高，不易接近和装拆；

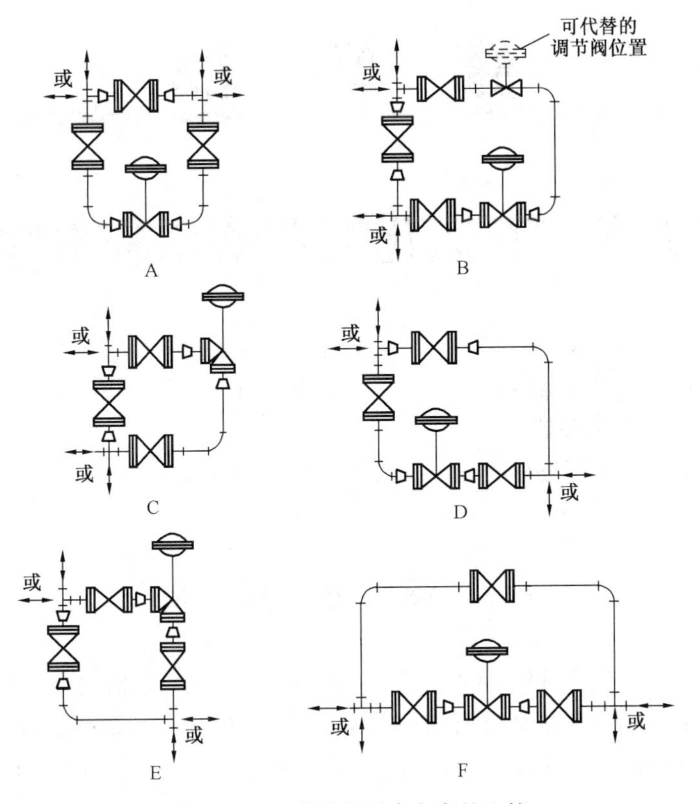

图 1-8-32　旁路阀组合方案的比较

方案 F 是习惯采用的方案，推荐使用，旁路能自动放空，但由于两个切断阀与调节阀装于同一管线，占地面积较大，且安装拆卸较难。

高　级　篇

第1章　石油化工自动化基本知识

运用石油化工自动化技术，建立石油化工自动控制系统的目的，就是为了使石油化工生产装置安全、稳定、高效地运行，为此，必须了解自动控制系统的被控对象，研究其动态特性，为建立控制系统提供依据。

本章结合石油化工生产过程的特点，主要介绍被控对象的类型和特性参数等基本概念，为学习自动控制系统奠定基础。

1.1　被　控　对　象

自动控制系统是由被控对象、测量变送装置、控制器和执行器组成。系统的控制质量与组成系统的每一个环节的特性都有密切的关系，而且被控对象的特性对控制质量的影响很大。本章着重研究被控对象的特性，而所采用的研究方法对研究其他环节的特性也是同样适用的。

在石油化工自动化中，常见的对象有各类换热器、精馏塔、流体输送设备和化学反应器等。此外，在一些辅助系统中，气源、热源及动力设备(如空压机、辅助锅炉、电动机等)也可能是需要控制的对象。本章着重研究连续生产过程中各种对象的特性，因此有时也称研究过程的特性。

各种对象千差万别，有的对象很稳定，操作很容易；有的对象则不然，只要稍不小心就会超越正常工艺条件，甚至造成事故。有经验的操作人员往往很熟悉这些对象。在自动控制系统中，当采用一些自动化装置来模拟人工操作时，首先必须深入了解对象的特性，了解其内在规律，然后根据工艺对控制质量的要求，设计合理的控制系统，选择合适的被控变量和操纵变量，选用合适的测量元件及控制器。在控制系统投入运行时，也要根据对象特性选择合适的控制器参数(也称控制器参数的工程整定)，使系统正常地运行。特别是一些比较复杂的控制方案设计，例如前馈控制、计算机优化控制等更是离不开对象特性的研究。

1.1.1　被控对象的通道

研究对象的特性，就是研究对象输入量与输出量之间的关系。在研究被控对象的特性时，一般将被控变量 y 看作对象的输出量，也叫输出变量，而将干扰作用 f 和控制作用 u 看作对象的输入量，也叫输入变量。干扰作用 f 和控制作用 u 都是引起被控变量 y 变化的因素。

由对象的输入变量至输出变量的信号联系称之为通道。控制作用 u 至被控变量 y 间的通道称为控制通道；干扰作用 f 至被控变量的通道 y 称为干扰通道。在研究对象特性时，应预先指明对象的输入变量是什么，输出变量是什么，因为对于同一个对象，不同通道的特性可能是不同的，如图2-1-1所示。

1.1.2 被控对象的类型

在描述被控对象类型时，常常用“自衡性质”来区别自衡对象与非自衡对象两类不同对象。如图 2-1-2 所示，q_1 表示进入水槽的流量，q_2 表示离开水槽的流量，h 表示水槽中的水位高度，Δq_1，Δq_2 和 Δh 分别表示上述变量的增量。

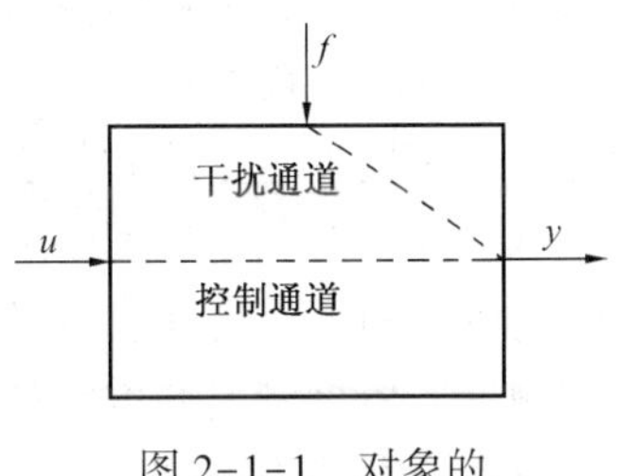

图 2-1-1 对象的输入输出量

在图 2-1-2(a)中，当 $q_1=q_2$ 时，水位稳定在 h 位置。若 q_1 增加 Δq_1，则水位上升。当水位上升时，虽然出口阀开度不变，但由于压头的升高，q_2 也将增加。直到水位上升到 $h+\Delta h$，$\Delta q_2=\Delta q_1$ 时，水位就稳定了。这种对象无需人工或自动装置改变出口阀的开度，即可自行达到新的平衡，即本身具备适应外界条件而自发地趋向平衡能力的对象，就是自衡对象。

在图 2-1-2(b)中，当 $q_1=q_2$ 时，水位稳定在 h 位置。若 q_1 增加 Δq_1，水位上升。由于水槽出口是泵而不是阀，泵出口流量即水槽出口流量 q_2 不受水位波动的影响，将稳定不变，故水位会无休止地上升，直到溢出。这种不具备适应外界条件而自发地趋向平衡能力的对象，是非自衡对象。

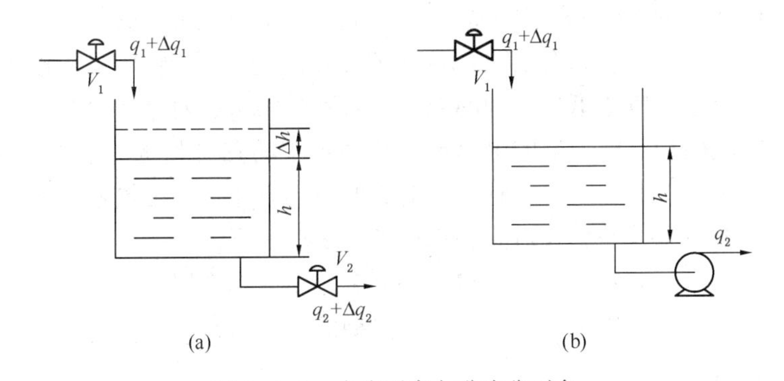

图 2-1-2 自衡对象与非自衡对象

1.1.3 被控对象的特点

由于在石油化工过程的测量中，不仅有常温、常压等测量参数，还会遇到高温、高压、低温、低压、易燃、易爆、高黏度及腐蚀性等介质的参数测量问题。另外，被测参数的动态特性有的变化缓慢有的变化迅速，因此要求测量仪表具有耐高温、耐高压、耐低温及防腐蚀、防堵塞、防爆等性能指标和较好的动态特性。

下面就石油化工过程中的几大常用参数对象做一个简单的介绍：

(1) 压力对象　石油化工过程都是在一定的压力条件下进行的，并且所处的条件也不相同。有的过程需要高压，例如高压聚乙烯要在 240MPa 以上的高压下聚合；有的过程需要低压，甚至有的过程在真空条件下进行，例如炼油厂的减压装置在真空度 3~6kPa 的条件下操作。有些压力对象具有超高压、高度真空和脉动等特点，有时还需要测量高温、低温、强腐蚀及易燃易爆介质的压力。

(2) 物位对象　在石油化工过程的物位测量中，不仅有常温、常压、一般性介质的液位、料位、界面的测量，也常常会遇到高温、低温、高压、易燃易爆、黏性及多泡沫沸腾状介质的物位测量问题。

(3) 流量对象　流体在流动状态方面有层流、紊流和脉动流，流体本身有低黏度、高黏度及强腐蚀性等，测量对象有气体、液体、固体和两相流体，测量范围从每秒钟数滴到每小时数百吨等等。面对如此复杂的情况和要求，必须针对不同的情况采用不同的测量方法和测量仪表。流量测量方法和仪表种类繁多，新的测量方法和新的仪表仍在不断涌现。

（4）温度对象　温度是表征物体冷热程度的物理量，不能直接测量，只能借助于冷热不同的物体之间的热交换，以及物体的某些物理性质随冷热程度不同而变化的特性，来加以间接的测量。根据测温的方式可把测温分为接触法与非接触法两类。

温度的数值表示是温标。它规定了温度的读数起点(零点)和测量温度的基本单位。各种温度计的刻度数值均由温标确定。在国际上，温标的种类很多，如摄氏温标、华氏温标和热力学温标等。

1.2　被控对象特性参数

1.2.1　被控对象的容量与容量系数

被控对象都具有一定的容量，例如流体系统中的储罐或储槽，传热系统中的热容等。容量是指对象容纳物质或能量的能力，其作用相当于输入量与输出量之间的缓冲器。

描述对象容纳能力的参数称为对象的容量系数。容量系数可定义为

容量系数=被控对象容纳的物质或能量的变化量/输出的变化量

容量系数表示了被控对象抵抗扰动的能力。对不同的被控对象，容量系数有不同的物理意义，如水箱的横截面积，电容器的电容量，热力系统的热容量等。水箱的横截面积越大，在相同流入量的情况下，水位上升得越慢；电路的电容量越大，在同样充电电流下，电压上升得越慢。可见，容量系数是影响对象动态特性的重要因素。

只有一个独立容量的对象称为单容对象，具有两个或两个以上独立容量的对象称为双容或多容对象。由两个串联水槽组成的对象就是典型的双容对象。

1.2.2　放大系数

对于如图 2-1-2(a)所示的简单水槽对象，当流入流量 q_1 发生一个阶跃变化后，液位 h 也会有相应的变化，并会稳定在某一新的位置上。如果将流量 q_1 的变化看作对象的输入，而液位 h 的变化看作对象的输出，那么在稳定状态时，对象一定的输入就对应着一定的输出，这种特性称为对象的静态特性。

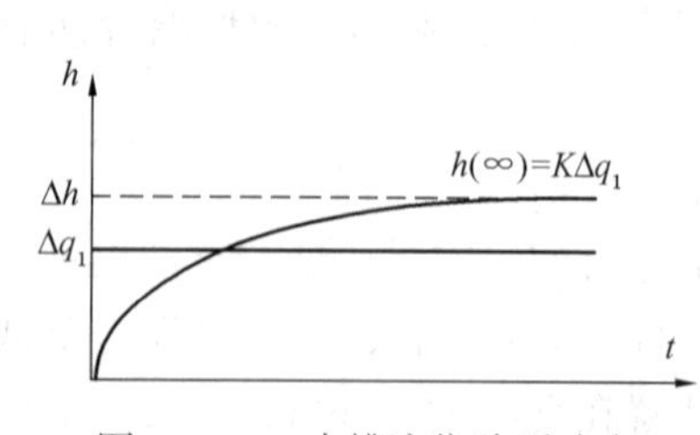

图 2-1-3　水槽液位阶跃响应

假定 q_1 的变化量用 Δq_1 表示，h 的变化量用 Δh 表示。在一定的 Δq_1 下，h 的变化情况如图 2-1-3 所示。在重新达到稳定状态后，一定的 Δq_1 对应着一定的 Δh 值，即 $\Delta h=K\Delta q_1$。

K 在数值上等于对象重新稳定后的输出变化量与输入变化量之比。或者说，如果输入变化量为 Δq_1，通过对象后就被放大了 K 倍变为输出变化量 Δh。因此，称 K 为对象的放大系数。由于 K 与输出参数变化过程无关，只与过程的初、终两点有关，所以它是表征对象静态特性的参数。利用放大系数可以获得任何幅度阶跃干扰下输出的静态响应。

对象的放大系数 K 越大，就表示对象的输入量有一定变化时，对输出量的影响越大。在工艺生产中，常常会发现有的阀门对生产影响很大，开度稍微变化就会引起对象输出量大

幅度的变化，甚至造成事故；有的阀门则相反，开度的变化对生产的影响很小。这说明在一个设备上，各种量的变化对被控变量的影响是不一样的。换句话说，就是各种量与被控变量之间的放大系数有大有小。放大系数越大，被控变量对这个量的变化就越灵敏，这在选择自动控制方案时是需要考虑的。

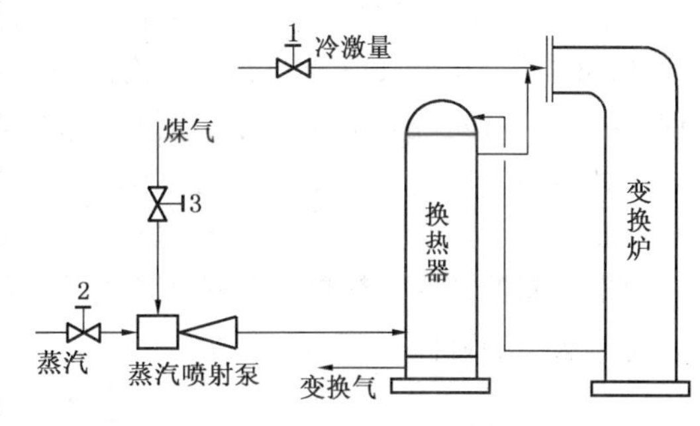

图 2-1-4　合成氨装置一氧化碳变换过程示意图

下面以合成氨装置的一氧化碳变换过程为例来说明不同变量的变化对被控变量的放大系数是不相同的。图 2-1-4 所示的变换过程，是将一氧化碳和水蒸气在催化剂存在的条件下在变换炉中发生作用，生成氢气和二氧化碳，同时放出热量。该过程要求一氧化碳的转化率要高，蒸汽消耗量要少，催化剂寿命要长。生产上通常用变换炉一段反应温度作为被控变量，来间接地控制转换率和其他指标。

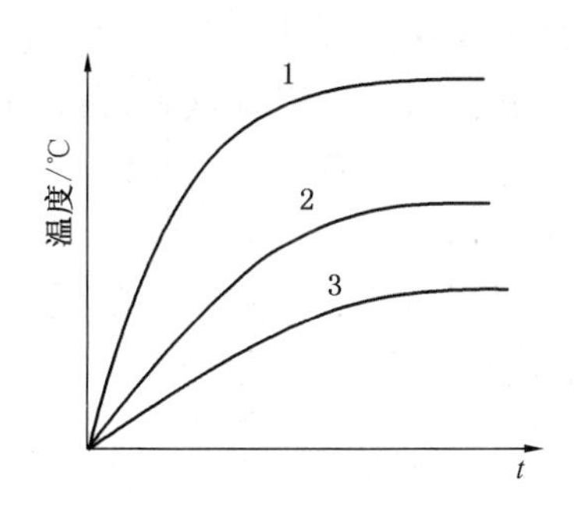

图 2-1-5　不同输入作用时的被控变量变化曲线

影响变换炉一段反应温度的因素很多，其中主要有冷激流量、蒸汽流量和半水煤气流量。改变阀门 1、2、3 的开度就可以分别改变冷激量、蒸汽量和半水煤气量的大小。如果改变冷激量、蒸汽量和半水煤气量的百分数是相同的，那么变换炉一段反应温度的变化情况如图 2-1-5 所示。

图 2-1-5 中，曲线 1、2、3 分别表示冷激量、蒸汽量、半水煤气量改变时的温度变化曲线。由该图可以看出，当冷激量、蒸汽量、半水煤气量改变的相对百分数相同时，稳定以后，曲线 1 的温度变化最大；曲线 2 次之；曲线 3 的温度变化最小。这说明冷激量对温度的相对放大系数最大，蒸汽量对温度的相对放大系数次之，半水煤气量对温度的相对放大系数最小。

1.2.3　时间常数

从大量的生产实践中发现，有的对象受到干扰后，被控变量变化很快，能迅速地达到稳定值；有的对象在受到干扰后惯性很大，被控变量要经过很长时间才能达到新的稳态值。

从图 2-1-6 中可以看到，截面积较大的水槽与截面积较小的水槽相比，当进口流量改变同样一个数值时，截面积小的水槽液位变化很快，并迅速趋向新的稳态值。而截面积大的水槽容量系数大，惰性大，液位变化慢，须经过较长时间才能稳定，新的稳态值也不相同。

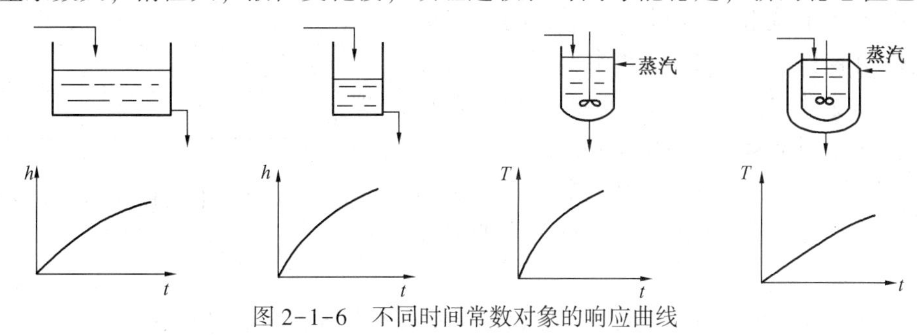

图 2-1-6　不同时间常数对象的响应曲线

同样道理，夹套蒸汽加热的反应器与直接蒸汽加热的反应器相比，当蒸汽流量变化时，直接蒸汽加热的反应器内反应物的温度变化比夹套加热的反应器来得快。在自动化领域中，对象的这种特性用时间常数 T 来表示，时间常数越大，表示对象受到干扰作用后被控变量变化越慢，到达新的稳定值所需的时间越长。

下面结合图 2-1-2(a)所示的水槽例子，来说明放大系数 K 和时间常数 T 的物理意义。

根据前面的说明，简单水槽的对象特性可用一阶微分方程描述，这类对象称为一阶对象。简单水槽的特性可表示为

$$T\frac{\mathrm{d}h}{\mathrm{d}t}+h=Kq_1$$

式中，K 是对象的放大系数。

假定 q_1 为阶跃作用，即 $t<0$ 时，$q_1=0$；$t\geqslant0$ 时，$q_1=A$，如图 2-1-7(a)所示。为了求得在 q_1 作用下 h 的变化规律，可以对上述微分方程式求解，得

$$h(t)=KA(1-\mathrm{e}^{-t/T})$$

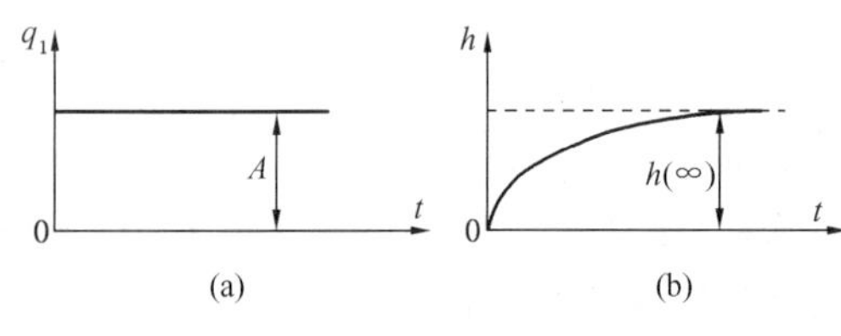

图 2-1-7　阶跃响应曲线

上式就是对象在受到阶跃作用 $q_1=A$ 后，被控变量 h 随时间变化的规律，称为被控变量过渡过程的函数表达式。根据该式可以画出 $h-t$ 曲线，称为阶跃响应曲线，如图 2-1-7(b)所示。

从图 2-1-7 可以看出，对象受到阶跃作用后，被控变量就发生变化，当 $t\to\infty$ 时，被控变量不再变化而达到了新的稳态值 $h(\infty)$，此时

$$h(\infty)=KA \text{ 或 } K=\frac{h(\infty)}{A}$$

可见，K 是对象受到阶跃输入作用后，被控变量新的稳定值与所加的输入量之比，它表示对象受到输入作用后，重新达到平衡状态时的性能，不随时间而变，所以是对象的静态性能。对于简单水槽对象，放大系数 K 只与出水阀的阻力有关，当出水阀的开度一定时，放大系数就是一个常数。

当 $t=T$ 时，就可以求得

$$h(T)=KA(1-\mathrm{e}^{-t/T})=0.632KA=0.632h(\infty)$$

从式中可见，T 表示对象在阶跃输入情况下，被控变量达到新的稳态值的 63.2% 所需的时间，这个时间就是对象的时间常数。显然，时间常数越大，被控变量的变化就越慢，达到新的稳定值所需的时间就越长。在图 2-1-8 中，四条曲线分别表示时间常数为 T_1、T_2、T_3、T_4 的对象，在相同的阶跃输入作用下被控变量的响应曲线。显然，$T_1<T_2<T_3<T_4$。时间常数大的对象(例 T_4 所表示的对象)，对输入的反应比较慢，可以认为它的惯性也比较大。

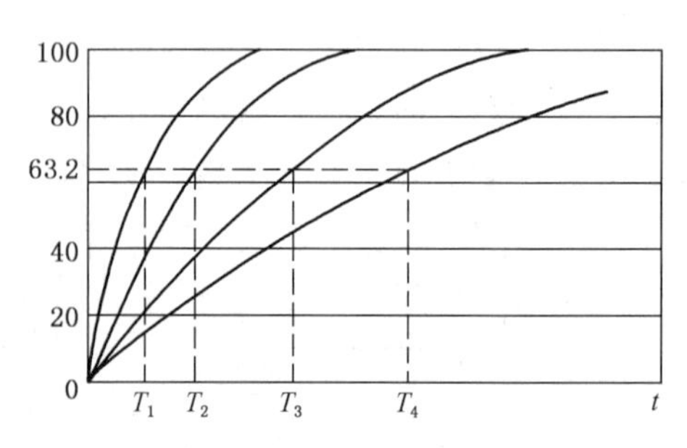

图 2-1-8　不同时间常数下的反应曲线

在输入作用加入的瞬间，图 2-1-2(a)所示水槽水位 h 的变化速度为

$$\frac{\mathrm{d}h}{\mathrm{d}t}=\frac{KA}{T}\mathrm{e}^{-t/T}$$

由上式可以看出，在过渡过程中，被控变量变化速度是越来越慢的，当 $t=0$ 时，有

$$\left.\frac{\mathrm{d}h}{\mathrm{d}t}\right|_{t=0}=\frac{KA}{T}=\frac{h(\infty)}{T}$$

当 $t\to\infty$ 时，有

$$\left.\frac{\mathrm{d}h}{\mathrm{d}t}\right|_{t\to\infty}=0$$

$t=0$ 时，h 变化的速度为其初始速度，也就是阶跃响应曲线在起始点时的切线斜率，如图 2-1-9 所示。由于切线的斜率为 $\frac{h(\infty)}{T}$，所以这条切线在新的稳定值 $h(\infty)$ 上截得的一段时间正好等于 T。因此，时间常数 T 的物理意义也可以理解为：当对象受到阶跃输入作用后，被控变量以初始速度变化到新的稳态值所需的时间。实际上，被控变量的变化速度是越来越小的。所以，被控变量达到新的稳态值所需要的时间，要比 T 长得多。理论上说，需要无限长的时间才能达到稳态值。从前面的推导可以看出，只有当 $t\to\infty$ 时，才有 $h=KA$。但是当 $t=3T$ 时，有

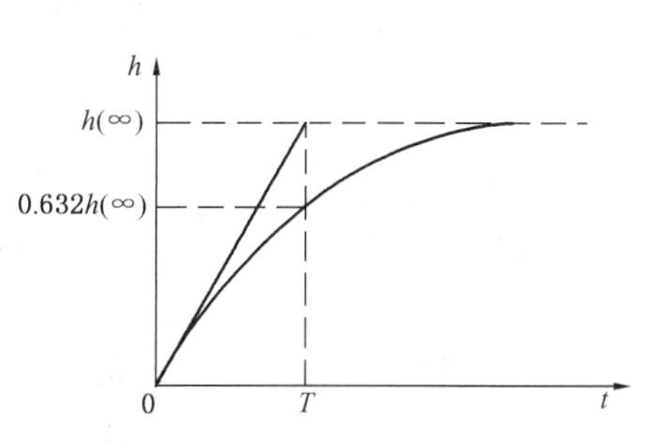

图 2-1-9　时间常数 T 的求法

$$h(3T)=KA(1-\mathrm{e}^{-3})=0.95KA=0.95h(\infty)$$

也就是说，加入输入作用后，经过 $3T$ 时间，被控变量已经变化了全部变化量的 95%。这时，可以近似地认为动态过程基本结束。所以，时间常数 T 是表示在输入作用下，被控变量完成其变化过程所需要的时间的一个重要参数。

1.2.4　被控对象的滞后

前面介绍的简单水槽对象在受到输入作用后，被控变量立即以较快的速度开始变化，这种对象用时间常数 T 和放大系数 K 两个参数就可以完全描述它们的特性。但是有的对象在受到输入作用后，被控变量却不是立即发生变化，这种现象称为滞后现象。根据滞后性质的不同，可分为两类，即传递滞后和过渡滞后。

1. 传递滞后

传递滞后又叫纯滞后，一般用 τ 表示。τ 的产生一般是由于介质的输送或能量的传递需要一段时间而引起的。从测量方面来说，由于测量点选择不当、测量元件安装不合适等原因也会造成传递滞后。

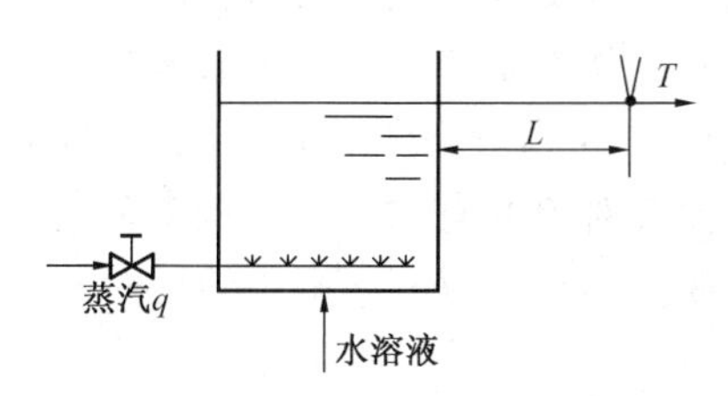

图 2-1-10　蒸汽直接加热器

图 2-1-10 是一个蒸汽直接加热器。如果以进入加热器的蒸汽量 q 为输入量，实际测得的溶液温度 T 为输出量，并且测温点不是在槽内，而是在出口管道上，测温点离槽的距离为 L。那么，当加热蒸汽量增大时，槽内温度升高，然而槽内溶液流到管道测温点处还要经过一段时间 τ。所以，相对于蒸汽流量变化的时刻，实际测得的溶液温度 T 要经过时间 τ 后才开始变化。这段时间 τ 亦为纯滞后时间。由于测量元件或测量点选择不当引起纯滞后的现象在成分分析过程中尤为常见。安装成分分析仪器时，取样管线太长，取样点安装离设备太远，都会引起较大的纯滞后时间，这是在实际工作中要尽量避免的。

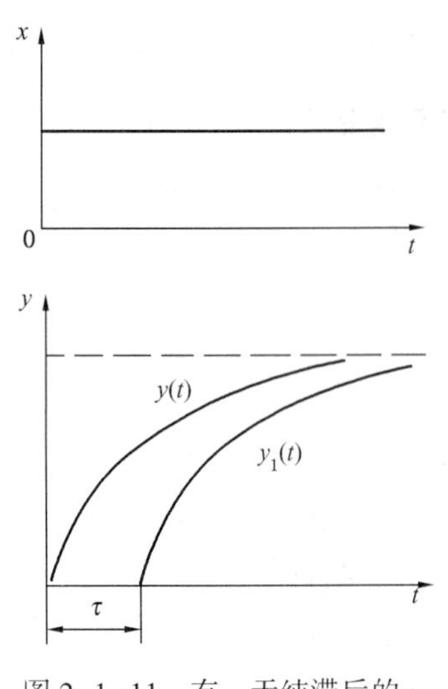

图 2-1-11　有、无纯滞后的一阶阶跃响应曲线

图 2-1-11 表示有纯滞后和无纯滞后的一阶阶跃响应曲线。x 为输入量，$y(t)$ 为无纯滞后时的输出量，$y_1(t)$ 为有纯滞后时的输出量。比较两条响应曲线，它们除了在时间轴上前后相差一个 τ 的时间外，其他形状完全相同。也就是说，纯滞后对象的特性是当输入量发生变化时，其输出量不是立即反映输入量的变化，而是要经过一段时间 τ 以后，才开始等量地反映无滞后时的输出量的变化。因此，有纯滞后的一阶对象可描述为

$$y_1(t)=\begin{cases}y(t-\tau) & t>\tau\\0 & t\leqslant\tau\end{cases}$$

2. 过渡滞后

有些对象在受到阶跃输入作用 x 后，被控变量 y 开始变化很慢，后来才逐渐加快，最后又变慢直至逐渐接近稳定值，这种现象叫容量滞后或过渡滞后，其响应曲线如图 2-1-12所示。

容量滞后一般是由于物料或能量的传递需要克服一定阻力而引起的。由两个水槽串联形成的对象就具有明显的容量滞后，如图 2-1-13 所示。

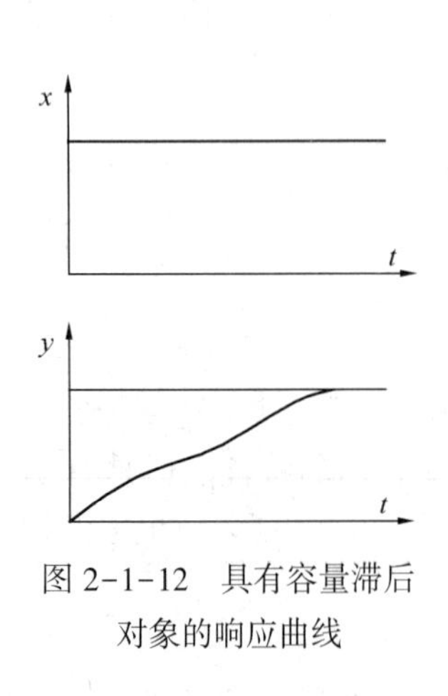

图 2-1-12　具有容量滞后对象的响应曲线

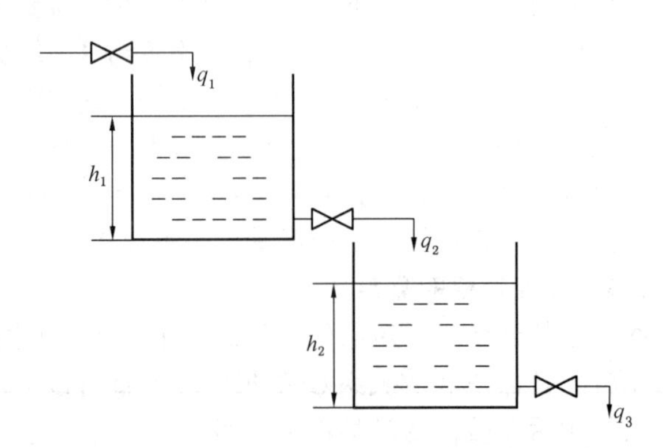

图 2-1-13　串联水槽对象

自动控制系统中，滞后的存在不利于控制。也就是说，系统受到干扰作用后，由于存在滞后，被控变量的特性不能立即反映出来，于是就不能及时产生控制作用，整个系统的控制质量就会受到严重的影响。所以，在设计和安装控制系统时，要尽量把滞后时间减到最小。例如，在选择控制阀与检测点的安装位置时，应选取靠近控制对象的有利位置。从工艺角度来说，应通过工艺改进，尽量减少或缩短那些不必要的管线及阻力，以利于减少滞后时间。

第2章 过程仪表选型

石油化工生产过程中，大量的过程参数需要测量和控制。仪表的使用目的和安装环境多种多样，仪表的测量原理和适用范围也各不相同。仪表选型就是要在众多的仪表品种中，扬长避短，选择最合适的仪表。本章主要介绍温度、压力、流量、物位检测仪表以及调节阀在选型过程中需要考虑的主要因素和选型的基本方法。

2.1 温度仪表

温度检测仪表种类繁多，不同的测量环境和测量要求要选用不同的测量方法和温度仪表。一般来讲，生产装置上较重要的温度点都需要集中监控，因此应选用远传式温度检测仪表；为使操作人员在现场巡检时能方便检查的温度点，应采用就地温度检测仪表。选择温度检测仪表时，应从以下方面着手。

2.1.1 就地温度仪表的选用

对于就地温度测量仪表，准确度等级一般选 1.5 级或 1 级。双金属温度计结构简单，价格低廉，维护方便，具有一定的耐震、耐冲击能力，是石油化工生产装置就地温度测量仪表的首选。

对于测量-80℃以下低温、无法近距离观察、有振动及准确度要求不高的温度，常采用压力式温度计。

幅射高温度计因携带方便，常被用于临时高温测量。

玻璃温度计仅用于测量准确度较高、振动较小、无机械损伤、观查方便的特殊场合，如实验室。玻璃水银温度计易受损伤造成汞污染，一般不建议使用。

温度测量仪表的最高测量值不大于仪表测量范围上限值 90%，正常测量值在仪表测量范围上限值的 1/2 左右。压力式温度计测量值应在仪表测量范围上限值的 1/2～3/4 之间。

2.1.2 温度检测元件的选用

远传式温度检测仪表主要使用热电偶和热电阻作为测温元件。热电偶适合一般场合，而热电阻适合测量准确度要求高，无振动的场合。热电偶和热电阻一般根据测温范围选用。

表 2-2-1 为常用热电偶的技术性能，表 2-2-2 为常用热电阻的技术性能。

表 2-2-1 常用热电偶的技术性能

热电偶名称	分度号	热电极材料		测温范围/℃	
		正热电极	负热电极	长期使用	短期使用
铂铑$_{30}$-铂铑$_{6}$	B	铂铑$_{30}$合金	铂铑$_{6}$ 合金	300～1600	1800
铂铑$_{10}$-铂	S	铂铑$_{10}$合金	纯铂	-20～1300	1600
镍铬-镍硅	K	镍铬合金	镍硅合金	-50～1000	1200
镍铬-铜镍	E	镍铬合金	铜镍合金	-40～800	900
铁-铜镍	J	铁	铜镍合金	-40～700	750
铜-铜镍	T	铜	铜镍合金	-40～300	350

表 2-2-2　常用热电阻的技术性能

名　称		分度号	温度范围/℃	温度为 0℃时的电阻 R_0/Ω	电阻比 R_{100}/R_0
标准热电阻	铂电阻	Pt10	-200～850	10±0.01	1.385±0.001
		Pt50		50±0.05	1.385±0.001
		Pt100		100±0.1	1.385±0.001
	铜电阻	Cu50	-50～150	50±0.05	1.428±0.002
		Cu100		100±0.1	1.428±0.002
	镍电阻	Ni100	-60～180	100±0.1	1.617±0.003
		Ni300		300±0.3	1.617±0.003
		Ni500		500±0.5	1.617±0.003
低温热电阻	铟电阻		3.4～90K	100	
	铑铁热电阻		2～300K	20、50 或 100	$R_{4.2K}/R_{273K}$ 约为 0.07
	铂钴热电阻		2～100K	100	$R_{4.2K}/R_{273K}$ 约为 0.07

需要注意的是，不同热电偶需配用不同的补偿导线，常见补偿导线见表 1-3-3。测量设备、管道外壁、转动物体表面温度时，应选用表面热电偶或表面热电阻。在一个测温点需要测量多点温度时，应选用多点式专用热电偶。测量流动的含固体硬质颗粒的介质时，应选耐磨热电偶。对测温元件有弯曲安装或快速响应要求时，应选用铠装热电偶、热电阻。

2.1.3　环境因素的考虑

温度仪表安装环境不同，采用的仪表接线盒也不同。根据不同的安装场所，可选用普通型、防溅型和防爆型接线盒。

在某些具有特殊介质或特殊测量场合，需要选用特殊的测温元件。例如：在爆炸危险场所，应选用隔爆型热电偶、热电阻；在温度大于 850℃，氢含量大于 5%的还原性气体、惰性气体及真空场所，应选用吹气热电偶或铼钨热电偶。

另外，要根据被测工艺介质的特性，选择性能稳定，抗腐蚀，抗氧化，价格又较便宜的保护套管。

2.2　压　力　仪　表

压力表的选用要根据工艺生产过程对压力测量的要求，结合压力表品种性能及其他各方面的情况，主要从测量准确度、测量范围和材质方面等方面，加以分析选用。

2.2.1　压力仪表准确度的选用

压力表准确度是根据工艺生产上所允许的最大测量误差来确定的。一般来说，所选用的仪表准确度越高，则测量结果越精确、可靠。但不能认为选用的仪表准确度越高越好，因为越精密的仪表，价格越贵，操作和维护越费事。因此，在满足工艺要求的前提下，应尽可能选用准确度较低、价廉耐用的仪表。

对于安装在生产装置中的管道和设备上的就地压力表，宜选用径向无边、表壳直径为 100mm 或 150mm 的压力表。

当测量结果需要采用标准信号远程传输时，一般选用压力(差压)变送器。在易燃易爆危险场所，应选用隔爆型或本安型的压力变送器。测量微小压力或负压时，宜选用差压变送器。对黏稠、易结晶、含有固体颗粒或腐蚀性介质，应选用法兰式压力变送器。在对测量准确度要求不高时，可选择电阻或电感式、霍尔效应式远传压力表。

2.2.2 压力表量程的选用

为了延长仪表使用寿命，避免弹性元件因受力过大而损坏，压力计的上限值应该高于工艺生产中可能的最大压力值。在测量稳定压力时，正常操作压力应为量程的1/3～2/3；测量脉动压力时，正常操作压力应为量程的1/3～1/2；测量压力大于4MPa时，正常操作压力应为量程的1/3～3/5；测量机泵出口压力时，压力表的量程应接近或大于机泵出口最大压力。

为了保证测量值的准确度，所测的压力值不能太接近于仪表的下限值，一般被测压力的最小值不低于仪表满量程的1/3。

2.2.3 压力表的弹簧管材质选用

压力表的弹簧管材质选用必须满足工艺生产的要求，根据被测介质的物理化学性能（如腐蚀性、温度高低、黏度大小、脏污程度、与某元素有特殊反应和易燃易爆性能等）和现场环境条件（如高温、电磁场、振动及现场安装条件等），确定压力表有无特殊要求。总之，根据工艺要求正确选用压力表的弹簧管材质是保证仪表正常工作及安全生产的重要前提。

例如，普通压力计的弹簧管多采用铜合金，高压的也有采用碳钢的，而氨用压力计弹簧管的材料却都采用碳钢，不允许采用铜合金。由于氨气对铜的腐蚀极强，所以普通压力计用于氨气压力测量时很快就要损坏。

氧气压力计与普通压力计在结构和材质上完全相同，只是氧用压力计禁油，因为油进入氧气系统易引起爆炸，所以氧气压力计在校验时，不能用变压器油作为工作介质，并且氧气压力计在存放中要严格避免接触油污。如果必须采用现有的带油污的压力计测量氧气压力时，使用前必须用四氯化碳反复清洗，认真检查直到无油污时为止。

2.3 流 量 仪 表

被测流体对象状况复杂，流量测量仪表种类繁多，各种流量计各有特点，流量测量仪表的选用比较复杂。具体选用流量计时，应符合《石油化工自动化仪表选型设计规范》等规范和标准的要求。

2.3.1 影响选用的因素和选用步骤

选用流量测量仪表之前，必须分析以下几个方面的因素：

仪表性能（技术指标）方面，包括准确度、重复性、线性、范围度、流量范围、压力损失、耐压等级、信号输出特性、电源要求、防爆等级、响应时间等。

被测流体特性方面，包括流体的温度、压力、密度、黏度、化学腐蚀性、磨损性、结垢、悬浮物、沉淀物、混相、相变（汽化、冷凝）、电导率、导热性、声速、比热容等。

安装条件方面，包括管道布置、流动方向、检测件上下游直管段长度、管道口经、维修空间、电源、接地、辅助设备（过滤器、消气器等）安装等。

环境条件方面，包括环境的温度、湿度、电磁干扰、安全性、防爆性、振动性等。

经济性能价格比方面，包括仪表购置费、安装费、运行费（包括能耗费）、校验（检定）

费、维修费、使用寿命、备品备件等。

流量测量仪表的选用一般按以下主要步骤进行：

（1）依据上述影响仪表选用的几个方面的因素，初选可用仪表类型（最好选几种，方便选择）；

（2）对初选类型进行资料和价格信息收集，为进一步分析、比较做准备；

（3）重复采用淘汰法，逐步将可用仪表类型集中到1~2种，然后再次从上述几个方面进行分析比较，最后确定一种仪表。

2.3.2 各种流量计的应用条件

流量测量仪表种类繁多，不同流量计对具体应用条件有不同的要求。常见流量计的应用条件如下：

（1）容积式流量计选用应符合下列要求：

介质洁净、黏度较大；

对流量计测量准确度要求较高；

量程比要求小于10∶1；

应配置过滤器。对含有少量气体的介质测量，应配置消气器。

（2）速度式流量计选用应符合下列要求：

洁净的气体和黏度不大的液体可选用涡轮或涡街流量计；

准确度要求较高，量程比不大于10∶1的可选用涡轮流量计；

流体黏度较高，且含有少量固体颗粒时，可选用靶式流量计；

具有导电性的（电导率大于10μS/cm）水、污水及水溶液流体，对有耐腐蚀性和耐磨性要求的流体可选用电磁流量计和超声波流量计；

介质为干净的气体或液体，雷诺数为200~1000000时，可选用差压式流量计，如标准节流装置、非标准节流装置、V型内锥流量计、均速管流量计等。对于测量高黏度、低流速（雷诺数低至100）的流体（如渣油、沥青等）可选用楔型流量计。

对于流量不大，测量准确度要求不高于1.5级，量程比要求不大于10∶1的可选用转子流量计（恒压降式流量计）。

（3）质量流量计选用应符合下列要求：

需要直接准确测量流体质量流量或密度时，可选用质量流量计；

测量气体的质量流量时，气体密度必须在5kg/m^{3}以上时，方可选科氏质量流量计，否则可选用热式质量流量计。

2.4 物 位 仪 表

物位包括液位、界面和料位，选择合适的测量仪表是保证测量的准确性，确保安全生产的前提。

选用液位、界面测量仪表时，通常要考虑下列因素：

（1）液位、界面的测量范围和准确度要求，仪表的显示方式和调节功能；

（2）被测介质的特性，包括温度、压力、密度及介质是否脏污，是否含有固体颗粒，是否会气化，是否有腐蚀性、结焦及黏稠等；

（3）在测量区域内介质是否有扰动；

（4）仪表安装场所，包括仪表安装的高度和防爆要求等；

（5）仪表的准确度等性能指标是否能满足测量要求，仪表日常维护量的大小。

对于大多数工艺对象的液位测量，可选用差压式液位计、浮筒式液位计和浮子式液位计。

差压式液位计是使用最多的液位、界面测量仪表，可用于大多数情况下的液位和界面测量。随着技术的进步，差压变送器性能不断提高，本身的维护量越来越少，但是与其配套的附件维护量较大。其引压管内的介质是气体，工作时间长了，会冷凝析出液体，在引压管内形成小的液柱，液柱随气流的移动会引起变送器的零点飘移。如果被测介质有腐蚀性或含有颗粒或是黏性物质，则需要在引压管内灌注隔离液、装封液罐等。

浮筒式液位计适用于测量范围在2000mm以内，密度为0.5~1.5g/cm^{3}的液体介质液面的测量，以及测量范围在1200mm以内，密度差为0.1~0.5g/cm^{3}的液体界面的测量。浮筒式液位计不适用于结晶、黏稠、含悬浮物介质的液位测量。浮筒液位计结构比较复杂，机械零部件多，扭力管易损坏，因此仪表的维护工作量较大。

内浮筒液位变送器易受介质的冲击，因此适用于平稳液位的测量。

浮子式液位计一般较适用于大型贮罐、清洁介质的液位测量。

对于腐蚀性、结晶、黏稠、易汽化和含悬浮物的介质，宜选用平法兰式差压变送器；对于高结晶、高黏性、高结胶性和沉淀性介质，宜选用插入式法兰变送器；当气相有大量冷凝液或沉淀物析出时，可选用双法兰式差压变送器。

当选用法兰式变送器测量液位或界面时，要考虑以下因素：

① 法兰变送器由于隔离膜片的弹性和非线性、毛细管的阻尼等问题，其准确度一般低于变送器本身的准确度；

② 由于法兰变送器内膜盒所填充的高温硅油最高温度为350℃，因此法兰变送器所测介质的温度要小于300℃；

③ 法兰变送器的膜盒尺寸应尽可能大，以减少隔离膜片的刚度，保证其线性；

④ 法兰变送器毛细管的长度应尽可能短，以减少环境温度的影响和缩短响应时间。

对于特殊工况如高温、低温、高压、高黏稠等介质的液位、界面测量，可考虑使用电容式、核幅射式、超声波式和雷达式等仪表。

选用料位测量仪表时，则要考虑物料的粒度、物料的导电性能、料仓的结构形式及测量要求等，通常可以利用电容式、核幅射式、雷达式等仪表。

2.5 调 节 阀

调节阀是重要的执行器，应用广泛，种类繁多，机械构造复杂。选型前，要认真分析控制过程，了解系统对调节阀的要求；选型时，要结合工艺要求，主要考虑结构、特性、材料、口径、作用方式等因素。这里主要介绍作用方式、执行机构、阀体结构和特性以及口径等方面需要考虑的因素。

2.5.1 作用方式的选择

由于气动执行机构有正、反两种作用方式，而阀也有正装和反装两种方式，因此实现气动调节阀的气开、气关就有四种组合方式，如图2-2-1和表2-2-3所示。

对于双座阀和*DN*25以上的单座阀，推荐用图2-2-1(a)、(b)两种形式，即执行机构采用正作用式，通过变换阀的正、反装来实现气关和气开。*DN*25以下的直通单座调节阀以

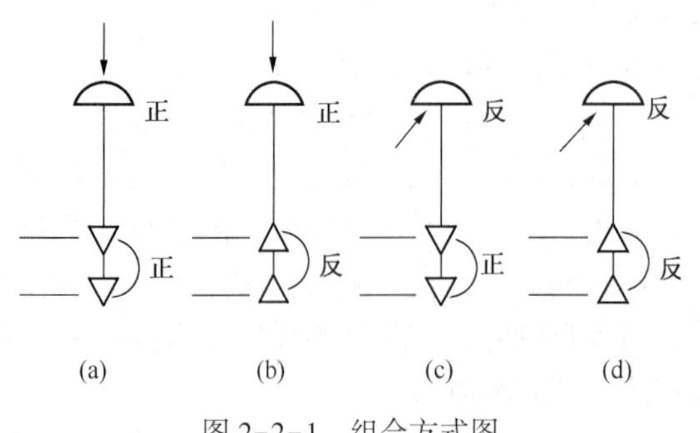

图 2-2-1　组合方式图

及隔膜阀、三通阀等，由于阀只能正装，因此只有通过变换执行机构的正、反作用来实现气开或气关，即按图 2-2-1(a)、(c)的组合形式。

选择作用方式主要是选择气开或者气关。考虑的出发点主要有三个。

首先，从工艺生产的安全角度考虑。考虑原则是信号压力中断时，应保证设备或操作人员的安全。如果阀门在信号中断时处于打开位置时危害性小，则应该选用气关式，反之则用气开式。例如，加热炉的燃料气或燃料油要采用气开式调节阀，没有压力信号时应切断进炉燃料，避免炉温过高而造成事故。对调节进入设备工艺介质流量的调节阀，若介质是易燃气体，应选用气开式，以防爆炸。

表 2-2-3　气动执行器组合方式表

序号	执行机构	调节阀	气动执行器	序号	执行机构	调节阀	气动执行器
图 2-2-1(a)	正	正	气关	图 2-2-1(c)	反	正	气开
图 2-2-1(b)	正	反	气开	图 2-2-1(d)	反	反	气关

其次，从介质的特性上考虑。如果介质为易结晶的物料，要选用气关式，以防堵塞。换热器通过调节载热体的流量来保持冷流体的出口温度，如果冷流体介质温度太高，会结焦或分离，影响操作或损坏设备，这时调节阀就要选择气开式。

第三，从保证产品质量、经济损失最小的角度考虑。在事故发生时，尽量减少原料及动力消耗，但要保证产品质量，例如，在蒸馏塔控制系统中，进料调节阀常用气开式，没有气压就关闭，停止进料，以免浪费；回流量调节阀则可用气关式，在没有气压信号时打开，保证回流量；当调节加热用的蒸汽量及塔顶产品时，也采用气开式。

2.5.2　执行机构的选择

执行机构不论是何种类型，它的输出力都是用于克服负荷的有效力。而负荷主要是指不平衡力和不平衡力矩加上摩擦力、密封力、重量等力作用。为了使调节阀能正常工作，配用的执行机构要能产生足够的输出力来克服各种阻力，保证高度的密封或阀门的开启。

对双作用的气动、电液、电动执行机构，作用力的大小与它的运动方向无关。因此，选择执行机构的关键在于弄清最大的输出力或电机的转动力矩。

对于单作用气动执行机构，输出力与阀门开度有关，调节阀上出现的力也将影响运动特性，因此要求在整个调节阀的开度范围建立力平衡。

1. 执行机构选择的影响因素

(1) 气动薄膜式执行机构的输出力

对有弹簧的气动薄膜执行机构，根据调节阀不平衡力的方向性，执行机构输出力有两种不同的方向，设$+F$表示执行机构向下的输出力，$-F$表示执行机构向上的输出力，如图2-2-2所示。无论是正作用式或反作用式的气动薄膜

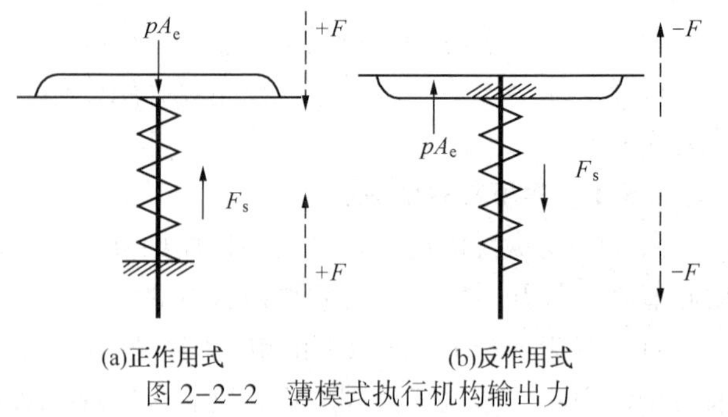

图 2-2-2　薄模式执行机构输出力

执行机构，它们的正向或反向输出力±F均为信号压力p作用在薄膜有效面积A_e上的推力pA_e与弹簧的反作用力F_s之差。

调节阀使用的弹簧有多种弹力范围，分别调整各种弹簧范围的启动压力，可使执行机构具有不同的输出力。不同的弹簧范围与不同有效面积的薄膜相配之后，可得到不同的输出力。表 2-2-4 为弹簧范围与输出力的关系。

表 2-2-4　气动薄膜执行机构的输出力　　N

弹簧范围/10^5Pa	膜片有效面积/cm^2					
	200	280	400	630	1000	1600
0.8(0.2~1)	400	560	800	1260	2000	3200
1.6(0.4~2)	800	1120	1600	2520	4000	6400
0.4(0.2~0.6)	1200	1680	2400	3780	6000	9600
0.4(0.6~1)	1200	1680	2400	3780	6000	9600

（2）活塞式执行机构的输出力

常见的活塞式执行机构有单向和双向两种作用方式。双向活塞式执行机构没有弹簧，它的输出力比薄膜执行机构大，常用来做大口径、高压差调节阀的执行机构。

活塞执行机构的输出力与活塞直径D、最大的工作压力p_0和气缸效率η有关。一般，p_0和η都一定（$p_0 = 500$kPa，$\eta = 0.9$），因此输出力的大小主要决定于活塞直径（见表 2-2-5）。

表 2-2-5　活塞执行机构的输出力

活塞直径/mm	100	150	200	250	300	350
最大输出力/N	3530	7950	14140	22100	31800	43300

（3）不平衡力和不平衡力矩

流体通过调节阀时，对阀芯产生使阀芯上下移动的轴向力和阀芯旋转的切向力。对于线行程调节阀来说，轴向力直接影响到阀芯位移与执行机构信号力的关系，因此阀芯所受到的轴向合力称为不平衡力。对于角行程调节阀，如蝶阀、球阀、偏心旋转阀等，影响其行程的是阀板轴受到的切向合力矩，称之为不平衡力矩。如果工艺介质及调节阀都已确定，不平衡力或不平衡力矩主要与阀前压力和阀门前后的压差以及流体与阀芯的相对流向有关。

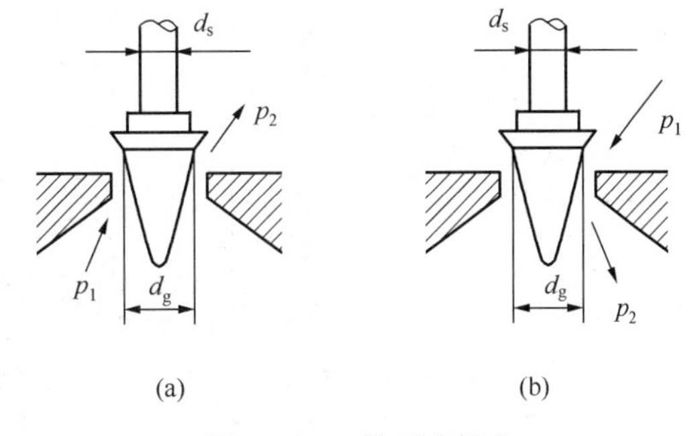

图 2-2-3　单阀座阀芯

图 2-2-3 表示不同的流体流向产生的不平衡力不一样。(a)表示在流体流动时使阀芯打开，称为流开状态；(b)表示在流体流动时使阀芯关闭，称为流闭状态。

阀芯在全关位置时所受不平衡力最大，随着阀芯开启而逐渐变小。

（4）允许压差的考虑

调节阀两端的压差增大时，其不平衡力或不平衡力矩也随之增大。当执行机构的输出力小于不平衡力时，它就不能在全行程范围内实现输入信号和阀芯位移的准确关系。由于对确定的执行机构，其最大输出力是固定的，故调节阀应限制在一定的压差范围内工作，这个压差范围就是允许压差。

执行机构的输出力用于克服不平衡力、压紧力、摩擦力和各种活动部件的重量。在正常润滑的情况下，摩擦力很小，各种活动部件的重量也不大。也就是说，执行机构的输出力只用来克服不平衡力和阀门全闭时的压紧力。但是，对一些口径较大的阀门，例如 *DN*200 笼式阀，其摩擦力较大，不能不考虑。

阀座压紧力的大小，决定于阀芯与阀座是硬密封接触，还是软密封接触。一般来说，对硬密封接触的调节阀，其阀座的压紧力要比软密封阀座的压紧力要大。

各种调节阀的不平衡力和允许压差计算公式见表 2-2-6。

表 2-2-6　各种调节阀的不平衡力和允许压差计算公式

调节阀形式	工作状态	不平衡力(力矩)计算公式	允许压差计算式($p_2 \neq 0$)
直通单座、角形	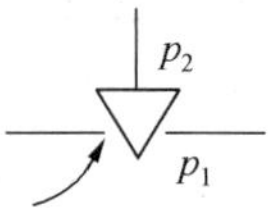 p_2　p_1	$F_t = \frac{\pi}{4}(d_g^2 \Delta p + d_s^2 p_2)$	$p_1 - p_2 = \frac{F - F_0 - \frac{\pi}{4} d_s^2 p_2}{\frac{\pi}{4} d_g^2}$
	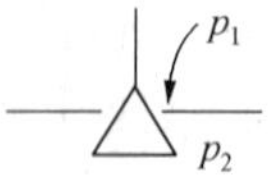 p_1　p_2	$F_t = -\frac{\pi}{4}(d_g^2 \Delta p - d_s^2 p_1)$	$p_1 - p_2 = \frac{F - F_0 + \frac{\pi}{4} d_s^2 p_1}{\frac{\pi}{4} d_g^2}$
直通双座	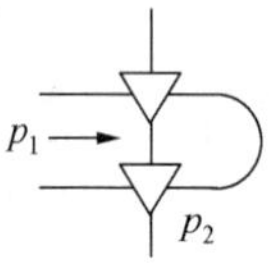 p_1　p_2	$F_t = \frac{\pi}{4}[(d_{g1}^2 - d_{g2}^2)\Delta p + d_s^2 p_2]$	$p_1 - p_2 = \frac{F - F_0 - \frac{\pi}{4} d_s^2 p_2}{\frac{\pi}{4}(d_{g1}^2 - d_{g2}^2)}$
	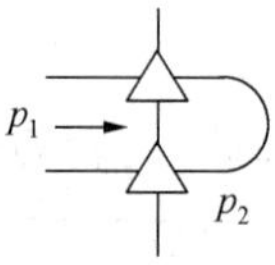 p_1　p_2	$F_t = -\frac{\pi}{4}[(d_{g1}^2 - d_{g2}^2)\Delta p - d_s^2 p_2]$	$p_1 - p_2 = \frac{F - F_0 + \frac{\pi}{4} d_s^2 p_2}{\frac{\pi}{4}(d_{g1}^2 - d_{g2}^2)}$
三通(合流)	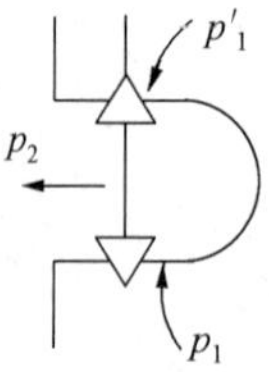 p'_1　p_2　p_1	$F_t = \frac{\pi}{4}[d_g^2(p_1 - p'_1) + d_s^2 p'_1]$	$p_1 - p'_1 = \frac{\pm(F - F_0) - \frac{\pi}{4} d_s^2 p'_1}{\frac{\pi}{4} d_g^2}$
三通(分流)	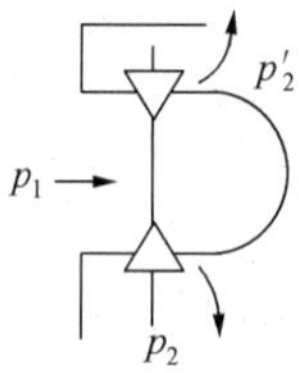 p'_2　p_1　p_2	$F_t = \frac{\pi}{4}[d_g^2(p_2 - p'_2) + d_s^2 p'_2]$	$p_2 - p'_2 = \frac{\pm(F - F_0) - \frac{\pi}{4} d_s^2 p'_2}{\frac{\pi}{4} d_g^2}$
隔　膜	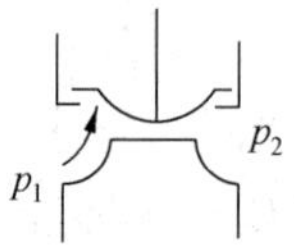 p_2　p_1	$F_t = \frac{\pi}{8} d_g^2 (p_1 + p_2)$	$p_1 + p_2 = \frac{F - F_0}{\frac{\pi}{8} d_g^2}$

续表

调节阀形式	工作状态	不平衡力(力矩)计算公式	允许压差计算式($p_2 \neq 0$)
蝶　阀	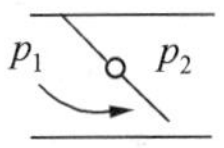	$M = \varepsilon D_g^3 \Delta p$	$p_1 - p_2 = \dfrac{M'}{D_g^2\left(\varepsilon D_g + Jf\dfrac{d}{2}\right)}$

注：d_g—阀芯直径，m；F—执行机构的输出力，N；ε—蝶阀的转矩系数；d_s—阀杆直径，m；F_0—全关时阀座的压紧力，N；J—推理系数；dg_1—双座阀的上阀芯直径，m；M—蝶阀的不平衡力矩，N·m；f—阀板轴与轴承的摩擦系数；dg_2—双座阀的下阀芯直径，m；M'—蝶阀的输出力矩，N·m；D_g—蝶阀口径，m。

2. 气动执行机构与电动执行机构的比较

石油化工企业使用最多的执行机构是气动执行机构，其次是电动执行机构，液动执行机构应用较少。这里通过对比气动和电动执行机构，从驱动能源、可靠性、安全性、经济性等方面说明如何选用执行机构。

从使用能源及输出力大小的角度，选用时可参考图 2-2-4，而从各项性能方面进行比较，可参考表 2-2-7。

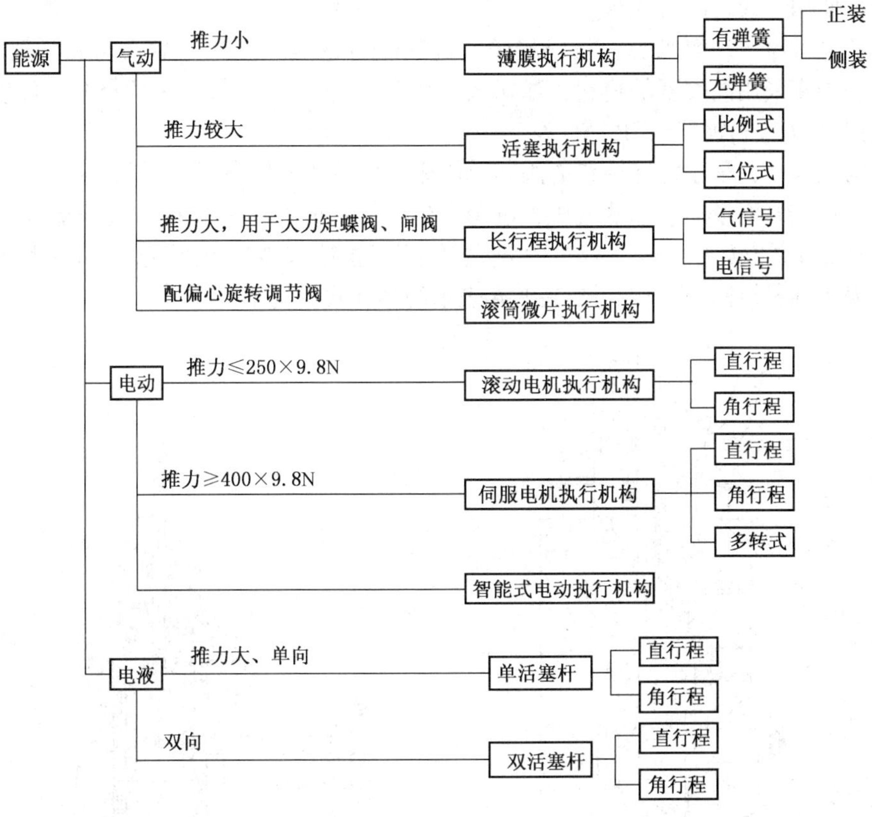

图 2-2-4　执行机构类型选择图

2.5.3　调节阀结构的选择

1. 工艺条件的考虑

选择阀门时，必须从工艺条件出发，针对具体情况进行具体分析。

表 2-2-7　电动执行机构与气动薄膜执行机构的比较

序号	比　较　项　目	气动薄膜执行机构	电动执行机构
1	可靠性	高(简单、可靠)	差(电器元件故障多)
2	驱动能源	另设气源装置	简单、方便
3	价　　格	低	高
4	推　　力	小	大
5	刚　　度	小	大
6	防火防爆	好	差(严加防护、防爆装置)
7	工作环境温度范围	大(-40～+80℃)	小(-10～+55℃)

(1) 闪蒸和空化

闪蒸和空化除了影响流量系数的计算外，还造成振动、噪声和对材料的破坏。在空化作用的第一阶段闪蒸阶段，虽然阀门的出口压力保持在液体的饱和蒸气压之下，但阀内件却受到了侵蚀。由于阀芯和阀座环的接触线附近流体的速度最高，因此破坏也发生在这里。在空化的第二阶段，阀后压力升高到饱和蒸气压以上，由于气泡的突然破裂，产生强烈的气蚀作用，对阀芯、阀座和阀体造成严重的破坏。

为降低空化产生的破坏作用，选择阀门应当考虑以下方法和措施：

从压差上考虑，一是选择压力恢复系数小的阀门，例如球阀、蝶阀等；二是将两个调节阀串联起来使用，或装限流孔板。

从材料上考虑，一般来说，材料越硬，抗蚀能力越强。应该考虑到阀芯、阀座易于更换。阀芯、阀座采用高硬度的材料，如司太立合金(一种含钨、铬、钴的合金，硬度 Rc45)、硬化工具钢(Rc60)和钨碳钢(Rc70)等。

从结构上考虑，采用特殊结构的阀芯、阀座，使高速液体在通过阀芯、阀座时每一点的压力都高于在该温度下的饱和蒸气压，避免发生气蚀；或者使液体在通道间形成高度紊流，使阀内液体的动能转为热能，减少气泡的形成。能够有效防止空化作用的特殊结构如图 2-2-5表示的多级阀芯结构和图 2-2-6 表示的多孔式结构示。

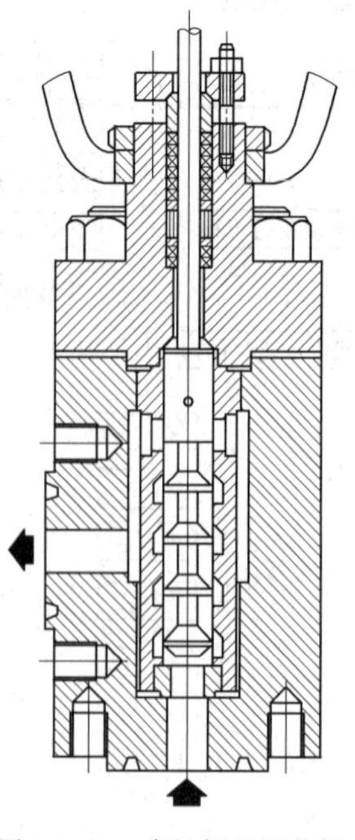

图 2-2-5　多级阀芯调节阀

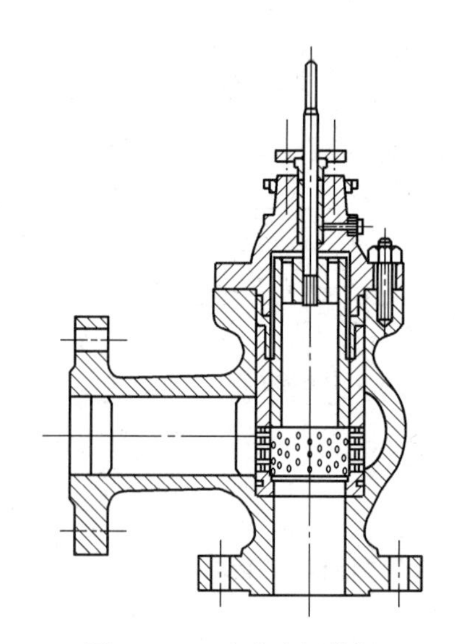

图 2-2-6　多孔式调节阀

(2) 磨损

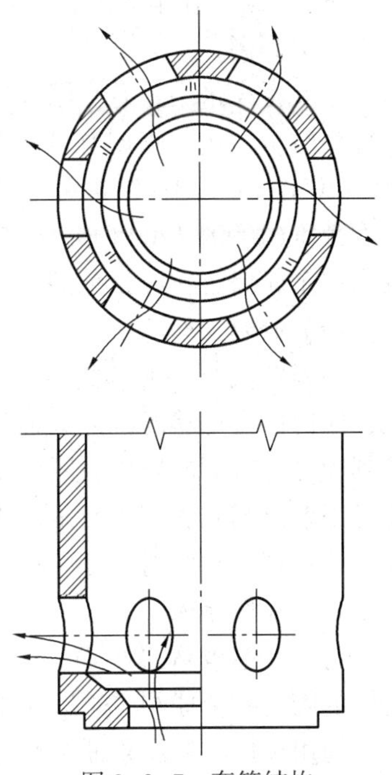
图 2-2-7　套筒结构

阀芯、阀座和流体介质直接接触，磨损在所难免，有时还非常严重。根据物理学的理论，磨损破坏程度和颗粒的质量成正比，和流体的流速的平方成正比。减小磨损的措施和方法有：

① 流路光滑。流线型的阀体结构能防止流体颗粒的直接冲击，能避免涡流并减小磨损。

② 采用坚硬的阀内件。阀内件越硬，抗磨能力越大。阀内件的结构要有利于保护接合面。图 2-2-7 是一个结构比较合理的例子，因为套筒能够沿着接合面分配磨蚀性流体。

③ 选择合适的材料。采用致密性高的陶瓷材料和特殊的表面处理，增加阀门的抗磨能力。

④ 选择合理的结构。在有磨损的工艺条件下，采用特殊的阀门结构，以保护接合面和排出口，如图 2-2-8 所示的弯管阀结构。

(3) 腐蚀

在腐蚀流体中操作的调节阀要求其结构越简单越好，以便于添加衬里。阀门类型的选择应能适用于所用的腐蚀介质。可选用隔膜阀、夹紧阀(图 2-2-9)、加衬蝶阀、球阀等类型。

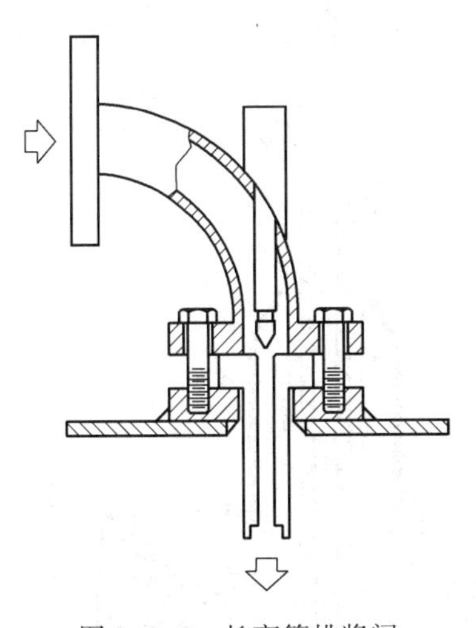
图 2-2-8　长弯管排浆阀

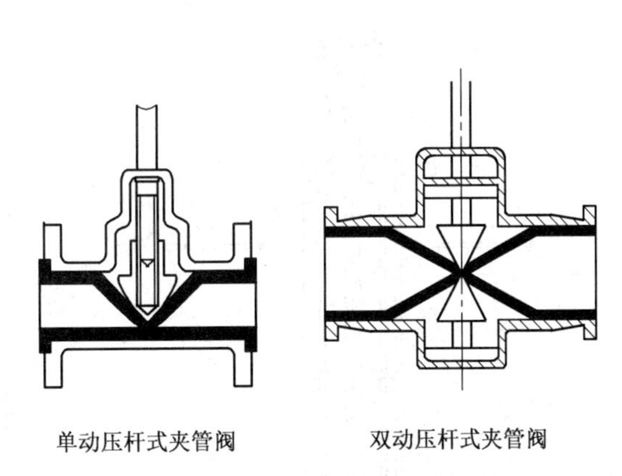

图 2-2-9　夹紧阀

(4) 高压降

首先要确保调节阀阀芯、阀座表面的材料能经受流体的高速和大作用力的影响，其次导向要好，要保证流动平面的稳定。除动态力的影响外，还要消除造成执行机构不稳定的因素。最广泛使用的阀门是球形阀、角形阀或 Y 形阀。平衡式的阀内件能降低对执行机构的要求。没有平衡式阀内件时可以用流开式，因为它最为稳定。如果排出流体有侵蚀性，最好用流闭式。因为用流开式时，流体会破坏主要的零件。

在高压降的作用下，很容易使液体产生闪蒸和空化作用，因此要选用一些防空化调节阀。

(5) 高温

主要考虑采用具有高温强度的材料。所用材料不能因高温作用而黏结、塑变、蠕变。温度极高时，适用的阀型有球阀(包括角形阀和 Y 形阀)、蝶阀(高温蝶阀的工作温度可高达 450~1000℃)。阀体结构可考虑有散热片。阀内件采用热硬性材料。如果温度已超过金属的温度范围(1090~1200℃)，可考虑采用有陶瓷衬里的特殊阀门，还可以采用冷却套结构，使其内部金属保持在应力范围之内。

(6) 低温

当温度低于-30℃时，要保护阀内填料不冻结。在-30~-100℃范围内，要求材料不脆化，阀内件有足够的冷冲击强度。在极低温条件下，必须用特殊的手段保持阀门的热容量，使其免受冷载荷的作用。图 2-2-10 的结构有不锈钢上阀盖，装有高度绝缘的冷箱，从上阀盖可以取出阀芯和阀座，维修很方便。

球形阀、Y 形阀、角形阀、蝶阀、球阀可以利用特制的真空套，减少热传递。

(7) 黏性流体

对于黏性极高的液体，阀门的流路结构越简单越好，使容量损失不致太大。适用于黏性流体的阀门有全球阀、V 形球阀、蝶阀和隔膜阀等，还有偏旋阀。夹紧阀的应用场合虽然有限，但用于极黏的泥浆液时性能却很好。

黏性流体有凝固、快速结晶、结冰等危险，所以在操作黏性流体时，可以利用有加热套的调节阀，如图 2-2-11 所示。如果是高温工作的调节阀，可采用耐热填料，例如石棉-石墨或石棉聚四氟乙烯。

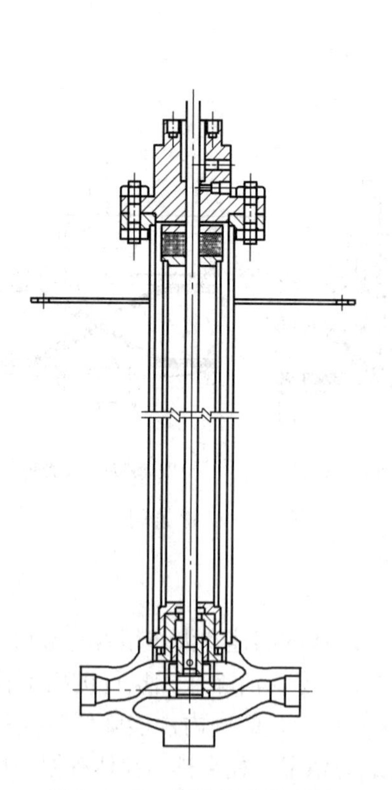

图 2-2-10　带冷箱的低温阀

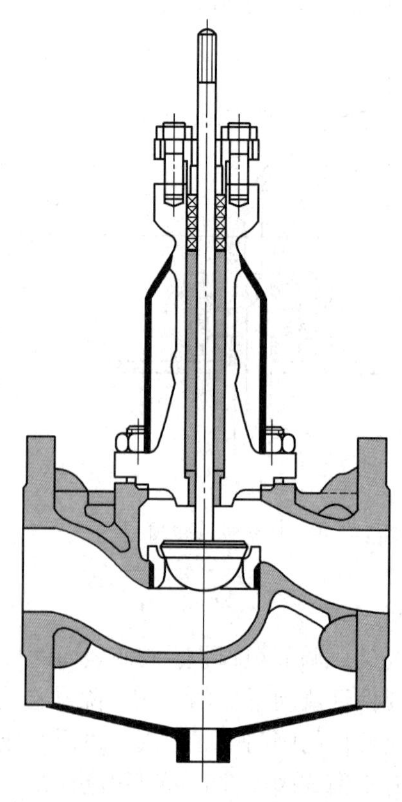

图 2-2-11　带加热套的调节阀

(8) 堵塞

堵塞是由于固体颗粒或纤维物通过节流孔所造成的。在开度很小时，阀门会像过滤器一样被堵住。可调性最佳而且形状最理想的孔形是在所有开度时能成为方形或等边三角形(如一些V形球阀或V形柱塞阀)。采用顶箱(见图2-2-12)或串连孔的办法可降低节流孔两侧的压降。标准的球阀有两个串联孔，虽然形状不理想，但在较低的流量和较小的颗粒时，能把颗粒挤碎。如果颗粒较大而且流体又有磨蚀性的情况下，除了堵塞，还有磨损，选择阀门产生了双重难题。在用泵驱动时，可考虑变速驱动。

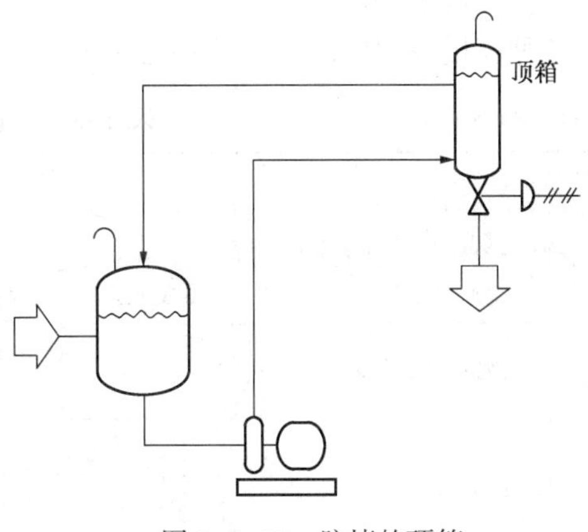

图 2-2-12　防堵的顶箱

(9) 阀座泄漏

选择调节阀时，减少阀座泄露量的最佳方法之一是采用弹性材料制造的软阀座，也可选用由聚四氟乙烯(TFE)或石墨加工的软密封座。如果调节阀阀芯、阀座要求金属-金属之间的密封，为保证紧密关闭，应设计出密封斜角，同时执行机构的作用力要足够大。

(10) 小流量控制

小流量调节阀的流量系数 C 值从 1.0 到 10^{-5}。如果在球形阀的阀芯上铣出小槽或V形槽，或采用长销形结构，就可以得到很小的流量系数。

各种小流量调节阀的行程都很小，因此精确定位十分重要。对摩擦和空化的要求也比别的阀门严格。当 C 值变得很小时，计算 C 值已变得毫无意义。当改变流动条件或阀行程时，流过通道的流体会从层流变成瞬时紊流，因此计算过程成为试凑的过程。图 2-2-13 表示球

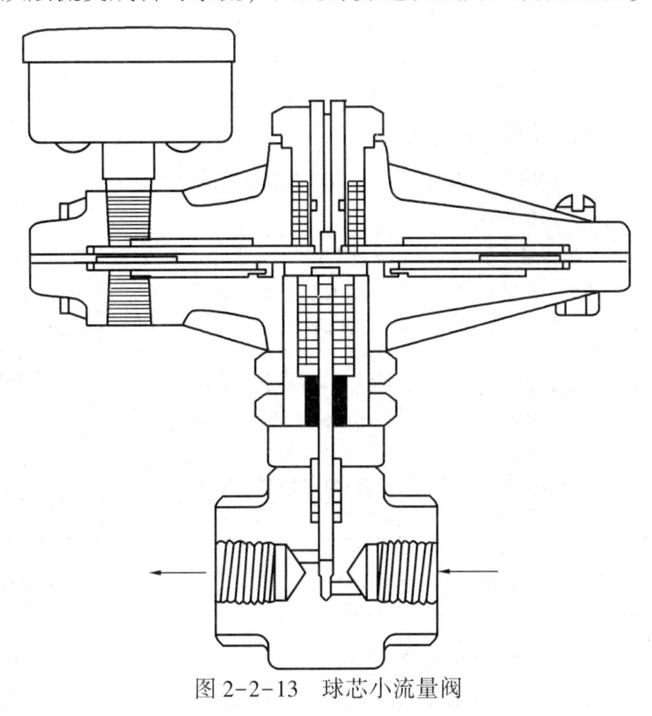
图 2-2-13　球芯小流量阀

阀芯小流量调节阀。

各种应用情况下阀门的选用可参见表 2-2-8。

表 2-2-8 调节阀选用参考表

序号	名 称	主 要 优 点	应 用 注 意 事 项
1	直通单座阀	泄漏量小	阀前后压差较小
2	直通双座阀	流量系数及允许使用压差比同口径单座阀大	耐压较低
3	波纹管密封阀	适用于介质不允许泄露的场合，如氰氢酸、联苯醚有毒物	耐压较低
4	隔膜阀	适用于强腐蚀、高黏度或含有悬浮颗粒以及纤维的流体。在允许压差范围内可作切断阀用	耐压、耐温较低，适用于对流量特性要求不严的场合(近似快开)
5	小流量阀	适用于小流量和要求泄露量小的场合	
6	角形阀	适用于高黏度或含有悬浮物和颗粒状物料	输入与输出管道成角形安装
7	高压阀(角形)	结构较多级高压阀简单，用于高静压、大压差、有气蚀、空化的场合	介质对阀芯的不平衡力较大，必须选配定位器
8	多级高压阀	基本上解决以往调节阀在控制高压差介质时寿命短的问题	必须选配定位器
9	阀体分离阀	阀体可拆为上、下两部分，便于清洗。阀芯、阀体可采用耐腐蚀衬压件	加工、配装要求较高
10	三通阀	在两管道压差和温差不大的情况下能很好地代替两个二通阀，并可用作简单的配比调节	二流体的温差 $\Delta t<150$℃
11	蝶阀	适用于大口径、大流量和浓稠浆液及悬浮颗粒的场合	流体对阀体的不平衡力矩大，一般蝶阀允许压差小
12	套筒阀(笼式阀)	适用阀前后压差大和液体出现闪蒸或空化的场合，稳定性好，噪声低，可取代大部分直通单、双座阀	不适用于含颗粒介质的场合
13	低噪音阀	比一般阀可降低噪声 10~30dB，适用于液体产生闪蒸、空化和气体在缩流面处流速超过音速且预估噪声超过 95dB(A)的场合	流通能力为一般阀的 1/2~1/3，价格贵
14	超高压阀	公称压力达 350MPa，是化工过程控制高压聚合釜反应的关键执行器	价格贵
15	偏心旋转阀(凸轮挠曲阀)	流路阻力小，流量系数较大，可调比大，适用于大压差、严密封的场合和黏度大及有颗粒介质的场合。很多场合可取代直通单、双座阀	由于阀体是无法兰的，一般只能用于耐压小于 6.4MPa 的场合
16	球阀(O 形，V 形)	流路阻力小，流量系数大，密封好，可调范围大，适用于高黏度、含纤维、固体颗粒和污秽物体的场合	价格较贵，O 形球阀一般作二位调节用。V 形球阀作连续调节用
17	卫生阀(食品阀)	流路简单，无缝隙、死角积存物料，适用于啤酒、番茄酱及制药、日化工业	耐压低
18	二位式二(三)通切断阀	几乎无泄漏	仅作位式调节用
19	低压降比(低 s 值)阀	在低 s 值时有良好的调节性能	可调比 $R\approx10$

续表

序号	名　　称	主　要　优　点	应用注意事项
20	塑料单座阀	阀体、阀芯为聚四氟乙烯，用于氯气、硫酸、强碱等介质	耐压低
21	全钛阀	阀体、阀芯、阀座、阀盖均为钛材，耐多种无机酸、有机酸	价格贵
22	锅炉给水阀	耐高压，为锅炉给水专用阀	

2. 流量特性的选择

生产过程中常用的调节阀的理想流量特性有直线、等百分比和快开三种。抛物线流量特性介于直线与等百分比之间，一般可用等百分比特性来代替，而快开特性主要用于二位调节及程序控制中，因此，调节阀的特性选择实际上是指如何选择直线和等百分比流量特性。

调节阀流量特性的选择可以通过理论计算，但方法和方程都很复杂。因此，目前对调节阀流量特性的选择多采用经验准则，主要从如下三个方面来考虑：

（1）从调节系统的调节质量分析并选择

图2-2-14表示一个热交换器的自动调节系统，它是由对象、变送器、调节仪表和调节阀等环节组成的。

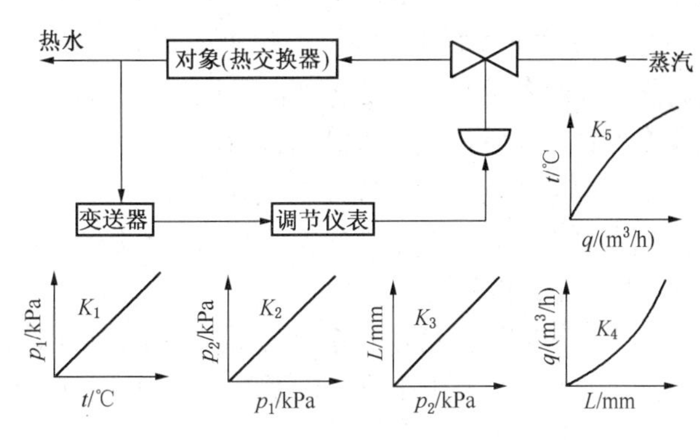

图2-2-14　热交换器调节系统

在负荷变动的情况下，为使调节系统仍能保持预定的品质指标，希望总的放大系数在调节系统的整个操作范围内保持不变。通常，变送器、调节仪表(已经整定)和执行机构的放大系数是一个常数，但调节对象的放大系数总是随着操作条件、负荷的变化而变化，所以对象的特性往往是非线性的。因此，要适当地选择阀门特性，以阀的放大系数的变化来补偿对象放大系数的变化，使系统总的放大系数保持不变或近似不变，从而提高调节系统的质量。

对于放大系数随负荷的增大而变小的对象，假如选用放大系数随负荷加大而变大的等百分比特性调节阀，便能使两者抵消，合成的结果使总放大系数保持不变，近似于线性。当调节对象的放大系数为线性时，则应采用直线流量特性的阀门，使系统总的放大系数保持不变。对与传热有关的温度对象，当负荷增加而放大系数减小时选用等百分比特性调节阀比较合适。

（2）从工艺配管情况考虑并选择

调节阀总是与管道、设备等连在一起使用，由于系统配管情况的不同，配管阻力的存在使调节阀的压降发生变化，因此阀的工作特性与阀的理想特性也不同，必须根据系统的特点来选择所需要的阀的工作特性，然后再考虑工艺配管情况选择相应的阀的理想特性。参见表2-2-9。

表 2-2-9　考虑工艺配管状况表

配管状况	$s=1\sim0.6$		$s=0.6\sim0.3$		$s<0.3$
阀的工作特性	直线	等百分比	直线	等百分比	使用低 s
阀的理想特性	直线	等百分比	等百分比	等百分比	值调节阀

注：s 值是表示调节阀全开时阀的压差和系统的压差损失总和之比，称为阀阻比。

从表 2-2-9 可以看出：当 $s=1\sim0.6$ 时，所选的理想特性与工作特性一致；当 $s=0.6\sim0.3$时，若要求工作特性是线性时，理想特性应选等百分比的，这是因为理想特性为等百分比的阀，其工作特性此时已畸变为接近线性；当要求的工作特性为等百分比时，其理想特性曲线应比工作特性曲线更凹一些，此时可通过阀门定位器凸轮外廓曲线来补偿或采用双曲线特性来解决；当 $s<0.3$ 时，直线特性已严重畸变为快开特性，不利于调节，即使是等百分比理想特性，工作特性也已经严重偏离理想特性，接近于直线特性，虽然仍能调节，但它的调节范围已大大减小，所以一般不希望 s 值小于 0.3。

(3) 从负荷变化情况分析和选择

直线特性调节阀在小开度时流量的相对变化值大，过于灵敏，容易震荡，阀芯、阀座也易于破坏，在 s 值小、负荷变化幅度大的场合不宜采用。等百分比特性调节阀的放大系数随阀门行程的增加而增加，流量的相对变化值恒定不变。因此，它对负荷波动有较强的适应性，无论在全负荷或半负荷生产时都能很好的调节，从制造的角度也不困难。所以，在生产过程中等百分比特性调节阀是用得最多的一种。

根据调节系统的特点选择工作流量特性可参考表 2-2-10。

如果由于缺乏某些条件，按表 2-2-10 选择工作流量特性有困难时，可按下述原则选择理想(固有)流量特性：

如果调节阀流量特性对系统的影响很小，可以任意选择；

如果 s 值很小或由于设计依据不足，阀口径选择偏大时，则应选择等百分比特性。

表 2-2-10　工作流量特性选择表

系统及被调参数	干扰	流量特性	说明
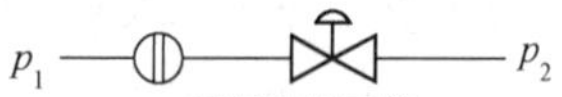 p_1　p_2 流量控制系统	给定值	直线	变送器带开方器
	p_1，p_2	等百分比	
	给定值	快开	变送器不带开方器
	p_1，p_2	等百分比	
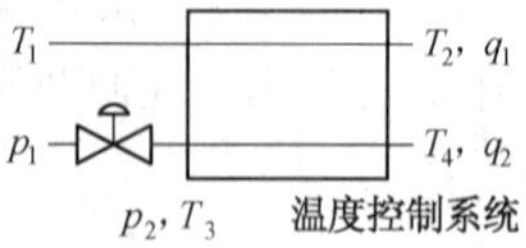 T_1　T_2，q_1　p_1　T_4，q_2　p_2，T_3 温度控制系统	给定值 T_1	直线	
	p_1，p_2，T_1，T_2，q_1	等百分比	
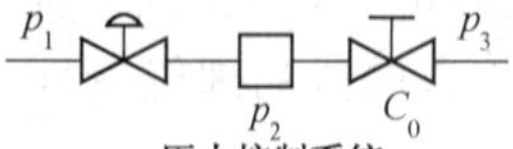 p_1　p_3　p_2　C_0 压力控制系统	给定值 p_1，p_3，C_0	直线	液体
	给定值 p_1，C_0	等百分比	气体
	p_3	快开	

续表

系统及被调参数	干扰	流量特性	说明
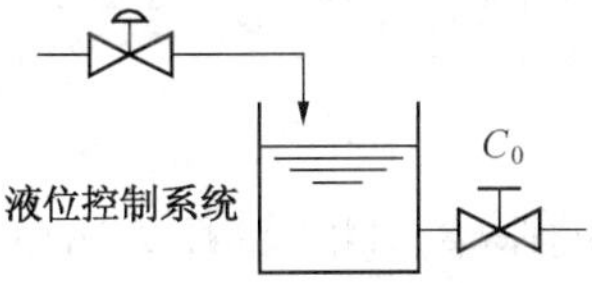 液位控制系统	给定值	直线	
	C_0	直线	
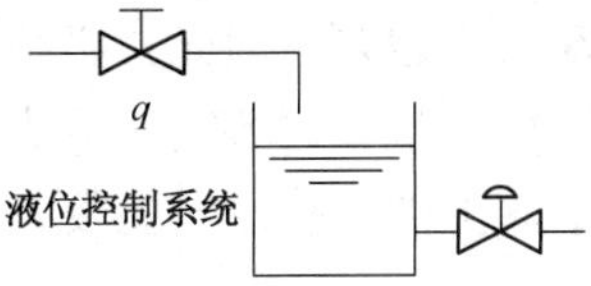 液位控制系统	给定值	等百分比	
	q	直线	

2.5.4 调节阀口径的选择

调节阀口径的选择和确定主要依据流量系数。从工艺提供数据到算出流量系数，到阀口径的确定，需经过以下几个步骤：

① 流量的确定。根据现有的生产能力、设备的负荷及介质的状况决定计算最大流量 q_{max} 和最小流量 q_{min}。

② 压差的确定。根据已选择的调节阀流量特性及系统特点选定阀阻比 s 值，然后确定计算压差。

③ 流量系数 C 的计算。按照工作情况判定介质的性质及阻塞流情况，选择合适的计算公式或图表，根据已决定的计算流量和计算压差，求取最大和最小流量时的 C_{max} 和 C_{min}。根据阻塞流情况，必要时进行噪声预估计算。

④ 流量系数 C 值的选用。根据已经求取的 C_{max}，进行放大或圆整，在所选用的产品型号标准系列中，选取大于 C_{max} 值并与其最接近的那一级 C 值。

⑤ 调节阀开度验算。一般要求最大计算流量时的开度不大于 90%，最小计算流量时的开度不小于 10%。

⑥ 调节阀实际可调比的验算。一般要求实际可调比不小于 10。

⑦ 阀座直径和公称直径的确定。验证合适之后，根据 C 值来确定。

下面简要说明上述的几个重要步骤。

1. 计算流量

在计算 C 值时要按最大流量 q_{max} 来考虑，如果不知道 q_{max} 值，可按正常流量进行计算。要注意裕量不能过大，如果过大地考虑裕量，将使计算的 C 值偏大，阀门口径选得偏大，这不但造成经济上的浪费，而且使阀门经常在小开度工作，使可调比减小，调节性能变坏，严重时甚至会引起振荡，导致阀门寿命大大降低。

在选择最大计算流量时，应根据对象负荷的变化及工艺设备的生产能力来合理确定。对于调节质量要求高的场合，更应从现有的工艺条件来选择最大流量。另外，还应当兼顾当前与今后在一定范围内扩大生产能力这两方面的因素，合理地确定计算流量。如果按近期的生产需要考虑，可选择最大流量。如果考虑扩大生产的需要，可选用阀内件可以更换即 C 值可以改变的调节阀。

另一方面，调节阀在制造时，C 值就有±(5~10)%的误差，调节阀所通过的动态最大流量大于静态最大流量。因此，最大计算流量可以取为静态最大流量的1.15~1.5倍。

当然，也可以参考泵和压缩机等流体输送机械的能力来确定最大计算流量。有时需要综合各种条件和方法来确定，如调节阀的上下游都有恒压点，调节阀装于风机或离心泵出口，阀下游有恒压点或者其他类型的工艺对象等等。

2. 计算压差

要使调节阀能起到调节作用，就必须在阀前、阀后有一定的压差。阀上的压差占整个系统压差的比值越大，则调节阀流量特性的畸变就越小，调节性能能够得到保证。但是，阀前、阀后产生的压差越大，则阀上的压力损失越大，所消耗的动力也越多。因此，必须兼顾调节性能及能源消耗，合理地选择计算压差。系统总压差是指系统中包括调节阀、弯头、管路、节流装置、热交换器、手动阀等造成的压力损失。选择调节阀上的计算压差主要是根据工艺管路、设备等组成系统的压降及其变化情况来选择的。

对于气体介质，由于阻力损失较小，调节阀上压差所占的份量较大。

计算压差还要考虑到系统设备中静压经常波动影响阀上压差的变化，例如锅炉的给水系统、锅炉压力波动就会影响调节阀上压差的变化。

在计算三通阀时，计算流量是以三通阀分流前或合流后的总流量作为计算流量。而计算压差为三通阀的一个通道关闭，另一个通道流过计算流量时的阀两端压差。当用热交换器旁路调节系统时，取阀上计算压差等于热交换器的阻力损失。

必须注意，在确定计算压差时，要尽量避免空化作用和噪声。

3. 调节阀开度的验算

根据流量和压差计算得到 C 值，并按制造厂提供的参数选取调节阀的口径后，考虑到选用时要圆整，因此对工作时的阀门开度应该进行验算。

一般来说，最大流量时调节阀的开度应在90%左右。最大开度过小，说明调节阀选得过大，它经常在小开度下工作，可调比缩小，造成调节性能的下降和经济上的浪费。一般不希望最小开度小于10%，否则阀芯和阀座由于开度太小，受流体冲蚀严重，特性变坏，甚至失灵。

不同的流量特性及其相对开度和相对流量的对应关系是不一样的，理想特性和工作特性又有差别。因此，验算开度应按不同特性进行。

4. 可调比 R 的验算

调节阀的理想可调比一般有 $R=30$ 和 $R=50$ 两种。考虑到在选用调节阀口径时对 C 值的圆整和放大，特别是调节阀最大开度和最小开度的限制，一般都会使可调比下降至10左右。此外，受工作流量特性畸变的影响，实际可调比 R' 会更小。调节阀实际可调的最大流量 q_{max} 等于或大于最小流量 q_{min} 的5.5倍。在一般生产中最大流量与最小流量之比为3左右。

当选用的调节阀不能同时满足工艺上最大流量和最小流量的调节要求时，除增加系统压力外，可以采用两个调节阀进行分程控制来满足可调比的要求。

第3章 自动控制系统

石油化工生产过程复杂程度高，不同生产装置、不同工况的主要工艺参数的动态特性各不相同，不同场合控制有不同的控制目的。例如，有时要求被控对象快速响应而放宽对控制精度的要求，有时不要求快速响应而要求较高的控制精度，这就对石油化工自动控制系统提出了不同的要求，适应不同情况的自动控制系统应运而生。

本章重点讲解各种控制系统的构成、特点、参数选择方法和适用范围等内容，并介绍了加热炉和锅炉的自动控制方案。

3.1 简单控制系统

简单控制系统由一个变送器、一个控制器、一个执行器和一个被控对象构成。其中，变送器检测被控变量并完成反馈任务，执行器改变操作变量的值，达到改变被控变量的值的目的。简单控制系统只有一个被控变量和一个操作变量，是单变量控制系统。只有合理选择被控变量和操作变量，才能确保控制目的的正确实现。

3.1.1 被控变量的选择

在生产过程中，影响正常操作的因素很多，并非所有的影响因素都需要控制。被控变量是指需要借助自动控制系统保持恒定(或按一定规律变化)的变量。

根据被控变量与生产过程的关系，可分为两种控制形式：直接指标控制与间接指标控制。如果被控变量本身就是需要控制的工艺指标(温度、压力、流量、液位、组分等)，则称为直接指标控制；如果不能直接快速获取工艺指标(反应器中的组分等)的测量信号，则需要选取与直接质量指标有单值对应关系而又反应迅速的另一变量作为间接控制指标，这时称为间接指标控制。

在图2-3-1所示的蒸汽锅炉这个对象中，汽包水位过高，会使蒸汽带液，影响蒸汽质量；而水位过低，又易烧干而引起严重事故。液位是一个很容易测量的变量，所以在锅炉这个对象中可选汽包水位作为被控变量构成自动控制系统。

图2-3-2是精馏过程的示意图。它的工作原理是利用被分离物各组分的挥发度不同，通过在精馏塔内给被分离物施加一定的温度和压力，把混合物中各组分分离成较纯的产品。通常工艺上的质量指标是精馏塔塔顶产品的纯度，所以塔顶馏出物的组分 x_D 应作为被控变量。如果 x_D 的测量有困难，那么就不能直接以 x_D 作为被控变量进行直接指标控制，这时需要找一个与 x_D 有关的变量作为被控变量，进行间接指标控制。

以苯-甲苯二元系统的精馏为例，确定系统的被控变量。根据化工原理，当气液两相并存时，塔顶易挥发组分的浓度 x_D、塔顶温度 T_D、压力 p 三者之间有一定的关系。当压力恒定时，组分 x_D 和温度 T_D 之间存在有单值对应的关系，如图2-3-3所示。当温度恒定时，组分 x_D 和压力 p 之间也存在单值对应的关系，如图2-3-4所示。可见，在组分、温度、压力三个变量中，只要固定温度或压力中的一个，另一个变量就可以代替 x_D 作为被控变量。

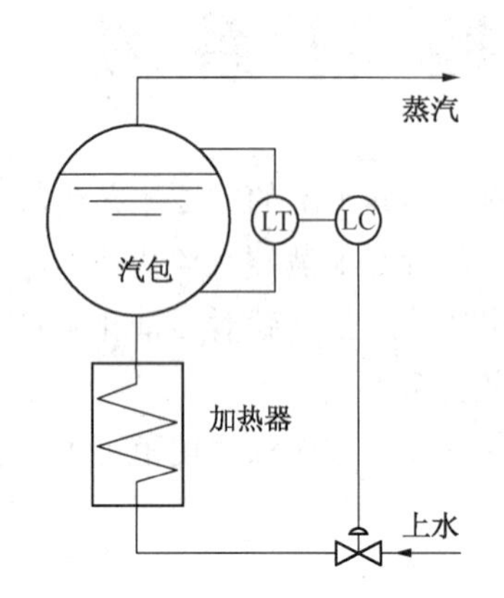

图 2-3-1　锅炉汽包水位控制系统

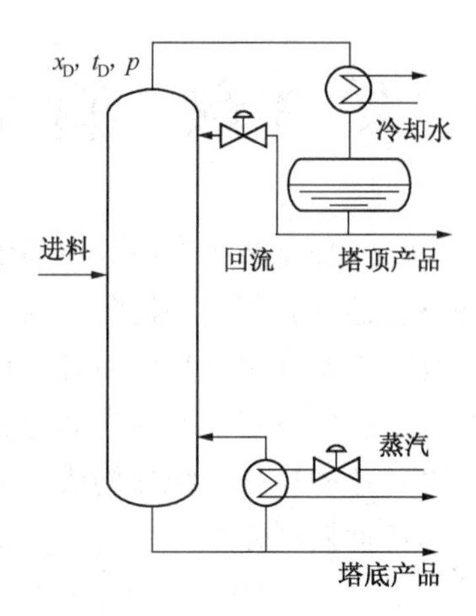

图 2-3-2　精馏过程示意图

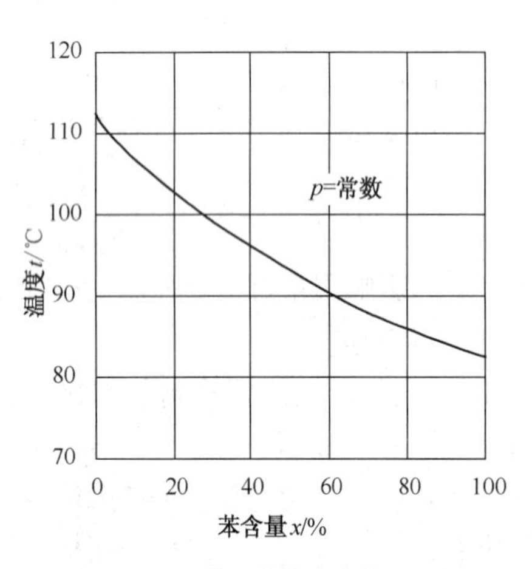

图 2-3-3　苯-甲苯溶液的 $t-x$ 图

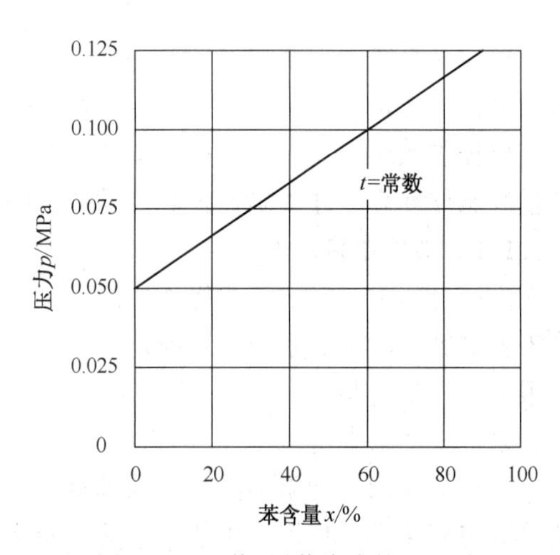

图 2-3-4　苯-甲苯溶液的 $p-x$ 图

从工艺合理性考虑，常常选择温度作为被控变量。这是因为：第一，在精馏塔操作过程中，压力往往需要固定。只有将塔操作在规定的压力下，才易于保证塔的分离纯度，保证塔的效率和经济性。如塔压波动，就会破坏原来的汽液平衡，影响相对挥发度，使塔处于不良工况。同时，随着塔压的变化，往往还会引起与之相关的其他物料量的变化，影响塔的物料平衡，引起负荷的波动。第二，在塔压固定的情况下，精馏塔各层塔板上的压力基本上是不变的，这样各层塔板上的温度与组分之间就有一定的单值对应关系。由此可见，固定压力，选择温度作为被控变量是可能的，也是合理的。

实际应用中，还必须考虑所选变量有足够的灵敏度。所以，选择温度作为被控变量时，为了提高温度的变化灵敏度，常常把测温点设在塔顶以下几板的灵敏板上，而不是设在塔顶。

综上所述，选择被控变量时，一般要遵循下列原则：

① 被控变量一定是反映工艺操作指标或操作状态的重要参数。

② 被控变量在操作过程中经常要受到干扰影响而变化，需要较频繁的调节。

③ 尽量采用直接指标作为被控变量。当无法获得直接指标信号时，可选择与直接指标

有单值对应关系的间接指标作为被控变量。

④ 被控变量应是独立可控(即可以调节)的。

⑤ 被控变量应有足够大的变化灵敏度。

⑥ 选择被控变量时，必须考虑工艺合理性和所采用仪表的性能。

3.1.2 操作变量的选择

被控变量确定后，就要选择恰当的操作变量来实现控制目的。

操作变量是指用来克服干扰对被控变量的影响，实现控制作用的变量。最常见的操作变量是管线中介质的流量，有时也用转速、电压等作操作变量。

一般来说，影响被控变量的外部输入往往有若干个。在这些输入中，有些是可控的，有些是不可控的。原则上，应从各个影响被控变量的输入中选择一个对被控变量影响显著而且可控性良好的输入作为操作变量，而其他未被选中的所有输入量则视为系统的干扰输入，称为干扰变量。

操作变量与干扰变量都作用在对象上，都会引起被控变量的变化。操作变量由控制通道(操作变量影响被控变量的途径和方式)作用于对象，使被控变量回复到给定值，起着校正作用。干扰变量由干扰通道(干扰变量影响被控变量的途径和方式)施加在对象上，起着破坏作用，使被控变量偏离给定值。它们对被控变量的影响都与对象特性有密切的关系。因此，在选择操作变量时，要认真分析对象特性，以提高控制系统的控制质量。

选择操作变量时，主要考虑如下原则：

① 操作变量应是工艺上允许且可以调节的变量。

② 应使控制通道的放大系数大一些，时间常数小一些，滞后尽量小，使控制作用对被控变量影响更显著、更灵敏，从而保证控制作用更及时有效。

③ 应使扰动通道的放大系数尽量小，时间常数尽量大，达到抑制干扰作用的目的。还应让调节阀尽量靠近干扰输入点，以尽量减小干扰的影响。

④ 在选择操作变量时，除了从自动化角度考虑外，还要考虑工艺的合理性与生产的经济性。一般说来，不宜选择生产负荷作为操作变量，因为生产负荷直接关系到产品的产量，是不宜经常波动的。另外，从经济性考虑，应尽可能地降低物料与能量的消耗。

下面仍以石油化工生产中常见的精馏过程为例(见图2-3-2)加以说明。本例中，根据工艺要求，选择提馏段灵敏板的温度作为被控变量。

从工艺分析可知，影响提馏段灵敏板温度的因素主要有：进料流量、温度、成分；回流量、回流温度；加热蒸汽流量；冷凝器冷却水温度及塔压等。从工艺角度看，本例中回流量和加热蒸汽流量可控，其他均不可控，或工艺上一般不允许用这些变量去控制塔的温度。在这两个可控变量中，回流量对提馏段温度影响的时间常数大，而加热蒸汽量影响的时间常数小，所以蒸汽流量对提馏段温度影响比回流量对提馏段温度影响更及时、更显著。另外，从经济角度来看，调节蒸汽流量比调节回流量消耗的能量要小，所以应选择蒸汽流量作操作变量，其他变量为干扰变量。

在确定控制方案时，应设法使干扰到被控变量的通道长些，即时间常数要大一些。

简单控制系统中各环节相互串联，信号在各环节间顺序传递，必然产生一定的滞后。各环节处理信号的过程也会产生不同程度的滞后。例如，如果控制器输出信号管路过长(气信号)，或调节阀膜头内空间较大，必然使调节阀动作迟缓，并可能由此造成过渡过程振荡，以致过渡时间变长，稳定性变差，影响控制效果。

减小滞后对控制作用的影响大致有以下方法：

① 根据工艺特点，合理选定测量点的位置，减少纯滞后。如热交换器的温度点要选在紧靠出口的地方，精馏塔的温度测量点要选在灵敏板上等。

② 选取小惰性的测量元件，减小时间常数。也就是说测量元件反应要快，能及时跟上被测量的变化，减少动态误差。

③ 采用继动器和阀门定位器。对于气动仪表的信号传输，一般不应超过300m，超过150m时就应加装继动器以减少传输时间。调节阀的膜头是个较大的气容，为减少容量滞后也可加阀门定位器。

④ 从控制规律上采取措施。对于容量滞后，可以用微分作用改善其部分不良影响；对于纯滞后，微分作用也无能为力；对于要求较高的系统，则要采用复杂控制来改善整个系统的特性。

3.1.3 控制器控制规律的选择

目前工业上常用的简单控制系统控制器主要有三种控制规律：比例控制规律、比例积分控制规律和比例积分微分控制规律，分别简写为P、PI和PID。

控制器控制规律的选择主要是根据对象的特性和工艺的要求来决定。

1. 比例控制器

比例控制器是具有比例控制规律的控制器。

比例控制器的特点是：控制器的输出与偏差成比例。比例控制器的优点是克服干扰能力强、控制及时、过渡时间短。其缺点是会使系统产生余差。

比例控制器适用于控制通道滞后较小，负荷变化不大，工艺上没有提出无差要求的系统，例如液位控制，以及不太重要的压力控制系统。

2. 比例积分控制器

比例积分控制器(即PI)是具有比例积分控制规律的控制器。

PI控制器的特点是：由于在比例作用的基础上加上积分作用，可以实现无余差控制；另一方面，比例积分控制器将使过渡过程超调量和振荡周期增大，稳定性变差，稳定时间也会加长。

在反馈控制系统中，约有75%采用PI控制器，所以它是使用最普遍的控制器。对于控制通道滞后较小，负荷变化不大，工艺参数不允许有余差的系统，例如流量、压力和要求严格的液位控制系统，可选用PI控制器。

3. 比例积分微分控制器

比例积分微分控制器(即PID控制器)是具有比例积分微分控制规律的控制器。

PID控制器的特点是：微分作用使控制器的输出与偏差的变化速度成比例，对克服对象的滞后有显著的效果；积分作用可以消除余差。

PID控制器适用于容量滞后较大，负荷变化大，控制质量要求较高的系统，应用最普遍的是温度控制系统与成分控制系统。

微分作用对纯滞后无效。对于滞后小，扰动频繁的系统，不宜引入微分作用。

目前，各类控制系统或控制仪表都提供PID控制功能。由于PID控制器中同时包含了比例、积分、微分三种作用，可以通过将微分时间置于0或将积分时间置于无穷大的方法，将控制器的控制规律改为P或PI控制。

3.2 串级控制系统

简单控制系统只有一个被控变量和一个操作变量，虽然其结构简单，但它能满足石油化工生产中大多数情况下的控制需要。但是简单控制系统有一定的局限性，不能解决纯滞后较大，时间常数较大，干扰多而强烈的变量的控制问题。为了解决这些问题，在简单控制系统的基础上发展出了众多的复杂控制系统。

所谓复杂控制系统，是相对于简单控制系统而言。一般地，凡是由两个或两个以上测量变送器(或控制器、控制阀)组成的控制系统都可称为复杂控制系统。目前常用的常规复杂控制系统主要有串级、均匀、比值、分程、前馈-反馈、选择性控制系统等。这些系统有的以它们的结构命名，有的以其功能命名，有的以工作原理命名，而且它们还可以相互结合在一起使用。

3.2.1 串级控制系统的组成

在石油化工生产中，一些对象的滞后和时间常数较大，工艺上却要求将变量控制在较高的精度上。这时，可考虑采用串级控制系统。

把两个各自具有测量输入的控制器串接起来，其中具有独立给定值的控制器称为主控制器，它的输出可给被称为副控制器的另一个控制器做给定值，而副控制器的输出可给调节阀执行控制动作，这种结构的控制系统叫做串级控制系统。

串级控制系统作用可用图 2-3-5 所示的加热炉出口温度控制系统来说明。该系统的被控变量是炉出口温度，用燃料气作为操作变量，可以组成图(a)所示的简单控制系统。如果燃料气上游压力发生波动，即使燃料气阀门开度不变，也会影响燃料气流量，从而逐渐影响炉出口温度。由于加热炉炉管等热容较大，从操作变量到被控变量的时间常数较大，温度控制器发现偏差后再进行控制，显然不够及时，必然引起炉出口温度产生较大的动态偏差。如果改用图(b)所示的流量控制系统，虽然可以迅速克服阀前压力等扰动，但因对温度来说是开环的，所以对进料负荷、燃料气热值变化等扰动就完全无能为力。根据操作原理，当温度偏高时，应把燃料气流量控制器的设定值减少一些；当温度偏低的时候，则应将燃料气流量控制器的设定值增加一些。据此，把两个控制器串接起来，流量控制器的设定值由温度控制器输出决定，即流量控制器的设定值不是固定的，如图(c)所示，这样既能迅速克服影响流量的扰动作用，又能使温度在其他扰动作用下也保持在设定值，这种系统就是串级控制系统。

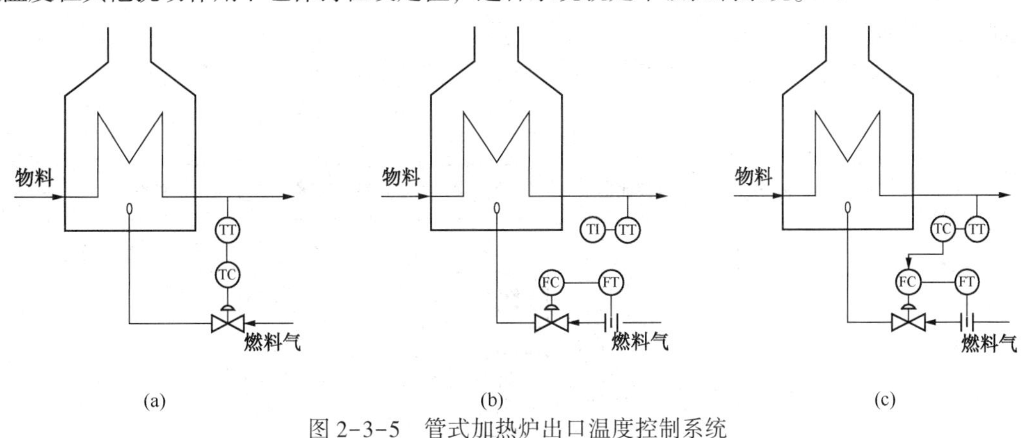

图 2-3-5　管式加热炉出口温度控制系统

从图 2-3-6 可以看出，在这个控制系统中，有两个控制器温度控制器和流量控制器，分别接收两个来自对象不同部位的测量信号炉出口温度和燃料气流量。其中，温度控制器的输出作为流量控制器的给定值，而流量控制器的输出去控制执行器，以改变操作变量。

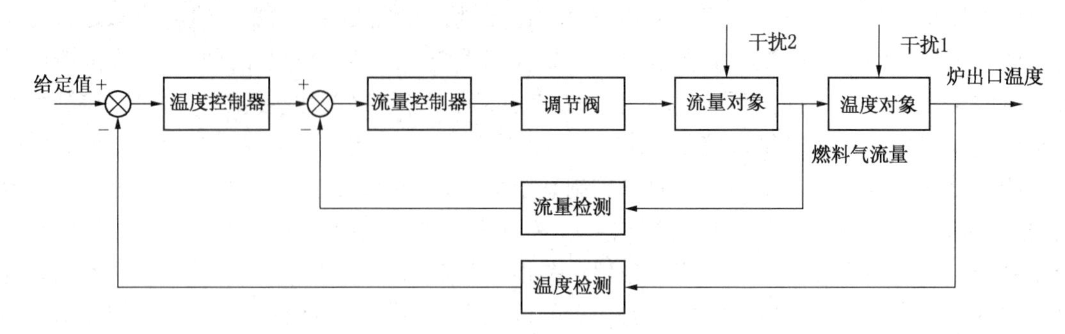

图 2-3-6　加热炉出口温度控制系统方块图

串级控制系统中常用到以下几个名词。

主变量：是工艺控制指标，在串级控制系统中起主导作用的被控变量，如上例中的加热炉出口温度。

副变量：串级控制系统中为了稳定主变量或因某种需要而引入的辅助变量，如上例中的燃料气流量。

主对象：为主变量表征其特性的生产设备，反映了主变量与副变量之间的关系。如上例中从燃料气流量检测点到炉出口温度检测点间的工艺生产设备，主要是指燃料气烧嘴和炉内物料受热管道，图中标为温度对象。

副对象：为副变量表征其特性的工艺生产设备，如上例中执行器至燃料气流量检测点间的工艺生产设备，主要指燃料气管线部分，图标为流量对象。

主控制器：按主变量的测量值与给定值进行工作的控制器，其输出信号为副变量给定值，如上例中的温度控制器。

副控制器：按副变量的测量值与给定值的偏差进行工作的控制器，其给定值来自主控制器的输出，如上例中的流量控制器。

副回路：由副变量的测量变送装置、副控制器、执行器和副对象所构成的闭环回路，亦称内回路、内环或副环。

主回路：由主变量的测量变送装置、主控制器、副回路和主对象构成的闭环回路，亦称外回路、外环或主环。

用上述名词，可画出串级控制系统的典型形式的方块图，如图 2-3-7 所示。

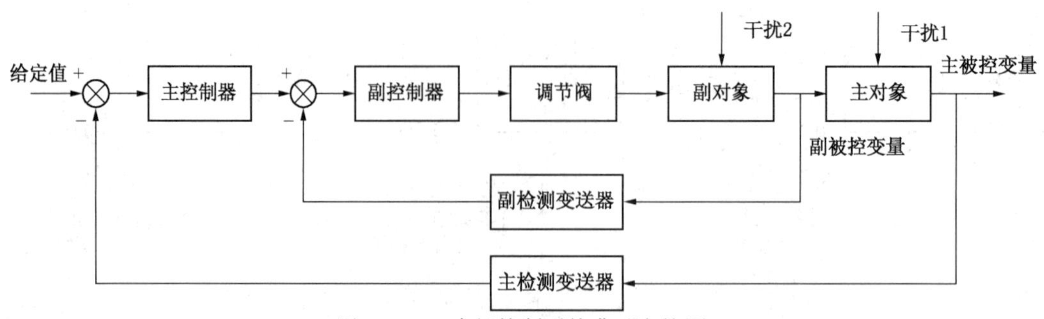

图 2-3-7　串级控制系统典型方块图

3.2.2 串级控制系统的特点与适用场合

串级控制系统从总体来看，仍然是一个定值控制系统，但是串级控制系统在结构上增加了一个随动的副回路，因此与单回路控制系统相比具有下列特点；

① 由于副回路的作用，使系统具有较强的克服干扰能力。串级控制系统对由副回路进入系统的干扰比由主回路进入系统的干扰有较强的抵抗能力。干扰经副对象进入副回路，在它影响到主变量之前，副控制器就开始动作，克服该干扰，因而削弱了这一干扰对主变量的影响，提高了控制质量。

另外，系统有主、副两个串联的控制器，其总的放大倍数远比只有一台控制器的单回路系统的放大倍数大，因而克服干扰能力强。

② 由于副回路的引入，改善了对象的特性。串级系统在结构上可以把整个副回路看作主回路的一个环节，或把副回路称为等效对象。由于副回路的作用，等效对象的时间常数减小了，因而改善了这部分对象的动态特性，使系统的反应速度加快，控制更为及时。如果是单回路系统，对象包括主对象和副对象两部分，因此整个对象容量滞后大、反应慢，使得控制不及时。

③ 由于增加了副回路，系统具有了一定的自适应能力。对于一个控制系统来说，控制器参数是在一定的负荷，一定的操作条件下，按一定的质量指标整定得到的。因此，一组控制器参数只能适应一定的负荷和操作条件。如果对象具有非线性，随着负荷和操作条件的改变，原先整定好的控制器参数就不再适用了，需要重新整定。如果仍用原先的参数，控制质量就会下降。这一问题，在单回路控制系统中是难于解决的。在串级控制系统中，主回路是一个定值系统，副回路却是一个随动系统。主控制器能够按照负荷或操作条件的变化而变化，从而不断改变副控制器的给定值，使副控制器的给定值能随负荷及操作条件的变化而变化，这就使串级控制系统对负荷的变化和操作条件的改变具有一定的自适应能力。

由于串级控制系统具有上述特点，使得它在实际生产中解决了许多简单控制系统所不能解决的控制问题。在工艺要求高、对象的滞后和时间常数大、干扰作用强而频繁、负荷变化大的场合，简单控制系统满足不了控制质量的要求时，可以采用串级控制系统，尤其当主要干扰来自调节阀方面时，应用串级控制是很适宜的。

3.2.3 串级控制系统的工作过程

下面来讨论图 2-3-5(c)所示的加热炉出口温度的串级控制系统的工作过程。在稳定工况下，炉出口温度和燃料气流量处于相对稳定状态，调节阀保持一定的开度。当干扰发生时，破坏了上述稳定状态，系统的主、副控制回路便开始克服干扰的工作。干扰可能作用在副回路，也可能作用在主回路，还可能同时作用于主、副回路。

如果干扰来自燃料气压力和热值的变化(干扰 2)，即干扰作用于副回路，则干扰将首先影响到燃料气的流量，这时副控制器 FC 及时发出控制信号，以维持燃料气流量的稳定。如果干扰量不大，经过副回路的及时控制，一般不会影响到炉出口温度。如果干扰量幅度较大，虽经过副回路的及时控制，但还将影响到炉出口温度，此时由主回路进一步控制，副控制器的测量值与设定值两方面的变化加在一起，从而加速了克服干扰的控制过程，使主变量尽快地回到设定值。

由于副回路控制通道短，时间常数小，所以当干扰进入回路时，可以获得比单回路控制系统超前的控制作用，有效地克服燃料气压力或热值变化对炉出口温度的影响，从而大大提高了控制质量。

如果加热炉的物料流量或温度发生了变化，即干扰作用于主回路，则由主控制器 TC 根据炉出口温度与其设定值的偏差，使其输出相应变化，去改变副控制器的设定值，使副控制器投入克服干扰的控制过程。

假如干扰使炉出口温度升高，主控制器 TC 的测量值升高，由于主控制器的给定值不变，那么 TC 的输出就会降低，副控制器 FC 的给定值也降低，导致 FC 输出降低，阀门开度也随之减小，于是燃料气流量减少，结果使炉出口温度降低至给定值。所以，在串级控制系统中，如果干扰作用于主对象，由于副回路的存在，可以及时改变副变量的数值，以达到稳定主变量的目的。

如果燃料气的压力或热值以及物料的流量或温度同时发生变化，则干扰就同时作用于主、副回路。这时要分两种情况加以分析。

一种情况是，在两个干扰同时作用下，主、副变量按同一方向变化，即燃料气流量和炉出口温度同时升高或降低，此时主、副控制器对调节阀的控制方向是一致的，主、副回路控制作用的迭加，使系统的整体控制作用加大，克服干扰的能力增强。

另一种情况是，在两个干扰同时作用下，主、副变量朝相反方向变化，即一个升高，另一个降低。此时主、副控制器对调节阀的控制方向是相反的，两个干扰的作用事实上相互抵消，调节阀开度只要有较小的变化，即可将主变量稳定在设定值上。例如原料流量减小使炉出口温度增加，而燃料气压力降低使燃料气流量减小，燃料气流量减小正好符合维持炉出口温度不变的要求。

可见，串级控制系统中，由于主、副回路相互配合、相互补充，充分发挥了控制作用，大大提高了控制质量。

3.2.4 主副变量的选择

串级系统的主回路仍然是一个定值控制系统，主回路的确定与单回路控制系统的确定原则一致。由于串级系统比单回路系统多了一个副回路，因而确定副回路是关键。

所谓副回路的确定，实际上就是根据生产工艺的具体情况，选择一个合适的副变量，从而构成一个以副变量为被控变量的副回路。

为了充分发挥串级系统的优势，确定副回路时应考虑以下原则：

(1) 主、副变量间应有一定的内在联系。

在串级控制系统中，副变量的引入往往是为了提高主变量的控制质量。因此，在主变量确定以后，选择的副变量应与主变量间有一定的内在联系。换句话说，在串级系统中，副变量的变化应在很大程度上能影响主变量的变化。

选择串级控制系统的副变量一般有两类情况：一类情况是选择的副变量就是操作变量本身，如图 2-3-5(c)所示，以燃料气流量为副变量，燃料气流量就是控制炉出口温度的操作变量，这样做能及时克服副变量的波动，减少对主变量的影响；另一类情况是选择与主变量有一定关系的某一中间变量作为副变量，例如，加热炉的炉膛温度是燃料流量至炉出口温度通道的一个中间变量，可以将加热炉的炉膛温度作为副变量，由于炉膛温度相对于出口温度的滞后小、反应快，可以提前预报主变量出口温度的变化，因此控制炉膛温度对稳定加热炉出口温度有着显著的作用。

(2) 副回路应包括系统的主要干扰，并且尽可能包括更多的干扰。

串级控制系统的副回路具有反应速度快、抗干扰能力强(主要指进入副回路的干扰)的特点。因此，在确定副变量时，应将对主变量影响最大、变化最频繁最激烈的干扰包括在副回路中，在不影响副回路快速性的前提下，还应包括更多的次要干扰。这样，在干扰影响到主变量之前，就能充分利用副回路的快速控制作用，将干扰的影响抑制在最低限度，从而确保主变量的控制质量。

在管式加热炉出口温度控制中，如果燃料气的压力或流量波动是主要干扰，采用图2-3-5(c)的方案是合理的。由于选择了燃料气流量为副变量，副对象的控制通道很短，时间常数很小，因此控制作用非常及时，能及时有效地克服由于燃料油压力波动对加热炉出口温度的影响。

但是，如果燃料气的压力或流量比较稳定，而被加热物料的流量或燃料气组分(或热值)的波动较大，就不宜采用图2-3-5(c)所示的控制方案，因为这时主要干扰并没有被包括在副环中，副回路对干扰的抑制作用不大。此时，应采用图2-3-8所示的温度-温度串级控制系统，选择炉膛温度作为副变量。这样，被加热物料的流量以及燃料气组分(或热值)等变化的影响，都要首先影响到炉膛温度，而它们都被包围在副环内。因此，这种方案是合理的。

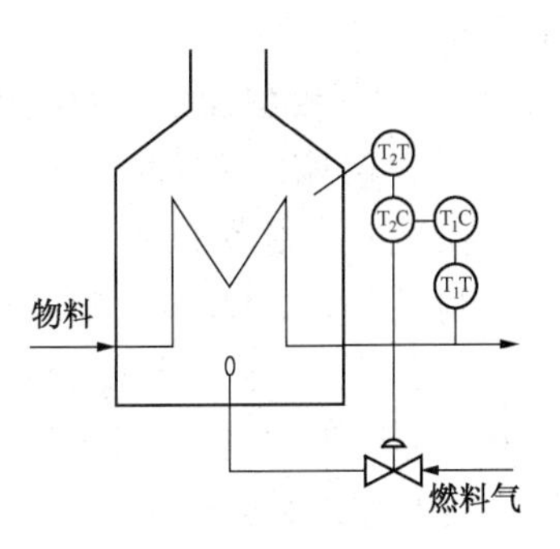

图2-3-8　加热炉出口温度与炉膛温度串级控制方案

如果在生产过程中，除了主要干扰外，还有较多的次要干扰，或者系统的干扰较多且难于分出主要干扰与次要干扰，在这种情况下，选择副变量应考虑使副环尽量多包括一些干扰。图2-3-8所示的控制方案比图2-3-5(c)所示的控制方案，副回路包括的干扰更多一些，从这一点上来看，图2-3-8所示的串级控制方案更理想一些。

需要强调的是，副变量的作用是确保主变量的控制效果，不管如何选择副变量，都不应影响到副回路的快速响应性能，否则无法体现副回路的优点，不利于整个系统性能的提高。

(3) 将对象中具有显著非线性或时变特性的那一部分包括在副回路中。

由串级控制系统特点知道，串级控制系统具有一定的自适应能力。当操作条件或负荷变化时，主控制器可以适当地修改副控制器的给定值，使副回路在一个新的工作点上工作，以适应变化了的情况。因此，当对象具有非线性时，如能将非线性部分包含在副回路之中，可使系统控制质量在整个操作范围内不受负荷变化和控制阀特性变化等非线性的影响，有较强的适应能力。

(4) 当对象纯滞后较大时，应使副回路尽量少包括或不包括纯滞后。

对于含有大纯滞后的对象，往往由于控制不及时而使控制质量很差。通过合理选择副变量，将纯滞后部分放到主对象中去，目的是提高副回路的快速抗干扰性能，及时对干扰采取控制措施，将干扰的影响抑制在最小限度内，从而提高主变量的控制质量。

不过应当指出，这种方法是有很大局限性的，即只有当纯滞后环节能够大部分乃至全部都可以被划入到主对象中去时，这种方法才能有效地提高系统的控制质量，否则将不会获得很好的效果。

(5) 主、副对象的时间常数应匹配。

为了发挥串级控制系统的副回路快速控制作用，副对象的时间常数应适当小一些。原则上，主、副对象时间常数的匹配应保证使主、副回路的工作频率之比小于1/3。为了达到这个要求，主、副对象的时间常数之比应在3~10之间。在实际应用中，应根据具体对象的情况以及控制的要求而定。但是，副对象的时间常数不宜取得过大或过小，因为副对象的时间常数过大，就不能及时有效地克服进入副回路的干扰；反之，若副对象时间常数过小，会使副回路包括的扰动减少，对提高系统的工作频率帮助不大，不能发挥串级控制系统的优越性。此外，当主、副对象的时间常数比较接近时，一旦系统受到干扰，就有可能发生“共振”，也就是副回路产生振荡时，引起主回路也发生振荡。这时，系统轻则控制质量下降，重则导致系统的发散而无法工作。因此，必须设法避免共振的发生。解决的办法一是合理地选择主、副变量，使主、副对象的时间常数适当错开；二是在控制器参数整定上着手，把主控制器的参数放得“松”一些，即比例度适当大一些，积分时间也适当大一些，而微分时间适当小一些。

3.2.5 主副控制器的选择

1. 控制规律的选择

在串级控制系统中，主、副控制器所起的作用是不同的，主控制器起定值控制作用，而副控制器主要是起随动控制作用。

主变量是工艺操作的重要指标，允许波动的范围很小，一般要求无差控制，所以主控制器通常都选用比例积分控制规律。有时，对象控制通道容量滞后比较大，为了克服容量滞后，需要加入微分作用，因此要选择比例积分微分控制规律。

副变量的引入是为了提高和保证主变量的控制质量，一般允许在一定的范围内变化，并存在余差，因此副控制器一般采用比例控制规律。为了能够提高副回路的快速跟踪能力，副回路最好不带积分作用。但在实际应用中，考虑到串级控制系统有时需要断开主回路，让副回路单独控制，所以当副变量是流量或液体压力时，副控制器常采用比例积分控制规律。

2. 控制器正、反作用的选择

如同单回路控制系统，为了保证串级控制系统是负反馈作用方式，必须正确选取主副控制器的作用方向。

串级控制系统中的副控制器作用方向的确定原则与单回路控制系统的相同，即根据工艺安全等要求，选定执行器的气开、气关形式后，按照使副控制回路成为一个负反馈系统的原则来确定的。

确定串级控制系统主控制器作用方向时，可把副回路当成一个等效环节来考虑，然后按选择单回路控制器作用方向的方法选择主控制器的作用方向即可。

例如，在图2-3-8所示的管式加热炉出口温度控制系统中，主、副变量的检测、变送单元都为“正”方向。根据工艺安全的要求，燃料气调节阀应为气开式，即 T_2C 的输出信号越大，阀位开度越大，燃料气流量也越大，炉膛温度升高，出口温度也升高，副控制器应为“反”作用。对于副回路等效环节，方向为“正”。那么，该系统控制器的作用方向可做如下验证：

炉出口温度↑→T_1C 输入↓→T_1C 输出↓→T_2C 输入↓→T_2C 输出↓→调节阀开度↓→炉膛温度↓→炉出口温度↓

可见，主、副控制器的作用方向是正确的。

在某些生产过程中，要求控制系统既可以进行串级控制，又可以实现主控制器驱动调节阀单独工作。也就是说，调节阀既能接受主控制器的输出又能接受副控制器的输出，并且无论在哪种方式，都必需保证主变量的稳定，这就要求主控时主控制器的输出与串级时副控制器的输出信号方向完全一致。如果副控制器为“反”作用，则主控制器在主控和串控时的作用方式都为“反”，不用改变；如果副控制器为“正”作用，则主控制器在主控和串控时的作用方式不相同，必须做相应的变换，以确保系统为负反馈。

3.2.6 串级控制系统的投运

串级控制系统的投运，目前较为普遍的是采用先投副回路、后投主回路的投运方法。这是因为在一般情况下，系统的主要干扰包含在副回路中，且副回路反应快、滞后小，如果副回路先投入自动，把副变量稳定，这时主变量就不会产生大的波动，主回路再投运就比较容易了。另外，从主、副两台控制器的联系上看，主控制器的输出是副控制器的设定值，而副控制器的输出直接去控制调节阀，因此先投副回路，再投主回路，从系统结构上看也是合理的。

串级控制系统投运步骤大致如下：

① 主、副控制器都置于手动位置，先用副控制器进行手动操作；

② 副回路比较平稳后，把副控制器切入自动；

③ 副回路比较平稳后，手动操作把主控制器的输出调整在与副控制器给定值相适应的数值上，把副控制器切入串级；

④ 手动操作主控制器，使主变量接近于其设定值并待其比较平稳后，把主控制器切入自动。

上述投运方法称为二步投运法，此外还有主、副回路一次投运的一步投运法。二步投运法适用于主、副回路均要求波动较小，以及有无扰动切换要求的场合；一步投运法适用于副回路允许波动较大的场合。

在目前的计算机控制系统组态串级控制系统时，一般都可选择主控制器的输出在副回路投入串级之前自动跟踪副回路的给定值，这使串级控制系统的投用以及操作方式切换都更加方便。

3.2.7 串级控制系统的参数整定

串级控制系统由主、副两个回路构成，其目的是保证主变量的控制质量。从主回路来看，这和简单定值控制系统是一致的，但从副回路看，则要求它能迅速地、准确地跟随主控制器的输出变化，因此应按随动控制系统要求来整定参数。

串级控制系统中有主、副控制器两组参数需要整定，各通道及回路之间有着密切联系，改变任何一个参数，对整个系统都有影响。特别是当主、副对象的时间常数相差不大时，动态联系更为密切，整定工作尤为不容易。

在工程中，串级控制系统实用的整定方法有逐步逼近法、两步整定法和一步整定法等。这些方法都是以简单控制系统整定方法为基础的。下面就此作一简单介绍：

(1) 逐步逼近法

在串级控制系统中，当主、副对象的时间常数相近，两回路联系密切时，可采用此法。

所谓逐步逼近法，就是在主回路断开的情况下，按简单控制系统的整定方法，先整定副控制器参数；然后投串级闭合主回路，整定主控制器参数。之后，对副控制器参数进行再次整定，如果主变量的过渡过程达到了控制品质指标，整定就告结束。否则，按照上述步骤重新整定主控制器的参数值，如此反复调试，直到过渡过程满意为止。这样，每循环一次，其整定参数值就与最佳参数值接近一步，最终可达目的。

逐步逼近法虽属简单易行，但是往往需要花费较多时间。

(2) 两步整定法

所谓两步整定法，就是先整定副控制器参数，再整定主控制器参数方法。整定过程是：

① 在工况稳定，主副控制器都在纯比例作用运行的条件下，将主控制器的比例度置为100%，逐渐减小副控制器的比例度，找出副回路在某衰减比(如4∶1或10∶1)下的比例度δ_{s2}和振荡周期T_{s2}。

② 把系统投入串级，将副回路作为主回路的一个环节，用衰减曲线法整定主回路，求取主回路在与副回路同样衰减比下的比例度δ_{s1}和振荡周期T_{s1}。

③ 根据上面得到的δ_{s1}、T_{s1}、δ_{s2}和T_{s2}，按表2-3-1或表2-3-2中的经验公式计算主、副控制器的比例度、积分时间和微分时间。

④ 按"先副后主"和"先比例次积分后微分"的顺序，先投运副回路，再投运主回路，并把求取的参数值逐一设置在主、副控制器上。

表2-3-1 4∶1衰减曲线法控制器参数计算表

控制作用	δ/%	T_i/min	T_d/min
P	δ_s		
PI	$1.2\delta_s$	$0.5T_s$	
PID	$0.8\delta_s$	$0.3T_s$	$0.1T_s$

表2-3-2 10∶1衰减曲线法控制器参数计算表

控制作用	δ/%	T_i/min	T_d/min
P	δ'_s		
PI	$1.2\delta'_s$	$2T'_s$	
PID	$0.8\delta'_s$	$1.2T'_s$	$0.47T'_s$

⑤ 观察控制过程，并做必要的调整，直到获得满意的过渡过程。

两步整定法适用于主、副对象时间常数之比在3~10范围内，主、副回路之间动态联系很小的串级控制系统。该法比逐步逼近法简便，而且能够满足主变量和副变量的不同控制要求，应用较广。

(3) 一步整定法

一步整定法是对两步整定法的简化，在对主变量要求高、副变量要求不严格的串级控制系统中常用这种方法。

所谓一步整定法，就是根据副对象的特性按表2-3-3中的经验数据先确定副控制器比例度δ_2，然后按简单控制系统的整定方法来整定主控制器参数。

一步整定法的依据是：在串级控制系统中，对主变量的要求比较严格，而副变量的设置主要是为了提高主变量的控制质量，对副变量本身没有很高的要求，因此在整定时不必把过多的精力花在副回路上。只要副控制器的参数值位于一个适当的范围内(表2-3-3)，虽然该参数值不一定合适，但不会对主变量造成大的不利影响，所以，可以集中精力整定主回路，只要主变量达到规定的质量指标即可。

表2-3-3 采用一步整定法时副控制器参数选择范围

副变量类型	副控制器比例度 δ_2/%	副控制器比例放大倍数 K_{p2}	副变量类型	副控制器比例度 δ_2/%	副控制器比例放大倍数 K_{p2}
温　度	20~60	5.0~1.7	流　量	40~80	2.5~1.25
压　力	30~70	3.0~1.4	液　位	20~80	5.0~1.25

这种整定方法，对主变量要求较高、允许副变量在一定范围内变化的串级控制系统，是很有效的。

3.2.8 串级控制系统的实际应用

串级控制系统适合于在工艺要求高、对象的滞后和时间常数大、干扰作用强而频繁、负荷变化大等场合下应用。下面以两个例子对此加以说明。

(1) 串级控制系统应用于容量滞后较大的对象

当对象的容量滞后较大时，若采用简单控制，则系统的过程时间长，超调量大，控制质量往往难以满足生产要求。根据串级控制系统的特点，这时可以选择一个滞后较小的副变量，构成一个副回路，使等效对象的时间常数减小，以提高系统的工作频率，加快响应速度，提高控制质量。因此，对于很多以温度或成分作为被控变量的对象，其容量滞后往往比较大，而生产上对这些变量的控制质量要求又比较高，此时宜采用串级控制系统。

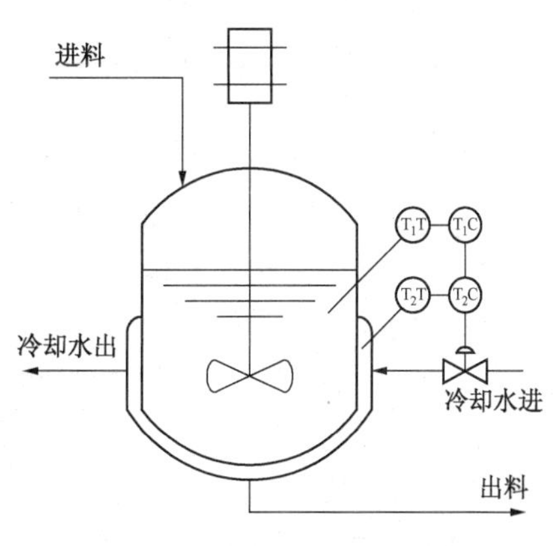

图 2-3-9　聚合釜内温度与夹套温度串级控制系统

如图 2-3-5 所述的管式加热炉对象，由于其时间常数大，且扰动因素多，显然简单控制系统很难满足工艺对炉出口温度的要求。若选择滞后很小的燃料油气道压力或滞后较小的炉膛温度作为副变量，构成炉出口温度对燃料气压力或对炉膛温度的串级控制系统，通过副回路的快速控制作用，可有效地克服各种干扰的影响，满足工艺要求。

又如图 2-3-9 所示的夹套式聚合釜的温度控制系统，反应物在釜中进行聚合反应，生成聚合物。为了保证产品质量，一般要求将反应温度控制在一个很小的范围内。反应温度多是通过改变夹套中流动的冷却水流量来控制，主要干扰来自冷却水流量和温度的变化。由于聚合釜容积大，即对象容量滞后较大，而聚合反应速度又较快，所以简单控制系统是不能满足工艺要求的。选择夹套水温度为副变量，以聚合釜内温度为主变量构成串级控制系统，可以有效改善对象特性，提高系统的控制品质。

(2) 串级控制系统应用于扰动变化激烈而且幅度大的对象

串级控制系统对进入副回路的扰动有较强的克服能力，所以只要将变化激烈且幅度大的扰动包括在副回路之中，就可以大大减小这种扰动对主变量的影响。

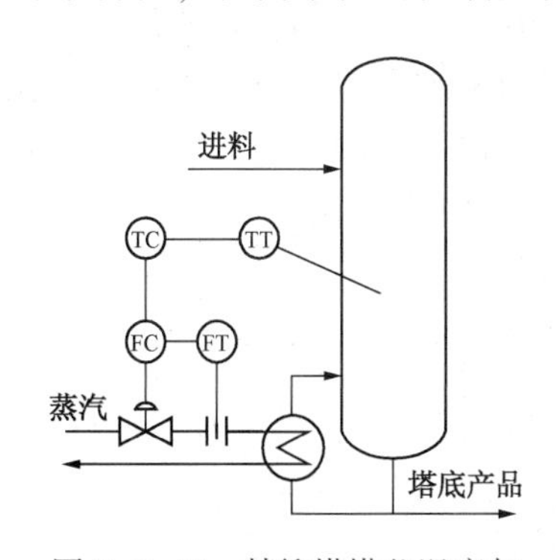

图 2-3-10　精馏塔塔釜温度与蒸汽流量串级控制系统

如图 2-3-10 所示为某精馏塔塔釜温度控制。塔釜温度是保证产品分离纯度的重要指标，工艺要求其控制偏差≤1.5℃，在生产过程中，蒸汽压力有时变化幅度达 40%，对于这样大的扰动，而且对象的时间常数又较大的情况下，用简单控制系统时最大偏差为 10℃，大大超过工艺要求。以蒸汽流量为副变量构成串级控制系统后，蒸汽压力波动对塔釜温度的影响得到了及时的克服，系统偏差显著减小，控制质量大为提高，满足了工艺要求。

3.3　分程控制系统

分程控制是由一台控制器输出控制信号，分段控制两台或者两台以上的调节阀，以满足某些控制要求。

典型的分程控制系统如图 2-3-11 所示。

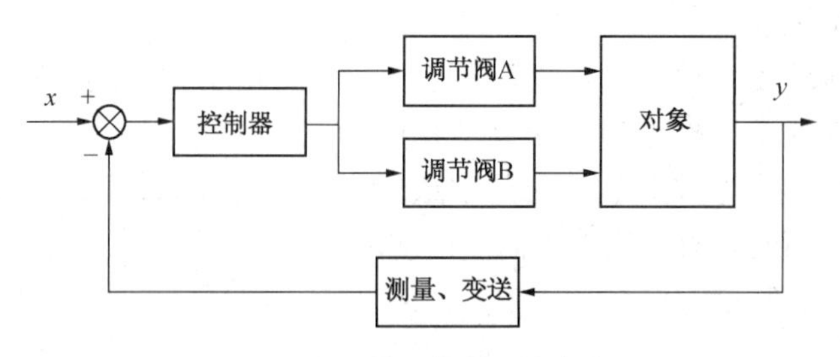

图 2-3-11　分程控制系统方块图

控制器输出到调节阀上的信号范围为 4~20mADC(对于电动仪表)或 20~100kPa(对于气动仪表)，将这个输出信号范围分成多个区间，每个信号区间对应于一台调节阀，每个调节阀在其信号区间里全行程工作，即信号区间的两端分别对应于调节阀的全开和全关。

分程控制系统信号分段一般是在调节阀的阀门定位器上实现的。改变阀门定位器的量程和零点，就可以改变阀门定位器的输出范围。如果在分程控制系统中采用两台分程阀，如图 2-3-11 所示，要求 A 阀的信号区间为 20~60kPa，B 阀的信号区间为 60~100kPa。通过调整两台调节阀上的阀门定位器，使 A 阀在 20~60kPa 的输入信号下走完全行程，使 B 阀在 60~100kPa 的输入信号下走完全行程。当控制器输出信号小于 60kPa 时，只有 A 阀随信号的变化改变开度，B 阀的开度不变；控制器输出信号超过 60kPa 时，A 阀的开度不变，B 阀的开度随信号的变化而变化。

3.3.1　分程控制类型

在采用两个调节阀的分程控制系统中，根据调节阀的气开、气关形式，可以划分为同向动作和异向动作两类。分程阀同向或异向动作的选择，完全由生产工艺的需要来确定。

图 2-3-12 为同向调节阀的分程动作过程。其中，图(a)表示两个调节阀均为气开阀。随着控制器输出信号从 20kPa 增大到 60kPa 时，A 阀从全关逐渐打开到全开，B 阀不动；信号从 60kPa 继续增大到 100kPa 时，A 阀保持全开，B 阀从全关逐渐打开到全开。图(b)表示两个调节阀均为气关阀。随着控制器输出信号为 20~60kPa 范围时，A 阀从全开到全关，B 阀为全开；信号为 60~100kPa 时，A 阀保持全关，B 阀从全开逐渐打开到全关。

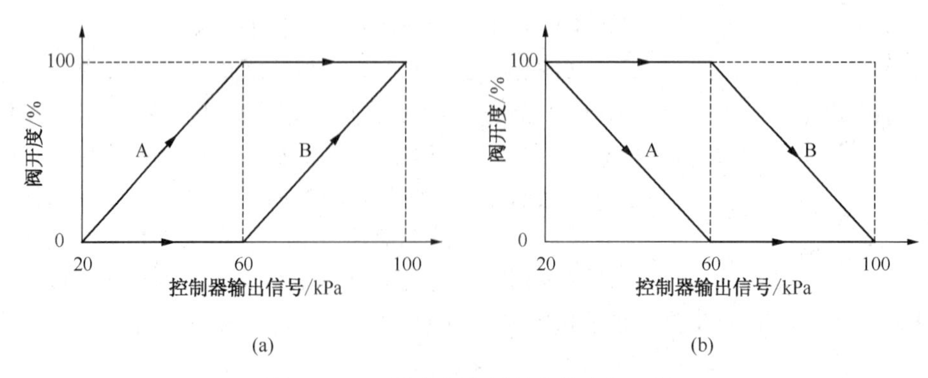

图 2-3-12　同向调节阀的分程动作过程

图 2-3-13 为异向调节阀的分程动作过程，即随着控制器输出信号的增大或减小，一个调节阀开大，另一个调节阀则关小。

3.3.2　分程控制系统的应用

分程控制系统主要有以下几个方面的应用：

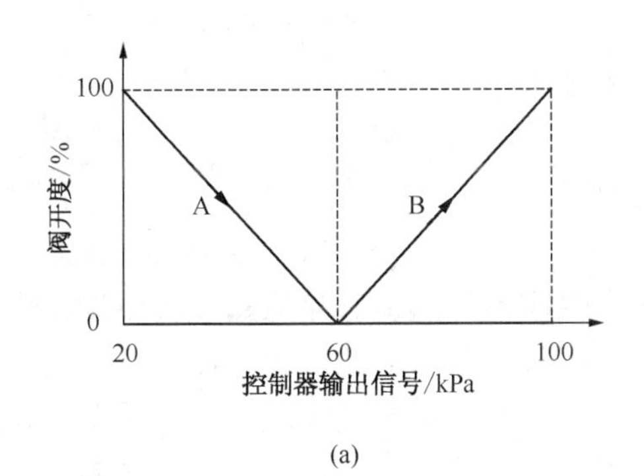

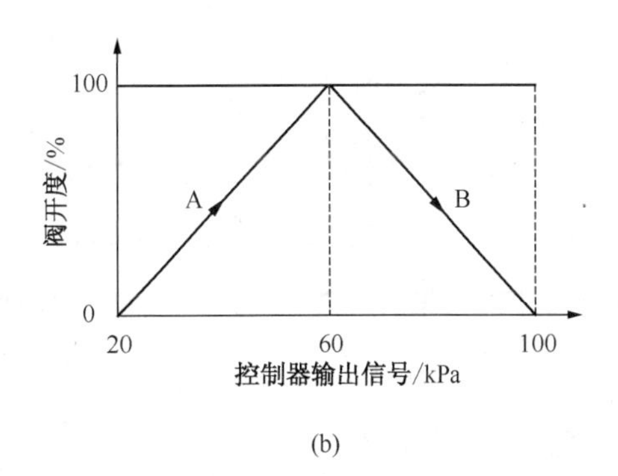

图 2-3-13　异向调节阀的分程动作过程

(1) 用于扩大调节阀的可调范围，满足不同负荷下的控制要求

当生产负荷变化较大时，要求有较大范围的流量变化，但是调节阀的可调范围是有限制的，只用一个调节阀满足不了流量大范围变化的要求，这时可采用两个调节阀并联安装的分程控制方案。

图 2-3-14 是乙烯裂解装置脱甲烷塔 4 号进料分离器(FA308)与脱甲烷塔(DA301)间压差分程控制系统示意图。裂解气在进入 4 号分离器 FA308 之前，已先后经 1 号、2 号和 3 号分离器分离。FA308 出来的气体中约含 72%(体积)的粗氢，粗氢在废气换热器中冷却到-165℃，进入 FA309 进行气液相分离，液相主要为甲烷，进一步冷却后进入脱甲烷塔 DA301。FA308 出来的气相经 1 号至 4 号废气换热器回收冷量后进入甲烷化反应器，将其中的一氧化碳转化为甲烷和水，然后经水分离罐分出水，得到干燥的氢气产品。从粗氢在回收冷量的过程中，将产生凝液，这些凝液依靠 FA308 与 DA301 间的压差流进 DA301。

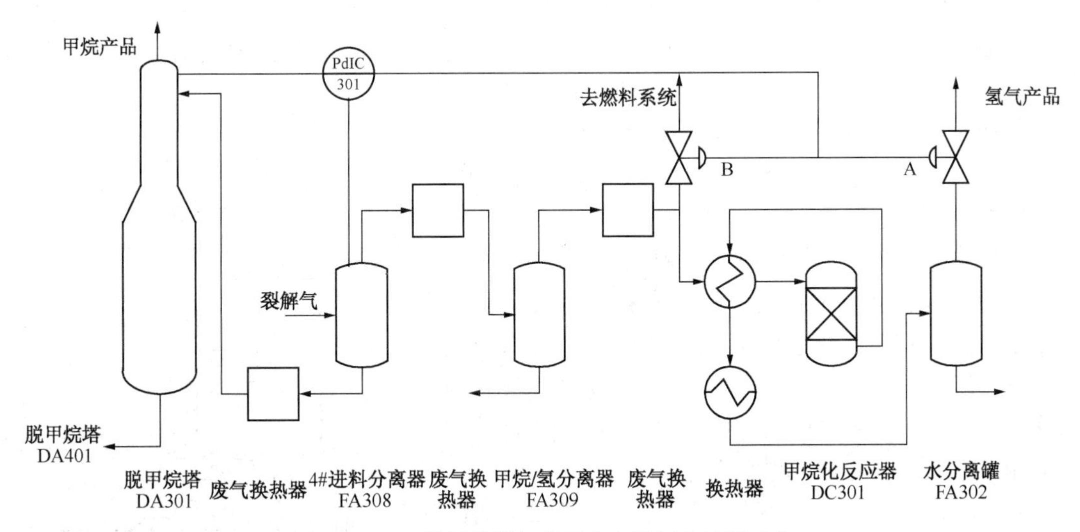

图 2-3-14　脱甲烷塔与进料分离器压差控制系统

FA308 与 DA301 间的压差由分程控制系统 PdIC301 控制，分程方式如图 2-3-12(a)所示。当压差升高时，控制器的输出信号增加，输出信号在 20~60kPa 范围内时，氢气阀 A 打开，FA308 压力下降，压差也降低。此时，去燃料系统的 B 阀不动作。A 阀全开仍不能使压差回降时，B 阀逐渐打开，从而增强控制作用，扩大了调节阀的可调范围。

本系统中，控制器为正作用，A、B 阀均为气开阀。

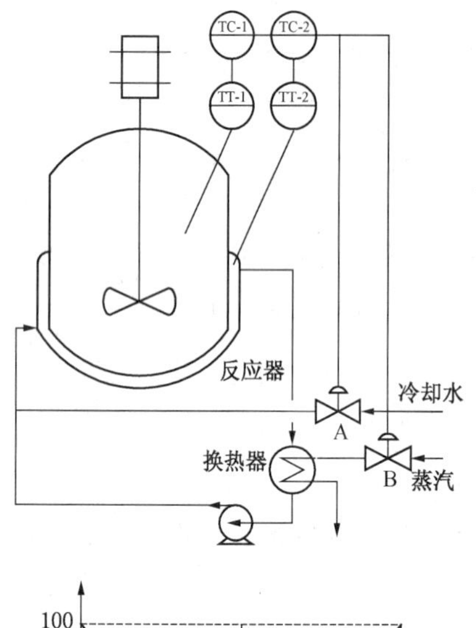

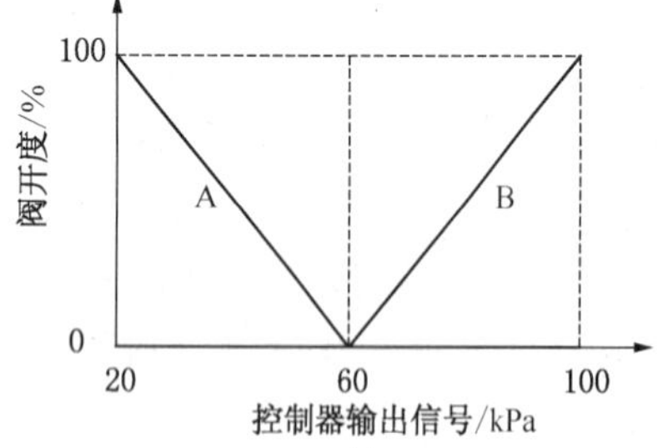

图 2-3-15　反应器分程控制系统

(2) 增加控制手段，控制多种不同介质，以满足工艺生产的要求

工艺上有时需要用两种或两种以上的介质来控制一个被控变量，比较典型的就是反应器的温度控制。反应物进入反应器后，为了启动反应，往往需要在反应开始前给反应器加热，一旦达到反应温度，反应就开始进行并释放出大量的热，为了使反应稳定、持续地进行下去，这些热量必须及时带走。因此，在这种情况下，既要考虑反应前的预热问题，又要考虑反应过程中带走热量的问题。

在图 2-3-15 所示的串级加分程控制系统中，利用 A、B 两台调节阀，分别控制冷水与蒸汽两种不同介质，以满足工艺上需要冷却和加热的不同需要。

该系统的工作过程如下：

在化学反应开始前的升温阶段，由于反应器内部温度小于要求的反应温度，控制器输出值较大(大于 60kPa)，因此冷却水阀 A 关闭，蒸汽阀 B 打开，由蒸汽在换热器中给循环水加热，再由加热后的循环水进入反应器夹套为反应物加热，使反应物温度慢慢升高。

当反应物温度达到反应温度时，化学反应开始，随着反应热的不断释放，反应器内部温度将逐渐升高，控制器的输出逐渐减小。在此过程中，B 阀逐渐关闭。待控制器输出小于 60kPa 后，B 阀全关，A 阀则逐渐打开，夹套中的热水逐渐被冷却水所取代，反应产生的热就不断被冷水所带走，从而达到维持一定的反应温度的目的。

本应用中，冷水阀 A 为气关阀，蒸汽阀 B 为气开阀，主、副控制器都选反作用。

(3) 确保生产状态和事故状态的安全

在各类石油化工装置中，有许多存放各种油品或石油化工产品的贮罐。这些油品或石油产品不宜与空气长期接触，以避免被空气中的氧气氧化而变质，甚至引起爆炸。为此，常采取在罐顶充惰性气体 N_2 的方法，以隔绝油品与空气，这种做法称之为氮封。

氮封贮罐要求贮罐内氮气压力保持微正压。当贮罐中的物料量发生增减时，氮封压力将随之变化，需要及时进行控制，以免贮罐变形。为了维持氮封压力，可采用如图 2-3-16 所示的分程控制方案。

在该系统中，当贮罐压力升高时，测量值将大于给定值，压力控制器 PC 的输出下降，A 阀关闭，而 B 阀将打开，通过放空泄出多余的氮气，使贮罐内的压力降下

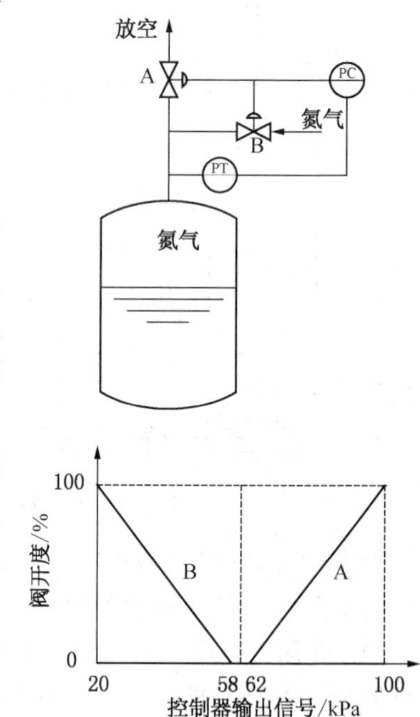

图 2-3-16　贮罐氮封分程控制方案

来。当贮罐内压力降低时，控制器输出增大，此时B阀将关闭而A阀将打开，于是氮气被补入贮罐，达到提高贮罐的压力的目的。

为了防止贮罐中压力在给定值附近变化时A、B两阀的频繁动作，可在两阀信号交接处设置一个不灵敏区，即将B阀的信号区间设为20~58kPa，A阀的信号区间设62~100kPa，当控制器输出压力在58~62kPa范围内时，A、B两阀都处于全关位置。因为有了这个不灵敏区，控制过程趋于缓慢，系统更为稳定。

上述系统中，进气阀A为气开阀，放空阀B为气关阀，压力控制器PC为反作用。

3.3.3 分程控制中的几个问题

(1) 分程控制对阀门的泄漏等级要求较高，当分程控制的目的是为了扩大调节阀的可调范围、提高系统控制质量时尤为重要。当大小两个阀门并联工作时，如果大阀的泄漏量较大时，小阀在小开度时将起不到控制作用。

(2) 要正确选择调节阀流量特性。在分程控制系统中，存在着控制作用从一个调节阀向另一个调节阀的过渡。如果各阀的流通能力相差较大，那么在分程点处将出现流量的突变，这在大小调节阀并联时尤其突出。解决的办法是：如果要求分程控制的总体流量特性为直线，且总的可调范围不太大，可使用两个流通能力相同的线性阀门；如果要求总的可调范围较大，则可使用两个等百分比的阀门。

(3) 分程控制系统本质上是简单控制系统，因此控制器的选择和参数整定，可参照简单控制系统处理。但是，当用于控制不同介质时，两个控制通道特性差异较大，控制器参数不能同时满足两个不同对象特性的要求，可以通过修改分程点位置，以改变两个控制通道的放大倍数的办法加以改进，否则只能根据正常情况下使用的阀门来整定控制器的参数，对使用另一台阀门时的操作要求，只要能在工艺允许的范围内即可。

3.4 前馈控制系统

此前所涉及到的控制系统中，控制器都是基于被控变量与给定值之间的偏差来进行控制，都是属于反馈控制系统，是闭环控制系统。闭环控制能够将所有影响被控变量的干扰因素都包括在控制系统中，并由控制器来克服。正如前面所讨论的，闭环控制有很多优点，稳定性高，控制品质好，容易实现等。但是，反馈控制只有在被控变量偏离给定值产生偏差后，才进行控制，这就使得控制作用总是落后于干扰作用，控制作用总是不及时。特别是在干扰剧烈、频繁，对象滞后较大时，反馈控制系统的控制品质往往不能令人满意。

前馈控制是根据干扰的大小和性质来进行控制的。当干扰出现时，控制器立即根据干扰开始动作，改变操作变量的值，去补偿干扰对被控变量的影响，使被控变量不变化或少变化。由于控制作用与干扰作用同时施加到被控对象上，控制是在干扰产生影响之前而不是之后进行的。所以，相对于反馈控制而言，前馈控制更及时，理论上可以对干扰作用达到完全补偿的效果。前馈控制对滞后大、扰动大而频繁的对象有显著效果。前馈控制也叫干扰补偿，它属于开环控制。

在图2-3-17所示的换热器出口温度的反馈控制中，能对被控变量产生影响的干扰因素f包括进料流量q_1或温度的变化、蒸汽压力的变化等。不管是哪个干扰进入系统，只有当被控变量，即出口温度T发生变化后，反馈控制器才能输出一个控制信号，通过调节阀改变蒸汽流量q_s，然后经过热交换过程，才使出口温度T缓慢恢复。对于这类滞后较大的对象，

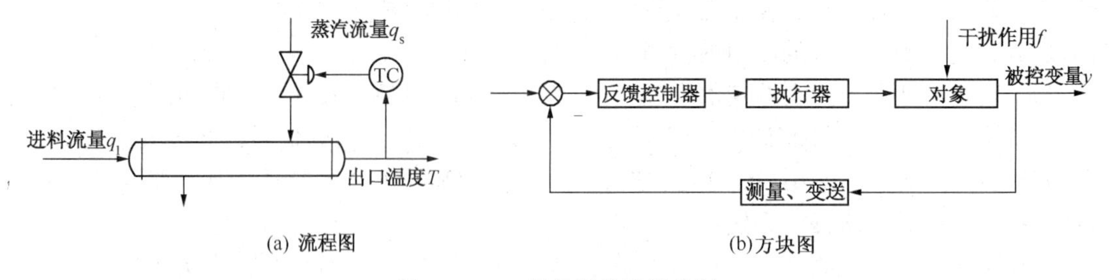

图 2-3-17　换热器的反馈控制

反馈控制的控制品质较差。可以看出，反馈控制不区分干扰的类型。

图 2-3-18 是根据进料流量 q_1 变化来控制换热器出口温度 T 的前馈控制系统。该系统中，前馈控制器根据进料流量的变化，输出一补偿信号去控制调节阀，改变蒸汽流量 q_s。如果控制器设计合理，蒸汽流量的改变量 Δq_s 对 T 的影响，刚好可以抵消进料流量变化量对 T 的影响。在前馈控制系统中，进料流量对 T 的影响存在两条通道：一是通过换热器的热交换过程(即被控对象)的干扰通道；二是通过前馈控制器和对象的控制通道。控制作用和干扰作用对被控变量的影响相反，迭加在一起可相互抵消，如图 2-3-19 所示。

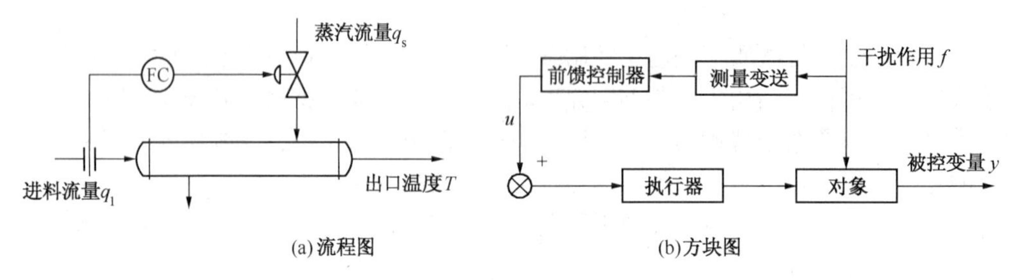

图 2-3-18　换热器的前馈控制

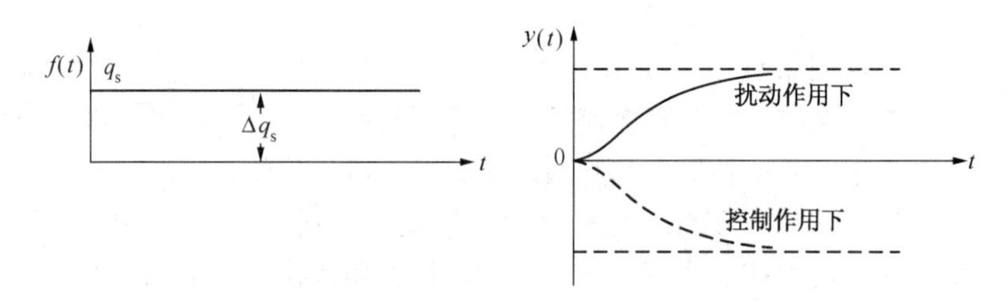

图 2-3-19　前馈控制系统的补偿过程

综上所述，前馈控制有以下几个特点：

(1) 前馈控制是根据干扰的变化产生控制作用的，其检测的信号是干扰量的大小，控制作用几乎与干扰作用同时产生，而不需等到偏差出现之后，所以比反馈控制更加及时、有效。

(2) 前馈控制是属于“开环”控制系统。前馈控制不检测被控变量，因此，被控变量是否达到所希望的值不得而知。要想得到一个合适的前馈控制作用，必须对被控对象的特性作深入研究和彻底了解。从某种意义上来说，这一点是前馈控制的不足之处。

(3) 前馈控制规律取决于对象特性，前馈控制器是“专用”的控制器。一般的反馈控制系统均采用通用类型的 PID 控制器，而前馈控制要针对不同的对象特性，设计具有不同控制规律的控制器。

（4）前馈控制只能克服可测的干扰变量对被控变量的影响。一种前馈作用只能克服一种干扰，这也是前馈控制系统的弱点。

3.4.1 前馈控制的类型

单纯的前馈控制分为静态前馈和动态前馈两类，实际生产中应用较多的是带反馈的前馈-反馈控制系统。

1. 静态前馈控制系统

所谓静态前馈控制系统，是指前馈控制器的输出与输入为静态关系，与时间无关。静态前馈在干扰作用下，前馈补偿作用只能最终使被控变量回到给定值，而不考虑补偿过程的偏差。

由于只按输入与输出的静态关系确定前馈控制作用，所以静态前馈的控制规律实际上是一个比例计算。例如，在图 2-3-18 中，当干扰信号进料流量 q_1 发生波动，其改变量为 Δq_1 时，前馈控制器的输出信号改变量为

$$\Delta u = K_f \Delta q_1$$

式中，K_f 是前馈控制器的比例系数，该系数可通过对象的物料平衡和能量平衡关系求得。

静态前馈控制不含时间因子，实施简单，特别适合于控制通道与干扰通道的时间常数相差不大的场合。

2. 前馈-反馈控制

从理论上讲，前馈控制可以完全补偿干扰作用对被控变量的影响。但在实际生产中，每个变量都受到多个干扰的影响，为每个干扰都设置一个前馈控制通道是不现实也不经济的。另外，要在理论上达到对干扰的完全补偿就需要建立一个完善的控制通道模型，而这是比较困难的。此外，由于前馈控制是一个开环系统，缺乏对补偿效果的检验，如果前馈控制作用无法消除被控变量的偏差，系统也不能获得相关的信息而做进一步的校正。前馈控制的这些不足，正好是反馈控制的长处，若把二者结合起来，构成前馈-反馈控制系统，使前馈控制用来克服主要干扰，反馈控制用来克服其他的多种干扰，就能获得较理想的控制品质。

图 2-3-20 为换热器出口温度的前馈-反馈控制系统。控制器 FC 起前馈作用，用来克服由于进料量波动对出口温度的影响，温度控制器 TC 起反馈作用，用来克服其他干扰对出口温度的影响，前馈和反馈控制作用相加，共同改变加热蒸汽量，以使出口温度维持在给定值上。

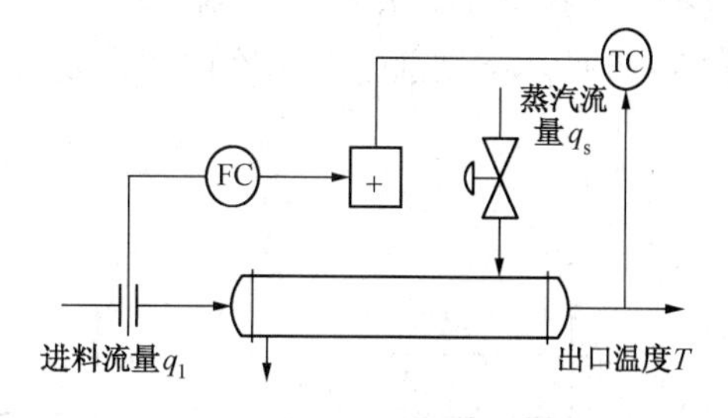

图 2-3-20 换热器的前馈-反馈控制

图 2-3-21 是上述前馈-反馈控制系统的方块图。可以看出，前馈-反馈控制系统虽然也有两个控制器，但在结构上与串级控制系统是完全不同的。串级控制系统是由内、外两个反馈回路所组成；而前馈-反馈控制系统是由一个反馈回路和另一个开环的补偿回路叠加而成。

前馈控制具有的特点，使其适合于以下各种场合：

① 主要干扰是可测但是不可控的变量；

② 变化频繁且变化幅度大的干扰；

③ 扰动能对被控变量产生显著影响，仅采用反馈控制达不到控制要求的情况；

④ 控制通道滞后大，反馈控制不及时，控制质量差的对象。

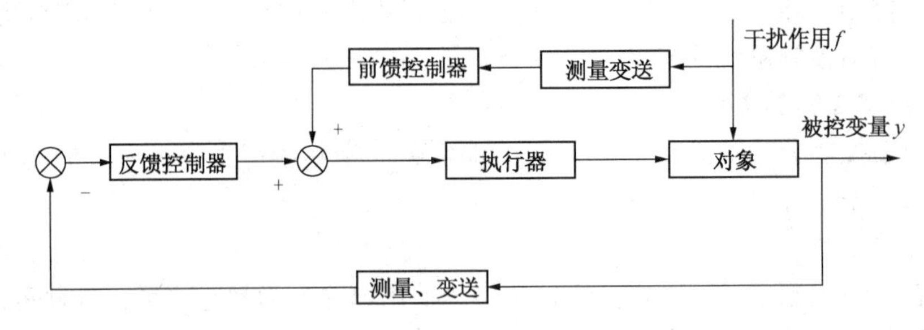

图 2-3-21　前馈-反馈控制系统方块图

3.4.2　前馈控制系统的参数整定

在许多工业过程控制中，静态前馈控制就可以获得很好的控制效果，所以其放大系数即前馈控制器比例系数 K_f(可以通过物料平衡和能量平衡关系求得)的整定十分重要。整定 K_f 的实用方法包括经验试凑法和实验获取法，分别如下：

(1) 经验试凑法

将前馈控制系统投运，然后根据经验，将 K_f 值由小到大地改变，观察在干扰作用下系统的过渡过程曲线，直到获得满意的结果为止见图 2-3-22。

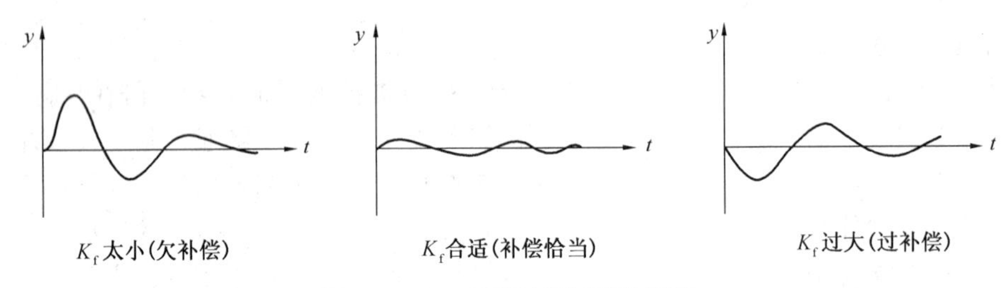

图 2-3-22　K_f 对过渡过程的影响

(2) 实验获取法

将前馈控制系统投运，分析在不同干扰量的作用下，控制作用的变化量。假设一个线性过程，当扰动量为 f_1 时，控制器输出的控制作用为 u_1；扰动量 f_2 对应于控制作用 u_2，如图 2-3-23 所示。则前馈控制器比例系数为

$$K_f = \frac{u_2 - u_1}{f_2 - f_1}$$

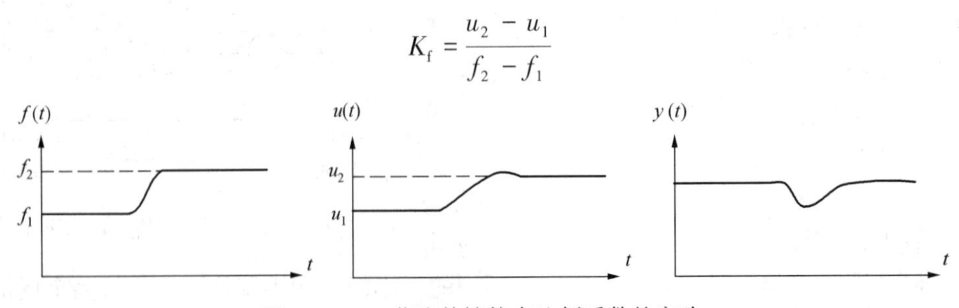

图 2-3-23　获取前馈静态比例系数的实验

3.5　比 值 控 制 系 统

在石油化工生产过程中，工艺上常需要两种或两种以上的物料保持一定的比例关系，一旦比例失调，轻者将影响产品的产量和质量，重者引发生产事故。

例如，在以重油为燃料的燃烧炉中，为使燃料油均匀且充分燃烧，必须使进入炉膛的氧气(空气)流量与燃料油的流量之间保持一定的比例。若氧油比过低，燃料油燃烧不充分，不止浪费燃料，还会导致烧嘴结焦加重，造成堵塞；若氧油比过高，则可能导致烧嘴或炉体损坏，严重时甚至引起炉子爆炸。

这种实现两个或两个以上参数之间保持一定比例关系的自动控制系统，称为比值控制系统。比值控制系统一般用于维持流量间的比例关系。

在需要保持比值关系的两种或多种物料中，处于主导地位的物料，称为主物料，主物料一般为生产中的不可控物料。表征主物料的参数称为主动量。其他物料都按主物料进行配比，随主物料而变化，称为从物料，从物料为可控物料。表征从物料的参数称为从动量。一般情况下，以生产中的主要物料定为主物料，如燃料油，辅助物料为从物料，如蒸汽。

如果以 q_1 表示主动量，以 q_2 表示从动量，二者之间存在以下关系，即

$$q_2 = Rq_1$$

式中 R 为从动量与主动量的比值。

3.5.1 比值控制系统的类型

1. 开环比值控制系统

开环比值控制系统是最简单的比值控制方案。在图 2-3-24 所示的系统中，主动量 q_1 向控制器提供测量信号，控制器通过调节阀改变从动量 q_2，系统中没有反馈，所以是开环系统。当因干扰 q_1 发生变化时，流量控制器 FY 根据 q_1 的测量与给定值的偏差，及安装在从物料管道上的执行器，来控制 q_2，以满足 $q_2=Rq_1$ 的要求。

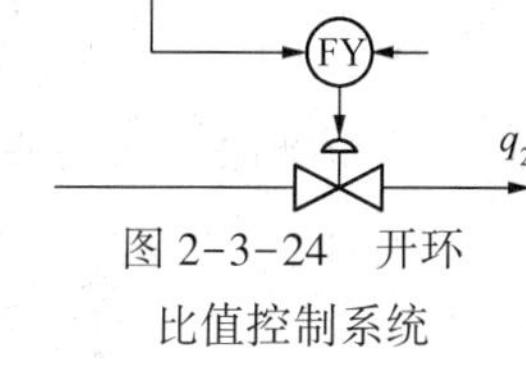

图 2-3-24 开环比值控制系统

这种方案的优点是结构简单，只需一台纯比例控制器就可实现，其比例度可以根据比值要求来设定。该控制器也可用比值器代替。

由于该系统是根据主动量来控制调节阀的开度，而从动量没有反馈校正，所以当从动量因阀门两侧压差发生变化而波动时，系统发挥不了控制作用，也就保证不了从动量与主动量间的比值关系了。可见，这种比值控制本身无抗干扰能力，只适用于从动量较平稳且比值要求不高的场合，实际生产过程中很少采用。

2. 单闭环比值控制系统

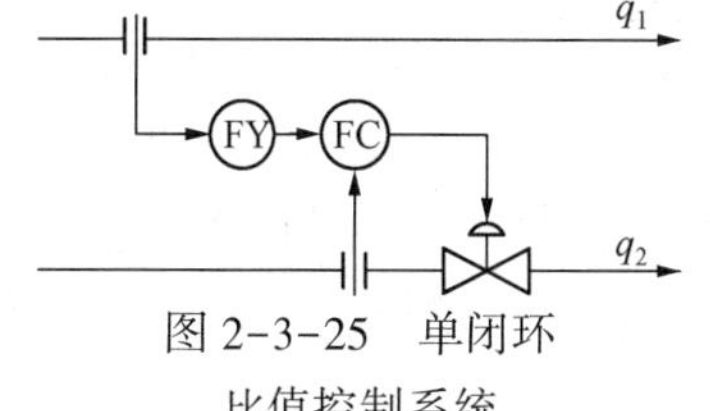

图 2-3-25 单闭环比值控制系统

为了克服作用于从动量上的干扰，可以在开环比值控制系统的基础上，为从动量增加一个闭环控制系统，构成单闭环比值控制系统，如图 2-3-25 所示，图 2-3-26 是其方块图。

单闭环比值控制系统与串级控制系统具有相类似的结构形式。尽管单闭环比值控制系统也有两个控制器，且副回路也是一个随动控制系统，但只有

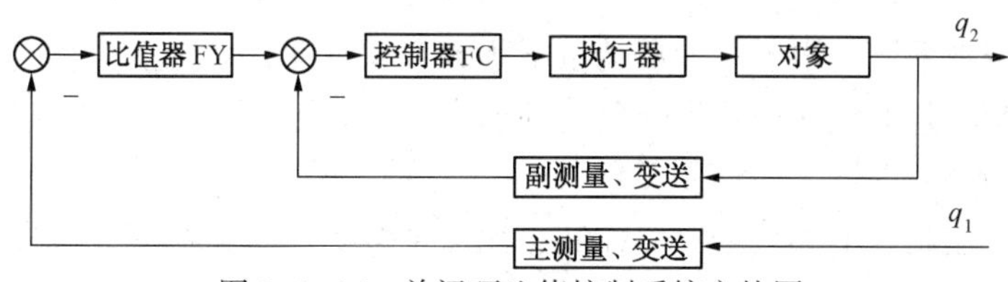

图 2-3-26 单闭环比值控制系统方块图

副回路是闭环，主回路却是开环。这是两者的根本区别。单闭环比值控制系统的主控制器实质上是一个比值器。

从图中可以看出，当主流量 q_1 变化时，变送器将其变化送至主控制器 FY(或其他计算装置)。FY 按预先设置好的比值使输出成比例地变化，也就是成比例地改变从动量控制器 FC 的给定值，使副流量 q_2 跟随主流量 q_1 变化，当过渡过程结束，副流量与主流量间仍保持比例关系。当副流量受干扰发生而变化时，副流量闭环系统发挥定值控制系统的作用，自动克服干扰。可见，不管干扰作用在主流量还是副流量，都使工艺要求的比例关系保持不变。

单闭环比值控制系统的优点是，结构形式比较简单，实施也比较方便。另外，它可以在克服从动量干扰的影响的前提下，比较准确地维持从动量与主动量间的比例关系。其缺点是，主动量处于开环状态，不受控制，可能给生产带来不良影响。

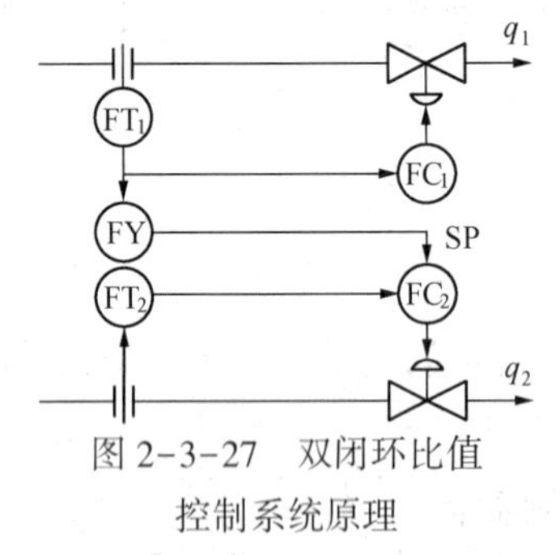

图 2-3-27　双闭环比值控制系统原理

3. 双闭环比值控制系统

如果要求主动量也有比较好的稳定性，就需要在单闭环比值控制方案的基础上，增加主动量闭环控制系统，使主、从动量都处于各自的闭环控制之中，形成双闭环比值控制系统，如图 2-3-27，图 2-3-28 是其方块图。该系统可克服单闭环比值控制系统主流量不受控制、生产负荷(与总物料量有关)在较大范围内波动的不足。

从图中可以看出，两个流量控制器 FC_1 和 FC_2 分别用于保持主、副流量的稳定，比值器 FY 按比值系数 R 对 q_1 进行放大后作为副流量控制器的给定值，使副流量跟随主流量的变化而按比例变化。

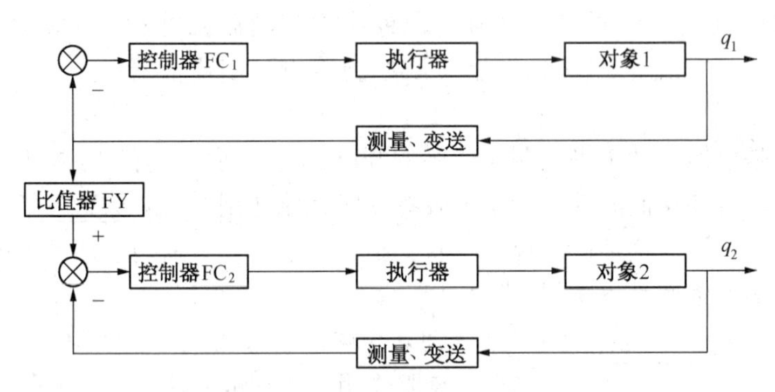

图 2-3-28　双闭环比值控制系统方块图

双闭环比值控制系统除了能比较准确地控制主、从动量这一优点外，另一个优点是提降负荷比较方便。只要缓慢地改变主动量控制器的给定值，就可以提降主动量，同时从动量也跟踪提降，并保持两者比值不变。

双闭环比值控制系统的缺点是结构相对复杂，使用的仪表较多，投资较大，系统调整比较麻烦。

双闭环比值控制系统适用于主、从动量干扰频繁，波动较大，且工艺上要求主、从动量都比较稳定，以及工艺上经常需要提降负荷的场合。

4. 变比值控制系统

上述几种比值控制方案都是定比值控制，比值系数确定后，在调节过程中不会改变。定比值控制可以实现主、从动量间的比值关系，但没有考虑具有比例关系的主、从动量对其他变量的影响，从这一点上看，它是开环的。因此，在实际生产过程中，除了定比值控制方案外，有时要求主、从动量的比值能灵活地随第三变量的需要而改变，这就是变比值控制系统。

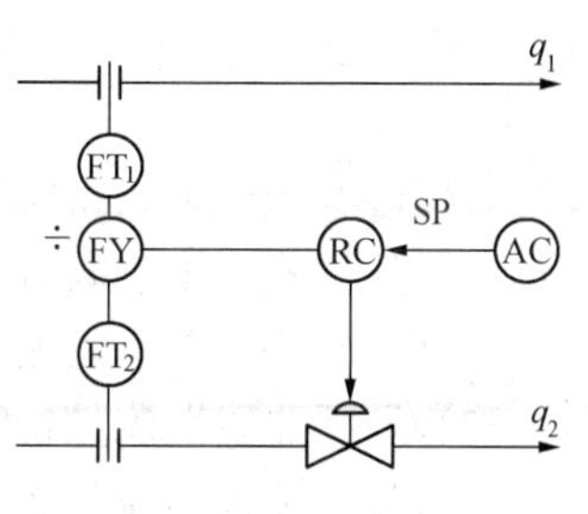

图 2-3-29　变比值控制系统（除法方案）

图 2-3-29 是加热炉的燃料与空气的变比值控制系统的示意图。在燃烧控制中，烟道气中的氧含量是最终的控制目标之一，燃料量 q_1 与空气量 q_2 的比值实际上是控制的手段，因此比值控制器的给定值由氧含量控制器给出。这里，燃料与空气的流量在除法器 FY 中做除法运算，得到它们的实际比值，并作为比值控制器 RC 的测量值，而 RC 的给定值则来自氧含量控制器 AC，最后通过调节空气流量 q_2 来使加热炉的烟道器氧含量恒定在规定的数值上。图 2-3-30是该变比值控制系统的方块图。

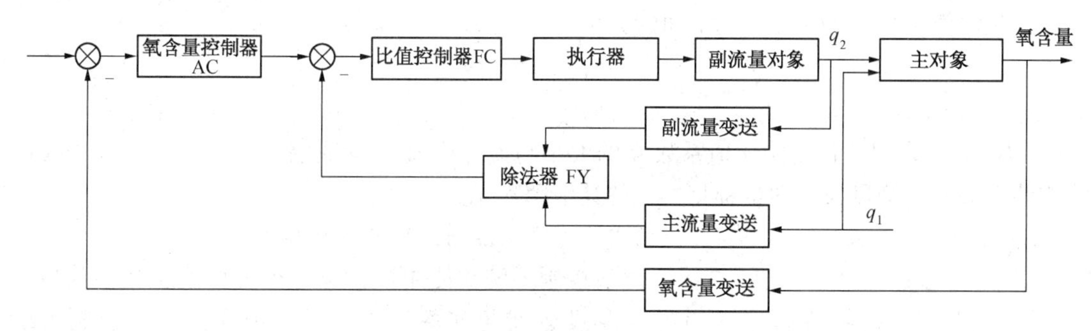

图 2-3-30　变比值控制系统方块图

从结构上看，变比值控制方案实际上是以烟道器氧含量控制为主回路、以燃料/空气的比值控制为副回路的串级控制系统。

图 2-3-29 是计算出主、从动量间的实际比值、采用比值控制器的除法方案，图 2-3-31是根据主动量和变比值计算出从动量给定值、采用从动量(流量)控制器的乘法方案。

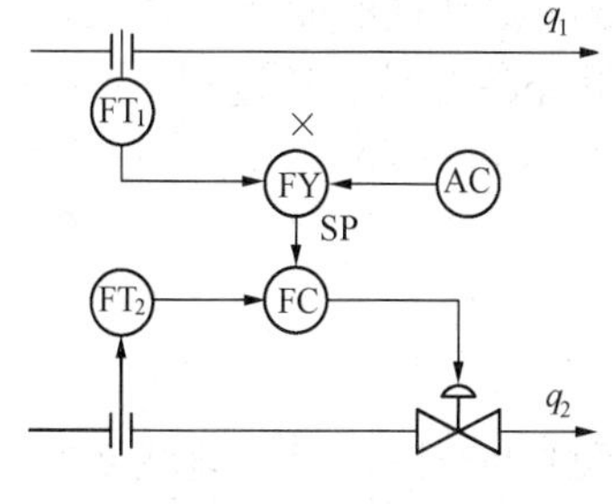

图 2-3-31　变比值控制系统（乘法方案）

3.5.2　比值的计算

比值控制系统是解决物料之间的流量比值问题，在比值控制系统的实施时，会遇到比值系数的计算和设置问题。比值系数 R 与流量比值 r 是有区别的，但两者之间有着一一对应的关系。流量比值是指两种物料的实际重量流量或体积流量之比，即 $r=q_2/q_1$。比值系数是设置于比值运算单元(如比值器、乘法器、除法器或比值控制器等)中的参数。理论计算时，比值系数 R 等于从动量的测量信号与主动量的测量信号之比。控制系统是由过程检测、控制仪表和控制对象组成，常用的单元组合仪表均以统一的标准信号相联系，为了能正确地实现比值控制，必须将流量比值 r 换算成为比值运算单元上的比值系数 R 或与之相对应的某个信号，下面分两种情况来讨论比值系数 R 的计算。

(1) 采用线性流量检测单元

当流量的测量信号与实际流量间呈线性关系时，仪表比值系数 R 与主、副流量比值之间的关系为

$$R = \frac{F_2}{F_1} \cdot \frac{F_{1max}}{F_{2max}} = r\frac{F_{1max}}{F_{2max}}$$

式中　F_1，F_2——主、副流量的实际值；

F_{1max}、F_{2max}——主、副流量的最大值；

$r=F_2/F_1$——主、副流量之间的流量比值。

（2）采用非线性流量检测单元

采用节流装置测流量而又未做开方处理时，流量与差压间为非线性关系，即

$$F = k\sqrt{\Delta p} \text{ 或 } \Delta p = \frac{1}{k^2}F^2$$

式中　Δp——差压信号；

k——节流装置的比例系数。

仪表比值系数 R 与流量比值 r 间的关系为

$$R = \frac{F_2^2}{F_1^2} \cdot \frac{{F_{1max}}^2}{{F_{2max}}^2} = r^2\left(\frac{F_{1max}}{F_{2max}}\right)^2$$

以上分析表明，仪表的比值系数 R 的大小与流量比值 r、实际流量与测量信号间的线性或非线性关系、测量仪表的量程相关，与其他因素无关。

3.5.3　比值控制系统的参数整定

比值控制系统在使用前，也必须进行投运和参数整定工作，其投运前的准备工作及投运步骤与简单控制系统相同。

在比值控制中，变比值控制系统因结构上是串级控制系统，因此主控制器可按串级控制系统整定；双闭环比值控制系统的主动量回路可按简单定值控制系统整定；而对于单闭环比值控制系统、双闭环比值控制系统的从动量回路、变比值控制系统的副回路来说是一个随动系统。工艺上要求从动量能迅速准确地跟随主动量的变化，并且越快越好，但也不希望发生振荡。因此，从动量在干扰或给定值作用下变化的过渡过程应是一个略有振荡或没有振荡的过程，并且超调量要尽可能地小，如图 2-3-32 所示。

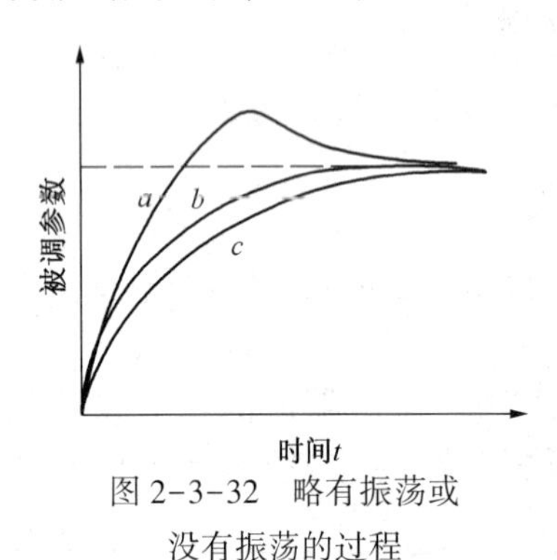

图 2-3-32　略有振荡或没有振荡的过程

3.6　均匀控制系统

在连续进行的石油化工生产中，每个生产设备都与其前后的生产设备紧密地联系在一起，前一设备的出料，往往是后一设备的进料，各设备的操作情况也是互相关联、互相影响的。在图 2-3-33 所示的连续精馏过程中，处于上游的塔 T1 的出料为下游的塔 T2 的进料。为了保证塔 T1 的稳定操作，必须保持其塔釜液位稳定，为此设有塔釜液位控制系统，T1 的出料由此变得不稳定。而对塔 T2 来说，从稳定操作要求出发，希望进料量尽量稳定，因而设有进料流量控制系统，因而导致 T1 的液位变得不稳。可见，两塔在供求关系上出现了矛盾，独立工作的 T1 塔釜液位控制系统与 T2 进料流量控制系统间无法协调工作，以同时满足塔 T1 对液位和塔 T2 对进料流量上的要求。

均匀控制可以解决上述矛盾。均匀控制的目的是使液位和流量两个被控变量尽可能地平

稳。从工艺和设备上进行分析，塔釜有一定的容量，因此塔 T1 的液位可以不强求保持在某特定值上，而是允许在一定范围内波动。如果塔 T2 的进料做不到定值控制，至少可以使其缓慢变化，较之进料流量剧烈的波动则改善了很多。专为解决前后工序供求矛盾而组成的系统称为均匀控制系统。

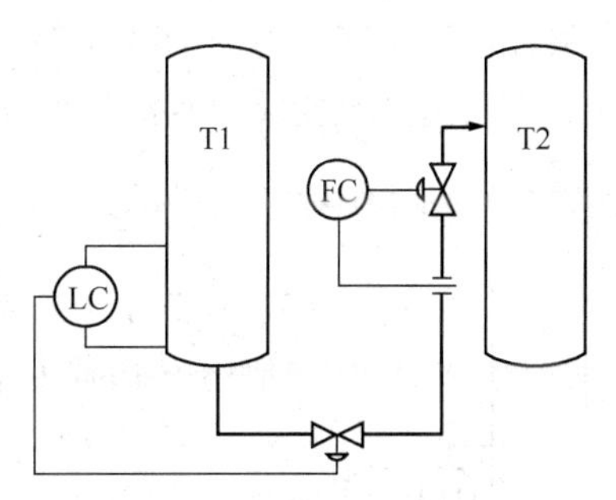

图 2-3-33　连续精馏的多塔分离过程

均匀控制通常是对液位和流量两个变量的控制，适合于以下场合：

① 两个变量在干扰作用下都作缓慢的变化。如果使某个参数保持在恒定值，则另一变量必然大幅度波动，如图 2-3-34(a)和(b)，(c)所示的情况才符合均匀控制的要求，即两者在扰动下都有一定程度的波动，但波动都比较缓慢均匀。

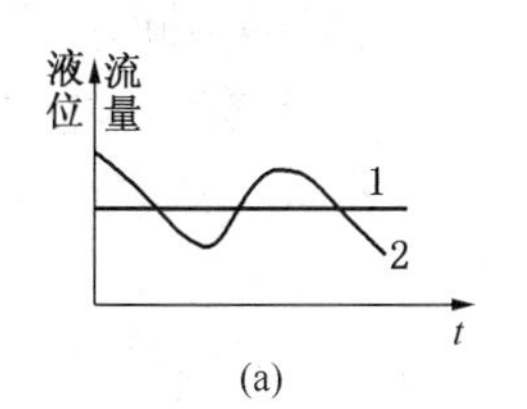

(a)

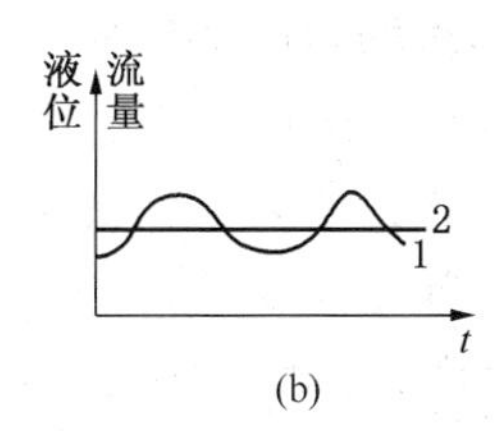

(b)

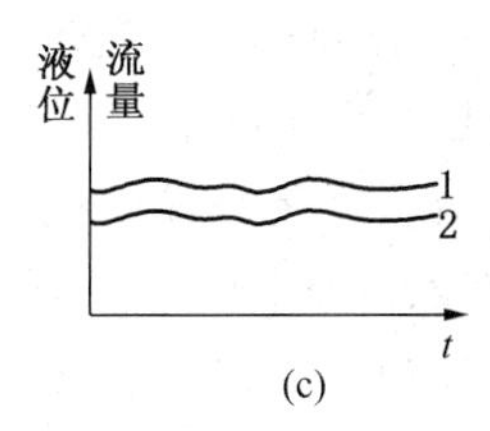

(c)

图 2-3-34　液位和流量变化过程

1—液位变化曲线；2—流量变化曲线

② 两个变量的波动应被限制在所允许的范围内。均匀控制要求在最大的扰动下，液位在规定的上下限内波动，流量在一定范围内渐变，以避免对下游流程产生较大的干扰。均匀控制允许的波动范围比定值控制允许的偏差要大得多。

均匀控制并不是平均的意思。均匀控制对两个变量的控制要求，可以不分彼此，都做照顾；也可以侧重某一变量，即一个变量要求平稳些，另一个变量稍微波动些，具体应根据工艺的要求确定。

3.6.1　均匀控制的类型

1. 简单均匀控制

图 2-3-35 为两个精馏塔间的液位和流量简单均匀控制系统，外表看起来与简单的液位定值控制系统一样，但二者的控制目的不同。定值控制是通过改变排出流量来保持液位在给定值，而简单均匀控制是为了协调液位与排出流量之间的关系，允许它们都在各自许可的范围内作缓慢的变化。

简单均匀控制系统中，控制器一般选纯比例控制规律，这是因为均匀控制系统所控制的变量允许有一定范围的波动，且对余差无要求。比例度一般大于 100%，在液位变化时，控制器的输出变化较小，流量只发生微小缓慢的变化。有时为了防止余差过大，则要选用比例积分作用。这时，积分时间也要放得大一些，一般在 10min 以上。均匀控制系统都不引入微分作用。

图 2-3-35　简单均匀控制

简单均匀控制系统结构简单，操作方便，适用于扰动不大，对流量的定值控制要求不高的场合。简单均匀控制系统的局限性在于，当塔内压力变化时，即使控制阀开度不变，流量也会随阀前后压差变化而改变。等到流量改变反映到液位变化后，液位控制器才进行控制，显然不够及时，因而使控制质量变差。

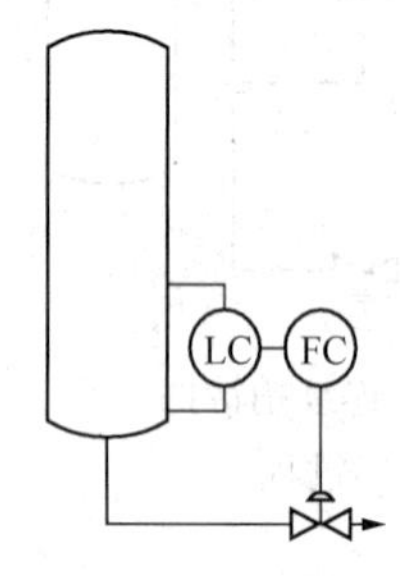

图 2-3-36 串级均匀控制

2. 串级均匀控制

为了克服简单均匀控制的缺点，需要引入辅助变量，在简单均匀控制方案基础上增加一个流量副回路，构成串级均匀控制，见图 2-3-36。

从图中可以看出，串级均匀控制在系统结构上与串级控制系统相同，即液位控制器 LC 的输出，作为流量控制器 FC 的给定值，用流量控制器的输出来操纵执行器。由于增加了副回路，可以及时克服自副变量引入的干扰，如塔内压力变化对流量产生的影响，尽快使流量回到给定值，并使前塔的液位保持稳定。在串级均匀控制系统中，两个变量之间并无主、次关系，但往往要求流量比液位平稳一些，所以主变量不一定起主导作用，这也是串级均匀控制与通常的串级控制的不同。

串级均匀控制系统的主、副控制器一般都选用纯比例控制规律。有时，在流量存在急剧变化的场合或液位存在“噪声”的场合，为了防止主变量的余差过大，或者为了获得较高的副变量控制质量，应引入积分作用，构成比例积分控制规律。

串级均匀控制系统能克服较大干扰的影响，使主、副变量都均匀平缓地变化，提高控制质量，因此串级均匀控制系统在生产过程中应用比较普遍。

3.6.2 均匀控制系统的参数整定

均匀控制系统在结构上与简单或串级控制系统相同，但控制目的不同。均匀控制系统的目的是使两个变量间的关系得到协调，该目的是通过控制器参数整定来实现的。在均匀控制系统中，参数整定的目的不是使变量尽快地回到给定值，而是要求变量在允许的范围内作缓慢的变化。

串级均匀控制系统中的流量控制器参数整定可按照一般串级控制系统的方法处理。在串级均匀控制系统中，液位控制器的参数设置是决定均匀控制系统过渡过程的关键因素。在此，主要讨论串级均匀控制系统中主控制器，即液位控制器的参数整定的经验方法。

这种方法的基本原则是：根据经验，先把控制器参数放置在一个不会使液位超出允许波动范围的数值上，观察系统液位和流量运行记录曲线，再修正控制器参数，使液位最大波动接近允许范围，其目的是充分利用贮罐或容器的缓冲作用，使输出流量尽可能平稳。具体步骤如下：

（1）对于纯比例控制

先将比例度放置在不会引起液位超限的数值，例如 100%左右。

观察记录曲线，若液位的最大波动小于允许范围，则可增加比例度值，使液位的波动幅度再大些，而使流量更为平稳。

当发现液位的最大波动可能会超出允许范围时，则应减小比例度值。

（2）对于比例积分控制

先按纯比例控制进行整定，得到液位最大波动接近允许范围时的比例度值。

适当增加比例度值后，加入积分作用。积分时间由大到小逐渐改变，使液位在每次扰动过后，都有回复到设定值的趋势。

调小积分时间，直到流量记录曲线将要出现缓慢的周期性衰减振荡过程为止。大多数情况积分时间在几分钟到十几分钟之间。

3.7　选择性控制系统

控制系统中含有选择单元的系统，都称为选择性控制系统。选择单元把逻辑算法引入控制系统，并根据逻辑计算的结果，从两个或多个控制输入中选择其中一个作为输出，从而适应不同的生产工况。

一般的控制系统在遇到不正常工况或特大干扰时，很可能无法适应，只能从自动控制改为手动控制。如果采用选择性控制系统，当生产操作条件即将但尚未达到危险极限时，可以用一个能控制不安全状况的控制器取代在正常工况下使用的控制器，使工艺生产回到安全状态，然后再由正常工况下使用的控制器对生产过程进行正常控制。这种不需要人工干预或硬性停车而使生产过程回复安全的控制系统也叫取代控制或超驰控制。

选择性控制系统中需要具有选择功能的自动选择器，自动选择器有高值选择器和低值选择器，其形式应根据工艺安全的需要来选取。

3.7.1　选择性控制系统的类型

在选择性控制系统中，自动选择器可以位于变送器与控制器之间，对多个检测信号进行选择，也可以位于控制器与调节阀之间，对多个控制器输出进行选择。

(1)中选择器在变送器和控制器之间

这类选择性控制系统的特点是几个变送器共用一个控制器和一个调节阀，其目的主要有：

① 选择最高或最低测量值，这类选择性控制系统主要是选择几个被控变量中最高或最低值，以满足生产需要。例如化学反应器中热点温度选择性控制系统，如图2-3-37所示，该反应器内装有固定催化剂层，为防止反应温度过高烧坏催化剂，因此在催化剂层的不同位置装设温度检测元件和变送器，其测量信号一起送往高选器，选出最高的温度进行控制。这样，系统将一直按反应器的最高温度进行控制，从而保证催化剂层的安全。

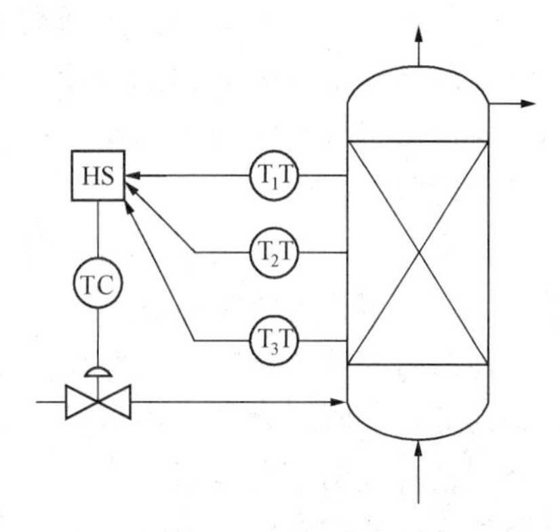

图2-3-37　反应器热点温度选择性控制系统

② 按预先规定的原则来选择操作变量。在有些生产过程中，一个被控变量，若有几种操作变量可供选择时，亦可用选择性控制系统按不同工况来选择不同的操作变量。

例如加热炉有几种燃料时(如图2-3-38)，燃料A作为限值使用，燃料B作为补充使用。譬如，炼油厂可以规定加热炉要优先使用炼厂气，只是在负荷增加后，使用了炼厂气所能提供的最大限量仍感不足时，再以燃料油予以补充。

当对燃料A的需要量小于燃料A能提供的上限量x_S时，尽量用A，燃料B调节阀关闭；当对燃料A的需要量大于x_S时，燃料A定值控制在x_S，同时开燃料B调节阀，用燃料B来补充。图2-3-38中，炉出口温度T作为被控变量，是反映所需热量的一个指标，它作为温度控制器的测量信号，而温度控制器的输出信号u_T则作为低选器LS和加法器Σ的输入信号，经运算后的输出信号分别作为燃料A和燃料B流量控制器的设定值。低选器LS的输出

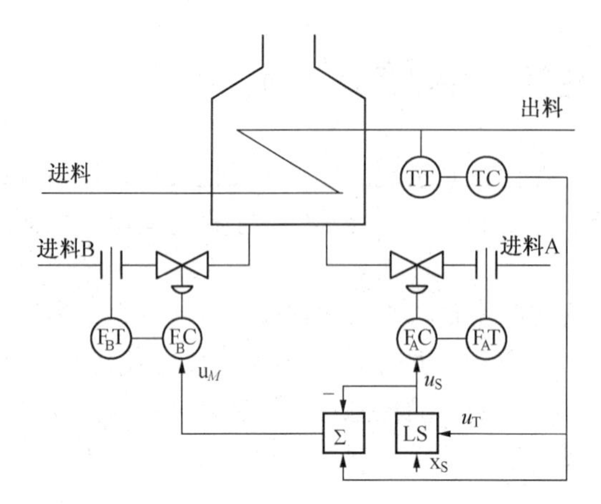

图 2-3-38　加热炉的选择性控制系统

信号 u_S 一方面作为流量控制器 F_AC 的设定，另一方面送往加法器，在加法器中运算时 u_S 取负号。

当工况正常时，温度控制器的输出为 u_T，且 $u_T<x_S$，经低选器后作燃料 A 流量控制器的设定值，此时温度控制器 TC 与流量控制器 F_AC 构成串级控制系统。由于 $u_S=u_T$，所以由加法器送往燃料 B 流量控制器的设定值 $u_M=u_T-u_S=0$，燃料 B 调节阀全关。

当工况变化时，出现 $u_T>x_S$ 时，低选器选择 x_S 作为输出，使得 $u_S=x_S$，则 F_AC 构成定值流量控制系统，燃料 A 将稳定在 x_S 值上。这时，由于 $u_M=u_T-x_S=u_T-x_S>0$，因此燃料 B 流量控制器 F_BC 开始动作，打开燃料 B 调节阀来补充 A 的不足，使炉出口温度 T 保持一定。显然，此时 TC 和 F_BC 构成了串级控制。可见，运用选择器可选择不同的操作变量。

(2) 选择器在控制器与执行器之间

这类选择性控制系统的特点是两台或多台控制器共用一台执行器。这些控制器中，每台都只在特定的工况下工作，任何工况下都只有一台控制器工作，其他的则处于备用状态。在工艺操作条件发生改变时，选择器根据逻辑计算结果选择某台控制器的输出，并用它去驱动执行器，从而实现不同工况下控制方案的自动切换。

在图 2-3-39 所示为某乙烯裂解装置中燃料气系统超驰选择控制系统。

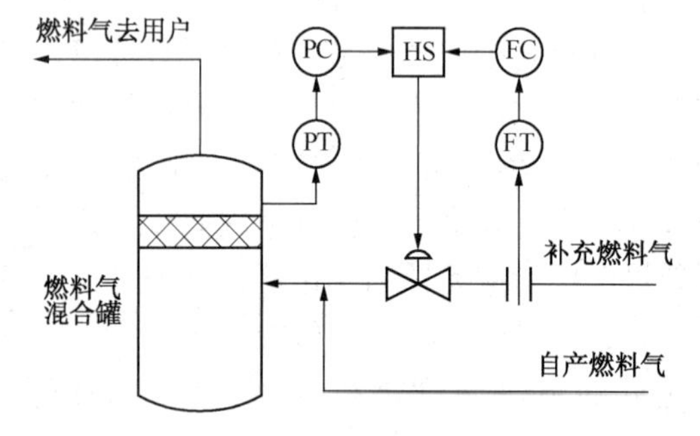

图 2-3-39　燃料气系统选择性控制系统

在乙烯裂解装置中，裂解炉、蒸汽过热炉和开工锅炉所用燃料气由装置自产燃料气和补充燃料气两部分构成。自产燃料气主要为甲烷富气，还有部分氢气及乙烷气体。为了有效地控制燃料气系统的压力，保证足够的燃料气量，从界区外引进 C_5 馏分或 C_4 液化气作为补充燃料气。它们在燃料气混合罐混合后被送往各用户。

为了保证各用户的燃烧正常，燃料气系统的压力必须维持恒定。

补充燃料气在流量定值调节系统 FC 的控制下，根据燃料气负荷的需要，以一定的流量进入燃料气混合罐。为了实现在燃料气压力偏低时迅速加大补充燃料气流量，设置了该选择性控制系统。燃料气压力正常时，补充燃料气在 FC 定值控制作用下，以一定的流量进入混合罐，当压力低于控制器 PC 给定值、PC 输出高于 FC 输出时，则 PC 取代 FC，直接控制调节阀开度，加大补充燃料气流量，使压力回升。当压力恢复正常或控制流量较低而使流量控制器 FC 输出高于 PC 输出时，则控制器 FC 重新恢复正常工作状态。

该系统中，压力控制器 PC 为反作用 PI(比例加积分)控制器，正常流量控制器 FC 也为反作用 PI 控制器，调节阀为气开阀，选择器为高值选择器。

3.7.2 控制器的积分饱和

(1) 积分饱和的概念

对于具有积分作用的常规控制器，如果被控变量与给定值之间的偏差一直存在，由于积分的作用，控制器的输出将不断朝一个方向增大或减小，一直达到输出的极限值为止，这种现象称之为积分饱和。产生积分饱和的条件有三，一是控制器具有积分作用；二是控制器处于开环工作状态或执行器发生故障，使系统失去了控制作用；三是控制器的输入偏差信号长期存在。

在选择性控制系统中，任何时候选择器只能选中多个控制器中的一个，被选中的控制器的输出送往执行器，构成闭环，而未被选中的控制器则处于开环状态。如果处于开环状态的控制器具有积分作用，在偏差长期存在的条件下，就会产生积分饱和。

当控制器处于积分饱和状态时，其输出可达到最大或最小的极限值，由于该极限值已超出执行器的有效输入信号范围，所以调节阀也就停留在全开或全关的极限位置不再变化。如果此时该控制器被选择器选中，需要它取代另一个控制器对系统进行控制时，它却不能立即发挥作用。这种情况有时会给系统带来严重的后果，甚至会造成事故，因而必须设法防止和克服。

积分饱和不是选择性控制系统特有的现象，只要满足产生积分饱和的这三个条件，其他控制系统也会产生积分饱和问题。如用于控制间歇生产过程的控制器，当生产停下来而控制器未切入手动，在重新开车时，控制器就会有积分饱和的问题，其他如系统出现故障、阀芯卡住、信号传送管线泄漏等都会造成控制器的积分饱和问题。

(2) 抗积分饱和措施

目前防止积分饱和的方法主要有以下两种：

① 限幅法　这种方法是通过一些专门的技术措施对积分反馈信号加以限制，从而使控制器输出信号被限制在工作信号范围之内。采用这种技术后，控制器就不会出现积分饱和的现象。

② 积分切除法　这种方法是当控制器处于开环工作状态时，将控制器的积分作用暂时切除，这样就不会使控制器输出一直增大到最大值或一直减小到最小值，也就不会产生积分饱和问题了。这种方法也叫 PI-P 法。即控制器处于闭环时，具有比例积分控制规律(PI)；控制器处于开环态时，只具有比例控制作用(P)。

3.8 典型单元的控制方案

3.8.1 加热炉的自动控制

加热炉也是一种传热设备。目前在石油化工生产中大多使用管式加热炉，其形式分为箱式、立式和圆筒式三大类，其功能是用来加热或者进行加热反应。对于加热炉，由于物料出口温度的高低直接影响下一工序的操作情况和产品质量(如炼厂常减压装置)，并且炉温过高会使物料在加热炉内分解，甚至结焦而烧坏炉管；对于加热-反应炉，其反应进行的程度(如转化率等)与温度密切相关。因此，不论加热炉的功能如何，对其温度必须严格控制。

由于管式加热炉的传热过程比较复杂，是传导、对流、辐射过程的组合，很难从理论上获得对象特性。因此，对象特性的求取一般可以定性分析和实验测试来获得。从定性角度分析其传热过程是：炉膛炽热火焰辐射给炉管，经传导、对流将热量传给工艺介质。所以，加热炉有较大的时间常数和纯滞后时间，特别是炉膛，具有较大的热容量，故滞后更为显著，因此加热炉属于多容量的被控对象。根据实验测试，可以用一阶环节加纯滞后来近似描述加热炉的特性，其时间常数和纯滞后时间与炉膛容量大小及工艺介质停留时间有关。加热炉炉膛容量大、停留时间长的对象，其时间常数和纯滞后时间也大，反之亦然。

生产工艺上通常把加热炉物料出口温度作为控制指标，应选择该温度为控制系统的被控变量。而操作变量的选择，应考虑加热炉的对象特性和影响物料出口温度的干扰因素。

影响炉出口温度的因素有工艺介质进料的流量、温度和成分，燃料油(或气)流量、压力和热值，燃料油雾化情况，空气用量，喷燃器阻力、烟囱抽力等等。这些干扰因素中，有的是可控的，有的是不可控的，应选可控的干扰因素作操作变量。一般选择燃料流量为操作变量。

根据工艺操作对炉出口温度的要求、干扰因素和对象的特性等具体情况，加热炉控制系统可采用简单控制系统或者复杂控制系统。

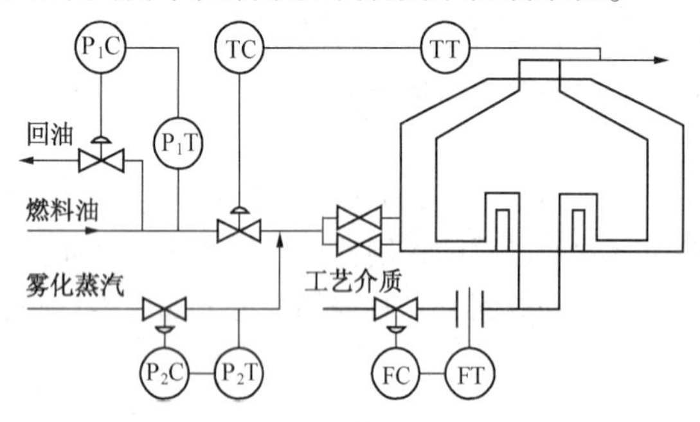

图 2-3-40　加热炉单回路控制系统示意图

1. 单回路控制方案

图 2-3-40 是采用简单控制系统的加热炉控制示意图，其主要的控制回路 TC 是一个以炉出口温度为被控变量，以燃料油流量为操作变量的单回路控制系统。这个系统的特点是：各主要干扰因素都包含在控制回路中，它通过温度控制器的作用，使各干扰因素对被控变量的影响得到有效的克服。由于该系统控制通道较长(包括炉膛、管壁和工艺介质等)，测量滞后或传递滞后较大，所以控制作用不及时，容易造成炉出口温度波动等，控制质量不高。该方案仅适用于炉出口温度要求不十分严格，外来干扰缓慢，幅值小，炉膛容量不大的场合。

为了保证加热炉平稳操作，本方案还同时设置三个辅助控制系统：

① 工艺介质进料流量定值控制系统 FC，以减少进料量波动的影响；

② 燃料油(或气)压力定值控制系统 P_1C，一般采用控制回油量的方案；

③ 使用燃料油作燃料时，需加入雾化蒸汽，为此设有雾化蒸汽压力定值控制系统 P_2C，以提高燃烧质量。

2. 串级控制方案

为弥补单回路控制方案的不足，加热炉大多采用串级控制方案。根据干扰因素以及炉子形式不同，可以选择不同的副变量构成不同的串级控制系统，主要的形式有以下几种：

① 炉子出口温度对炉膛温度的串级控制；

② 炉子出口温度对燃料油(或气)流量的串级控制；

③ 炉子出口温度对燃料油(或气)阀后压力的串级控制。

图 2-3-41 是采用串级控制方案的加热炉控制示意图。图中的 3 个方案各有特点，要根据具体干扰和炉型的具体情况合理选择。

方案(a)对燃料热值、燃料油雾化、烟囱抽力等多种干扰有较强的抑制作用，适用于热负荷较大，而热强度较小，即不允许炉膛温度有较大波动；在同一个炉膛内有两组炉管，同时加热两种物料，在控制一组炉管的温度时，要求另一组较平稳等场合。

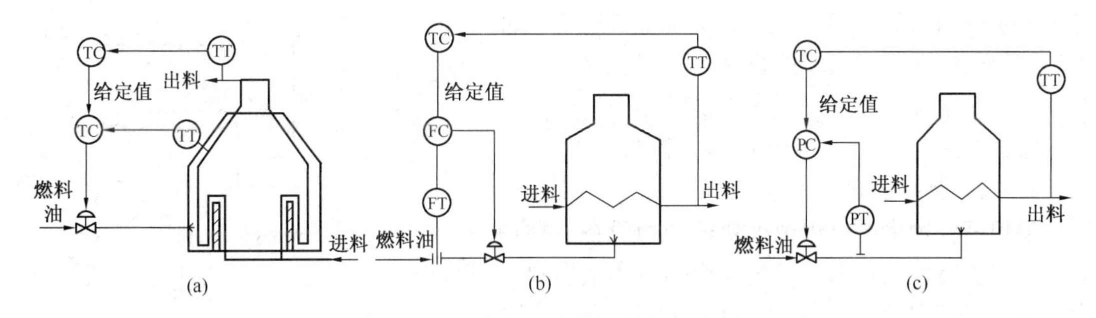

图 2-3-41　加热炉串级控制方案示意图

方案(b)和方案(c)都针对燃料输送中的干扰进行控制，方案(b)直接对燃料流量变化引入的干扰进行先行控制。如果加热炉所需燃料量较少或其输送管道较小，或者应用黏度较大的重质燃料油等流量测量比较困难的情况下，则应采用方案(c)。

3. 前馈-反馈控制方案

在加热炉的自动控制系统中，有时遇到生产负荷即进料流量、温度变化频繁，干扰幅度又较大，此时采用串级控制也难以满足生产要求，而采用如图2-3-42所示的前馈-反馈控制系统，往往是行之有效的。前馈控制部分克服进料流量(或温度)的干扰作用，而反馈控制克服其余干扰作用。

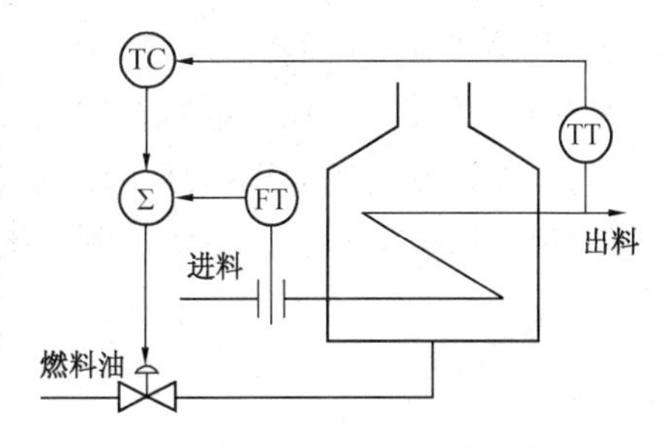

图 2-3-42　加热炉前馈-反馈控制方案示意图

4. 燃烧控制方案

控制加热炉工艺介质的炉出口温度是稳定工艺操作的需要。除此之外，对大型加热炉来说，还要考虑节能方面的要求，需要对燃料的燃烧情况即加热炉的热效率进行控制。常见的燃烧控制方案有空燃比控制方案、炉膛负压控制方案以及氧含量控制方案。

空燃比控制系统如图 2-3-43 所示，是空气流量和燃料流量构成的双闭环比值控制系统，在锅炉上得到广泛采用。

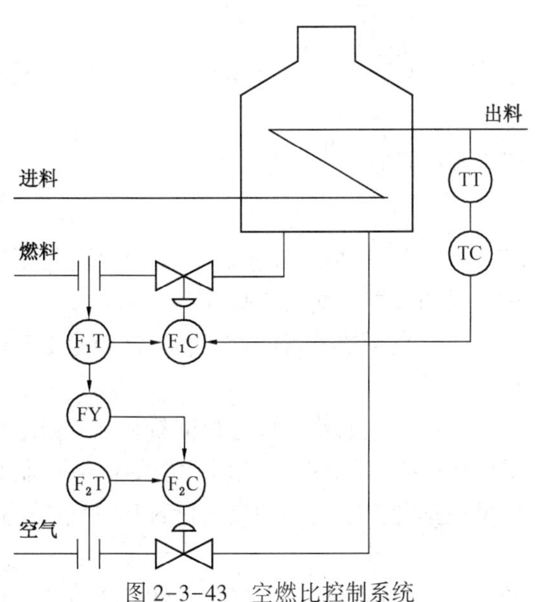

图 2-3-43　空燃比控制系统

炉膛负压控制系统如图 2-3-44 所示。燃料在加热炉内燃烧，烟气自烟囱排出，会在炉膛内形成一定的负压，该负压间接反映了加热炉的热效率。该方案以炉膛负压为被控变量，以烟道挡板的开度为操作变量。炉膛负压控制系统只适用于自然通风的加热炉。

加热炉烟气中剩余氧的含量直接反映了加热炉的燃烧情况，氧含量越高说明燃料燃烧越完全，所以该方案能更有效地控制加热炉的燃烧。氧含量控制系统以烟气中的氧含量为被控变量，以送风机入口或引风机出口挡板开度为操作变量。考虑到有的加热炉漏风比较严重，烟气中的氧含量可能是因漏风带入的，并不真实表示自进风口进入炉膛经燃烧后的剩余氧的含量，所以，有时需要在燃烧控制系统中加入一氧化碳含量作为另一个被控变量，构成氧含量-一氧化碳含量控制系统。

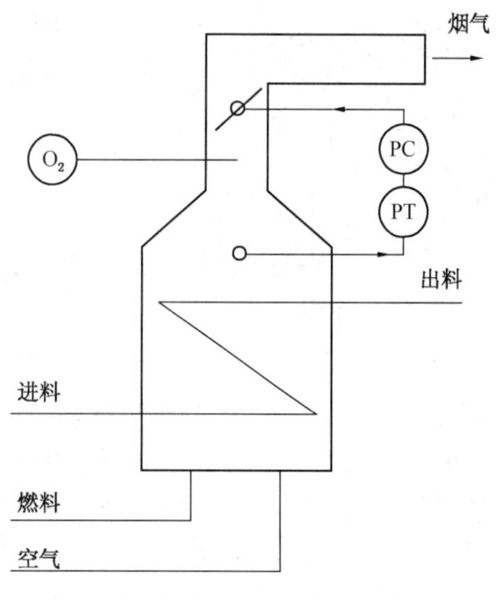

图 2-3-44　炉膛负压控制系统

3.8.2　锅炉的自动控制

锅炉是各种生产过程中重要的动力设备。锅炉的主要作用是提供合格的蒸汽。锅炉由燃烧燃料产生热量的“炉”和水吸收热量产生蒸汽的“锅”组成，如图 2-3-45 所示。锅炉的燃料种类很多，有煤、油、气及新型燃料水煤浆等，但锅炉的蒸汽发生系统和蒸汽处理系统却基本相同。

锅炉控制系统的任务是确保蒸汽参数符合工艺要求，其中包括蒸汽的温度、压力、流量等；维持汽包水位及炉膛压力在一定的范围内以保证设备安全运行；保证燃烧充分以提高生产的经济性及避免环境污染。所以，锅炉的主要控制系统包括燃烧控制系统、汽包水位控制系统、蒸汽温度控制系统等。

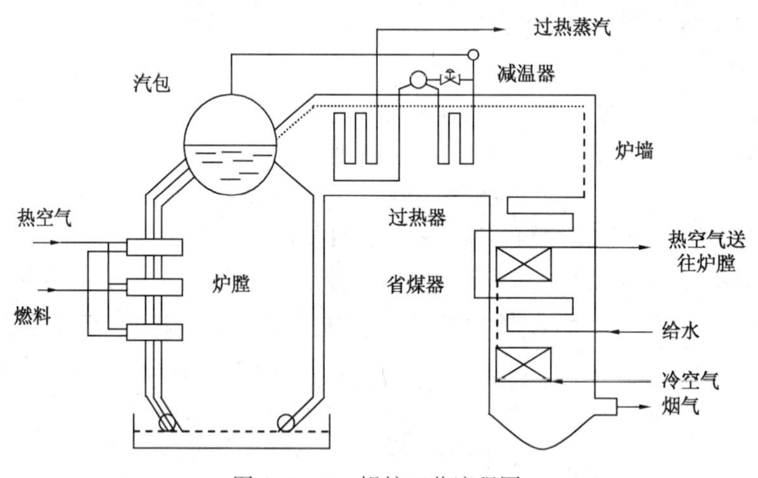

图 2-3-45　锅炉工艺流程图

1. 燃烧系统的控制方案

锅炉的燃烧控制与加热炉的燃烧控制方式基本相同，一般有空燃比控制、炉膛负压控制、风量控制以及氧含量控制等，这里介绍一种常见的节能双交叉燃烧控制系统。

双交叉燃烧控制系统是根据主蒸汽负荷对锅炉的燃烧系统进行的调节，以达到稳定蒸汽母管压力的目的，其控制原理如图 2-3-46 所示。

双交叉燃烧控制系统实际上是以蒸汽母管压力控制为主回路，以燃料流量和空气流量控制并列为副回路的串级控制系统，两个并列的副回路又是带有一定逻辑功能的比值控制系统。逻辑功能通过高选器和低选器实现，其作用是根据蒸汽压力合理设置燃料和空气流量控制器的给定值，并维持适当的空燃比。

当负荷增加时，首先提高空气流量控制器的给定值，使空气流量增加，然后燃料流量控

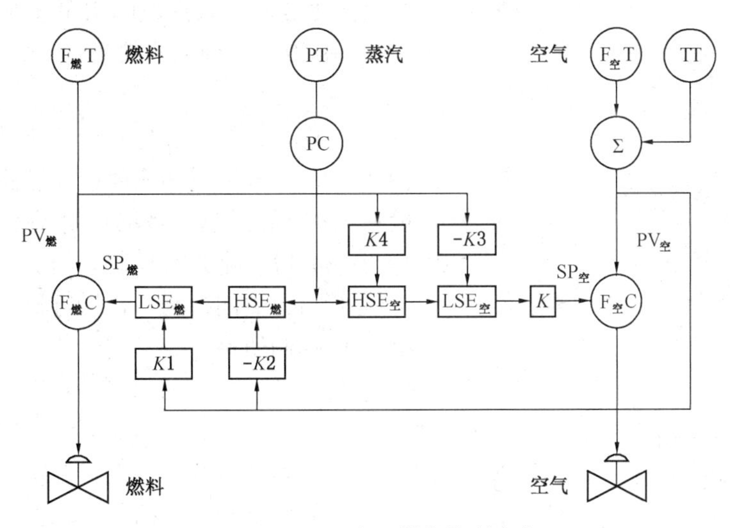

图 2-3-46　双交叉燃烧控制方案

制器的给定值随着上升；当负荷下降时，燃料流量控制器的给定值首先下降，使燃料流量减少，然后空气流量控制器的给定值也随之下降。

双交叉燃烧控制的好处在于，它不仅能保证在稳定工况时，空燃比处于最佳，而且在动态过程中，即使负荷不稳定，燃料流量信号干扰大，也能尽量维持空燃比在最佳值附近。

2. 汽包水位的控制方案

汽包水位的控制主要是调节给水流量，确保汽包内部的平衡，使进入锅炉的给水量与锅炉蒸发量相适应，维持汽包水位在工艺允许的范围内。

汽包本身没有自平衡能力，对干扰因素非常敏感。影响汽包水位的因素很多，其中主要有锅炉的蒸发量、给水量、燃料量，以及汽包储水量、水面下汽泡体积等。锅炉汽包水位在受到扰动的情况下，会出现“虚假水位”现象，从而使水位控制变得困难。

图 2-3-47 表示锅炉蒸发量(D)对汽包水位的影响示意图。在给水量和燃料量不变的前提下，如果锅炉蒸发量突然增加 ΔD，从汽包储水角度看，汽包水位要下降(H_1)。但是，当蒸发量增加时，汽水混合物中的气泡容积增加，同时汽包中压力降低，使气泡膨胀，这两个因素导致水位上升(H_2)。所以，实际的水位变化曲线如 H 所示。可见，当锅炉蒸发量增加时，虽然蒸发量大于给水量，但一开始时水位不仅没有下降，反而迅速上升，这就是所谓“虚假水位”现象。当汽水混合物中气泡容积与负荷相适应达到稳定后，水位就主要决定于物质平衡。因给水量小于蒸发量，此时水位开始下降。图中的 τ_D 的大小由锅炉特性决定。一般水位达到最高所需要的时间为 30～40s 左右。水容小的锅炉一般虚假水位现象较严重。

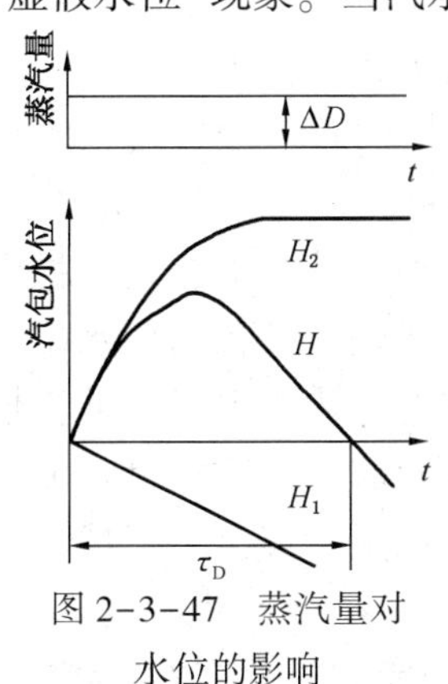

图 2-3-47　蒸汽量对水位的影响

在给水量增加 ΔG，燃料量和蒸发量不变的状态下，水位的过渡过程曲线如图 2-3-48 所示。图中 H_1 是采用沸腾式省煤器的锅炉的水位特性，H_2 是采用非沸腾式省煤器的锅炉的水位特性。锅炉采用沸腾式省煤器，会使水位特性的延迟和惯性大为增加。因为给水的焓值较低，当给水量突然增加时，如果热负荷不变，则省煤器的沸腾率减少，处于省煤器中的气泡容积减小，进入省煤器的给水首先必须填补因汽泡减少所让出的空间，所以水位下降。

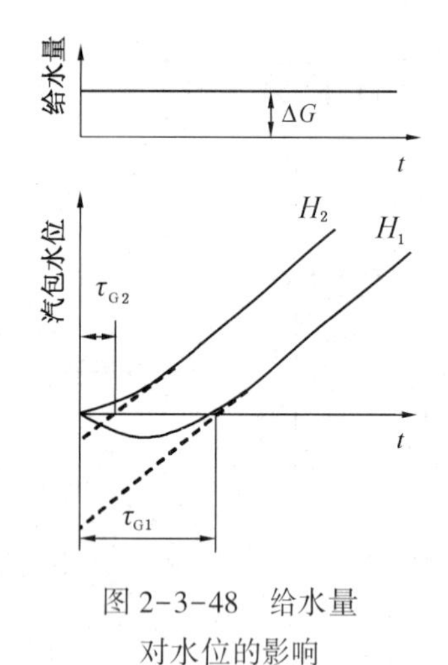

图 2-3-48　给水量对水位的影响

直到过了 τ_{G1} 以后，才能使流入汽包的水量增加，水位才开始上升。τ_{G1} 大约为 100~200s。使用非沸腾式省煤器的 τ_{G2} 约为 30~100s。

在生产实际中，根据锅炉的容量和产汽质量的要求，汽包水位控制可采用单冲量、双冲量和三冲量等三种控制系统。

所谓"冲量"是参数的意思，是锅炉自动控制中的专用术语。所谓多冲量控制系统，是指在控制系统中，有多个变量信号，经过一定的运算后，共同控制一台执行器，以使某个被控的工艺变量有较高的控制质量。

（1）单冲量水位自动调节系统

单冲量水位调节系统如图 2-3-49 所示，它是连续水位自动调节中最简单、最基本的一种形式。该系统是以汽包水位为被控变量，以给水流量为操作变量的单回路控制系统，它适用于负荷平稳，停留时间长的小型低压锅炉。控制器一般采用比例积分调节器。

单冲量水位控制系统结构简单，不能有效克服假水位的不利影响。

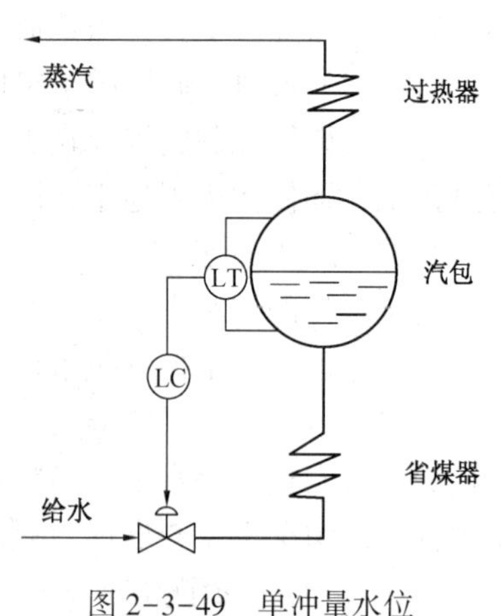

图 2-3-49　单冲量水位自动调节系统

（2）双冲量水位自动调节系统

为了避免"假液位"引起的控制系统的误动作，可引入蒸汽流量构成双冲量控制系统，如图 2-3-50 所示。从其方块图图 2-3-51 上看，双冲量控制系统实际上是一个前馈-反馈控制系统。当蒸汽负荷的变化引起液位大幅度波动时，蒸汽流量信号的引入起着超前的作用（即前馈作用），它可以在液位还未出现波动时提前使调节阀动作，从而减少因蒸汽负荷量的变化而引起的液位波动，改善控制品质。

双冲量水位控制系统的不足之处是不能克服给水系统的干扰，当给水量发生扰动时，控制显得缓慢不及时。双冲量水位控制系统适用于给水压力变化不大，额定负荷在 30t/h 以下的锅炉。

（3）三冲量水位控制系统

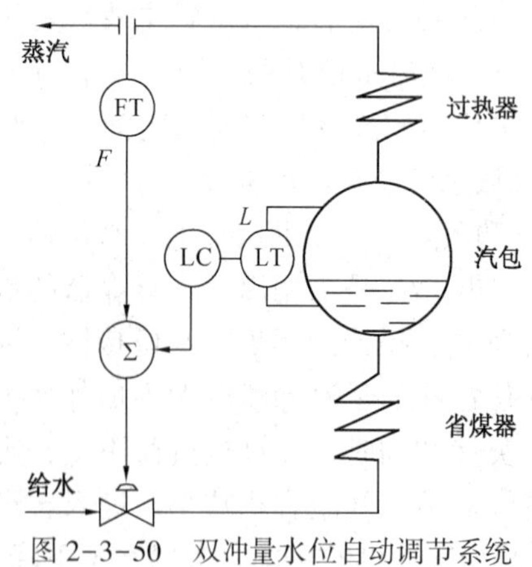

图 2-3-50　双冲量水位自动调节系统

三冲量水位控制系统是在双冲量水位控制系统的液位、蒸汽流量信号外，再增加一个供水流量的信号。该系统中，蒸汽流量前馈信号能克服因虚假水位引起的控制器误动作，改善负荷扰动下的控制质量；给水流量反馈信号能迅速消除给水流量的扰动，稳定给水量；水位主信号能消除各种内、外扰动对水位的影响，保证水位维持在允许的范围内。由于三冲量控制系统有上述特点，所以应用比较多，特别是在大容量、高参数的近代锅炉上，应用更为广泛，三冲量水位自动调节系统如图 2-3-52 所示。

三冲量水位自动调节系统比双冲量水位自动调节

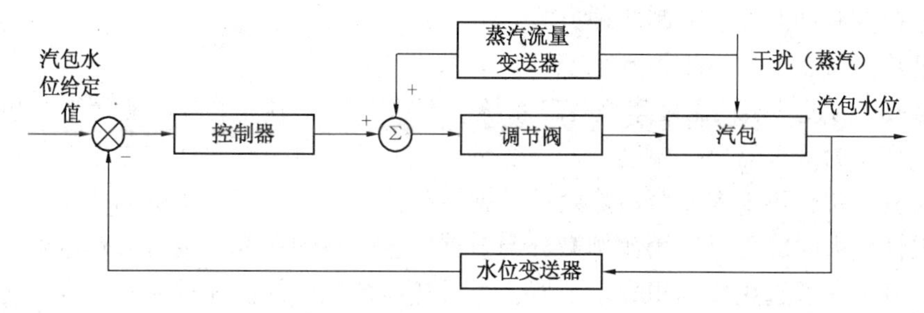

图 2-3-51　双冲量水位自动调节系统方块图

系统多了一个给水流量信号，实质上是前馈-串级控制系统。在这个系统中，汽包水位是被控变量，也是串级控制系统中的主变量，是工艺的主要控制指标；给水流量是串级控制系统中的副变量，引入这一变量的目的是为了利用副回路来快速克服给水压力变化对汽包液位的影响；蒸汽流量是作为前馈信号引入的，其目的是为了及时克服蒸汽负荷变化对汽包液位的影响。

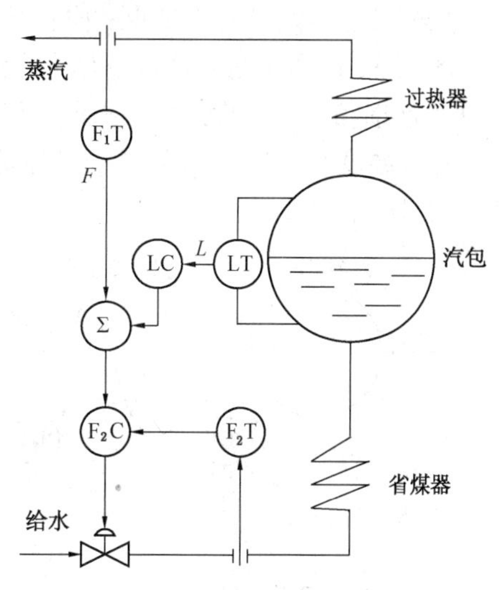

图 2-3-52　三冲量水位自动调节系统

三冲量水位控制系统可以采用比例积分调节器。

三冲量水位控制系统的方块图如图 2-3-53 所示。

3. 过热蒸汽温度的控制方案

过热蒸汽温度控制系统的被控变量是过热器后蒸汽温度，操作变量是减温水流量，其主要任务是维持过热器出口汽温在允许范围内，并使过热器管壁温度不超过允许温度，以便给用户提供合格的蒸汽。

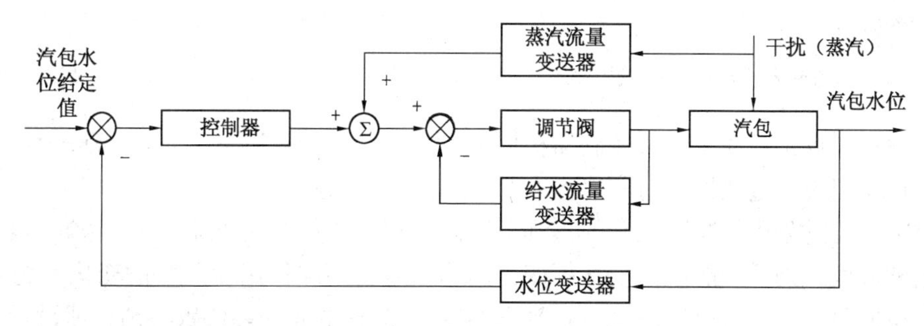

图 2-3-53　三冲量水位自动调节系统方块图

锅炉的过热器是在高温高压条件下工作的。若过热汽温过高，容易烧坏过热器，也会影响后续工序的稳定运行；若过热汽温过低则会降低效率，也会使汽轮机最后几级的蒸汽湿度增加，引起叶片磨损。因此，必须调节过热汽温，使它不超过规定的范围。对于中压、高压锅炉，过热蒸汽温度的偏差不应超出额定值的±10℃。

过热蒸汽温度具有较大的纯滞后和较长的时间常数，且有自平稳能力。影响过热蒸汽温度的因素很多，如蒸汽负荷、炉膛热负荷、烟气温度、火焰中心位置、炉膛负压、送风量、减温水量等，通常以烟气侧的扰动和减温水扰动为控制过热蒸汽温度的操作变量。常用的控制方案有串级控制和双冲量控制两种方案。

（1）过热蒸汽温度的串级控制系统

图 2-3-54 为过热蒸汽温度串级控制系统。在这个系统中，主被控变量为过热器出口温度，副被控变量为减温器出口温度，操作变量为减温水流量。副回路的作用是快速消除减温器自身的各种干扰，不要求完全消除余差。副控制器一般可选用纯比例调节器，当减温器后蒸汽温度惯性较大时，也可选用比例微分调节器。主回路的任务是维持过热器出口蒸汽温度恒定，主控制器一般选用比例积分调节器，当过热器惯性区的惯性较大时，也可选用比例积分微分调节器。

（2）过热蒸汽温度的双冲量控制系统

图 2-3-55 所示是双冲量过热蒸汽温度控制系统。在该系统中，以减温器后的蒸汽温度 T_2 作为前馈信号，以提前感知减温水流量的扰动作用。前馈信号 T_2 经微分运算后与主信号过热蒸汽温度 T_1 进入控制器，控制器通过执行器改变减温水流量，实现过热蒸汽温度的自动控制目的。

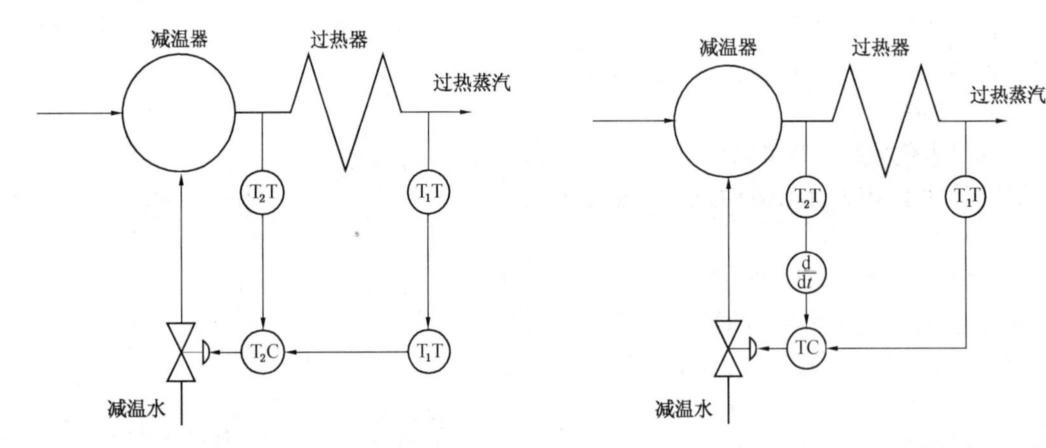

图 2-3-54　过热蒸汽温度的串级控制方案　　图 2-3-55　过热蒸汽温度的双冲量控制方案

该方案的特点是：动态时，控制器根据 T_2 的微分和 T_1 两个信号动作；静态时，T_2 不变化，微分作用消失，过热器出口蒸汽温度 T_1 保持在恒定值。

在实际运行过程中，减温器后的蒸汽温度高于相应的蒸汽饱和温度。如果减温器后始终保持在饱和温度，则检测的温度信号不变，前馈信号将不起作用(因 T_2 的变化率为零)，系统变成了单回路系统。所以，测量过热蒸汽温度 T_2 的热电偶安装位置必须合理设置。

第4章　计算机控制系统

利用数字计算机进行控制的计算机控制系统，在几十年的发展过程中，出现了可编程序逻辑控制器(PLC)、集散控制系统(DCS)、现场总线控制系统(FCS)、安全仪表系统(SIS)、数据采集与监控系统(SCADA)等多种类型，并已经在石油化工领域得到了广泛应用。

本章以SIMATIC S7-300为例介绍PLC的程序编制基础知识与系统维护基础知识，以TPS和CENTUM CS 3000为例介绍DCS的系统维护知识，以及FCS、SIS和SCADA的基本知识。

4.1　PLC的编程基础与系统维护

4.1.1　输入输出模块

PLC为不同的I/O信号设计了不同的I/O模块，主要有以下几种：

1. 输入模块

根据需要处理的信号类型，输入模块分数字量输入(DI)模块和模拟量输入(AI)模块。

DI模块的作用是把现场的数字(开关)量信号变成PLC内部处理的标准信号。DI模块按可接纳的外部信号电源的类型分为直流输入模块单元、交流输入模块单元和交/直流输入模块单元，分别如图2-4-1、图2-4-2、图2-4-3所示。

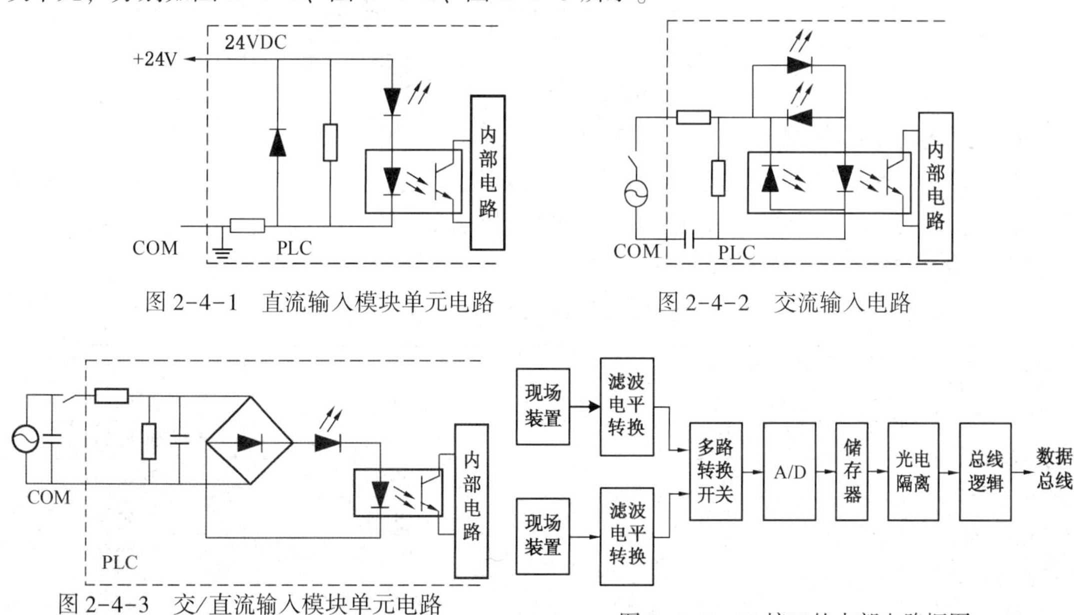

图2-4-1　直流输入模块单元电路

图2-4-2　交流输入电路

图2-4-3　交/直流输入模块单元电路

图2-4-4　AI接口的内部电路框图

AI模块的作用是把现场连续变化的模拟量标准信号转换成适合PLC内部处理的由若干位二进制数字表示的信号。图2-4-4是AI模块的内部电路框图。

2. 输出模块

根据需要处理的信号类型，输出模块分数字量输出(DO)模块和模拟量输出(AO)模块。

DO 模块的作用是把 PLC 内部的标准信号转换成现场执行机构所需的数字(开关)量信号。DO 模块按 PLC 使用的器件可分为继电器型、晶体管型及可控硅型。内部参考电路图见图 2-4-5 所示。

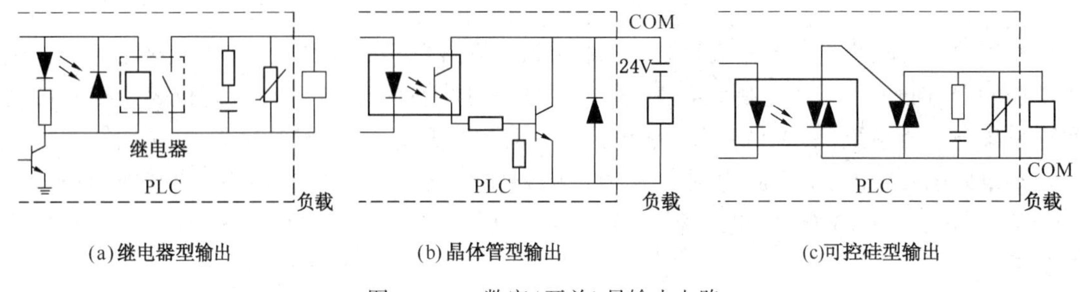

图 2-4-5　数字(开关)量输出电路

继电器型的输出模块可用于交流及直流两种驱动电源，但接通断开的频率低；晶体管型的输出模块有较高的接通断开频率，但只适用于直流驱动的场合；可控硅型的输出模块仅适用于交流驱动场合。

AO 模块的作用是将 PLC 运算处理后的若干位数字量信号转换为相应的模拟量信号输出，以满足生产过程现场连续控制信号的需求。AO 模块一般由光电隔离、D/A 转换和信号驱动等环节组成，其原理见图 2-4-6。

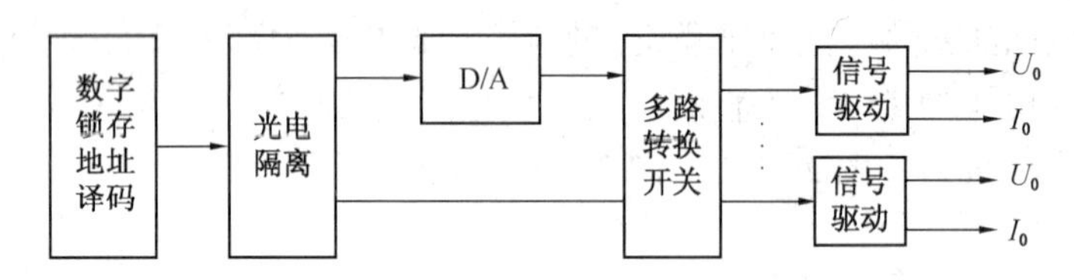

图 2-4-6　模拟量输出电路框图

4.1.2　模块地址的确定

PLC 的 I/O 通道和内部存储器都是通过“地址”进行访问，可访问的地址范围叫寻址范围。不同数据的寻址范围各不相同。下面以 S7-300 为例，介绍 PLC 模块地址的确定方法。

S7-300 可能的寻址范围如表 2-4-1。

表 2-4-1　S7-300 寻址范围

设计的地址区	访 问 区 域	缩 写	最 大 区 域
过程映像 I/O	输入输出位	I/O	0. 0~65535. 7
	输入输出字节	I/QB	0~65535
	输入输出字	I/QW	0~65534
	输入输出双字	I/QD	0~65532
存储器标志	存储器位	M	0. 0~255. 7
	存储器字节	MB	0~255
	存储器字	MW	0~254
	存储器双字	MD	0~252
I/O 外设 输入输出	I/O 字节，外设	PIB/PQB	0~65535
	I/O 字，外设	PIW/PQW	0~65534
	I/O 双字，外设	PID/PQD	0~65532

续表

设计的地址区	访问区域	缩写	最大区域
定时器	定时器(T)	T	0~255
计数器	计数器(C)	C	0~255
数据块	数据块(DB)	DB	0~65532
数据块	用 OPN DB 打开位、字节、字、双字	DBX，DBB，DBW，DBD	0~65532
	用 OPN DI 打开位、字节、字、双字	DIX，DIB，DIW，DID	0~65532

注：I—输入；Q—输出；B—字节(8 位)；W—字(16 位)；D—双字节(32 位)；M—存储器；P—外设(直接访问)；T—定时器；C—计数器；DB—数据块；DI—数据块(用作背景数据块)。

1. 数字量寻址

在 S7-300 中，不管数字量模块的实际 I/O 点数是多少，每个数字量模块的地址寄存器都自动按 4 个字节分配。第一个信号模块插槽处的数字量 I/O 模块的地址为 0，其后的地址顺序递增，得到插槽位置与模块地址的关系如表 2-4-2 所示。

表 2-4-2　数字量寻址

	插槽号	3	4	5	6	7	8	9	10	11
机架 3	电源	IM 接收	96.0~99.7	100.0~103.7	104.0~107.7	108.0~111.7	112.0~115.7	116.0~119.7	120.0~123.7	124.0~127.7
机架 2	电源	IM 接收	64.0~67.7	68.0~71.7	72.0~75.7	76.0~79.7	80.0~83.7	84.0~87.7	88.0~91.7	92.0~95.7
机架 1	电源	IM 接收	32.0~35.7	36.0~39.7	40.0~43.7	44.0~47.7	48.0~51.7	52.0~55.7	56.0~59.7	60.0~63.7
机架 0	CPU 和电源	IM 发送	0.0~3.7	4.0~7.7	8.0~11.7	12.0~15.7	16.0~19.7	20.0~23.7	24.0~27.7	28.0~31.7

在 PLC 的存储器中，有一个专门存放 I/O 数据的数据区，称之为过程映像 I/O 区，存放在其中的 I/O 数据称为过程映像。由端子输入的信号先进入缓冲区，等待 CPU 采样。CPU 采样的输入信号由缓冲区进入映像区叫做数据输入状态刷新。CPU 的当前处理结果放在输出映像区内，在程序执行结束后，才将输出映像区的内容通过锁存器输出到端子上，这叫做数据输出状态刷新。

S7-300 系统的数字量实际 I/O 与 CPU 内的外设存储区(PI 和 PQ)相对应，也可以通过过程映像 I/O 区或内存来访问 I/O。访问过程映像 I/O 区中的数据可用位、字节、字或双字等形式，如：

Q4.0 是存储在过程映像输出表中的 4 个字节的第一位；

IB100 指过程映像输入表中的第 100 个字节的数据；

IW100 指过程映像输入表中的第 100 和 101 字节的数据；

QD24 是存储在过程映像输出表的第 24，25，26 和 27 字节中的资料。

2. 模拟量寻址

每个模拟量模块自动按 1 6 个字节的地址寄存器分配地址，每个模拟量值占用 2 个字节，第一个信号模块插槽位置的 AI/AO 模块的地址为 256，后续模块依次递增。模拟量模块以通道为单位，一个通道占一个字地址，一个模拟量模块最多有 8 个通道，S7-300 系列模拟量模块的起始地址为 256(S7-400 系列为 512)。表 2-4-3 给出了模拟量模块插槽和模块地址的对应关系。

与数字量 I/O 有对应的外设存储区不同，S7-300 对模拟量没有指定专门的寄存器，而过程映像(过程映像输入 PII、过程映像输出 PIQ)在每个扫描周期自动更新，因此在用户程序中，通过访问模拟量地址可以更新数据。模拟量的输入标识是 PIW，模拟量的输出标识是 PQW。由于 S7-300 系统中模拟量的起始地址是 256，所以在第一个机架的第一个模块的第一个通道的地址是 PIW256，系统的最后一个模拟量的地址是 766，而机架 2 的第一个模块的第二个通道的模拟量输入地址是 PQW514。

表 2-4-3　模拟量寻址

	插槽号	3	4	5	6	7	8	9	10	11
机架 3	电源	IM 接收	640~654	656~670	672~686	688~702	704~718	720~734	736~750	752~766
机架 2	电源	IM 接收	512~526	528~542	544~558	560~574	576~590	592~606	608~622	624~638
机架 1	电源	IM 接收	384~398	400~414	416~430	432~446	448~462	464~478	480~494	496~510
机架 0	CPU 和电源	IM 发送	256~270	272~286	288~302	304~318	320~334	336~350	352~366	368~382

4.1.3　编程基础

可编程序控制器(PLC)遵循国际标准 IEC61131-3 的编程语言标准，其中包括 PLC 编程语言的句法、语义和 5 种编程语言(即梯形图语言、语句表语言、功能图语言、顺序功能表图语言及结构化文本描述语言)。SIMATIC STEP 7 是西门子 S7 系列 PLC 的编程软件，支持梯形图、语句表和功能图三种基本编程语言，这里重点介绍 S7-300 PLC 的梯形图编程语言。

1. 程序设计语言概述

(1) 梯形图程序设计语言

梯形图程序设计语言(LAD)模拟继电器逻辑实现，它在形式上类似于继电器控制电路。梯形图按从上到下、从左到右的顺序排列。每个继电器线圈为一个逻辑行，即一层阶梯。每一个逻辑行起于左母线，然后是接点的各种连接，最后终止于继电器线圈。程序设计语言使用简单，易于理解。

(2) 语句表程序设计语言

这是用布尔助记符来描述程序的一种程序设计语言，它采用助记符来表示操作功能，容易记忆，便于掌握。在编程器的键盘上采用助记符表示，便于操作，可在无计算机的场合进行编程设计。与梯形图有一一对应关系，与梯形图语言基本类似。

(3) 功能图程序设计语言

功能图程序设计语言采用功能块(Function Block)来表示程序模块所具有的功能。不同的功能块有不同的功能，一般有若干个输入端和输出端，通过软连接的方式分别连接到相应的信号，完成所需的控制运算或控制功能。由于采用软连接的方式实现功能块之间及功能块与外部信号之间的连接，因此控制方案的更改、信号连接的替换等操作较为方便。

功能图程序设计语言的特点是：以功能块为单位，从控制功能入手，使控制方案的分析和理解变得容易；功能块用图形化的方法描述功能，大大方便了设计人员的编程和组态，有较好的易操作性；可以较清楚地表达控制规模较大、控制关系较复杂的系统的关系，编程、组态和调试时间都可以缩短；由于每种功能块需要占用一定的程序内存，对功能块的执行需要一定的执行时间。因此，这种设计语言主要用于大中型 PLC 系统的编程和组态。

(4) 顺序功能表图程序设计语言

顺序功能表图程序设计语言是用顺序功能表图(Sequential Function Chart)来描述程序的一种程序设计语言。采用顺序功能表图，从功能入手，易于将控制系统分为若干个子系统，便于设计人员和操作人员设计思想的沟通，便于程序的多人分工设计和检查调试。

顺序功能表图程序设计语言的特点是：以功能为主线，条理清楚，便于对程序操作的理解和沟通；对大型的程序，可分工设计，可节省程序设计时间和调试时间，常用于系统规模校大、程序关系较复杂的场合。顺序功能表图最基本的思路是将系统的一个工作周期划分为若干个顺序相连的阶段，这些阶段称为步(Step)，步只有在激活时，其命令或操作才被执行。而由当前步进入下一步的信号(转换条件)激活时，才对活动步后的转换条件进行扫描，因此，整个程序的扫描时间较用其他编程方法编制的程序要大大缩短。功能表图应用广泛，一些 PLC 提供采用顺序功能表图语言进行编程的软件。

(5) 结构化文本程序设计语言

结构化文本(Structured Text)程序设计语言是用结构化的描述语句来描述程序的一种程序设计语言，大多数制造厂商采用的结构化程序设计语言与 BASIC、PASCAL 或 C 等高级语言类似，但为了应用方便，在语句的表达方法及语句的种类等方面都进行了简化。在大中型的 PLC 系统中，常采用这种设计语言来描述控制系统中各个变量的关系。

结构化程序设计语言具有下列特点：采用高级语言进行编程，可以完成较复杂的控制运算；需要有一定的计算机高级程序设计语言的知识和编程技巧，对编程人员的技能要求较高；直观性和易操作性较差；常被用于采用功能块等其他语言较难实现的一些控制功能的实施。

2. 梯形图的识读

梯形图中的常用符号如表 2-4-4 所示。

表 2-4-4　梯形图常用符号表

分　类	助记符	说　　明	分　类	助记符	说　　明
位逻辑指令	—⊣⊢—	常开接点(地址)	计数器指令	S_CD	减计数器
	—⊣/⊢—	常闭接点(地址)		S_CU	加计数器
	—(　)	输出线圈		S_CUD	加-减计数器
	—(R)	线圈复位	定时器指令	S_ODT	接通延时定时器
	—(S)	线圈置位		S_ODTS	保持型接通延时定时器
	SR	置位复位触发器		S_OFFDT	断电延时定时器
	RS	复位置位触发器		S_PEXT	扩展脉冲定时器
	—(P)—	RLO 上升沿检测		S_PULSE	脉冲定时器
	—(N)—	RLO 下降沿检测			
	POS	地址上升沿检测			
	NEG	地址下降沿检测			

梯形图中的继电器不是真实继电器，而是存储器中的触发器，故称“软继电器”。当触发器为 1 状态时，则表示继电器线圈通电，继电器的常开接点闭合、常闭接点断开。

梯形图中继电器的线圈是广义的，除了表示继电器线圈外，它还表示计时器、计数器、移位寄存器以及各种算术运算的结果。

梯形图中除使用跳转指令和步进指令的程序段外，一个编号的继电器线圈只能出现一次，而继电器的常开接点或常闭接点则不受限制。

梯形图只是PLC的形象化编程手段，两端的母线并不接电源，也没有真实的电流流过，分析中使用“概念电流”，是用户程序解算中满足输出执行条件的形象表示方法。“概念电流”只能从左向右流动，层次改变只能由上而下。

输入继电器供PLC接受外部信号，不能由内部其他继电器的接点驱动。因此，梯形图中只出现输入继电器的接点，而不出现输入继电器的线圈，其接点表示相应的输入信号。

输出继电器供PLC作输出控制用，它通过开关量输出模块的输出开关(晶体管、双向可控硅或继电器触点)去驱动外部负载，因此，当梯形图中输出继电器线圈满足接通条件时，就表示在对应的输出点有输出信号。

PLC的内部继电器不能作输出控制用，其接点只能供PLC内部使用。

当PLC处于运行状态时，一开始就按照梯形图符号排列的先后顺序(从上到下、从左到右)逐一处理，也就是说PLC对梯形图是按扫描方式顺序执行程序，不存在几条并列支路同时工作的可能性。

3. 基本位指令

位逻辑指令处理数字“1”和“0”。对于接点与线圈，“1”表示动作或通电，“0”表示未动作或未通电。位逻辑指令扫描信号状态，并根据布尔逻辑对其进行组合，这些组合产生结果“1”或“0”，称为“逻辑运算结果(RLO)”。S7-300常用的基本位指令如下：

① —| |—：常开接点(地址)。当输入状态为“1”时，输出为“1”；当输入状态为“0”时，输出为“0”。

② —|/|—：常闭接点(地址)。当输入状态为“0”时，输出为“1”；当输入状态为“1”时，输出为“0”。

③ —(　)：输出线圈。当输入状态为“1”时，其逻辑操作结果就为“1”；当输入状态为“0”时，其逻辑操作结果就为“0”。

【例1】 与逻辑操作。如果串联回路内的I0.0和I0.1的状态都为“1”，那么该回路的输出Q4.0就为“1”(继电器触点接通)；如果I0.0和I0.1的状态有一个不为“1”，则输出Q4.0就为“0”(继电器触点断开)，见图2-4-7。

【例2】 或逻辑操作。逻辑“或”在梯形图中用并联的触点回路表示，如果I0.2或I0.3信号状态有一个为“1”，那么输出Q4.1就为“1”；若I0.2与I0.3都变为“0”，那么输出为“0”，输出断开，见图2-4-8。

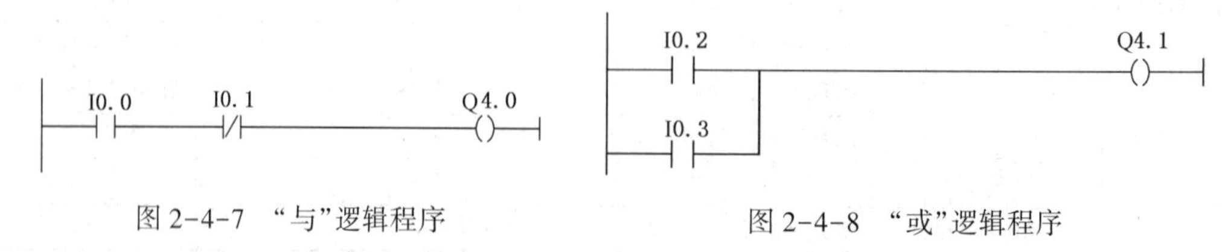

图2-4-7　“与”逻辑程序　　　　图2-4-8　“或”逻辑程序

【例3】 异或逻辑操作。仅当输入信号I0.4和I0.5的扫描结果不同，即只有一个为“1”时，RLO才为“1”并赋值给输出Q4.2为“1”。若两个信号的扫描结果相同(都是“1”或

“0”)则 Q4. 2 为“0”，见图 2-4-9。

④ 置位与复位。

—(S)：线圈置位(Set)，将指定的地址置为“1”并保持。

—(R)：线圈复位(Reset)，将指定的地址置为“0”并保持。

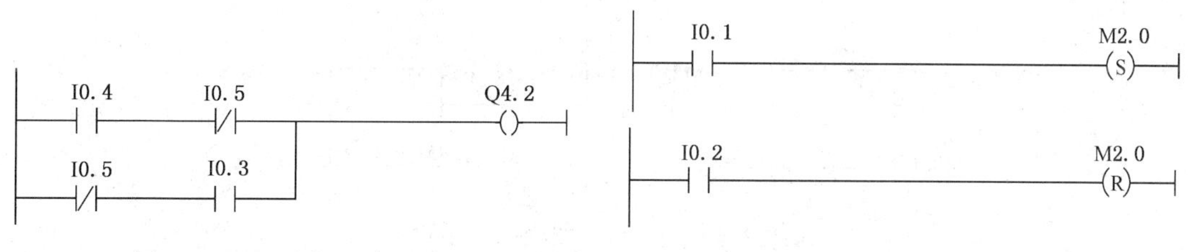

图 2-4-9 “异或”逻辑程序　　图 2-4-10 置位与复位

如图 2-4-10，当 I0. 1 的常开触点接通，则 M2. 0 变为“1”并保持该状态，即使 I0. 1 的常开触点断开，M2. 0 仍保持“1”的状态；当 I0. 2 的常开触点接通，则 M2. 0 变为“0”并保持该状态，即使 I0. 2 的常开触点断开，M2. 0 仍保持“0”的状态。

⑤ SR：置位复位触发器。如果 S 输入 I0. 2 的信号状态为“1”，R 输入 I0. 3 的信号状态为“0”，则 SR 触发器置位，M3. 0 与 Q4. 1 均为“1”；如果 S 输入 I0. 2 的信号状态为“0”，R 输入 I0. 3 的信号状态为“1”，则 SR 触发器复位，M3. 0 与 Q4. 1 均为“0”；如果两个输入均为“1”，则触发器复位；如果两个输入均为“0”，则触发器保持上一次的状态，见图2-4-11。

⑥ RS：复位置位触发器。如果 R 输入 I0. 5 的信号状态为“1”，S 输入 I0. 6 的信号状态为“0”，则 RS 触发器复位，M5. 0 与 Q4. 2 均为“0”；如果 R 输入 I0. 5 输入的信号状态为“0”，S 输入 I0. 6 的信号状态为“1”，则 RS 触发器置位，M5. 0 与 Q4. 2 均为“1”；如果两个输入均为“1”，则触发器置位；如果两个输入均为“0”，则触发器保持上一次的状态。见图 2-4-12。

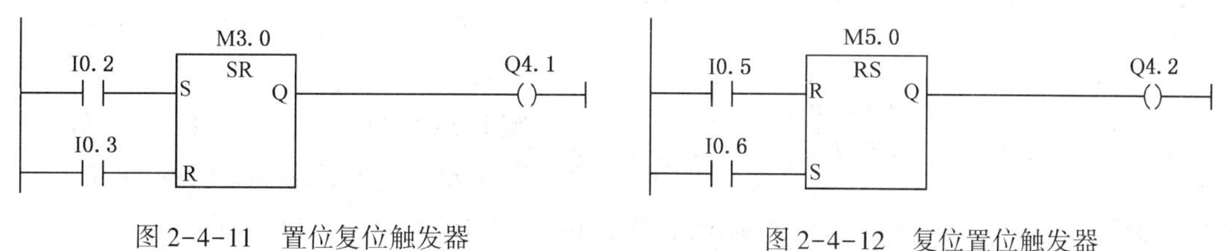

图 2-4-11 置位复位触发器　　图 2-4-12 复位置位触发器

⑦ RLO 边沿检测指令，如图 2-4-13。

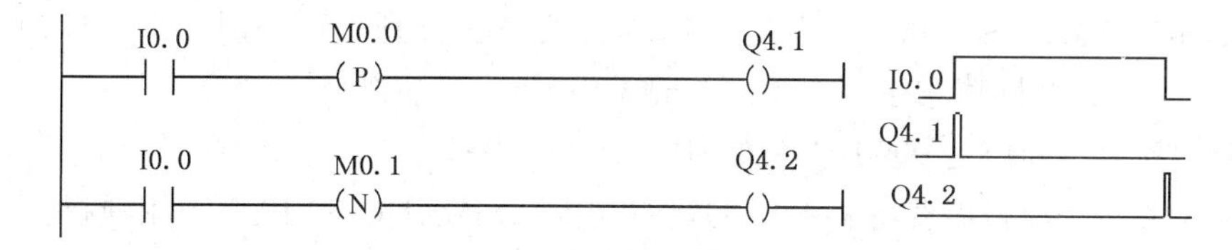

图 2-4-13 上升沿与下降沿检测指令

—(P)—：上升沿检测。I0. 0 由断开变为接通时，即由“0”变为“1”，上升沿检测线圈检测到一次正跳变，概念电流仅在这一扫描周期内流过 Q4. 1，使 Q4. 1 的线圈在该周期内“导通”。

—(N)—：下降沿检测。I0.0 由接通变为断开时，即由“1”变为“0”，下降沿检测线圈检测到一次负跳变，概念电流仅在这一扫描周期内流过 Q4.2，使 Q4.2 的线圈在该周期内“导通”。

⑧ POS 和 NEG：信号边沿检测指令，见图 2-4-14。

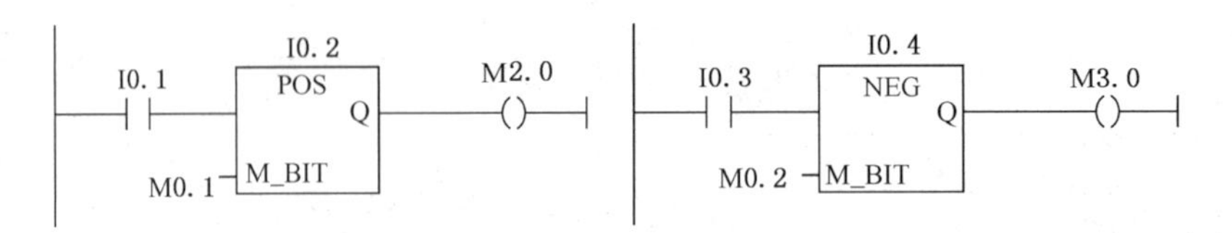

图 2-4-14　上升沿检测与下降沿检测

POS 是单个地址位提供的信号的上升沿检测（Positive RLO Edge Detection）指令。如 I0.1 的常开触点接通，且 I0.2 由“0”变为“1”（即输入信号 I0.2 的上升沿），则 M2.0 的线圈“通电”一个扫描周期。M0.1 为边沿存储位，用来存储上一周期 I0.2 的状态。

NEG 是单个地址位提供的信号的下降沿检测（Negative RLO Edge Detection）指令。如 I0.3 的常开触点接通，且 I0.4 由“1”变为“0”（即输入信号 I0.4 的下降沿），则 M3.0 的线圈“通电”一个扫描周期。M0.2 为边沿存储位，用来存储上一周期 I0.4 的状态。

4. 定时器指令

定时器相当于继电器电路中的时间继电器，S7-300 的定时器分为脉冲定时器、扩展脉冲定时器、延时接通定时器、保持型延时接通定时器和延时断开定时器等种类。

CPU 为定时器保留了一片存储区域，每个定时器在该区域存放一个 16 位的字和一个二进制位。定时器的字用来存放它当前的定时时间值，定时器的位的状态决定它的触点的状态。

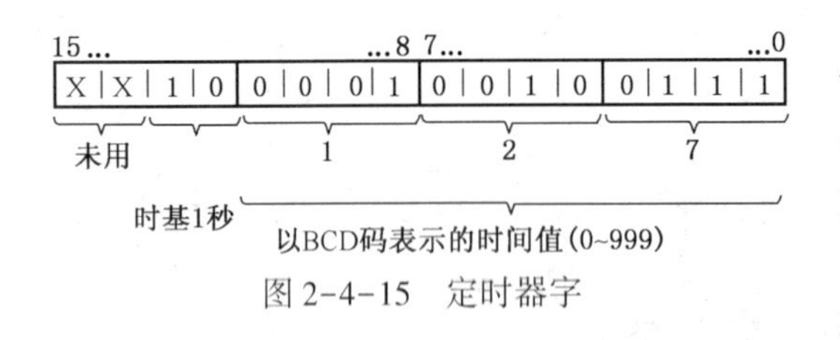

图 2-4-15　定时器字

定时器的字由 3 位 BCD 码表示的时间值（0~999）和 2 个二进制位表示的时间基准（简称时基）组成，另 2 个二进制位未使用，如图 2-4-15 所示。

定时器字的位 12 和位 13 用于确定时基。时基定义时间值递增的时间间隔。时基的二进制码表示方式为：00 表示 10ms，01 表示 100ms，10 表示 1s，11 表示 10s。

定时器时间值的设定可以使用下列两种格式：

① 十六进制数 W#16#wxyz　其中，w 是时间基准；xyz 是 BCD 码形式的时间值。

② S5T#aH _ bM _ cS _ dMS　其中，H，M，S，MS 分别表示小时、分、秒和毫秒；a，b，c，d 表示具体的时间值，由用户给定。时基由 CPU 自动选择。

定时器的最大时间值是 9990 秒，或 2H _ 46M _ 30S。

在控制任务中，经常需要各种各样的定时功能。SIMATIC S7 PLC 为用户提供了一定数量的具有不同功能的定时器。例如，CPU314 提供了 128 个定器，分别为 T0 到 T127。以下是常用的定时器指令类型：

① S _ ODT：延时接通定时器，见图 2-4-16。

延时接通定时器启动后，满足下列条件时，其触点输出端 Q4.1 的状态为“1”：定时时间到并且启动输入端 I0.1 上的状态为“1”。也就是说，启动输入端被接通后，经程序设定的时间延迟后，触点输出端 Q 才被接通。

输出端在下列条件下被复位：启动输入端 I0.1 被断开或复位端 I0.2 为“1”。

在定时器运行时，启动输入端被复位或复位端状态为“1”都使得触点输出端 Q4.1 不能置为“1”。

② S _ OFFDT：断电延时定时器，见图 2-4-17。

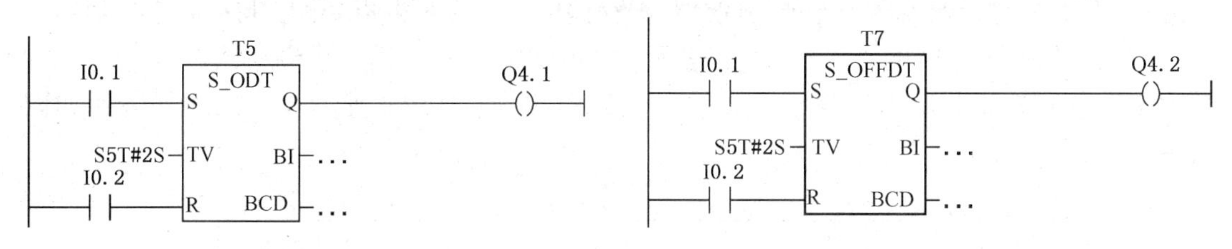

图 2-4-16　延时接通定时器　　　图 2-4-17　断电延时定时器

当断电延时定时器的启动输入端 I0.1“0”到“1”的信号变化时，其触点输出端 Q4.2 被置为“1”；如果启动输入端 I0.1 被断开，则输出端“1”的状态将一直保持到定时时间到。也就是说，当启动输入端断开时，定时器的触点输出端经过给定的延迟时间后才断开。当复位端 I0.2 有“1”信号时，可将触点输出端复位。

在定时器运行时，若重新启动定时器，会使定时中断。定时中断后，启动输入端必须被复位，定时器才能被再次启动。如果定时器的启动输入端和复位端都为“1”，那么只有当复位端被断开后，触点输出端才被置位。

③ S _ ODTS：保持型接通延时定时器，见图 2-4-18。

若保持型接通延时定时器启动输入端 I0.1 有“0”到“1”的信号变化，只有当定时时间到，其触点输出端才被置为“1”。

当定时器运行时，即使其启动输入端 I0.1 断开，触点输出端 Q4.1 仍保持接通(自锁)。

只有当复位端 I0.2 为“1”时，触点输出端才被复位。

定时器运行过程中，断开并重新接通启动输入端，定时器可重新启动。

④ S _ PULSE：脉冲定时器，见图 2-4-19。

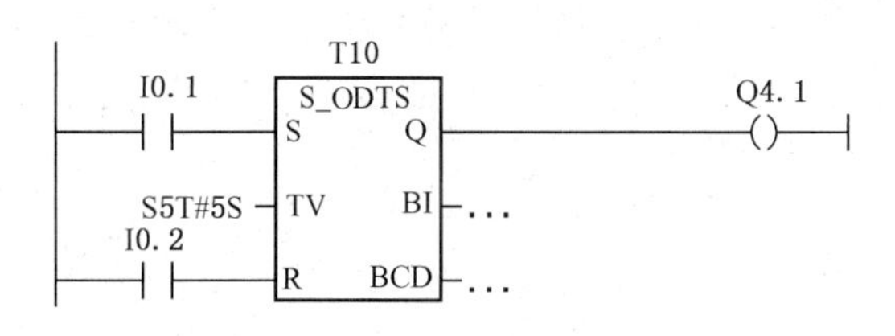

图 2-4-18　保持型接通延时定时器

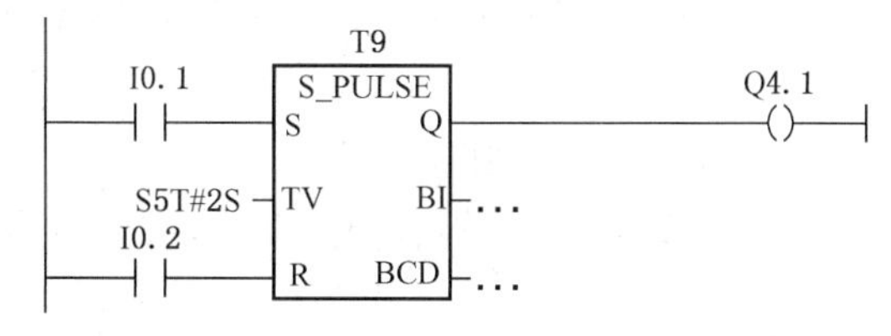

图 2-4-19　脉冲定时器

脉冲定时器被启动后，其输出 Q4.1 为“1”，触点输出在下列条件下被复位：定时时间到，复位端 I0.2 上信号为“1”，启动信号 I0.1 被复位为“0”。

⑤ S _ PEXT：扩展脉冲定时器，见图2-4-20。

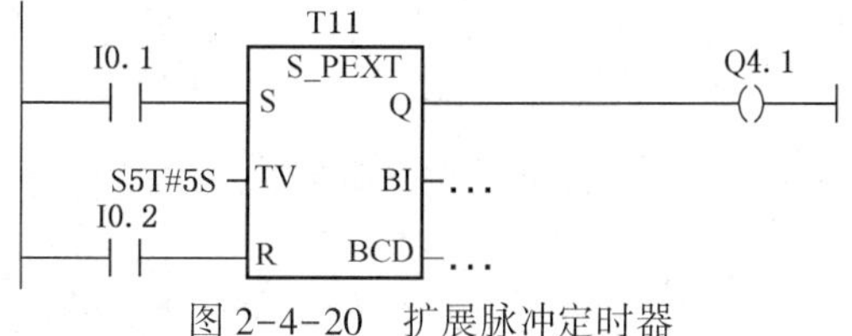

图 2-4-20　扩展脉冲定时器

扩展脉冲定时器 I0.1 被启动后，其输出 Q4.1 为“1”，触点输出在下列条件下被复位：

定时时间到，复位端 I0.2 上信号为“1”。

当定时器运行时，启动信号的复位不会引起触点输出端的复位(自保持)，但是如果启动端上重新出现“0”到“1”的信号变化，那么定时器会被重新启动(重新触发)。

5. 计数器指令

在 CPU 的存储器中，为计数器保留有存储区，该存储区为每一计数器地址保留一个 16 位的字。只有通过计数器指令才能访问计数器存储区。梯形逻辑指令集支持 256 个计数器。

计数值的范围为 0~999，用 BCD 码表示时占用 0~11 位，用二进制格式表示时占 0~9 位。格式 C#127 表示计数值为 BCD 码 127，如图 2-4-21(a)所示，其二进制格式如图 2-4-21(b)所示。

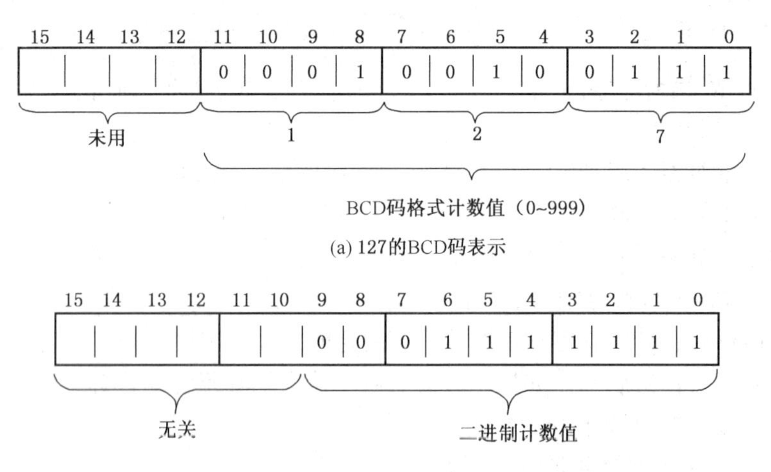

(a) 127的BCD码表示

(b) 127的二进制表示

图 2-4-21 计数器字

计数器的输入输出端定义为：S 为加计数器启动输入端；PV 为预置输入端；CU 为加计数器脉冲输入端；CD 为减计数器脉冲输入端；R 为脉冲复位端；Q 为计数器位输出端；CV 为十六进制格式的当前计数值输出端；CV_BCD 为当前计数器的 BCD 码输出端。

① S_CU：加计数器，见图 2-4-22。

如果 I0.2 从“0”变为“1”，将预置值 PV 指定的值(例如，使用常数 C#6)送入计数器字；如果 I0.0 的信号状态从“0”变为“1”；计数器 C10 的值将加“1”(C10 的值小于“999”)；如果 C10 不等于“0”，则 Q4.2 为“1”。

② S_CD：减计数器，见图 2-4-23。

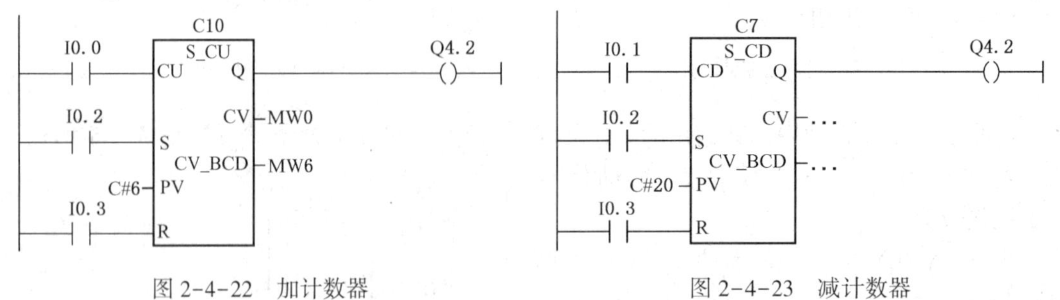

图 2-4-22 加计数器

图 2-4-23 减计数器

如果 I0.2 从“0”变为“1”，将预置值 PV 指定的值(C#20)送入计数器字；如果 I0.1 的信号状态从“0”变为“1”，计数器 C7 的值将减“1”(C7 的值大于“0”)；如果 C7 不等于“0”，则 Q4.2 为“1”。

③ S _ CUD：加－减计数器，见图2-4-24。

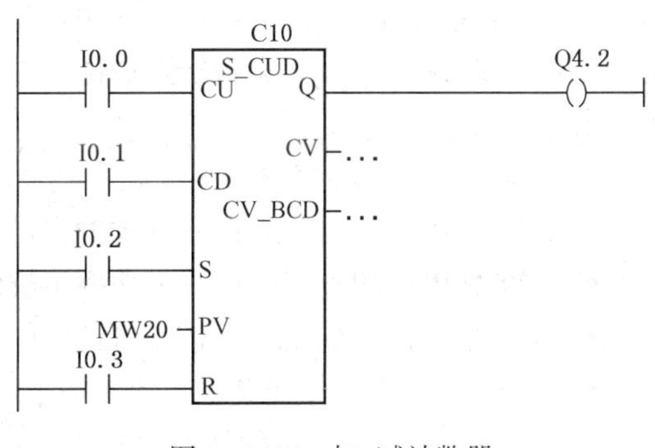

图 2-4-24 加-减计数器

如果 I0.2 从“0”变为“1”，将预置值 PV 指定的值(MW20)送入计数器字；如果 I0.0 的信号状态从“0”变为“1”，计数器 C10 的值将加“1”(C10 的值小于“999”)；如果 I0.1 从“0”变为“1”，C10 将减“1”(C10 的值大于“0”)；如果 I0.3 的信号状态从“0”变为“1”，计数器 C10 的值将清零；如果 C10 不等于“0”，则 Q4.0 为“1”。

4.1.4 安装、使用

1. PLC 系统的安装

PLC 是一种新型的通用自动化控制装置，有许多优点。尽管 PLC 在设计制造时已采取了很多措施，使它对工业环境比较适应，但是工业生产现场的工作环境较为恶劣，为确保 PLC 控制系统稳定可靠，还是应当尽量使 PLC 有良好的工作环境条件，并采取必要抗干扰措施。

为保证 PLC 工作的可靠性，尽可能地延长其使用寿命，在安装时一定要注意周围的环境，其安装场合应该满足以下几点：环境温度在 0～55℃ 范围内；环境相对湿度应在 35%～85%范围内；周围无易燃和腐蚀性气体；周围无过量的灰尘和金属微粒；避免过度的震动和冲击；不能受太阳光的直接照射或水的溅射。

除满足以上环境条件外，安装时还应注意以下几点：PLC 的所有单元必须在断电时安装和拆卸；为防止静电对 PLC 组件的影响，在接触 PLC 前，先用手接触某一接地的金属物体，以释放人体所带静电；注意 PLC 机体周围的通风和散热条件，切勿将导线头、铁屑等杂物通过通风窗落入机体内。

2. DIN 导轨的安装

利用 PLC 底板上的 DIN 导轨安装杆将控制单元、扩展单元、A/D 转换单元、D/A 转换单元及 I/O 链接单元安装在 DIN 导轨上。安装时安装单元与安装导轨槽对齐向下推压即可。将该单元从 DIN 导轨上拆下时，需用螺丝刀向下轻拉安装杆。

3. PLC 系统的接线

PLC 系统的接线主要包括电源接线、接地、I/O 接线及对扩展单元接线等。

(1) 电源接线　PLC 使用直流 24V 、交流 100～120V 或 200～240V 的工业电源。PLC 的外接电源使用截面积为 2.5mm^2 以上的线缆作为电源线。过强的噪声及电源电压波动过大都可能使 PLC 的 CPU 工作异常，以致引起整个控制系统瘫痪。为避免由此引起的事故发生，在电源接线时，需采取隔离变压器等有效措施，I/O 设备及电动设备的电源接线应分开连接。

(2) 接地　良好的接地是保证 PLC 正常工作的必要条件。在接地时要注意以下几点：PLC 的接地线应为专用接地线，其截面积为 4.0mm^2 以上；接地电阻应小于 4Ω；PLC 的接地应遵循单点接地的原则。

(3) 控制单元输入端子接线　PLC 的控制单元输入端子为可拆卸的前连接器，外部开关设备与 PLC 的之间的输入信号均通过输入端子进行连接。在进行输入端子接线时，应注意以下几点：

- 输入线尽可能远离输出线、高压线及电机等干扰源；
- 交流型 PLC 的内藏式直流电源输出可用于输入；
- 直流型 PLC 的直流电源输出功率不够时，可使用外接电源；
- 切勿将外接电源加到交流型 PLC 的内藏式直流电源的输出端子上；
- 切勿将用于输入的电源并联在一起，更不可将这些电源并联到其他电源上。

(4) 控制单元输出端子接线　PLC 控制单元输出端子同样为可拆卸的前连接器，PLC 与输出设备之间的输出信号均通过输出端子进行连接。在进行输出端子接线时，应注意以下几点：

- 输出线尽可能远离高压线和动力线等干扰源。
- 各输出端均为独立，故各输出端既可独立输出，又可采用公共并接输出。当各负载使用不同电压时，采用独立输出方式；而各个负载使用相同电压时，可采用公共输出方式；
- 当多个负载连到同一电源上时，应使用短路片将它们的“COM”端短接起来；
- 若输出端接感性负载时，需根据负载的不同情况接入相应的保护电路。在交流感性负载两端并接 RC 串联电路；在直流感性负载两端并接二极管保护电路；在带低电流负载的输出端并接一个泄放电阻以避免漏电流的干扰。保护器件应安装在距离负载 50cm 以外；
- 在 PLC 内部输出电路中没有保险丝，为防止因负载短路而造成输出短路，应在外部输出电路中安装熔断器或设计紧急停车电路。

4. PLC 系统的联校与投运

PLC 进行系统调试时，应具备下列条件：

① 有关仪表电缆，电气电缆均已安装、检查合格；

② 已制定详细的调试计划、调试步骤和调试报告格式；

③ 有关电气专业的设备已经具备接受和输出信号的条件；

④ 有关 PLC 系统的现场检测仪表和执行机构已安装调试合格。

⑤ 有关工艺参数的整定值均已确认。

PLC 系统的上电检查应包括电源部分、CPU 卡、通讯卡、存储器卡、I/O 卡、编程器。在进行软件调试前，所有硬件应进行上电检查。上电检查应在设备安装、系统电源电缆接线、接地系统、供电系统按设计要求施工完毕并检查合格、盘内配线符合接线图纸要求、各路电源正负极之间 无短路现象、正负极对地电阻符合接地标准要求后进行。上电检查应该符合下列要求：

① CPU 卡件上电后，卡件上对应状态指示灯应正常；

② 存储卡件上电后，电源指示灯、状态指示灯应正常；

③ 其他卡件上电后，电源指示灯、状态指示灯应正常；

④ 将编程器与 CPU 连接，自诊断编程器应显示状态正常，使用编程器测试功能检查 PLC 系统的状态，调出梯形图和程序清单，并进行检查、核对。

PLC 系统的 I/O 检查应符合下列要求：

① PLC 系统 I/O 检查在系统上电完毕后进行，I/O 检查分为模拟量输入、数字量输入、模拟量输出、数字量输出回路检查；

② 对模拟量输入回路，应按 I/O 地址分配表，在相应端子排上用精密信号发生器加入相应的模拟量信号，同时用编程器检查 PLC 系统所采集的数值，根据软件内部设定的量程来检查模拟量输入回路的精度是否符合工艺操作的要求，对于有显示装置的系统，应按照屏幕上的显示值来检查 PLC 系统的精度；

③ 对模拟量输出回路，可根据软件内部设定的 PID 参数或其他运算控制方式，满足输出模块的条件，检查模拟量输出回路相应端子上的信号；

④ 对于数字量输入回路，可根据 I/O 地址表，在相应端子上短接，以检查数字量 DI 卡上相应地址发光二极管的变化，同时用编程器检查检查相应地址的 0、1 状态；

⑤ 对于数字量输出回路，可根据 I/O 地址表，使用一般 PLC 系统具有的强制输出功能，通过对应输出地址的强制开或关，观察相应地址发光二极管的变化，并从相应端子检查 0、1 状态的变化。

设计为双冗余形式的 PLC 系统，调试中应检查主 CPU 和备用 CPU 的切换。切断主 CPU 电源或按备用 CPU 请求“运行”开关，备用 CPU 自动切换成为主 CPU，系统应正常。检查冗余电源互备性能，分别切换各电源箱主回路开关，确认主、副 CPU 运行正常。I/O 卡件状态指示灯保持不变。

冗余 I/O 卡试验应符合下列要求：

① 选择互为冗余、地址对应的输入点、输出点。输入卡施加相同的状态输入信号；输出卡分别连接状态指示仪表。利用编程器在线检测功能，检查对应的 I/O 卡。

② 分别插拔互为冗余的输入卡，检查输出状态指示表及输出逻辑保持不变。

③ 分别插拔互为冗余的输出卡，检查对应的输出状态指示表及输出逻辑保持不变。

通讯冗余试验时，应分别插拔互为冗余的通讯卡或除去冗余通道电缆，系统运行正常。硬件复位后，相应卡件的状态指示灯应自动恢复正常。

检查备用电池保护功能，分合 CPU 卡电源开关，确认内存中程序未丢失，取出备用电池，5min 后，内存程序不丢失。

对编程器和系统功能检查时，应带专用通讯电缆的编程器，系统能实现操作手册上说明的所有功能。

PLC 系统逻辑功能确认应使用编程器测试功能，设定输入条件，根据梯形图或程序文件观察输出地址变化是否正确，以确认系统的逻辑功能。对没有测试功能的 PLC 系统，可通过短接相应地址的端子，模拟输入逻辑条件，输出地址应与梯形图或程序文件中所描述的一致。

在 PLC 系统检查中，对模拟量输入和输出回路、模拟信号应在现场仪表输入，并观察有关的工艺报警指示和现场执行机构的动作是否符合梯形图或应用软件中的描述和实际工艺要求。对报警回路，应在现场仪表输入模拟信号，引起现场仪表动作，观察报警显示。对紧急停车回路，应按梯形图、因果关系表或软件中的描述，在现场点输入模拟停车信号，观察停车机构是否正确动作。对所有联锁回路，应按模拟联锁的工艺条件，检查联锁动作的正确性。

对于有开停顺序图的 PLC 系统，应按照开停顺序图要求模拟工艺开停条件，并结合工艺操作手册，检查 PLC 系统的顺控逻辑。

系统软件及应用软件备份应包括下列内容：

① 操作系统软件备份；

② 梯形图控制软件备份；

③ 流程图组态备份。

4.1.5 PLC 常用程序的结构形式

根据 PLC 程序设计方法，有线性化编程、模块化编程和结构化编程三种形式，采用不同设计方法的程序结构如图 2-4-25 所示。

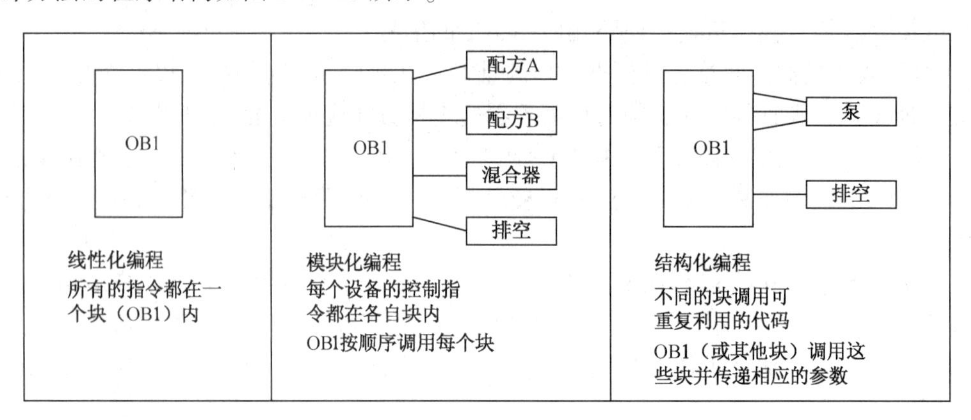

图 2-4-25　程序结构图

1. 线性化编程

线性化编程具有不带分支的简单结构，一个简单的程序块包含系统的所有指令。线性编程类似于硬接线的继电器逻辑。

线性化程序描述了一条一条重复执行的一组指令，所有的指令都在一个块内(通常是组织块)。块是连续执行的，在每个 CPU 扫描周期内都处理线性化程序。

线性化编程适于单人编程的工程。由于仅有一个程序文件，软件管理的功能相对简单。但是，由于所有的指令都在一个块内，每个扫描周期所有的程序都要执行一次，即使程序的某些部分并没有使用。此方法不能有效利用 CPU 资源。

另外，如果在程序中有多个设备，其指令相同，但参数不同。那么，采用线性化编程必须用不同的参数重复编写这部分程序。

2. 模块化编程

S7-300 模块化编程是把程序分成若干个程序块，每个程序块含有一些设备和任务的逻辑指令。

在组织块(OB1)决定控制程序的模块的执行。功能(FC)或功能块(FB)控制着不同的过程任务，例如：操作模式、诊断或实际控制程序，这些块相当于主循环程序的子程序。

在模块化编程中，主循环程序和被调用的块之间没有数据的交换。但是，每个功能被分成不同的块，这就易于几个人同时编程，而相互之间没有冲突。另外，把程序分成若干小块，将易于对程序调试和查找故障。OB1 中的程序包含有调用不同块的指令。由于每次循环中不是所有的块都执行，只有需要时才调用有关的程序块，这样，CPU 将更有效地得到利用。

3. 结构化编程

结构化程序把过程要求的类似或相关的功能进行分类，建立可用于几个任务的通用模块，例如传送带系统中所有交流电机的通用逻辑控制块、装配线机械中所有电磁线圈的通用逻辑控制块、造纸机器中所有驱动装置的通用逻辑控制块。

对于通用模块，结构化程序不需要用不同地址重复编写这些指令，只需要在一个块中写程序，然后以参数形式把有关信息(例如，要操作的设备或数据的地址)传给程序块，实现通用模块的重复利用。

4. 用户程序中的块

程序编写要完成上述任务，还需要使用组织块(OB)、功能块(FB)、功能(FC)和数据块(DB)。

组织块(OB)：它是CPU和用户程序的接口。可以把全部程序存在OB1中，让它连续不断地循环处理，也可以把程序放在不同的块中，由OB1在需要的时候调用这些程序块。除OB1外，操作系统根据不同的事件可以调用其他的OB块。

功能块(FB)：功能块是实现逻辑运算的子程序，需要为其分配存储器，以存储变量。即FB拥有自己的存储区——背景数据块(DB)，在任何一个FB工作时，都需要一个背景数据块。其他的临时变量存在局部堆栈中。保存在背景数据块内的数据，当功能块关闭时数据仍保持。而保存在局部堆栈中的数据不能保存。

功能(FC)：功能是类似于功能块的逻辑操作块，其中不分配存储区。FC不需要背景数据块。临时变量保存在局部堆栈中，直到功能结束。当FC执行结束时，使用的变量要丢失。

数据块(DB)：数据块是一个永久分配的存储区域，其中保存程序所需的数据或信息。数据块可读可写，是用户程序的一部分。

4.1.6 STEP 7编程软件的使用

STEP 7是SIMATIC PLC的专门软件包，可用于对S7-300的程序编制和程序调试。

1. 程序调试方法

S7-300系统调试的基本步骤如下：

① 硬件调试　可以用变量表来测试硬件，通过观察CPU模块上的故障指示灯，或使用故障诊断工具来诊断故障。

② 下载用户程序　下载程序之前应将CPU的存储器复位，将CPU切换到STOP模式。下载用户程序时应同时下载硬件组态数据。

③ 排除停机错误　启动时程序中的错误可能导致CPU停机，可以使用PLC的“模块信息”工具诊断和排除编程错误。

④ 调试用户程序　通过执行用户程序来检查系统的功能，如果用户程序是结构化程序，可以在组织块OB1中逐一调用各程序块，一步一步地调试程序。在调试时应记录对程序的修改。调试结束后，保存调试好的程序。

可见，程序调试是系统调试的一个环节。程序调试有两种方法，分别如下：

(1) 用程序状态功能调试程序

通过在程序编辑器中显示执行语句表、梯形图或功能块图程序时的状态(简称为程序状态，Program Status)，来了解用户程序的执行情况，对程序进行调试。

进入程序状态之前，必须满足下列3个条件：

① 经过编译的程序已经下载到CPU；

② 打开 逻辑块，用菜单命令“Debug”→“Monitor”进入在线监控状态；

③ 将CPU切换到RUN或RUN-P模式。

确保测试程序时出现的功能错误或程序错误不会对人员或财产造成严重损害。

建议不要一次调试整个程序，而是在 OB1 中一次调用一个块，逐一调试。

程序状态结束后，“Actual Value”列将显示程序状态之前的有效内容，不能将刷新的数值传送至离线数据块。

(2) 用变量表调试程序

程序状态功能虽然可以在程序编辑器中形象直观地监视程序的执行情况，利于程序调试，但显示范围有限，往往不能同时显示程序所需的全部变量，不便于调试较大的程序。

变量表可以有效地解决上述问题。使用变量表可以在一个画面中同时监视、修改和强制全部变量。一个项目可以生成多个变量表，以满足不同的调试要求。

变量表的功能包括：

① 监视(Monitor)变量　在编程设备或 PC(计算机)上显示用户程序中或 CPU 中每个变量的当前值。

② 修改(Modify)变量　将固定值赋给用户程序或 CPU 中的变量。

③ 对外设输出赋值　允许在停机状态下将固定值赋给 CPU 中的每个输出点 Q。

④ 强制变量　给用户程序或 CPU 中的某个变量赋予一个固定值，用户程序的执行不会影响被强制的变量的值。

⑤ 定义变量被监视或赋予新值的触发点和触发条件。

2. 程序的传送

程序的传送包括程序的下载与上载。

(1) 在线连接的建立与在线操作

打开 STEP 7 的 SIMATIC 管理器时，建立的是离线窗口，看到的是计算机硬盘上的项目信息。Block(块)文件夹中包含硬件组态时产生的系统数据和程序编辑器生成的块。

STEP 7 与 CPU 成功地建立起连接后，将会自动生成在线窗口，该窗口中显示的是通过通信得到的 CPU 中的项目结构。块文件夹中包含系统数据块、用户生成的块(OB、FB 和 FC)以及 CPU 中的系统块(SFB 和 SFC)。用菜单命令“View”→“Online”、“View”→“Offline”或相应的工具条中的按钮，可以切换在线窗口和离线窗口。用管理器的“Windows”菜单命令可以同时显示在线窗口和离线窗口。

如果在 STEP 7 的项目中有已经组态的 PLC，可以通过在线的项目窗口建立在线连接。

在 SIMATIC 管理器中执行菜单命令“View”→“Online”进入在线(Online)状态，执行菜单命令“View”→“Offline”进入离线(Offline)状态。也可以用管理器工具条中的“Online”和“Offline”图标来切换两种状态。在线状态意味着 STEP 7 与 CPU 成功地建立了连接。

使用菜单命令“View”→“Online”打开一个在线窗口，该窗口最上面的标题栏中的背景变为浅蓝色。在块工作区出现 CPU 中的系统功能块 SFB、系统功能 SFC 和已下载到 CPU 的用户编写的块。SFB 和 SFC 在 CPU 的操作系统中，无需下载，也不能用编程软件删除。在线窗口显示的是 PLC 中的内容，而离线窗口显示的是计算机中的内容。

此外，也通过“Accessible Nodes”窗口建立在线连接。在 SIMATIC 管理器中用菜单命令“PLC”→“Display Accessible Nodes”，打开“Accessible Nodes”(可访问的站)窗口，用“Accessible Nodes”对象显示网络中所有可访问的可编程模块。如果编程设备中没有关于 PLC 的项目数据，可以选择这种方式。那些不能用 STEP 7 编程的站(例如编程设备或操作面板)也能显示出来。

（2）下载与上载

下载前须完成以下准备工作：

① 计算机与 CPU 之间必须建立起连接，编程软件可以访问 PLC。

② 要下载的程序已编译好。

③ CPU 处在允许下载的工作模式下(STOP 或 RUN-P)。在 RUN-P 模式一次只能下载一个块，这种改写程序的方式可能会出现块与块之间的时间冲突或不一致性，运行时 CPU 会进入 STOP 模式，因此建议在 STOP 模式下载。接通 PLC 的电源后，将 CPU 模块上的模式选择开关扳到“STOP”位置，“STOP”LED 亮，PLC 就处于了 STOP 模式。

④ 保存块(将块存盘)。在保存块或下载块时，STEP 7 首先进行语法检查。错误种类、出错的原因和错误在程序中的位置都显示在对话框中，在下载或保存块之前应改正这些错误。如果没有发现语法错误，块将被编译成机器码并保存或下载。建议在下载块之前，一定要先保存块(将块存盘)。

⑤ 用户存储器复位。下载用户程序之前应将 CPU 中的用户存储器复位，以保证 CPU 内没有旧的程序。存储器复位完成以下的工作：删除所有的用户数据(不包括 MPI 参数分配)，进行硬件测试与初始化；如果有插入的 EPROM 存储器卡，存储器复位后 CPU 将 EPROM 卡中的用户程序和 MPI 地址拷贝到 RAM 存储区。如果没有插存储器卡，保持设置的 MPI 地址。复位时诊断缓冲区的内容保持不变。复位后块工作区只有 SDB、SFC 和 SFB。

将模式选择开关从 STOP 位置扳到 MRES 位置，STOP LED 慢速闪烁两次后松开模式开关，它自动回到 STOP 位置。再将模式开关扳到 STOP 位置，“STOP”LED 快速闪动时，CPU 已被复位。复位完成后将模式开关重新置于“STOP”位置。也可以用 STEP 7 复位存储器：将模式开关置于 RUN-P 位置，执行菜单命令“PLC”→“Diagnostic/Settings”→“Operation Mode”，使 CPU 进入 STOP 模式，再执行菜单命令“PLC”→“Clear/Reset”，点击[OK]按钮确认存储器复位。

程序下载的方法如下：

① 在离线模式和 SIMATIC 管理器窗口中下载　在块工作区选择块，可用<Ctrl>键和<Shift>键选择多个块，用菜单命令“PLC”→“Download”将被选择的块下载到 CPU。也可以在管理器左边的目录窗口中选择 Blocks 对象(包括所有的块和系统数据)，用菜单命令“PLC”→“Download”下载它们。

② 在离线模式和其他窗口下载　对块编程或组态硬件和网络时，可以在当时的应用程序的主窗口中，用菜单命令“PLC” →“Download” 下载当前正在编辑的对象。

③ 在线模式下载　用菜单命令“View”→“Online”或“PLC”→“Display Accessible Nodes”打开一个在线窗口查看 PLC，在“Windows”菜单中可以看到这时有一个在线的管理器，还有一个离线的管理器，可以用“Windows”菜单同时打开和显示这两个窗口。用鼠标按住离线窗口中的块(即 STEP 7 中的块)，将它“拖放”到在线窗口中去，就完成了下载任务。可以一次下载所有的块，也可以只下载部分块。应先下载子程序块，再下载高一级的块。如果顺序相反，将进入 STOP 模式。

下载完成后，将 CPU 的运行模式选择开关扳到 RUN-P 位置，绿色的“RUN”LED 亮，开始运行程序。

可以用装载功能从 CPU 的 RAM 装载存储器中把块的当前内容上载到计算机编程软件打开的项目中。上载完成后，该项目原来的内容将被覆盖。

4.1.7 PLC 系统的维护

1. 维护检查

PLC 的定期检修与日常维护是非常必要的。

每台 PLC 都有确定的检修时间，一般以每 6 个月～1 年检修一次为宜。当外部环境条件较差时，可以根据情况把检修间隔缩短。定期检修的内容见表 2-4-5。

表 2-4-5 PLC 定期检修

序 号	检修项目	检 修 内 容	判 断 标 准
1	供电电源	在电源端子处测量电压波动范围是否在标准范围内	电压波动范围：85%～110%供电电压
2	外部环境	环境温度 环境湿度 积尘情况	0～55 ℃ 35%～85%RH，不结露 不积尘
3	输入输出用电源	在输入输出端子处测电压变化是否在标准范围内	以各输入输出规格为准
4	安装状态	各单元是否可靠固定 电缆的连接器是否完全插紧 外部配线的螺钉是否松动	无松动 无松动 无异常
5	寿命元件	电池、继电器、存储器	以各元件规格为准

2. 故障排除

对于 PLC 的故障检查可能有一定的特殊性。有关 PLC 故障检查和处理方法见表 2-4-6。

表 2-4-6 PLC 故障处理

问 题	故 障 原 因	解 决 方 法
输出不工作	输出的电气浪涌使被控设备损坏 程序错误 接线松动或不正确 输出过载 输出被强制	当接到感性负载时，需要接入抑制电路 修改程序 检查接线，如果不正确，要改正 检查输出的负载 检查 CPU 是否有被强制的 I/O
CPU SF(系统故障)灯亮	用户程序错误 电气干扰 元器件损坏	对于编程错误，检查指令的用法。 对于电气干扰：检查接线，控制盘良好接地和高电压与低电压不要并行引线是很重要的；把 DC24V 传感器电源的 M 端子接地 查出原因后，更换元器件
电源损坏	电源线引入过电压	把电源分析器连接到系统，检查过电压尖峰的幅值和持续时间，根据检查的结果给系统配置抑制设备
电子干扰问题	不合适的接地 在控制柜内交叉配线 对快速信号配置输入滤波器	纠正不正确的接地系统 纠正控制盘不良接地和高电压和低电压不合理的布线。把 DC24V 传感器电源的 M 端子接地增加系统数据存储器中的输入滤波器的延迟时间

续表

问　题	故 障 原 因	解 决 方 法
连接一个外部设备时通信网络损坏	如果所有的非隔离设备连到一个网络，而该网络没有一个共同的参考点，通信电缆提供了一个不期望的电流可以造成通信错误或损坏电路	检查通信网络 更换隔离型 PC/PPE 电缆 当连接没有共同电气参考点的机器时，使用隔离型 RS-485 到 RS-485 中继器

应该说，PLC 是一种可靠性、稳定性较高的控制器。但是，一旦出现故障，一定要按上述步骤进行检查、处理。特别是检查由于外部设备故障造成的损坏，一定要查清故障原因，待故障排除以后再试运行。

4.2　集散控制系统基本构成与维护

4.2.1　TPS 系统基本构成与维护

TPS 系统由三种通讯网络组成，即工厂管理网(Plant Control Network，PCN)、TPS 网络(TPS Network，TPN)和过程网络(Process Network)，其系统结构参见图 1-7-10。

TPN 包含 LCN 和 UCN 两种网络，下面对这两种网络及其设备硬件进行介绍。

1. LCN 网络

LCN 是广播类型的局域网，LCN 网络应用“令牌环”技术控制对网络的存取。令牌沿着网络，由网络地址最低的设备依次向网络地址最高的设备传递，令牌经过每一个有效地址，向 LCN 的所有设备广播信息，所有的模件都可“听”到网上的信息，但它们只接收传递给自己的信息。所有信息以“帧”形式传送，包括传送指令、辅助诊断、传送信息及控制对网络的访问等，其中信息帧长度为 100~2000 字节。

LCN 网络采用循环冗余检验码(Cyclic Redundancy Check，CRC)和重发纠错技术，确保信息传输安全可靠。冗余电缆 LCNA/LCNB 每分钟自动切换一次。

(1) LCN 设备卡件箱

LCN 常见设备包括操作站(US/U^{X}S/GUS)、历史模件(HM)、应用模件(AM/A^{X}M)、网络接口模件(NIM)、计算机接口(CG)、可编程逻辑控制器接口(PLCG)等。除操作站外，LCN 设备都包含三个组成部分：LCN 卡件箱、卡件箱中的电路板以及外部设备。

LCN 卡件箱有十槽卡件箱和五槽卡件箱两类，五槽卡件箱又有双节点五槽卡件箱和单节点五槽卡件箱之分。

五槽双节点卡件箱如图 2-4-26 所示。一个五槽双节点卡件箱中可以安装两个 LCN 节点(模件)的电路板，网络地址小的节点安装在下面的 3 个插槽中，网络地址大的节点安装在上面的 2 个插槽中。双节点卡件箱中部为两个独立的电源，电源 1 为上部节点供电，电源 2 为下部节点供电。一个双节点卡件箱使用一对 LCN 电缆，由卡件箱内部电路使其分别连接到两个节点。

五槽单节点卡件箱如图 2-4-27 所示。一个五槽单节点卡件箱中只能安装一个 LCN 节点(模件)的电路板。单节点卡件箱中有一个电源为节点供电。

五槽卡件箱背面还有 5 个插槽用于安装 I/O 板。

卡件箱中的电路板主要有主板、内存板、接口板和特性板。其中特性板是决定 LCN 节点类型的板卡，不同类型的 LCN 设备使用不同的特性板。前三种板则是通用板，只要需要，不同类型的 LCN 设备的这三种板可以互换。

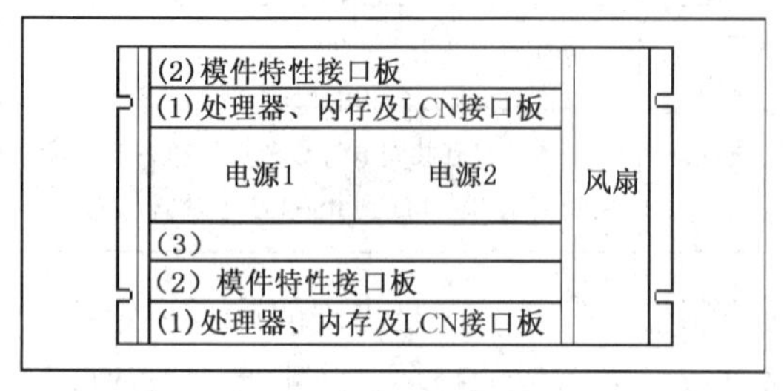

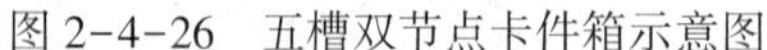
图 2-4-26　五槽双节点卡件箱示意图

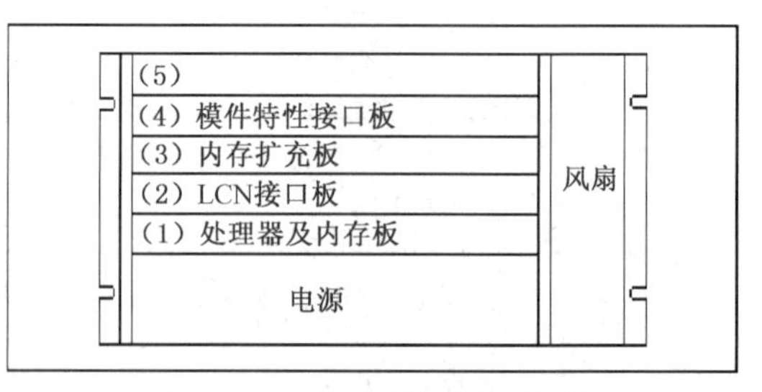

图 2-4-27　五槽单节点卡件箱

主板运行节点管理软件，完成各种功能运算，接口板提供节点与 LCN 的连接。主板与接口板有两种配置，对于单节点卡件箱，主板为 HPK2-2/-4，接口板为 LLCN，分别安装在卡件箱的 1 号插槽和 2 号插槽。对于双节点卡件箱，原由主板和接口板分别完成的功能被集成到新的主板中，该主板为 K2LCN 或 K4LCN，安装在 1 号插槽。

内存板用于扩展节点的内存容量，常见的有 EMEM 和 QMEM 等，可以安装在卡件箱的 3 号或 5 号插槽。

特性板提供节点对外部设备的驱动及与外部设备的连接。常见的特性板有：对于操作站，US 用 EPDG，U^XS 用 TPDG，GUS 以 PC 为硬件平台，不需要特性板；HM 的特性板为 SPC；NIM 的特性板为 EPNI。特性板一般安装在单节点卡件箱的 4 号插槽或双节点卡件箱的 2 号插槽。

LCN 接口板与特性板都有自己的 I/O 板，它们通过 I/O 板与 LCN 电缆及外部设备相连。I/O 板安装在卡件箱背面的 I/O 插槽内。

（2）GUS 全局用户操作站

GUS 是 TPS 系统的人机接口，GUS 以 PC 机为硬件平台，以 MS Windows NT 为操作系统。PC 机中除了常规配置外，需要增加一块专用的 LCNP 扩展板，该扩展板相当于 US 中的 K2LCN/K4LCN 主板，它支持 LCN 通讯，实现 LCN 与 Windows NT 操作系统的连接，提供 Native Window(本地窗口)应用程序的显示与操作功能。GUS 可以完全依靠 PC 机的普通键盘和鼠标操作，也可以选配集成键盘。GUS 的集成键盘包含了操作员键盘的所有功能键和 PC 机键盘上的键，因此，使用集成键盘时，GUS 不需要配 PC 键盘，也不需要为工程师组态和维护配工程师键盘。集成键盘通过专用的安装在 PC 上的集成键盘驱动卡(IKBD)与 PC 相连。GUS 配置专用板卡不影响 PC 机原来普通功能的使用。GUS 操作站的连接图如图 2-4-28 所示。

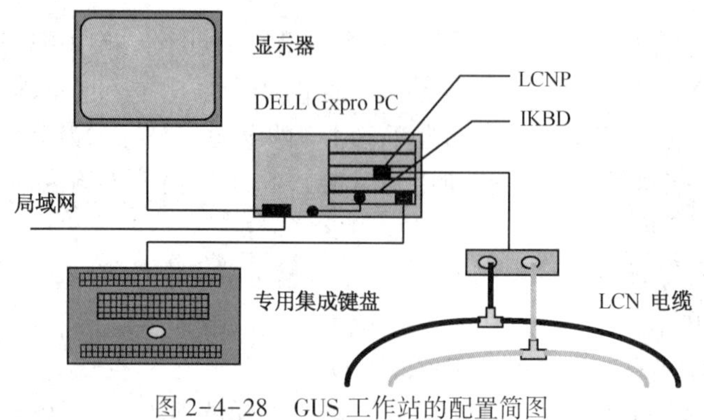

图 2-4-28　GUS 工作站的配置简图

GUS 的网络连接包括 LCN 和 PCN 网络的连接。LCN 网络连接包括 LCN 处理器卡(LCN Processor，LCNP)、LCN 介质访问单元(Media Access Unit，MAU)以及连接 LCNP 和 MAU 的电缆。GUS 操作站和 PCN 网络通过 10BaseT/100BaseT 的以太网卡连接。

GUS 操作站的 LCN 地址通过 TPS 节点组态实用程序设置。

GUS 操作站的系统软件包含 GUS 操作站软件和 LCN 软件两部分，见表 2-4-7。

表 2-4-7　GUS 操作站系统软件

GUS 软件	Base Software	GUS 配置工具及硬件驱动软件
	Personality Software	GUS 属性软件
	Display Server	流程图支持服务软件
	Display Builder	流程图组态软件
	Safeview	本地窗口操作管理软件
	TPS DDE	TPS DDE 服务软件
	File Transfer	文件传输服务软件
	TPS Builder	过程点离线组态软件
	Mutipled Display	多幅流程图显示支持软件
	Display Translate	US 流程图转换为 GUS 流程图软件
	Display Migration	GUS 流程图升级软件
LCN 软件	TPN Network Software	LCN 网络设备支持软件，如 HM、NIM、US 等

(3) HM 历史模件

HM 由磁盘控制电路和磁盘组成。磁盘控制电路为 LCN 卡件箱中的特性板 SPC，SPC 提供 SCSI 总线与一个或两个磁盘相连。磁盘的存储容量有多种选择，如 875MB、512MB、417MB 和 136MB，不同的软件版本使用不同容量的磁盘。图 2-4-29 为 HM 工作原理图。

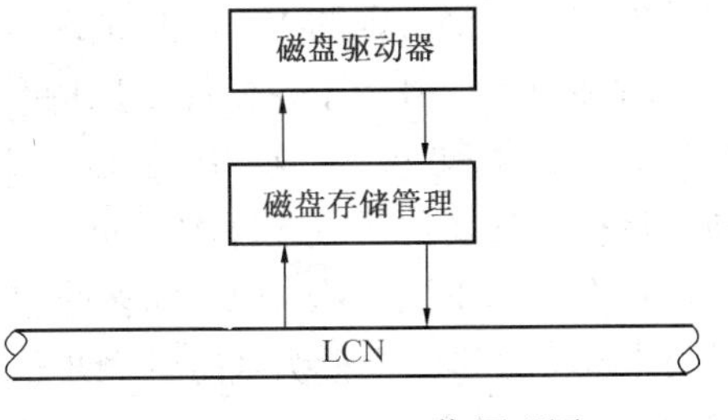

图 2-4-29　HM 工作原理图

每个 HM 一般配置 1~2 个磁盘，如图2-4-31所示。如选择两个磁盘，两个磁盘必须是同种规格，两个盘可以配置为冗余和非冗余两种方式。如果两个盘不冗余，则总的磁盘容量即增加一倍。对于 Wren Ⅲ型磁盘，HM 可以同时配备四个磁盘，成为双倍容量的冗余的 HM。

HM 的系统软件由两部分组成：初始化属性软件和在线属性软件，两种属性的系统软件不能同时驻留于 HM 中。当系统运行初始化属性软件时，利用操作站的工程师属性软件可以对 HM 进行初始化，HM 初始化的过程就是将磁盘进行格式化，并在 HM 中建立用户卷。初始化过程将删除原来保存在磁盘中的所有数据。HM 正常工作时，运行在线属性软件。

(4) NIM 网络接口模件

NIM 提供局部控制网 LCN 和通用控制网 UCN 间的通讯，实现 LCN 通讯协议与 UCN 通信协议间的转换，以及 LCN 信息与 UCN 信息的交换。

NIM 的硬件组成包括主板 K4LCN、增强型外设接口板 EPNI、调制解调器板(NIM Modem)和双节点卡件箱(图 2-4-30)。

NIM 是连接 LCN 与 UCN 的节点，它既是 LCN 上的节点，同时又是 UCN 上的节点，具有双重身份。

网络信息传递需要系统时钟同步信号。根据 LCN 模件使用的电路板类型，可以产生两种类型的信号。K2LCN 可以产生并接收以标准速率数字时钟同步的数据帧。没有 K2LCN 板

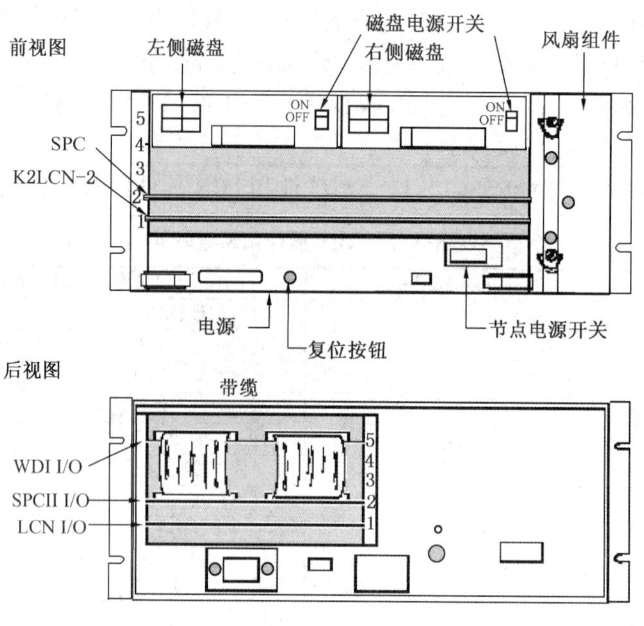

图 2-4-30 HM 带两个磁盘的构成简图

的模件需要一个特定的 12.5kHz 的时钟同步信号源。

时钟同步信号用于在模件间保持时间同步。模件中的日期和时间计数器由一个包含实际时间的帧启动和支持，这一帧在 LCN 上每 50ms 传送一次。网络上的时钟同步信号使计数器同步运行，从而使所有模件的时间计数器都同时改变。

每个 LCN 网段必须有两个时钟同步信号源，一个对 LCN 的电缆 A，另一个对 LCN 的电缆 B。也可以将一个设为主时钟同步信号源，另一个设置为后备的从时钟源。典型的作法是把冗余 NIM 选作时钟源，由 NIM 向其他节点广播时钟信息，作到网络设备时间同步。当 NIM 不冗余时，可以选择其他节点，如 HM 做后备的时钟源。

NIM 的主要特性参数包括：每条 LCN 网络允许 10 个冗余 NIM 对；每条 UCN 网络允许 3 个冗余 NIM 对；每个 NIM 允许处理 8000 个有位号点；每秒流通量为 1200 个参数。

鉴于 NIM 的重要性，一般的系统都将 NIM 做冗余配置。

（5）LCN 网络节点地址设定

LCN 网络的每个设备都有唯一的物理地址。对于双节点设备，其地址的设定是通过位于 K2LCN 或 K4LCN 主板上的跳线完成的，如图 2-4-31 所示（32+8+2+1=43）。

2. UCN 网络

UCN 是过程网之一，连接着过程接口。过程数据在 UCN 上的 HPM 中完成运算，通过 NIM 传递到 LCN。

UCN 是冗余的通讯网络，具有 UCN A 和 UCN B 两条网络。正常情况下，A 网和 B 网每 5min 自动切换一次。UCN 网络通讯采用 MAP（Manufacturing Automation Protocol）协议，传输速率为 5Mb/秒，载波通讯，兼容 IEEE（802.4）和 ISO 标准，传输介质为 75Ω 同轴电缆。

UCN 网络拓朴结构为总线型，UCN 网络设备包括 HPM、APM、PM、LM、SM，网络上可以有 32 对冗余设备（64 个节点），支持点对点通讯，使同一 UCN 网络上的设备数据共享。

（1）UCN 网络组件

UCN 网络共有 4 种组件，分别是：

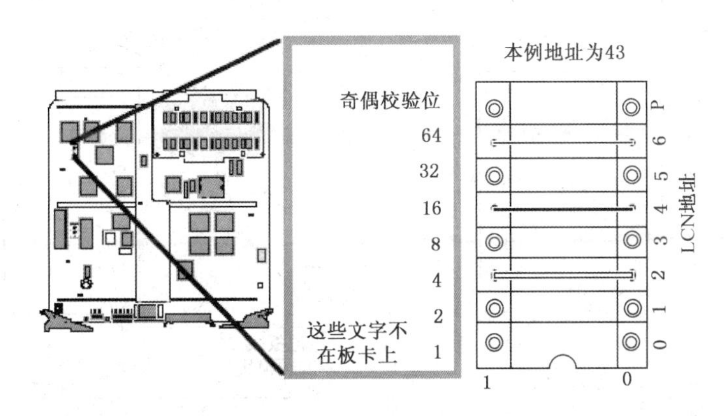

图 2-4-31　双节点设备的 LCN 地址设定

① 电缆　UCN 电缆有两种规格，即：干线电缆，是网络的主干通道，为 75Ω RG-11 同轴电缆，在发送设备和接受设备之间传送信息；支线电缆，是网络的支线通道，为 75Ω RG-6同轴电缆，用于连接控制设备和 TAP。

② TAP　连接干线和支线电缆的设备。TAP 提供隔离作用，TAP 的方向要求一个 TAP 的隔离端(用白色圆点标出)接于另一个 TAP 的非隔离端，冗余的设备必须连接到相同的物理 TAP，没有连接电缆的接线端必须连接一个 75Ω 的终端电阻。根据实际需要，TAP 可以配置为两端口、四端口和八端口等不同类型。图 2-4-32 表示一个四端口的 TAP。

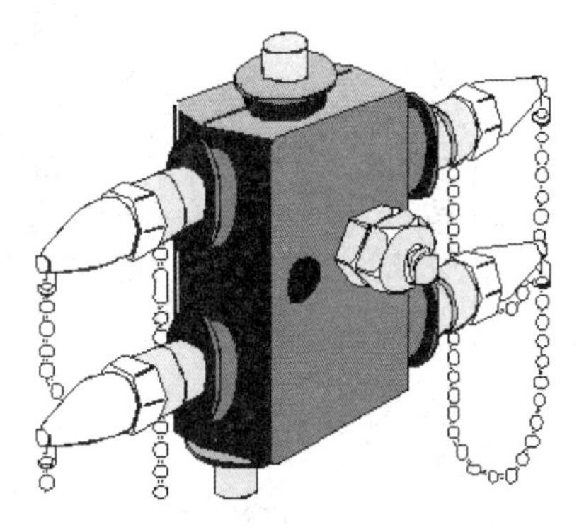

图 2-4-32　UCN TAP 组件

③ 终端电阻　也称终端匹配器，为 75Ω 电阻，需要连接到 TAP 任何未使用的端口及 UCN 网络的终端，其功能是防止因信号反射引起通信出错。

④ UCN 设备　如前所述，UCN 设备包括网络接口模件(NIM)、过程管理器(PM)、先进过程管理器(APM)、高性能过程管理器(HPM)、逻辑管理器(LM)和安全管理器(SM)。

(2) UCN 网络设备地址设定

UCN 最多可支持 32 对冗余设备即 64 个节点，每个网络节点都有一个唯一的网络地址。在对 UCN 设备进行节点地址设定时，遵循的规则为：

- 节点地址成对出现，主节点地址为奇数，冗余节点地址为偶数；
- 当设备不冗余时，偶数地址预留或不用；
- NIM 的节点地址为最低地址，冗余的 NIM 地址一般设置为 01/02。

NIM 作为连接 LCN 和 UCN 网络的特殊节点，具备双重身份，它即是 LCN 网络节点，又是 UCN 网络节点，因此，它需要设定两个地址，LCN 网络地址在 K4LCN 主板上设定，UCN 网络地址在 NIM Modem I/O 板上设置，见图 2-4-33(2+1=3)。

UCN 网络其他节点如 HPM、LM、SM 等，节点地址的设定在自身的设备卡件上完成。

3. HPM 的结构与功能

(1) HPM 机柜布置

HPM 高性能过程管理器由 3 个部分组成，分别是：HPM 组件(HPM Module，HPMM)、

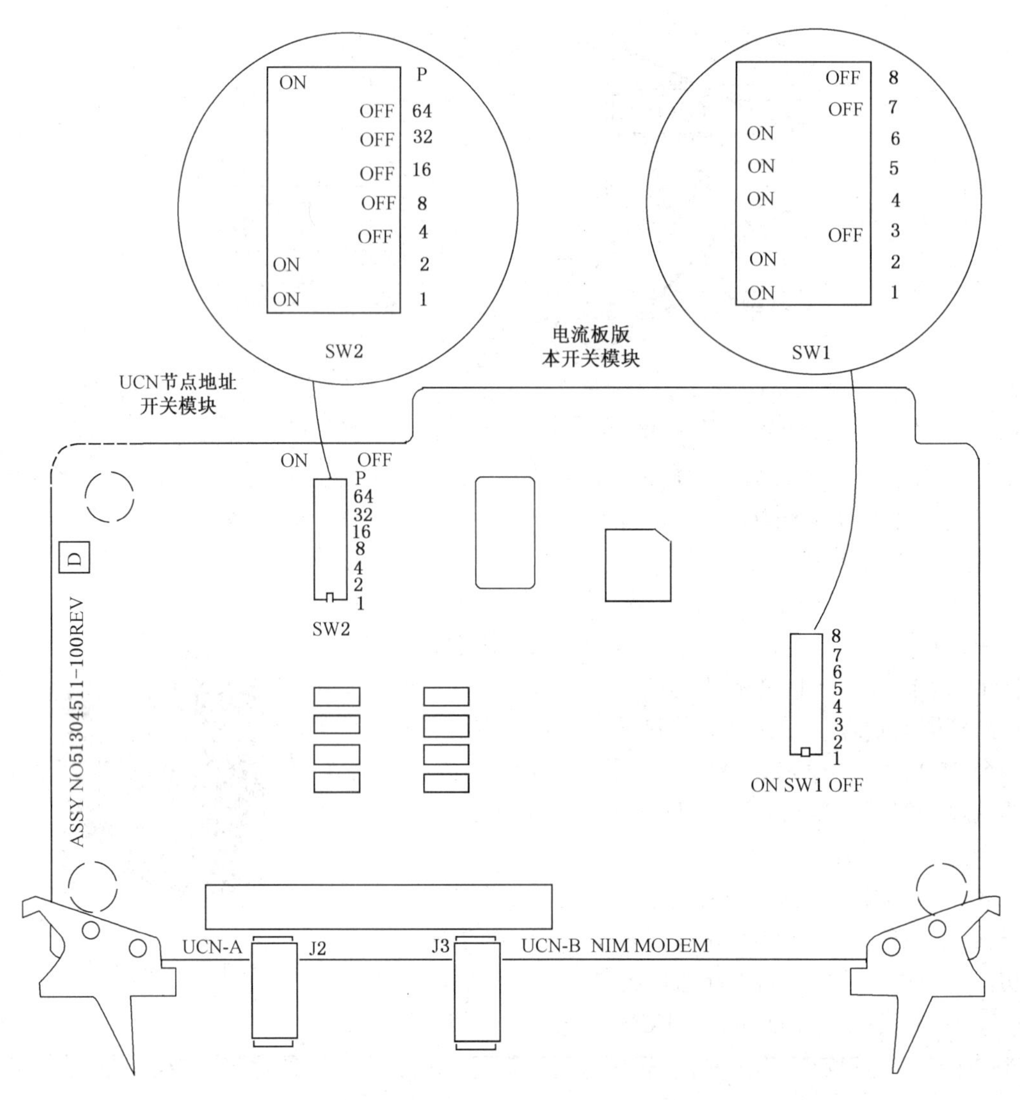

图 2-4-33 NIM 的 UCN 地址设定

输入输出子系统(I/O Subsystem)和现场接线端子板(Field Termination Assembly，FTA)。这 3 个部分与电源系统等辅助部分一起安装在机柜中。

标准机柜尺寸为 2100H×800W×800D 或 2100H×800W×550D(如图 2-4-34)。机柜纵向分为 4 层，最下面一层安装电源系统，上面三层各安装 1 个卡件箱(Card File)。卡件箱有 7 槽(Slot)和 15 槽两种，从左到右分别为 Slot 1～Slot 7 或 Slot 1～Slot 15。一个卡件箱最多可以插入 15 个卡件，一个机柜最多有 45 个插槽。

一个 HPM 机柜中，至少要安装一组 HPMM。每组 HPMM 由 2 个卡件和一个模块组成，占用 2 个槽位。APMM 由 4 块卡组成，占 5 个槽位；PMM 由 5 个卡件组成，占 5 个槽位。

对于 PM 和 APM 而言，一个机柜至少安装一组 PMM/APMM，占用 5 个槽位，可用于安装 I/O 卡的槽位共 40 个。对于 HPM 而言，一个机柜最多可以有 43 个槽位用于安装 I/O 卡，但有效的数量仍然是 40 个。

HPM 冗余指的是两组互为冗余的 HPMM 共用相同的 I/O 子系统和 FTA。一般情况下(机柜不扩展)，这两组 HPMM 安装在一个 HPM 机柜中，具体有两种安装方案(如图 2-4-35 所示)：

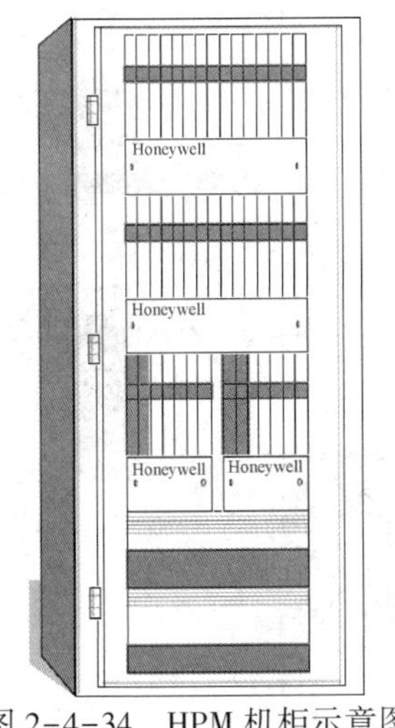

图 2-4-34　HPM 机柜示意图

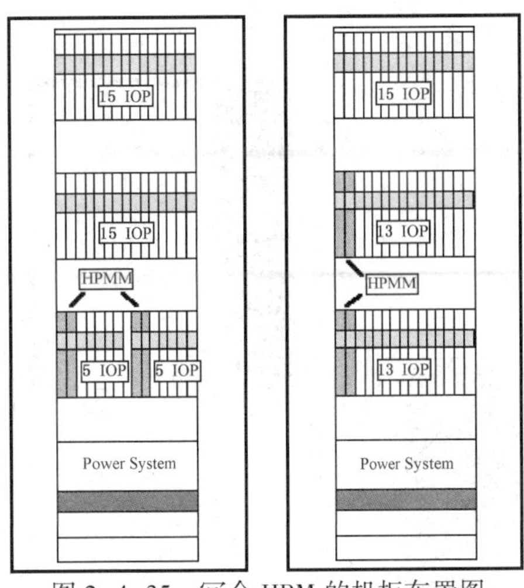

图 2-4-35　冗余 HPM 的机柜布置图

第一种方案，两组 HPMM 安装在机柜第一层中，采用 2 个 7 槽卡件箱，两组 HPMM 分别占用这 2 个卡件箱的 Slot 1 和 Slot 2，2 个卡件箱剩余的 10 个插槽可安装 IOP。第二层和第三层都采用 15 槽卡件箱，可全部用来安装 IOP。该方案中，机柜第一层的 2 个 7 槽卡件箱之间有 1 个槽位宽度的间隔。

第二种方案，两组 HPMM 安装在不同卡件箱中，共使用 3 个 15 槽卡件箱。两组 HPMM 分别占用机柜第一层和第二层卡件箱的 Slot 1 和 Slot 2，其余的 13 个插槽和第三层卡件箱的 15 个插槽可全部用来安装 IOP。

HPM 卡件箱用于安装 HPMM 和 IOP 卡件，其类型有四种，包括 15 槽 HPMM 卡件箱(如图 2-4-36 所示)、15 槽 IOP 卡件箱(如图 2-4-37 所示，仅用于安装 IOP)、左 7 槽 HPMM 卡件箱(如图 2-4-38 所示)和右 7 槽 HPMM 卡件箱(如图 2-4-39 所示)。

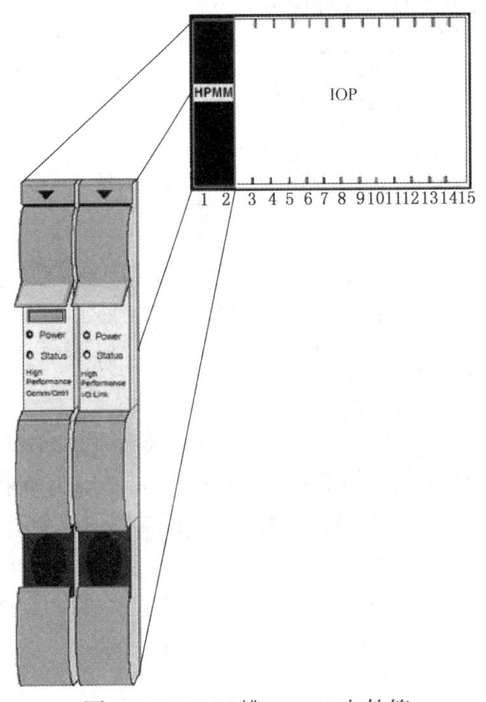

图 2-4-36　15 槽 HPMM 卡件箱

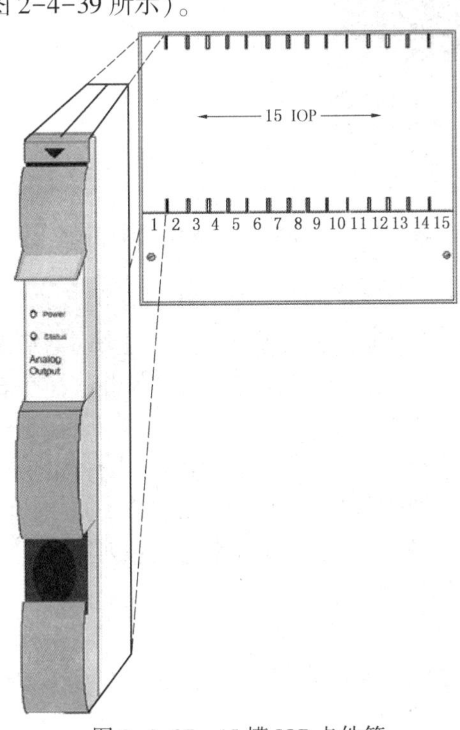

图 2-4-37　15 槽 IOP 卡件箱

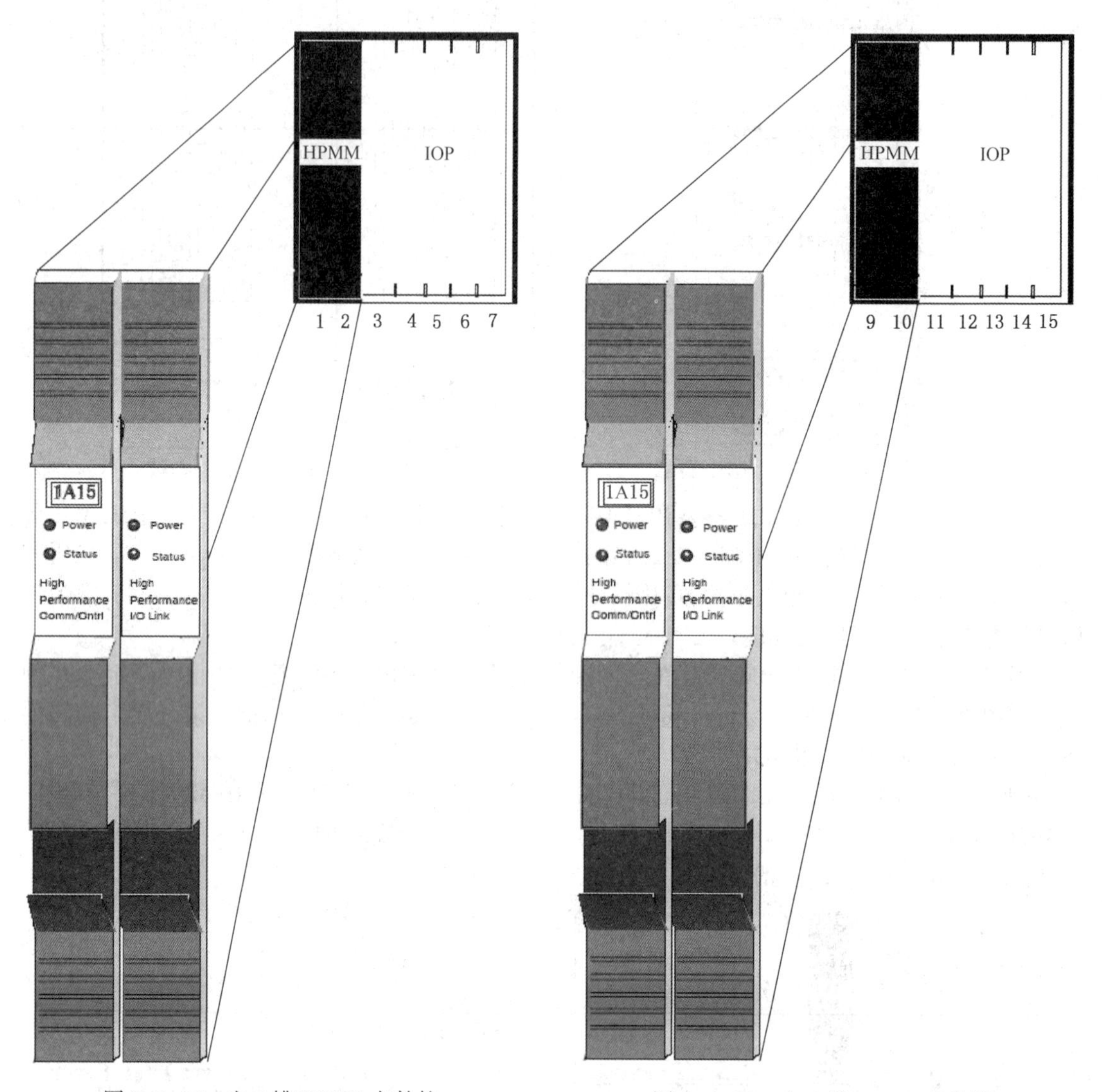

图 2-4-38　左 7 槽 HPMM 卡件箱　　　　图 2-4-39　右 7 槽 HPMM 卡件箱

每个卡件箱都有一个 I/O Link 物理地址，该地址由卡件箱背板上跳线器或 0Ω 电阻设定。物理地址为连续地址 0-7，组态时对应逻辑地址为 1-8。地址设定遵循的原则：跳线针插入有效，并计为 1；有效数目为奇数；有效位旁边数字(1，2，4)相加之和为卡件箱地址(P 为奇校验位)。

图 2-4-40 表示 15 槽 HPMM 卡件箱的地址跳线位置。需要注意的是，对不冗余 HPMM，包含 HPMM 卡件箱的地址应设定为 0；对冗余 HPMM，其所在卡件箱地址应设定为 0 和 1，IOP 卡件箱地址则依次顺序向后排列。7 槽 HPMM 卡件箱地址设定跳线位置与 15 槽 HPMM 卡件箱基本相同。

(2) HPM 的功能与组成

前面已经讲到，HPM 由 HPMM、I/O 子系统和 FTA 组成，如图 2-4-41 所示。

① HPMM 功能

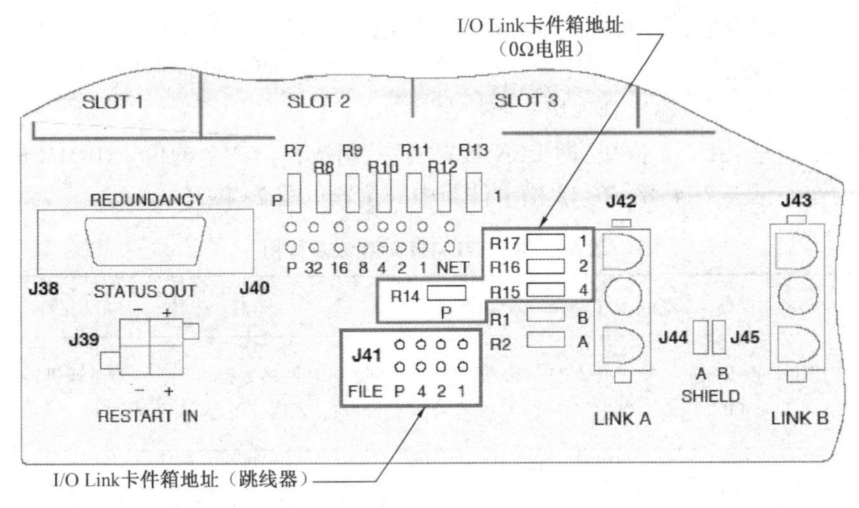

图 2-4-40　15 槽 HPMM 卡件箱 I/O Link 地址

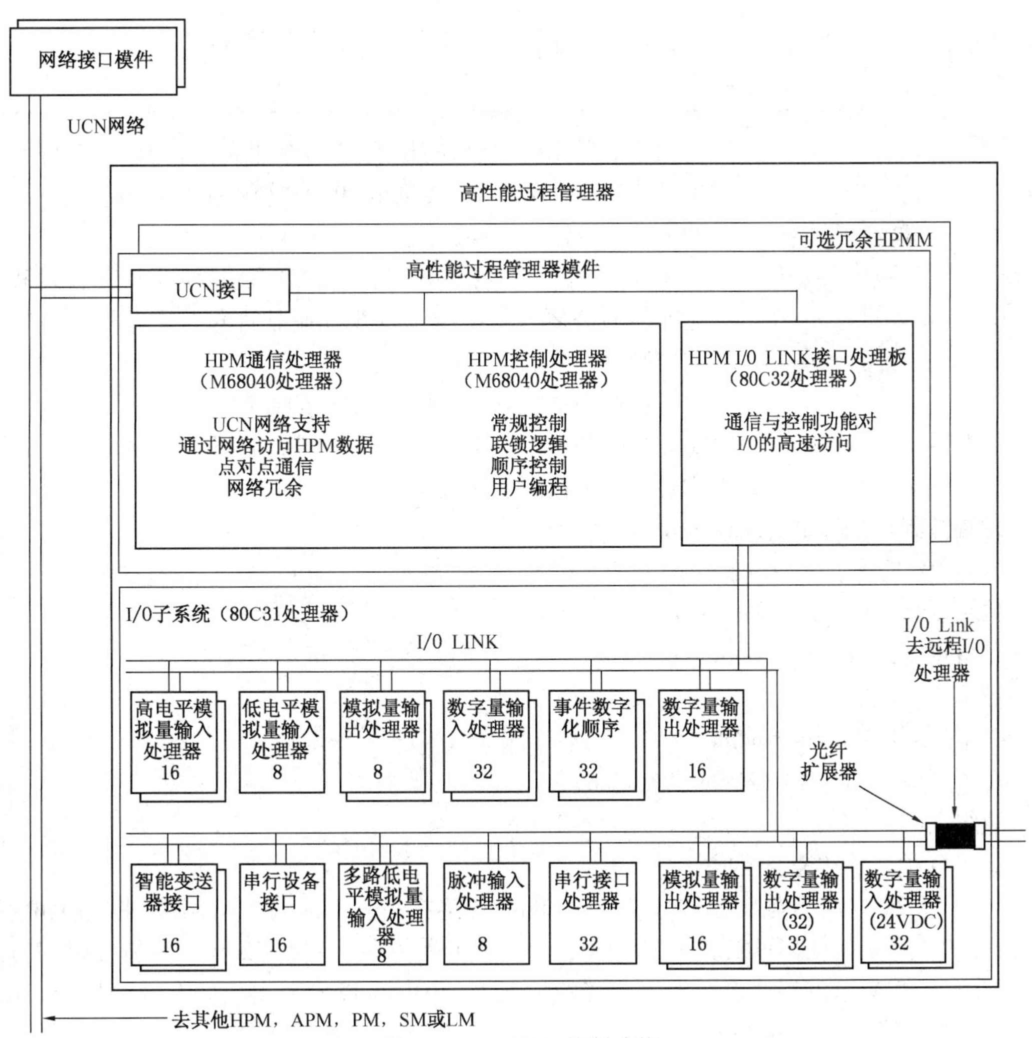

图 2-4-41　HPM 控制功能

HPMM是HPM的核心，由多块电路板组成。HPM的所有控制功能都在这里运算。HPMM向上，与UCN相连，可以与UCN上的其他设备实现点对点通讯，还可以通过NIM实现与LCN的间接连接；向下，与I/O子系统相连，从而使来自现场的数据可以参与控制运算，也使运算结果可以输出到现场实施控制。

HPMM由2块卡和1个模块(即UCN接口模块)组成，占2个槽位。HPMM的2块卡件和Modem的作用见表2-4-8；在15槽卡件箱中的位置见图2-4-36。

表2-4-8　HPMM的组成及作用

槽　位	名　　称	中　文　名　称	作　　用	CPU
1	High Performance Com/Ctl	高性能通信/控制卡	支持UCN网络数据访问、点对点通讯，控制处理器，完成控制运算，冗余驱动	M68040
2	High Performance I/O Link	高性能I/O Link接口卡	连接I/O Link总线，与I/O子系统通讯	80C51
	High Performance UCN Interface Module	高性能UCN接口模块	连接UCN电缆，接收/发送与UCN的通讯信号	

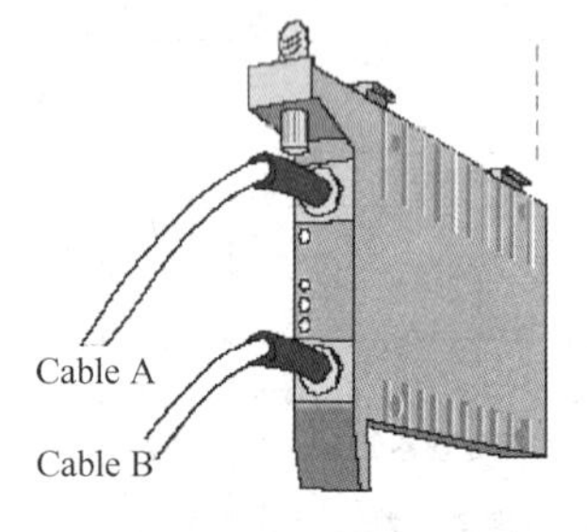

图2-4-42　UCN接口模块

HPMM的UCN接口模块连接UCN电缆，接收/发送与UCN的通讯信号，安装在HPM机柜HPMM所在卡件箱背板第一个槽位的下方，见图2-4-42。

HPM提供一系列控制工具，可以广泛地满足用户在过程自动化方面的需要，其中包括常规控制软件包、回路联锁逻辑功能和控制语言(CL/HPM)。

所有控制功能都在HPMM组件的控制卡中执行，每种控制功能称为一种算法，组态后的算法叫做数据点。HPM的控制功能主要由以下数据点完成：

常规控制点(Regulatory Control)；

常规PV处理点(Regulatory PV)；

数字复合点(Digital Composite)；

设备控制点(Device Control)；

逻辑点(Logic)；

CL程序点(Process Module)；

HPM全局变量点(HPM Box Variable)；

数组点(Array)。

② I/O子系统功能与组成

I/O子系统由输入/输出总线(I/O Link Bus)与连接在其上的输入/输出处理器(IOP)构成。每个HPM机柜最多可安装43个IOP，每个IOP的安装位置在HPM节点特性组态时定义。在不与HPM节点特性组态内容冲突的情况下，IOP可以安装在任何有效的槽位。IOP有多种类型，常见的见表2-4-9。

表 2-4-9　常见 IOP 类型

IOP 类型	描　述	通道数量	可否冗余
HLAI(High Level Analog Input)	高电平模拟输入卡	16 点	可
LLAI(Low Level Analog Input)	低电平模拟输入卡	8 点	
LLMUX(Low Level Analog Input Multiplexer)	多路低电平模拟输入卡	32 点	
STI(Smart Transmitter Interface)	智能变送器接口卡	16 点	可
SDI(Serial Device interface)	串行设备接口	2 通道	
SI(Serial Interface)	串行信号接口	2 通道	
AO(Analog Output)	模拟量输出卡	8 点	可
AO _ 16(Analog Output)	模拟量输出卡	16 点	可
PI(Pulse Input)	脉冲输入卡	8 点	
DI(Digital Input)	数字量输入卡	32 点	可
DO(Digital Output)	数字量输出卡	16 点	可
DO _ 32(Digital Output)	数字量输出卡	32 点	可
DISOE(Digital Input Sequence of Events)	SOE 数字量输入卡	32 点	

IOP 对 I/O 信号进行数字处理，包括输入线性化、工程单位转换、报警处理、开关量输入时间、开关量输出脉宽调制、输出线性化、输出读反馈校验、输出故障保持/清除等。

IOP 与 FTA 一起执行输入、输出检测和处理所有的现场数据。

③ FTA 的功能与组成

FTA 为现场信号线提供连接的端子，对输入信号进行滤波、限流/限压保护、光电隔离保护等处理，对输出信号进行放大等处理。

FTA 的类型与 IOP 类型基本一致，FTA 与 IOP 之间有严格的对应关系。对于非冗余的 IOP，二者间是一对一的关系；对于冗余的 IOP，则两个 IOP 对应于一个 FTA。

根据 FTA 的类型和对应的 IOP 冗余与否，FTA 有 A，B，C 三种规格，这三种规格的尺寸见表 2-4-10。

表 2-4-10　FTA 规格表

规　格	长/(mm/in)	宽/(mm/in)	规　格	长/(mm/in)	宽/(mm/in)
A	152.4/6.00	120.7/4.75	C	462.3/18.20	120.7/4.75
B	307.3/12.10	12.7/4.75			

HPM 的 FTA 提供了灵活的接线方式，可适应不同接线的需要。用户可以根据信号类型(电流/电压)和线制(单端/两线/三线/四线)的具体情况，选择 FTA 上的接线方式。以 HLAI 为例，就必须能够满足电流和电压两种信号类型，提供单端、两线、三线和四线等线制，适应内供电和外供电的不同情况(如图 2-4-43 所示)。

(3) HPM 在 UCN 网络地址设定

HPM 的 UCN 节点地址在 15 槽或 7 槽 HPMM 卡件箱背板上设定。一般在出厂时由厂家按设计说明书设定，也可以由用户可根据实际情况自己调整。图 2-4-44 所示为 15 槽 HPMM 卡件箱背板，J40 为节点设定跳线器，也可以采用零电阻法。采用跳线器时，设定原则为：跳线针插入有效；有效数目为奇数；有效位下方数字(1，2，4，…，32)相加之和为 HPM 的 UCN 网络地址(P 为奇校验位)；主/副设备地址相同且为奇数。

(4) HPM 电源系统

HPM 电源系统将交流电变换成不同电压的直流电，为不同部件供电。24VDC 电源为 HPMM 卡件、IOP 卡和 FTA 正常运行提供供电，3.6VDC 标准电池为 HPMM 和 IOP 内存备份提供电源支持，0.25A、6VDC 电池为低电平模拟量输入卡提供消除噪音支持电源。

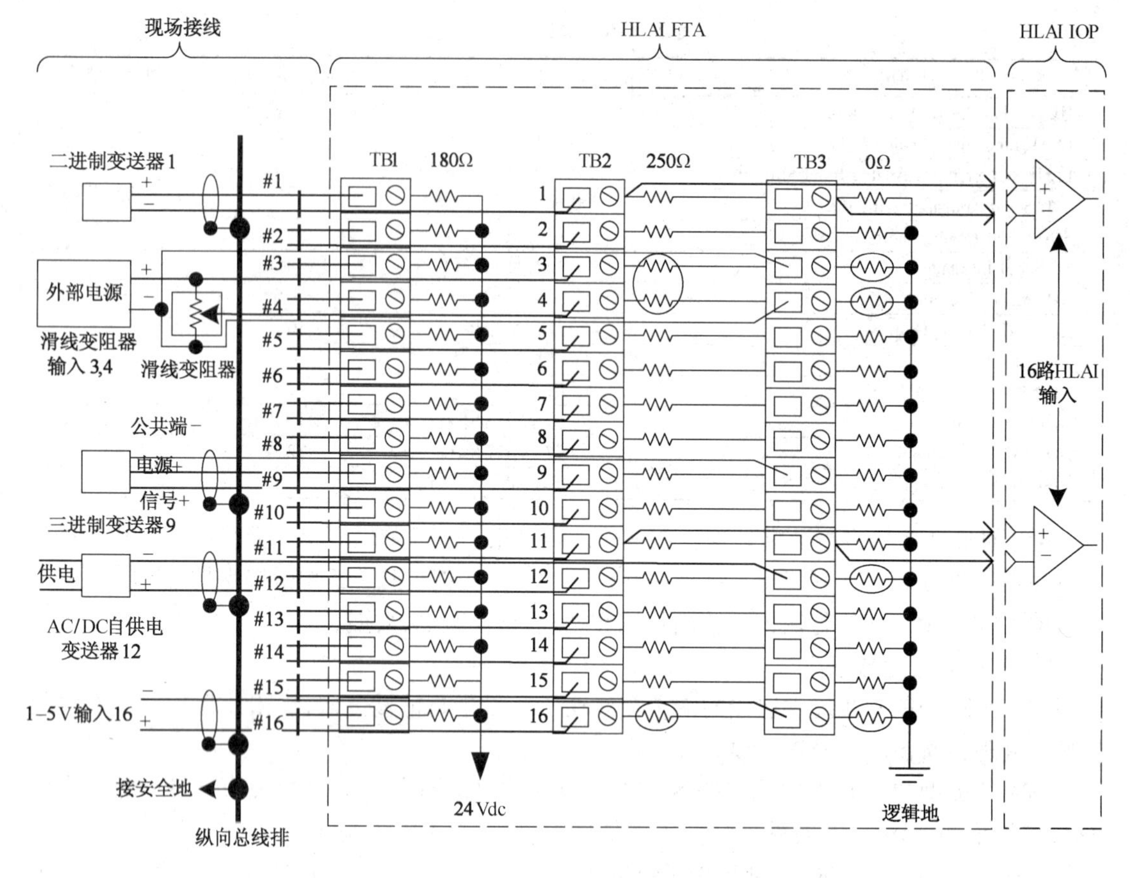

图 2-4-43　HLAI FTA 接线原理图

注：

（1）内供电二线制变送器的 4-20mA 电流信号，信号+接 TB1，信号-接 TB2，如通道 1；

（2）外供电的滑线变组器电压信号，去掉相关通道上的 250Ω 和 0Ω 电阻，变阻器总电压信号+/-端分别接一个通道的 TB2 和 TB3，分电压信号分别接另一通道的 TB2 和 TB3，如通道 3 和 4；

（3）内供电三线制变送器的 4-20mA 电流信号，电源+接 TB1，信号+接 TB2，公共端-接 TB3，如通道 9；

（4）外供电二线制变送器的 4-20mA 电流信号，去掉 0Ω 电阻，信号+接 TB2，信号-接 TB3，如通道 12；

（5）外供电非隔离变送器的 1-5V 电压信号或差分电压信号，去掉 250Ω 电阻和 0Ω 电阻，信号+接 TB2，信号-接 TB3，如通道 16。

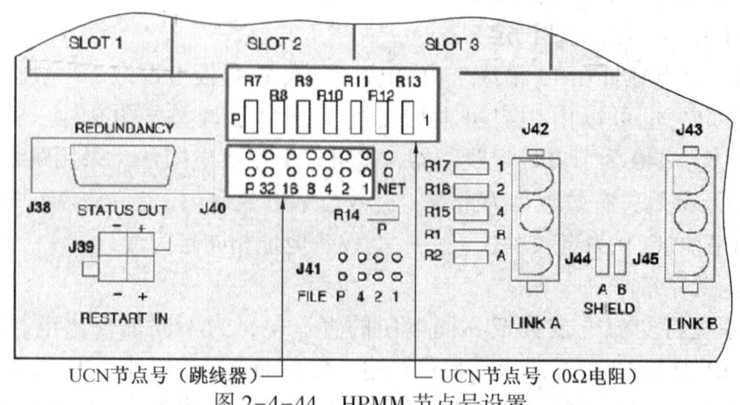

图 2-4-44　HPMM 节点号设置

HPM 电源系统具备以下的性能：

- 可以选择冗余配置；
- 输入为 120VAC 或 240VAC 可选；
- 支持单电源或冗余电源故障诊断；
- 带故障诊断的 3.6V NiCad 备份电池
- 带选断开关的 48VDC 蓄电池备份模块，可提供 24VDC 达 25 分钟时间。

图 2-4-45 是随 HPM 机柜安装的电源示意图。

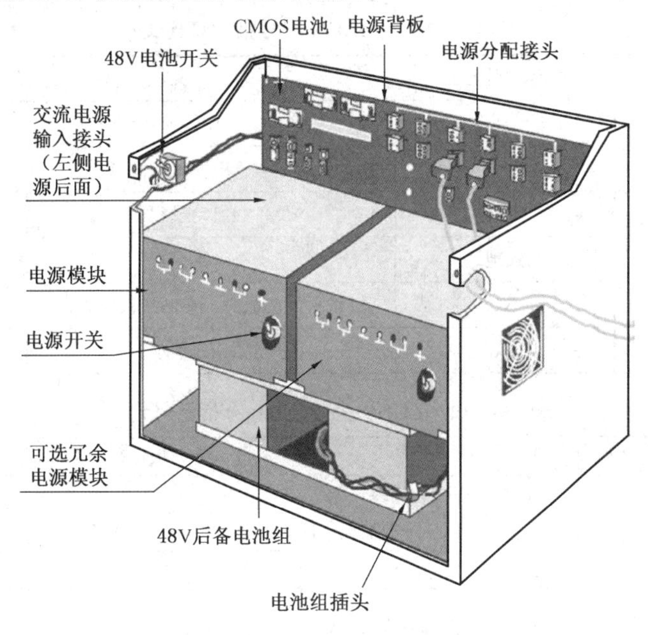

图 2-4-45　HPM 标准电源系统

4. TPS 系统维护信息

通过检查硬件设备的工作状态指示灯和操作站上的系统状态画面，可以获取 TPS 系统报警信息为系统维护提供依据。

(1) 设备状态指示灯

TPS 的各个模件和卡件都有指示灯。电源指示灯(POWER)指示该模件的 24VDC 供电是否正常，状态指示灯(Status)则指示模件的工作状态。查看设备的状态指示灯是获取系统报警信息最简单的途径。

LCN 设备主板(K4LCN)上的状态指示灯如图 2-4-46 所示，部分指示灯的含义见表

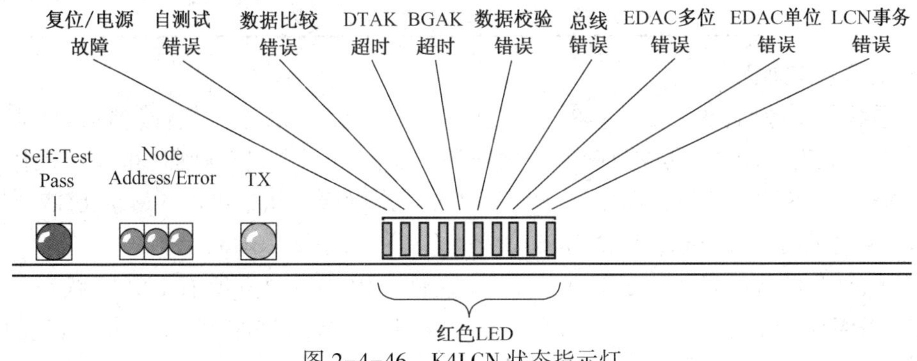

图 2-4-46　K4LCN 状态指示灯

2-4-11；TPS 节点的 LCNP 状态如图 2-4-47 和表 2-4-12；HPMM 的模件和 IOP 的状态指示灯的含义见表 2-4-13。

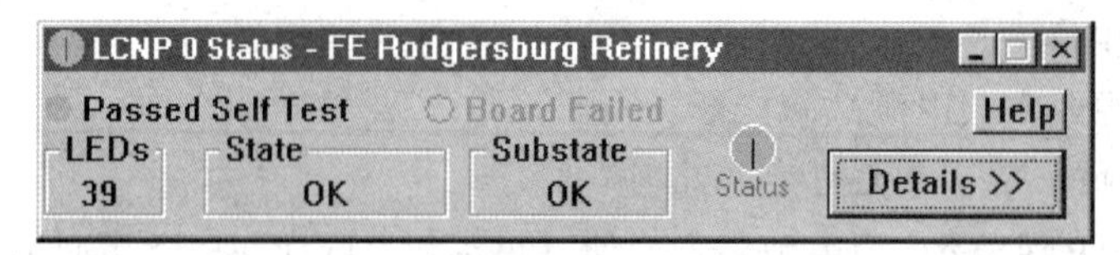

图 2-4-47　LCNP 状态画面

表 2-4-11　K4LCN 部分指示灯含义

指示灯名称	指示灯状态	含　义	说　明
Self-Test Pass	ON	设备启动过程中，自测试通过	绿色指示灯
	OFF	设备启动过程中，自测试未通过	
Node Address/Error	字母	设备在启动过程中	红色 3 位数码管
	节点地址	设备运行正常	
	-xxx	设备发生故障，显示错误代码	
TX	闪烁	设备在通信中	黄色指示灯

表 2-4-12　LCNP 状态(Status)指示灯含义

指示灯颜色	可能状态
红　色	故障，TERM，离线，未组态
黄　色	校验，上电，本地加载，网络加载，测试，准备好
绿　色	正常

表 2-4-13　HPMM 及 IOP 状态指示灯含义

卡件名称		状态指示灯状态	意　义
HPMM	Comm/Cntrl	ON	状态正常
		1 秒闪烁	自测试不通过
	I/O LINK	OFF	HPM 处在 ALIVE 状态
		ON	HPM 完成属性软件加载，状态正常
	UCN Interface Module	闪烁	通信正常
		OFF	硬故障(无通讯)
IOP		ON	状态正常
		闪烁	软故障
		OFF	硬故障

(2) 系统状态画面

通过系统状态画面(见图 2-4-48)，可以查看 LCN 和 UCN 上各模件(节点)的工作状态以及网络电缆状态。图 2-4-49 反映所有操作站状态的控制台状态画面(可通过操作员键盘上的[CONS STATS]键调用)；图 2-4-50 是 UCN 状态画面，从中可以了解该 UCN 上的所有节点及 UCN 电缆的工作状态；图 2-4-51 是 HPMM 的状态显示画面。

HPM 的复合设备状态反映了有效的 HPM 模件(HPMM)及其所有 IOP 的状态。也就是说，如果 HPMM 或任何一个 IOP 出现问题，都将影响到这个状态，其状态说明如表 2-4-14。

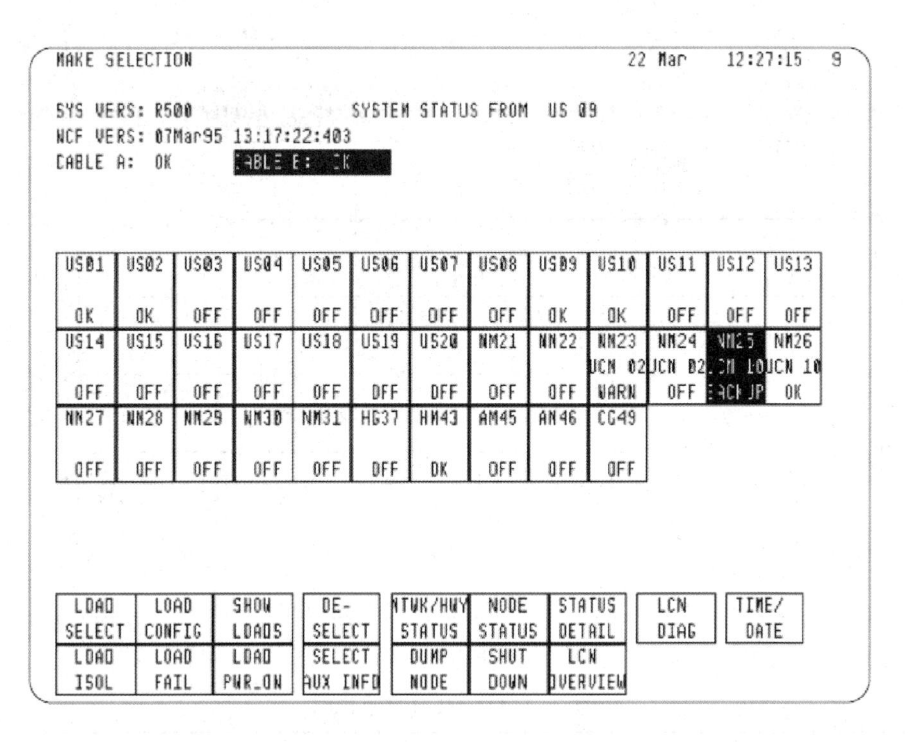

图 2-4-48 系统状态面画

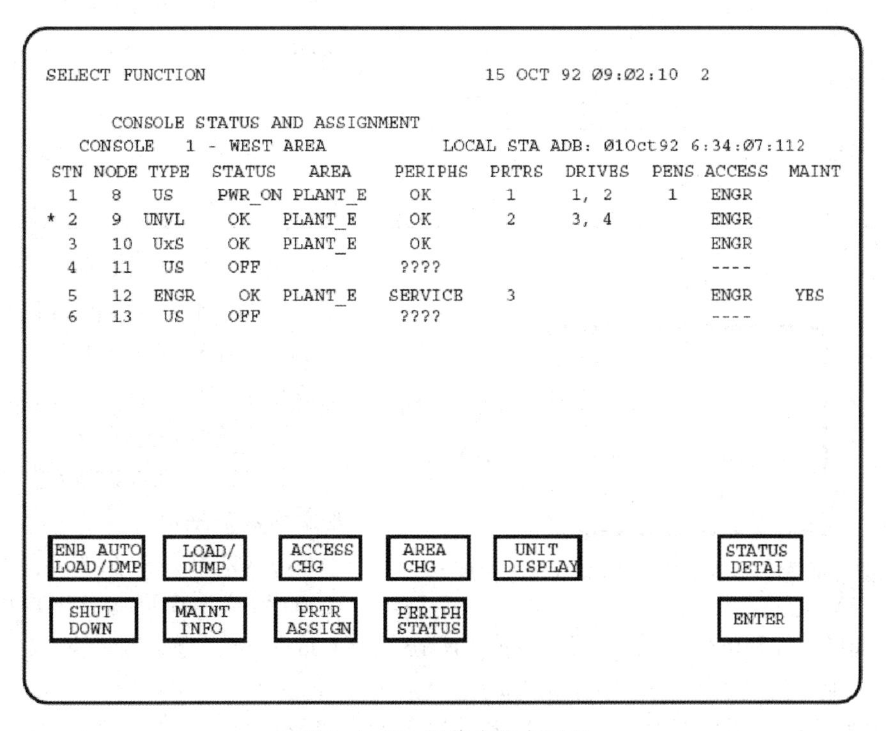

图 2-4-49 操作台状态画面

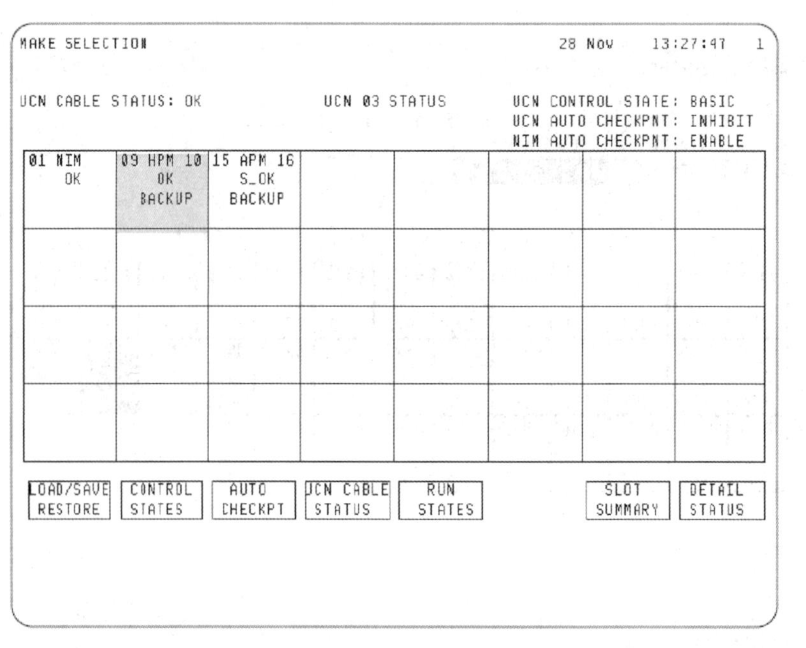

图 2-4-50 UCN 状态画面

表 2-4-14 HPM 状态说明

复合设备状态	ALIVE	黄色	HPM 已经加载程序和数据，尚未启动
	IDLE	黄色	HPMM 处于停止工作状态
	IO IDLE	黄色	一个或多个 IOP 处于 IDLE 状态
	OK	青色	运行正常
冗余设备状态	ALIVE	黄色	
	BACKUP	黄色	冗余设备为 IDLE
		青色	冗余设备运行正常

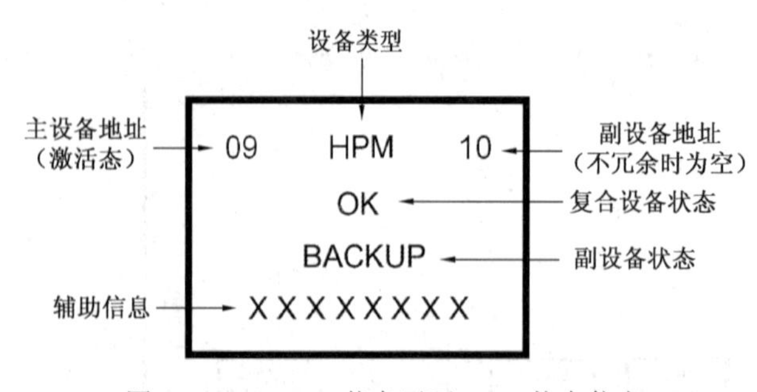

图 2-4-51 UCN 状态画面 HPM 状态信息

此外，还可以利用系统菜单(SYSTEM MENU)中的事件历史菜单(EVENT HISTORY MENU)检索指定设备在指定时间内发生的事件信息，为进行系统维护提供帮助。

4.2.2 CENTUM CS 3000 系统基本构成与维护

CENTUM CS 3000(简称为 CS 3000)系统规模可变，用户可以根据需要灵活选择硬件和软件。系统中最多可以有 16 个域(domain)，每个域最多 64 个站(Station)，其中 HIS 的最大数量是 16 个站/域。

CS 3000 系统主要由以太网、V 网以及网络上的人机界面站(HIS)、控制站(FCS)等设备构成，其网络结构见第一篇图 1-7-15。下面对这两种网络及主要设备硬件进行介绍。

1. 人机界面站(HIS)

(1) HIS 的类型

HIS 有台式和桌面式两种类型。桌面型 HIS 使用通用 PC。台式 HIS 由操作台和 PC 机组成，操作台可以安装两个上下重叠的 CRT 或 LCD、八位控制键操作键盘和辅助 IO 平台，并可成排安装。配封装显示器(CRT)或开放显示器(LCD)的 HIS 如图 2-4-52 和图 2-4-53 所示。

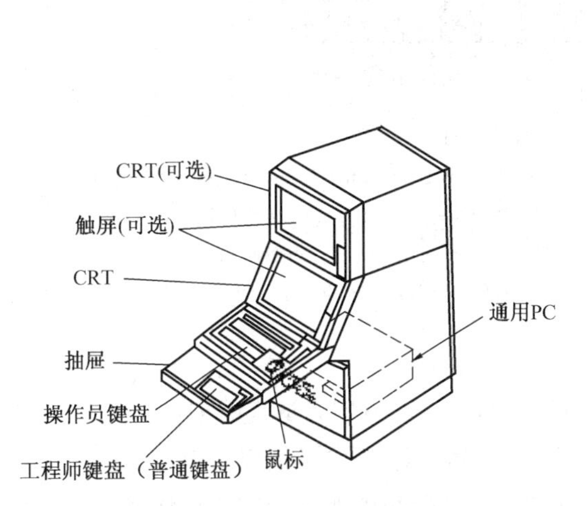

图 2-4-52 配封装显示器的 HIS

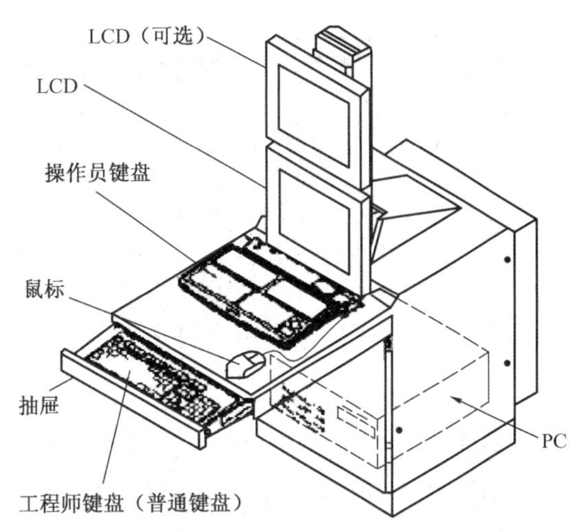

图 2-4-53 配 LCD 开放显示器的 HIS

(2) 操作员键盘

HIS 的操作员键盘采用防尘、防水设计，与主机通过 COM 口连接。键盘有两种类型：一种是供桌面式 HIS 使用的触压式功能键的操作键盘(图 2-4-54)；另一种是专供台式 HIS 使用的带 8 组控制键的操作键盘(图 2-4-55)。

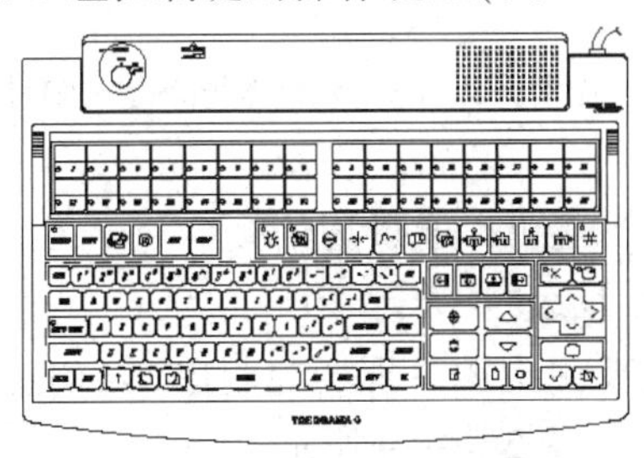

图 2-4-54 桌面式 HIS 的操作键盘

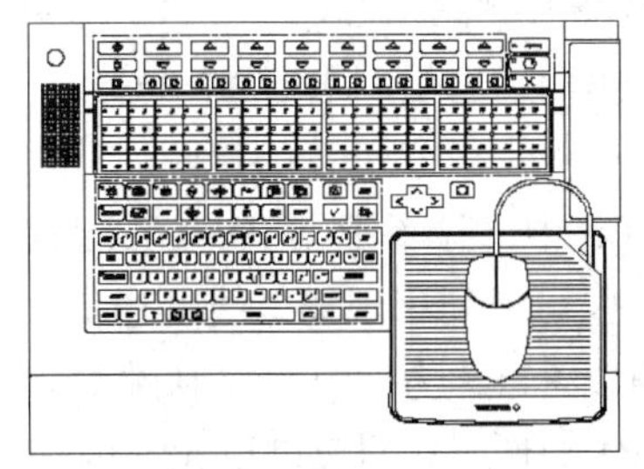

图 2-4-55 台式 HIS 的操作键盘

在操作键盘上有一模式选择锁，用于临时改变操作用户的安全级别，它有两个锁位(如图 2-4-56)：

图 2-4-56 模式选择键

- 操作员锁位　这个锁只能在[ON]和[OFF]两个位置之间进行切换。
- 工程师锁位　这个锁可以在[ON]、[OFF]以及[ENG]位置之间进行切换。

如果使用模式选择锁改变安全级别，会在操作或监视窗口出现提示信息，不过无须重新调用操作画面，操作就会在新的安全级别下进行。

在操作员键盘上，包括32个自定义键在内的功能键用于实现画面调用、操作控制等。主要画面调用键如图2-4-57所示。

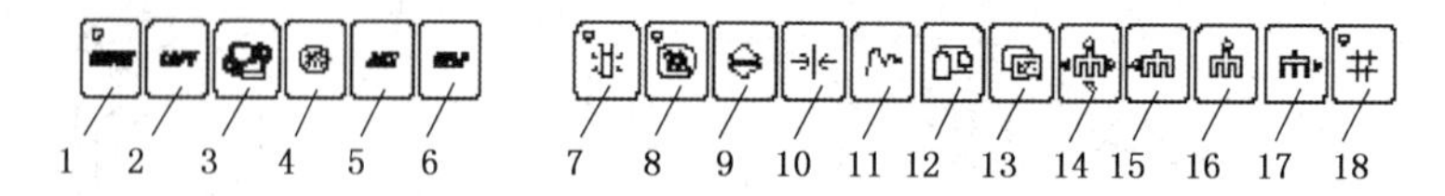

图2-4-57　主要画面调用键

1—系统状态窗口；2—全屏打印；3—窗口切换；4—清屏；5—辅助菜单；6—帮助信息；7—过程报警窗口；8—操作指导信息窗口；9—控制组窗口；10—调整窗口；11—趋势窗口；12—流程图窗口；13—过程报告窗口；14—导航器窗口；15—按向上顺序调用同文件夹中的窗口；16—调用上层窗口文件；17—按向下顺序调用同文件夹中的窗口；18—总貌窗口

其他的功能键还有：

增加(INC)目标值。当操作该键时，这个值每0.2s增加满量程的1%。

减小(DEC)目标值。当操作该键时，这个值每0.2s减少满量程的1%。

当进行INC或DEC操作时同时按下此键，数值将会以四倍的速度增加或减少。

将功能块模式设定为串级模式或半自动模式。这个键与AUT键同时按下时设定为串级模式，与MAN键同时按下时设定为半自动模式。

设定功能块模式为手动(MAN)。

设定功能块模式为自动(AUT)。

2. 现场控制站(FCS)

根据IO模块的不同配置，FCS分为三种类型：用于FIO的FCS(KFCS)、用于RIO的FCS(LFCS)和紧凑型FCS(SFCS)，如图2-4-58所示。

在FCS中，除了根据IO点数配置IO卡件以外，还可以通过通信接口与PLC或数采系统相连，也可以利用现场总线的通信卡连接现场总线仪表。

下面以KFCS为例介绍控制站的构成，KFCS主要由电源、现场控制单元FCU、节点单元NU、IO卡件、V网接口单元、内部总线等构成。如图2-4-59所示。

(1) 现场控制单元(Field Control Unit，简称FCU)

现场控制单元FCU用于过程控制和计算，主要由处理器单元、内部总线接口单元、电源单元和电池单元组成。对于冗余的FCU，电源单元、电池单元和件都是双重化冗余的，如图2-4-60所示。

不同类型的FCU，内部总线接口单元的型号不同，KFCS的内部总线接口单元是ESB总线接口卡；LFCS的内部总线接口单元是RIO总线接口卡。

(2) 节点单元(Node Unit，简称UN)

节点单元(UN)和IO卡件完成数据信号的转换，将来自现场设备的模拟或数字的过程IO信号传输给FCU的信号处理单元。将FCU的输出信号转换为现场信号送给现场设备。节点单元有本地节点和远程节点两种类型，图2-4-61为本地节点单元。

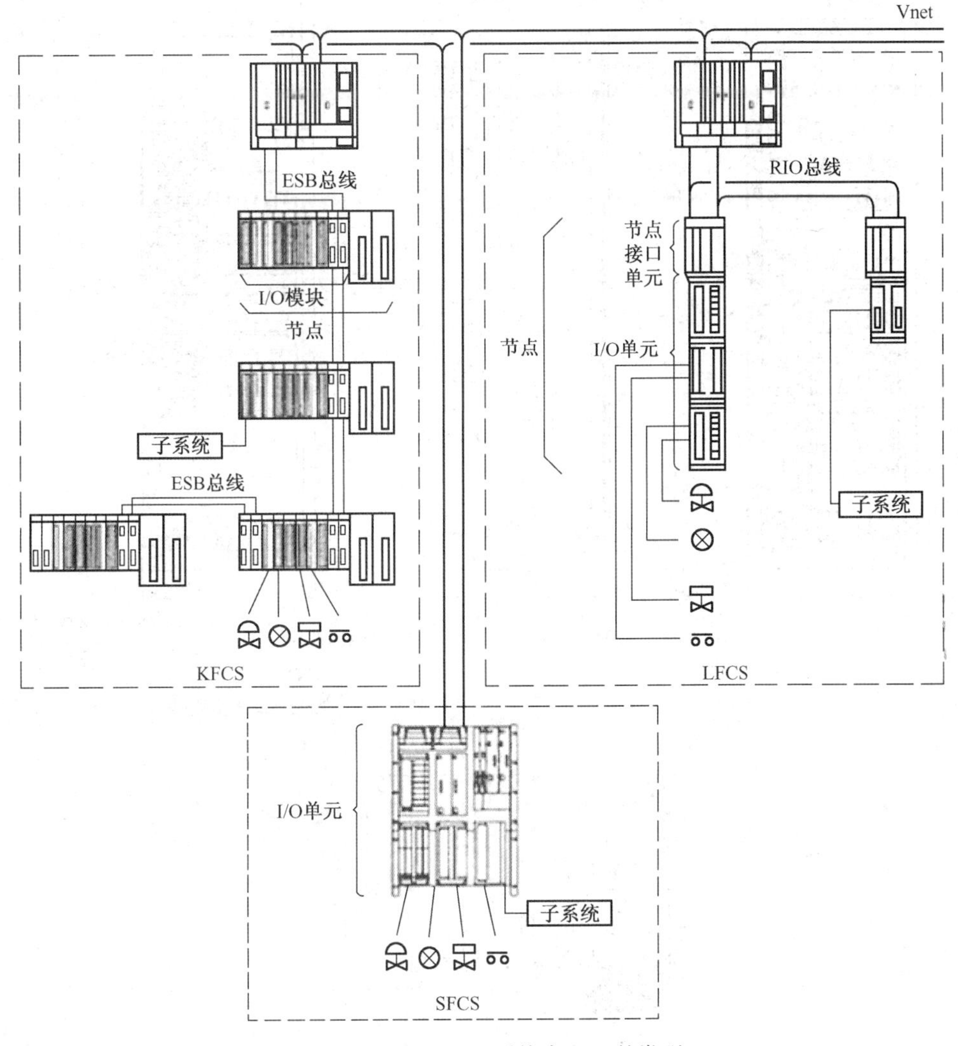

图 2-4-58　CS3000 系统中 FCS 的类型

FCU 和节点单元之间通过 ESB 总线连接。

节点单元和 FCU 一起安装在专用机柜里，一般是架装或盘装。每个 FCU 最多可以有 10 个节点单元，前面安装 1 个 FCU、5 个节点单元；后面安装 5 个节点单元。

每个节点单元有 12 个插槽，其中电源占 2 个，内部总线接口卡至少占 2 个，IO 卡件最多可以占 8 个。本地节点可以和 FCU 通过内部总线直接连接，远程节点必须通过本地节点才能与 FCU 通信。

(3) 输入输出模件(Input Output Module，简称 IOM)

IO 模块用来输入、转换和输出模拟的或数字的现场信号。IO 模块与内部总线接口模块通过节点单元的背板总线进行通信。

KFCS 的 IO 卡件有三种类型，模拟 IO 卡件(表 2-4-15)、数字 IO 卡件(表 2-4-16)和通信 IO 卡件(表 2-4-17)。表中，“X”和“—”分别表示可以或不能使用相应连接。

模拟 IO 卡可以处理电流、电压、脉冲/频率、热电阻、热电偶等信号。数字 IO 卡可以处理开关量信号。通信 IO 可以处理 RS-232/RS-485、现场总线等信号。

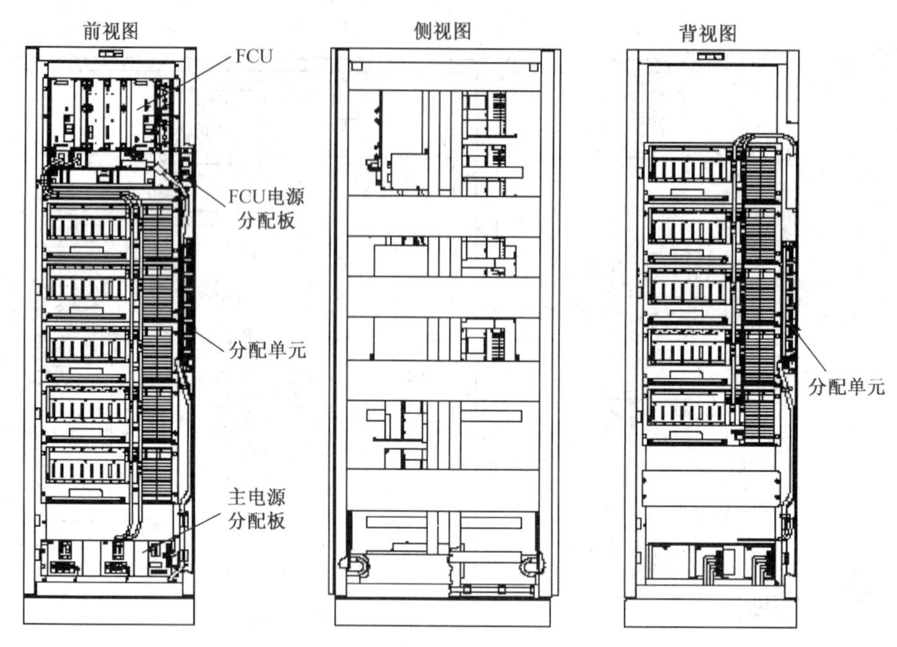

图 2-4-59　用于 FIO 的现场控制站(KFCS)

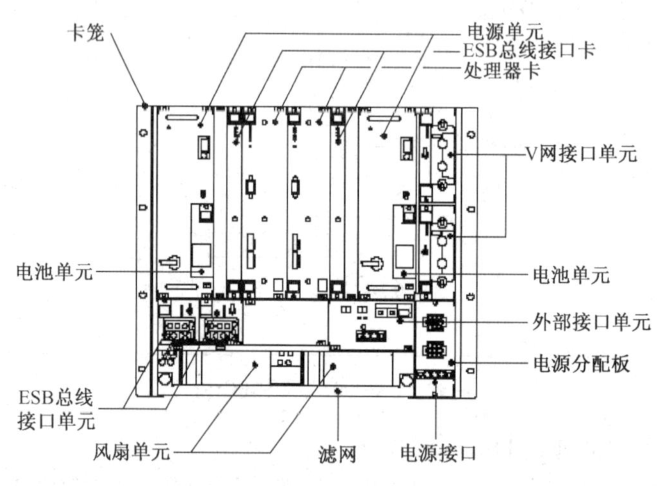

图 2-4-60　KFCS 的现场控制单元 FCU

例如 AAI141-S，从表 2-4-15 中可知，此模块是处理 4~20mA 电流信号的模拟量输入卡，有 16 个通道，非隔离，可以采用压接端子、MIL 电缆或专用电缆连接现场仪表信号。

表 2-4-15　KFCS 模拟 IO 模块列表

模　块	名　称	IO 通道数	连 接 信 号		
			压接端子	专用线缆	MIL 线缆
AAB841	模拟输入/出(1~5V 输入，4~20mA 输出，非隔离)	8 入/8 出	X	X	X
AAI135-S	模拟输入(4~20mA，隔离通道)	8	X	X	X
AAI135-H	模拟输入(4~20mA，隔离通道，HART 协议)	8	X	X	X
AAI141-S	模拟输入(4~20mA，非隔离)	16	X	X	X

续表

模　块	名　称	IO 通道数	连接信号		
			压接端子	专用线缆	MIL 线缆
AAI141-H	模拟输入(4~20mA，非隔离，HART 协议)	16	X	X	X
AAI143-S	模拟输入(4~20 mA，16 通道，隔离)	16	X	X	X
AAI143-H	模拟输入(4~20 mA，16 通道，隔离)	16	X	X	X
AAI1841-S	模拟输入/输出(4~20mA 输入/输出，非隔离)	8 入/8 出	X	X	X
AAI1841-H	模拟输入/输出(4~20mA 输入/输出，非隔离，HART 协议)	8 入/8 出	X	X	X
AAI835-S	模拟 IO 模(4~20mA，隔离通道)	4 入/4 出	X	X	X
AAI835-H	模拟 IO 模(4~20mA，隔离通道，HART 协议)	4 入/4 出	X	X	X
AAP135	脉冲输入（脉冲记数，0~10 kHZ，隔离通道）	8	X	X	X
AAP149	脉冲输入（脉冲记数，0~6kHZ，非隔离）	16	—	X	—
AAP849	脉冲输入（8-通道输入/8-通道输出，非隔离）	8 入/8 出	—	X	—
AAR145	RTD/POT 输入（16 通道，通道隔离）	16	—	X	—
AAR181	RTD 输入（RTD：JIS Pt100Ω，隔离）	12	X	—	X
AAT145	TC/mV 输入（TC：JIS R，J，K，E，T，B，S，N；mV：-100~150mV，隔离通道）	16	—	X	—
AAT141	TC/mV 输入(TC：JIS R，J，K，E，T，B，S，N；mV：-100~150mV，隔离)	16	X	—	X
AAV141	模拟输入(1~5V，非隔离)	16	X	X	X
AAV142	模拟输入(-10~10V，非隔离)	16	X	X	X
AAV144	模拟输入(-10 ~ 10 V，16 通道，隔离)	16	X	X	X
AAV542	模拟输出(-10~10V，非隔离)	16	X	X	X
AAV543-S	模拟输出(4~20mA，16 通道，隔离)	16	X	X	X
AAV543-H	模拟输出(4~20mA，16 通道，隔离，HART 协议)	16	X	X	X
AAV544	模拟输出(-10 ~ 10 V，16 通道，隔离)	16	X	X	X

表 2-4-16　KFCS 数字 IO 模块列表

模　块	名　称	IO 通道数	连接信号		
			压接端子	专用线缆	MIL 线缆
ADV151	数字输入(24VDC)	32	X	X	X
ADV551	数字输出(24VDC)	32	X	X	X
ADV141	数字输入(100V~120VAC)	16	X	X	—
ADV142	数字输入(220~24VVAC)	16	X	X	—
ADV157	数字输入(24VDC，仅支持压接接线)	32	X	—	—
ADV557	数字输出(24VDC，仅支持压接接线)	32	X	—	—
ADV161	数字输入(24V DC)	64	—	X	X
ADV561	数字输出(24V DC)	64	—	X	X
ADR541	继电器输出(24~110V DC/100~240V AC)	16	X	X	—
ADV859	数字输入/输出兼容 ST2(隔离通道)	16 入/16 出	—	X	—

续表

模　块	名　称	IO 通道数	连　接　信　号		
			压接端子	专用线缆	MIL线缆
ADV159	数字输入兼容 ST3(隔离通道)	32	—	X	—
ADV559	数字输出兼容 ST4(隔离通道)	32	—	X	—
ADV869	数字输入/输出兼容 ST5(16 个通道共用负侧)	32 入/32 出	—	X	—
ADV169	数字输入兼容 ST6(16 个通道共用负侧)	64	—	X	—
ADV569	数字输入兼容 ST7(16 个通道共用负侧)	64	—	X	—
ADV859	数字输入/输出(16-通道输入，16 通道输出，24 V DC)	16	—	X	—

表 2-4-17　KFCS 通讯 IO 模块列表

模　块	名　称	IO 通道数	连　接　信　号		
			压接端子	专用线缆	MIL线缆
ALR111	RS-232C 通讯模块(1200bps~115.2kbps)	2	—	X	—
ALR121	RS - 422/RS - 485 通讯模块(1200bps ~ 115.2kbps)	2	—	X	—
ALE111	以太网通讯模块(10Mbps)	4	—	X	—
ALF111	现场总线通讯模块(31.25kbps)	4	X	X	—
ALP111	PROFIBUS-DPV1 通讯模块	4	—	X	—

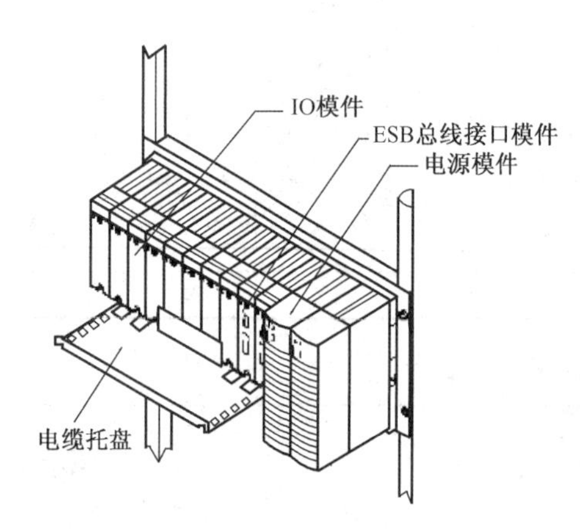

图 2-4-61　本地节点单元配置

(4) 内部总线

在 KFCS 中，现场控制单元和节点单元之间通过内部总线进行连接，内部总线有两种：ESB 总线和 ER 总线。

ESB 总线连接现场控制单元 FCU 和本地节点单元，使用多芯电缆，长度不超过 10m；ER 总线连接本地节点单元和远程节点单元或用于远程节点单元之间的连接，当控制站配置远程节点单元时，需要通过 ER 总线与本地节点相连，ER 总线使用同轴电缆，细缆长度不超过 185m，粗缆不超过 500m，也可以使用光纤。

3. 控制总线 V 网(V net)

V 网是连接站点，如 FCS、HIS、BCV 和 CGW 的实时控制总线，它采用令牌总线传输协议，满足快速响应和可靠性的要求。总线两端使用 50Ω 终端电阻，冗余配置，可以采用粗缆或者细缆，也可以粗缆和细缆混合使用。

FCU 有一对 Vnet 接口单元用于连接 FCS 与 V 网(见图 2-4-60)，HIS 通过安装在 PC 扩展插槽中的控制总线接口卡(如 VF701)与 V 网相连(见图 2-4-62)。

当一个域达到最大的 64 个站时，用户可以再创建一个新的域并且用总线转换器 BCV 进行连接。总线转换器还可用于连接 CENTUM CS、CENTUM-μXL、CENTUM-XL、CENTUM CS 1000 等系统的域。

4. 网络站点地址设置

系统软件安装之前，必须首先完成硬件的安装与网络地址设置，包括以太网 IP 地址和 V 网 IP 地址。以太网和控制网需分别设置。网络参数的推荐设置如表 2-4-18 所示。

V 网地址由域（Domain）号和站（Station）号组成，通过 DIP 开关设置。

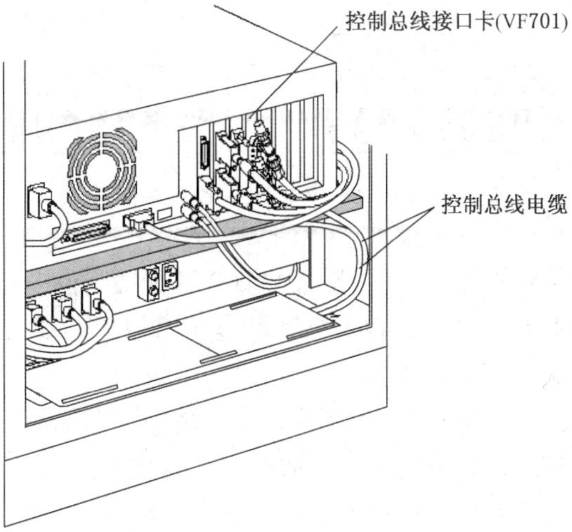

在使用 DIP 开关设置站号和域号的设备中通常有两个 DIP 开关（HF 总线/RL 总线接口卡 FC311 只有一个），分别用于设置设备的域号和站号。需要设置地址的设备有：

图 2-4-62　HIS 与 V 网的连接

- 控制总线接口卡（VF701）
- V 网口卡（VF311）
- HF 总线/RL 总线接口卡（FC311）
- 现场控制站处理器单元（CP703，CP345）
- 总线转换器（ABC11D，ABC11S）
- 通讯门路单元（ACG10S）

不同设备的 DIP 开关所在位置不同，VF701 卡的两个 DIP 开关位于印刷电路板上，现场控制站处理器单元（CP703 和 CP345）、总线转换器（ABC11D，ABC11S）、HF 总线/RL 总线接口卡（FC311）和 V 网接口卡（VF311）等的 DIP 开关都位于设备的前面板上，如图 2-4-63 所示。

表 2-4-18　网络参数的推荐设置

参　　数	以　太　网	控　制　网
IP 地址	172.17.〈域号〉.〈站号〉	172.16.〈域号〉.〈站号〉
子网掩码	255.255.0.0	
默认网关	不需要	

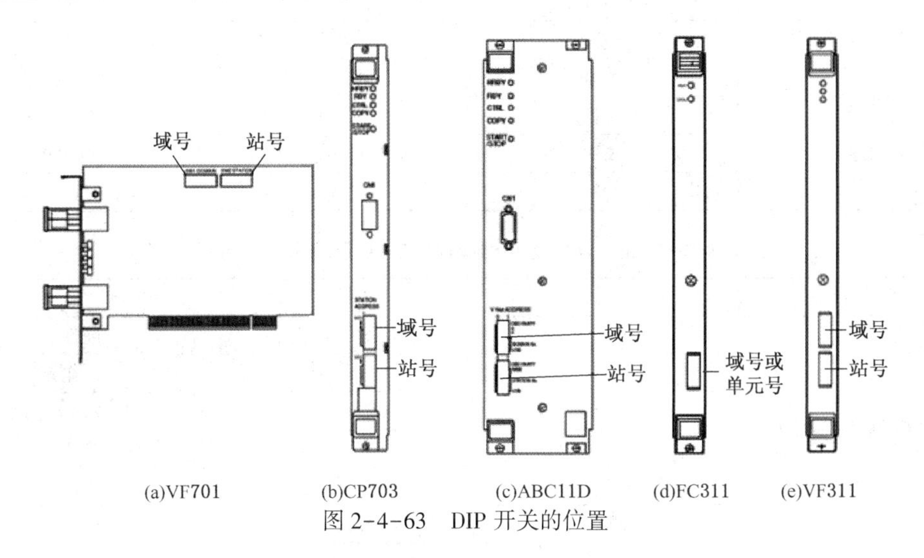

(a)VF701　(b)CP703　(c)ABC11D　(d)FC311　(e)VF311

图 2-4-63　DIP 开关的位置

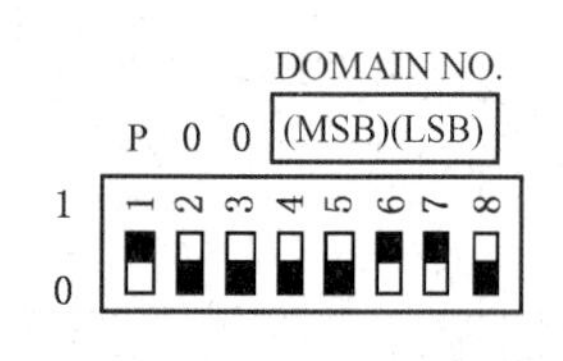

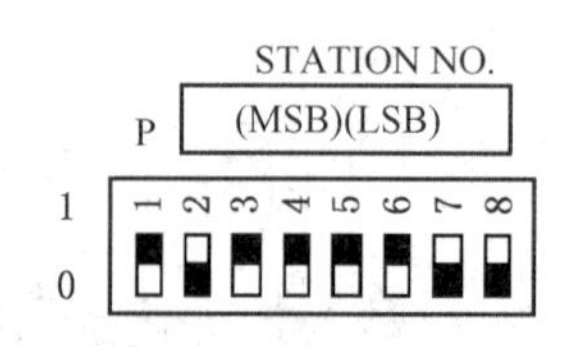

图 2-4-64 DIP 开关设置举例

每个 DIP 开关有 8 位，最高位即第 1 位为奇校验位（标为 P），用于保证每个 DIP 开关为 1 的位的个数必须是奇数。其余位为数字位，其值代表相应的域号或站号。域号 DIP 开关的第二位和第三位始终为 0，因此域号由 5 位二进制数表示，其取值范围为 1～16。站号的 DIP 开关由 7 位二进制数表示，其取值范围为 1～64。图 2-4-64 中 DIP 开关的设置表示域号为 6，站号为 60。

5. 系统维护

CS 3000 系统中提供了丰富的自诊断功能。主要有两种方式：一种是在硬件设备上提供各种工作状态指示灯，通过查看这些 LED 的状态，可以很容易识别模件的工作情况；另一种方式是在操作站上的系统状态显示画面中查看硬件设备的状态。

可以实现自诊断功能的硬件设备主要有系统网络、系统站点、供电单元、IO 模件等。

（1）硬件设备指示灯

表 2-4-19、表 2-4-20、表 2-4-21 给出了各种模件上 LED 的类型和功能。

表 2-4-19 公共模件和输入/输出模件状态显示 LED 的类型和功能

模件名称	指示灯	灯亮	灯灭
电源模件	SYS	+5VDC 输出正常	+5VDC 输出异常
	FLD	+24VDC 输出正常	+24VDC 输出异常
ESB 总线从接口模件	STATUS	硬件正常	硬件异常
	SEL	向 I/O 模件发送数据期间	不接收数据
	RSP	从 I/O 模件接收数据期间	不发送数据
ER 总线主接口模件	STATUS	硬件正常	硬件异常
	ACT	模件工作正常	模件等待
	DX	模件置于双冗余操作	模件处于单操作
	RCV-1	接收数据	不接收数据
	SND-1	发送数据	不发送数据
ER 总线从接口模件	STATUS	硬件正常	硬件异常
	RCV	接收数据	不接收数据
	SND	发送数据	不发送数据
I/O 模件	STATUS	硬件正常	硬件异常
	ACT	执行输入/输出	输入/输出操作停止
	DX	模件置于双冗余操作	模件置于单操作

表 2-4-20 以太网通讯模件状态显示 LED 的功能

模件名称	指示灯	灯亮意义	灯灭意义
以太网通讯模件 ALE111	STATUS	硬件工作正常	硬件故障
	ACT	工作正常	工作异常
	DX	模件置于双冗余操作	模件置于单操作
	RCV	接收以太	等待状态
	SND	发送以太	等待状态
	LINK	以太 LINK 状态	等待状态

表 2-4-21　通讯模件状态显示 LED 的类型和功能

模件名称	指示灯	灯亮意义	灯灭意义
串行通讯模件 ALR111、ALR121	STATUS	硬件工作正常	硬件故障
	ACT	控制状态	等待状态
	DX	模件置于双冗余操作	模件置于单操作
	RCV1	接收 RS1	等待状态
	SND1	发送 RS1	等待状态
	RCV2	接收 RS2	等待状态
	SND2	发送 RS2	等待状态
现场总线通讯模件 ALF111	STATUS	硬件工作正常	硬件故障
	ACT	控制状态	等待状态
	DX	模件置于双冗余操作	模件置于单操作
	RCV1	接收 H1 1	等待状态
	SND1	发送 H1 1	等待状态
	RCV2	接收 H1 2	等待状态
	SND2	发送 H1 2	等待状态
	RCV3	接收 H1 3	等待状态
	SND3	发送 H1 3	等待状态
	RCV4	接收 H1 4	等待状态
	SND4	发送 H1 4	等待状态

（2）硬件设备状态诊断画面

① 系统总貌窗口

系统总貌窗口由工具栏和状态显示区组成。工具栏中各功能键的作用如下：

调用系统报警画面。按键的不同状态表示当前系统报警信息的状态。

红色闪烁：表示系统报警信息已经产生，但还没有确认。

红色保持：表示系统报警信息已经产生，并且已经确认。

正常颜色：表示目前没有报警信息产生。

调用 HIS 的“Setup”窗口。

调用系统状态显示窗口。在这个窗口中，能够显示 V 网上同一个域中所有站点的状态。默认的设置是图标显示方式，可以通过工具栏变成列表方式，如图 2-4-65 所示。

以列表的形式显示系统状态总貌，或返回到图标显示方式。

调用总线转换器连接对象的系统总貌窗口。调用方式：在“NAME”对话框中输入 . SO△Domain Number，将会显示指定域的状态显示窗口。

通过这种方式可以访问和当前站所在的域相邻两个网段的域，它们通过 BCV 和 ACG 与本域连接。如果指定的域超过了这个范围，那么这个域中的所有站点显示为“FAIL”。

 调用系统报告对话框，对话框中显示的系统信息可以打印或保存到文件中。

 调用触标维护对话框。

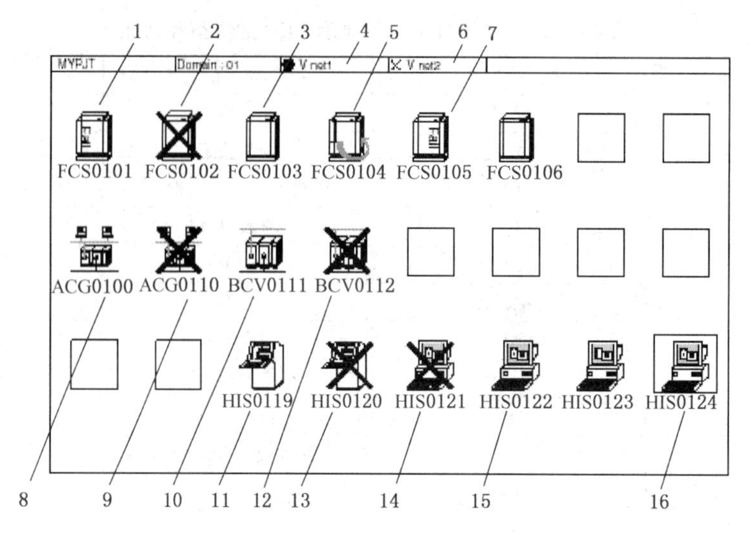

图 2-4-65　系统状态总貌窗口的状态显示区(图标方式)

1—CPU 状态(左侧 CPU 故障)；2—通信故障；3—正常；4—Vnet1 正常；5—正在执行测试功能；6—Vnet2 故障；7—CPU 状态(右侧 CPU 故障)；8—通信网关正常；9—通信网关故障；10—总线转换器正常；11—台式 HIS 通信正常；12—总线转换器故障；13—台式 HIS 通信故障；14—通信故障；15—通信正常；16—当前操作站(背景为白色)

调用 V 网设置对话框。

调用当前站的 HIS 状态显示窗口。

表示用于操作和监视的通用 PC 的状态。

表示台式 HIS 的状态。

表示各种类型的控制站的状态。

表示总线转换器的状态。

表示通讯门路单元的状态。

② 系统状态显示窗口

系统状态窗口可以通过系统信息窗口中的下拉菜单调用，也可以通过系统报警窗口调用。在系统状态窗口中可以显示整个系统的组成和工作状态，主要包括以下内容：

- 系统站点的组成，包括操作站 HIS、控制站 FCS 和转换器 BCV 等；
- V 网的状态；
- 控制站的 FCU 的型号和状态；
- 控制站中节点单元的类型、数量和状态；
- 节点单元中卡件的类型、数量和状态；
- 其他维护信息。

图 2-4-66 是系统状态显示窗口一例。在这个窗口中，通过颜色来表示 KFCS 各部件的工作状态。

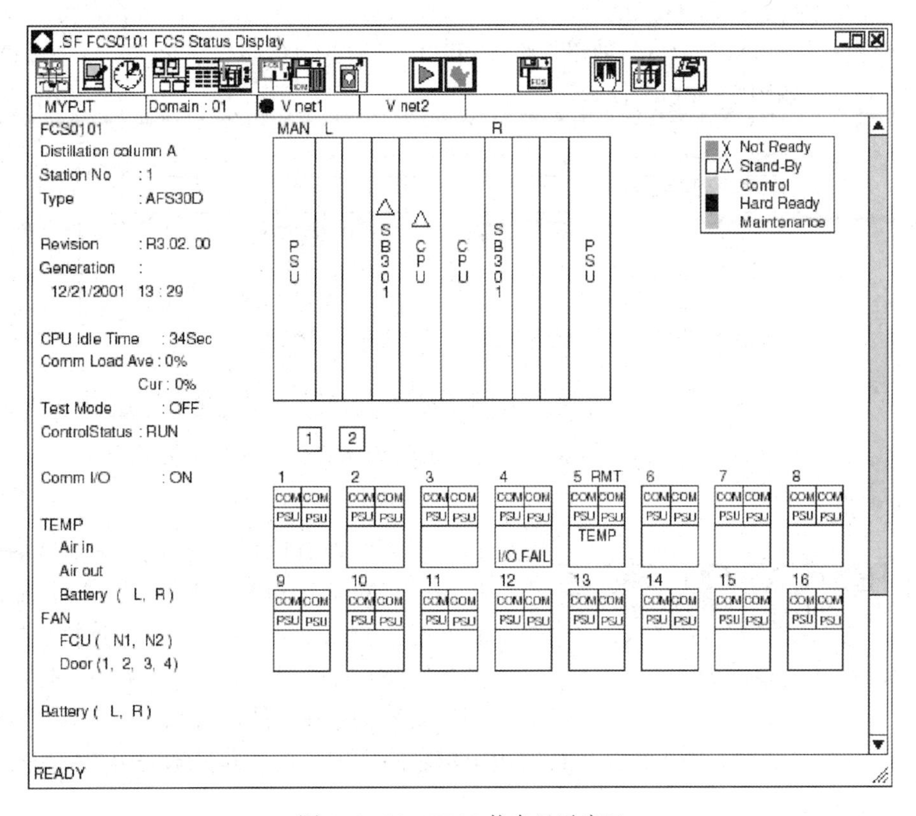

图 2-4-66　KFCS 状态显示窗口

红色：硬件设备故障或未上电。

黄色：冗余备用。

绿色：控制或正常。

深蓝：硬件设备正常，软件未下装。

浅蓝：维护信息。

(3) 系统维护窗口

① 过程报告窗口

过程报告窗口显示输入、输出以及功能块的当前状态。它有两种显示方式：一种是工位方式；一种是 IO 方式。以工位方式显示时，过程报告窗口可以显示控制站 FCS 中所有工位当前的状态，包括报警状态，当前测量值、运行方式、操作挂牌等内容，如图 2-4-67 所示。

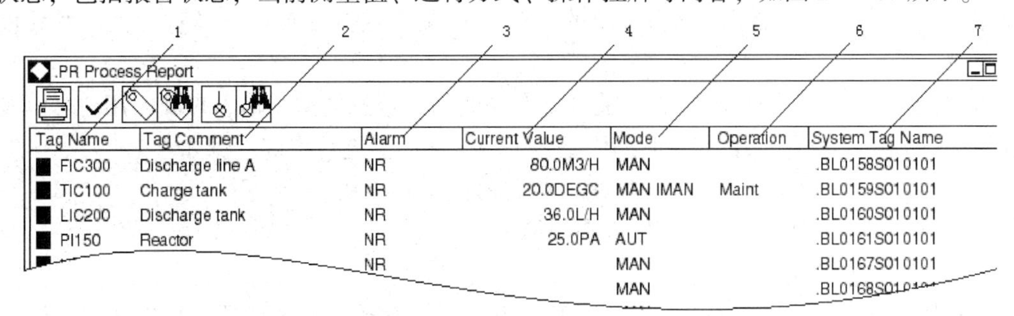

图 2-4-67　过程报告窗口(工位方式)

1—工位号；2—工位注释；3—报警状态；4—当前值；5—运行方式；6—操作挂牌；7—系统工位号

IO 方式可以显示所有 IO 点的开关状态，当数据为 ON，显示“1”；当数据为 OFF，显示“.”。IO 点包括报警器(%AN)、通讯 I/O(%WB)、过程 I/O(%Z)、公共开关(%SW)、全局开关(%SW)，如图 2-4-68 所示。

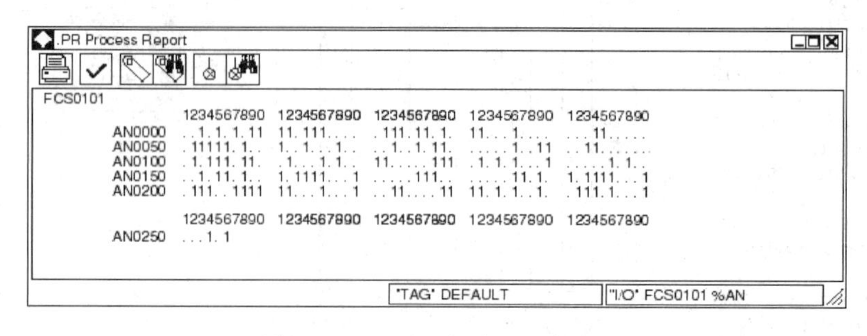

图 2-4-68　过程报告(IO 方式)

② 历史报告

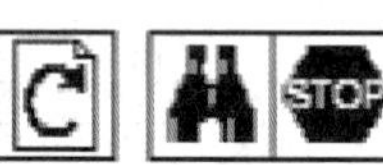

图 2-4-69　历史信息报告窗口的工具栏

历史报告窗口用来显示过去发生的信息和报警，它包括菜单栏、工具栏、报告显示区和状态栏，如图 2-4-69 所示。工具栏各按钮的功能分别是(从左到右)：打开文件、打印检索出的历史信息、刷新历史信息的显示、弹出设置查询条件的查询对话框、停止正在执行的历史信息的搜索、把当前显示的历史信息输出到一个 CSV 格式文件中。

报告显示区列出了历史信息发生的时间及历史信息的内容，如图 2-4-70 所示。

Message number	Date		Message string			
1206	01/12/21	11:59:40	%AN0008S0101 Tank level error	NR		
1201	01/12/21	11:59:38	%AN0008S0101 Tank level error	ALM		
1206	01/12/21	11:59:37	%AN0008S0101 Tank level error	NR		
1201	01/12/21	11:59:35	%AN0008S0101 Tank level error	ALM		
1206	01/12/21	11:59:33	%AN0008S0101 Tank level error	NR		
1201	01/12/21	11:59:31	%AN0008S0101 Tan...			
	01/12/21	11:59:20	...owrate 5		PV = 59.1 M3/H LO	Recover
1206	01/12/21	10:49:28	%AN0008S0101 Tank level error	NR		
1101	01/12/21	10:49:23	FIC005 Flowrate 5		PV = 59.1 M3/H LO	
1201	01/12/21	10:48:58	%AN0008S0101 Tank level error	ALM		

图 2-4-70　历史报告窗口的报告显示区

历史报告的文件在 HIS 的硬盘上以时间顺序保存。要查阅历史信息记录，需要先用历史信息报告窗口的工具栏按钮或编辑菜单的 [Search] 菜单项打开查询选择对话框，然后设置查询条件。

可用作查询 HIS 历史信息报告的关键字有：时间、信息类型、信息来源、用户名以及其他任意字符。设置查询条件时，可以用通配符“ * ” 和“ ? ”进行查询。例如：

[FIC1??]：用 FIC100 至 FIC199 之间的位号查询功能块。

[TIC *]：用以 TIC 开头的位号查询功能块。

③ HIS 设置窗口

HIS 设置窗口可以显示 HIS 的状态信息，并且可以完成 HIS 的设置，如操作和监视窗口的显示尺寸、打印机设置、操作面板的模式等等，如图 2-4-71 所示。

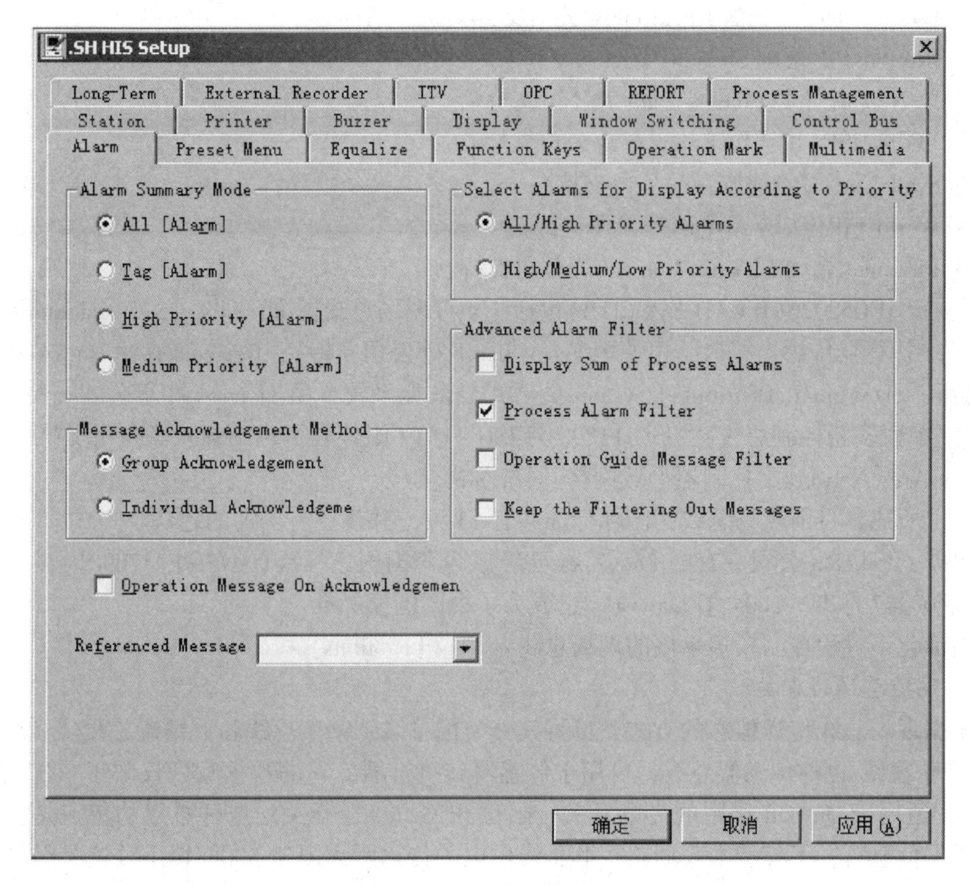

图 2-4-71　HIS 设置窗口

4.3　现场总线技术基本知识

由于 3C(Computer 计算机，Control 控制，Communication 通信)技术及计算机网络技术的发展，使得现场测量仪表嵌入 CPU 具有计算控制和通信功能，变成了智能现场设备(Field Device)，成为网络上的节点。在这种情况下，现场总线技术的出现，导致了现场总线控制系统(Fieldbus Control System，简称 FCS)的出现。这里简要介绍现场总线技术的基本知识。

4.3.1　现场总线

国际电工委员会 IEC61158 对现场总线的定义是：安装在制造或过程区域的现场设备与控制室内的自动化控制装置之间的数字式、串行、双向、多点通信的数据总线。

现场总线从本质上说是一种数字通信协议，既是信号标准、通信标准，也是自动控制的系统标准。简单地说，现场总线就是从控制室的控制设备连接到现场设备的双向全数字通信总线。

1. 现场总线的相关标准

数字通信协议是现场总线的核心。不同的通信协议形成了不同的现场总线技术标准。

国际标准化组织经过多年努力，于 2000 年初从众多通信协议中选择确定了 8 种类型的现场总线标准，发布了 IEC61158 总线标准。该标准中包括的 8 种类型分别是：

① IEC 技术报告 TS61158(即 FF 的 H1)；

② Control Net(由美国 Rockwell 等公司支持);

③ Profibus(由德国 Siemens 等公司支持);

④ P-Net(由丹麦 Process Data 等公司支持);

⑤ FF 的 HSE(由美国 Emerson 等公司支持);

⑥ Swift Net(由美国波音等公司支持);

⑦ World FIP(法国 Alstom 等公司支持);

⑧ Interbus(德国 Phoenix Contact 等公司支持)。

此外,IEC62026(IEC/TCl7/SCl7B)包括了 4 种现场总线标准,即:AS-i(Actuator Sensor -interface 执行器传感器接口,由德国 Festo 与 BtF 等公司支持)、DeviceNet(由 Rockwell 等公司支持)、SDS(Smart Distributed System 灵巧式分散型系统,由 Honeywell 等公司支持)以及 Sexipex(串联多路控制总线);ISO 11898 与 ISO 11519 则包含了由 Bosch 等公司支持的 CAN(Control Area Network,控制器局域网络)总线标准。

综上所述,目前现场总线的国际标准共有 13 种,并且还有增加的趋势。

另外,Echelon 公司专有的 Lonworks 已经成为美国国家标准(ANSI/EIA709.1),并且也是欧洲 TC247 标准。2004 年 Lonworks 也成为了中国国家标准。

石油化工过程控制较多采用的现场总线有 FF 和 Profibus。

2. 现场总线的分类

根据现场总线传送信息的方式,可将其分为位总线、字节总线和数据流总线。

① 位总线 也称传感器总线,可用于传感器和执行器,它的数据宽度仅限于“位”即“0”或“1”,适用于 On-Off 作用的光电开关、限位开关、接近开关。这种总线的特点是:成本低,数据信息短,不支持本安回路,非总线供电,传输距离限于 500m 以下。这是最简单的现场总线,不提供应用层和用户层,例如 Seriplex、AS-i 等。

② 字节总线 也称设备总线,它的数据宽度为字节,适用于分析器、编码器、流程参数传感器、马达启动器接触器、电磁阀等的信息传输。其特点是:成本适中,支持总线供电(2 线制),支持本安,数据信息为参数值,采用双绞线为媒体。这类总线包括 Allen-Bradley 公司的 Device Net,Honeywell Microswich 公司的 SDS。字节总线的基础是 CAN,许多自动化设备制造商在 CAN 总线的基础上建立了自己的现场总线标准。

③ 数据流总线 也称全功能总线或现场级总线。这类总线提供从物理层到用户层的所有功能,标准化工作进行得较为完善,是一种可传输大量数据的网络,其数据信息长,传输距离按不同媒体介质而定,通常可用做过程控制装置和驱动装置的信息输入。这类总线包括 Foundation Fieldbus(FF),Profibus-PA,WorldFip,P-NET,Lonworks 等。这类总线在过程控制中得到了广泛的应用。

3. 现场总线的优势

① 提高准确度 现场仪表把生产过程中的物理量直接编码或转换成数字量,然后经微处理器和通信芯片,以数字形式传输各种监控信息,减少了模拟信号传输过程中干扰的影响,减少了 A/D、D/A 环节及转换误差,因而提高了信号传输准确度。

② 提高控制效率 现场总线仪表都内装微处理器,可独立进行采样、A/D 转换、线性化或校正补偿运算处理以及报警判断,甚至可进行 PID 运算。控制所需的输入/输出信息直接在现场仪表间传送,不需经过主控制系统,信号传输路径极短,既减少了干扰,又增强了控制的实时性,使控制系统的效率大为提高。

③ 减少工程量　由于现场仪表通过现场总线直接与控制室进行数字通信，控制室内I/O转换、端子柜和I/O子系统减少了；一台现场总线仪表可以同时测量多个过程变量，因此一台现场总线变送器可以当作多台变送器使用；现场总线仪表具有多变量传送特性，一对现场总线干线通常可挂接多个设备，可减少电缆敷设工作量。因此，使用现场仪表可节约系统安装工程量。

④ 预策维护和远程维护　现场总线可以在现场仪表和控制室主系统之间双向传递信号，不但传送各类工艺参数和控制输出，还传送设备诊断、设定、组态和补偿参数等信号，仪表维护人员可在控制室随时了解仪表的“健康状况”，利用设备管理软件，减少甚至避免因仪表故障造成停车，增强检修期间仪表工作的针对性，减少仪表检修工作量。现场总线技术的应用，使预测维护和远程维护更加易于实现。

4.3.2　现场总线控制系统的特点及基本构成

现场总线控制系统(FCS)是诸多现场总线设备通过现场总线互联与控制室内人-机界面所组成的系统，是一个全分散、全数字化、全开放和可互操作的生产过程控制系统。

1. FCS的特点

与DCS系统相比，FCS具有以下特点：

① 实现了全数字化通信。DCS内部处理数字信号，但其I/0板上需要进行大量的A/D或D/A转换，因此DCS是半数字系统。在FCS中，从变送器到控制阀，始终使用数字信号，因此FCS是全数字系统。FCS采用比较高的数字信号电平，并具有数字通信的检错功能，其控制的准确性和可靠性大为提高。

② 实现了不同厂家产品的互操作。由于任何一个仪表生产厂不可能提供一个工厂所需的全部现场仪表，因此不同生产厂家的产品互联是不可避免的。互操作性是指在一个控制系统中可以使用不同系列或不同厂家生产的仪表。现场总线为不同厂家的产品互联制定了软件和硬件的规范，实现了真正的互操作。

现场总线控制系统的互操作性意味着可以用不同厂家的现场仪表去替换出故障的另一厂家的现场仪表，并且系统可以自动识别新加入的现场仪表。由此可见，采用FCS，用户可以根据价格、性能、质量和交货期等因素选择最适合的现场仪表，并将它们集成到一个现场总线控制系统，从而打破了厂家对同一品牌仪表的价格垄断，在经济上获得益处。

③ 实现了真正的分散控制。从DCS的结构看，它并不是完全的集散控制系统，而是半集散控制系统。DCS把控制功能分散到控制模板上，每个控制模板可控制一个或多个回路。在FCS中，控制功能可被分解到现场仪表和操作站中，从而减少了一个层次，原来不开放的内部总线变为开放的现场总线。图2-4-72表示了DCS结构与FCS结构的主要区别。在FCS中，控制功能虽然分散到现场仪表中，但仍允许在控制室内的操作站上以数字通信方式对现场仪表进行操作和调整。

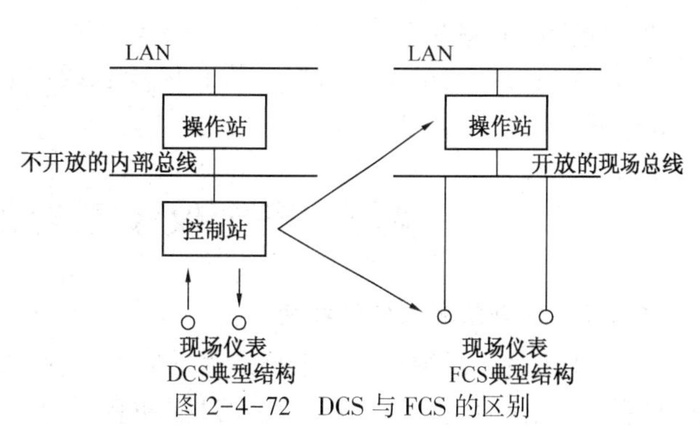

图2-4-72　DCS与FCS的区别

④ 实现了控制策略组态简单一致的操作。由于FCS的组态方法是规范的、标准的，所以不需要因为自动化仪表的种类不同或组态方法不同而进行重新培训或重新学习编程语言。因

此，FCS 的组态操作非常简单。

2. FCS 的基本构成

Smar 公司于 1995 年推出了第一代 FCS，即 System 302 系列现场总线产品。下面以 System 302 为例，来说明 FCS 的构成。

System 302 的典型构成如图 2-4-73 所示。

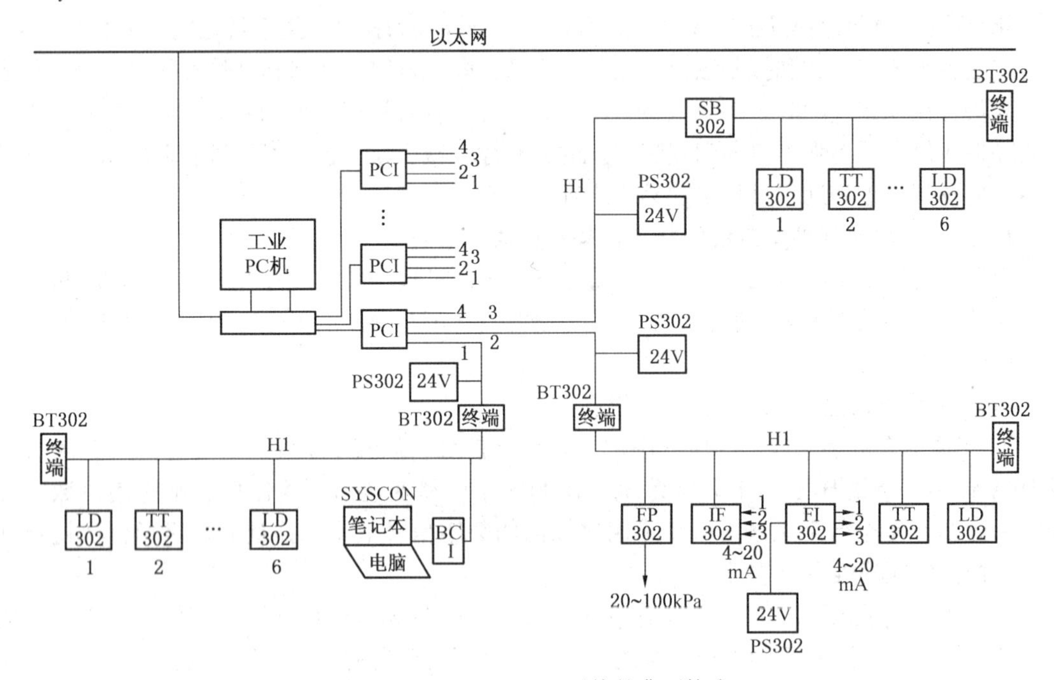

图 2-4-73　System 302 系统的典型构成

System 302 系列现场总线产品包括了差压、压力、流量和液位变送器(LD302)、温度变送器(TT302)、现场总线到压力(20～100kPa)转换器(FP302)、电流(4～20mADC)到现场总线转换器(IF302)、现场总线到电流(4～20mADC)转换器(FI302)等。各种转换器提供了现场总线控制系统与传统的现场仪表接口，以适应工业生产过程控制的阶段性更新、改造和过渡。过程控制接口卡 PCI 安装在工业 PC 中，实现该 PC 与现场总线仪表的连接。PCI 具有控制功能，可执行较复杂的运算和控制功能。工业 PC 主要从事管理工作，执行组态、维护等功能。

System 302 系列现场总线产品还包括隔离式安全栅(SB302)、现场总线电源(PS302)和终端器(BT302)。

System 302 的通信由现场总线芯片 FB3050 来完成，这个芯片执行 IEC61158-2 物理层规范，其他层执行目前的 ISP 协议。所有现场总线仪表都是本质安全的，电源遵守 IEC/ISA SP50 标准，也就是 9～32VDC。

4.4　安全仪表系统的基本知识

4.4.1　安全仪表系统的概念

石油化工生产必须在生产合格产品的同时，保证设备、人身及环境安全。保证安全的措施可用三个层次表示：第一层为生产过程和装置的工程设计及设备选型；第二层为过程控制系统，如 DCS 系统；第三层为安全仪表系统(图 2-4-74)。

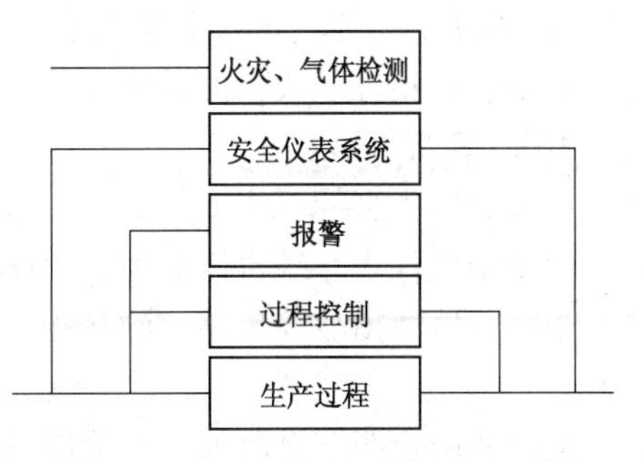

图 2-4-74　生产装置的安全层次

生产装置在最初的工程设计、设备选型及安装等阶段，都对生产过程和设备的安全性进行了考虑，所以生产装置本身就构成了安全的第一道防线。采用过程控制系统对工艺过程进行连续控制，使装置在设定值下平稳运行，从而使装置的风险又降低一个等级，这是第二道防线。安全仪表系统位于过程控制系统之外，对生产过程进行监测和保护，当生产装置的工艺参数因各种原因超越事先设定的安全值时，安全仪表系统就会动作，把发生事故的可能性降到最低，保证生产、设备、人身和环境安全，使操作人员在最低的也是可以接受的风险下操作，安全仪表系统构成了生产装置的最后一道安全防线。

根据 IEC61508/IEC61511，安全仪表系统(Safety Instrumented System，简称 SIS)指的是用仪表实现安全功能的系统，包括传感器、逻辑运算器、最终执行元件及相应软件等。

SIS 也是一种控制系统，紧急停车系统(ESD)、安全联锁系统(SIS)、仪表保护系统(IPS)、故障安全控制系统(FSC)均可称为安全仪表系统(SIS)。

随着技术的发展，生产装置日益朝着大型化的方向发展，控制精度要求高。同时，石油化工生产在高温、高压、易燃、易爆环境下进行，生产过程高度复杂，在一个安全的范围内操作越来越困难，石油化工生产对 SIS 的应用因而越来越广。

1. SIS 的发展过程

SIS 经历了从继电器、固态逻辑系统、PLC 的发展过程。

继电器系统采用单元化结构，较为简单，继电器为基本逻辑元件，通过接线进行编程，具有失效-安全的特点，初始投资低，可以分散安装，抗干扰能力强，电压种类多，适用于输入输出点较少、逻辑功能简单的场合，但是继电器系统故障率较高，响应速度慢，控制方案修改困难，无诊断功能，无通信功能，无报告文档，系统庞大复杂，缺陷较多。

固态逻辑系统是一种用具有特定逻辑功能的集成电路块组成的专用电路，它是在集成电路技术发展的初期形成的。电路采用模块化结构，结构紧凑，采用独立的固态逻辑集成为基本逻辑元件，也是通过接线编程，灵活性不够。由于采用了集成电路技术，使其具备了一些继电器系统所没有的优点：安装密度高，容易分散布置，低电压、易散热，可串行口通信，具有自诊断功能。缺点是：灵活性差，无报告文档，大系统费用高，施工复杂。

可编程逻辑控制器(PLC)系统的出现，使 SIS 发生了质的飞跃，克服了上述两种系统的缺点。PLC 采用模块化结构，通过微处理器及软件执行逻辑运算，通过软件编程，使用灵活，有自诊断功能，能实施串行通信，有报告文档。但是，其可靠性、保密性不够，与其他设备通信时的互可操作性不够，程序规模小时初期费用较高。其最大的缺点在于具有公用切换开关部分是导致系统故障的最大隐患环节，使系统安全性和可用性都很低。

进入 20 世纪 90 年代，随着计算机硬件技术和诊断技术的发展，在传统 PLC 系统的基础上，出现了专用于工厂安全控制的 SIS。

许多世界著名的仪表厂商都有相应的产品，如 Honeywell 公司的故障安全控制系统 FSC(Fail Safe Control System)，Triconex 公司的 Tricon，ICS 公司的 RegentPlus，HIMA 公司的 HI-Max 系统以及 GE Fanuc 公司的 GMR(Genius 冗余控制模块)。

SIS 本质上是通过了有关的安全认证的专用的 PLC 系统，它通过特殊设计的电路、软件、冗余、容错等手段，使其可靠性比一般 PLC 的高很多，其可用率达到了 99.999%。

2. SIS 常用术语

（1）故障类型

由于安全仪表系统责任重大，因此人们关心的主要问题不是系统怎样工作，而是系统怎样出故障，以及出故障后系统的状态。安全仪表系统的故障类型有两类，即显性故障和隐性故障。

显性故障也叫安全故障，是能够显示自身存在的故障。当系统出现显性故障时，可立即检测出，系统产生动作进入安全状态。显性故障对于控制对象是一种假性故障，是控制系统本身的故障，故障发生时被控制过程转入预定安全状态。因此，显性故障是失效-安全性故障。

隐性故障也叫危险故障，是不能显示自身存在的故障。当系统出现隐性故障时，只能通过自动测试程序检测出，系统不能产生动作进入安全状态。隐性故障是指故障并不会立即表现出来，只有在生产装置出现异常，需要停车时，隐性故障导致控制系统无法动作，使生产装置和整个工厂陷入危险境地。因此，隐性故障是失效-危险性故障。

显性故障影响系统的安全性，不影响系统的可用性。

（2）容错

容错是指功能模块在出现故障或错误时，仍继续执行特定功能的能力。真正的容错还具有在不干扰系统运行的情况下，完全恢复的能力。

根据容错的概念，容错系统必须具有如下四个特性：

- 检测在 PST（Process Safe Time，过程安全时间）内的任一时刻发生的任一错误；
- 确认完整自测试所发现的故障；
- 在确认后自动执行相应的程序；
- 排除在 PST 内发现的故障，并且不影响正在运行的过程。

容错可以通过硬件和软件的方法实现。

（3）冗余

冗余指用多个相同的模块或部件实现特定功能或数据处理。冗余系统具有故障检测和切换功能。

对于采用微处理器逻辑单元的安全仪表系统（SIS），其冗余的选择是基于可靠性、安全性的要求来配置的。安全仪表系统的冗余由两部分组成；其一是逻辑结构单元本身的冗余；其二是传感器和执行器的冗余。同时，还要考虑冗余部件之间的软件逻辑关系。针对不同的场合，多重冗余的设备套数及实现冗余的软逻辑不同。

美国和欧洲已有相当多的标准来规范冗余的配置，我国有关方面也制定了相关的行业标准（SH/T 3018 石油化工安全仪表系统设计规范）来规范冗余的配置。

（4）SIS 配置的安全性和可用性

安全性指系统在规定的时间间隔内发生隐性故障的概率，是安全生产对控制系统可靠性的要求。

可用性指系统可以使用工作时间的概率，是生产装置连续生产，误停车概率对系统的要求，也是系统连续工作时间的概率。

下面用两个接点的串、并联回路来说明安全性和可用性的概念。

两个常闭接点串联对断开信号实现了容错，避免了系统拒动作，提高了安全性，但牺牲了可用性；两个接点并联对闭合信号实现了容错，避免了系统误动作，提高了可用性，但牺牲了安全性。两种连接分别实现了对断开和闭合的“单容错”，串联实现的是“安全性单容错”或“安全性冗余”，并联实现的是“可用性单容错”或“可用性冗余”。

安全装置的安全性和可用性是一对矛盾。选择安全系统要兼顾可用性、安全性、投资等多个方面。

（5）多重冗余的逻辑表决方式

表决指冗余系统用多数原则确定结论的过程和方法。常用的表决逻辑有：

1oo1D（1 out of 1 D）　1 选 1 带诊断

1oo2（1 out of 2）　2 选 1

1oo2D（1 out of 2 D）　2 选 1 带诊断

2oo2（2 out of 2）　2 选 2

1oo3（1 out of 3）　3 选 1

2oo3（2 out of 3）　3 选 2

2oo4D（2 out of 4 D）　4 选 2 带诊断

【例 1】 二选一表决逻辑(1oo2 方式)

A、B 正常时状态为 1，当其中任一信号为 0 时，表决器命令执行器执行相应动作(图 2-4-75)。这种逻辑适用于安全性较高的场合。

【例 2】 二选二表决逻辑(2oo2 方式)

A、B 正常时状态为 1，只有当 A、B 信号同时为 0 时，表决器才命令执行器执行相应动作。适用于安全性要求一般，而可用性较高的场合，见图 2-4-76。

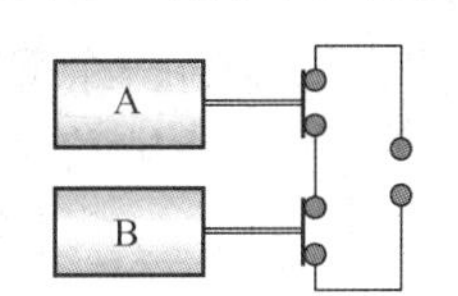

图 2-4-75　二选一表决逻辑

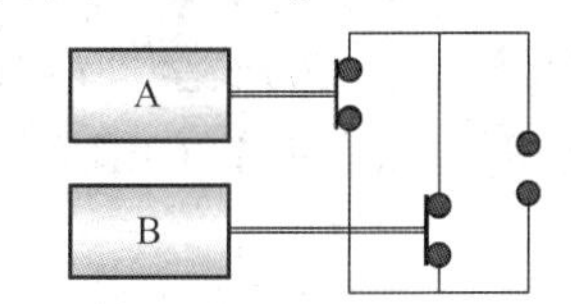

图 2-4-76　二选二表决逻辑

2oo2 选择能有效防止安全故障的发生，从而大大提高系统的可用性，这是从另一角度出发选择的冗余表决逻辑，但系统极有可能造成危险故障的发生。因此，从安全的角度讲，2oo2 方式是不可选的，TÜV(德国技术监督协会)标准禁止在 SIS 系统上使用 2oo2 方式。

通过对以上二重化表决逻辑的分析可以看出，1oo2 和 2oo2 都有缺陷，当出现 A、B 两个状态相异时，表决器无法判断对错。

【例 3】 三选一表决逻辑(1oo3 方式)

正常情况下，A、B、C 状态为 1，只要 A、B、C 任一信号为 0，表决器就命令执行器执行相应的联锁动作。这种方式适用于安全性很高的场合，见图 2-4-77。

1oo3 方式表决逻辑出于安全的角度，有效地防止了严禁故障的发生，比 1oo2 方式更严格，但增大了安全故障发生的机会。它的安全故障发生率是单一系统的 3 倍。

【例 4】 三选二表决逻辑(2oo3 方式)

正常时，A、B、C 状态为 1，当 A、B、C 中任两个组合信号同时为 0 时，表决器命令执行器执行相应的联锁动作。适用于安全性、可用性高的场合，见图 2-4-78。

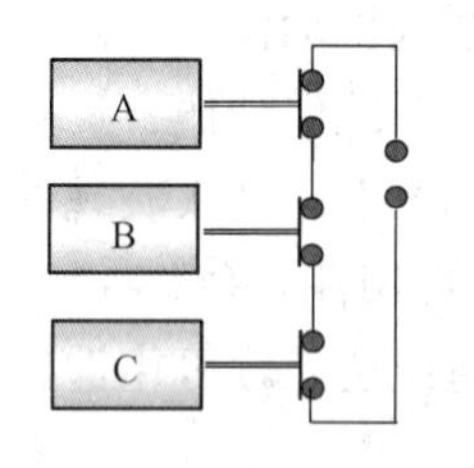

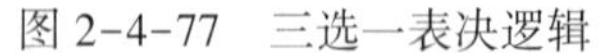
图 2-4-77　三选一表决逻辑

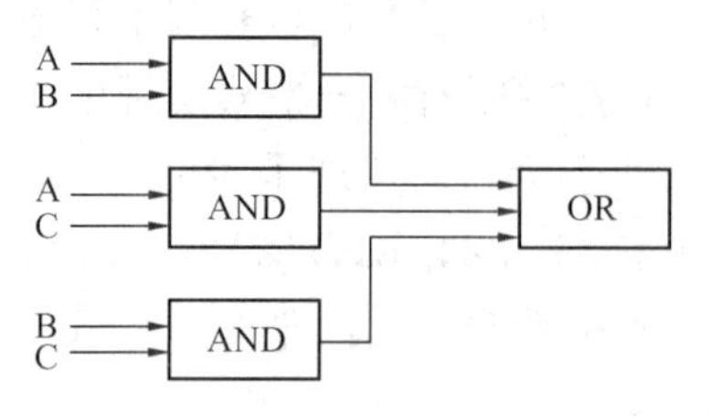

图 2-4-78　三选二表决逻辑

三选二 2oo3 表决逻辑是比较合理的选择，它能克服二重化系统不辨真伪的缺陷，任一通道不管发生什么故障，系统通过表决后照常工作，其安全性和可用性保持在合理的水平。

(6) 故障安全

故障安全能保证安全仪表系统发生故障时使被控制过程按预定方式进入安全状态。

故障安全是指 SIS 系统发生故障时，不会影响到被控过程的安全。当发生故障时，SIS 系统通过保护开关将其故障部分断电，这称为故障旁路或故障自保险，因而在 SIS 自身故障时，被控过程仍然是安全的，但可能将导致一次装置停车，这种停车叫做故障安全停车，这种系统叫做故障-安全型系统。

与故障安全停车不同，如果尽管有故障出现，安全仪表系统仍然按设计的控制策略继续工作，并不使装置停车，这叫做故障连续工作，这种系统叫做容错型系统。

(7) 多重冗余系统安全性

对于多重冗余系统，出现 CPU 故障时，系统的安全性会降低，安全等级下降。安全性能递减指的是在 SIS 系统 CPU 发生故障时，安全等级降低的一种控制方式。

1oo2D 带自诊断方式的安全性能递减方式为 2-1-0，表示当一个 CPU 被检测出故障时，该 CPU 被切除，另一个 CPU 继续工作；若第二个 CPU 再被检测出故障时，系统停车。

3 取 2 表决方式 2oo3 的安全性能递减方式为 3-2-0，即 3 个 CPU 中若有一个运算结果与其他两个不同，表示该 CPU 故障，然后切除，其余两个继续工作；当其余两个 CPU 运算结果再有不同时，则无法确定哪一个正确，系统停车。

双重化 2 取 1 带自诊断 2oo4D 方式的递减方式 4-2-0。系统中两个控制模块各有两个 CPU，同时工作又相对独立。当一个控制模块中 CPU 被检测出故障时，该 CPU 被切除，切换到 2-0 工作方式；其余一个控制模块中两个 CPU 以 1oo2D 方式投入运行，若这一控制模块中再有一个 CPU 被检测出故障，系统停车。

4.4.2　工艺过程的风险评估及安全度等级

任何生产过程都蕴含着风险。通常用危害发生的可能性和严重性以及危害发生的频繁程度和后果来衡量风险的大小。通过对风险的大小的定性及定量分析来确定安全仪表系统的安全等级。

安全度是指，在规定的条件下、规定的时间内，安全相关系统成功完成所要求的安全功能的可能性。

安全度等级(Safety Integrity Level，简称 SIL)是安全度的一种分级表示方法。国际电工委员会(IEC)IEC61508 标准将 SIS 的安全等级分成 4 级，见表 2-4-22。

表 2-4-22 安全度等级

安全度等级(SIL)	低要求时(每年)的失效概率	高要求时(每小时)的失效概率	安全度等级(SIL)	低要求时(每年)的失效概率	高要求时(每小时)的失效概率
4	大于等于 10^{-5} 小于 10^{-4}	大于等于 10^{-9} 小于 10^{-8}	2	大于等于 10^{-3} 小于 10^{-2}	大于等于 10^{-7} 小于 10^{-6}
3	大于等于 10^{-4} 小于 10^{-3}	大于等于 10^{-8} 小于 10^{-7}	1	大于等于 10^{-2} 小于 10^{-1}	大于等于 10^{-6} 小于 10^{-5}

4.4.3 SIS 和 DCS 的区别

SIS 和 DCS 在生产装置的控制中所起的作用是完全不同的，表 2-4-23 列出了其主要区别。DCS 主要用于生产过程的连续测量、常规控制，保证生产装置的平稳运行。而 SIS 系统则是对一些关键的工艺及设备参数进行连续监测，对出现的异常工况迅速进行处理，使危害降到最低，使人员和生产装置处于安全状态。在正常情况下，DCS 是“动态”系统，它始终对过程变量连续进行检测、运算和控制，对生产过程进行动态控制，确保产品的质量和产量。而 SIS 是“静态”系统。正常工况时，它始终监视生产装置的运行，系统输出不变，对生产过程不产生影响；非正常工况下时，它将按照预先设计的程序采取相应的安全动作，使装置保持在一定的安全水平上。由于 SIS 系统是安全生产的最后一道防线，因此 SIS 比 DCS 在可靠性、可用性上要求更严格。

表 2-4-23 DCS 和 SIS 的区别

DCS	SIS	DCS	SIS
动态控制 故障自动显示	静态监测，保护 必须测试潜在故障	维修时间不太关键 可进行自动/手动切换	维修时间非常关键 不允许离线

可见，SIS 和 DCS 在过程工业中所起的作用是不同的，两者既有分工，又互为补充。

4.4.4 SIS 的独立性

从国内外 DCS 使用情况的统计来看，在很多情况下(约 50%)，DCS 是处于手动操作状态。据科学测试和资料统计，人在紧急情况下犯错误的概率高达 99%。因此，许多国际权威机构在一系列安全标准及规则中明确规定 DCS 和 SIS 应分开。例如：

(1) 国际电子技术委员会(适用于工业安全控制系统应用的一个国际标准，1995)规定，所有 4 级工业过程应采取分离措施，应尽可能使安全关联功能及非安全关联功能分离。

(2) 国际测量与控制协会(工业过程中安全系统的应用，1996)要求：安全系统的传感器应从基本过程控制系统的传感器中分离出来，安全逻辑应从基本过程控制系统中分离出来。过程控制系统和安全系统功能上的分离减少了控制功能和安全功能同时故障的可能性，从而避免了由于控制系统中的疏漏造成对安全系统功能的影响。

(3) 美国化学工程师学会-化学工业过程安全中心(化工过程自动化安全指南，1993)规定：一般情况下，基本过程控制系统和安全系统的传感器、执行器、逻辑部分、I/O 模块以及机柜等等，都应在物理上和功能上加以分离。

4.4.5 关于 SIS 的认证

SIS 的重要性决定了 SIS 必须符合安全标准，并经过有关认证部门的认证。

安全标准对于使用 SIS 的用户来说是必须的。然而，检查每一个系统是否符合安全标准，对于用户和制造商来说都是一件困难的事。作为第三方的认证机构，可以同时满足用户和制造商的要求，其优点是：

- 通过一次完整的检验认证，以后的每次应用无须再认证；
- 用户无须检查安全系统的概念；
- 制造商只需在认证时一次性翻阅全部文件并给予帮助；
- 对照安全系统提供目标信息。

总之，可以降低用户和制造商的费用，并提高系统安全性。

国际上的安全认证机构有很多，其中 TÜV 是国际公认的权威性 SIS 认证机构。获得 TÜV 认证，已成为用户选用 SIS 统的重要前提。TÜV 将安全等级分为 8 级(AKl ~ AK8)，AK2、AK 3 对应于 SIL1，AK4 对应于 SIL2，AK5、AK6 对应于 SIL3，AK7 对应于 SIL4，AK8 是目前最高级别的安全标准。

4.4.6 故障安全控制系统(FSC)

故障安全控制系统(Fail Safety Controller，FSC)是 Honeywell 公司生产的以微处理器为基础的 SIS，带有双通道容错控制，符合 TÜV AK1-6 安全级别。

FSC 系统有多方面的用途，包括过程安全控制、燃烧器/锅炉管理、透平和压缩机安全保护、火焰和气体检测以及管线监视。

FSC 具有以下特点：

① 采用自诊断技术保证操作运行的可靠性。FSC 每秒钟检测一次全部中央处理器部分，每个过程安全时间(PST，1 秒或 2 秒)测试一次 I/O、内部数据总线和处理器。

② 结构紧凑、灵活。FSC 系统具有满足不同应用需求的多种配置。

③ 此外，还有其他一些特点，如支持程序在线修改、检验，支持在线更换卡件、强制赋值；采用逻辑块编程，程序设计简单；具有自动存档生成文件、事件顺序信息 SOE、功能逻辑模拟、短路保护、模拟信号处理等功能。

1. FSC 的系统结构

FSC 系统主要由中央处理器部分(Central Part，CP)和输入/输出模块两部分组成，如图 2-4-79 所示。

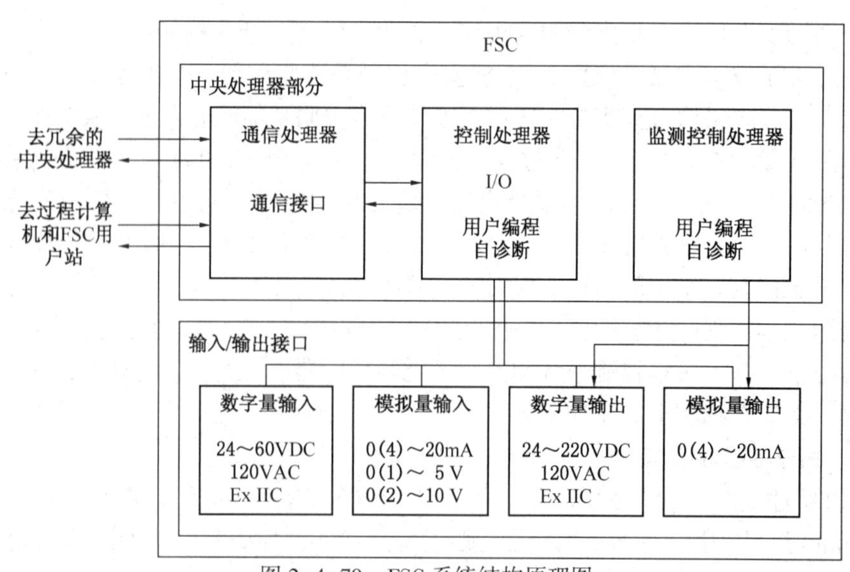

图 2-4-79　FSC 系统结构原理图

系统硬件模块可分成三组，即 CP 模块、I/O 模块和 FTA(现场接线端子)模块。

CP 的主要模块有控制处理器模块、检测控制处理器模块和通信处理器模块。

I/O 模块包括数字量输入卡(24 VDC，48 VDC 和 60 VDC 输入；16 通道，分两组)、模拟量输入卡(0 或 4～20mA/0 或 1～5V/0 或 2～10V)、数字量输出卡(24 VDC，48 VDC，60 VDC，110 VDC，220 VDC；10 W，20 W，36～48 W 负载能力；线监测 24VDC，48VDC，110VDC；1 组或 2 组输出；带短路保护)和模拟量输出卡（2 通道，0 或 4～20mA）。I/O 卡分为故障安全型和非故障安全型两类。

FSC 系统可通过 FSC 安全管理器模块(FSC-SMM)实现与 TPS 系统的 UCN 网络结合，成为 TPS 的一个节点。FSC-SMM 接口卡位于 FSC 系统的 CP 部分。

FSC 系统可对包括现场仪表的整个现场回路供电，并具有短路防护、短路和断路回路检测、模拟变送器操作范围检查等特性，从而提高了现场数据的可靠性。FSC 系统的数据采集和回路测试方法符合 IEC 61508 标准。

2. FSC 系统的配置

FSC 系统有几种配置可满足不同过程控制的要求。表 2-4-24 列出了几种常用的配置及主要特性。

表 2-4-24　FSC 系统配置表

类　　型	控制处理器	I/O 接口	安全等级(TÜV)
FSC101	不冗余	不冗余	AK4
FSC101R	冗余	冗余	AK6
FSC102	冗余	不冗余	AK5
FSC101R/102	冗余	部分冗余/部分不冗余	AK5/6

（1）FSC101 的结构

FSC101 是一个单路 CP 和单路 I/O 的系统，其中央部分 CP 的主要卡件如下：

CPU　中央处理单元，含系统软件和应用软件；

COM　通信卡，包含通信软件和应用程序表；

WD　看门狗，在 CPU 发出请求时使输出动作进入安全状态；

DBM　电池及自诊断卡，检测系统的电压和温度，控制系统的超温时间；

PSU　电源卡，用于 24VDC 和 5VDC 的转换。

总线部件如下：

VBD　垂直总线驱动卡；

V-BUS　垂直总线；

HBD　水平总线驱动卡；

H-BUS　水平总线。

四个总线部件 VBD、V-BUS、HBD、H-BUS 实现中央部件 CP 和 I/O 之间的连接。

（2）FSC101R 的结构

在 FSC101R 中，所有模块都实现了双重化(图 2-4-80)，具有两个 CP 和两路 I/O，两个 CP 所用模件是完全一样的。传感器和执行机构的 I/O 信号并行地接到其输入输出部分，一个输出通道失电不影响其功能的实现。

FSC101R 遵循 IEC61508 标准所描述的 1oo2D 系统体系结构。

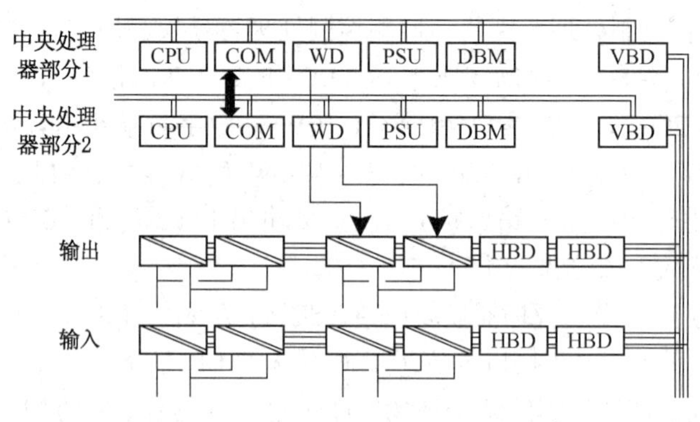

图 2-4-80　FSC101R 结构

1oo2D 的功能是通过四方形表决器输出电路及系统自诊断功能实现的(图 2-4-81)，可用性及安全性都非常高。1oo2D 包括两个 CP 和两组 I/O 系统。每个 CP 的监视器模块控制一个独立的开关，而且每个 CP 还可以通过位于 FSC 故障-安全输出模块中专用的 SMOD(辅助去磁方法)将另一个 CP 中的输出通道关掉。

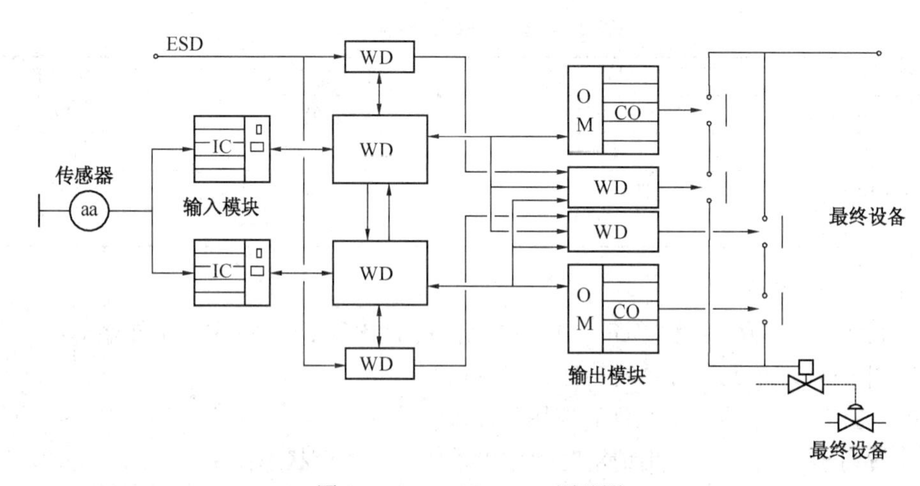

图 2-4-81　FSC 1oo2D 原理图

FSC 的输入及输出模块可配置成冗余或非冗余形式。冗余的 I/O 配置在 FSC 系统中可与冗余的 CP 相配合。在 FSC101R 这种完全冗余的配置中，每一 CP 有它自己的 I/O 系统，并有专有的访问权。在程序执行周期内，每一个 CP 都从它自己的输入模块读入数据。当两个输入结果完全一致时，两个 CP 才执行用户定义的控制程序，并将结果输送至输出模块。两个 CP 还要确保两个输出结果是一致的，只有相同的结果才通过输出模块输出。

可见，FSC101R 实现了 100%容错。

(3) FSC102 的结构

FSC102 是一种由冗余的 CP、单通道的 I/O 组成的系统。在 FSC102 系统中，两个 CP 可轮流对非冗余的 I/O 接口行使职责，这就确保了两个 CP 总是能正确访问 I/O 接口。

增加一个 CP，提高了系统的可用性，同时使系统安全等级达到了 AK5 级。

两个 CP 完全一样，同时做同一个工作，并彼此独立，互不干扰。两个 CP 之间通过通信进行数据交换并达到同步。

(4) FSC101R 与 FSC102 的结合配置

这是一种混合配置，是使用得比较多的一种结构。这种配置主要有两个理由：

- 非安全信号用单通道方式，可以节省空间和费用，如驱动报警灯；
- 分配安全输入在单通道部分，节省空间和费用，但减少可用性。

要根据用户的具体情况选择最正确的方式。

对于 FSC101R/102 结构来说，工程设计很重要，需要正确地分配所有的 I/O 点。

3. FSC 系统的故障监测和控制

图 2-4-82 是系统处理内部故障的示例。这是一个典型的 FSC 输出卡件的输出结构，4 个输出通道的输出晶体管(T1-T4)都与辅助晶体管(SMOD)串接。正常运行过程中，这 5 个晶体管都是导通的。

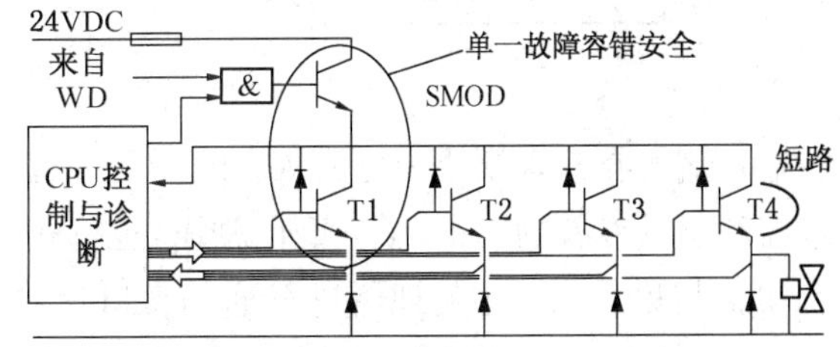

图 2-4-82 系统内部的故障监测、处理

由于随机的硬件故障，输出晶体管(T1-T4)中可能有一个发生“短路”，如 T4。

T4 短路，使得过程要求其打开时阀门不能打开，这是一个潜在的严重故障。为了检测这个故障，输出卡件必须增加额外电路以读取由图左边模块所指的输出状态。

当故障被检测到后，FSC 系统让辅助晶体管(SMOD)失电，使输出处于安全状态，这种方式通常被称为用辅助方法失电或 SMOD。

4.4.7 Tricon 系统概述

Tricon 是 Triconex 公司的产品，其控制器采用三重化冗余容错(Triple Modular Redundant, TMR)技术，主要用于炼油、石油化工、化工、海上采油平台、天然气、电力、核电站、航天等装置的安全保护和紧急停车。

Tricon 通过 TMR 结构提高容错能力。该系统由三个完全相同的系统通道组成(除电源模件是双重冗余外)，每个系统通道独立地执行控制程序，并与其他两个通道并行工作。任一通道内发生的任何故障都不会传递给其他两个通道。硬件表决机制对所有数字量 I/O 进行表决和诊断，模拟量输入则进行取中值的处理。

Tricon 系统具有以下特点：

- 采用三重化冗余结构，对输入和输出进行三取二表决。
- 能支持 118 个 I/O 模件和通信模件。
- 支持远程 I/O 模件。
- I/O 模件具有智能功能，以减轻主处理器的工作负荷。每个 I/O 模件都有三个微处理器，每个 I/O 模件都有故障诊断能力。输入模件的微处理器对输入信号进行滤波，并诊断模件上的硬件故障；输出模件微处理器对输出数据进行表决、通过输出端的反馈电压检查输出状态的有效性，并对连接的输出电缆进行通断测试。
- 提供全面的在线诊断，并具有修复能力。
- 可在线进行常规维护而不中断控制过程。

1. 结构原理

Tricon 控制器的三重化结构如图 2-4-83 所示，其组成从输入模件经主处理器到输出模件是完全三重化的，不论是部件的硬件故障，还是内部或外部的瞬时故障，单点故障都不会导致控制中断或装置停车。

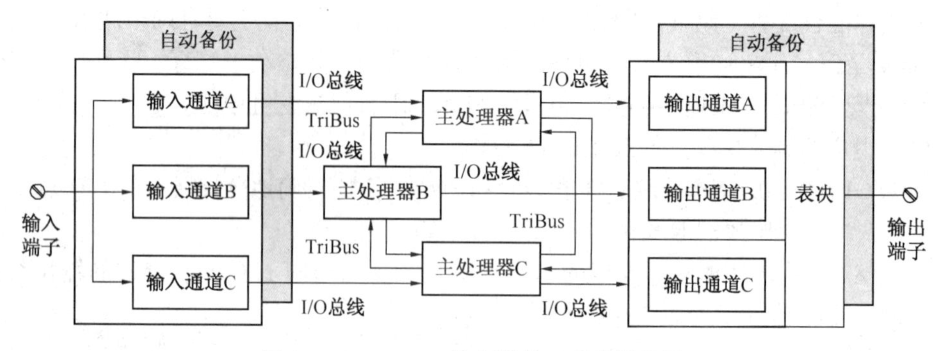

图 2-4-83　Tricon 控制器的三重化结构图

输入信号在输入模块中分成 A、B、C 三路读入，并传送到主处理器 A、B、C，三个主处理器利用其专有的 TriBus(三重化总线)进行相互通信。每个扫描周期，三个主处理器都通过 TriBus 与另外二个主处理器进行通信，以达到同步传送，同时进行数据比较和 3 取 2 表决，如发现不一致，系统可从不同的取样时间用不同数据进行判别以修正存储器内数据。每次扫描后，Tricon 控制器要用内部的差错分析程序判别输入数据，表决出一个正确数据，输入到每个主处理器。主处理器执行各种控制算法，并将计算结果送到各输出模件，在输出模件中进行输出数据表决。表决在输出模件中进行，可以检测和补偿 TriBus 表决与驱动现场的最终输出之间可能发生的错误。

2. Tricon 系统构成

组成 Tricon 三重化冗余容错控制器系统硬件的模件类型包括处理器模件、通信总线、DI 模件、DO 模件、AI 模件、AO 模件、端子模件、通信模件、电源模件。将这些模块按系统要求和用户需要安装在机架上就构成了 Tricon 系统的现场控制站。

Tricon 系统有三种形式的机架：主机架、扩展机架和远程机架。一个 Tricon 系统最多可以包含 15 个扩展机架，用以安装各种模件。图 2-4-84 为 Tricon 系统硬件配置示意图。

Tricon 系统的主机架安装主处理器模件以及最多 6 个 I/O 模件组，在机架内的各 I/O 模件通过三重的 RS-485 双向通信口连接。

图中，2#~15#为 Tricon 扩展机架，1#为 Tricon 主机架，TriStation 为 Tricon 工作站。

每一个扩展机架(机架 2~机架 15)可以支持最多八个 I/O 组。扩展机架通过三重化的 RS-485 双向通信口和主机架连接。连接主机架和扩展机架的通信电缆的总长最多为 30m (100ft)。

通过远程模块可把系统扩展到远程，远程扩展机架最远可距主机架 12km(7.5mile)。

Tricon 的外部端子板用于和现场设备的连接。

编程工作在装有编程软件的 TriStation 站上进行，监控操作在装有监控软件的 Trivien 站上进行完成。TriStation 站和 Trivien 工作站的硬件采用个人计算机。

Tricon 的编程和检测工具是 TriStation 1131 开发平台，支持三种符合 IEC 1131-3 标准的编程语言：功能块图语言、梯形图语言及结构化文本描述语言。其作用主要包括 Tricon 控制程序的开发和调试、系统状态的诊断、回路检测和现场设备维护时点的强制置位、控制程序下装至控制器并校验其是否能正确执行。

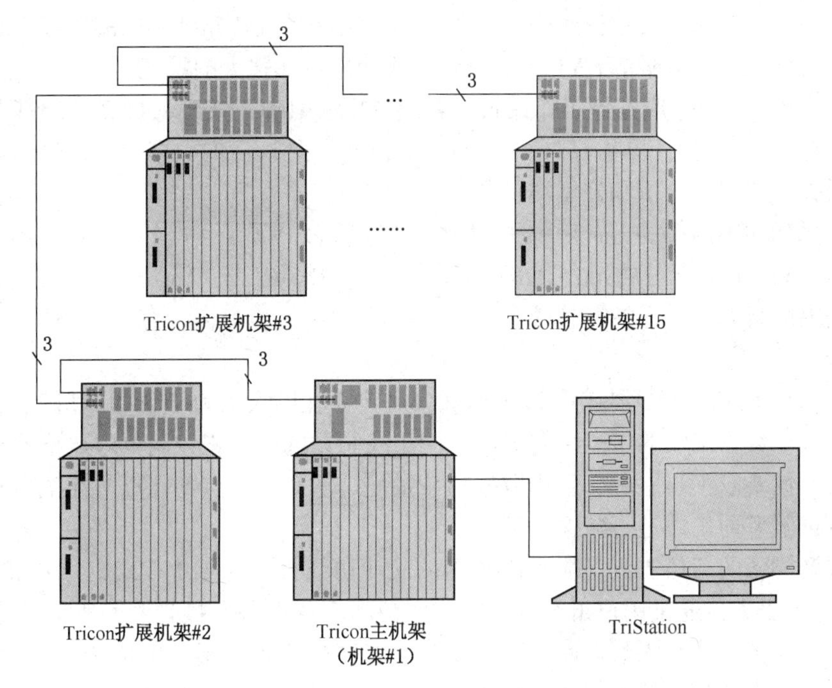

图 2-4-84 Tricon 系统的配置

4.5 数据采集与监控系统(SCADA)

4.5.1 基本知识

数据采集与监控系统(Supervisory Control And Data Acquisition, SCADA)是以计算机为基础的生产过程控制与调度自动化系统。它可以对现场的运行设备进行监视和控制，以实现数据采集、设备控制、测量、参数调节以及各类信号报警等各项功能。

SCADA 主要用于距离远、覆盖面广以及采用多种通信协议的实时数据采集、实时数据监视和数据管理，如电力系统、电气化铁道、污水处理、油气管网、石油化工等领域。

1. 结构

SCADA 从硬件结构上包含三个部分：第一部分是分布式的数据采集系统，即智能数据采集系统，常称为下位机；第二部分是数据处理和显示系统，即人机界面(Human Machine Interface，简称 HMI)，称为上位机；第三部分是连接前两部分的通信网络。如图 2-4-85 所示。

下位机通常指硬件层上的子系统，即各种数据采集设备，如各种 RTU(Remote Terminal Unit，远端测控单元)、FTU(Feeder Terminal Unit，馈线终端单元)、PLC 及各种智能控制设备等。这些智能采集设备与生产过程和事务管理的设备或仪表相结合，实时检测设备的各种参数，并将检测信号通过特定数字通信网络传递到 HMI 系统中。HMI 在接受各种信息后，以声音、图形、图像等方式展示给操作人员，达到监视的目的。HMI 还可以接受操作人员的指示，将控制信号发送到下位机中，达到控制的目的。系统中的数据经

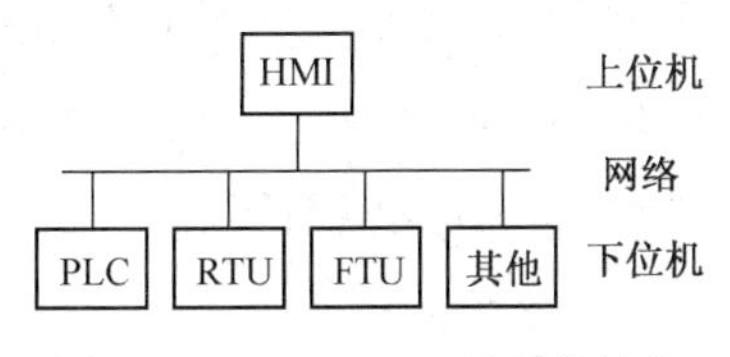

图 2-4-85 SCADA 的硬件结构

过处理后，将可能会保存到数据库中，也可能通过网络系统传输到不同的监控平台上，还可能与别的系统（如管理信息系统 MIS 等）结合形成功能更加强大的系统。

SCADA 采用客户端/服务器工作模式，客户端用于 HMI，实现人机交互的基本功能；服务器作为数据处理中心，完成大部分的过程数据处理。处理后的数据统一传送到客户端，实现数据的报警、监视、分析和控制功能。

目前，国际和国内市场上常用的 HMI 系统有 WonderWare 公司的 InTouch、西门子公司的 WinCC、Intellution 公司的 iFix、Rockwell 公司的 Rsview32、LogoSystem 公司的 LogView 等，以及国内的组态王、力控等软件。

2. 通信

SCADA 系统的通信模式决定了其内部通信是建立在以太网和 TCP/IP 基础上的以事件驱动的通信方式。数据采集的特点决定了它不同于控制系统，过程控制要求严格的实时性，数据采集对实时性要求不高。由于采集数据的数量规模从几十个点到几万点甚至更多，通常在数据变化后再触发通信并进行数据处理。

访问现场设备的通信协议一般采用常用的工业协议标准，如 MODBUS、Profibus、CAN-bus、OPC 等。服务器通过用户组态设定的速率访问现场设备，接受多种不同数据协议格式并将其统一成一种格式存入数据库。服务器支持多种通信协议驱动也是 SCADA 数据处理的一个显著特点。由于目前越来越多的现场设备支持功能，访问现场设备的通信通过 OPC 方式来实现成为发展的趋势。

3. 功能

SCADA 系统一般都有如下功能：

① 访问权限控制功能　SCADA 系统可以通过组态定义不同的用户权限组，依据不同权限实现如组态、报警状态更改、数据区域访问、趋势点增减等不同的访问权限控制。

② 趋势记录功能　SCADA 系统提供如下的趋势记录功能：定义或在线增减数据点的趋势参数、实时趋势和历史趋势、趋势数据的滚动与查询、趋势数据值的显示等功能。趋势功能一般可通过单独的模块实现或通过插入一个 ActiveX 控件方式实现。

③ 报警处理功能　报警处理是基于组态中对数据点报警限及报警状态的定义产生的。系统具有报警分级功能，不同级别的报警产生不同的声光效果。为增强报警管理，SCADA 系统一般都具有报警分区功能。

④ 记录和存档功能　SCADA 系统的纪录功能指的是数据操作中的报警记录、系统登录登出记录、系统故障记录、组态更改记录等内容。

⑤ 流程图显示的功能　流程图显示是 SCADA 的基本功能，它通过形象的流程图将数据变化展示给用户，实现基本的人机交互功能。

⑥ 控制功能　SCADA 可通过对下位机编写脚本程序实现控制功能。由于计算机不能保证系统控制的实时性，所以 SCADA 的控制多由事件触发产生。严格的实时控制宜置于底层的现场设备控制器中实现。

4. 组态

SCADA 系统借助专门的组态工具完成系统组态。标准的 SCADA 组态工具包含如下内容：

① 流程图组态工具　具有可实现点、线、基本图形及常用图形模块的标准图形组态工具，同时支持趋势、报警、ActivX 控件和常用脚本开发的动态定义功能；

② 数据库组态工具　具有定义数据点和数据点相关参数的数据库组态功能，包括位号、量程、单位、报警限、数据源链接等基本参数；

③ 脚本编程工具；

④ 支持 C、VC++或 VB 等高级语言的 API(应用程序接口)；

⑤ 支持多种现场设备的设备驱动库。

SCADA 系统的工程组态分三个阶段：系统组态、数据库组态和流程图及其他组态。

系统组态完成系统的权限定义、系统与现场设备连接等功能。在与现场设备连接中，首先要在 SCADA 中查找对应的设备驱动类型，然后定义该驱动的地址和相关参数。

数据库组态完成数据点及相关参数的定义，一般首先建立数据位号和相关量程、单位、报警、转换等参数，然后设定该数据点与设备驱动的实际物理连接。

流程图及其他组态完成流程图绘制，实现画面的静态图形和动态功能设定；实行趋势和图形报警功能；实现脚本扩展功能。在其他组态功能中还可实现基本的策略控制、调节和逻辑控制功能。

与其他系统一样，组态过程完成后，要进行必要的调试。调试主要是测试 SCADA 与现场设备的连接及检查数据库组态和流程图组态是否存在问题。

4.5.2　iFIX 系统简介

iFIX 是 Intellution 自动化软件产品家族中的一个核心组件。本节就 iFIX 的特点、工程组态和实例来简要介绍 iFIX 系统。

1. iFIX 的特点

(1) 分布式网络结构　iFIX 采用完全分布式服务器/客户机结构，服务器连接到 I/O 硬件并拥有过程数据库，客户机可以安装在服务器上，也可以安装在网络中其他计算机上。服务器和客户机可以在单一计算机上运行，也可以在分布式多服务器和多客户机网络环境中运行。

(2) 集成技术　iFIX 使用标准的工业技术，是一个开放的可扩展系统，它可以方便地进行扩展和集成，这些技术包括：

• Plug and Solve™(即插即解决)，该项技术提供了 iFIX 与第三方基于微软组件对象模型(COM)应用的方便的连接方法，它使用户可以在应用中添加第三方的应用。

• iCore™，是 iFIX 的技术核心，是 GE Fanuc 特有技术和微软 DNA 技术相结合而形成的工业标准框架，包含了 VBA6、OPC、ODBC/SQL、备份和恢复，以及安全容器等技术。

• ActiveX 控件支持：Intellution Workspace™是一个第三方的 ActiveX 控件的容器，这些控件只要加到 Intellution Workspace 就可以方便地进行集成。另外，ActiveX 文档，如 MS Word 和 Excel，插入 Workspace 后，会自动显示定义这些文档的相关菜单和工具栏。

(3) 扩展和连接方便　Intellution Workspace 是一个集成环境(容器)，它提供了 Intellution Dynamics 应用组件之间的公用接口，简化了应用系统的开发过程。Intellution Workspace 使用了系统树，提供了方便的可视化界面并易于进行项目管理。用户可以方便地从组态模式切换到运行模式，以快速测试应用。

(4) 采用 OPC 技术　iFIX 既可以作为 OPC 服务器，也可以作为 OPC 客户端。开发人员可以从任何一个 OPC 服务器直接获取动态数据，并集成到 Intellution Workspace 内。

(5) ODBC/SQL　iFIX 全面支持 ODBC API 接口，可直接把实时数据写入一个或多个关系数据库。另外，iFIX 可读取、删除关系数据库的数据，并可从关系数据库写回到 iFIX 实时数据库中。iFIX 提供 SQL Server 2000 集成安装方式，可以方便、快速地访问 SQL Server 2000，减少系统开发时间。

（6）系统的安全性　iFIX 通过增强的 Windows 安全性提供系统的安全。在 iFIX 内，应用程序的调用，操作画面显示，事件调度，配方管理，都可以赋予权限管理。除此之外，还能限制某些关键程序的访问，如过程数据库的重装及过程数据库的写入操作。

（7）报警功能　iFIX 分布式报警管理提供多种报警管理功能，包括无限的报警区管理、基于事件的报警、报警优先级、报警过滤功能，以及通过拨号网络的远程报警管理。另外，iFIX 还可以自动记录操作员操作信息，并作为非关键性报警信息发送，而无需确认。

2. iFIX 的工程组态

iFIX 的工程组态可分为系统组态、数据库组态和图形及其他组态等几个过程。分别是：

（1）系统组态　包括定义用户访问权限、工程参数等属性，以及设备组态等内容；

（2）数据库组态　定义数据点位号、量程、报警限、数据处理等相关参数；

（3）图形组态　完成流程图绘制和动态数据链接；

（4）其他组态　完成控制、报警、趋势和脚本开发等功能。

下面通过 iFIX 与欧姆龙（OMRON）公司的设备通过串口连接来说明 iFIX 的应用。

iFix 的对应 OMRON 的 HOSTLINK 协议的串口驱动程序是 OMR；在系统组态中要添加 OMR 驱动模块并对相应参数进行设定；

① 在系统配置中添加驱动 OMR，如图 2-4-86 所示。

② 在驱动配置中添加设备，并定义变量块，如图 2-4-87 所示。

③ 在 Setup 中设定通信口，如图 2-4-88 所示。

④ 在数据库中添加变量，如图 2-4-89 所示。

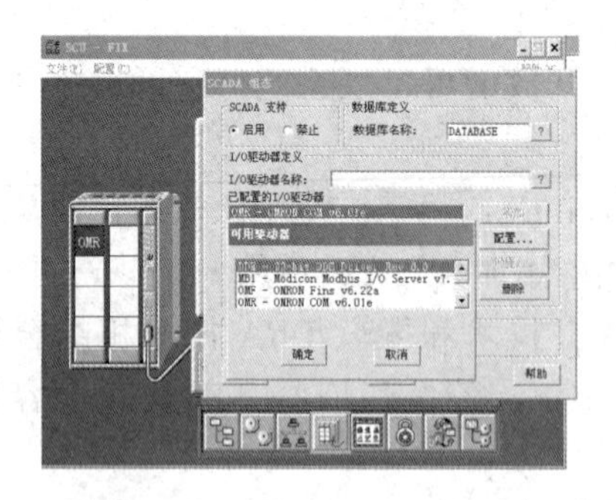

图 2-4-86　添加驱动 OMR

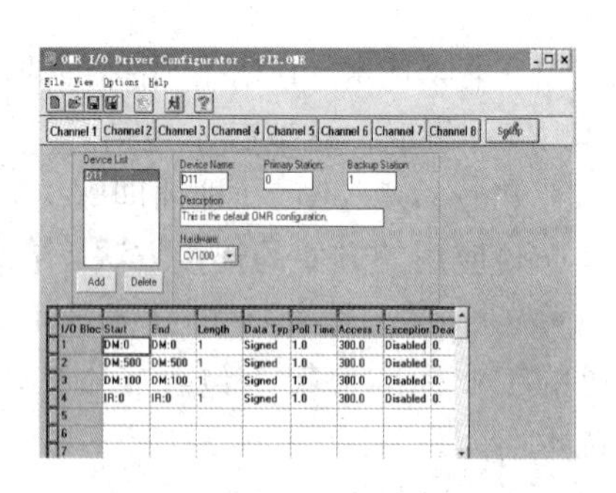

图 2-4-87　添加设备

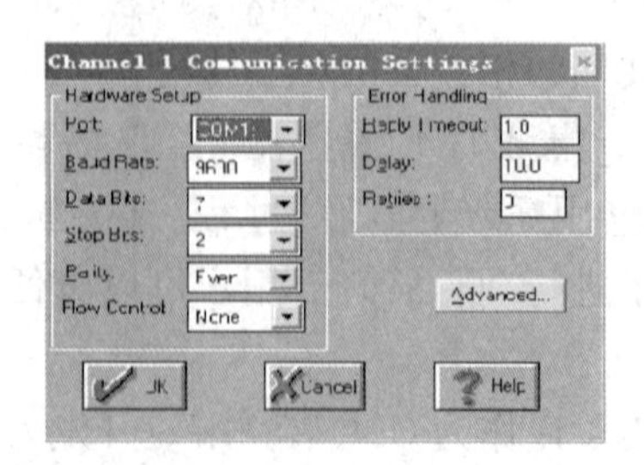

图 2-4-88　设定通信口

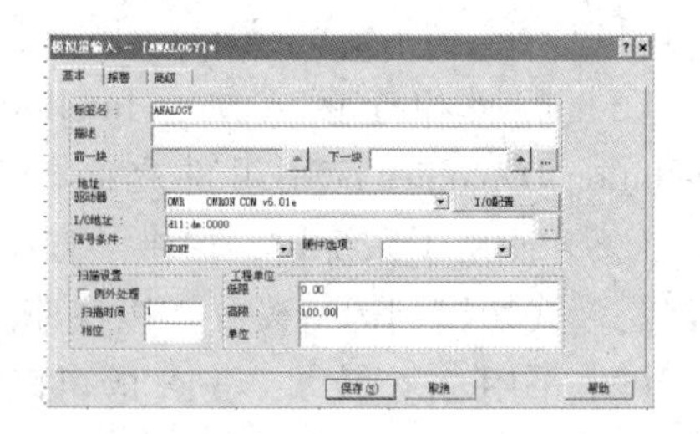

图 2-4-89　添加变量

⑤ 绘制流程图并添加动态数据链接。

4.5.3 组态王系统简介

组态王是运行于 Microsoft Windows 中文操作系统的软件。它采用多线程、COM 组件等技术，实现了实时多任务处理，软件运行稳定可靠，是应用较多的国产 SCADA 系统。

1. 组态王的特点

较新版本的组态王具有如下特点：

（1）工程管理　提供工程管理器，主要功能包括新建/删除工程、工程的备份/恢复、数据词典的导入导出以及在开发与运行环境间切换、画面和命令语言的导入与导出功能等。

（2）报警和事件系统　组态王分布式报警管理提供多种报警管理功能。包括基于事件的报警、报警分组管理、报警优先级、报警过滤等功能，以及通过网络的远程报警管理。组态王还可以记录应用程序事件和操作员操作信息。

（3）控件　支持 Active X 控件。常用控件包括数据表格控件、历史曲线控件、PID 调节控件。

（4）OPC　支持 OPC 标准。组态王既可以作为 OPC 服务器，也可以作为 OPC 客户端。

（5）安全系统　组态王采用分级和分区保护的双重保护策略。

（6）网络功能　支持分布式历史数据库和分布式报警系统，可以将不同功能分配给多个服务器，如指定报警服务器和历史数据记录服务器。

2. 组态王的结构

组态王由工程管理器（ProjManager）、工程浏览器（TouchExplorer）和运行系统（TouchVew）三部分组成。

ProjManager 可用于新工程的创建和删除，并能对已有工程进行搜索、备份和恢复，实现数据词典的导入和导出。

在 TouchExplorer 中可以查看各个工程的组成部分，也可以完成数据库的构造、定义外部设备等工作；工程管理器内嵌画面管理系统，用于新工程的创建和已有工程的管理。画面的开发和运行由工程浏览器调用画面制作系统和工程运行系统来完成。内嵌用于设计开发的画面应用程序的组态王画面开发系统。

TouchVew 从控制设备中采集数据，并存于实时数据库中，并可以运行实时画面显示动态数据。它还负责报警、趋势等实时监视功能。

3. 工程组态的一般步骤

建立工程的组态分四个步骤：设计图形界面、构造数据库变量、建立动画连接、运行和调试。

下面通过以 OPC 方式访问 OMRON 设备为例，简述组态王的组态过程。

首先配置 OMRON 的 Sysmac-OPC 服务器，具体步骤为：

① 在 OMRON 的 OPC 服务器配置程序中添加设备：设定网络号和节点号，选择 PLC 类型，如图 2-4-90 所示；

② 添加组，如图 2-4-91 所示；

③ 添加位号（Tag）变量，如图 2-4-92 所示。

然后，在组态王中调用 OPC 服务：

① 配置 OPC 设备，如图 2-4-93；

② 在数据词典中定义变量，如图 2-4-94。可在下拉菜单中选择 OPC 中已定义的

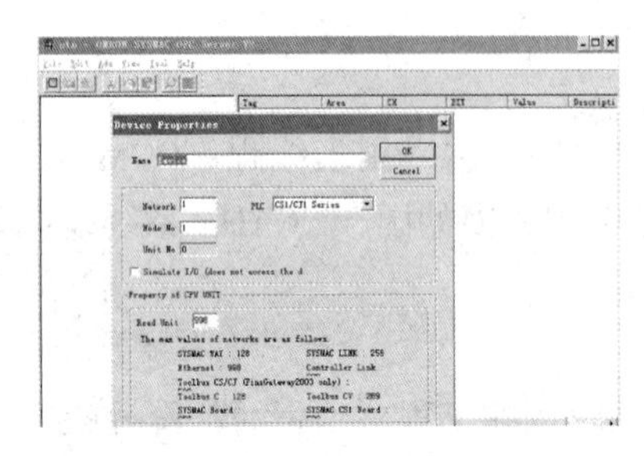

图 2-4-90　为 OMRON OPC 服务器添加设备

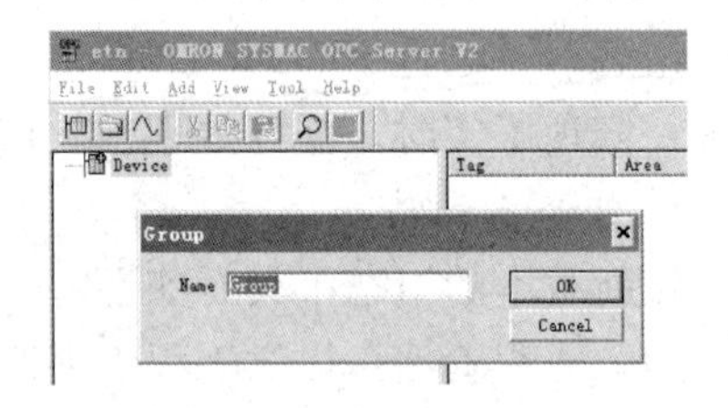

图 2-4-91　为 OMRON OPC 服务器添加组

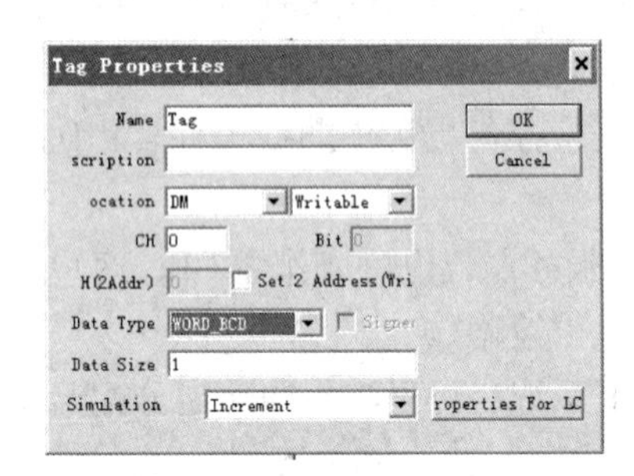

图 2-4-92　为 OMRON OPC 服务器添加位号

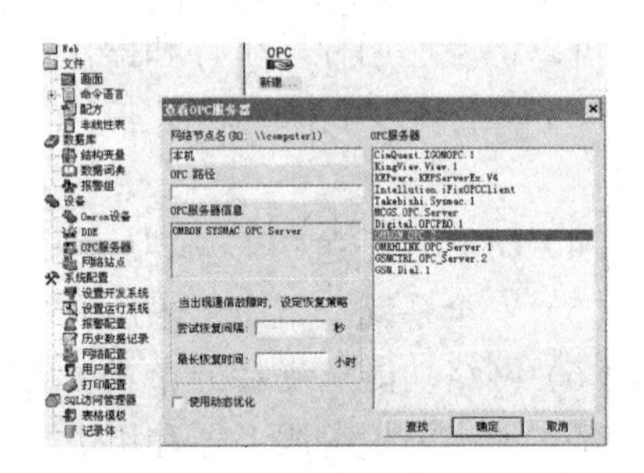

图 2-4-93　在组态王中配置 OPC 设备

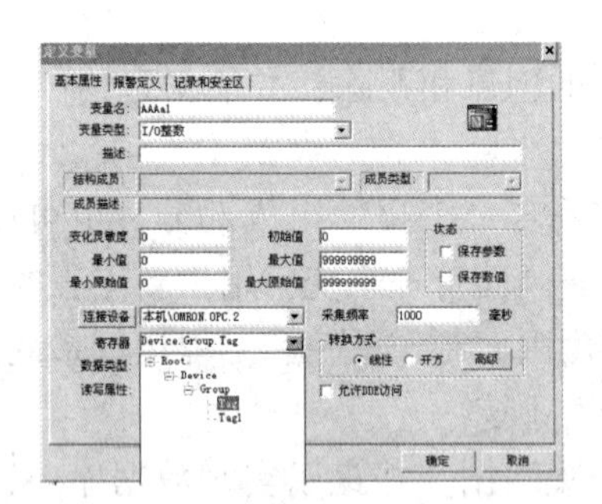

图 2-4-94　在组态王中定义变量

变量；

③ 建立数据连接，以图形或其他方式访问该数据，从而实现 OPC 数据的连接和监控。

第5章　自动化仪表工程施工

自动化仪表工程施工是一个复杂的过程，专业性强，与管道、设备、电气等专业配合密切，必须符合施工规程，遵守施工程序，控制施工进度，确保施工质量。本章主要介绍仪表安装施工过程管理的基本知识，以及对仪表电源、气源、盘柜、线缆等的施工要求和处理方法。

5.1　安装施工的基本知识

5.1.1　自动化仪表安装与调试施工程序

自控仪表安装工程是一个专业性和技术性很强的工作。仪表安装是否正确，安装工程完成好坏，回路是否能顺利投入运行，将直接影响整个生产装置能否正常运转。自控仪表安装内容很多，现场施工中必须与其他专业，包括土建、工业管道和设备、电气、防腐、保温、给排水相互紧密配合，施工配合的几率很大，必须有一个合理的施工程序才能完成安装调试工作。按仪表施工的特点和施工经验积累，仪表安装程序如图 2-5-1 所示。

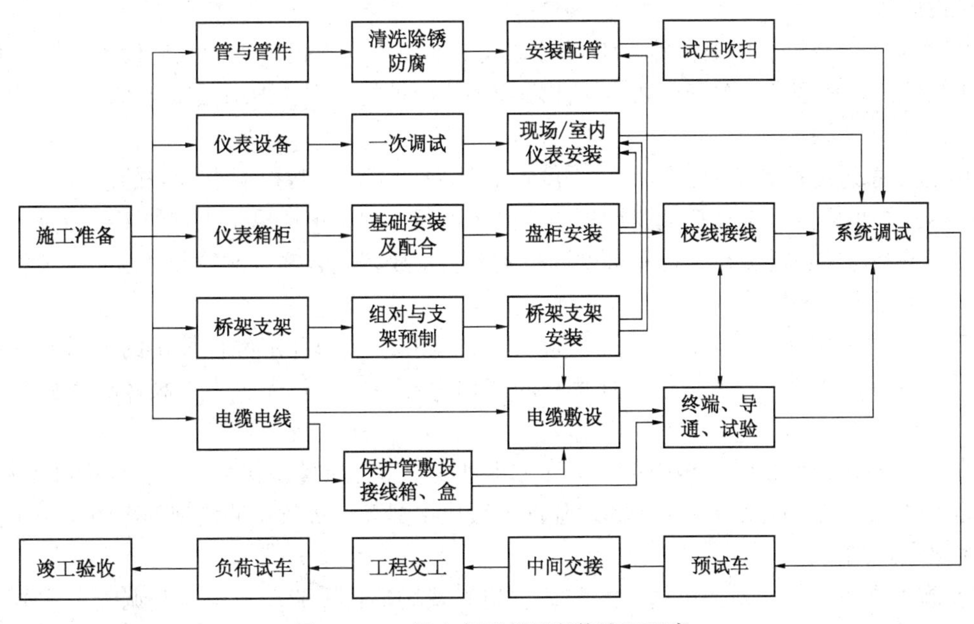

图 2-5-1　仪表主要项目安装施工程序

在仪表的安装施工程序中包括施工准备阶段、施工阶段、试车阶段和竣工验收阶段。

(1) 施工准备阶段

本阶段是为了满足施工作业条件而作的前期工作，包括二部分：一是技术准备，二是施工和机具准备。

技术准备包括领取施工图纸、参加技术交底、图纸会审、施工组织设计的编制、施工方案的制定、技术资料的准备等。其中：

技术交底、设计交底、图纸会审主要是了解设计的要点，提供的图纸内容和安装标准图、计算书是否完整以及图纸存在的问题。如与工业管道和设备的一次部件的预留位置、标高和设置内容，土建的预埋件是否正确，以及与其他专业的交叉、供电电源、接地的设计是否符合要求等。

技术资料的准备，包括施工技术要领书、技术规程规范、标准、安装标准图册、调试说明书、样本、手册等。

施工技术组织设计编制范围和内容涉及施工准备情况、施工、预试车三个阶段的工作。具体项目包括：

① 施工项目概况简述，应简述自动化仪表安装与调试的规模、大小、工程性质、目的、意义、工程特点、仪表自动化水平、安装与调试要点和一些特殊需要的说明等，并附工程项目一览表和主要的工程量、材料供应及特殊材料的准备情况、劳动力计划、安装与调试用施工设施的安排；

② 施工部署，施工任务的划分、确定施工组织与实施的项目法管理、人员组织安排定岗；施工计划安排、划分施工阶段、明确重点项目施工及穿插施工项目；

③ 施工方法和施工机械的选择，所采用的安装调试的施工方法及说明其合理性：结合施工单位技术装备和利用情况，编制施工机具、施工机械和调试用标准仪器需用量计划表；

④ 临时设施规划，包括安装调试用临时性生产设施，如供水、供气、供电、临时通讯及调试设施等；

⑤ 施工平面布置，应根据整个工程的总施工平面图划定仪表工程临时设施规划，以不影响永久性工程和遵守有关安全防火、防爆和环境保护的原则，力求紧凑合理、节约用地和实用；

⑥ 施工总进度控制计划，施工总进度控制计划是工程安装控制点计划的总安排，以网络图的形式画出的。按工程总进度计划的安排，仪表工程按单项单位工程的主要分部分项工程为工序编制施工进度，在工程总进度网络图上表示仪表安装调试的控制计划，主要控制点应用文字加以说明和叙述；

⑦ 劳动力需用计划，根据施工总进度计划的安排、按预算定额计算出的人月数，测算各主要工种的需要量，编制每年每月每日的劳动力计划表，并标明施工高峰时进施工点的人数；

⑧ 施工技术组织措施，编制包括保证工程进度、工程质量、安全生产、推进技术进步、提高施工技术水平、提高劳动生产率、降低工程成本提高经济效益的措施和冬雨季施工措施及技术培训计划等；

⑨ 施工准备工作计划，包括技术装备、施工现场准备、劳动力组织与调配、主要物质及施工机具、设备的准备和工作计划表；

⑩ 施工技术采用的标准、规程、规范，要开列出来并进行编目。

施工及机具准备包括：

① 校验仪器的准备、施工机具的准备、校验间及设施、材料储备室、工作间、工作场地、休息室、堆场等准备；

② 材料、设备、配件出库检验，运输至指定的地点，分类存放，保管；

③ 按施工技术措施中的计划安排准备仪器、机具；施工人员安排进点的施工准备；

④ 施工图预算编制。

（2）施工阶段

仪表施工在工业设备和管道的安装工程已完成60%～70%，土建工程基本完成后，才能形成施工高潮，这就造成仪表工作大量集中在控制网络点的后部。因此，施工期短，与其他专业交叉作业多。一般采用先室内后室外，先预制后安装，“见缝插针”，穿插交叉施工的做法，合理安排施工程序。仪表施工分为几个阶段：

① 前期施工阶段。仪表设备和材料陆续出库，室外预制工作和部分安装工作，室内箱柜底座预制安装、仪表一次调试、调节阀试验等。

② 施工高潮期。是仪表施工的关键和繁忙的时期，主要工作有室内仪表盘、柜就位，盘、柜校接线、配线、配管，已单体调试完毕的控制室仪表安装；在室外配合开控制点、取源部件安装、核对所有的预埋件、预留孔；现场仪表安装就位；管路敷设、桥架支架安装、电缆敷设与电缆终端制作等所有的安装工作；回路模拟试验。

③ 施工后期。主要工作是配合工业管道和设备吹扫，安装孔板、调节阀取代临时短管；同工业管道和设备一起试压和气密性试验；进行工程扫尾和仪表设备和管路的保温工作。

（3）试车阶段

安装工程完工以后，对生产装置规定范围内的管道、设备、机器、电气、自控仪表进行安装后质量、性能、各项指标的全部检验，包括单机试车、联动试车、负荷试车。单机试车和联动试车又称为预试车。

单机试车是对现场安装的驱动装置空负荷运转或单台机器机组以水、空气为介质进行试车，主要检查除介质影响外的机组性能和制造安装质量。为配合单机试运转，应启动相关仪表，投入运行，有关的联锁、报警信号系统应能正常使用。该阶段以施工单位为主。

联动试车又称为无负荷试车，在单机试车合格后进行的包括设备、机器、电气、自控仪表联合在一起以水、空气为介质进行模拟试运行，以检查除介质以外的设备全部性能和制作、安装质量。这时自控仪表100%的检测系统、调节系统、联锁及报警系统投入运行，正常使用。此阶段甲方应进入现场，全力投入试车。

负荷试车又称为投料试车，使各装置之间相互衔接试运行，对工厂的全部生产装置按设计文件规定的介质使生产流程通路，以检验除经济指标之外的全部性能，并产出合格产品。负荷试车以甲方为主。在此阶段，全部检测仪表和控制系统投入运行，各工艺参数已按各项指标进行调整在最佳状态并保运。

（4）交接竣工

交接竣工，包括中间交接、工程交接和竣工交接，工作范围分别如下：

① 中间交接　对工厂单项工程或部分的生产装置按设计文件规定的范围全部完成，单机试车合格后甲乙双方作中间移交。

② 工程交接　在工厂全部装置预试车合格后，甲乙双方按规定内容进行交接，并移交部分资料。

③ 竣工交工　工程全部完成，经试车合格和考核合格，生产装置达到稳定运行，并且按合同规定的时间完成对工程质量的保证，经业主和有关上级主管部门验收合格可以交工，并提供交工资料。

5.1.2　自动化仪表的安装过程

自控仪表的安装过程是组成信号回路的过程。以一流量检测回路为例，其基本安装环节可用安装方框图表示，如图2-5-2所示。

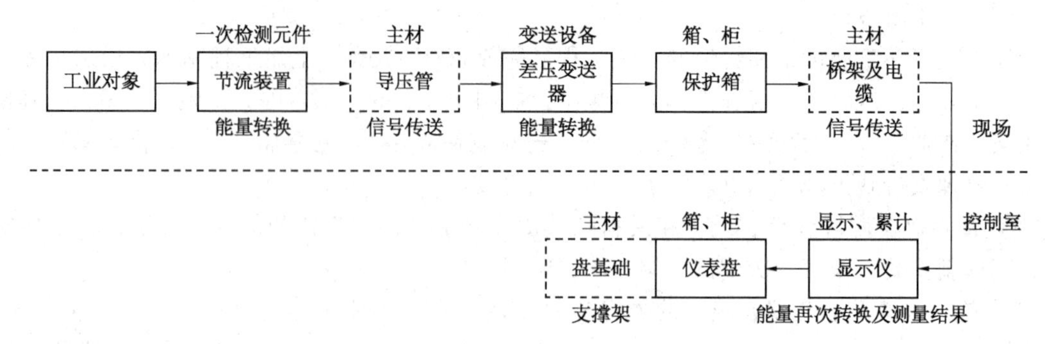

图 2-5-2　回路安装程序图例

在这个回路中，安装过程分为现场安装和控制室安装，安装内容包括：

① 仪表设备安装，包括一次元件节流装置、二次设备单针显示记录仪、流量差压变送器安装；

② 仪表盘、柜安装，包括保护(温)箱、仪表盘；

③ 主材安装，包括导压管及加工件、管件、桥架、电缆、槽钢、仪表阀门安装，以及在工业管道上安装节流装置用法兰；

④ 附件安装，包括取源部件、穿线盒；

⑤ 其他工作，包括电缆头制作、盘柜校线；

⑥ 调试，包括单体调试、系统调试。

调节回路的安装内容要比检测回路多，调试的复杂程度要大。因此，决定自控仪表安装工程量的大小与“回路”的硬件配置情况有关，即与自控仪表的“台件数”或者说与“回路数”的多少有关。

5.1.3　自动化仪表安装方式

自控仪表设备按安装位置可分为现场仪表和控制室仪表。现场安装仪表要遵照安装技术规范和质量评定标准。这类仪表宜在工业管道吹扫后，压力试验前安装，并应随之一起试压。仪表具体安装方式有：

① 现场直接安装方式　仪表直接与工业管道或设备连接，与介质直接接触，称为一次仪表或一次元件的安装。有通过连接件或法兰直接插入(如温度计、电容物位计、毕托管、分析探头、插入式安装液位计和流量计等)和用法兰连接固定在管道中(如安装在管道上的流量计、法兰液位变送器、节流装置、调节阀、自力式阀等)两种安装形式。

② 从设备或管道上通过导压管引出安装方式　如液位测量仪表、压力测量仪表、阻力测量和变送器等仪表。

③ 就地安装固定　是在现场操纵点或控制点附近安装的仪表或安装在装置附近，如用间接法测量的仪表(高温比色温度计、辐射温度计)；作为传送或就地显示的，在支架上固定的仪表，如变送器、显示仪表等。

④ 在机器或设备上安装　多用于机械量仪表，如称重传感器、振动、轴位移等，或通过连杆连接，如电动执行机构。

⑤ 在仪表上固定　一般为仪表元件或附件，如阀位传送器、阀门定位器、执行机构、气路电磁阀等。

⑥ 在控制室内安装仪表　安装在控制室的盘前、盘后及墙上或支架上的仪表。控制室

仪表盘面安装方式的如显示记录仪表、操作器、报警显示装置等，在正常情况下，供操作人员了解工业过程并进行操作。盘后架装或盘后支架上安装的仪表在正常情况下，操作人员不能够接近。

5.2 仪 表 供 电

5.2.1 术语和定义

仪表电源　为仪表及控制系统提供直流或交流电力的设备或系统。

不间断电源(UPS)　由电力变流器、储能装置(如蓄电池)和开关(电子式、机械式或混合式)等组合而成。在供电中断后能持续一定供电时间的电源设备。分为交流不间断电源和直流不间断电源两类。

普通电源(GPS)　无后备电池系统的无延迟供电设备或工厂电源。

电源容量　电源输出电力的额定能力。直流电源容量通常以输出电流安培“A”表示，交流电源容量以伏安“VA”或千伏安“kVA”表示。

电源瞬断时间　电源切换过程中产生的瞬间中断供电时间。

瞬时电压降　电源切换过程引起的瞬时电压降。

配电柜(箱)　进行电源分配的开关柜(箱)。

冲击状态　仪表系统接通电源时，引起电流短时增大的状态。

5.2.2 仪表供电范围和负荷等级

1. 供电范围

仪表供电包括仪表控制系统供电、仪表辅助设施供电，以及其他自动化监控系统的供电。

仪表控制系统的供电范围包括：控制室内的电子仪表系统；集散控制系统(DCS)、可编程序逻辑控制器(PLC)、监控和数据采集系统(SCADA)和监控计算机等系统；安全仪表系统(SIS)；自动分析仪及其他现场仪表；火灾及可燃气体、有毒气体检测报警系统(FGS)。

仪表辅助设施供电范围包括仪表盘(柜)内照明和仪表及测量管道的电伴热。

用电仪表及设备必须符合220V，50Hz交流或24V直流的电源规格。仪表及控制系统的用电规格必须符合电源的电压、交流电的频率与波形失真、直流电的波纹电压、电源瞬断时间、瞬时电压降等指标。

不符合本规定供电电源规格的仪表，必须自带电源变换设备，以适合供电电源规格。

2. 负荷等级

仪表控制系统的用电负荷属于一级负荷中的特别重要负荷。这类负荷在供电中断时，为确保安全停工及处理事故，不致造成设备损坏和人身伤害事故，不致造成重大经济损失，需要设置UPS。

仪表用电负荷属于三级负荷。这类负荷在供电中断时，对生产过程影响较小，不会造成设备损坏和经济损失，因此不需要设置UPS，而由普通电源供电。

5.2.3 仪表供电系统的配置

1. 仪表电源的配置原则

仪表电源容量应按仪表及控制系统的用电量总和的1.2~1.5倍确定。

为了降低UPS的容量，某些项目的仪表电源可按不同要求分别采用UPS和普通电源。

当两种电源同时采用时，不能将两种电源并联运行。

下列几种情况下，仪表电源可采用普通电源：

① 无高温高压、无爆炸危险的小生产装置及公用工程系统；

② 采用气动仪表且未设置安全仪表系统的生产装置；

③ 一般的分析监视系统。

供给仪表的普通电源应是供给生产装置或单元的同等电源。

仪表电源采用普通电源时，电气供电可采用单回路或双回路。

下列几种情况下，仪表电源宜采用 UPS：

① 大、中型石化生产装置、重要公用工程系统及辅助生产装置；

② 高温高压、有爆炸危险的生产装置；

③ 设置较多、较复杂信号联锁系统的生产装置；

④ 采用 DCS、PLC、SIS 等的生产装置；

⑤ 石化装置中连续生产过程的控制仪表系统、重要公用显示仪表；

⑥ 重要的在线分析仪表(如参与控制、安全联锁)；

⑦ 大型压缩机、泵的监控系统。

仪表电源采用的不间断电源装置应为静止型。

2. 供电系统配置原则

供电系统配置应满足下列要求：

① 仪表及控制系统的供电，应按电源种类(普通电源或交流不间断电源和直流不间断电源)分别独立配电，不得混用配电柜(箱)或开关箱；

② 仪表电源系统应按电气专业的标准、规范设置保护措施和接地。

安全仪表系统的供电应满足下列要求：

① 重要安全仪表系统的电源单元，应考虑冗余措施；

② 电磁阀电源电压宜采用 24V(特殊需要时可用 48V)直流电或 220V 交流电，且应考虑两个要求：一是重要安全仪表系统的直流电磁阀应由冗余配置的直流稳压电源或由直流 UPS 供电；二是安全仪表系统的交流电磁阀应由交流 UPS 供电。

③ 可燃气体和有毒气体检测系统，应采用 UPS 供电。

仪表电源系统应采用 TN-S 或 TN-C-S 系统供电，若有必要应增加漏电保护系统。

3. 电子模拟仪表系统的供电

按用电仪表的电源类型、电压等级设计供电系统，供电系统可按需要采用三级或二级供电方式。

在三级供电系统中设置总配电柜(箱)、分配电柜(箱)、仪表开关板；在二级供电系统中设置总配电柜(箱)、分配电柜(箱)。

保护电器的设置，应符合下列规定：

① 总配电柜(箱)设输入总断路器和输出分断路器；

② 分配电柜(箱)输入端设总开关，不设断路器，输出端设输出开关及断路器，直流电只对正极设断路器；

③ 仪表开关板不设输入总开关和断路器，对交流电输出端分别设双刀开关并对相线加断路器；对直流电输出端正极设单刀开关及断路器，但当负极浮空时，输出端应采用双刀开关。

属于三级负荷的现场仪表的供电，若从控制室供电有困难时，可由现场邻近的低压配电箱(盘)供电。

各仪表盘内的仪表开关板，宜留有至少15%备用回路，各分配电柜(箱)宜留有至少25%备用回路。

4. DCS、PLC、SIS及计算机系统的供电

DCS、PLC、SIS及监控计算机系统，应采用UPS供电。

按总供电负荷量采用单相或三相交流UPS电源。如采用三相交流电源，应将负荷均匀分配到三相线路上，并使三相间负荷不平衡度小于20%。

不间断电源对DCS、PLC、SIS和监控计算机系统供电时，可采用二级供电方式，即设总配电柜(箱)和分配电柜(箱)。总配电柜(箱)和分配电柜(箱)可合并成一个配电盘(柜)。配电盘(柜)内总供电回路和分供电回路之间，应设保护电器。

保护电器的设置，应确保总配电柜(箱)设输入总断路器和输出分断路器，分配电柜(箱)设输出断路器。分配电柜(箱)输入端不设保护电器。

分配电柜(箱)宜留有至少25%的备用回路。

5.2.4 供电器材的选择及电源系统的配线

1. 供电器材选择的一般原则

选用的供电电器应满足如下正常工作条件的要求：

① 供电电器的额定电压和额定频率，应符合所在网络的额定电压和额定频率；

② 供电电器的额定电流应大于所在回路的最大连续负荷计算电流；

③ 保护电器应满足电路保护特性要求。

断开短路电流的电器，应具有在短路时良好的分断能力。

外壳防护等级应符合环境条件的要求。

2. 供电器材的选择

供电线路中各类开关容量可按正常工作电流的2~2.5倍选用。

断路器的选择，应满足下列要求：

① 断路器中过电流脱扣器的容量应按线路工作(计算)电流确定。正常工作情况下脱扣器的额定电压应大于或等于线路的额定电压；脱扣器整定电流应接近但不小于负荷的额定工作(计算)的电流总和，且应小于线路允许的载流量。

② 断路器额定电流应小于该回路电源开关的额定电流。

③ 断路器的额定电流及断路器过电流脱扣器的整定电流应同时满足正常工作电流和启动尖峰电流两个条件的要求。

④ 多级配电系统中，干线上断路器的额定电流应大于支线断路器的额定电流至少两倍。

⑤ 多级配电系统中支线上采用断路器时，干线上的断路器动作延时时间应大于支线上断路器的动作延时时间。

选择电源(隔离)变压器时，负荷容量应按仪表系统计算容量总和的1.2~1.5倍计算；额定电压应大于或等于用电仪表的额定电压。

配电柜(箱)应安装在环境条件良好的室内。如必须安装在室外时，应避开环境恶劣的场所，并应采用适合安装场所环境条件的配电柜(箱)。

供电线路中的电器设备、安装附件，应满足现场的防爆、防护、环境的要求。

3. 电源系统的配线

电源线的长期允许载流量，不应小于线路上游断路器的额定电流或低压断路器内延时脱扣器整定电流的1.25倍。

电源线路不应在易受机械损伤、有腐蚀介质排放、潮湿或热物体绝热层处敷设。当无法避免时，应采取保护措施。

配电线路上的电压降不应使送到用电设备的供电电压小于最低工作电压。

交流电源线应与其他信号线分开敷设。当无法分开时，应采取金属隔离或铠装屏蔽及其他相应措施。

交流电源线上的电压降，应符合以下规定：

① 电气供电点至仪表总配电柜(箱)或UPS的电压降应小于2V；

② UPS电源间应紧靠控制室，从UPS至仪表总配电柜(箱)的电压降应小于2V；

③ 控制室内从仪表总配电柜(箱)至仪表设备电压降应小于2V；

④ 从仪表总配电柜(箱)至控制室外仪表设备电压降应小于2V。

交流电源线宜采用三芯绝缘线，分别为相线、中线和地(PE)线(仪表盘、柜内配线除外)。

控制室内的24V直流电，其电源设备至配电柜(箱)的电压降和配电柜(箱)(自总配电柜算起)至仪表设备的电压降应小于0.24V。

控制室内配线，应选用聚氯乙烯或聚乙烯绝缘铜芯线。导线截面积的选择，应满足下列要求：

① 从配电柜(箱)至仪表的电源线截面积

爆炸危险场所，本安回路　0.75~1.5mm^2；

非本安回路　1.0~2.5mm^2；

非爆炸危险场所，0.75~2.5mm^2；

② 从配电柜(箱)至DCS及计算机系统各设备的电源线截面积，应按耗电量计算选择；

③ 特殊仪表(如分析仪表)电源线的截面积，应按耗电量计算选择；

④ 分配电柜(箱)至各仪表盘的电源线截面积．应按其耗电量计算选择。

接地导线截面积的选择，应符合有关规定。

5.3 仪表供气系统

为使气动仪表工作正常，对仪表气源的要求很高。供气系统采用压缩空气，压缩空气由工厂的压缩空气站供给，压力输出为0.5~0.7MPa，经减压后统一供给气动仪表气压0.14MPa。仪表供气质量要求较高，含水蒸气量要少，含灰尘杂质、油雾尽量少，供气压力要稳定等。

供气方式为控制室供气和现场供气。

5.3.1 控制室供气

控制室控制点集中，一般采用两组或两组以上大型空气过滤器减压阀实行并联统一供气。在仪表较少，耗气量小的情况下采用单回路供气的方式，在耗气量较大和可靠性要求较高的情况下采用集中供气的办法。集中供气的气源装置，是由几组大型空气过滤器减压阀与公称直径≤50mm空气总管和支管(*DN*10~*DN*32)组成，用短接、活接头丝扣连接或卡套式接头连接。管路材质在过滤器减压阀之前多采用无缝钢管或镀锌管，在之后采用黄铜管、不锈钢管、镀锌管。

5.3.2 现场供气

分为供气总管和供气支管。供气总管是分散安装至现场用气仪表附近，是单独沿桥架、支架敷设的，或集中到现场供气装置或接管箱再分散至各供气仪表处的二级控制。供气总管材质多为镀锌管、不锈钢管、紫铜管、黄铜管，规格为 *DN*50 以下，支管按仪表及装置需要供气量不同有 *DN*32 以下不锈钢或 $\phi6\times1$ 紫铜管或管缆。

现场供气较集中时，一般采用空气分配器，为供气仪表提供较为理想的供气组件，它和供气总管和支管相连接，支管由 $\phi6\times1$ 和 $\phi8\times1$ 的紫铜管、尼龙管或不锈钢管或管缆引出至附近的各供气仪表，供气点数有 6 点、12 点和 24 点。空气分配器多采用 KFQ 系列，产品形式有螺纹连接 I 型，Ⅱ型为法兰连接，I、Ⅱ型本体材质为钢管，Ⅲ型为螺纹连接，本体材质为黄铜方体。

空气分配器安装在现场的墙壁或柱上，与供气总管连接采用法兰连接或螺纹连接形式，各支管采用气源球阀或双卡套针型阀。空气分配器有不同的型号，有的安装于垂直位置，进口向上，有的型号安装方位可以任意选择，安装就位后要固定牢靠。空气分配器安装前各控制点阀门应关闭，待供气总管接通后，打开各阀门，将空气送入仪表中，仪表的用气量可以调整。

5.4 仪表接地

接地系统由接地装置、工作接地汇总板、保护接地汇总板、接地干线、各类接地汇流排等组成。接地装置由接地极(接地体)、接地总干线(接地总线)、总接地板(总接地端子、接地母排)组成。

5.4.1 接地的分类

1. 保护接地

保护接地(也称为安全接地)是为人身安全和电气设备安全而设置的接地。仪表及控制系统的外露导电部分，正常时不带电，在故障、损坏或非正常情况时可能带危险电压，对这样的设备，均应实施保护接地。

低于 36V 供电的现场仪表，可不做保护接地，但有可能与高于 36V 电压设备接触的除外。

当安装在金属仪表盘、箱、柜、框架上的仪表，与已接地的金属仪表盘、箱、柜、框架电气接触良好时，可不做保护接地。

2. 工作接地

仪表及控制系统工作接地包括仪表信号回路接地和屏蔽接地。

隔离信号可以不接地。这里的“隔离”是指每一输入信号(或输出信号)的电路与其他输入信号(或输出信号)的电路是绝缘的、对地是绝缘的，其电源是独立的、相互隔离的。

非隔离信号通常以直流电源负极为参考点，并接地。信号分配均以此为参考点。

仪表工作接地的原则为单点接地，信号回路中应避免产生接地回路，如果一条线路上的信号源和接收仪表都不可避免接地，则应采用隔离器将两点接地隔离开。

3. 本安系统接地

采用隔离式安全栅的本质安全系统，不需要专门接地。

采用齐纳式安全栅的本质安全系统则应设置接地连接系统。

齐纳式安全栅的本安系统接地与仪表信号回路接地不应分开。

4. 防静电接地

安装DCS、PLC、SIS等设备的控制室、机柜室、过程控制计算机的机房，应考虑防静电接地。这些室内的导静电地面、活动地板、工作台等应进行防静电接地。

已经做了保护接地和工作接地的仪表和设备，不必再另做防静电接地。

5. 防雷接地

当仪表及控制系统的信号线路从室外进入室内后，需要设置防雷接地连接的场合，应实施防雷接地连接。

仪表及控制系统防雷接地应与电气专业防雷接地系统共用，但不得与独立避雷装置共用接地装置。

5.4.2 接地连接方法

1. 保护接地的连接方法

仪表及控制系统的保护接地应按电气专业的有关标准规范和方法进行，并应接入电气专业的低压配电系统接地网。

控制室用电应采用TN-S系统。整个系统中，保护线PE与中线N是分开的。

仪表电缆槽、电缆保护金属管应做保护接地，可直接焊接或用接地线连接在附近已接地的金属构件或金属管道上，并应保证接地的连续和可靠，但不得接至输送可燃物质的金属管道。仪表电缆槽、电缆保护金属管的连接处，应进行可靠的导电连接。

仪表及控制系统的保护接地系统应实施等电位连接。

仪表信号用的铠装电缆应使用铠装屏蔽电缆，其铠装保护金属层，应至少在两端接至保护接地。

仪表及控制系统保护接地的各接地干线应汇接到保护接地汇总板，再由保护接地汇总板经接地干线接到总接地板上。

当保护接地汇总板和总接地板合用时，保护接地的各接地干线直接接到总接地板上。

仪表及控制系统交流供电中线的起始端应经保护接地干线接到总接地板上。

总接地板经接地总干线接到接地极。

2. 工作接地的连接方法

需要进行接地的仪表信号回路，应实施工作接地连接。

仪表及控制系统工作接地的连线，包括各接地线、接地干线、接地汇流排等，在接至总接地板之前，除正常的连接点外，都应当是绝缘的。工作接地的各接地干线应分别接到工作接地汇总板，再由工作接地汇总板经两根单独的工作接地干线接到总接地板。

信号屏蔽电缆的屏蔽层接地应为单点接地，应根据信号源和接收仪表的不同情况采用不同接法。当信号源接地时，信号屏蔽电缆的屏蔽层应在信号源端接地，否则，信号屏蔽电缆的屏蔽层应在信号接收仪表一侧接地。

现场仪表接线箱两侧的电缆屏蔽层应在箱内用端子连接在一起。

当有多个仪表需工作接地时，宜先将各仪表的工作接地线分别接到工作接地汇流排或接地连接端子排，再经工作接地干线接到工作接地汇总板。

仪表信号公共点接地、DCS、PLC、SIS 等的非隔离输入的接地以及多根信号屏蔽电缆的屏蔽层接地，均应分别单独接到接地连接端子排或工作接地汇流排上，然后通过接地干线接到工作接地汇总板。

直流电源的负端必须接到本机柜的工作接地汇流排，不设工作接地汇流排的情况应经工作接地干线接到工作接地汇总板。

根据需要，工作接地汇流排可有多个。

3. 本安系统接地的连接方法

齐纳式安全栅的接地汇流排或接地导轨(以下统称接地汇流排)必须与直流电源的负极相连接，并通过接地导线及总接地板最终应与交流电源的中线起始端相连接。

齐纳式安全栅的接地连接导线宜为两根。

齐纳式安全栅的各接地汇流排可直接接到本机柜的工作接地汇流排，再经工作接地干线接到工作接地汇总板，也可分别经工作接地干线接到工作接地汇总板，或由工作接地干线串接，两端应分别经工作接地干线接到工作接地汇总板。每个汇流排的接地线宜使用两根单独的导线。

在有齐纳式安全栅的本安系统中，直流电源的负端必须接到本机柜的工作接地汇流排或安全栅汇流排上。

4. 防静电接地的连接方法

控制系统防静电接地应与保护接地共用接地系统。

电气保护接地线可用作静电接地线。

不得使用电气供电系统的中线作防静电接地。

5. 防雷接地的连接方法

仪表电缆槽、仪表电缆保护管应在进入控制室处，与电气专业的防雷电感应的接地排相连。

控制室内的仪表信号雷电浪涌保护器的接地线应接到工作接地汇总板，雷电浪涌保护器的接地汇流排应接到工作接地汇总板或总接地板。

控制室内仪表供电的雷电浪涌保护器应与配电柜的保护接地汇总板或电气专业的防雷电感应的接地排相连。

仪表电缆保护管、仪表电缆铠装金属层应在需要进行防雷接地处，与电气专业的防雷电感应的接地排相连。

现场仪表的雷电浪涌保护器应与电气专业的现场防雷电感应的接地排相连。

在雷击区室外架空敷设的不带屏蔽层的多芯电缆，备用芯应接入屏蔽接地；对屏蔽层已接地的屏蔽电缆或穿钢管敷设或在金属电缆槽中敷设的电缆，备用芯可不接地。

6. 仪表及控制系统接地连接原理图

仪表及控制系统接地连接原理分别见图 2-5-3 和图 2-5-4。

5.4.3 接地系统接线

接地系统的导线应采用多股绞合铜芯绝缘电线或电缆。

接地系统的各接地汇流排可采用截面为 25mm×6mm 的铜条制作。

接地系统的各接地汇总板应采用铜板制作，厚度不小于 6mm，长、宽尺寸按需要确定。

机柜内的保护接地汇流排应与机柜进行可靠的电气连接。

工作接地汇流排、工作接地汇总板应采用绝缘支架固定。

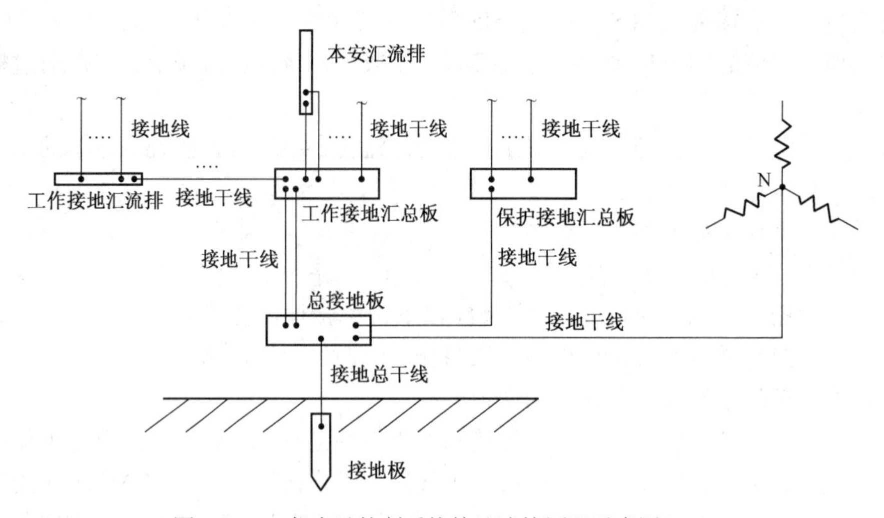

图 2-5-3　仪表及控制系统接地连接原理示意图(一)

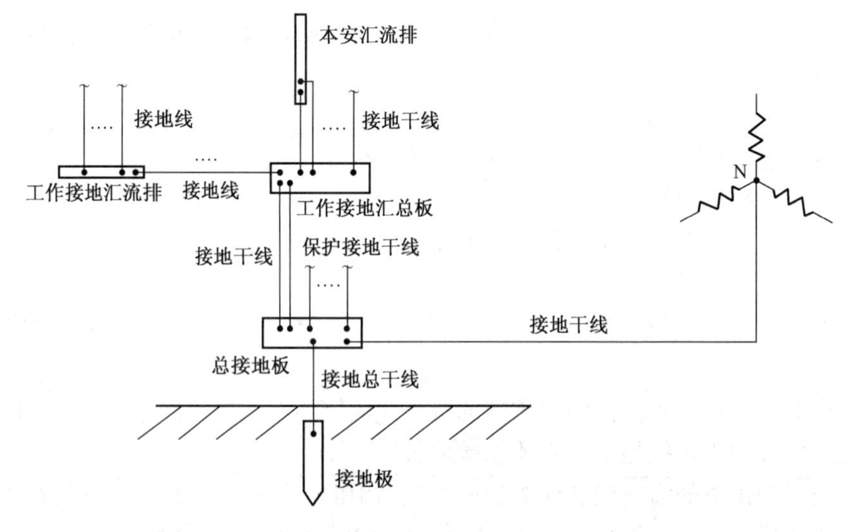

图 2-5-4　仪表及控制系统接地连接原理示意图(二)

接地系统的各种连接应牢固、可靠，并应保证良好的导电性．接地线、接地干线、接地总干线与接地汇流排、接地汇总板的连接应采用铜接线片和镀锌钢质螺栓，并应有防松件，或采用焊接。

各类接地连线中，严禁接入开关或熔断器。

接地线的截面可根据连接仪表的数量和接地线的长度按下列数值选用：

① 接地线　1~2.5mm²；

② 接地干线　4~16mm²；

③ 连接总接地板的接地干线　10~25mm²；

④ 接地总干线　16~50mm²；

⑤ 雷电浪涌保护器接地线　2.5~4mm²。

雷电浪涌保护器接地线应尽可能短，并且避免弯曲敷设。

接地系统的标识颜色为绿色或绿、黄两色。

5.4.4 接地电阻

从仪表或设备的接地端子到接地极之间的导线与连接点的电阻总和，称为接地连接电阻。仪表及控制系统的接地连接电阻不应大于1Ω。

接地极对地电阻与接地连接电阻之和称为接地电阻。仪表及控制系统的接地电阻为工频接地电阻，不应大于4Ω。

5.5 仪表盘、箱、柜的安装

在工业过程自动控制中，凡用于集中安装检测、控制仪表、操作装置及配套附件(安全联锁装置、开关等)的结构设备，统称为工业自动化仪表盘。工业自动化仪表盘主要用于把各类仪表及其附件集中安装在符合要求的位置，以便于观察、检查、操作及维修，或对各类仪表起保护作用。

仪表盘、箱、柜包括仪表盘、柜、台和仪表保温(保护)箱、供电箱、接线箱、分析柜、屋等。除一些小型仪表箱依设计要求在现场制作外，仪表盘箱柜几乎全部是由仪表厂或专业制造厂装配和生产，并直接用于工业现场。

5.5.1 仪表盘、柜、台

仪表盘、柜、台是安装仪表和进行数据集中显示、记录、报警、操纵，由一个或几个屏、柜、台组成的构件。仪表盘柜可在控制室集中安装，也可就地安装(即在分区、分系统附近现场安装仪表盘)。仪表盘、箱、柜种类很多，常见的有：

① 柜式盘是组装后，前后左右及顶部都封闭的仪表盘，可在一侧或两侧开门；

② 屏式盘是一种无封闭的板式盘；

③ 框架式盘利用型钢构成框架，前方是面板，是非封闭式结构；

④ 模拟盘一般安装在仪表盘上方，画有工艺流程模拟图，关键部位有醒目的灯光。模拟盘由盘面和边框组成；

⑤ 操纵台具有倾斜或水平台面的仪表盘，用于手动操作和显示工艺参数数据及灯光报警。操纵台形式有直柜式、斜柜式、桌式、弧形等，可以组合，也可以单独安装；

⑥ 挂式盘是一种小型仪表板或箱，安装少量的开关、按钮、报警灯或仪表；

⑦ 通道式盘是一种特殊设计的较深的封闭式柜式仪表盘，中间有可供仪表检修的通道，通道内安装辅助仪表。适于仪表的高密度安装；

⑧ 接线端子柜是外部电缆(线)进入控制室内的接线柜；

⑨ 组件箱柜用于插件和组件仪表安装的箱柜，包括组件箱盒、附件及电源设备等；

⑩ 盘台组合柜是一种为便于操作人员的操作与观察，把盘和操作台组合在一起的仪表柜；

⑪ 仪表盘、柜的附属装置包括角接板、角接柜、侧板、侧门、外照明等。

5.5.2 仪表箱

仪表箱包括安装在室外的保温箱、保护箱、接线箱、管缆接管箱、配电箱和室内的供电箱等。

保温箱是室外现场就地支架上安装的箱子，有保温夹层，夹层内装有保温填充物，对箱内的仪表防冻保温或防止测量的介质结晶、析出、汽化、冷凝影响测量。保温箱可由玻璃钢、钢板及聚氨酯泡沫等材料制成。保温箱有电加热和蒸汽加热两种。

保护箱是在室外现场就地支架上安装的箱子，内装就地仪表或变送器，构成遮蔽区，保护仪表不受环境影响和防止外部机械损伤。遮蔽区使仪表在工作或储存时免于阳光照射、风吹、雨淋、尘埃等的侵袭，但是温湿度与室外相同，可有自然通风。

接线箱(盒)内装端子排，供现场电缆(线)分支接线。有隔爆防爆型、防水型和普通型。材质有钢板、铝合金、玻璃钢。可就地安装在现场支架上或墙上。

供电箱是单独给仪表或现场供电的专用电源箱。

分析小屋是拼接式和规格化的，适合现场安装的，具有防热辐射、防雨、保温、阻燃、防爆、防震、防静电、防火花、抗干扰和屏蔽结构的开间。用于现场集中安装各种成分分析仪表、样品预处理器，有电路和气路安装接口、气路管架及各种对外接口，为分析仪表提供良好的现场运行环境，以增强系统可靠性，使操作、维护规范化。分析柜是封闭式、一侧开门、现场安装的分析仪表柜，内有分析预处理装置、转换装置或现场分析仪表等。

5.5.3 仪表盘、箱、柜的安装方式

仪表盘都是固定在基础槽钢上,屏式、框架式模拟盘还需要支撑架，挂式盘安装在墙上。控制室盘箱柜支撑架、基础要在室内装饰工程完成之前预制安装。如仪表盘安装在有震动的地方，应有减震措施，要使用防震垫和减震器。盘箱柜安装固定的指标都应符合安装规范要求。

保护箱、保温箱在室外钢支座上安装，接线箱和接管箱在钢支座上或墙上支架上安装。室外安装仪表盘箱应考虑周围有足够的空间，便于以后仪表经常维护和拆卸，保温和保护箱还要考虑配管、排污和伴热的空间。

仪表盘安装完毕后，需要按配线图、原理图检查接线，排除错误，这种校线称为一次校线。盘上仪表安装完毕，外部电缆与端子板接线之后，需要进行全面校线，再次确认，称为二次校线。

5.6 仪表汇线槽、桥架的制作与安装

汇线槽、桥架的结构形式、规格、选材、涂漆等均应符合设计规定，原材料及产品均应有合格证。

钢板下料应有排板图，并采用机械剪切，不得用气焊切割。

型钢和钢板应平整，使用前应除锈，并喷涂第一遍底漆。加工成形后的构件应再喷涂第二遍底漆和第一遍面漆。汇线槽或桥架交工验收前再喷涂第二遍面漆。每一遍油漆都应干透。当设计有特殊要求时，应按设计选用底漆和面漆。

现场制作汇线槽、桥架时，宜采取工厂化加工，制成标准件(包括弯头、三通、变径等)。汇线槽或桥架的现场组装宜采用螺栓连接，特殊情况下可用焊接，焊接时应有防变形措施。汇线槽底板接缝与侧板接缝应相互错开，采用断续焊时，焊缝间距约为150mm，焊缝长度约30mm。

汇线槽内的隔板应加工成L形，且低于汇线槽高度，边缘应打磨光滑。隔板在L形底边的两侧采用交替定位焊固定，隔板之间的接口应用定位焊连成整体。

汇线槽底板应开漏水孔，漏水孔宜按之字形错开排列，孔径为$\phi5\sim\phi8$mm。开孔时应从里向外进行施工。

汇线槽、桥架的变径、三通、弯头等应能满足电缆敷设弯曲半径的要求，如图2-5-5

所示。

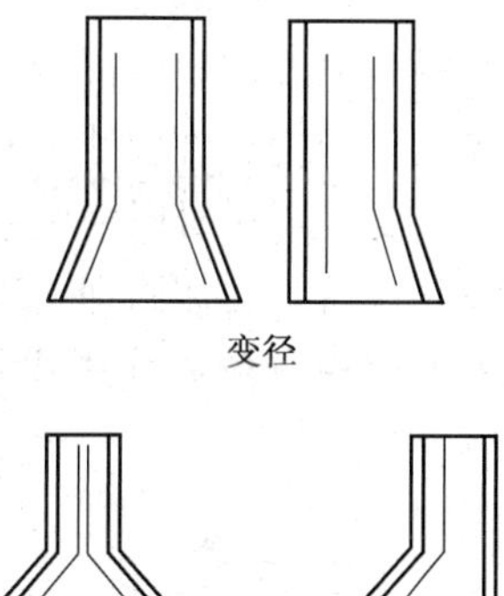

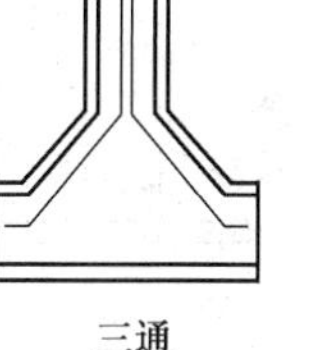

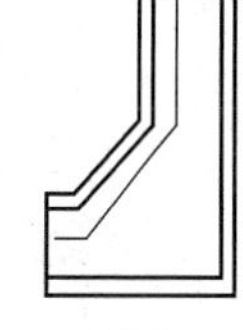

图 2-5-5 汇线槽及桥架的变径、三通和弯头

汇线槽预制件应平整，内部光洁、无毛刺，宽度、高度、对角线的尺寸允许偏差为设计尺寸的 0.5%，长度按钢板尺寸或下料机械规格在现场确定。

汇线槽或桥架的安装位置应避开强磁场、高温、腐蚀介质以及易受机械损伤的场所。汇线槽安装在工艺管架上时，宜在工艺管道的侧面或上方。

汇线槽或桥架的安装程序应先主干线，后分支线，先将弯头、三通和变径定位，后直线段安装。

汇线槽与桥架之间宜采用半圆头螺栓连接，并应安装加强板，螺母应在槽板的外侧，螺栓应充分紧固。

汇线槽安装直线超过 50m 时，应采用在支架上焊接滑动导向板的方法固定，并使汇线槽在导向板内能滑动自如，槽板接口处应预留适当的膨胀间隙。

汇线槽或桥架安装应保持横平竖直，底部接口应平整无毛刺。多层桥架安装时，弯曲部分弧度应一致。汇线槽或桥架变标高时，底板、侧板不应出现锐角和毛刺。

汇线槽安装后，应按设计要求焊接接地片和栏杆柱，开好保护管引出孔和隔板缺口。保护管开孔的位置应处于汇线槽高度的 2/3 以上，并采用油压开孔机或其他机械开孔，不得用电弧焊、气焊切割。开孔后，边缘应打磨光滑，及时修补油漆。

通过预留口进入控制室汇线槽的电缆敷设完毕后，应及时封闭。

汇线槽或桥架与动力电缆桥架的安装间距，应符合设计规定。

5.7 仪表电缆的敷设

自动化仪表电缆敷设方式要按设计要求和电缆的结构决定，有沿墙、沿电缆沟、直埋、穿管、沿支架和桥架敷设。仪表电缆分为总电缆和分支电缆，总电缆是从现场接线箱至控制室之间的连接电缆，分支电缆是从各检测仪表或控制仪表至接线箱之间的连接电缆。

电缆敷设应具备以下条件：

① 桥架或支架已安装完毕、清扫干净。桥架内部应平整、光洁、无杂物、无毛刺；

② 电缆型号、规格、长度等应符合设计要求，外观良好，保护层不得有破损；

③ 绝缘电阻及导通试验检查合格；

④ 控制室机柜、现场接线盒及保护管已安装完毕，仪表设备安装位置已确定。

电缆敷设前应完成下列准备工作：

① 技术准备：熟悉图纸资料及有关规范标准，了解有关技术要求；

② 确认电缆敷设路径是否已打通，保护管管端的护套是否齐全，支架、电缆槽、保护管的接地和油漆工作是否已结束等；

③ 确认电缆的型号、规格是否符合设计要求，并在电缆敷设前对其进行绝缘和导通检查；

④ 准备电缆盘的架设工具和其他一些敷设电缆所需的工机具；

⑤ 对敷设长度和每盘电缆到货的长度进行实测，以保证每盘电缆利用率，避免浪费。

5.7.1　信号电缆敷设

敷设电缆需集中进行，由一名熟悉敷设路径和连接设备的施工人员牵引电缆走最前面，其余人员均匀、合理地分布于沿线，统一由一名有经验的人员指挥。两端和中间的适当位置，应配置对讲机以便联络。指挥员可利用小旗或口哨指挥施工人员连续、协调地敷设。待敷设到位后，再往回理一理，排放整齐，在沿线的适当位置加以固定，并保证拐弯处有足够的弯曲半径。然后，用皮尺测量另一端剩余的一小段长度，根据此长度切割电缆，贴上铭牌。

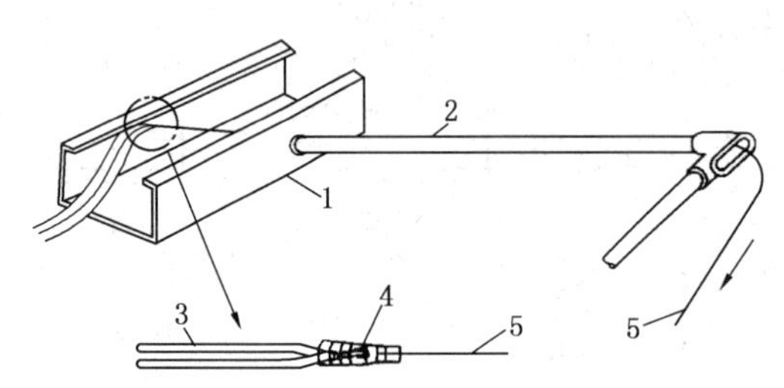

图 2-5-6　多根电缆穿同一保护管

1—桥架；2—电缆管；3—电缆；4—绝缘带；5—铁线

信号电缆敷设主要要求如下：

① 当信号电缆在保护管中敷设时，常在同一根保护管中敷设多根信号电缆(防爆仪表设备除外)。敷设方法是先将镀锌铁线穿过保护管，用其一端将几根需穿此保护管的电缆端头扎在一起，用聚氯乙烯胶带将扎头处包覆一下，以防止此扎头挂住保护管的接头处，然后用牵引铁线将电缆拉过保护管，如图 2-5-6 所示。

② 为减少摩擦力，避免电缆在敷设过程中受损伤，除明敷设时应在转弯处设置电缆滚轮和对暗埋保护管进行特别的清洗外，在穿保护管敷设前，可在其保护管中加一些滑石粉。

③ 敷设电缆的环境温度应符合规范的要求，环境温度超过 65℃时要采取隔热措施，低于设计和规范温度时不宜敷设。

④ 不宜将电缆敷设在高温、易燃、可燃介质的工艺管道和设备的上方或具有腐蚀性介质、油类介质的工艺管道和设备的下方。

⑤ 与工艺管道和设备绝热层表面之间的距离按设计要求施工，或至少大于 150mm。

⑥ 电缆埋地敷设深度不小于 700mm，上下要铺砂 100mm，上面盖砖或混凝土护板。

⑦ 明敷设信号电缆与具有强磁场的电器设备之间的净距离要大于 1.5m，如屏蔽电缆穿金属管或在汇线槽内敷设，净距离要大于 800mm。

⑧ 电缆首尾两端应挂有设计标志的铭牌。

⑨ 不同信号、不同电压等级的电缆在垂直多层电缆桥架中敷设时，从上到下的排列次序是：仪表信号线路→安全联锁线路→仪表用交流和直流供电线路→动力线路，本安型和非本安型线路敷设应分开，不共穿一根导线管，不在同一接线箱和同一桥架内敷设，必须在同一汇线槽内敷设时，应加隔板有效隔离。

⑩ 防止电缆之间及电缆与其他硬物体之间的摩擦，并保证自然挠度固定，要充分考虑电缆截断后两端的接线富余量和敷设时的松紧度及适当的余量。

⑪ DCS 系统电缆敷设应按设计要求和说明书进行，采用冗余结构的网络通道电缆应单独隔离敷设；网络通道电缆与供电线路的间距应符合要求，避免噪声干扰。

⑫ 本安电缆用于本安防爆系统，电缆在安装时应注意尽量考虑不受或减少静电感应和电磁感应的影响。本安型电缆(线)敷设应有不损伤电缆(线)的保护措施。

⑬ 电缆在支架上或桥架上的固定方式采用电缆卡、电缆扎带、冲孔板等，并按规范规定的间距固定，固定卡、带规格和数量按设计或需要确定。在桥架上也可以采用直接敷设，整齐排列的方式，不需要固定。

5.7.2 电缆终端制作

电缆敷设至仪表设备、元件或部件处的终断头称为终端头，如电缆中间需要连接称为中间接头。终端头需要进行处理，需要进行试验、校验和接线，现场称为电缆头制作。下面以信号电缆头的制作为例加以说明。

信号电缆一般使用非屏蔽电缆，其工作电压和电流都不太高，除铅包钢带铠装信号电缆外，电缆头的制作方法均大致相同。制作线芯数较多的信号电缆头时，因其线芯较多，编号、校接线等工作需花费大量的时间。

信号电缆头的制作，包括材料及工机具准备、电缆定位、量尺寸、锯断、电缆头制作、贴标牌、线芯编号、电缆头固定、校接线、线芯整理和整理记录等工作内容。

现以塑料绝缘信号电缆头为例，说明其制作方法(如图 2-5-7 所示)。其制作方法步骤如下：

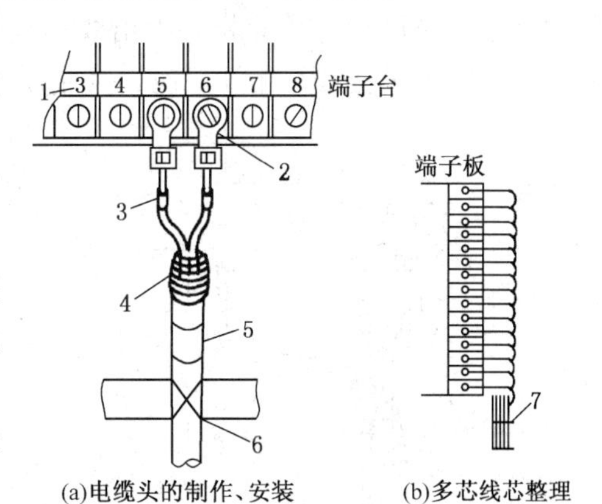

图 2-5-7 塑料绝缘控制电缆头制作、安装示例

1—端子号；2—端子；3—接线编号；

4—内缠聚氯乙烯绝缘带，外套端套；5—电缆铭牌；

6、7—尼龙扎带

① 确定电缆末端尺寸，并留一定余量，然后将其开断，再固定。

② 剥除电缆护套和纸带(对于铅包钢带铠装信号电缆，还包括钢带和铅包的处理)，切除线芯中的黄麻。电缆剥切时，不得伤及线芯绝缘层。

③ 若是钢带铠装信号电缆，应将钢带用黄绿线焊接后作接地引出线。

④ 多芯信号电缆的制造厂一般都将线芯印有1、2、3、4 等编号，可将线芯按此编号。当线芯无编号时，可利用电缆两端线芯旋转方向相反(见图 2-5-8)的特点，按顺序套号箍。

⑤ 编完线芯号后，用聚氯乙烯绝缘带包扎线芯根部小段，使成橄榄形，以增加电缆头根部的绝缘性能和机械强度。

⑥ 套上信号电缆终端套，将终端套上口线芯接合处和下口电缆护套接合处用聚氯乙烯绝缘带包缠 3~4 层。信号电缆终端套的外形如图 2-5-9 所示。

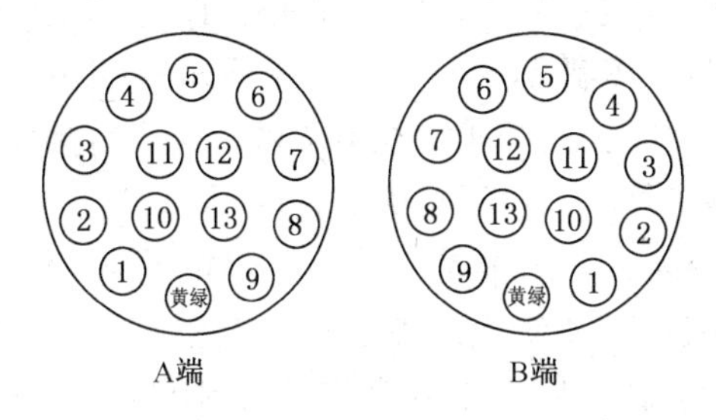

图 2-5-8 控制电缆两端线芯编号顺序

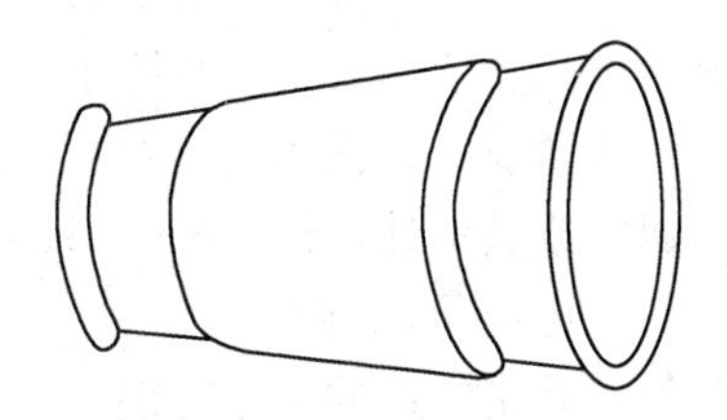
图 2-5-9 控制电缆终端套外形

⑦ 贴电缆铭牌。铭牌外表用透明聚氯乙烯胶带包缠一层即可。

⑧ 校接线。要求线鼻子型号规格选择正确，电气连接可靠。压接时，线鼻子的压接位置应正确。校线时，通常采用通灯法。如图 2-5-10 所示，可用对讲机进行通讯联络。有时也用耳机校线。

⑨ 线芯整理要整齐、美观。

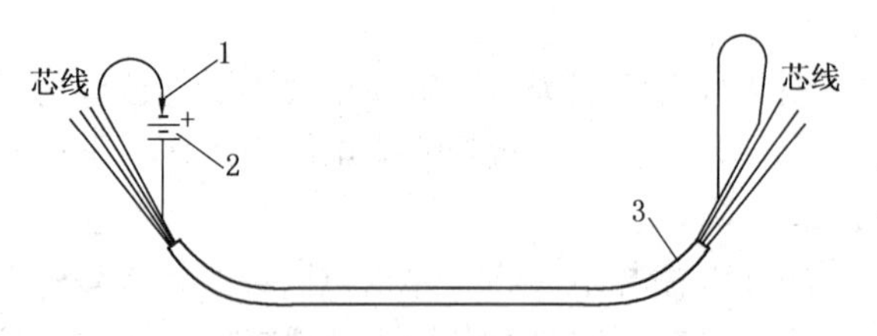

图 2-5-10　通灯校线法

1—2.5V 灯泡；2—3V 干电池；3—电缆护层

⑩ 整理记录。

屏蔽电缆头的制作、安装如图 2-5-11 所示。线芯的整理，制作方法和步骤，与信号电缆头基本相同，详见信号电缆头内容。

与信号电缆头不同的是，屏蔽电缆头和同轴电缆头的制作、安装与信号电缆头的基本制作方法相同。不同的是，屏蔽电缆头制作时，要求将同一线路电缆的一端(并且只能一端)屏蔽层作抗干扰接地，接至抗干扰接地系统；同轴电缆屏蔽层引出线不是接抗干扰接地系统，而是作为信号传输的导体之一。当同轴电缆接线采用插头时，其制作方法如图 2-5-12 所示。

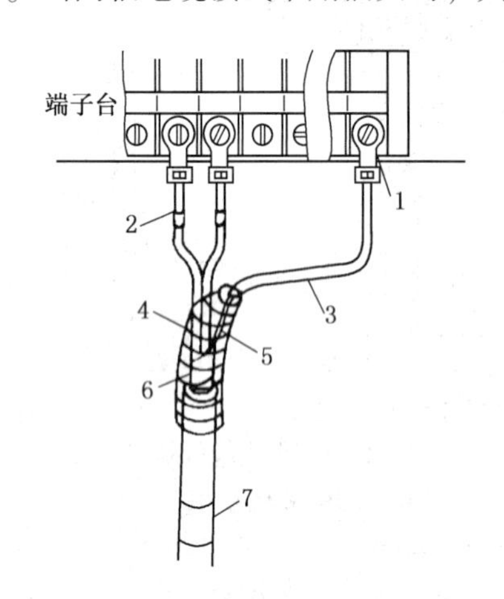

图 2-5-11　屏蔽电缆头制作、安装示例

1—端子；2—号箍；3—电线；4—缠绕绝缘层；5—套管压接或焊接；6—屏蔽层；7—电缆铭牌

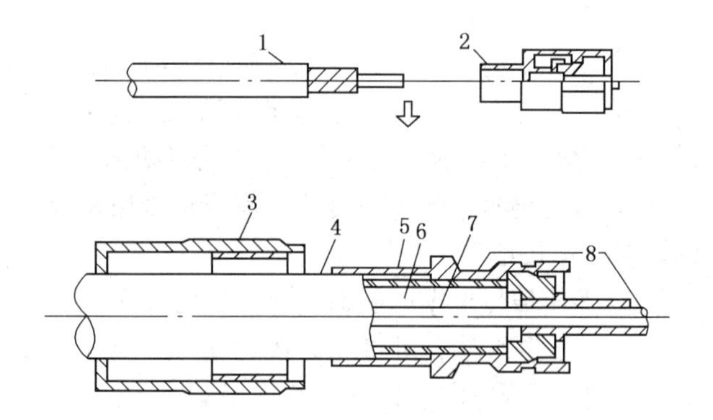

图 2-5-12　同轴电缆专用插头连接法

1—同轴电缆；2—专用插头；3—连接螺母；4—护层；5—外编织导体；6—聚乙烯；7—中心导体；8—灌入焊锡

5.7.3　系统电缆

系统电缆是指 DCS 或其他计算机系统设备间的配线。系统电缆一般是由设备制造厂配备，随设备成套供货。除 DCS 中的部分电缆外，其长度都不太长，且大多数带有插头。有时其中部分要求不太高的电缆也常采用普通电缆。此时，其插头需在电缆敷设完毕后接线。

一般情况下，设备制造商不提供系统电缆的型号规格，仅以特殊标记区别。

DCS 或其他计算机系统设备对工作环境要求较高，一般都是安装在防静电的活动地板上。活动地板与普通地板之间，有 400mm 左右的夹层，系统电缆就在该夹层中敷设。为确保计算机系统电缆的工作性能，增强抗干扰能力，应在夹层中设置金属带盖封闭式电缆槽。不同电压等级的系统电缆，分别敷设在不同的电缆槽中。系统电缆敷设，除不得扭绞外，由于绝大多数是带插头敷设，因此机柜进线处的开孔应保证其插头进出方便。

5.7.4　补偿电缆的敷设

自动化仪表及控制系统工程中的补偿电缆专用于热电偶式温度计的模拟信号传输配线，传输信号为 mV 级电压信号。补偿电缆的作用，就是将热电偶的冷端延长，使之延长到离热源较远的地方或温度比较稳定的地方(如控制室)。

单对补偿电缆，又称作补偿导线，如图 2-5-13 所示。补偿导线只能与相应型号的热电偶配用，切勿搞错。

补偿电缆的型号有 KX、EX、JX、TX、KC、SC。其中，型号头一个字母与配用热电偶的分度号相对应；字母“X”表示延伸型补偿导线；字母“C”表示补偿型补偿导线。SC 型补偿导线也可配用于 R 型热电偶。

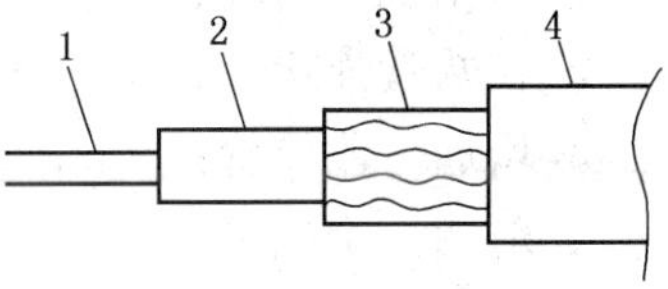

图 2-5-13　单对补偿电缆结构

1—线芯；2—绝缘层；
3—铜丝编织层；4—护套层

补偿导线按照热电特性的允差不同分为精密级与普通级，按使用温度分为一般用与耐热用。

多对补偿电缆有普通型、总屏蔽型和分对屏蔽型之分。分对屏蔽补偿电缆的抗干扰能力更强。补偿电缆的结构如图 2-5-13 所示。

补偿电缆属信号电缆类，其敷设方法详见信号电缆敷设部分(5.7.1)，敷设中应特别注意以下问题：

① 补偿电缆线芯一般为质脆的合金材料制成，敷设时应特别注意保护。敷设中，不应有曲折、迂回等情况，不能拉得过紧；

② 补偿电缆不应直接埋地敷设；

③ 补偿电缆不应与其他线路在同一根保护管内敷设；

④ 补偿电缆应避免中间接头。若必须接头时，线芯应用氧焊的方法连接，氧焊条材质应与补偿导线材质相同或相近，进行中间和终端接线时，严禁接错极性。

5.8　仪表管线的敷设

5.8.1　电缆（线）保护管敷设

电缆、电线、补偿导线保护管(以下简称保护管)，宜选用薄壁镀锌钢管，但防爆区域厂房内应采用厚壁镀锌钢管。管内径应为线束外径的 1.5~2 倍。保护管不应有变形及裂缝，内壁应清洁、光滑、无毛刺。当采用非镀锌钢管时，管外应除锈涂漆，当埋地敷设时，必须采取防腐措施。但埋入混凝土内的保护管，管外不应涂漆。

保护管弯制应采用冷弯法，薄壁管采用弯管机煨弯。*DN*50 以上的管子宜采用标准预制弯头。弯制保护管时，应符合下列规定：

① 弯曲角度不应小于 90°；

② 当穿无铠装的电缆且明敷设时，弯曲半径不应小于保护管外径的 6 倍；当穿铠装电缆以及和埋设于地下或混凝土内时，弯曲半径不应半径小于保护管外径的 10 倍；

③ 保护管弯曲处不应有凹陷、裂缝；

④ 单根保护管的直角弯不得超过两个。

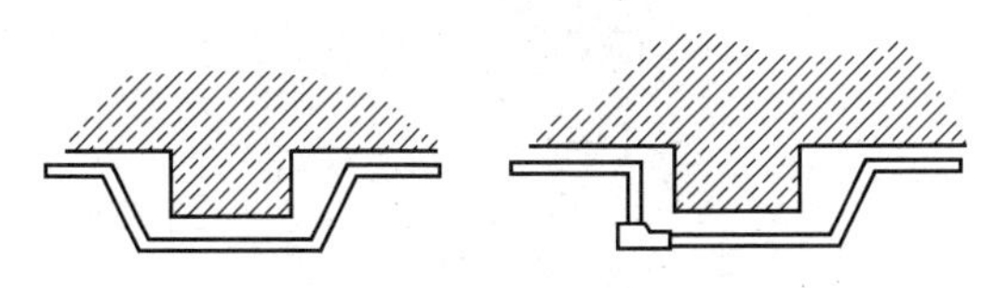

图 2-5-14　保护管通过梁柱时的配置

保护管的直线长度超过 30m 或弯曲角度的总和超过 270°时，中间应加穿线盒。遇到梁柱时，应按图 2-5-14 所示方式进行配管，不得在混凝土梁柱上凿孔或钢结构梁柱上开孔，但可采用预埋保护管方法。

当保护管直线长度超过 30m，且沿塔、槽、加热炉或过建筑物伸缩缝时，可采取下列措施之一进行热膨胀补偿(见图 2-5-15)：

① 根据现场情况，弯管形成自然补偿；

② 在两管连接处，预留适当的间距；

③ 增加一段软管；

④ 增加一个鹤首弯。

保护管之间及保护管与连接件之间，应采用螺纹连接。管端螺纹的有效长度应大于管接头长度的1/2，并保持管路的电气连续性。当采用大管径钢管埋地敷设时，可加套管焊接，管子对口应处于套管的中心位置，对口应光滑，焊口应严密。

保护管与仪表盘、就地仪表箱、接线箱、穿线盒等部件连接时应用锁紧螺母固定，管口应加护线帽。保护管与检测元件或就地仪表之间采用挠性管连接时，管口应低于进线口约250mm。本安系统保护管从上向下敷设时，在管末端应加排水三通，仪表及仪表设备进线口应用密封垫密封。当保护管与仪表之间不采用绕性管连接时，管末端应加工成喇叭口或带护线帽，见图2-5-16。

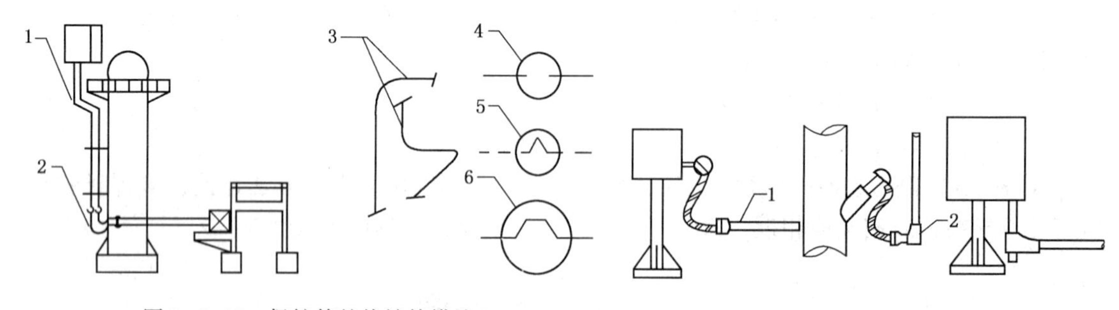

图2-5-15 保护管的热补偿措施

1—鹤首弯；2—软管；3—自然补偿；4—间断；5—软管；6—鹤首

图2-5-16 保护管与仪表的连接

1—用卡子固定；2—三通

暗配保护管应按最短距离敷设，在抹面或浇灌混凝土之前安装，埋入墙或混凝土的深度应保证离表面的净距离大于15mm，外露的管端应加木塞封堵或用塑料布包扎保护螺纹。

埋地保护管与公路、铁路交叉时，管顶埋入深度应大于1m。与排水沟交叉时，管顶离沟底净距离应大于0.5m，并延伸出路基或排水沟外1m以上。保护管与地下管道交叉时，与管道的净距离应大于0.5m。过建筑物墙基时，应延伸出散水坡外0.5m。保护管引出地面的管口宜高出地面200mm。当引入落地式仪表盘(箱)内时，管口宜高出地面50mm。多根保护管引入时，应排列整齐，管口标高一致。

明配保护管应排列整齐，横平竖直，支架的间距不宜大于2m，且在拐弯、伸缩缝两侧和管端300mm处均应安装支架，固定卡宜用U形螺栓或管卡。垂直安装时，可适当增大距离。

保护管穿过楼板和钢平台时，应符合下列要求：

① 开孔准确，大小适宜；

② 不得切割楼板内钢筋或平台钢梁；

③ 穿过楼板时，应加保护套管；穿过钢平台时，应焊接保护套或防水圈，见图2-5-17。

明敷设电缆穿过楼板、钢平台或隔墙处，应预留保护管。管段宜高出楼面1m。穿墙保护管段两端伸出墙面净长度应小于30mm。

在户外和潮湿场所敷设保护管，应采取以下防雨或防潮措施：

① 在可能积水的位置或最低处，安装排水三通；

② 保护管引入接线箱或仪表盘(箱)时，宜从底部进出；

③ 朝上的保护管末端应封闭。电缆敷设后，在电缆周围充填密封填料。

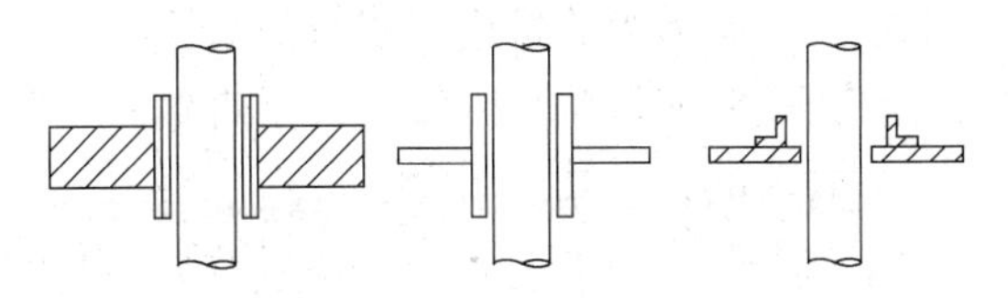

图 2-5-17 保护管穿过楼板或钢平台示意

现场分线箱安装，应符合下列规定：

① 周围环境温度不宜高于 45℃；

② 箱体中心距地面的高度宜为 1.2m；

③ 到检测点的距离应尽量短；

④ 不应影响操作、通行和维修，宜设在汇线槽或桥架的两侧；

⑤ 箱体应密封，并标明编号、位号。

5.8.2 仪表气动管路的安装要求

1. 气源管线

仪表空气供气系统采用的管子、阀门、管件等，在安装前均应进行清洗，不应有油、水、铁锈等污物。

仪表空气总管宜采用镀锌管、薄壁不锈钢管或黄铜管，仪表风过滤器下游可采用紫铜管、不锈钢管、铝管和塑料管，但不得选用未镀锌的碳钢管。

供气管采用镀锌管时，应用螺纹连接，且连接处必须密封。缠绕密封带或涂抹密封胶时，不应使其进入管内。支管应从总管顶部引出，总管上应留有备用接头。

仪表气源管线进入仪表前，必须加过滤减压装置。在仪表集中处，可采用流量较大的过滤减压装置，其安装位置应选择在操作方便、不妨碍仪表装拆、检修的地方。

集中过滤减压时，减压装置前后的空气管线上应装有压力表和安全阀，分散减压时，在减压装置后应装压力表。

安装流量较大的过滤减压装置应采用两套并联法。

供气系统的配管应整齐、美观，其末端和集液处应有排污阀，排污管口应远离仪表、电器设备及接线端子。排污阀与地面之间应留有操作空间。

2. 气动信号管线

气动信号管线宜采用被覆紫铜管、不锈钢管或尼龙塑料管，不得用碳钢管。

信号管线应固定牢固。单根信号管线不得单独悬空安装。管线宜短，横平竖直，尽量减少拐弯和交叉。

金属气动信号管线必须用弯管器冷弯，且弯曲半径不得小于管子外径的 3 倍。弯曲后，管壁上应无裂纹、凹坑、皱折、椭圆等现象。

气动信号管线敷设时，应尽量避免接头，如无法避免时，宜采用承插焊或卡套式中间接头，管线与仪表相接处．应加可拆卸的活动连接件。

金属气动信号管线、管缆敷设前，应进行外观检查及气密检查，不得有明显的损伤及变形。金属管敷设前应进行校直。

敷设的管缆应避免热源辐射，其周围的环境温度不应高于 60℃。

管缆敷设不宜在周围环境温度低于 0℃时进行，敷设时应符合下列要求：

① 防止机械损伤及交叉接触摩擦；

② 应留有适当的备用管数与备用长度；

③ 固定时应保持其自然度，弯曲半径应大于管缆外径的 8 倍；

④ 管缆的分支处应加管缆盒。

气动信号管线用的管子，应采用割管刀切割，切割带保护套的被覆紫铜管或尼龙塑料管时，应将保护层和管端切割整齐，并使管端露出保护层。

安装在腐蚀性大气中的管线，其接头处和管子的露出部分应采取保护措施。

3. 气动管线的压力试验与吹扫

气动管线压力试验的介质应采用空气或惰性气体。

压力试验用的压力表应校验合格，其准确度不低于 1.5 级，刻度上限值宜为试验压力的 1.5~2 倍。

供气系统安装完毕后应进行吹扫，并应符合下列规定：

① 吹扫前应将控制室供气总管入口、分支供气总入口和接至各仪表供气入口处的过滤减压阀断开敞口，先吹总管，然后依次吹各支管及接至各仪表的管路；

② 应使用符合仪表空气质量标准、压力为 0.5~0.7MPa 的压缩空气；

③ 当排出口无固体尘粒、水、油等杂质时，吹扫即为合格。

气动信号管线气密性试验时，应使用干燥的净化空气，选用 0.16MPa 试验压力表，试验压力应为仪表的最高压力(即 0.1MPa)。当达到试验压力后，停压 5min，无降压即为试验合格。

气压试验压力应为设计压力的 1.15 倍，当达到试验压力后，停压 5min 无泄漏，目测无变形为合格。

压力试验和气密性试验应作好记录。

5.8.3 导压管的安装要求

1. 导压管安装的一般规定

仪表导压管路(简称导压管)包括用于压力、流量、液位的检测导压管，用于分析仪表的取样管、隔离和吹洗管路，同时包括导压管路系统中使用的阀门、配件和容器等附件。

导压管路所用的管材和部件的材质、规格型号应符合设计要求，并具有质量证明书或合格证。

导压管路敷设前，管子及其部件内外表面应清洁干净，需脱脂的管路应经脱脂合格后再进行敷设。

导压管路敷设前应将管材进行防腐处理，可预制的管路应集中加工。

预制好的管段内部必须清理干净，并采取措施防止杂物进入。

导压管路不得用电、气焊切割。

导压管焊接前，应将仪表设备与管路脱离。

从事导压管路焊接作业的焊工须持有效的焊工合格证书。

耐热合金钢管路焊接作业前，应经焊接工艺评定合格后方可施工。

导压管路除有特殊要求外，一般不作射线检测。

导压管路不应直接埋地敷设。如设计未作规定，管路敷设位置应根据现场情况合理安排，不宜强求集中，但应整齐、美观、固定牢固，尽量减少弯曲和交叉，且不得有急剧和复杂的弯曲部位。

导压管路应敷设在便于操作和维修的位置，不宜敷设在有碍检修、易受机械损伤、腐蚀、振动及影响测量之处。

用于检测的导压管在满足测量要求的条件下应尽量短(过热蒸汽等高温介质除外)，且不宜大于15m。

导压管路在穿墙或过楼板时，应安装保护管(罩)。导压管接头不得置于保护管(罩)内。管线由防爆厂房或有毒厂房进入非防爆或无毒厂房时，在穿墙或过楼板处应进行密封。

导压管路与高温工艺设备、管路连接时应采取热膨胀补偿措施。

除设计另有规定外，导压管路与工艺设备、管道或建筑物表面之间的距离宜大于50mm。易燃、易爆介质的导压管路与热表面的距离宜大于150mm，且不宜平行敷设在其上方。当管路需要隔热时，应适当增加距离。

2. 中、低压导压管路敷设

管路敷设应具备下列条件：

① 工艺设备、管道上一次取源部件的安装经检查验收合格，满足测量导压管安装要求；

② 管子、管件、阀门按设计图纸核对无误；

③ 管子外观检查无裂纹、伤痕和严重锈蚀等缺陷，管件、阀门无机械损伤和铸造缺陷，螺纹连接部分无过松过紧现象；

④ 阀门压力试验合格；

⑤ 设计图纸选用的导压管路敷设方式合理。

无腐蚀性和黏度较小介质的压力、差压、流量、液位测量导压管的敷设应符合下列要求：

① 压力测量宜选用直接取压方式，测量液体压力时取压点宜高于变送器，测量气体时则相反。

② 水平管线的压力测量导压管，敷设取压管引出位置宜采用如图2-5-18所示方式。

③ 测量蒸汽或液体流量时，节流装置宜高于差压仪表，测量气体流量时则相反。

④ 测量蒸汽流量安装的两只平衡容器，必须保持在同一个水平线上。平衡容器入口管水平位置允许偏差为2mm。

⑤ 垂直工艺管道流量导压管取压引出方式见图2-5-19。当介质为液体时，负压管应向下倾斜，见图2-5-19(a)；介质为蒸汽时，正压管应向上倾斜，见图2-5-19(b)。

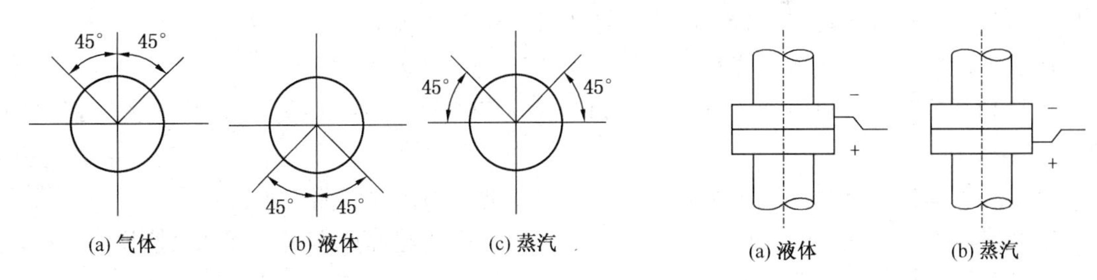

图2-5-18　压力测量导压管引出位置

图2-5-19　垂直工艺管道上的取压管引出方式

⑥ 常压工艺设备液位测量导压管路接至变送器正压室、带压工艺设备液位测量时，宜选用工艺设备下部取压管接至变送器正压室，上部与变送器负压室连接。

⑦ 差压液位取压管一端如接工艺设备底部，则其插入深度应大于50mm。

导压管应根据不同介质测量要求分别按1：10~1：100的坡度敷设，其倾斜方向应保证能排除气体或凝液。当不能满足要求时，应在管路集气处安装排气装置，集液处安装排液装置。

测量差压用的正压管及负压管应敷设在环境温度相同的地方。

弯制导压管宜采用冷弯法，弯曲半径不得小于管子外径的3倍。弯曲后，管壁上应无裂纹、凹坑、皱褶、椭圆等现象。

导压管路应装一、二次阀门(变送器直接安装在工艺管道上的除外)。一次阀门装于取源部件之后，尽可能靠近取源部件。二次阀门装于测量仪表之前便于操作的位置。

不锈钢管路安装时，不得用铁质工具敲击，并应用绝缘材料与支架隔离。

壁厚小于1mm的不锈钢管宜采用卡套式连接。

导压管路的焊接应符合下列要求：

① $\phi 14\times 2$ 以下碳素钢管一般采用对接焊，焊接时宜使用对口工具防止错边，并检查直线度。不同直径导压管对接焊时，其内径相差应小于2mm，否则应采用异径接头连接；

② $\phi 18\times 3$ 以上碳素钢管宜采用承插焊接方式，其插入方向应顺介质流向；

③ 不锈钢管或质量要求严格的导压管焊接宜采用氩弧焊或承插焊；

④ 导压管路焊接时，不应承受机械外力；

⑤ 阀门焊接时，应使阀门处于开启状态。

检修时需拆卸的部位可采用卡套、活接头、法兰、螺纹等连接。

导压管的连接部分应轴线一致，保证其严密性，不得有泄漏和节流现象。

安装阀门前，应核对阀门规格、型号(包括垫片)，并符合设计要求，试压合格。安装时应将阀门关闭，以防进入杂物。截止阀和止回阀的安装方向应正确；带手轮的阀门安装位置应便于操作。

3. 高压导压管路敷设

高压管路敷设除应符合本节规定外，还应符合现行国家标准《工业金属管道工程施工及验收规范》GB 50235的有关规定。

高压管、管件、阀门的规格、型号、材质必须符合设计规定，并必须有合格证。

高压管应进行外观检查，不得有锈蚀等缺陷。

高压管端需加工螺纹时，应以内圆定心进行加工，并应使用螺纹规、标准螺纹管件等检查螺纹质量。用标准螺纹管件检查时，以徒手拧入为限，且不应过分松动。

压管的弯制必须一次冷弯成型。

焊接高压管时，管口应加工坡口，坡口角度为40°~50°，钝边为0.5~1.0mm，对口间隙为1.5~2.0mm。

高压导管需要分支时，应采用与管路同材质三通，不得在管路上直接开孔焊接。

安装高压螺纹法兰时，应露出管端螺纹的倒角。安装透镜垫前应在管口及垫片上涂抹防锈脂(脱脂管道除外)，透镜垫应准确地放置在管端密封面上。

设计规定有力矩要求的高压法兰螺栓，安装前应抽查5%作强度及光谱试验。发现质量不合格，应及时通知监理、业主代表或总承包单位共同确认，并作退货处理。

高压法兰螺栓拧紧后，螺栓、螺母宜齐平。

敷设高压管路时，不允许强制组对或用修改透镜垫厚度的办法补偿安装偏差。

采用卡套连接件时，高压管外径允许偏差为±0.3mm，卡套与钢管的咬合深度应大于0.2mm。

高压管、管件、阀门、紧固件的螺纹部分，应抹二硫化钼等防咬合剂，但脱脂管路除外。

高压管路安装应有详细的记录，并在导压管路上作明显的标识。

4. 剧毒、可燃介质导压管路敷设

管子、管件、阀门在使用前应按《石油化工剧毒、可燃介质管道工程施工及验收规范》SH 3501 管道级别分类保管，作好标识，不得混淆和损坏。

管路敷设前，应对管子、管件、阀门进行外观检查，其表面应符合下列要求：无裂纹、锈蚀及其他机械损伤；螺纹、密封面加工良好，精度、粗糙度等符合设计要求。

SHA 级管道上的导压管路用的管子应逐根进行外径及壁厚测量，其尺寸应符合制造标准；SHB 级管道上的导压管路用的管子应抽查 5%，且不少于一根。

SHA 级管道上的导压管路的管件应抽 10% 测量外径和壁厚；SHB 级管路的管件应抽 5%，且不少于一件。

管路阀门安装前，应逐个对阀体进行液压强度试验，试验压力为公称压力 1.6 倍，5min 无泄漏为合格。

管路阀门阀座密封面应作气密试验，并作记录。

SHA 级管道上的导压管弯制时，宜选用壁厚有正偏差的管子。

管路安装前，应逐根清理擦净，不得有砂土、浮锈、铁屑、焊渣、水、油及其他杂物。

管路应尽量短，连接宜选用焊接方式。

螺纹接头如采用密封焊时，不得使用密封带，其露出螺纹不应过长，并全部由密封焊缝覆盖。

管子对接焊时，应清理管子内外表面，在 20mm 范围内不得有油漆、毛刺、锈斑、氧化皮及对焊接有害的物质。

公称直径小于等于 15mm 的高压管可不进行喷砂和表面无损检测，承插焊接部位宜做着色检查。

管路焊接应有焊接工作记录。

管路连接件安装前，应检查其密封面，不得有影响密封性能的缺陷。

连接件选用的垫片、密封填料应符合设计要求。

非金属垫片应平整光滑，边缘应切割整齐。

剧毒、可燃介质的导压管路敷设，应作好详细的施工记录，并在导压管上作明显标识。

5. 分析取样管路敷设

分析取样管路系统敷设包括取样管、取样预处理系统组件、阀门、管件。分析取样管路敷设应按设计文件、分析仪器说明书及本节有关规定执行。

取样系统管路应整齐布置，并应使气体或液体能排放到安全地点。有毒气体应按设计规定的位置排放。

管路敷设前应测绘系统各组件尺寸，保证系统容量最小。取样系统安装位置应安排合理，使其不受机械损伤，并且操作维修方便。

分析取样管路长度不宜超过 40m，烟气分析器管路长度不宜超过 10m。取样系统部件应尽量减少，以保证试样的正确传递和处理。

分析取样系统管路的材质宜采用不锈钢，并应符合下列要求：

① 不得与试样有化学反应作用；

② 不得从试样中吸取组分；

③ 不得将杂质渗透和扩散进入试样；

④ 不得有着火或其他不安全因素。

管路敷设前应先将管子、阀门、配件、各设备组件清洗干净，保证无油、无锈、无有机物、无杂质。

管路系统连接宜采用承插焊或对接焊。焊缝不得有裂纹，内壁应无杂质。如采用螺纹连接，密封填料不得进入系统内。

在分析器入、出口处和试样返回线上应装截止阀，阀门流向应正确。

分析取样系统应有合适的过滤器，系统应畅通无杂质。对固体含量高的试样回路，宜采用并联过滤器。

6. 隔离与吹洗管路敷设

腐蚀性介质和粘稠液体介质宜选用密封毛细管隔膜仪表。易汽化、冷凝或有沉积物介质，宜采用隔离和吹洗方法防止被测物质进入仪表内。

对于位移可以忽略不计的仪表可直接在管路中进行隔离，有显著位移的仪表要采用隔离器，使隔离液位保持水平，避免静液压误差。

隔离管路敷设时。应在管线最低位置安装隔离液排放装置。

被测介质黏度较大时，宜敷设冲洗液管路。

对挥发性较强的液体、气相易凝结的介质进行差压液位测量时，其气相取压管应安装隔离器。

吹洗管路敷设时，先预制好吹洗阀的连接管件，再将其两端分别与吹洗液总管和测量引线连接。

吹洗管阀门的安装位置应便于操作。

吹洗管路系统的限流孔板尺寸应符合设计要求。

7. 导压管路固定

应根据现场实际情况和导压管敷设要求，确定导压管路固定卡或支架形式、尺寸和位置。

导压管路的固定应采用可拆卸的卡子，用螺栓固定在支架上。两导管间不得用定位焊固定。

导压管路支架应固定牢固，并满足管路坡度的要求。在振动场所，管路与支架间应加软垫隔离。

导压管路两支架间的跨距，水平敷设管路宜为 1~1.5m，垂直敷设为 1.5~2m，需保温的导压管路应适当缩小支架跨距。

工艺管道、容器以及需拆卸的设备构件上不应直接焊管路支架。如需在其上敷设管路时可采用抱箍固定支架，并应按要求作隔离处理。

在有保温层的设备、管道上敷设导压管时，其支架尺寸应使导压管能处在保温层之外。

支架应平直，切口处不应有卷边和毛刺。

支架安装在金属结构和混凝土结构的预埋件上列应采用焊接固定，安装在混凝土上无预埋件时，宜用膨胀螺栓固定。

固定不锈钢管路时，应用绝缘材料与碳钢支架、管卡等隔离。

8. 导压管路的系统压力试验

导压管路敷设完成后，应组织有关人员进行检查，符合设计及有关规范规定后，方可进行系统压力试验。试验前应切断与仪表的连接，并将管路吹扫干净。

试验压力小于 1.6MPa 且介质为气体的管路可采用气压试验，其他管路宜采用液压试验。

气压试验宜用净化空气或其他惰性气体，试验压力为设计压力的 1.15 倍，停压 5min，压力下降值不大于试验压力的 1%为合格。

液压试验应选用清洁水，试验压力为设计压力 1.25 倍，当达到试验压力后，停压 5min，无泄漏为合格。管路材质为奥氏体不锈钢时，水中氯离子含量不得超过 25mg/L。试验后应将液体排净。冬天进行水压试验时，必须采取防冻措施，试验后应立即将水排净，并进行吹扫。

试验用的压力计精度不应低于 1.5 级，刻度上限宜为试验压力的 1.5~2 倍，并应有有效的检定合格证书。

压力试验过程中，发现泄漏现象，应先泄压再作处理。处理后，应重新试验。

压力试验合格后，应在管道另一端泄压，以检查管路是否堵塞。然后拆除试验时所加的盲板。

高压管路可随同工艺管线一起作压力试验。

仪表导压管路随同工艺管线一起做压力试验时，在工艺管线开始试压前，应打开管路一次阀和排污阀冲洗管路，检查管路是否畅通无阻，再关闭一次阀，检查阀芯是否关严，然后关闭排污阀，打开一次阀，待压力升至试验压力后，停压 5min，管路各部位应无泄漏现象。

当工艺系统规定进行真空度或泄漏性试验时，仪表管路应随同工艺系统一起进行试验。

导压管路压力试验时，变送器不得带压力试验，应关闭靠近变送器的阀门，并打开变送器本体上放空针形阀或丝堵，当试验压力不超过差压变送器静压力时，可打开三阀组平衡阀进行压力试验。

压力试验合格后，应作好试验记录。

9. 导压管路及仪表设备的脱脂

凡有氧气作为介质的管道、阀门(调节阀)、仪表设备，都必须做脱脂处理。

常用的脱脂溶剂有：

① 工业用二氯乙烷，适用于金属件的脱脂；

② 工业用四氯化碳，适用于黑色金属、铜和非金属件的脱脂；

③ 工业用三氯乙烯，适用于黑色金属和有色金属的脱脂；

④ 工业酒精(浓度不低于 95.6%)，适用于要求不高的仪表、调节阀、阀门和管子的脱脂，也可作为脱脂件的补充擦洗液用；

⑤ 浓度为 98%的浓硝酸，适用于工作介质为浓硝酸的仪表、调节阀、阀门和管子的脱脂；

⑥ 碱性脱脂液，适用于形状简单、易清洗的零部件和管子的脱脂。

需要注意的是脱脂溶剂不能混合使用，且不能与浓酸、浓碱接触。使用四氯化碳、二氯乙烷和三氯乙烯脱脂时，脱脂件应干燥，无水分。脱脂完的仪表、调节阀、阀门和管子、管件要封闭处理、不能再沾油污。脱脂工具、器具和仪器，必须先脱脂。

常用的脱脂方法有：

① 有明显油污或锈蚀的管子，应先清除油污及铁锈后再脱脂；

② 易拆卸的仪表、调节阀及阀门脱脂时，要将需脱脂的部件、主件、零件、附件及填料拆下，并放入脱脂溶剂中浸泡，浸泡时间为1~2h；

③ 不易拆卸的仪表、调节阀等进行脱脂时，可采用灌注脱脂溶剂的方法，灌注后浸泡时间不应小于2h；

④ 管子内表面脱脂时，可采用浸泡的方法，浸泡时间为1~1.5h，也可采用白布浸蘸脱脂溶剂擦洗的方法，直至脱脂合格为止；

⑤ 采用擦洗法脱脂时，不能使用棉纱，要使用不易脱落纤维的布和丝绸，脱脂后必须仔细检查，严禁纤维附着在脱脂表面上；

⑥ 经过脱脂的仪表、调节阀、阀门和管子应进行自然通风或用清洁、无油、干燥的空气或氮气吹干，直至无溶剂味为止。当允许用蒸汽吹洗时，可用蒸汽吹洗。

经脱脂后的仪表必须检验脱脂是否合格。

当采用直接法检验时，符合以下条件之一的视为合格：当用清洁、干燥的白滤纸擦洗脱脂表面时，纸上应无油迹；当用紫外线灯照射脱脂表面时，应无紫蓝荧光。

当采用间接法检验时，符合以下条件之一的视为合格：当用蒸汽吹洗脱脂件时，盛少量蒸汽冷凝液于器皿内，放入数颗粒度小于1mm的纯樟脑，樟脑应不停旋转；当用浓硝酸脱脂时，分析其酸中所含有机物的总量，应不超过0.03%。

5.8.4 仪表伴热系统安装

常用的仪表伴热的热源有两种：一种是蒸汽或热水；另一种是电加热器。

1. 供汽与回水系统安装

采用蒸汽伴热时，若供汽点分散，宜采用分散供汽，如图2-5-20(a)所示；若供汽点较集中，宜采用蒸汽分配器集中供汽，如图2-5-20(b)所示。

供汽管路宜选用$\phi22\times3$、$\phi18\times3$或$\phi14\times2$的无缝钢管，管端应靠近取压阀或仪表，且不得影响操作、维护和拆卸。

供汽点应设在整个蒸汽伴管的最高点，管路不能有下凹部分，否则，应在下凹最低点设置排放阀，并应满足下式要求(如图2-5-21所示)：

$$(H_1 + H_2 + H_3 + \cdots)/10 \leqslant 0.01p$$

式中 H_1、H_2、H_3——各凹处高度，m；

p——蒸汽压力，MPa。

蒸汽伴热管路应采用单回路供汽，不得串联。

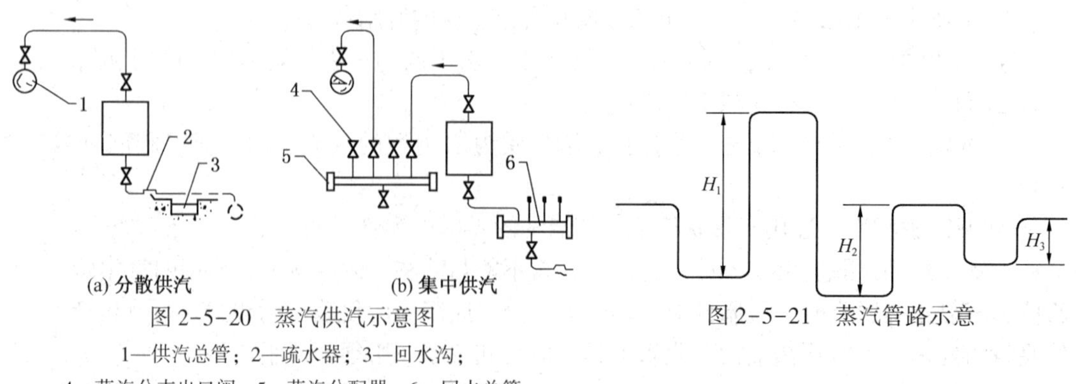

图2-5-20 蒸汽供汽示意图

1—供汽总管；2—疏水器；3—回水沟；
4—蒸汽分支出口阀；5—蒸汽分配器；6—回水总管

图2-5-21 蒸汽管路示意

蒸汽伴热回水系统应与供汽系统对应，如图 2-5-20 所示。分散回水时，就近将冷凝液排入排水沟或回水管道，集中回水时，设回水总管或回水架，回水总管应比供汽管径大一级，并加止回阀。

排入排水沟的回水管管端应伸进沟内，距沟底约 20mm。

回水管路应在管线吹扫之后安装疏水器，并宜安装于伴热系统的最低处。疏水器应处于水平位置，方向正确，排污丝堵朝下。

供汽管路应保持一定坡度，便于排出冷凝液。回水管路应保持一定坡度排污。

热水伴热的供水管路宜水平取压，回水系统不设疏水器。

各分支管均应设截止阀。

2. 蒸汽、热水伴热

仪表设备和管路的蒸汽伴热分为四种形式，见图 2-5-22。

① 轻伴热：伴热管线与仪表设备和导压管之间应保持 1~2mm 的间距，可用橡胶石棉板等按约 200mm 的距离隔离。

② 重伴热：伴热管线紧贴仪表设备和导压管敷设。

③ 强伴热：伴热管线缠绕在仪表设备和导压管上。

④ 夹套伴热：在仪表设备和导压管、浮筒、阀体外加蒸汽夹套。导压管在夹套内不应有焊口或接头。夹套应在导压管、浮筒、阀体等试压气密合格后安装。

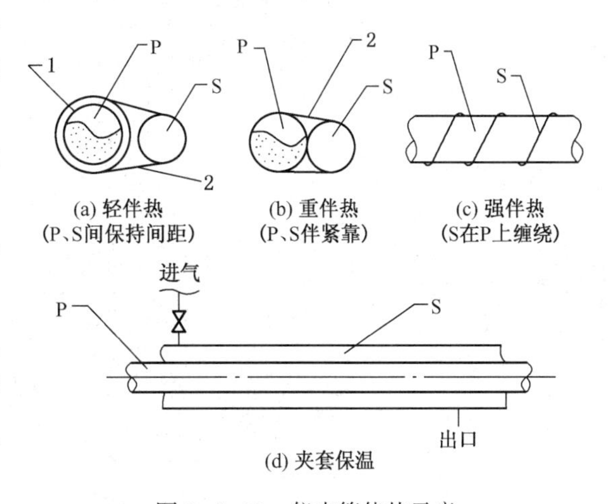

图 2-5-22　仪表管伴热示意

1—硅酸铅纤维编织绳；2—绑线；P—导压管；S—伴热

伴热管线应按设计选材。选用紫铜管时，采用卡套式连接；选用无缝钢管时．采用焊接或接头连接。

差压仪表的导压管与伴热管宜以管束形式敷设，正、负压管分开敷设时，伴热管采用三通接头分支，沿高、低压管并联敷设，长度相近。

伴热管与保温箱、仪表设备之间的连接处，或伴热管道通过管路接头及法兰处，应采用管接头连接。当连接处需经常拆卸时，连接的管接头应伸出保温层外单独保温。

伴热管线应采用镀锌钢丝或不锈钢丝与导压管路捆扎在一起，捆扎间距 800mm，捆扎不宜过紧，且不应采用缠绕方式捆扎。

保温箱内伴热，可采用紫铜管、不锈钢管或无缝钢管加工成蛇形盘管，或采用翅片式散热器。

伴热管应在主管道试压和焊口检查合格后进行施工。

需要伴热的导压管路，当为不锈钢管、镀锌管及有色金属管时不应涂漆，当为其他材料时则应涂底漆。

供汽系统伴热管线安装后，应进行水压试验。试验压力为设计压力 1.5 倍。有条件时，可用伴热蒸汽进行系统吹扫试压，通入蒸汽时应逐渐加量，缓慢加热。

供汽系统伴热管线如需修理、补焊，应停汽和排除冷凝液后进行。

供汽和伴热系统投运合格后，应列入正常管理。冬季停汽时应排水、吹扫。

3. 电伴热

电伴热用的器材应有出厂合格证。用于危险区域的电伴热带及附件必须有防爆合格证。

电伴热的安装应严格按照设计和制造厂的有关规定施工。

电伴热安装前应进行外观和绝缘检查。外观应无破损、扎孔等缺陷。用500V兆欧表测试其绝缘电阻值不应小于1MΩ。敷设后应复查电伴热线与被伴热管或仪表设备之间的绝缘电阻值。

电伴热带可平行或缠绕在管道及设备上，平行安装时电伴热线宜紧贴在管线下面。

电伴热线有严格温度要求时，应安装专用的温控器。

多根电伴热线的分支应在分线盒内连接，在电伴热线接头处及电伴热线末端均应涂刷专用密封材料。

技师、高级技师篇

第1章　被控对象的数学模型

建立对象的模型，通过研究模型的行为表现，达到研究原对象特性的目的，这是一种古老而有效的研究方法。数学模型是对研究对象相关特性的数学描述，是开展各种研究必不可少的重要工具。本章围绕被控对象数学模型的建立、传递函数与方块图以及典型环节的动态特性分析，介绍数学模型的概念和应用。

1.1　对象数学模型的概念

1.1.1　数学模型

在控制系统的分析和设计中，对象的数学模型是十分重要的基础研究资料。

在研究对象特性时，一般以被控变量作为对象的输出量，叫输出变量，而以干扰作用和控制作用作为对象的输入量，叫输入变量。干扰作用和控制作用都是引起被控变量变化的因素。对象的数学模型，就是用数学的方法来描述对象的输入变量对输出变量的影响。

对象的数学模型可分为静态数学模型和动态数学模型。静态数学模型描述的是对象在静态时的输入变量与输出变量之间的关系，动态数学模型描述的是对象在输入变量改变以后输出变量的变化情况。静态与动态是事物特性的两个侧面，可以说，动态数学模型是在静态数学模型基础上的发展，静态数学模型是对象在达到平衡状态时的动态数学模型的一个特例。

本教材所要研究的主要是用于控制的数学模型，它与用于工艺设计与分析的数学模型是不完全相同的。尽管在建立数学模型时，用于控制的和用于工艺设计的可能都是基于同样的物理和化学规律，它们的原始方程可能都是相同的，但两者还是有差别的。

用于控制的数学模型多为动态数学模型，一般是在工艺流程和设备尺寸等都已确定的情况下，研究对象的输入变量如何影响输出变量，即对象的某些工艺变量(例温度、压力、流量等)变化以后是如何影响另一些工艺变量的(一般是指被控变量)，研究的目的是为了使所设计的控制系统达到更好的控制效果。用于工艺设计的数学模型(一般是静态的)是在产品规格和产量已经确定的情况下，通过模型的计算，来确定设备的结构、尺寸、工艺流程和某些工艺条件，以期达到最好的经济效益。

1.1.2　数学模型的类型

数学模型的表达形式主要有两大类：一类是非参量形式，称为非参量模型；另一类是参量形式，称为参量模型。

1. 非参量模型

当数学模型采用曲线或数据表格等表示时，称为非参量模型。非参量模型可以通过记录实验结果而得到，有时也可以通过计算得到，它的特点是形象、清晰，比较容易看出其定性的特征。但是，由于非参量模型不用数学方程来表示，要直接利用它们来进行系统分析和设计往往比较困难，必要时，需要对它们进行一定的数学处理才能得到参量模型的形式。

由于对象的数学模型描述的是对象在受到控制作用或干扰作用后被控变量的变化规律，因此对象的非参量模型可以用对象在一定形式的输入作用下的输出曲线或数据来表示。根据输入形式的不同，主要有阶跃响应曲线、脉冲响应曲线、矩形脉冲响应曲线、频率特性曲线等，这些曲线一般都可以通过实验直接得到。

2. 参量模型

当数学模型采用数学方程式描述时，称为参量模型。

对象的参量模型可以用描述对象输入、输出关系的微分方程式、偏微分方程式、状态方程、差分方程等形式来表示。

1.2 被控对象数学模型的建立

1.2.1 建模目的

就过程控制而言，建立被控对象的数学模型，其主要目的如下：

(1) 控制系统的方案设计 全面和深入地了解被控对象的特性，是设计控制系统的基础。例如控制系统中被控变量及检测点的选择、操纵变量的确定、控制系统结构形式的确定等都与被控对象的特性有关。

(2) 控制系统的调试和控制器参数的确定 为了使控制系统能安全投运而进行必要的调试，必须对被控对象的特性有充分的了解。另外，在控制器控制规律的选择及控制器参数的确定时，也离不开对被控对象特性的了解。

(3) 新型控制方案及控制算法的确定 在用计算机构成一些新型控制系统时，往往离不开被控对象的数学模型。例如预测控制、推理控制、前馈动态补偿等都是在已知对象数学模型的基础上才能进行的。

(4) 故障检测与诊断系统 利用开发的数学模型可以及时发现工业过程中控制系统的故障及其原因，并能提供正确的解决途径。

1.2.2 机理建模

机理建模是根据对象或生产过程的内部机理，列写出各种有关的平衡方程，如物料平衡方程、能量平衡方程、动量平衡方程、相平衡方程以及某些物性方程、设备的特性方程、化学反应定律、电路基本定律等，从而获取对象(或过程)的数学模型，这类模型通常称为机理模型。应用这种方法建立的数学模型，其最大优点是具有非常明确的物理意义，所得的模型具有很大的适应性，便于对模型参数进行调整。但是，由于石油化工对象较为复杂，某些物理、化学变化的机理还不完全了解，而且线性变化的参数不多，加上很多参数既是位置的函数又是时间的函数，所以对于某些对象，人们还难以写出它们的数学表达式，或者表达式中的某些系数还难以确定。

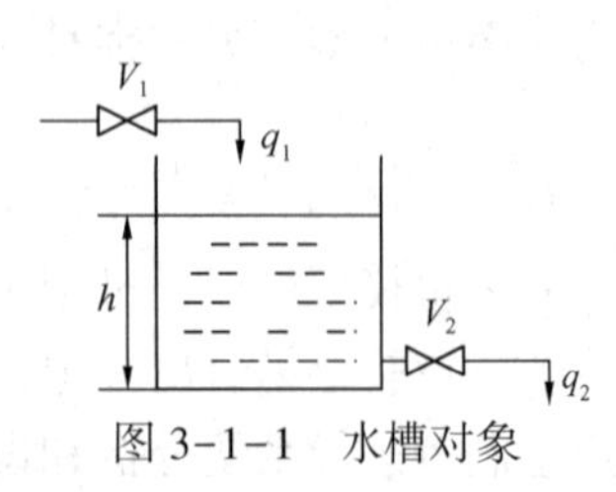

图 3-1-1 水槽对象

下面通过一些简单的例子来讨论机理建模的方法：

1. 一阶对象

当对象的动态特性可以用一阶微分方程式来描述时，该对象被称为一阶对象。

如图 3-1-1 所示的简单水槽系统中，水经过阀门 V_1 不断地流入水槽，水槽内的水又通过阀门 V_2 不断流出。工艺上要求水

槽的液位 h 保持一定数值。这里，水槽是被控对象，液位 h 是被控变量。如果 V_2 的开度保持不变，V_1 的开度变化就是引起 h 变化的干扰因素。所以，这里所说的对象特性，就是指当 V_1 的开度变化时，h 是如何变化的。在这种情况下，对象的输入量是流入水槽的流量 q_1，对象的输出量是液位 h。下面推导描述 h 与 q_1 之间关系的数学表达式。

物料平衡和能量平衡是建立机理模型最基本的关系。当单位时间流入对象的物料(或能量)不等于流出对象的物料(或能量)时，表示对象物料(或能量)累积量的参数就要随时间而变化，找出它们之间的关系，就能写出描述它们之间关系的微分方程式。因此，列写微分方程式的依据可表示为

对象物料累积量的变化率 = 单位时间流入对象的物料-单位时间流出对象的物料

上式中的物料量也可以表示为能量。

截面积为 A 的水槽对象，当流入水槽的流量 q_1 等于流出水槽的流量 q_2 时，系统处于平衡状态，即稳态，这时液位 h 保持不变。

如果某一时刻 V_1 有了变化，q_1 不再等于 q_2，于是 h 也就发生变化。假定在很短一段时间 $\mathrm{d}T$ 内，由于 q_1 不等于 q_2，引起液位变化了 $\mathrm{d}h$。此时，流入和流出水槽的水量之差 $(q_1-q_2)\,\mathrm{d}t$ 应该等于水槽内增加(或减少)的水量 $A\mathrm{d}h$，若用数学式表示，即

$$(q_1-q_2)\mathrm{d}t = A\mathrm{d}h$$

上式就是微分方程的一种形式。事实上，在 V_2 开度不变的情况下，随着 h 的变化，静压头也变化，q_2 也会变化。也就是说，在上式中，q_1、q_2、h 都是时间的变量。经推导，可得到如下函数：

$$T\frac{\mathrm{d}h}{\mathrm{d}t} + h = Kq_1$$

上式就是通常用来描述简单水槽对象特性的微分方程式，它是一阶常系数微分方程式。其中，T 为时间常数，K 为放大系数。

2. 二阶对象

当对象的动态特性可以使用二阶微分方程式来描述时，一般称为二阶对象。

对于图 3-1-2 中的两级串联水槽，其描述对象特性的微分方程式的建立，和前面的简单水槽的情况相类似。以第一个水槽的流入流量 q_1 为输入变量，以第二个水槽的水位 h_2 为输出变量，即研究第一个水槽流入流量 q_1 变化时的第二个水槽水位 h_2 的变化情况。为研究方便，假定在输入变量、输出变量变化很小的情况下，水槽的水位与输出流量具有线性关系，即

$$q_{12} = \frac{h_1}{V_2}$$

$$q_2 = \frac{h_2}{V_3}$$

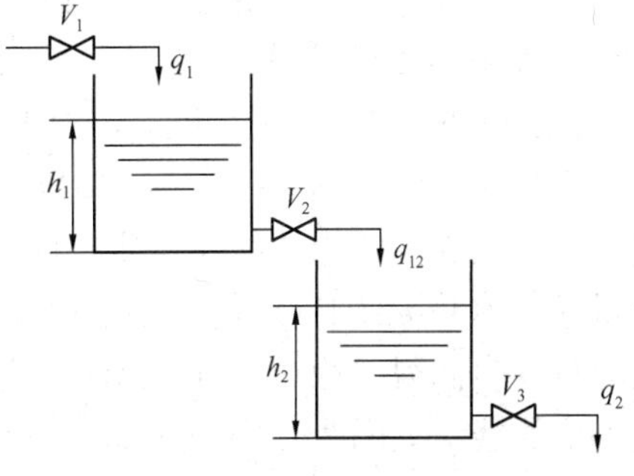

图 3-1-2　串联水槽对象

关系式中的 V_2、V_3 分别表示的是两个水槽出水阀的开度。另外，假定水槽的截面积都是 A，则对于每个水槽，都有相同的物料平衡关系，即

$$(q_1-q_{12})\mathrm{d}t = A\mathrm{d}h_1$$

$$(q_{12}-q_2)\mathrm{d}t = A\mathrm{d}h_2$$

对以上4个公式进行化简消去中间项后，可以得到输出变量 h_2 与输入变量 q_1 之间的关系式，整理后可得

$$AV_2AV_3\frac{d^2h_2}{dt^2}+(AV_2+AV_3)\frac{dh_2}{dt}+h_2=V_3q_1$$

或者写成如下的形式，即

$$T_1T_2\frac{d^2h_2}{dt^2}+(T_1+T_2)\frac{dh_2}{dt}+h_2=KQ_1$$

式中 $T_1=AV_2$，第一个水槽的时间常数；

$T_2=AV_3$，第一个水槽的时间常数；

$K=V_3$，整个对象的放大系数。

这就是用来描述两个水槽串联的对象的微分方程式，它是一个二阶常系数微分方程式。

1.2.3 实验建模

在石油化工生产中，许多对象的特性很复杂，往往很难通过内在机理的分析，直接得到描述对象特性的数学表达式，且这些表达式(通常是高阶微分方程式或偏微分方程式)也较难求解。同时，在机理推导过程中，还作了许多假定和假设，某些假定可能与实际不完全相符，因此直接利用理论推导得出对象特性的机理建模方法，在实际工作中很难实现。相反，用实验的方法来研究对象的特性，不仅简单易行，还可以对通过机理分析得到的对象特性加以验证或修改。

用实验方法研究对象特性，就是在所要研究的对象上，施加一个人为的输入作用(输入量)。然后，用仪表测取并记录表示对象特性的输出量随时间变化的规律，得到一系列实验数据或曲线，再对这些数据或曲线进行必要的数据处理，将其转化为描述对象特性的数学模型，这就是实验建模方法。

这种通过对象的输入、输出变量的实测数据来确定其模型的结构和参数的方法，通常称为系统辨识。它的主要特点是把被研究的对象视为一个黑匣子，完全从外部特性上来测试和描述它的动态特性，因此不需要深入了解其内部机理，特别是对于一些复杂的对象，实验建模比机理建模要简单和省力。

对象特性的实验测取法通常以所加输入的形式来区分，下面作一简单的介绍：

1. 阶跃响应曲线法

该方法测取对象在阶跃输入作用下，输出变量 y 随时间的变化规律。

例如，要测取图3-1-1所示简单水槽的动态特性，就是要测取输入流量 q_1 改变时，输出变量水位 h 的响应曲线。假定在时间 t_0 之前，对象处于稳定状况即输入流量 q_1 等于输出流量 q_2，水位 h 维持不变。在 t_0 时，突然开大进水阀，然后保持不变。q_1 改变的幅度可以用流量仪表测得，假定为 A。这时，若用液位仪表测得 h 随时间的变化规律，便是简单水槽的响应曲线，如图3-1-3所示。

这种方法比较简单。如果输入量是流量，只要将阀门的开度作突然的改变，便可认为施加了阶跃干扰，因此不需要特殊的信号发生器，在装置上进行极为容易。输出参数的变化过程可以利用原来的仪表记录下来(若原来的仪表精度不符合要求，可改用具有高灵敏度的快速记录仪)，不需要增加特殊仪器设备，测试工作量也不大。总地说来，阶跃响应曲线法是一种比较简易的动态特性测试方法。

这种方法也存在一些缺点。主要是对象在阶跃信号作用下，从不稳定到稳定一般所需时

间较长，在这样长的时间内，对象不可避免要受到许多其他干扰因素的影响，因而测试精度受到限制。为了提高精度，就必须加大所施加的输入作用的幅值，可是这样做就意味着对正常生产的影响增加，工艺上往往是不允许的。一般所加输入作用的大小是取额定值的5%～10%。因此，阶跃响应曲线法是一种简易但精度较差的对象特性测试方法。

2. 矩形脉冲法

当对象处于稳定工况下，在时间 t_0 突然加一阶跃干扰，幅值为 A，到 t_1 时突然除去阶跃干扰，这时测得的输出量 y 随时间的变化规律，称为对象的矩形脉冲特性，这种形式的干扰称为矩形脉冲干扰，如图3-1-4所示。

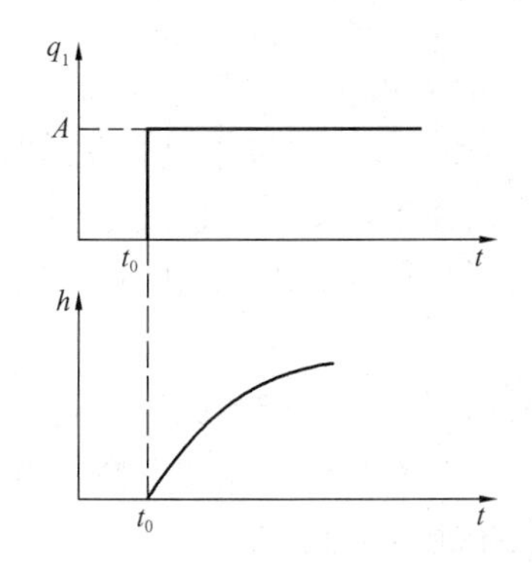

图3-1-3　水槽的阶跃响应曲线对象

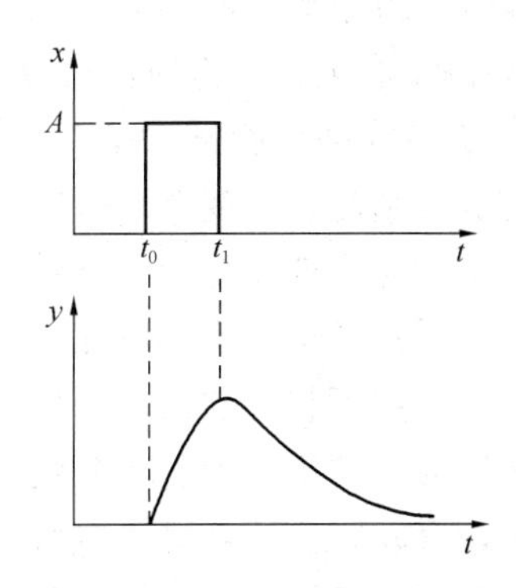

图3-1-4　矩形脉冲特性曲线

用矩形脉冲干扰来测取对象特性时，由于加在对象上的干扰经过一段时间后即被除去，因此干扰的幅值可取得比较大，以提高实验精度，对象的输出量又不致于长时间地偏离给定值，因而对正常生产影响较小。目前，这种方法也是测取对象动态特性的常用方法之一。

除了应用阶跃干扰与矩形脉冲干扰作为实验测取对象动态特性的输入信号形式外，还可以采用矩形脉冲波和正弦信号（见图3-1-5与图3-1-6）等来测取对象的动态特性，分别称为矩形脉冲波法与频率特性法。

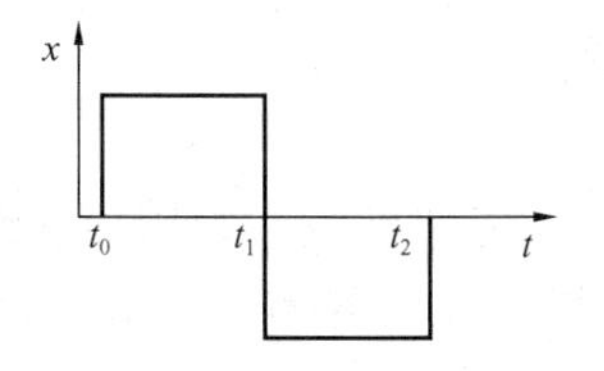

图3-1-5　矩形脉冲波信号

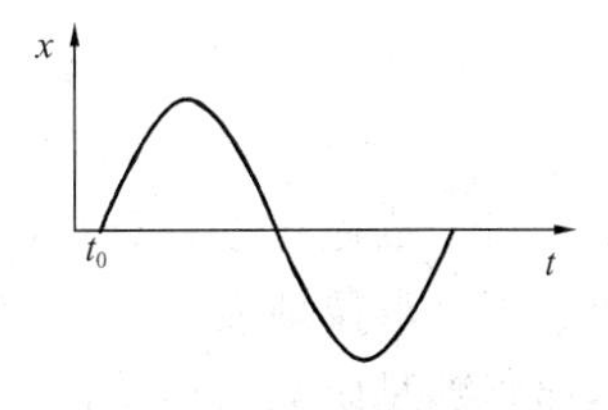

图3-1-6　正弦信号

上述各种方法都有一个共同的特点，就是要在对象上人为地外加干扰作用（或称测试信号），这在一般的生产中是允许的，因为一般加的干扰量比较小，时间不太长，只要自动化人员与工艺人员密切配合，互相协作，根据现场的实际情况，合理地选择以上几种方法中的一种，是可以得到对象的动态特性的。由于对象动态特性对石油化工生产自动化有着非常重要的意义，因此只要有可能，就要创造条件，通过实验来获取对象的动态特性。

在测试过程中必须注意以下几点：

① 加测试信号之前，对象的输入量和输出量应尽可能稳定一段时间，不然会影响测试结果的准确度。当然在生产现场测试时，要求各个因素都绝对稳定是不可能的，只能是相对稳定，不超过一定的波动范围即可。

② 在响应曲线的起始点，对象输出量未开始变化，而输入量则开始作阶跃变化。因此，要在记录上标出开始施加输入作用的时刻，以便计算滞后时间。为准确起见，也可用秒表单独测取纯滞后时间。

③ 为保证测试精度，排除测试过程中其他干扰的影响，测试曲线应是平滑无突变的。最好在相同条件下，重复测试 2~3 次，如几次所得曲线比较接近就认为可以了。

④ 加测试信号后，要密切注意各干扰量与被控量的变化，尽可能把与测试无关的干扰排除，被控变量变化应在工艺允许范围内，一旦有异常现象，要及时采取措施。如在作阶跃测试时，发现被控变量即将超出工艺允许指标，可马上撤消阶跃作用，继续记录被控变量，从而得到一条矩形脉冲响应曲线，否则测试就会前功尽弃。

⑤ 测试和记录工作应该持续进行到输出量达到新的稳态值为止。

⑥ 在响应曲线测试工作中，要特别注意工作点的选取，因为多数对象不是真正线性的，对象的放大系数是可变的。所以，进行测试的工作点，应该选择正常工况，也就是在额定负荷、正常干扰及被控变量在给定值情况下，这样可使整个测试过程在此工作点附近，实验测得的放大系数较符合实际情况。

对于一些不宜施加人为干扰来测取特性的对象，可以根据在正常生产情况下长期积累下来的各种参数的记录数据或曲线，用随机理论进行分析和计算，来获取对象的特性。为了提高测试精度和减少计算量，也可以利用专用的仪器，在系统中施加对正常生产基本上没有影响的一些特殊信号(例如伪随机信号)，然后对系统的输入输出数据进行分析处理，可以比较准确地获得对象动态特性。

机理建模与实验建模各有特点，目前一种比较实用的方法是将两者结合起来，称为混合建模。混合建模方法是先由机理分析提供数学模型的结构形式，然后对其中某些未知的或不确定的参数利用实测的方法给以确定。这种在已知模型结构的基础上，通过实测数据来确定其中某些参数的方法，称为参数估计或模型辨识。以换热器建模为例，可以先列出其热量平衡方程式，而其中的换热系数等可以通过实测的试验数据来确定。

1.3 传递函数与方块图

本节讨论描述对象动态特性的另一种数学模型表达形式——传递函数。利用传递函数，可以更直观、形象地表示一个对象的结构和系统各变量间的数学关系，并使相关运算大为简化。传递函数是研究对象特性的有效工具。

1.3.1 传递函数

用微分方程来描述对象的动态特性，描述的是输入变量与输出变量在时间域内的关系，这个关系一般都是复杂的微积分关系。拉普拉斯变换(简称拉氏变换)可以把时间域内的函数转换成初始条件为零的复变量 s(称拉氏算子)域内的函数，从而把时间域内复杂的微积分关系，简化为用拉氏算子表示的较简单的代数关系。这种在 s 域内描述输入与输出关系的 s 的函数就是传递函数。

对象的传递函数就是在零初始条件下，对象的输出变量的拉氏变换与输入变量的拉氏变换之比，它起着输入到输出的传递作用。传递函数可表示为

$$G(s)=\left.\frac{\text{输出变量的拉氏变换}}{\text{输入变量的拉氏变换}}\right|_{\text{初始条件}=0}=\frac{Y(s)}{X(s)}$$

根据上式，在已知输入变量的函数与对象的传递函数的情况下，就可求出对象输出变量的函数。如果要求出时间域的动态特性 $y(t)$，可对输出变量的函数 $Y(s)$ 求反拉氏变换，即

$$y(t)=L^{-1}[Y(s)]$$

传递函数有以下两种求取方法：

(1) 直接计算法　对于一般的对象或简单系统，可以由它们的微分方程，利用拉氏变换基本定理、性质，对微分方程各项直接进行拉氏变换，然后求得。

(2) 间接计算法　对于复杂的系统，则可先求出其各个环节的传递函数，然后根据各环节的连接关系，利用有关运算公式来计算出总的传递函数。

下面利用直接计算法分别求出比例、积分、微分环节的传递函数。

对于比例环节：对式 $y=Kx$ 直接进行拉氏变换，得 $Y(s)=KX(s)$，则传递函数为

$$G(s)=\frac{Y(s)}{X(s)}=K$$

对于积分环节(积分时间常数 T_i)：

对式 $y=\frac{K}{T_i}\int x\mathrm{d}t$ 直接进行拉氏变换，得 $Y(s)=\frac{K}{T_i(s)}X(s)$ ，则传递函数为

$$G(s)=\frac{Y(s)}{X(s)}=\frac{K}{T_i s}$$

对于微分环节(微分时间常数 T_d)：

对式 $y=T_\mathrm{d}\frac{\mathrm{d}x}{\mathrm{d}t}$ 直接进行拉氏变换，得 $Y(s)=T_\mathrm{d}sX(s)$ ，则传递函数为

$$G(s)=\frac{Y(s)}{X(s)}=T_\mathrm{d}s$$

通过上述方法，可以求得

一阶对象的传递函数为　$G(s)=\frac{Y(s)}{X(s)}=\frac{K}{Ts+1}$

一阶纯滞后对象的传递函数为(滞后时间为 τ)　$G(s)=\frac{Y_\tau(s)}{X(s)}=\frac{K}{Ts+1}\mathrm{e}^{-\tau s}$

系统或对象的传递函数与微分方程式有类似的特性，它也是以系统或对象的有关参数表示输入参数和输出参数之间的关系的数学表达式，它也同样表征了系统或对象本身的性质(与外界干扰形式无关)，所以它是系统或对象动态特性的又一种表示形式。

需要指出的是，传递函数在发挥信号传递或转换作用时，其转换具有单向性，即 $Y(s)$ 不影响 $X(s)$，而 $X(s)$ 影响 $Y(s)$；$X(s)$ 不因连接到该环节或系统而畸变；$Y(s)$ 不因后面连接另一个环节或系统而畸变。

为了书写方便，有时将 $G(s)$ 中的“s”省略而简写成 G。

1.3.2　方块图

对于复杂的系统，可将其分解为各组成环节，然后用相应的方块图结构来表示和研究。用间接计算法求取复杂系统的传递函数就是要通过方块图变换，得到一个等效的方块图单元，从而求得其传递函数。

1. 方块图

方块图由方块图单元构成。每个方块图单元由带环节传递函数，如 $G(s)$ 的方块和表明信号流向的箭头组成，如图 3-1-7。方块图单元中指向方块的箭头表示该环节的输入信号，

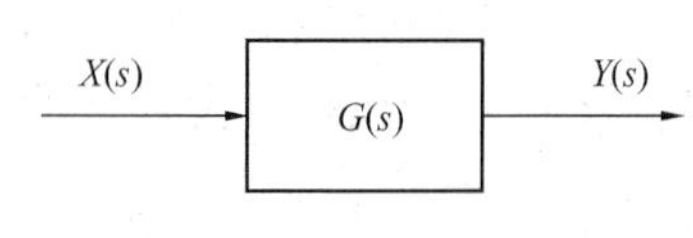

图 3-1-7　方框图单元

离开方块的箭头表示该环节的输出信号，这些箭头上应标明相应的信号符号。信号只能沿箭头方向传递，这就是所谓方块图的单向性。

方块图的输出信号等于输入信号与方块图中传递函数的乘积，即

$$Y(s)=X(s)G(s)$$

传递函数不代表对象或系统的物理性质，只反映对象或系统的动态特性。无论是什么对象，只要它们具有相同的动态特性，就可以用相同的传递函数来描述。因此，许多完全不同的和根本无关的对象或系统可以用相同的方块图来表示。此外，对于一个确定的系统，方块图也不是唯一的。由于分析角度的不同，同一系统可以画出许多不同的方块图。

2. 方块图中的常用符号及术语

(1) 比较点(又称汇合点)

比较点代表两个或两个以上的输入信号进行加减比较的元件，其符号是一个小圆圈，需要比较的信号用指向圆圈的箭头表示，比较后的信号用离开圆圈的箭头表示。信号线箭头旁边标注“+”或“-” 表示信号进行相加(汇合点)或相减(比较点)。在图 3-1-8 中，$E(s)=X(s)-Z(s)$。

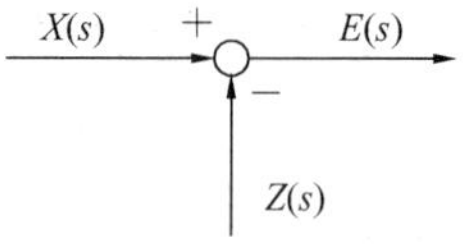

图 3-1-8　方框图中比较

为了简洁起见，在不易引起混淆的地方通常将“+”号省略，只标注“-”号。

比较点并不一定代表一个实物，有时纯粹是为了画方块图的需要而加上去的。对于图3-1-9(a)所示的方块图，表示有两个输入信号以同样的动态规律影响输出，这时就可以人为地增加一个汇合点，使两个输入信号相加以一个和的信号指向方块，如图 3-1-9(b)所示。

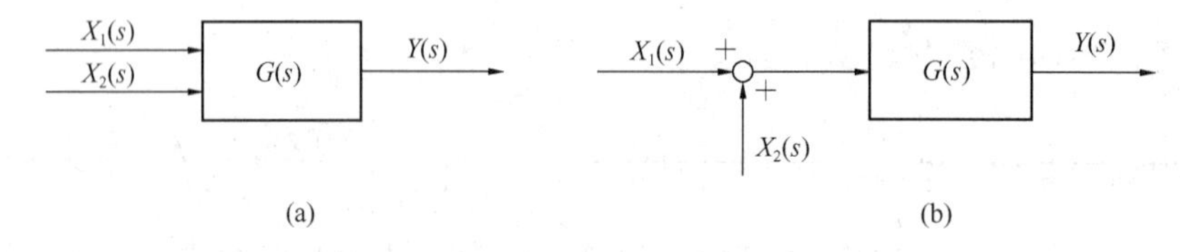

图 3-1-9　两个输入信号的方块图

当然图 3-1-9(a)还可表示为图 3-1-10 的形式。

在不同的资料上，比较点有不同的表示方式，如图 3-1-11 所示。

(2) 分叉点

如果需要把相同的信号同时送至几个不同的目标，可以在信号线上任意一点分叉，如图 3-1-12 所示。信号分出的位置称为分叉点(又称分支点)。从同一个分叉点引出信号，在大小和性质上完全一样。

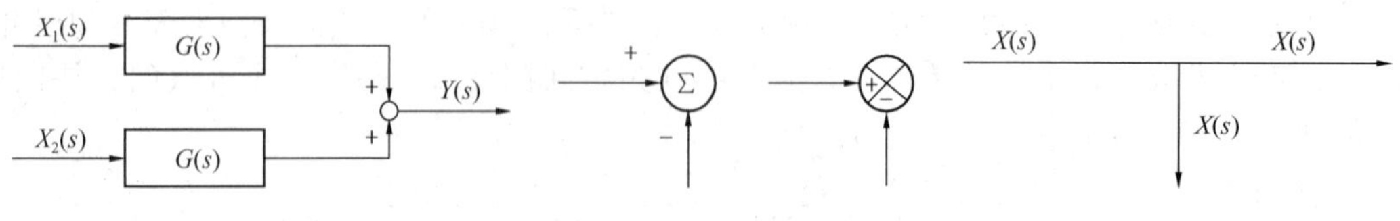

图 3-1-10　两个信号的相加　　图 3-1-11　其他形式的比较点　　图 3-1-12　分叉点

(3) 方块的串联、并联与反馈

方块图有三种基本连接方式，即串联、并联与反馈。

图 3-1-13 所示连接形式称为串联，就是把前一个环节的输出信号，作为后一个环节的输入信号，依次连接起来。

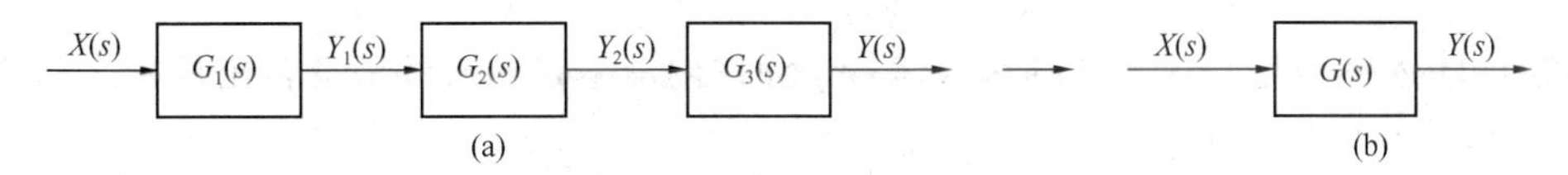

图 3-1-13　环节的串联

图 3-1-14 所示连接形式称为并联，就是把一个输入信号同时作为若干环节的输入，而所有环节的输出端联合在一起，使总的输出信号等于各环节输出信号的总和。

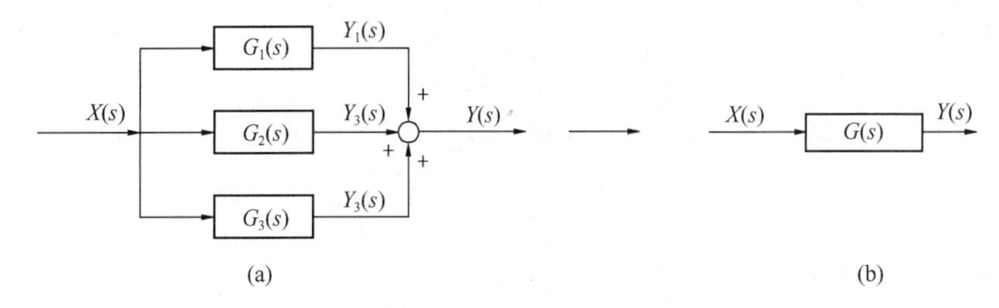

图 3-1-14　环节的并联

图 3-1-15 所示连接形式称为反馈，它是把输出信号取回来和输入信号相比较，再将比较结果作用到对象上去，而形成一个闭合的回路。如比较结果是两信号之差的反馈，称为负反馈，如图 3-1-15(a)所示；如比较结果是两信号之和的反馈，称为正反馈，如图 3-1-15(b)所示。

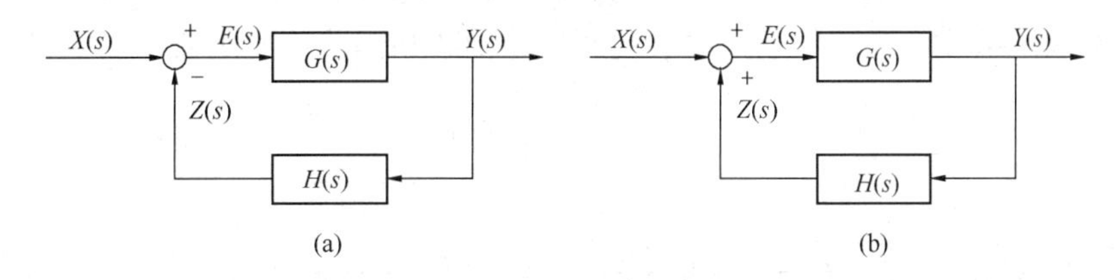

图 3-1-15　环节的反馈连接

自动控制系统各环节可以上述三种基本连接形式为基础，根据实际需要而构成。

1.3.3　方块图的运算及变换

1. 串联系统的传递函数

图 3-1-13(a)所示的串联系统的总的传递函数等于每个环节的传递函数的乘积，即

$$Y(s)=G_3(s)G_2(s)G_1(s)X(s)$$

或

$$G(s)=\frac{Y(s)}{X(s)}=G_3(s)G_2(s)G_1(s)$$

因此，可以将图 3-1-13(a) 变换为图 3-1-13(b)，等效传递函数 $G(s)$ 为 $G_3(s)G_2(s)G_1(s)$，其输入信号是第一个环节的输入，而输出信号则是最后一个环节的输出。

2. 并联系统的传递函数

图 3-1-14(a) 所示的并联系统的总的传递函数等于所有并联环节传递函数之和，即

$$Y(s)=Y_1(s)+Y_2(s)+Y_3(s)=G_1(s)X(s)+G_2(s)X(s)+G_3(s)X(s)$$

或

$$G(s)=\frac{Y(s)}{X(s)}=G_1(s)+G_2(s)+G_3(s)$$

因此，可以将图 3-1-14(a)等效成图 3-1-14(b)。等效方块图中的传递函数 $G(s)$ 为

$$G(s)=G_1(s)+G_2(s)+G_3(s)$$

等效方块的输入信号是并联系统的输入信号，而输出信号是所有环节的输出信号之和。

3. 反馈系统的传递函数

反馈系统的传递函数等于正向通路的传递函数除以 1 加(减)正向通路和反馈通路传递函数之积。

如图 3-1-15(a)所示，正向通路传递函数为 $G(s)=\dfrac{Y(s)}{E(s)}$，反馈回路传递函数为

$$H(s)=\frac{Z(s)}{Y(s)}$$

对于负反馈系统，比较点为 $E(s)=X(s)-Z(s)$，于是其传递函数为

$$W(s)=\frac{Y(s)}{X(s)}=\frac{G(s)}{1+G(s)H(s)}$$

同理，正反馈系统的传递函数为

$$W(s)=\frac{Y(s)}{X(s)}=\frac{G(s)}{1-G(s)H(s)}$$

图 3-1-16 表示了一个控制系统的典型方块图。其中，$G_c(s)$ 代表调节器的传递函数；$G_v(s)$ 代表调节阀的传递函数；$G_m(s)$ 代表测量、变送器的传递函数，$G_o(s)$ 代表对象通道的传递函数；$G_f(s)$ 代表干扰通道的传递函数。

根据上面的分析，如果知道了组成控制系统的各个环节的传递函数，通过方块图的等效变换，就不难求出系统的开环传递函数、闭环传递函数和偏差传递函数。

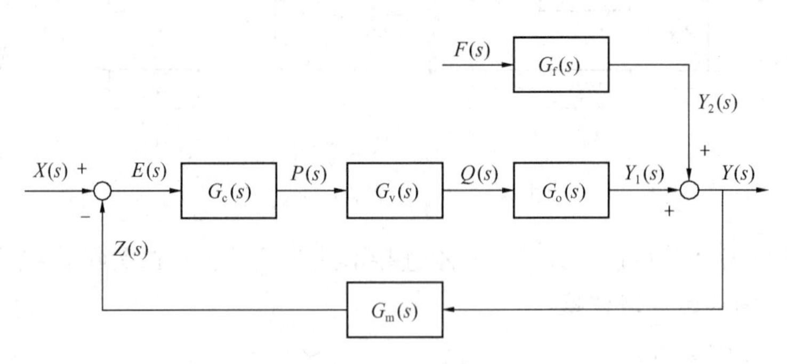

图 3-1-16　控制系统方块图

1.3.4　自动控制系统开环传递函数

当反馈回路断开后，系统便处于开环状态，其反馈信号 $Z(s)$ 与偏差信号 $E(s)$ 之比，称为开环传递函数，即

$$\frac{Z(s)}{E(s)}=G_c(s)G_v(s)G_o(s)G_m(s)$$

可见，开环传递函数等于正向通路传递函数和反馈回路传递函数之乘积。

正向通路传递函数是指输出变量(被调参数) $Y(s)$ 与偏差信号 $E(s)$ 之比，即

$$\frac{Y(s)}{E(s)}=G_c(s)G_v(s)G_o(s)$$

当反馈传递函数 $G_m(s)=1$ 时，开环传递函数和正向递函数相同。

1.3.5 自动控制系统闭环传递函数

反馈回路接通后，系统的输出变量与输入变量之间的传递函数，称为闭环传递函数。图3-1-16中，控制系统有一个输出变量 $Y(s)$，有两个输入变量，一个是给定值 $X(s)$，一个是干扰值 $F(s)$。因此，其闭环传递函数又可分为系统对给定值的闭环传递函数(随动系统传递函数)和对干扰量的闭环传递函数(定值系统传递函数)。当两个输入变量同时作用于线性系统时，可以对每一个输入变量单独进行处理，然后应用叠加原理即可得到闭环系统的总输出响应。

1. 随动系统传递函数

随动系统是把给定值作为系统的输入变量，只考虑给定值 $X(s)$ 对输出变量 $Y(s)$ 的影响，忽略其他干扰作用的影响，如图3-1-17所示。这类系统的闭环传递函数为

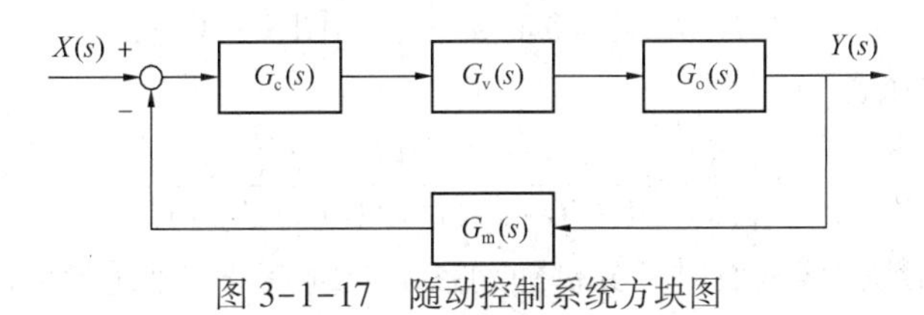

图3-1-17 随动控制系统方块图

$$\frac{Y(s)}{X(s)}=\frac{G_c(s)G_v(s)G_o(s)}{1+G_c(s)G_v(s)G_o(s)G_m(s)}$$

2. 定值系统的传递函数

由于给定值是生产过程中的工艺指标，需要尽量保持不变，即 $X(s)=0$(给定值的增量为零)，在这段时间内输出变量对它的响应也就等于零，因此，这类系统只把干扰 $F(s)$ 作为系统的输入变量。定值系统的方块图如图3-1-18所示，其传递函数为：

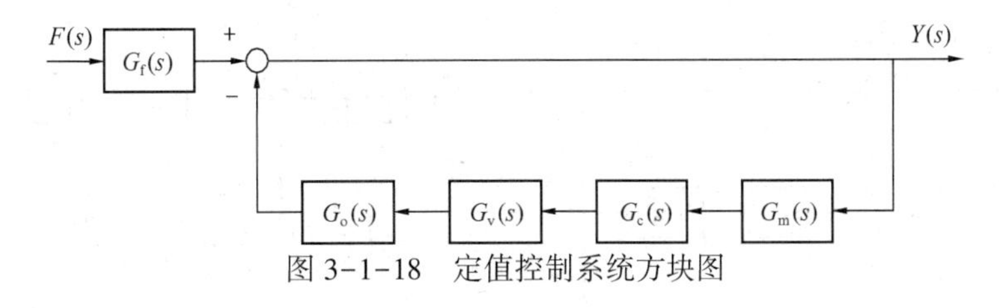

图3-1-18 定值控制系统方块图

$$\frac{Y(s)}{F(s)}=\frac{G_f(s)}{1+G_c(s)G_v(s)G_o(s)G_m(s)}$$

3. 系统在两个输入量 $X(s)$、$F(s)$ 同时作用下的输出响应

根据线性叠加原理，系统在两个输入量 $X(s)$、$F(s)$ 同时作用下的输出响应为

$$Y(s)=\frac{G_c(s)G_v(s)G_o(s)}{1+G_c(s)G_v(s)G_o(s)G_m(s)}X(s)+\frac{G_f(s)}{1+G_c(s)G_v(s)G_o(s)G_m(s)}F(s)$$

根据以上分析可见：随动系统和定值系统的差别主要在于输入变量进入闭合回路的位置

不同，其闭合回路的特性是相同的，两个系统闭环传递函数的分母是相同的，即具有相同的特征方程式。据此，在进行系统分析时，若只涉及闭环系统本身的特性(如稳定性分析)，则两种系统的分析方法是相同的；若涉及输入变量的影响(如调节质量分析)及求取过渡过程，则两种系统应严格区分开来。在研究定值系统时，常借用研究随动系统中的经验，只在必要时对不一致的地方进行修正。

在实际工作中，定值系统和随动系统是很难截然分开的。在定值系统中，有时由于生产的需要而调整给定值，这时定值调节就变为了随动调节；在随动系统中，有时会出现较大干扰，此时系统以克服干扰为主要目的，随动调节就变成了定值调节。

1.3.6 自动控制系统偏差的传递函数

以偏差信号 $E(s)$ 为输出变量，以给定值 $X(s)$ 或干扰信号 $F(s)$ 为输入变量的闭环传递函数称为偏差传递函数。偏差传递函数反映了闭环系统的另一个重要关系，它在进行系统分析时非常有用。

1. 随动系统的偏差传递函数

对于图 3-1-16 所示的系统，$F(s)=0$ 时系统变为图 3 - 1 - 19(a) 所示，则以偏差 $E(s)$ 作为输出变量的传递函数为

$$\frac{E(s)}{X(s)}=\frac{1}{1+G_c(s)G_v(s)G_o(s)G_m(s)}$$

上式称为偏差传递函数，该函数对于分析随动系统的偏差是非常重要的。

2. 定值系统的偏差传递函数

若给定信号不变，只考虑扰动 $F(s)$ 的影响，图 3-1-16 变换成图 3-1-19(b)，则可写出定值系统的偏差传递函数为

$$\frac{E(s)}{F(s)}=\frac{-G_m(s)G_f(s)}{1+G_c(s)G_v(s)G_o(s)G_m(s)}$$

定值控制系统的偏差，主要是由外界干扰引起的。上式对于分析定值控制系统的偏差很重要。

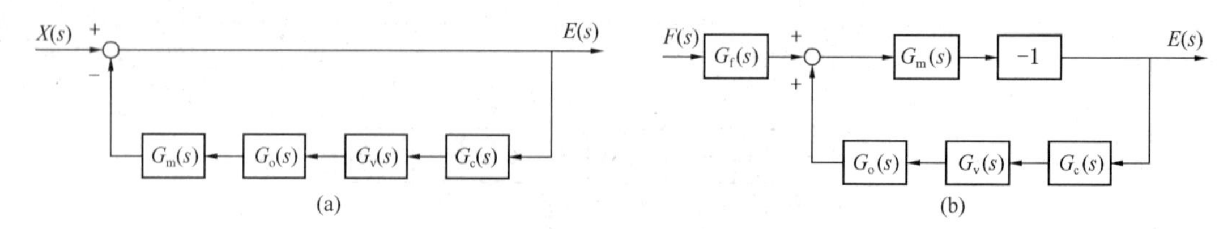

图 3-1-19 以偏差作为输出量的系统方块图

如果 $X(s)$ 与 $F(s)$ 同时作用于系统，则根据叠加原理系统，总的偏差等于它们单独作用下产生的偏差相叠加。

以上各式，如果令 $G_m(s)=1$，即得到单位反馈控制系统的各种传递函数的表达式。

1.4 典型环节的动态特性

比例环节的特点是：当输入信号变化时，输出信号会同时成比例地反映输入信号的变化。比例环节的输出信号与输入信号的关系可用数学模型表示为

$$Y(s) = K X(s)$$

式中　K——比例系数(或称放大系数);

$X(s)$——输入信号的变化即 Δx;

$Y(s)$——输出信号的变化即 Δy。

当输入端作用一个幅值为 a 的阶跃信号时，输出信号随时间变化的阶跃响应曲线如图3-1-20所示。从图中可见，输出端也是一个阶跃变化，只是幅值为输入信号幅值的 K 倍，它无失真也无滞后。

比例环节可看作是一阶环节理想化的结果，因此时间常数小的一阶环节可近似地看作比例环节。在讨论控制系统时，由于测量元件、变送器、调节阀等虽然也具有一阶特性，但它们的时间常数比对象的时间常数小很多，可以忽略，为计算方便往往把它们近似成比例环节。

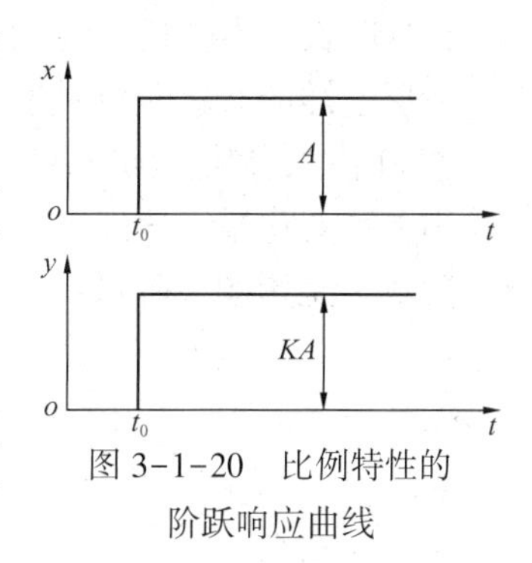

图 3-1-20　比例特性的阶跃响应曲线

1.4.1　一阶环节（惯性环节）的动态特性

对于图 3-1-1 所示的水槽对象，水不断流入水槽中，在水槽形成一定的水位，水槽内的水又靠槽内的静压自行不断流出。根据物料平衡原理，进出水槽的水量有如下动态关系：

水经过阀门 V_1 不断地流入水槽，工艺上要求保持一定数值。这里，水槽是被控对象，液位 h 是被控变量。如果 V_2 的开度保持不变，V_1 的开度变化就是引起 h 变化的干扰因素。所以，这里所说的对象特性，就是指当 V_1 的开度变化时，h 是如何变化的。在这种情况下，对象的输入量是流入水槽的流量 q_1，对象的输出量是液位 h。

$$q_1 - q_2 = \frac{\mathrm{d}V}{\mathrm{d}t} = A\frac{\mathrm{d}h}{\mathrm{d}t}$$

式中　q_1、q_2——单位时间内流入水槽和由水槽流出的水量;

A——水槽的截面积;

h——水槽的水位;

$\frac{\mathrm{d}h}{\mathrm{d}t}$——单位时间内水槽水位的变化，即水位的变化率。

在正常工作状态下的静态方程式是

$$q_{10} - q_{20} = 0$$

假设 Δq_2 与 Δh 成近似线性正比关系，与 V_2 处的液阻系数 K 成反比关系，则输出变量 Δh 与输入变量 Δq_1 的关系式可简化为

$$KA\frac{\mathrm{d}\Delta h}{\mathrm{d}t} + \Delta h = K\Delta q_1$$

这是一个一阶线性微分方程，其解为

$$\Delta h = K\Delta q_1(1 - \mathrm{e}^{-\frac{t}{T}})$$

上式中，$T=KA$，为常数。

上式是对象受到幅度为 Δq_1 的阶跃干扰作用后，输出变量 Δh 随时间 t 变化的规律。

为了进一步地认识一阶环节对象的特性，对上式做如下分析，即

(1) 当 $t=0$ 时，$\Delta h(0)=0$　　$\left.\frac{\mathrm{d}\Delta h}{\mathrm{d}t}\right|_{t=0} = \frac{K}{T}\Delta q_1$

（2）当 $t=T$ 时，$\Delta h(T)=K\Delta q_1(1-e)=0.632K\Delta q_1$　　$\left.\dfrac{\mathrm{d}\Delta h}{\mathrm{d}t}\right|_{t=T}=\dfrac{K}{T}\dfrac{1}{e}\Delta q_1$

（3）当 $t\to\infty$ 时，$\Delta h(\infty)=K\Delta q_1$　　$\left.\dfrac{\mathrm{d}\Delta h}{\mathrm{d}t}\right|_{t=\infty}=0$

由以上分析可见：

① 一阶对象的输入参数发生阶跃变化后，其输出参数在输入参数开始变化的瞬间具有最大的变化速度，之后的变化速度随时间的增加而递慢。当时间趋于无穷时，变化速度趋近于零，这时输出参数达到新的稳态值。也就是说，输出参数的变化速度具有单调变化的特性，所以这样的对象环节称为一阶惯性环节。

② 在输入参数发生阶跃变化的情况下，输出参数变化的速度与时间常数 T 有关，T 大时输出参数变化慢，达到稳态所需时间长；T 小时输出参数变化快，达到稳态所需时间短。由于常数 T 是影响一阶对象输出参数变化速率的特征参数，并具有时间因次，故称其为一阶对象的时间常数，它表征了一阶对象的动态特性。时间常数的物理意义是：输出参数受到阶跃输入作用的干扰而变化，在经过时间 t 后，输出参数变化了新稳态值的63.2%；或者说输出参数若始终以等于初始变化速度的速度变化，经过 t 时间后，即达到新稳态值，如图3-1-21所示。

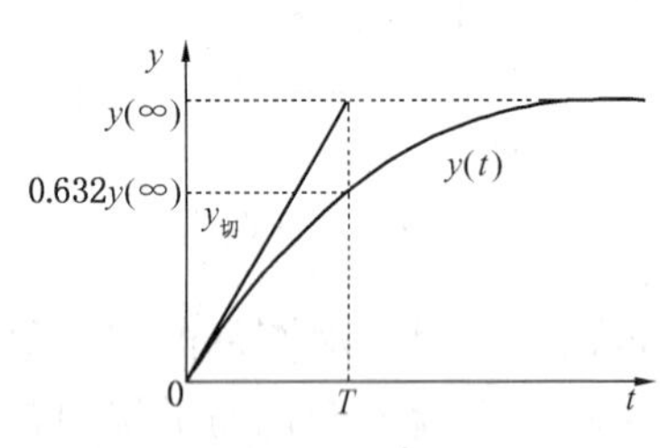

图 3-1-21　时间常数的物理意义

1.4.2　积分环节的动态特性

在图 3-1-22 所示的液体贮槽系统中，由于液体由泵抽出，因而从贮槽中流出的液体量 q_2 是常数，贮槽液位的变化只与流入量 q_1 的变化有关，它的数学模型为

$$A\frac{\mathrm{d}\Delta h}{\mathrm{d}\Delta t}=\Delta q_1$$

其中，A 表示贮槽的截面积。

当流入量 q_1 发生幅值为 a 的阶跃变化后，液位随之变化，其变化量为 $\Delta h=\dfrac{a}{A}\Delta t$，响应曲线如图 3-1-23。曲线表明，当流入量发生改变后，液位将随时间的增长而不断增加，其增加的速度与贮槽的截面积成反比。也就是说，只要有一个增量值不为零的输入参数作用在该环节上，其输出参数就随时间无限制地增加，只有当输入参数增量为零(即流入量 q_1 与流出量 q_2 相等)时，输出参数才在一个新的值上稳定下来，这就是对象的积分特性。

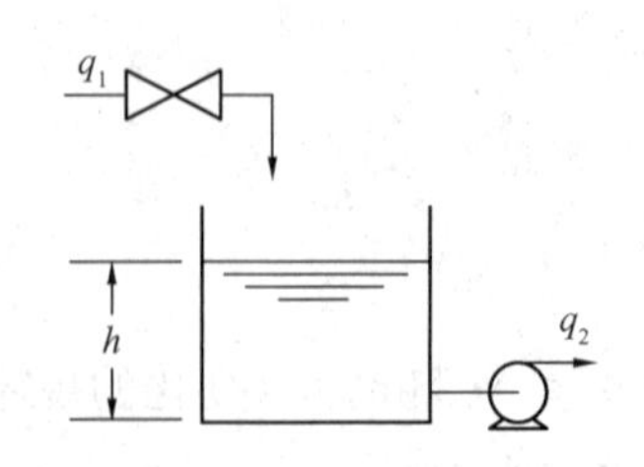

图 3-1-22　出口有泵的液体贮罐

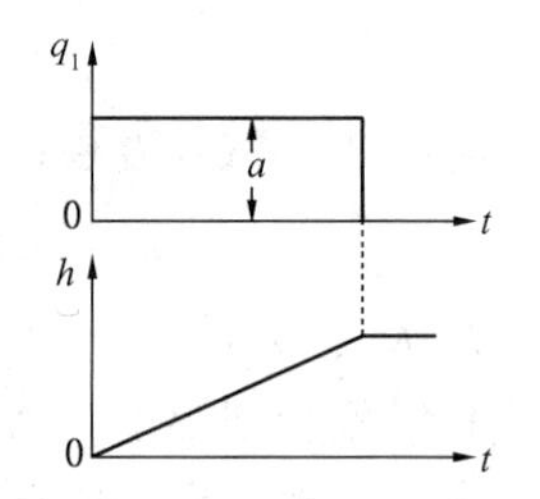

图 3-1-23　积分环节的阶跃响应曲线

具有积分特性的数学模型的一般形式为

$$T_i \frac{\mathrm{d}y}{\mathrm{d}t} = Kx \qquad 或 \qquad y = \frac{K}{T_i}\int x\mathrm{d}t$$

式中　T_i、K——积分时间和比例系数。

从式中可以看出，积分环节的输出信号与输入信号对时间的积分成正比，所以将这种特性称为积分特性。

还可以看出，积分环节输出信号的变化速度为

$$\frac{\mathrm{d}y}{\mathrm{d}t} = \frac{K}{T_i}x$$

当在输入端加入幅值为 a 的阶跃信号时，积分速度为一个常数，即

$$\frac{\mathrm{d}y}{\mathrm{d}t} = \frac{K}{T_i}a = 常数$$

故输出信号是等速变化的。很显然，积分时间 T_i 愈短或 K 愈大，输出变化速度愈快，阶跃响应曲线斜率愈陡，积分作用愈强。反之亦然。

当一阶特性的时间常数 T 很大时，可将其近似为积分特性。另外，一阶特性的初始阶段也可近似为积分特性，这可以从它们的阶跃响应曲线中定性地看出。

1.4.3　微分环节的动态特性

在石油化工生产实际中，具有微分特性的对象并不多见，但在自动控制系统中，经常要用微分作用来改善控制系统的动态特性，所以在控制装置和校正装置中，微分环节被广泛使用。

如果对象输出信号与输入信号的变化速度成正比，则称该对象具有微分特性，具有微分特性的环节就称为微分环节。微分环节的数学模型可表示为

$$y = T_{\mathrm{d}} \frac{\mathrm{d}x}{\mathrm{d}t}$$

式中，T_{d} 称为微分时间常数，它是反映微分作用强弱的特征参数，T_{d} 越大微分作用越强。

在阶跃输入信号作用下，微分特性曲线如图 3-1-24 所示。由于阶跃信号的特点是在信号加入瞬间变化速度较大(突然跃变)，所以微分环节的输出信号也很大，但马上输入信号就固定于某一常数，不再变化(即速度等于零)，输出也立即回到零。因此，微分环节的阶跃响应是一个理想脉冲信号。由于惯性的存在，实际上这个现象不会出现。

为了更好地理解微分作用的动态特性，现用斜坡作为输入信号来分析。

斜坡信号即是等速信号，可表示为

$$\frac{\mathrm{d}x}{\mathrm{d}t} = m = 常数$$

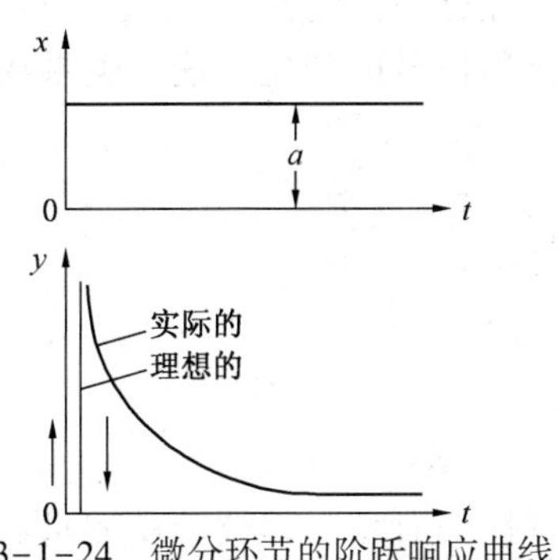

图 3-1-24　微分环节的阶跃响应曲线

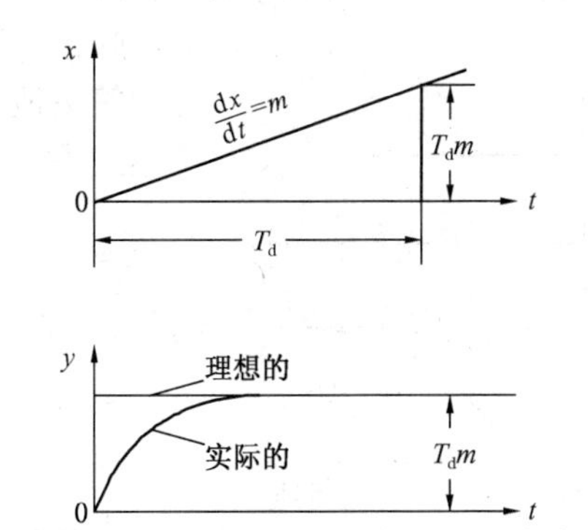

图 3-1-25　微分环节的斜坡响应曲线

微分环节的斜坡响应曲线如图 3-1-25 所示。从图中可看到：

① 微分环节的输出变化与微分时间和输入信号的变化速度成比例，与输入信号的大小无关，即 $y=T_{d}m$。也就是说，输入信号变化速度越快，微分时间越大，则输出信号也越大。

② 在输入信号加入的瞬间，虽然其值不大，但输出信号已有 $T_{d}m$ 的突变，而输入信号则要经过 T_{d} 时间后才能达到 $T_{d}m$，即 y 比 x 超前了一段时间 T_{d}。因此，微分作用具有超前特性，微分环节也称超前环节，T_{d} 也称为超前时间。

自动控制系统利用微分环节的超前特性，即利用微分环节的输出可以反映偏差(即微分环节的输入)的变化速度来实现提前调节，并根据具体对象选用不同的 T_{d} 值，实现不同的提前量，以克服对象的滞后，从而改善调节品质。

以上分析为微分环节的理想特性。由于实际中可以实现的微分环节都具有一定的惯性，其输出信号的变化总有一定滞后，所以其响应曲线与理想的稍有不同，如图 3-1-25 所示。

1.4.4 纯滞后环节的动态特性

前面介绍了一阶积分、微分环节的特性，它们都是当输入信号发生变化后，输出信号立即发生渐变。现在介绍另一种特性——纯滞后特性。

图 3-1-26 所示的溶解槽对象中，若在某一时刻，料斗处加大送料量，溶解槽中的溶液浓度要等增加的溶质由料斗送到加料口并落入槽中才改变。也就是说，溶液浓度的改变比加料量的改变落后一个由料斗到加料口的输送时间 τ，如图 3-1-27 所示。这种现象称为纯滞后现象。输出参数的变化落后于输入参数变化的时间 τ 称为纯滞后时间。

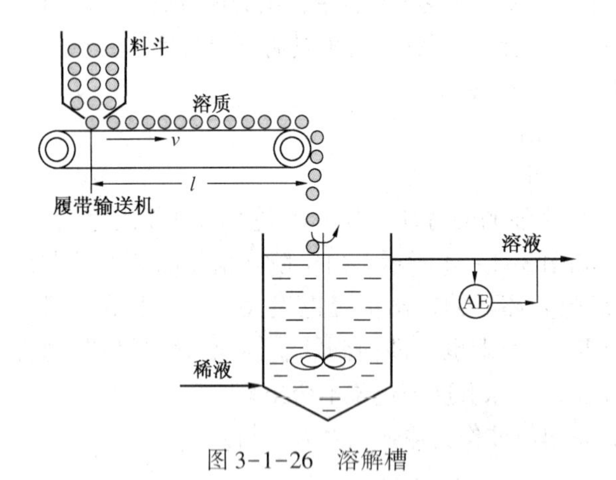

图 3-1-26　溶解槽

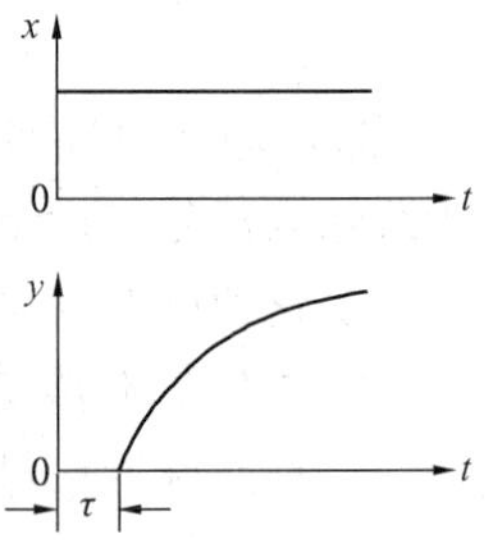

图 3-1-27　系统的纯滞后特性

比较图 3-1-28 中的两条响应曲线，它们除了在时间轴前后相差一个 τ 的时间外，其他部分完全相同。也就是说，纯滞后环节的特性是当输入信号发生变化时，其输出信号并不立即反映输入信号的变化，而是要经过一段纯滞后时间 τ 以后，才开始等量地反映原无纯滞后的输出信号的变化，这一关系用数学关系式表示为

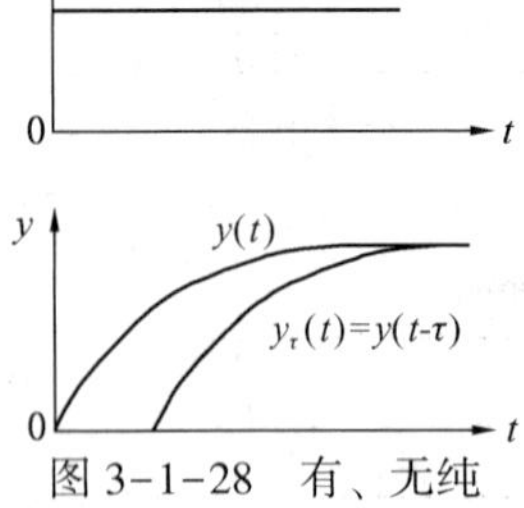

$$y_{\tau}(t)=\begin{cases}y(t-\tau) & t>\tau\\ 0 & t\leqslant\tau\end{cases}$$

或

$$y(t)=\begin{cases}y_{\tau}(t+\tau) & t>0\\ y_{\tau}(t+\tau)=0 & t\leqslant 0\end{cases}$$

图 3-1-28　有、无纯滞后的一阶阶跃响应曲线

因此，对于有、无纯滞后特性的对象，其数学模型具有类似

的形式。如将上式用一阶微分方程式描述，则它们的时间常数和放大系数相等，仅仅在自变量 t 上相差一个时间 τ。把这种关系式推广到一般，对于有纯滞后的对象特性可以通过输出参数的置换，即 $y(t)=y_{\tau}(t+\tau)$ ，用无纯滞后的对象导出。

一阶无纯滞后环节特性

$$T\frac{\mathrm{d}y(t)}{\mathrm{d}t}+y(t)=Kx(t)$$

一阶有纯滞后环节特性

$$T\frac{\mathrm{d}y_{\tau}(t+\tau)}{\mathrm{d}t}+y_{\tau}(t+\tau)=Kx(t)$$

纯滞后是响应曲线(阶跃响应曲线)的一个组成部分，所以纯滞后是表征对象动态特性的一个特定常数，由此得出表征对象特性的特征参数有 K、t、τ 三个。

在自动控制系统中纯滞后是不利于控制的。如果测量装置迟迟不能将被控参数的变化及时报送控制器，则控制作用不能立即生效以克服干扰的影响。纯滞后会降低系统控制质量，在实际工作中应尽最大努力来消除或缩短纯滞后时间。

在石油化工生产中，对象的滞后和时间常数一般有以下几种情况：

- 压力对象　τ 不大，t 也不大；
- 液位对象　τ 很小，t 稍大；
- 流量对象　τ 与 t 都较小，约数秒至数十秒；
- 温度对象：τ 与 t 都较大，约由数分到数十分钟。

1.4.5　二阶环节的动态特性

典型的二阶环节是由两个水槽串联形成的对象(如图 3-1-29)，其特性可用二阶微分方程式描述。用 y 表示第二个水槽的水位，用 x 表示第一个水槽的输入量，则方程式为

$$T_1T_2\frac{\mathrm{d}^2y}{\mathrm{d}t^2}+(T_1+T_2)\frac{\mathrm{d}y}{\mathrm{d}t}+y=Kx$$

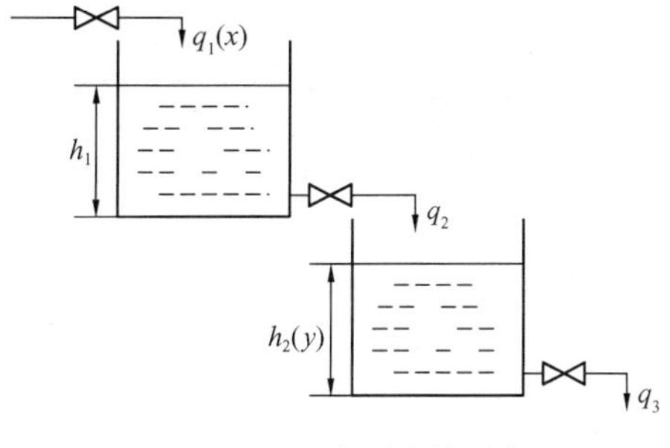

图 3-1-29　串联水槽对象

通过化解方程式，可得

$$y(t)=\left(\frac{T_1}{T_2-T_1}\mathrm{e}^{-t/T_1}-\frac{T_2}{T_2-T_1}\mathrm{e}^{-t/T_2}+1\right)Ka=\frac{Ka}{T_2-T_1}(T_1\mathrm{e}^{-t/T_1}-T_2\mathrm{e}^{-t/T_2})+Ka$$

式中　T_1——第一个水槽的时间常数；

T_2——第二个水槽的时间常数；

K——对象的放大系数；

a——阶跃干扰的幅度。

该式便是串联水槽对象的阶跃响应函数，其解如图 3-1-30 所示。含义为：输入量发生阶跃变化的瞬间，输出量变化的速度等于零，以后随着时间 t 的增加，变化速度慢慢增大，但当 t 大于某一时间后，变化速度又慢慢减小，直至 $t\to\infty$ 时，变化速度减少为零。

对于二阶对象，可以用带纯滞后的一阶对象(K、t、τ)来近似描述。方法如下：在图 3-1-30所示的二阶对象阶跃响应曲线上，经过曲线的拐点 O 作切线并与时间轴相交，交点与被控变量开始变化的起点之间的时间间隔 τ_{h} 就为容量滞后时间，由切线与时间轴的交点

到切线与稳定值 Ka 线的交点之间的时间间隔为 T。这样，二阶对象就被近似为滞后时间$\tau=\tau_h$，时间常数为 T 的一阶对象了。

纯滞后和容量滞后尽管本质上不同，但实际上很难严格区分，在容量滞后与纯滞后同时存在时，常常把两者合起来统称滞后时间 $\tau=\tau_0+\tau_h$，如图 3-1-31 所示。

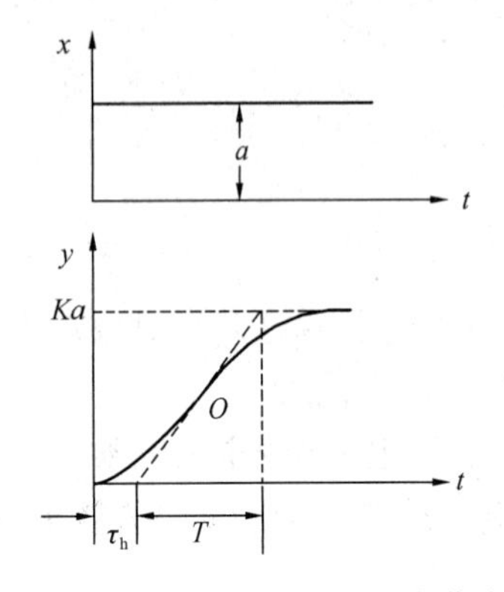

图 3-1-30　串联水槽的响应曲线

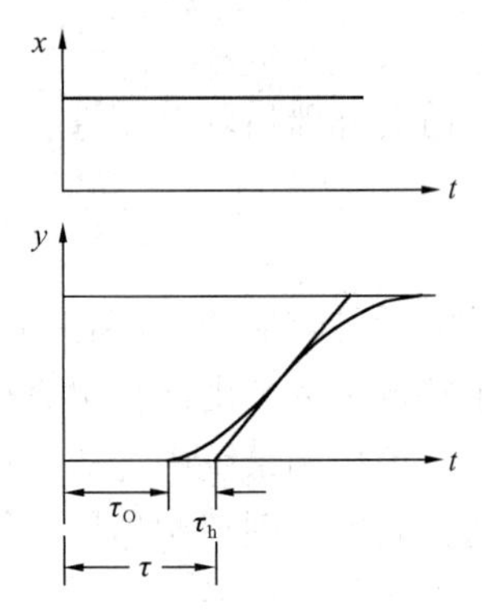

图 3-1-31　滞后时间 τ 示意图

第2章　节流装置与调节阀计算

流体流量的测量与控制，在石油化工生产中占有举足轻重的地位。了解流体的物理特性对流量的测量与控制的影响，是做好仪表选型、设计计算、现场使用与维护等工作不可或缺的技能。

本章主要结合孔板和喷嘴介绍节流装置的基本计算方法，介绍调节阀的计算方法。

2.1　节流装置的基本计算

节流装置计算的目的主要有以下几个：

① 为新装节流装置进行设计计算时，需要根据管道内径、被测流体的物性参数、管道布置条件、流量范围、差压测量上限以及节流装置形式，计算节流件开孔直径；

② 为现场核对流量计的测量值，已知管道内径、节流件开孔直径、被测流体的物性参数，需要根据实际测得的差压值计算被测介质的流量；

③ 为差压计确定测量范围时，需要根据管道内径、节流件开孔直径、被测流体的物性参数、管道布置条件、流量范围，计算差压计测量上限；

④ 为确定现场管道的尺寸，需要根据差压、流量、节流件开孔直径、被测流体的物性参数等条件，计算管道内径。

需要注意的是，角接取压和法兰取压的计算方法不尽相同，各自需用的主要参数图表亦不同。

2.1.1　流量系数

节流装置的流量系数 C 是密度为 ρ 的不可压缩性流体(液体)流过开孔直径为 d 的节流件，在实测得出 q_v 和与之对应的差压 Δp 后，用下述公式计算为

$$C=\frac{q_v\sqrt{\rho}}{K_1\varepsilon\sqrt{2\Delta p}}$$

式中　q_v——体积流量，m^3/s；

C——流量系数；

Δp——节流装置前后的压差，Pa；

ρ——节流装置前的流体密度，kg/m^3；

K_1——系数，$K_1=\dfrac{\pi d^2}{4\sqrt{1-\beta^4}}$；

ε——膨胀系数，对不可压缩的液体来说，常取 $\varepsilon=1$；

β——节流装置直径比，$\beta=d/D$；

d——节流件开孔直径，m；

D——管道直径，m。

对于几何相似的节流装置，C 仅和雷诺数 Re 有关。当流体的流动情况可用相当的 Re 表征时，则 C 值相等。常用节流装置的流量系数计算公式见表3-2-1。

表 3-2-1 节流装置流量系数表

节流件名称	流出系数计算式	流出系数不确定度计算式
标准孔板	$C=0.5961+0.02616\beta^2-0.0216\beta^8+0.000521\left(\frac{10^6\beta}{Re_D}\right)^{0.7}+(0.0188+$ $0.0063A)\beta^{3.5}\left(\frac{10^6\beta}{Re_D}\right)^{0.3}+(0.043+0.080e^{-10L_1})(1-0.11A)\frac{\beta^4}{1-\beta^4}-$ $0.031(M'_2-0.8M_2'^{1.1})\beta^{1.3}$ 当 $D<71.12$mm 时，应加下列项 $0.011(0.75-\beta)\left(2.8-\frac{D}{25.4}\right)$（$D$ 为 mm） $M'_2=\frac{2L'_2}{1-\beta'}$ $A=\left(\frac{19000\beta}{Re_D}\right)^{0.8}$ 式中 L_1——孔板上游端面到上游取压口的距离除以管道直径得出的商，即 $L_1=l_1/D$； L'_2——孔板下游端面到下游取压口的距离除以管道直径得出的商，即 $L'_2=l'_2/D$； 对于角接取压方式，$L_1=L'_2=0$ 对于 D-$D/2$ 取压方式，$L_1=1$，$L_2=0.47$ 对于法兰取压方式，$L_1=L'_2=25.4/D$（D 为 mm）	$(0.7-\beta)\%$ $0.1\leqslant\beta\leqslant0.2$ 0.5% $0.2\leqslant\beta\leqslant0.6$ $(1.667\beta-0.5)\%$ $0.6\leqslant\beta\leqslant0.75$ 当 $D<71.12$mm 时，应加下列项 $0.9(0.75-\beta)\left(2.8-\frac{D}{25.4}\right)$ （D 为 mm）
ISA 1932 喷嘴	$C=0.9900-0.2262\beta^{4.1}-(0.00175\beta^2-0.0033\beta^{4.15})\left(\frac{10^6\beta}{Re_D}\right)^{1.15}$	$\frac{\delta C}{C}=\pm0.8\%$ $\beta\leqslant0.6$ $\frac{\delta C}{C}=\pm(2\beta-0.4)\%$ $\beta>0.6$
经典文丘里管	① 具有粗铸收缩段的 $C=0.984$ ② 具有机械加工收缩段的 $C=0.995$ ③ 具有粗焊铁板收缩段的 $C=0.985$	$\delta C/C=\pm0.7\%$ $\delta C/C=\pm1\%$ $\delta C/C=\pm1.5\%$
文丘里喷嘴	$C=0.9858-0.196\beta^{4.5}$	$\frac{\delta C}{C}=\pm(1.2+1.5\beta^4)\%$
锥形入口孔板	$C=0.734$	
1/4 圆孔板	$C=0.7382+0.3309\beta-1.1615\beta^2+1.5084\beta^3$	
偏心孔板	$C=0.93548-1.68892\beta+3.0428\beta^2-1.9789\beta^3$ 如果使用粗糙管，应进行粗糙度修正 $C_{粗}=CF_E$ $F_E=1.032+0.0178(\lg K/D)+0.0939\beta^2+0.0126(\beta^2\lg K/D)$	$\frac{\delta C}{C}=\pm1\%$

2.1.2 膨胀系数

密度为 ρ 的可压缩流体流经节流装置时，在实测得出质量流量 q_m 和与之对应的差压 Δp 后，其流束膨胀系数 ε 可用下式计算为

$$\varepsilon = \frac{q_v\sqrt{\rho}}{K_1 C\sqrt{2\Delta p}}$$

对于已知β值的节流装置，ε决定于$\Delta p/p_1$(或p_2/p_1)和等熵指数κ。

2.1.3 流量计算公式

采用差压法测量流量时，根据差压计算流量的公式为

$$q_v = \frac{C\varepsilon}{\sqrt{1-\beta^4}}\frac{\pi}{4}d^2\sqrt{\frac{2}{\rho}\Delta p} \text{ 或 } q_m = \frac{C\varepsilon}{\sqrt{1-\beta^4}}\frac{\pi}{4}d^2\sqrt{2\rho\Delta p}$$

式中 q_v——体积流量，m^3/s；

q_m——质量流量，kg/s；

C——流量系数；

ε——膨胀系数，对不可压缩的液体来说，常取$\varepsilon=1$；

β——节流装置直径比，$\beta=d/D$，其中D为管道直径；

d——节流件开孔直径，m；

Δp——节流装置前后的压差，Pa；

ρ——节流装置前的流体密度，kg/m^3。

在设计计算中，需要采取迭代计算方法，用$d=\beta D$对流量计算公式进行变换可得

$$\beta = \left[1+\left(\frac{C\varepsilon}{K}\right)^2\right]^{-1/4}$$

式中 K为已知量的组合，$K=\dfrac{4q_v\sqrt{\rho}}{\pi D^2\sqrt{2\Delta p}}$，为不变量。

迭代计算过程如下：

(1) 计算β_0 根据已知条件q_v、q_m、D、Δp、ρ等算出K，令$\varepsilon=1$，C取某固定值C_0，可计算得出β_0。各种节流件β_0的公式见表3-2-2(K_2为K的迭代结果)。

表3-2-2 β_0公式表

节流件类型	β_0公式	节流件类型	β_0公式
孔板(角接,法兰,D-$D/2$取压) $Re_D<2\times10^5$ $Re_D>2\times10^5$	 $\beta_0=\left[1+\left(\frac{0.6}{K_2}+0.06\right)^2\right]^{-1/4}$ $\beta_0=\left[1+\left(\frac{0.6}{K_2}\right)^2\right]^{-1/4}$	文丘里喷嘴	$\beta_0=\left[1+\left(\frac{0.989}{K_2}-0.09\right)^2\right]^{-1/4}$
		1/4圆孔板($\beta\leqslant0.6$)	$\beta_0=\left[1+\left(\frac{0.760}{K_2}+0.26\right)^2\right]^{-1/4}$
喷嘴 ISA1932 长径	 $\beta_0=\left[1+\left(\frac{0.9944}{K_2}-0.118\right)^2\right]^{-1/4}$ $\beta_0=\left[1+\left(\frac{0.9975}{K_2}\right)^2\right]^{-1/4}$	锥形入口孔板(角接取压，$\beta\leqslant0.3$)	$\beta_0=\left[1+\left(\frac{0.734}{K_2}\right)^2\right]^{-1/4}$
经典文丘里管 粗铸收缩段 机械加工收缩段 粗焊铁板收缩段	 $\beta_0=\left[1+\left(\frac{0.984}{K_2}\right)^2\right]^{-1/4}$ $\beta_0=\left[1+\left(\frac{0.995}{K_2}\right)^2\right]^{-1/4}$ $\beta_0=\left[1+\left(\frac{0.985}{K_2}\right)^2\right]^{-1/4}$	圆缺孔板(各种取压)	$\beta_0=\left[1+\left(\frac{0.634}{K_2}-0.062\right)^2\right]^{-1/4}$
		偏心孔板(各种取压)	$\beta_0=\left[1+\left(\frac{0.607}{K_2}+0.088\right)^2\right]^{-1/4}$

（2）计算β_1　根据β_0、Δp以及节流装置形式等，按表3-2-3计算可膨胀系数ε_0；根据β_0、D等计算流量系数C_0，然后计算出β_1。

（3）计算β_2　根据β_1、Δp等计算可膨胀系数ε_1；根据β_1、D等计算流量系数C_1，然后计算出β_2。

当计算到第n步，若$\beta_n-\beta_{n-1}$小于某个值（如0.0001）时，可停止迭代计算。

计算中，有时要用到最大流量和常用流量、最大差压和常用差压的概念，这里对此做一描述。

最大流量q_{mmax}（或q_{vmax}）是指工艺生产装置正常运行过程中，最大生产负荷下流体的最大流量；常用流量q_{mcom}（或q_{vcom}）则是正常生产负荷下流体长期的流量（可以理解为正常生产的最大流量）。这是节流装置计算首先要知道的流量条件：根据生产工艺要求，由工艺技术人员提出正常生产过程中最大负荷下流体最大流量值，和正常生产长期运行负荷状态下常用流量值以及正常工况状态下的最小流量q_{mmin}（或q_{vmin}）值，以便孔板设计人员确定该节流装置的流量标尺范围。

表3-2-3　节流装置可膨胀性系数

节流件名称	可膨胀性系数ε计算式	可膨胀性系数不确定度计算式
标准孔板	$\varepsilon=1-(0.41+0.35\beta^4)\frac{\Delta p}{kp_1}$ 使用范围　$p_2/p_1\geqslant0.75$	$\frac{\delta\varepsilon}{\varepsilon}=\pm(4\Delta p/p_1)\%$
标准喷嘴	$\varepsilon=\left[\left(\frac{\kappa\tau^{(2/\kappa)}}{\kappa-1}\right)\left(\frac{1-\beta^4}{1-\beta^4\tau^{(2/\kappa)}}\right)\left(\frac{1-\tau^{\frac{\kappa-1}{\kappa}}}{1-\tau}\right)\right]^{1/2}$	$\frac{\delta\varepsilon}{\varepsilon}=\pm(2\Delta p/p_1)\%$
经典文丘里管	$\varepsilon=\left[\left(\frac{\kappa\tau^{(2/\kappa)}}{\kappa-1}\right)\left(\frac{1-\beta^4}{1-\beta^4\tau^{(2/\kappa)}}\right)\left(\frac{1-\tau^{\frac{\kappa-1}{\kappa}}}{1-\tau}\right)\right]^{1/2}$	$\frac{\delta\varepsilon}{\varepsilon}=\pm(4+100\beta^8)\frac{\Delta p}{p_1}\%$
文丘里喷嘴	$\varepsilon=\left[\left(\frac{\kappa\tau^{(2/\kappa)}}{\kappa-1}\right)\left(\frac{1-\beta^4}{1-\beta^4\tau^{(2/\kappa)}}\right)\left(\frac{1-\tau^{\frac{\kappa-1}{\kappa}}}{1-\tau}\right)\right]^{1/2}$	$\frac{\delta\varepsilon}{\varepsilon}=\pm(4+100\beta^8)\frac{\Delta p}{p_1}\%$
1/4圆孔板	$\varepsilon=\left[\left(\frac{\kappa\tau^{(2/\kappa)}}{\kappa-1}\right)\left(\frac{1-\beta^4}{1-\beta^4\tau^{(2/\kappa)}}\right)\left(\frac{1-\tau^{\frac{\kappa-1}{\kappa}}}{1-\tau}\right)\right]^{1/2}$	$\frac{\delta\varepsilon}{\varepsilon}=\pm33(1-\varepsilon)\%$
锥形入口孔板	$\varepsilon=\frac{1}{2}(\varepsilon_{孔}+\varepsilon_{喷})$	$\frac{\delta\varepsilon}{\varepsilon}=\pm33(1-\varepsilon)\%$
偏心孔板	$\varepsilon=1-(0.41+0.35\beta^4)\frac{\Delta p}{\kappa p_1}$	$\frac{\delta\varepsilon}{\varepsilon}=33(1-\varepsilon)\%$

最大差压Δp_{max}和常用差压Δp_{com}分别指节流装置正常运行状态下（即工艺生产装置正常运行中），流体以最大流量和常用流量流经节流装置时，节流装置分别产生的差压值。节流装置差压值的选择或差压标尺上限的确定是节流装置设计计算中的关键步骤。差压上限选大时，将产生以下影响：

① 需要的最小直管段长度较短；

② 测量精度较高；

③ β值较小；

④ 节流装置造成的压力损失大。

2.1.4 设计计算要点

节流装置设计计算应注意以下几个环节：

(1) 填写“节流装置计算任务书” 根据具体计算要求，如实填写任务书各项内容。由于现场复杂，有些项目投用后可能与实际值不符合，会引起较大的测量误差，甚至需重新设计计算，因此填好任务书是设计计算的重要一环。任务书见表 3-2-4。

表 3-2-4 节流装置计算任务书

序号	名称	符号	数值	单位	备注
1	被测流体名称			%	对混合介质而言
2	被测流体的百分组分				
3	被测流体流量				
3.1	最大流量	q_{mmax}		kg/s	下标“n”表示标准状态，其他为工作状态下的值
		q_{vmax}		m^3/s	
		q_{vnmax}		m^3/s	
3.2	常用流量	q_{mcom}		kg/s	
		q_{vcom}		m^3/s	
		q_{vncom}		m^3/s	
3.3	最小流量	q_{mmin}		kg/s	
		q_{vmin}		m^3/s	
		q_{vnmin}		m^3/s	
4	工作状态				
4.1	工作压力(表压)及其变化范围	$p_1 \pm p'$		Pa	p'为压力变化量的大小
4.2	工作温度及其变化范围	$t_1 \pm t'$		℃	t'为压力变化量的大小
5	工作状态下被测流体密度	ρ_1		kg/m^3	混合介质应提供各组分的单独数据
6	工作状态下被测流体动力黏度	μ		Pa·s	混合介质应提供各组分的单独数据
	工作状态下被测流体运动黏度	ν		m^2/s	
7	工作状态下气体压缩系数	Z		纯数	混合介质应提供各组分的单独数据
8	工作状态下气体等熵指数	κ		纯数	
9	工作状态下气体相对湿度	φ		%	混合介质应提供各组分的单独数据
10	允许的压力损失	δ_p		Pa	
11	节流装置使用地点的平均大气压	p_a		Pa	
12	20℃时管道内径	D_{20}		mm	注明是实测值还是公称值
13	管道材质				
14	管道内表面状况：无缝管、直缝焊接管、螺旋缝焊接管、新的、旧的				在所采用的名称上划“√”号
15	要求采用的节流件形式和取压方式				在所采用的名称上划“√”号
15.1	孔板				
15.2	喷嘴：环室取压、单独钻孔取压				
16	要求采用的差压计或差压变送器型号及差压上限				
16.1	差压计或差压变送器型号				
16.2	差压上限 Δp_{max} = Pa				

续表

序号	名　　称	符号	数值	单位	备　　注
17	安装节流装置用的法兰标准代号				
18	安装节流装置用的管道敷设情况和阻流件类型 l_0　l_1　l_2　L				
18.1	上游侧第一个阻流件类型				
18.2	上游侧第二个阻流件类型				
18.3	下游侧阻流件类型				
18.4	上游侧第一个和第二个阻流件之间的直管段长度 l_0 = 　　m				
18.5	供安装节流装置用的直管段总长 L= 　　m				

(2) 被测流体物性参数的确定　被测流体物性参数有密度 ρ、黏度 μ、等熵指数 κ、气体压缩系数 Z、湿度 φ 等，其中密度的准确确定最为关键，它直接影响计算的准确度，Z、φ 等也属于密度的内容。其他 μ、κ 等数值准确度的要求可低些。

(3) 管道内径的确定 按照标准规定，管道内径应为实测值，在节流件前(0~0.5)D 长度上至少测量 4 个截面 12 个直径值，然后取其平均值。

(4) 差压上限值的选择　差压上限值的确定是设计计算的关键步骤，它由几种相互矛盾的因素所决定。例如，提高差压上限值，对差压的测量准确度、缩短节流件上游侧必要的直管段长度、降低流出系数和最小雷诺数限值等有利，但差压上限值的提高亦带来压损增大的负面影响。根据上述因素选择，一般还可参考以下方法：

若对压损有规定的，可按下面经验式确定差压上限：

对孔板　　$\Delta p_{max} = (2 \sim 2.5)\delta_p$

对喷嘴　　$\Delta p_{max} = (3 \sim 3.5)\delta_p$

式中，δ_p 为压损，其单位和 Δp 一样。

将上述计算结果圆整到系列值。对于气体还应检查，$p_2/p_1>0.75$(p_1、p_2 分别为节流件上下游压力)。

为使大量应用差压变送器的用户减少备件型号和规格数量，应集中选取几个差压上限值：

① 被测流体工作压力较高，允许压损较大，可选 Δp_{max}=40kPa，60kPa；

② 被测流体工作压力中等，允许压损中等，则选 Δp_{max}=16kPa，25kPa；

③ 被测流体工作压力较低，允许压损较小，则选 Δp_{max}−6kPa，10kPa。

已知 q_m、C、ρ、D，差压可按下式计算为

$$\Delta p = \left(\frac{4q_m\sqrt{1-\beta^4}}{\pi\beta^2 D^2 C}\right)\frac{1}{2\rho}$$

式中，取 β=0.5，C=0.60(孔板)，差压值计算再圆整到系列值。

2.1.5　节流件开孔直径计算步骤

在已知管道内径、被测流体参数和其他必要条件以及预计的流量范围的条件下，要求选

选择适当的差压上限，并确定节流件的开孔直径。

首先，需要进行必要的辅助计算。

① 根据 q_{mmax}（或 q_{vmax}）确定流量标尺上限值 q_m（或 q_v）。

② 计算工作状态下管道内径 D。

③ 根据介质压力 p 和温度 T 求介质密度 ρ 和黏度 μ。

④ 计算常用雷诺数 Re_{Dcom}。

⑤ 根据管道内壁状况求 K/D，检查 K/D 是否符合标准的要求。

⑥ 确定差压上限 Δp，若流体为气体，应检查是否符合 $p_2/p_1 \geqslant 0.75$。

⑦ 计算 Δp_{com}

$$\Delta p_{com} = 0.64\Delta p \ (q_{mcom} = 0.8q_m)$$

然后进行以下计算：

① 根据 q_{mcom}、D、ρ、Δp_{com}，求 K

$$K = \frac{4q_{mcom}}{\pi D^2 \sqrt{2\Delta p_{com}\rho}}$$

② 根据节流件形式，确定 β_0 的计算公式。

③ 求 β 值，进行迭代计算，直到 $\beta_n - \beta_{n-1} \leqslant 0.0001$ 为止。

④ 求 d 值，$d = \beta D$。

⑤ 验算流量

$$q'_m = \frac{C\varepsilon}{\sqrt{1-\beta^4}} \frac{\pi}{4} d^2 \sqrt{2\rho\Delta p_{com}}$$

$$\delta = \frac{q_{mcom} - q'_{mcom}}{q_{mcom}} \times 100\%$$

若 $\delta \leqslant \pm 0.2\%$，则计算合格，否则需检查原始数据及计算，然后重新计算。

⑥ 求 d_{20}

$$d_{20} = \frac{d}{1 + \lambda_d \ (t - 20)}$$

⑦ 确定加工公差

$$\Delta d_{20} = \pm 0.0005 \times d_{20}$$

⑧ 求压力损失。

⑨ 根据 β、阻流件类型确定节流件上游侧直管段的必要长度。

⑩ 计算流量测量不确定度 E_{qm}（用户有要求时）。

在上述计算过程中，K 为已知量的组合，$K = \dfrac{4q\sqrt{\rho}}{\pi D^2 \sqrt{2\Delta p}}$

2.1.6 流量计算步骤

在已知管道内径、节流件开孔直径、被测流体等参数的条件下，根据所测得的差压计算流量的主要步骤如下。

首先，进行必要的辅助计算。

① 计算工作状态下的管道内径 D 和节流件开孔直径 d：

$$D = D_{20} \ [1 + \lambda_D \ (t - 20)]$$

$$d = d_{20} \ [1 + \lambda_d \ (t - 20)]$$

式中 λ_D、λ_d——管道和节流件的材料热膨胀系数。

② 计算直径比β

$$\beta = d/D$$

③ 根据直径比β、介质等熵指数κ、差压Δp、静压p求ε。对于液体$\varepsilon = 1$。

④ 根据管道种类、材料及内壁状况确定管壁粗糙程度K_d，求K_d/D，检查K_d/D是否符合标准的要求。

⑤ 求被测介质工作状态下的密度ρ_1和黏度μ_1。

然后进行以下计算：

① 令$Re_D = 10^6$，根据Re_D、β、节流件形式和取压方式，计算C_1值(近似值)

② 根据C_1、ε、d、ρ_1、Δp_{com}值求常用流量值(近似值)q_{mcom1}(或q_{vcom1})。

③ 根据q_{mcom1}(或q_{vcom1})、D、μ计算常用雷诺数(近似值)Re_{Dcom1}。

④ 根据Re_{Dcom1}、β求C_2。

⑤ 根据C_2、ε、d、ρ、Δp_{com}值求实际常用流量值q_{mcom2}(或q_{vcom2})。

2.2 气体流量的温度压力补偿计算

流量计测量的气体流量多数为体积流量。由于气体是可压缩的，其体积是工作状态下温度和压力的函数。因此，在实际工作状态下，气体的体积流量不能确切表示实际流量，工程上一般都采用标准状态体积流量。所谓标准状态体积是20℃、一个标准大气压下的气体体积。刻度气体流量计时，选定气体正常温度、压力为设计条件，将设计状态下的体积流量折算为标准体积流量或质量流量，其折算系数中都含有气体密度等因素，当气体介质的工作状态偏离设计状态(p_0、T_0)时，流量示值将产生误差，所以气体流量的测量需要温度压力补偿。

2.2.1 气体流量补偿计算公式

这里所指的气体，是那些物理性质接近理想气体的干空气或其他单质及混合气体。对于理想气体，其密度ρ随压力和温度变化的气体状态方程是：密度ρ与工作压力p成正比，与热力学温度T成反比，即

$$\rho = \frac{p}{ZRT}$$

式中 R——理想气体常数，因气体种类不同而异；

Z——气体的压缩性系数。

从上式可知，只要知道了被测气体的气体常数R和某一基准状态下(p_0，T_0)的气体 密度ρ_0，即可通过状态方程求得任一状态(p，T)时的气体密度ρ：

$$\rho = \frac{1}{RZ}\frac{p}{T} = \frac{\rho_0 T_0 Z_0}{p_0 Z}\frac{p}{T}$$

或

$$\frac{\rho}{\rho_0} = \frac{p_1 T_0 Z_0}{p_0 TZ}$$

令$K_0 = T_0 Z_0/p_0$，得

$$\rho = \rho_0 K_0 \frac{P}{TZ}$$

2.2.2 蒸汽流量温度压力补偿计算公式

蒸汽是石油化工企业应用最广的二次能源之一，虽然其密度是温度和压力的函数，但它

们之间的关系很难用简单的函数关系式表示。目前国内尚无统一的水蒸气标准密度表和统一的标准蒸汽温压补偿公式，应用较多的是选用 1967*IFC* 公式，即

$$v_r=\frac{v}{v_r}=I_1\frac{T_r}{p_r}-B_{11}x^{13}-B_{12}x^3-2p_r(B_{21}x^{18}+B_{22}x^2+B_{23}x)-3p_r^2(B_{31}x^{18}+B_{32}x^{10})-$$

$$4p_r^3(B_{41}x^{25}+B_{42}x^{14})-5p_r^4(B_{51}x^{32}+B_{52}x^{28}+B_{53}x^{24})-[6p_r^{-7}(B_{81}x^{24}+B_{82}x^{14})]$$

$$[p_r^{-6}+BB_{81}x^{54}+BB_{82}x^{27}]^{-2}+11\left(\frac{p_r}{p_1}\right)^{10}(B_{90}+B_{91}x+B_{92}x^2+B_{93}x^3+B_{94}x^4+$$

$$B_{95}x^5+B_{96}x^6)-[4p_r^{-5}(B_{61}x^{12}+B_{62}x^{11})][p_r^{-4}-BB_{61}x^{14}]^{-2}-[5p_r^{-6}(B_{71}x^{24}+$$

$$B_{72}x^{18})][p_r^{-5}+BB_{71}x^{19}]^{-2}$$

式中 $T_r=\frac{T}{T_c}$，$p_r=\frac{p}{p_c}$，$v_r=\frac{v}{v_c}$

$T_c=647.3\text{K}$，$p_c=22.12\times10^6\text{Pa}$，$\nu_c=0.00317\text{m}^3/\text{kg}$

$p_1=l_0+l_1T_r+l_2T_r^{\ 2}$

$x=\exp[0.7633333333(1-T_r)]$

$\rho=(0.00317\nu_r)^{-1}$

式中常数见表 3-2-5。

表 3-2-5　1967 IFC 公式常数表

$p_c=22.12\text{MPa}$	$T_c=647.3\text{K}$	$v_c=0.00317\text{m}^3/\text{kg}$　$I_1=4.260321148$
$B_{11}=0.066703759$	$B_{12}=1.388983801$	$B_{21}=0.08390104328$
$B_{22}=0.02614670893$	$B_{23}=-0.03373439453$	$B_{31}=0.4520918904$
$B_{32}=0.1069036614$	$B_{41}=-0.5975336707$	$B_{42}=-0.08847535804$
$B_{51}=0.5958051609$	$B_{52}=-0.5159303373$	$B_{53}=0.2075021122$
$B_{61}=0.1190610271$	$B_{63}=-0.09867174132$	$B_{71}=0.1683998803$
$B_{72}=-0.05809438001$	$B_{81}=0.006552390126$	$B_{82}=0.0005770218649$
$B_{90}=193.6587558$	$B_{91}=-1388.522425$	$B_{92}=4126.607219$
$B_{93}=-6508.211677$	$B_{94}=5745.984054$	$B_{95}=-2693.088365$
$B_{96}=523.5718623$		
$BB_{61}=0.4006073948$	$BB_{71}=0.08636081627$	$BB_{81}=-0.8532322921$
$BB_{82}=0.3460208861$	$l_0=15.74373327$	$l_1=-34.17061978$　$l_2=19.31380707$

也有选用别的密度计算公式的，例如饱和蒸汽密度与压力之间关系。

① $\rho=\frac{1}{1.7235}p^{\frac{15}{16}}$　（使用条件：$p_{绝}\leqslant 2\text{MPa}$）

② $\rho=Ap+B$　（不同压力范围 A 和 B 值都不同）

过热蒸汽的密度与压力、温度之间关系：

① $\rho=\frac{190.89p}{t-1.814p+222.6}$　（条件：0.2～2.5MPa；150～420℃；过热≥30℃）

② $\rho=\frac{1.82p}{\frac{t}{100}+1.66-0.55\frac{p}{100}}$　（条件：1～15MPa；300～550℃）

③ $\rho=\frac{1}{\frac{0.461+125.82}{p}\times10^{-3}-\frac{1}{0.9t-110}}$　（使用条件：1～17MPa；320～540℃）

④ $\rho=\dfrac{1}{\dfrac{0.462+126.1}{p}\times10^{-3}-9.7\times10^{-3}+1.32\times10^{-5}t}$ （条件：0.1～24MPa；120～600℃）

⑤ $\rho=\dfrac{18.88p}{0.01t-0.22045p+2.10977}$ （条件：0.6～1.5MPa；160～250℃）

⑥ $\rho=\dfrac{19.44p}{0.01t-0.151p+2.1627}$ （条件：0.6～2MPa；250～400℃）

⑦ $\rho=\dfrac{18.56p}{0.01t-5.608\times10^{-2}p+1.66}$ （条件：1～14.7MPa；400～500℃）

⑧ $\rho=\dfrac{1}{0.0047\dfrac{T}{p}-\dfrac{1.45}{\left(\dfrac{T}{100}\right)^{3.1}}-\dfrac{5800p^2}{\left(\dfrac{T}{100}\right)^{13.5}}}$ （条件：0.5～4MPa；200～450℃）

⑨ $\rho=\dfrac{p}{0.005t+1.2028-0.0074p}$ （条件：0.5～1.5MPa；250～350℃）

⑩ $\rho=\dfrac{p}{0.0044T}$ （条件：0.5～11MPa；200～560℃）

2.3 调节阀流量系数（*C* 值）的计算

2.3.1 相关概念

在进行调节阀流量系数计算之前，需要了解调节阀流量系数的定义，以及与流量系数计算有关的相关概念。

1. 调节阀流量系数

调节阀是一个局部阻力可以改变的节流元件。当流体流过调节阀时，由于阀芯、阀座所造成的流通面积的局部缩小，形成局部阻力，使流体的压力和速度产生变化，见图3-2-1。流体流过调节阀时产生能量损失，通常用阀前后的压差来表示阻力损失的大小。

假设调节阀前后的管道直径一致，流经调节阀的流体不可压缩，且流速相同，则有调节阀的流量方程式为

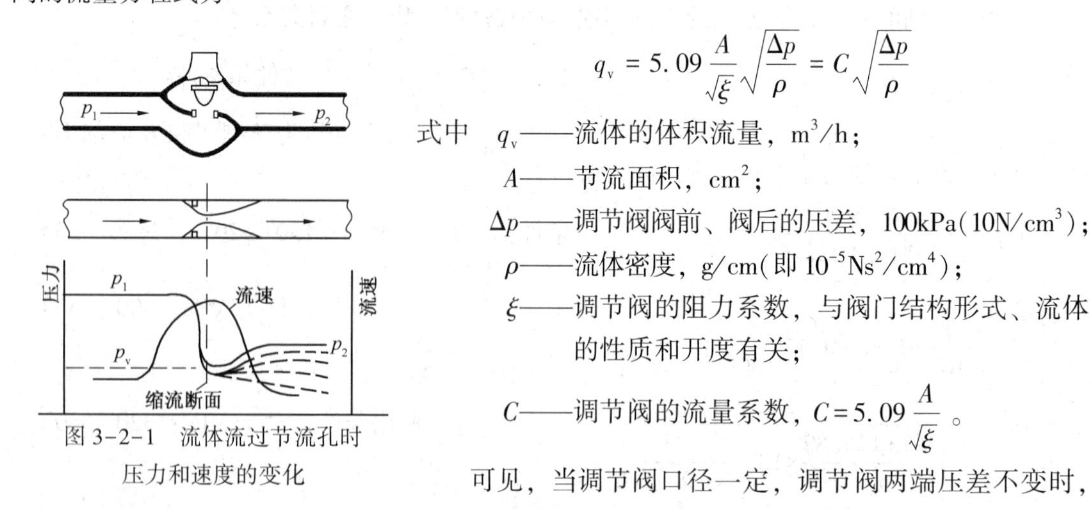

图3-2-1 流体流过节流孔时压力和速度的变化

$$q_v=5.09\frac{A}{\sqrt{\xi}}\sqrt{\frac{\Delta p}{\rho}}=C\sqrt{\frac{\Delta p}{\rho}}$$

式中 q_v——流体的体积流量，m^3/h；

A——节流面积，cm^2；

Δp——调节阀阀前、阀后的压差，100kPa（$10N/cm^3$）；

ρ——流体密度，g/cm（即$10^{-5}Ns^2/cm^4$）；

ξ——调节阀的阻力系数，与阀门结构形式、流体的性质和开度有关；

C——调节阀的流量系数，$C=5.09\dfrac{A}{\sqrt{\xi}}$。

可见，当调节阀口径一定，调节阀两端压差不变时，

阻力系数 ξ 减小，流量 q_v 增大。反之，ξ 增大则 q_v 减小。

调节阀的流量系数 C 是表示调节阀容量大小、结构及流路形式对流通能力的影响等综合因数的固有参数。

为了便于计算，可把流量系数计算公式改写成一个基型公式，即

$$C=\frac{5.09}{N}\frac{A}{\sqrt{\xi}}$$

式中　N——单位换算系数。

在采用国际单位制时，流量系数用 K_v 表示，即在给定行程下，阀两端差压为 100kPa 时，温度为 5~40℃的水，每小时流经调节阀的体积(以 m^3 表示)。

采用英寸制单位时，流量系数用 C_v 表示，即在给定行程下，阀两端差压为 $1lb/in^2$ 时，温度为 40~60 ℉的水，每分钟流经调节阀的体积(以加仑表示)。

K_v 和 C_v 的换算关系为：$C_v=1.167K_v$。

中国常用流量系数 C 的定义是：在给定行程下，阀两端差压为 $1kgf/cm^2$ 时，温度为 5~40℃的水，每小时流经调节阀的体积(以 m^3 表示)。

流量系数与调节阀形式及口径有关。只有通过对流量系数的计算，才能选定调节阀的口径。

2. *压力恢复和压力恢复系数*

在建立流量系数的计算公式时，假定流体为理想流体。实际上，当流体流过调节阀时，其压力变化情况如图 3-2-1 和图 3-2-2 所示。根据流体的能量守恒定律可知，在阀芯、阀座处由于节流作用而在附近的下游处产生一个缩流(图 3-2-1)，流体速度最大，静压最小。在远离缩流处，随着阀内流通面积的增大，流体的流速减小，相互摩擦，部分能量转变成内能，大部分静压被恢复，形成了阀门压差 Δp。流体在节流处的压力急剧下降，并在节流通道中逐渐恢复，但不能恢复到阀前压力 p_1 值。

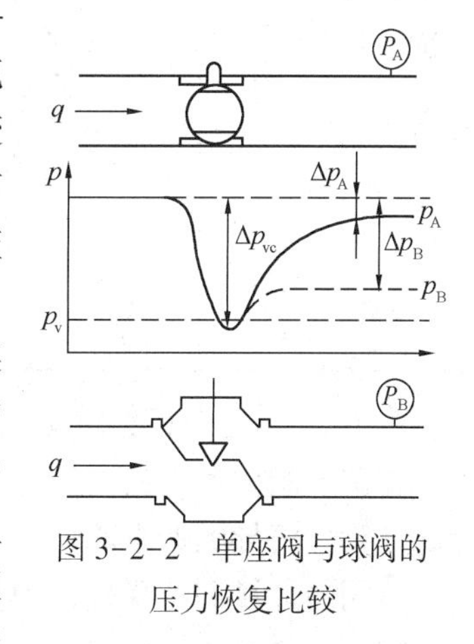

图 3-2-2　单座阀与球阀的压力恢复比较

当介质为气体时，它具有可压缩性，当阀的压差达到某一临界值时，通过调节阀的流量将达到极限，即使进一步增加压差，流量也不会再增加；当介质为液体时，一旦压差增大到足以引起液体汽化，产生闪蒸和空化作用时，将出现阻塞流。阻塞流是指当阀前压力 p_1 保持不变、逐步降低阀后压力 p_2 时，流经调节阀的流量会增加到一个最大极限值，再继续降低 p_2，流量不再增加，此时流动状态称阻塞流。由图 3-2-1 可知，阻塞流产生于缩流处及其下游。产生阻塞流时的压差为 Δp_T，用压力恢复系数 K_L 来描述，即

$$K_L=\sqrt{\frac{p_1-p_2}{p_1-p_{vc}}}$$

$$\Delta p_T=K_L^2(p_1-p_{vc})$$

式中　K_L——压力恢复系数；

Δp_T——产生阻塞流时的阀前后压差，$\Delta p_T=p_1-p_2$；

p_1，p_2——阀前、阀后的压力；

p_{vc}——产生阻塞流时缩流断面的压力。

K_L 值是阀体内部几何形状的函数，它表示调节阀内流体流经缩流处之后动能变为静压的恢复能力。

各种阀门的结构不同，其压力恢复能力和压力恢复系数也不相同。有的阀门流路好，流动阻力小，具有高压力恢复能力，例如球阀、蝶阀、文丘里角阀等；有的阀门流路复杂，流阻大，摩擦损失大，压力恢复能力差，如单座阀、双座阀等。在图 3-2-2 中可以看出，球阀的压差损失 Δp_A 小于单座阀的压差损失 Δp_B。

各类典型阀门的压力恢复系数 K_L 和临界压差比 X_T 可参照表 3-2-6 选用。

表 3-2-6　压力恢复系数 K_L 和临界压差比 X_T

阀的类型	阀芯形式	流动方向	K_L	X_T
单座阀	柱塞型	流开	0.90	0.72
	柱塞型	流闭	0.80	0.55
	V 形	任意	0.90	0.75
	套筒型	流开	0.90	0.75
	套筒型	流闭	0.80	0.70
双座阀	柱塞型	任意	0.85	0.70
	V 形	任意	0.90	0.75
角形型	柱塞型	流开	0.90	0.72
	柱塞型	流闭	0.80	0.65
	套筒型	流开	0.85	0.65
	套筒型	流闭	0.80	0.60
	文丘里	流闭	0.50	0.20
球　阀	O 形球阀	任意	0.55	0.15
	V 形球阀	任意	0.57	0.25
蝶　阀	60°全开	任意	0.68	0.38
	90°全开	任意	0.55	0.20

3. 闪蒸、空化及其影响

在调节阀内流动的液体，常常出现闪蒸和空化两种现象，这两种现象影响阀门口径的选择和计算，将导致严重的噪声、振动、材质的破坏等，直接影响调节阀的使用寿命。因此，在调节阀的计算和选择过程中是应予以重视的问题。

如图 3-2-1 所示，当压力为 p_1 的液体流经节流孔时，流速增加，静压力下降，当孔后压力 p_2 达到或者低于该流体所在工况下的饱和蒸汽压 p_v 时，部分液体就汽化成为气体，形成气液两相共存的现象，这种现象称为闪蒸。产生闪蒸时，对阀芯等材质有侵蚀破坏作用，影响液体计算公式的正确性，使计算复杂化。如果产生闪蒸之后，p_2 不是保持在饱和蒸汽压以下，在离开节流孔之后又迅速上升，这时气泡产生破裂并转化为液态，这个过程即为空化作用。空化作用第一阶段是液体内部形成空腔或气泡，即闪蒸阶段；第二阶段是这些气泡的破裂，即空化阶段。

图 3-2-3 就是一个在节流孔后产生空化作用的示意图。许多气泡集中在节流孔后，影响了流量的增加，产生了阻塞情况。

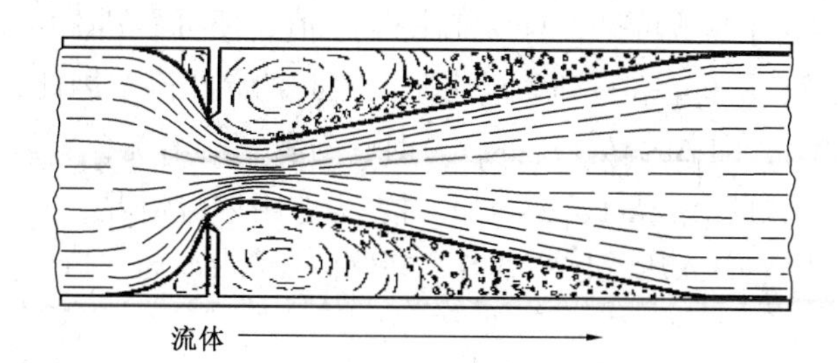

图 3-2-3　节流孔后的空化作用

在产生空化作用时，在缩流处的后面，由于压力升高，达到临界尺寸的气泡会突然爆裂，并在破裂点处产生极大的冲击力，造成对阀门的破坏。

4. 阻塞流对计算的影响

调节阀中出现阻塞流之后，流量与 Δp（即 p_1-p_2）之间的关系将发生变化。从图 3-2-4 可见，当按实际压差计算时，q'_{max} 要比阻塞流量 q_{max} 大很多。因此，为了精确求得此时的 K_v 值，只能把开始产生阻塞流时的阀压降 $\sqrt{\Delta p_T}$ 作为计算用的压降。

① 对于液体，由于是不可压缩流体，它在产生阻塞流时，p_{vc} 值与液体介质的物理性质有关，即

$$p_{vc} = K_F p_v$$

式中　p_v——液体的饱和蒸气压力；

K_F——液体的临界压力比系数。

K_F 是阻塞流条件下缩流处压力 p_{vc} 与阀入口温度下的液体饱和蒸气压力 p_v 之比，是 p_v 与液体临界压力 p_c 之比的函数。可以用图 3-2-5 查出 K_F 值，也可通过计算，即

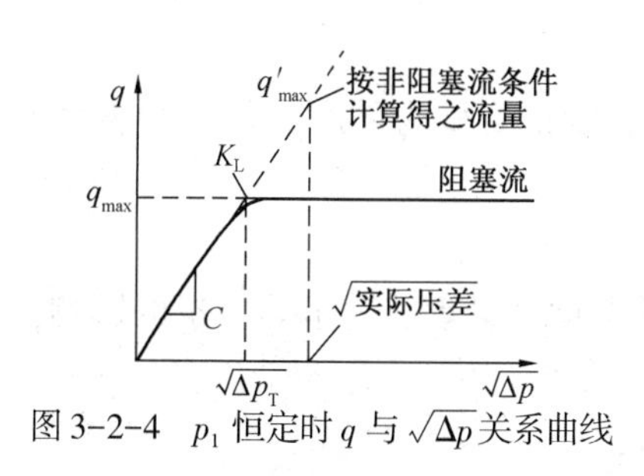

图 3-2-4　p_1 恒定时 q 与 $\sqrt{\Delta p}$ 关系曲线

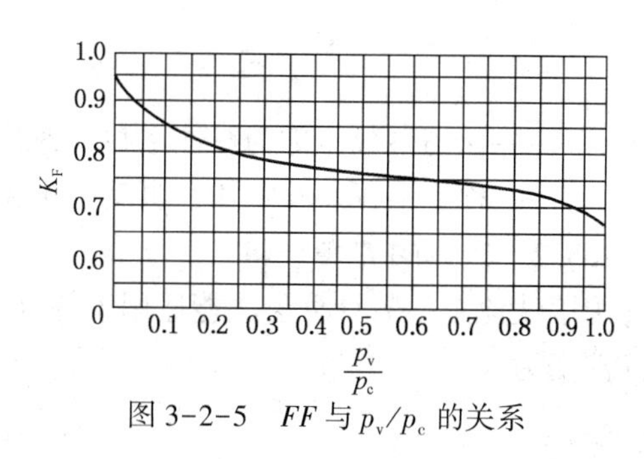

图 3-2-5　FF 与 p_v/p_c 的关系

$$K_F = 0.96 - 0.28\sqrt{p_v/p_c}$$

按上式计算 K_F 时，常用介质的临界压力 p_c 值可查阅表 3-2-7。

表 3-2-7　部分介质的临界压力 p_c 和临界温度 T_c

名　称	分子式	p_c/MPa	T_c/K	名　称	分子式	p_c/MPa	T_c/K
氩	Ar	4. 97	150. 8	氢	H_2	1. 39	33. 2
氯	Cl_2	7. 79	417	水	H_2O	22. 1	647. 3
氟	F_2	5. 31	144. 3	氨	NH_3	11. 4	405. 6
氯化氢	HCl	8. 39	324. 6	二氧化碳	CO_2	7. 47	304. 2

从压力恢复系数 K_L 计算式可见，只要能求得 p_{vc}值，便可得到不可压缩流体是否形成阻塞流的判断条件。显然，$K_L^2(p_1-p_{vc})$即为产生阻塞流时的阀压降。因此，

当 $\Delta p \geq K_L^2(p_1-p_{vc})$ ，即 $\Delta p \geq K_L^2(p_1-K_F p_v)$时，为阻塞流情况；

当 $\Delta p < K_L^2(p_1-p_{vc})$ ，即 $\Delta p < K_L^2(p_1-K_F p_v)$ 时，为非阻塞流情况。

② 对于可压缩流体，引入压差比系数 X，即阀门压降 Δp 与入口压力 p_1 之比：

$$X=\frac{\Delta p}{p_1}$$

试验表明：以空气作为试验流体，对于一个特定的调节阀，当产生阻塞流时，其压差比是一个固定常数，称为临界压差比 X_T。对别的可压缩流体，只要把 X_T 乘一个比热比系数 K_K，即为产生阻塞流时的临界条件。X_T 的数值只取决于阀的流路及结构，可以用表格查出来(表 3-2-6)，只要把 X 和 $K_K X_T$ 两个值进行比较，就可以判定可压缩流体是否产生阻塞流。当 $X \geq K_K X_T$ 时，为阻塞流情况；当 $X<K_K X_T$ 时，为非阻塞流情况。

在确定调节阀的口径时，最主要的依据是计算流量系数，而计算流量系数的基型公式是以牛顿不可压缩流体的伯努利方程为基础的，流经调节阀的介质应该属于牛顿型流体。凡遵循牛顿内摩擦定律的流体都属于牛顿流体。

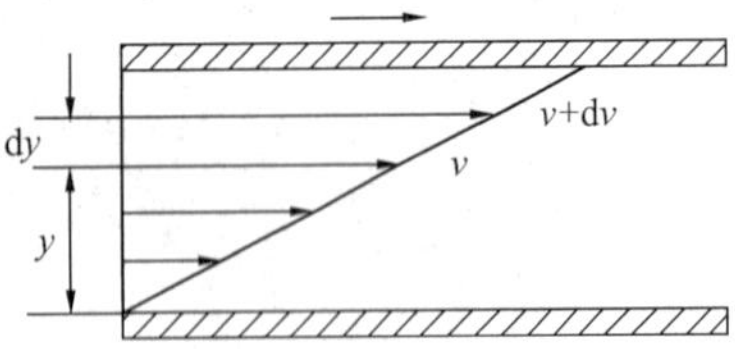

图 3-2-6 平板间流体速度变化图

图 3-2-6 表示两板之间流体的流动情况，若 y 处流体层的速度为 v，在其垂直距离为 dy 处的邻近流体层的速度为 $v+dv$，则 dv/dy 表示速度沿法线方向的变化率，也称速度梯度。实验证明两流体层之间单位面积上的内摩擦力(或称为剪应力)f 与垂直于流动方向的速度梯度成正比。即

$$f=\mu\frac{dv}{dy}$$

式中 μ——比例系数，称为黏性系数，或称为动力黏度，简称为黏度，公式所表示的关系称为牛顿黏性定律，也就是牛顿内摩擦定律。

2.3.2 液体的 C 值计算

为了使流量系数计算公式能适用于各种单位，并考虑到黏度、管道等因素的影响，可把公式演变为

$$C=\frac{q_v}{NK_pK_R}\sqrt{\frac{\rho/\rho_0}{\Delta p}}$$

式中 K_p——管道的几何形状系数，无量纲，当没有附接管件时，$K_p=1$；

K_R——雷诺数系数，无量纲，在紊流状态时，$K_R=1$；

ρ/ρ_0——相对密度，在 15.5℃时，$\rho/\rho_0=1.0$；

N——单位换算常数，采用不同单位时的常数见表 3-2-8。

表 3-2-8 单位换算常数 N

常数	流量系数 C			公式单位			
	A_v	K_v	C_v	q	d，D	p_1，p_2，p_v，Δp	ρ
N_1	3.6×10^3	1×10^{-1}	8.65×10^{-2}	m^3/h	mm	kPa	kg/m^3
	3.6×10^4	1×10^0	8.65×10^{-1}	m^3/h	mm	bar	kg/m^3

续表

常数	流量系数 C			公式单位			
	A_v	K_v	C_v	q	d，D	p_1，p_2，p_v，Δp	ρ
N_2	1.23×10^{-12}	1.6×10^{-3}	2.14×10^{-3}	—	mm	—	—
N_4	3.72×10^{2}	7.0×10^{4}	7.6×10^{4}	m^3/h	—	—	—

注：使用本表提供的数字常数和规定的公制单位就能得出规定单位的流量系数。

在采用不同单位时，流量系数的代表符号各不相同，数字常数 N 值也不同。

在计算液体流量系数 C 时，按三种情况分别进行计算：非阻塞流、阻塞流、低雷诺数，用判别式判定之后，选不同的公式进行计算。以下假设调节阀不用附接管件安装($K_p=1$)，存在紊流状态($K_R=1$)，采用法定计量单位($N_1=1$)。

(1) 非阻塞流

在 $\Delta p<K_L^2(p_1-K_F p_v)$ 的情况下，是非阻塞流，流量系数计算公式为

$$K_v=\frac{10q_v\sqrt{\rho}}{\sqrt{\Delta p}}$$

式中 q_v——流过调节阀的体积流量，m^3/h；

Δp——调节阀阀前、阀后的压差，MPa；

ρ——液体的密度，g/cm^3。

在此，需要说明如下：

① 上述方程是以不可压缩牛顿流体的伯努利方程式为基础的，当遇到非牛顿流体、混合流体、泥浆或液态—固态输送系统时，则不能用这些公式计算。

② 在用这些方程和关系曲线计算调节阀尺寸时，计算流量系数被假定为包括图 3-2-7 所示的两个取压孔之间的全部压力损失。

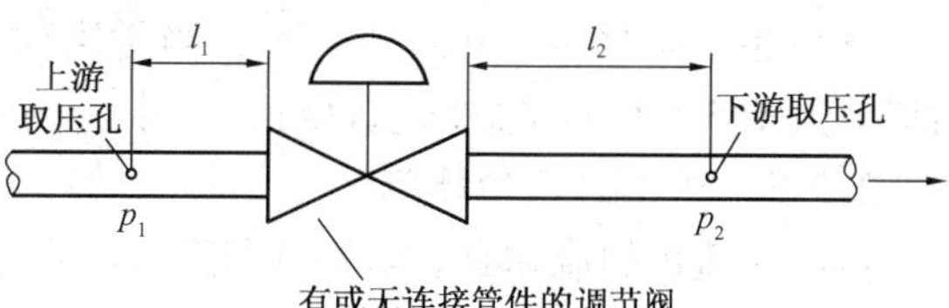

图 3-2-7 取压孔位置

以上说明对阻塞流计算公式同样适用。

(2) 阻塞流

当 $\Delta p\geqslant K_L^2(p_1-K_F p_v)$ 时为阻塞流情况，此时的压差值为 $K_L^2(p_1-K_F p_v)$，计算式为

$$K_v=\frac{10q_v\sqrt{\rho}}{\sqrt{K_L^2(p_1-K_F p_v)}}$$

式中 K_v——流量系数；

q_v——体积流量，m^3/h；

ρ——液体的密度，g/cm^3；

p_1——阀前压力，MPa；

K_L——压力恢复系数；

p_v——液体的饱和蒸汽压力，MPa；

K_F——液体的临界压力比系数。

(3) 低雷诺数液体的计算

雷诺数 Re 是表明流体在管道内流动状态的无量纲数，由雷诺数的大小可以判断流体的

流动状态是层流还是紊流。

流量系数 K_v 是在适当的雷诺数、紊流情况下测定的。随着雷诺数 Re 的增大，K_v 值变化不大。然而，当雷诺数减小时，有效的 K_v 值会变小。在极端的情况下，雷诺数很低，例如对黏性很大的流体，流体的流动已经成为层流移动，其流量与阀压降成正比，而不是与阀压降的开方值成正比，这时如果不对 K_v 进行修正，会产生很大的误差。因此，对雷诺数偏低的流体，要对 K_v 值计算公式进行校正。修正后的流量系数 K'_v 为：

$$K'_v = K_v / F_R$$

式中 K'_v——修正后的流量系数；

K_v——非低雷诺数时的流量系数；

K_R——雷诺数修正系数，可以按雷诺数 Re 的大小从图 3-2-8 中查得。

雷诺数 Re 可以根据阀的结构和黏度等因素，由下列公式求得。

对于二个平行流路的调节阀，如直通双座阀、蝶阀、偏心旋转阀，雷诺数为

$$Re = 49490 \frac{q_v}{\sqrt{K_v}\,\nu}$$

对于一个流路的调节阀，如直通单座阀、套筒阀、球阀、角阀、隔膜阀等，雷诺数为

$$Re = 70700 \frac{q_v}{\sqrt{K_v}\,\nu}$$

式中 Re——雷诺数；

K_v——流量系数；

q_v——体积流量，m^3/h；

ν——液体在流动温度下的运动黏度，mm^2/s(cst)；

从图 3-2-8 的曲线中可以看出，当雷诺数 Re 大于 3500 以后，修正量已经不大，所以雷诺数大于 3500 就不需要进行修正。

2.3.3 气体的 C 值计算

可压缩流体的流动有非阻塞流和阻塞流两种情况，在这种情况下所用的计算公式是不相

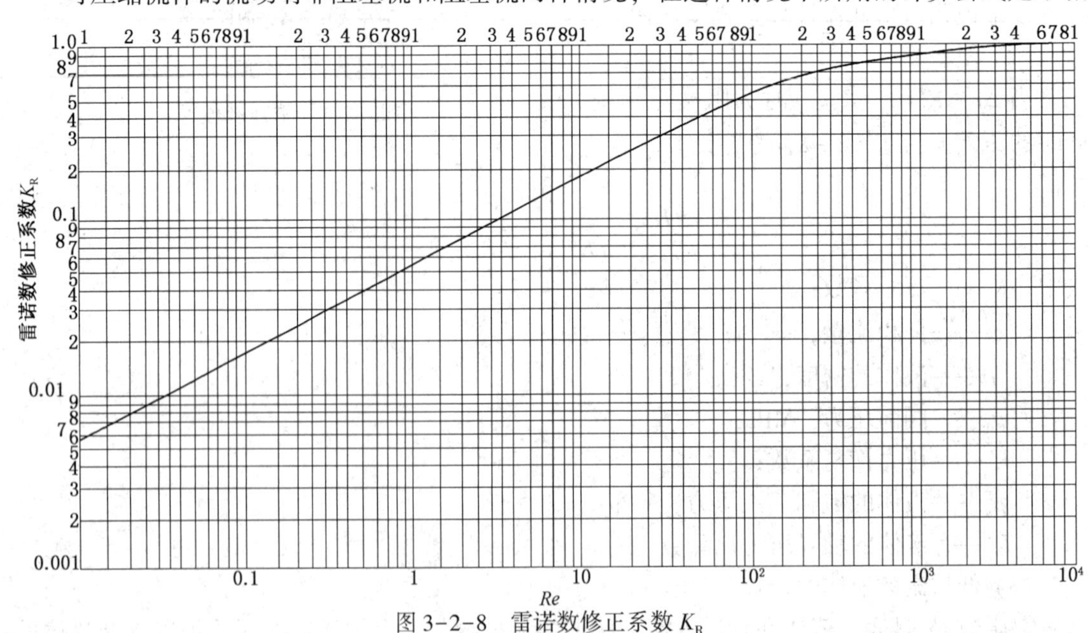

图 3-2-8 雷诺数修正系数 K_R

同的。当 $X<K_K X_T$ 时，不会产生阻塞流，当 $X>K_K X_T$ 时则产生阻塞流。

根据国际电工委员会标准（*IEC* 534-22），可压缩流体流量系数的计算方程式为

$$C=\frac{q_m}{N_6 K_p \varepsilon \sqrt{X p_1 \rho}}$$

或

$$C=\frac{q_m}{N_8 K_p p_1 \varepsilon}\sqrt{\frac{T_1 Z}{XM}}$$

或

$$C=\frac{q_v}{N_9 K_p p_1 \varepsilon}\sqrt{\frac{M T_1 Z}{X}}$$

式中 C——流量系数（包括 A_v、K_v、C_v），单位各不相同；

q_m——质量流量，kg/h；

q_v——体积流量，m^3/h；

K_p——管道几何形状系数，无量纲；

ε——膨胀系数，对不可压缩的液体来说，常取 $\varepsilon=1$；

X——压差比（压差与入口绝对压力之比），$X=\Delta p/p_1$，无量纲；

p_1——阀前压力，kPa 或 bar（10^5Pa=1bar）；

ρ——流体在 p_1 和 T_1 时的密度，kg/m^3；

T_1——阀入口的绝对温度，K；

M——流体分子量；

Z——压缩系数，无量纲；

N_6、N_8、N_9——数字常数，其值见表 3-2-9。

表 3-2-9 数字常数 *N*

流 量 系 数 C				公 式 单 位					
数字常数	A_v	K_v	C_v	W	q	p，Δp	ρ	T	d,D
N_2	1.23×10^{-12}	1.60×10^{-3}	2.14×10^{-3}	—	—	—	—	—	mm
N_5	1.39×10^{-12}	1.80×10^{-3}	2.41×10^{-3}	—	—	—	—	—	mm
N_6	1.14×10^{5} 1.14×10^{6}	3.16 3.60×10^{1}	2.73 2.73×10^{1}	kg/h kg/h	— —	kPa bar	kg/m^3 kg/m^3	— —	— —
N_8	3.95×10^{4} 3.95×10^{4}	1.10 1.10×10^{2}	9.48×10^{-1} 9.48×10^{1}	kg/h kg/h	— —	kPa bar	— —	K K	— —
N_9 （T_s=273K）	8.85×10^{5} 8.85×10^{7}	2.46×10^{1} 2.46×10^{3}	2.12×10^{1} 2.12×10^{3}	— —	m^3/h m^3/h	kPa bar	— —	K K	— —
N_9 （T_s=288.5K）	9.35×10^{5} 9.35×10^{7}	2.60×10^{1} 2.60×10^{3}	2.25×10^{1} 2.25×10^{3}	— —	m^3/h m^3/h	kPa bar	— —	K K	— —

（1）当 $X<K_K X_T$ 时，非阻塞流工况，采用法定计量单位制，则计算公式为

$$K_v=\frac{q_{mg}}{5.19 p_1 \varepsilon}\sqrt{\frac{T_1 \rho_N Z}{X}}$$

或

$$K_v=\frac{q_{mg}}{24.6 p_1 \varepsilon}\sqrt{\frac{T_1 M Z}{X}}$$

或

$$K_v=\frac{q_{mg}}{4.57 p_1 \varepsilon}\sqrt{\frac{T_1 G Z}{X}}$$

式中 q_{mg}——气体标准体积流量，Nm^3/h；

ρ_N——气体标准状态下密度（273K，1.013×10^2kPa），kg/Nm^3；

p_1——阀前绝对压力，kPa；

X——差压比，$X=\dfrac{\Delta p}{p_1}$；

ε——膨胀系数；

T_1——入口绝对温度，K；

M——气体相对分子质量；

G——气体的相对密度(空气为 1)；

Z——压缩系数。

压缩系数 Z 是比压力 P_r 和比温度 T_r 的函数，可查图 3-2-9。

比压力的定义是：实际入口绝对压力 p_1 与流体的绝对热力临界压力之比；而比温度的定义是入口温度 T_1 和绝对热力临界温度 T_2 之比。若比压力为 p_r，比温度为 T_r，则

$$p_r=\frac{p_1}{p_c}\ ,\quad T_r=\frac{T_1}{T_c}$$

由于上述气体流量系数计算方程式及另一些计算方程都不包含上游条件下流体的实际密度这一项，而密度是根据理想气体定律由入口压力和温度导出的。在某些条件下，真空气体的性质与理想气体的偏差很大。在这些情况下，要引入压缩系数 Z 来补偿这个偏差。

膨胀系数 ε 用来校正从阀的入口到阀后缩流处气体密度的变化，理论上 ε 值和节流口面积与入口面积之比、流路形状、压差比 X、雷诺数、比热比系数 K_K 等因素有关。气体介质的流速较高，在可压缩流情况下，由于紊流几乎始终存在，雷诺数的影响极小。其他因素与 ε 的关系为：

$$\varepsilon=1-\frac{X}{3K_KX_T}$$

式中 X_T——临界压差比，查表 3-2-6；

X——压差比；

K_K——比热比系数，空气的 $K_K=1$，对非空气介质，$K_K=\dfrac{\kappa}{1.4}$（κ 是气体的绝热指数）。

(2) 当 $X\geqslant K_KX_T$时，为阻塞流工况。

如果阀前压力 p_1 保持不变，阀后压力逐步降低，气流就慢慢形成了阻塞流。这时，阀后压力再降低，流量也不会增加。在压差比 X 达到 K_KX_T 值时就达到极限值。使用公式时，X 值要保持在这一极限之内。ε 值在 0.667(当 $X=K_KX_T$时)到 1.0 的范围内。

阻塞流工况下，流量系数的计算公式可简化为

$$K_v=\frac{q_{mg}}{2.9p_1}\sqrt{\frac{T_1\rho_NZ}{kX_T}}$$

或

$$K_v=\frac{q_{mg}}{13.9p_1}\sqrt{\frac{T_1MZ}{kX_T}}$$

或

$$K_v=\frac{q_{mg}}{2.58p_1}\sqrt{\frac{T_1GZ}{kX_T}}$$

以上计算式中，X_T 值可通过空气试验来确定，也可以利用无连接管件调节阀的液体压力恢复系数 K_L 近似计算得出。

如果一个调节阀装有渐缩管或其他管件，X_T 值就会受到影响，这时的 X_T 值标为 X_{Tp}。

为达到规定的±5%的允差极限，阀和连接管件应作为一个整体进行试验，如果允许用估计值，可采用下面的公式，即

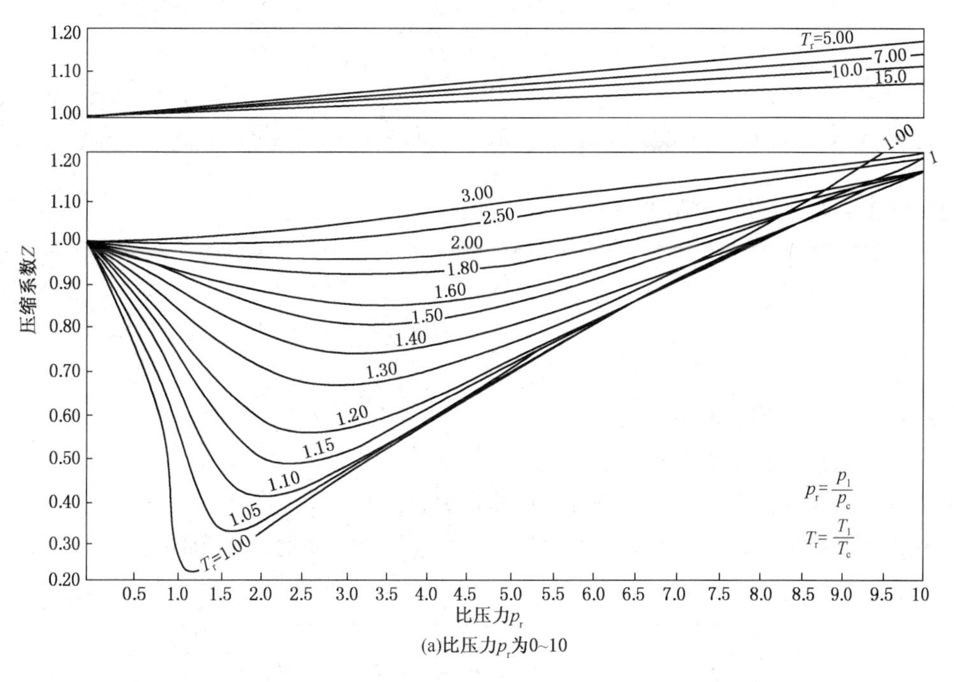

(a)比压力p_r为0~10

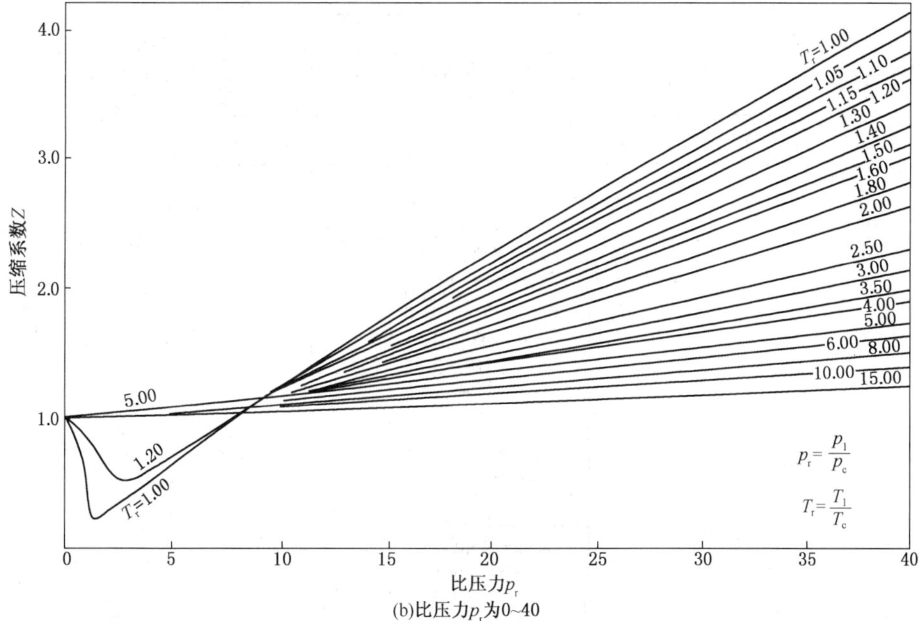

(b)比压力p_r为0~40

图 3-2-9 压缩系数图

$$X_{\mathrm{Tp}}=\frac{X_{\mathrm{T}}}{K_{\mathrm{P}}^{2}}\left[1+\frac{X_{\mathrm{T}}\varepsilon_{1}}{N_{5}}\left(\frac{C}{d^{2}}\right)^{2}\right]^{-1}$$

在上面的公式中，X_T 为不装渐缩管或其他管件的调节阀的压差比；系数 ε_1 是连接阀入口侧的渐缩管或其他管件入口速度头系数之和(即 $\varepsilon_1+\varepsilon_{B1}$)。关于 ε_1 及 ε_{B1} 中的含义和计算可查阅有关资料。

上式中的数字常数 N_5 见表 3-2-9。

2.3.4 蒸汽的 *C* 值计算

(1) 当 $X<K_K X_T$ 时，为非阻塞流工况。

$$K_v = \frac{q_m}{3.16y}\sqrt{\frac{1}{Xp_1\rho_s}}$$

$$K_v = \frac{q_{ms}}{1.1p_1y}\sqrt{\frac{T_1Z}{XM}}$$

（2）当 $X \geqslant K_K X_T$时，为阻塞流工况。

$$K_v = \frac{q_{ms}}{1.78}\sqrt{\frac{1}{kX_Tp_1\rho_s}}$$

$$K_v = \frac{q_{ms}}{0.62p_1}\sqrt{\frac{T_1Z}{kX_TM}}$$

式中　q_{ms}——蒸汽的质量流量，kg/h；

ρ_s——阀前入口蒸汽的密度，kg/m^3。

如果是过热蒸汽，应代入过热条件下的实际密度。

图 3-2-10 和图 3-2-11 分别表示液体和气体(蒸汽)介质时，调节阀口径计算和选择的程序。

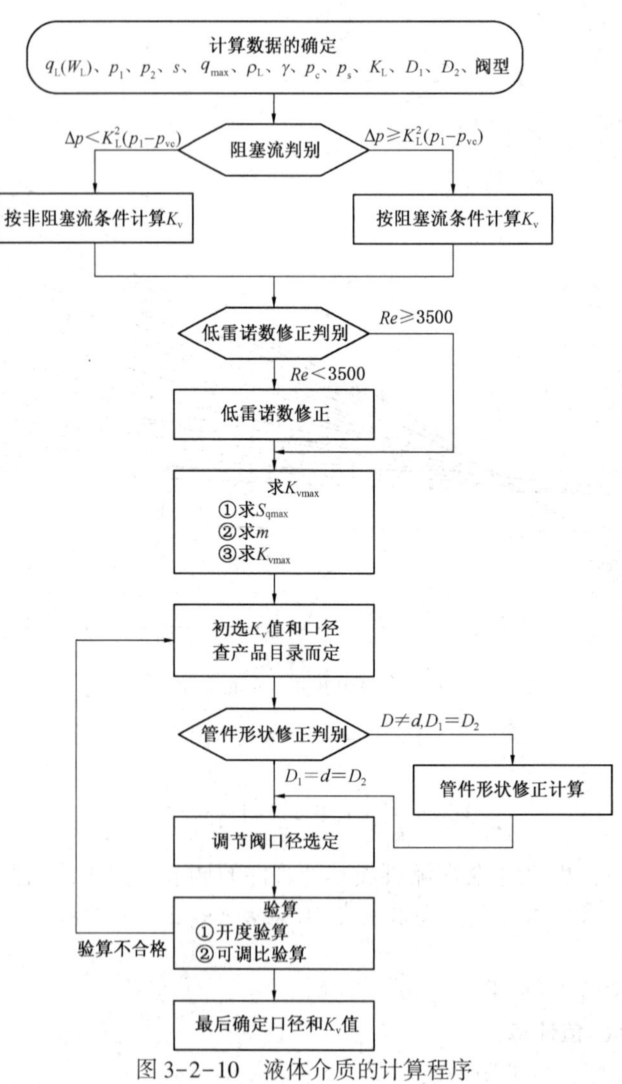

图 3-2-10　液体介质的计算程序

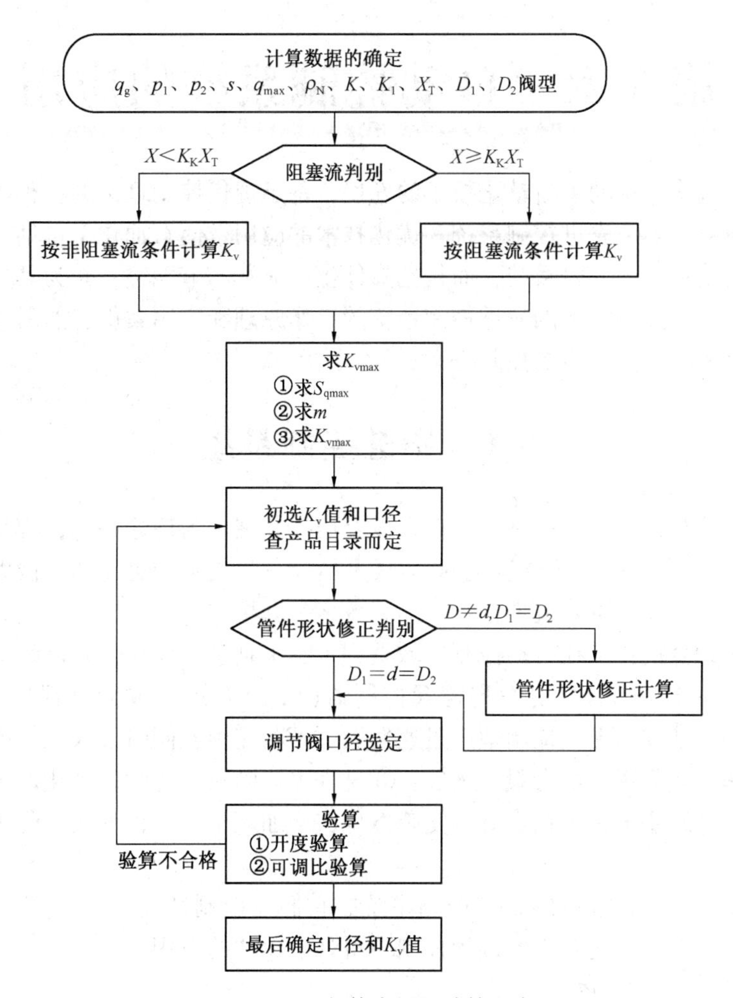

图 3-2-11　气体介质的计算程序

第3章　自动控制系统的应用

现代科技的进步，推动了自动化技术的发展，基于现代控制理论的各种新型控制系统不断涌现，并且日益成熟，先进控制系统和优化技术的应用，使石油化工自动控制系统不再以保证生产装置稳定运行为主要目的，而是把降低生产成本、节能降耗作为其更高目标。

本章先简单介绍几种常见的先进控制系统的工作原理和应用案例，然后详细介绍典型化学反应器、精馏塔和大型机组的控制方案。

3.1　先进控制系统

简单控制系统和常规复杂控制系统都是以经典控制理论为理论基础，都是以常规仪表技术为技术基础发展起来的。从20世纪60年代开始，科学技术的迅速发展极大地推动了控制理论和控制技术的发展。主要表现在：①随着数字计算机向小型机、微型机、大容量、低成本方向的发展，计算机技术在自动控制领域得到了越来越多的应用，以微型计算机和网络为基础的集散控制系统(DCS)、可编程逻辑控制器(PLC)等迅速成为过程控制的主流系统；②以状态空间法为基础的现代控制理论迅速发展，不断完善，同时，人工智能的方法和技术蓬勃发展，在理论和应用上都有很大进展；③过程工业向大型化和精细化两个方向发展，对自动化提出了更高的要求，过程本身的复杂性也在增加。于是各种形式的先进控制系统应运而生。

本节将简单介绍几种常见的先进控制系统。它们在控制性能上比传统的PID控制系统有了明显的提高，在一些复杂工业过程控制中得到了成功的应用。

3.1.1　自适应控制系统

自适应控制，也称适应控制，指的是能适应环境条件或过程参数的变化，自行调整控制算法的控制。它必须能够辨识过程参数与环境条件变化，并在此基础上自动调整控制规律。所以，自适应控制是辨识与控制技术的结合。一个自适应控制系统至少应有下述三个部分：

① 具有一个测量或估计环节，能对过程和环境进行监视，并有对测量数据进行分类以及消除数据中噪声的能力。这通常体现在对过程的输入输出进行测量，基此进行某些参数的实时估计。

② 具有衡量系统的控制效果好坏的性能指标，并且能够测量或计算性能指标，判断系统是否偏离最优状态。

③ 具有自动调整控制规律或控制器参数的能力。

自适应控制的结构可以非常简单，亦可以相当复杂，主要有简单自适应控制系统、模型参考型自适应控制系统和自校正控制系统三种类型。

1. 简单自适应控制系统

实际的工业过程往往是非线性的，不能用一个线性模型去描述它。实际的工业过程往往也是时变的，某些参数会随时间而变化。比如，催化剂活性、加热炉结焦、换热器结垢、设备磨损等，因此不能用用固定参数的控制算法去控制它。这种情况下，可采用简单自适应控制系统对时变参数用一些简单的方法进行辩识，并采用自整定调节器实现控制功能。这种系统有依据偏差和依据扰动两种结构，分别如图 3-3-1 和图 3-3-2 所示。

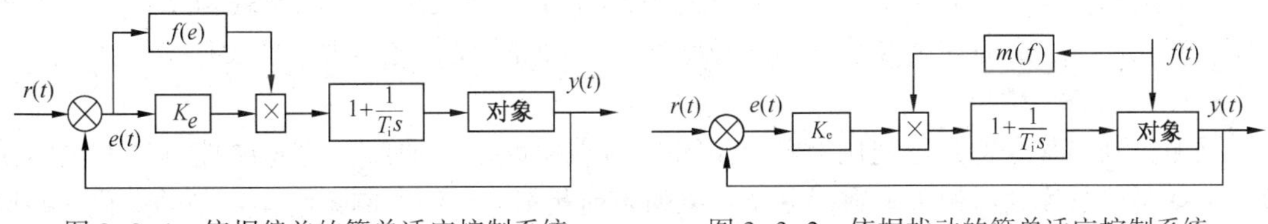

图 3-3-1　依据偏差的简单适应控制系统　　图 3-3-2　依据扰动的简单适应控制系统

2. 模型参考自适应控制系统

这类系统中，参考模型表示了控制系统的性能要求，它主要用于随动控制，如飞行器的自动驾驶。典型的模型参考型自适应控制系统使参考模型和被控系统并联运行，其基本结构如图 3-3-3 所示。

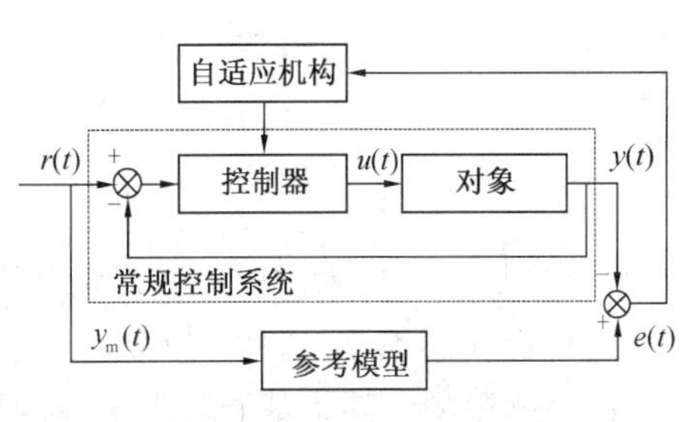

图 3-3-3　模型参考型自适应控制系统

输入作用于参考模型产生的输出(模型计算的测量值)与实际测量进行比较，其偏差送往适应机构，进而改变控制器参数，使 $y(t)$ 能更好地接近 $y_{m}(t)$。

这种系统中，不需要专门的在线辨识装置，用来更新控制系统参数的依据是相对于理想模型的广义误差 $e(t)$，通过调整可调参数，使 $e(t)$ 的目标函数 $J=\int e^{2}(t)\mathrm{d}t$ 趋于极小值。参考模型与控制系统的模型可以用系统的传递函数、微分方程、输入-输出方程或系统的状态方程来表示。

3. 自校正控制系统

自校正控制系统是典型的辨识与控制的结合体。辨识部分采用最小二乘法，依据过程的输入、输出数据，得到数学模型的各个参数。控制部分采用最小方差控制，目标是求 u 使偏差 $e(t)$ 的函数 $J=\int e^{2}(t)\mathrm{d}t$ 的值达到最小。

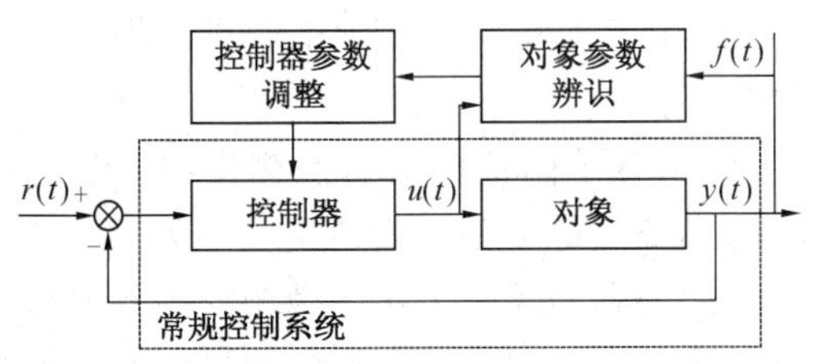

图 3-3-4　自校正控制系统的基本结构

自校正控制系统的基本结构如图 3-3-4 所示。该系统的外回路由对象参数辨识器和控制器参数调整机构组成。对象的输入信号 u 和输出信号 y 送入对象参数辨识器，在线辨识出时变对象的数学模型，控制器参数调整机构则根据辨识结果计算自校正控制律并修改控制器参数。

自校正控制系统由递推参数估计器和控制器参数调整机构组成。递推估计器可以采用递推最小二乘法、广义最小二乘法、辅助变量法等实时在线参数估计方法。最优控制器可以采用最小方差控制、线性二次型最优控制、极点配置和广义最小方差控制等。

适应控制自诞生以来，除了简单适应控制系统以外，各种复杂的适应控制系统未能在工业应用上进一步推广。原因主要有两点：第一，适应控制是辨识与控制的结合，但两者有一个难解决的矛盾，辨识需要有持续不断的激励信号，控制却要求平稳少变，已有人考虑过一些办法，然而实际上未能解决；第二，在适应控制中，除了原来的反馈回路外，又增加了调整控制算法的适应作用的回路，后者(外层回路)常常是非线性的，系统的稳定性有时无法保证。有人评价，适应控制成绩不小，问题不少，总的来说，还需要新的突破。

3.1.2 预测控制

预测控制的基本思路是利用对象的脉冲响应或阶跃响应曲线，建立被控对象的数学模型，根据对象与控制器的历史数据以及对象的当前状态，预测控制系统在未来的变化，并据此确定控制器当前的控制输出，使被控变量与期望轨迹之间的误差最小。上述优化过程反复在线进行，以期达到控制的目的。预测控制算法原理如图 3-3-5 所示。

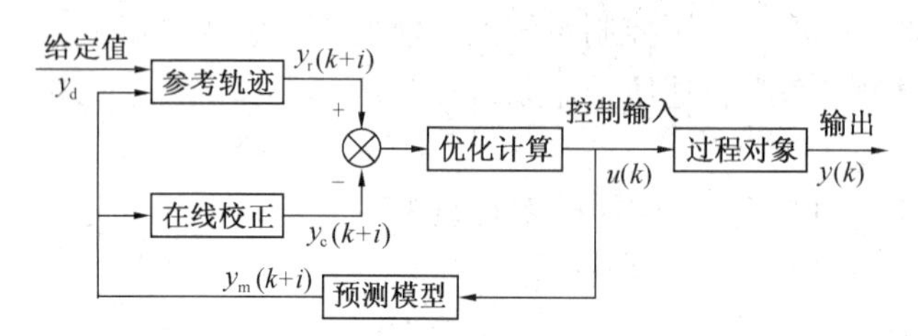

图 3-3-5 预测控制算法原理图

模型预测启发控制(MPHC)、模型算法控制(MAC)、动态矩阵控制(DMC)以及预测控制(PC)等都属于预测控制的范畴。不同预测控制技术的共性体现在以下三个方面：

① 预测模型　都是基于模型的控制算法，需要预测模型。

② 滚动优化　预测控制是一种优化控制算法，控制的优化是滚动进行的。在任一时刻，依据目标、模型和现状可以计算出在今后一段时期应该施加的控制作用量。在预测控制中，只把应采取的即时控制作用量施加于对象，完成一个控制周期后，又重新计算，顺次进行。

③ 反馈校正　考虑到预测模型不完全准确，并有未考虑的扰动存在，需要进行反馈校正，修正预测值，以使优化不仅基于模型，而且依据反馈的实际信息，构成闭环优化。

1. 模型算法控制(MAC)

MAC(Model Algorithmic Control，简称 MAC)是建立在脉冲响应基础上的一种时域控制技术，适用于线性渐近稳定的系统。它由以下几部分组成：

(1) 内部模型　MAC 采用的是脉冲响应模型。由于有了内部模型的预测作用，使这种算法可以得到比常规 PID 控制更好的控制效果。对有纯滞后的对象，效果更为显著。

(2) 反馈校正　由于对象存在时变或非线性，再加上有些随机干扰，模型的预测值与实际过程总是有差别的。预测控制的一个突出特点就是在每个采样时刻，利用测量到的过程变量，对模型预测值加以修正，用修正后的预测值作为计算最优性能指标的依据，这实际上也是对变量的一种负反馈，故称反馈校正。由于有了反馈校正环节，控制系统的鲁棒性得到很大提高。

(3) 滚动优化　由于优化计算不是在离线情况下通过一次计算求得，而是在线反复计算，所以滚动优化算法对模型时变、干扰和失配等影响能及时补偿。由于目标函数中加入控制量的约束，除可限制过大的控制量冲击，使过程输出变化平稳外，还可使采用具有不稳定零点的脉冲响应这类非参数模型对象，仍能获得稳定运行的性能。

(4) 参考轨迹　在模型算法控制中，控制的目的是使对象的输出沿着一条事先规定好的曲线逐渐达到给定值，这条指定的曲线称为参考轨迹。采用参考轨迹，可减小过量的控制作用，使系统输出能平滑地到达设定值。

2. 动态矩阵控制(DMC)

动态矩阵控制(Dynamic Matrix Control，简称 DMC)系统利用对象的脉冲响应和阶跃响应数据来构筑矩阵控制的数学模型。动态矩阵控制算法是一种将离散脉冲系数模型与最小二乘法相结合的多步预测控制技术。动态矩阵控制和模型算法控制一样，也有内部模型、反馈校正、滚动优化和参考轨迹等组成部分。

在实际应用中，要解决的通常是参数间相互关联的多输入多输出系统的控制问题。对此，动态矩阵控制将变量分为三种类型：

(1) 过程从控制器输入的变量，这些变量对过程来说是独立的，不受其他过程变量的影响。其中，可控的叫操作变量(MV)，不可控的叫干扰变量(DV)。干扰变量会对过程变量产生扰动，因此干扰变量必须是可测量的或是可计算的，以便由控制器对其进行补偿。

(2) 过程输出到控制器的变量，这些变量间部分或全部是相互影响的。其中，受控制器控制的过程变量叫被控变量(CV)，其他为辅助变量(AV)。辅助变量指的是虽不直接受控，但其数值必须处于约束区域内的过程关键变量。

(3) 经济变量，是与操作优化相联系的，包括理想设定值(IRV)和线性经济目标函数等。

对被控变量的控制有两种情况：一是给定点控制，即希望被控变量保持在一个点上；二是区间控制，即只要被控变量在该区间内变化，且它的预测值不超出该区间，控制器就不执行任何动作。

操作变量、被控变量和辅助变量各自都有多种类型的约束限。像操作变量不仅有位置约束，而且有速度约束，即不仅对其绝对数值有限制，且对其增量也有限制。

约束条件有三类：①物理上固有的、且不能超越的某些限制，例如控制阀最多开到100%；②工艺操作条件不允许或不希望某些变量值超出一定的范围；③一般希望控制过程比较平稳，不希望变量大起大落，操作人员对过分猛烈的变化不放心。约束又分硬约束与软约束两类。硬约束是在一般情况下应该满足的条件，其优先级别可适当安排，被控变量的硬约束并不是指工艺上或物理上的绝对限制，而是指接近报警限的限制，辅助变量也一样；软约束则是在有富余自由度时应尽量满足的条件，其优先级别也须适当安排。

近年来，动态矩阵控制技术在石油化工等领域得到了成功的应用，比较著名的软件 DM-Cplus、RMPCT 等，都是以 DMC 算法为核心，并已得到广泛的应用与认可，收效显著。国内也已开发出同类软件。

3. 广义预测控制(GPC)

广义预测控制(Generalized Predictive Control，GPC)是在自校正控制的基础上，吸收 MAC 和 DMC 中的多步预测和滚动优化思路提出的。

GPC 也采用预测模型，但所用的是输入输出间的差分方程。它的模型也须校正。这里采用参数辨识的方法来确定模型的各个参数。随着控制过程的进行，须重复进行参数估计。

它也采用滚动优化，进行步骤与 DMC 有些相似。

事实上，预测控制算法有许多种，并有各种变型。DMC、MAC 和 GPC 是最主要的类型。作为工业应用，DMC 使用最广。

4. DMCplus 系统

AspenTech 公司推出的 DMCplus 控制软件包的内核与 DMC 一样，其软件的体系结构如图 3-3-6 所示。

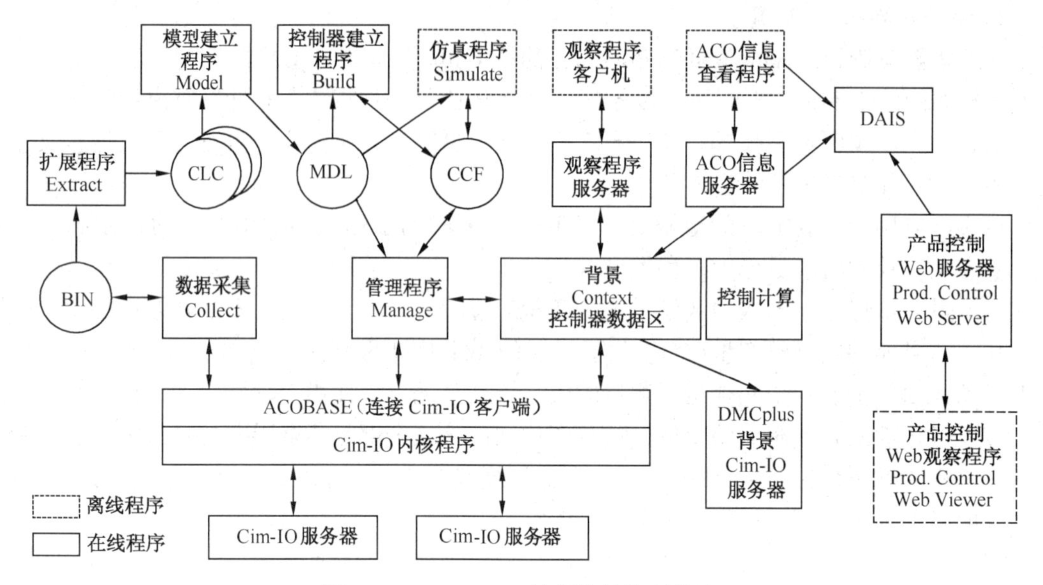

图 3-3-6　DMCplus 控制软件体系结构

DMCplus 软件的离线部分包括建立控制器期间使用的模型建立程序、控制器建立程序、以及对控制器运行情况进行监控的观察程序客户机、ACO 信息查看程序和产品控制 Web 观察程序。其在线部分包括：

Cim-IO　DMCplus 与过程相连的接口软件，包括 Cim-IO 服务器、Cim-IO 内核以及 Cim-IO客户端；

Manage　模型管理工具；

Control　控制器算法程序；

Context　背景，可容纳多个控制器，是控制器参数的存放区；

Collect　数据采集器程序，还有与之配套的数据文件工具 Extract 程序；

各种界面接口程序　如通过 Product Control Web Server(产品控制服务器)，操作人员可以在 Web 浏览器上对控制器的各种数据进行监控。

DMCplus 控制软件包可以处理大规模工业过程对象，提高其经济效益。它可以准确地辨识过程模型，并控制对象到最优操作点上，从而获得最大的产量、最大的转化率以及最小的能耗。其主要特点有过程模型辨识、处理约束、经济指标优化以及能处理大型控制问题。

5. RMPCT 系统

Honeywell 的鲁棒多变量预估控制技术(Robust Multivariable Predictive Control Technology，简称 RMPCT)与 DMCplus 一样，以 DMC 算法为技术内核。

RMPCT 软件由以下六个部分组成：数据采集器，采集指定的 CV、MV 和 DV 值并将它们储存在一个文件中；模型识别器，利用数据采集器产生的文件来识别过程模型；控制器组态器，利用过程模型建立控制器；仿真器，模拟控制器运行，用于检验控制器的有效性；在线控制器，控制与真实过程相连，执行控制任务；图形用户界面，是操作员对控制器进行监控的手段。RMPCT 提供较好的控制器集成开发环境，使控制器的建立过程比较紧凑。RMPCT 的基本结构如图 3-3-7 所示。

RMPCT 是基于 MIN-MAX 算法设计的多变量模型预测控制器，具有较强的鲁棒性，即使装置的操作条件发生较大变化时，也能计算出控制解，以最小的控制作用获得最优的控制

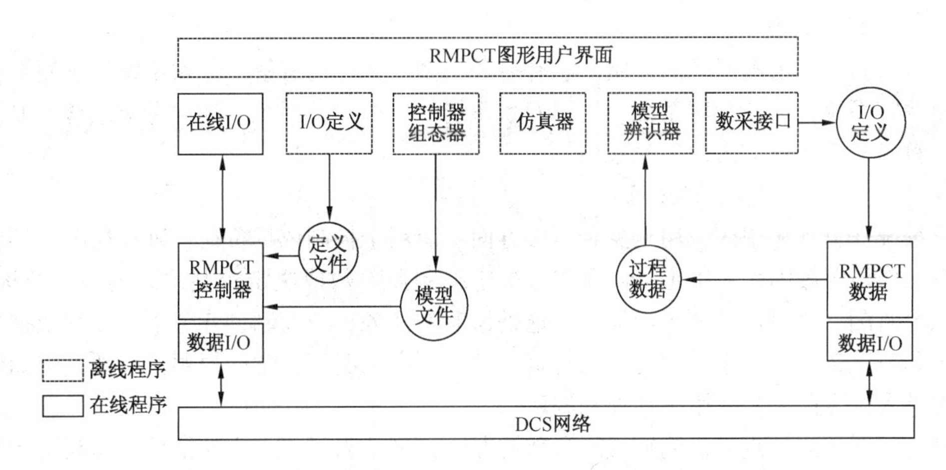

图 3-3-7　RMPCT 软件的基本结构

响应。“鲁棒性”是 RMPCT 的独特之处，这一特点使它能很好地对有严重关联的过程加以控制，甚至在过程模型有很大误差时也能适用。

3.1.3　专家系统

专家系统(Expert System)是一种基于知识的系统，它主要面临的是各种非结构化问题，尤其是处理定性的、启发式或不确定的知识信息，经过推理过程达到系统任务目标。

专家控制系统是将专家系统的设计规范和运行机制，与传统控制理论和技术相结合而成的实时控制系统。

1. 专家系统的基本结构

专家系统的基本结构包括以下几部分(如图 3-3-8 所示)。

(1) 人机界面　利用人机界面，专家可以将自己的新知识、新经验加入到知识库中，也可以方便地对知识库中的规则进行修改；操作员可以在操作中随时得到专家系统的帮助，了解系统，并应用系统像领域专家一样解决问题。

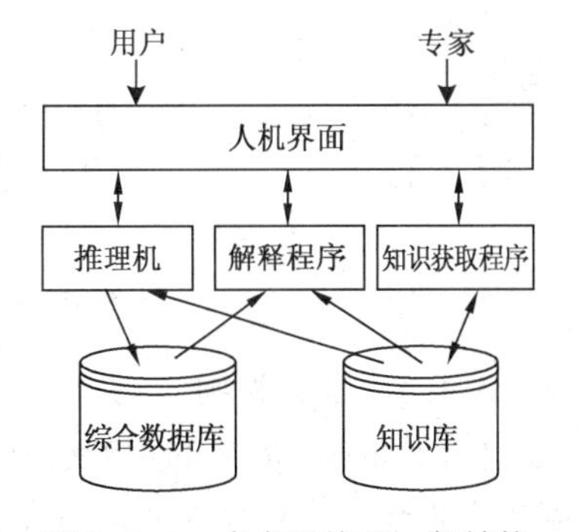

图 3-3-8　专家系统的一般结构

(2) 知识库　用以存储某个具体领域的专门知识，包括理论知识和经验知识。专家系统的性能在很大程度上取决于知识库中知识的完备性和知识表示的正确性，一致性和独立性。

(3) 知识获取　要保证知识库能对应用对象所有状态的描述具有完全性和正确性，往往需要新知识的获取。一方面是将专家的知识和经验，进行描述并写入；另一方面是进行机器自学习，增添新知识。

(4) 综合数据库　用以存贮表征应用对象的特性数据、状态数据、求解目标和中间状态数据等，供推理机和解释机构使用。

(5) 解释机构　用以检验和解释知识库中相应规则的条件部分，即用推理得到的中间结果对规则的条件部分中的变量加以约束，并将该规则所预言的变化(由动作引起)返回推理机。

(6) 推理机　承担控制并执行专家推理的过程。从数据库来的数据经过一定的推理和计算形成事实，然后与知识库中的相应规则进行匹配，找出可用的规则集，根据一定的优先级别应用各条规则，同时执行各规则的动作(或结论)部分，并更新数据库。

2. 专家系统的分类

按照专家系统所求解问题的性质，它有多种类型，常见的有解释专家系统、预测专家系统、诊断专家系统、设计专家系统、规划专家系统、监视专家系统、控制专家系统、调试专家系统、教学专家系统和修理专家系统等。

3. 专家系统在自动化中的应用

专家系统在自动化中的应用至少有三大方面：①用于控制依据负荷、进料情况、环境条件和系统工作情况等因素，决定控制作用、决定控制器参数或决定控制系统类型或结构等；②用于工况监测、故障诊断和区域优化，这是诊断型任务，与控制型任务不同，它依据系统工作情况和环境条件等因素，判定工况是否正常，判定工况不正常的根源，以及判定如何使工作情况进入优良区域；③用于计划和调度。

控制专家系统的特点是：能够解释当前情况，预测未来可能声生的情况，诊断可能发生的问题及其原因，不断修正计划，并控制计划的执行。也就是说，控制专家系统具有解释、预报、诊断、规划和执行等多种功能。空中交通管制、商业管理、自主机器人控制、作战管理、生产过程控制和生产质量控制等都是控制专家系统的潜在应用方面。图 3-3-9 是控制专家系统的基本构成示意图。

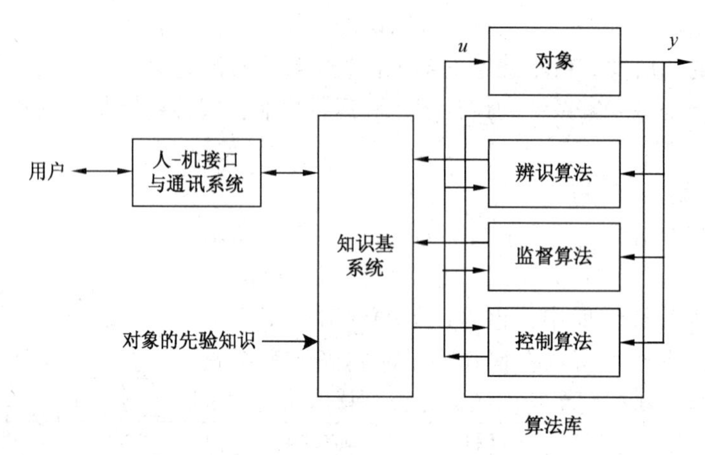

图 3-3-9　控制专家系统基本构成

3.1.4　模糊控制

模糊(fuzzy)词义的理解通常包含"不清晰"、"含糊"、"不确定"的概念。模糊理论或模糊数学是建立在模糊逻辑的基础上的。模糊逻辑是以一种严密的数学框架来描述和处理人类思维和语言的那些具有模糊特性的概念，比如，好，很好，较好；很多，很少；冷，热等。

模糊控制(Fuzzy Logic Control)主要是模仿人的控制经验而不是依赖于对象的数学模型，是模糊理论与控制理论相结合的产物。

1. 模糊集合理论基础知识

模糊集合理论是介于逻辑计算与数值计算之间的一种数学工具。

在普通集合中，一个事物要么属于某集合，要么不属于某集合，二者必居其一，没有模棱两可的情况，这表明普通集合所表达概念的内涵和外延都是明确的。

在人类的思维中，有许多概念都没有明确的外延，即模糊概念。模糊逻辑模仿人类的智慧，引入了隶属度的概念，描述介于"真"与"假"之间的过渡状态。在模糊逻辑中，元素被赋予一个介于 0 和 1 之间的实数来描述其属于一个集合的程度，该实数成为元素属于一个集合的隶属度。集合中所有元素的隶属度全体构成集合的隶属度函数。

正确地确定隶属度函数，是运用模糊集合理论解决实际问题的基础。隶属度函数是对模糊概念的定量描述。隶属度函数的确定过程，本质上应该是客观的，但每个人对于同一个模糊概念的认识和理解又有差异，因此隶属度函数又带有主观性。一般是根据经验或统计进行确定，也可由领域专家给出。隶属度函数确定是否合适，主要看其是否符合实际，并在应用中检验其效果。

隶属度函数有多种形式，常用的隶属度函数有三角形、梯形、高斯型、广义铃形等形式的隶属度函数。

例如，可以用梯形隶属度函数来描述人们对环境温度的感知。把人们对温度变化的感觉分成“凉”、“合适”和“热”三个子集（如图 3-3-10）。不同温度属于这三个子集的隶属度 μ 为：

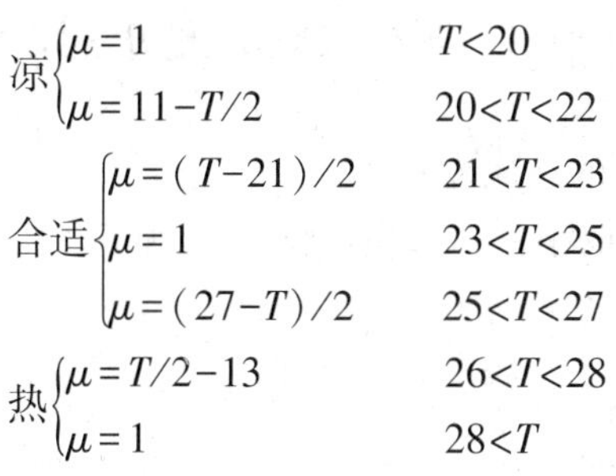

$$凉\begin{cases}\mu=1 & T<20\\ \mu=11-T/2 & 20<T<22\end{cases}$$

$$合适\begin{cases}\mu=(T-21)/2 & 21<T<23\\ \mu=1 & 23<T<25\\ \mu=(27-T)/2 & 25<T<27\end{cases}$$

$$热\begin{cases}\mu=T/2-13 & 26<T<28\\ \mu=1 & 28<T\end{cases}$$

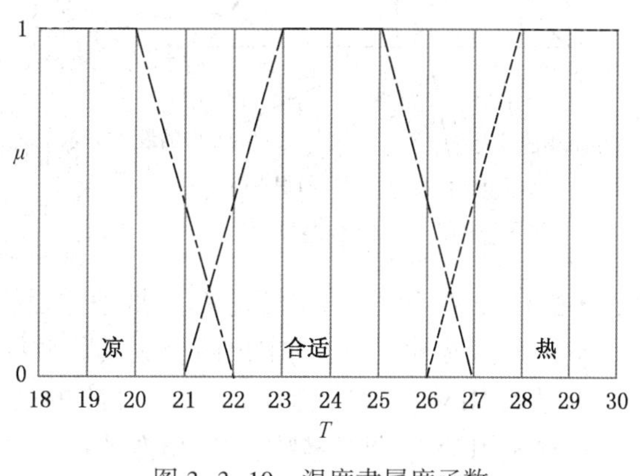

图 3-3-10　温度隶属度函数

2. 模糊控制的基本原理

图 3-3-11 是一个模糊控制系统的基本结构，其中执行机构已包括在被控对象内，检测与变换等功能模块在图中已省略。由图可知，模糊控制器由模糊化、知识库、模糊推理和解模糊化（或称清晰化）四个功能模块组成。

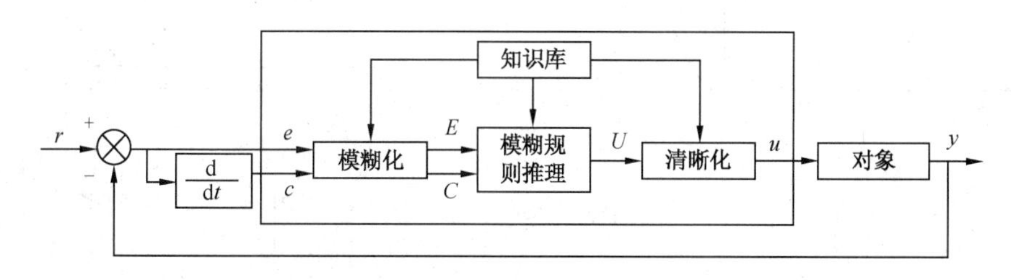

图 3-3-11　模糊控制系统结构图

（1）模糊化

模糊化是将输入的精确量按隶属度函数转换为模糊化量。模糊处理是根据数据库中的变换参数把原有的精确量变换成模糊量，并用相应的模糊集合语言值来表示，例如{PB，PM，PS，ZO，NS，NM，NB}={“正大”，“正中”，“正小”，“零”，“负小”，“负中”，“负大”}。

（2）模糊推理

模糊推理是模糊控制器的核心，该推理过程是基于模糊逻辑中的蕴含关系及推理规则来进行的。规则库涉及到输入、输出变量的选择、规则的获得、规则的类型和规则库的性能等。

模糊控制规则库由一系列的“IF · THEN”型规则所构成，如

If X is NL And Y is NL

Then Z is PL

（3）解模糊化（清晰化）

由于实际过程中的控制量是精确量，因此需要将模糊控制量转换为精确量，这就是解模糊化。解模糊化通常有的三种方法，即面积中心法（重心法）、面积等分法（中位数法）和极大平均法（最大隶属度法）。图 3-3-12 给出这三种解模糊化方法的意义。这种去模糊化方法中，面积中心法应用最为普遍。

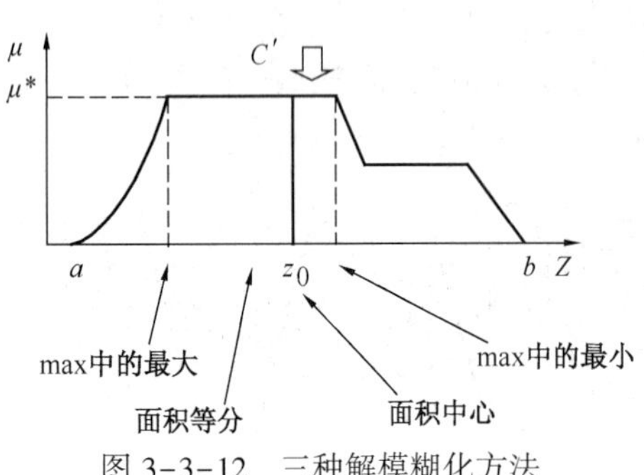

图 3-3-12　三种解模糊化方法

以图 3-3-13 为例说明模糊推理过程。假设控制器有 x_1 和 x_2 两个输入，它们在 A 和 B 两个模糊子集中各有隶属度函数 A_1，B_1，A_2 和 B_2。按照规则库中的规定，根据前提 A_1 和 B_1 得出结论 C_1；根据前提 A_2 和 B_2 得出结论 C_2。推理过程如下：

步骤 1（模糊化），分别求出两个输入属于两个子集的隶属度；

步骤 2（MIN），比较它们属于两个子集的隶属度，取小值，求模糊输出 C_1' 和 C_2'；

步骤 3（MAX），两条规则的输出迭加；

步骤 4（清晰化），求迭加后的面积重心 C'。

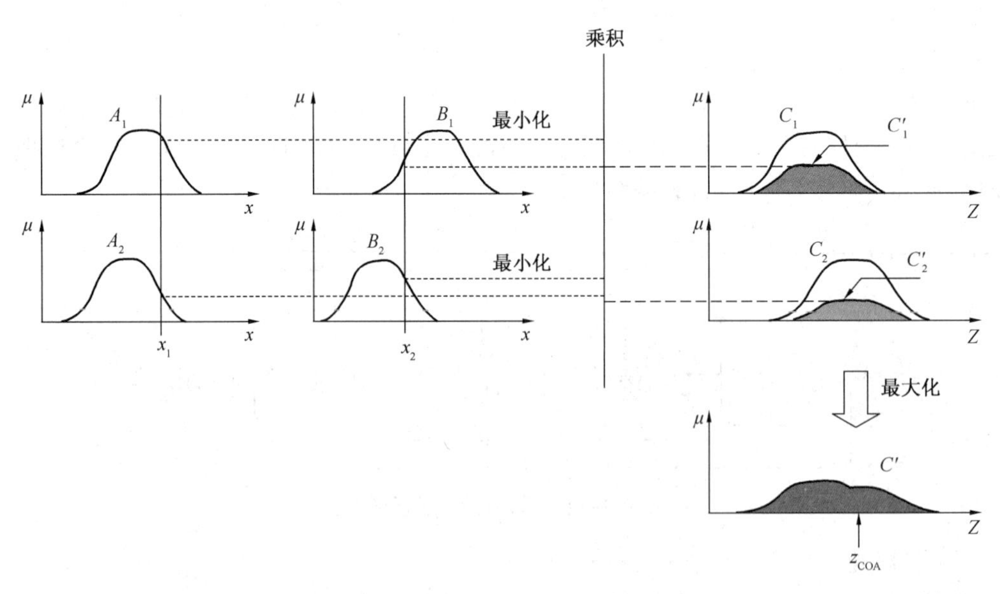

图 3-3-13　模糊推理过程举例

3.1.5　神经网络控制

1. 基本概念

神经元是生物体内广泛分布的“传感器”，人们模拟神经元的结构，建立了神经元模型，并应用于各种信息处理研究领域。神经元模型如图 3-3-14 所示。

对神经元模型而言，其输入为 $x_i(i = 1, 2, \cdots n)$，输出为 y，y 与 x_i 间的关系为

$$y(t)=f\left[\sum_{i=1}^{n} W_i x_i(t)-\theta\right]$$

式中的 θ 称为神经元的阈值；W_i 是权系数，反映了连结强度，也表明突触的负载。函数 $f(\cdot)$ 通常是取 1 和 0 的非线性双值函数，或是 sigmoid 函数。x 的 sigmoid 函数式为

$$f(x)=\frac{1}{1+e^{-x}}$$

其图形见图 3-3-15。此外，也有用高斯函数的。

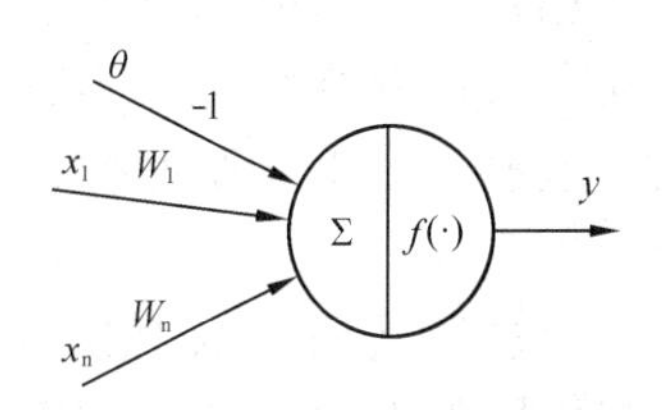

图 3-3-14　神经元模型示意图

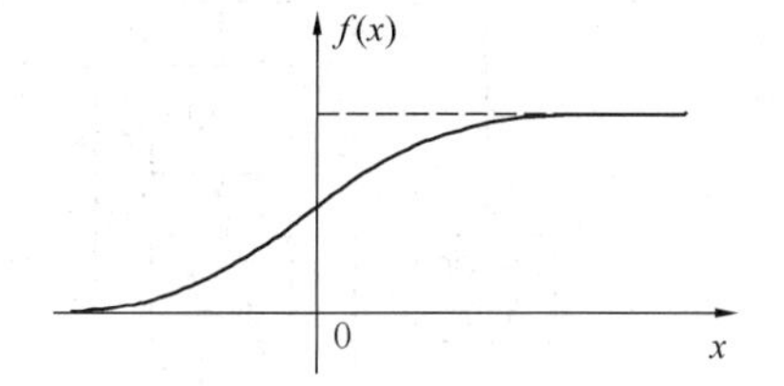

图 3-3-15　sigmoid 函数

若干个神经元连接起来，构成神经网络（Neural Network）。神经网络具有自组织性、层次性和并行处理能力。很多个人工神经元模型，按一定方式连接起来，构成人工神经网络。

2. 人工神经网络

人工神经网络有多种类型，其基本类型有两种，即前馈型神经网络和反馈型神经网络。

最常用的人工神经网络称为 BP（反向传播，Back Propagation）网络。在结构上，从信号的传输方向看，它是一种多层前向网络，图 3-3-16 是它的结构示意图。它由若干层构成，有输入层、输出层，以及一个或若干个隐藏层。每个神经元称为一个节点。对于任意层的任意节点，都有来自上一层各个节点的输入，每个输入都有其权系数；其输出则送往下一层的每个节点。

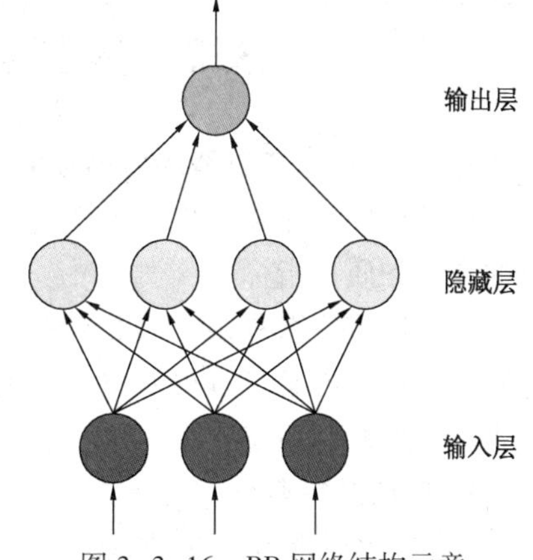

图 3-3-16　BP 网络结构示意

除了 BP 神经网络外，还有径向基函数神经网络、Hopfield 神经网络、动态递归神经网络等多种形式。

神经网络是自适应和可以训练的，它有自修改能力。其特性及能力主要取决于网络的拓扑结构及学习算法。

3. 神经网络的学习方法

神经网络的学习算法或学习规则是神经网络方法极为重要的组成部分。神经网络的学习问题实际上就是网络节点间连接权的调整问题。虽然，随着神经网络的结构和功能的不同，学习算法各不相同。但神经网络的连接权的确定一般有两种方式：一种是通过设计计算确定，即所谓的死记式学习；另一种是网络按一定规则通过学习（训练）得到的。

神经网络的学习或训练过程需要大量已知的输入和输出数据，学习的要求是在同样的输入数据下，网络的输出值与提供的输出数据尽量一致。如果不一致，两者间的差值就是偏差。在学习过程中，通过不断调整权系数和阈值，达到偏差最小的目的。训练通常需要不同操作条件下的大量数据及经验，在训练数据集的范围内，神经网络可以有较好的预测效果，

超出范围就可能不够准确。

4. 神经网络在控制中的应用

神经网络由于它很强的非线性函数逼近能力以及具有并行处理工作方式等特点，使其在很多领域得到了应用。在自动化领域的应用主要体现在软测量、故障检测与诊断、用于控制以及用于优化。

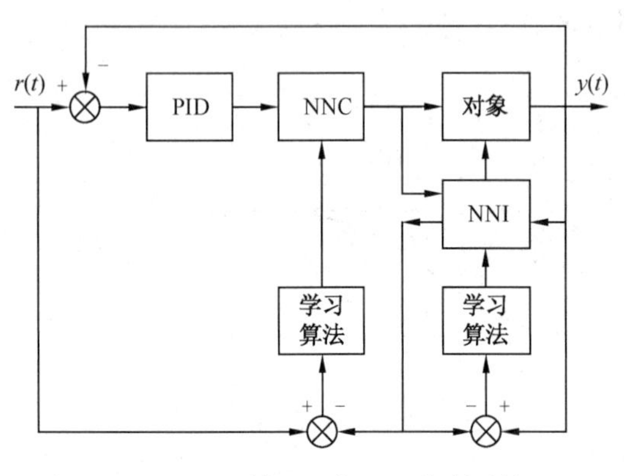

图 3-3-17　神经网络 PID 控制系统

神经网络控制是一种不依赖于模型的控制方法，能用于复杂的具有不确定性或高度非线性的过程。将神经网络的方法与 PID 控制的结构相结合，构成基于神经网络的 PID 控制方法，可以获得最优的 PID 控制参数，从而较好地解决工业过程对象的非线性和时变性。

在基于多层前向网的 PID 控制方案中，采用了间接控制方式，它由控制器网络 NNC 和辨识器网络 NNI 组成，其框图如图 3-3-17所示。辨识器网络 NNI 采用三层网络，其辨识算法采用 BP 算法。

3.2　典型石油化工单元的控制方案

3.2.1　化学反应器的自动控制

化学反应器在石油化工生产过程中占有很重要的地位，反应器控制的好坏直接关系到生产的产量和质量指标。

化学反应纷繁复杂，因此在控制上的难易程度相差很大，控制方案也千差万别。有些较易控制，控制方案可以很简单，也很有实效；有些难度较大，反应速度快、放热量大，需要采用复杂的控制系统。

1. 反应器的类型

反应器种类繁多，有多种分类方法。

根据反应器进出料的情况，可以分为有间歇式和连续式两大类。间歇式反应器适合于生产批量小、反应时间长或在反应全过程对反应温度有比较严格的程序要求的场合。目前，相当数量的大型的、基本化工产品的反应器采用连续式反应器。

根据物料流程的排列分类，可以分为单程与循环两类。对于反应速度慢、平衡常数比较小的反应，反应物需要多次进入反应器才能充分转化，这时需要采用循环型反应器。如果反应的转化率和收率足够高，则应采用单程型反应器。

根据结构形式，反应器有釜式、塔式、管式、固定床、流化床等多种结构形式，这些结构形式与不同的化学反应相适应。

按照热效应的不同，还可把反应器分为决热式和非绝热式。反应的热效应大时，必须在反应进行过程中对反应器实行加热或冷却，这即非绝热式。相反，反应热效应不大时，可采用绝热式。

2. 化学反应器的控制要求

化学反应器的控制方案应满足下列要求：

(1) 质量指标

化学反应器的质量指标一般指反应的转化率或反应生成物的规定浓度。在反应器中转化率就是被控变量。但转化率难以直接测量，通常是选取与转化率有关的变量作为转化率的间接指标加以控制。由于化学反应不是吸热就是放热，反应过程总伴随有热效应，通常用反应温度或进出料的温差作表征化学反应质量的间接指标(如图3-3-18)，有时也用反应生成物浓度作为被控变量。但因成分分析仪的取样周期长，滞后大，应用不普遍。

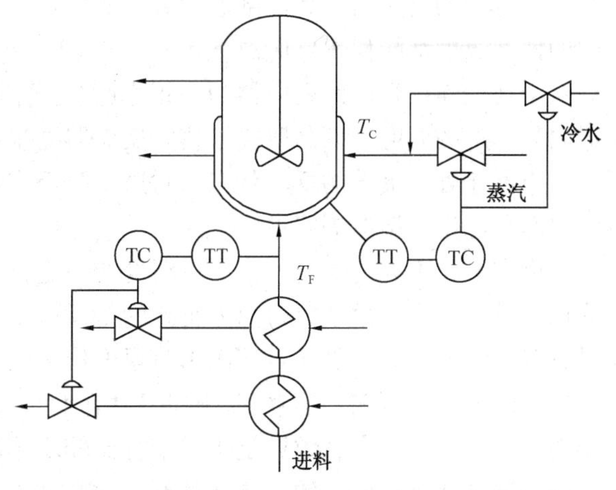

图3-3-18　丙烯腈聚合釜转化率控制

(2) 物料平衡和能量平衡

为使反应正常进行，并有高转化率，反应器运行过场中必须保持物料与能量的平衡。例如，为了保证物料平衡，需要定时排放系统中的惰性气体。为了保持能量平衡，需要及时带走反应热，以防热量的聚集。

(3) 约束条件

化学反应必须受各种约束条件的限制，在安全的条件下进行，要避免工况不正常时被控变量进入危险区域。例如，催化接触反应中，温度过高会引起催化剂损坏；氧化反应中，物料配比不当会产生爆炸；流化反应中，流速过高会吹跑固相物料，而流速过低，则形不成固体流态化。为此，应当配置一些报警、联锁或选择性控制系统，当工艺参数超越正常范围时，发出信号；当接近危险区域时，把某些阀门打开、切断或者保持在限定位置，以确保装置安全。

3. 化学反应器的被控制变量选择

化学反应器的控制指标主要是反应的转化率、产量、收率、主要产品的含量和产物分布等，反应温度是表征反应过程最好的间接指标，所以大多用温度作为反应器控制中的受控变量。

例如，通常一级不可逆反应的转化率表达式为

$$y = 1 - e^{-Kt}$$

式中　y——某反应物的转化率；

K——反应速度常数；

t——反应时间。

根据阿累尼乌斯(Svante August Arrhenins，1859~1927)方程，有

$$K = K_0 e^{-E/RT}$$

其中，R 为气体常数，E 为活化能，T 为反应温度，K_0 为频率因子。

可见，反应速度常数 K 是温度的函数。如果反应时间恒定，一级不可逆反应的反应温度反映了转化率。控制好温度，转化率就得到保证。另外，对二级反应、连串反应和可逆反

应，在一定的条件下，同样可以用温度反应浓度、转化率等参数。在聚合反应中，聚合后的分子量大小，与温度也有密切的关系。

在实际应用中，反应温度的温度测量点的设置安装位置，需根据反应器的结构、类型等具体情况来定。一般说来，对于间歇搅拌反应釜、连续搅拌反应釜、流化床、鼓泡床等内部具有充分混合的反应器，其内部温度分布比较均匀，温度检测点位置变化的影响不大，反应器内的任一温度都能代表反应温度。

对于其他连续生产的反应器(例如固定床、管式反应器)，反应情况好坏并不取决于反应器内某一点的温度，而是取决于整个反应器的温度分布情况。只有在一定的温度分布情况下，反应器才处于最佳的反应状态。对这一类反应器，温度检测点大致有反应器的进口、出口、内部和进出口温差等四种。

在反应变化不大的情况下，出口温度在一定程度上反映了转化率，此时可用出口温度作为受控变量。但是，由于出口温度反映的是反应产物离开反应器时的情况，用来表征反应效果时具有较大的滞后，因此直接用出口温度作为受控变量并不多见。

反应器内部有所谓“热点”和“敏点”，它们是反应器内温度分布的关键点。热点是指反应器内温度最高的一点；敏点是指对干扰比较敏感的点。在控制上常采用热点与敏点构成串级控制回路。热点和敏点的位置往往受一些因素(如催化剂的老化程度)的影响而改变，所以，用热点作为受控变量时，应对反应器多取几个测量点，以确定热点和敏点的位置。对于固定床或管式反应器，在许多场合，两点的位置比较接近，如果过于接近，则串级控制没有意义。

在其他反应条件比较稳定的情况下，反应温度的变化是由反应放热和进入反应器的物料状态的变化引起的。因此，如果进料组分变化不大、流量有自动控制，反应器的入口温度就基本上决定了反应的结果，可以用进口温度作为被控变量来控制反应的进行。这种控制方式，仅适用于反应热比较少的场合。

对于绝热反应器，转化率和进出口温差成正比。用温差作被控变量反映转化率比用反应温度反映转化率更加精确。但是，温差控制不能保证反应温度的稳定，只有在工况比较稳定的情况下，温差控制才能较正常运行。

可见，温度作为反应质量的控制指标是有一定条件的，只有在其他许多参数不变的条件下，才能正确地反映反应情况。因此，在温度作为反应器控制指标时，要尽可能保证物料量等其他参数的恒定。

为了保证反应质量，还可以将反应产物的成分等参数引入控制系统，或者作为控制系统的主参数(此时温度为副参数)，或者用于修正被控变量温度的设定值。

4. 化学反应器的基本控制方案

(1) 单回路控制系统

单回路控制方案之一是改变传热量。由于大多数釜式反应器均有传热面，以引入或移去反应热，所以用改变传热量(即控制传热介质的流量)的方法实现对釜内反应温度的控制。图 3-3-19 为一带夹套的反应釜，当釜内温度改变时，用改变加热剂(对于吸热反应)或冷却剂(对于放热反应)流量的方法控制釜内温度。这种方案，系统结构简单，但由于釜容量大，滞

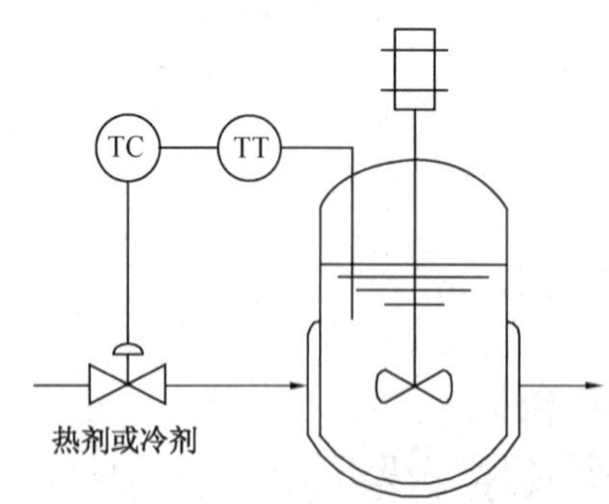

图 3-3-19　反应器单回路控制方案之一

后严重，特别当物料黏度大，传热较差，混合又不易均匀时，控制质量就不高。

单回路控制方案之二是改变进料温度的方案。图 3-3-20 表示了一个固定床催化反应器的反应温度控制方案，在这个控制方案中，进口物料与出口物料进行热交换，以便回收热量，起到节能的作用。由于进料温度会影响到催化剂床层温度，进而影响到反应器出口温度，出口温度通过换热器又要影响到进料温度，因此采用进出料换热方案的流程中，反应器入口温度与出口温度之间是正反馈关系。控制反应器入口实际上切断了这个正反馈通道，可以使反应稳定进行。

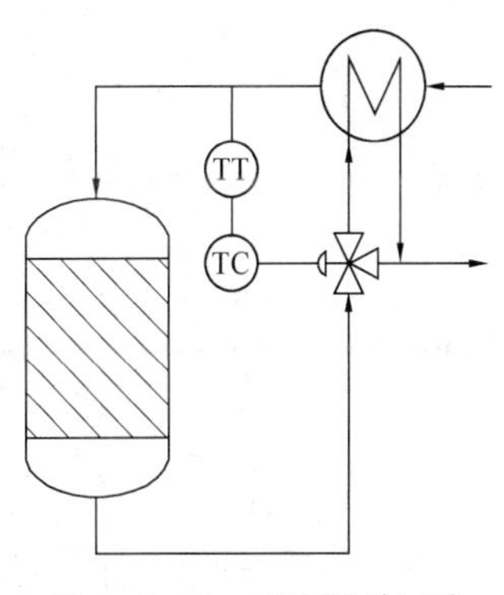

图 3-3-20　反应器单回路控制方案之二

(2) 串级控制系统

在单回路控制系统中，以换热介质流量为操纵变量，控制通道较长，滞后时间较大，有时满足不了工艺要求。为此，可采用串级控制。图 3-3-21 就是这种控制方案的基本形式之一。图中，干扰主要来自冷却剂流量，副变量选为冷却剂流量。

(3) 前馈控制系统

如果生产负荷变化较大，引起进料流量波动，这时可采用以进料流量为前馈信号的前馈控制系统。图 3-3-22 为某反应器温度的前馈-反馈控制系统。有时前馈信号也可以是进料的温度、组分等。

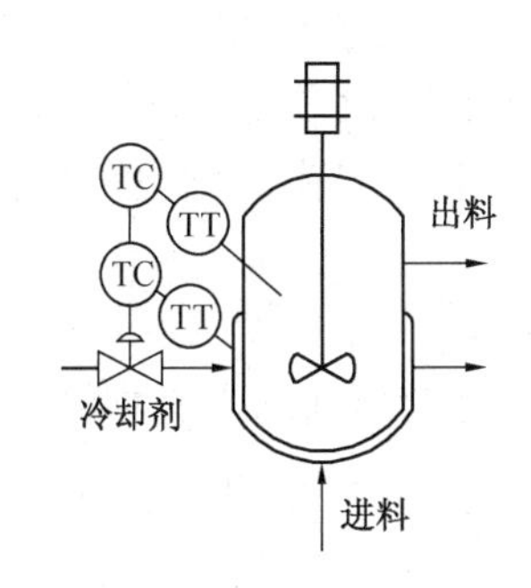

图 3-3-21　反应器串级控制

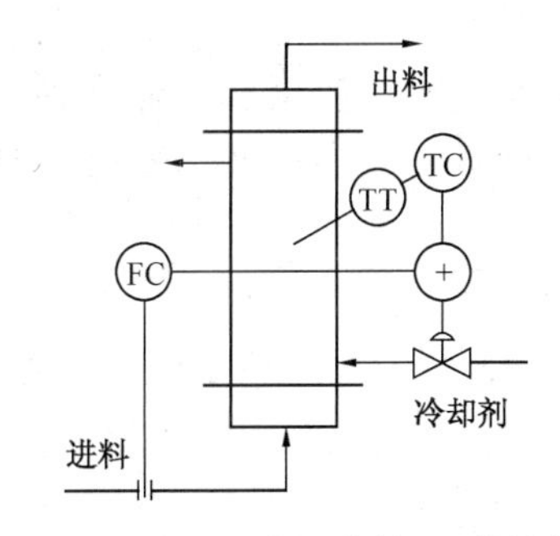

图 3-3-22　反应器前馈-反馈控制

(4) 分程控制系统

分程控制既可以扩大控制范围，也可以有多种控制手段，这很合适化学反应器的特点。不少间歇反应，在反应开始时需要加热来快速启动反应，在反应正常后又必须移出反应热以稳定反应速度。图 3-3-23 是这种分程控制方案的示意图。

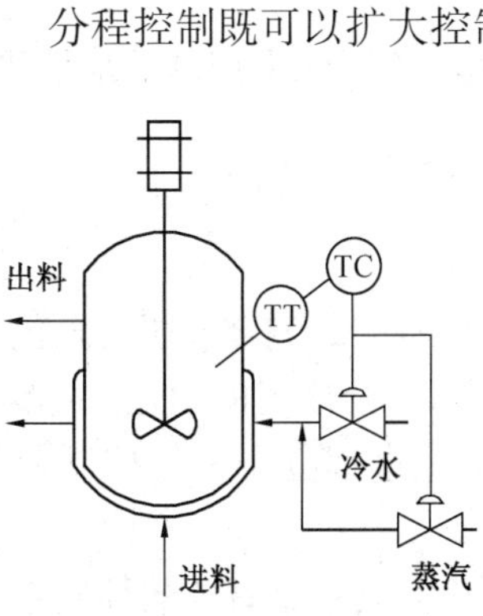

图 3-3-23　分程控制方案

另一种分程控制方案采用大小不同的调节阀。在低负荷或正常情况时，用小阀控制；大负荷或异常情况时，开启大阀。该方案可起到扩大控制范围的作用。

(5) 分段控制方案

某些化学反应要求其反应沿最佳温度分布曲线进行，此时可采用分段控制方案，以使每段的温度都能达到或接近工

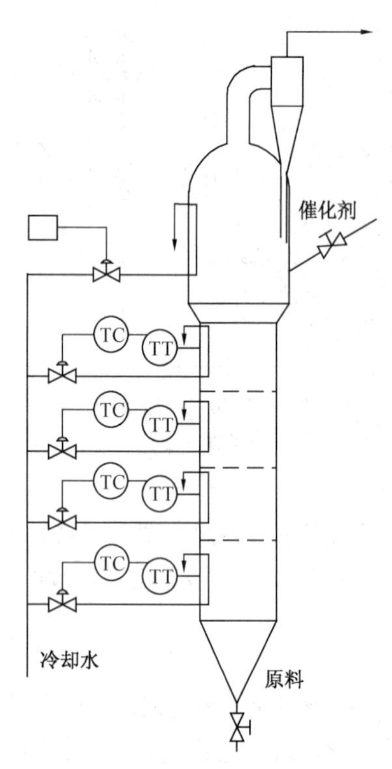

图 3-3-24　反应器温度分段控制

艺要求。例如，在丙烯腈生产中，丙烯进行氨氧化的沸腾床反应器就常采用分段温度控制，如图 3-3-24 所示。另外，在有些会出现连锁反应的场合，为预防局部发生过热，避免分解、暴聚等现象甚至引起爆炸的情况发生，也常采用分段控制的方案。

5. 绝热化学反应器的控制方案

绝热反应器由于与外界没有热量的交换，要对反应器的温度进行控制，只能通过控制物料的进口状态来实现，即通过控制进口物料中反应物的浓度、进料温度以及负荷量来实现。

（1）进料中反应物浓度的控制

反应物浓度直接影响反应的进行程度，在其他条件不变的情况下，反应物的浓度越大，反应器温度也越大。因此，可以用反应物浓度作为操纵变量来控制反应器温度。

改变进料中反应物浓度的常用方法有：改变主要反应物的量，改变已过量的反应物的量；改变循环操作系统中的循环量以及改变均相催化反应中的催化剂的量。

（2）进料温度的控制

提高进料温度，将使反应温度升高。改变进料温度的常用控制方案一种是使用载热体在换热设备中改变进料温度，还有就是采用进出料换热方式，以改变进料中参与换热部分的流量或改变出料中参与换热部分的流量来改变进料温度。

（3）改变负荷

负荷的变化同样能用来控制反应温度。它的机理是，随着负荷增大，物料在反应器内的停留时间减少，导致转化率下降，于是反应放热也减少，在除热不变的情况下，反应温度就降低。

在实际控制方案中，这种方法一般很少采用，其原因是负荷经常变动，影响生产过程的平稳，并且用改变转化率来控制，经济效益较差。

6. 非绝热化学反应器的控制方案

由于非绝热反应器是在反应器上外加传热，因此可以像传热设备那样来控制反应温度。控制方案中常应用分程控制和分段控制。

3.2.2　典型反应器控制方案

1. 氨合成反应塔的控制方案

合成氨的生产过程是一个典型的化工生产过程，以天然气为原料的大型合成氨装置包括四个工序，即天然气的压缩与脱硫、粗合成气的制备(转化与变换)、合成气的净化(脱碳与甲烷化)以及精合成气的压缩和氨的合成。合成氨生产技术和工艺过程复杂，对控制要求较高。

氨合成反应塔也叫氨合成塔，是合成工序中的主要设备。这里对其三个重要的控制系统加以说明。

(1) 氢氮比控制

在合成工段中氢氮比是关键工艺参数之一，氢氮比控制的好坏与整个生产的安全及装置的经济效益都是直接相关的。同时，氢氮比又是一个较难控制的工艺参数。由于惯性滞后大，且又有大时滞以及无自衡的特点，这就使控制难度大为增加。

以天然气为原料的大型氨厂为例，从工艺流程来看，合成回路的氢氮比调整，是依靠改变二段炉加入空气量的多少来进行调整的。从空气量的加入，经过二段转换炉、变换炉、脱碳系统、甲烷化及压缩最后才进入合成循环回路，近乎经历了整个流程，它的传送时间很长，所以说它是具有大纯滞后的对象。另一方面，对二段转换炉加入空气量的调整经过一系列反应装置后，使出甲烷化的新鲜空气中氢氮比发生变化，但在进入循环回路后，还需要经过相当长时间才能使进入氨合成塔气体中的氢氮比发生真正变化，这说明它的惯性滞后也很大。至于无自衡特点可从化学反应方程式来加以说明。根据反应式，氨合成过程中总是以3：1的比例消耗氢与氮，如果新鲜气中的氢氮比大于(或小于)3：1时，则多余的氢(或氮)就积存在回路中，通过不断地循环，使回路中的氢氮比越加偏离正常值，不可能自动回复平衡。

图3-3-25是采用串级加前馈的控制方案控制氢氮比。主环信号是采用合成塔进口气的氢氮比，副环信号采用新鲜气的氢氮比，从而构成一个串级系统。同时，对原料天然气组成一个静态前馈控制的结构，用以克服天然气作为主要扰动对系统的影响。通过调节进二段转化炉的空气量，控制新鲜气中的氢氮比稳定。而主环中进合成塔气体中氢氮比发生偏差时，其输出去改变副环中氢氮比的给定值，从而达到最终控制要求。

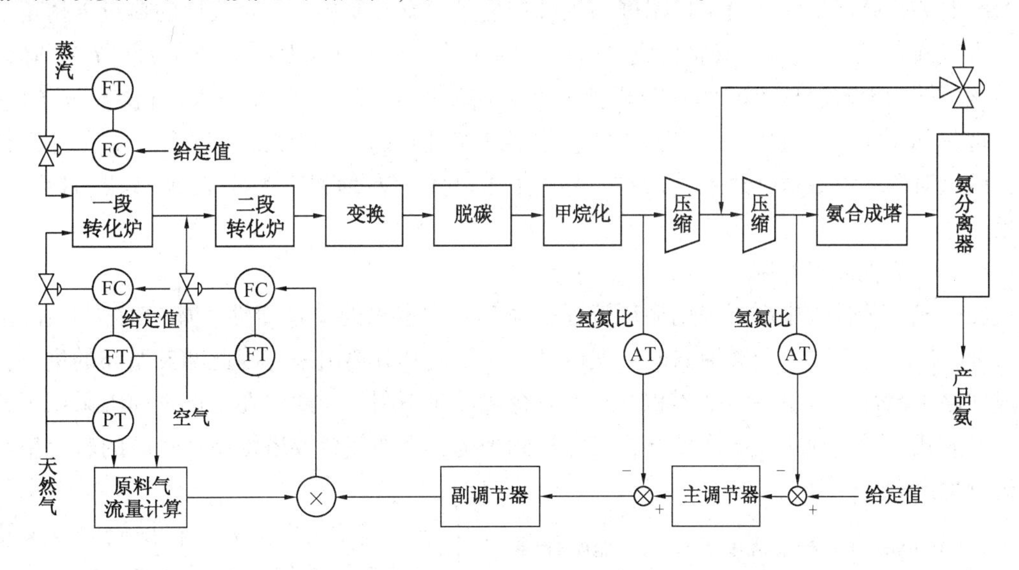

图3-3-25　氢氮比控制方案

(2) 合成塔温度控制

为了保证合成反应能稳定地进行，要求合理地控制好合成塔催化剂层温度，从而提高合成效率，充分发挥催化剂作用，延长使用寿命。图3-3-26所示为合成塔温度控制方案，图中主线进口采用手动遥控，同时设计了床层进口温度控制系统及合成塔出口温度与入口温度的串级控制系统。

第一催化剂床的被控变量是入口温度，操纵变量是冷副线流量。原因是在初入塔时，离

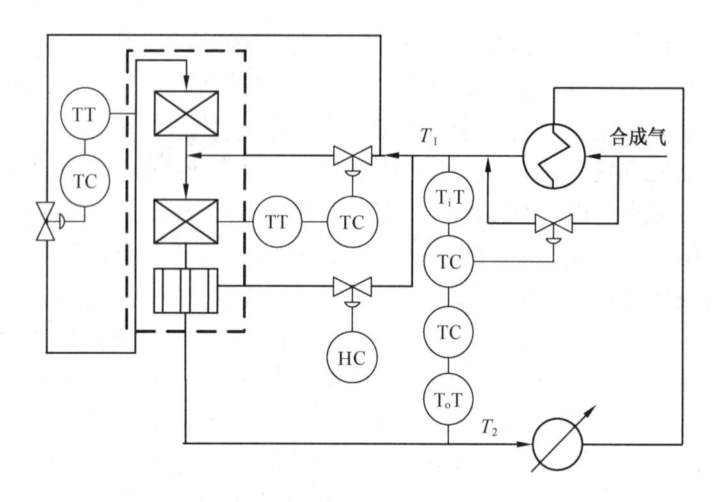

图 3-3-26　合成塔温度控制方案

平衡尚远，反应速率为主要因素。入口温度过低，对反应速率不利；入口温度过高，则在入口处反应速率过快，使床层温度上升过猛，要影响到催化剂使用年限。

第二催化剂床的被控变量是床内温度，操纵变量是冷激量。理由是在第二床层中化学平衡将成为主要因素，故床内温度具有代表性。

此外，还设计了一个合成塔出口温度 T_2 入口温度 T_1 的串级控制系统。操纵变量为流过热交换器旁路阀流量。从塔出口温度为主被控变量的意义要从整个合成塔的热量平衡角度来看，进口温度 T_1 的气体，依靠合成反应释放的热量，使出口气温度上升为 T_2。T_2 下降则表示转化不够，要解决这个问题，需要把整个床层温度提高，为此要把入口物料的热焓量提高，把 T_1 提高一些。只有在 T_1 上升后，才能使 T_2 回升。反之亦然。这个系统在进行整定时，应该对两个参数适当兼顾，T_2 要稳定，T_1 的变化亦要缓慢，为此 T_2 调节器的参数须放得松一些。

(3) 合成弛放气控制

在合成工艺过程中由于采用循环流程，新鲜气中带来的少量惰性气体（CH_4 与 Ar）虽然不参加反应，但在冷冻分离液氨时的温度又不足以使其分离出来，因此随着循环的进行，在合成回路中惰性气含量将不断累积升高，对合成反应不利。为此，在生产过程中采用了弛放气放空方式，适量地排放掉惰性气，使之达到平衡，从而使合成塔维持在较高的转化率状态下进行生产。

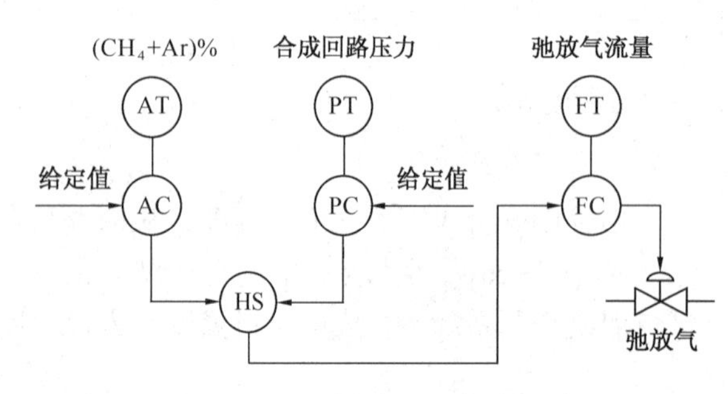

图 3-3-27　惰性气含量控制回路

需要说明的是，在排放时，氢及氮这些有用的气体也同时被排放，过量的排放显然是不经济的。因此，弛放气中惰性气含量控制也是合成氨生产中比较关键的节能回路之一。

图 3-3-27 为采用串级加选择性控制方案的隋性气体含量控制示意图。正常情况下，以回路中惰性气分率作为主被控变量，在实际系统中采用全组分色

谱仪测出合成回路中各组分分率，再将甲烷分率与氩分率相加后作为被控变量，显然该对象时间常数大，纯滞后时间长，采用直接控制方式是难以达到要求的，为此考虑采用串级控制方案，将弛放气流量构成一个回路，改善系统的动态特性，以获得主被控变量的较理想的控制品质。

在控制系统中，设置超弛控制回路，主要为了系统安全起见。倘若有回路压力不断升高超出限定范围时，通过高选器使压力调节器接通，从而增加弛放气量，使系统压力回复到正常的压力范围。

2. 乙烯裂解炉反应控制方案

对乙烯裂解炉的反应控制主要侧重三个方面。

首先，对于乙烯生产而言，裂解炉的操作应满足下列要求：

(1) 质量指标(乙烯收率)

乙烯裂解炉的生产目的是断开轻柴油、石脑油等原料分子链，获得主要产品乙烯。因此，保证乙烯的收率是最基本的操作要求。要获得预定的乙烯收率，就需要在裂解过程中达到一定的裂解深度。

当裂解原料的组成和进料量一定时，裂解深度或乙烯收率的主要影响因素为裂解炉出口温度、原料在炉管内的停留时间以及烃分压。

最理想的直接质量控制方案，是用成分分析器测定裂解气中乙烯含量，然后组成自动控制系统。但由于分析器的测量周期较长，滞后较大，所以这不是理想质量控制方案。不过，在进料组分和流量、停留时间及烃分压一定时，裂解气出口温度能间接地反映出裂解深度(或乙烯收率)，因此常以此温度作为裂解反应的间接质量指标。

从对裂解时结焦生炭情况的研究表明，要得到较高的乙烯收率，采用短停留时间是合适的。停留时间长，会增加焦炭和焦油的生成量，影响乙烯的收率。在炉型一定的情况下，停留时间取决于进料量和操作压力。

裂解炉的操作压力，不仅取决于进料压力，还取决于裂解气压缩机一段吸入口的压力以及它与炉管之间的压差。另外，炉管结焦也将引起系统压力的升高，这是不可控因素。

较低的烃分压有利于主要反应物乙烯的生成，这可通过添加稀释蒸汽和保持裂解炉管总压力较低的方法来达到。然而稀释蒸汽比的增大，将使投资和生产费用增加，所以汽-烃比应选择合适，并保持一定。

裂解气出口温度在一定范围内上升，可增加乙烯收率，但超过一定范围时，反会使乙烯收率降低，这是因为裂解深度太深而引起副反应加剧的结果。以裂解气出口温度作为间接质量指标而组成自动控制系统时，应依具体情况随时修正该温度的给定值，这应由操作条件、结焦情况和裂解气组分分析的数据来决定。

(2) 物料平衡

裂解炉的处理量(即进料轻柴油或乙烷的流量与稀释蒸汽量)应保持稳定。处理量的经常改变对裂解炉的操作及后处理工序的生产都是严重的干扰因素，将会影响整个装置的平稳操作。

(3) 约束条件

为防止裂解炉的操作出现异常现象甚至发生事故，有必要设置报警及自动联锁系统。例如，裂解气出口温度过高可能烧坏炉管并引起严重结焦，需及时发出信号，引起操作人员的注意，以便寻找原因，采取措施。当裂解炉底部烧嘴烧油时，如果油压过低，通过联锁系统自动切断燃料油，同时打开燃料气阀门。

第二，应了解影响裂解反应的干扰因素。主要如下：

(1) 裂解原料轻柴油进料情况的变化　进料流量和温度的变化是可控因素，每台炉子的进料线上分别有流量和温度控制系统。进料组分变化为不可控因素，依轻柴油原料情况而变。

(2) 稀释蒸汽里的变化　稀释蒸汽的加入是为了在总压力不变的情况下降低烃分压。稀释蒸汽量可以通过流量控制系统，使进入每组炉管的稀释蒸汽量保持不变。一般在轻柴油裂解炉中汽-烃比(水蒸气与烃的重量比)为0.75；乙烷炉中汽-烃比为0.30。

(3) 进料总压力的变化　总压力的变化会引起操作压力的变化，影响主反应的进行。压力变化还将引起停留时间的变化。一般情况下，由于轻柴油原料泵出口压力变化不大，加之稀释蒸汽的压力和流量都是自动调节的，所以总压力变化不大。

(4) 炉管进出口压差和结焦情况的变化　由于炉管、废热锅炉结焦情况的变化，会引起停留时间的变化，这是不可控因素。由于炉出口与裂解气压缩机入口之间压力是不控制的，裂解气压缩机吸入口压力的变化会引起停留时间的变化，所以裂解气压缩机入口压力应加以控制。

(5) 燃料油和燃料气情况及燃烧情况的变化　燃料品种的变化是不可控因素，但在一定时间内相对变化不大。燃料量、雾化蒸汽量、烧嘴和喷入管阻力、过剩空气量、炉膛负压等都会影响燃料燃烧情况，但这些参数都有相应的控制手段，因此是可控因素。

其他因素，如大气压力和温度的变化等，一般情况下影响不大。

第三，通过上面的分析可以看出，影响裂解质量指标的因素很多，有些干扰是不可控的，有些虽属可控，但仍会有变化。对于一些变化不大的地方，可不单独设置控制系统。裂解炉的控制系统如图3-3-28所示。下面对其作一简介：

(1) 裂解气出口温度控制系统

裂解气出口温度作为间接质量指标是最主要的被控变量，一般采用裂解气出口温度与燃料量串级的控制方案。

裂解炉出口有多路，此处为四路，每路均设有温度检测点，如果对应每个点都分别采用一套温度控制系统，从经济指标衡量，这样做显然是不合理的，而且由于每台炉这四点温度控制值都是相同的，所以这样做也没必要。因此，每台炉只设一台公用的温度控制器。使用时，根据裂解深度的要求(由工艺操作人员确定)，可选择其中任一炉管的温度作为被控变量。在温度控制器上给定好温度操作值，然后手动调节各偏差设定器，以调整相应各阀的开度，改变燃料气量，使各点温度达到给定值后，再将温度控制器投入自动。

(2) 裂解气出口温度控制系统

为了防止裂解炉炉管温度过高而被烧坏及导致严重结焦，在炉出口还设有温度记录报警系统，当四组炉管中任一组的出口气体温度超过870℃时，将发出高温报警信号，以引起操作人员注意。记录报警和前面的温度调节所用热偶为双支热偶二者共用。

(3) 其他控制系统

除裂解气出口温度控制系统外，还有以下控制系统：

- 轻柴油进料温度控制系统该系统通过改变进入轻柴油预热器的急冷油量，来保证裂解炉轻柴油进料温度一定。
- 轻柴油(或乙烷)进裂解炉各组炉管流量控制系统。

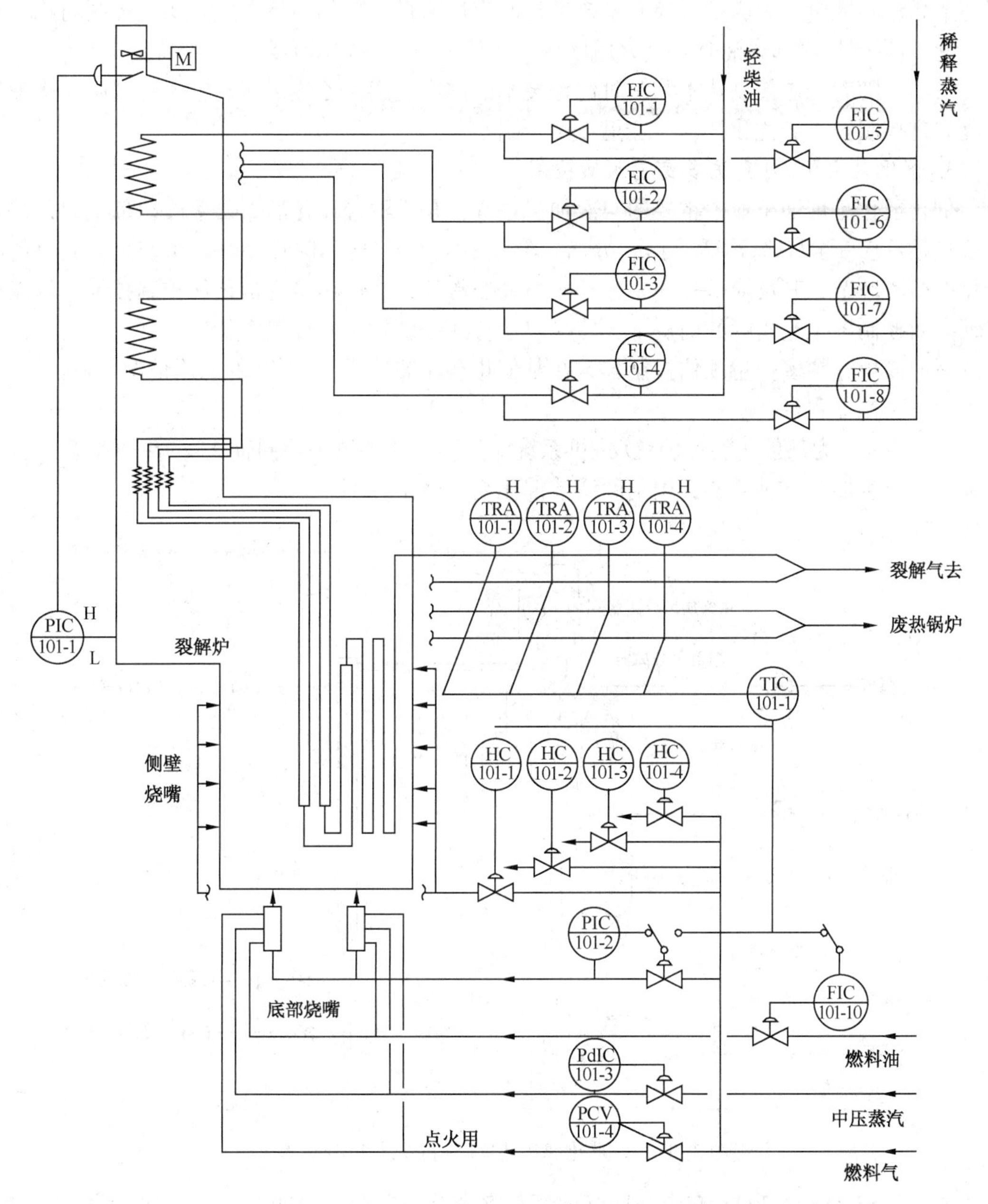

图 3-3-28　裂解炉的控制系统

• 稀释蒸汽进裂解炉各组炉管流量控制系统　稀释蒸汽的压力在稀释蒸汽发生系统进行控制。

• 雾化燃料油用的蒸汽压力与燃料油压力差值控制系统　正常操作时，燃料油的压力为 0.5MPa(表)，而雾化用蒸汽压力为 0.7MPa(表)，为了保证燃料油的燃烧情况良好，必须保证二者之间的压差。由于燃料油已设有流量控制系统，故使用一差压控制系统通过调节雾化蒸汽加入的调节阀，便可维持此差压。

• 裂解炉炉膛负压控制系统　维持炉膛的低负压对于燃烧情况是极为有利的。若负压太大，则因过剩空气太多而使热效率降低；若负压太小(甚至出现正压)，则因空气量太少而造成燃烧不完全。炉膛负压控制系统通过改变烟道排出口的挡板开度来实现控制功能。

- 当裂解炉底部烧油时，点火用燃料气的压力由自力式压力调节阀维持定值。

目前，随着先进控制技术和实时优化技术的推广应用，乙烯裂解装置上已开始采用裂解深度先进控制技术和优化技术，这里不做介绍。

3. 催化裂化反-再系统多变量预估控制

催化裂化是炼油工业中重要的二次加工过程，是重油轻质化的重要手段。催化裂化装置一般包括反应-再生(简称反-再)、分馏、吸收稳定等部分，其中，反-再系统是完成原料油转化的核心环节，其反应机理和工艺动态过程非常复杂。运用多变量预估控制技术，可以在保证有效控制各工艺指标的前提下，使装置运行在经济目标较理想的状态。

下面简单介绍多变量预估控制技术在某催化裂化装置反-再系统的应用情况。

(1) 工艺流程说明

图3-3-29为某催化裂化装置反-再系统流程图。该装置采用同轴式反应-再生系统，即沉降器与再生器为同轴叠置，用塞阀调节催化剂再生量。

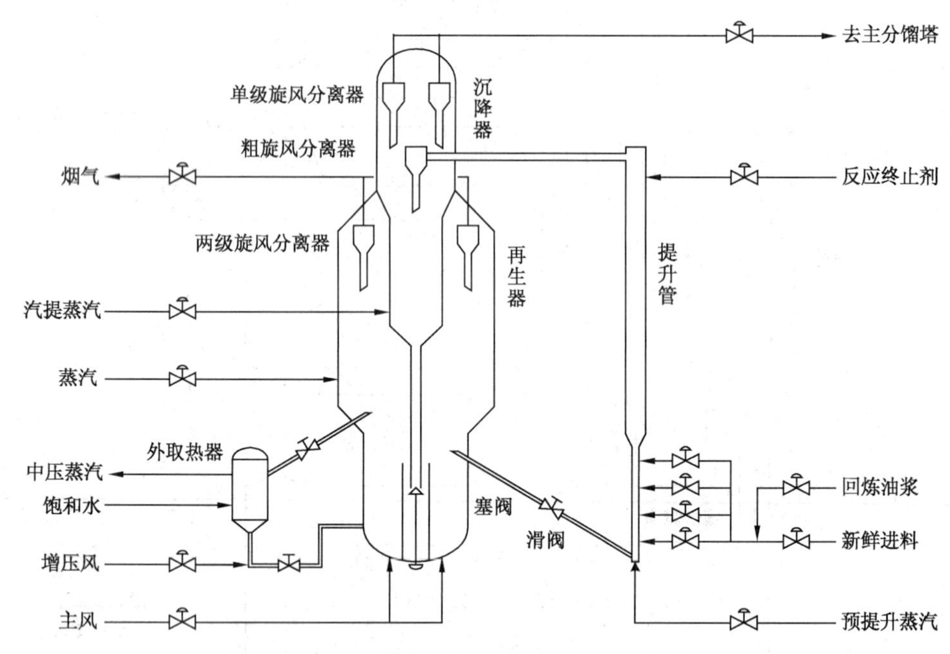

图3-3-29 催化裂化装置反-再系统工艺流程图

原料油被加热至200℃左右与回炼油浆在混合器混合后，分四路经原料油雾化喷嘴进入提升管反应器反应段，在该段与高温催化剂接触，完成原料的升温、汽化及反应过程。在反应段完成反应后，反应油气与待生催化剂的混合物在反应终止段经反应终止剂降温，然后在提升管出口经粗旋风分离器迅速分离并进入沉降器，再经单级旋风分离器进一步除去携带的催化剂细粉后离开沉降器，进入主分馏塔。

表面覆盖有焦炭的待生催化剂离开粗旋后，经简单汽提与来自沉降器单级旋风分离器回收的催化剂一起进入沉降器汽提段，在此与蒸汽逆流接触以汽提催化剂所携带的油气，汽提后的催化剂沿待生立管下流，经待生塞阀进入再生器的密相床上部，在700℃左右的再生温度、富氧(3%V)及CO助燃剂的条件下进行逆流完全再生。烧焦过程中产生的过剩热量由外取热器取走。再生催化剂通过再生斜管及再生单动滑阀，进入提升管反应器底部，在预提升蒸汽的提升作用下，完成催化剂加速、分散过程，然后与雾化原料接触，开始下一循环。

再生器烧焦所需的主风由主风机提供。

再生器产生的烟气经旋风分离器分离催化剂后，再经三级旋风分离器进一步分离催化剂后进入烟气轮机膨胀作功，驱动主风机。从烟气轮机出来的烟气进入余热锅炉进一步回收烟气的热能，最后经烟囱排入大气。

(2) 控制目标

反-再系统的主要控制目标包括：

① 裂化深度/转化率　这是反-再系统的主要控制指标。反应温度、剂油比、原料性质、处理量等都会影响到裂化深度。增加裂化深度的办法是提高反应温度，主要手段有：在催化剂循环量不变的情况下，提高原料预热温度；在原料预热温度不变的情况下，提高剂油比(提高催化剂循环量)；提高再生温度。

② 反-再压力平衡　反应器与再生器之间应维持一定的压差，以保证催化剂正常流动。其影响因素包括：滑阀开度、烟机入口蝶阀的开度变化以及主风量、提升风量变化等。在操作过程中，保持再生滑阀的开度在一定范围内，对平稳装置操作至关重要。

③ 再生密相温度、再生稀相温度　这是反映再生器烧焦效果的主要参数，控制这两个温度既是为了防止超温，保证设备安全，又是为了同时保证催化剂的再生效果。催化剂循环量、外取热器取热量、主风量、空气提升管增压风量、再生器压力、原料掺渣比以及原料处理量的变化会影响再生器密相床和稀相床的温度。

④ 烟气氧含量　再生烟气中氧的浓度与主风流量、反应深度、进料量以及再生效果等密切相关。再生烟气氧含量的降低有助于在原料不足情况下，降低主风量，节约能耗；在原料充足时，控制器会把反应-再生操作条件卡边控制，提高加工能力，增加经济效益。

反-再系统的约束条件主要是主风机和富气压缩机的约束，为保证主风机和富气压缩机的安全，需根据主风机和富气压缩机的最大转速限制，限制主风总量和相应阀位的可操作范围。

经济指标是在操作条件约束范围之内，使产量最大，能耗最小。

(3) 工艺计算

以原有控制和检测仪表为基础，增加必要的工艺计算，建立多变量预估控制器，在确保装置运行平稳的情况下进行优化。控制系统结构如图 3-3-30 所示。

催化裂化装置中有许多重要变量是不可测的，如催化剂循环量、剂油比、转化率、再生器密相床线速及烧焦量等，需要对这些变量进行专门的计算。计算主要依据工艺提供的装置运行数据，再借助相应的工具软件进行。计算结果用于为多变量预估控制器提供控制指标和优化变量。

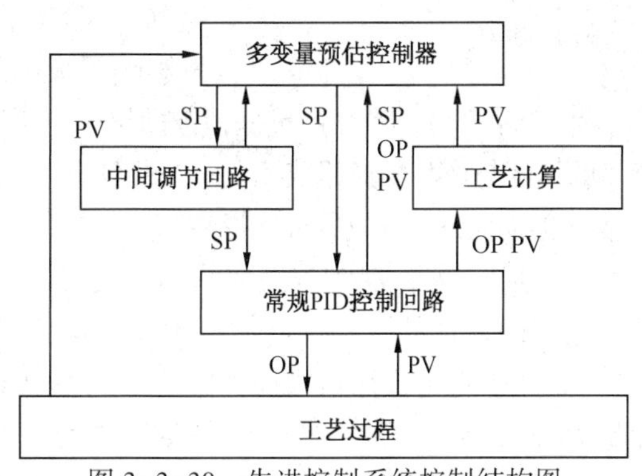

图 3-3-30　先进控制系统控制结构图

在本系统中，需要对总共 13 个工艺参数进行计算，如液化气产率、轻柴油产率及汽油产率的预测值等。

(4) 多变量预估控制器

根据上述分析，该系统的多变量预估控制器由 21 个被控变量(CV)、10 个操作变量(MV)及 2 个干扰变量(DV)组成。控制器的模型是 21×12 的矩阵。

控制器的 10 个 MV 分别是新鲜进料流量、回炼油流量、终止剂流量、原料油预热温度、提升管出口温度、再生主风流量、外取热提升风流量、外取热流化风流量、再生压力、分馏塔顶压力。

控制器的 21 个 CV 中，2 个用于控制目的，它们是再生密相温度和再生烟气氧含量；12 个作为约束条件，分别是再生稀相温度、外取热器密度、反应器与再生器压差、提升管中部与出口温差、待生塞阀压差、再生滑阀压差、外取热器取热负荷、再生器密相床线速、富气压缩机入口流量、富气压缩机入口压力、分馏塔底温度和分馏塔压差；其余 7 个用作优化变量，分别为预估转化率、预估干气产量、预估液化气产量、预估汽油产量、预估轻柴油产量、预估油浆产量和剂油比。

控制器的 2 个 DV 分别是增压风量和油浆循环量。

该控制系统投运后，取得了明显的效果，主要体现在控制水平得以提高，实现了主要生产指标和质量指标的卡边控制，提高了目标产品收率，减少了能耗，提高了装置的经济效益。另外，增强了装置的抗干扰能力，提高了装置的平稳性，降低了操作人员的劳动强度。

3.2.3 精馏塔的控制

精馏是把混合液进行分离，使之达到规定纯度的传热传质过程。精馏塔是蒸馏过程的关键设备，是一个多输入多输出对象，由于它的通道多，动态响应迟缓，内在机理复杂，变量之间相互关联，控制要求又较高。各种不同的控制方案是在分析工艺特性，满足精馏塔对自动控制要求的基础上产生的。

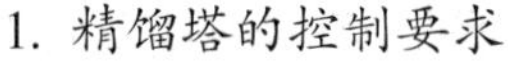

1. 精馏塔的控制要求

(1) 控制要求

精馏塔的控制要求，应从产品的质量指标(产品纯度)、产品的产量(回收率)和能量消耗三方面来确定。图 3-3-31 是精馏塔示意图。

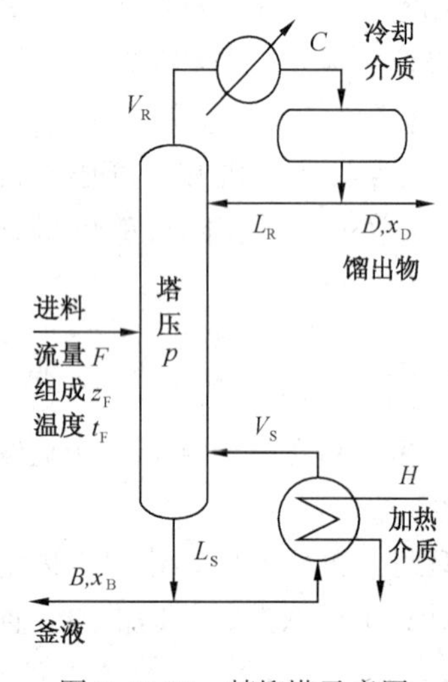

图 3-3-31 精馏塔示意图

① 质量指标 精馏塔操作的质量指标是使塔顶或塔底的一个产品达到规定的纯度要求，而另一产品的成分也应保持在规定的范围内。对二元组分精馏塔，产品质量指标的要求就是要使塔顶产品中的轻组分含量和塔底产品中的重组分含量符合规定的要求。对多元组分精馏塔，其产品质量指标的要求是使塔顶产品中的关键轻组分 x_D 和塔底产品中的关键重组分 x_B 的含量达到规定的要求。所谓关键组分，是对产品质量影响较大的组分。

② 产品产量 产品产量是精馏操作中需要达到的另外一个主要目标。在能耗一定的情况下，产品的纯度与产品的产量成反比。产品纯度增加，必然会使产品的产量减少。因此，在确保主要产品纯度的前提下，应尽可能提高产品的产量，低于或高于要求的纯度对生产都不利。

塔顶馏出液量 D 和釜液采出量 B 之和，基本上应等于进料量。塔内的蓄液量应保持在规定范围内。此外，控制塔内压力 p 稳定，对塔的平稳操作也是十分必要的。

③ 能量消耗 在精馏操作过程中，能量的消耗主要有再沸器的加热量 H、冷凝器的冷却量 C 以及精馏塔和一些附属设备的能量散失等。

能耗是不可避免的。一般在保证产品纯度的前提下，增加单位进料的能耗，可以提高产品的产量。但并不是单位进料能耗越高，产品回收率的增长就越多。当单位进料能耗增加到一定数值后，产品的回收率就增长不多了。因此，对能量消耗的要求应该是在保证产品质量和产量的前提下，尽可能控制低一些。

（2）精馏塔的约束条件

为保证正常操作，必须服从某些条件的制约。精馏过程的约束条件表明了精馏塔的操作限度。一般说来，精馏过程的约束条件有六种，即漏液限制、液泛限制、最大操作压力限制、再沸器加热限制、蒸汽冷凝量限制、冷凝器冷却限制等。图 3-3-32 所表示的就是这六种限制曲线。图中横坐标 p 表示塔压；纵坐标 v 表示塔内气相速度。因为不同的精馏塔分离不同的混合物时，分离度 s 的等值曲线形状和相应的数值是不同的，所以图中没有标明坐标值，此图只作示意图用。

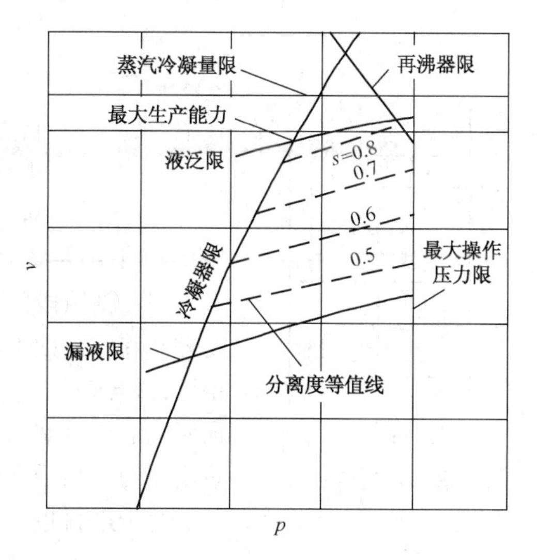

图 3-3-32　精馏塔的操作区

由图 3-3-32 可看出，上述各条限制曲线形成了一个操作区。在操作区内，精馏可正常进行，在操作区外精馏则不能正常进行。

（3）精馏塔的静态特性

精馏过程是建立在一定的物料平衡和能量平衡基础上的，各种干扰都是通过物料平衡和能量平衡的形式来影响塔的操作。要对各干扰因素实施有效的抑制，必须对精馏塔的静态特性和动态影响作一深入的了解。为方便起见，下面以二元精馏塔为例进行分析。

① 物料平衡

一个精馏塔在正常操作中，不管是总的物料量还是任一组分的量，其进料与出料之间总是保持物料平衡关系的。根据物料平衡关系，可得

$$\frac{D}{F}=\frac{x_F-x_B}{x_D-x_B}$$

$$\frac{B}{F}=\frac{x_D-x_F}{x_D-x_B}$$

式中　F——塔的进料量；

D——塔顶馏出物流量；

B——塔底采出物流量；

x_F、x_D、x_B——分别是进料、塔顶馏出液及塔底采出液中轻组分的摩尔含量。

由上式可见，进料在产品中分配量（用 D/F 或 B/F 来表示）是决定顶部和底部产品中轻组分含量 x_D 和 x_B 的关键因素。另外，进料组分 x_F 也是一个影响 x_D 和 x_B 的重要因素。

② 内部物料平衡

除了塔整体进出料之间的平衡外，在塔的内部也存在着物料平衡关系。为简化起见，这里以二元精馏塔及顶部和底部产品均是液相为例。图 3-3-33 所示为塔板 n 上的各项物料情况。在恒分子流假设的前提下，分析任意塔板 n（非进料板）的物料和热量衡算关系时，可知

$$L_{n-1}=L_n$$
$$V_{n+1}=V_n$$

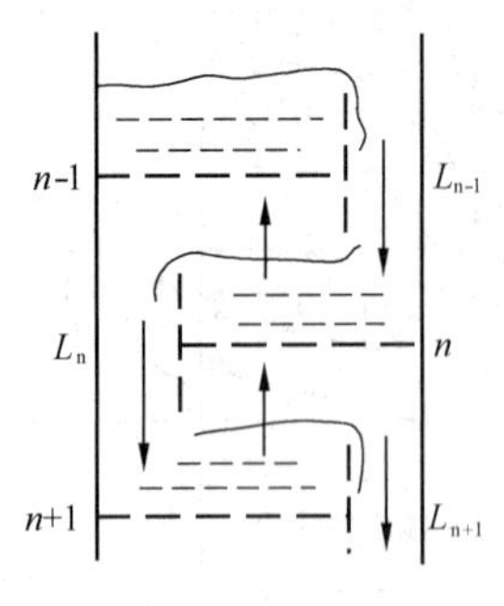

图 3-3-33　塔板 n 上各项物料情况

式中　L_{n-1}——自上一塔板流下的液相千摩尔数；

L_n——本塔板流下的液相千摩尔数；

V_{n+1}——自下一塔板上升的气相千摩尔数；

V_n——本塔板上升的气相千摩尔数。

即在精馏段内，各塔板的 V 及 L 分别相等；如果回流液的温度等于沸点，则 $V=V_R$，$L=L_R$。在提馏段内各板的 V 及 L 也分别相等，$V=V_S$，$L=L_S$。V_R 表示出塔顶的气相千摩尔数，L_R 表示塔顶回流液相千摩尔数，L_S 表示出塔底的液相千摩尔数，V_S 表示塔底循环的气相千摩尔数。

对于进料板，其物料平衡关系为

$$F+L_R+V_S=L_S+V_R$$

如果是液相沸点进料，则有

$$L_S=L_R+F,\quad V_S=V_R$$

如果是气相沸点进料

$$V_R=V_S+F,\quad L_S=L_R$$

如果在其他情况下进料，则需依据热量平衡关系作相应的修正。

对于精馏段(如图 3-3-34 所示)，需包含塔顶冷凝器。对精馏段上任意塔板 j 以上作物料平衡计算，有

$$y_{j+1}=\frac{R}{R+1}x_j+\frac{1}{R+1}x_D$$

式中　y_{j+1}——自 $j+1$ 板来的气相中轻组分浓度；

x_j——塔板 j 上液相中轻组分浓度；

R——回流比，$R=L_R/V_R$。

上式反映了任一塔板的气相组分与上一塔板的液相组分之间的关系。如绘制在 y-x 图上，就得到一条直线(见图 3-3-35 所示)，通常称为精馏段操作线，此线的斜率是 L_R/V_R。回流比 R 越大，斜率越大；在全回流时(即 $D=0$)，操作线将与对角线重合。同时，当塔顶气相在冷凝器内全部冷凝时，第一板的气相成分 $y_1=x_D$，因此操作线通过对角线上 $x=x_D$ 点。

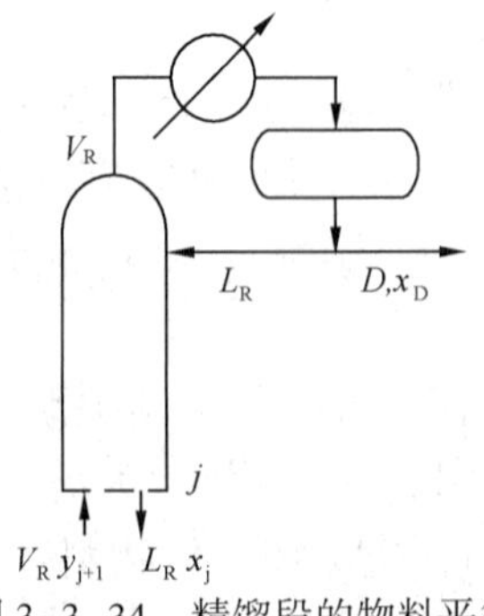

图 3-3-34　精馏段的物料平衡

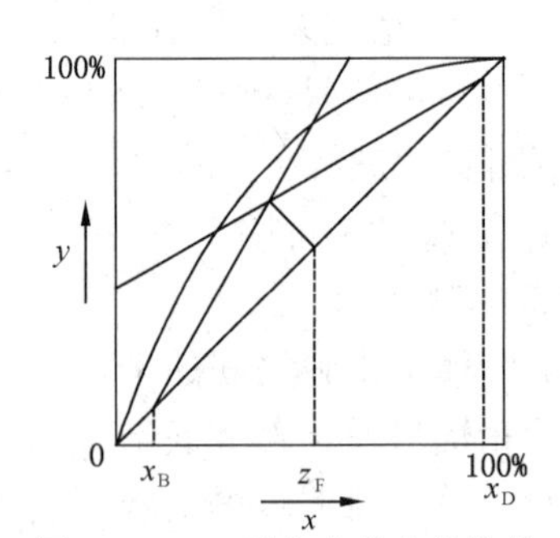

图 3-3-35　平衡曲线和操作线

对于提馏段(如图 3-3-36 所示)，应包含塔底再沸器。对提馏段中任意塔板 n 以下作物料平衡，有

$$y_k = \frac{L_S}{V_S} x_{n-1} - \frac{B}{V_S} x_B$$

上式同样表明了任一塔板的气相成分与上一塔板的液相成分间的关系。如绘制成提馏段操作线，则斜率为 L_S/V_S，并通过 $x=x_B$ 点。

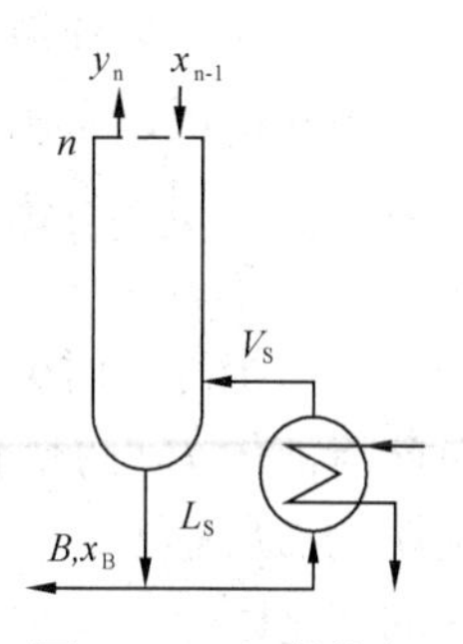

图 3-3-36　提馏段的物料平衡

③ 能量平衡关系

在建立能量平衡关系时，首先要了解分离度的概念，所谓分离度是指精馏塔两端产品成分间的分离关系，即

$$s = \frac{x_D(1 - x_B)}{x_B(1 - x_D)}$$

在不是全回流的情况下，影响塔分离度 s 的因素很多，可用下式表示为

$$s = f(\alpha,\ n,\ V/F,\ z_F,\ E,\ n_F)$$

式中　α——平均相对挥发度；

n——理论塔板数；

V/F——塔内上升蒸汽 V 与进料流量 F 之比；

E——塔板效率；

n_F——进料板位置。

其余符号同前。

对一个既定塔，α，n，E，n_F 是一定的或变化不大的，而进料组分 z_F 的变化对 s 的影响相对于 V/F 的变化对 s 的影响也小得多，可以忽略。另外，如果 V/F 一定，则塔的分离度 s 就一定。因此，

$$\frac{V}{F} = \beta \ln s \quad 或 \quad \frac{V}{F} = \beta \ln \frac{x_D(1 - x_B)}{x_B(1 - x_D)}$$

式中的 β 定义为塔的特性因子。对任意给定塔，β 可以用 V/F 除以分离度 s 的自然对数来求得。

式中，由于含有 V/F 项，它表示了塔的能量关系。

综上所述，对一个既定的精馏塔(包括进料组分 z_F 也一定)，只要 D/F 和 V/F 保持一定(或 F 一定时，保持 D 和 V 一定)，这个塔的分离结果 x_D 和 x_B 就可完全确定。

(4) 精馏塔的动态特性

由于精馏塔是一个多变量的、时变的和非线性的对象，各变量之间又有相互关联影响，定量分析十分困难，这里只就几个主要的、对塔的动态影响比较大的变量作一简要的介绍。

① 回流罐和冷凝器

物料平衡的动态方程式为

$$\rho_D A_D \frac{dh_D}{dt} = V_R - L_R - D$$

式中　A_D——回流罐的横截面积；

V_R——顶部气相流量；

ρ_D——馏出液的密度；

L_R——塔顶回流量；

H_D——回流罐液位高度。

由式中可以看出：回流罐的横截面积 A_D 越大，蓄液量就越多，D 变化引起 L_R 的变化滞后就越大。因为系统在静态时，回流量 L_R 等于顶部气相流量 V_R 与馏出液 D 之差，当 V_R 恒定时，控制 D 的大小实质上改变了回流量 L_R，即 $L_R = V_R - D$。

与系统静态时的物料平衡方程式 $L_R = V_R - D$ 相比，明显多了一项 $\rho_D A_D (dH_D/dT)$，这就意味着液位 H_D 的变化所引起的蓄液量的变化，同样会影响 L_R 和 D 之间的关系，为克服回流罐的滞后影响，必须控制液位恒定，即保持 H_D=常数。这样才能使 V_R 不变，L_R 及时跟踪 D 的变化以控制塔顶产品的成分。

② 塔釜和再沸器

物料平衡的动态方程式为

$$\rho_B A_B \frac{dH_B}{dt} = L_S - V_S - B$$

式中 A_B——塔釜的横截面积；

V_S——再沸器的上升蒸汽量；

ρ_B——釜液的密度；

L_S——底部内回流量；

H_B——塔釜液位高度。

要使上式保持静态时的关系，即 $B = L_S - V_S$，则塔底液位 H_B 也必须保持恒定，才能在 L_S 不变时，使 V_S 及时跟踪 B 的变化。这时采用改变 B 的大小来控制底部产品成分的方案尤其重要，否则将引起滞后而影响产品质量。

③ 组分滞后的影响

回流量不变时，塔底上升蒸汽量 V_S 对塔内各塔板间的组分的影响，需要经过一段时间才能到达塔顶。塔内的塔板数越多，组分滞后就越大。这表明，塔板上的组分平衡要等到影响组分的液相或气相流量稳定相当长时间后才能建立。因此，在精馏塔中采用及时补偿扰动的前馈-反馈控制要比只采用质量指标作为被控变量反馈控制的速度来得快。

④ 回流滞后和上升蒸汽的影响

回流滞后的影响是指塔顶回流量变化后，要经过一段时间才能影响到塔的底部，并且塔板数越多，回流滞后也越大。

然而，上升蒸汽速率变化的响应是非常快速的，塔底上升蒸汽量的改变，只需几秒钟就可影响到塔顶。因此，除了顶部塔板外，要使塔内任何一点的气-液比发生变化，使用上升蒸汽量(即改变再沸器加热量)要比用回流量快速得多。也就是说除测温点处于顶部塔板附近外，回流量不宜用作温度控制的操纵变量，而再沸器的加热量由于对所有塔板的温度控制都比较快速，所以在生产实际中常作温度控制系统的控制手段。

⑤ 能量变化的影响

由于精馏塔是一个恒定容积的系统，当塔的能量平衡受到干扰时，塔压将会起变化，为使塔压恒定，需要采用移走或加入一定热量的方式，使全塔的能量达到新的平衡。

除了上面提到的五种动态影响外，冷凝器和再沸器的传热也存在动态滞后，这些滞后在决定控制方案时都应加以重视。

(5) 干扰分析

影响精馏塔正常操作的因素很多，如图 3-3-37 所示，主要的有以下几个方面：

① 进料量的波动

进料量 F 发生波动，会影响塔的物料平衡和能量平衡，引起塔底或塔顶产品成分发生变化，影响产品的质量。

精馏塔的进料量 F 在许多情况下是由上游流程确定的，它的变化很难完全避免。只有当精馏塔位于整个工艺生产过程的起点时，才可采用定值控制使流量 F 维持恒定。比如，炼油生产中的常减压装置，其初馏塔的进料就是采用流量定值控制方案。一般情况下，可在上游流程采用液位与流量串级的均匀控制系统来控制其出料，以使塔的进料量变化平缓一些。

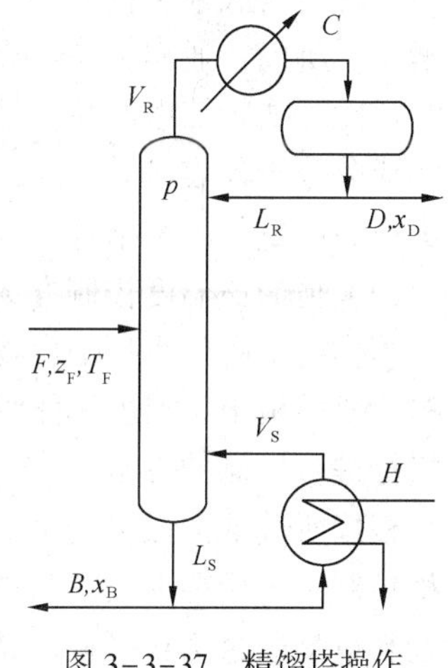

图 3-3-37 精馏塔操作影响因素

② 进料温度波动的影响

进料温度 T_F 的变化会影响塔底和塔顶产品组分的分布，影响产品的质量。对此，可采用温度定值控制系统使进料温度保持恒定，或通过改变再沸器的加热量来补偿由进料温度波动对产品质量的影响。进料温度一般是可控的。

③ 进料成分波动的影响

进料成分 z_F 一般是不可控的，它的变化也是难以避免的，它是由原料或上游流程的生产情况确定的。

④ 再沸器加热量波动的影响

再沸器加热量波动会使塔内上升蒸汽量 V 发生变化，V 变化将会影响分离度 s，从而引起产品组分发生变化。上升蒸汽量过大，甚至可能引起液泛。同时，塔的经济性和塔的效率也与再沸器加热量密切相关。为稳定精馏塔的操作，提高塔的效率，必须恒定再沸器的加热量。当再沸器的加热介质为蒸汽时，蒸汽压力波动往往是影响加热量的主要因素。此时，可设置蒸汽压力控制系统，也可在塔釜温度串级控制系统的副回路中予以克服。另外，对进入再沸器的蒸汽量，还可采用流量定值控制。

⑤ 回流量和冷剂量的波动

回流量的减少，会使塔顶温度上升，从而使塔顶产品中重组分含量增加。因此，在正常操作中，除非要把回流量作为操作变量，否则总希望将它维持恒定。

冷剂压力的波动将引起进入冷凝器的冷剂量变化，这将会影响到回流量的变化。所以在一般情况下，对冷剂量也应作定值控制。

⑥ 环境温度的变化

在精馏塔塔顶馏出物采用空气或冷却水降温的场合，塔顶馏出物的冷凝效果将随环境温度而变化，如果精馏塔采用外回流定值控制方案，就不能保证内回流恒定。所以，应该采用内回流控制的方案予以克服。内回流通常是指精馏段内上一层塔盘向下一层塔盘流下的液体量。内回流控制是指保持内回流为恒定值或按某一规律变化的控制方案。

2. 精馏塔的基本控制方案

影响精馏塔稳定运行的因素很多，有些是不可控的，有些是可控的。不可控的干扰因素最终将反映在塔顶馏出物与塔底采出液的成分变化上。可控的影响因素包括塔顶馏出物流量、塔底采出物流量、回流量、再沸器的加热量、冷凝器的冷却量，其影响都可以用定值控制加以克服，这些变量都可选作操作变量。

根据精馏塔的物料平衡和能量平衡关系，在其他参数不变的条件下，增加进入再沸器的加热量将使塔底采出量减少，塔顶采出量增多；增加回流量就使塔顶采出量减少，塔底采出量增多。所以，通常都是选择再沸器加热量和回流量作为操作变量。

最能反映精馏塔产品质量的指标是塔顶或塔底产品的成分。但是，目前用于测量产品质量的成分分析仪表滞后较大，反应缓慢，不能满足控制要求，因此大多是以塔顶或塔釜温度作为产品质量的间接指标。

(1) 精馏段温度控制方案

当作为产品的塔顶馏出物 D 的纯度要求比塔底采出量 B 高，或进料全部是气相，或塔底提馏段塔板上的温度不能很好反映产品成分的变化时，一般采用以精馏段温度为间接品质量指标进行控制的方案。

根据所选取的操纵变量对塔的控制作用不同，控制方案可分为物料平衡控制系统和能量平衡控制系统两种形式。当选取的操纵变量是塔顶馏出物 D 或塔底采出物 B 时，由于这两种物料量是通过物料平衡关系间接影响塔的内部平衡从而起控制作用的，所以通常把它叫做物料平衡控制系统；当选取的操纵变量是回流量 L_R、再沸器的加热量 H 或冷凝器的冷却量 C 时，由于这三个量是通过直接改变塔的能量平衡关系和改变塔内部的液化比关系，而起控制作用的，因此通常把它叫做能量平衡控制系统。上述两种控制系统基本形式的差别仅仅在于直接改变的是能量平衡关系还是物料平衡关系。

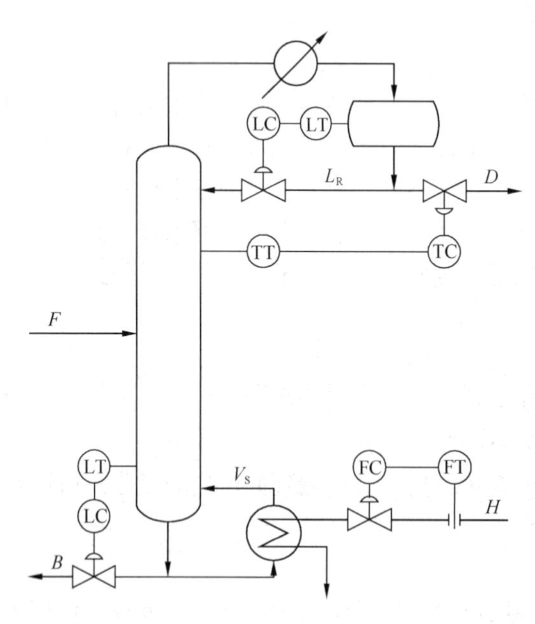

图 3-3-38　物料平衡控制方案(精馏段)

① 物料平衡控制方案

精馏段物料平衡的控制方案如图 3-3-38 所示。该方案以精馏段塔板温度作被控变量，以塔顶馏出液 D 作为控制产品质量的手段。同时，通过对再沸器加热量 H 的定值控制使 V_S 流量保持恒定。为克服回流罐的动态滞后以及塔釜液位变化对再沸器传热效果的影响，回流罐和塔釜都设有液位控制系统。

该方案的主要优点是物料与能量平衡之间关联最小；内回流在周围环境温度变化时基本保持不变。例如，再沸器的加热量受干扰而增加时，会引起塔内的上升蒸汽量增加并使塔顶温度升高，上升蒸汽量经冷凝器冷却后，使回流罐的液面上升，液位控制器则通过控制阀加大回流量使塔顶温度下降，从而克服了由塔内上升蒸汽量的增加而对塔顶温度的影响。还有，在产品不合格时，温度控制器可自动关闭出料阀，自动切断产品，严格控制和防止不合格产品进入下游流程。

然而，该方案温度控制回路滞后较大，从馏出液 D 的改变到温度变化，要间接地通过液位控制回路来实现，特别是回流罐容积较大，反应更慢，给控制带来了困难，所以该方案适用于馏出液 D 很小(或回流比较大)且回流罐容积适当的精馏塔。

该方案的弱点是，温度控制回路的滞后比较大，这是因为从馏出液 D 的变化到温度的变化，要间接地通过液位控制回路来实现，回流罐的容积越大，滞后的影响也就越严重。因此该方案适用于馏出液 D 很小(或回流比较大)且回流罐容积适当的精馏塔。

② 能量平衡控制方案

精馏段能量平衡控制方案如图 3-3-39 所示，该方案是以精馏段塔板温度作被控变量，以回流量 L_R 作为控制产品质量的手段，对再沸器的加热量实行定值控制。回流罐和塔釜都设有液位控制系统。

该方案的优点是，控制作用滞后小，反应迅速，对克服进入精馏塔段的干扰和保证塔顶产品质量很有利，是精馏塔控制中最常用的方案之一。

该方案的弱点是，容易受环境温度变化的影响，特别是采用风冷式冷凝器时，当环境温度改变时，即使 L_R 没变，内回流也会变，从而影响了精馏塔的平稳操作。另外，物料与能量之间的关联较大。该方案适用于 $L_R/D<0.8$ 及某些需要减少滞后的精馏塔。

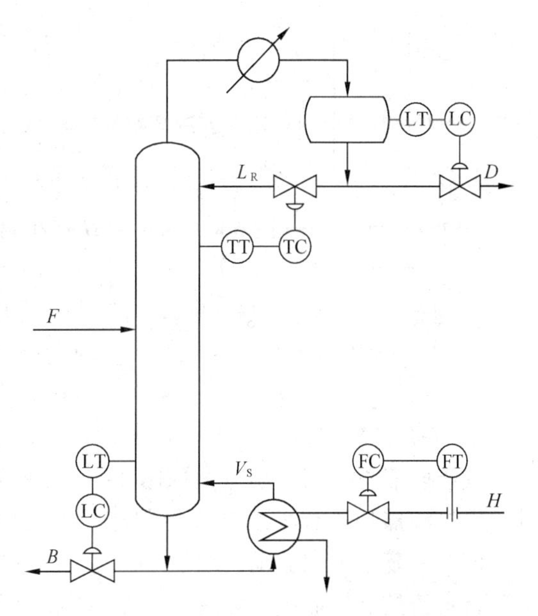

图 3-3-39 能量平衡控制方案(精馏段)

炼油厂中的常压塔和减压塔都只有精馏段的塔，是采用这种控制方案的例子。这两种塔在结构上都只有精馏段，都有侧线，并且每一侧线都有汽提装置；进料都来自加热炉，是两相混合物，其温度和流量都预先经过调节；在作用上都是把进料分离成几种不同馏程的产品，所以在工艺上和自动控制方案的选择上也很类似。图 3-3-40 就是常见的常压塔简化的控制流程(中段回流未绘出)。如果塔顶一线馏出物为主要产品，那么，常用的控制方案是塔顶温度 T_D 为被控变量，以回流量 L_R 为操纵变量，并保持各侧线流量恒定。

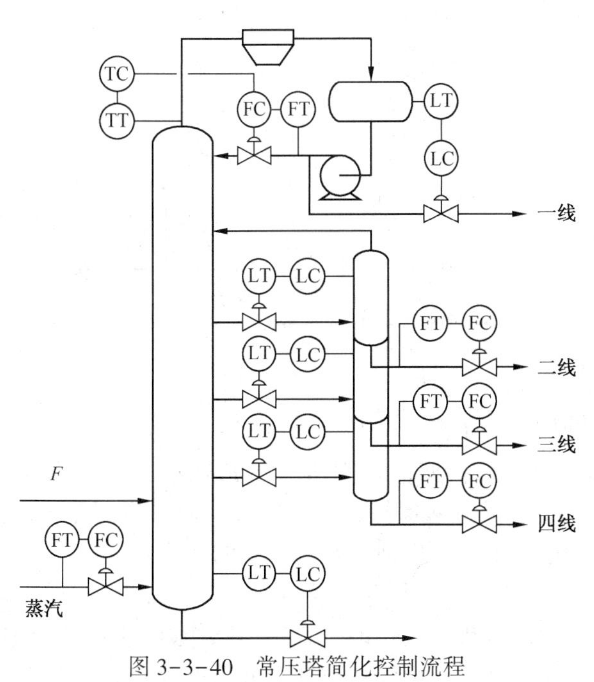

图 3-3-40 常压塔简化控制流程

(2) 提馏段温度控制方案

当塔底采出液的成份要求比塔顶高，且进料全部为液相(因为各进料情况的波动对提馏段的影响较大)，塔顶或精馏段塔板上的温度不能很好反映产品成份的变化，或实际操作回流比相对于最小回流比大好几倍时，一般采用以提馏段温度为间接品质量指标进行控制的方案。常用的控制方案有两类。

① 物料平衡控制方案

提馏段物料平衡的控制方案如图 3-3-41所示，该方案以提馏段某层塔板的温度作被控变量，塔底采出量 B 作为控制产品质量的手段；利用定值控制使回流量 L_R 恒定；回流罐液位控制系统以保证 $D=V_R-L_R$；塔釜液位控制器对再沸器加热蒸汽量进行控制，保持了

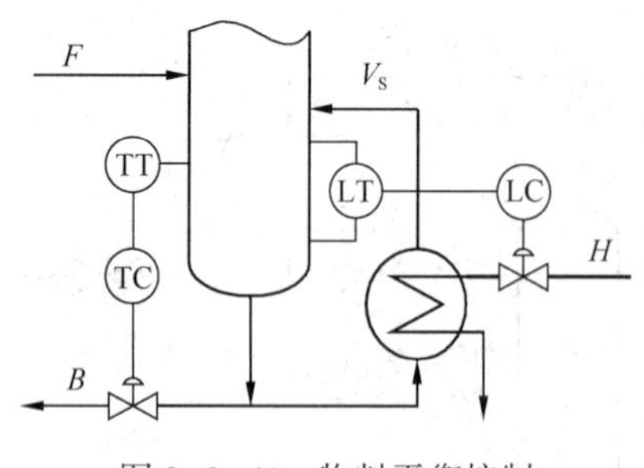

图 3-3-41　物料平衡控制方案(提馏段)

$V_S=L_S-B-\rho_B A_B\dfrac{dh_B}{dt}$的物料平衡关系。

该方案的优点是物料平衡与能量平衡关系之间的关联最小；当塔底采出量 B 不符合产品质量要求时，会自行暂停出料。缺点是滞后较大。该方案仅适用于 B 很小且 $B<20\%V_S$ 的塔。

由于该方案温度的控制是通过改变塔底采出量 B 来实现的，如果塔底采出量是另一个塔或下一个工序的进料，它的变动可能对下一个工艺过程的操作产生扰动。此时，应采用能量平衡控制方案。

② 能量平衡控制方案

提馏段能量平衡控制方案如图 3-3-42 所示，该方案以提馏段某层塔板的温度作被控变量，以再沸器加热蒸汽量 H 为控制产品质量的手段。为克服塔底蓄液量的滞后和维持回流罐液面在一定范围内波动，塔底和回流罐都设置了液位控制系统。图 3-3-42(a)是对回流量进行定值控制，而图 3-3-42(b)是对回流比进行定值控制。以加热蒸汽量为操纵变量的方案，优点是滞后小，反应迅速，有利于克服进入提馏段的干扰和保证塔底产品质量。该方案也是目前应用最广的精馏塔控制方案之一，仅在 $V_S/F\geqslant2.0$ 时不适用。该方案的缺点是物料平衡与能量平衡关系之间存在一定的关联。

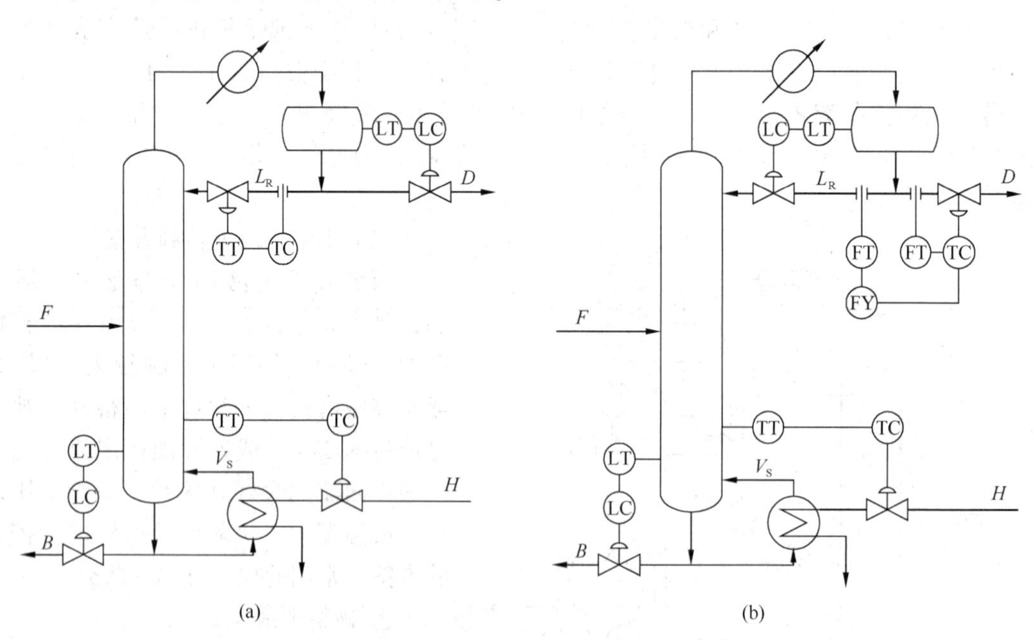

图 3-3-42　能量平衡控制方案(提馏段)

对比方案(a)和(b)可看出，由于方案(a)是保持回流量固定，如 F 减小，则必然增加能耗，如 F 增加，则可能出不合格产品。而方案(b)是保持回流比不变，如 F 减小，则 L_R 和 D 均相应减小，如 F 增加，则 L_R 和 D 相应增加，所以适应负荷变化的能力较强。

(3) 精馏塔的压力控制

精馏塔的操作大多是在塔内压力维持恒定的基础上进行的。在精馏操作过程中，进料流量、进料成分和温度的变化，塔釜加热蒸汽量的变化，回流量、回流液温度及冷剂压力的波动等等都可能引起塔压波动，而塔压的波动会使塔内每层塔板间的气液相平衡关系发生改变，从而使整个塔的平稳操作遭受破坏，直接影响产品的质量和产量。所以，在精馏操作中，必须对压力进行控制，以保证精馏塔在某一恒定压力下工作。

根据被加工的物料性质和加工目的，精馏可在常压、减压及加压下操作。由于压力不同，精馏塔的压力控制方案也不同，但都是利用能量平衡的原理来完成的。

① 常压塔的压力控制

通常，常压塔对稳定塔顶压力的要求不高，一般只需在回流罐上设置一个通大气的管道来平衡压力，以保持塔内压力接近大气压即可。如果对塔顶压力的控制要求比较高，或工艺不允许把回流罐直接通大气，则需要专设压力控制系统，以维持塔压稍高于大气压，其方案类似加压塔控制方案。

② 加压塔的压力控制

所谓加压精馏塔是指精馏塔操作压力大于大气压的情况。在加压精馏过程中，压力的变化不仅会影响到产品的质量，还会影响到设备的安全。加压精馏塔控制方案主要根据塔顶馏出物状态(气相还是液相)及馏出物中不凝气体含量的多少确定。

• 气相采出，且有大量不凝物

图 3-3-43 所示的方案是气相出料的压力控制系统，适用于在塔负荷和进料组成不稳定，塔釜加热蒸汽有较大波动情况。该方案通过控制塔顶气相产品的流量来维持塔压，并以冷凝器的冷剂量作为控制回流罐液位的手段，以保证足够的冷凝液作回流。若气相出料为下游流程进料，则可以采用压力-流量均匀控制系统。

该方案由于取压点选在塔顶，且气相流量较大，所以滞后小，控制灵敏。

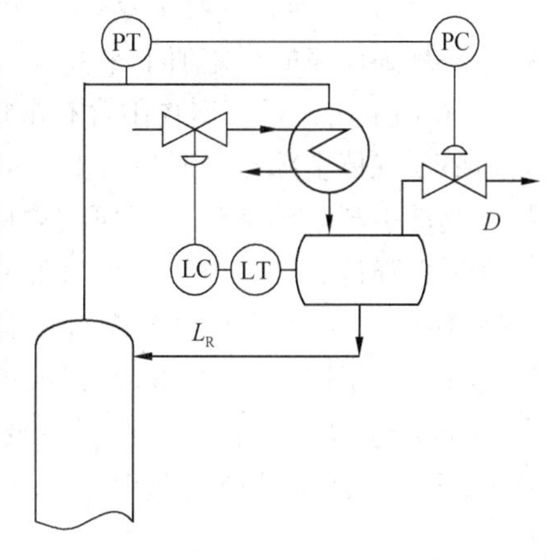

图 3-3-43　塔顶气相采出压力控制方案

• 液相采出，且馏出物中含有大量不凝物

图 3-3-44(a)所示压力控制方案，适用于液相出料、塔顶气相中有大量不凝气体存在的情况。此方案的测压点在回流罐上，调节阀安装在气相排出管线上，采用改变气相排出量来保持压力恒定。由于塔顶有大量不凝气体存在，而不凝气体排出量的改变能很快改变系统的压力，所以滞后很小。这种方案适用于塔顶气体流经

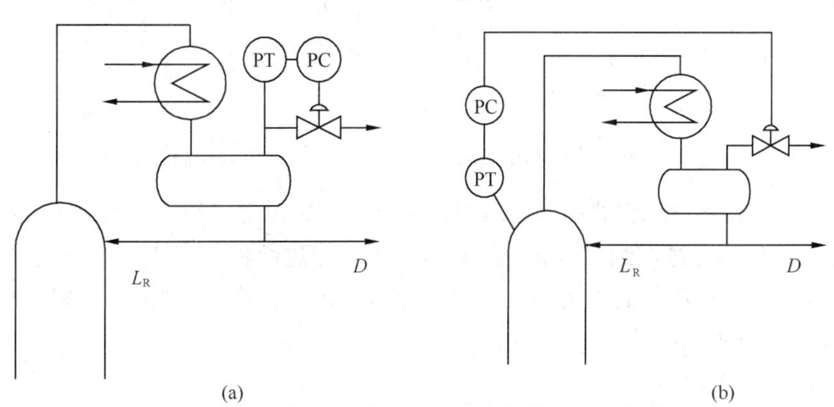

图 3-3-44　塔顶压力控制方案(馏出物中含有大量不凝物)

冷凝器的阻力变化不大的场合，回流罐压力可以间接代表塔顶压力，维持回流罐内压力即保证塔顶压力恒定。

若由于进料流量、成分、加热蒸汽等扰动引起冷凝器阻力变化时，则回流罐压力不能代表塔顶压力，此时应采用图 3-3-44(b)所示的方案。

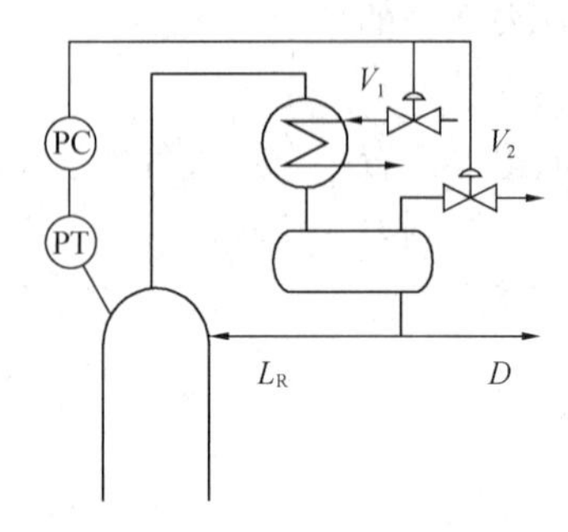

图 3-3-45　塔顶压力分程控制

• 液相采出，且馏出物中含有少量不凝气

当塔顶气相中只含少量不凝气体（其量小于气相总流量的 2%）时，或在塔的操作中，预计只有部分时间产生干气时，就不能采用控制不凝物排放量来保持塔顶压力，此时可采用图 3-3-45 所示的分程控制方案。

采用该方案，正常操作时，控制器输出信号为小于 50% 时，调节阀 V_1 工作，调节阀 V_2 关闭，分程控制系统通过控制冷剂量改变冷凝率(冷凝速度)的方法，使塔顶压力维持在设定值上。随着操作时间的增加，不凝气体在冷凝器中逐渐积聚，覆盖冷凝表面，引起压力升高，导致阀 V_1 控制失效。当控制器的输出信号大于 50% 时，阀 V_2 开启，排放积聚在冷凝器和回流罐中的不凝气体，使冷凝器内蒸汽有效冷凝，并使塔压回复到原来的设定值上来。

• 液相采出，且馏出物中含有微量不凝性气体

当塔顶气体全部冷凝或只含微量不凝气体时，通常采用改变传热量的方法来控制塔压。如果传热量小于全部蒸汽冷凝所需要的热量，则蒸汽将积聚起来使塔压升高，反之传热量大，则压力降低。具体控制方案如图 3-3-46 所示的 3 种方式。

图 3-3-46(a)是通过改变冷凝器的冷却水量来恒定塔压的控制方案，这方案最节约冷却水量。图 3-3-46(b)是以改变冷凝器传热面积为手段控制塔顶压力的方案，即让凝液部分地浸没冷凝器，该方案反映较迟钝。图 3-3-46(c)是采用旁路的形式来控制塔顶压力，其实是改变气体进入冷凝器的推动力，该方案反映较灵敏，炼油厂中应用较多。

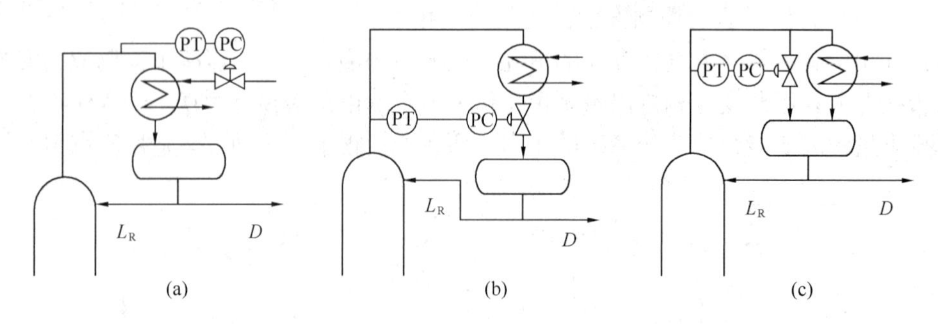

图 3-3-46　馏出物中含有微量不凝物的塔顶压力控制方案

图 3-3-47 所示是“浸没”式冷凝器压力控制方案。冷凝器一般在回流罐下 3~5m 处，采用这种控制方案时，通过控制 $\Delta p = p_1 - p_2$ 来达到改变传热面积。当 Δp 增加时，冷凝器内冷凝液液面下降，使气相冷凝面积增加，所以传热量增加，冷凝量增加，使塔压减小，因此，当 p_1 增加时，应增加 Δp，反之应减小 Δp。

③ 减压塔的压力控制

减压塔用蒸汽喷射泵和电动真空泵来获得一定的真空度。图 3-3-48 是用蒸汽喷射泵来

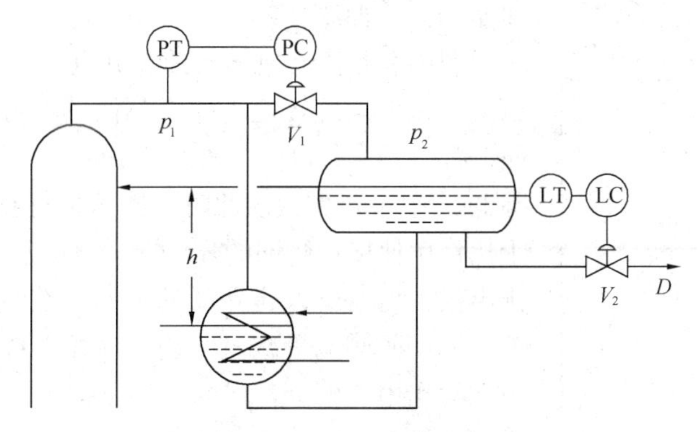

图 3-3-47 “浸没式”冷凝器压力控制方案

抽真空时的控制方案，入口蒸汽压力控制系统可克服蒸汽压力波动对真空度的影响。当塔顶真空度低于设定值时，空气调节阀开度关小，使塔内不凝性气体抽出量增加，以提高真空度。反之，则开大空气调节阀，用补充的空气量来维持压力。这种方案能有效地控制任何波动和扰动对塔顶压力的影响。

图 3-3-49 所示是采用电动真空泵的减压系统的压力控制方案，该方案是用控制不凝气体抽出量来保证真空度恒定。

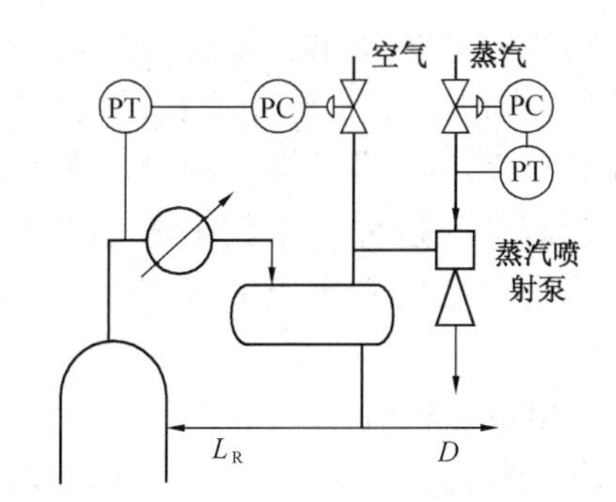

图 3-3-48 蒸气喷射泵抽真空的压力控制

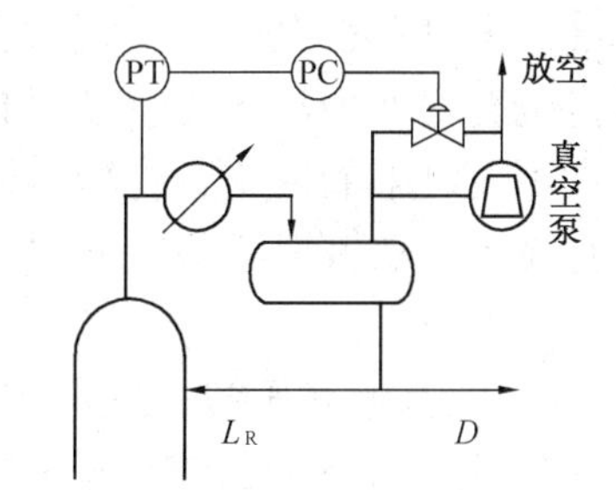

图 3-3-49 电动真空泵抽真空的压力控制

上述精馏塔塔压的控制都属于恒定塔压的控制系统。从节能的角度和传质的原理来看，这种恒定塔压控制的操作不是优化的操作。当塔压低时，混合物的相对挥发度高，为了获得相同纯度要求的分离效果所消耗的能量就小，或者说在相同的能耗下，精馏塔的处理量增大，产量提高。所以，在精馏塔的控制中，也有采用浮动塔压控制方案。

3.2.4 大型机组的监控与联锁保护

大型机组，如乙烯装置的三机(裂解气压缩机、乙烯压缩机、丙烯压缩机)、化肥装置的五机(原料气压缩机、合成气压缩机、空气压缩机、氨压缩机、二氧化碳压缩机)、炼油厂的三机(烟气轮机、主风机、富气压缩机)以及电厂的汽轮发电机等，是工艺生产中的关键设备。其中，压缩机被用于输送气相物料。

根据结构和工作原理，压缩机可分为离心式压缩机和往复式压缩机两大类。以下结合离心式压缩机的特点，分析其控制系统。

1. 离心式压缩机特性曲线

离心式压缩机的特性曲线是指压缩机出口绝压 p_2 与入口绝压 p_1 之比(也称压缩比)与吸

入体积流量 q_1 之间的关系曲线，即 p_2/p_1-q_1 曲线，如图 3-3-50 所示。

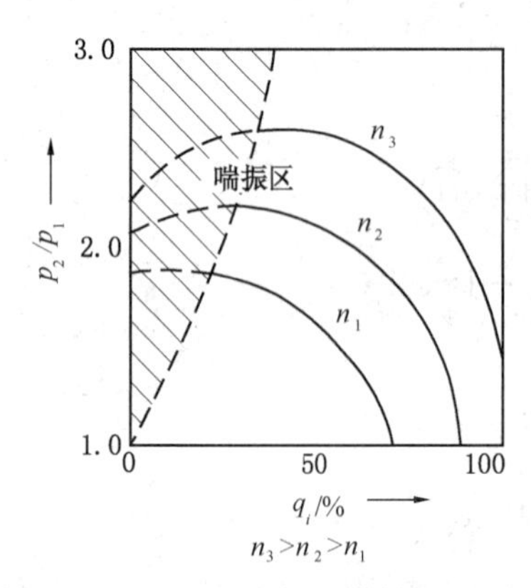

图 3-3-50 离心式压缩机特性曲线

图中 n 是离心机的转速，并且，$n_1<n_2<n_3$。由图可见，压缩机在不同的转速下，有不同的特性曲线，每一条特性曲线都有一个最高点。在该点的右边，随着压缩比 p_2/p_1 的降低，流量 q_1 增大。此时，压缩机有自衡能力，表现在因干扰作用使出口管网的压力下降时，压缩机能自发地增大排出量，提高压力建立新的平衡。在最高点左边，降低压缩比，反而使流量减少，这时对象工作不稳定，即，如果因干扰作用使出口管网的压力下降时，压缩机不但不增加输出流量，反而减少排出量，致使管网压力进一步下降，因此，离心式压缩机特性曲线的最高点是压缩机能否稳定操作的分界点。将不同转速下的特性曲线的最高点连接起来，得到一条表征压缩机能否稳定操作的近似抛物线的极限曲线(即图 3-3-50 中的虚线)，在极限曲线的右侧为正常运行区，在极限曲线的左侧，即图中的阴影部分是不稳定区。

2. 离心式压缩机的喘振

离心式压缩机在运行过程中，当负荷低于某一定值时，可能进入不稳定区，使气体的正常输送遭到破坏。此时，气体的排出量时多时少，忽进忽出，发生强烈振荡，并发出如同哮喘病人“喘气”的噪声。此时，可看到气体出口压力表、流量表指示大幅度波动。随之，机身也会剧烈振动，并带动出口管道、厂房振动，压缩机将会发出周期性间断的吼响声。如不及时采取措施，将使压缩机遭到严重破坏。这种现象就是离心式压缩机的喘振，或称飞动。喘振现象是离心式压缩机，尤其是大型离心式压缩机安全运行的最大的威胁。

图 3-3-51 是离心式压缩机在某固定转速 n 下的出口体积流量 q_o 与出口压力 p_2 之间的关系曲线。图中$(q_o)_B$ 是在固定转速 n 的条件下对应于最大出口压力$(p_2)_B$ 的体积流量，它是压缩机能否正常操作的极限流量。A 点是压缩机正常运行时的工作点。如果负荷减少(压缩机吸入流量减小)，压缩机出口流量也会减小，工作点将沿着曲线 EAB 方向移动，在 B 点处压缩机达到最大出口压力。如果继续减小负荷，则将因压缩机排出气量过少，导致压缩机出口压力突然减小，但与压缩机相连的管路系统的压力不会突变，管网压力反而高于压缩机出口压力，于是发生气体从管网向压缩机机体倒流的现象，工作点瞬间移动到 C。由于压缩机在继续运转，倒流流量逐渐减小，工作点沿曲线 CD 移动。一旦压缩机出口压力达到管路系统压力，又立刻向管路系统输送气体，出口流量迅速增加，工作点由 D 点突变到 E 点。压缩机排出气量的增加，使出口压力升高，工作点将沿 EAB 方向移动。如果此时能使负荷恢复到与 A 点相对应的值，那么压缩机可在 A 点稳定下来，否则，将经过 A 点移至 B 点，并重复上述过程，这就是喘振发生的机理。

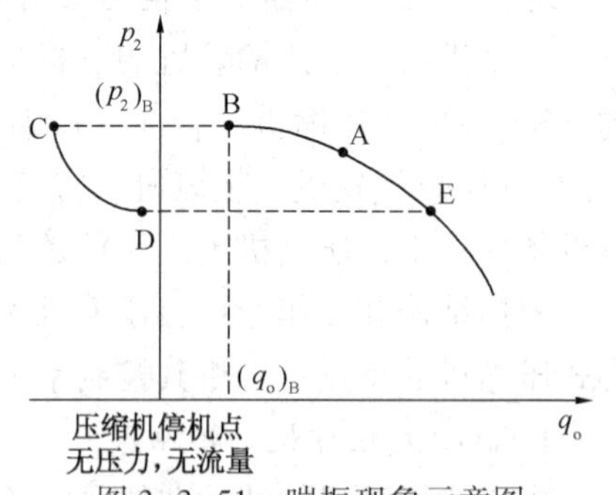

图 3-3-51 喘振现象示意图

喘振是离心式压缩机所固有的特性，每一台离心式压缩机都有一定的喘振区域。负荷减小是离心式压缩机发生喘振的直接原因，也是最常见的原因。此外，被输送气体的吸入状态(如温度、压力等)的变化以及管网阻力的变化，也是造成压缩机喘振的因素。一般讲，吸入气体的温度或压力越低、管网阻力越大，压缩机越容易进入喘振区。

3. 离心式压缩机的防喘振控制方案

负荷降低导致排气量小于极限值是造成离心式压缩机喘振的主要原因。如果使压缩机的吸气量大于或等于在该工况下的极限排气量即可防止喘振。按照这个思路，采用压缩机的循环流量法，在负荷减小时，通过加大循环量来保证压缩机的吸入流量。工业生产上常用的控制方案有固定极限流量法和可变极限流量法两种。

(1) 固定极限流量法。

对于工作在一定转速下的离心式压缩机，都有一个进入喘振区的极限吸入流量 q_B，为了安全起见，规定一个大于 q_B 的压缩机吸入流量的最小值 q_{min}，让压缩机吸入的流量总是大于 q_{min}。当工艺负荷需要减小时，打开旁路阀，将部分出口流量补充到吸入量中，从而防止进入喘振区，这种防喘振控制称为固定极限流量法。固定极限流量法防喘振控制的目的就是在负荷变化时，始终保证压缩机的吸入流量 q_1 不低于 q_{min} 值。图 3-3-52 所示为固定极限法防喘振控制方案，在压缩机的吸入气量 $q_1>q_{min}$ 时，旁路阀关死；当 $q_1<q_{min}$ 时，旁路阀打开，压缩机出口气体部分经旁路返回到入口处，这就使压缩机的吸入气量增大到大于 q_{min} 值，实际向管网系统的供气量减少了，既满足工艺的要求，又防止了喘振现象的出现。

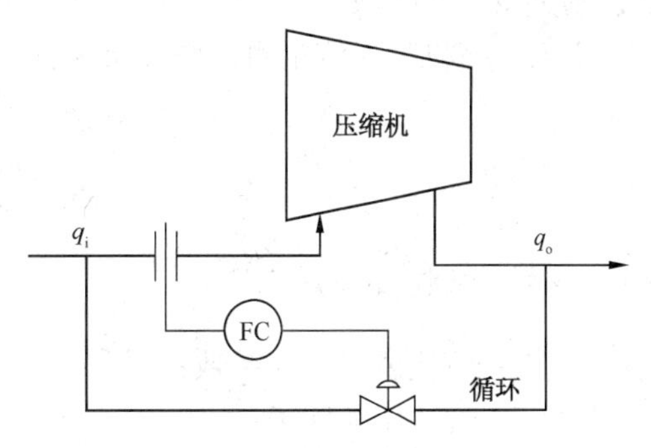

图 3-3-52　固定极限流量防喘振控制方案

本方案结构简单，运行安全可靠，投资费用较少，但当压缩机的转速变化时，如按高转速取给定值，压缩机低转速运行时给定值偏高，始终有部分气体回流，能耗过大；如按低转速取给定值，则在高转速时仍有因给定值偏低而使压缩机产生喘振的危险。因此，这种防喘振控制适用于固定转速的场合或负荷不经常变化的生产装置。

(2) 可变极限流量法。

实际生产中，压缩机的转速不可能保持不变，所以实际应用中很少采用固定极限流量防喘振控制方案，而是采用可变极限流量防喘振控制方案。所谓可变极限流量防喘振控制，是指在压缩机的整个负荷变化范围内，设置极限流量跟随转速而变的一种防喘振控制。

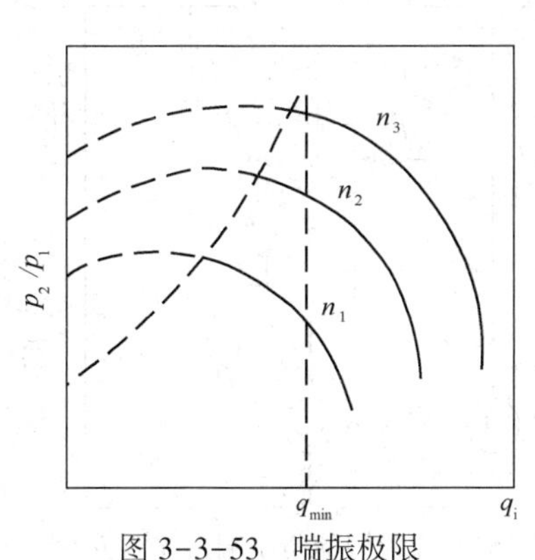

图 3-3-53　喘振极限

实现可变极限流量防喘振控制，关键是确定压缩机喘振极限线方程，如图 3-3-53 所示，喘振极限线的数学表达式可通过理论推导获得。在工程上，为了安全上的原因，可在喘振极限线右侧保留 5%~10% 的安全裕量。所以，实现压缩机的可变极限流量防喘振控制，需要解决两个问题，一是建立描述安全操作线的数学方程，二是用仪表实现该数学方程的运算。

为分析方便，以 $p_2/p_1-q_1^2$ 曲线代替 p_2/p_1-q_1 曲线，于是极限曲线和安全操作线就可用直线来近似，如

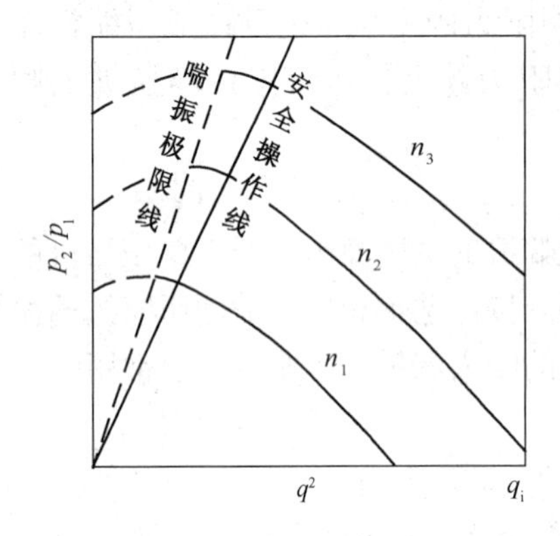

图 3-3-54　极限曲线和安全

图 3-3-54 所示。安全操作线可用经验公式描述为

$$\frac{p_2}{p_1} = a + b \cdot \frac{q_1}{T_1}$$

式中　T_1——吸入气体绝对温度；

q_1——吸入气体流量；

p_1，p_2——压缩机吸入口、出口绝对压力；

a，b——系数，一般由压缩机制造厂提供。

p_1，p_2，T_1 和 q_1 可以用测试方法得到。上式被称作防喘振条件式。如果 $\frac{p_2}{p_1} \leqslant a + b\frac{q_1}{T_1}$，则工况是安全的；反之，则可能发生喘振。

引入压缩机吸入流量测量中节流装置测得的压差 Δp，可得

$$\frac{p_2}{p_1} = a + b \cdot c \cdot \frac{\Delta p}{p_1}$$

式中　c——常数，$c = k^2 \frac{ZRg}{M}$；

k——节流装置比例系数；

Z——气体压缩因子；

R——气体常数；

g——重力加速度；

M——气体相对分子质量。

因此，为了防止喘振，应有

$$\Delta p \geqslant \frac{1}{m}(p_2 - a \cdot p_1)$$

其中，$m = 1/(bc)$。

图 3-3-55 就是根据上式实现的一种防喘振控制方案。压缩机吸入口、出口压力 p_1，p_2 经过测量、变送器以后送往加法器 Σ，得到 $(p_2 - ap_1)$ 信号，然后乘以系数 1/m，作为防喘振控制器 FC 的给定值。控制器 FC 的测量值是测量吸入口流量的节流装置两端的差压信号。当测量值大于给定值时，压缩机工作在正常运行区，旁路阀关闭；当测量值小于给定值时，这时需要打开旁路阀以保证压缩机的吸入口流量不小于给定值。这种方案就是可变极限流量法防喘振控制方案，其控制器 FC 的给定值是经过运算得到的，因此能根据压缩机负荷的变化情况随时调整吸入口流量的给定值，而且由于这种方案将运算部分放在闭合回路之外，因此可像单回路流量控制系统那样

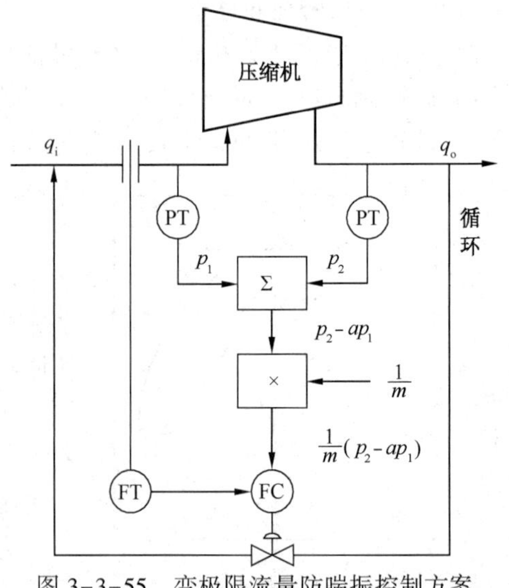

图 3-3-55　变极限流量防喘振控制方案

整定控制器参数。

4. 大型机组的其他监视与控制系统

由于大型机组是生产装置中的关键设备，所以，除了防喘振控制系统外，还有负荷控制系统、油路控制系统、轴位移及轴振动监测系统和联锁保护系统。

(1) 压缩机负荷控制系统

即排量或出口压力控制。常用的控制方法有直接节流法、旁路回流法、调节原动机的转速等。其中，调节压缩机转速的方法最节能，特别是大里压缩机现在一般都采用蒸汽透平作为原动机，实现调速较为简单，应用较为广泛。采用旁路回流法时，气体经多级压缩后，出口与入口压力之比即压缩比已很大，不宜从末段出口直接旁路到第一段入口，因为这样做，能量消耗太大，阀座在高压差下磨损也易太大，故一般宜采用分段旁路，或增设降压消音装置等措施。

压缩机的负荷控制有时也可以采用压缩机出口压力控制来实现。

(2) 油路控制系统

一台大型压缩机组一般均附有密封油、润滑油和调速油三个系统，为此机组就有油箱液位、油冷却器后油温、油压等检测控制系统。

(3) 轴位移及轴振动监测系统

由于压缩机是高速运动的机械，有的转速可达每分钟上万转，一旦转子振动或轴位移超量，若不及时停车，就会造成严重损坏，因而大型压缩机组在轴瓦内都设有多个测量探头和一套报警联锁系统，对轴位移和轴振动进行检测。

(4) 联锁保护系统

联锁保护是机组控制的重要内容，一般包括润滑油系统压力低停车、轴位移大停车、超速停车、轴振动高停车、轴瓦温度高停车、紧急手动停车、密封系统停车和其他停车。

机组联锁保护的设计要兼顾安全性和适用性，过多的保护会造成不必要的停车，影响整个装置的运行。

第4章　计算机控制系统

数字计算机在过程控制中的应用日益广泛。本章以可编程序控制器(PLC)、集散控制系统(DCS)以及现场总线控制系统(FCS)为重点，介绍PLC、DCS和FCS的编程和组态。本章还简要介绍OPC通信技术和数字通信基本概念。

4.1　可编程序控制器的编程

国际标准IEC61131规定了可编程序控制器(PLC)的5种编程语言(即梯形图语言、语句表语言、功能图语言、顺序功能表图语言及结构化文本描述语言)。SIMATIC STEP 7是西门子S7系列PLC的编程软件，支持梯形图、语句表和功能图三种基本编程语言，本节重点介绍S7-300 PLC的梯形图编程语言的复杂指令及其编程方法。

4.1.1　PLC常用复杂指令

PLC的常用指令除了在本书第二篇介绍的位逻辑指令和定时器、计数器外，还有一些相对复杂的常用指令，下面加以简要介绍：

(1) 逻辑跳转指令

逻辑跳转指令是基于RLO(逻辑运算结果)的条件执行跳转，是逻辑块内的跳转和循环指令。在没有执行跳转和循环指令时，各条语句按从上到下的先后顺序执行，逻辑跳转指令发生时，跳转到相应的地址标签。

逻辑跳转指令有JMP和JMPN两种，其含义如下：

① JMP　当RLO=1时，程序跳转到指定的标签处，条件与标签间的指令将不执行。这个指令可以在所有的逻辑块(如OB、FB、FC)中使用。

② JMPN　当RLO=0时，程序跳转到指定的标签处，条件与标签间的指令将不执行。

在图3-4-1中，输入信号I0.0由“0”变为“1”时，程序跳转到标签REC1处，而I0.0与I0.2之间的指令不执行；输入信号I0.1由“1”变为“0”时，程序跳转到标签REC2处，I0.3之前的指令不执行。

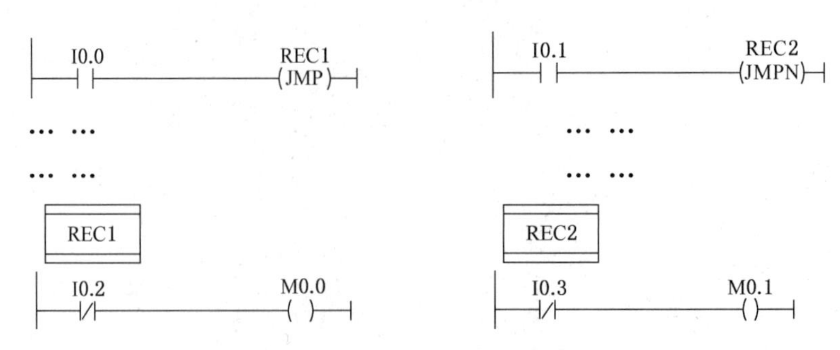

图3-4-1　逻辑与跳转指令

(2) 算术运算功能

S7-300指令集支持许多算术运算功能，包括整数和实数的加、减、乘、除的运算，如表3-4-1所示，图3-4-2所示为整数算术运算指令。算术运算功能的输入、输出端子定义如下：

EN——输入允许，如果连到该端子的 RLO=1，就执行指令。

ENO——输出允许，只要执行没有错误，输出允许和输入允许相同，即 ENO=EN。

IN1——输入 1，指令读入的第一个地址，可以是 I，Q，M，L，D 和常数。

IN2——输入 2，指令读入的第二个地址，可以是 I，Q，M，L，D 和常数。

OUT——输出值，算术运算的结果，可以是 I，Q，M，L 和 D。

表 3-4-1　算述运算功能

名　称	说　　明
加法	ADD _ I，整数加；ADD _ DI，双整数加；ADD _ R，实数加
减法	SUB _ I，整数减；SUB _ DI，整数减；SUB _ R，实数减
乘法	MUI _ I，整数乘；MUL _ DI，双整数乘；MUL _ R，实数乘
除法	DIV _ I，整数除；DIV _ DI，整数除；DIV _ R，实数乘；MUD _ DI，双整数除，求余数

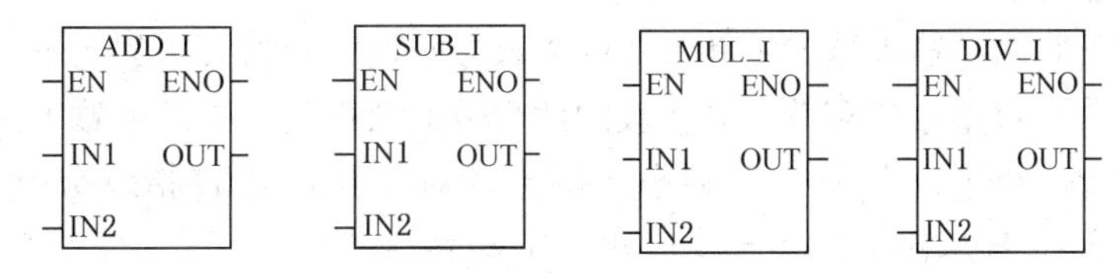

图 3-4-2　整数算术运算指令

在加减法指令中，OUT=IN1+IN2，OUT=IN1-IN2。

在乘除法指令中，OUT=IN1 ∗ IN2，OUT=IN1/IN2。

（3）数字逻辑操作

数字逻辑运算指令对 16 位字进行逻辑运算，包括字的“与”、“或”及“异或”运算，其名称分别为 WAND _ W，WOR _ W 与 WXOR _ W。

图 3-4-3 是 16 位字逻辑“与”指令程序，程序的目的是将 IN1(MW2)与 IN2(MW4)中的值按位做“与”运算，运算结果存放在 OUT(MW6)中。

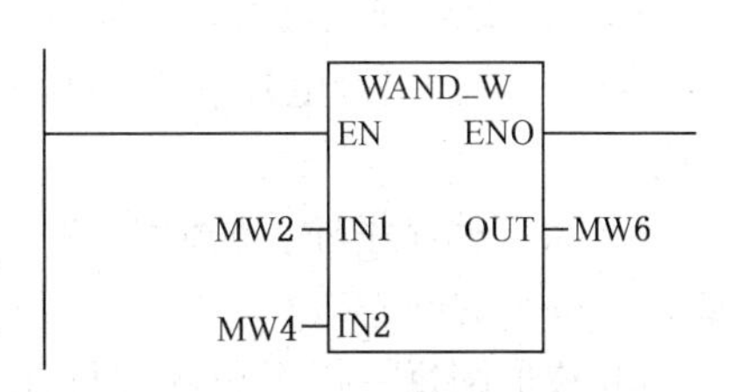

图 3-4-3　16 位字逻辑“与”指令程序

16 位字逻辑“或”指令(WOR _ W)和 16 位字逻辑“异或”指令(WXOR _ W)的运算方法同上，只不过是将 IN1 与 IN2 的输入值进行“或”和“异或”的操作。

（4）高级数学运算功能

S7-300 指令集支持许多数学运算和浮点数的三角运算功能，这些运算功能就是高级数学运算功能。如表 3-4-2 所示。高级数学运算功能都有如下的输入、输出端子：

表 3-4-2　高级数学功能指令

ABS	实数的绝对值	COS	实数的余弦(结果是弧度)
ACOS	实数的反余弦(结果是弧度)	EXP	实数的指数
ASIN	实数的反正弦(结果是弧度)	LN	实数的自然对数
ATAN	实数的反正切(结果是弧度)	SOP	实数的平方

EN——输入允许，如果连到 EN 的 RLO=1，就执行指令。

ENO——输出允许。如果处理无误，ENO=“1”；如果处理出现错误(如：溢出)，ENO=

“0”，连到 ENO 的功能块将不执行。

IN——输入值，指令读入的地址。

OUT——输出值，数学运算的结果。

MOVE
EN ENO
IN OUT

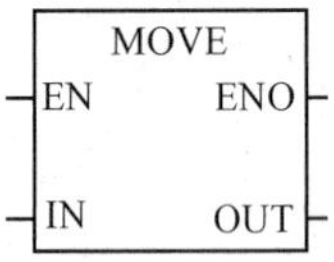

图 3-4-4 数据传递指令

(5) 数据传递指令

数据传递指令仅有一个 MOVE，主要完成数据的赋值和数据的传递，即在输入允许 EN 激活时把输入端 IN 的数值传送到输出端 OUT 所指明的地址，指令如图 3-4-4 所示。

数据传递指令的输入、输出端子定义如下：

EN——输入允许，如果连到该端子的 RLO=1，就执行指令。

ENO——输出允许，只要执行没有错误，输出允许和输入允许相同，即 ENO=EN。

IN——输入，指令的输入值，可以是 8 位，16 位或 32 位长度的数据类型。

OUT——输出值，可以是 8 位，16 位或 32 位长度的数据类型。

(6) 比较功能指令

比较指令用于对两个输入端 IN1 和 IN2 的输入参数进行数据大小的比较，输入参数的数据类型可以是整数、双整数或实数，被比较的两个数的数据类型必须一致。比较指令包括等于、不等于、大于、小于、大于等于和小于等于。对整数的比较指令分别用 CMP ==I，CMP <>I，CMP>I，CMP<I，CMP>=I，CMP<=I 表示。

当比较关系式成立时，逻辑操作结果(即输出端 OUT)为“1”。

4.1.2 PLC 的程序编制

前面已经讲过，PLC 编程语言有 5 种，梯形图是编制 PLC 程序最常用的语言，这里介绍梯形图程序编制方法。

1. 梯形图的简单编程

(1) 梯形图的编程原则

梯形图的编程须遵循以下原则：

① 输入/输出继电器、内部辅助继电器、定时器、计数器等器件的触点可以多次重复使用。

② 除步进程序外，任何线圈、定时器、计数器、高级指令等不能直接与左母线相连，如图 3-4-5 的(a)和(b)。

③ 梯形图每一行都是从左母线开始，线圈终止于右母线。触点不能放在线圈的右边。如图 3-4-5 的(c)和(d)。

④ 在程序中，不允许同一编号的线圈两次输出。如图 3-4-5 的(e)。

⑤ 不允许出现双线圈。如图 3-4-5 的(f)。

⑥ 程序的编写顺序应按自上而下、从左至右的方式编写。为了减少程序的执行步数，程序应为左大右小，上大下小。如图 3-4-5 的(g)～(j)。

(2) 基本指令应用实例

PLC 用于工业控制首先需解决以下几个问题：

① 将 PLC 接入控制系统。PLC 作为控制系统三大组成部分之一的控制器，必须在其输入口连接按键、开关及各类传感器，在其输出口连接接触器及电磁阀等执行器，即需解决 PLC 的 I/O 端口分配的问题。

② 为控制程序安排内部软元件。PLC 机内设有各类编程软元件。编程前需要确定所用

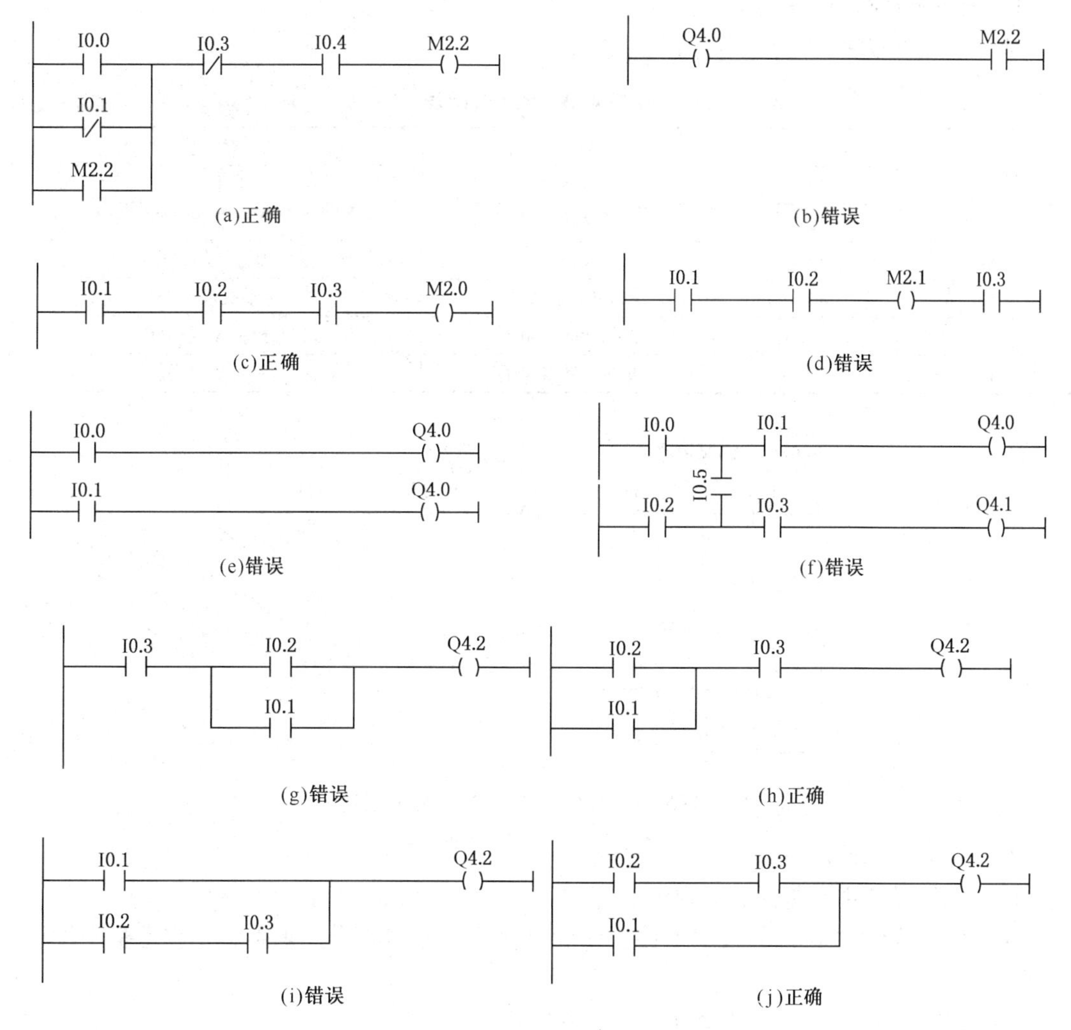

图 3-4-5 梯形图的编程原则

元件的类型，并为所用元件编号。安排软元件的实质是决定程序中要用到的编程软元件的地址。元件的安排要注意元件本身的功能与控制要求相符。

③ 编制控制程序。PLC 的控制功能主要体现在控制程序上。PLC 的程序只能表达内部软元件之间的关系，外部信号则需要通过安排 I/O 端口引入。I/O 端口安排之后，作为内部软元件的 I/O 继电器就代表着控制过程的某一事件而引入控制程序。

例：利用 PLC 控制 A、B 泵的正常启动。A、B 泵互为备用，因此不能同时运转。

控制要求如下：

黄按键按下时 A 泵启动；蓝按键按下时 B 泵启动；红按键按下时 A、B 泵均停止。

按下黄按键时，若在此之前 A 泵没有工作，则 A 泵运转启动，并保持运转；若在此之前 B 泵工作，则切换到 A 泵运转；若在此之前 A 泵已经工作，则机泵的工作状态不变，A 泵将一直保持运转状态直到蓝按键或红按键按下为止。

按下蓝按键时，若在此之前 B 泵没有工作，则 B 泵运转启动，并保持运转；若在此之前 A 泵工作，则切换到 B 泵运转；若在此之前 B 泵已经工作，则机泵的工作状态不变，B 泵将一直保持运转状态直到黄按键或红按键按下为止。

按下红按键时，A、B 泵停止转动。

地址分配见表 3-4-3，逻辑图见图 3-4-6。

表 3-4-3　地址分配表

位　　号	设　备　点	外　部　设　备	功　能　说　明
X0	I0. 0	红按键	停止命令
X1	I0. 1	黄按键	A 泵运转命令
X2	I0. 2	蓝按键	B 泵运转命令
X3	I0. 3	热继电器常开	电动机过载保护
Y0	Q4. 0	A 泵运转继电器	控制 A 泵运转
Y1	Q4. 1	B 泵运转继电器	控制 B 泵运转

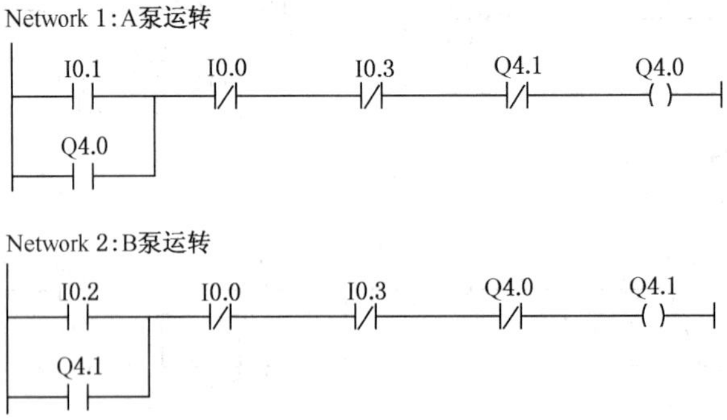

图 3-4-6　控制 A、B 泵的 PLC 梯形逻辑图

2. PLC 的系统设计

PLC 系统设计主要包括以下内容：

① 拟定控制系统设计的技术条件，一般以设计任务书的形式来确定，它是整个设计的依据；

② 选择电气传动形式和电动机、电磁阀等执行机构；

③ 选定 PLC 的型号；

④ 编制 PLC 的 I/O 分配表或绘制 I/O 端子接线图；

⑤ 编写软件规格说明书，然后用相应的编程语言进行程序设计；

⑥ 了解并尊重用户，优化人机界面的设计；

⑦ 设计操作台、电气柜及非标准电器元部件；

⑧ 编写设计说明书和使用说明书。

根据具体任务，上述内容可适当调整。

PLC 系统设计与调试的主要步骤共有 9 个(如图 3-4-7 所示)，分别是：

① 深入了解和分析被控对象的工艺条件和控制要求：被控对象就是受控的机械、电气设备、生产线或生产过程，控制要求主要指控制的基本方式、应完成的动作、自动工作循环的组成、必要的保护和联锁等。对较复杂的控制系统，可将控制任务分成几个独立部分，以利于编程和调试。

② 确定 I/O 设备。根据被控对象对 PLC 控制系统的功能要求，确定系统所需的 I/O 设备。常用的输入设备有按键、选择开关、行程开关、传感器等，常用的输出设备有继电器、接触器、指示灯、电磁阀等。

③ 选择合适的 PLC 类型。根据已确定的 I/O 设备，统计所需 I/O 信号的点数，选择合适的 PLC 类型，包括机型的选择、容量的选择、I/O 模块的选择、电源模块的选择等。

④ 分配 I/O 点。编制 I/O 分配表或画出 I/O 端子接线图，之后可进行 PLC 程序设计，以及控制柜或操作台的设计和现场施工。

⑤ 设计控制程序。根据功能图表或状态流程图等设计控制程序，即编程。这是整个系统设计的核心工作。要设计好程序，需要有一定的电气设计实践经验，并熟悉控制要求。

⑥ 程序输入。可使用简易编程器或编程软件向 PLC 输入程序。使用简易编程器时，需要先将梯形图转换成指令助记符，以便输入；使用辅助编程软件在计算机上编程时，可通过计算机与 PLC 的连接电缆将程序下载到 PLC 中去。

⑦ 软件测试。程序输入 PLC 后，应先对程序进行测试，以排除程序中的错误，同时也为系统联调打好基础，缩短系统联调周期。

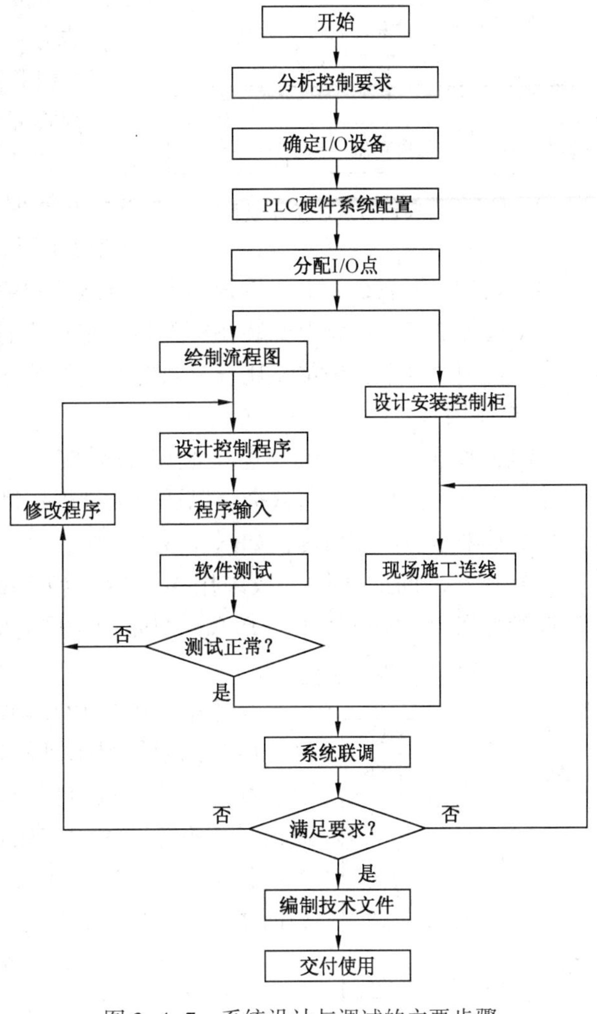

图 3-4-7　系统设计与调试的主要步骤

⑧ 系统联调。在 PLC 软硬件设计和控制柜及现场施工完成后，就可以进行整个系统的联机调试。如果控制系统由几个部分组成，则应先作局部调试，然后再进行整体调试；如果控制程序的步序较多，则可先进行分段调试，然后再连接起来总调。调试中发现的问题，要逐一排除，直至调试成功。

⑨ 编制技术文件。系统技术文件包括说明书、电气原理图、电器布置图、电气元件明细表、PLC 控制程序等。

4.1.3　PLC 的外部连接

在石油化工生产过程中，由于控制规模越来越大，有时检测变量和控制变量在地理位置上比较分散，要求多个 PLC 协同完成控制任务。又由于过程控制自动化和信息管理自动化的结合日益紧密，要求 PLC 必须与其他系统交换信息。因此，PLC 需要具备多种数据通信接口和较为完善的数据通信能力，使 PLC 能与远程输入输出单元、同类型的 PLC 以及上位计算机进行通信，构成更为复杂的控制系统。

1. PLC 与远程节点的连接

PLC 主机与远程输入输出单元(即远程节点)的连接，可实现远距离的分散检测与控制。系统中的主机和远程节点一般由制造商配套提供。主机与远程节点的连接介质主要是电缆或光缆，通信接口主要是串行接口（如 RS-485）或光纤接口，结构形式一般为树形结构。如图 3-4-8 所示。

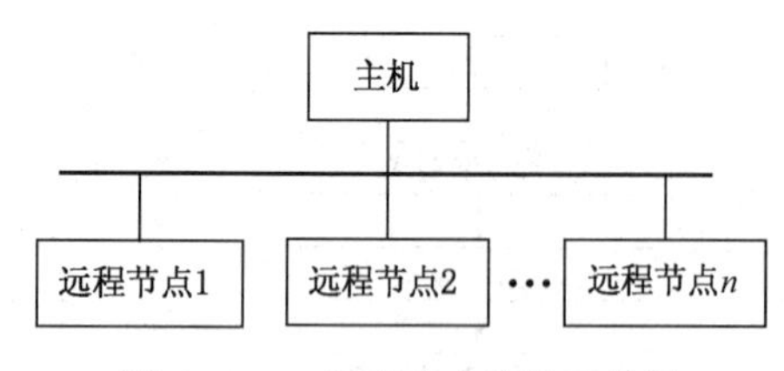

图 3-4-8　远程节点连接系统图

主机是系统的集中控制单元，它负责整个系统的数据通信、信息处理和协调各个远程节点的操作。远程节点是系统的分散控制单元，它们在主机的统一管理下，完成各自的输入输出任务。系统的通信程序由生产厂提供，并安装在主机和远程节选中。用户只需根据系统要求，设置远程节点地址和编制用户的应用程序即可使系统运行。

由于远程节点可以就近安装在检测和控制对象的附近，从而大大地减少了 I/O 信号的连接电缆，特别适合于地理位置比较分散的控制系统。

2. 不同 PLC 产品之间的互连

在同类型 PLC 产品相互连接起来的系统中，各 PLC 并行运行，并相互传递数据，以适应大规模控制要求。系统常采用总线形结构，如图 3-4-9 所示。

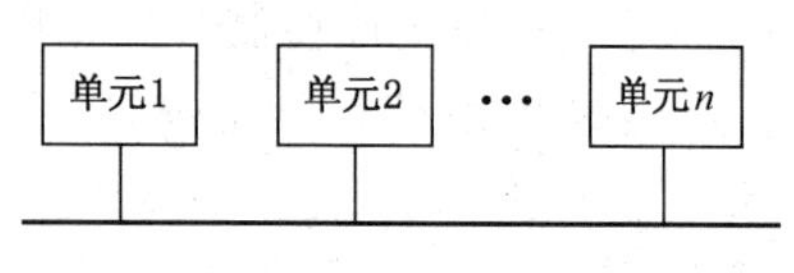

图 3-4-9　不同 PLC 之间连接系统图

各个 PLC 之间的通信一般采用串行接口（如 RS-485）或光缆接口。系统所用的 PLC 一般是同一厂商的同一系列的产品。每个 PLC 都有一个唯一的系统识别单元号。

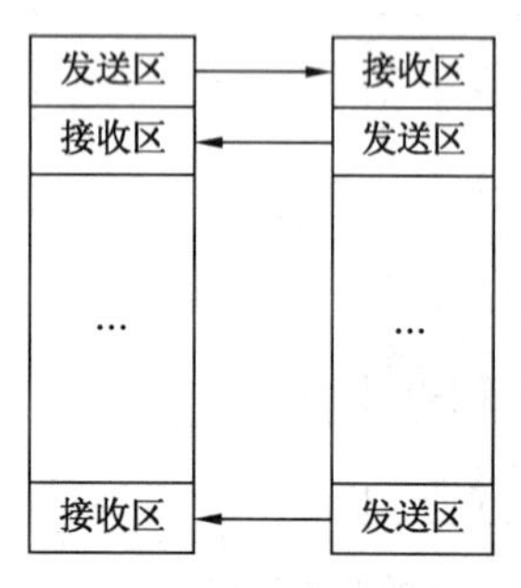

图 3-4-10　连接系统的数据传送

系统中的每个 PLC 内部都有一个用作通信缓冲区的公共数据区。PLC 的通信程序把公共数据区的发送区数据发送到通信接口上，并把从通信接口接收到的数据放入公共数据区的接收区中。通信过程不需要用户应用程序干预。用户应用程序中，只需把待发送数据送入发送区并从接收区读取接收的数据即可完成系统的数据通信，实现信息传递，如图 3-4-10 所示。

3. PLC 与上位计算机的通信

上位计算机可通过串行接口与 PLC 相连，实现对 PLC 的监视和管理。在这个系统中，PLC 是直接控制级，它负责现场过程的检测与控制，同时接收上位计算机的信息和向上位计算机发送现场控制信息。上位计算机是协调管理级，是过程控制与信息管理的结合点和转换点，是信息管理与过程控制联系的桥梁，如图 3-4-11 所示。

上位计算机与 PLC 的通信一般采用 RS-232C 或 RS-485 接口。当用 RS-232C 通信接口时，一个上位计算机只能连接一台 PLC；若要连接多台 PLC，则需要 RS-232C 或 RS-485 转换装置。

上位计算机与 PLC 的数据通信格式没有统一的标准。通常，PLC 上的通信程序由制造商编制好，并作为系统程序提供。上位计算机中的通信软件，有的以通信驱动程序的形式提供，有的以通信格式说明文件的形式提供，用户应根据它的内容编制相应的通信程序，并嵌入用户应用软件平台。

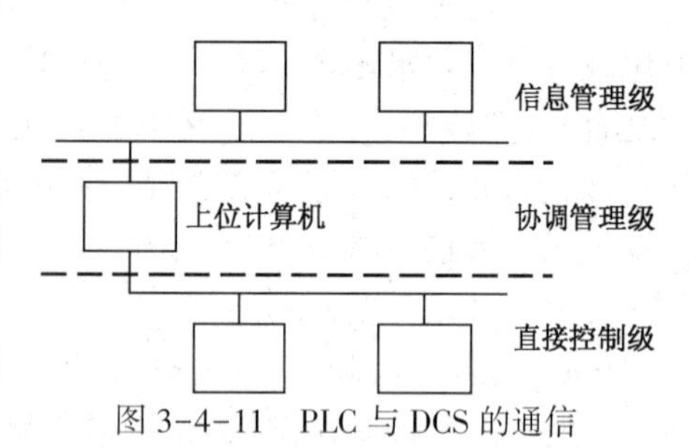

图 3-4-11　PLC 与 DCS 的通信

上位计算机与信息管理计算机的通信一般采用局域网。

4.2 集散控制系统的组态

4.2.1 TPS 系统组态

TPS 系统组态共涉及九部分内容，这里对各部分的主要内容进行简要介绍。

1. 节点组态

操作站 GUS 在正常工作之前，必须首先对其进行 TPS 节点组态。TPS 节点组态在 Windows 应用程序 Configuration Utility(组态实用程序)中完成。

组态实用程序包括以下主要组态内容：

(1) 对 GUS 操作站 LCNP 板 Board 0 的定义。

LCNP——设置 GUS 地址和虚拟键锁访问。

Common——事件记录形式定义。

Native Window——本地窗口的本地和远程连接。

Keyboard——6 个用户自定义键标签名和 PC 机蜂鸣器报警声音设置。

Printer——打印机设置以及实时打印设置。

Emulated Disks——虚拟软盘操作，分配 LCN 文件 xxx. 1cn 空间。存贮 LCN 文件的目录与文件结构。

(2) Device/Servers：配置自动启动的服务以及驱动程序。

(3) LCN118N：Native Window 窗口内文字显示的不同语言及字型。

2. 命令处理器

TPS 提供一个文件命令和实用操作的指令集，利用其中的命令，可实现数据在软盘、卡盘及历史模件上的存取，并可以进行格式化存储介质、创建用户文件、绘制图形、定义功能键、编写 CL 程序以及在卷或目录之间移动文件等操作，在系统组态的各个阶段都将用到这些操作。

(1) 命令的通用格式

所有命令都有一个通用格式，该格式由三部分组成：命令名、路径名和可选项。各部分之间用空格分开。一个命令可以有多个可选项，可选项之间也以空格隔开。图 3-4-12 为一个完整的命令格式。

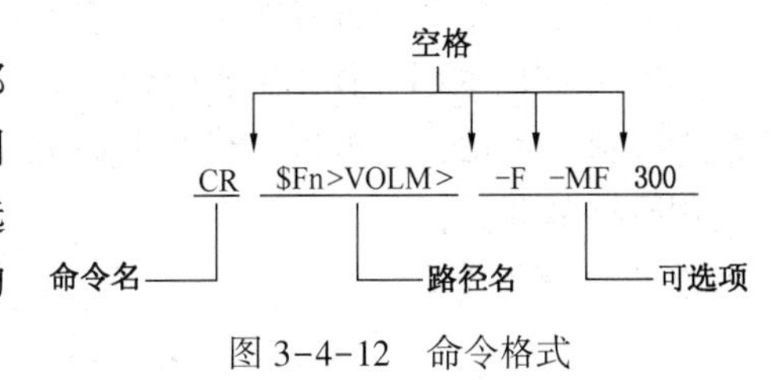

图 3-4-12 命令格式

图 3-4-12 为创建一个新的卷实用操作的完整格式。在命令名、路径名、可选项之间都有一个空格，而命令名和路径名本身不能有空格。对于可选项其说明部分与参数之间必须加空格，如可选项说明部分-MF 与参数 300 之间加了一个空格。

(2) 命令名

命令名是操作命令的名称，它通知命令处理器要实现哪些功能操作。命令名通常可以使用缩写形式以减少按键次数。例如，“列出一个卷或目录的文件列表”操作，命令的完整形式是“LIST”，缩写形式是“LS”。

(3) 路径名

命令指出所要实现的操作，路径指出实现操作的地址或对象。路径名由三个部分组成：

数据存取的物理设备、数据存取的卷或目录和文件。

下面分别介绍路径名的三个部分：

① 物理设备　物理设备是一个真实的存储设备，它可以是一张卡盘(Cartridge)、一张虚拟盘(Emulated Disk)或一个HM。可移动存储介质(卡盘或虚拟盘)表示为$Fn，*n*为可移动存储介质的磁盘驱动器序号，如$F1、$F6等，HM表示为NET。

② 卷/目录　卷或目录标识符由字符或数字组成，其长度不超过4个字符。

每个物理设备上可以建立一个或多个卷，软盘和卡盘上只能创建一个卷，HM中存在多个卷。在一个卷中可创建多个目录，目录下不能嵌套子目录。卷和目录中都可包含多个文件。卷名不能与目录名重名。图3-4-13为HM中！201卷下的目录结构。图中部分文件的完整路径名分别如下：

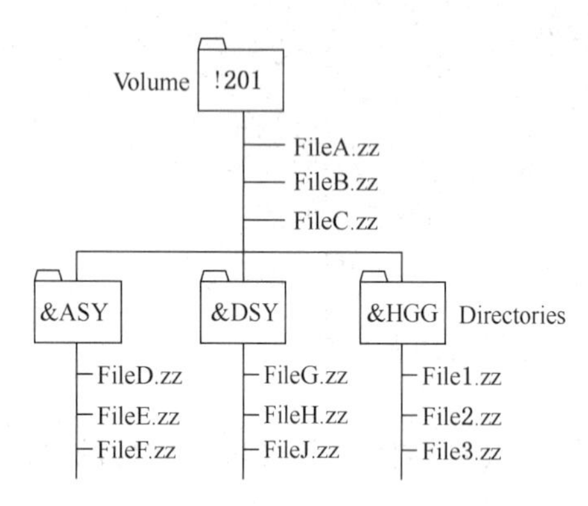

图3-4-13　HM中的目录结构

NET>！201>FileA. zz NET>&ASY>FileD. zz

系统中，以“$”、“&”和“!”开头的卷或目录为系统卷，用于存放系统文件。

③ 文件名与扩展名

文件名由字符或数字组成，其长度不超过8个，通常可根据文件的内容命名一个文件；

扩展名由2个字符组成，每个文件都必须有一个扩展名，扩展名描述该文件的类型。例如，用CL语言编写一段控制程序，该程序作为一个文件存储起来，其扩展名为.CL(Control Language)。对该程序进行编译后，生成程序的目标文件，其扩展名为.PO(Program Object)。如果CL源文件不以.CL为扩展名存储，那么系统就不能对该文件进行编译。

访问文件时，可以使用通配符“*”和“?”。

(4) 命令选项

一些实用操作命令可以带一个或多个可选项，命令选项是对命令的必要补充。例如，命令“创建目录(CREATE DIRECTORY)”即可以带一个可选项(-MF)，用来指明该目录下文件的最大数目。可选项以破折号(-)开头，用空格与路径名隔开。可选项的说明部分与参数之间也用空格隔开。

常见的命令选项有：

-D　　显示卷信息或详细信息

-FMT　　格式化

-MF ####　　最大文件目录(1~9995)

-BS ####　　块尺寸(26~9995)

-V　　检验操作

3. NCF组态

NCF是网络组态文件(Network Configuration File)的缩写，NCF文件定义了TPN(LCN)网络的组态，是TPS系统其他组态工作的基础，成为每个LCN节点数据库的一部分，在进行其他组态数据之前必须完成NCF的组态工作。包括定义用户TPS系统特征，如单元/区域/控制台名称、LCN节点硬件配置、装置操作策略(如功能键锁，班次信息等)、为HM划分硬盘空间、定义历史数据和系统文件卷等。NCF文件存贮在HM硬盘，路径为

NET>&ASY>NCF. CF

(1) NCF 组态内容

NCF 文件的存取通过 Native Window 窗口的“工程属性主菜单”调用实现，见图 3-4-14。

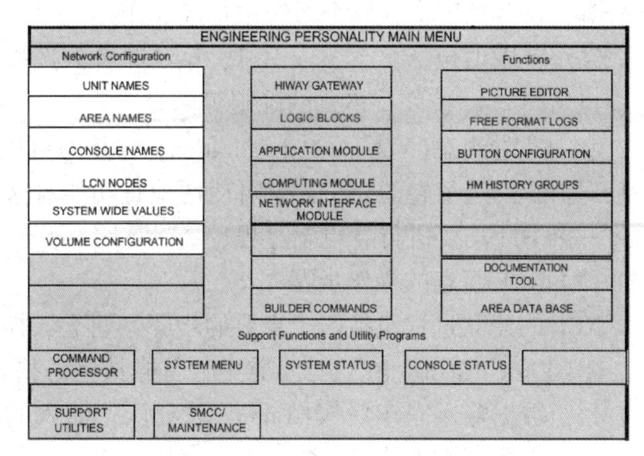

图 3-4-14　工程属性主菜单

工程属性主菜单左上方为 NCF 组态目标，包含以下 6 项内容：

① 定义单元名称(Unit Name) 一个单元名就是一个标识符，用来将系统区分为若干有联系的点的集合。单元名用来逻辑地划分生产过程。通常与实际过程单元对应。单元可以对应一个装置、一个工段或一个处理部分等等。系统以单元为基础，完成过程点报警、信息、事件及历史数据采集。单元也是点的集合。每个 LCN 网络可以有 100 个单元。在各种操作中，单元名、控制台名、区域名被系统用于组织和访问数据。

② 定义区域名称(Area Name) 系统使用区域名来识别一个区域数据库，区域数据库代表操作员监控过程设备的范围，区域由若干单元组成。区域数据库提供各种标准显示、用户流程图画面、报表、报告来支持对生产过程的局部监控。每个 LCN 网络可以有 10 个区域。

③ 定义控制台名(Console Name) 控制台是一组操作站(GUS/US)及其外设(打印机和虚拟磁盘)的集合，在同一控制台内共享外设。“工程属性主菜单”上的 CONSOLE NAMES 触标可用来定义至多 10 个控制台名，每个控制台名由长度不超过 24 个字符组成。每个控制台最多可以包含 10 个操作站。

④ 定义 LCN 节点(LCN Node) 用于定义 LCN 网络上的全部节点，包括每个 LCN 节点地址、类型、软件定义以及是否冗余等数据(如图 3-4-15)，这些数据必须与每个 LCN 节点的硬件配置相吻合。

LCN NODE CONFIGURATION - SELECT DESIRED NODE　　PAGE 1 OF 4 | AREA NAMES

NODE NO.	NODE TYPE	REDUNDANT N/P/S	NO.	NODE NO.	NODE TYPE	REDUNDANT N/P/S	NO.	NODE NO.	NODE TYPE	REDUNDANT N/P/S	NO.
1	US			9				17			
2	US			10				18			
3	AM	N		11	NIM	N		19			
4	AM	N		12				20			
5				13				21	HM	N	
6				14				22			
7	US			15				23			
8				16				24			

F3=SET OFFLINE F5=ABORT　　F11=TAB
F4=PRINT

图 3-4-15　LCN 节点定义画面第一页

⑤ 系统范围值(System Wide Value) 系统范围值用于定义系统全局性的操作约定值，如操作员键盘锁访问级别、班次时间、报警器通报权限和 LCN 节点线路板硬件和固化软件版

本号等，这些约定值在整个系统中均起作用。

系统范围值包括：系统标识符、系统时钟源选择、用户平均值、班次数据、特殊软件选择、点名(位号)长度及格式的确定等内容。

⑥ HM 卷组态(Volume Configuration) 卷组态可用于分配 HM 所有有效硬盘的存贮空间。一旦对 HM 设定了卷的大小，就可使用检查功能对这个 HM 的大小和配置进行汇总。LCN 上的每一个 HM 均要进行卷组态过程。

(2) NCF 组态的操作步骤

NCF 的建立过程包括四个主要的步骤：建立、检查、安装、装载。

① 建立(BUILD) 在这一步骤中，首先按组态格式输入组态数据。例如单元名、区域名等，每组数据输入完毕后按[Enter]键确认。输入的数据全部存入 NCF 工作文件 NCF. WF 中，该文件暂存输入的组态数据直到完成一个“安装”功能。“安装”功能将此工作文件更名为用户自己的 NCF。

② 检查(CHECK) 在这一步骤中，完成对输入到工作文件中的组态数据的检查。检查后，产生一个名为 NCF*nn*. ER 的 NCF 错误文件(*nn* 是 HM 节点对号)。

③ 安装(INSTALL) 在这一步骤中，工作文件 NCF. WF 被拷贝且更名为 NCF. CF 文件。当 NCF. CF 文件安装时，它被给出一个能确定修改版本的时间标志。

④ 装载(LOAD) 在这一步骤中，重新装载 LCN 节点，即将新的 NCF. CF 文件装载到每个节点上。当内部节点数据处理开始时，所有节点或系统功能重启的时间标志必须相同。

4. UCN 组态

UCN 组态是通过 NIM 对 UCN 网络节点进行定义，对 UCN 设备进行规划，为 UCN 设备的使用做准备。在完成 UCN 组态之前，UCN 的任何设备都不能访问，任何功能都不能使用。

在完成 NCF 组态、启动所有 LCN 设备之后，为使 UCN 及其设备具备使用条件，需要完成以下工作：

- 装载 NIM 属性软件和数据库；
- 组态 UCN 的网络数据点 (UCN 节点组态)，并装载到 NIM 中；
- 装载 HPM 属性软件和数据库；
- 组态 HPM 的设备数据点(节点属性组态)，并装载到 HPM 中；
- 把 NIM 和 HPM 数据保存到用户的 CHECKPOINT 文件(UCN 状态画面)中。

在开始 UCN 组态之前必须完成 LCN 组态。

(1) UCN 组态内容

UCN 组态从工程属性主菜单开始，在工程属性主菜单中选取 NETWORK INTERFACE MODULE 即可进入 NIM BUILD TYPE SELECT MENU(NIM 组态类型选择菜单)，共有 4 项组态内容：

① UCN NODE CONFIGURATION(UCN 节点组态)　这个选项下完成对 UCN 上每一个节点的定义，即建立网络数据点；

② NODE SPECIFIC CONFIGURATION(节点属性组态)　这里完成对 HPM 等设备的资源规划，即建立设备数据点；

③ PROCESS POINT BUILDING(过程点组态)　用于建立过程数据点；

④ LIBRARY CONFIGURATION(变量库组态)　用于对过程变量数据库的维护。

(2) UCN 节点组态(建立网络数据点)

通过冗余的 UCN 电缆连接构成的物理 UCN 可连接 1~32 个冗余设备，UCN 设备可包括 NIM、HPM 和 SM'等。逻辑 UCN 上的每个设备，都需要建立一个网络数据点，选中包含该设备的 UCN 节点地址(01-64)、节点类型(NIM 或 HPM)及节点配置信息等，同时指明该设备与逻辑 UCN 的关系。

(3) UCN 节点属性组态(建立设备数据点)

网络数据点组态之后，要为每个 HPM 建立设备数据点。当选择 NODE SPECIFIC CONFIGURATION 触标以后，即可调出 HPM 设备数据点的 PED(参数输入画面)。

设备数据点主要包含两个方面的内容：指定 HPM 的控制部分和指定 I/O 处理器的类型、物理 I/O 卡的排列及卡槽的位置。

下面介绍 HPM 设备数据选中的几个重要部分：

① 控制卡选择

HPM 的控制功能是可选的，如果不使用控制功能，HPM 就可直接用作非冗余的数据采集单元。如果选择 CTLOPT 参数为 On，就必须给定该 HPM 内除 I/O 点以外的其他数据点的最大数量。同时，还可以指定各种快速处理点的数量，如图 3-4-16 所示。所谓快速处理，是指系统允许一定数量的常规控制点、常规 PV 点、数字复合点、逻辑点等按 1/4 秒的速率处理。快速点必须是同类点中低序号的点。

```
PED >>>>>>> POINT:$NM01B09            UNIT:SY                PAGE 02 OF 30
NODE-SPECIFIC CONFIGURATION (FOR HPM)

NUMBER OF REG. CONTROL      (NCTLSLOT)  [90]
SLOTS

NUMBER OF FAST REG CONTROL (NFASTCTL)  [0]
SLOTS

NUMBER OF REG. PV SLOTS     (NPVSLOT)  [20]

NUMBER OF FAST REG. PV      (NFASTPV)  [0]
SLOTS

NUMBER OF LOGIC SLOTS      (NLOGSLOT)  [25]

NUMBER OF FAST LOGIC SLOTS (NFASTLOG)  [0]

NUMBER OF DIG. COMPOSITE    (NDCSLOT)  [150]
SLOTS

NUMBER OF FAST DIGITAL      (NFASTDC)  [0]
COMPOSITE SLOTS

NUMBER OF DEVICE CONTROL   (NDEVSLOT)  [10]
```

图 3-4-16　控制功能点配置

各种数据点的数量受 HPMM 处理能力的限制，需要统筹考虑。

② 扫描率

扫描率表示 HPMM 对常规点(包括 RegCtl 和 RegPV)和逻辑点(包括 Logic、DC 和 Device)处理的扫描周期。在 HPM 中，扫描率不对单个点定义，而是对一类点进行定义。HPM 可以使用 1s、1/2s 或 1/4s 的扫描率，程序点的扫描周期为 1s。扫描率用参数 SCANRATE 表示。

③ HPMM 性能指标

衡量 HPMM 性能指标的参数有两个：一个是 HPMM 的处理能力，用称之为处理单元(PU)的概念来衡量；另一个是 HPMM 内存的容量，用称之为存储单元(MU)的单位来衡量。HPMM 每秒能够处理的最大 PU 为 800，HPMM 的最大 MU 为 20000。

HPMM 每秒钟实际处理的 PU 数量取决于控制功能点的组态数量及其采用的扫描率，MU 的数量取决于控制功能点的数量和程序点的大小，表 3-4-4 表明了 PU 和 MU 与数据点类型和扫描率间的关系。

表 3-4-4　PU 和 MU 的用量

控　制　功　能	不同 SCANRATE 下的 PU			MU		
	1s	1/2s	1/4s	PM	APM	HPM
RegCtl	1	2	4	10	13	13
RegPV	1	2	4	10	12	12
Logic	1	2	4	10	15	15
DigComp	0. 1	0. 2	0. 4	1	5	5
DevCtl	1	2	4	无	30	30
ProcMod	1 或 2	无	无	10	15	15
Array	0	0	0	无	8	8
String	0	0	0	无	1/8	1/8
Timer	0	0	0	无	0	0
Flag	0	0	0	无	0	0
Numeric	0	0	0	1/16	1/16	1/16

5. 过程点的建立

(1) 过程点概念

点是 TPS 系统中的最小单元，过程点对应于过程参数，是系统中构成各种控制策略的基础。建立过程点的依据一般是 P&I 图、回路图及组态数据表。

① 过程点类型

HPM 包括两类过程点，即 I/OP 中的点，完成对过程变量的输入输出处理；HPMM 中的点，完成对受控过程的各种控制方案，包括：常规 PV、常规控制点、数字组合点、逻辑点、设备控制点、HPM 全局变量、数组点及 CL 程序点等。

② 过程点的相关概念

- 点的名称：每个过程点都具有唯一的点名。
- 点的参数：是关于点的各方面功能和属性的描述。建点的过程就是定义点的相关参数的过程。
- 控制回路：控制回路是由一组点构成。点与点之间的连接关系是通过定义点的输入、输出连接参数完成的。
- 点的执行状态 PTEXECST 参数：有 INACTIVE(非激活状态)和 ACTIVE(激活状态)。HPM 不执行 INACTIVE 状态的点的功能。
- 点的形式 PNTFORM 参数：有 FULL(全点)和 Component(半点)两种形式。全点包括该点的全部参数，并可作为操作员对过程操作的接口使用，具有报警功能。半点只包含点的部分参数，没有报警功能。

(2) 建立过程点

过程点建立从 NIM 组态类型选择菜单(NIM BUILD TYPE SELECT MENU)开始。选择“PROCESS POINT BUILDING(过程点组态)”后，出现 NIM 过程点类型菜单(NIM PROCESS POINT TYPE MENU)，它列出了 HPM 中过程点的类型，如 RegCtl 点、RegPV 点、AI 点及

AO 点等。

(3) 建立输入/输出点

I/O 处理器(IOP)的模拟量和开关量点执行所有现场 I/O 信号的扫描和处理。I/O 处理与控制功能的实现相互独立，使得 HPMM 的功能得以充分发挥。HPM 支持的 IOP 类型参见表 2-4-9。

①模拟量输入点(Analog Input，AI)

模拟量输入点将接收的现场模拟输入信号转换成工程单位表示的 PV 值。有以下三种类型的模拟量输入：

第一种类型，高电平模拟量输入点(HLAI)及低电平模拟量输入点(LLAI/LLMUX)。其中，HLAI 可接收 1~5V 及变送器 4~20mA 信号，LLAI 和 LLMUX 可接收热电偶、热电阻及 5 V 以下电压信号。

模拟量输入点的功能包括对现场输入信号类型的选择、PV 属性处理(线性、开平方、TC、RTD)、工程单位转换、PV 值量程检查、PV 滤波及 PV 输入方式选择(AUTO/MAN/SUB)等。

第二种类型，智能变送器接口点 STI，提供 HPM 与 Honeywell 智能变送器之间的双向数字通信(DE 协议)接口，STI 点支持的功能与其他 AI 点一样，同时在工作站通过 STI 点还能够显示变送器的详细状态信息、调整变送器的量程范围和存贮/恢复变送器数据库等操作。

第三种类型，脉冲输入点 PI，脉冲输入点 PI 将接收的最高频率为 20 kHz 的脉冲信号转换成工程单位表示的 PV 值，并提供数据累加功能。

② 模拟量输出点(Analog Output，AO)

模拟量输出处理器将 AO 点的输出值(OP)将转换成 4~20mA 信号并输出至执行机构，可以实现输出正/反作用选择、输出属性化处理(最大 5 段线性化)及 IOP 故障时输出响应(掉电或保持)等功能。对 AO 点进行组态时，AO 点操作方式和点的形式相关，当 AO 点为半点(Component Form)时，接受控制算法的 OP 值，如组态为全点(Full Form)，则 AO 做手操器(远程遥控)应用。

③ 开关量输入点(Digital Input，DI)

在开关量输入点中，通过选择不同的 FTA，可处理 24VDC、110VAC 或 220VAC 的开关量输入信号。

DI 点可以实现 PV 输入方式选择(AUTO/MAN/SUB)、状态报警检查及输入正/反向选择等功能，其类型选择可以有三种，即

- Status 状态输入；
- Latched 锁存输入，可将最小 40ms 的脉冲信号转换为 1.5s 的脉冲信号，用于模拟按键输入；
- Accum 累加输入，对输入脉冲进行计数累加。

④ 开关量输出点(Digital Output，DO)

开关量输出点接受控制算法的输出，并通过 FTA 转换成 24 VDC、110VAC 或 220 VAC 开关量信号，DO 点实现向现场传送输出一个状态输出(SO)。DO 点只能根据传送来的信号来输出，没有任何操作模式。

DO 点有两种输出类型：脉冲宽度调制(PWM)输出和状态输出。输出类型由参数 DOTYPE(DO 类型)确定。PWM 输出时，DO 接受常规控制算法的输出，并提供与 OP 成比

例的周期性脉冲输出；状态型输出时，DO 点通常组态为接受数字复合点或逻辑点的输出。

(4)常规 PV 处理点(Regulatory PV，RegPV)

常规 PV 处理点提供对过程变量的数学计算处理，通过选择相关 RegPV 处理算法，可完成输入变量选择、计算流量补偿、流量累加等功能。

每个 RegPV 点必须至少定义一个输入连接。

常规 RegPV 处理点提供的 RegPV 处理算法包括：

• Data Acquisition 数据采集算法　对输入变量进行滤波、PV 源选择、报警检测等处理。

• Flow Compensation 流量补偿算法　选择不同的流量补偿公式对差压开方测得的流量信号进行温度、压力、重度等相关补偿。

• Middle of Three Selector 三选中选择器 选择 3 个输入变量的中值或 2 个输入变量的高/低/平均值。

• High Low Average Selector 高/低/平均值选择器 从输入变量中选高/低/平均值。

• Summer 加法器　对最多 6 个输入变量进行加法计算，每个变量或整个计算结果可乘一个比例系数和加一个偏值。

• Totalizer 流量累加器 对输入变量按时间(秒、分、小时)进行累加计算，累加器可接受启动、停止、复位或复位启动等命令。

• Variable Dead Time with Lead-lag Compensation 带变量滞后的二阶环节　对输入变量进行固定或变量时间滞后的二阶环节处理并可用于过程变量仿真。

• General Linearization 多段折线转换　对输入变量进行最多 12 段折线转换处理。

• Calculator 计算器 定义一个包括最多 6 个输入变量的计算公式，计算公式可达 40 个字符长度，包括 5 级嵌套，可以有 4 个中间计算结果。

(5) 常规控制算法点(Regulatory Control，RegCtl)

常规控制点的算法用于执行标准控制功能。每个控制算法都包含各式各样的组态选项，通过不同算法的组合可实现复杂的控制策略。

① RegCtl 点算法

RegCtl 点支持下列算法：

• 常规比例积分微分调节器 PID(PID)
• 前馈 PID(PID with Feedforward，PIDFf)
• 带外部复位反馈 PID(PID with External Reset feedback，PIDErfb)
• 位置比例控制器(PID with Position Proportional，PosProp)
• 比值控制器(Ratio Control)
• 斜坡控制(Ramp Soak)
• 超驰选择器(Override Selector)
• 自动/手动站(Auto/Man Station)
• 多主回路输出增量加法器(Increment Summer)
• 开关选择(Switch)
• 乘法器/除法器(Multiply/Divide)

图 3-4-17 是 RegCtl 点的功能图。如图所示，RegCtl 点的算法由控制输入处理、PV 源选择、PV 报警检测、操作方式外部切换、初始化逻辑、目标值处理或偏差报警、PV 跟踪、

偏差报警、控制算法计算、控制输出处理和报警发布等功能模块。

② PID 算法

PID 算法支持的功能主要包括：

• MODE 控制方式选择，如

MAN 手动方式，由操作员或程序决定该点的 OP 值；

AUTO 自动方式，控制算法计算的结果决定该点的 OP，其 SP 来自于操作员或程序；

CAS 串级方式，控制算法计算的结果决定该点的 OP，其 SP 来自于上游控制算法；

BCAS 备用串级方式，上游控制算法在 AM 中，当 AM 或 NIM 发生故障时，切换至本地串级方式。

• MODATTR(控制方式属性选择)

Operator——操作员可操作该点控制方式；

Program——程序可操作该点控制方式。

• PV 源选择(MAN/AUTO/SUB)

• 远程串级选择(上游算法在 AM 中)

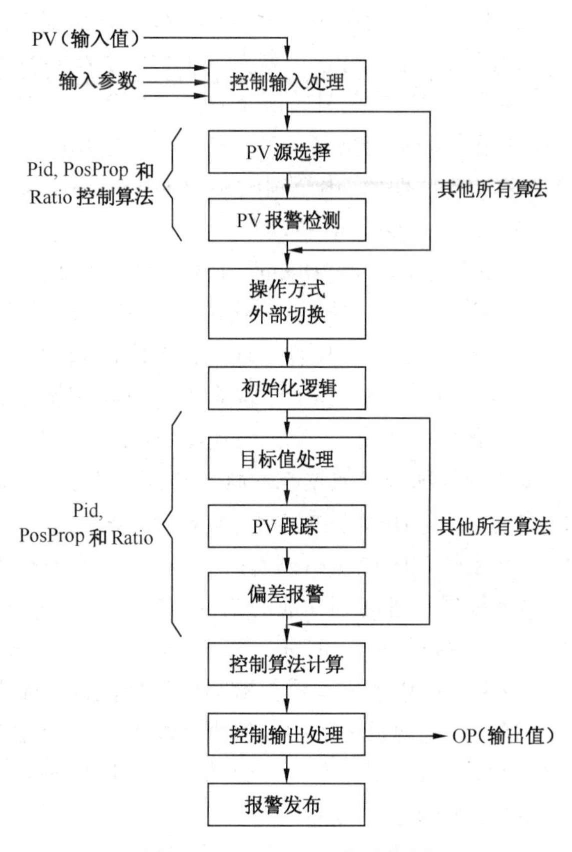

图 3-4-17　RegCtl 点功能图

• SP 目标值爬升选择

• PID 控制公式选择，如

公式 A——P、I、D 作用于偏差；

公式 B——P、I 作用于偏差，D 作用于 PV；

公式 C——I 作用于偏差，P、D 作用于 PV；

公式 D——只有积分控制。

• 控制作用方向选择

• 增益方式选择

• PID 参数设置，即 K——比例增益，T1——积分时间(分)；T2——微分时间(分)。

• SP、OP 范围设定

• OP 最大、最小变化率设定

• 报警处理

• PV 跟踪方式选择，如

NoTrack——无 PV 跟踪方式；

Track——PV 跟踪方式。当控制方式为 MAN 或作为串级调节的主回路在 INIT 初始化时，SP 值自动跟踪 PV 值的变化；当控制方式由 MAN 切换至 AUTO 或 CAS 时，SP 值等于 PV 值，输出 OP 没有变化，从而实现无扰动切换。

• INIT 初始化功能

当 PID 计算的结果不能向下一级过程点输出时，PID 执行初始化功能，即 PID 反算；当控制回路恢复正常时，不需人为干预，系统自动实现无扰动切换。

初始化发生在两种情况下：其一，PID 的 OP 值输出到本地 IOP，当 IOP 故障或 IDLE，该通道组态错误或在 INACTIVE 状态时，PID 算法点执行初始化；其二，串级调节系统中，定义主回路的 OP 输出至副回路的 SP，当副回路不在 CAS 串级控制方式时，主回路执行初始化，即主回路的 OP 自动跟踪副回路的 SP。

（6）数字复合点(Digital Composite，DC)

数字复合点是多输入/多输出点，用于向分立设备提供操作接口，例如电机、泵、电磁阀及电动阀等。该点具有处理联锁的内部结构，支持在组画面、细目画面和图形显示画面上显示联锁条件。另外，数字复合点可以与逻辑点和其他数字点配合实现复杂的联锁方案。

DC 的特点如下：

① 输入和输出数据点的状态相互完全独立，可以按用户应用要求组态。点的输入和输出可以连接到 HPM 内的 I/O 点或布尔型变量。

② 支持二态或三态设备(电动阀、可逆电机等等)，可以临时定义特殊状态。

③ 提供处理联锁功能的结构化方法。

（7）逻辑点(Logic，Log)

逻辑点提供逻辑运算及数据传送功能，一个逻辑选中可包括多个逻辑运算模块，处理能力相当于一到两页梯形图所实现的功能。一个逻辑点由逻辑运算块、内部标志量寄存器、内部数值寄存器、用户自定义说明、输入连接和输出连接组成。

（8）HPM 全局变量

HPM 中提供的全局变量的类型和最大数量为 16384 个标志量寄存器点(Flag)、16384 个数值寄存器点(Numeric)、16384 个 8 位字符串寄存器点(String)、4096 个时间寄存器点(Time)、64 个定时器点(Timer)。

（9）过程点建立命令

系统提供一个数据实体建立器(Data Entity Builder，简称 DEB)命令集，在利用参数输入画面(Parameter Entry Display，PED)建立数据点的过程中，除了可以使用工程师键盘上的功能键，还可以调用 DEB 中提供的一系列命令。在 PED 中，可随时使用工程师键盘上的[COMMAND]键来进入 DEB。当要从 DEB 返回 PED 时，可以使用工程师键盘上的[CANCEL]键，从工程属性主菜单选择“BUILDER COMMANDS(组态命令)”触标，可直接进入 DEB；当直接在 PED 与 DEB 之间切换时，原输入信息不会丢失。

6. 流程图组态

画面建立器(Display Builder)是绘制 GUS 用户流程图的专用软件包，在 Windows 平台上运行。它提供丰富的基本图形工具，可嵌入位图文件及 OLE 对象，提供基于 Microsoft VB 的功能强大的脚本(Script)语言，用于完成 GUS 流程图对过程变化的实时显示及过程操作接口。

（1）画面建立步骤

利用画面建立器制作流程图时，由以下步骤完成：

步骤 1，打开画面建立器菜单；

步骤 2，绘制静态图形；

步骤 3，定义动态显示，编写脚本代码；

步骤4，测试流程图；

步骤5，编译并存贮流程图文件。GUS流程图文件的扩展名必须为.pct。

（2）属性

GUS流程图中的每一个对象(Objects)都有属性(Properties)。对象的属性菜单中可对旋转角度(Rotate)、填充百分比(Fill)、矩形棒图(Bar)和数据(Value)属性填写动态表达式，并将其与过程数据相关联。

动态表达式以对象、属性形式填写，并支持简单的数学运算。例如：

DISPDB. ent01.(name) 或 LCN. FIC001. SPP-1

上述例子分别表示显示数据库(DISPDB)中实体ent01的名称，以及LCN侧位号为FIC001的SPP参数与1之差。

（3）脚本

GUS流程图中，可对每一个对象编辑脚本以实现一些特殊的功能。脚本是附着于某一图形对象上的由特定事件触发执行的一组代码。通过编写脚本代码定义流程图对过程变化的实时显示及过程操作接口。

一个对象的脚本代码可由若干子程序组成，每个子程序与某个特定事件相关，当事件发生时，该子程序被触发执行。画面建立器中的通用事件包括：

- 系统事件，由画面建立器应用程序本身产生的事件。

OnDataChange	过程数据改变事件
OnDisplayShutdown	流程图关闭事件
OnDisplayStartup	流程图启动事件
OnPeriodicUpdate	周期发生事件(每1/2秒)

- 操作员事件，由操作员对流成图内某一对象操作产生的事件。

操作鼠标事件，例：OnLButtonClick

操作IKB键盘事件，例：OnDisplayBack

（4）脚本语法

脚本代码语法结构与Microsoft VB相同，并支持VB大部分函数。

- 赋值语句，例如：LCN. PIC001. mode="AUTO"
- 条件判断语句IF/THEN/ELSE

例1

```
IF X=25 THEN Y=20 ELSE Y=30
```

例2

```
    IF X=25 THEN
        Y=20
ELSE
        Y=30
ENDIF
```

说明：IF和THEN必须在同一行；

ELSE和THEN不在同一行时，THEN后边的执行语句必须另起一行；

IF和ELSE不在同一行时，必须以ENDIF结束该语句结构。

- 分支判断语句，例如

```
select case
case 0, 1, 2
        me. fillcolor=tdc _ green
case 3 TO 20
        me. fillcolor=tdc _ yellow
case IS>20
        me. fillcolor=tdc _ red
end select
```

(5) 脚本中的变量

脚本中应用的变量类型见表 3-4-5。

表 3-4-5　脚本中应用的变量类型

变量类型	描　述	变量类型	描　述
Integer	整型	String	字符型
Long	长整型	Boolean	布尔型
Single	单精度实数型	Date	日期型
Double	双精度实数型	Variant	变量型
Currency	货币型		

应用变量时，应事先声明变量，脚本代码中使用用户变量可进行显式声明或隐式声明。

显式声明的变量通过变量声明语句声明，全局变量声明语句声明的变量在整个流程图内有效，每个用到该变量的脚本内均需定义。例如

global *x* as boolean

局部变量声明语句声明的变量在子程序外定义的，只在该对象的脚本内有效；变量在子程序内定义的，只在该子程序内有效。局部变量声明语句，如

dim *x* as single

(6) 命令及函数　脚本中可使用的特殊命令及函数。

- 调用另一幅流程图，例如

Invokedisplay "C: \ S101 \ Test. Pct"

- 执行第三方应用程序，例如

id=Shell(C: \ winnt \ explorer. exe, 1)

- 改变对象颜色，例如

me. Textcolor=makecolor(0, 255, 0)

- 系统采集器，例如

采集过程点报警状态 Collector("ackstat(TIC210)")

历史采集数据 Co11ector("minute-u(TIC210. pv, 0, 5)")

- 行为子句 Actor，例如

Group 100, 0

(7) 使用控件

GUS 流程图中还可以使用控件对象，其中包括 Honeywell 提供的过程操作接口专用控件，包括 Button 按键、Button Plus 多联开关、Check Box 检查框、List Box 列表框、Data

Entry 数据输入框以及 Trend 趋势图等。

(8) 使用子图

GUS 图形编辑器允许用户嵌入事先建立的子图(Embedded Display)。嵌入带参数的子图时，需按要求填入相应的参数。Chg _ zone 是一组提供交互式操作的特殊子图，需要通过编辑脚本来激活。激活 Chg _ zone 的脚本代码为

Dispdb. [$CZ _ ENTY] ="FIC102"

(9) 流程图的运行

调用 GUS 流程图的方式有两种。

① 在 Windows 环境下运行 GUS 流程图，使用如下命令：

RUNPIC C：\ S101 \ test. pct 或 Gpb - r C：\ S101 \ test. pct

其中，C：\ S101 \ 为需运行的流程图文件所在的文件夹；test. pct 为需显示的流程图文件名。

② 通过 IKB 自定义键调用 GUS 流程图，例如

Schem("test")

7. 键盘组态

键盘组态是指定义操作员键盘上自定义功能键的功能，分配自定义功能键上的报警灯。在集成键盘上共有 136 个可组态的自定义功能键，通过组态，这些按键可以执行一个或一系列的操作动作。按键组态最简单的功能定义是调用特定的显示画面，集成键盘如图 3-4-18 所示。

图 3-4-18 集成键盘

(1) 按键组态操作步骤

按键组态包括以下 5 个操作步骤：

步骤 1，组态数据输入；

步骤 2，选中一个键号，出现键功能定义窗口；

步骤 3，在功能定义窗口的动作(Action)中输入相应的动作语句(Actor)，在报警灯指定数据(Lamp Specific Data)中输入相应的内容；

步骤 4，在所需的键全部定义完后，存贮并编译生成目标文件；

步骤 5，在区域数据库中指定键盘组态文件的目标文件及其路径。

(2)按键响应

按键后，将执行功能定义窗口的 Action 中定义的功能。在 Action 中，可包括一个或多个 Actor 语句，以定义该键被按下时应有的响应。例如显示流程图 V101 的动作为 SCHEM（“V101”）。

发生过程报警时，将激活相应自定义键上的 LED 指示灯。带 LED 的键序号为 7~79。

8. 历史组组态

历史组是 HM 要采集的过程数据的集合。每组最多可指定 20 个参数，可以是 PV、OP、SP 和点的任何实数型参数。实际上，用户创建 NCF 文件时已经开始配置过程历史数据采集策略，在 NCF 文件中定义了要进行历史数据采集的单元以及每个单元的历史组数、采集速率和采集的数据类型。

9. 区域数据库组态

为了向操作员提供必要的信息，以便操作员能够监视控制其负责的区域过程响应，就必须在操作站上装载一个能提供这些信息的数据库。这个数据库包括流程图画面、组、报警画面和其他一些标准操作画面以及记录、日志和报告功能的配置信息，这是操作员和他们所操作的区域相关联的信息集合，被称为区域数据库。

(1) 区域的个数及其数据库文件的目录

系统最多可设 10 个区域，在 NCF 组态时确定；

每个区域对应一个区域数据库文件，分别为 AREA01. DA 至 AREA10. DA；

每个区域对应一个存贮区域数据库文件的目录，分别为 &D01~&D10。

(2)建立区域数据库的准备

建立区域数据库前，需要在 GUS 硬盘上创建存放流程图文件的目录，在 HM 上创建存放自定义键配置文件的路径。

(3) 创建区域数据库的步骤

若在 HM 初始化时没有在区域数据库目录中拷贝空白区域数据库文件，则拷贝该空文件；

进入区域数据库组态画面；

切换到 DEB，选择要组态的区域；

切换回 PED；

选择相应的组态项，输入数据，并将已组态的内容写入工作文件暂存；

完成各项需要的组态内容项后，切换到 DEB，执行“安装区域数据库”命令；

重装操作员属性或进行换区操作之后，区域数据库组态的结果随即生效。

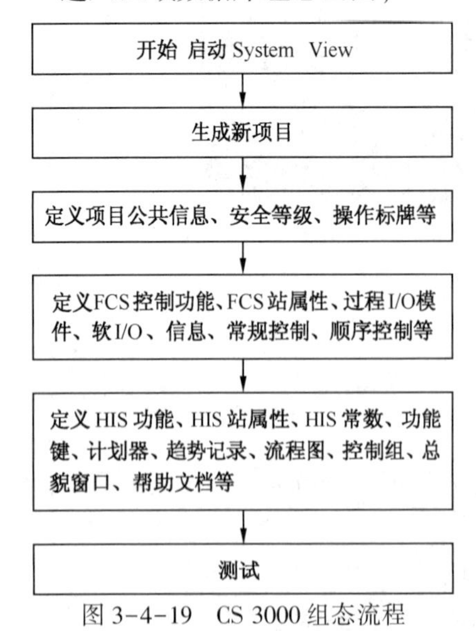

图 3-4-19 CS 3000 组态流程

4. 2. 2 CENTUM CS 3000 系统组态

CENTUM CS 3000 系统(以下简称 CS 3000 系统)组态主要包括物理设备组态、控制策略组态和图形组态等内容。系统组态工作在工程师站或装有组态软件的操作站上完成，组态流程如图 3-4-19 所示。

系统组态在 System View 应用程序中进行。

1. 物理设备组态

物理设备组态是对系统的物理构成进行配置，其主要内容包括创建项目及创建节点等。

(1) 项目属性

项目有三种属性：缺省(Default)属性、当前(Current)属性和用户定义(User-defind)属性。缺省项目是可以下装到 FCS 中的项目，并且在所有创建的项目中具有缺省属性的项目是唯一的。当将该项目下装到相应的 FCS 中后，项目属性变为当前项目(Current Project)属性。当前属性项目可在线下装。用户定义项目(User Defined Project)不能下装，但可以做虚拟测试。项目的属性可根据需要随时改变。

(2) 新项目建立

System View 窗口以树形结构显示用户定义的组态文件。第一次打开 System View 窗口时，必需创建缺省属性的项目，当系统中已有缺省项目时，System View 窗口允许打开，这时只能创建用户定义项目。

新项目建立包括定义项目信息、FCS 信息和 HIS 信息等。步骤如下：

① 在“Create New Project(创建新项目)”对话框(图 3-4-20)中填入项目名称(Project)、项目文件保存位置(Position)、项目常数等信息；

② 在“Create New FCS(创建新 FCS)”对话框(图 3-4-21)中，选择 FCS 的类型(Station Type)、数据库类型(Database Type)、地址(Station Address)等信息；

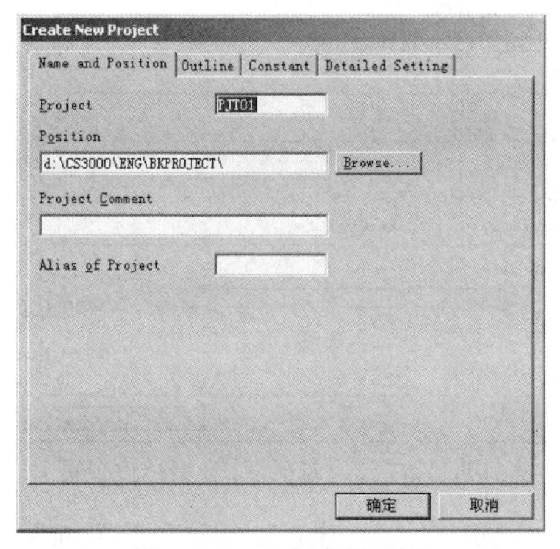

图 3-4-20　创建新项目

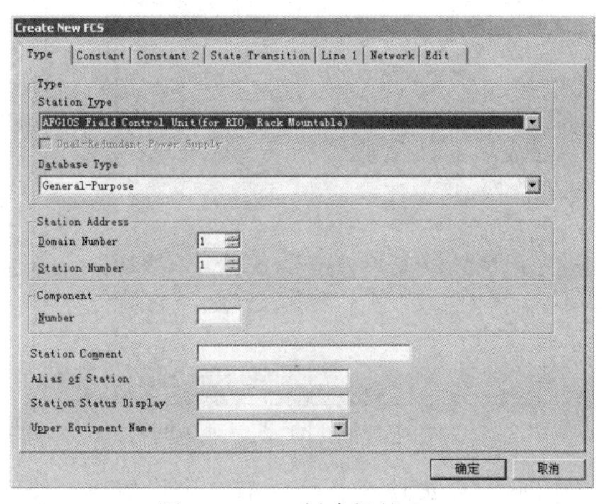

图 3-4-21　创建新的 FCS

③ 在“Create New HIS(创建新 HIS)”对话框(图 3-4-22)中，填入 HIS 的型号、数据库类型(Database Type)、站地址(Station Address)等信息。

新建项目及项目中的 FCS 和 HIS 都以文件夹的形式显示，如图 3-4-23 所示。

(3) 创建节点单元

FCS 中的节点单元在项目中的 FCS\IOM 文件夹中定义。

在 System View 中，选中 FCS\IOM 文件夹，从“File”菜单中选“Create New\Node”，显示创建新节点的对话框。新节点对话框如图 3-4-24 所示。

新 FIO 节点需要定义节点类型(Node Type)、节点号(Node Number)、远程节点主卡(Master)、冗余电源(Dual-Redundant Power Supply)等内容。

节点创建完毕，在IOM文件夹下生成一个节点文件，文件名以Node开头，如第一个节点单元文件为Node1。

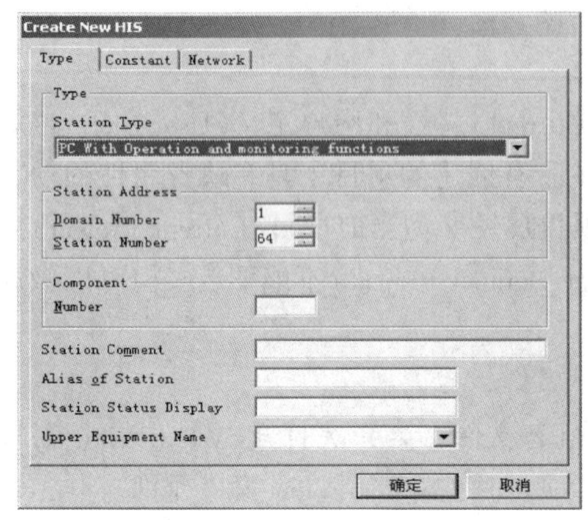

图3-4-22　创建新HIS

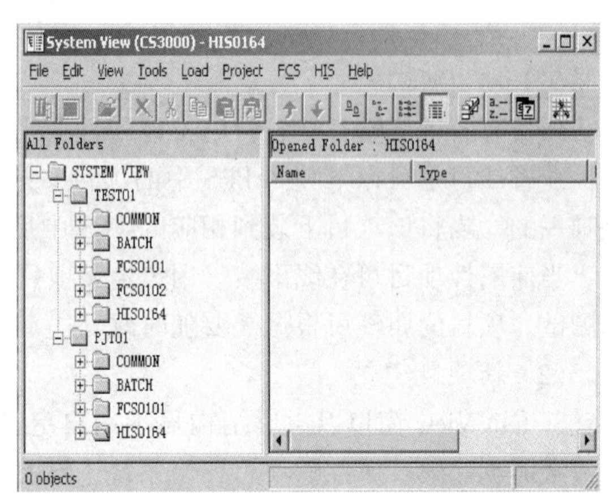

图3-4-23　新项目显示

(4) 创建IO模件

IO模件在节点单元中定义。首先选中创建的节点文件，再从“File”菜单中选“Create New \ IOM”，打开创建IO模块的对话框(Create New IOM)，如图3-4-25所示。

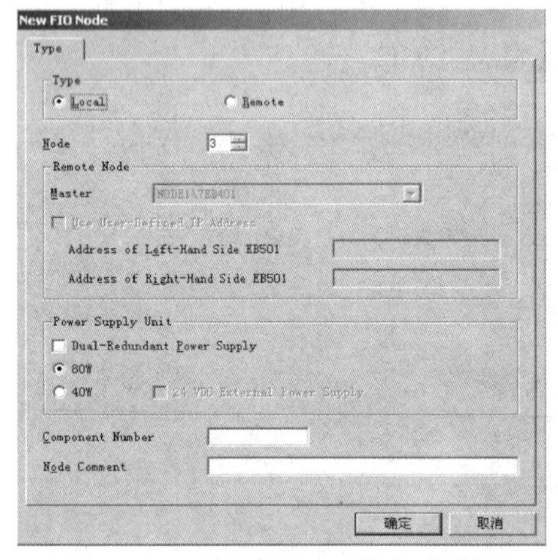

图3-4-24　生成新FIO节点对话框

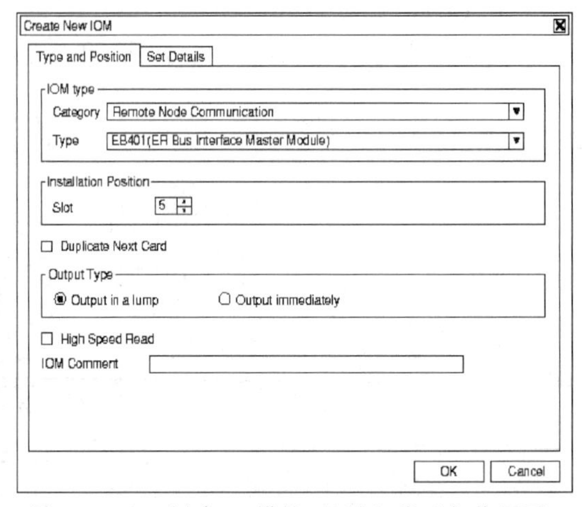

图3-4-25　创建IO模块对话框(类型与位置页)

在创建IO模块对话框中有2个设置页：类型与位置页[Type and Position]和设置细节页[Set Details]，此中可设定IOM类型、插槽位置、是否冗余、注释等内容。

(5) 定义公共项(Common)

公共项的所有文件存放在项目中的Common文件夹中，包括操作标牌定义(Operation Mark Definition)、安全功能定义(Security Function Definition)、工程单位(EngUnit)等文件，如图3-4-26所示。

① 操作标牌定义(OpeMarkDef)

当操作标牌被分配给某个功能块时，则可以给此位号的仪表面板添加注释或在运行时临时改变操作权限，摘去操作标牌时恢复原来的操作权限。每个操作标牌的定义项包括位号标牌(Tag Label)、标牌颜色(Color)、位号级别(Tag Level)以及标牌操作级别(Install/Remove)。

② 用户安全性(UserSec)

用户安全性组态中包括用户定义(User Definition)、用户组(User Group)、窗口监视(Window Monitoring)、窗口操作(Window Operation)、位号浏览(Tag View)、数据项操作(Item Operation)、操作员动作(Operator Action)和操作标牌挂牌(Operation-mark On)等项。

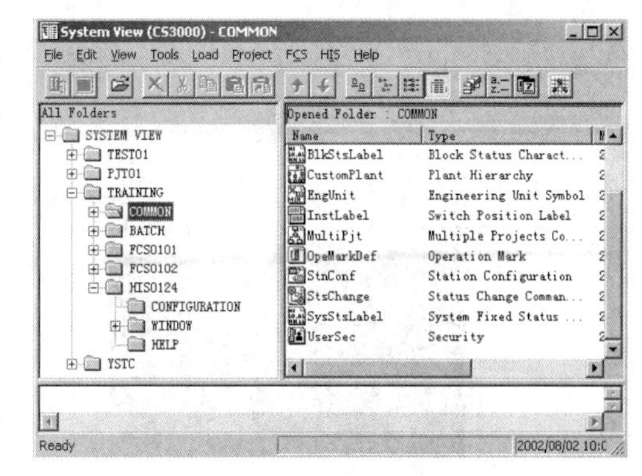

图 3-4-26 公共项文件夹

用户安全性设置是对操作员可执行的操作及监视功能依据权限进行分类管理。系统最多可以有 200 个用户，每个操作员对应于不同的用户。将用户分成若干个组，然后对每个组分别设置权限级别(Privilege Level)。

权限级别可以规定用户在操作监视数据、窗口及操作标牌的权限，缺省有 S1、S2 和 S3 三个级别，具体见表 3-4-6。此处还可以设置用户自动退出时间(Set Automatic User Out Time)，规定用户账号的连续工作时间。当设置的时间到时，用户自动变为 OFFUSER。该时间可以从 30min 到 12h。

表 3-4-6 权限级别

权限级别	操作	监视	维护
S1	Y	N	N
S2	Y	Y	N
S3	Y	Y	Y

2. 常规控制(PID)组态

常规控制回路中都包含 1 个输入点、1 个控制回路以及 1 个输出点。

(1) 定义回路的输入输出点

回路的输入输出点在 IOM 中定义。以 AAV141 为例，其组态窗口如图 3-4-27 所示。

图 3-4-27 AAV141 组态窗口

在该窗口中，需要对输入输出点的有关信息进行设置，主要包括：Terminal(端子名)、Signal(信号类型)、Conversion(信号是否转换)、High Limit/Low Limit(上/下限范围)、Unit(测量单位)、Set Detail(某些细节属性，如正向、反向等)以及 P&ID Tag Name(根据 P&ID 设置的位号名)等。

AAV141 不需信号转换，但是对于其他类型的模块可能需要，例如，对于 AAT141 温度信号输入模块可作 K、E、T、J、R、S、B、N 型热电偶补偿计算及 mV 输入等转换。

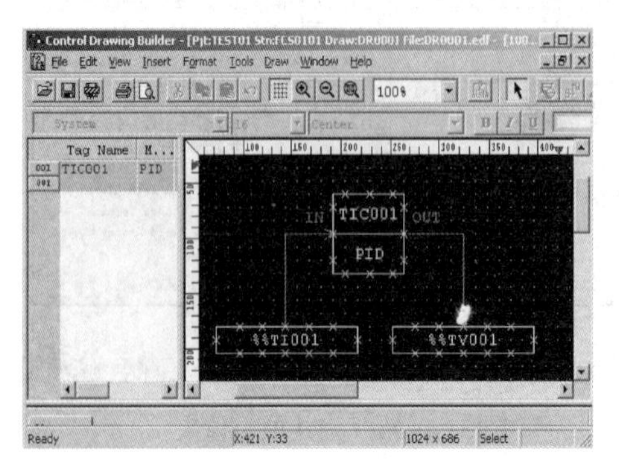

图 3-4-28 控制策略图

(2) 控制回路组态

控制回路组态在控制策略图中进行，主要步骤如下：

① 打开控制策略图

控制策略图用于编辑控制算法，它由功能块列表和组态画板组成。系统提供 200 个控制策略图文件，这些文件存放在 FCS 下的“FUNCTION _ BLOCRK”文件夹中。控制策略图组态窗口如图 3-4-28所示。

② 选择控制功能块

系统提供的功能块种类见表 3-4-7。

表 3-4-7 常规控制块的种类

模块类型	代码	名称
输入指示	PVI	输入显示模块
	PVI-DV	带偏差报警输入显示模块
控制器	PID	PID 模块
	PI-HLD	采样 PI 模块
	PID-BSW	有批处理开关的 PID
	ONOFF	两位式开/关模块
	ONOFF-G	三位式开/关模块
	PID-TP	时间比例开/关模块
	PD-MR	有手动复位的 PD 模块
	PI-BLEND	混合 PI 模块
	PID-STC	自整定 PID 模块
遥控模块	MLD	遥控模块
	MLD-PVI	带输入指示遥控模块
	MLD-SW	带开关的遥控模块
	MC-2	两位式马达控制模块
	MC-3	三位式马达控制模块
信号分配	RATIO	比例设定模块
	PG-L13	13 段程序设定模块
	BSETU-2	流量累计批处理设定模块
	BSETU-3	重量累计批处理设定模块
信号限定	VELLIM	速率限定模块
信号选择	AS-H/M/L	自动选择模块
	SS-H/M/L	信号选择模块
	SS-DUAL	冗余信号选择模块

续表

模块类型	代码	名称
信号分配	FOUT	串级信号分配模块
	FFSUM	前馈信号累计模块
	XCPL	无干扰控制输出模块
	SPLIT	控制信号分配模块
报警	ALM-R	预设定报警模块
脉冲计数输入连接模块	PTC	脉冲计数输入连接模块

要组态 PID 回路，先打开选择功能块对话框，选择“PID”功能块。在组态画板里单击鼠标左键，则出现一个 PID 块的符号，此时可以输入位号，如图 3-4-29 所示。

③ 添加 I/O 连接块

打开选择功能块对话框，选择“PIO”功能块。

在组态画板里单击鼠标，出现一个 IO 块的符号，此时可以输入功能块名，如图 3-4-30 所示。

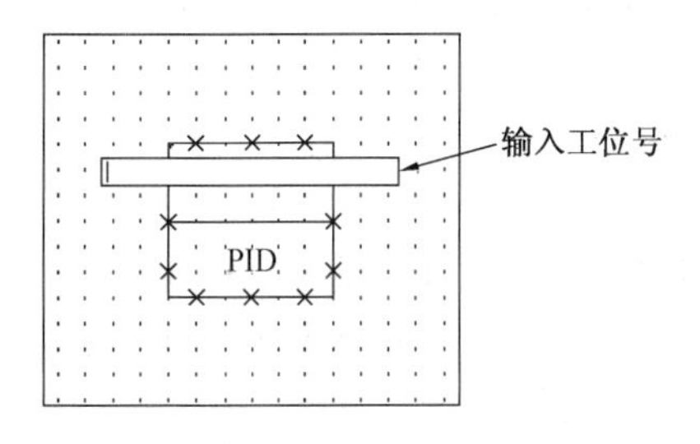

图 3-4-29　组态 PID 功能块

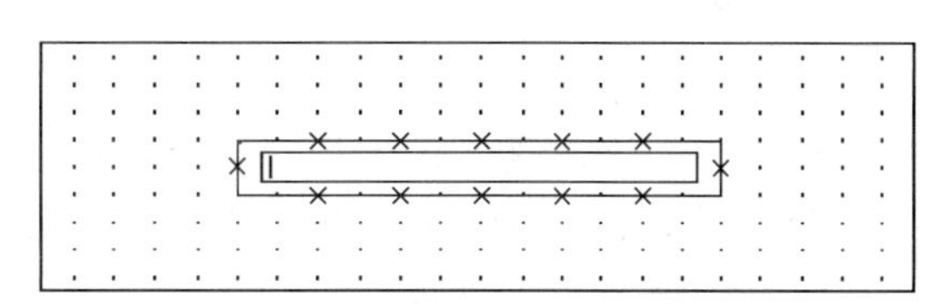

图 3-4-30　添加 I/O 连接块

(3) 功能块连线

根据信号流向指定连线的起点和终点，自动生成连线。具体操作是：点击连线功能键，然后在起点处单击鼠标，再在终点处双击，如图 3-4-31所示。

如果接线端的名字不合适，选中需要修改的标识，使之反显，然后输入正确的端子名。

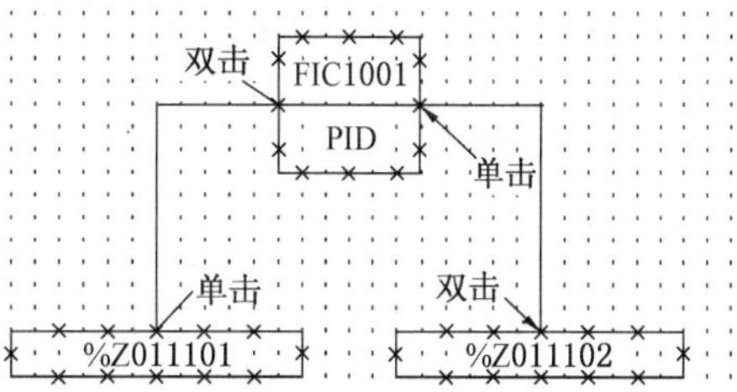

图 3-4-31　连线

(4) 定义功能块细目(Detail)

选中 PID 功能块，点击细目功能键，调出 PID 模块的细目窗口。

在功能块细目画面中有 7 个标签页用于内部参数设置：

① Basic(基本)标签页。

该页的主要设置项目有：

• Scan Period，设置扫描周期：可以选择 Basic、Fast-Scan 和 Medium-Speed，扫描周期决定功能块的执行周期。

• Input Signal Conversion，输入信号转换方式：可选不转换、平方根、脉冲序列输入、通讯输入。

• Output Signal Conversion Process，输出信号转换：有不转换、脉冲序列输出、通讯输出和通信输出(全开/全关)四种处理方式。

• Measurement Tracking，测量跟踪：在手动操作方式下，使 SV 的值始终跟踪 PV 值。

• Totalize Time Unit，累积计算时间单位：设置累积计算所采用的时间单位。累积值最多可以为 8 位，超过 8 位则自动归零重新累积。

此外，还有 Open/Close Mark(设置开/关标识位置)、Low-input Cut(小信号切除)、Control Action(控制器作用方向)等设置项。

② Tag(位号)标签页

本页主要用于设置与仪表面板显示相关的信息。包括 Tag Mark(位号标签)、Status Chang Message Bypass(状态改变信息旁路)、Upper Window Name(指定上一级窗口)、MV Display on Faceplate(MV 在仪表面板上的显示方式为百分数或实际值)、CAS Mark(显示/隐藏串级标识)、CMP Mark(显示/隐藏远程控制标识)、Scale Reverse Display(指定测量值上下限显示方式)、MV Reverse Display(输出值在仪表面板上的显示方式)、Index(显示/隐藏指针)以及 Scale-division(PV 值刻度显示方式)。

对于 Status Chang Message Bypass 项，如果设为"YES"，则表示状态改变信息将不记录到历史报告中，但仍会显示在 HIS 上。这个设置对于在 HIS 上手动改变状态无效。

对于 Scale Reverse Display 项，缺省值表示在仪表面板上，量程高限显示在上，低限显示在下。若选"Reverse"，则高限显示在下，低限显示在上。

③ Input(输入)标签页

本页设置与输入信号相关的信息，包括 High Limit Value(PV 值上限)、Low Limit Value(PV 值下限)、Engineering Unit(工程单位)、Input Signal Filtering(输入信号滤波)以及 PV Overshoot(PV 超限时的信号处理方式)。

Input Signal Filtering 项用于设置数字滤波去除过程输入信号的噪音。

PV Overshoot 项有"Overshoot PV"或"Holding PV"两种选择。选择"Overshoot PV"时，若 PV 信号无效(BAD)，则根据原因，使 PV 显示量程上限或量程下限；选择"Holding PV"时，若 PV 信号无效(BAD)，则显示上次有效的 PV 值。此功能只对控制回路有效。

④ Alarm(报警)标签页

报警页的设置项包括：Alarm Processing Level(指定报警级别)、Input Open Alarm(输入开路报警检测)、PV High-High and Low-Low Limit Alarm(PV 高高限和低低限报警检测)、Input High and Low Limit Alarm(PV 高限和低限报警检测)、Hysteretic(报警滞后)、Input Velocity Limit Alarm(输入变化率限制报警)、Number Of Samplings(采样数)、Sampling Interval(采样时间间隔)、Deviation Alarm(偏差报警)、Output Open Alarm(输出开路报警)、Output High / Low Limit Alarm(MV 值高、低报警限检测)以及 Bad Connection Alarm(坏连接报警)。

系统的过程报警级别有 4 级，如表 3-4-8。

表 3-4-8 报警级别

报警级别	标准报警动作		限定报警动作	
	报警显示闪烁	重复报警	报警显示闪烁	重复报警
高级别	锁定	重复	自确认	
中级别	锁定		自确认	
低级别	非锁定		自确认	
日志	自确认		自确认	

Bad Connection Alarm 的设置用于检测功能块连接或 I/O 连线端子是否正确，如：被连接的功能块处于 O/S 状态、数据设定不能执行、被连接的功能块数据类型非法(不能被转变为指定类型)等情况下出现 CNF 报警。

⑤ Control Calculation(控制计算)标签页

此处设置与控制算法相关的有关项目，包括：

• PID Control Computation(PID 控制算式)，依据实际情况，选择 PID 控制算式。

• Control Period(控制周期)，控制器模块每个扫描周期完成一次输入，每个控制周期完成一次控制计算和输出。控制周期有 9 个选项，即 1、2、4、8、16、32、64、Automation Determination(自动检测)、Intermittent Control Action(间歇控制)。

• I/O Compensation(I/O 补偿)，输入输出校正功能可以对输入/输出信号之一做校正，添加一个校正值(VN)。

• NON-Linear Gain(非线性增益)，这种功能使比例增益依据 PV 与 SV 的偏差而变化，从而使输出增量 dMV 与过程变量的偏差 DV 呈非线性关系。这个功能多用于 PH 控制。

• Deadband(死区)，当偏差变化在死区范围内时，输出不变化。

• AUT Fallback(自动返回)，当 AUT Fallback 条件满足时，副回路自动从 CAS 或 PRD 切换到 AUT 状态，这样在故障时，操作员就可以手动调节副回路。

• Computer Backup Mode(计算机后备模式)，当上位计算机被检测出故障时，RCAS(远程串级)或 ROUT(远程输出)方式将被临时挂起，并将计算机切换到后备状态。

⑥ OUTPUT(输出)标签页

本标签页对与控制输出信号相关的信息进行设置，包括 Output Velocity Limiter(输出变化速率限制)、MAN Mode Output Velocity Limiter Bypass(手动模式运行时是否旁路输出变化限制)、Auxiliary Output(辅助输出，即从 SUB 端输出给别的连接端子)、Output Data/Output Type(输出数据和类型)、MV Display Style(输出显示格式)以及 Control Calculation Output Type(控制计算输出类型)。

输出数据可以是 MV、PV 或其增量 dMV、dPV。

在控制回路中，有两种控制计算输出类型方式：一种是 Positional output action(位置式输出)，就是将本计算周期 PID 控制算法计算出的 dMV 迭加到上一个周期的 MV_{n-1}上，生成当前的输出值 MV_n；另一种是 Velocity output action(速率式输出)，就是将当前输出变化量(dMV)加到从输出端子回读的值上，得到控制输出值。

⑦ OTHER(其他)标签页

在本标签页，可对模块的相关参数进行预先设置，为控制计算提供初始值。

(5) 保存组态文件

完成控制算法的上述 7 个标签页的组态之后，需要保存该组态文件。控制算法组态文件的保存途径依据项目属性可选 Save，Save As，Create Working File 或 Download 等命令。

3. 顺控表组态

(1) 顺控表总貌

顺控表模块是表格描述类型的模块，它描述其他功能块的输入输出信号的相互动作关系，从而监视过程和完成顺序控制。顺控表模块包括两种：

ST16——能处理最多 64 个 I/O 信号和 32 个规则的顺序控制功能块；

ST16E——用于 ST16 的规则扩展功能块，以扩展顺控表，形成步类型 ST16 的顺控表组。非步类型 ST16 不能被连接。

图 3-4-32 是一个完整的顺控表，各部分说明如下：

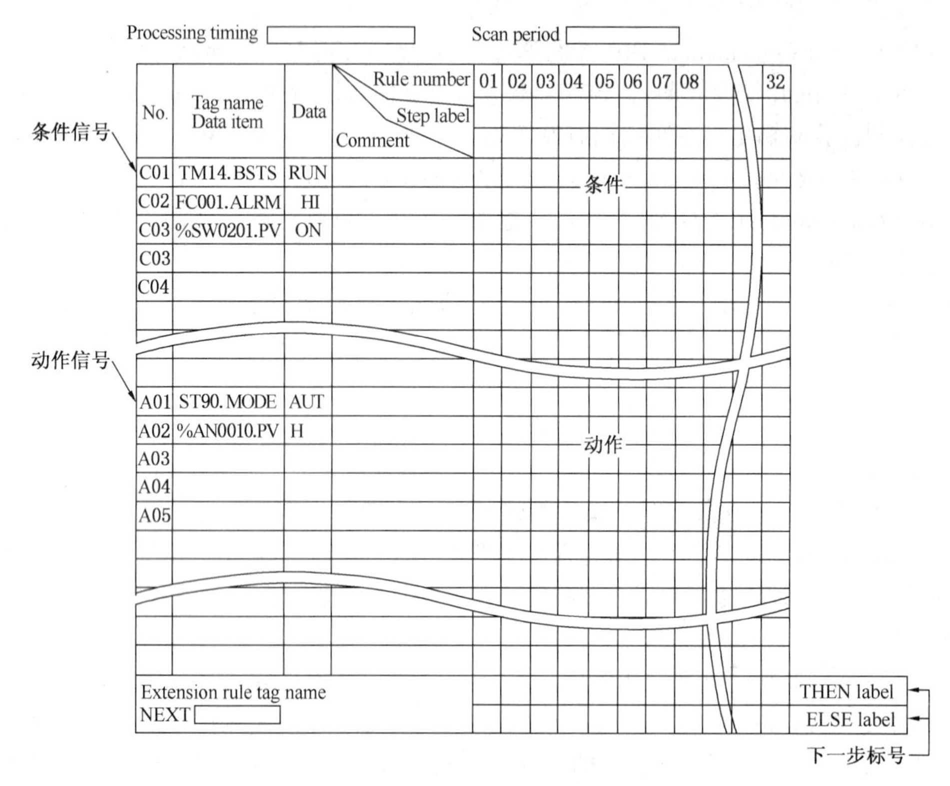

图 3-4-32　顺控表

- Condition Signal(条件信号)，由位号参数和参数状态值组成。
- Action Signal(动作信号)，由位号参数和参数动作值组成。
- Rule Number(规则号)，每个模块可以有 32 个规则。
- Step Label(步标签)，当用步顺序控制方式执行顺控表时，步标签用于识别步。
- Next Step Label(下一个执行的步)。
- THEN Label，当相应的条件满足(true)时，执行指定的步。
- ELSE Label，当相应的条件不满足(false)时，执行指定的步。
- Processing Timing(顺控表的执行时间)，由启动时间和输出时间组成，启动时间指顺控表接收输入信号启动控制算法的时间，输出周期指运算结果对外输出的时间。
- Scan Period(扫描周期)，在每个扫描周期初激活顺控表。扫描周期有三种选项：基本扫描、中速扫描、高速扫描。

(2) 顺控表的执行方式

顺控表的执行方式有两种：步执行和非步执行(Step 和 Non-Step)。

在非步执行顺控表(NON-Step Sequence)中，所有 32 个规则都受条件限制，并依据条件执行操作。图 3-4-33 是一个储罐的液位报警设置示意图，其控制逻辑图如图 3-4-34。其用非步执行顺控表的组态描述如图 3-4-35。

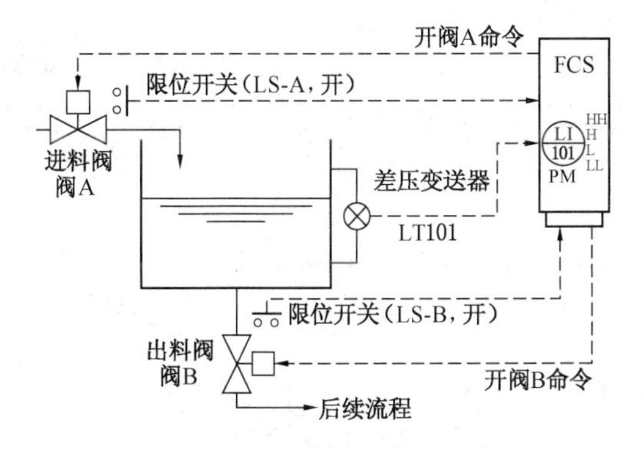

图 3-4-33　液位报警设置示意图

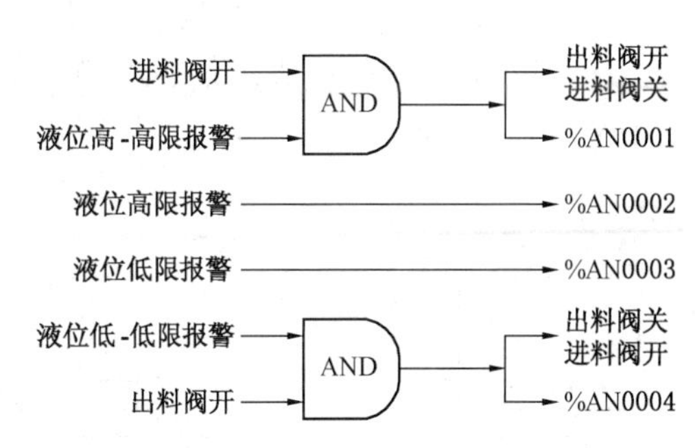

图 3-4-34　液位报警的控制逻辑图

No	Tag Name-Data ltem	Data	Comment	01	02	03	04
C01	LS-A.PV	ON	Inflow valve limit switch	Y			
C02	LS-B.PV	ON	Outflow valve limit switch				Y
C03	LI101.ALRM	HH		Y			
C04	LI101.ALRM	HI			Y		
C05	LI101.ALRM	LO				Y	
C06	LI101.ALRM	LL					Y
A01	VALVE-A.PV	H	Inflow valve open command	N			Y
A02	VALVE-B.PV	H	Outflow valve open command	Y			N
A03	%AN0001	L	Upper level.high-limit alarm	Y			
A04	%AN0002	L	Level.high-limit alarm		Y		
A05	%AN0003	L	Level.low-limit alarm			Y	
A06	%AN0004	L	Lower level.low-limit alarm				Y

图 3-4-35　储罐液位报警顺控表

在步执行顺控表(Step Sequence)中，段步过程(Phase-Step Process)被分为条件监视和操作的最小段单元(Phase Unit)，这些段单元逐一被执行。只有步标签是00的步和对应当前步号的规则进行条件检测，并执行相应操作。图3-4-36表示步执行顺控表的动作。

00步在每个周期被执行，只能在顺控表开头描述。在步执行顺控表中，THEN/ELSE栏中填写下一次执行的步号。THEN里的步号在相应条件满足时被执行，满足该规则的所有操作执行后，就转到THEN栏里指定的步；ELSE里的步号在相应条件不满足时被执行，这一规则的所有操作不执行，而转到ELSE栏里指定的步。

4. 图形组态

在CS 3000系统中，用户定义的画面包括趋势记录窗口、总貌窗口、控制组窗口和流程图四种，这些文件都保存在HIS的Window文件夹中。

(1) 趋势文件

趋势记录功能包括趋势数据采集、趋势数据显示和数据定时保存功能。除了在趋势图中采集、显示趋势数据以

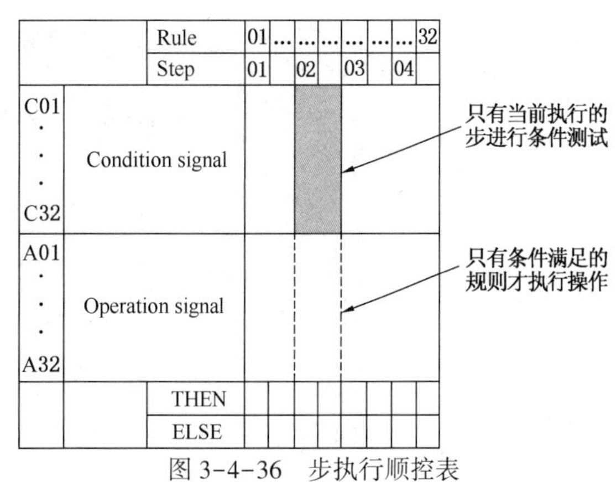

图 3-4-36　步执行顺控表

外，定时保存的数据可以用于报表组态，生成日报、月报等报表。

趋势文件有 3 层结构：趋势块、趋势窗口和趋势点窗口，如图 3-4-37。对于 CS 3000，每台 HIS 可以有 50 个趋势块，其中 20 个可以定义为滚动趋势或批量趋势格式，30 个趋势块被定义为其他站的趋势。1 个趋势块包含 16 个趋势窗口，每个窗口可以定义 8 个趋势点。

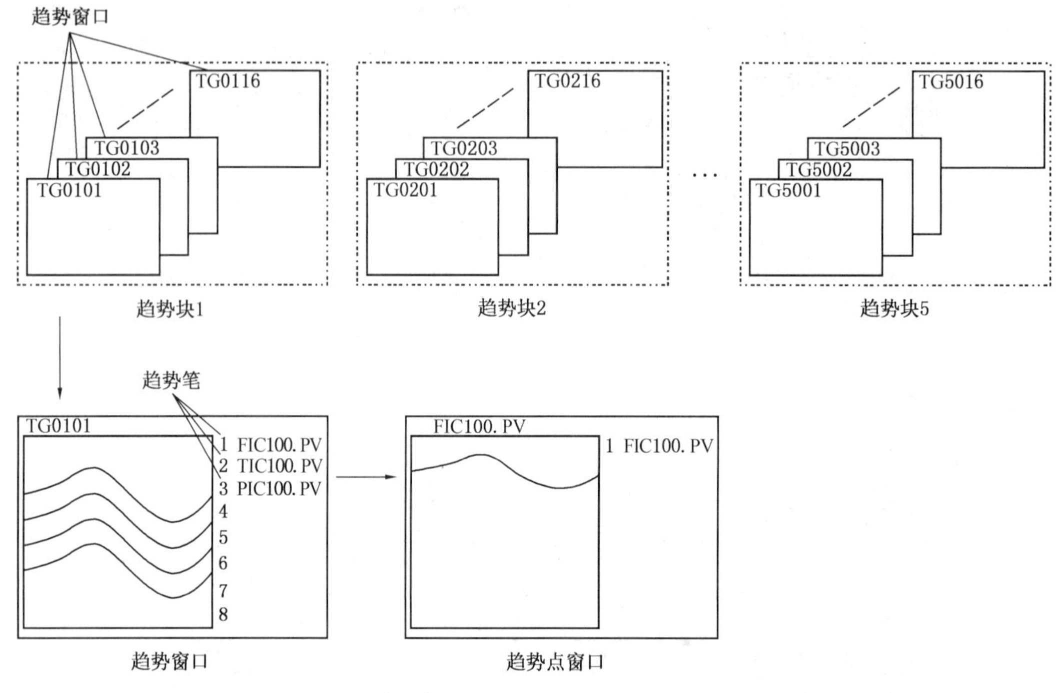

图 3-4-37 趋势结构示意图

趋势块文件存放在项目的 HIS \ CONFIGURATION 文件夹中，文件以 TR 开头，第一个趋势块文件为 TR0001。在趋势块的属性页中可定义趋势格式(Trend Format)和采样周期(Sampling Period)以及长趋势数据保存时间等。

在趋势点组态窗口(图 3-4-38)中有 16 个组(Group)，每个组对应一个趋势窗口，每个组可以定义 8 个趋势点，格式是“位号名 . 参数项”。每一个趋势块对应 16 个趋势图，如第一个趋势块文件 TR0001 对应的趋势图是 TG0101～TG0116。

(2) 控制组窗口定义

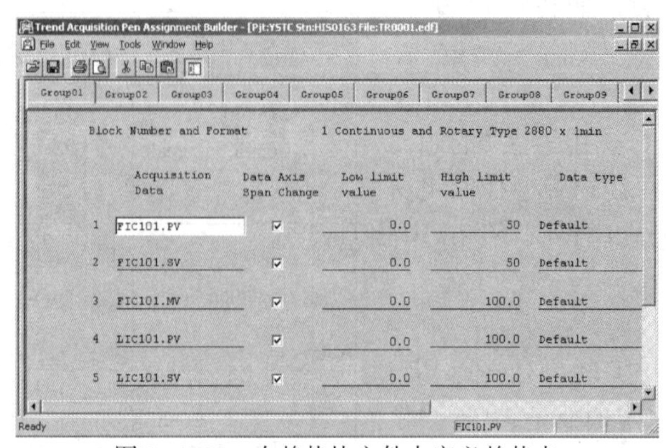

图 3-4-38 在趋势块文件中定义趋势点

控制组组态窗口如图 3-4-39 所示。

打开仪表面板的“Properties”页，显示 “Instrument Diagram(仪表图)”对话框，如图 3-4-40所示。

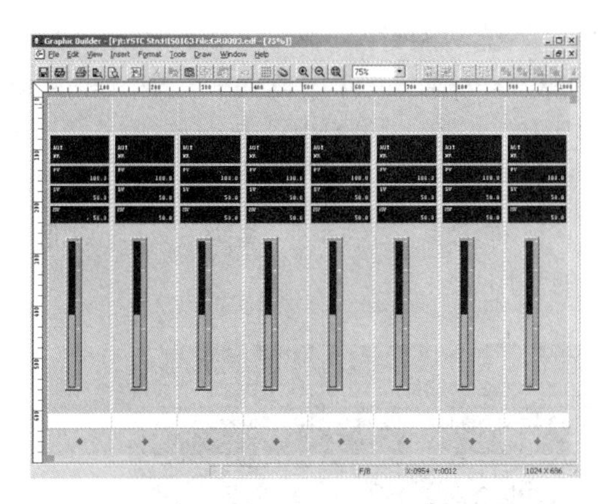

图 3-4-39　回路控制组定义窗口

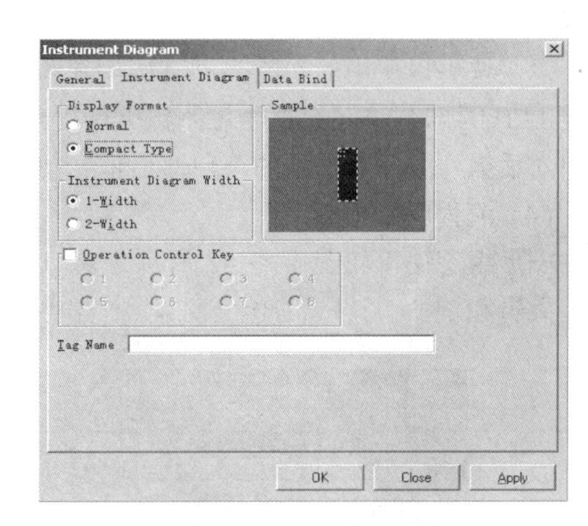

图 3-4-40　仪表图属性对话框

在对话框中设置仪表面板的显示模式(Display Format)、仪表面板的宽度(Instrument Diagram Width)、操作控制键(Operation Control Key)和位号(Tag Name)。

(3) 总貌窗口

总貌窗口中有 32 个总貌块，如图 3-4-41所示。总貌块的功能分配在它的属性页中设置。选中某一个总貌块，然后选择右键菜单中的“Properties”，打开总貌块属性页。

在属性页中有四个标签页：通用(General)、总貌(Overview)、功能(Function)和数据绑定(Data Bind)。这里重点介绍总貌和功能标签页。

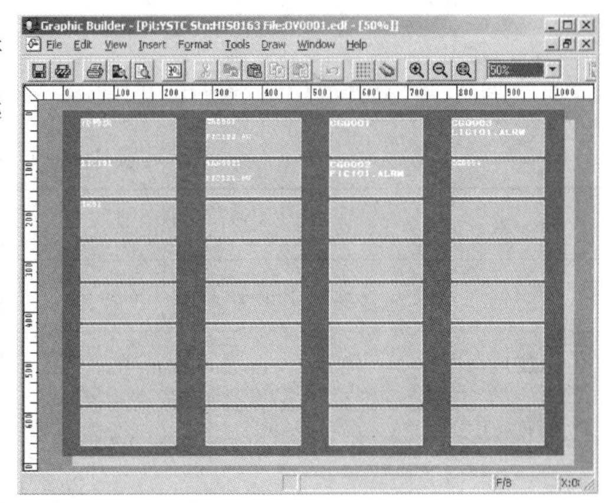

图 3-4-41　总貌定义窗口

总貌标签页用于为总貌块设置监视目标，也可以设置显示数据的属性以及根据选择的监视目标确定报警的方式。在这个标签页中包含以下几项：

• Type(类型)，用来设置可以分配给总貌块的监视目标类型。监视目标类型有 Tag Name(位号)、Tag Name(with Tag mark)(带位号标志的位号名)、Window Name(窗口名)、Annunciator(报警器)和 Comment(注释)。

• Tag Name(位号名)，对“位号“类型，键入位号名并将其分配给一个总貌块。

• First Line Display Label(第一行显示标牌)，选择位号名或位号注释作为要显示在总貌块第一行的标牌。

• Alarm Blinking(报警闪烁)，指定报警闪烁方式。若选择“Alarm-specific Blinking(报警指定闪烁)”检查框，则在窗口操作时报警状态为系统指定。

• Specify Font（指定字体），选择该检查框，允许以指定字体、字型和字号显示。

在功能标签页，包含用于功能分配的设置区和设置光标移动顺序的设置区，如图 3-4-42 所示。设置区的内容随分配的功能不同而不同，这些功能还可用于触标、按键、软键和窗口的连接设置。

总貌块可以使用的功能类型有调用窗口、执行系统功能键、启动/停止/重新启动趋势、指定 LED 闪烁/亮/灭、通过文件名执行程序、仪表命令操作、调用数据输入对话框、调用菜单对话框、基于数据项的菜单对话框、执行多媒体、报告打印输出以及面板组等。

(4) 流程图组态

图形组态窗口如图 3-4-43 所示，窗口中包含 6 种工具栏：标准、绘图、HIS 功能、格式、编辑和子图。其中，HIS 工具栏中各功能键的作用见表 3-4-9。

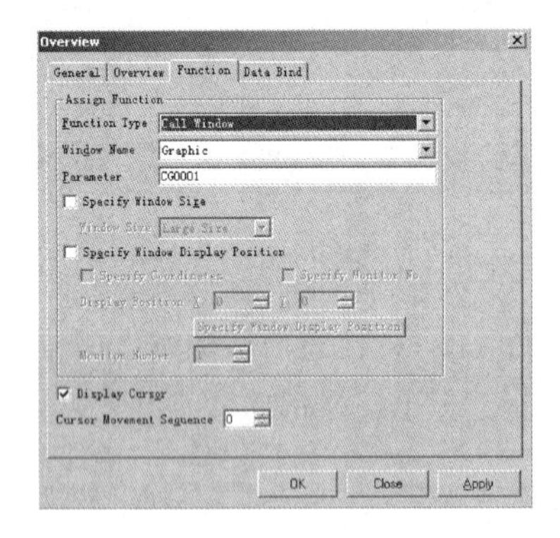

图 3-4-42　功能标签页

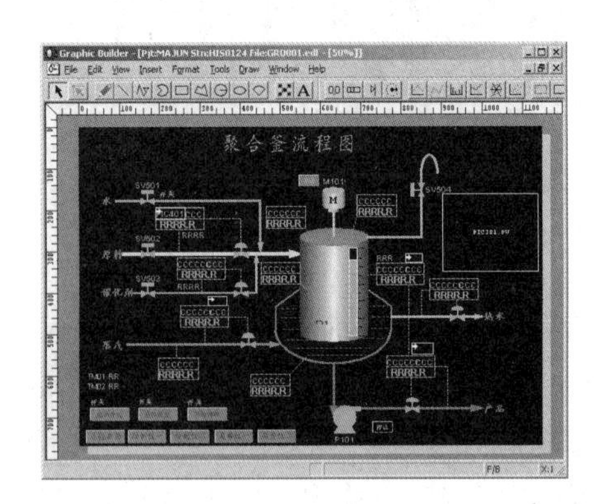

图 3-4-43　图形组态器

表 3-4-9　HIS 功能工具栏

按　键	工　　具	功　　能
0. 0	Process Data-Character	以字符方式显示的过程数据
	Process Data-Bar	以柱状图方式显示的过程数据
	Process Data-Arrow	以箭头方式显示的过程数据
	Process Data-Circle	以圆形方式显示的过程数据
	Line-segment Graph	线段
	User-defined Line-segment Graph Object	用户定义的线段图
	Bar Graph	柱状图
	Step Graph	阶梯图
	Radar Graph	雷达图
	Two-dimension Graph	二维坐标图
	Touch Target	触标

续表

按键	工具	功能
	Push Button	按键
	Faceplate	面板
	Instrument Diagram	仪表图
	Window	窗口
	Message	信息
	Dialog Name	对话框
	Trend	趋势图
	Overview	总貌块
	Control	ActiveX 控件

① 用字符串表示数据(Process Data-Character)

为了用数字或文本形式在图形窗口中显示过程数据或批量数据，需要使用过程数据字符显示工具来创建过程数据字符显示图形。用插入 Process Data-Character 命令添加相应显示。

过程数据字符的属性窗口中有 4 个标签页：通用(General)、文本(Text)、图形修改(Graphic Modify)、过程数据-字符(Process Data-Character)。

通用页用来设置已创建图形的公共属性，如图形的名称、位置与大小以及双击该图形是否激活相应位号的仪表面板，其数据是否可以在调试时进行设置。其他图形的通用页与此类似，不再赘述。

文本页用于设置文本格式，包括文本颜色和文本背景颜色。

图形修改页用于设置图形属性随条件的变化。

过程数据-字符页设置过程数据显示为数值或字符串。该页是数据字符的特殊页。

② 用柱状图表示数据(Process Data-Bar)

使用柱状图工具可以在流程图中以棒图形式显示 FCS 中的数据。通过插入“Rectangular Bar”命令或选择工具栏中的“Process Data-Bar”按键，可添加一个矩形图。

矩形棒图的属性有 6 个标签页：通用、填充(Fill)、图形修改(Graphic Modify)、修改坐标(Modify Coordinates)、过程数据-棒图(Process Data-Bar)、数据绑定(Data Bind)。

需要填充图形时，在填充页设置填充形式。

图形修改页用于设置图形属性随条件发生的变化，如颜色、形状、亮/灭等状态。

修改坐标页用于设置图形位置随条件的变化。

过程数据-棒图页用于设置棒图显示的过程数据。

③ 创建触标(Touch Target)

当触摸或用鼠标点击触标区时，触标将执行诸如调用窗口等分配好的功能。用插入“Touch Target”命令或选择工具栏中的“Touch Target”，即可画出一个触标区。

触标有通用(General)、功能(Function)、数据绑定(Data Bind)3 个标签页，其主要属性在功能页中设置。功能页中可分配的功能包括窗口调用功能、控制图形窗口中的趋势窗口的功能、仪表命令操作以及菜单窗口调用等。

④ 创建按键

当用光标选择按键时，执行按键分配的功能，如窗口调用功能。按键上可附加文本标识。使用插入“Push Button”命令或选择工具栏中的“Push Button”按键，即画出一个按键图形。

按键有6页属性：通用(General)、文本(Text)、标牌(Label)、功能(Function)、图形修改(Graphic Modify)、数据绑定(Data Bind)，其设置方法与前述相似，不再重复。

4.3 现场总线及现场总线控制系统

4.3.1 FF基金会现场总线

基金会现场总线(FF-H1)的通信模型参照了国际标准化组织(ISO)开放式系统互连(OSI)参考模型(即ISO/OSI模型)的1，2，7层，另外增加了用户层结构，这是FF-H1与其他总线不同之处。FF-H1通信模型和OSI参考模型的关系见图3-4-44。

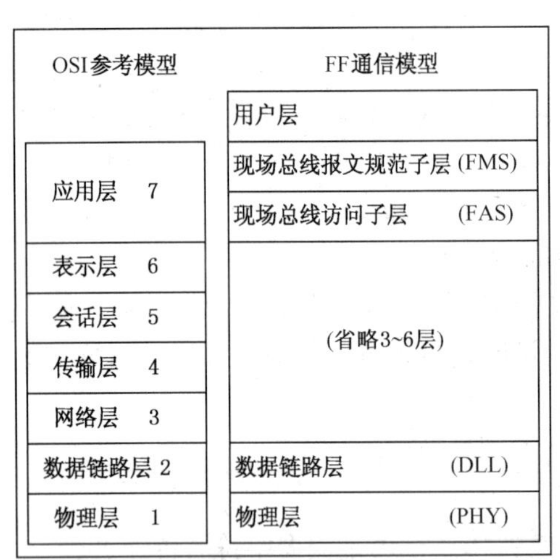

图3-4-44 基金会现场总线(FF-H1)通信模型和OSI参考模型

物理层(Physical Layer，PHY)与传输介质(电缆、光缆等)相连接，规定了如何收发信号。

数据链路层(Data Link Layer，DLL)规定了总线设备如何共享网络，怎样调度通信。

应用层分为现场总线访问子层(Fieldbus Access Sublayer，FAS)和现场总线报文规范子层(Fieldbus Message Specification，FMS)2个子层。其中FAS规定数据访问的关系模型和规范，在DLL与FMS之间提供服务；FMS则规定了标准的报文格式，为用户提供了所需的通信服务。应用层的任务是描述应用进程(Application Process，AP)，实现应用进程之间的通信，提供应用接口的标准操作，实现应用层的开放性。应用层规定了设备间交换数据、命令、事件信息和请求应答的信息格式。

用户层规定了标准的功能块、对象字典和设备描述，供用户组成所需要的应用程序，并实现网络管理和系统管理。在网络管理中，为了提供一个集成网络各层通信协议的机制，实现设备操作状态的监控和管理，设置了网络管理代理和网络管理信息库，提供组态管理、运行管理和差错管理的功能。在系统管理中，设置系统管理内核、系统管理内核协议和系统管理信息库，提供设备管理、功能管理，时钟管理和安全管理等功能。

FF将数据链路层、应用层的软件集成为通信栈(Communication Stack)，其功能是：对用户层报文进行编码和解码，实现对报文传递的控制，进行高效安全的报文传输。

1. 物理层

FF-H1物理层的主要电气、物理属性见表3-4-10所示。

表 3-4-10　FF-H1 物理层主要电气、物理特性

电源供给方式	总　线　供　电	电源供给方式	总　线　供　电
电源电压	9~32VDC	电缆型式	屏蔽双绞线
数据传输方式	数字化位同步	接线拓扑结构	线型、树型、星型、复合型
编码形式	曼彻斯特编码	电缆长度	≤1900m
物理层帧格式	前同步信号、防错的起止分界符	挂接设备数	≤32 台(无中继器)
信号电压	0.75~1.0VPP	可用中继器数	≤4 台
传输波特率	31.25kbps	适用防爆方式	本质安全型防爆

FF-H1 现场总线网段的构成如图 3-4-45(a)所示，其等效电路如图(b)、(c)和(d)所示。

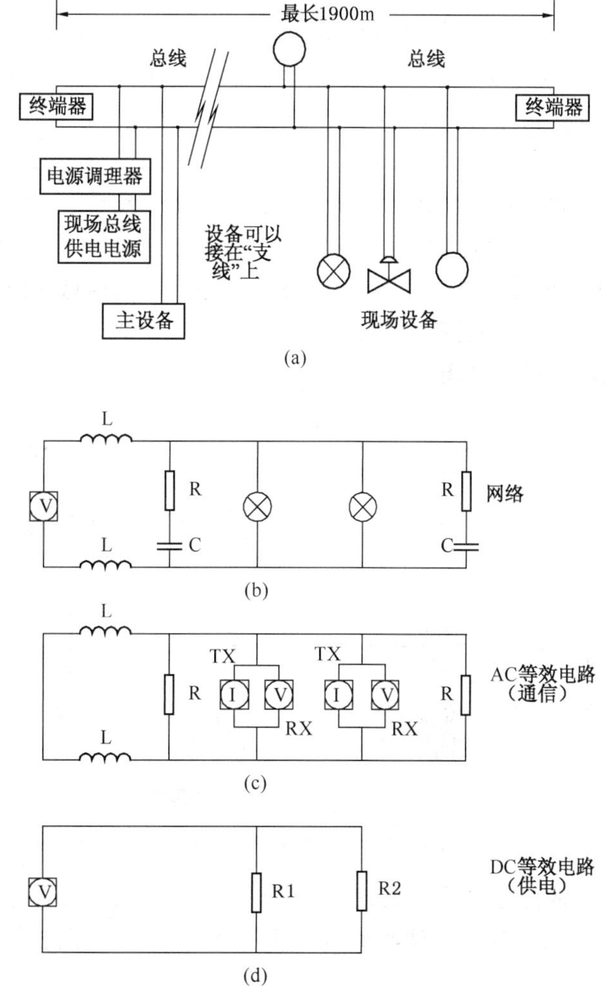

图 3-4-45　典型网络及其交流和直流等效电路

(1) 电源及电源调理器

基金会现场总线(FF)的现场设备提供两种供电方式：总线供电与单独供电。总线供电设备直接从传输数字信号的总线上获取工作能源；单独供电方式的现场设备，其工作电源直接来自外部电源，而不是取自总线。对总线供电的场合，总线上既要传送数字信号，又要向

现场设备供电。电源电压范围为 9～32VDC，电源必须对地隔离。对于本质安全应用场合，允许的电源电压应由安全栅额定值确定。如果 FF-H1 的电源采用常规供电电源，为维持恒定的电压电平，该电源会吸收信号。为此，常规电源需经调理后才可为现场总线供电。电源调理方法之一是：在供电电源和现场总线接线处安装如图 3-4-45(b)和(c)所示的电感器 L，将现场总线信号与主配电电源的低阻抗隔离。电感器 L 允许线路上的 DC 电源通过，但防止 31.25kbps 的信号电流进入供电电源。

实际应用中并不采用电感器 L，而采用电子电路的电源调理器如图 3-4-45(a)所示，其功能是现场总线电路与地之间的隔离、电缆短路时网段电流的限制以及对现场总线信号的高阻抗。每个现场总线网段都需要电源调理器。现场总线供电电源、电源调理器均应采用冗余、均分负载以及输出电流限制措施。FF 电源调理器应提供 FF 信号所需的阻抗匹配属性。

(2) 终端器

现场总线终端器包括一个 $R=100\Omega$ 电阻及与其串联的 $C=1\mu F$ 电容。每个网段有两个终端器，两个终端器之间的接线定义为主干线。两个终端器一个在 FF 电源模块中，另一个在现场专用端子箱内。终端器有两个功能：一个功能是由于通信信号是以电流信号发送，如图 3-4-45(c)中 TX 所示，以电压信号接收如图 3-4-45(c)中 RX 所示，故终端器起到电流/电压转换作用，将 15～20mA 电流转换成 0.75～1V 电压；另一个功能是，当信号沿电缆传输碰到断续时，比如开路或断路，将产生反射。因断续反射回来的该部分信号沿相反的方向传输，因此反射是一种噪声，将引起信号失真。终端器可以防止反射，提高信息传输的可靠性。

(3) FF-H1 现场总线拓扑结构及传输介质

FF-H1 现场总线拓扑形式见图 3-4-46 所示。

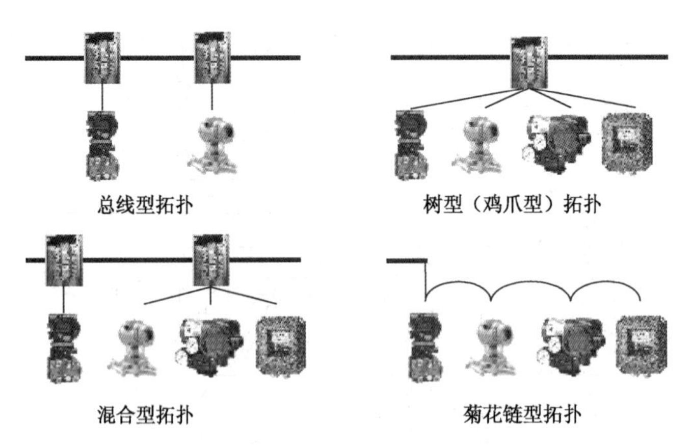

图 3-4-46　H1 现场总线拓扑形式

FF-H1 网段支持多种传输介质：双绞线、同轴电缆、光缆、无线介质，目前应用较为广泛的是前两种。H1 标准采用的电缆类型可为无屏蔽双绞线、屏蔽双绞线、屏蔽多对双绞线和多芯屏蔽电缆。

不同传输信号的幅度、波形与传输介质的种类、导线屏蔽、传输距离、连接拓扑等密切相关。在许多场合，传输介质上既要传输数字信号，又要传输工作电源。由于要使挂接在总线上的所有设备都满足工作电源、信号幅度、波形等方面的要求，具备良好的工作条件，必须对在不同工作环境下作为传输介质的导线横截面、允许的最大传输距离等做出规定。传输介质最大距离为主干和所有分支电缆长度的总和。

（4）FF-H1 现场总线的物理信号

按照 31.25 kbps 的技术规范，FF 的信号波形如图 3-4-47(a)所示。携带协议信息的数字信号以 31.25 kHz 频率、峰-峰电压为 0.75～1 V 的幅值加载到 9～32V 的直流供电电压上，形成控制网络的通信信号波形。图 3-4-47(b)表示一个现场设备的网络配置，要求在网段的两个端点附近分别连接一个终端器，以防止通信信号在端点处反射而造成信号失真。

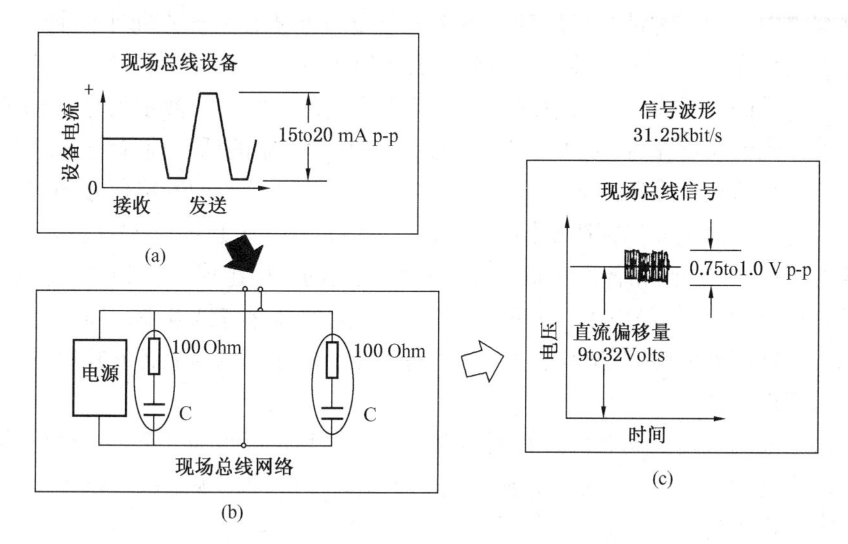

图 3-4-47　FF-H1 现场总线信号传输波形

从图中可以看到，这样的网络配置使其等效阻抗为 50Ω。设备内峰-峰 15～20 mA 的电流变化就可在等效阻抗为 50Ω 的现场总线网络上形成 0.75～1 V 的电压信号。

（5）FF-H1 现场总线的信号编码

FF-H1 通信信号编码采用图 3-4-48 所示的帧结构，其波形如图 3-4-49 所示。

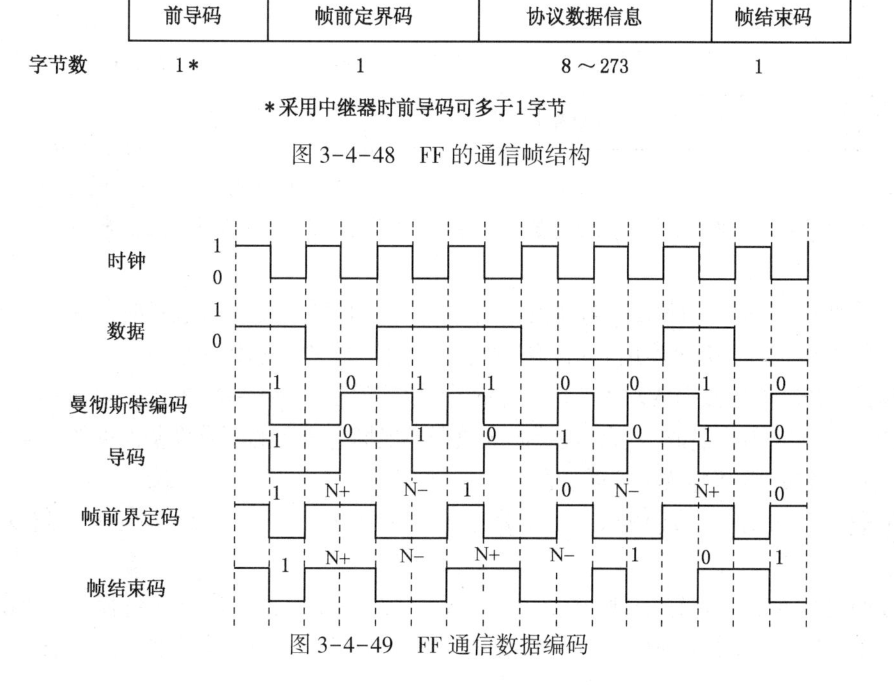

图 3-4-48　FF 的通信帧结构

图 3-4-49　FF 通信数据编码

协议报文编码　这里的协议报文是指要传输的数据报文。这些数据报文由上层的协议数据单元生成，FF-H1 采用曼彻斯特编码(Manchester Encoding)技术将数据编码信号加载到直流电源上形成物理信号。在曼彻斯特编码过程中，每个时钟周期被分成两半。H1 采用双向 L 曼彻斯特编码的数据编码方式，它以前半周期为低电平、后半周期为高电平形成的脉冲正跳变表示 0，以前半周期为高电平、后半周期为低电平的脉冲负跳变表示 1。这种编码的优点是在数据编码中隐含了时钟同步信息，不必另外设置同步信号。在每个时钟周期的中间，数据码都必然会存在一次电平的跳变。每帧报文中协议数据的长度为 8~273 字节。

前导码　前导码置于通信信号最前端，是特别规定的一组 8 位数字信号：10101010。一般情况下，前导码的长度是 8 位的一字节。如果采用中继器的话，前导码可以多于一个字节。接收端的接收器正是采用前导码，使其内部时钟与正在接收的网络信号同步。

帧前定界码　帧前定界码标明了协议数据信息的起点，长度为一个 8 位的字节。帧前定界码由特殊的 N+码、N-码和普通正负跳变脉冲按规定的顺序组成。在 FF 的物理信号中，N+码在整个时钟周期都保持高电平，N-码在整个时钟周期都保持低电平，即它们不像数据编码那样在每个时钟周期的中间都存在一次电平的跳变。接收端的接收器利用帧前定界码信号来找到协议数据信息的起点。

帧结束码　帧结束码标志着协议数据信息的终止，其长度也为一字节。像帧前定界码那样，帧结束码也是由特殊的 N+码、N-码和普通正负跳变脉冲按规定的顺序组成。但其组合顺序不同于帧前定界码。

前导码、帧前定界码和帧结束码都是由物理层的硬件电路生成的信号。发送端的发送驱动器要把前导码、帧前定界码、帧结束码增加到发送序列之中；接收端的信号接收器则要从所接收的序列中把前导码、帧前定界码、帧结束码去除，只将协议数据信息送往上层处理。

2. FF-H1 数据链路层

数据链路层(DLL)控制报文在现场总线上的传输。DLL 通过一个叫做链路活动调度器(LAS，Link Active Scheduler)上确定的集中式总线调度程序，管理对现场总线的访问。

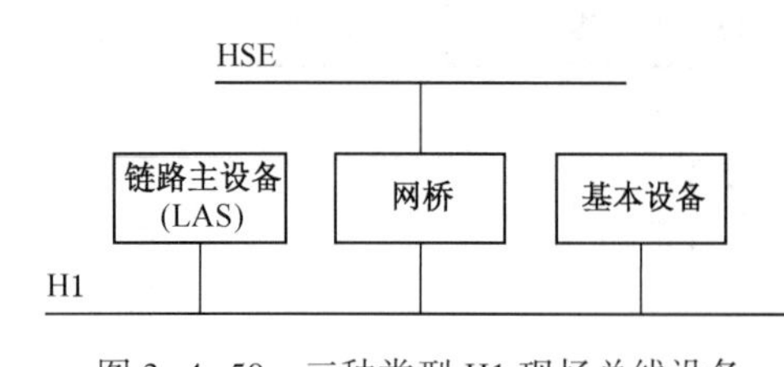

图 3-4-50　三种类型 H1 现场总线设备

(1) 设备类型　在 DLL 规范中定义了三种类型 H1 现场总线设备：基本设备、链路主设备和网桥。如图 3-4-50。

链路主设备是能变为链路活动调度器的设备，基本设备不具备变为 LAS 的能力。网桥(也称链接设备)把单个现场总线连在一起形成更大的网络。

(2) 受调度通信　链路活动调度器中有一张传输时刻调度表，这张时刻表对所有需要周期性传输数据(如功能块间连接)的设备中的所有数据缓冲器起作用。

当设备发送缓冲区数据的时刻到时，LAS 向该设备发一个强制数据(CD，Compel Data)。一旦收到 CD，该设备就广播或“发布”该缓冲区数据到现场总线上的所有设备，见图 3-4-51。所有被组态为接收该数据的设备被称为“接收方”。

(3) 非调度通信　在现场总线上的所有设备都有机会在调度报文传送之间发送“非调度”报文。

LAS 通过发布一个传输令牌(PT，Pass Token)给一设备，允许该设备使用现场总线，见图 3-4-52。当该设备接收到 PT 时，它就被允许发送报文，直到它发送完毕或达到“最大令牌持有时间”为止(取时间较短的情况)。

(4) 链路活动调度器的运作　图 3-4-53 描述链路活动调度器(LAS)的算法。

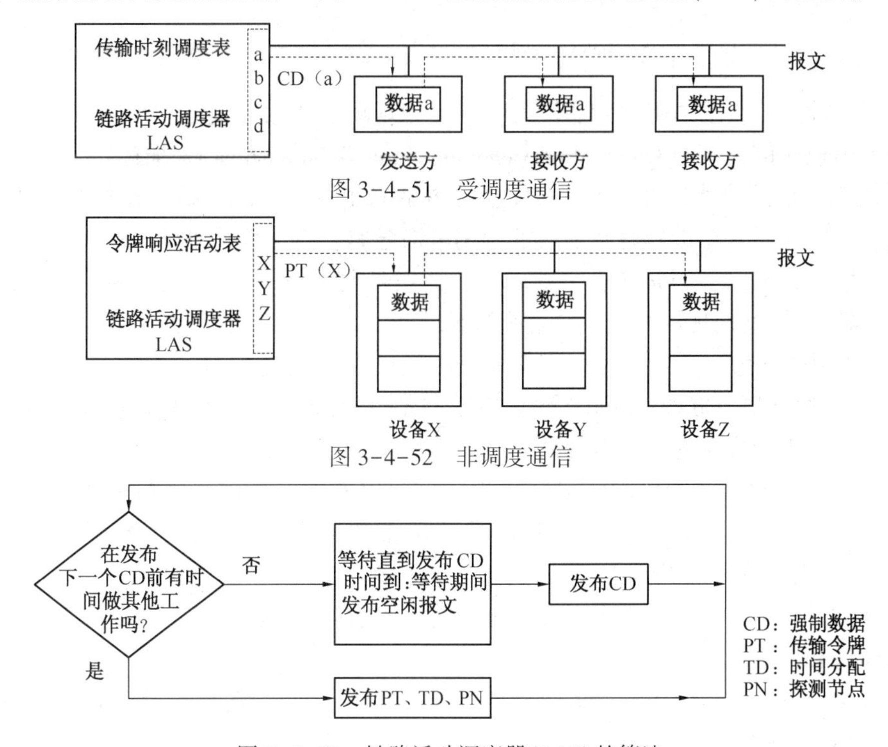

图 3-4-51　受调度通信

图 3-4-52　非调度通信

图 3-4-53　链路活动调度器(LAS)的算法

(5) CD 的调度　CD 调度包含一个活动表，周期性地产生受调度的活动。LAS 以精确的时间向现场总线设备的一个特定数据缓冲区发送强制数据(CD)报文。该设备立即向现场总线上所有的设备广播或“发布”一个报文，这是 LAS 执行的最高优先级的活动，其他操作只在受调度传输之间进行。

(6) 活动表维护　所有响应传输令牌(PT)的设备清单被称为“活动表”。

各种新设备可随时加到现场总线上。LAS 周期性地向那些不在活动表中的地址发送节点探测(PN)报文。如果一个设备正好出现在该地址上，且收到了 PN，它就立即返回一个探测响应(PR)报文。若设备以 PR 做出回答，LAS 就将该设备加到活动表上，并向该设备发送一个节点活化报文以确认此添加。

在完成了向 LAS 活动表中所有设备轮流送一个 PT 以后，LAS 至少要探测一个地址。

只要设备正确地响应由 LAS 发来的 PT，它就被保存在活动表中。如果设备没有使用令牌或连续三次尝试仍未将令牌立即返回给 LAS，则 LAS 将该设备从活动表中撤走。

无论何时，一台设备加入活动表或从活动表中撤走，LAS 都会向所有设备广播该活动表的改变，以使每一台设备都保留一个当前活动表的副本。

(7) 数据链路的时间同步　LAS 周期性地在现场总线上广播一个时间发布(CD)报文，使所有设备正确地拥有相同的数据链路时间。这一点很重要，因为在现场总线上的通信调度和在用户应用中受调度的功能块的执行，是以从这些报文中所获得的信息为基础的。

(8) 令牌传递　LAS 向所有在活动表中的设备发送一个传输令牌(PT)报文，当设备收到该 PT 后，将被允许传输非调度报文。

(9) LAS 冗余　一条现场总线可以有多台链路主设备。如果当前的 LAS 失效，其他链路主设备中的一台将成为 LAS，现场总线的操作将是连续的。现场总线被设计成“部分故障时仍可运行”。

3. 应用层的现场总线访问子层(FAS)

FAS 使用数据链路层的调度和非调度特点，为现场总线报文规范(FMS)提供服务。FAS 服务类型由虚拟通信关系(VCR-Virtual Communication Relationships)来描述。

VCR 就像电话的快速拨号功能。一个国际电话有很多位数字要拨，比如国际访问号码、国家号码、地区号码、总机号码及最后的专用电话号码，将这些信息输入一次并存储后，就可成为“快速拨号码”，一旦需要，只需输入快速拨号码就行了。同样，在组态 VCR 后，仅需 VCR 号码就可与其他现场总线设备进行通信。

VCR 有以下类型：

(1) 客户/服务器(Client/Server)类型 VCR　客户/服务器类型 VCR 用以实现现场总线设备间的通信，它用于排队的、非调度的、用户初始化的和一对一的通信。

当设备从 LAS 收到一个传输令牌(PT)时，它可以发送一请求报文给现场总线上的另一台设备，请求者被称为“客户”，而收到请求的设备被称为“服务器”。当服务器收到来自 LAS 的 PT 时，要发送相应的响应。

客户/服务器 VCR 类型用于操作员产生的请求，诸如设定点改变、整定参数的存取和改变、报警确认和设备的上载/下载。

(2) 报告分发(Report Distribution)类型 VCR　报告分发类型 VCR 用于队列化的、非调度的、用户初始化的、一对多的通信。

当设备有事件或趋势报告，且从 LAS 收到一个传输令牌(PT)时，设备将报文发送给由该 VCR 定义的一个“组地址”。在该 VCR 中被组态为“接收”的设备将接收该报文。

报告分发 VCR 类型一般用于现场总线设备向操作员控制台发送报警信息。

(3) 发布方/接收方(Publisher/Subscriber)类型 VCR　发布方/接收方类型 VCR 用于缓冲式的、一对多的通信。缓冲意味着在网络中只保留数据的最新版本，新数据完全覆盖以前的数据。

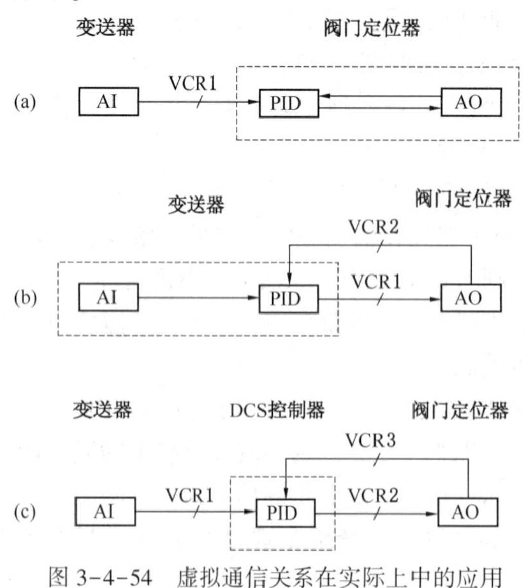

图 3-4-54　虚拟通信关系在实际上中的应用

当设备收到强制数据(CD)后，它向现场总线上的所有设备“发布”或广播它的报文，那些接收报文的设备被称为“接收方”。该 CD 可由 LAS 调度，也可以由基于非调度的接收方发送。VCR 标志指明使用哪一种方法。

发布方/接收方类型 VCR 被现场总线设备用于周期性的、受调度的用户应用功能块在现场总线上的输入和输出，诸如过程变量(PV)和初级输出(OUT)等。

VCR 在实际应用中如图 3-4-54 所示。图中(a)表示变送器内藏 AI 功能块，阀门定位器内藏 PID 及 AO 功能块，AI 功能块与 PID 功能块的通信是属发布方/接收方 VCR 通信模式，发布方为 AI 功能块，接收方是 PID 功能块，这里构成 PID 控制策略只需一个 VCR 通信任务；图中(b)所示是变送器内藏一个 AI 及 PID 功能块，而阀门定位器仅内藏一个 AO 功能块，在组成 PID 控制策略时需要 2 个 VCR 通信任务；图中(c)变送器内藏一个 AI 功能块，阀门定位器内藏一个 AO 功能块，利用 DCS 控制器提供的 PID 功能块组成 PID 控制策略。采用客户/服务器方式，用了三个 VCR 通信任务。

上述三种方式组成的 PID 控制策略中，图 3-4-54(a)用的 VCR 最少，仅为一个。实际组态时，每个网段(Segment)可支持 20~25 个 VCR 通信任务(如，Delta V 系统)。

4. *应用层的现场总线报文规范(FMS)子层*

现场总线报文规范(FMS)为用户层服务，以标准的报文格式集，在现场总线上相互发送报文。借助它，功能块能通过总线进行通信。它描述了通讯服务、报文格式和用户建立报文所必需的协议行为。针对不同的对象类型，定义了相应的总线报文子层通讯服务。典型的服务包括对象描述服务、变量访问服务、事件服务、上/下载服务、环境管理服务及程序调用服务等。

用户层通过 FMS 服务访问应用进程(AP)对象及其对象描述。把对象描述汇集在一起形成对象字典(OD)。应用进程(AP)中网络可视对象和相应的 OD 在 FMS 中称为“虚拟现场设备(Virtual Field Device, VFD)”。从通信伙伴的角度来看，VFD 是一个自动化系统的数据和行为的抽象模型。通过 FMS 服务可以实现对 VFD 的访问。一台典型的现场总线设备至少有两个 VFD，见图 3-4-55。

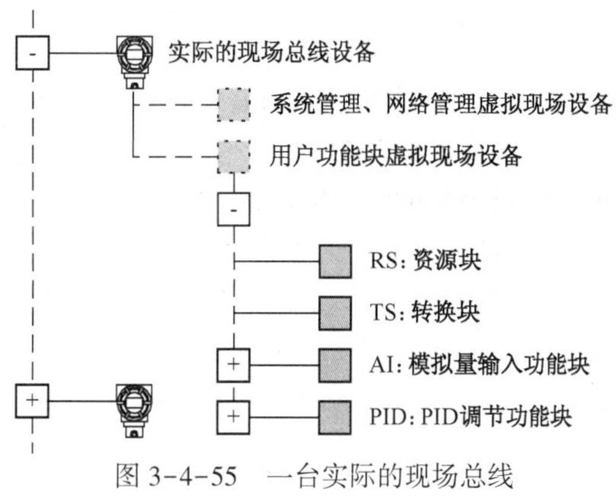

图 3-4-55　一台实际的现场总线设备至少有两个虚拟现场设备(VFD)

VCR 通过现场总线网络远程访问 VFD 的数据。

5. *用户层*

该层是把数据规格化为特定的数据结构，这种数据结构能被网络上所有设备所识别。FF 的用户层由用户程序模块(FB)、系统管理(SM)及设备描述(DD)三部分组成。

(1) 用户程序模块　分为资源块、功能块和转换器块三类。

资源块：主要描述现场总线设备的属性，如名称、制造商及系列号等，每台设备只有一个资源块。

功能块：提供控制系统行为，其输入、输出可通过现场总线相连，各功能块的执行均被精确地调度。一个用户程序中可有多个功能块。在现场设备中，通过建立功能块可实现预计的功能。FF 总线定义了 10 个标准功能块和 19 个附加功能块。

10 个标准功能块包括模拟输入(AI)、模拟输出(AO)、偏差(B)、控制选择器(CS)、开关量输入(DI)、开关量输出(DO)、手操器(ML)、比例/微分(PD)、比例/微分/积分(PID)和比率(RA)。附加算术功能块主要用于一般运算，如四则运算、开方、平方及逻辑运算等。

转换器块：用来将功能块连到设备的 I/O 硬件(如传感器、执行器以及显示器)，是 I/O

硬件和功能块软件之间的桥梁。这些模块包含对某种特定的物理属性(如压力或温度)进行测量的信息和功能。转换器不仅完成测量功能，还完成执行和显示功能。

(2) 系统管理　使功能块的执行和功能块参数的通讯保持同步，还处理其他重要的系统功能，如向所有设备广播时间、设备地址的自动分配以及设备位号或参数名称的搜寻等。

系统管理如功能模块调度所需要的所有组态信息，是由每台设备的网络和系统管理虚拟现场设备(VFD)的对象描述所描述。该 VFD 提供了对系统管理信息库(SMIB)以及网络管理信息库(NMIB)的访问。

(3) 设备描述(DD)　为了保证现场总线设备的可互操作性及可互换性，除标准功能块参数与行为定义外，还采用了设备描述技术，这样任何与现场总线兼容的控制系统或主站就可以操作总线设备。FF 为所有的标准功能块和转换块提供设备描述。设备供应商一般参照标准的设备描述制定“加长”的设备描述，从而向设备中加入供应商特定的信息，如标定和诊断程序等。FF 主站及各类支持软件(如 AMS)除了为本公司生产的所有 FF 设备提供设备描述外，还为目前其他厂商已注册的所有设备提供设备描述。这就使得系统在增加一台新设备时无需开发专有的接口和驱动程序，也无需修改系统软件，大大地简化了设备开发和产品更新。

DD 为虚拟现场设备(VFD)的每个对象提供了一个扩展描述，也为主站在理解 VFD 中数据的意义时提供必要的信息，它包括如标定和诊断功能的人机接口的数据意义，因此，DD 可被看作是设备的一个驱动器。

DD 类似于 PC 上使用不同打印机和连接在 PC 上的其他设备的驱动程序。如果有了设备的 DD，则任何控制系统和主站都能操作该设备。

(4) 功能块的调度　调度建立工具用于功能块的生成和链路活动调度器(LAS)的调度。假定调度建立工具已为图 3-4-56 中描述过的回路建立了以下调度：

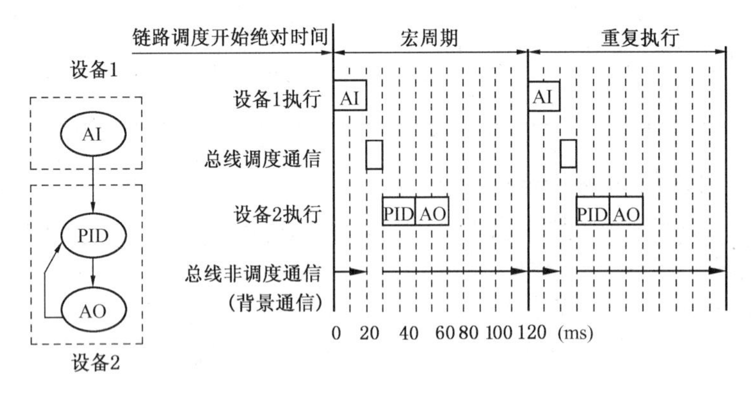

图 3-4-56　总线链路调度时间偏移量

该调度包含从“链路调度开始绝对时间”开始的起始时间偏移量。“链路调度绝对时间”为所有现场总线上的设备所知。

一个“宏周期”由所谓周期调度通信时间和背景通信时间构成。

在图 3-4-56 中，变送器的系统管理在 0 偏移量处执行 AI 功能模块。在偏移量 20 时，链路活动调度器(LAS)向变送器中的 AI 功能块缓冲寄存器发出强制数据(CD)，然后该缓冲区中的数据将在现场总线上发布；在偏移量 30 时，控制阀中的系统管理使 PID 功能模块执行，紧接着在偏移量 50 时，使 AO 功能模块执行。

该模式精确地自我重复，保证了控制回路动态过程的整体性。

注意，在功能模块执行期间，LAS 将发送传输令牌给所有设备，使它们可传输它们的非调度报文，如报警提示或操作员设定值的改变。

在该例子中，唯一不能被现场总线用来传输非调度报文的时间是从偏移量 20～30 之间的时间，其间 AI 功能块数据将在现场总线上发布。

（5）应用时钟发布　FF 支持应用时钟发布功能。应用时钟通常被设定为本地当日时间。

系统管理者有一个时间发布器，它周期性地向所有现场总线设备发送应用时钟同步信息。数据链路调度时间与应用时钟信息一起发送，使接收设备得以调整它们的本地应用时间。在时间同步间隙，每个设备基于其内部时钟，独立保持应用时钟时间的更新。

应用时钟的同步使设备给通过现场总线网络的数据打上时间标记。如果在现场总线上有后备应用时钟同步发布器，一旦当前工作着的时间发布失效，该后备发布器就变成活动的。

（6）设备地址分配　为保证现场总线正确操作，每台现场总线设备必须有一个唯一的网络地址和物理设备位号。网络地址分配由系统管理自动进行。

将一个网络地址分配给一台新设备的操作顺序如下：

第一步，通过设备组态，将一个物理设备位号分配给一台新设备，该分配工作既可以在工作台上离线进行，也可以在现场总线上通过缺省网址在线实现；

第二步，使用缺省网址时，系统管理要向设备询问它的物理设备位号，系统管理用该物理设备的位号，在组态表上查找新的网络地址，然后系统管理向该设备发送一个专门的“设定地址”报文，强迫设备采用这个新的网络地址；

第三步，对所有的设备反复操作这一过程，使缺省地址进入网络。

（7）寻找位号服务　为便利主站和便携式维护设备，系统管理支持通过位号搜索寻找设备或变量的服务。

“寻找位号请求”报文向所有现场总线设备广播，一旦收到该报文，每台设备在其虚拟现场设备（VFD）中查询所需要的位号，并且返回（如果找到的话）包括网络地址、VFD 编号、虚拟通信关系（VCR）上和对象字典（OD）索引的全部路径信息。一旦接收到路径信息，主站或维护设备就能访问与该位号有关的数据了。

4.3.2　Profibus 现场总线

Profibus 现场总线属于 IEC61158Ed. 3 现场总线国际标准中类型 3 部分，得到 Profibus 用户组织 PNO 的支持。

Profibus 早期由三个兼容部分组成，即 Profibus-DP、Profibus-FMS、Profibus-PA 三条总线构成，后来取消了 Profibus-FMS 总线。扩展的 Profibus 总线体系结构示于图 3-4-57。Profibus-DP 特别适用于装置一级的自控系统与分散的 I/O 之间的高速通信。Profibus-PA 专为连续的工业过程自动化而设计的，它采用公共总线对现场设备完成供电和数据通信，并实现本质安全性能。

1. Profibus 技术要点

（1）主站与从站

Profibus 上的设备分为主站设备和从站设备两类。主站设备（Master device）具有对总线的控制权，可主动发送信息。主站在得到控制权时，可以按主-从方式，向从站发送或索取信息，实现点对点通信。主站可采取对所有站点广播（不要求应答），或有选择地向一组站点广播。主站也称为主动站。从站设备（Slave device）是外围设备，如 I/O 设备、阀门、驱

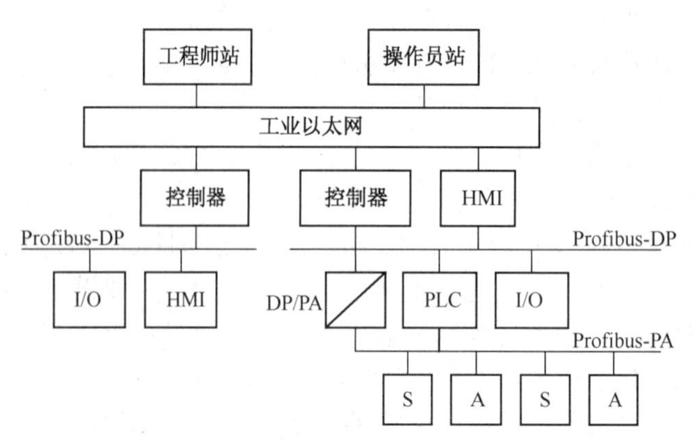

图 3-4-57 Profibus 现场总线体系结构

动器和测量变送器等，它们没有总线存取权，只能应答所收到的报文或向主站回发报文。从站也称为被动站。

Porfibus 支持主-从系统、纯主站系统、多主多从混合系统等几种传输方式。对多主站系统来说，主站之间采用令牌方式传递信息，得到令牌的站点可在一个事先规定的令牌在各主站中循环一周的最长时间内拥有总线控制权。按 Profibus 的通信规范，令牌在主站之间按地址编号顺序，沿上行方向进行传递。

（2）协议结构

Profibus 通信协议结构依据 ISO/OSI 参考模型，符合国际标准 ISO 7498。在此模型中，每层都处理精确定义的任务。第一层(物理层)定义物理的传输属性；第二层(数据链路层)定义总线存取协议；第七层(应用层)定义应用功能；第三层到第六层未使用。

Profibus-DP 使用第一层和第二层及用户接口，第三层到第七层未使用。直接数据链路映象程序(Direct Data Link Mapper，DDLM)提供了访问第二层的用户接口，在用户接口中规定了用户和系统可使用的应用功能以及各种 DP 设备类型的设备行为属性。

Profibus-PA 用于连接现场仪表，并通过耦合器(Coupler)与 DP 连接(如图 3-4-58)。

（3）Profibus 的传输技术

Profibus 提供 3 种类型的传输技术，即 DP 和 FMS 的 RS485 传输，PA 的 IEC61158-2 传输和光纤(FU)传输。

DP 和 FMS 的 RS485 传输 传输介质为一对双绞屏蔽铜芯电缆。RS485 传输技术操作简单，电缆安装容易。总线结构允许随时增加站、撤除站，也就是说系统的分布投运不会影响总线上的其他站，后继站的扩展也不影响已在总线上运行的站。RS485 的传输速度为 9.6kbps 至 12Mbps(总线上所有设备的传输速率必须相同)，对应的电缆最大长度为 1200m 至 100m。一个总线段中最多可连接 32 个站(分站或从站)，使用中继器时，可扩展至 126 个站。每个总线段的两端都需要一个有源的总线终端器。

IEC61158-2 传输 Profibus-PA 应用 IEC61158-2 传输技术，可用于危险区域，如化工、石油等行业需防爆的场合。所有用在危险区域的部件都必须经过中立机构按照 FISCO(Fieldbus Instrinsically Safe Concept)模型和 IEC61158-2 的要求进行认证和核准。这些机构如 PTB(德国联邦物理技术研究院)、BVS(德国)，UL，FM(美国)等。如果所有使用的部件都按要求进行认证，并对供电装置、电缆长度和总线终端器的选择遵照以下规则，那么 PA 网络的投运就不需要更多的系统实验了。FISCO 模型已被国际承认为用于危险场合现场总线的基本模型。

符合 IEC61158-2 和 FISCO 模型的传输技术，基于以下的规则：每一段只有一个供电电源，作为供电装置；当一个站在发送信息时对总线不供电；在稳定状态下，每个现场设备消耗恒定的基本电流；现场设备的作用如同一个无源的电流吸收器；在主总线的二端各有一个无源的终端器；允许线型、树型和星型拓扑结构。

IEC61158-2 传输技术的主要属性见表 3-4-11。

表 3-4-11 IEC 61158-2 传输技术的主要属性

数据传输	数字化，位同步，曼彻斯特编码，即利用相位表示二进制信息
传输速率	31.25kbps，电压模式
数据可靠性	前同步码，出错交验，起始和结束定界符
电　缆	双线屏蔽双绞电缆
远程供电	可选。通过数据线供电
防爆类别	本质安全(EEx ia/ib)和密封(EEx d/m/p/q)
拓　扑	线型和树型拓扑，或混合型
站点数	每个线型段最多为 6 到 9 个站(防爆型)或 32 个站(非防爆型)
中继器	最多可用 4 个中继器来扩展

(4) 耦合器

耦合器是连接 DP 与 PA 的接口(见图 3-4-58)，它是 DP 的延伸，可以将 DP 的 RS485 信号转变为 IEC 61158-2 的电平，同时又是 PA 现场仪表的供电装置，在 RS485 段中最大的波特率应限制在 93.75kbps。如果现场仪表很多，则需要有多个耦合器。为了简化起见，此时可用链接器代替多个耦合器。在 RS485 段内，链接器作为一个从站代表所有连接在 IEC 61158-2 段中的现场仪表；同时又作为主站对待这些现场代表，而且对 RS485 段中的波特率没有限制，这就意味着，对包含由 IEC 61158-2 连接的现场仪表的控制功能可以实现最大传输速度为 12Mbps 的高速通信。

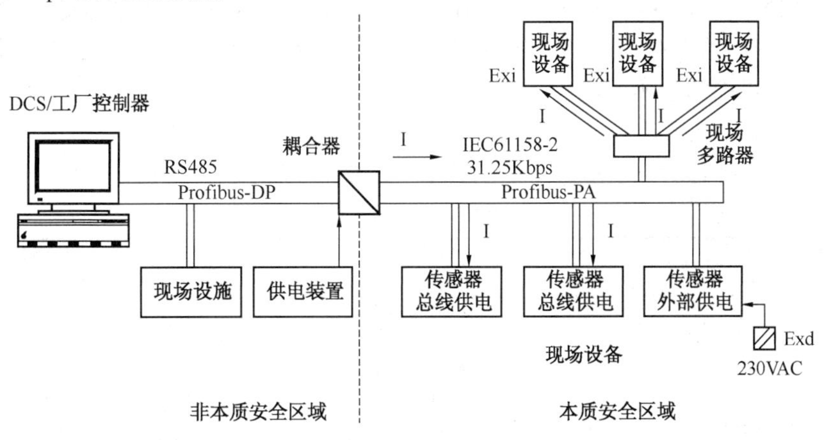

图 3-4-58 过程自动化典型结构图

(5) Profibus 的技术进展

早期的 Profibus 有 FMS，但到 2003 年就由工业以太网取代，目前又由 PROFInet 来代替(Profibus 是基于总线的技术，而 PROFInet 则是基于网络的技术，采用了工业以太网和实时工业以太网)。

在防爆方面，首先采用了 FISCO 模型。

在安全方面，首先有了安全的概念，如推出 PROFI-safe。

在通信方面，Profibus 主要采用的是主/从方式。当 I/O 点数较多时，不属于同一个主站的数据点互相不能直接通信，必须通过各自的主站才能通信，这不如发布者/接受者或生产者/消费者的广播通信方式。在 DP-V2 版本中，也有了生产者/消费者的通信方式了。

2006 年底，Profibus 节点在世界上安装的节点数已超过 1500 万个，预计到 2008 年将达到 2000 万个节点的业绩。

2. Profibus-PA 的实际应用

某化工厂应用西门子公司的 PCS7 及现场总线 Profibus-DP/PA 技术，其系统如图 3-4-59 所示。

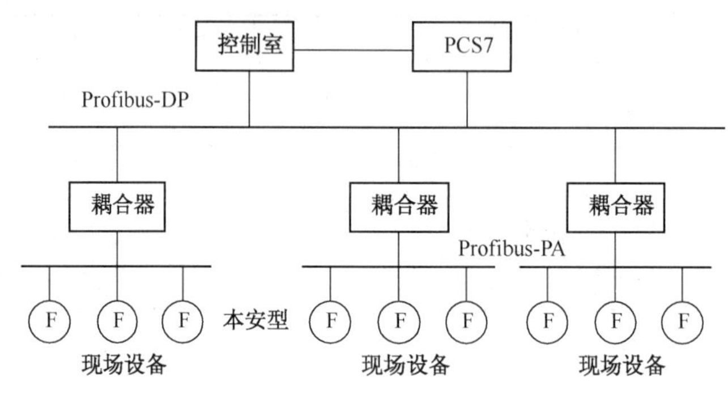

图 3-4-59 某化工厂 Profibus-PA 项目示意图

系统包括 PCS7 AS-416CPU 控制器，4 个 DP/PA 链接器和 15 个耦合器，Profibus-PA 现场仪表 47 台(压力/差压变送器、温度变送器)，智能电气阀门定位器 25 个。

整个工程的实施结果显示：项目投资节省，生产成本降低，污染排放得到有效控制，完成了现场调试(软件组态、回路测试、现场验收)。总之，带来较显著的经济效益。

4.3.3 HART 总线

HART(Highway Addressable Remote Transducer)意为“可寻址远程传感器高速通道”。HART 通信协议的主要特点是在现有模拟信号传输线上实现数字信号通信，属于模拟系统向数字系统转变过程中的过渡产品。

1. HART 通信协议层结构

HART 协议遵循 ISO/OSI 模型，使用其 1、2、7 层，如表 3-4-12 所示。

表 3-4-12 OSI 参考型开发式系统相互连接

层 次	说 明	HART
应用层	预备形式数据	HART 设备
表示层	解释数据	—
会话层	控制对话	—
传递层	确保信息完整	—
网络层	程序传输	—
数据链路层	检查错误	协议规则
物理层	连接设备	Bell 202

第 1 层是物理层，应用以 Bell 202 通信标准为核心的频移键控(FSK)技术。

大多数现行的电缆都适用于数字通信，而独立屏蔽的 AWG24 或更大的双绞线的通信效果会更好。

第 2 层为数据链路层，规定 HART 框架格式。这种框架具有两维错误检查，包括横向和纵向奇偶校验，以确保通信数据的完整性。

另外，数据链路层还支持仪表、控制系统及手持通信器之间的通信，允许使用询问/回答或成组通信方式。

第 7 层为应用层。使用 HART 命令集。这些命令可使主机获得现场仪表数据，并对其进行解释。

2. HART 通信协议的技术规格

HART 协议的通用规格如下：

（1）通信方法 频移键控技术符合 Bell 202 调制解调器标准中的波特率及数字“1”和“0”两种频率规格（如图 3-4-60），即

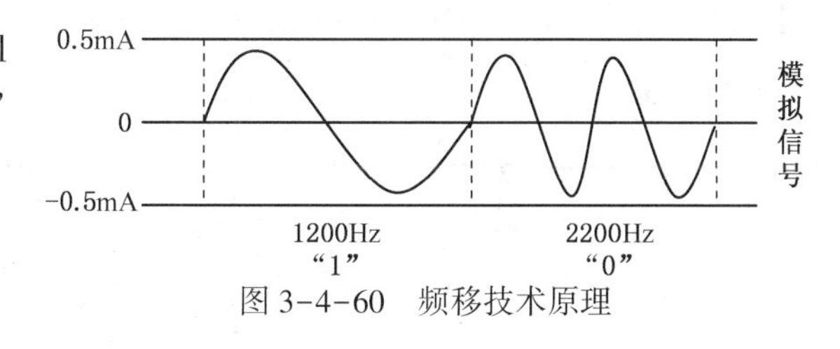

图 3-4-60　频移技术原理

波特率　1200bps；

数字“0”频率　2200Hz；

数字“1”频率　1200Hz。

（2）信息编码 HART 数据框架格式中包括启动字符、地址、命令、信息长度计数、状态、数据、奇数校验位以及停止位等（如图 3-4-61）；

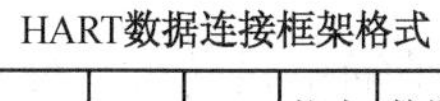

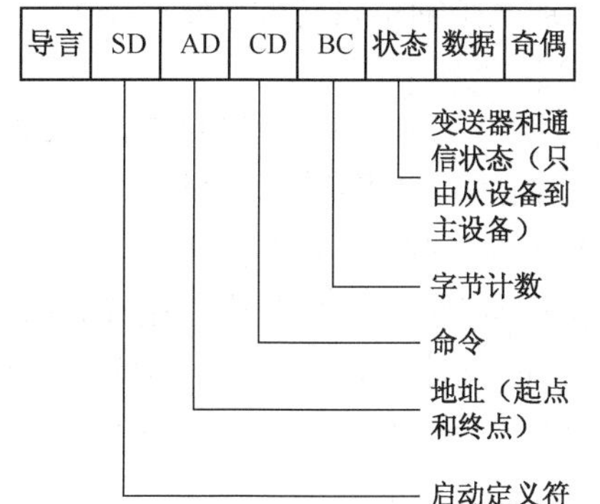

图 3-4-61　HART 协议使用的信息框架

（3）单独数字过程变量更新速率 询问/回答方式为 2.0 次/s，成组方式为 3.7 次/s；

（4）多点工作站设备连接最大数量 15 个带电源的回路；

（5）多变量规格 每个智能化设备的最大过程变量数为 256；

（6）通信主机最大数量 2 个。

适合 HART 协议的、推荐使用的电缆规格为

最小电缆尺寸 24AWG（直径 0.51mm）；

电缆类型 单双绞线单独屏蔽，或多双绞线总屏蔽；

最大双绞线长度 10000ft（3048m）；

最大多点双绞线长度 5000ft（1524m）。

3. HART 协议的优势

（1）模拟信号带有过程控制信息，同时，数字信号又允许双向通信，这样就使动态控制回路更灵活、有效和安全。

（2）因为 HART 协议能同时进行模拟和数字通信，因此在与智能化现场仪表通信时还可使用模拟表、记录仪及控制器。

（3）既具有常规的模拟性能，又具有全数字性能。用户可以将智能化仪表与模拟系统混合使用，并在不对现场仪表进行更换的情况下逐步实现数字性能。

（4）允许“询问/回答”或组成通信方式。多数情况下使用询问/回答通信方式，在要求过程数据有较快更新速率的情况下可使用组合通信方式。

（5）所有的 HART 仪表都使用同一公用报文结构。允许通信主站（例如控制系统或计算机系统）与所有的 HART 兼容现场仪表以相同的方式通信。

（6）支持多个数字通信主站。控制系统和手持通信器可同时与现场仪表通信。

（7）HART 总线为多点网络。在一对双绞线上可同时连接多个智能仪表，以节省线缆费用。

（8）可通过电话线连接仪表，使网络可以延伸到很远的距离，从而使远方的现场仪表以更加经济的方式接入网络。

（9）在确保与现有仪表兼容的同时，允许增加具有新性能的新颖智能化仪表。

(10) 采用灵活的报文结构。在一个报文中能处理四个过程变量。多参数仪表可在一个通信报文中进行多个过程变量通信。HART 协议支持最多 256 个过程变量。

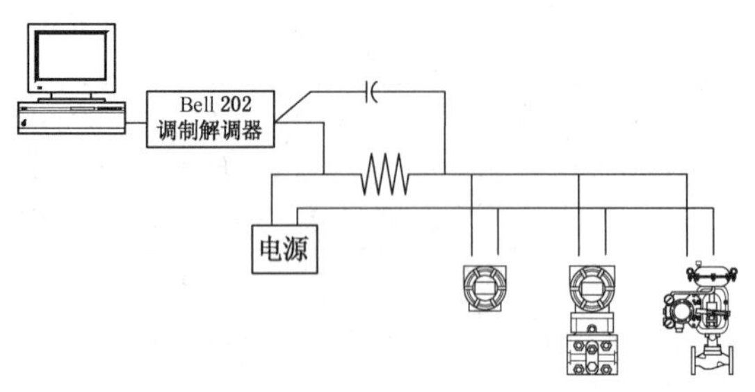

图 3-4-62 HART 协议允许使用多个智能化装置

4. HART 协议多点工作站网络

多台智能化仪表可同时连接到一条 HART 通信线路上，如图 3-4-62 所示，这就是所谓的多点工作站，这种工作方式尤其适用于远程监控应用场合，如石化企业储罐区等场合。

HART 协议允许智能设备通过电话线进行通信。与电话线直接相连的智能化仪表可以与相距几英里的通信中心通信。电话线的应用，使变送器电源与通信信号隔离，因此可以将任意数量的设备联网。

这种智能化仪表只需要一个电源，不需远程传输单元或其他通信设备。只使用一个电源时，能连接 15 个智能化设备。

传统的点对点网络将零作为智能化设备的访问地址。多工作站网络的智能化设备的访问地址是一个大于零的数字，这就使仪表的输出为 4mA 模拟信号并可采用数字通信方式。

HART 协议允许数字式通信具有“询问/回答或成组方式”两种通信方式，这两种方式都可以对过程与维修信息进行访问。在询问/回答方式中，“主机”请求来自于智能化仪表的信息。在成组(或广播)方式中，现场仪表连续不断地向主机传输过程数据，而主机无需发出请求指令。用这种方式，一个单变量信息的数据通信更新速度为每秒 3.7 次。成组方式不能在多工作站网络上使用。

4.3.4 现场总线控制系统

1. 基金会现场总线控制系统的结构

基金会现场总线控制系统的结构通常有两种模式。

第一种是基于 DCS/PLC 的结构，配合现场总线接口卡件，即将 FF-H1 现场总线集成在 DCS/PLC 的 I/O 总线上，与 I/O 功能块相关的测量值和设定值可以通过接口卡映射成 I/O 总线上等价的值。通过这种映射关系，DCS 就能透明地获取现场总线智能仪表传送的信息。典型的系统有 Emerson Process Management 的 Delta V 控制系统等，见图 3-4-63。

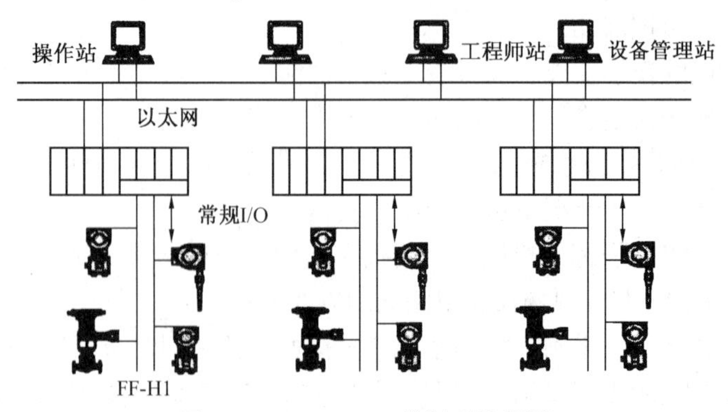

图 3-4-63 Delta V 控制系统框图

其结构的特点是：如果不考虑现场总线接口，可以把它看成由中小控制器网络化构成的 DCS/PLC 控制系统，因此也称它为可变规模控制系统(Scalable Control System)。其电源模块和控制器模块可以冗余，有模块安装背板和出线端子。除了 FF 现场总线接口外，还可以有 HART，Modbus，Profibus 等通信接口。这种结构的优点是充分利用 DCS/PLC 的技术成就和习惯，适合过渡阶段推广。

第二种是所谓纯的现场总线结构，典型的有 Smar 公司的 System 302 控制系统等，见图 3-4-64。

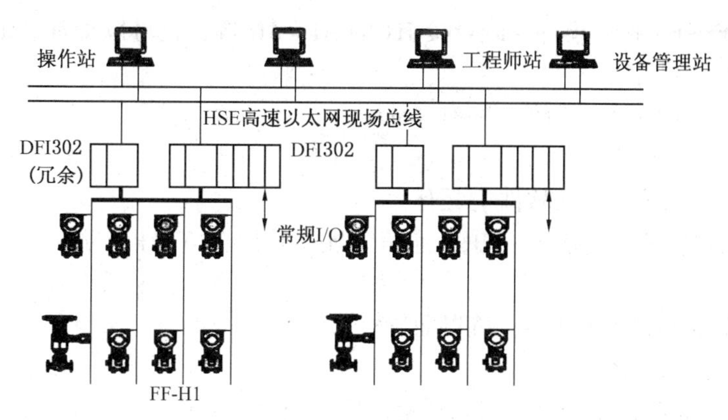

图 3-4-64　System302 控制系统框图

其特点是：System 302 是按照 FF 体系结构设计的控制系统，但它充分考虑了与紧急停车系统、先进控制和企业资源管理等几个专门系统的集成，所以也称企业自动化控制系统。它将 HSE(High Speed Ethernet，高速以太网)的链接设备(Linking Device)、现场设备(Field Device)和网关设备(Gateway Device)的功能合并于万能网桥控制系统 DFI302。它也有安装背板、电源模块和常规 I/O 模块。网桥控制模块 DF51 对与其连接的 4 条 H1 现场总线可以冗余连接。从 System302 的角度看，所有重要的控制都应该采用现场总线设备，以便依靠现场总线风险分散与隔离来保证系统的可靠性。只有那些不重要的或暂时只有 4~20mA 信号的设备才使用常规 I/O 模块。

2. 基金会现场总线控制系统的硬件配置

图 3-4-65 所示为由 NI 公司现场总线产品组成的现场总线控制系统。图中：

HSE Host　高速以太网主站，为内装 HSE 网卡的 PC 机；

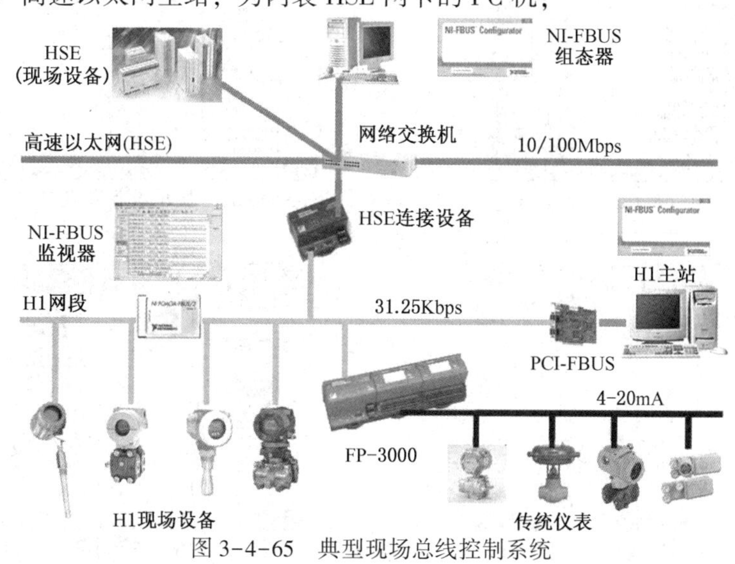

图 3-4-65　典型现场总线控制系统

H1 Host　FF-H1 主站，内装接口设备 PCI-FBUS(即 H1 网卡)的 PC 机；

HSE Linking device　内藏 HSE 协议与 H1 协议的转换设备；

HSE Field Device　内藏 HSE 协议的 HSE 现场设备；

H1 Devices　内藏 H1 协议的现场设备；

Switch　以太网交换器；

FP-3000　FF-H1 接口模件，既可接 H1 的 AI、AO 等，也可以接常规 I/O，实际上 FP-3000 是一个 I/O 控制器；

H1 segment　H1 网段，通信速率 31.25kbps；

HSE　高速以太网。

NI 为总线控制系统配置的软件主要有：

NI-FBUS 主站软件，包括 NI-FBUS 通信管理器软件、NI-FBUS 组态器软件、NI-FBUS 监视器软件；

LookOut，基于 PC 的 HMI(人-机界面)软件。

3. FF 现场总线控制系统组态

现场总线组态是指制定控制策略与通信调度、报警、趋势以及指定 LAS，并将这些信息下载到现场总线设备。

现场总线控制系统通过组态将现场设备作为 FF-H1 网络节点，组成一个 FF-H1 现场总线控制网络，并查找文档中的组态错误，提供在线帮助，记录组态信息的下载及其改变，启用系统组态的维护。

（1）显示活动表，显示控制系统的接口设备及现场设备功能块组成情况，见图 3-4-66。

（2）显示设备及功能块标记，如图 3-4-67 所示。

（3）显示静态信息，如图 3-4-68 所示。

（4）确定控制策略，设计并实现控制策略(如图 3-4-69)，包括在控制策略中确定典型 PID 控制回路并连接功能块、设定回路控制参数及相关数值。

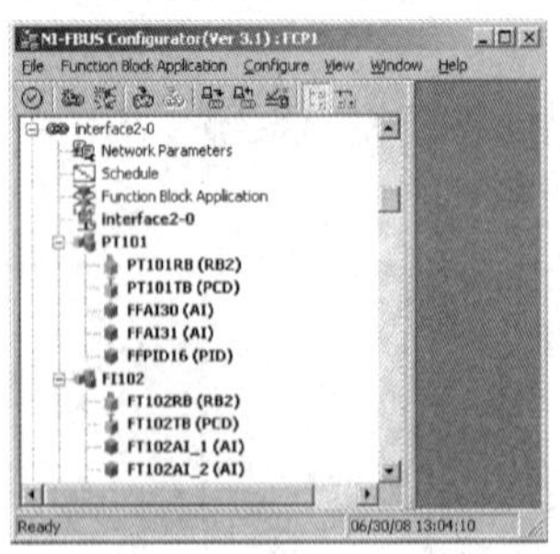

图 3-4-66　显示活动表

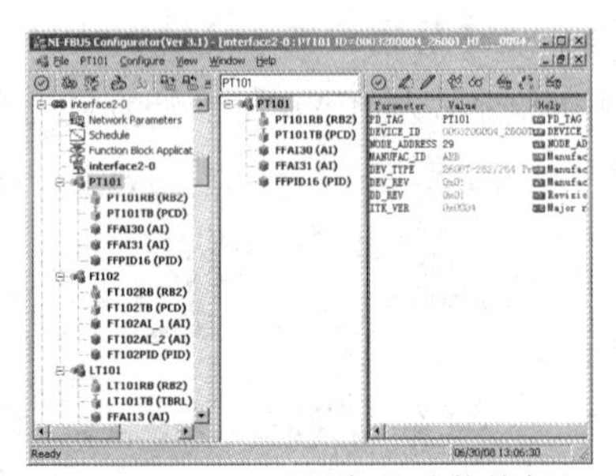

图 3-4-67　显示设备及功能块标记

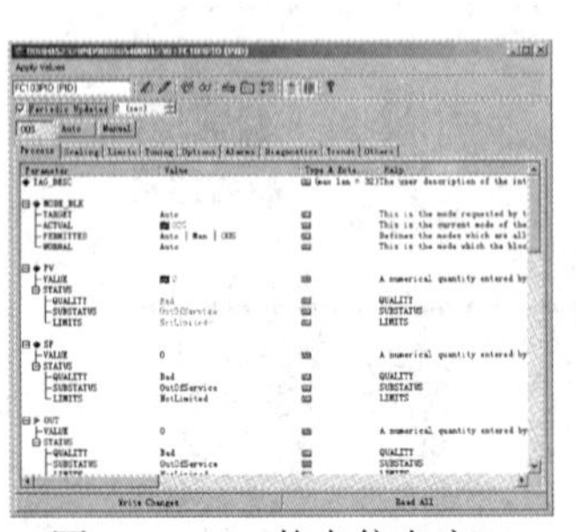

图 3-4-68　静态信息窗口

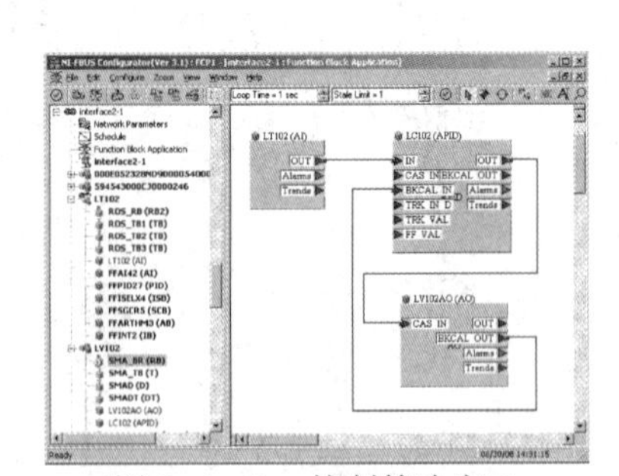

图 3-4-69　控制策略窗口

(5) 制定功能块运行表(功能块的调度执行时序)。包括显示选择的控制策略的调度窗口、控制策略的最佳选择、功能块的调度执行、相关功能块之间的通信,如图 3-4-70 所示。

(6) 报警的设定。指明产生报警的功能块和接收报警的主机、连接报警发送器与接收器、输入报警门限值及优先权,如图 3-4-71 所示。

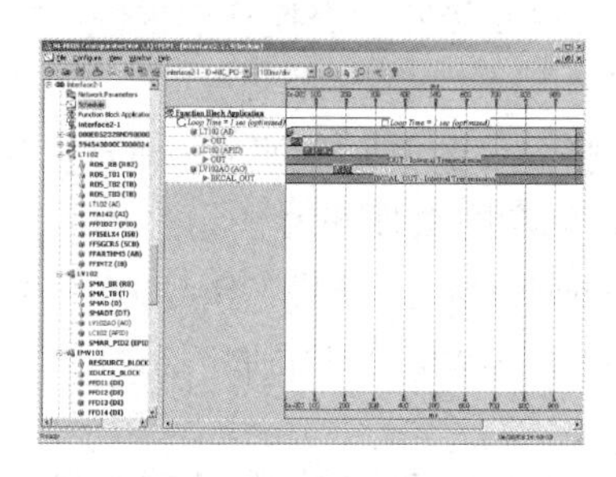

图 3-4-70　制定功能块运行表

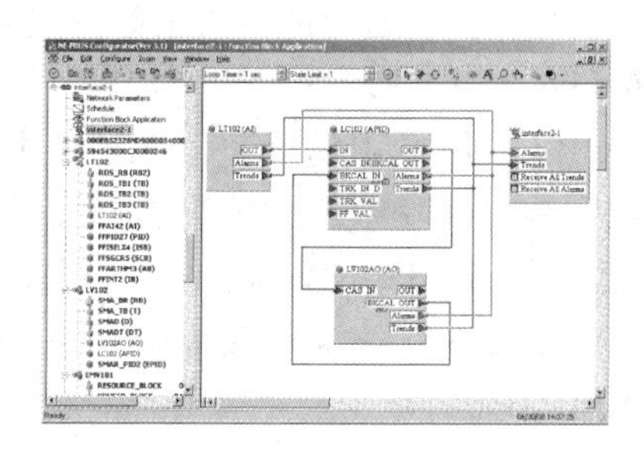

图 3-4-71　报警及趋势设定

(7) 趋势设定。确定趋势参数、采样速率以及趋势信号的接收器,将收集趋势的功能块与趋势接收器相连接,并确定采样方法,见图 3-4-71。

(8) 设置网络参数。选择初始的链路活动调度器,选择初始的时间主管,见图 3-4-72。

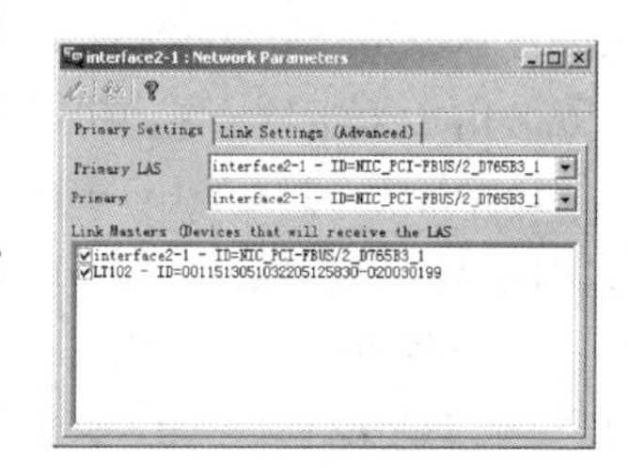

图 3-4-72　设置网络参数

(9) 下载组态信息。设计完毕的组态信息必须进行下载才能使设备真正按组态设计运行。下载的内容包括新分配的位号、改变后的功能块的参数、功能块的连接、功能块的调度、通信调度、趋势/报警的连接等。

4.4　OPC 技术基本概念

OPC(OLE for Process Control,用于工业过程控制领域的 OLE)是为了解决应用软件与各种设备驱动程序的通信而产生的一项工业技术规范和标准。它采用了客户/服务器体系,基于 Microsoft 的 OLE(Object Linking and Embedding,对象连接与嵌入)/COM 技术,为硬件厂商和应用软件开发者提供了一套标准接口,在工业客户机和服务器之间进行数据交换。

4.4.1　OPC 规范

OPC 是一个工业标准,它是许多自动化和软、硬件公司与微软公司合作的结晶,管理该标准的组织是 OPC 基金会。OPC 规范主要包括:

① OPC 数据存取规范(Data Access Standard)　该规范定义了 OPC 服务器中一组 COM 对象及其接口,并规定了客户程序对服务器程序进行数据存取时需要遵循的标准。

② OPC 报警与事件规范(Alarms and Events Specification)　该规范提供了一种通知机制,即在指定事件或报警条件发生时 OPC 服务器能够主动通知客户程序。

③ 历史数据存取规范(History Data Access Specification)　该规范提供一种通用历史数据引擎,可以向用户和客户程序提供数据汇总和数据分析等额外的信息。

④ 批量过程规范(Batch Data Access)　该规范基于 OPC 数据存取规范和 ISA-88 系列批量控制标准,提供了一种存取实时批量数据和设备信息的方法。

⑤ 安全性规范(Security Specification)　OPC 安全性规范提供了一种专门的机制来保护其为应用提供的现场数据。

⑥ OPC DX(Data Exchange 数据交换)　这是相对于 OPC DA 的 Client/Server 通信模式提出的 Server/Server 通信模式，符合当代网络点对点对等通信和扁平化的技术趋势，使驻留在不同体系的现场总线控制器上的实时服务器数据可以直接互联交换，实现统一的基于高速以太网的软件接口技术。

⑦ OPC XML(扩展标识访问)　XML 技术制定了对 Web 网页标识的定义的规则，使 ERP 系统集成和数据共享十分方便快捷，可以避免在网页发布时的组件插入和注册。OPC XML 规范包括了读(Read)、写(Write)、订阅(Subscription)、浏览(Browse)等 4 种数据共享和访问模式，使 Web Server/Web Browser 可以逐渐成为实时人机界面的主流。

1.　COM/DCOM 简介

COM 是微软公司推出的一个开放的组件标准。COM 标准包括规范和实现二大部分：规范部分定义了组件之间通信的机制，这些规范不依赖任何特定的语言和操作系统，具有语言无关性；COM 标准的实现部分是 COM 库，COM 库为 COM 规范的具体实现提供了一些核心服务。由于 COM 以客户机/服务器模型为基础，因此具有良好的稳定性和很强的扩展能力。

DCOM 是建立在 COM 之上的一种规范和服务，提供了一种使 COM 组件加入网络环境的透明网络协议，实现了在分布式计算环境下不同进程之间的通信与协作。

客户程序和 COM 组件程序进行交互的实体是 COM 对象。COM 对象类似 C++中对象的概念，它是某个类(Class)的一个实例，包括一组属性和方法。COM 对象提供的方法就是 COM 接口，它是一组逻辑相关函数的集合。客户程序必须通过接口才能获得 COM 对象的服务。

2. OPC 对象与接口

OPC 规范描述了 OPC 服务器需要实现的 COM 对象及其接口，它定义了定制接口(Custom Interface)和自动化接口(Automation Interface)。每种不同的 OPC 规范又分定制接口规范和自动化接口规范两部分，以方便开发者设计和实现 OPC 服务器程序或客户程序。

OPC 客户程序通过接口与 OPC 服务器通信，间接地对现场数据进行存取。OPC 服务器必须实现如图 3-4-73 所示的定制接口，也可有选择地实现自动化接口。一般来说，自动化接口能为 VB 等高级语言客户程序提供极大的便利，但数据传输效率较低；而定制接口则为用 C/C++语言编写的客户程序带来灵活高效的调用手段。在有些情况下，OPC 基金会提供了标准的自动化接口封装器(wrapper. DLL)，以方便自动化接口和定制接口之间的转换，使采

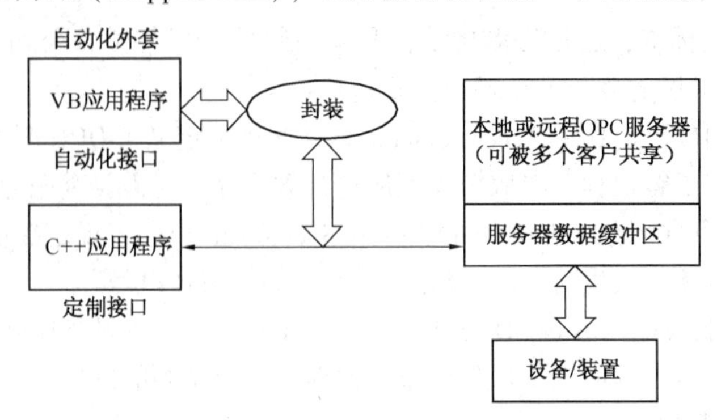

图 3-4-73　OPC 自动化接口与定制接口

用自动化接口的客户程序也可以访问只实现了定制接口的服务器。

OPC 规范定义了 COM 接口，规定了服务器程序和客户程序通过接口交互的标准，但并没有说明具体实现的方法。OPC 服务器供应商必须根据各自硬件属性实现这些接口的成员函数。不论定制接口还是自动化接口都可分为必选接口和可选接口。必选接口包括了客户程序与服务器进行交互的最基本功能，因此此接口必须实现；可选接口则规定了一些额外的高级功能，可根据需要有选择地实现。客户程序应通过查询接口的方式来判断服务器程序是否实现了可选接口的功能。

4.4.2 OPC 数据存取规范 DA

OPC 数据存取规范是 OPC 基金会最初制定的一个工业标准，其重点是对现场设备的在线数据进行存取。该规范也分为定制接口规范和自动化接口规范两部分，两种接口完成的功能类似，下面主要介绍自动化接口规范中基本的对象和接口功能。

OPC 数据存取服务器主要由以下几个对象组成，即服务器对象(Server)、组对象(Group)和项对象(Item)。OPC 服务器对象维护有关服务器的信息并作为 OPC 组对象的包容器，可动态地创建或释放组对象；而 OPC 组对象除了维护有关其自身的信息，还提供了包容 OPC 项的机制，逻辑上管理 OPC 项；OPC 项则表示了与 OPC 服务器中数据的连接。图3-4-74所示是这几个对象的相互关系以及它们和 OPC 客户程序的关系。

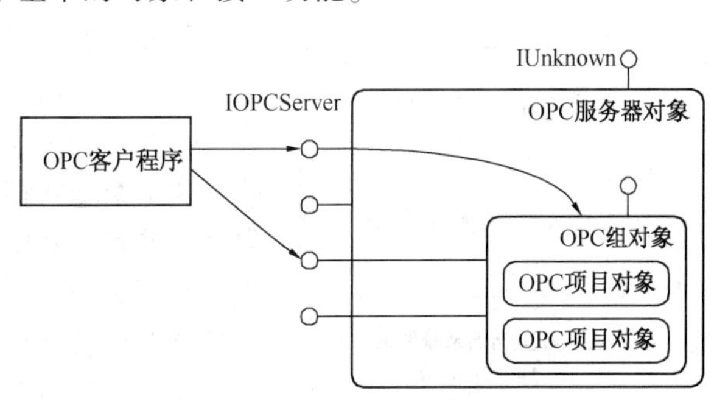

图 3-4-74 OPC 数据存取服务器中对象及 OPC 客户的相互关系

从定制接口的角度来看，OPC 项并不是可以由 OPC 客户直接操作的对象，因此 OPC 项没有定义外部接口，所有对 OPC 项的操作都是通过包容该项的 OPC 组对象进行的。OPC 服务器对象创建 OPC 组后，将组对象的指针传递给客户，由客户直接操纵组对象。这样，既提高了数据存取的速度，也易于功能扩展。

OPC 服务器对象是 OPC 服务器程序暴露的主要对象，客户程序首先创建该对象，再通过其接口完成所需功能。

OPC 组提供了一种让客户组织数据的方法，用户可以将逻辑相关的一组数据作为 OPC 项添加到同一个组当中，例如同一个反应器的各点温度等。客户程序可创建多个组对象，并分别设置其属性。客户程序对服务器进行数据存取时是以组对象为单位进行的，即客户程序对组内感兴趣的 OPC 项进行统一的读写操作，这样无疑提高了数据通信的效率。

IOPCItemDisp 接口为客户提供了 OPC 服务器中数据项的属性和方法的连接，数据项包括值(Value)、品质(Quality)、时间戳(TimesTamp)三个基本属性。值的数据类型为 VARIANT，表示实际的数值；品质则标识数值是否有效；时间戳则反映了从设备读取数据的时间或者服务器刷新其数据存储区的时间。

需要指出的是，OPC 项并不是实际的数据源，只是表示与数据源的连接。OPC 规范中定义了两种数据源，即内存数据(Cache Data)和设备数据(Device Data)。每个 OPC 服务器都有数据存储区，存放着值、品质、时间戳以及相关设备信息，这些数据称为内存数据，而现场设备中的数据则是设备数据。OPC 服务器总是按照一定的刷新频率通过相应驱动程序访问各个硬件设备，将现场数据送人数据存储区。这样对 OPC 客户而言，可以直接读写服务器存储区中的内存数据。这些数据是服务器最近一次从现场设备获得的数据，但并不能代表现场设备中的实时数据。为了得到最新的数据，OPC 客户可以将数据源指定为设备数据，这样服务器将立刻访问现场设备并将现场数据反馈给 OPC 客户。由于需要访问物理设备，所以 OPC 客户读取设备数据时速度较慢，往往用于某些特定的重要操作。

OPC 数据存取规范详细规定了客户程序和服务器程序进行数据通信的机制。其他类型的 OPC 服务器往往是在数据存取服务器的基础上通过增加对象、扩展接口而来的，所以该规范也是其他 OPC 规范的基础。OPC 数据存取规范本身也在根据实际情况不断地升级和扩展功能。

4.4.3 OPC 数据项的结构和类型

OPC 数据项处理的数据用 1 组 3 个值来代表，如图 3-4-75 所示。

图 3-4-75 OPC 服务器数据项组成

OPC 的数据访问方式如下：

（1）服务器缓冲区数据和设备数据

OPC 服务器本身就是一个可执行程序，该程序以设定的速率不断地同物理设备进行数据交互。服务器内有一个数据缓冲区，其中存有最新的数据值、数据质量戳和时间戳。时间戳表明服务器最近一次从设备读取数据的时间。服务器对设备寄存器的读取是不断进行的，时间戳也在不断更新。即使数据值和质量戳都没有发生变化，时间戳也会更新。

客户机既可从服务器缓冲区读取数据，也可直接从设备读取数据，从设备直接读取数据速度会慢一些，一般只有在故障诊断或极特殊的情况下才会采用。

（2）同步和异步

OPC 客户机和 OPC 服务器进行数据交互可以有二种不同方式，即同步方式和异步方式。同步方式实现较为简单，当客户数目较少而且同服务器交互的数据量也比较少的时候可以采用这种方式；异步方式实现较为复杂，需要在客户程序中实现服务器回调函数。然而当有大量客户和大量数据交互时，异步方式能提供高效的性能，尽量避免阻塞客户数据请求，并最大可能地节省 CPU 和网络资源。

4.4.4 OPC 数据访问的意义

关于 OPC 数据访问的意义，可以通过对传统的数据访问方式，如图 3-4-76 所示，与相应的 OPC 数据访问方式(图 3-4-77)的比较，加深了解。

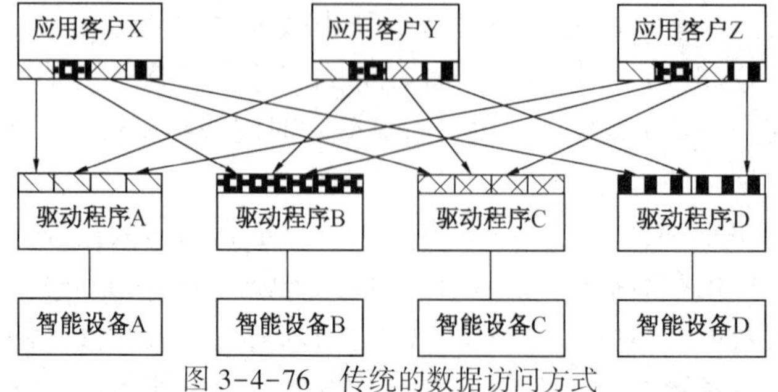

图 3-4-76 传统的数据访问方式

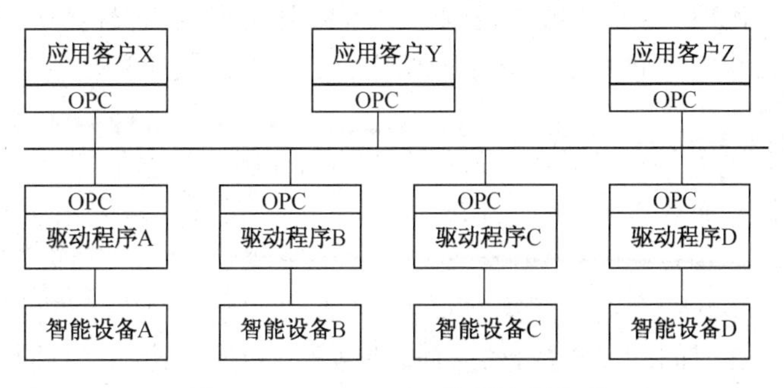

图 3-4-77　OPC DA 数据访问方式

4.5　计算机控制系统的通信知识

4.5.1　基本知识

1. 通信协议

简单地说，通信协议就是通信双方交换信息时所遵循的一组规则和约定。

通信协议主要由语义、语法和定时三部分组成，语义规定双方准备“讲什么”，亦即确定协议元素的种类，譬如包括用于协调和差错处理的控制信息。语法规定通信双方“如何讲”，确定数据的信息格式、信号电平等。定时包括速度匹配和排序等，总之通信协议就是通信双方之间相互交流的语言。

2. 网络拓扑结构

所谓网络拓扑结构是指网络节点之间实现互连的方式。常见的网络拓扑结构有星形、环形、总线形和树形，现场总线 FF-H1 网络多采用树形和总线形。

3. 传输介质

传输介质是通信网络中数据信号的物理通路，在工业控制网络中常用的通信介质有双绞线、同轴电缆、光纤和射频(无线传输方式)。现场总线 FF-H1 多采用双绞线。

4. 编码

当需要将数据由一地传送到另一地时，必须先将其转换为信号。也就是说，在通过通信媒体发送信息之前，信息必须被编码形成信号。信息和信号都有数字的或模拟的两种类型，所以共有四种编码方式：数字-数字、模拟-数字、数字-模拟和模拟-模拟。

现场总线网络中，采用的是数字-数字编码形式，即用数字信号来表示数字信息。在这种编码方式下，由计算机产生的 0、1 被转换成一串可以在导线上传输的脉冲电压。图 3-4-78 显示了数字信息、数字-数字编码设备和合成的数字信号的关系。

图 3-4-78　编码方法

FF-H1、Profibus-PA 采用的是数字-数字曼彻斯特编码形式。

曼彻斯特编码是一种常用的基带信号编码。在这种编码中，每一位中间有一个跳变，这个跳变既是数字信号的标志，也是时钟信号的标志，这个跳变，把编码的每一位分成前后两个线路信号元素(即两个半位)。曼彻斯特编码规定前后两个半位的电位，如果从高电位到低电位的跳变表示代码“1”，则从低电位到高电位的跳变则表示代码“0”。也就是说，采用曼彻斯特编码的数据与一个周期为 T 的时钟相比较，上升沿代表逻辑“0”，而下降沿代表逻辑“1”，参见图 3-4-79。

FF-H1 网络采用的曼彻斯特编码信号如图 3-4-80 所示，它是通过对基本电流在±9mA 范围内进行适当的调制而获得的。

5. 同步技术

所谓同步技术是指在两个通信实体中发信、收信双方统一收发动作的措施，即发送端以某一速率在一定的起止时间内发送数据，接收端也必须以同一速率在相同的起止时间内接收数据。为使整个系统正确有效地工作，必须采取保证收发端的动作同时进行的措施。

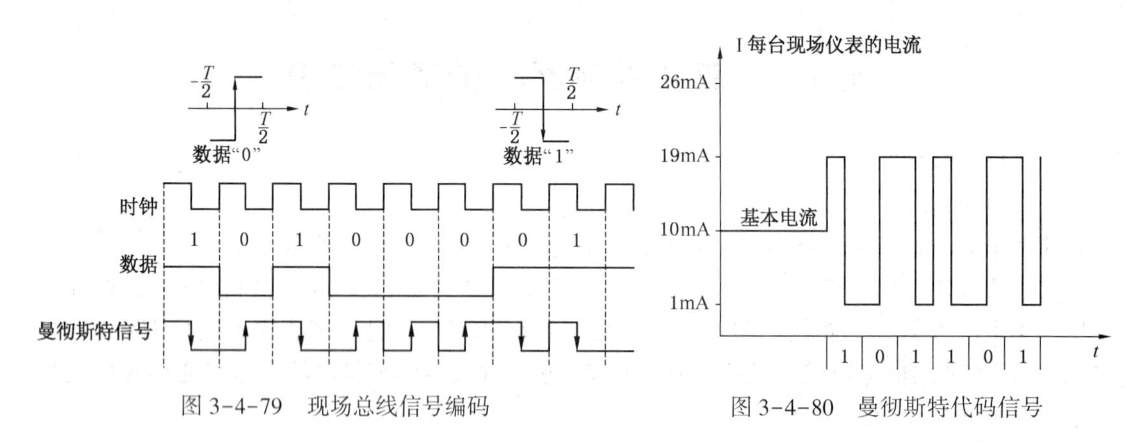

图 3-4-79　现场总线信号编码　　图 3-4-80　曼彻斯特代码信号

常用的同步技术有两种：同步传输和异步传输。异步传输又称“起止”方式传输，即在要传送的字符代码前端加一起始位，以表示字符开始，在字符代码后加停止位，以表示该字符代码结束。传输以信息字为单位逐步传输，起始位和停止位兼作线路两端的同步时钟，因此不需要再传输时钟脉冲。异步传输实际上在字符内是同步的，而在字符间是异步的，即各字符之间有长于一位的不确定长度的间隙延迟。

同步传输的信息是一组数据或报文(要传送的信息)，在数据和报文内的每个信息不需要起停标志，但数据块前加有一个或多个同步字符，数据块后加结束控制字符，这种加有前文和后文的数据块称为数据帧。在同步传输时，传输信号中还包含同步时钟信号。同步时钟用来控制字符内的各个位的定时以及字符与字符之间的定时。

异步传输与同步传输相比，异步传输方式开销大(每一个字符都有起停位)，效率低，速度慢。但是，如果有错，只需重发一个字符，控制简单。而同步传输方式开销小，效率高，可获得很高的数据传送率，但如果数据中有一位错，就必须重新传送整块数据，且控制比较复杂。FF-H1 采用同步传输方式。

6. 传输模式

传输模式用来定义两个互相连接的设备之间的信号流动的方向。共有三种传输模式：单工模式、半双工模式和全双工模式。

单工模式是指数据只能沿信道的一个方向传输，而不能进行与此方向相反的传输：半双工模式是指数据可以在两个方向上进行传输，但在指定时刻，数据只能沿某一方向传输。全双工模式指数据可以同时沿两个方向传输。FF-H1 采用的是半双工模式。

7. 数据传输方式

数据传输方式有三种：

（1）基带传输　就是在线路上直接传输基带信号。基带就是原始信号所占用的基本频带，数字信号的基带传输就是以原来的“0”和“1”的形式直接用数字信号在信道上传输，即直接将二进制信号以电脉冲信号形式传输，对信号未做任何调制，此时介质的整个频率范围都用来传输数字信号，且传输是双向的，即进入介质的任一点的信号将沿两个方向传播到终点，传输介质被所有节点共享。基带传输网络容量较低。

（2）频带传输　由数字数据调制成的模拟信号处在高频段(200～3400Hz)称为频带传输。

（3）宽带传输　由数字数据调制成的模拟信号比高频范围还宽，则可称之为宽带传输。宽带传输由于频率高传输速度快，主要用于远距离数据传输。

FF-H1 技术中传输方式为基带传输方式。

8. *串行传输与并行传输*

串行传输是把构成数据的各个二进制位依次在信道上进行传输的方式，并行传输是把构成数据的各个二进制位同时在信道上进行传输的方式。从概念上讲，并行传输传输速度比串行传输快，但费用较高。FF-H1 现场总线传输方式为串行传输。

9. *网络控制*

总线形网络共享一条通信网络，而且多采用广播式通信方式。广播式通信方式中，每一时刻仅能有一个节点控制网络。如果同一时刻多个节点同时试图访问介质，将产生冲突。所以必须确定在什么时间里，在什么条件下，哪个节点可得到总线控制权，这就是总线形网络控制问题。

总线形网络控制分为集中式和分布(或分散)式两种。集中式控制是指网络中有单独的集中式控制器，由它控制各节点之间的通信；分布式是指网络中没有集中式控制器，各节点之间的通信由它们自身的控制器来控制。

由于工业过程中实时性的重要性，在 FF-H1 现场总线中没有采用分布式控制，而是采用集中式控制。在集中式控制下，设备的通信是在某个控制器的控制下完成的，该控制器被指定拥有准许设备访问网络的控制权，而要求访问网络的设备必须等待，直到收到该控制器的准许为止。在基于 FF-H1 技术的现场总线控制系统中链路主设备中的 LAS(链路活动调度器)就相当于集中控制的控制器。

10. *差错控制*

信息在传输过程中，特别是以电信号方式传输时，由于传输线上的干扰噪声、线间的窜扰等原因而造成传输出错是常见的。对于现场总线网络来说，出现传输数据的错误是不可容忍的。因为网络的任何通信中断和传输出错都可能造成停车，甚至可能引起生产事故，所以，必须进行差错控制。差错控制是以付出时间与传输数据冗余程度为代价换来的。

在数据传送中，有多种方法可发现差错，并加以纠正。第一种是将数据多次发送，在接收端进行多数表决，比如在发送端将某个数据发送三次，如在接收端得到数据为 10101100，10101100 和 10101110，则认为数据为 10101100；第二种是接收端接收到发送数据之后，再传回发送端，如果传回的数据与发送数据相同，则认为传输正确，如果不相同，说明通信发生了错误；第三种方法是对传送的数据进行抗干扰编码，即在信息数据上增加冗余位，然后把信息数据和冗余位一起发送，接收端根据信息数据和冗余位，发现差错或自动纠正错误。

4.5.2　ISO/OSI 标准模型

1984 年，国际标准化组织(International Standard Organization，简称 ISO)为了解决不同种

类计算机的通信问题，建立了一个网络结构的参考模型，即开放系统互连(Open System Interconnection，简称 OSI)参考模型，来促进交互系统的发展。OSI 本身并不是一项具体标准，而是规定了在设计开放系统互连的硬件和软件时应考虑哪些方面的问题，所以也叫标准模型。这个模型的结构分 7 层，如图 3-4-81 所示。

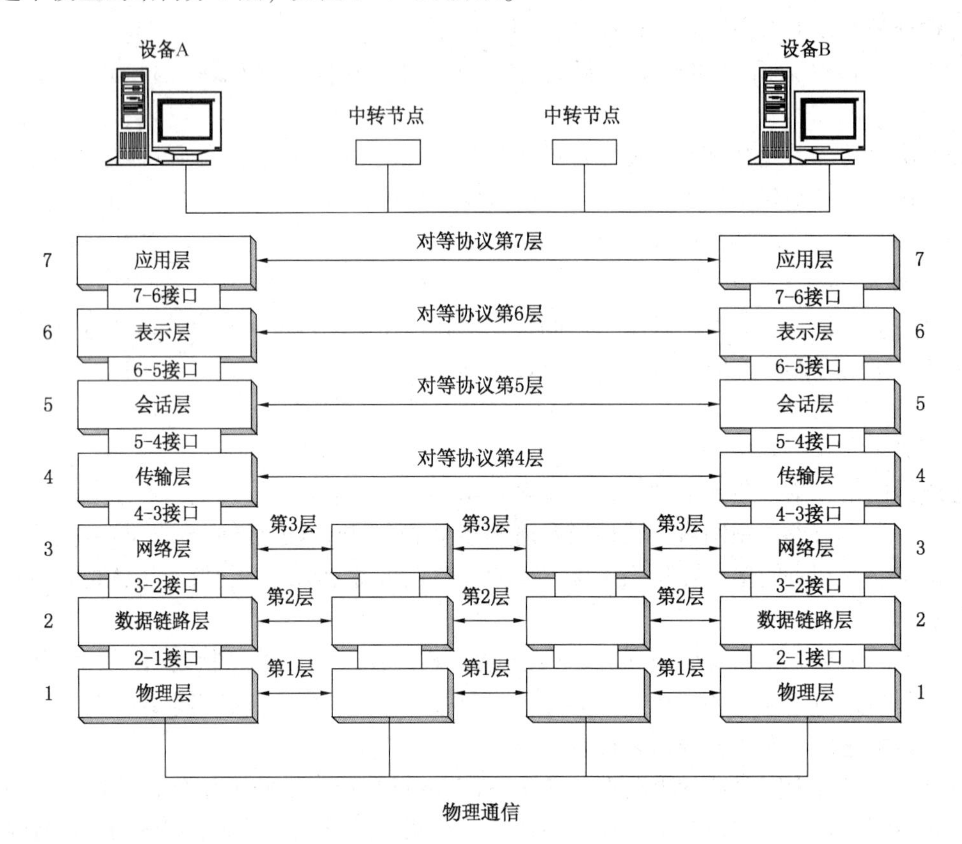

图 3-4-81　OSI 层次

在物理层，通信是直接发生的。设备 A 将位流传送到设备 B。但是，在更高的层次中，通信必须先在设备 A 中从上层传到下层，再传输到设备 B，最后在设备 B 中从下层传输到上层。在发送端，每一层都在从直接上层传来的消息中加上自己的信息，并传到它的直接下层。这些信息以报文头或尾(附加在通信数据的头或尾的控制信息)的形式加入消息。

在第六、五、四、三、二层加报文头，在第二层还要加尾部。

在第一层，通信数据被转换成可以传输到接收端机器的形式。在接收端，消息被一层一层地打开，每一层接收并提取对它有意义的数据。例如，第二层将提取对它有意义的数据，并将剩下的传给第三层，第三层将提取对它有意义的数据，并将剩下的传给第四层等等。

下面简单介绍各层的主要功能。

(1) 物理层

物理层是 OSI 参考模型的最低一层，也是在同级层之间直接进行信息交换的唯一一层。物理层负责传输二进制位流，它的任务就是为上层(数据链路层)提供一个物理连接，以便在相邻节点之间无差错地传送二进制位流，至于解释数据流中每个位的含义，则不是物理层的任务。物理层要考虑的是多大的电压代表“1”，多大的电压代表“0”，连接电缆的插头尺寸多大，有多少根管脚等。

需要注意的是，传送二进制位流的传输介质，如双绞线、同轴电缆等不属于物理层，传输介质并不在 OSI 的 7 个层次之内。

（2）数据链路层

数据链路层负责在两个相邻节点之间，为网络层实体提供点到点（peer-to-peer）的以“帧”为单位的数据传送，并进行流控制。每一帧包括一定数量的数据和若干控制信息。

数据链路层首先要负责建立、维持和释放数据链路的连接。在传输数据时，如果接收节点发现数据有错，要通知发送方重发出错帧，直到这一帧正确无误地送到为止。数据链路层使网络层看起来就像是一条不出差错的理想链路。

（3）网络层

为传输层实体提供端到端（end-to-end）的交换网络数据的传送功能，使得传输层摆脱路径选择、交换方式、拥挤控制等网络传输细节，可以为传输层实体建立、维持和拆除一条或多条通信路径，对网络传输中发生的不可恢复的差错予以报告。

具体地说就是，通过网络通信的两个计算机之间可能要经过许多节点和链路，或者要经过若干个通信子网。网络层的任务就是把包（网络层的数据传送单位）或分组从发送节点正确无误地发送到接收节点，保证包在源节点与目的节点之间正确传送。为了完成传送任务，网络层最主要的工作就是选择合适的路由及处理好流量控制。

通信子网只拥有网络层以下的低三层。

（4）传输层

传输层为会话层实体提供透明、可靠的数据传输服务，保证端到端的数据完整性，选择网络层能提供的最适宜的服务，提供建立、维护和拆除传输连接功能。

传输层的数据传送单位是报文（message）。报文较长时，要把它分割成适于它所在通信子网的分组，然后再交给下一层（网络层）进行传输。

传输层的任务是为上层提供可靠的端到端服务，使会话层以上看不见传输层以下的通信细节。传输层以上各层不必考虑数据传输的问题。正因为如此，传输层是计算机网络体系结构中最重要的一层，传输层协议也是最复杂的协议。

（5）会话层

为相互合作的表示层实体提供建立、维护和结束会话连接的功能，完成通信进程的逻辑名字与物理名字间的对应，提供会话管理服务。比如，确定通信的双方采用半双工方式工作还是全双工方式，发生意外时从何处开始恢复等。会话层不再参与数据传输，但要对数据传输进行管理。会话层的传送单位是报文。

（6）表示层

为应用层进程提供能解释所交换信息含义的一组服务，如代码转换、格式转换、数据压缩、数据加密与解密等。具体地说就是，表示层处理两个应用实体之间进行数据交换的语法问题，解决数据交换中存在的数据格式不一致以及数据表示方法不同等问题。比如，为解决 IBM 系统的用户使用 EBCD 编码、其他用户使用 ASCII 编码的问题，表示层必须提供这两种编码的转换服务。

（7）应用层

提供 OSI 用户服务，如文件传送、电子邮件等。具体地说就是，应用层为应用实体提供访问 OSI 环境的手段。本层提供一些管理功能及支持分布式应用的一些手段。在七层中应用层包含的协议是最多的，并在不断增加。大家熟悉的文件传送协议 FTP、电子邮件协议等均属应用层协议。

4.5.3 网络设备

(1) 网卡(Network Interface Card, NIC)

网卡也叫网络接口卡或网络适配器，它集成在计算机的主板上或插在扩展槽中，并用一根电缆(网线)将它与网络介质相连。网卡是计算机联网的重要设备，它是工作站与网络之间的逻辑和物理链路。网卡的基本功能是数据转换(并-串转换)、包的装配与拆装、数据缓冲、网络存取控制、编码或译码等。简单地说，网卡的作用就是使工作站、服务器或者其他网络节点可以通过网络介质发送和接收数据。

(2) 中继器(Repeater)

中继器的功能是将从某一端口接收到的信号放大后转发到其他的端口上。中继器是属于OSI模型的物理层的网络设备，工作在OSI模型的第一层。

中继器在放大有效数据信号的同时，也会将噪声放大，所以它既不能提高被传输信号的质量，也不能纠正其中的错误信号，不具有任何数据过滤和数据包的转换功能。

中继器的另一作用是连接两个网段，以延长电缆的长度。中继器连接的两个网段必须有相同的媒体访问控制方法，即不能将以太网和令牌网连接在一起，但可连接不同的媒体。中继器只适用于总线形拓扑结构的网络。

(3) 网桥(Bridge)

网桥是一种比较简单的设备，它工作在OSI模型的数据链路层(第二层)，能够进行流控制、纠错处理以及地址分配。

现在的网桥大多数都是智能型的。常用于以太网的是透明型的网桥。网桥在工作的时候将检测其各个端口的数据传输和应答情况，逐一记住可以通过哪些端口达到网络上的各个节点。网桥会对它所处理的每一个数据包进行解析，以发现它的目标地址。获得了相应的地址信息之后，网桥就把目标节点的MAC地址和与其相关联的端口信息写入记录，随着工作时间的积累，网桥就会发现网络中的所有节点，并为每个节点建立相关记录。

(4) 集线器(HUB)

集线器类似于平面十字路口，其主要作用就是把一组工作站中的各台计算机连接到一个主干网中去。它有一个端口与主干网进行连接，还有若干端口可以和各节点计算机以及网络中的交换机、打印服务器、文件服务器等设备相连。与中继器的非智能化不同，HUB可以是智能型的，它可以接收远程的管理，对数据进行过滤，还可以一定程度地诊断网络的故障等。

HUB有一定的带宽，通过HUB连接到主干网的计算机共享这个带宽。

(5) 交换机(Switch)

交换机类似于立交桥路口，其作用是在一个网络内，把整个网从逻辑上分成几个较小的部分，并在这些部分之间进行数据的传输和交换。以太网交换机的实质就是几个高速的、多端口的网桥的集合。交换机为每一个连接到其上的设备都提供了一个专用的信道，可以有效的解决局域网内的数据传输拥塞、响应时间延迟等问题，还提高了数据传输的安全性。

像HUB一样，交换机也有一定的带宽，这个带宽由所有连接到它上面的设备共享。

(6) 路由器(Router)

路由器工作在OSI模型的网络层。

路由器是一种多端口设备，它可以连接不同传输速率的两个网络，而且对这两个网络的环境和协议没有什么特殊的匹配要求，也就是说，它可以连接各种环境、各种速率、采用各种协议的局域网和广域网。当采用路由器时，每个网络都对应着一个惟一的地址。路由器工作时首先要知道直接与它相连的网络的地址，并且通过其他的路由器得知其他网络的存在和达到某一个网络的最佳途径。路由器不仅能追踪网络的某一个节点，还可以像交换机那样，选择出两个节点之间最近、最快的传输途径。当路由器从其某个端口接收到某个数据包，它会先判断数据包的目标网络地址和源网络地址是否相同，如果不同，路由器接着判断是否可以通过另外一个端口传送，如果可以，路由器就将这个数据包从这个端口发送出去。路由器不会改变数据包中的地址信息，它只要知道数据包的目标地址就可以正确发送数据了。

（7）网关(Gateway)

从广义上讲，网关除了包括硬件，还包含软件。网关是具有连接不同网络能力的软件和硬件的结合。网关为了适应它所连接的网络的不同协议、不同结构、不同语言和不同数据格式，就要求它必须可以在 OSI 的 4~7 层上具有通信的能力。网关是定制产品。

（8）服务器(Server)

服务器是一个软件和硬件的结合体。从硬件的角度说，服务器可以是微机，也可以是大型机，还可以是专用的服务器。从软件的角度说，由于服务器在网络中所实现的具体功能的不同，服务器可以分为文件服务器、数据库服务器、通信服务器、电子邮件服务器、终端服务器、打印服务器、应用服务器等。

从服务器硬件的性质来划分，服务器通常可以分为通用服务器和专用服务器。通用服务器一般由通用硬件组成，它为局域网提供网络用户管理、网络资源管理和网络安全性管理等。专用服务器一般用于规模比较大的网络，或者是对服务器的性能、可靠性、安全性、稳定性都有较高要求的网络。专用服务器一般都要采取容错技术和各种先进的网络安全措施。

（9）防火墙(Firewall)

防火墙是防止计算机和其中的数据信息遭受来自外部网络上某种性质的破坏而设立的预防措施，包括软件防火墙和物理(硬件)防火墙。下面主要介绍物理防火墙的实现方法：

一种方法是建立一个映像服务器，也就是建立双重服务器环境，一个服务器设在外部网上，另一个设在内部网上。两个服务器之间保持连通，但是它们之间的数据传输只是简单地复制，相当于处理一个内部事务。

另一种方法是把同一台服务器放到外部网和内部网两个网络上，服务器需要安装两个网卡，其中一个用于连接外部网，使其在外部网上可以被识别；另一个网卡作为内部网的网卡使用，它只能被内部网的计算机识别。

第5章　安全仪表系统

安全仪表系统(Safety Instrumented System，简称SIS)是为石油化工生产提供安全保证的重要设备，系统的安全性直接关系到生产装置的安全。本章先简要介绍提高SIS外部设备安全性的主要措施，然后以FSC系统和Tricon系统为例介绍SIS系统组态的基本内容和方法。

5.1　安全仪表系统的安全性

SIS本身具有较高的安全性和可用性。基于这点，对其外部设备，如传感器、执行机构、电缆等的安全性和可用性提出了更高的要求。通常，在各种故障导致的生产装置停车的次数中，外部设备故障占95%。因此，提高SIS系统外部设备的可靠性是提高工业过程安全性的重要手段。

5.1.1　输入的外部设备

输入信号从传感器到SIS系统的输入卡，中间经过了电缆、接线端子、安全栅、中间继电器、报警设定器、旁路开关等环节。虽然SIS本身可靠性较高，它却不能判断所接收的信号正确与否，也就无法避免因外部假信号而引起误停车。

为SIS提供输入信号的传感器不但要求测量准确度高，其可靠性也要高。工业现场环境一般比较恶劣，其电磁干扰、机械振动、粉尘、腐蚀性介质等都可能造成开关元件的误动作。由于SIS系统的扫描周期一般只有十几个毫秒，瞬间的干扰就可能引起误停车。通常可以对输入信号延时，来避免传感器误动作引起误停车。

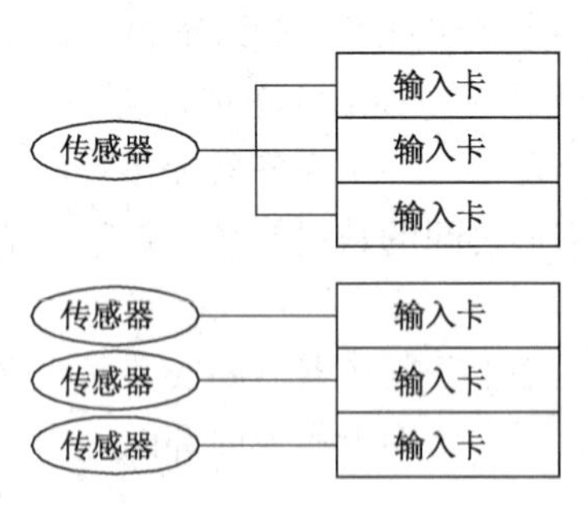

图3-5-1　输入配线方式

现场的挠性管、端子及过渡接线箱应保持接触良好、稳固，重要位号的传感器应考虑冗余配置。当输入卡是三重配置时，其输入配线可以是图3-5-1所示的两种情况。第一种情况，3个输入卡并联后与一个传感器相连，这种情况下，当传感器有故障或传感器到输入卡的中间环节有故障时，就会导致误停车；第二种情况，3个传感器冗余，即3个输入卡分别对应3个传感器，SIS系统按三取二表决方式运行。

SIS系统外部中间环节越多，整个系统的安全性也越低。因此，应减少信号进入SIS系统的中间环节，如用于信号分配的中间继电器以及旁路开关等。模拟信号应直接进入SIS的模拟输入卡，而不需外部报警设定器。

5.1.2　输出的外部设备

SIS系统的执行元件一般是电磁阀。对于输出的外部设备，也要求从输出卡到执行机构的中间环节越少越好。SIS系统的模件都有很好的隔离性能，因此起隔离作用的外部继电器应尽量少用，有时也可采用输出卡到电磁阀双重配置的方式。

根据失效-安全的原则，输出卡、外部继电器、电磁阀等均应设计成失电(或停气)动作型，以使得电源或气源故障时能保证停车。

5.1.3 在线监测功能

SIS 系统大多有在线监测功能，利用此功能可以容易地处理由电缆短路、断路引起的误动作。在线监测功能需要监视型输入/输出模块，并在现场开关上连接线监视元件，典型的线监视元件是一对电阻，图 3-5-2 所示是输入卡的例子。图中，现场开关闭合、断开动作和线路断路、短路，系统检测到的阻值或电压是不一样的，从而可判断出输入线路的故障。

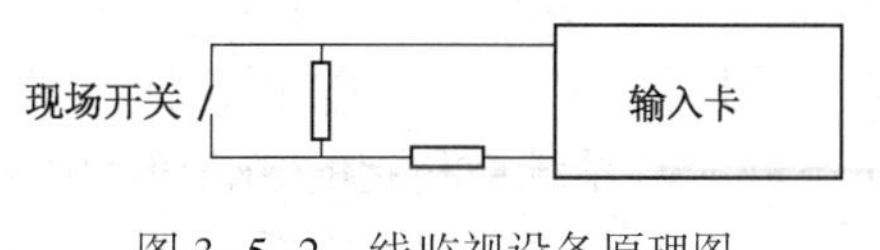

图 3-5-2 线监视设备原理图

5.1.4 故障模块更换与在线操作

三重化的系统是靠三选二表决保证系统可靠性的。当三个模块中的一个出故障时，其系统照常运行，但可靠性降低，安全等级也下降。因此，当某一通道故障时，要及时发出报警信号，及时更换故障模块。更换时不能联动相邻模块。有的安全系统设置了两次故障之间的时间，这个时间用户可以根据自己的情况设定，一般是 72h，当系统有故障时，如果 72h 内不处理，系统将自动停车。

SIS 系统提供了在线修改、在线下装以及 I/O 强制赋值等操作功能，这些功能是对系统的人工干预。在线操作会影响系统的安全性和可用性。

5.2 FSC 系统的组态

FSC(Fail Safety Controller，故障安全控制系统)是一种 SIS 产品，其系统软件为 FSC Navigator(FSC 导航者)。FSC 导航者运行在基于 MS Windows 操作系统的个人计算机，具有程序设计、组态及系统维护等功能。

5.2.1 FSC 组态软件功能说明

FSC 组态软件具有以下主要功能：

① 系统诊断　FSC 的系统自诊断功能可连续对自身软件、硬件及现场设备做出诊断，使系统维护人员迅速定位并解决故障，减少平均故障修复时间。

② 写保护　为了维持 FSC 系统安全可靠的操作，系统不允许通过通信线路对硬件 I/O 做直接的写操作。

③ 应用验证　FSC 导航者允许用户将 FSC 系统中的控制程序与 FSC 用户工作站中的应用数据库作比较，从而保证 FSC 运行程序与 FSC 用户工作站的程序一致。所有发现的差异都记录在验证日志文件中，以作日后分析。

④ 事件顺序记录(SER)　FSC SER 检测并记录与正常操作不同而导致偏差的事件，例如：阀门开度的变化、检测参数越限、维护人员的越限操作、现场故障(如变送器开路)以及 FSC 系统中 I/O 接口故障等。这些记录可以存入 FSC SOE 事件管理软件包。

⑤ FSC 事件序列(Sequence of Events，SOE)　FSC SOE 是基于 Windows 的应用程序，它将事件检测设备(EDD)检测到的过程事件记录下来，用于在线查看或保存到存储介质上日后分析。FSC SOE 还可以与相连的 DCS 互相发送记录数据。

⑥ 报警功能　FSC 系统具有标准报警功能，并遵循 ISAS18.1 标准。报警功能包括报警检测部分和报警显示两个部分。在分布式安全网络中，这两部分可以放入不同的互连的 FSC 系统中，这样就可以将相互独立的 FSC 系统所检测到的报警放入同一个报警组。

⑦ 在线修改　带冗余 CP(中央处理器部分)的 FSC 配置支持在线修改选项，它允许用户

在维护系统的控制功能时，对控制程序及 FSC 模件做在线修改。在修改期间，系统将对整个控制程序做一个完全的检查，以确保从旧的控制功能安全地转换到新的控制功能。

⑧ 与 DCS 的通信　FSC 系统支持控制程序使用 Modbus 协议与 DCS 通过串行线路交换数据。可以发送到 DCS 的信息有：FSC 的 AI 数据、开关设置、开关状态以及 FSC 报警状态，可以从 DCS 读入的数据包括数字和数值形式的输入变量。如果使用 Modbus 协议，DCS 可下载 FSC 系统检测到的 SER 事件，FSC 和 DCS 可互传实时时钟的数值。

⑨ I/O 信号强制　在系统维护过程中，有时需要将 I/O 信号强制设置到某一个固定状态。例如，更换变送器时，为使更换不影响生产连续进行，需强制设置该变送器的输入为正常值。强制功能只允许强制那些在系统设计时指定的信号，强制操作必须在 FSC 导航者中使用带口令保护的功能选项才能实现。所有的强制操作都将记录在 FSC 事件日志中。

⑩ FSC 网络　FSC 系统的网络扩展功能支持通过 TÜV 认证的分布式安全方案(DSS)。DSS 网络支持点对点及多站通信网络，允许多个 FSC 系统通过串行通信线路互连。FSC 网络实现了集中监视，同时，实现了控制功能的分散。冗余的 FSC 系统互连需要冗余的通信线路。

⑪ 仿真　FSC 仿真选项允许将应用程序加载到 FSC 的仿真模件中。在仿真模式下，FSC 控制处理器以用户工作站作为人机接口，使用串行接口来执行控制程序。通过 FSC 系统软件，使用强制功能产生输入值，输出值在用户工作站上显示。利用仿真功能系统使得初始安装前就可以编译控制程序，并对控制程序进行验证。

5.2.2　控制实现

1. FLD 结构

FSC 系统使用 FLD(Function Logic Diagram，功能逻辑图)进行控制程序的设计。FLD 由输入区、控制功能区和输出区三部分组成。

(1) FLD 输入区

输入区包含所有的输入变量，如 I/O 接口的诊断状态、现场回路的状态以及系统报警状态。

数据可通过表格传输功能在 FLD 之间交换，这就允许将复杂的控制功能通过多张 FLD 图来实现。

表 3-5-1 列出了 FSC 控制功能图中可用的输入类型及来源。

表 3-5-1　输入类型及来源

输入类型	使用设备
模拟输入	现场设备
布尔输入	现场设备，过程计算机，FSC，FSC 安全管理器
数字输入	现场设备，过程计算机，FSC，FSC 安全管理器
诊断输入	FSC 故障-安全 I/O 接口的现场回路状态
回路状态输入	带回路监测的 FSC I/O 接口的现场回路状态
系统报警输入	FSC 控制处理器
表格传输	其他的 FLD

(2) FLD 控制功能区

控制功能区是控制功能的实际执行区域。它将预先定义好的一些符号连在一起实现控制功能。控制功能既支持标准的功能，如与逻辑、数字及事件相关的功能，也支持用户定义的功能。

用户定义的功能包括功能块和公式块，功能块为控制程序中重复使用的标准 FLD 算法，公式块为复杂功能的表格定义法，如非线性公式。

表 3-5-2 列出了 FSC 中 FLD 支持的控制算法。

表 3-5-2　FSC 的控制算法

数据类型转换	INT-SINT DINT-INT，SINT REAL-DINT，INT，SINT
布尔量处理	布尔常数，AND，OR，XOR，NOT，NAND，NOR，XNOR，复位置位触发器
算术功能	数字常数，筛选程序，ADD，SUB，MUL，DIV，SQR，SQRT
比较功能	EQ，NEQ，GT，GTE，LT，LTE
常规控制功能	PID
计时器功能(常数及时间变量)	脉冲，脉冲触发，延迟-ON，延迟-OFF，延迟-ON 记忆
计数-存贮功能	计数器，寄存器
用户定义功能	公式块，功能块

FLD 支持的数据类型有布尔、整数、实数及 BCD 码。

(3) FLD 输出区

输出区用于描述控制功能的输出结果，这些输出结果可以驱动现场设备或传输到其他的计算机设备中，如过程计算机及其他的 FSC 系统。

表 3-5-3 列出了 FSC FLD 中提供的一些输出类型及输出方向。

表 3-5-3　输出功能

输出类型	输出方向
模拟输出	现场设备
布尔输出	现场设备，过程计算机，FSC，FSC 安全管理器
表格传输	其他的 FLD

2. FSC 编程

编程围绕一个工程项目进行，包括组态数据库、标识符号和设计应用程序。组态数据库与 Dbase 兼容，Dbase 数据库中的信息可以导入 FSC 的数据库。设计应用程序是通过绘制 FLD 的方式进行的。FSC 系统会提示组态过程的语法错误。

用于安全功能的 I/O 点必须分配在故障安全 I/O 卡件及特定 I/O 卡件中，这些卡件在组态画面上用高亮度显示。

在 FSC 系统中，使用 FSC 导航者的 Design FLD 选项可以启动 FLD 设计编辑器(以下简称编辑器)。在编辑器中，编程人员可以像用图纸和铅笔那样使用屏幕和光标来建立 FLD。

FLD 使用预先定义的符号，设计 FLD 时，先从一个特殊符号表中选择符号，有些符号需要附加数据，如符号的高度、宽度或 I/O 位号。多数情况下，可以从弹出窗口选择位号、表引用号或 FLD 号等数据。编辑器的网格对齐功能可协助放置符号的位置，加快编程进度。

一旦完成 FLD 编程，FSC 系统将把手工编程的结果编译成 FSC 系统可以执行的代码，从而大大减少应用软件开发过程中发生的错误。

FSC 系统可以以实线、虚线及模拟量值等形式，实时显示 FLD 程序执行状态，提供应用程序的功能测试及回路测试以及程序的在线修改。

5.2.3 FSC 系统组态内容及步骤

FSC 系统组态的主要步骤包括：创建工程项目；系统组态；设计 FLD；编译应用程序；下装软件。

组态内容可用图 3-5-3 所示的 4 级菜单表示。FSC 项目组态及硬件组态，包括卡件定义、通信组态、I/O 点定义的全部内容均通过这 4 层菜单完成。

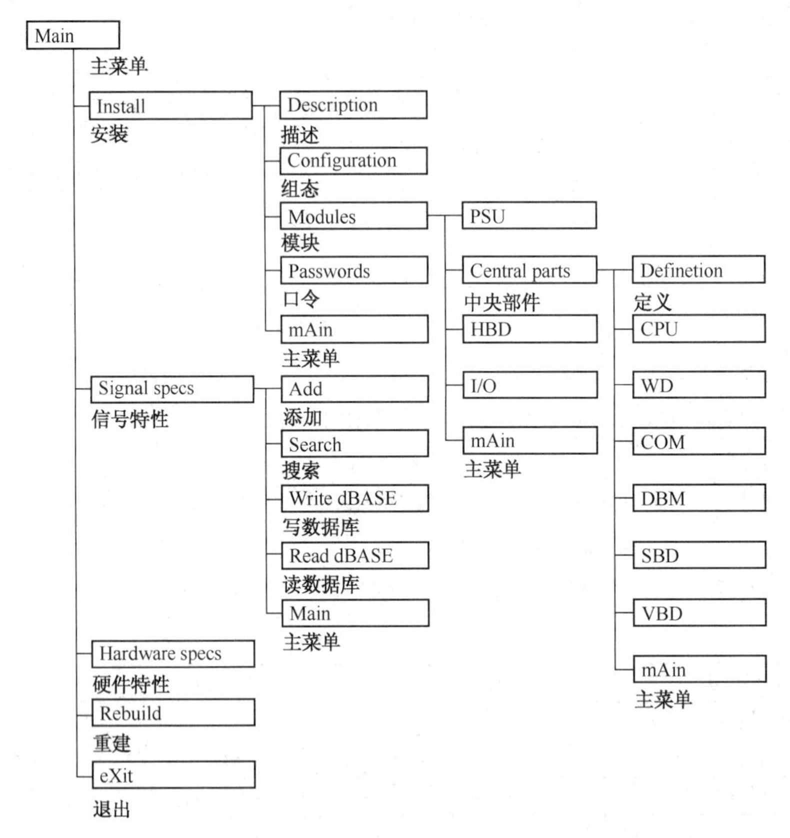

图 3-5-3 项目组态的 4 层菜单

1. 启动 FLD 设计编辑器

在主画面上点击 DesignFLDs 即可激活 FLD 设计编辑器。

在 FLD number 处，输入一个 FLD 的编号(1～999 之间)即可打开 FLD 编辑窗口。按[?]键可以弹出 FLD 编号及其说明列表窗口，移动光条可选择需要的 FLD。

如果输入的 FLD 已经存在，屏幕将出现正在加载符号选择表这样的信息。否则，出现标题块(见图 3-5-4)。

在标题块画面中，可以输入设计 FLD 时所需的数据，包括：块类型、单元、子单元、版本、工程师、设计日期和最多 9 个说明文本(Text1～Text9)。这些信息多数可以在打印 FLD 时在图纸的标题栏中打印出来。

按[Esc]健，可直接离开标题块编辑窗口，返回前一个画面。在标题块中输入了正确的数据之后，显示设计表，如图 3-5-5 所示。

2. 使用 FLD 设计编辑器

使用编辑器之前，首先必须了解设计方案。

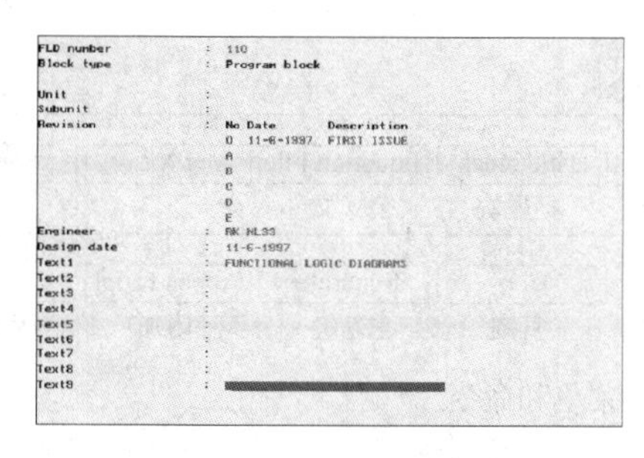

图 3-5-4　FLD 标题块画面

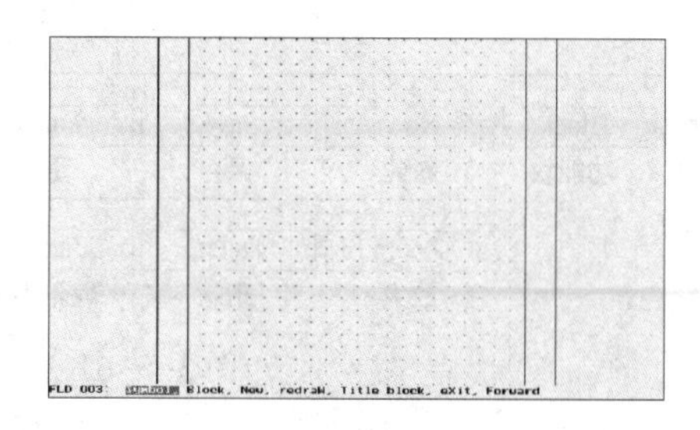

图 3-5-5　设计表(主菜单)

(1) 设计表

最多可以使用999个FLD设计表(1~999)，屏幕显示当前的FLD，菜单栏左侧显示当前FLD的编号。

FLD分为6种类型：

• 程序块，正常逻辑。

• 功能块，在其他FLD(程序块或功能块)中用做子功能的逻辑。

• 公式块，包含一个近似公式，可以在其他逻辑图上作为宏功能使用。

• 注释，包含描述性文本和符号，导航者的 Translate Application(编译器)忽略编译此内容。

• 表索引，只含有一个标题块的没有逻辑的FLD。这个FLD出现在打印的FLD之中，所有在这个应用程序中非空的FLD都在这个索引列表中自动被检索，索引中有FLD号、版本号和标题块的第4号说明文本。一个FLD放不下，下个FLD继续。因此，务必注意在ON表索引的后边要留有足够的空FLD。FSC导航者编译时会忽略索引表。

• 位号索引，类似表索引，不同的是位号索引中的所有I/O位号都在索引列表中自动列出。对于每个位号，除了记录使用该位号的FLD之外，还记录其用途。

(2) 信息行

屏幕底行用于显示信息、提示输入或显示菜单，用户使用该行输入信息。菜单和编辑功能可以用鼠标或键盘选择。

(3) 选择表和符号库

选择表驻留在内存中，是符号库中可用符号的全图形表示。功能块的选择表与程序块的不同，功能块没有系统输出或OFF表传递，但它有程序块上不能使用的其他符号，如：功能块输入和功能块输出。

要从符号库中选择一个符号时，屏幕显示由设计表变为选择表，选择之后再返回设计表。

(4) 从菜单选择命令

选择编辑器底行的菜单选项可执行编辑命令，编辑器有3个主菜单选项：MAIN(进入主菜单)、SYMBOL(进入符号编辑菜单)和BLOCK(进入块编辑菜单)。SYMBOL和BLOCK是MAIN的子菜单，见图3-5-6、图3-5-7和图3-5-8。

菜单命令的使用有两种方式：一是用键盘或鼠标左右移动光标至所需菜单项，然后按[Enter]键或鼠标左键来选择；二是按菜单项的大写字母可以直接选择相应的菜单项，如，在MAIN和SYMBOL菜单中，按[F]键表示选择Forward项，将显示菜单的第二部分。

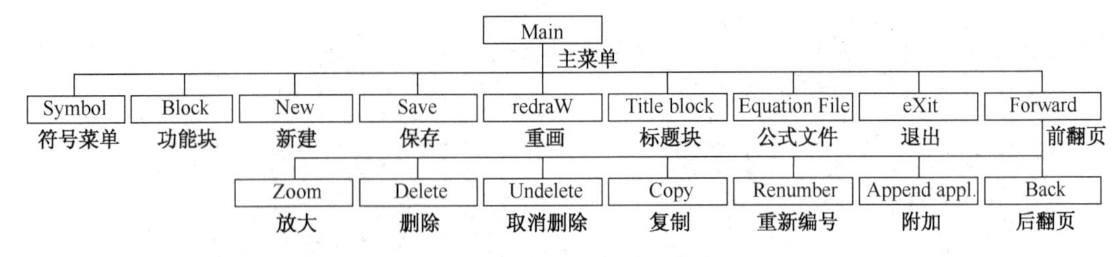

图 3-5-6　MAIN 菜单和命令

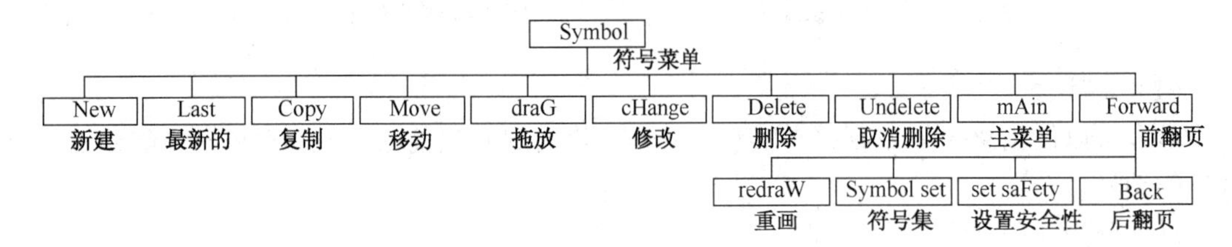

图 3-5-7　SYMBOL 菜单和命令

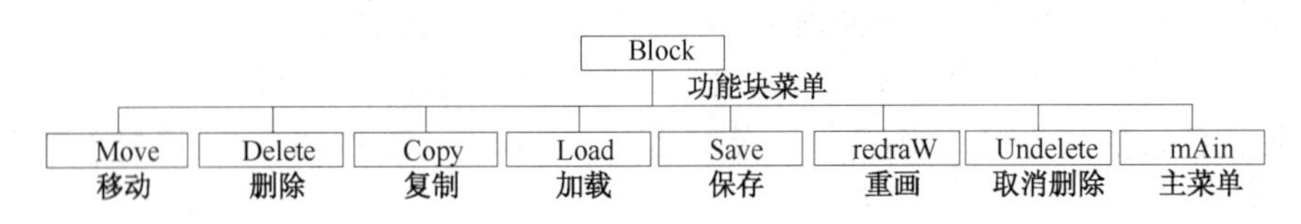

图 3-5-8　BLOCK 菜单和命令

(5) 选择符号

选择符号可以在符号表中进行，也可以在设计表中进行。选择 New 命令显示符号表，把光标移到所需符号处，然后按[Enter]键或鼠标左键即可选择。在设计表中选择一个已经放置的符号时，编辑器会提示输入符号的对角位置，然后用矩形虚线框标出。

(6) 在屏幕上选择位置

要放置、移动或复制一个块或一个符号时，必须在设计表上选择一个位置。设计表上有网格以帮助编程人员选择屏幕位置。可以把光标移到所需位置，然后按[Enter]键确认。如果符号重叠，编辑器会发出声音警告，这时需要重新选择可用的位置或按[Esc]键取消操作。

(7) 自动连接

符号间通过连接线连接。在符号上确定起点或终点后，从起点或终点画一条连接线，编辑器会自动提示另一个连接点。按[Esc]键或连到另一个合法的连接点上才可以停止画线。编辑器检测到非法连接时，会发出声音报警，同时取消所画的连接线。合法连接指使用正确的起点和终点，包括使用正确的信号类型。例如，计时器的设置端只能有布尔输入信号，模拟输出只能连接到二进制信号端，计算功能只能输入或输出二进制信号。

3. 字串编辑器

根据程序的需要，字串编辑器被激活时，用户可在屏幕底行输入相应信息。

编辑器都会检查输入的字符是否满足条件，如果输入了错误的字符，就会发出警告声，并不接受这个字符。编辑器会为多数输入提供一个默认值(空字串或预先输入的值)，作为参考。

如果需要多个输入项，每个输入项之间可以用空格键切换。

4. 选择列表

编辑时按[?]键可以调出输入数据的选择列表以协助数据输入。图 3-5-9 为选择表示例。

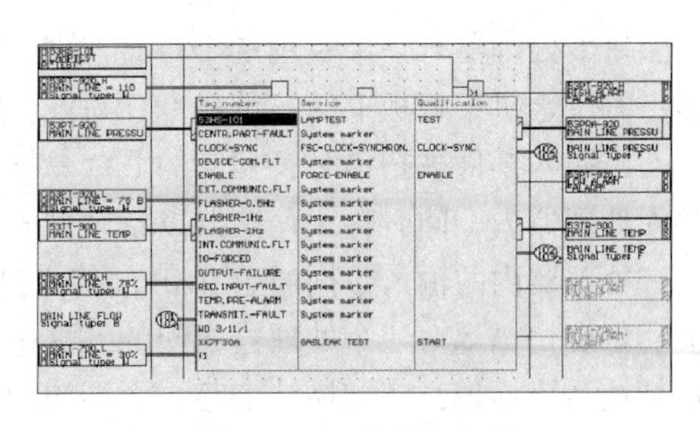

图 3-5-9 选择表示例

编辑以下内容时可显示选择列表：

• 输入或输出位号，表中列有位号的用途、确认和 FLD 号；

• 源或目标 FLD，选择表引用号，表中列出所有未链接的表引用号、用途文本和 FLD 号，还列出所有 OFF 表引用号；

• 用于选择表引用号的序号，列出以前输入的目标 FLD 上所有未链接的表引用号和用途；

• 表引用号的用途、输入或输出的位号，只列出放在源 FLD 上的输入和输出；

• PID 位号，表中列出 PID 位号；

• 选择功能块或公式块时键入功能块或公式块的表号，列有标题块的 TEXT4(见图 3-5-4)以及功能块或公式块的 FLD 号；

• 用"New"菜单项输入 FLD 号，列出现有的 FLD 号和标题块的 TEXT4 的内容。

每次对 FLD 修改后，如果以前编译过这个应用程序或当天对 FLD 只有本次修改，那么编辑器会显示版本窗口。

5.3 Tricon 系统配置及应用

5.3.1 Tricon 系统配置

Tricon 三重化冗余容错控制器系统由以下模件构成：处理器模件、通信总线、DI 模件、DO 模件、AI 模件、AO 模件、端子模件、通信模件、电源模件。

1. 处理器模件

Tricon 系统包含三个处理器模件，每个模件相互独立，与其他两个模件并行工作。每个处理器模件的结构如图 3-5-10 所示。

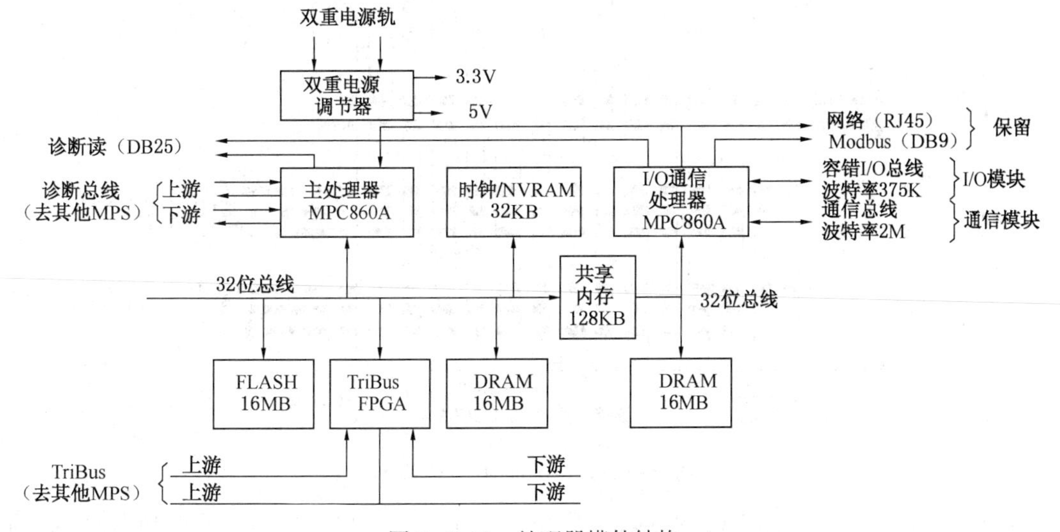

图 3-5-10 处理器模件结构

每个处理器有一个专用的 I/O 通信处理器，用以管理在处理器和 I/O 模件之间交换数据；有位于机架背板上的三重化 I/O 总线，用于机架间的连接。

当输入模件被扫描时，相应的 I/O 总线就把新的输入数据传递给处理器。输入数据汇总存入处理器内，同时存入存储器以备硬件表决之用。

处理器内的输入数据通过 TriBus 传送到相邻的处理器。在传送过程中，要完成硬件表决。每次扫描都对三个处理器之间的数据进行同步、传送、表决及比较。比较中发现的不一致都被系统标识，在扫描结束时，由系统的内部故障分析器来判断某一模件是否存在故障。TriBus 硬件表决电路周期性地对内存的有效性进行验证。

处理器把修正过的数据送入控制程序，3 个处理器模件一起并行执行控制程序。控制程序生成一个基于输入值表的输出值表。每个处理器上的 I/O 处理器通过 I/O 总线把输出数据送至输出模件。

I/O 通信处理器根据输出值表产生若干子表，每个子表对应于一个输出模件，并通过 I/O 总线将子表传送至输出模件中相应的分电路。例如，处理器 A 通过 I/O 总线 A，传送相应的输出值表给每个输出模件的分电路 A。输出数据的传送在所有 I/O 模件的例行扫描上具有优先权。

I/O 通信处理器以广播方式管理处理器和通信模件之间的数据交换。

处理器模件接受双电源供电，电源母线排列在主机架内。一个电源或电源母线出现故障不会影响系统性能。在发生外部电源故障时，寄存器由装在主机架背板上的电池供电保护数据。Tricon 在没有外部电源的情况下，电池能完整地保持程序 6 个月。

2. 三条总线及电源分配

系统有印制在机架背板上的 TriBus、I/O 总线和通信总线共三条总线，见图 3-5-11。

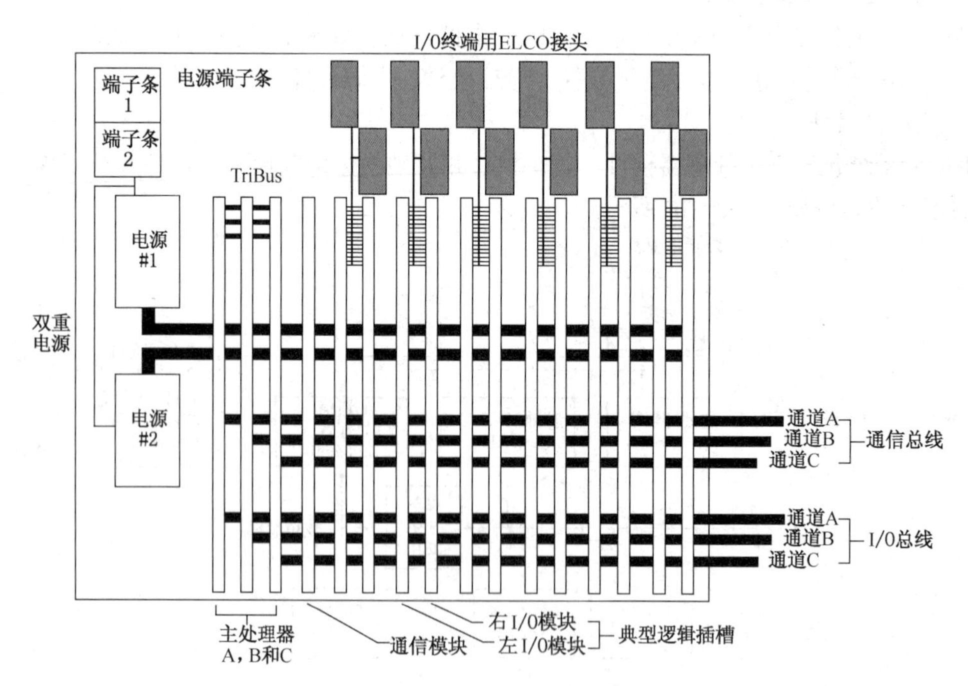

图 3-5-11 Tricon 主机架背板

TriBus 包括三条独立的串联的链路，带宽为 4MB。它在扫描周期开始时使各处理器同步，然后，每个处理器将数据送入其上游和下游的处理器。TriBus 完成下列三种功能：

①传输模拟的、诊断的和通信的数据；

②传输和表决数字输入数据；

③对上次扫描的输出数据和控制程序存贮器进行数据比较并对不同之处进行标识。

Tricon 容错结构的一个重要特征是，每一个处理器使用了同一个数据发送器将数据同时送给上游和下游的处理器，这就保证了 3 个处理器始终有相同的数据。

Tricon 主机架背板主要由双重电源轨、电源端子条、2 个电源、I/O 终端用 ELCO 接头、I/O 总线、三重化处理器、左右 I/O 模件、典型逻辑插槽以及通信模块组成。

每个 I/O 模件通过其对应的端子板接受现场信号或向现场传送数据。机架内相邻的物理槽位视作同一个逻辑槽位，前一个槽位上放置工作模件，后一槽位放置热备模件。端子板通过背板顶部的 ELCO 插头相连接，同时连接工作模件和热备模件。所以，这两个模件接收的是来自相同端子板的信号。

I/O 总线可使信息在 I/O 模件和处理器之间传送，速率为 375kbps。三重化 I/O 总线沿着背板的底部敷设。I/O 总线的分电路在一个处理器及与其相应的 I/O 模件上的相应的分电路间传递信息。I/O 总线通过一组三条 I/O 总线缆在各机架间延伸。

通信总线在处理器和通信模件之间传输信息，其速率为 2Mbps。

机架上的电源被分配在两个独立的电源轨上，机架上的各个模件从两条电源轨上通过双重电源调节器同时供电。每一块 I/O 板上有四组电源调节器：其中三组对应三个支路(A、B 和 C)，另一组用于状态指示灯。

3. 输入输出模件

(1) 数字输入模件

Tricon 提供两种基本类型的数字输入模件：TMR 型和简易型。在 TMR 型模件上，全部关键的信道都被 100%地三重化，以保证安全性和最大的可用性；在简易型模件上，只有那些保证安全运行所需的信号通路部分才被三重化。

① TMR 型数字输入模件

每个数字输入模件内都有 A、B、C 三个相同的分电路。每个分电路在现场和 Tricon 之间采用光电隔离。这三个分电路之间相互隔离，各自独立运行。一个分电路上的故障不会扩散到另外的分电路。此外，每个分电路含有一个 8 位 I/O 微处理器(IOP)，它用来处理分电路与相应的处理器之间的通信。

每个输入分电路可异步地检查输入端子板上的每点信号，以判别其状态并将值放在相应的 A、B、C 输入表内。每个输入表都定期地经过 I/O 总线由位于相应的处理器模件上的 I/O 通信处理器访问。例如，处理器 A 通过 I/O 总线 A 访问输入表 A。

带自测试的直流数字输入模件，能够检测“ON 粘住”(指模件测量回路无法检测到现场信号断开)的状态，这是安全系统的一个重要特征，因为绝大数安全系统都是“去磁跳闸”。

② 简易型数字输入模件

每个数字模件含有适用于三个分电路(A、B、C)的智能控制电路。三个分电路相互隔离，各自独立运行，因此一个分电路上的故障不会传给另一个。每个分电路含有一个 8 位 IOP，它用来处理分电路与相应的处理器之间的通信。

每个输入分电路独立地通过一组非三重化的信号调节器检测端子板的每一个输入信号。

模件具有专门的自测试电路，可在 500μs 内检测“ON 粘住”和“OFF 粘住”故障。模件检测到输入故障时，将把测量输入值强制在安全状态。

（2）数字输出模件

数字输出（DO）模件有四种基本形式：

- 监视型 DO 模件；
- DC 电压 DO 模件；
- AC 电压 DO 模件；
- DC 电压双通道 DO 模件。

每个 DO 模件都包含有三个完全相同的相互隔离的分电路，每一分电路含有一个 IOP 微处理器，它从相应的处理器上的 I/O 通信处理器接收输出表。所有的 DO 模件（除双通道 DC 模件外）都采用“四方输出表决器”，该电路对各个输出信号在它们被送至负载之前进行“三取二”表决。

四方输出表决器可保证安全性和最大的可用性，而双通道 DO 的冗余度则可以满足。

DO 模件均可对每个输出数据进行输出表决器诊断（OVD）。在 OVD 执行过程中，每个输出数据的状态被逐一保存到输出驱动器，模件根据输出值判断输出电路是否存在潜在故障。

监视型 DO 模件同时具有电压和电流反馈，具备在励磁和非励磁的工作状态下故障的完全诊断。此外，监视型 DO 模件还能对回路进行连续校核，验证是否有现场线路的开路或短路，现场线路开路或短路时，模件将予以指示。

DC 电压 DO 模件专门用来控制那些需要长期保持一种状态的现场设备，即使各通道点接受的信号从不改变，DC 电压 DO 模件的 OVD 诊断也能确保完全的故障诊断覆盖面。在这种模件上，一般只在 OVD 执行期间输出，但信号的跃变时间须低于 2ms（标准的是 500μs），并且对绝大多数现场设备不产生影响。

对于 AC 电压 DO 模件，一旦被检测出故障来，模件就不再继续进行 OVD。在 AC 电压 DO 模件上的每个点都需要周期性的在 ON 和 OFF 两个状态间循环，以保证 100%的诊断覆盖面。

（3）模拟输入模件

在 AI 模件上，三个分电路的每个分电路异步地测量各输入信号，并把结果置入输入数值表内。三个输入表通过相应的 I/O 总线传送到其相应的处理器模件。每个处理器模件内的输入表通过 Tribus 转送给相邻的处理器，并进行取中值处理。在 TMR 模件中，用于控制程序的数据为中值，而在双重化模件中采用平均值。

每个 AI 模件采用多路转换器读取多个参考电压的方法自动进行校核，并用来调整模数转换读数。

不同类型的 AI 模件和端子板用于处理不同的 AI 信号，这些模件可以是隔离的也可是非隔离的。AI 信号类型包括 0~5VDC、0~10VDC、4~20mA、热电偶（K、J、T、E 等型）以及热电阻（RTD）。

（4）模拟输出模件

AO 模件接受输出值的三个表，每个表从相应的处理器获取。每个分电路有它自己的数/模转换器。只要一个分电路被选中，就可以驱动模拟输出。输出被连续不断地用每点的反馈回路校核以确保其正确性。如果工作中的分电路发生故障，该分电路即被宣布为故障支路，系统将选择别的分电路来驱动现场设备。“驱动分电路”的选定是在分电路之间轮流进行的，因此三条分电路都得到测试。

系统的 I/O 模件通过端子板与现场信号相连。端子板是无源的电路板，只用以把输入信号传给输入模件，或者把输出信号传到现场设备。端子板的使用，可以使系统在不改变现场接线的情况下拆换 I/O 模件。

4. 通信模件

利用通信模件，Tricon 可以和 Modbus 主机或从机、点对点通信网络上的其他 Tricon、在 802.3 网络上运行的其他主机以及第三方 DCS 系统连接。处理器通过通信总线向通信模件传递数据，数据每扫描一次就刷新一次。系统支持以下种类的通信模件：

（1）增强型智能通信模件（EICM） 该模件和外部设备进行 RS-232 和 RS-422 串行通信，速度最高为 19.2kbps。每个 EICM 提供四个串行口，通过这些口可和 Modbus 主机、从机或主从机，或者 TriStation 接口连接。模件也可提供一个 Centronics 兼容的并行口。

（2）网络通信模件（NCM） 这种模件允许 Tricon 和其他 Tricon 通信，或者通过 TCP/IP 网络与外部主机通信，速率可达 10Mbps。NCM 支持 Triconex 协议及应用，以及用户应用程序，包括采用 TCP-IP/UDP-IP 协议的应用程序，如表 3-5-4 所示。

（3）安全管理模件（SMM） 该模件是 Tricon 控制器和 TDC3000 系统的 UCN 网络的接口。UCN 通过 SMM 将 Tricon 作为 UCN 的一个安全节点，并允许 Tricon 在整个 TDC3000 环境内管理过程数据。

（4）先进的通信模件（ACM） 该模件用于 Tricon 控制器和 Foxboro 的 I/A 系列 DCS 之间的通信。ACM 允许 Foxboro 系统将 Tricon 作为其“安全节点”，并允许 Tricon 在整个 I/ADCS 环境内管理过程数据。ACM 支持 Tricon 协议和应用，以及用户应用程序，包括采用 TCP-IP/UDP-IP 协议的应用程序，见表 3-5-4。

表 3-5-4 NCM 和 ACM 的协议和用途

Triconex 协议	NCM	ACM
Peer-to-Peer	✓	
时间同步	✓	
TriStation	✓	✓
Tricon 系统存取应用（TSAA）	✓	✓
用户编写的协议（非专用的）		
TCP-IP/TCP-UDP	✓	✓
Triconex 应用		
DOS TCP/IP 驱动接口	✓	✓
SOE	✓	✓
SOE 记录器	✓	✓
网络 DDE 服务器	✓	✓
TriStation	✓	✓

5. 电源模件

每个 Tricon 机架有 2 个电源模件，以双重冗余方式工作。每个电源能独立为机架中所有模件供电，并有内部的诊断电路用以检查电压的输出范围和工作温度。其他模件从背板获取电源，每个分电路都配有两个独立的电压调整器（REG），分电路发生短路只影响这个分电路的电源调整器，而不影响整个电源总线，见图 3-5-12。

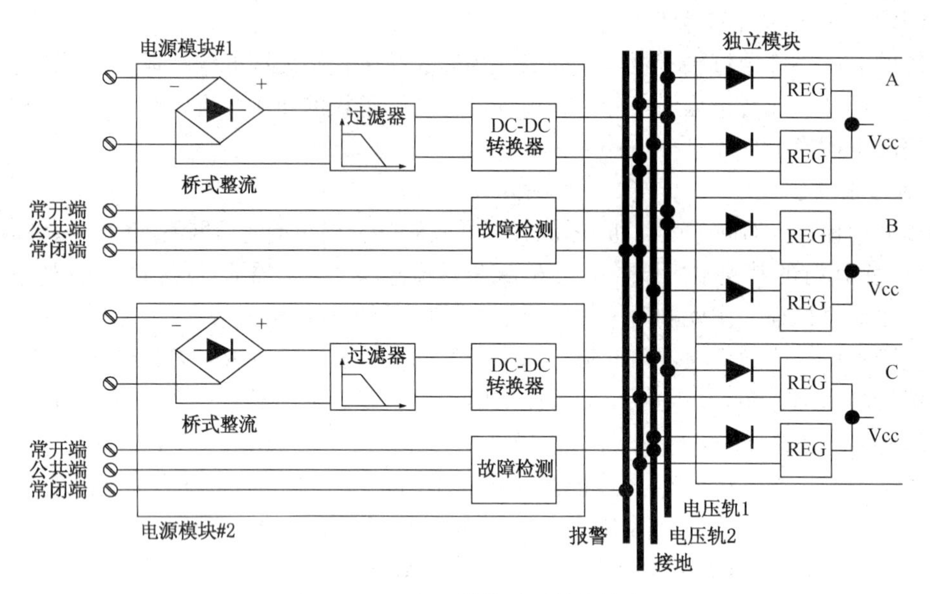

图 3-5-12　电源模件子系统的结构

6. 系统诊断与状态指示灯

Tricon 具有全面的在线诊断能力。故障监控电路可以预先检测出可能发生的故障，此电路包括 I/O 回路检测、故障定时器、电源检测器等部件，使得 Tricon 可以自行重新配置并根据各个模件和分电路的工作情况进行一定限度的自我恢复。

每个模件都可激发系统报警。报警装置包括电源模件上的一对常开/常闭继电器触点。发生故障时，继电器动作，从而激发报警，起到提醒系统维护人员的作用。

每个模件的前面板上都有 LED 指示灯，用于指示模件的状态或者与之相连接的外部系统的状态。LED 指示的状态包括 PASS(通过)、FAULT(故障)、ACTIVE(工作)以及由模件类型决定的状态。

所有内部诊断和报警信息都可用于在本地或远程 TriStation 上生成记录和报告。

5.3.2　Tricon 系统的应用

Tricon 作为一个通用的硬件平台，可以与不同的专用软件配合，构成适合于不同行业、不同场合的应用系统。Tricon 的基本应用是用作紧急停车系统(ESD)，其他应用还包括透平与压缩机组合控制系统(Integrated Turbine and Compressor Control System，简称 ITCC)、火气检测与保护系统(Fire and Gas System，简称 FGS)等。

1. 汽轮机与压缩机组合控制系统(ITCC)

ITCC 是指集汽轮机的速度控制及抽汽控制和压缩机防喘振控制、性能控制、解耦控制、负荷分配控制等机组特有的控制，以及辅助控制、联锁保护等为一体的集成组合系统。ITCC 改变了传统上需要多个分立仪表并行运行的方式，它将多种控制功能集成在一起，使各种控制协调运行，减少了各个仪表单元间的交叉连接和通信，降低了系统的故障率和设备长周期运行成本，使机组运行更加平稳、高效和安全。ITCC 已在石油化工企业得到广泛应用。TS3000 是基于 Tricon 硬件平台的 ITCC 系统。

除具有 Tricon 系统的特点外，TS3000 还具有机组控制与状态监测功能，具有专为汽轮机、压缩机、燃机、烟机设计的多种专用软件包。主要的控制功能包括：

机组的安全联锁保护，主要有机组的启动及升速、紧急停车、超速、轴振动/轴位移、润滑油/调节油以及辅助设备等的联锁保护。

防喘振控制，能以最少量的放空量或回流量防止机组的喘振，减少对工艺的干扰和能源的消耗。主要有温度压力补偿、任意折线函数、抗积分饱和、安全裕度重校、喘振预报等功能。

解耦控制，系统不仅有防喘振控制，还有性能控制、调速控制等，这些控制回路的变量之间是相互关联、相互影响的，所以要消除它们之间的干扰或耦合影响。

速度控制，系统针对汽轮机控制可实现转速测量与控制、辅助控制、负荷分配控制、自动/半自动/手动启动、暖机/额定、临界转速避开等功能。

负荷分配控制，TS3000 系统针对大型汽轮机和压缩机组的气量负荷分配问题，利用流量控制和压力控制方案，通过流量/压力负荷分配控制和变转速负荷分配控制实现多机组并联运行时的负荷分配控制，优化系统负荷分配方案。

协调控制，TS3000 系统除了实现机组本体的控制和保护外，还考虑了机组各子系统之间的协调控制。

TS3000 在多种石油化工生产装置的大型机组控制中得到了应用。

TS3000 在炼油厂催化装置压缩机群控制上的应用。一般炼油厂的催化裂化装置有主、备风机各 1 台、增压机 2 台、富气压缩机 1 台，有的还配有烟机。根据风量，主风机、备用风机选用轴流或离心式压缩机，驱动机选用烟机/电机/汽轮机。全装置机组的防喘振控制、调速控制、负荷控制、解耦控制、机组发电的同期并网控制和各种油压控制以及机组轴承温度、轴振动、轴位移监测、主机及辅机工艺参数监控、机组启动-运行-停机的顺序控制、联锁逻辑保护等共用一套 TS3000 系统。一般根据压缩机出、入口压力或出、入口流量来调整汽轮机的转速和实现喘振控制，同时在防喘振控制和速度控制间进行解耦控制。

TS3000 在乙烯装置压缩机群控制上的应用。乙烯装置中的主要大型压缩机有三种：裂解气压缩机、乙烯制冷压缩机和丙烯制冷压缩机，较先进的工艺中还有二元或三元制冷压缩机，这些机组都由汽轮机驱动。装置中的所有压缩机组的防喘振控制、调速控制、性能控制、抽汽控制、机组轴承温度、轴振动、轴位移监测、主机及辅机工艺参数监控、机组启动-运行-停机的顺序控制、机组联锁逻辑控制等可采用独立或共用的几套 TS3000 系统来实现。

在实际应用中，TS3000 系统一般配置为一个主机架加 2~3 个扩展机架，配两套互为备用的操作站，采用工程师站进行编程或诊断故障，并可与 DCS 以及企业的信息网络通信。

2. 火气检测与保护系统(FGS)

FGS(Fire and Gas System)是连接至火警探测器、气体(可燃及有毒)探测器及其他设备的安全系统，既可确保相关设备正常运作，也可根据火灾发生情况，启动局部或全部消防设施。通常用于石油化工等风险较高的行业。Tricon 公司的 FGS 是以采用 TMR 技术的 Triconex 为硬件平台构建的。

Tricon 公司的 FGS 具有系统自诊断功能，可对系统中的故障进行诊断并发出警报；有电路测试功能，可实时检测户外设备的开路及短路状况；有 24h 专用不间断电源，可供应充足的电力，以保证系统发生意外时有可靠的供电。

FGS 是可探测火灾和可燃或有毒气体的合系统。它通常配合其他安全系统及消防设施，互相连接成一个网络，提供组合性消防及气体保护解决方案。

第6章　企业信息管理系统基本知识

石油化工企业的信息管理系统的框架结构如图3-6-1所示。在此系统结构中，企业所有的生产经营活动被分为三个层次，即企业资源管理(Enterprise Resources Planning，简称ERP)、生产执行系统(Manufacturing Execution System，简称MES)和过程控制系统(PCS)。该系统又称为现代集成制造系统(Contemporary Integrated Manufacturing System)，简称CIMS。其中，“现代”的意思是信息化、智能化和计算机化；“集成”包含信息集成、功能集成。

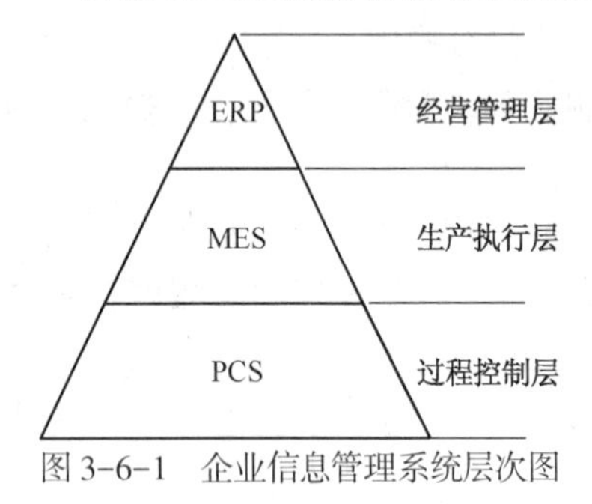

图3-6-1　企业信息管理系统层次图

6.1　企业资源管理系统(ERP)

ERP即企业资源计划，是一种企业管理信息化的方法和工具。它是在20世纪60~70年代的物料需求计划MRP(Material Requirement Planning)以及80年代的制造资源计划MRPⅡ(Manufacturing Resources Planning)基础上发展而来的。MRP与当时的卖方市场环境相适应，解决大规模生产过程的物料需求问题。何时、何处、需要多少、何种物料是MRP关注的核心。MRPⅡ与成本竞争的市场环境相适应，在MRP的基础上加入了财务管理的内容，要解决生产过程中物料供应“不多不少，不迟不早”的问题。ERP与全球化的买方市场环境相适应，在MRPⅡ的基础上，加入了分销和人力资源等各种与企业资源获取和利用相关的管理内容，力求解决企业资源的最优配置问题，以产生最大的企业效益。

狭义的ERP是一个集成企业内部的所有资源，并加以有效配置与控制的管理系统。广义的ERP则要计划和控制企业内外所有与企业紧密关联的各种资源，既要使企业外部资源能够集成进来为企业所用，也要使企业内部资源能够被集成出去为社会所共享。

ERP可以实现企业经营全过程物流、资金流及信息流的“三流合一”，使财务管理、销售管理、库存管理、采购管理、车间管理、计划管理、成本管理集成统一。ERP作为企业管理的一种理念和方法，可以根据不同企业管理者的要求，建立各具特色的ERP系统，用于不同类型的企业。

国内市场上，主流的ERP厂商有用友、SAP中国、金蝶、Oracle中国、浪潮通软、新中大、神州数码、东软金算盘等。

6.1.1　SAP R/3的功能

SAP R/3是一个基于C/S结构和开放系统的企业资源计划系统，它是一个典型的三层架构系统，包括：

表现层(Presentation Layer)　提供用户与R/3系统交流的接口，这层将用户的命令或者操作传送给R/3系统，然后系统进行相应的处理后把数据返回给用户。

应用层(Application layer)　包括一个或者多个应用服务器和一个消息服务器。每一个应用服务器包括一系列服务以便运行应用程序。

数据库层(Database layer)　这是系统的核心，存放所有的系统数据。系统支持 Microsoft SQL Server，ORACLE，INFORMIX，DB2 等主流数据库。

SAP R/3 将企业生产经营和管理活动的四大系统，即生产控制(计划、制造)、物流管理(分销、采购、库存管理)、财务管理(会计核算、财务管理)和人力资源管理的管理功能分解为 12 个功能模块，其功能结构如图 3-6-2 所示。

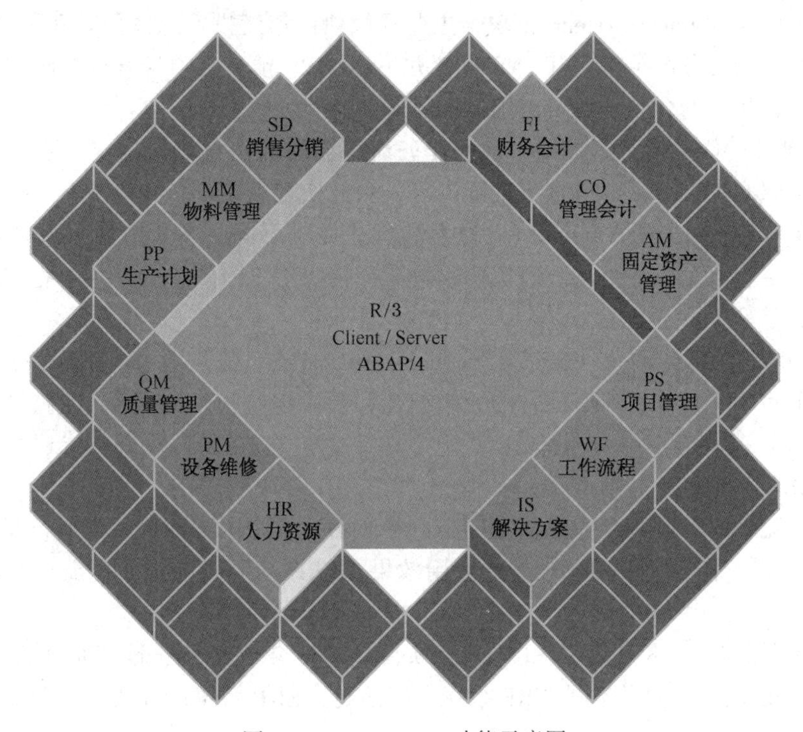

图 3-6-2　SAP R/3 功能示意图

图中：

销售分销(SD，Sales & Distribution)模块，主要完成销售和分销环节管理，包括合同、订单、发货单、发票、价格信息、客户信息、库存信息等管理功能。

物料管理(MM，Materials Management)模块，主要完成原料采购管理功能，包括物料数据、供应商信息、采购申请、收/发货、物料入/出库操作等。

生产计划(PP，Production Planning)模块，主要提供生产计划管理功能，包括计划订单、生产订单、工艺路线、物料清单、以及与生产订单相关的作业计划的管理。

质量管理(QM，Quality Management)模块，具有质量管理体系(如 ISO 9000)的重要功能，支持贯穿于企业全部生产经营活动的与质量计划、质量评估和质量控制相关的各种任务，包括质量标准、测试过程、质量认证以及原材料和产品的质量数据。

设备管理(PM，Plant Maintenance)模块，该模块以工单为基础，对设备的建立、修改、停用、报废等变动情况进行管理。

人力资源(HR，Human Resources)模块，提供人力资源决策解决方案，包括人力资源规划、时间管理、招聘管理、员工薪资核算、培训计划、差旅管理等。

财务成本管理(FI，Financial Accounting 和 CO，Controlling)模块，提供会计核算与财务管理两大功能，会计核算主要是记录、核算、反映和分析资金在企业经济活动中的变动过程及其结果，财务管理主要是基于会计核算的数据，再加以分析，从而进行相应的预测、管理和控制活动。该部分包括总账、资产、应收应付、成本等子模块。

固定资产管理(AM，Fixed Assets Management)模块，完成对固定资产的增减变动以及折旧有关基金计提和分配的核算工作，包括登录固定资产卡片和明细账、计算折旧、编制报表以及自动编制转账凭证等。

项目管理(PS，Project System)模块，主要提供项目年度投资总体预算和年度预算功能，包括项目定义、工作分解结构(WBS)、审核并下达WBS预算、项目可行性研究报告、基础设计以及与项目相关的合同、物资需求、结算等。

工作流(WF，Workflow)，提供与自动业务流程相关的信息，包括定义步骤顺序、步骤规则、每一步骤的批准规则以及授权批准人等，由此实现严格的过程管理。

行业方案(IS，Industry Solutions)，为不同行业提供不同的解决方案，包括石油与天然气、化工、航空、汽车、银行、政府机构、物流、传媒等21个行业解决方案，以满足不同行业的特殊需求。

另外，ABAP/4(Advanced Business Application Program，先进业务应用程序)是SAP开发应用程序的工具，它合并了所有通常的控制结构和模块化概念，是第四代支持结构化程序设计的语言。

6.1.2 ERP的应用

随着市场竞争的加剧和产业机构的调整，中国石化、中国石油等超大型企业已经先后完成了ERP的建设工作，并取得了较好的应用效果，ERP已经成为企业提高应变能力和竞争力的有力武器。

中国石化于2001年8月启动ERP试点项目，2003年在炼化、销售企业推广，到2007年底，中国石化至少有80家企业ERP系统上线运行。ERP系统已经成为企业日常经营管理不可缺少的支撑平台。

中国石化ERP的成功上线，对企业的生产经营、加强管理和深化改革起到了重要推动作用。目前各家已经上线的企业，通过“三流合一”的ERP系统做到了财务一套账、物资一个库(虚拟库)、信息一套数，财务、物资、销售等主要经营管理业务在一个统一的信息平台上运作，信息集成共享，管理科学严谨规范，从而推动了财务核算层次上移，强化了内部管理控制。对生产经营过程中的账、物情况进行实时监控，及时发现、正确解决经营中的问题，做到“账账一致、账实一致”。

由于ERP的实施，更新了管理理念，摒弃了落后管理方式，建立起了新型高效的工作模式，对生产力的发展起到了促进和提升作用。这种促进和提升是内在的、质的提升。实践表明，ERP对于推进体制改革、改进业务流程、强化成本控制、规范经营行为堵塞管理漏洞、提高管理水平等起到了积极的促进作用。

6.2 生产执行系统(MES)

MES将生产过程控制、生产过程管理和经营管理活动中产生的诸多信息进行转换、加工、传递，是生产过程控制与管理信息集成的桥梁和纽带。MES要完成生产计划的调度与统计、生产过程成本控制、产品质量控制与管理、物流控制与管理、设备安全控制与管理、生产数据采集与处理等任务。

具体的说就是，MES 能通过信息传递对从订单下达到产品完成的整个生产过程进行优化管理。当工厂发生实时事件时，MES 能对此及时做出反应、报告，并用当前的准确数据进行指导和处理。这种对状态变化的迅速响应使 MES 能够减少企业内部没有附加值的活动，有效地指导工厂的生产运作过程，从而使其既能提高工厂及时交货能力，改善物料的流通性能，又能提高生产回报率。MES 还通过双向的直接通信在企业内部和整个产品供应链中提供有关产品行为的关键任务信息。

6.2.1 MES 的功能及特点

MES 负责生产管理和调度执行，提供控制系统与业务系统之间的连接，在生产计划和实际生产之间通信，实时提供生产状况的信息，并根据情况的变化加以改善，提供过程的最优化，改善质量和解析数据的可能性，支持最终用户对过程的改善。它通过控制包括物料、设备、人员、流程指令和设施在内的所有工厂资源来提高制造竞争力，提供了在统一平台上集成诸如质量控制、文档管理、生产调度等功能的方式。

流程工业和离散制造业相比有其自身的特点，主要特点如下：

① 流程工业的生产能力大，生产过程连续，生产不可间断，对安全性和稳定性要求较高。

② 流程工业生产工艺长且复杂，不仅包含物理过程，还有化学反应。

③ 流程工业的工艺流程基本不变，工艺参数决定产品的规格和性质。

由于流程工业以上的特点，其对 MES 就有如下的特殊要求：

① 实时性要求高，在流程工业的 MES 中都包括实时数据库系统，实时处理生产的数据。

② 对生产工艺的管理比较严格，如对工艺参数管理、配方管理、操作规范的管理。

③ 流程工业 MES 不仅以提高生产效率和降低生产成本为目标，还应将节省能源、减少污染等目标考虑在内。

④ 由于是连续生产过程，为保障设备长周期运行，对设备的在线监控尤为重要。

⑤ 为了对生产过程最优或保障产品质量，必须建立过程的数学模型，并用模型预测和优化过程。

6.2.2 MES 的内容

在流程工业的企业集成信息管理系统三层(ERP/MES/PCS)体系结构中，MES 系统是一个承上启下的中间系统，所包括的内容很多，这里重点介绍两库，即关系数据库和实时数据库，它们分别管理与各职能部门相联系的管理信息和与生产过程直接相联系的实时信息。这两个数据库的并行运行是连续工业企业集成信息管理系统的重要特点。如何从原有的、大量的数据中提取有效的信息以支持企业的生产和决策，是流程工业企业的最大需求，也是三层结构体系环境下数据库技术发展的目标。

(1) 关系数据库

是指有组织地、动态地存储在辅助存储器上、能为多个用户共享的，与应用程序彼此独立的一组相互关联的数据集合，其特点是数据的集合，由 DBMS(数据库管理系统)统一管理，多用户共享。

关系数据库是以关系模型为基本结构而形成的数据集合，而关系理论是建立在集合代数理论基础上的，有着坚实的数学基础。应用数学方法来处理数据库中的数据。关系是数学中的一个基本概念，由集合中的任意元素所组成的若干有序偶对表示，用以反映客观事物间的一定关系。如数之间的大小关系、人之间的亲属关系、商品流通中的购销关系等。关系数据库是数字表的集合，所有数据都按“表(术语：关系)”进行组织和管理。将各种数据按照特定的方式组织，这些数据才能称为信息。所以一个关系数据库由若干表组成。同时一个数据库系统中可以同时存在多个数据库。

信息集成是 ERP/MES/PCS 三层体系架构的核心，而数据库管理系统则是信息集成的基础。Client/Server 体系一经面世就受到了世界范围内的广泛关注，许多著名的数据库开发商都声称自己的产品已经适应了这种体系的需求，如 SQL Server、Oracle、Informix、Ingress 和 SYBASE 等。

(2) 实时数据库

实时数据库 RTDB(Real-Time Data Base)是数据和事务都有定时属性或显示的定时限制的数具库。RTDB 的本质属性就是定时限制，定时限制可以归纳为两类：一类是与事务相连的定时限制，典型的就是“截止时间”；另一类为与数据相连的“时间一致性”。时间一致性是作为过去的限制的一个时间窗口，它是由于要求数据库中数据的状态与外部环境中对应实体的实际状态要随时一致，以及由事务存取的各数据状态在时间上要一致而引起的。RTDB 在概念、方法和技术上都与传统的数据库有很大的不同，其核心问题是事物处理既要确保数据的一致性，又要保证事物的正确性，而它们都与定时限制相关联。

实时数据库子系统是 SCADA 系统、DCS 系统等的核心之一。实时数据库子系统设计包含实时数据库结构设计和实时数据库管理程序设计两部分，实时数据库结构设计主要根据 SCADA 系统的特点和要求设计实时数据库的结构。管理程序负责实时数据库的产生，根据现场修改内容，处理其他任务对实时数据库的实时请求以及报警和辅助遥控操作等对外界环境的响应。

实时数据库系统可用于生产过程数据的自动采集、存储和监视。大型实时数据库可以在线存储每个工艺过程点的多年数据。实际上，实时数据库系统对于企业来说就如同飞机上的“黑匣子”。另一方面，实时数据库系统为最终用户提供了快捷、高效的企业实时信息。由于企业实时数据存放在统一的数据库中，企业中所有的人，无论在什么地方都可以看到和分析相同的信息，客户端的应用程序可使用户很容易在企业级实施管理，诸如工艺改进、质量控制、故障预防维护等。通过实时数据系统可集成企业资源计划系统(ERP)、模拟与优化等应用程序，在业务管理和生产控制之间起到桥梁作用，实现企业数字化管理。实时数据库系统在流程工业信息化工作上有着广阔的应用前景。

流程工业 ERP/MES/PCS 体系中，信息的纵向集成方向有自底向上(过程控制 PCS 系统向 MES、ERP)和自顶向下(ERP、MES 向过程控制系统 PCS)的两个方向。目前我国的流程工业企业在实施生产过程控制和企业管理信息系统时是分块进行的，所以系统完成之后是彼此独立的两个孤岛，两者之间存在一个“狭缝”，而实时数据库是填补两者之间“狭缝"的一个有效的平台工具，把生产装置操作信息、生产数据、实验室数据及事务管理数据有机结合在一起，填补了经营管理层与操作控制层的狭缝，起到上下贯通、管控一体化的作用。实时数据库是一套用于对工厂实时信息监视、存储、分析的商品化软件应用工具，同时提供多种 DCS、PLC 和仪表的接口。目前被广泛应用的实时数据库产品有美国的 AspenTech 公司的 InfoPlus、美国 Oil System 公司的 PI。国产实时数据库有浙大中控的 APC-iSYS 等。

总之，实时数据库用于流程工业生产过程数据采集、监控、历史数据的管理，它是工厂信息界区内(ON-SITE)与界区外(OFF-SITE)横向集成的平台，生产过程控制网络与工厂管理信息系统网络纵向集成的桥梁。

6.3 过程控制系统(PCS)

企业集成信息管理系统的 PCS(过程控制系统)主要涉及 DCS、PLC、SIS 等基础自动化与过程自动化内容。下面以 DCS 为例加以介绍。

对过程控制而言，DCS 实现了对综合装置控制信息的监视控制。

随着技术的发展，DCS 的含义发生了变化，DCS 除 PID 等控制外，也可以实现先进过程控制，并在一定的范围里发挥了管理作用。随着计算机技术、控制技术、通信技术、网络技术的发展，以及 IT 技术的大量渗透，DCS 可重新理解为分散控制、计算以及协作系统，DCS 正由过去的控制中心向信息中心转化。IT 技术可帮助企业管理者实时掌握操作数据，加快决策速度，取得更大的经济效益，因此 DCS 也是计算中心和协作中心。DCS 逐渐演变成第五代 DCS 或新型信息控制系统(NICS：New Information Control System)。

第五代 DCS 的主要特点是实现横向集成及纵向集成。横向集成通过通信总线、网络互联设备、OPC 等涉及整个生产流程，包括输入物流、主要和辅助流程，直到输出物流的全部网络，包括：

① 与 DCS 控制系统关联的网络，包括 DCS 控制网络、WEB 服务器网络、远程访问服务网络(RAS 网络)、中央历史数据库网络(PI 网络)、先进控制和优化系统网络(APC 网络)、与 DCS 通信的其他检测或控制系统(如 MCC 马达控制中心等)、SIS(安全仪表系统)的报警和事件历史(SOE)的记录即紧急停车以及现场总线网络；

② 仪表局域网，包括仪表局域网插座(RS485)、气相色谱分析仪系统(GC)控制器、机械设备监视系统(MMS)、APC 操作网络；

③ CCTV(闭路电视)局域网；

④ F&G(火灾和可燃气检测)系统；

⑤ MCC(马达控制中心)局域网；

⑥ LIMS(实验室信息管理系统)；

⑦ Office LAN(办公室局域网)。

纵向集成的特点就是通过 OPC 技术等实现 ERP、MES 和 PCS 系统的纵向集成，纵向实现 PCS 实时信息上传到 ERP，为经营决策者提供改善产品质量、提高产率、实现总拥有成本的降低，即达到利润最大化的目的。

第7章　自动化仪表工程验收

为确保施工质量，仪表自动化工程需要严格的全过程控制。仪表安装前，要进行校验与测试；施工过程中，要有阶段性检查验收；装置试车前，要进行仪表系统联调。本章主要介绍工程施工各阶段的检查验收内容和质量标准。

7.1　仪表的单体调校

仪表在出厂前，虽经过制造厂的校验，但通过长途运输、装卸、颠簸、保管等条件的影响，可能会使仪表的零位、量程及准确度有所变动。施工单位应掌握第一手资料，保证安装上去的自控仪表符合设计要求。只有通过单体调校，才能达到这一目的。

对于引进装置，仪表的单体调校可以与仪表的品质检验结合起来。仪表误差超标，可以作为索赔的依据。

7.1.1　单体调校内容

(1) 被校仪表应保证外观及封印完好，附件完全，表内零件无脱落和损坏，铭牌清楚完整，型号、规格及材质符合设计规定。

(2) 被校仪表在调校前，应按下列规定进行性能试验：

电动仪表在通电前应先检查其电气开关的操作是否灵活可靠。电气线路的绝缘电阻值，应符合国家仪表专业标准或仪表安装使用说明书的规定。

被校仪表的阻尼特性及指针移动速度，应符合国家仪表专业标准或仪表安装使用说明书的规定。

(3) 仪表的指示和记录部分应达到下列要求：

① 仪表的面板和刻度盘整洁清新；

② 指针移动平稳，无摩擦、跳动和卡针现象；

③ 记录机构的划线或打印点清晰，没有断线、漏打、乱打现象；

④ 记录点编号信息与切换开关及接线端子板上所标的输入信号的编号一致。

(4) 报警器应进行报警动作试验。

(5) 电动执行器、气动执行器及气动薄膜控制阀应进行全行程时间试验。

(6) 控制阀应进行阀体强度试验。

(7) 有小信号切除装置的开方器及开方积算器，应进行小信号切除性能试验。

(8) 控制器应进行手动和自动操作的双向切换试验。

(9) 被校仪表应进行死区(即灵敏限)正行程和反行程基本误差及回差调校。

(10) 被校控制器应按下列要求进行调校：

① 手动操作误差试验；

② 电动控制器的闭环跟踪误差调校；气动控制器的控制点偏差调校；

③ 比例度、积分时间、微分时间刻度误差试验；

④ 当有附加机构时，应进行附加机构的动作误差调校。

此外，还要注意，仪表调校点应在全刻度范围内均匀选取不少于5点。

(11) 由于现场条件的限制，下列仪表一般不进行单体调校：

① 温度仪表中热电偶和热电阻的热电特性，因“规范”没有明确规定，建设单位有明确要求时，要充分协商，但也只是抽检；

② 除节流装置外的流量仪表(因缺少标准流量槽)；

③ 部分没有提供样气(品)的分析仪表。

7.1.2 单体调校时间安排与保管

原则上单体校验安排在安装前。但校验过早，超过半年，又得重校。安排过迟，会影响安装进度。一般是积极创造条件，修建简易但合格的现场调整室(或施工单位准备集装箱，可按正规调整室装备)，一般在仪表安装前3~4个月进行。

单体调校后仪表的保管很重要。要做好标记，调校合格的与不合格的和没有调校的表要分别妥善保管。保管仪表的库房要满足基本条件：环境温度为5~35℃；相对湿度低于85%；要有货架，不能放在地上。

校验结果要如实填写，特别是调校不合格但经过修理后合格的仪表。

7.2 自控仪表的系统调校

系统调校在工艺试车前进行。系统调校时，仪表系统应安装完毕，管道清扫完毕，压力试验合格，电缆(线)绝缘检查合格，附加电阻配制符合要求；电源、气源和液压源已符合仪表运行要求。

系统调校按回路进行。自控系统的回路有三类，即检测回路、自动控制回路、信号报警与联锁回路。

(1) 检测回路的系统调校

检测回路由现场一次点、一次仪表、现场变送器和控制室的指示仪、记录仪组成。系统调校的第一个任务是贯通回路，即在现场变送器处送一信号，观察控制室相应的仪表是否有指示。其目的是检验接线是否正确，配管是否有误。第二个任务是检查系统误差是否满足要求。在允许误差范围内为合格。

若配线、配管有误，相应指示、记录仪表就没有指示，应检查管与线，排除差错。

若系统误差超过允许误差，则要对组成检测回路的各个仪表逐一重新进行单体调校。

(2) 控制回路的系统调校

控制回路由现场一次点、一次仪表、变送器、控制室里控制器(含指示、记录)和现场执行单位(通常为气动薄膜控制阀)组成。系统调校的第一个任务是贯通回路，其方法是把控制室中控制器手/自动切换开关置于自动，在现场变送器输入端加一信号，观察控制器指示部分有没有指示，现场控制阀是否动作。其目的是检查其配管接线的正确性。然后把手/自动开关置于手动，由手动输送信号，观察控制阀的动作情况。第二个任务是确认控制阀的行程和准确度，检查在输出信号从最小到最大变化的过程中，控制阀的开度是否也从最小到最大(或从最大到最小)，中间是否有卡的现象，控制阀的动作是否连续、流畅。最后，按最大、中间、最小三个信号输出，控制阀的开度指示应符合准确度要求。其目的是检查控制阀的动作是否符合要求。第三个试验是在系统信号发生端(通常选择控制器检测信号输入端)，给控制器一个模拟信号，检查其基本误差、输出保持特性和比例、积分、微分动作趋向以及手/自动操作的双向切换性能。

若线路有问题，控制器手动输出驱动不了相应的控制阀，就必须重新校线、查管。若控制阀的作用方向或行程有问题，要重新核对控制器的正、反作用开关和控制阀的开、关特性，使控制器的输出与控制阀动作方向符合设计要求。若控制器的输出与控制阀行程不一致，而控制阀又不符合其特性，就要对控制阀单独校验。

系统调校过程中，特别是带阀门定位器的控制系统很容易调乱，一旦调乱，再调校就很不容易了。根据定位器的工作原理，当定位器输入为50%时，定位器的传动连杆应该是水平的。此时，把阀门定位器的传动连杆放在水平位置，然后把输入信号定在12mA，再进行校验，就能较快地完成二次调校。

(3) 信号报警与联锁回路的系统调校

报警、联锁回路由仪表、电气的报警接点或报警单元、控制盘上的各种控制器、继电器、按钮、信号灯、电铃(电笛、蜂鸣器)等组成。

报警单元的系统调试，首先是回路贯通。把报警机构的报警值调整到设计位置，然后在信号输入端加模拟信号(报警机构的报警接点短接或断开)，观察相应的指示灯和声响是否有反应。接着，按消除铃声按钮，正确的结果应该是铃声停止，灯光依旧。第二个试验是去掉模拟信号，按试灯按钮，应全部信号灯亮、全部铃响，再按消除铃声按钮，应该是铃停灯继续亮。该试验的目的是检查接线正确与否。

联锁回路的调试与报警回路相同，只是在短接报警机构输入接点后，除观察声光外，还要观察其所带的继电器动作是否正常，特别是所接控制设备的接点，应用万用表检测是否由通到断或由断到通，反复三次，动作无误才算通过。

如果输入模拟信号相应的声光无反应，应首先检查报警单元是否动作，信号灯是否完好，确信不是上述原因后，再对配线做仔细检查。

如果试验按钮或消除铃声按钮没有作用，要重新检查盘后配线，有必要时，要检查逻辑原理图或信号原理图。

对联锁回路的检查尤为重要，这是这个回路检查的重点，检查的内容还应包括各类继电器的动作情况。若用无接点线路，在动作不正确情况下，要仔细核对原理图和接线图。

7.3 “三查四定”与“中间交接”

“三查四定”是交工前必须做的一个施工工序，由设计单位、施工单位和建设单位组成的三方人员对每一个系统进行全面仔细的检查，检查重点是施工质量是否符合《工业自动化仪表工程施工验收规范》规定，施工内容是否符合图纸要求，是否有不安全因素和质量隐患，是否还有未完成项目，即“查设计漏项、查施工质量隐患、查未完工程”。对查出的问题必须“定责任、定时间、定措施、定人员”。

“三查四定”工作完成后，建设单位应对施工单位所施工的工程进行接管。从施工阶段进入试车阶段时，装置由施工单位负责转到由建设单位负责。由于工程进入紧张的试车阶段，建设单位人员大量介入，如果工程保管权还在施工单位，会对试车不利，但又不具备正式交工条件，因此有一“中间交接”阶段。这一阶段是一个特殊的阶段，是建设、施工单位人员携手共同进行试车工作的阶段。中间交接双方要签字，要承担责任。

只有经过“中间交接”的装置，建设单位才有权使用。

7.4 试车(开车)

7.4.1 试车的三个阶段

《工业自动化仪表工程施工验收规范》规定：取源部件，仪表管路，仪表供电、供气和供液系统，仪表和电气设备及其附件，均已按设计和本规范的规定安装完毕，仪表设备已经过单体调校合格后，即可进行试运行。

试运行是试车的第一阶段，也就是单体试车，主要标志是传动设备的试车、管道的吹扫、设备和管道的置换、仪表的二次调校。

单体试车时，仪表人员的工作量不大，内容不多，只是进行就地指示仪表的投运。对大型的传动设备，如大型压缩机、高压泵等不应开通报警、联锁系统。在这个阶段，仪表工作人员重点还在完成未完成工程项目和进行系统调校。如管道吹扫完后，工艺管道全部复位，仪表人员应把孔板安装好，控制阀卸掉短节，复位放在首位。此外，把吹扫时堵住口的温度计全部装上，压力表按设计要求安装好。控制阀复位后，抓紧做好配管配线工作。总的说来，这个阶段仪表的工作还局限于安装的扫尾工作。技术人员应抓紧时间做好交工资料的整理和竣工图的绘制工作。

联动试车是试车的第二个阶段。联动试车又称无负荷试车，工艺的任务是打通流程，通常用水来代替工艺介质，故又称水联动。这个阶段原则上仪表要全部投入运行。由于试车阶段工艺参数不稳定，有些仪表因此而不能投入运行，如流量表。控制器只能放在手动位置，用手动可在控制室开启、关闭或控制阀门。报警、联锁系统要全部投入运行，并在有条件的情况下，进行实际试验。

对仪表专业而言，仪表系统经调试完毕，并符合设计和《工业自动化仪表工程施工验收规范》的规定，即为无负荷试运行合格。

无负荷试车，系统打通流程并稳定运行48h即为合格，这时对仪表的考验也已通过。经无负荷试运行合格的仪表系统，已对工艺参数起到检测、控制、报警和联锁作用，并经48h连续正常运行后，即为负荷试运行合格。

负荷试车是试车的第三阶段，这时已经投料，开始进行正式的试生产了。对仪表而言，在负荷试车前，已提前通过了“负荷试运行”。

7.4.2 试车中的任务

不同试车阶段有不同的任务。自控专业人员在各阶段的主要任务如下：

(1) 单体试车阶段　在此阶段，施工单位仪表专业要全面负责起单体试车工作，并积极帮助建设单位仪表专业人员尽快熟悉现场，熟悉仪表，尽快进入角色。

(2) 无负荷试车阶段　在这个阶段，仪表专业应该是正在办理或已经办理完“中间交接”，对装置仪表的使用权和保管权，正逐渐由施工单位向建设单位转移，施工单位协助。

(3) 负荷试车阶段　在无负荷试车结束后，仪表专业已完成负荷试车。因此在实际进行负荷试车时，仪表的操作、管理已完全由建设单位全权负责。施工单位仪表人员只是根据建设单位的需要，做“保镖”和进行必要的“维修”工作。

7.5 交工文件

整个系统经无负荷试车合格后，施工单位在统一组织下，仪表专业与其他专业一起，向建设单位交工，由建设单位组织验收。

交工验收的内容包括完整的、运行正常、作用正确的仪表及其系统以及交工资料。交工资料总的来说包括两个内容：一是施工过程中实际的工程记录，包括隐蔽工程记录与调试记录；二是质量评定记录，是按施工时已经划定的分项工程为单位进行质量评定。

仪表工程建设交工技术文件如下：

(1) 交工技术文件说明；

(2) 交工验收证书；

(3) 隐蔽工程记录；

(4) 工程中间交工记录；

(5) 合格焊工登记表；

(6) 设计变更一览表；

(7) 未完工程项目明细表；

(8) 各种仪表调试记录；

(9) 报警、联锁系统试验记录；

(10) 仪表系统调试记录；

(11) 仪表盘、箱、操作台安装记录；

(12) 仪表保护箱、保温箱安装记录；

(13) 仪表管路试压、脱脂、清洗记录；

(14) 节流装置安装检查记录；

(15) 电缆(线)绝缘电阻测定记录；

(16) 接地极、接地电阻安装测定记录；

(17) 智能仪表、PLC、DCS组态记录工作单；

(18) 无损检测报告；

(19) 工程签证；

(20) 工程竣工图；

(21) 仪表设备合格证。

仪表安装工程质量检验评定表主要有：

(1) 温度取源部件安装质量检查记录；

(2) 压力取源部件安装质量检查记录；

(3) 流量取源部件安装质量检查记录；

(4) 物位取源部件安装质量检查记录；

(5) 分析取源部件安装质量检查记录；

(6) 成排仪表盘(操作台)安装质量检查记录；

(7) 差压计、差压变送器安装质量检查记录；

(8) 旋涡流量计安装质量检查记录；

(9) 分析仪表安装质量检查记录；

(10) 供电设备安装质量检查记录；
(11) 电线(缆)保护管明敷设质量检查记录；
(12) 电线(缆)保护管暗敷设质量检查记录；
(13) 硬质塑料保护管敷设质量检查记录；
(14) 电缆明敷设安装质量检查记录；
(15) 仪表防爆安装质量检查记录；
(16) 管路敷设质量检查记录；
(17) 脱脂质量检查记录；
(18) 隔离、吹洗、伴热、绝热、涂漆防护工程安装质量检查记录；
(19) 指示仪表单体调校质量检查记录；
(20) 记录仪表单体调校质量检查记录；
(21) 变送器单体调校质量检查记录；
(22) 分析仪表单体调校质量检查记录；
(23) 控制仪表单体调校质量检查记录；
(24) 控制阀、执行机构和电磁阀单体调校质量检查记录；
(25) 报警装置单体调校质量检查记录；
(26) 检测系统调试质量检查记录；
(27) 控制系统调试质量检查记录；
(28) 报警系统调试质量检查记录。

7.6 验收规范和质量评定标准

《工业自动化仪表工程施工及验收规范》与《自动化仪表安装工程质量检验评定标准》是两个有关仪表施工的国家标准。

《工业自动化仪表工程施工及验收规范》是仪表施工的验收规范，是施工与验收的最高标准。仪表施工人员要切实按规范要求进行施工，建设单位也应按规范要求验收。

对于工业自动化仪表工程高于规范的要求，可通过协商解决。

《工业自动化仪表工程施工及验收规范》主要内容有总则、取源部件、仪表盘(箱、操作台)、仪表设备、仪表供电设备及供气、供液系统的安装，仪表用电气线路的敷设，电气防爆和接地、仪表用管路的敷设、脱脂、防护、仪表调校以及工程验收。

引进项目还要遵照引进国家工业自动化仪表施工的有关规范。

《自动化仪表安装工程质量检验评定标准》与《工业自动化仪表工程施工及验收规范》配套使用，即工程项目按《工业自动化仪表工程施工及验收规范》施工、验收，工程质量按《自动化仪表安装工程质量检验评定标准》评定。

《自动化仪表安装工程质量检验评定标准》的主要内容有：总则、质量检验评定方法与质量等级划分、取源部件的安装、仪表盘(箱、操作台)的安装、仪表用电气线路的敷设、防爆和接地，仪表用管路的敷设、脱脂和防护，仪表调校以及仪表工程质量检验和方法等。

质量评定在施工过程中极为重要。工程质量优劣的最终结论依靠此检验评定标准下结论。通常评定的程序是由施工单位质量管理部门负责人会同建设单位质量监督部门负责人和有关人员商定单位工程、分部工程及分项工程的划分，商量质量控制点即 A、B、C 检验点的确定。

质量评定只有两个等级，即合格与优良。

检验项目分为三部分：保证项目、主要检验项目和一般检验项目。

分项工程质量评定规定：

① 合格　保证项目全部合格，主要检验项目全部合格和80%以上一般检验项目符合《自动化仪表安装工程质量检验评定标准》规定。

② 优良　保证项目全部合格，主要检验项目和全部一般检验项目都必须符合《自动化仪表安装工程质量检验评定标准》规定。

分部工程质量等级的评定规定：

① 合格　所包含的分项工程的质量全部达到合格标准，即该分部工程为合格；

② 优良　所包含的分项工程的质量全部达到合格标准，并有50%及其以上分项工程达到优良标准，则此分部工程为优良。

工程质量等级的评定规定：

① 合格　各项试验记录和施工技术文件齐全，在该工程所含的分部工程全部达到合格标准，为合格的工程；

② 优良　各项试验记录和施工技术文件齐全，在该工程中全部工程合格，且其中50%及其以上为优良(其中主要分部工程必须优良)，可评该工程为优良。

分项工程的质量评定在施工中随时进行，是施工班组自评，由施工队施工员和班组长组织有关人员进行检验评定，由施工单位质量管理部门专职质量检查员核定。

分部工程的质量评定在施工中根据工程进展情况进行，由施工队技术负责人和施工队长组织有关人员进行质量检验评定，并经施工单位质量管理部门专职质量检查员核定、施工单位技术管理和质量管理部门认定。

工程质量评定在负荷试车合格后进行，由施工单位技术负责人和行政领导组织有关部门进行检验评定，质量管理部门核定后，可上报上级主管部门认定，也可由建设单位质量主管部门或地方质量监督机构认定。

第8章　自动化工程的设计知识

石油化工自动化工程设计，就是把实现生产过程自动化的全部内容，用设计图纸和设计文件表达出来的全部工作。

工程设计工作是国家基本建设的一个重要环节。在基本建设项目确定以后，工程设计就成了关键问题。在工程项目建设时，能不能加快进度，保证质量和节省投资；在工程项目建成后，能不能获得最大的经济效益，设计工作起着决定性的作用。

计划建设的工程项目，首先要用设计文件和设计图纸体现出来。这些设计文件和图纸，一方面可以供给上级主管部门对该工程项目进行审批，另一方面作为建设单位施工安装和生产单位进行生产管理的依据。因此，设计工作对当前的工程建设和今后的生产管理起着重要的指导作用。在进行设计时，设计人员必须按照国家的技术标准，结合工艺特点精心设计。

8.1　仪表自动化工程设计的基本任务

仪表自动化工程设计的基本任务是按照工艺生产的要求，对生产过程中的温度、压力、流量、物位、成分等变量的自动检测、反馈控制、顺序控制、人工遥控、自动信号报警、自动联锁保护等进行设计。具体地说，就是要进行下列一些工作：

(1) 从生产装置的实际情况出发，确定自动化水平；

(2) 根据工艺要求确定各种被测变量；

(3) 主要变量的控制系统设计；

(4) 信号报警及联锁系统设计；

(5) 控制室和仪表盘的设计；

(6) 各种自控设备和材料的选择；

(7) 各类自控设备防护的设计。

根据工程项目的性质不同，设计任务一般有以下几种类型：

(1) 新建项目的工程设设计；

(2) 老装置技术改造扩建的工程设计；

(3) 国外建设项目的工程设计；

(4) 引进项目配套工程设计；

(5) 技术开发项目的工程设计和有关试验装置的工程设计等。

在设计工作中，必须严格地贯彻执行一系列技术标准和规定，根据现有同类型工厂或试验装置的生产经验及技术资料，使设计建立在可靠的基础上，并对工程的情况、国内外自动化水平、仪表制造质量和供应情况、当前生产中的一些技术革新情况等内容进行调查研究，从实践中取得第一手资料，这样才能作出正确的判断。在设计工作中还要加强经济观念，对自动化水平的确定要适合国情，注意提高经济效益。

设计工作还应当根据不同的任务类型，区别对待，因地制宜，这样才能做出技术先进、操作简便、经济合理、安全可靠的工程设计。

8.2 仪表自动化工程设计的基本程序

8.2.1 工程设计的依据

开展设计工作的必要条件是依据要落实。一般地，一个工程项目的设计应有设计任务书或计划任务书、可行性研究报告的批文、上一阶段工作的有关审批文件；要有与建设单位、生产单位等签订的设计合同书；要有初步设计的基础资料，例如天文气象、工程地质、水文地质、地形地貌图等；要有主要的工艺过程数据，以及有关的图纸和文件等资料。自控专业主要依据的是工艺专业提供的工艺流程图、工艺过程机理介绍、工艺管道及设备安装布置图、工艺操作指标、物性数据、对控制的要求等资料。

8.2.2 工程设计过程

一般大中型工程建设项目设计按两个阶段进行，即基础设计阶段和详细设计阶段。对于采用新技术和复杂的、尚未完全掌握的、不太成熟的工程建设项目，经主管部门指定，可在初步设计前进行方案设计，也可以在施工图设计之前进行技术设计。对于大型的石油化工企业或某些引进的大型工程设计项目，可根据需要，在初步设计之前进行总体规划设计。

设计工作之所以要分阶段进行，主要是为了便于审查，以及各项技术规定的贯彻执行。同时，也便于随时纠正设计中的错误，避免在施工中造成返工，及时协调各专业之间的矛盾，使设计工作能顺利地按计划完成。

1. 基础设计

基础设计是根据设计任务书进行的，主要是作为报请审批的文件资料，并为订货做好准备，是详细设计的依据。基础设计首先要和工艺专业设计人员一起，共同确定工艺生产的自动化水平，确定自动化方案，画出带控制点的工艺流程图，对重要的控制系统要做出较详细的说明，提出检测仪表，控制仪表、显示仪表、电气设备以及主要安装材料的规格和数量。此外，还应完成设计概算，提供设备、材料的单价及有关设备费的汇总，编制设备运杂费、工资、间接管理费、定额依据、技术经济指标等。仪表的基础工程设计文件应有以下 17 项内容。

（1）仪表设计说明

① 生产装置对仪表和控制系统的要求，生产过程自动化水平，主要仪表选型原则，原料、中间产品、最终产品计量仪表的设置和精度要求；

② 检测和控制方案，包括特殊测量仪表、复杂控制、顺序控制、先进过程控制、安全仪表系统等的简要说明；

③ 控制室（包括操作室、工程师站室、机柜室、电源室、过程计算机室、交接班室及辅助设施）设计要求，操作站、打印机、辅助操作台、仪表盘、各种机柜的规格、数量等；

④ 为保证操作人员和生产装置的安全，根据装置情况设置安全仪表系统；在爆炸危险区内安装的电气仪表应符合防爆要求，在可燃或有毒气体泄漏的地方设置可燃气体或有毒气体检测报警器；

⑤ 仪表的防护、保温、保冷、隔热、防堵、防腐蚀、接地、防电磁干扰、防雷、防辐射等的措施；

⑥ 仪表电源的要求，包括种类、电压、频率、容量、UPS、备用容量等；

⑦ 仪表气源的要求，包括进装置压力、气源质量、露点温度、耗气量、备用容量等；

⑧ 仪表伴热要求，包括伴热介质的种类、温度、压力；

⑨ 随设备成套供应的仪表及控制系统范围。

(2) 仪表设计规定

对本规定的适用范围、仪表和控制系统的选用原则、环境和动力要求的标准规范和中央控制室、现场仪表的安装及安装材料等设计原则作出规定。具体包括：

① 设计选用的标准规范、信号传输标准、测量单位；

② 现场仪表(流量、物位、压力、温度仪表、调节阀、计量仪表、分析仪表及其他仪表)、控制系统(包括集散控制系统、可编程序控制系统等)、安全仪表系统的选用原则；现场仪表防护、防爆、防电磁干扰、接地、防雷等要求；

③ 仪表电源、气源、热(冷)源；

④ 中央控制室组成、面积、建筑、结构、空调、照明等要求；

⑤ 安装材料(包括电缆、导线、导压配管、空气配管、阀门、管件、伴热及保温等)选用原则。

(3) 仪表索引表

应按工艺流程顺序列出每个检测与控制系统回路的仪表(从检测元件至执行器)，并填写必要的数据，包括位号、用途、仪表名称、信号类型、数量、安装位置(设备或管道号)、所在“管道及仪表流程图(P&ID)”的图号、伴热等数据。

(4) 仪表规格书

应按仪表的种类填写所有仪表的规格和数据，包括位号、名称、用途、所在 P&ID 图号、管道号或设备号、工艺操作条件、管道等级、数量、形式、防护防爆等级、类型或型号、测量范围、信号种类、工艺与电气连接尺寸以及附件等。

在线分析仪表规格书应列出在线分析仪表的被测组分、背景气组分、操作条件、所属附件、技术规格等。

(5) 仪表盘(柜)规格书

应列出仪表盘(柜)及其附件的规格与数量，提出对仪表盘(柜)的技术要求。

(6) 在线分析仪表室规格书

应列出在线分析仪表室内安装的各类分析器(仪表)和应成套供应的取样预处理系统，排放、回收系统，公用设、电气配线等的数量和技术规格要求。

(7) 仪表及主要材料汇总表

应分类列出各种仪表及控制系统名称和数量，以及仪表安装所需要的主要材料，包括电缆、导线、导压配管、阀门、电信号配管材料、气信号配管材料、伴热保温材料、接线箱、保护(温)箱、接管箱、仪表电缆槽板、钢材等材料的名称、规格和估计数量。

(8) 控制室平面布置图

按比例绘制，表示出控制室的组成、面积、标高等尺寸和室内(包括机柜室和辅助间)机柜、操作站、控制台、打印机、辅助盘等的布置。

(9) 气体检测器平面布置图

应表示出检测器的位号、位置和安装高度。

(10) 仪表电缆主槽板敷设图或走向图

应表示控制室与各工序(单元)的相对位置，表示电缆主槽板的走向、标高和尺寸。

(11) 安全仪表系统逻辑框图

应用逻辑符号或因果表、流程框图表示安全仪表系统输入与输出间的逻辑关系。

(12) 顺序控制系统逻辑框图

应用逻辑符号或流程框图表示顺序控制中相关设备的操作状态及其逻辑关系。

(13) 复杂控制回路图

应用单线图和仪表符号表示复杂回路的腔制关系及组成。必要时可加以文字说明。

(14) 集散控制系统(DCS)规格书

应说明集散控制系统总体要求、硬件组成，包括控制器单元、操作站、打印机、通信系统、I/O点的类型和数量，并提出技术规格要求；系统冗余和后备；应用软件的说明，主要包括流程图面面、报表、编程等组态软件；先进过程控制、工程技术服务、系统培训、组态调试、开车和工程文件资料等要求，并附初步的DCS系统配置图。

(15) 安全仪表系统(SIS)规格书

应说明系统的总体方案、对系统硬件及软件的基本要求、系统冗余及后备的要求，对控制器、组态及编程终端、事件记录单元、操作台等配置的要求，与其他系统的通讯接口等技术规格。列出对供货方的要求，如文件交付、技术服务与培训、联调与试运行、测试与验收、质量保证、备品备件等，并附I/O清单及初步的SIS系统配置图。

(16) 可编程序控制系统(PLC)规格书

应说明PLC总体要求、硬件组成，包括中央处理单元、输入输出数量、编程终端、通信接口、编程软件、工程技术服务、编程、培训、下装调试、开车和工程文件资料等要求。

(17) 过程计算机系统(PCS)规格书

应说明PCS总体要求和硬件组成，包括主机、服务器、打印机等设备；系统软件、应用软件说明和流程框图、先进过程控制的功能、在线实时优化功能；应用软件、优化软件编制、数据通信、工程技术服务、编程培训、下装调试、开车和工程文件资料等要求。

2. 详细设计

在基础设计完成并经过审批后，就要开始详细设计。详细设计是为施工而编制的图纸资料。因此，必须从施工的角度出发，解决设计中的细节问题。在设计完成后，不允许再留下技术上未解决的问题。图纸的多少可根据施工单位的技术安装水平、系统的复杂程度和设计技术规定来确定，有的需要详细些，有的需要简单些。

仪表详细工程设计文件的内容分别如下：

(1) 文件目录

列出设计文件清单。

(2) 说明书

内容应包括控制室及辅助设施、仪表选型、公用系统、施工注意事项等。

说明控制室及辅助设施的规模及具体布置情况，说明仪表供电、供风、伴热及回水、隔离、冲洗等要求，说明特殊的施工要求和注意事项以及专业间的施工配合等。

基础工程设计中已确定的仪表选型，详细工程设计中原则上不再重复详述。选型变更的部分应说明变更原因和内容。

(3) 仪表索引表

应按工艺流程并以被测变量英文字母代号的顺序或其他顺序列出每个检测和控制系统回路的仪表(从检测元件至执行器)以及必要的数据包括位号、用途、仪表名称、仪表规格书编号、安装位置、所在 P&ID 的图号、管道号或设备号、仪表测量管路连接图号等数据。

(4) 仪表规格书

应按仪表的种类列出所有仪表的规格和数据，包括位号、名称、用途、工艺操作条件、数量、形式、防护防爆等级、类型、测量范围、精度、信号种类、电源、过程连接尺寸、电气连接尺寸和附件等，需要时还可包括仪表所在 P&ID 图号、管道号或设备号、管道等级。

节流装置规格书应列出计算所需的输入条件、计算的结果、形式、选择差压、压力等级、材质及附件等。

调节阀规格书应列出计算所需的输入条件(操作条件、控制要求)、计算的结果、选择调节阀的 C_V 值、调节阀类型、公称直径、阀芯直径、连接形式、压力等级、材质、作用形式和执行机构形式、定位器以及附件等。

在线分析仪表规格书应列出所采用的各类在线分析器的被测组分、背景气组分、操作条件、公用工程条件、附件、技术规格要求等。

(5) 仪表盘(柜)规格书

应列出所采用的仪表盘(柜)及其附件的规格和数量以及对仪表盘(柜)的技术要求。

(6) 在线分析器室规格书

应列出在线分析器室内安装的各类分析器和应成套供应的取样预处理系统、放空系统、样品回收系统、公用设施及电气配线等的数量和技术规格要求。

(7) 报警和联锁一览表

应列出仪表位号、报警联锁信号用途、工艺操作报警值及联锁值等。

(8) 仪表电缆连接表

应列出电缆的编号、型号、规格、长度、起点与终点、端子号等。

(9) 综合材料表

应列出仪表安装所需要的主要材料，包括：电缆、导线、导压管、阀门、管件、电信号配管材料、气信号配管材料、伴热隔热材料、接线箱、保护(温)箱、接管箱、仪表电缆槽板、钢材等材料的名称、规格和数量。

(10) 集散控制系统(DCS)规格书

应说明对系统的总体要求、对系统硬件及软件的基本要求，包括系统冗余、控制器单元、操作站、打印机、通信系统等的技术规格要求、组态软件及应用软件的说明、网络连接与数据存取要求，说明对供货方的要求，如工程技术服务、组态培训、组态输入、调试、联调与试运行、测试与验收、质量保证、备品备件、DCS 系统配置图及 I/O 清单。

(11) 安全仪表系统(SIS)规格书

应说明对系统的总体要求、对系统硬件及软件的基本要求，包括系统冗余、控制器、组态及编程终端、事件记录单元、操作台等配置的要求，说明与其他系统的通讯接口等技术规格，说明对供货方的要求，如工程技术服务、组态或编程培训、联调与试运行、测试与验收、质量保证、备品备件、SIS 系统配置图及 I/O 清单。

(12) 可编程序控制系统(PLC)规格书

应说明对系统的总体要求、对系统硬件及软件的基本要求，包括中央处理单元、编程终端、通信接口、系统冗余等技术规格、对编程软件的要求，说明对供货方的要求，如工程技术服务、编程、培训、调试、试运、测试与验收、质量保证、备品备件、PLC 系统配置图及 I/O 清单。

(13) 过程计算机系统(PCS)规格书

应说明对系统的总体要求，对系统硬件及软件的基本要求，包括主机及外围设备的基本规格、对系统软件及应用软件的要求、过程控制软件的功能、数据通讯、工程技术服务、编程培训、调试、工程文件资料、试运、测试与验收、质量保证、备品备件等要求。

(14) DCS、SIS、PLC 系统的输入输出索引表(或 I/O 分配表)

应表示出仪表位号、信号类型和卡件通道的地址或机柜中的位置，可采用仪表位号卡件分配表的方式，表示出卡件位置、通道号、信号类型和仪表位号。

(15) 控制室平面布置图

应表示出控制室的组成、尺寸、地面标高和室内(包括机柜室和辅助间)所有仪表设备(如机柜、安全栅柜、端子柜、电源柜、操作站、控制台、打印机、辅助盘等)的安装位置。

(16) 气体检测器平面布置图

应表示出检测器的位号、位置和安装高度等。

(17) 仪表电缆主槽板敷设图

应表示出控制室与装置各部分(单元)的相对位置、电缆主槽板的总体平面布置及走向、标高和尺寸、槽板及配件的名称和规格及数量，必要时绘制接点详图。

(18) 仪表配管配线平面布置图

应表示出现场仪表的安装位置和标高，包括测量元件、基地式仪表、变送器、控制阀、现场安装的仪表盘(箱、柜)等，表示出接线箱(供电箱)至电缆槽板、现场仪表至电缆槽板之间的配线平面布置(根据需要)，并按规定的文字代号标注电缆(线)的编号、规格和型号、以及穿线保护管的规格，表示出仪表供风总管与空气分配器之间的仪表供风管道的平面布置、标高和规格，表示出仪表伴热、回水、冲洗、隔离等管线的取源点的平面位置、标高和规格等(根据需要)。

(19) 控制室仪表电缆敷设图

应表示出进出控制室仪表电缆及仪表电缆槽板的安装位置、标高及尺寸，说明密封方式及安装要求等。

(20) 仪表盘(柜)布置图

应表示出仪表在仪表盘、操作台、框架上的正面和侧面布置，标注仪表位号、型号、数量、仪表开孔尺寸、中心线与横坐标尺寸，并示出仪表盘、操作台和框架的外形尺寸及颜色等，标注仪表及灯屏铭牌。

(21) 仪表盘(柜)接线图

应表示出仪表盘、操作台、继电器柜(箱)、端子柜、安全栅柜、控制系统机柜等输入、输出端子的配线，每一端子和接线都应编号呼应或用仪表位号呼应，简单的接线图可用直接连接法表示，但不应简化图示和说明。

(22) 特殊仪表测量管路(或导压配管)连接图

应表示出特殊仪表的测量管路(或导压配管)连接图。

(23) 安全仪表系统逻辑框图

应采用逻辑符号或因果关系，表示出安全仪表系统的输入与输出间的逻辑关系，包括输入、逻辑功能、输出三部分及简要的文字说明等。

(24) 顺序控制系统逻辑框图

应表示出顺序控制系统的工艺操作、执行器和时间(或条件)的程序动作及逻辑关系等。

(25) 仪表回路图

应表示出一个或几个检测或控制回路的构成，并标注这些回路的全部仪表及其端子号和接线，对于复杂的检测和控制系统，必要时可另附相应的图示及文字说明等。

对于DCS、SIS、PLC等控制系统，可用表格形式表示机柜端子接线图或回路图。必要时，对复杂回路另附相应的图示。如果绘制机柜端子接线图，可不绘制回路图。

(26) 仪表供电系统图

应表示出供电与用电设备间的连接关系，标注供电设备的输入与输出的电源种类、电压等级和容量，表明用电设备的编号和仪表的位号、用电容量或保护电器的额定容量等。

(27) 仪表接地系统图

应表示出控制室仪表设备的接地连接关系，包括接地干线的连接线路、汇集方式、接地电缆的敷设及规格、接地连接要求等。

(28) 端子(安全栅)柜布置图

应表示出接线端子排(安全栅)在端子(安全栅)柜中的正面布置，标注相对位置及端子排的编号(安全栅的位号)，并表示出设备材料表和柜的外形尺寸与色标等。

3. 设计文件的校审、签署和会签

为了保证基础设计和详细设计的质量，各级岗位负责人员应对设计文件和图纸质量层层把关。设计、校核、审核、审定等各级人员要按各自的岗位责任制，对设计文件认真负责地进行校审。

为了使各专业之间的设计内容互相衔接，避免错、漏、碰、缺，各专业之间应对设计文件认真会签。

4. 参加施工、试生产考核和设计回访

详细设计完成后，设计单位派出设计代表到现场配合施工，了解设计文件的执行情况，处理施工中出现的设计问题，指导生产开车，参加试生产考核，直到全部基建工程交付生产。设计代表应认真记录，积累在施工、试车中有关设计问题的资料，并加以整理、总结、分析，找出产生问题的原因，改进工作，改善管理，提高设计水平。

当基建工程经过考核验收，移交生产后一年左右的时间，要派出设计人员对所设计的工程进行回访，按专业或专题加以总结，写成技术总结报告，以不断提高设计水平。

8.3 自控设计与其他专业设计之间的关系

工程设计是一种集体创造性劳动，自控专业的设计内容是整个工程总体设计的一部分。设计工作的各部分具有密切的有机联系，是完整的统一体。因此，自控专业设计人员除了应该精通本专业设计业务知识外，还必须加强与外专业的联系，密切配合，才能做好设计，真正反映出设计人员的集体智慧。

8.3.1 与工艺专业之间的关系

(1) 工艺专业设计人员必须向自控专业设计人员提供工艺流程图、工艺车间平面配管图。自控专业人员与工艺专业人员一起共同研究，确定检测元件和控制阀安装位置，制定带控制点的工艺流程图，确定中央控制室、就地仪表盘、仪表管线、电缆电线在现场的安装、敷设位置，确定自动化水平，确定仪表类型和设计的总投资。

(2) 工艺专业设计人员必须向自控专业设计人员提出自控设计条件，包括提出详细的节流装置计算数据、控制阀计算数据、差压式液位计计算数据以及其他设计计算用条件和数据。根据工艺专业设计人员提供的条件和数据，自控专业设计人员可以提出反条件，要求工艺专业进行相应的修改和补充。各种条件与反条件，应该二级(设计、校核或审核)签字。

（3）工艺专业设计人员必须了解节流装置、控制阀，温度、压力、流量、物位和成分等仪表检出元件根部部件的安装尺寸及与它们配用的管线截止阀、法兰等规格。

（4）自控专业设计人员必须了解工艺流程和车间布置的特点，特别要了解工艺在防爆、防腐、防堵等方面的要求，还应熟悉化工单元的操作和控制。

在设计会签阶段，自控专业设计人员应对各种设计文件和图纸精心细致地核对，发现错误和遗漏及时改正、补充，并在有关图纸、文件上签字。

8.3.2 与设备专业之间的关系

（1）自控专业设计人员必须了解车间设备的大概情况，特别是塔设备、反应器、传热设备和传动设备的结构特点及性能。凡有仪表检出元件需要在工艺设备上安装时，必须与设备专业设计人员共同磋商仪表部件在设备上的安装开孔位置和尺寸大小。特别是注意所开安装孔的方位、高低是否合适，是否符合仪表的安装要求，是否有利于仪表安装、调整和维修。对于开孔的要求，自控专业设计人员可根据《自控安装图册》的规定，提出详细的条件表。

（2）对于特殊仪表的机械设备和零件，可提请设备专业人员进行设计，自控专业提出设计条件和要求，设备专业设计人员有权提出反条件进行修改。

（3）温度计、液位计等检出元件的插入深度及安装高度等，应由自控专业设计人员根据工艺要求及设备特点来确定。

8.3.3 与电气专业之间的关系

（1）自控专业设计人员应向电气专业设计人员提出仪表供电电源的等级；供电电压，允许电压的波动范围和耗电总容量。应向电气专业设计人员提出控制室仪表盘前、后及现场就地仪表的照明要求。

（2）自控专业设计人员应与电气专业设计人员共同确定信号报警及联锁系统，泵、压缩机的启动、停止信号和按钮在仪表盘上的布置关系。电气接线以仪表盘电源接线端子排为界限，有关电气设备、元件及电气仪表的配线均由电气专业设计。控制室的接地网络和防雷措施的设计，应由自控专业设计人员提出适当的要求，由电气专业人员设计。

（3）电气专业供电系统电缆应与仪表信号电缆分开敷设；以防止动力电源对仪表信号产生干扰作用。

8.3.4 与建筑结构专业之间的关系

（1）自控专业设计人员与建筑结构专业设计人员共同商定中央控制室的结构、建筑要求和仪表修理车间、辅助房间的土建条件。自控专业设计人员必须提出地沟和预埋件的土建条件。楼板、墙上穿孔大于300mm×300mm时，必须向建筑结构专业提出条件予以预留，也可以由施工决定。

（2）根据仪表和管线的安装、敷设位置，自控专业设计人员还应提出防爆、防火、防晒、防雨、防潮、防热辐射、防强电干扰等要求。

（3）建筑结构专业人员有权向自控专业提出反条件，提请自控专业设计人员考虑和修改。有关的土建成品图应由自控专业设计人员会签，予以确认。

8.3.5 与采暖通风专业之间的关系

（1）自控专业设计人员必须提出中央控制室的采暖通风条件、防爆正压通风要求，以及采暖设备、蒸汽、热水、回水管、送风、排风管等在控制室内的安装位置。控制室要求空调时，必须提出室内温度和相对湿度的要求。

(2) 空调机组和通风工艺过程的自控设计，必须与采暖通风专业密切配合。这里，主导专业是采暖通风专业。其条件关系等，应当同工艺专业一样处理。

8.3.6 与给排水专业之间的关系

给、排水专业设计人员根据实际需要，可以向自控专业提出设置流量计量仪表的要求。给、排水系统所需的温度、压力、流量等仪表的安装位置，由给、排水专业设计人员提出，协商确定。同时，向建筑结构专业提出有关土建条件。

除了上述六个专业外，自控专业与机修、外管、总图、概算、动力等专业之间的关系虽然不十分密切，但设计工作中仍需相互配合，协同处理，此处不再详细叙述。

8.4 仪表自动化工程设计的主要内容

工程设计的主要内容，是指完成自控设计文件的主要工作过程。这里主要讨论控制方案的确定及各类仪表的选型、控制室的设计、信号报警及联锁系统的设计等内容。

8.4.1 控制方案的确定

在作自控工程设计时，首先要绘制工艺控制流程图。工艺控制流程图的制定是在工艺专业作出的工艺流程图基础上，用自控文字符号和图形符号在工艺流程图上描述生产过程的自动化。在技术上主要是考虑每个控制方案中的被控变量、控制手段(操纵变量)的确定以及每个控制系统相互之间的关系。

生产过程中影响生产的变量是很多的，但并不是所有的变量都要进行控制，要将工艺变量区分为主要的和次要的。所谓主要变量是指对产品产量、质量及安全具有决定作用的变量。哪些变量要进行控制，要根据它们的重要性及工程项目的自动化水平等因素来确定。对于那些人工操作难以满足要求，或者是人工操作虽然可以，但操作紧张而又频繁的变量要放在考虑的前列。被控变量和操纵变量确定以后，组成什么样的控制系统，必须根据工艺过程机理、对象的特性，扰动的来源和大小及变量的允许偏差范围，结合有关的生产实践及资料来确定，然后进行控制器和执行器的选择，组成简单的或复杂的控制系统。

次要的辅助变量可用仪表加以测量，供管理生产参考之用。

8.4.2 各类仪表的选型

生产过程自动化的实现，不仅要有正确的测量和控制方案，而且还必须合理选择和使用自动化仪表，在自控设计中习惯上称之为仪表选型。

有关温度、压力、流量、物位测量仪表和执行器的选择，见各类型仪表的相关章节。

8.4.3 控制室的设计

控制室的设计应根据自动化水平、仪表选型和生产管理、操作要求确定。控制室一般分为厂级(联合装置)、中央控制室及车间工段单一装置控制室。控制室的规模，目前还没有统一的标准，考虑我国石化厂自动化的现状，一般认为以盘宽 1.1m 为基准，10 块盘以上为大型控制室，6~10 块盘为中型控制，6 块盘以下为小型控制室。

仪表盘是控制室内设备的基本组成部分，除此之外，控制室内还配备操作台、供电装置、供气装置、继电器箱、开关箱、端子箱、计时器以及通讯联络设施等。

1. 控制室的位置

控制室的位置要适中，尽可能接近主要工艺生产装置，方便巡回检查。

炼油化工装置的控制室，以面对装置的居多，对于高压和有爆炸危险的生产装置，控制室宜背向装置。从采光的角度看，控制室的朝向最好是朝南，朝东次之，朝北也可以，朝西是不好的。要尽量避免西晒。

如果装置里有易燃、易爆介质、有腐蚀性介质，有毒物质能够逸出来或者是在街区内有凉水塔的时候，控制室宜设在主导风向的上风侧。

控制室要远离产生大的噪声的设备，应远离振动源和具有电磁干扰的场所。

控制室不应靠近主要交通干道，如不能避免，外墙距干道中心线不应小于20m。

控制室不宜与高压配电室、压缩机室、鼓风机室和化学药品库毗邻布置。

2. 控制室的面积

控制室的长度主要根据仪表盘的数量和布置型式来决定。仪表盘平面布置可成直线型、折线型、Γ 型、弧线型和Ⅱ型等。仪表盘为直线型排列时，长度一般等于仪表盘总宽度加门屏的宽度。其他型式布置时，根据具体情况决定。

控制室的进深，由控制室的规模、仪表盘的类型、仪表盘后辅助设备的多少、有无操纵台等决定。有操纵台时不宜小于 7.5m；无操纵台不宜小于 6m；大型控制室长度超过 20m 时，进深宜大于 9m。小型控制室仪表盘数量较少时，进深可适当减少。

3. 控制室的进线方式和电缆、管缆敷设方式

控制室进线方式一般宜采用架空进线，架空进线可以避免地沟进线方式时的雨水倒灌和小动物爬入。土建上处理也较简单，但架空进线影响控制室建筑美观。采用架空进线时，电缆、管缆穿墙处防止雨水、有害气体侵入控制室。寒冷地区应有防寒措施。

进线方式也可采用地沟进线，但设计时，洞口应处理得好，应防止比空气重的气体在室内地沟中积累。

进线密封处理常用两种方式，即沥青密封和砂子密封处理。

控制室内电缆、管缆架空敷设时应沿盘顶汇线槽敷设；也可以电缆沿盘底或盘底沟敷设，管缆沿盘顶汇线槽敷设。地沟进线方式时，一般采用后一种方式。操纵台和仪表盘之间的电缆应沿地沟或予埋管敷设。

4. 仪表盘的设计

仪表盘与操纵台作为生产过程自动控制和操作的集中装置，用以将设计规定的显示仪表、控制(调节)器、信号报警器、联锁保护装置、接线端子、操作开关、按钮、盘内敷线等设备，集中装于仪表盘和操纵台中，与现场安装的一次仪表、执行器等配合，对生产过程的变量进行指示、记录和控制，以实现远距离自动或手动控制。

(1) 仪表盘结构形式

各种仪表盘经过标准化、系统化，采用单元组合的结构型式，用薄钢板弯制而成，结构轻巧牢靠。盘内配装不同形式内结构，并配装汇线槽。仪表盘外表通常涂以银灰、湖绿、果绿等色保护漆，色泽柔和，能突出盘面上的仪表及其配件。

仪表盘结构按规定的 K G 型(柜式)、K K 型(框架式)、K P 型(屏式)和 K A 型(通道式)及其变型品种规格选用。控制室内安装的仪表盘宜选用框架式，对电动Ⅲ型仪表为主的仪表盘宜选用通道式，仪表盘数量较少时可采用屏式或柜式仪表盘，环境较差的小型控制室和现场安装的仪表盘宜采用柜式仪表盘。

仪表盘型号命名方式，按有关标准规定，各种仪表盘及控制台的型号由两节组成，两节之间以短横线分开，第一节用大写汉语拼音字母表示，第二节用阿拉伯数字表示，每节不超过三位，型号的第三节可用数字标注其高度(H)、宽度(L)及深度(B)的尺寸。命名方式如图 3-8-1 所示。

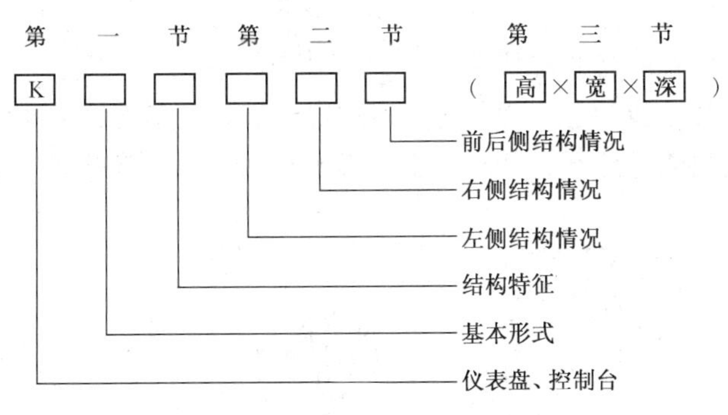

图 3-8-1　仪表盘结构形式

(2) 仪表盘外型尺寸的选择

仪表盘的盘高有 2.1m 及 2.3m 两种。为了便于对装在盘上部的仪表进行监视和维护，通常选用 2.1m 的高度。采用盘台分离布置方式时，由于视距增大，在相同监视仰角情况下，能较方便地监视盘上较高的部位，所以也可以选用 2.3m 的高度。

屏式、框架式和柜式仪表盘的宽度一般应根据设备的数量和外形尺寸及盘面布置的要求选用。根据目前定型仪表设备的外形尺寸及一般布置情况，仪表盘多选用 0.9m 和 1.1m 宽的各种继电器盘则多选用 0.8m 宽的。组合的仪表盘中各盘的宽度宜尽量一致，以求协调美观。当仪表盘与控制台组合使用时，盘台的宽度应尽量统一。

仪表盘的深度应根据盘面设备嵌入部分的深度、盘内设备的数量及开门方式等确定。一般情况下，框架式仪表盘及后开门柜式仪表盘的深度多采用 0.9m 或 0.6m；侧开门柜式仪表盘的深度，应保证盘面设备嵌入部分的尾端至后壁设备顶端的距离不小于 0.6m，一般多选用 1.2m 或 1.5m。当几块侧开门的柜式仪表盘组合使用，各盘的深度应完全一样。

(3) 仪表盘盘面布置

仪表盘上仪表的排列顺序，应按照工艺流程和操作岗位的要求进行排列，宜将一个操作岗位的仪表排列在一起。当采用较复杂的控制系统时，应按照该系统的各台仪表的操作要求排列。采用半模拟盘时，模拟流程与仪表盘上相应的仪表尽可能相对应。仪表盘上仪表及电气设备在仪表盘的正面和背面均应设置铭牌框。

仪表盘面宜分为三段布置：上段距地面标高范围 1.65~1.9m 内，宜布置指示仪表、闪光报警器和信号灯等监视仪表；中段距地面标高范围 1.0~1.65m 内，宜布置需要经常监视的重要仪表，如记录仪表、控制仪表；下段约距地面标高范围 0.8~1.0m 内，宜布置操作类仪表，如操作器、遥控板、切换开关和按钮等。

仪表外型到盘顶的距离应不小于 0.14m，到侧边的尺寸应大于或等于 0.08m。

(4) 仪表盘盘内配线和配管

仪表盘盘后接线，分为明配线、暗配线两种。明配线多用于现场用仪表盘、小型仪表盘、仪表箱的场合。暗配线很少用钢管，多用塑料制汇线槽。导线选择可依地区和装置的环境特点而定，往往多用铜芯塑料线，也有用塑料包皮线和蜡克线的。导线截面的选择主要应考虑机械强度和电阻要求。

进出仪表盘的导线应通过接线端子进行连接，但热电偶的补偿导线及特殊要求的仪表接线可直接接到仪表盘的仪表上。除特殊电缆电线外，盘与盘之间接线，必须经过接线端子板。接线端子的备用量一般不应小于每个盘总量的10%。仪表盘内应设必要的检修电源插座。

本质安全型仪表信号线与非本质安全型仪表信号线应分开敷设，见图3-8-2所示。对本质安全系统配线，其导线颜色应为蓝色。本质安全型仪表信号线的接线端子应与非本质安全型仪表信号线或其他端子分开，其间隔不应小于0.05m，并装有防护罩。

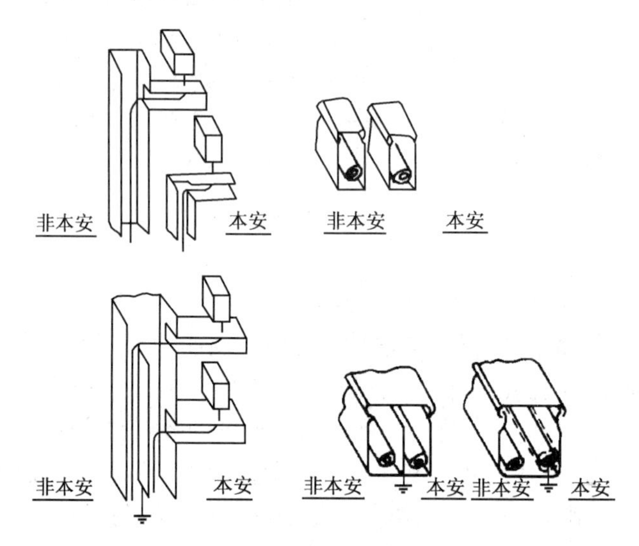

图3-8-2　本安和非本安配线槽敷设方式

仪表盘盘后配管的目的在于传递气动信号对气动仪表进行供气。仪表盘内供气总管材质和信号管材质的选用应符合《仪表供气设计规定》(CD50A16～84)。常用紫铜管，一般信号管多用Φ6×1的，气源管多用Φ8×1的。进出仪表盘的气动管线必须经过穿板接头，用紫铜管或尼龙管由穿板接头接到相应的仪表上。穿板接头宜安装在仪表盘上方，在每个穿板接头处应有铭牌标明用途和仪表位号。

8.4.4　信号报警系统的设计

为了保护工艺设备和人身安全，联锁及信号报警系统的设计对现代石油化工装置是极为重要的。当一些确保安全生产的重要过程变量和工艺操作的关键变量超过规定值，或者设备运行状态发生异常情况，信号报警系统用灯光及音响警告操作者，采取必要的措施，以改变工况。当越限更为严重需要立即采取措施时，联锁系统将自动启动备用设备或者自动停车，防止事故扩大，保证生产过程处于安全状态。

1. 设计原则

信号报警，联锁点的设置，动作整定值及可调范围必须符合工艺过程的要求。在满足生产需要的前提下，应尽量采用简易的线路，减少中间环节以保证动作可靠。

信号报警、联锁系统的元件和器件应该安装在震动小、灰尘少、无明显腐蚀和电磁场干扰的场所。或者采取措施，防止和克服这些因素的影响。

在现场安装的故障检出元件和执行机构，应符合所在场所的防爆、防火要求。

在易燃易爆的危险场所，信号灯及按钮等电气元件应符合有关防爆规定。

信号报警系统电源和一般仪表供电等级相同，有一个独立的电源回路和保护装置。联锁系统的电源等级应根据工艺装置的要求而定。重要的联锁系统为确保稳定、可靠的供电，应配用不间断供电装置，供电时间视生产装置的要求而确定，一般为30min。

信号报警、联锁系统各元件间用铜芯塑料线相互连接，线芯截面一般为1.0~1.5mm^2。

一般情况下电线颜色可按表3-8-1选用。

表3-8-1 常用电线颜色

种　类	颜　色	内　容
信号报警系统	黄　色	注　意
联锁系统	红　色	危　险
接地线	绿　色	大　地
交流电源相线	黑　色	
交流电源零线	白　色	

2. 信号报警系统的设计

当工艺变量超过规定值(不正常状态)时，信号报警系统用灯光(平光、闪光、旋光)和音响(电铃、蜂鸣器、电笛、电子音响等)表示事故状态，警告操作者。不同形式的灯光、音响信号来帮助值班人员判断故障性质。常见灯光、音响信号的类型及作用见表3-8-2。

同一控制室内的信号报警系统，根据控制室的大小、操作岗位的多少，设置一组或几组确认(消声)按钮和试验按钮。

表3-8-2 常见灯光、音响类型及作用

<table>
<tr><th>状　态</th><th colspan="2">灯　光</th><th>故 障 性 质</th><th>音　响</th></tr>
<tr><td>正常</td><td colspan="2">灭</td><td></td><td>不响</td></tr>
<tr><td>试验</td><td colspan="2">亮</td><td></td><td>响</td></tr>
<tr><td rowspan="4">不正常</td><td rowspan="4">亮</td><td>闪　光</td><td>刚出现的故障或第一故障</td><td>响</td></tr>
<tr><td>平　光</td><td>在“确认”以后继续存在的故障或第二故障</td><td>响</td></tr>
<tr><td>红　光</td><td>停止、危险</td><td>响</td></tr>
<tr><td>黄　光</td><td>注意、警告</td><td>响</td></tr>
<tr><td>确　认</td><td colspan="2">亮</td><td>故障存在</td><td>不响</td></tr>
</table>

当工艺过程有区别第一原因事故的要求时，应设置能鉴别第一原因事故的环节。当要求能区别瞬时原因事故时应设置自保持环节。

常见信号报警系统可分为下列类型：一般信号报警系统；能区别第一原因信号报警系统；能区别瞬时原因的信号报警系统和扫描报警系统。

(1) 一般信号报警系统

一般不闪光信号报警系统是最简单、最基本的报警系统，在不正常时灯亮(平光)、音响；按确认(消声)按钮后灯光仍亮而音响消除。按试验按钮，灯亮且声响。

一般闪光信号报警系统，不正常时灯闪亮，并发出音响；按“确认”后音响消除，灯光转平光；直到恢复正常以后，灯才熄灭。

(2) 能区别第一原因的信号报警系统

在生产过程中，往往会遇到几个工艺变量同时越限而引起报警的情况。为了便于寻找产生故障的根本原因，需要把首先出现的故障信号(称为第一原因)跟后来相继出现的故障信号(称为第二原因)区别开来。这种情况下可以选用能区别第一原因的报警系统。

在有闪光的能区别第一原因的信号报警系统中，有数个事故参差出现时，几个灯差不多同时亮，则可以从灯光中来区别。闪光所表示的就是第一原因，呈平光的则是从属引起的后继原因(第二原因)，按“确认”后声响消除，但仍有闪光和平光之分。

不闪光信号报警系统要区分第一原因事故，用红色和黄色一组灯来表示区分第一原因。当数点事故几乎同时发生时，有数个灯都亮，但是只有红灯与黄灯一起亮的才表示第一原因。只有黄灯亮表示其余依次出现的后继事故。按“确认”后仍有红灯-黄灯和只有黄灯的区分。这样用红-黄双灯明确地区分了第一原因事故。

(3) 能区别瞬时原因的信号报警系统

有的工艺过程需测知由于工艺变量瞬间突发性的超限。为了了解这一瞬时超限原因，排除可能潜伏的故障，免使隐患扩大而造成更大的事故。为此，信号报警系统可设计自保持环节，使系统能区别分辨瞬间原因造成的瞬间故障。

在闪光系统中，瞬时事故可以用灯的闪光状况来区分。当事故发生后，这个灯就闪光。按确认(消声)按钮，如果灯灭了，则是瞬时原因事故；如果灯从闪光变成平光，则说明是持续事故。

不闪光报警系统要区别瞬时原因，则须设计一个自保持环节。当数个故障出现则数个灯亮。按确认按钮后，如果灯灭了，则是瞬时事故，说明是变量瞬间超限波动而动作；如果灯仍亮，则表明是持续事故。

3. 联锁系统的设计

(1) 联锁系统的要求和功能

① 正常运转、事故联锁　联锁系统设计必须保证装置或设备的正常开、停、运转；在工艺过程发生异常情况时，能按规定的程序实现紧急操作自动投入备用系统或安全停车。

② 联锁报警　联锁系统动作时，同时声光报警，引起操作人员注意。联锁系统用的声光报警可以单独设置，也可以与其他工艺变量共用信号报警系统。

③ 联锁动作　联锁动作时，应按工艺要求使相应的执行机构动作，或自动投入备用系统或实现安全停车。重要的执行机构应有安全措施，一旦能源中断执行机构的最终位置可以保证使工艺过程和设备处于安全状态。

④ 运行状态显示　为装置正常开、停、运转所必要的联锁系统，应有运行状态显示，以表示投运的步骤。一般重要的联锁系统的投运，用明显的灯光标志此系统已投入运行。联锁系统的切除开关一般装在盘后，重要系统的联锁系统“投入-切除”转换开关，设计在仪表盘正面，与投入运行标志信号灯布置在一起。

(2) 联锁系统的附加功能

除了联锁系统的基本功能外，根据工艺操作的要求，联锁系统的重要程度以及联锁动作后的影响范围，对联锁系统需设置一些附加的装置，完成附加的功能。

① 联锁复位　联锁复位分自复位和手动复位两类。自复位指当工艺变量为非正常状态时，联锁回路自动复位。自复位用于最简单的联锁系统，由于在事故设定点附近检出元件频繁的开闭，使用寿命较短。手动复位用于重要的联锁系统，一旦联锁系统动作以后，必须工作状态已符合工艺条件才允许重新投运时，用手动恢复联锁系统使其投入运行。

② 联锁预报警　为了预告工艺事故，以便在事故发生前先采取措施，防止事故的发生和扩大，减少停车次数，可设置联锁预报警环节。

③ 联锁延时　工艺过程中有时因工艺变量的瞬时波动而动作的联锁动作或停车，应设置延时装置。在规定延时时间内，若波动已恢复正常，则联锁系统不动作。

④ 联锁的投运和切除　联锁系统应设置手动投入和切除联锁的转换开关，重要的联锁系统，切换开关应为钥匙型转换开关，并用兰色或黄色信号灯表示投入状态。

联锁系统投入和切除转换开关用于：

• 解除某些工艺变量的联锁，为动力设备的启动创造条件。当动力设备正常运转后再切入联锁状态，如压缩机低速联锁停车系统必须在运行正常后才能投入。

• 用于检修某些联锁检出元件或者更改事故设定点。

• 用于分级联锁，大型工厂的复杂联锁系统应用分级设计，通过转换开关，分级投入联锁。也可以利用联锁分级组合转换开关，更改联锁的组合内容等。

⑤ 第一原因的区别　为了识别引起联锁动作的第一原因，系统设计应能有识别第一原因事故的功能。

⑥ 表决识别　为了提高联锁系统本身的可靠性，可以采用多个同类检出元件，通过表决识别出是元件故障还是系统故障。例如为防止热偶断偶引起联锁系统动作，可采用三取二的表决识别环节，只有当其中任二支热电偶的检出元件都显示事故状态时才能使联锁系统动作。

参 考 文 献

1 厉玉鸣．化工仪表及自动化(第三版)北京：化学工业出版社，2002
2 杜效荣主编．化工仪表及自动化．北京：化学工业出版社，2000
3 蔡夕忠．化工仪表．北京：化学工业出版社，2004
4 吴国熙．调节阀使用与维修．北京：化学工业出版社，1999
5 翁维勤，周庆海．过程控制系统及工程．北京：化学工业出版社，1996
6 俞金寿．工业过程先进控制．北京：中国石化出版社，2002
7 王骥程，祝和云．化工过程控制系统(第二版)．北京：化学工业出版社，1991
8 黄安明．石油化工自动化基础．北京：中国石化出版社，1996
9 周志成．石油化工仪表及自动化．北京：中国石化出版社，1994
10 叶昭驹．化工自动化基础．北京：化学工业出版社，1984
11 蒋慰孙，俞金寿．过程控制工程(第二版)．北京：中国石化出版社，1999
12 廖常初．S7-300/400PLC 应用技术．北京：机械工业出版社，2005
13 何衍庆，戴自祥，俞金寿．可编程序控制器原理及应用技巧．北京：化学工业出版社，2002
14 刘锴，周海．深入浅出西门子 S7-300PLC. 北京：北京航空航天大学出版社，2004
15 杨庆柏．现场总线仪表．北京：国防工业出版社，2005
16 斯可克，王尊华，武锦荣．基金会现场总线功能块原理及应用．北京：化学工业出版社，2003
17 王常力，罗安．分布式控制系统(DCS)设计与应用实例．北京：电子工业出版社，2004
18 黄步余主编．集散控制系统在工业过程中的应用．北京：中国石化出版社，1994
19 姜仁杰．仪表维修工．北京：化学工业出版社，1996
20 陆德民主编，张振基，黄步余副主编．石油化工自动控制设计手册(第三版)．北京：化学工业出版社，2007
21 乐嘉谦，王立奉，邵勇．化工仪表维修工．北京：化学工业出版社，2005
22 乐嘉谦．仪表工手册(第二版)．北京：化学工业出版社，2004
23 朱炳兴，王森．仪表工试题集　现场仪表分册(第二版)．北京：化学工业出版社，2002
24 王森，晁禹，艾红．仪表工试题集　控制仪表分册(第二版)．北京：化学工业出版社，2006
25 陈洪全，岳智．仪表工程施工手册．北京：化学工业出版社，2005
26 任淑贞，杨富慧．自动化控制仪表安装工程概预算手册．北京：中国建筑工业出版社，2003
27 蔡武昌，孙淮清，纪纲．流量测量方法和仪表的选用．北京：化学工业出版社，2004
28 陆德民主编，张振基，黄步余副主编．石油化工自动控制设计手册．北京：化学工业出版社，2007
29 余国琮主编．化学工程辞典．北京：化学工业出版社，2004
30 林世雄．石油炼制工程．上、下册(第二版)．北京：石油工业出版社，1988
31 钱家麟，于遵宏，王兰田．管式加热炉(第二版)．北京：中国石化出版社，2003
32 北京石油化工总厂．轻柴油裂解年产三十万吨乙烯技术资料(第一册)综合技术．北京：化学工业出版社，1979
33 中华人民共和国劳动和社会保障部制定．国家职业标准化　工仪表维修工．北京：化学工业出版社，2005
34 中国石油化工集团公司职业技能鉴定指导中心．职业技能鉴定国家题库石化分库试题选编．仪表维修工．北京：中国石化出版社，2006
35 中国石油化工集团公司人事教育部．石油化工职业技能培训考核大纲　仪表工．北京：中国石化出版社，2004